献　　给

创建糖生物学的巨人们，
在他们的肩膀上，我们站起来了！

# 糖生物学基础

〔美〕A. 瓦尔基 等 编著
张树政 朱正美 王克夷 等 译校

科学出版社
北京

图字:01－2001－0734 号

## 内 容 简 介

糖链(聚糖)经常结合蛋白质和脂类,并在有机体组织和功能中发挥多种作用。它们参与多种生命活动,如蛋白质折叠、淋巴细胞生理过程和微生物病原发生。聚糖装配中的遗传缺陷是许多人类疾病的根源。本书内容涵盖了糖生物学的发展历史、基础知识、糖链的生物和生理功能、与人类健康的关系等,是有关糖生物学的理想读物,是试图描述聚糖生物发生和功能的重要参考书。适于高等院校生命科学和医药科学专业师生。

ESSENTIALS OF GLYCOBIOLOGY
Edited by Ajit Varki, Richard Cummings, Jeffrey Esko, Hudson Freeze, Gerald Hart, Jamey Marth
Published by Cold Spring Harbor Laboratory Press, Cold Spring Harbor, New York


**图书在版编目(CIP)数据**

糖生物学基础/(美)瓦尔基(Varki, A.)等编著;张树政等译校.—北京:科学出版社,2003(2022重印)
生命科学名著
ISBN 978-7-03-011020-6
Ⅰ.糖… Ⅱ.①瓦…②张… Ⅲ.碳水化合物-生物化学-研究 Ⅳ.Q53-49

中国版本图书馆 CIP 数据核字(2007)第 007361 号

责任编辑:张晓春 盖 宇 刘元珉 李秀伟/责任校对:邹慧卿
责任印制:赵 博/封面设计:耕者工作室

科学出版社出版
北京东黄城根北街 16 号
邮政编码: 100717
http://www.sciencep.com
北京厚诚则铭印刷科技有限公司印刷
科学出版社发行 各地新华书店经销
*
2003 年 11 月第 一 版 开本:787×1092 1/16
2024 年 10 月第八次印刷 印张:38
字数:865 000

**定价:158.00 元**

(如有印装质量问题,我社负责调换)

# 译　者　名　单

主译：张树政　朱正美　王克夷

审校：张树政

翻译人员：（以汉语拼音排序）

崔肇春　杜昱光　葛常辉　韩秀文　金　城
李晋萍　李玉瑞　马克里　马郁芳　马毓甲
王俊琦　王克夷　辛　毅　燕　秋　张嘉宁
张树政　张惟杰　赵小明　朱正美

# 编 者 名 单

**Maarten Chrispeels,** Professor of Biology
Member, Glycobiology Research and Training Center
University of California, San Diego, La Jolla, California

**Richard Cummings,** Professor of Biochemistry
Ed Miller Endowed Professor of Biochemistry and Molecular Biology
The University of Oklahoma, Oklahoma City, Oklahoma

**Jeffrey Esko,** Professor of Cellular and Molecular Medicine
Associate Director, Glycobiology Research and Training Center
University of California, San Diego, La Jolla, California

**Hudson Freeze,** Professor of Glycobiology
The Burnham Institute, La Jolla, California

**Gerald Hart,** Director and Professor of Biological Chemistry
Johns Hopkins University School of Medicine, Baltimore, Maryland

**Ole Hindsgaul,** Professor of Chemistry
University of Alberta, Edmonton, Canada

**John Lowe,** Professor of Pathology, HHMI Investigator
University of Michigan, Ann Arbor, Michigan

**Adriana Manzi,** Director, Analytical Research and Development/Quality Control
Nextran Inc., an affiliate of Baxter Healthcare Corporation, San Diego, California

**Jamey Marth,** Professor of Medicine, HHMI Associate Investigator
Member, Glycobiology Research and Training Center
University of California, San Diego, La Jolla, California

**James C. Paulson,** Professor of Molecular Biology
The Scripps Research Institute, La Jolla, California

**Leland Powell,** Adjunct Professor of Medicine
University of California, Los Angeles, California

**Herman van Halbeek,** Director, Glycotechnology Core Resource
Member, Glycobiology Research and Training Center
University of California, San Diego, La Jolla, California

**Ajit Varki,** Professor of Medicine
Director, Glycobiology Research and Training Center
University of California, San Diego, La Jolla, California

# 《糖生物学基础》中文版序

1999年9月，杰瑞·哈特(Jerry Hart)和我一起荣幸地参加了在北京召开的"糖缀合物与人类健康"香山科学会议。安排在怡人的香山的这次会议由中国科学技术部和中国科学院联合举办，目的是使中外科学家共享这一特定科学领域带来的利益。会议由中国科学技术部前副部长惠永正教授、日本理研(RIKEN)研究所小川智也教授、美国阿肯色州立大学(University of Arkansas)阿兰·D·艾尔宾(Alan D. Elbein)教授和中国科学院院士张树政教授(在中国倡导开展糖生物学和糖工程方面研究的第一人)共同主持。金城博士、俞彪博士和张嘉宁博士担任会议秘书。40多位来自美国、日本、瑞士、英国、瑞典和中国的科学家参加了这次会议。除精心安排和诚挚友好的接待给人以美好的回忆外，会议上高质量的报告也给我们留下了深刻的印象。这清楚地表明，中国有不少优秀的科学家正致力于糖生物学的研究。我们还饶有兴趣地了解到，传统的中国药材大多是水溶性制剂，其所含的糖基化分子可能就是这类制剂的生物活性成分。

后来，张嘉宁博士与我商议翻译出版《糖生物学基础》中文版，这也是这次令人难忘的会议成果之一。经过译者们的辛勤工作，已经完成本书的翻译，即将出版。我代表编者们表示，本书能够翻译成占世界人口四分之一以上的人使用的语言，感到十分荣幸。使我们更引以为荣的是，这是第一本中国出版的糖生物学方面的译著。我代表本书的编者希望这本译著的出版有助于使更多的中国科学家积极地参与到这一风光无限的糖生物学研究领域中来。

Ajit Varki

代表全体编者

于美国加利福尼亚州 La Jolla

2002年3月

# Preface to the Chinese Translation of "Essentials of Glycobiology"

In September 1999, Jerry Hart and I had the pleasure of going to Beijing to speak at the "Xiangshan Science Conference on Glycoconjugates and Human Health". The small and intimate Xiangshan (Fragrant Hill) conferences have been sponsored by The Ministry of Science and Technology of China and The Chinese Academy of Sciences (CAS) since 1993, and are aimed at bringing international and Chinese scientists together to share mutual interests in defined scientific areas. This particular conference was co-chaired by Yongzheng Hui, Professor and former Vice Minister of Ministry of Science and technology of China, Professor Tomoya Ogawa from Japan, Professor Alan D. Elbein from the University of Arkansas and Shuzheng Zhang, Professor and academician of Chinese Academy of Sciences (the first member of the CAS in the field of Glycobiology and Glycotechnology). Drs. Cheng Jin, Biao Yu and Jianing Zhang were the conference secretaries. More than 40 scientists from US, Japan, Switzerland, UK, Sweden and China attended this stimulating conference. Apart from the gracious hospitality and excellent arrangements, we were impressed by the high quality of science presented by many of the speakers. There are clearly many excellent Chinese scientists with a major commitment to Glycobiology research. It was also of particular interest to learn that most traditional Chinese herbal medicines are water soluble extracts, and hence contain interesting glycosylated molecules that appear to be their bioactive components. One outcome of this fascinating conference was that I was later approached by Dr. Jianing Zhang about the possibility of a Chinese translation of "Essentials of Glycobiology". This translation has now been achieved through the hard work of many people. On behalf of the Editors, I want to say that it is truly an honor to have our writings translated into a language used by more than one quarter of the world's population. We are also proud to hear that this is the first translated Glycobiology book in China. We all hope very much that this translation will help many more Chinese scientists to get actively involved in studying the fascinating field of Glycobiology.

Ajit Varki
La Jolla, CA, USA
March 2002
for the Editors

# 译 者 序

《糖生物学基础》是编者为圣迭戈加州大学研究生编写的选修课讲义，后来也作为这一课程统一的基础教材。内容涵盖了糖生物学发展的历史背景、基础知识、糖链的生物和生理功能与人类健康的关系以及糖生物学的发展前景，是一本对初学者和专业人员有指导意义的学习参考用书。

萌发翻译这本书的想法始于1999年由科学技术部和中国科学院联合举办的以"糖缀合物与人类健康"为题的国际香山科学会议。会上与参会的两位主要编者，美国圣迭戈加州大学医学教授 Ajit Varki 和约翰霍布金斯医学院生物化学教授 Gerald Hart 商议了翻译出版这本书的意愿。2001年1月17日，科学出版社与美国冷泉港实验室出版社签订了出版合同。

糖生物学是20世纪80年代末兴起的一门生命科学的前沿学科，继后基因组学蛋白质组学之后，已发展成为专门的学科——糖组学。50%以上的蛋白质都是糖蛋白，糖的多样化功能在生命科学中具有重要意义。正因为重要，还需要我们去探索、研究和发现。鉴于国内也正在开展糖生物学的研究，需要这样一本书。希望这本书的出版，在这方面有所裨益，起到抛砖引玉的作用。

在翻译过程中，遇到了一些困难。困难之一是：糖生物学方面的科技名词目前还没有统一审定，译文中很可能出现同一名词有不同译法。作为审稿人，虽然也做了些努力，由于译者写作风格和用词习惯不一，很难统一。另外，糖生物学与其他学科有着广泛的联系，涉及面广，又限于译、校和审阅者水平，译文疏漏，不当和错误之处，在所难免。诚望专家和读者批评指正。

本书的出版得到了我工作单位中国科学院微生物研究所的支持和资助。感谢我的同事和同行：郑儒永院士、王志珍院士在百忙中提供资料，在翻译上给予了指导。对科学出版社编辑张晓春和盖宇对本书编辑、校对的耐心工作表示诚挚的谢意。有了他们的支持和帮助，与译者和校对者的共同努力，使得这本书顺利出版，夙愿得偿，令人欣慰。另一方面，还希望读者提出宝贵意见，以便修改，使其更臻完善。

张树政<br>译者代表<br>2003年仲秋

# 序　言

《糖生物学基础》的出版适逢其时，因为这一学科正处于取得巨大进展的时期，而且发展前景远大。糖生物学的研究始自 19 世纪，当时的化学家们开始进行糖类和多糖的分析。法国著名生理学家 Claude Bernard 在 1855 年鉴定了肝的" 糖原样物质"是葡萄糖的一种储存形式，很可能是首例研究的糖蛋白。(有意思的是，100 多年以后才证实了糖原是一种糖蛋白。) 在本世纪漫长的时间里，这一学科以持续稳定的速度向前推进着。仅在近 20 年内，在前所未有的新知识大爆炸时期，糖生物学才迅速改观。加速这一转变过程的原因有多种，包括寡糖结构分析方面的技术进步，而最为重要的一点显然是 DNA 重组技术在糖生物学中得到了应用。重组技术使参与寡糖和蛋白聚糖组装、加工和降解过程的酶分子鉴定，以及对识别糖结构的植物和动物凝集素家族的鉴定成为可能。令人惊奇的是，还发现了参与糖蛋白和糖脂合成，以及完成其功能时所专用的大量酶和蛋白质，这使人们对聚糖生物功能的认识有了很大程度的提高。现在我们已经知道这些分子有着多方面的功能，包括促进新生蛋白折叠到辨别淋巴细胞和粒细胞在循环中的穿行方向。聚糖的组装缺陷而引发的人类疾病的数量日益增加，也加深了人们对聚糖功能重要性的认识。未来的挑战是如何进一步鉴定聚糖的生物作用。在这方面，重组 DNA 技术为糖生物学家提供了另一宝贵工具，即具备了将小鼠和其他生物体中某个有关基因剔除的能力，这为阐释糖生物功能的科学家们提供了无比重要的契机。毫无疑问，这一领域充满了前所未有的光明前景。

《糖生物学基础》为这一学科提供了理想的切入点。该书既包括了理解这一学科所必需的基础信息，同时也介绍了这一学科前沿的最新进展。该书的作者汇编了这一蓬勃发展学科中范围广泛、组织良好的综合性论述，值得赞扬。他们还成功地传播了这一学术研究领域所取得的振奋人心的成就。

Stuart Kornfeld
华盛顿大学医学院
1999 年 3 月

# 前　言

源自经典碳水化合物化学和生物化学，糖生物学已经成为现代分子生物学中一支充满活力、发展迅速的重要延伸学科。近年来，许多出色的专著和刊物记载了这一学科的重大进展，并总结了关键性的方法和概念(参见附录的文献图书目录)。这些专著仍然是对糖生物学感兴趣者的优秀参考资料。为何又要出版另一本同样题材的书呢？我们认为以前出版的同类著作主要是针对具有相当技术水平和专业知识的读者，满足专业人员的需要。现在推出的这本书是为了满足一些不同需要者：为专家们总结这一学科的现状，为初学者探求糖生物学基础提供参考资料。

本书起源于编者们各自在这一学科独立做出的努力。数年来，我们中有些人在圣迭戈加利福尼亚大学(UCSD)为研究生开设了糖生物学选修课程。由于近来增加了有这方面专长的教师，遂决定开设统一和更加全面的课程，并为这一课程编写一本基础教材，以便今后修订为正式教科书。同时，国内各地的专家也提出了建议，充实了这本教科书。在一次糖生物学会议后，经过讨论，决定把大家的力量集中，向同一方向努力。

因为主要目的是为了编写一本学生和其他培训人员易于理解的学习用书，我们采用了 1998 年“UCSD 春季研究生班的糖生物学教材”作为基础。另外又聘请了几位专家讲课，要求每位授课人提供讲稿作为教科书某一章的初稿，从而编出一本涵盖面更为广泛的综合教材。另一方面，我们还要求每位学生提交一份对各章节不具名的批评意见，作为课程要求的一部分。这一做法，不仅保证了及早地写出初稿，还可以收到对本专业感兴趣、头脑清楚的年轻人的深切评价。再经六人编写组内部反复审阅，致力于写出一本不仅对本领域专家，同时也为有志于学习糖生物学的新手们提供有价值的参考资料。我们尽可能做到内容准确并处于时代前沿，对有争议的问题提出不偏不倚的观点。事实上，阐明这样广泛领域的知识，不可能各方面都完全正确，也不可能无所不包地引用所有文献。相对而言，对脊椎动物生物学强调的多了些。这说明糖生物学在这方面的信息量是比较大的。

编者们感谢对此书编写做出贡献的人们。除学生参加了听课外，培训班的学员也参加了听课，并反馈了他们的意见。虽然编者们编写了本书的大部分章节，但其他授课人/作者们在保证本书必要的专业知识深度方面所做出的努力至关重要。特别感谢冷泉港实验室出版社的 John Inglis 和 Kaaren Janssen 使本书的潜能得以实现，甚至将我们个人的许多苛求和写作风格也表现得淋漓尽致。我们深深感谢出版社的 Jan Argentine, Inez Sialiano, Mary Cozza, Denise Weiss, Dotty Brown 和 Danny deBruin，值得表扬的是他们始终与我们保持联系，把我们的努力变成了令人感兴趣的一件成品。最后，但并非不重要，应感谢我们的家庭、实验室的成员和行政上的助手们，他们在创作本书的全过程一直辛勤地支持着我们。至于这本书的编写和制作是否达到了作者们预期的目的还是请读者来评价吧。

Ajit Varki

编者代表

# BOOKS AND MONOGRAPH RESOURCES


Gottschalk A., ed. 1960. *The chemistry and biology of sialic acids and related substances.* Cambridge University Press, Cambridge, United Kingdom.

Ginsburg V. and Neufeld E., eds. 1966. Complex carbohydrates, part A. *Methods Enzymol.*, vol. 8. Academic Press, San Diego, California.

Whistler R., ed. 1968–80. *Methods in carbohydrate chemistry*, vols. I–VIII. Academic Press, San Diego, California.

Ginsburg V., ed. 1972. Complex carbohydrates, part B. *Methods Enzymol.*, vol 28. Academic Press, San Diego, California.

Gottschalk A., ed. 1972. *Glycoproteins: Their composition, structure and function.* Elsevier, New York.

Rosenberg A. and Schengrund C.-L., eds. 1976. *Biological roles of sialic acids.* Plenum Press, New York.

Ginsburg V., ed. 1978. Complex carbohydrates, part C. *Methods Enzymol.*, vol. 50. Academic Press, San Diego, California.

Sweeley C.C., ed. 1979. *Cell surface glycolipids.* American Chemical Society, Washington, D.C.

Lennarz W.J., ed. 1980. *The biochemistry of glycoproteins and proteoglycans.* Plenum Press, New York.

Ginsburg V. and Robbins P., eds. 1981. *Biology of carbohydrates*, vol. 1. Wiley, New York.

Ginsburg V., ed. 1982. Complex carbohydrates, part D. *Methods Enzymol.*, vol. 83. Academic Press, San Diego, California.

Horowitz M. and Pigman W., eds. 1982. *The glycoconjugates.* Academic Press, New York.

Schauer R., ed. 1982. *Sialic acids, chemistry, metabolism, and function.* Springer-Verlag, New York.

Ivatt R.J., ed. 1984. *The biology of glycoproteins.* Plenum Press, New York.

Ginsburg V. and Robbins P., eds. 1985. *Biology of carbohydrates*, vol. 2. Wiley, New York.

Beeley J.G., ed. 1985. *Glycoprotein and proteoglycan techniques.* Elsevier, Amsterdam, The Netherlands.

Liener I.E., Sharon N., and Goldstein I.J., eds. 1986. *The lectins: Properties, functions, and applications in biology and medicine.* Academic Press, Orlando, Florida.

Chaplin M.F. and Kennedy J.F., eds. 1987. *Carbohydrate analysis: A practical approach.* IRL Press, Oxford, United Kingdom.

Ginsburg V., ed. 1987. Complex carbohydrates, part E. *Methods Enzymol*, vol. 138. Academic Press, San Diego, California.

Feizi T. 1989. *Carbohydrate recognition in cellular function.* Ciba Foundation Symposium, vol. 145. Wiley, New York.

Evered D. and Whelan J., eds. 1989. *The biology of hyaluronan.* Ciba Foundation Symposium, vol. 143. Wiley, New York.

Ginsburg V., ed. 1989. Complex carbohydrates, part F. *Methods Enzymol.*, vol. 179. Academic Press, San Diego, California.

Greiling H. and Scott J.E., eds. 1989. *Keratan sulphate: Chemistry, biology, chemical pathology.* The Biochemical Society, London, United Kingdom.

Margolis R.U. and Margolis R.K., eds. 1989. *Neurobiology of glycoconjugates.* Plenum Press, New York.

Sharon N. and Lis H., eds. 1989. *Lectins.* Chapman and Hall, London, United Kingdom.

Lane D.G. and Lindahl U., eds. 1990. *Heparin: Chemical and biological properties.* CRC Press, Boca Raton, Florida.

Ginsburg V. and Robbins P., eds. 1991. *Biology of carbohydrates*, vol. 3. Wiley, New York.

Fukuda M., ed. 1992. *Cell surface carbohydrates and cell development.* CRC Press, Boca Raton, Florida.

Allen H.J. and Kisailus E.C., eds. 1992. *Glycoconjugates: Composition, structure, and function.* Dekker, New York.

Roth J., Rutishauser U., and Troy F., eds. 1992. *Polysialic acids.* Birkhauser Verlag, Basel, Switzerland.

Fukuda M., ed. 1992. *Glycobiology: A practical approach.* IRL Press, Oxford, United Kingdom.

Lennarz W.J. and Hart G.W., eds. 1994. Guide to techniques in glycobiology. *Methods Enzymol.*, vol. 230.

Academic Press, San Diego, California.
Roberts D.D. and Mecham R.P., eds. 1993. *Cell surface and extracellular glycoconjugates: Structure and function*. Academic Press, San Diego.
Bock K. and Clausen H., eds. 1994. *Complex carbohydrates in drug research: Structural and functional aspects*. Munksgaard, Copenhagen, Denmark.
Fukuda M. and Hindsgaul O., eds. 1994. *Molecular glycobiology*. Oxford University Press, New York.
Alavi A. and Axford J.S. 1995. *Advances in experimental medicine and biology*, vol. 376, *Glycoimmunology*. Plenum Press, New York.
Montreuil J., Vliegenthart J.F.G., and Schachter H., eds. 1995. *Glycoproteins*. Elsevier, New York.
Rosenberg A., ed. 1995. *Biology of the sialic acids*. Plenum Press, New York.
Verbert A., ed. 1995. *Methods on glycoconjugates: A laboratory manual*. Harwood Academic Publishers, Switzerland.
Montreuil J., Vliegenthart J.F.G., and Schachter H., eds. 1996. *Glycoproteins and disease*. Elsevier, New York.
Townsend R.R. and Hotchkiss A.T., eds. 1997. *Techniques in glycobiology*. Marcel Dekker, New York.
Gabius H.J. and Gabius S., eds. 1997. *Glycosciences: Status and perspectives*. Chapman and Hall, New York.
Brockhausen I. and Kuhns W. 1997. *Glycoproteins and human disease*. R.G. Landes, Austin.
Montreuil J., Vliegenthart J.F.G., and Schachter H., eds. 1997. *Glycoproteins II*. Elsevier, New York.
Conrad. H.E., ed. 1998. *Heparin-binding proteins*. Academic Press, San Diego, California.
Hounsell E.F., ed. 1998. *Methods in molecular biology*, vol. 76, *Glycoanalysis protocols*. Humana Press, Totowa, New Jersy.
Iozzo R., ed. 2000. Proteoglycans: Structure, biology and molecular interactions. Marcel Dekker, Inc., New York.

# 缩 略 词

| | | |
|---|---|---|
| ADP | adenosine diphosphate | 腺苷二磷酸 |
| AIDS | acquired immunodeficiency syndrome | 获得性免疫缺陷综合征 |
| ASGPR | asialoglycoprotein receptor | 无唾液酸糖蛋白受体 |
| ATP | adenosine triphosphate | 腺苷三磷酸 |
| bFGF | basic fibroblast growth factor | 碱性成纤维细胞生长因子 |
| β-HCG | β-human chorionic gonadotrophin | β-人绒毛膜促性腺激素 |
| CCSD | complex carbohydrate structure database | 复合糖结构数据库 |
| CDA | congenital dyserythropoietic anemia | 先天性红细胞生成素不足性贫血 |
| CD-MPR | cation-dependent Man-6-P receptor | 阳离子依赖性甘露糖-6-磷酸受体 |
| CDGS | carbohydrate-deficient glycoprotein syndrome | 糖蛋白糖缺乏综合征 |
| CHO | Chinese hamster ovary | 中国仓鼠卵巢 |
| CI-MPR | cation-independent Man-6-P receptor | 阳离子不依赖甘露糖-6-磷酸受体 |
| CL-43 | collectin-43 | 胶原凝素-43 |
| CMV | cytomegalovirus | 巨细胞病毒 |
| CMP | cytidine monophosphate | 胞苷一磷酸 |
| CNS | central nervous system | 中枢神经系统 |
| CoA | coenzyme A | 辅酶 A |
| ConA | concanavalin A | 伴刀豆球蛋白 A |
| CRD | carbohydrate-recognition domain | 糖识别域 |
| CS | chondroitin sulfate | 硫酸软骨素 |
| CTD | carboxy-terminal domain | 羧基端域 |
| Dol | dolichol | 多萜醇 |
| DS | dermatan sulfate | 硫酸皮肤素 |
| ECM | extracellular matrix | 胞外基质 |
| EDTA | ethylenediaminetetraacetic acid | 乙二胺四乙酸 |
| EGF | epidermal growth factor | 表皮生长因子 |
| Elf-2 | elongation factor 2 | 延伸因子 2 |
| Endo H | endo-β-N-acetylglucosaminidase | 内切-β-N-乙酰葡糖胺酶 |
| EPO | erythropoietin | 红细胞生成素 |
| ER | endoplasmic reticulum | 内质网 |
| ES | embryonic stem (cell) | 胚胎干(细胞) |
| FBS | fetal bovine serum | 胎牛血清 |

| | | |
|---|---|---|
| FGF | fibroblast growth factor | 成纤维细胞生长因子 |
| FITC-WGA | fluorescein isothiocyanate-wheat-germ agglutinin | 荧光素异硫氰酸-麦胚凝集素 |
| Fru | fructose | 果糖 |
| Fuc | fucose | 岩藻糖 |
| Gal | galactose | 半乳糖 |
| GAG | glycosaminoglycan | 糖胺聚糖 |
| GalNAc | N-acetylgalactosamine | N-乙酰半乳糖胺 |
| GC-MS | gas-liquid chromatography/mass spectrometry | 气-液色谱/质谱 |
| GDP | guanine diphosphate | 鸟苷二磷酸 |
| GlcA | glucuronic acid | 葡糖醛酸 |
| Glc | glucose | 葡萄糖 |
| Glc-Cer | glucosylceramide | 葡糖脑酰胺 |
| GlcNAc | N-acetylglucosamine | N-乙酰葡糖胺 |
| GlcN | glucosamine | 葡糖胺 |
| GM-CSF | granulocyte macrophage-colony-stimulating factor | 粒细胞巨噬细胞集落刺激因子 |
| GMP | guanine monophosphate | 鸟苷一磷酸 |
| GPI | glycosylphosphatidylinositol | 糖基磷脂酰肌醇 |
| HA | hyaluronic acid | 透明质酸 |
| HDL | high-density lipoprotein | 高密度脂蛋白 |
| HEMPAS | hereditary erythrocytic multinuclearity with positive acidified serum test | 遗传性多核红细胞酸化血清试验阳性 |
| HexA | hexuronic acid | 己糖醛酸 |
| HexNAc | N-acetylhexosamine | N-乙酰己糖胺 |
| HIV-1 | human immunodeficiency virus type 1 | 人免疫缺乏病毒 1 型 |
| HPLC | high pressure liquid chromatography | 高压液相色谱 |
| HS | heparan sulfate | 硫酸类肝素 |
| HSPG | heparan sulfate proteoglycan | 硫酸类肝素蛋白聚糖 |
| ICE | interleukin converting enzyme | 白介素转换酶 |
| IdoA | iduronic acid | 艾杜糖醛酸 |
| IGF-II | insulin-like growth factor-II | 胰岛素样生长因子-II |
| IgG | immunoglobulin G | 免疫球蛋白 G |
| IgSF | immunoglobulin superfamily | 免疫球蛋白超家族 |
| KDO | keto-deoxyoctulosonic acid | 酮基-脱氧辛酮糖酸 |
| KDN | keto-deoxynonulosonic acid | 酮基-脱氧壬酮糖酸 |
| KS | keratan sulfate | 硫酸角质素 |
| LAMPs | lysosome-associated membrane proteins | 溶酶体相关膜蛋白 |

| | | |
|---|---|---|
| LC-MS | liquid chromatography coupled to mass spectrometry | 液相色谱与质谱联用 |
| LCO | lipochitooligosaccharide | 脂质几丁寡糖 |
| LDL | low density lipoprotein | 低密度脂蛋白 |
| $Le^a$ | Lewis A | 路易斯 A |
| $Le^b$ | Lewis B | 路易斯 B |
| $Le^x$ | Lewis X | 路易斯 X |
| LIF | leukemia-inhibitory factor | 白血病抑制因子 |
| LLO | lipid-linked oligosaccharide | 脂连接寡糖 |
| LPG | lipophosphoglycan | 脂磷酸聚糖 |
| LPS | lipopolysaccharide | 脂多糖 |
| MAG | myelin-associated glycoprotein | 髓磷脂相关糖蛋白 |
| Man | mannose | 甘露糖 |
| MBP | mannose-binding protein | 甘露糖结合蛋白 |
| MDO | membrane-derived oligosaccharide | 膜衍生寡糖 |
| MHC | major histocompatibility complex | 主要组织相容性复合体 |
| MPR | mannose-6-phosphate receptor | 甘露糖 6-磷酸受体 |
| MurNAc | N-acetylmuramic acid | N-乙酰胞壁酸 |
| NAD | nicotinamide adenine dinucleotide, oxidized | 烟酰胺腺嘌呤二核甘酸(辅酶 I),氧化型 |
| NADP | nicotinamide adenine dinucleotide phosphate, oxidized | 烟酰胺腺嘌呤二核苷酸磷酸(辅酶 II),氧化型 |
| NADPH | nicotinamide adenine dinucleotide phosphate, reduced | 烟酰胺腺嘌呤二核苷酸磷酸(辅酶 II),还原型 |
| N-CAM | neural cell adhesion molecule | 神经细胞黏附分子 |
| Neu5Ac | N-acetyl neuraminic acid | N-乙酰神经氨酸 |
| NGF | nerve growth factor | 神经生长因子 |
| NK | natural killer cell | 自然杀伤细胞 |
| NMR | nuclear magenetic resonance | 核磁共振 |
| OST | oligosaccharyltransferase | 寡糖基转移酶 |
| PAPS | 3′phosphoadenyl-5′phosphosulfate | 3′磷酸腺苷-5′磷酸硫酸 |
| PCR | polymerase chain reaction | 聚合酶链式反应 |
| PDGF | platelet-derived growth factor | 血小板衍生生长因子 |
| PDMP | d/l-threo-1-phenyl-2-decanoylamino-3-morpholino-1-propanol | d/l-苏糖型-1-苯基-2-癸酰胺-3 吗啉代- 1-丙醇 |
| PHA | phytohemagglutinin | 植物血凝素 |
| PMM | phosphomannomutase | 磷酸甘露糖变位酶 |
| PMI | phosphomannose isomerase | 磷酸甘露糖异构酶 |
| PNA | peanut agglutinin | 花生凝集素 |

| | | |
|---|---|---|
| PNGase | peptide:N-glycosidase | 肽:N-糖苷酶 |
| PNH | paroxysmal nocturnal hemoglobinuria | 阵发性夜间血色素尿 |
| PNS | peripheral nervous system | 外周神经系统 |
| PSA | polysialic acid | 多聚唾液酸 |
| PSGL-1 | P-selectin glycoprotein ligand-1 | P-选凝素糖蛋白配体-1 |
| Rib | ribose | 核糖 |
| RCA | *Ricinus communis* agglutinin (I or II) | 蓖麻凝集素(I 或 II) |
| RP-HPLC | reverse-phase high-pressure liquid chromatography | 反相高压液相色谱 |
| SAPs | sphingolipid activator proteins | 鞘脂激活蛋白 |
| SDS-PAGE | sodium dodecyl sulfate-polyacrylamide gelelectrooresis | SDS-聚丙烯酰胺凝胶电泳 |
| Sia | sialic acid | 唾液酸 |
| SMP | Schwann cell myelin protein | 施旺细胞髓磷脂蛋白 |
| SNA | *Sambucus nigra* agglutinin | 黑质接骨木花凝集素 |
| SSEA | stage-specific embryonic antigens | 阶段特异性胚胎抗原 |
| SV40 | Simian virus 40 | 猿猴病毒 40 |
| sVSG | soluble-variant surface glycoprotein | 可溶性可变表面糖蛋白 |
| TF antigen | Thomsen-Friedenreich antigen | TF 抗原 |
| TGF-β | transforming growth factor-β | 转化生长因子 β |
| TH1 | T-helper-1(cells) | T-辅助细胞-1 |
| TLC | thin-layer chromatography | 薄层层析 |
| t-PA | tissue plasminogen activator | 组织纤溶酶原激活蛋白 |
| UDP | uridine diphosphate | 尿苷二磷酸 |
| UMP | uridine monophosphate | 尿苷一磷酸 |
| VSG | variant surface glycoprotein | 可变表面糖蛋白 |
| WGA | wheat-germ agglutinin | 麦胚凝集素 |
| Xyl | xylose | 木糖 |

## 单糖和连键的常用表示符号

▲ = 葡萄糖 (Glc)　　◐ 己糖 泛指的 (Hex)　　△ = 岩藻糖 (Fuc)

○ = 甘露糖 (Man)　　▽ = 木　糖 (Xyl)

● = 半乳糖 (Gal)　　◆ = 唾液酸，非特指的 (Sia)

■ =N- 乙酰葡糖胺 (GlcNAc)　　⬘ = 葡糖醛酸 (GlcA)

□ =N- 乙酰半乳糖胺 (GlaNAc)　　⬙ = 艾杜糖醛酸 (IdoA)

◩ =N- 乙酰己糖胺，非特指的 (HexNAc)　　◇ = 己糖醛酸，非特指的 (HexA)

Ac＝O-乙酰　P＝磷酸基　S＝O-硫酸基　NS＝N-硫酸基　$NH_2$＝自由氨基

### 本书采用的表示符号举例

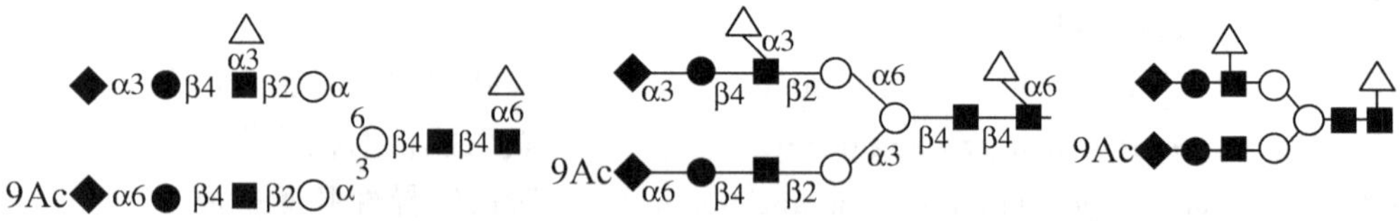


### 传统的简化表示法

Fucα
3
Siaα3Galβ4GlcNAcβ2Manα　　Fucα
6　　6
Manβ4GlcNAcβ4GlcNAc~
3
9Ac-Siaα6Galβ4GlcNAcβ2Manα

### 传统的完整表示法

Fuc*p*α1
3
Sia*p*α2-3Gal*p*β1-4GlcNAc*p*β1-2Man*p*α1　　Fuc*p*α1
6　　6
Man*p*β1-4GlcNAc*p*β1-4GlcNAc*p*~
3
9OAc-Sia*p*α2-6Gal*p*β1-4GlcNAc*p*β1-2Man*p*α1

全书采用上述符号系统。上面所举的例子是一个典型的拥有两种不同外端分支"二天线"的 N-聚糖。符号所指定的各类单糖是高等动物糖缀合物中最常见的。

除另有说明外：

——所有单糖都设定为 D-构型，L-岩藻糖和 L-艾杜糖醛酸除外。

——所有以糖苷键连接的单糖，都设定为吡喃糖（P）型（六元环）。

——所有糖苷键都设定始自 C1 羟基，唾液酸例外，它从 C2 羟基连接。

# 目　　录

## 遗传失常和疾病中的聚糖



## 方法和应用

# 第 1 章　历史背景及概论



本章旨在提供糖生物学出现的历史背景，同时也作为本书的概论。书中常见的名词和定义、糖缀合物中常见的单糖单位和全书中通用的表示结构的符号也予以介绍。本章还包括寡糖的分类及其生物合成途径的概述，也将讨论与生物合成和功能相关的拓扑学问题。

## 什么是糖生物学？[1～4]

现代分子生物学的中心法则认为生物信息是从 DNA 流向 RNA，再流向蛋白质的。这一概念的威力不仅在于由模板驱动的信息流动具有准确性，也在于可以根据任何一种分子的知识，去对另一种分子进行操纵，或根据其序列的同源性及相关性去预测分子的功能和揭示分子间进化上的关系。随着即将来到的人类和其他几种常用的模式生物基因组测序计划的完成，可以预期，对于生命的秘密的揭示，将会有更为巨大的进展。另一方面，当前流行的趋势是对中心法则加以延伸，使之成为：

**DNA→RNA→蛋白质→细胞→生物体**

事实上，产生一个细胞还需要另外两种主要的分子：脂类和糖类。这两种分子可作为产能的中间体、信息分子，或作为结构组分。糖类在作为结构组分中的作用在构建复杂的多细胞器官和生物体中变得特别重要，因为在构建中，细胞之间以及细胞与其基质之间需要相互作用。已知所有细胞和许多天然大分子都带有致密而复杂的共价键结合的糖链（又叫做寡糖或聚糖）。有时，这些聚糖可以是一个独立的实体。由于大多数聚糖是位于细胞和分泌的大分子的外周表面，它们处在调控和介导多种细胞-细胞和细胞-基质相互作用的位置，而这些相互作用对于多细胞生物的发育和功能都是关键的环节。它们也处在介导不同的生物体之间（例如宿主和寄生物）相互作用的地位。此外，动态地和蛋白质结合的简单聚糖，在细胞核和胞质里的含量都很高，它们在那里起调节开关的作用。因此，可以把分子生物学的中心法则再扩大为：

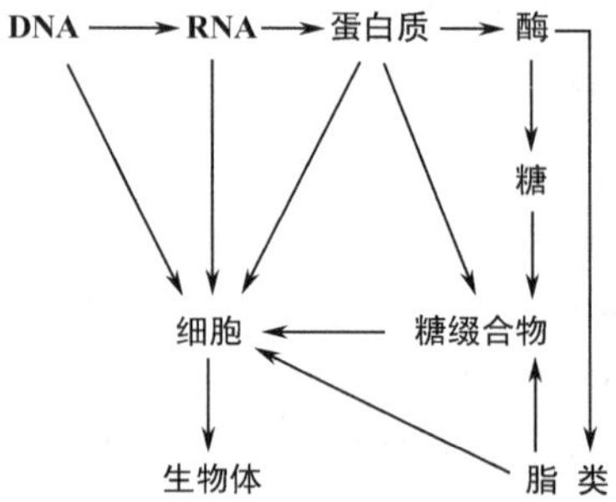


在 20 世纪的第一阶段，糖类的化学、生物化学和生物学曾是学界巨大的兴趣所在。但是，在现代分子生物学革命的初期，聚糖的研究就远远滞后于对其他主要分子的研究了。这主要是由于糖类的结构上的固有的复杂性、难于测序以及从 DNA 模板不能预测其生物合成。为研究这些糖链结构而建立的一些新的工艺为分子生物学开辟了一个新的前沿，称之为"糖生物学（glycobiology）"。1988 年，Rademacher、Parekh 和 Dwek 三人首先认识到将糖化学和生物化学的传统原则与现代细胞和分子生物学对聚糖的研究相结合，而创用了"糖生物学"一词。糖生物学一词已得到广泛的认可，已有了一个领头的生物医学杂志、一个日益壮大的科学学会和一个戈登研讨会议（Gordon Research Conference），它们都以糖生物学命名。

广义来说，糖生物学可定义为研究自然界广泛分布的糖类（糖链或聚糖）的其结构、生物合成及生物学的一门学科。它是生物医学各学科中在基础研究、生物医学和生物技术方面发展较快的一个学科。事实上，已有好几个生物技术、制药和实验器材供应公司对此领域作了巨额投资。此领域包括从糖类的化学和修饰聚糖的酶学，到聚糖在复杂生物系统里的功能，以及对聚糖进行各种加工处理的技术。糖生物学的研究不仅需要糖类命名、生物合成、结构、化学合成及复合聚糖的功能的基础研究，还需要有分子遗传学、细胞生物学、生理学和蛋白质化学等方面的基础学科研究。本书为糖生物学领域提供了一个概述，着重强调目前所知最多的高等动物的聚糖。本书假定读者群具有研究生物水平的化学、生物化学和细胞生物学的基础。

## 单糖是聚糖的基本结构单位[5]

糖类被界定为多羟基醛或多羟基酮的化合物，或是能水解出上述单位的前体化合物

(举例见下，细节见第 2 章)。单糖是不能再水解成为更简单的糖单位的一类糖。单糖在其碳链的末端有一个羰基（即醛基)，或者在碳链内部的一个碳原子上有一个羰基（即酮基)。这两种单糖又被称为醛糖及酮糖。自由的单糖可以直链型或环型存在（图 1.1)。

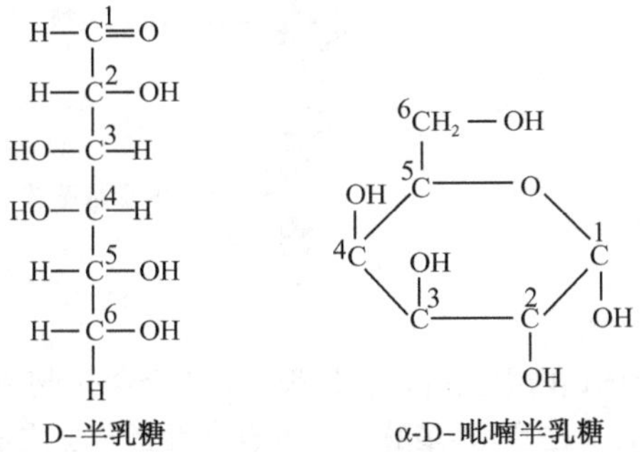


**图 1.1** 半乳糖的直链和环状结构。羟基在特定碳原子上方位的改变可导致新的有不同生物学和化学性质的分子产生。例如，葡萄糖是半乳糖 4 位上的差向异构体(4-epimer)。

环状的单糖在寡糖中居支配地位，它们通过糖苷键或者分支，或者呈线性相连（多糖这个名称特指由寡糖重复单位所组成大分子聚糖)。单糖的环状结构能在醛糖的 C－1 或酮糖的 C－2 位产生一个手性（异头）中心（详见第 2 章)。糖苷键包括一个单糖和另外一个残基组分相连，尤其是与此异头中心上的羟基相连，特别是通过异头碳上的羟基和另一个残基相连。按照氧与异头碳的关系而有 α 连接或 β 连接之分（见第 2 章)。尽管其顺序和组成一样，重要的是要认识到这两型连键各具有不同的结构性质和生物功能。任何一种糖缀合物都含有一个或多个单糖或多个寡糖单位（糖体 glycone）以共价键和一个非糖的组分（配糖体 aglycone）结合。一个没有和配糖体结合的寡糖通常还能保留其末端单糖组分中的醛基或酮基的还原性。因此糖链的这个末端又称为还原末端(还原末端这个术语甚至在寡糖链与配糖体结合而不再具有还原性的情况下还继续使用)。糖链的外端相应地称为非还原末端（请注意，这与核苷酸链有 3′端与 5′端之分相同，多肽链有氨基末端和羧基末端之分)。

## 聚糖可以组成糖缀合物的主要部分[2]

自然界出现的糖缀合物中，其分子的聚糖部分可有很大的变化，从占分子很小部分到占分子的主体部分。引人注目的是，在大多数糖缀合物中，糖链占据分子相当大的部分（见图 1.2 的典型例子)。因此，大多数类型细胞的表面，都装饰着大量不同类型的糖缀合物，即它们都被一层致密的糖衣所包被，此为“糖被（glycocalyx)”这个词的来源。这个细胞表面结构许多年以前就被电子显微镜专家们以质膜外的阴离子层的形式观察到了，这种阴离子层可以与多价阳离子试剂（如阳离子化的铁蛋白）结合而使电子显微镜下对其观察成为可能（举例见图 1.3)。

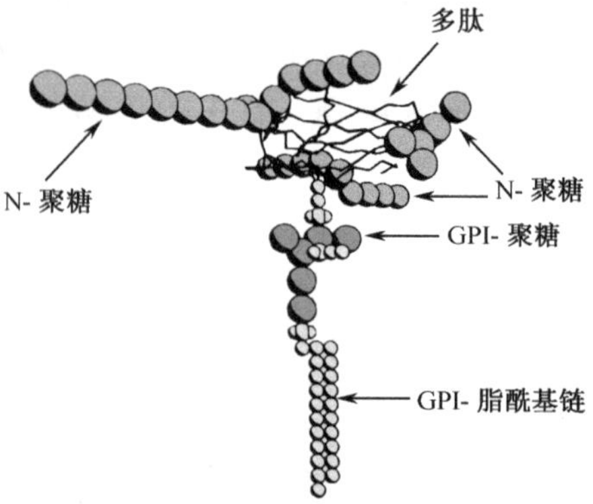


**图 1.2** Thy-1 糖蛋白的示意图。内中包括 3 个 N-聚糖和 1 个含有脂肪酰链的并通常能借以插入膜脂双层的糖磷脂(GPI-聚糖)锚。注意,其多肽链只占整个糖蛋白总质量的较小的部分。(经许可,并有修改,见参考文献 2,Rademacher et al. 1988。)

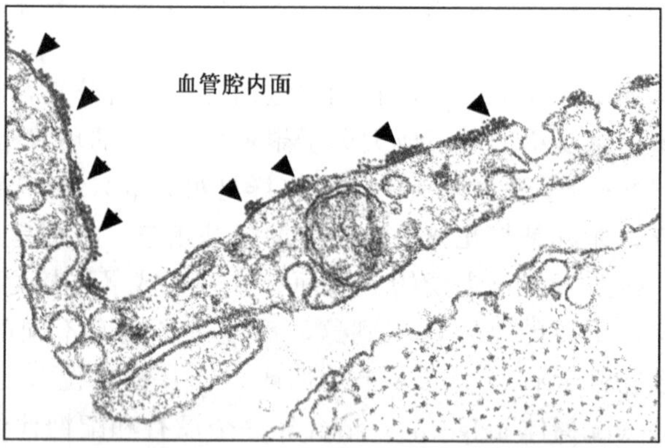


**图 1.3** 大鼠膈肌毛细血管内皮细胞的电子显微镜图。图中显示细胞的腔面质膜(面向血液)饰有阳离子化的铁蛋白颗粒(pI 8.4)结合(箭头处)。这些颗粒是与细胞表面“糖被”中的酸性基团(如含唾液酸的聚糖和硫酸化的糖胺聚糖)结合。注意,颗粒有好几层,表明此糖缀合物层有相当的厚度。(蒙 George E. Palade 热忱供图。)

## 单糖可形成的连键变化多于氨基酸或核苷酸[1,6]

核苷酸和蛋白质都是线性多聚体,都只有一种基本的连接键。相反,每一个单糖在理论上均可以一个 α 或 β 键与链中的另一个单糖的 1 个或几个位点连接,或与其他分子连接。因此,有人指出,虽然 3 个核苷酸或 3 个氨基酸都只能产生 6 种变体,但 3 个己糖根据所考虑因素的不同,可组成的三糖的数字在 1 056 到 27 648 之间。若聚体中的单位数增加,其差别将进一步扩大。例如,在已糖的六聚体,其可能的组合可达万亿之多。因此,在生物系统里,理论上可能存在的糖的数字几乎是不可思议的。对学习糖生物学的学生来说,值得庆幸的是,自然界存在的生物大分子只含有为数相对较少的单糖单位，其结合键的数目也有限。

## 动物糖缀合物中常见的单糖单位[5,7]

现把在高等动物中常见的单糖列在下面，并附上其缩写（其详细结构见第 2 章）。

- 唾液酸（sialic acid）：一类九碳的酸性糖（通用缩写为 Sia），其中最为常见的是 N-乙酰神经氨酸（Neu5Ac，有时也叫 NeuNAc、NeuAc 或 NANA）（详见第 15 章）
- 己糖（hexose）：六碳中性糖，包括葡萄糖（Glc）、半乳糖（Gal）、甘露糖（Man）
- 己糖胺（hexosamine）：在第 2 位具有氨基的己糖，其氨基可为未结合的，或更常见的

常见单糖和连接键的表示符号

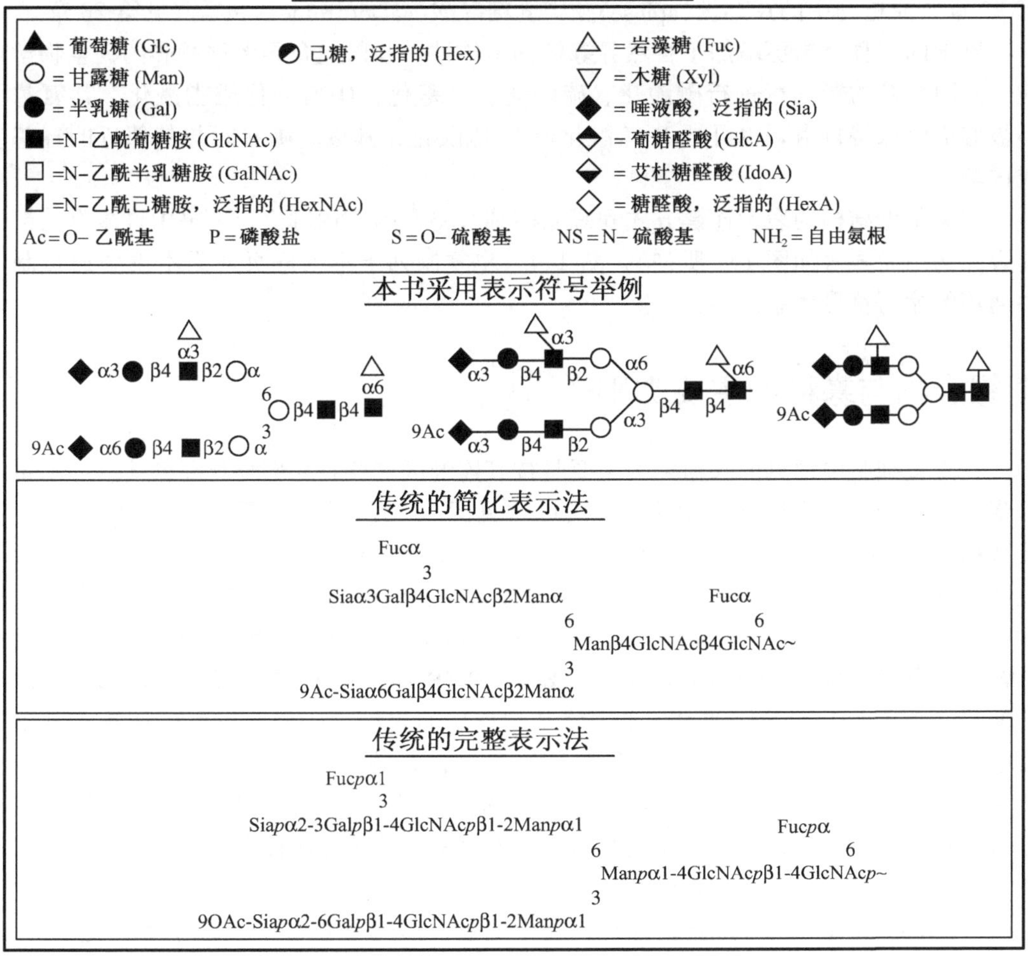


**图 1.4** 绘制聚糖结构时推荐使用的符号和规则。所用的例子是一个典型的“二天线”（biantennary）分支的 N-聚糖，但其外侧末端则有两型。此处所用的表示系统将用于全书（本图也复制于本书扉页）。此处所表示的单糖就是高等动物糖缀合物中所常见的那些。如果不特殊指明，这些单糖都是 D-型，但是 L-岩藻糖（Fuc）和 L-艾杜糖醛酸（IdoA）为例外；所有以糖苷键连接的单糖都假定是吡喃糖（*p*）型（六元环）；所有的糖苷键还都假定是由 C1 羟基生成的，但惟独唾液酸是与 C2 羟基相连的。

是其N-乙酰化的衍生物，如N-乙酰葡糖胺（N-acetylglucosamine，GlcNAc）及N-乙酰半乳糖胺（N-acetylgalacosamine，GalNAc）

- 脱氧己糖（deoxyhexose）：在第6位上没有羟基的中性六碳糖，如岩藻糖（Fucose，Fuc）
- 戊糖（pentose）：五碳糖，如木糖（Xylose，Xyl）
- 糖醛酸（uronic acid）：在第6碳带负电荷羧基的己糖，如葡糖醛酸（glucuronic acid，GlcA）和艾杜糖醛酸（iduronic acid，IdoA）

上述有限的单糖在高等动物的糖生物学中较为常见，但还有其他几种。如在较低等动物中的泰威糖（tyvelose，见第36章），在细菌中的酮一脱氧辛糖醛酸（keto-deoxyoctulosonic acid）、鼠李糖（rhamnose）、庚糖（heptose）及胞壁酸（muramic acid）等（见第21章），或植物中的芹菜糖（apiose）及半乳糖醛酸（galacturonic acid）等（见第20章）。

寡糖的多种修饰更增加了自然界寡糖的多样性，并以此介导多种特异的糖生物学功能。不同单糖的羟基可进行磷酸化、硫酸化、甲基化、O-乙酰化或脂酰化。其氨基可不被修饰而保持自由，也可被N-乙酰化或N-硫酸化，其羧基则有时与其邻近的羟基生成内酯。

有关单糖结构的表示连键方式和寡糖的细节将在第2章讨论。本书中许多有关糖链的表述均用简式（如图1.4所列）。图1.4（也复制列于本书扉页）为本书中通盘制图中通用的缩写符号体系。

## 糖缀合物与寡糖的主要类别[8～12]

在真核细胞中常见的寡糖种类主要是按其连键区（核心）部分与配糖体（aglycone，即蛋白质或脂类）连接键的性质而分类的（见图1.5）。所谓N-聚糖（N-glycan，N-连接寡糖，N-(Asn)-连接寡糖）即其糖链与多肽链中的共有序列Asn-X-Ser/Thr中的天冬酰胺Asn残基共价结合的糖链 N-聚糖都有共同的五糖核心，并一般分为3种类型：高甘露糖型（high-mannose-type）、复合型（complex-type）和杂合型（hybrid-type）（见第7章）。所谓O-聚糖（O-glycan，O-连接寡糖，O-(Ser/Thr)-连接寡糖）是通过N-乙酰半乳糖胺（GalNAc）与肽链的Ser/Thr残基相连接的聚糖，O-聚糖也可延伸为多种不同核心结构的类型（见第8章）。也存在其他类型的O-连接寡糖（如O-连接的甘露糖）。然而，由于对O-GalNAc连接了解的最多，故通常将其称为O-聚糖。糖磷脂锚（glycophospholipid anchor）是磷脂酰肌醇与磷酸乙醇胺以酰胺链连接在蛋白质羧基端的聚糖桥。这种（糖磷脂锚）结构是该类蛋白质锚定于膜脂双层的惟一结构（见第9章）。糖蛋白（glycoprotein）是一种糖缀合物，其中的蛋白质部分具有一或多个寡糖链通过N-或O-连接（见上文）与其多肽骨架共价相连。蛋白聚糖（proteoglycan）是一类具有一条或多条共价结合的糖胺聚糖链的糖缀合物（见后述定义）。它与糖蛋白的区别是人为确定的，因为某些多肽可具有糖胺聚糖链，同时还又具有N-或O-连接的糖链（见第10章）。黏蛋白是一种大分子的糖蛋白，具有许多密集在一起（簇集成堆）的O-聚糖。糖鞘脂（glycosphingolipid，常称为糖脂）是一类由寡糖通过葡萄糖或半乳糖与脂类部分脑酰胺的伯羟基结合的糖缀合物，而脑酰胺本身是由长链碱基（即鞘氨醇，sphingosine）

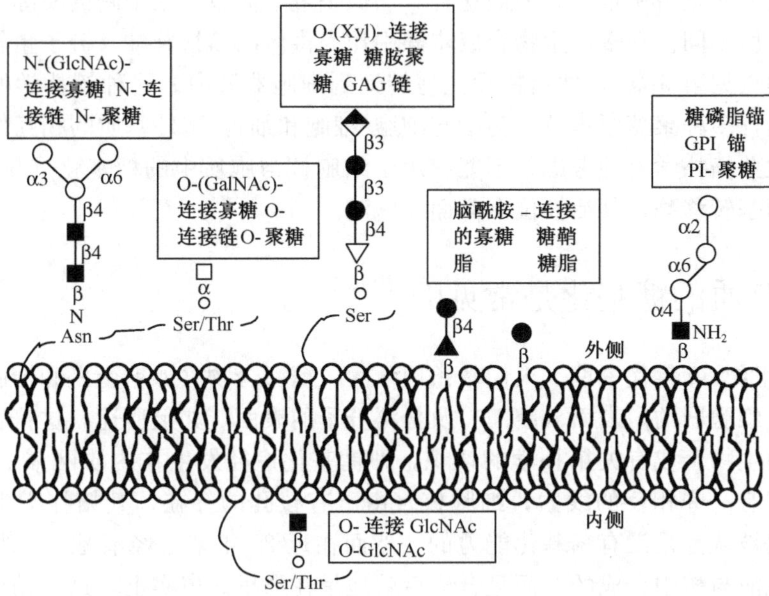


**图 1.5** 动物聚糖常见类别的基本核心结构（用以描述单糖结构的符号见图 1.4）。

与脂肪酸组成的分子（见第 6 章）。糖脂可为中性或带负电性的分子。神经节苷脂是含有一个或多个唾液酸残基的糖脂。应强调指出，以上这些仅为真核细胞中聚糖的常见类别。在动物细胞膜的两侧还发现其他几种较为少见的聚糖型（见第 12 及 13 章）。

## 聚糖生物合成时的拓扑学问题[10,12～22]

研究最为详尽的各类聚糖的生物合成途径，均发生在内质网-高尔基体-质膜这一途径中，也发生在与这一途径的相关分支中。例如，来自 ER 的新合成的蛋白质或脂类均在它们运往最终目的地的旅程中，在不同的阶段，或在翻译的同时，或在翻译后，经修饰而加上糖链。大多数糖基化反应（glycosylation）是利用活化形式的单糖（即糖核苷酸）作为糖的供体，通过糖基转移酶的催化完成的（有关其生物化学、分子遗传学及细胞生物学的细节见第 17 章）。供体糖核苷酸在胞液区室中由内源性或外来的单糖合成（见第 6 章）。为使内质网-高尔基体途径中的糖基化反应得以进行，这些供体必须主动跨过膜的脂双层。因此，曾在了解内质网与高尔基体内糖基化的机理上做了艰巨的努力，现已阐明糖基化反应的最终结果是由多种因素决定的。

有些糖链的主体部分是在上述这些胞内膜结构的胞质面生成的，然后翻转到膜的另一侧，但大多数糖链是在内质网与高尔基体的内侧面直接向延伸着的糖链添加生成的。不论分子的多大部分是面对内质网或高尔基体的内侧，它们最终都将处在分泌颗粒或溶酶体的内侧面，在拓扑学上，这已经被认为是在细胞的外侧了。对参与生物合成反应的各种酶（大多是糖基转移酶）已有了深入的研究（见第 17 章），这些酶的定位对于确定内质网-高尔基体途径中各个区室的功能是有帮助的。根据多数人认同的模型，人们推测这些酶按其实际的代谢途径依次精确地连接排列而发挥作用。但由于许多酶的作用不止催化一个反应而是有所重叠，因而这种看法似乎过于简单，某个酶的实际分布可能按细胞类型而有所不同。在多数生物合成步骤中作为供体的糖核苷酸（分子量较低）是在胞质中生成的（见第6章），然后特异性地转运到细胞器腔内。这种拓扑学的不对称性的另一推论是许多种聚糖原本就是为参与细胞-细胞和细胞-胞外基质的相互作用而设计的。当然，这些拓扑学上的考虑并不能应用于细胞核与胞质中的糖基化（见下），这是由于相关的糖基转移酶，其活性位点都面向胞液。

## 细胞核与胞质的糖基化是常见的[10]

直到20世纪80年代中期，人们教条地认为，糖缀合物（如糖蛋白和糖脂）只位于细胞外表面、细胞器的内表面（腔面）及分泌分子的表面。如上所述，这符合于当时所知的各类聚糖生物合成有关拓扑学的认识，即糖基化途径发生在内质网-高尔基体的腔内。因此尽管有一些相反的线索，细胞核（由于有核孔的存在，其拓扑学上是半连续的）和胞液仍被认为是没有糖基化能力的。然而在近20年来已经清楚，一些类型的糖缀合物是在胞液与核中合成的，而且合成后就地呆在那里。事实上，这些糖缀合物中的一种（O-连接的GlcNAc，见第14章）可能在数量上是许多细胞中含量最多的常见糖缀合物。许多研究者如此长期地忽略了这种主要的糖基化反应，这一事实着重说明了整个糖生物学领域仍是一个相对有待开发的处女地。

## 各种类别的聚糖常共享外端结构[14,16]

不同类别的聚糖，其核心结构各异，相反，其外层的某些结构常享有相同的序列。例如，N-及O-聚糖和糖鞘脂（GSL）的次末端均常含有Galβ1-4(3)GlcNAcβ1的二糖单位（即乳糖胺或LacNAc单位）。此二糖单位常重复出现（如多聚乳糖胺polylactosamine、聚乳糖胺聚糖polylactosaminoglycan或多聚-N-乙酰乳糖胺poly-N-actyllactosamine）。在糖链的末端，也有较为少见的二乙酰基乳糖单位GalNAcβ1-4GlcNAcβ1-(即LacdiNAc)。这些链可被岩藻糖修饰或分支，其末端常为唾液酸、岩藻糖、α-Gal、β-GalNAc或β-GlcA单位（见第16章）。糖胺聚糖是酸性二糖单位的重复线性多聚体，每个单位含有一个己糖胺和一个己糖（半乳糖）或一个己糖醛酸（GlcA或IdoA）。这些就是蛋白聚糖中存在的糖链（见第11章）。按二糖单位的类型，糖胺聚糖分为软骨素(chondroitin)或硫酸皮肤素（dermatan sulfate/ GalNAcβ1-4GlcA/IdoA）、肝素（heparin）或硫酸类肝素（heparan sulfate/GlcNAcα1-4 GlcA/IdoA）、或硫酸角质素（keratan sulfate/Galβ1-4GlcNAc）。硫酸角质素实际是一种多聚乳糖胺6-O-硫酸化的类型，因此是与N-或O-聚糖的核心相连，而不是与典型的蛋白聚糖核心区相连。有一种类别的糖胺聚糖，聚透明质酸（hyaluronan/ $[GlcNAc\beta1\text{-}4GlcA]_n$），似主要以游离的糖链存在，未与任何配糖体结合。糖胺聚糖（除聚透明质酸外）也通常具有羟基或氨基的硫酸酯结构（N-或O-的硫酸基团）。多聚唾液酸是唾液酸的同质多聚体（homopolymer），选择性地存在于哺乳动物的少数蛋白质及某些病源性细菌的荚膜多糖中。

## 微不均一性是蛋白质糖基化的共性[2,4,8,23]

蛋白质糖基化中的一个最吸引人但又令人困惑的问题是其微不均一性（microheterogeneity）现象。微不均一性这一术语指的是，在一种特殊型细胞中的一种给定蛋白质的任何给定糖基化位点上合成的聚糖的精确结构中发现有一定范围的变化。甚至这种不均一性的程度随着不同的糖基化位点、不同的蛋白质和不同的细胞型之间还有相当大的变化。因此，一种给定糖蛋白可以多种糖形存在，每个形都称得上是一个独特的分子种。这种不均一性产生的机理之一可解释为，当新合成的蛋白质快速通过高尔基体时，依次排列的多个糖基化反应（应为"酶"——译注）相互竞争着去和该蛋白反应而导致不均一性。另一个可能性是，每一个细胞的高尔基体都有其自身特有的糖基化细节，样品的不均一性是由于它来自多个细胞。

实际上，微不均一性解释了糖蛋白在各种层析形式中的一些异常层析行为（例如在SDS-PAGE时出现的条带扩散现象），而且更使多数糖蛋白的全结构分析难于进行。从功能的角度上来说，微不均一性的含义仍不清楚。很有可能它是一种"多样性发生器"（diversity generator），用来介导众多的内源性识别过程，和（或）用它来躲避外来的微生物和寄生物，因为它们只和高度特异的聚糖结构结合。

## 聚糖的周转和降解[24,25]

和所有活细胞的组分一样，聚糖也总是在不断地被合成和降解（见第18章）。其降解反应是由外切糖苷酶（从非还原端）或内切糖苷酶介导的。有些末端单位也能被除掉，然后又被重新连接，原来的糖链仍然保持完整未降解。多数聚糖的完全降解通常都是在溶酶体中由一系列糖苷酶完成的。一旦降解成其组成单位单糖时，它们又输出到胞液里供循环使用（见图1.6）。由ER-高尔基体途径衍生来的聚糖，其周转率较慢；与此相反，细胞核和胞质里的聚糖更为动态，周转较快（见第13～14章）。

## 糖基化研究中使用的工具[26～36]

与寡聚核苷酸和蛋白质不同，聚糖链很少是直线不分支的，即便偶尔是直线的，它们也会易受到各种（化学）修饰。因此，寡聚糖的完全测序是难于通过一种方法完成的，而须要物理和化学手段的反复组合，才能最终阐明结构的细节（各种低和高分辨率的分离和分析方法，包括质谱和NMR的讨论，见第38章）。同样，可以用各种各样的方法干扰糖基化，以研究聚糖的生物学。其他研究糖基化反应的方法包括使用酶（内切糖苷酶和外切糖苷酶）、凝集素（糖结合蛋白）（第30章）、化学修饰或切除、代谢物放射标记、糖基化的抑制物及引物（第40章）、抗体、糖基转移酶的分子克隆（第17章）以及在完整细胞和生物体里对糖基化进行基因修饰（第31和第32章）。近年来，使用化学和酶学的方法在离体条件下定向合成聚糖有了突出的进展，提供了许多新手段进行糖生物学研究（第39章）。近年来通过不同途径建立的寡糖文库又进一步促进了化学和

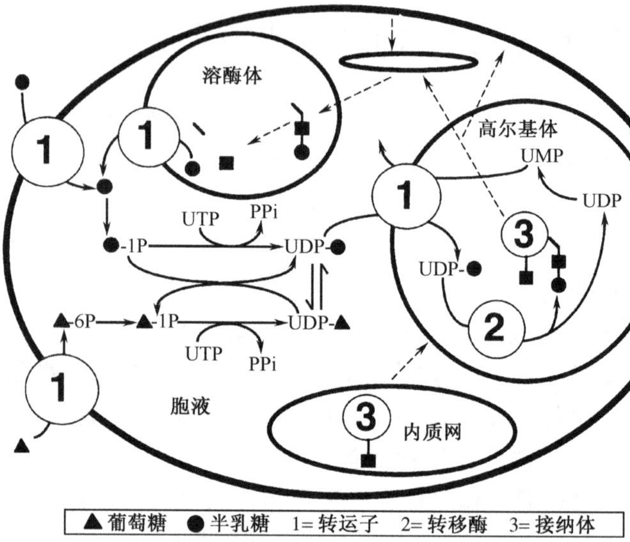


**图 1.6** 一个普通单糖的生物合成、利用及周转。此示意图表示动物聚糖的一个普通单糖——半乳糖的生物合成、命运及其周转。虽然有少量半乳糖可从胞外摄取，多数半乳糖或者是从葡萄糖从头合成的，或者是在溶酶体中降解的糖缀合物中循环使用的。示意图表示了 UDP 糖核苷酸生成的简化图（只表示了一条途径）、它与 UDP-葡萄糖之间的平衡及其在高尔基体中的摄取、利用与新聚糖的合成。实线表示生化代谢途径；虚线表示膜和聚糖的穿行途径。

生物学的交融（第 39 章）。

## 培养细胞和整体动物的糖基化遗传缺陷[12,37～40]

在培养细胞系的突变株中已鉴定出多种特异的聚糖生物合成的遗传缺陷。尽管有一些例外，在培养的动物细胞中，在几乎所有聚糖生物合成的途径中，其多个步骤都已得到了相应的缺陷株。这些缺陷株的获得对于阐明聚糖生物合成途径的细节是极有意义的（见第 31 章）。不过，这也意味着许多聚糖类型的生物合成的各个具体步骤，对生活在培养皿环境里的单个细胞管家活性（housekeeping activity）是无关紧要的。相反，这些步骤的产物在介导完整多细胞生物体内细胞-细胞和细胞-基质的相互作用上，以及介导生物体个体之间的相互作用上起重要作用。与此一致的是在完整动物中糖基化的遗传缺陷则相对较少（见第 32 章）。也有可能，在完整动物中那些天然发生的突变体是一些复杂的或罕见的遗传型，以至于当前有限的诊断手段难以发现它们。无论如何，在活体动物中制造遗传缺陷并观察其后果，将会让我们学到很多东西。近年来，这已成为糖生物学中的一个前沿（见第 33 章）。

## 聚糖生物学功能看来是多样的[4,7,41～50]

本书的一个主题是探索聚糖的生物学功能。与任何其他生物系统一样，最好的途径是仔细考虑聚糖的结构和生物合成与其实际功能之间的关系。从聚糖广泛存在和其复杂的性质，可以想像得出，它们的生物学功能是五花八门的。因此，大部分已提出的关于聚糖功能的理论都不会全部正确。对如此一类庞杂的分子来说，可以预期，聚糖的生物学作用有些可以是微不足道的，也有些可以对发育、生长、功能或是存活等起关键的作用。

已知的聚糖广泛的生物学功能可以大致归纳为两大类：(1) 结构的和调节的功能：这包括对聚糖本身的调节，或对聚糖所附着的分子进行调节；(2) 聚糖被凝集素（糖结合蛋白）的特异识别。这种凝集素或者是内源性的（对合成聚糖的机体而言）（有关动物凝集素，见第 22～27 章），或者是外源性的（第 28 章，微生物来源的凝集素，它们结合宿主细胞特异的聚糖）。本书多处阐述了上述糖-蛋白质相互作用的详细动力学和其原子的变化（见第 4 章），下面是其一般概括：单价糖-凝集素的结合，其亲和力相对较低，该系统通过创设糖和凝集素的多价性来增强其亲合性（avidity）（见第 30 和 40 章）。

## 发育、分化、癌变和系统发育中糖基化的改变[12,51～57]

当开发出一个特异糖的新探针（例如抗体或凝集素）并用于研究该糖在完整生物体中的表达时，典型的做法是要结合细胞激活、胚胎发育、器官生成和分化，找出其表达的时间进程和空间定位（见第 33 章）。在细胞转化的开始和恶变的过程中常发生聚糖表达的改变（见第 35 章）。这些受时间和空间调控的聚糖表达模式，意味着聚糖在许多过程中起着关键作用。

关于糖基化反应的进化，目前所知甚少。在生物的界和分类单元中，以及在各种动物中，糖基化有共性，也有特性。越是高级的形式，其糖基化就越是日趋复杂。同一物种之内和各种物种之间，糖基化的变化也相当普遍。现今有人提出寡糖的生物学作用越是特殊，就越是由不寻常的聚糖结构，或普通（糖）结构有不寻常的表达，或糖本身的进一步修饰来介导。这些不寻常的结构可能是由相关的各个糖基转移酶的特殊表达样式所决定的。另一方面，这些聚糖也可能是致病毒素和致病微生物识别的靶物。因此，寡糖表达中的多样性至少有一部分必然和进化中物种相互作用（例如宿主-病原体或宿主-共生体的相互作用）而产生的选择压力密切相关。换言之，上述两种不同类型的聚糖识别，对任何一个特异的聚糖-受体的相互作用来说，总是相互竞争的。当然，寄生物和微生物所表达出来的特异聚糖（见第 36 和 37 章）本身也应该经受进化中的选择压力，从生物医学的角度，它们是饶有兴趣的。这些进化的事件在第 3 章里还要进一步讨论，其中也要考虑聚糖的不同生命形式中各式各样的生物合成途径看来是经历了进化和分歧的。

## 生物工程和医学中的糖生物学[23,58～61]

许多天然生物活性分子是糖缀合物，其连接的聚糖对这些分子在完整的生物体中的生物合成、稳定性、作用及周转具有强烈的影响。仅因此原因，糖生物学和糖化学在现代生物技术中，就享有日益增长的重要性。此外，许多由聚糖介导的重要生物学相互作用和功能都可以在活体内进行操作。已有好几种人类疾病被鉴定为是由于聚糖生物合成的改变所致，这些改变具有诊断和（或）治疗意义。糖生物学在生物工程和医学中所显出的重要性将在第 37 和 41 章中进一步讨论。

（崔肇春 译　　张树政 校）

## 参 考 文 献


1. Lis H and Sharon N. 1993. Protein glycosylation—Structural and functional aspects. *Eur. J. Biochem.* **218:** 1–27.
2. Rademacher T.W., Parekh R.B., and Dwek R.A. 1988. Glycobiology. *Annu. Rev. Biochem.* **57:** 785–838.
3. Varki A. and Freeze H.H. 1994. The major glycosylation pathways of mammalian membranes: A summary. In *Subcellular biochemistry* (ed. Maddy A.H. and Harris J.R.), pp. 71–100. Plenum Press, New York.
4. Hart G. W. 1992. Glycosylation. *Curr. Opin. Cell Biol.* **4:** 1017–1023.
5. Varki A., Manzi A.E., and Freeze H.H. 1996. Introduction: Preparation and analysis of glycoconjugates. In *Current protocols in molecular biology* (ed. Ausubel F.M. et al.), Unit 17.0. Wiley, New York.
6. Laine R.A. 1994. A calculation of all possible oligosaccharide isomers both branched and linear yields $1.05 \times 10^{12}$ structures for a reducing hexasaccharide: The *Isomer Barrier* to development of single-method saccharide sequencing or synthesis systems. *Glycobiology* **4:** 759–767.
7. Varki A. 1993. Biological roles of oligosaccharides: All of the theories are correct. *Glycobiology* **3:** 97–130.
8. Furukawa K. and Kobata A. 1992. Protein glycosylation. *Curr. Opin. Biotechnol.* **3:** 554–559.
9. Hascall V.C., Calabro A., Midura R.J., and Yanagishita M. 1994. Isolation and characterization of proteoglycans. *Methods Enzymol.* **230:** 390–417.
10. Hart G.W. 1997. Dynamic O-linked glycosylation of nuclear and cytoskeletal proteins. *Annu. Rev. Biochem.* **66:** 315–335.
11. Ferguson M.A.J. 1992. Lipid anchors on membrane proteins. *Curr. Opin. Struct. Biol.* **1:** 522–529.
12. Varki A. and Marth J. 1995. Oligosaccharides in vertebrate development. *Semin. Dev. Biol.* **6:** 127–138.
13. Driouich A., Faye L., and Staehelin L.A. 1993. The plant Golgi apparatus: A factory for complex polysaccharides and glycoproteins. *Trends Biochem. Sci.* **18:** 210–214.
14. Van den Eijnden D.H. and Joziasse D.H. 1993. Enzymes associated with glycosylation. *Curr. Opin. Struct. Biol.* **3:** 711–721.
15. Moremen K.W., Trimble R.B., and Herscovics A. 1994. Glycosidases of the asparagine-linked oligosaccharide processing pathway. *Glycobiology* **4:** 113–126.
16. Natsuka S. and Lowe J.B. 1994. Enzymes involved in mammalian oligosaccharide biosynthesis. *Curr. Opin. Struct. Biol.* **4:** 683–691.
17. Abeijon C., Mandon E.C., and Hirschberg C.B. 1997. Transporters of nucleotide sugars, nucleotide sulfate and ATP in the Golgi apparatus. *Trends Biochem. Sci.* **22:** 203–207.
18. Colley K.J. 1997. Golgi localization of glycosyltransferases: More questions than answers. *Glycobiology* **7:** 1–13.
19. Esko J.D. and Zhang L.J. 1996. Influence of core protein sequence on glycosaminoglycan assembly. *Curr. Opin. Struct. Biol.* **6:** 663–670.
20. Traub L.M. and Kornfeld S. 1997. The *trans*-Golgi network: A late secretory sorting station. *Curr. Opin. Cell Biol.* **9:** 527–533.
21. Farquhar M.G. and Palade G.E. 1998. The Golgi apparatus: 100 years of progress and controversy. *Trends Cell Biol.* **8:** 2–10.

22. Varki A. 1998. Factors controlling the glycosylation potential of the Golgi apparatus. *Trends Cell Biol.* **8:** 34–40.
23. Parekh R.B. and Patel T.P. 1992. Comparing the glycosylation patterns of recombinant glycoproteins. *Trends Biotechnol.* **10:** 276–280.
24. Neufeld E.F. 1991. Lysosomal storage diseases. *Annu. Rev. Biochem.* **60:** 257–280.
25. Sandhoff K. and Kolter T. 1996. Topology of glycosphingolipid degradation. *Trends Cell Biol.* **6:** 98–103.
26. Cummings R.D. 1994. Use of lectins in analysis of glycoconjugates. *Methods Enzymol.* **230:** 66–86.
27. Dell A., Reason A.J., Khoo K.-H., Panico M., McDowell R.A., and Morris H.R. 1994. Mass spectrometry of carbohydrate-containing bipolymers. *Methods Enzymol.* **230:** 108–132.
28. Geyer R. and Geyer H. 1994. Saccharide linkage analysis using methylation and other techniques. *Methods Enzymol.* **230:** 86–108.
29. Hardy M.R. and Townsend R.R. 1994. High-pH anion-exchange chromatography of glycoprotein-derived carbohydrates. *Methods Enzymol.* **230:** 208–225.
30. Kaushal G.P. and Elbein A.D. 1994. Glycosidase inhibitors in study of glycoconjugates. *Methods Enzymol.* **230:** 316–329.
31. Mellors A. and Sutherland D.R. 1994. Tools to cleave glycoproteins. *Trends Biotechnol.* **12:** 15–18.
32. van Halbeek H. 1994. $^1$H nuclear magnetic resonance spectroscopy of carbohydrate chains of glycoproteins. *Methods Enzymol.* **230:** 132–168.
33. Varki A. 1994. Metabolic radiolabeling of glycoconjugates. *Methods Enzymol.* **230:** 16–32.
34. Palcic M.M., Pierce M., and Hindsgaul O. 1994. Synthetic neoglycoconjugates in glycosyltransferase assay and purification. *Methods Enzymol.* **247:** 215–227.
35. Burlingame A.L. 1996. Characterization of protein glycosylation by mass spectrometry. *Curr. Opin. Biotechnol.* **7:** 4–10.
36. Reinhold V.N., Reinhold B.B., and Chan S. 1996. Carbohydrate sequence analysis by electrospray ionization mass spectrometry. *Methods Enzymol.* **271:** 377–402.
37. Esko J. D. 1992. Animal cell mutants defective in heparan sulfate polymerization. *Adv. Exp. Med. Biol.* **313:** 97–106.
38. Jaeken J., Carchon H., and Stibler H. 1993. The carbohydrate-deficient glycoprotein syndromes: Pre-Golgi and Golgi disorders? *Glycobiology* **3:** 423–428.
39. Marth J.D. 1994. Will the transgenic mouse serve as a Rosetta Stone to glycoconjugate function? *Glycoconj. J.* **11:** 3–8.
40. Stanley P. and Ioffe E. 1995. Glycosyltransferase mutants: Key to new insights in glycobiology. *FASEB J.* **9:** 1436–1444.
41. Paulson J.C. 1989. Glycoproteins: What are the sugar chains for? *Trends Biochem. Sci.* **14:** 272–276.
42. Chrispeels M.J. and Raikhel N.V. 1991. Lectins, lectin genes, and their role in plant defense. *Plant Cell* **3:** 1–9.
43. Sharon N. 1993. Lectin-carbohydrate complexes of plants and animals: An atomic view. *Trends Biochem. Sci.* **18:** 221–226.
44. Karlsson K.A. 1995. Microbial recognition of target-cell glycoconjugates. *Curr. Opin. Struct. Biol.* **5:** 622–635.
45. Nelson R.M., Venot A., Bevilacqua M.P., Linhardt R.J., and Stamenkovic I. 1995. Carbohydrate-protein interactions in vascular biology. *Annu. Rev. Cell Biol.* **11:** 601–631.
46. Crocker P.R. and Feizi T. 1996. Carbohydrate recognition systems: Functional triads in cell-cell interactions. *Curr. Opin. Struct. Biol.* **6:** 679–691.
47. Dénarié J., Debellé F., and Promé J.C. 1996. Rhizobium lipo-chitooligosaccharide nodulation factors: Signaling molecules mediating recognition and morphogenesis. *Annu. Rev. Biochem.* **65:** 503–535.
48. Gahmberg C.G. and Tolvanen M. 1996. Why mammalian cell surface proteins are glycoproteins. *Trends Biochem. Sci.* **21:** 308–311.
49. Sharon N. and Weis W. 1998. Carbohydrates and glycoconjugates—From cellulose and polysialic acids to the control of intracellular protein trafficking: New insights into carbohydrate structure and function. *Curr. Opin. Struct. Biol.* **8:** 545–547.
50. Drickamer K. and Taylor M.E. 1998. Evolving views of protein glycosylation. *Trends Biochem. Sci.* **23:** 321–324.
51. Muramatsu T. 1993. Carbohydrate signals in metastasis and prognosis of human carcinomas.

*Glycobiology* **3:** 291–296.
52. Fukuda M. 1996. Possible roles of tumor-associated carbohydrate antigens. *Cancer Res.* **56:** 2237–2244.
53. Kim Y.J. and Varki A. 1997. Perspectives on the significance of altered glycosylation of glycoproteins in cancer. *Glycoconj. J.* **14:** 569–576.
54. Galili U., Shohet S.B., Kobrin E., Stults C.L., and Macher B.A. 1988. Man, apes, and Old World monkeys differ from other mammals in the expression of alpha-galactosyl epitopes on nucleated cells. *J. Biol. Chem.* **263:** 17755–17762.
55. Manzella S.M., Dharmesh S.M., Beranek M.C., Swanson P., and Baenziger J.U. 1995. Evolutionary conservation of the sulfated oligosaccharides on vertebrate glycoprotein hormones that control circulatory half-life. *J. Biol. Chem.* **270:** 21665–21671.
56. Dairaku K. and Spiro R.G. 1997. Phylogenetic survey of endomannosidase indicates late evolutionary appearance of this N-linked oligosaccharide processing enzyme. *Glycobiology* **7:** 579–586.
57. Costache M., Apoil P.A., Cailleau A., Elmgren A., Larson G., Henry S., Blancher A., Iordachescu D., Oriol R., and Mollicone R. 1997. Evolution of fucosyltransferase genes in vertebrates. *J. Biol. Chem.* **272:** 29721–29728.
58. Warren C.E. 1993. Glycosylation. *Curr. Opin. Biotechnol.* **4:** 596–602.
59. Ichikawa Y., Wang R., and Wong C.-H. 1994. Regeneration of sugar nucleotide for enzymatic oligosaccharide synthesis. *Methods Enzymol.* **247:** 107–127.
60. Ding Y., Kanie O., Labbe J., Palcic M.M., Ernst B., and Hindsgaul O. 1995. Synthesis and biological activity of oligosaccharide libraries. *Adv. Exp. Med. Biol.* **376:** 261–269.
61. Wright A. and Morrison S.L. 1997. Effect of glycosylation on antibody function: Implications for genetic engineering. *Trends Biotechnol.* **15:** 26–32.

本章初稿由 A. Varki（圣迭戈加利福尼亚大学）编写。

# 第 2 章　糖的结构和命名



在介绍了糖的一般命名后，本章将对单糖的结构和化学做一概述，着重于其立体化学的特点。本章描述了以单糖组成的复合糖的结构，指出了糖苷键（包括其位置和构型），也包括其异头构型（anomericity）的重要性。本章最后一段介绍糖库（CarbBank），这是一个帮助查询 CCSD（糖结构）复合糖结构数据库。

## 命名

一百多年以前在不知道其详细结构的情况下所提出的碳水化合物这个名词并不准确，这个名词可用于很多物质，并包括范围广泛的化学结构。原先它指的是那些天然物质，其组成可用（$C\cdot H_2O)_n$ 组成式表示，但是今天的碳水化合物所包含的远远超过“碳•水”这个含义，它包括任何符合此标准的物质，及其许多衍生物。

一般来说，碳水化合物含有好几个单糖（monosaccharide），它们连在一起成为寡聚体或多聚体。后者又叫做寡糖或多糖，或者更为普遍地称为糖（saccharide）、糖链（sugar chain）或聚糖（glycan）。术语 saccharide（糖，系由希腊词 sakchar 衍生而来，意为糖或甜）和许多单糖和双糖的特殊味道相关。单糖是聚糖的主要（但不是惟一的）组分。单糖和复合糖的关系与氨基酸和蛋白质或核苷酸与核酸的关系相似。在复合糖分子内的单糖残基可含有非糖的部分，例如磷酸根和硫酸根。

术语糖缀合物（glycoconjugate）常用于描述任何一个含有单糖并以共价键与另一种天然构件单位（例如氨基酸、肽类或脂类）相连的大分子。复合糖存在于这样一类糖缀合物中，例如糖蛋白（glycoprotein）、糖脂（glycolipid）和蛋白聚糖（proteoglycan）。在上述名词中，前缀 glyco-或后缀-saccharide 或-glycan 表明它们含有单糖组分。因此，生物大分子的主要类别可表示为核酸、蛋白质、（复合）糖（包括糖缀合物）和脂类。

“复合”（complex）这个前缀甚至比“碳水化合物”（carbohydrate）还要模糊。一种碳水化合物若含有一种以上的单糖构件单位，常冠以“复合”。因此，葡萄糖聚体纤维素，是一种“单纯”碳水化合物，而半乳甘露聚糖则是复合碳水化合物的一个例子。（例如纤维素和淀粉，虽然叫简单聚糖，其三维分子结构是非常复杂的。）在描述糖蛋白的 N-聚糖时，“复合”前缀常被用来作为含有 N-乙酰乳糖胺糖链的同义词，这意味着其高甘露糖链的特征是其单糖组分较为单纯。最后，复合糖包括糖缀合物，而碳水化合物这个词本身则没有这个含义。有关命名的进一步讨论将在本章不同的段落里涉及。本章所涉及到的命名细节可参见文献 1～6。

## 单糖：基本结构和立体异构

我们对糖结构的了解要追溯到 19 世纪后叶 Emil Fischer 所做的开拓性工作。他是第一 个确定了多个单糖结构的人。从化学的角度，单糖应是多羟基醛、多羟基酮及其衍生物。所有简单单糖都有共同的经验式（$CH_2O$）$_n$，其中 $n$ 表示 3～9 之间的任何一个整数。不论其碳原子数是多少，所有单糖都可以归类为两大类：醛糖（aldose）或酮糖（ketose）。（其字尾-ose 是碳水化合物的命名中特有的）。醛糖含有一个功能团醛基（—CH═O），而酮糖则含有一个功能团酮基（>C═O）。进一步的分类是根据其碳原子数，据此，有醛三糖（aldotriose）、酮三糖（ketotriose）、醛四糖（aldotetraose）、酮四糖（ketotetraose），余此类推。

甘油醛是最简单的醛糖，二羟基丙酮是最简单的酮糖（图 2.1a），每一个都可看作是该类高级同系物（CHOH）的母体。甘油醛和二羟基丙酮在结构上也不相同，甘油醛含有一个不对称（即手相）碳原子（图 2.1b），而二羟基丙酮则无。除二羟基丙酮外，所有单糖都有至少一个不对称中心，其总数等于内侧（CHOH）数（醛糖为 $n-2$，酮糖为 $n-3$，其中 $n$=碳原子数）。单糖的立体异构体数目等于 $2^k$，其中 $k$ 等于不对称碳原子数。例如，一个醛糖的总式是 $C_6H_{12}O_6$，有 4 个不对称碳原子，亦即有 4 个（CHOH）基团，能有 16 个异构体存在，其中 8 个为 D 型，另 8 个为 L 型。

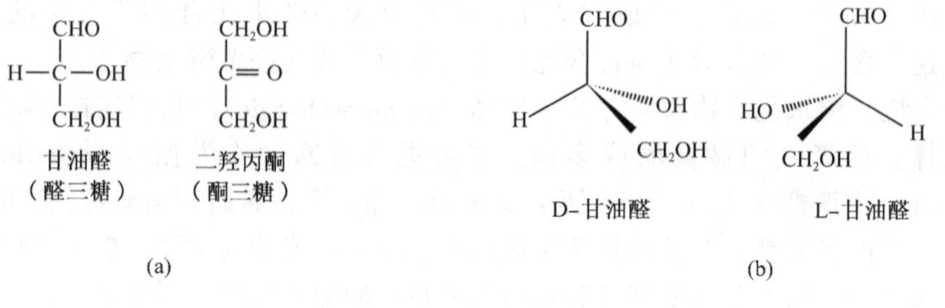


**图 2.1**　(a) 甘油醛和二羟丙酮的 Fischer 投影结构式；(b) D-及 L-甘油醛的准三维结构式。甘油醛中心碳的手性使分子产生两种构型，即 D 型和 L 型。

现将以 D-甘油醛为母体化合物所衍生出来的醛糖（直到 D-己醛糖）的结构式列于图 2.2。依有机化学命名的规则编号碳原子，例如醛基碳为 C-1，酮糖的羰基碳为 C-2。每一种糖的总构型（D 或 L 型）是由其离醛基功能团最远的 CHOH 的方向来决定的(亦即最高编号不对称碳原子上的 OH 基方向，己糖为 C-5，戊糖为 C-4)。上述碳原子上的 OH 在右侧的为 D 型，此型是自然界的主要构型。图 2.2 中的直链结构式被称做 Fischer 投影式。

围绕一个手性碳原子的任何一对仅在构象上不同的糖叫做差向异构体（epimers）。

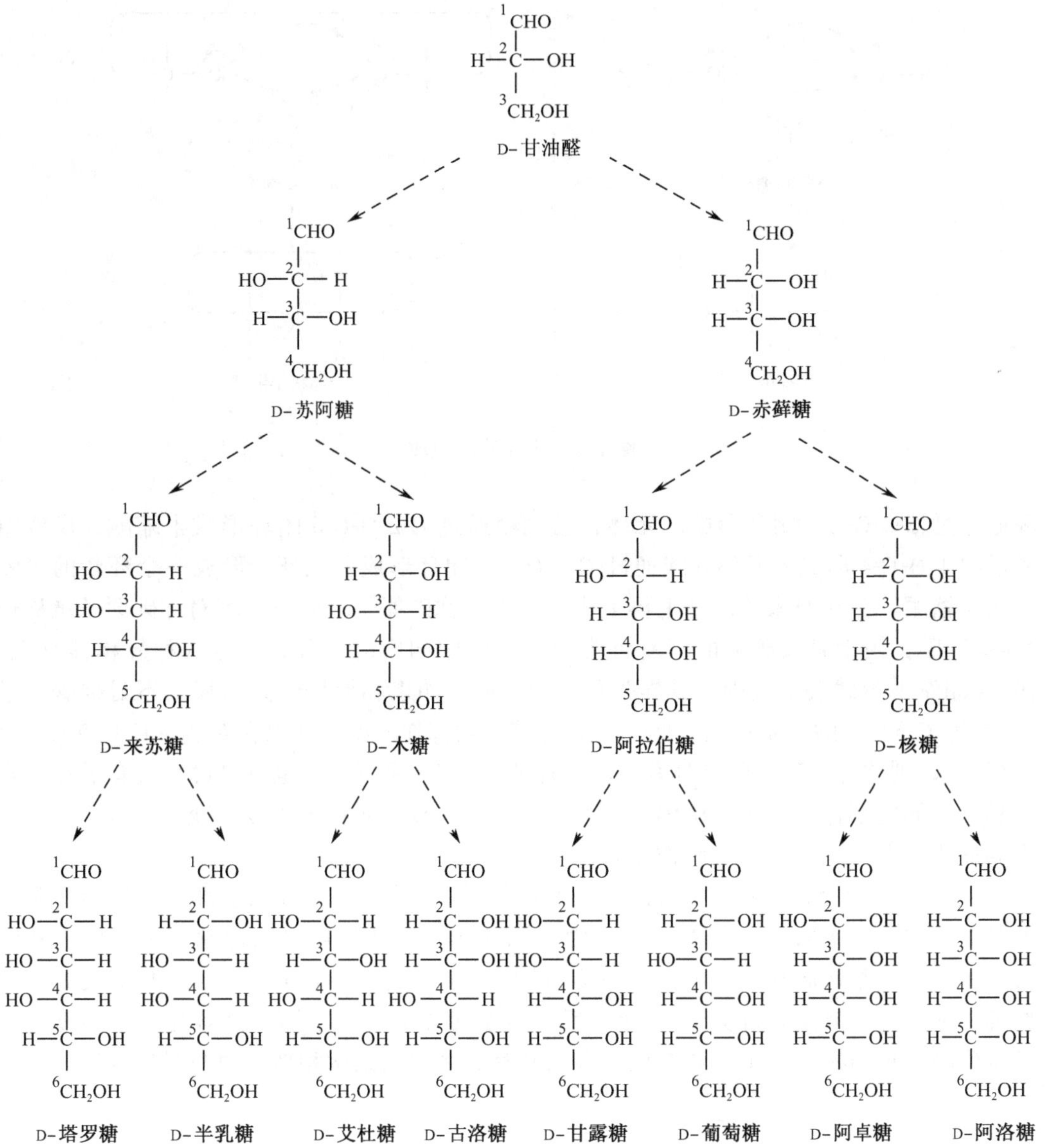


**图 2.2** 从三糖到己糖 D 系醛糖的直链结构。

例如，D-甘露糖是 C-2 位上 D-葡萄糖的差向异构体，而 D-半乳糖则是 C-4 位上 D-葡萄糖的差向异构体（参见图 2.2）。单糖的名称常用其缩写式，最常用的是简单单糖的三字母缩写式（例如：Gal，Glc，Man，Xyl，Rib）。如不另行指出，这些缩写都表示 D 构型。此外，在脊椎动物的糖缀合物中含量最多的那些单糖，在本书中还用符号来表示(见第 1 章，图 1.4)。在溶液中，极少的糖分子是以自由醛基或自由酮基的形式存在的，相反，它们是以半缩醛或半缩酮的环状形式存在的。半缩醛连接键是由一个醛基和一个羟基缩合而成（图 2.3）。像单糖那样，如若反应是在分子内部，则反应产生的半缩醛是环状的。从化学稳定性上考虑，五元环或六元环是最常见的形式。一般说来，已

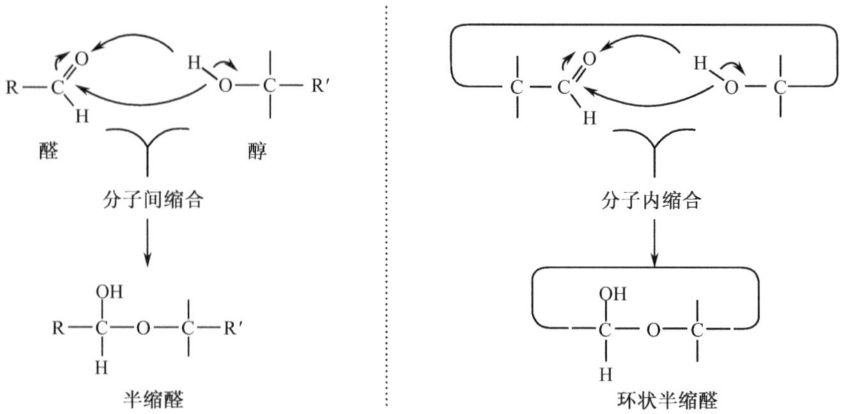


**图 2.3** 半缩醛的生成。

醛糖通过 C-2-O-C-5 闭环形成六元环，己酮糖通过 C-2-O-C-5 闭环形成半缩酮，戊醛糖通过 C-1-O-C-4 形成五元环，或通过 C-1-O-C-5 闭环形成六元环。形成一个环状的半缩醛或半缩酮，会在原来的羰基上再生成一个不对称碳原子。此新的不对称碳原子被称作"异头"碳。由于异头碳上的羟基可为两种空间定向中的一种，故有两种异构体存在。在 Fischer 的直线表示式中，其异头羟基的方向，如果和标号最高的那个不对称碳原子（已糖为 C-5）上的羟基在同一侧，则此种结构被称作 α 型。如果在对侧（C-1 和 C-5 上的羟基），则称为 β 型。所有具有自由"还原末端"（见下文，也就是说，具有潜在的自由醛基）的糖都存在异头异构体。在溶液里，此种异头异构体可以互变，并以平衡混合物的形式存在（见下文，变旋作用）。

从图 2.4 可见，环状的 Fischer 投影式看起来很难看，而且也不准确。较为实际的半缩醛结构式是 Haworth 投影式，其中五元环和六元环的环状结构都用平面的环状结构表示，其羟基伸向平面的上方或下方（图 2.5）。虽然 Haworth 投影式并不代表糖的真实三维结构，但是它自从 1927 年以后一直被用作既容易书写、又容易显示羟基的相对定位的一种结构。由于它和有机化合物呋喃和吡喃的结构相似，故将具有半缩醛的五

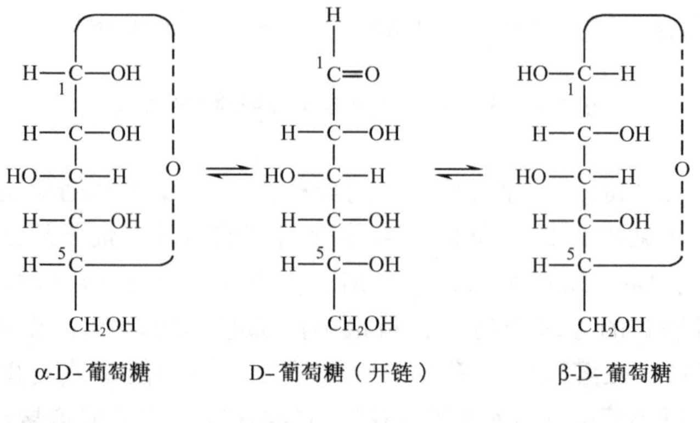


**图 2.4** D-吡喃葡萄糖（环状半缩醛结构）的 α、β 异头体（C-1 差向异构体）。虚线表示一个扭曲的键，伸向背面。

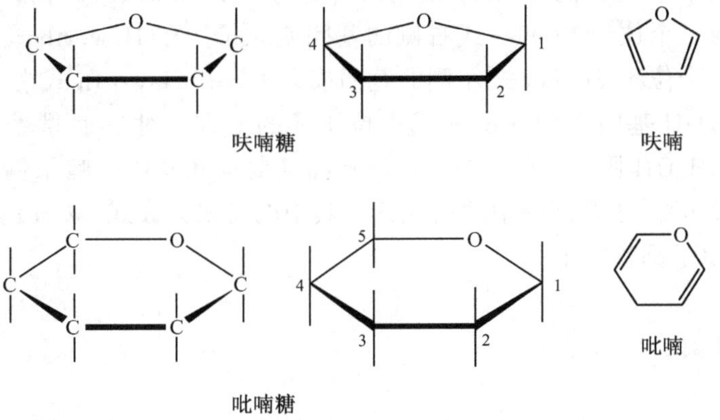


**图 2.5** 呋喃糖和吡喃糖结构的 Haworth 投影式。不显示碳原子的简化 Haworth 式被常规使用。注意它们和呋喃与吡喃环的明显相似性。

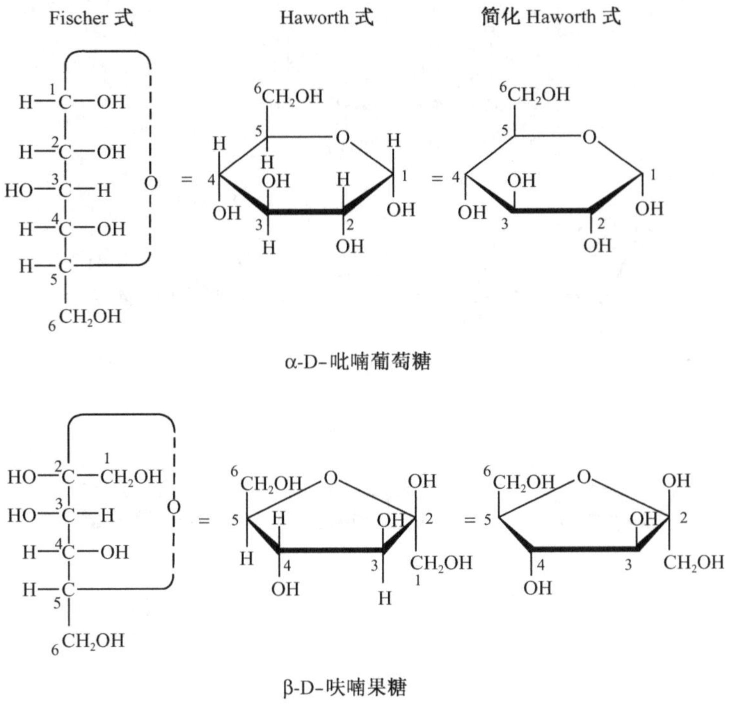


**图 2.6** Fischer 式向 Haworth 投影式的转化。在 Fischer 式中，每一个在右方的羟基（或羟甲烯基）在 Haworth 式中，都指向下。

元环糖称作呋喃糖（furanose）、六元环的称作吡喃糖（pyranose）。（如此，表示环大小的斜体 *f* 或 *p* 可以包括在单糖的缩写中，例如，Glc*p* 或 Gal*p*。）Haworth 投影式习惯上将呋喃糖环中的氧画在环的上部中央，将吡喃糖环中的氧画在环的右上部，环中碳原子的标号依顺时针的方向递增。

欲将任何一个 D 型糖的 Fischer 结构式转变为一个 Haworth 结构式，须按以下步骤进行：(1) 任何一个位于 Fischer 式右侧的基团或原子，在 Haworth 式中则位于环的下方；(2) 任何一个位于 Fischer 式左侧的基团或原子，在 Haworth 式中则位于环的上方；(3) 末端的 $CH_2OH$ 基团在 Haworth 式中位于环的上方。对于 L 型糖，步骤 1 和 2 不变，但其末端 $CH_2OH$ 则在环的下方。α-D-吡喃葡萄糖和 β-D-呋喃果糖的结构说明了上述的转化（图 2.6）。注意该图中的简化式，其中的短线只表式—OH 的位置，所有和 C 原子相连的 H 原子都省略了。

## 糖的环状构象

平面的 Haworth 结构仍然不符合糖的真实分子结构。呋喃环是具有柔性的，其常取的构象并非完全平面。例如，从侧面看去，其结构还略有皱褶，这可从所谓的“信封”(envelope) 和“弯曲”(twist or skew) 构象看出（图 2.7）。吡喃糖的常见构象是

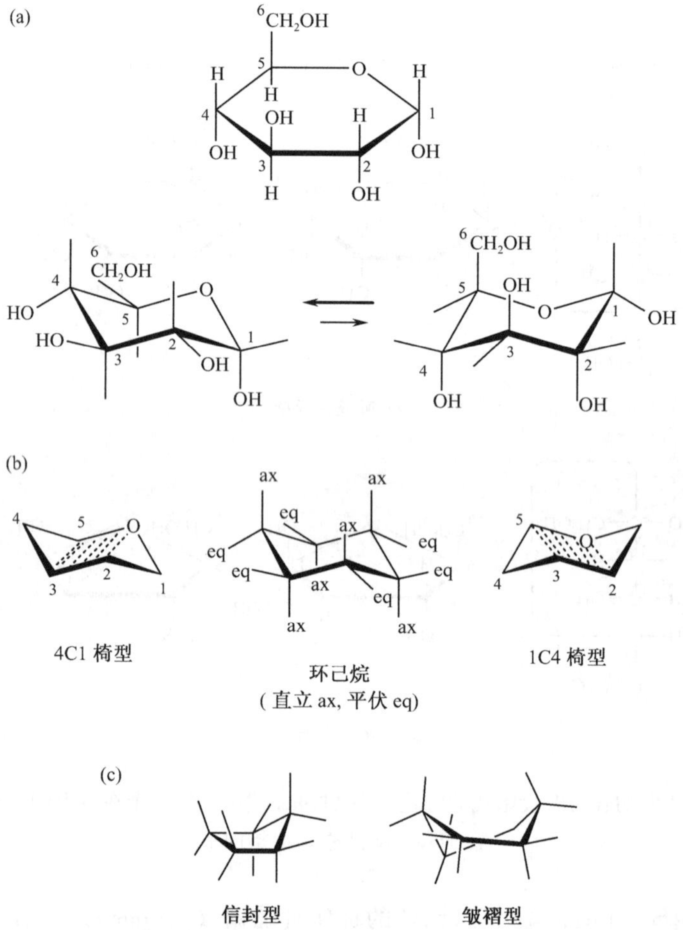


**图 2.7** (a) α-D-葡萄糖的 Haworth 投影式与其 $^4C_1$ 和 $^1C_4$ 的椅型构象；(b) 椅型构象直立和平伏定向的定义（椅子的座位由原子 C-2、C-3、C-5 和环 O 组成）；(c) 五元环结构的信封型和皱褶型的构象。

“椅 ”（chair）构象，和环己烷的结构相似，远非平坦。在“椅”构象中，OH 基团或以直立（axial or vertical）位置，或以平伏（equatorial or nonvertical）位置存在（图 2.7）。在 Haworth 投影式转化为椅型时，其环的向上或向下的取代基方向不变。椅式可有两种构象，分别以4C1 和 1C4 或$^{4}C_{1}$ 和$^{1}C_{4}$（图 2.7）表示。第一个数字（有时以上标表示）表示环中碳的编号，而且该碳原子是在椅子座位平面之上的；其第二个数字（下标）表示环中碳原子，其位置在椅子座位平面（当中间隔有 C-2、C-3、C-5 和 O）之下。椅构象的表示是将环 O 放在椅座平面右上方，此时环的编号是顺时针。对几乎任何一个吡喃糖来说，船型构象在热力学上是不稳定的。

## 单糖的化学反应

由于在环状结构上存在多个功能 OH 基团，以及潜在的自由 —CH═O （醛基）或 >C═O （酮基），单糖可有醇（尤其是环多羟基的反应）醛和酮的一般反应。本章所讨论的只限于其中的一部分，重点集中在那些有生物学意义的反应。

**1. 变旋**

单糖 α 和 β 异头体的互变（上文已述及）发生在半缩醛环的打开和再关闭，生成相对应的异头构型结构。这个过程由稀酸催化，其中间体是具有自由醛基和酮基的开环结构（见图 2.4）。

变旋指的是新配制的单一的异头体的单糖溶液迅速改变其旋光（以 $[\alpha]_D$ 表示）。

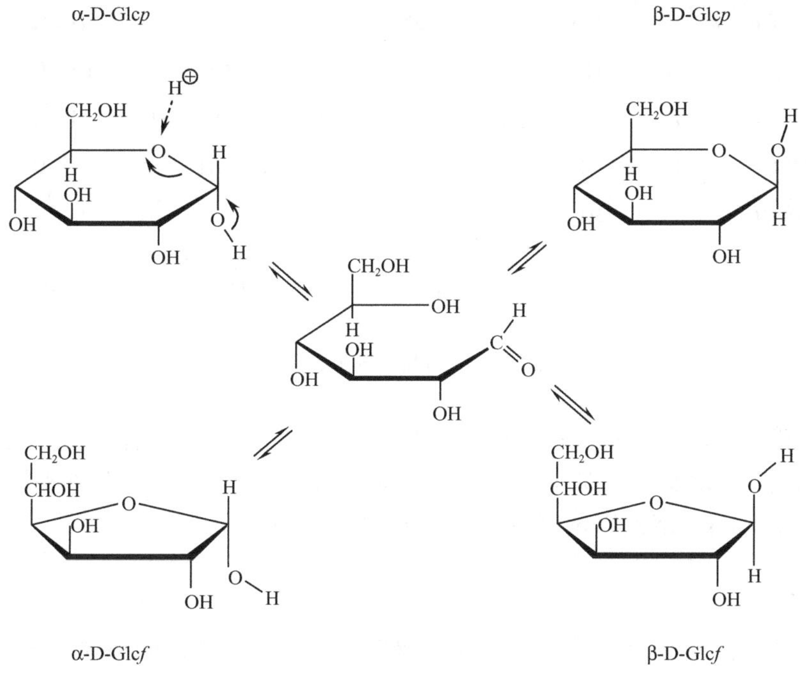


**图 2.8** D-葡萄糖的变旋。弱酸条件催化转化。

吡喃葡萄糖的α和β的形式是立体异构体，因此，按照定义，两种异构体对平面偏振光的平面，其旋转度方向相反，但数值不变。β-D-吡喃葡萄糖的水溶液起始旋光度为19°。α-D-吡喃葡萄糖水溶液的起始旋光度为+112°，它在变化后达到+52.5°。单糖在溶解产生混合物达到平衡后产生变旋，此变化示于图2.8。

图中5种形式（α－*p*、β－*p*、α－*f*、β－*f*及开链）的比例依据每一形式的热力学稳定性并随糖的不同而迥异。一般说来，直链形式（醛）仅以微量存在（$<0.01\%$）。尽管如此，此一转化的要点是，即使在没有催化量的$H^+$存在下，糖也能以开链的结构存在，而且有自由的羰基。因此，糖能以开链形式或环状形式参加化学反应，依据具体的反应，可用适当的结构式表示。

**2. 酯化反应**

醇可以很容易地与酸、酸酐或酰卤反应而生成酯。自然界最常见的糖酯是：(1) 磷酸酯（包括磷酸二酯），(2) 脂酰酯（和醋酸或脂肪酸），(3) 硫酸酯。

**3. 氧化**

醛糖的末端可被氧化成—COOH基团而生成酸性衍生物。末端—CH═O基团经氧化而生成的酸叫做糖酸（glyconic acid）。若末端的—$CH_2OH$被氧化，产生的是糖醛酸（glycuronic acid）。若两个末端都被氧化，其产物叫糖二酸（glycaric acid）。从D-葡萄糖衍生的3种酸列于图2.9。

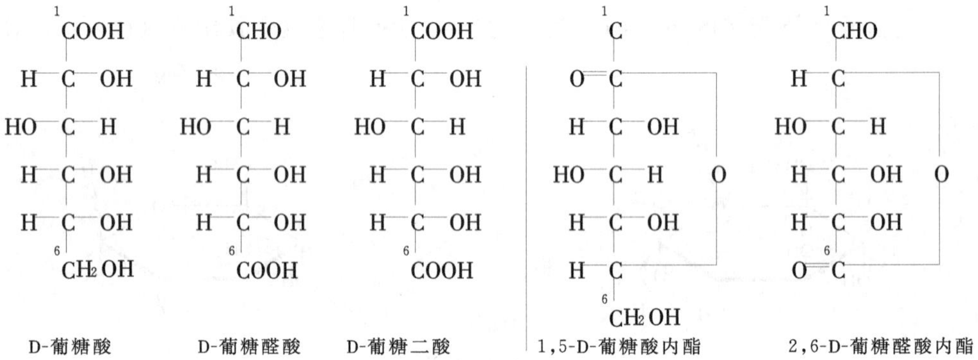


**图2.9** D-葡萄糖的氧化形式。

当被氧化成—COOH时，自由醛基原是一个还原剂。此种氧化反应为还原末端或自由还原末端的命名提供了基础。糖的还原能力传统上是用颜色反应来鉴定的：还原糖很容易还原Fehling's溶液以及氨性硝酸银（银镜反应）。

**4. 还原反应**

糖的两种重要还原形式是多羟醇（例如醛糖醇“alditol”，即还原的醛糖）和脱氧糖，其例子示于图2.10a。请注意，醛糖醇已丧失了生成半缩醛的能力，亦即不能形成环状结构了。Myo-肌醇（图2.10b）是GPI锚的特有组分，是一个由一个环己烷衍生的环状结构，但它不是糖。图 2.11 列示出在随后几章中出现在糖缀合物和多糖中的几种特殊单糖（多半是脱氧单糖）。

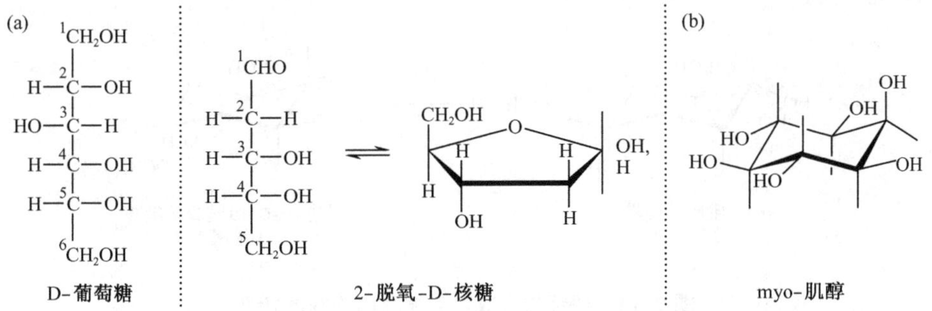


**图 2.10**　（a）醛糖醇和脱氧单糖举例，（b）肌-肌醇的结构。

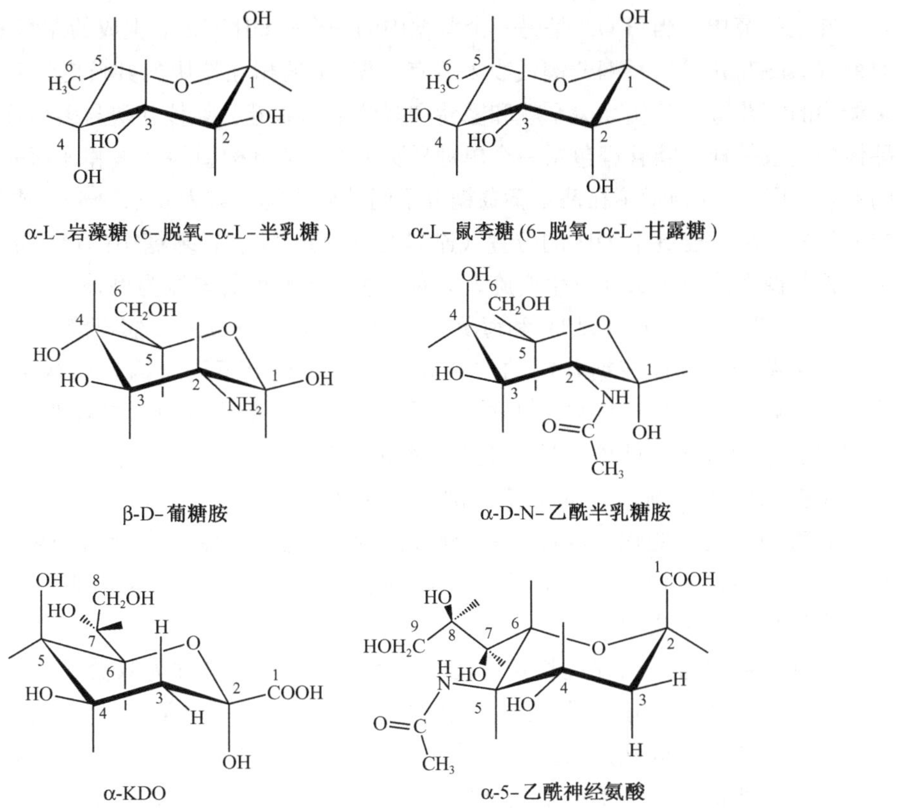


**图 2.11**　糖缀合物的几种非-（$CH_2O$）$_n$ 的构件单位糖苷。

## 5. 糖苷

当一个半缩醛（ROH）与一个醇（R′OH）反应时，其产物是一个全缩醛（ROR′）。其缩醛产物叫做糖苷（glycoside），后者又分为吡喃糖苷和呋喃糖苷。不论是哪一种糖苷，新生成的连接键 C异头-OR′都叫糖苷键。其单糖的部分叫糖体（glycone），R′-基团叫做配糖体（aglycone）但 R′基团如为另一个糖则为例外（见下面）。图 2.12 所示的反应是由 $H^+$ 催化的。

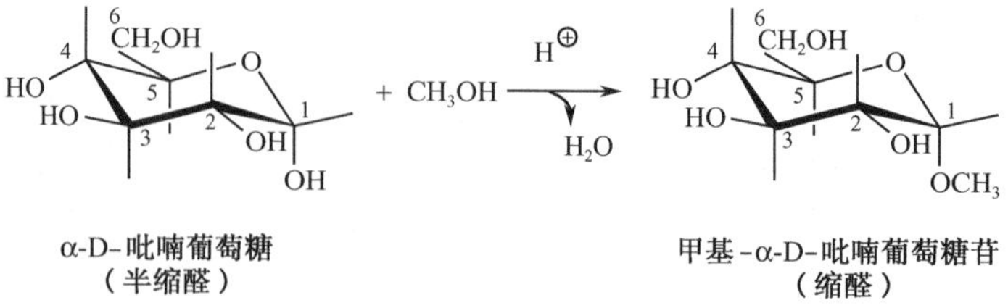


**图 2.12** 糖苷的形成：半缩醛向缩醛的转变。

## 寡糖、多糖和糖缀合物

在上一节中，当 R′OH 是另一个单糖中的一个—OH 基团，生成的缩醛 ROR′就是一个双糖（disaccharide）。其糖苷键代表了所有单糖-单糖相互作用的共价键。寡糖中糖苷键和多糖中的糖苷键，其相互关系就和寡肽和多肽中的肽键、寡核苷酸与多核苷酸中的磷酸二酯键的关系一样。糖苷键包括一个单糖异头上的 α 或 β 构型的羟基和任何一个第二个糖上的羟基。图 2.13 列示了在两个葡萄糖分子间的糖苷键，或为 α（1→4），或为β（1→6）。图中的符号表示了连键中 OH 的位置（连键的位置）。注意，寡糖中的还原末端在溶液中也可以像单糖在溶液中那样发生变旋，只有那些无还原性的末端为例外，例如蔗糖［果糖-β-(2↔1）-α-葡萄糖］（图 2.13）和海藻糖［葡萄糖-α-（1↔1）-α-葡萄糖］。

如果两个双糖仅在糖苷键的位置和（或）构型上不同，两者的构象可能有很大不同，这也解释了其物理性质的不同（比较图 2.13 中麦芽糖和龙胆双糖）。此特点也完全适用于寡糖和多糖。此外，糖苷键在双糖的结构中是最具柔性的部分，而以椅型构象构成的单糖相对地有刚性，围绕糖苷键（ϕ、ψ 和 ω；见图 2.14）的扭角（torsion angle）可能有某种程度的变化。因此，一个明确一级结构的双糖，在溶液中可采用多种构象，两个单糖之间彼此相对方位不同。结构的刚性和柔性的联合是复合糖的特征，更可能地是其生物功能不可或缺的。

依据寡糖中通过糖苷键相互连接的单体数目，寡糖被称为双糖、三糖等等，它和多糖的区别人为地定为寡糖最多到 10 个单体。结构的书写通常是从其非还原端写到还原端。这种方向性（极性）与蛋白质从氨基端写到羧基端是相似的。当一个单糖组分有两个以上的糖苷键时，该单糖就是结构中的一个分支点。能形成分支结构是糖的一个重要的特征（这和多肽中的线性排列形成鲜明对照）。

同质多糖（homopolysaccharide）指的是糖聚体由同一种单糖残基组成，例如纤维素和直链淀粉，二者都是葡萄糖的聚体。异质多糖的特点是组成中有两种或两种以上的单体。寡糖和多糖可被稀酸水溶液水解成其组分单糖（见第 38 章中单糖组成分析）。

最后，糖缀合物是含有一种或多种糖基的分子，它们以共价的方式与多肽或蛋白质、脂类以及另外一种生物或非生物分子相连。其糖基可以小到单个单糖，也可以大到

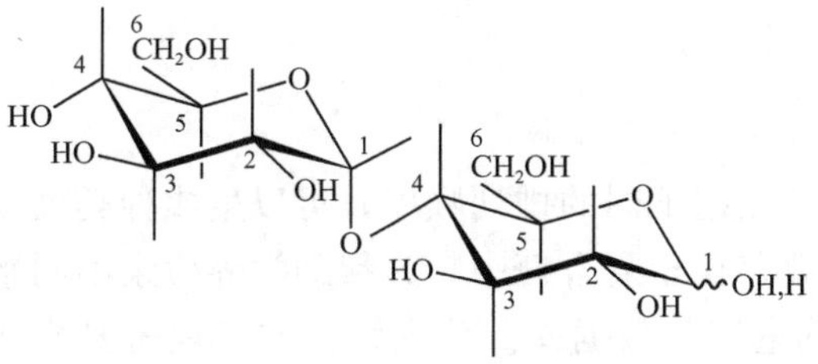

D-吡喃葡萄糖-α(1-4)-D 葡萄糖
（麦芽糖）

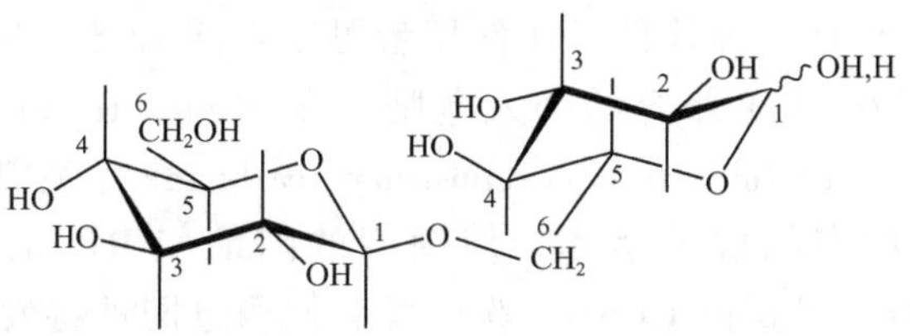

D-吡喃葡萄糖-β(1-6)-D-葡萄糖
（龙胆双糖）

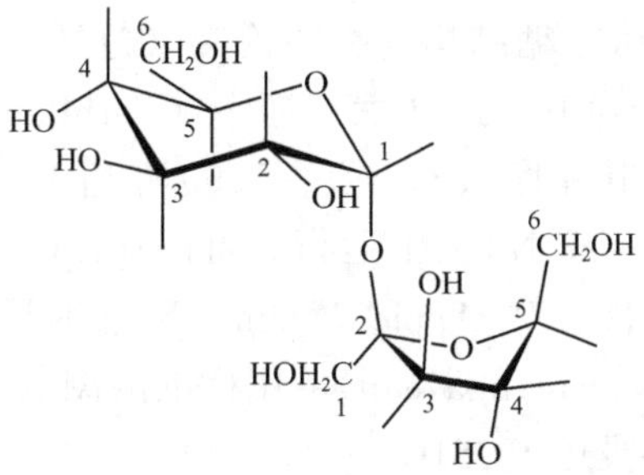

D-呋喃果糖-β-(2-1)α-D-吡喃葡萄糖
（蔗糖）

**图 2.13** 双糖的结构。

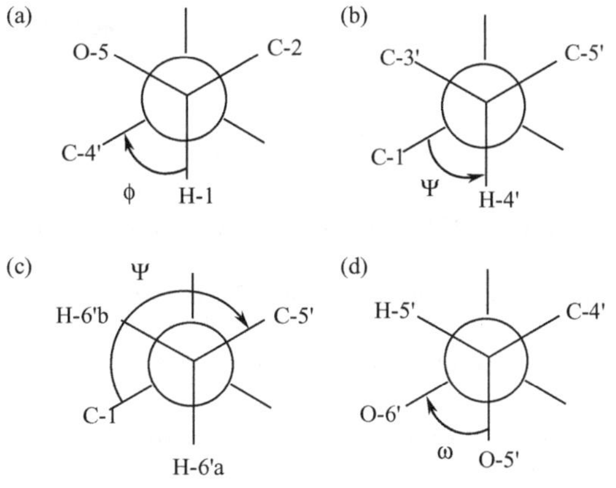


**图 2.14** 涉及糖苷键的扭角（torsion angle）。双面角（dihedral angle）ϕ、Ψ 和 ω 的定义。（a）沿 O-1—C-1 键的 Newman 投影，把1→4键的角定义为 ϕ 角。（b）沿 C-4′-O-1 键的 Newman 投影，把1→4 键的角定义为 Ψ 角。（c）沿 C-6′-O-1 键的 Newman 投影，把 1→6 键的角定义为 Ψ 角。（d）沿 C-5′-C-6′键的 Newman 投影，把 1→6 键的角定义为 ω 角。

高分子的多糖。通常在典型的糖蛋白里，其糖的部分可含有数个寡糖。

## 糖库

给定数目的单糖，通过糖苷键相连，依据不同的排列顺序，可以生成种类繁多的寡糖。这些不同组合的寡糖，在自然界多数存在于复合糖中。为帮助学界检索不同来源糖的一级结构，自 1986 年就编撰了供电脑查询的数据库。分支结构的出现需要特殊的检索程序，和那些线性序列（如基因库）的检索方法是完全不同的。

复合糖结构数据库（complex carbohydrate structure database，CCSD）记录了约 50 000个糖结构和相关论文（包括参考文献）。数据库里包容 22 000 以上的特殊结构，引自 14 000 篇文献。糖库（CarbBank）是一种软件，让使用者可以查阅 CCSD 中的资料，其程序（3.2 版，1999 年春）可在 IBM 兼容的个人电脑（在 Microsoft Windows 95/98 或 NT）上运行。可以从ftp://ncbi.nlm.nih.gov/repository/ carbbank 上免费获得该软件。对 Apple Macintosh 电脑还没有相应的版本。但糖库的网址（URL：http://www.ccrc.uga.edu)可用标准的浏览器在线查询 CCSD。欢迎学者们通过网址将发表的资料投送 CCSD。

糖库有一个编辑器来编辑数据库的各种记录，也有一个寻找装置让使用者很容易按作者姓名、发表题目的词汇、俗名、引用、分子质量、组分、残基和连接键、全结构（或片断结构）以及其他一些标准，帮助找到所需的资料。糖库还提供了多方面的查找帮助。

（崔肇春 译　　王克夷 校）

### 参 考 文 献

1. Allen H.J. and Kisailus E.C., eds. 1992. *Glycoconjugates: Composition, structure, and function.* Marcel Dekker, New York.
2. Collins P.M. and Ferrier R.J. 1995. *Monosaccharides—Their chemistry and their roles in natural products.* Wiley, Chichester.
3. El Khadem H.S. 1988. *Carbohydrate chemistry—Monosaccharides and their oligomers.* Academic Press, San Diego.
4. Guthrie R.D. and Honeyman J. 1974. *Introduction to carbohydrate chemistry* (4th edition). Oxford University Press, United Kingdom.
5. Morrison R.T. and Boyd R.N. 1992. *Organic chemistry* (6th edition). Prentice Hall, Englewood, New Jersey.
6. Rao V.S.R., Qasba P.K., Balaji P.V., and Chandrasekaran R. 1998. *Conformation of carbohydrates.* Harwood, Singapore.

本章初稿由 A. E. Manzi（加利福尼亚，圣迭戈 Nextran 公司）和 H. van Halbeek（圣迭戈加利福尼亚大学）编写。

# 第 3 章 聚糖多样性的进化



本章对不同型生物体内糖基化反应的模式提供一个比较性概述，并从进化的角度讨论聚糖的复杂性和多样性。由于迄今大部分已知情报是关于高等脊椎动物的，本章将对脊椎动物和其他分类单元的聚糖进行比较。对产生聚糖多样性的选择动力（selective force）将简要讨论，其中包括内源性凝集素的功能和外源性病原体与宿主的相互作用。

## 对自然界聚糖多样性所知相对较少[1～8]

已有的数据表明，自然界聚糖的结构和表达存在明显的多样性。但是部分由于聚糖结构研究上的固有困难，关于这种多样性的细节所知甚少（关于这个主题，所发表的综述极少）。对于许多分类单元，实际上尚没有任何情报。已有足够的情报表明，与核酸及其遗传密码不同，聚糖没有统一的结构密码。事实上，自由生存的非致病的原核生物（见第 21 章），其聚糖和真核生物的聚糖很少有相同处，而且每一大类之内的许多生物体，其聚糖也是有明显多样性的。另一方面，在高等动物细胞内鉴定出的聚糖，其主要类别（class）在其他真核生物中也能找到相关的形式。

## N-聚糖加工途径的进化[9～18]

可以说积累得最多的聚糖结构数据是关于 N-聚糖的（见第 7 章）。虽然真细菌类（Eubacteriae）不表达 N-聚糖，但有证据表明古细菌（Archaebacteriae）则表达之，而且所包括的连接键是不同的（例如 GalNAc-Asn 和 Glc-Asn）。迄今所研究过的植物和动物，都可能完整地复制出经典 N-聚糖加工途径的早期阶段（见第 7 章），其中包括把 $Glc_3Man_9GlcNAc_2$ 从多萜醇-连接的前体转移到新合成蛋白质的天冬酰胺残基上（有报道说好几种寄生的锥虫能转移不含葡萄糖残基的类似的聚糖）。此后沿着脊椎动物 N-聚糖的经典加工途径进行修剪和延长，看来在进化中又有某种程度的再现。酵母和黏菌类看来不能完成对甘露糖残基的修剪，因此不能产生典型的“复合型”N-聚糖。酵母常常使其延长为大的聚甘露糖而进一步使其高甘露糖聚糖具有特色。相反，发育中的黏菌类可把高甘露糖型在一定程度上修剪变短，但不能延长它们（见第 19 章）。在昆虫中，甘露糖的修剪一般可完成，即到达 $Man_3GlcNAc_2$ 结构。随后加上的一个 GlcNAc 残基又被活性很强的 β-己糖胺酶除去。因此，在昆虫中的末端结构中，甘露糖残基通常只有 3 个（图 3.1）。在昆虫细胞中，在除去 GlcNAc 残基之前，往往要加一个 α1-3 连接的岩藻糖单位到核心 GlcNAc 残基上（在已有的 α1-6 连接的岩藻糖——常见于脊椎动物 N-聚糖上）。关于在昆虫里是否还要像典型的动物中的过程那样，用半乳糖和唾液酸进一步延长，还存在争议。植物按照和脊椎动物相似途径的起始阶段运作，然后在 β-连接的甘露糖残基上加上一个平分型（bisecting）的 β1-2Xyl 残基（见第 20 章及图 3.1）。后一结构也出现在某些非脊椎动物中，但在脊椎动物里它可能是一个免疫原。有报道甚至说，在有些植物，在其外周天线可加上外周岩藻糖残基（类 Lewis X 结构）。一些软体动物比较喜欢一个外周的 GalNAcβ1-4GlcNAc 结构（即所谓的 LacDiNAc LDN），以此去取代在脊椎动物里常见的 Galβ1-4GlcNAc（Lac NAc）结构。

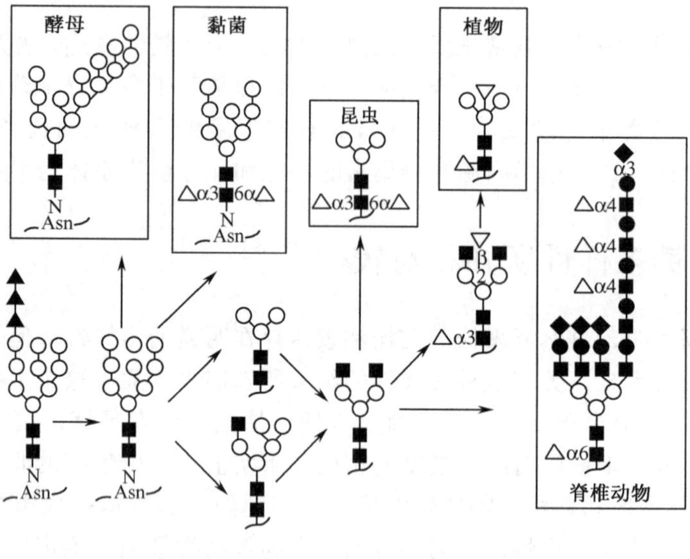


**图 3.1** 不同分类单元中 N-连接聚糖加工的主要途径。

和上述发现相一致，对 N-聚糖途径进行早期加工的 α-甘露糖苷酶也有广泛的进化性分布。相反，加工时用的内切-α-D-甘露糖苷酶（为 N-聚糖提供了另一 种去葡萄糖基化途径，见第 7 章）似乎只局限于一些脊索动物门的成员，但软体动物为一个例外，即发现 α-D-甘露糖苷酶有 3 个不同的类型。在所有检查过的其他非脊椎动物以及酵母、一些原生动物和高等植物中，α-D-甘露糖苷酶的缺乏提示，对另一种去葡萄糖基化途径的需求是和高等动物中复合型 N-聚糖的形成相平行的。关于外侧末端结构，垂体糖蛋白激素中的多个 $SO_4$-4-GalNAcβ1-4GlcNAc 单位，在脊椎动物进化的全过程中都保留了下来。这提示它们对 N-聚糖的生物学活性是必要的。在大多数动、植物中，关于 N-聚糖途径多数其他酶和基因的存在和分布，现存资料是极为有限的。总之，看来 N-聚糖途径在进化上是古老的，在所有真核生物中都存在。但是，要勾画出一幅清晰的图像来说明它究竟是如何在进化中分化出多样性以及特殊性来的，目前的资料还不充分。

## O-聚糖的进化性分布[19～21]

在整个动物界都发现有脊椎动物中 O-聚糖合成第一步的 O-GalNAc：丝氨酸/苏氨酸转移酶的同系物（见第 8 章）。已有的证据提示，这个 GalNAc 转移酶在秀丽新小杆线虫（*Caenorhabditis elegans*）中有 6 种原祖同工型（ancestral isoform）。脊椎动物中 Galβ1-3GalNAc 这种经典 I 型核心结构，在昆虫中是肯定存在的，而且它也是昆虫内脏中形成黏蛋白样保护层的一部分。相反，植物可能没有 O-连接的 GalNAc 结构，取而代之的是，它们表达出和羟脯氨酸 O-连接的阿拉伯糖，以及和丝氨酸/苏氨酸 O-连接的半乳糖。尽管已清楚地知道在细菌的表面层（S 层）中能够找到新的 O-聚糖，但关于细菌的 O-糖基化所知还要少得多。例如，在热厌氧杆菌（*Thermoanaerobacter* sp.）的 S 层糖蛋白的晶体中发现，它的聚糖结构中含有一个新的 Galβ1-Otyr 的核心结构。

## 糖鞘脂的进化性分布[4,5,8,22～24]

植物和动物中都含有葡糖基脑酰胺。但高等动物的糖鞘脂经典的核心结构（如以 Galβ1-4Glc-Cer 为基础的）在其他物种中可有变异（例如在某些无脊椎动物里的 Manβ1-4Glc-Cer）。其他变异体有肌醇-1-O-磷酸脑酰胺，例如在酵母中最为富含的糖鞘脂甘露糖基-二肌醇磷酸脑酰胺，和在烟草叶中发现的 GlcNAc1-4GlcA1-2-肌-肌醇-1-O-磷酸脑酰胺。半乳糖基脑酰胺和硫脑苷似乎是局限于后口动物（deuterostomes）的神经系统。而所有原口动物（protostome）的神经都主要含有葡糖基脑苷脂。根据从葡糖基-脑苷脂到半乳糖基-脑苷脂的转化，与神经系统从疏松的髓鞘结构到高度致密的髓鞘结构的转化相对应，由此提出了一个进化的倾向。神经系统里神经节苷脂较为复杂。据此，从爬行动物到鱼，再到哺乳动物，也可以看出一些普遍的倾向，即：唾液酸含量的增加，神经节苷脂组成复杂性的降低和“碱不稳定性”分子（含有 O-乙酰化的唾液酸）的减少。这样提出了一个总规则，即：“环境温度越低，大脑神经节苷脂组成的极性就越高。”因此冷血动物（Poikilothermic）倾向于在脑部表达多唾液酸的神经节苷脂。

## 进化中唾液酸的多样性[25～27]

唾液酸通常存在于脊椎动物 N-和 O-聚糖以及糖鞘脂的外侧末端。除个别例外可能另有解释（例如收敛性进化），唾液酸仅被发现存在于动物界的后口动物种系中（见第 15 章）。至于多样性，最复杂的唾液酸看来是存在于无脊椎动物（例如棘皮动物），而最简单的唾液酸则存在于人类。同样，复杂的有取代基的多唾液酸存在于棘皮动物和鱼类，而较为简单的多唾液酸则倾向于存在于人类。虽然一般认为一些型（type）的唾液酸在某种哺乳动物里占优势（例如，猪中的 Neu5Gc 和马中的 4-O-乙酰化的唾液酸），但仔细地检查也发现在其他物种中这些唾液酸也有少量存在。如前所述，含多唾液酸基和O-乙酰基化的唾液酸的神经节苷脂有可能在冷血动物中大量存在。新近的一个有趣的发现是，人类可能是灵长动物中被剔除 CMP-Sia 羟化酶的一个物种。因此，人类不同于最近亲的大类人猿（great ape），其 N-羟乙酰神经氨酸的表达明显缺乏（见第 15 章）。

## 糖胺聚糖链的进化性分布[1,2]

高等动物硫酸类肝素和硫酸软骨素链的典型结构也在许多无脊椎动物（包括昆虫和软体动物）中发现。分布最广而且在进化上最为古老的类别（class）看来是硫酸软骨素的链。硫酸化和差向异构程度更高的肝素和硫酸皮肤素倾向于只存在于高等动物的物种里。在最简单的多细胞动物（例如海绵）里，也发现有含糖醛酸的新糖胺聚糖（glycosaminoglycan），但是它们不含有硫酸软骨素和硫酸类肝素所特有的重复结构。植物不具有动物特有的糖胺聚糖，相反，它们有酸性果胶多糖（见第 20 章），其特点是含有半乳糖醛酸。细菌所含的多糖完全不同（见第 21 章），尽管有些致病性细菌可模仿哺乳动物的 GAG 链（见下文）。

## 糖磷脂锚的进化性分布[6,7,28,29]

GPI-锚定蛋白类在真核细胞里是普遍存在的，它们都含有核心模体 Manα1-4GlcNα1-6-肌-肌醇-1-$HPO_4$ 脂类。在一些物种中，如酵母和黏菌，其脂类尾巴可能是脑酰胺（见上文）。原先认为 GPI-锚不存在于原核细胞里，但是新近的研究表明，在古生菌（archaebacterium，*Sulfolobus* sp.）中，也至少有一种 GPI-锚定蛋白。GPI-锚定脂类和蛋白质是一些寄生性原虫（如利什曼原虫）外膜的主要成分。

## O-连接 N-乙酰葡糖胺的进化性分布[30,31]

已知在高等动物和植物里，许多胞质和核内的蛋白质都经受 O-β-GlcNAc 的修饰。催化这个糖基化的 O-GlcNAc 转移酶新近已被克隆，它在秀丽新小杆线虫 *C. elegans* 中有高度保守的同系物。在酵母的基因组中尚未发现有确定的同系物。尽管有人声称在网柄菌（Dictyostelium）中这个结构已被发现，但事实上，它是 α-连接的 GlcNAc。迄今还不清楚细菌中是否也表达这种修饰。

## 病原体对动物聚糖的分子模拟[32～40]

以上所提供的信息很清楚地表明：在微生物和哺乳动物之间，聚糖产生的途径存在着巨大的差异。尽管如此，有时微生物的表面结构和哺乳动物的表面结构惊人地相似。

有趣的是，多数这种分子模拟的例子都发生在病原微生物中。这可能有利于它们在宿主里存活。表 3.1 里列出了一些例子。

**表 3.1 病原细菌对动物聚糖的模拟例子**

| 生物体 | 合成的动物聚糖 |
|---|---|
| 大肠杆菌 K1，脑膜炎球菌 | 聚唾液酸 |
| 大肠杆菌 K5 | 硫酸类肝素* （硫酸类肝素的主链） |
| A-类链球菌 | 聚透明质酸 |
| B-类链球菌，脑膜炎球菌 | 唾液酸化的乳糖胺 |

* 聚硫类肝素。

科学家试图克隆脊椎动物的糖基转移酶，其初衷是认为这些转移酶代表了基因的侧向转移（lateral gene transfer）的例子，而期待微生物的基因能够为从高等生物分离相应的基因提供一个后门途径。但是从大多数已有的遗传信息资料看来，其机制更可能的是收敛性进化（convergent evolution）为主而不是基因转移。例如，在细菌中参与合成聚唾液酸的各个基因似乎是从预先存在的参与细菌酮-脱氧辛酮糖酸（一个细菌中和唾液酸结构相似的糖）的合成和转移的基因衍生而来的。

## 糖基化的种间和种内差异[41～52]

在不同的但却相关的物种中，相同的糖蛋白是否有相同型的糖基化？关于这个问题的报道尚不多，但是已有极端保守和极端变异的例子。其合乎逻辑的解释是，只有当聚糖的功能非常特异时，才需要有保守性。在其他情况下，只要该糖蛋白的原始功能得以保持，糖基化的细节有些变化是可以容忍的。

也已清楚，在同一物种之内的不同个体之间在糖基化上可有相当大的变异，特别是在聚糖的末端序列上。典型的例子是 ABO 血型系统。此血型系统业已在灵长类的进化中存在了数千万年了，尽管在不同的个体上其内在的个体生物学特性并无明显的区别(见第 16 章)。另外一个尚未解释的现象是，在旧大陆（Old World）的灵长类和人类里，极其普通的末端 Galα1-3Galβ1-4GlcNAc 的结构完全丧失。事实上，在两个体系中都存在有针对这两种物种丢失的 Galα1-3Gal 抗原决定簇的天然抗体。这个事实提示，有可能该类抗体具有保护性，即它可能引起由补体介导的、有外被病毒的溶胞（现象），而这种病毒是由能表达这种结构的个体产生的。

如在第 5 章里讨论的，包含特异聚糖的识别的两类生物学功能是：被同一个体的内源受体所识别和被其他生物体（如病原或共生的微生物和寄生虫外源受体）所识别。多数病原生物体得首先通过识别其靶细胞上的聚糖序列而和靶细胞结合（见第 28 章）。因此，这两类聚糖的识别必然受到在不同型和速率上的进化选择压力（evolutionary selection pressure）。若两个细菌外源性的选择压力在不同的聚糖识别的两种后果之间进行竞争，那么情况将更为复杂。总之，很可能的是，至少在有些种内和种间存在的糖基化上的变异，是在进化中起作用的宿主-病原体之间的相互作用的结果。关于这些问题的详细讨论，可从引用的文献中找到。

## 为什么广泛表达的糖基转移酶只有有限的内源性功能？[52～56]

在新近建立糖基转移酶缺陷小鼠之前，流行的看法是：在每一个细胞型上的每一个聚糖都必然有一种胞内功能。但是从近来已有的基因破坏的数据来看，情况可能不是预想的那样。例如，在脊椎动物，惟一能使聚糖末端带上 Siaα2-6Galβ1-4GlcNAc 的是 ST6Gal-Iα2-6 唾液酸转移酶。虽然这个序列能作为 B-细胞调节分子 CD22 的配基，它还存在于许多别的类型细胞上，也存在于许多可溶性分子上。此外，ST6Gal-I 的 mRNA 随细胞类型的不同也有显著差异，其转录受几种细胞类型特异的启动子的调节，这些启动子又进而接受激素和细胞因子的调节。尽管这些资料表明，ST6Gal-I 唾液酸转移酶及其产物有非常多样而复杂的功能，但消除小鼠中该酶的表达所造成的功能上的后果迄今还只限于 B 细胞，其功能上的变化包括信号传递和增殖响应的减弱，抗体的产生也明显受损。在生理上、形态上或行为上，尚未发现有其他明显的异常。如果 ST6Gal-I 唾液酸转移酶的内源性功能事实上只限于 B 细胞，那么又何须将它也表达在如此多的其他部位的细胞上？更为令人不解的是，在炎症反应的急性期，为什么它的表达在肝脏和内皮细胞里又被明显的上调？这些问题的答案应予以探索，在探索时当然要考虑到对该末端糖基转移酶的产物所受到的来自内源和外源识别上的进化性选择压力。

## 发展方向

迄今，即使只对聚糖的主要类别的进化做出比较全面的表述，现有资料显然不够充分。但还是有理由提出，在复杂的多细胞生物体里，聚糖的多样性是由进化中来自内源和外源的进化选择压力驱动产生的。假定外源性病原体的进化较快，有可能，脊椎动物的聚糖结构的多样性是由病原体介导的选择过程衍生而来的。很明显，在完整动物中，完成更多的基因破坏将对区别内源性和外源性的聚糖功能有所裨益。由于在不同的物种之间的同一型的细胞上相同结构的固定表达可意味着其重要的内源性功能，所以更为系统的比较糖生物学研究对于预测内源聚糖的功能是有帮助的。这样的工作也有助于确定进化中寡糖多样化的速率，更好的确定外源性和内源性的选择压力的相对作用，最终使对进化中聚糖多样性的功能意义有更好的了解。

（崔肇春 译　　王克夷 校）

## 参 考 文 献


1. Cassaro C. M. and Dietrich C. P. 1977. Distribution of sulfated mucopolysaccharides in invertebrates. *J. Biol. Chem.* **252:** 2254-2261.
2. Dietrich C.P., Nader H.B., and Straus A.H. 1983. Structural differences of heparan sulfates according to the tissue and species of origin. *Biochem. Biophys. Res. Commun.* **111:** 865–871.
3. Kornfeld R. and Kornfeld S. 1985. Assembly of asparagine-linked oligosaccharides. *Annu. Rev. Biochem.* **54:** 631–664.
4. Kishimoto Y. 1986. Phylogenetic development of myelin glycosphingolipids. *Chem. Phys. Lipids* **42:** 117–128.
5. Rahmann H., Hilbig R., and Geiser F. 1986. Brain gangliosides in monotremes, marsupials and placentals: Phylogenetic and thermoregulatory aspects. *Comp. Biochem. Physiol. B.* **83:** 151–157.
6. McConville M.J. and Ferguson M.A.J. 1993. The structure, biosynthesis and function of glycosylated phosphatidylinositols in the parasitic protozoa and higher eukaryotes. *Biochem. J.* **294:** 305–324.
7. Ferguson M.A.J. Brimacombe J.S., Cottaz S., Field R.A., Güther L.S., Homans S.W., McConville M.J., Mehlert A., Milne K.G., Ralton J.E., Roy Y.A., Schneider P., and Zitzmann N. 1994. Glycosyl-phosphatidylinositol molecules of the parasite and the host. *Parasitology* (suppl.) **108:** S45–S54.
8. Irvine R.A. and Seyfried T.N. 1994. Phylogenetic conservation of ganglioside GD3 expression during early vertebrate ontogeny. *Comp. Biochem. Physiol. B* **109:** 603–612.
9. Parodi A.J. 1993. *N*-glycosylation in trypanosomatid protozoa. *Glycobiology* **3:** 193–199.
10. Moremen K.W., Trimble R.B., and Herscovics A. 1994. Glycosidases of the asparagine-linked oligosaccharide processing pathway. *Glycobiology* **4:** 113–125.
11. Davis T.R. and Wood H.A. 1995. Intrinsic glycosylation potentials of insect cell cultures and insect larvae. *In Vitro Cell. Dev. Biol. Anim.* **31:** 659–663.
12. Manzella S.M., Dharmesh S.M., Beranek M.C., Swanson P., and Baenziger J.U. 1995. Evolutionary conservation of the sulfated oligosaccharides on vertebrate glycoprotein hormones that control circulatory half-life. *J. Biol. Chem.* **270:** 21665–21671.
13. Delahaye R., Berreur P., Salesse R., and Counis R. 1996. Insect cells infected with a recombinant baculovirus express both O- and N-glycosylated forms of the rat glycoprotein hormone α-subunit. *J. Mol. Endocrinol.* **16:** 141–149.
14. Garcia-Casado G., Sanchez-Monge R., Chrispeels M.J., Armentia A., Salcedo G., and Gomez L. 1996. Role of complex asparagine-linked glycans in the allergenicity of plant glycoproteins. *Glycobiology* **6:** 471–477.
15. van Die I., van Tetering A., Bakker H., van den Eijnden D.H., and Joziasse D.H. 1996. Glycosylation in Lepidopteran insect cells: Identification of a β1→4-N-acetylgalactosaminyltransferase involved in the synthesis of complex-type oligosaccharide chains. *Glycobiology* **6:** 157–164.
16. Wagner R., Geyer H., Geyer R., and Klenk H.D. 1996. *N*-acetyl-β-glucosaminidase accounts for differences in glycosylation of influenza virus hemagglutinin expressed in insect cells from a baculovirus vector. *J. Virol.* **70:** 4103–4109.
17. Dairaku K. and Spiro R.G. 1997. Phylogenetic survey of endomannosidase indicates late evolutionary appearance of this N-linked oligosaccharide processing enzyme. *Glycobiology* **7:** 579–586.
18. Messner P. 1997. Bacterial glycoproteins. *Glycoconjugate J.* **14:** 3–11.
19. Messner P., Allmaier G., Schäffer C., Wugeditsch T., Lortal S., König H., Niemetz R., and Dorner M. 1997. Biochemistry of S-layers. *FEMS Microbiol. Rev.* **20:** 25–46.
20. Hagen F.K., Gregoire C.A., and Tabak L.A. 1995. Cloning and sequence homology of a rat UDP-GalNAc:polypeptide N-acetylgalactosaminyltransferase. *Glycoconjugate J.* **12:** 901–909.
21. Wang P. and Granados R.R. 1997. An intestinal mucin is the target substrate for a baculovirus enhancin. *Proc. Natl. Acad. Sci.* **94:** 6977–6982.
22. Rahmann H., Hilbig R., Probst W., and Muhleisen M. 1984. Brain gangliosides and thermal adaptation in vertebrates. *Adv. Exp. Med. Biol.* **174:** 395–404.
23. Kappel T., Hilbig R., and Rahmann H. 1993. Variability in brain ganglioside content and composition of endothermic mammals, heterothermic hibernators and ectothermic fishes. *Neurochem. Int.* **22:** 555–566.

24. Rahmann H., Jonas U., Kappel T., and Hildebrandt H. 1998. Differential involvement of gangliosides versus phospholipids in the process of temperature adaptation in vertebrates—A comparative phenomenological and physicochemical study. *Ann. N.Y. Acad. Sci.* **845:** 72–91.
25. Warren L. 1963. The distribution of sialic acids in nature. *Comp. Biochem. Physiol.* **10:** 153–171.
26. Schauer R. 1982. *Sialic acids: Chemistry, metabolism and function, cell biology monographs,* vol. 10. Springer-Verlag, New York.
27. Chou H.H., Takematsu H., Diaz S., Iber J., Nickerson E., Wright K.L., Muchmore E.A., Nelson D.L., Warren S.T., and Varki A. 1998. A mutation in human CMP-sialic acid hydroxylase occurred after the *Homo-Pan* divergence. *Proc. Natl. Acad. Sci.* **95:** 11751–11756.
28. Ferguson M.A.J. 1997. The surface glycoconjugates of trypanosomatid parasites. *Philos. Trans. R. Soc. Lond. B Biol. Sci.* **352:** 1295–1302.
29. Kobayashi T., Nishizaki R., and Ikezawa H. 1997. The presence of GPI-linked protein(s) in an archaeobacterium, *Sulfolobus acidocaldarius,* closely related to eukaryotes. *Biochim. Biophys. Acta* **1334:** 1–4.
30. Kreppel L.K., Blomberg M.A., and Hart G.W. 1997. Dynamic glycosylation of nuclear and cytosolic proteins—Cloning and characterization of a unique *O*-GlcNAc transferase with multiple tetratricopeptide repeats. *J. Biol. Chem.* **272:** 9308–9315.
31. Jung E., Gooley A.A., Packer N.H., Slade M.B., Williams K.L., and Dittrich W. 1997. An *in vivo* approach for the identification of acceptor sites for O-glycosyltransferases: Motifs for the addition of O-GlcNAc in *Dictyostelium discoideum. Biochemistry* **36:** 4034–4040.
32. Orskov F., Orskov I., Sutton A., Schneerson R., Lin W., Egan W., Hoff G.E., and Robbins J.B. 1979. Form variation in *Escherichia coli* K1: Determined by O-acetylation of the capsular polysaccharide. *J. Exp. Med.* **149:** 669–685.
33. Smith A.N., Boulnois G.J., and Roberts I.S. 1990. Molecular analysis of the *Escherichia coli* K5 *kps* locus: Identification and characterization of an inner-membrane capsular polysaccharide transport system. *Mol. Microbiol.* **4:** 1863–1869.
34. Vimr E.R. 1991. Map position and genomic organization of the *kps* cluster for polysialic acid synthesis in *Escherichia coli* K1. *J. Bacteriol.* **173:** 1335–1338.
35. Wessels M.R., Moses A.E., Goldberg J.B., and DiCesare T.J. 1991. Hyaluronic acid capsule is a virulence factor for mucoid group A streptococci. *Proc. Natl. Acad. Sci.* **88:** 8317–8321.
36. Kaspar D.L., Paoletti L.C., Wessels M.R., Guttormsen H.K., Carey V.J., Jennings H.J., and Baker C.J. 1996. Immune response to type III group B streptococcal polysaccharide-tetanus toxoid conjugate vaccine. *J. Clin. Invest.* **98:** 2308–2314.
37. Kogan G, Uhrín D., Brisson J.R., Paoletti L.C., Blodgett A.E., Kasper D.L., and Jennings H.J. 1996. Structural and immunochemical characterization of the type VIII group B *Streptococcus* capsular polysaccharide. *J. Biol. Chem.* **271:** 8786–8790.
38. Legoux R., Lelong P., Jourde C., Feuillerat C., Capdevielle J., Sure V., Ferran E., Kaghad M., Delpech B., Shire D., Ferrara P., Loison G., and Salomé M. 1996. N-acetyl-heparosan lyase of *Escherichia coli* K5: Gene cloning and expression. *J. Bacteriol.* **178:** 7260–7264.
39. Kogan G., Uhrín D., Brisson J.R., and Jennings H.J. 1997. Structural basis of the *Neisseria meningitidis* immunotypes including the L4 and L7 immunotypes. *Carbohydr. Res.* **298:** 191–199.
40. Kumari K. and Weigel P.H. 1997. Molecular cloning, expression, and characterization of the authentic hyaluronan synthase from group C *Streptococcus equisimilis. J. Biol. Chem.* **272:** 32539–32546.
41. Kobata A. 1992. Structures and functions of the sugar chains of glycoproteins. *Eur. J. Biochem.* **209:** 483–501.
42. Mizuochi T., Taniguchi T., Asami Y., Takamatsu J., Okude M., Iwanaga S., and Kobata A. 1982. Comparative studies on the structures of the carbohydrate moieties of human fibrinogen and abnormal fibrinogen Nagoya. *J. Biochem.* **92:** 283–293.
43. Damm J.B.L., Voshol H., Hård K., Kamerling P., and Vliegenthart J.F.G. 1989. Analysis of *N*-acetyl-4-*O*-acetylneuraminic-acid-containing N-linked carbohydrate chains released by peptide-$N^4$-(*N*-acetyl-β-glucosaminyl) asparagine amidase F—Application to the structure determination of the carbohydrate chains of equine fibrinogen. *Eur. J. Biochem.* **180:** 101–110.
44. Debeire P., Montreuil J., Moczar E., van Halbeek H., and Vliegenthart J.F. 1985. Primary structure of two major glycans of bovine fibrinogen. *Eur. J. Biochem.* **151:** 607–611.
45. Van Valen L. 1974. Two modes of evolution. *Nature* **252:** 298–300.
46. Hamilton W.D., Axelrod R., and Tanese R. 1990. Sexual reproduction as an adaptation to resist par-

asites (a review). *Proc. Natl. Acad. Sci.* **87:** 3566–3573.
47. Galili U. 1993. Evolution and pathophysiology of the human natural anti-α-galactosyl IgG (anti-Gal) antibody. *Springer Semin. Immunopathol.* **15:** 155–171.
48. Martinko J.M., Vincek V., Klein D. and Klein J. 1993. Primate ABO glycosyltransferases: Evidence for trans-species evolution. *Immunogenetics* **37:** 274–278.
49. Wills C. and Green D.R. 1995. A genetic herd-immunity model for the maintenance of MHC polymorphism. *Immunol. Rev.* **143:** 263–292.
50. Rother R.P. and Squinto S.P. 1996. The α-galactosyl epitope: A sugar coating that makes viruses and cells unpalatable. *Cell* **86:** 185–188.
51. Doxiadis G.G., Otting N., Antunes S.G., de Groot N.G., Harvey M., Doxiadis I.I., Jonker M., and Bontrop R.E. 1998. Characterization of the ABO blood group genes in macaques: Evidence for convergent evolution. *Tissue Antigens* **51:** 321–326.
52. Gagneux P. and Varki A. 1999. Evolutionary considerations in relating oligosaccharide diversity to biological function. *Glycobiology* (in press).
53. Karlsson K.A. 1995. Microbial recognition of target-cell glycoconjugates. *Curr. Opin. Struct. Biol.* **5:** 622–635.
54. Powell L.D. and Varki A. 1995. I-type lectins. *J. Biol. Chem.* **270:** 14243–14246.
55. Tsuji S. 1996. Molecular cloning and functional analysis of sialyltransferases. *J. Biochem.* **120:** 1–13.
56. Hennet T., Chui D., Paulson J.C., and Marth J.D. 1998. Immune regulation by the ST6Gal sialyltransferase. *Proc. Natl. Acad. Sci.* **95:** 4504–4509.

本章初稿由 A. Varki（圣迭戈加利福尼亚大学）编写。

# 第 4 章　蛋白质-聚糖相互作用



已经解析出将近 100 个聚糖-蛋白质复合物的晶体结构，另有几种复合物则是从 NMR 谱分析推导出其结构的。这些复合物的共同特点是：聚糖结合位点小（涵盖约 2.5 个糖残基），聚糖与蛋白质的相互作用包括与羟基形成氢键和疏水性相互作用。大多数聚糖在水溶液中以最低能量或接近最低能量的构象与蛋白质结合，但也有例外。搞清楚水分子在复合物中形成的作用仍然是一项艰巨的任务。本章集中讨论聚糖-蛋白质相互作用方面已知的分子机理细节及分析方法。迄今已介绍过多种结合聚糖的蛋白质（见第 22～30 章），并用许多不同的方法研究了它们与各种聚糖的相互作用。

## 历史背景[1～10]

有关聚糖-蛋白质相互作用的许多早期工作都是围绕酶对聚糖的识别展开的，例如，使细菌细胞壁降解的内切糖苷酶溶菌酶和参与中间代谢的酶，如：糖原和淀粉的合酶和磷酸化酶。Fleming、Chain 和 Corey 因发现溶菌酶和青霉素的抗菌作用于 1945 年获得了诺贝尔奖。随后表明溶菌酶是一种具有高度特异性的内切糖苷酶，它能专一地裂解细菌肽聚糖中的 β1-4 键（见第 21 章）。发现糖原合酶可以合成糖原中的 α1-4 葡糖残基，而其他分支酶和脱分支酶则识别糖原的 α1-6-分支的葡萄糖残基。在研究这些酶催化糖原代谢作用的过程中，因发现了糖核苷酸及其在糖缀合物和多糖生物合成中的作用，Luis E．Leloir获得了1970年诺贝尔奖。

蛋白质可以特异识别聚糖的概念可追溯到Emil Fisher，他用“锁和钥”来比喻酶对聚糖底物的专一识别。证实糖和蛋白质三维空间中特异相互作用的梦想因首次“糖结合蛋白”溶菌酶晶体结构的测定而成为现实。20世纪60年代末，Phillips及其同事们一系列出色的研究，从溶菌酶与四糖形成的复合物中获得了溶菌酶的三维结构。溶菌酶是一椭球形蛋白质，具有与蛋白质表面几乎相同长度的裂隙。考虑到溶菌酶仅有129个氨基酸残基，这一裂隙就大的惊人，它能容纳1个六糖，并把它分解成为1个二糖和1个四糖产物。有历史意义的其他重要聚糖结合蛋白的三维结构研究是ConA（1972年报道了其晶体结构）和流感病毒血凝素（1981年报道了其晶体结构）。此外，Lemieux和Kabat与其同事在凝集素和抗体与特异血型抗原的结合位点的研究中，获得了促进该领域发展的关键性信息。通过他们的工作以及许多近期的研究，搞清楚了蛋白质对糖的特异性识别有几种不同的机制。在讨论这种相互作用时，凝集素（lectin）一词已普遍用来表示具有与聚糖结合活性的蛋白质（见第22～30章）。

## 蛋白质对聚糖的识别[11～13]

用现在的学科术语重新措辞锁与钥的概念，其意思可能更为清楚：即“在聚糖-蛋白质识别中所见到的特异性其起源何在？”换句话说，一个特定的细菌黏附素、毒素、植物凝集素、病毒血凝素、一种抗体或一种选凝素为什么只与出现在细胞表面成千上万种聚糖中极为有限的几种聚糖结合？分子水平上的一个基本性问题是这种特异性聚糖为什么会离开水相而进入某个蛋白质的结合位点？聚糖与蛋白质的结合力和任何配体与受体之间的结合力，包括：氢键、范德华相互作用、电荷以及偶极吸引力是一样的。那么，为什么一般仅为100 μmol/L左右的解离常数（$K_d$）会如此难以计算和预测？

## “水问题”[12]

在糖生物学领域很少有问题产生如此激烈的争论。不幸的是，大多数为研究聚糖-蛋白质结合能量学的尝试都集中在计算单一的参与因子，譬如测定配体的优势构象，或估测聚糖与蛋白质结合位点中功能基团间近程相互作用等。每一次这样的计算都富有启发性。然而，正如图4.1所示，整个结合过程都涉及到溶剂化多羟基聚糖和溶剂化蛋白质结合位点的接触会合。如果聚糖表面对蛋白质结合位点互补，水（分子）则从原来的位置移开，从而发生结合。当复合物最终形成时，对被水合的周围介质呈现出新的表面。从熵值来看，溶剂化/去溶剂化的能量很大，对糖这样一类亲水化合物很难准确地计算。因此，尽管结合位点是以范德华力和氢键相互作用，能量贡献可以估测，但因估测参与溶剂化反应变化的误差可能很大，给结合能量的整体计算带来了困难。

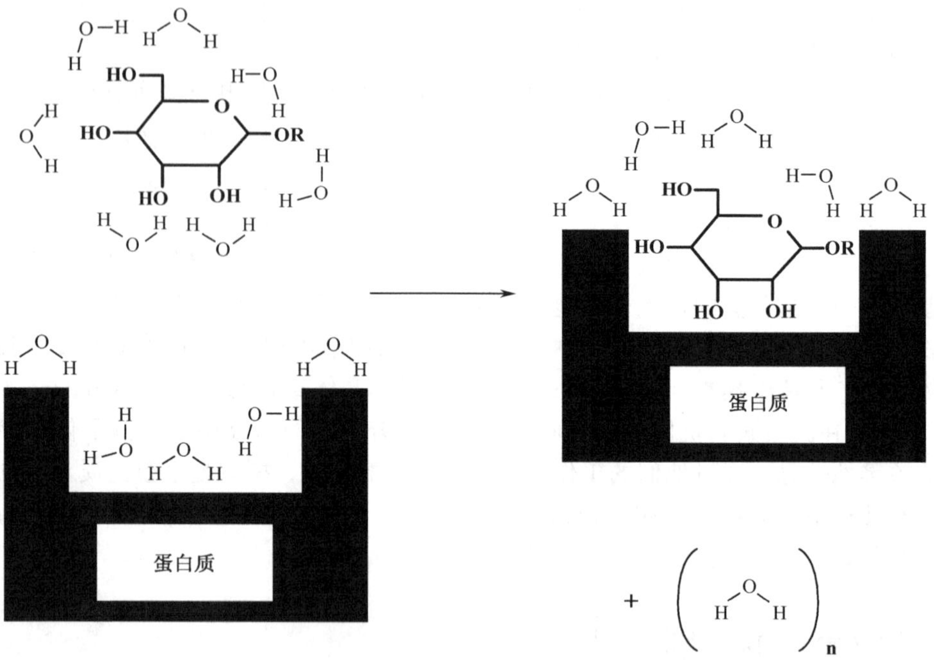


**图 4.1** 聚糖-蛋白质在水中的结合引起水分子移位的示意图。

## 霍乱毒素与 $G_{M1}$五糖结合的原子细节[13]

利用 X 射线晶体学解析了许多与蛋白质结合的聚糖复合物。聚糖表面显示出一种共有性结合模式，即约有 300～400Å$^2$，相当于 2.5 个糖残基与蛋白质接触。以一种与

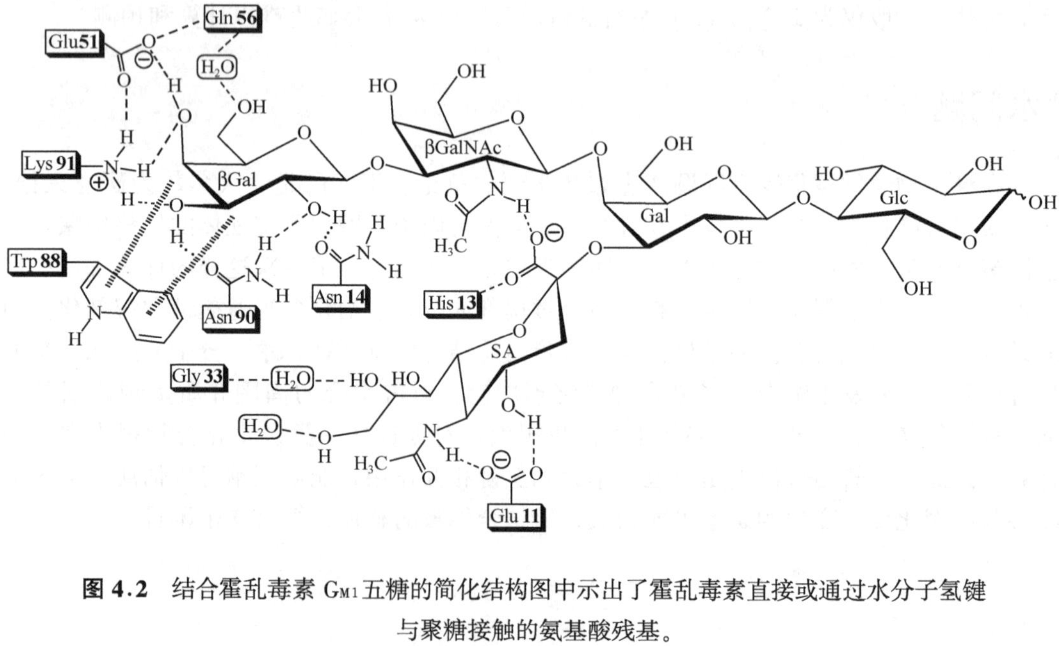


**图 4.2** 结合霍乱毒素 $G_{M1}$五糖的简化结构图中示出了霍乱毒素直接或通过水分子氢键与聚糖接触的氨基酸残基。

$G_{M1}$五糖结合的五聚体黏附蛋白霍乱毒素复合物为例，可以说明这一共有的结合模式（图 4.2）（也见第 28 章）。虽然 $G_{M1}$是五糖，但仅有 3 个单糖与蛋白质有些接触。其末端β-连接的半乳糖残基几乎完全埋入蛋白质结合的位点内，与蛋白质功能基团形成多个氢键的相互作用。有些相互作用是经结合水分子进行的。还有一种非常典型的聚糖-蛋白质复合物是由一芳香氨基酸（Trp-88）与糖残基之一的疏水的“下侧”形成“叠加”的相互作用，在这种情况下，末端 β-连接的是半乳糖残基。倒数第 2 个 β-连接的 GlcNAc 残基只与蛋白质稍有接触，而 Galβ1-4Glc 还原末端的二糖，则与蛋白质并无接触。此二糖的作用是保持分支唾液酸残基的正确取向，使之进一步与蛋白质保持接触，并使 β-连接的 GalNAc 残基也与蛋白质进行接触。最终结果是形成一个 $K_d$ 值接近 0.1 μmol/L，结合非常紧密的复合物，这是目前已知结合最紧密的单价聚糖-蛋白质之一。

## 聚糖-蛋白质相互作用的动力学

除界定聚糖结合蛋白质三维结构外，界定其与各种聚糖的特异性相互作用也很重要。一种凝集素（L）或抗体与聚糖（G）的结合服从简单的方程式 4.1。亲和常数 $K$ 由方程式 4.2 定义为结合常数（或 $K_a$）；因此 $K$ 也等于 $k_1/k_2$。与任何平衡常数一样，$K$ 与在 pH 7 进行的结合反应标准自由能变化（$\Delta G_0$，单位是 kcal/mole）有关，如方程式 4.3 所示，其中 R 为气体常数（0.00198kcal/mol-度），T 是绝对温度（298°K）。

$$L + G \underset{k_2}{\overset{k_1}{\rightleftharpoons}} LG \qquad 4.1$$

$$K = \frac{[LG]}{[L][G]} \qquad 4.2$$

$$\Delta G_0 = -RT\ln K \qquad 4.3$$

亲和常数 $K$ 与方程式 4.4 中热力学参数有关，其中 ΔG、ΔH 和 ΔS 各自代表结合反应的自由能、焓和熵的变化。

$$\Delta G = \Delta H - T\Delta S = -RT\ln K \qquad 4.4$$

显然，对每一项研究中特定的结合现象，有必要界定其 $K$、$k_1$、$k_2$、ΔG、ΔH 和 ΔS 参数，但研究者们往往只简单地设法界定 $K$ 常数。通常用 $K_d$（$1/K_a$）和用 mmol/L，μmol/L 或 nmol/L 等术语来讨论数据。研究聚糖与蛋白质结合有多种不同方法，从热力学的严格性、聚糖和蛋白质的用量以及分析速度各方面比较，每一种方法均有其长处和不足。下面对聚糖与蛋白质间结合的主要研究方法进行讨论。

由于单价聚糖-蛋白质相互作用的亲和力一般很低，许多天然动物凝集素都是以多价形式结合。多价性提出了亲和力（affinity）与亲合力（avidity）对比的问题。单价凝集素对单价配体的结合易于用 4.1 和 4.2 的平衡动力学方程式界定。但是，对多价配体或多价凝集素来说，则出现多重性亲和力，而且结合平衡越复杂，就必须采用更为精确的一组平衡常数来表述。亲合力这个词是指多价配体的结合强度，显然包含着复杂的动力学。对于典型的多价配体和凝集素报道的亲和力数值为表观亲和力常数（apparent constant），但通常测定的则是亲合力。经过仔细分析，两价抗体对抗原的亲合力通常是单体抗体的 10～100 倍。大多数多价凝集素情况可能相同。在研究某些凝集素时，遇到的另一复杂情况是它们与膜的缔合。在洗涤剂溶液中这些纯凝集素可能以寡聚体形式出现。另一复杂情况是，某些凝集素的配体对凝集素可能具有多个潜在结合位点的糖蛋白（如黏蛋白）或多糖（如，肝素）。配体上结合位点的密度和凝集素的价数对表观结合亲和力可能产生巨大影响。所有这些问题在研究凝集素与聚糖相互反应时都应予以考虑。

了解某种聚糖与蛋白质间的相互作用，界定许多参数十分重要。这包括分子间相互作用的细节、聚糖和蛋白质复合物内原子间的距离、平衡结合常数、相互作用的“开”“关”速率以及相互作用的熵和焓等。这些问题通常关系到游离聚糖或小分子糖缀合物与蛋白质的相互作用。但是，在生物学实际的条件下，聚糖结合蛋白可能与膜平面上以高密度出现的糖脂或糖蛋白相互作用，或与具有多次重复决定簇的多糖和具有多种成簇决定簇的糖蛋白相互作用。因为这种复杂性，我们所得到的有关聚糖-蛋白质相互作用的信息大都来自相对较小的聚糖配体与蛋白质的相互作用。对这类相互作用的研究有三大类检验方法：生物物理方法，如X-射线衍射和核磁共振（NMR）分析方法；动力学方法，如平衡透析和滴定量热法；和间接方法，例如基于半抗原抑制和酶联免疫吸附测定（Enzyme-linked immunosorbent assay，ELISA）的各种方法。

## 生物物理方法：X-射线衍射和核磁共振[14～18]

分子水平检测蛋白质-聚糖相互作用的两种生物物理方法为X-射线衍射和核磁共振。已对许多抗体、植物和动物凝激素、细菌毒素以及以糖为底物的酶等与聚糖的晶体复合物进行了鉴定。大约有100种糖结合蛋白的三维结构已被列入Brookhaven蛋白质数据库（Brookhaven Protein Data Bank）。此外，大约有1000多种单糖和寡糖的三维结构已存入剑桥结构数据库（Cambridge Structure Database）。要精确鉴定聚糖的结合位置与方式至少需要2～2.5Å的分辨率。这样高的分辨率通常难以达到。有时可以在与配体无关的情况下得到聚糖结合蛋白的晶体结构，其结构和它潜在的结合位点可以采用一同源蛋白的三维结构信息资料进行预测。

核磁共振是测定溶液中生物分子结构的优选方法。一般来说，单糖是既小而又较刚性的分子，但组装起来的聚糖，由于其围绕糖苷键的旋转自由度而具有较大的柔性。在核磁共振方法中，应用多维技术，如核Overhauser效应（Neuclear Overhauser Effect，NOE），遵从质子共振的分配能够测出质子-质子间的距离。这一信息再与计算机建模的计算技术相结合，便可预测溶液中游离态寡糖的构象。应用转移NOE（Transfer NOE，TRONE）有可能把这种信息推广用于测定溶液中聚糖与蛋白质的相互作用。这一方法的前提是复合物中结合蛋白聚糖的翻转和旋转要比未结合的游离聚糖慢得多。在TRONE方法中小分子蛋白质（<30 kDa）与大大过量的，已和$^{2}D_2O$平衡的聚糖一起溶解，而后，结合聚糖的共振就可以单独地从游离聚糖分辨出来。现有的计算机辅助建模策略和来自聚糖溶液构象的信息，再加上蛋白质三维结构与NMR技术结合起来，可以对聚糖与蛋白质间相互作用的性质和分子细节提供更多的信息。这些方法虽然可以提供大量信息，但是它们在不同程度上受到小分子聚糖在结构上模仿它们经常结合的大分子聚糖的限制和受到这些相互作用都是在非平衡条件下进行的限制。

## 平衡透析[19～23]

平衡透析方法是将聚糖结合蛋白（例如，凝集素和抗体）浓溶液放入可渗透到配体(聚糖或小分子半抗原）的透析室。然后把透析室置入含有浓度范围为 $1/K$ 的聚糖已知体积的缓冲液中平衡。在平衡状态下，结合的聚糖浓度加上袋内游离聚糖浓度［In］和袋外游离聚糖的浓度［Out］将取决于袋内蛋白质的浓度和亲和力。按方程式 4.5，由这些信息可测定结合常数 $K$ 和凝集素的结合价 $n$，其中 $r$ 是每分子凝集素结合聚糖的摩尔比，而 $c$ 是未结合聚糖的浓度［Out］。结合聚糖的摩尔可由［In］减去［Out］来确定。

$$\frac{r}{c} = Kn - Kr \qquad 4.5$$

以 $r/c$ 对不同的半抗原浓度 $r$ 作图（斯卡查德分析 Scatchard analysis)，近似于一条直线，其斜率为 $-K$。可以从负斜率求得缔合常数 $K$，而结合价可以半抗原浓度在无穷大浓度时 $r$ 的截距来确定。

在这些实验中做了许多重要假设，这些假设是否妥当有效，必须用实验来验证：在整个实验过程中蛋白质和聚糖是稳定的并具有活性；半抗原应是可以自由扩散的；复合物应处于平衡状态，结构上不希望不相关的半抗原出现结合，并在实验的结构安排上也不出现表观结合。平衡透析法有以下优点：（1）方法简单，不需要特别精密的仪器；(2）高亲和力情况下，仅需相对小量蛋白质（$\leqslant 1\mu$mol/L)；（3）如有很高的亲和力，则仅需少量的半抗原；（4）蛋白质和半抗原都很稳定时，它们还可以回收重复利用；(5）可应用具有放射活性的半抗原；(6）平衡测定结果可靠。其缺点是：(1）只能得出 $K$ 值；(2）凝集素或抗体对半抗原的亲和力低时，要求两者的用量相对较大；（3）要做多次不同的测定，完成一个实验，耗时多达几天，甚至数周。

这一平衡技术的变通方式是由 Hummel 和 Dreyer 开发的以平衡凝胶过滤为例子的方法。此法是将蛋白质（如凝集素）上样于凝胶过滤柱，柱子事先用选定的，易于检测的，例如用放射性或荧光标记的配体（如聚糖）进行预平衡。蛋白质与配体结合时，形成一种复合物，仅在配体基线上从过滤柱出现一个“峰”，当配体浓度降至基线以下，随即出现“谷”，并延伸到柱的内水体积或盐体积。复合物形成的量很容易从配体的已知比活性（specific activity）测定出来。由于复合物的生成量与所施用的蛋白质（或配体）的量成正比，这样，就可以在蛋白质或配体不同浓度下从平衡凝胶过滤柱得到的几条量变曲线中计算出一条结合曲线，这条结合曲线可用于计算相互作用的平衡常数。这个方法的优缺点与平衡透析方法大致相同。其不同点是 Hummel-Dreyer 方法的分析速度快，还可以使用多种不同大小的配体。历史上这个方法虽然未曾用于凝集素-聚糖相互作用的研究，最近的研究表明它在可溶性选凝素与小分子配体相互作用的研究中非常实用。

## 亲和层析[24～27]

这一方法是将凝集素固定到一种亲和载体上，例如，采用 Affi-Gel™、用溴化氰活化的琼脂糖凝胶（Sepharose）、Ultralink™ 或其他活化后的载体上。固定的凝集素可装填在各种不同的，从老式的重力流动柱到高压液相层析柱中。最简单的方法是将一种凝集素或其他聚糖结合蛋白以 0.1～10mg/ml 的浓度固定在载体上，将含有聚糖的缓冲液加入固定的凝集素中，根据洗脱谱型测定与凝集素的结合。如果聚糖与固定的凝集素结合相对牢固，可加入含有某种已知半抗原缓冲液使复合物解离。例如，高甘露糖型和杂合型 N-聚糖能够与 ConA-Agarose 柱紧密地结合，用 500 mmol/L 的甲基甘露糖苷才能有效地洗脱结合物（参见第 30 章）。与此相反，许多高度分支复合型 N-聚糖则不能与它结合。二天线复合型 N-聚糖可以和 ConA-Agarose 结合，但是，用 10mmol/L 的 α-甲基甘露糖就可以有效地洗脱。在这种情况下，可以估定凝集素的结合特异性及其近似的结合亲和力，因为固定化凝集素的浓度是已知的，其结合容量也可以界定。此方法较为粗糙，虽然对固定的凝集素结合某些专一的聚糖可以给出有价值和较为实用的信息，但不能提供亲和力测定的细节。一个变通的办法是将聚糖配体固定化来测定凝集素的结合。但是，这种方法用于多种不同浓度复合配体的测定特别困难。

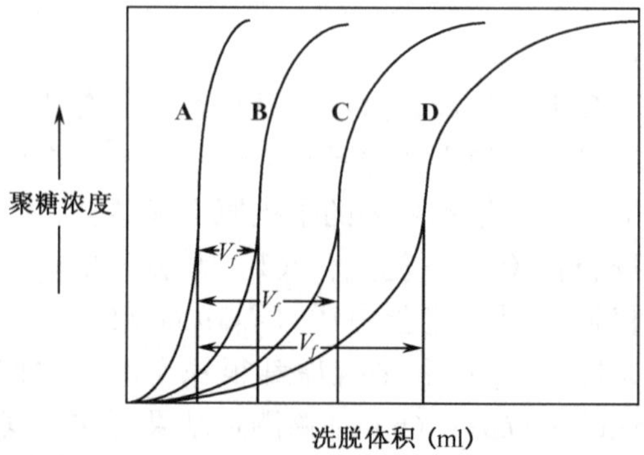


**图 4.3** 前沿亲和层析举例，图中表示用不同浓度的聚糖上样于固定化凝集素层析柱。最低浓度时（*D*），聚糖洗脱延迟，层析前沿用垂直线表示。浓度渐增（*C*→*A*）时，聚糖提前洗脱。$V_f$ 是文中界定的“前沿体积”。

一种更为精细的方法通常称之为前沿亲和色谱分析法，是将含有已知浓度的聚糖样品加到固定了聚糖结合蛋白的柱上，从层析柱中监测洗脱的聚糖（洗脱前沿）。为此，持续地将配体加到柱上。也就是，当配体开始在洗脱缓冲液中出现时，代表洗脱前沿的体积即为配体结合亲和力的一次度量。这种结合亲和力可直接从方程式 4.6 计算，其中 $V_f$［T］/ $V_t$ 为柱的结合容量；$V_f$ 为前沿体积；$V_t$ 为层析柱的总体积；［O］为所添加溶液中聚糖的浓度；［L］为基质中凝集素浓度。

$$K_d(\text{表观}) = \frac{[L]}{V_f - V_t} - [O]_0 \qquad 4.6$$

用不同的聚糖浓度可得到一系列洗脱曲线图，并可得出 50%的饱和点（图 4.3）。将数据以 $1/[O]_0$（$V_f - V_t$）对 $1/[O]_0$ 作图。从图中横坐标的截距可推导出 $K_d$ 值，相当于 $-1/K_d$，纵坐标的截距为活性凝集素的浓度［L］。本法的许多优点与平衡透析法相似：（1）简单易行；（2）亲和性高时，只需少量蛋白质（≤1μmol），并只需一种层析柱；（3）如果 $K_d$ 相当低（在 10nmol/L 到 10μmol/L 范围内）则相应地只需要少量的半抗原；（4）如果所用半抗原稳定，则可回收再用；（5）可使用放射性半抗原；（6）平衡测定可靠。本方法的不足之处：(1) 只能推导得出 $K$ 值；(2) 要求结合聚糖的蛋白质与基质的结合必须稳定，而且要求蛋白质在多次层析中应保持适度的活性；(3) 一种聚糖需进行多次层析；(4) $K_d$ 值高（>10μmol/L）的情况下，聚糖的相对需要量也要大；(5) 全部分析过程耗时几周，甚至数月才能完成。

## 滴定量热法[28～30]

可用商品微量热量仪，以等温滴定量热法测定自由能变化进行聚糖与凝集素结合的研究。这一方法是用一注射器将含有测试聚糖的溶液加到微量热仪混合池（1～2 ml）中含固定浓度凝集素的溶液内。加到对照实验混合池内的溶液不含蛋白质。按一定时间间隔，分多次加入 1～3 μl 的聚糖溶液，以 μcal/sec 为单位，测量由结合反应释放出的热量。实验过程中，混合池内聚糖浓度以聚糖对凝集素从 0 到 10 分子比的范围逐渐增加，测定其结合反应热容量的变化。将测定的数据，以每次注入所产生的热量对克分子比 kcal/mol 作图。然后，用斯卡查德作图法（Scatchard plot）分析这些数据取得 $K_d$ 值。此外，热量变化直接关系到反应热焓 ΔH 和恒温恒压下的反应热（吸收的或释放的热量）。根据 $K_d$ 和 ΔH 值，按方程式 4.4，可以界定结合熵 ΔS。

这一方法的主要优点在于它能提供有关聚糖结合到聚糖结合蛋白上的所有重要热力学数据。因此远远优于平衡透析和亲和层析方法。其缺点是：(1) 蛋白质用量较大（>10 mg），(2) 聚糖用量也大，(3) 由于前两项存在的问题，这种分析方法不能代表性地利用范围广泛的各种聚糖。

## 表面激元共振[31～36]

表面激元共振（surface plasmon resonance，SPR）是由某种游离分子（被称作分析物）与传感器芯片上固定的配体相结合而引发芯片表面折射率变化的一种技术。在 SPR 方法中，光线是从不直接接触样品的表面反射，SPR 中的变化引发特定角度和波长组合条件下反射光强度的变化。这一方法是测定表面层的折射率变化，并记录为 SPR 信号或共振单位（RU）（图 4.4A）。一般来说，对于表面层质量浓度给定变化的折射率变化，多半与研究的分子无关，即对蛋白质，聚糖，脂类（脂质体）和核酸都是一样的。1RU 大约相当于 1 $pg/mm^2$。用 Biacore Ab 公司生产的 BIACORE™ 仪可进行这类测验。如以每秒 1～10 计数（counts/sec）进行实时检测（图 4.4B），可取得有关结合反应的结合或解离方面的动力学信息和反应的总 $K_d$。

举一个典型的实例，利用精确控制分析物的传送，以及所有洗涤步骤的微液流系统将蛋白质（分析物）溶液连续通过含固定配体（聚糖）的传感器芯片微表面。BIACORE™ 2000 型仪器可用单一的传感器表面同时使用多到 4 个通道或流动池。其中一个通道用作在线参照或空白对照。需进行高通量测定时，各通道可固定不同的配体。有各种各样的化学方法可用于偶联不同的配体，包括偶联氨基、巯基、醛基和生物素俘获法。在有些方法中，可用固定化的糖蛋白作为凝集素配体，直接测定凝集素的结合。随后也可以用含有外切糖苷酶的溶液流经芯片降解糖蛋白配体，重新检测不同凝集素结合

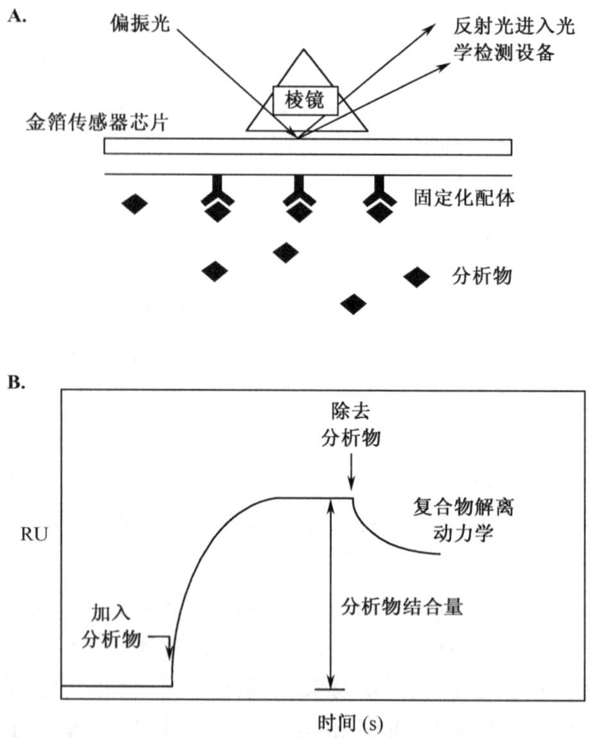


**图 4.4** 表面激元共振举例。(A) SPR 方法中，对分析物与固定配体结合引发的反射光变化及其测定。(B) 展示分析物与配体的结合及其结合和解离动力学的传感图谱实例。RU 为共振单位。

的每一步骤，由此可获得固定蛋白质糖基化的有关信息。通常固定的配体十分稳定，可在几个月内重复使用数百次。

本方法的优点是：(1) 可以测定从 mmol 到 pmol 范围的亲和力；(2) 可常规进行 $k_1$ 和 $k_2$（按方程式 4.1）的全测定；(3) 对于采用氨基偶联分子的固定化，正常情况下，用 1～5 μg 已足够进行实验；(4) 典型的分析物浓度范围为 0.1～100× $K_d$，体积范围为50～150 μl；(5) 测定速度极快，全部实验结果可在几天内完成。其不足之处是要求分析物有足够大的质量（>2000Da），才能根据结合使 SPR 产生显著变化（因此，通常固定聚糖而不固定蛋白质），而游离聚糖偶联到芯片表面也不是很有效；需要以拟糖蛋白或某些大分子缀合物进行偶联。另一不足之处是由于质量输送效应使分析物在固相表面进行再结合，在仪器上可能出现某些非均一性，尽管这种再结合可能事实上模仿了某些生物学条件，例如，细胞-细胞相互作用时发生的情况。在分析物浓度高的条件下，这个问题可能使解离常数 $k_2$ 大大降低（方程式 4.2），结果造成 $K_d$ 偏低。这个问题可通过分析物在不同浓度进行多次重复测定来解决，而且分析物在低浓度范围测得的结果比较可靠。

## ELISA 型测定[37～40]

传统的酶联免疫吸附测定（ELISA），经改进后适用于研究不同类型的聚糖和聚糖结合蛋白。当然，许多聚糖就是抗原，对它们的抗体可按传统的 ELISA 方式进行分析。

最早将这一方法实际用于测量细胞间黏附的是 Saul Roseman 研究组，他们将糖连接在聚丙烯酰胺基质上，通过肝细胞的 Gal/GalNAc（脱唾液酸糖蛋白）受体真正测量细胞黏附。在大多数适用方法中，都是把一种目标抗体或聚糖结合蛋白固定以测量聚糖与蛋白质的结合。为使测定成功而有效，常将聚糖以某种方式，诸如与生物素或另一种与报道基团（例如，荧光部分或过氧化物酶）结合的蛋白质形成缀合物。最近建立的竞争性检测法已用于探测凝集素或抗体的结合位点。这种方法是将聚糖与载体蛋白（靶标）偶联，直接测定聚糖与固相中固定蛋白质的结合。检测中，将竞争聚糖或抗该组分的抗体加到反应槽里，观察它们对靶标的竞争并定义为 $IC_{50}$，即抑制靶标的结合达到 50%时的浓度。本法主要的优点是简单易行，可用于测定一系列糖缀合物的相对结合活力。主要缺点是不能直接提供有关亲和常数的信息或其他热力学参数。

## $IC_{50}$-半抗原抑制[41～46]

本方法可用于测定可溶性半抗原阻断凝集素或抗体与糖缀合物靶标结合能力。（在糖生物学中，半抗原通常指一种小分子聚糖，它可以竞争性地与凝集素结合，并与它更复杂配体的结合竞争。）如在直观凝集作用试验中，或者在前面 ELISA 方法讨论的固定化中，靶标可以是细胞。加入的半抗原对凝集素或抗体的抑制达到 50%的浓度即定为 $IC_{50}$。在凝集素对细胞凝集作用的研究中本方法已应用多年，在阐明人类血型物质的本质中曾起过有益的作用。如果采用足够多样的可溶性半抗原测试板，可测定各种聚糖的相对抑制效能，并界定为 $IC_{50}$来表明。但是 $IC_{50}$与结合亲和力没有直接关系，因为测定的是抑制作用，而所用抑制剂的量是通过凝集素或抗体对固定的靶标的亲和性来测定的。真实的结合亲和力必须通过本章前面介绍过的其他技术方法来测定。由于本方法易于获取 $IC_{50}$，而且可以利用半抗原大测试板直接比较，在这一研究领域这一方法颇有吸引力。

## 沉淀[47～51]

多价凝集素或抗体与多价配体相互作用可生成交联复合物。大多数情况下，形成的这种复合物是不溶解的，可作为沉淀进行鉴定。用抗体与多价配体相互作用生成沉淀在免疫学发展中具有重要意义。这一方法是用糖蛋白或聚糖滴定一确定量的凝集素或抗体（受体），当配体与受体达到某一准确比例时生成沉淀。沉淀的生成对于配体结合受体的亲和常数是非常专一性的。用化学方法测定聚糖或蛋白质可直接测定沉淀中蛋白质或配体的量。沉淀法对研究潜在的多价配体仍然有用，最近还用来证明了半乳糖末端糖基化复合型的二-，三-，四-天线 N -聚糖的各个支链可以被半乳糖结合的凝集素识别。利用凝集素与聚糖形成复合物可以被“盐析”或被硫酸铵沉淀下来这一事实是另一种沉淀方法。这一方法的一种变通方式早期曾用于对肝细胞 Gal/GalNAC 受体（脱唾液酸糖蛋白受体）表征的研究，其中的配体（该实验采用了$^{125}I$-标记的脱唾液酸血清类黏蛋白，asialoorosomucoid）与受体制剂预先保温过。样品用一定量的硫酸铵处理，使复合物沉淀下来，但不能沉淀未结合的游离配体。沉淀的复合物截留在滤器上面，用 γ-计数器直接测定复合物中的配体含量。

## 电泳[52～54]

电泳方法是将糖蛋白（或受体）与聚糖结合蛋白或抗体混合，在聚丙烯酰胺中用电泳分离混合物。这一技术用于糖胺聚糖的分析时被称作亲和共电泳（Affinity Coelectrophoresis，ACE）（见第 29 章）。这一方法对界定相互作用的表观 $K_d$ 特别有用，并且可以鉴定出与聚糖结合蛋白相互作用有区别的糖胺聚糖亚群。另一种被称为交叉亲和免疫电泳（crossed affinity immunoelectrophoresis）的方法，是与糖蛋白或配体可能产生沉淀的专一性抗体的存在下，于 1%琼脂糖中，在垂直方向进行第二次电泳。用考马斯亮蓝染色，可得到免疫图谱。与凝集素或抗体无相互作用的糖蛋白比复合物的迁移率快。从二维分析得到的曲线下面的面积测得糖蛋白或配体的量。用这种方法可研究糖蛋白的糖型，特别对血清中一种急性期反应糖蛋白，α1-酸性糖蛋白的糖型以及在研究其 α1-3-岩藻糖基化作用的变化方面尤为重要。

## 配体和受体 cDNA 的表达[55～58]

研究聚糖-蛋白质相互作用的另一现代方法，是在动物细胞或细菌内表达编码糖基转移酶或凝集素的 cDNA。然后测定被修饰细胞与靶标的黏附。例如，这类方法对研究选凝素及其配体有重要价值。这一方法对确证 $sLe^x$(sialyl Lewis X) 和 $sLe^A$(sialyl Lewis A)是选凝素重要的识别决定簇和编码- P 选凝素糖蛋白配体-1 cDNA 的克隆表达(见 26 章)都起了重要作用。聚糖结合蛋白,例如选凝素或 I-型凝集素在转染细胞表面的表达对于评价流动条件下凝集素在细胞黏附中的特殊生理作用很有帮助(见第 24 和 26 章)。

## 发展方向

聚糖和蛋白质的相互作用细节使“解码”聚糖结构信息成为可能。但是阐明相互作用的复杂机制还刚刚开始。再者，至今已经鉴定的聚糖结合蛋白的数目仍在增加，这表明不论是在动物或侵袭动物的病原体中，各种聚糖都可能有一功能性受体。了解聚糖与蛋白质分子的相互作用对真正在分子生物学水平上深入认识糖缀合物至关重要。目前有许多方法正在研究中应用，每种方法都有它的优点，也存在某些不足之处。很显然，把不同方法结合起来使用比单一地采用某一种方法更能全面地说明问题。人们预料聚糖的新合成方法将使研究更加深入，因为能够得到符合要求的天然聚糖的数量很少，难以满足需要。另外，越来越多的重组聚糖结合蛋白的出现，将大大促进糖生物学研究领域的发展。最近对聚糖蛋白质分子相互作用细节认识上的进展，有可能产生某种特别裁剪的化合物，它们能模拟聚糖的结合位点，因此可能配制一族新型药物。最后，大部分信息都来源于小分子聚糖和凝集素的研究，有关聚糖结合蛋白与大分子糖缀合物配体间复杂的相互作用方面信息还知之甚少。尽管已有不少研究聚糖-蛋白质相互作用的方法，但是，基于自由扩散的“一维”信息翻译成细胞-细胞或细胞-基质黏附的二维和三维的性质还有很大困难。此外，有些领域已取得很大进展，表明糖缀合物的高序结构在调控聚糖-蛋白质的相互作用中也很重要。作为例子，糖鞘脂可以簇集成“筏”状，而某些糖蛋白在邻近非糖决定簇处，如硫酸酪氨酸，有重要的糖决定簇。在这样组织起来的聚糖决定簇间，协调的相互作用可能促进高亲和力的相互作用，对这一领域未来的研究工作提出了更大的挑战。

（朱正美　马毓甲 译　　王俊琦 校）

## 参考文献


1. Wilson K.A., Skehel J.J., and Wiley D.C. 1981. Structure of the haemagglutinin membrane glycoprotein of influenza virus at 3-Å resolution. *Nature* **289:** 366–373.
2. Hardman K.D. and Ainsworth C.F. 1972. Structure of concanavalin A at 2.4-Å resolution. *Biochemistry* **11:** 4910-4919.
3. Edelman G.M., Cunningham B.A., Reeke G.N. Jr., Becker J.W., Wasdal M.J., and Wang J.L. 1972. The covalent and three-dimensional structure of concanavalin A. *Proc. Natl. Acad. Sci.* **69:** 2580–2584.
4. Phillips D.C. 1966. The three-dimensional structure of an enzyme molecule. *Sci. Am.* **215:** 78–90.
5. Blake C.C., Johnson L.N., Mair G.A., North A.C., Phillips D.C., and Sarma R. 1967. Crystallographic studies of the activity of hen egg-white lysozyme. *Proc. R. Soc. Lond. B. Biol. Sci.* **167:** 378–388.
6. Rini J.M. 1995. Lectin Structure. *Annu. Rev. Biophys. Biomol. Struct.* **24:** 551–577.
7. Quiocho F.A. 1986. Carbohydrate-binding proteins: Tertiary structures and protein-sugar interactions. *Annu. Rev. Biochem.* **55:** 287–315.
8. Nelson R.M., Venot A., Bevilacqua M.P., Linhardt R.J., and Stamenkovic I. 1995. Carbohydrate-protein interactions in vascular biology. *Annu. Rev. Cell. Dev. Biol.* **11:** 601–631.
9. Kabat E.A., Liao J., and Lemieux R.U. 1978. Immunochemical studies on blood groups—LXVIII. The combining site of anti-I Ma (group 1). *Immunochemistry* **15:** 727–31.
10. Hindsgaul O., Norberg T., Le Pendu J., and Lemieux R.U. 1982. Synthesis of type 2 human blood-group antigenic determinants. The H, X, and Y haptens and variations of the H type 2 determinant as probes for the combining site of the lectin I of *Ulex europaeus*. *Carbohydr. Res.* **109:** 109–42.
11. Bundle D.R. 1998. Recognition of carbohydrate antigens by antibody binding sites. In *Carbohydrates* (ed. S. Hecht), pp. 370–440. Oxford University Press, Oxford, United Kingdom.
12. Lemieux R.U. 1996. How water provides the impetus for molecular recognition in aqueous solution, *Accts. Chem. Res.* **29:** 373–380.
13. Merrit E.A., Sarfaty S., van den Akker F., L'Hoir C., Martial J.A., and Hol W.G.J. 1994. Crystal structure of cholera toxin B-pentamer bound to receptor $G_{M1}$ pentasaccharide. *Protein Sci.* **3:** 166–75.
14. van Gunstern W.F. 1988. The role of computer simulation techniques in protein engineering. *Protein Eng.* **1:** 1–15.
15. Clore G.M. and Gronenborn A.M. 1983. Theory of time-dependent transferred nuclear Overhauser effect: Applications to structural analysis of ligand-protein complexes in solution. *J. Magn. Reson.* **53:** 423–442.
16. Bundle D.R., Baumann H., and Brisson J.-R. 1994. Solution structure of a trisaccharide-antibody complex: Comparison of NMR measurements with a crystal structure. *Biochemistry* **33:** 5183–5192.
17. Siebert H.-C., von der Lieth C.-W., Gilleron M., Reuter G., Wittmann J., Vliegenthart J.F.G., and Gabius H.-J. 1997. Carbohydrate-protein interaction. In *Glycosciences: Status and perspective* (ed. H.-J. Gabius and S. Gabius), pp. 291–310. Chapman and Hall, Weinheim.
18. Bundle D.R. 1997. Antibody-oligosaccharide interactions determined by crystallography. In *Glycosciences: Status and perspective* (ed. H.-J. Gabius and S. Gabius), pp. 311–331. Chapman and Hall, Weinheim.
19. Crowley J.F., Goldstein I.J., Arnarp J., and Lonngren J. 1984. Carbohydrate binding studies on the lectin from *Datura stramonium* seeds. *Arch. Biochem. Biophys.* **231:** 524–533.
20. Cho M. and Cummings R.D. 1996. Characterization of monomeric forms of galectin-1 generated by

site-directed mutagenesis. *Biochemistry* **35:** 13081–13088.
21. Powell L.D., Jain R.K., Matta K.L., Sabesan S., and Varki A. 1995. Characterization of sialyloligosaccharide binding by recombinant soluble and native cell-associated CD22. Evidence for a minimal structural recognition motif and the potential importance of multisite binding. *J. Biol. Chem.* **270:** 7523–7532.
22. Hummel J.P. and Dreyer W.J. 1962. Measurement of protein-binding phenomena by gel filtration. *Biochim. Biophys. Acta* **63:** 530–532.
23. Cann J.R. and Hinman N.D. 1976. Hummel-Dreyer gel chromatographic procedure as applied to ligand-mediated association. *Biochemistry* **15:** 4614- 4622.
24. Andrews P., Kitchen B.J., and Winzor D.J. 1973. Use of affinity chromatography for the quantitative study of acceptor-ligand interactions: The lactose synthetase system. *Biochem. J.* **135:** 897-900.
25. Ohyama Y., Kasai K., Nomoto H., and Inoue Y. 1985. Frontal affinity chromatography of ovalbumin glycoasparagines on a concanavalin A-Sepharose column. A quantitative study of the binding specificity of the lectin. *J. Biol. Chem.* **260:** 6882–6887.
26. Kasai K. and Ishii S. 1978. Affinity chromatography of trypsin and related enzymes. V. Basic studies of quantitative affinity chromatography. *J. Biochem.* **84:** 1051–1060.
27. Brinkworth R.I., Masters C.J., and Winzor D.J. 1975. Evaluation of equilibrium constants for the interaction of lactate dehydrogenase isoenzymes with reduced nicotinamide-adenine dinucleotide by affinity chromatography. *Biochem. J.* **151:** 631–636.
28. Gupta D., Cho M., Cummings R.D., and Brewer C.F. 1996. Thermodynamics of carbohydrate binding to galectin-1 from Chinese hamster ovary cells and two mutants. A comparision with four galactose-specific plant lectins. *Biochemistry* **35:** 15236–15243.
29. Schwarz F.P., Ahmed H., Bianchet M.A., Amzel L.M., and Vasta G.R. 1998. Thermodynamics of bovine spleen galectin-1 binding to disaccharides: Correlation with structure and its effect on oligomerization at the denaturation temperature. *Biochemistry* **37:** 5867–5877.
30. Dam T.K., Cavada B.S., Grangeiro T.B., Santos C.F., de Sousa F.A., Oscarson S., and Brewer C.F. 1998. Diocleinae lectins are a group of proteins with conserved binding sites for the core trimannoside of asparagine-linked oligosaccharides and differential specificities for complex carbohydrates. *J. Biol. Chem.* **273:** 12082–12088.
31. Cullen D.C., Brown R.G., and Lowe C.R. 1987. Detection of immuno-complex formation via surface plasmon resonance on gold-coated diffraction gratings. *Biosensors* **3:** 211–225.
32. Hutchinson A.M. 1994. Characterization of glycoprotein oligosaccharides using surface plasmon resonance. *Anal. Biochem.* **220:** 303–307.
33. Okazaki I., Hasegawa Y., Shinohara Y., Kamasaki T., and Bhikhabhai R. 1995. Determination of the interactions between lectins and glycoproteins by surface plasmon resonance. *J. Mol. Recognit.* **8:** 95–99.
34. Adler P., Wood S.J., Lee Y.C., Lee R.T., Petri W.A.J., and Schnaar R.L. 1995. High affinity binding of the *Entamoeba histolytica* lectin to polyvalent N-acetylgalactosaminides. *J. Biol. Chem.* **270:** 5164–5171.
35. Shinohara Y., Hasegawa Y., Kaku H., and Shibuya N. 1997. Elucidation of the mechanism enhancing the avidity of lectin with oligosaccharides on the solid phase surface. *Glycobiology* **7:** 1201–1208.
36. Mehta P., Cumings R.D., and McEver R.P. 1998. Affinity and kinetic analysis of P-selectin binding to P-selectin glycoprotein ligand-1. *J. Biol. Chem.* **273:** 32506–32513.
37. Schnaar R.L., Weigel P.H., Kuhlenschmidt M.S., Lee Y.C., and Roseman S. 1978. Adhesion of chicken hepatocytes to polyacrylamide gels derivatized with N-acetylglucosamine. *J. Biol. Chem.* **253:** 7940–7951.
38. Knibbs R.N., Goldstein I.J., Ratcliffe R.M., and Shibuya N. 1991. Characterization of the carbohydrate binding specificity of the leukoagglutinating lectin from *Maackia amurensis*. Comparison with other sialic acid-specific lectins. *J. Biol. Chem.* **266:** 83–88.
39. Desai P.R., Ujjainwala L.H., Carlstedt S.C., and Springer G.F. 1995. Anti-Thomsen-Friedenreich (T) antibody-based ELISA and its application to human breast carcinoma detection. *J. Immunol. Methods* **188:** 175–185.
40. Najjam S., Gibbs R.V., Gordon M.Y., and Rider C.C. 1997. Characterization of human recombinant interleukin 2 binding to heparin and heparan sulfate using an ELISA approach. *Cytokine* **9:** 1013–1322.

41. Watkins W.W. 1974. Blood group substances: Their nature and genetics. In *The red blood cell*, 2nd edition (ed. D.M. Surgenor), pp. 293–360. Academic Press, New York.
42. Debray H., Decout D., Strecker G., Spik G., and Montreuil J. 1981. Specificity of twelve lectins towards oligosaccharides and glycopeptides related to N-glycosylproteins. *Eur. J. Biochem.* **117:** 41–55.
43. Tollefsen S.E. and Kornfeld R. 1983. The B4 lectin from *Vicia villosa* seeds interacts with N-acetylgalactosamine residues alpha-linked to serine or threonine residues in cell surface glycoproteins. *J. Biol. Chem.* **258:** 5172–5176.
44. Weitz-Schmidt G., Stokmaier D., Scheel G., Nifant'ev N.E., Tuzikov A.B., and Bovin N.V. 1996. An E-selectin binding assay based on a polyacrylamide-type glycoconjugate. *Anal. Biochem.* **238:** 184–190.
45. Kim M.K., Brandley B.K., Anderson M.B., and Bochner B.S. 1998. Antagonism of selectin-dependent adhesion of human eosinophils and neutrophils by glycomimetics and oligosaccharide compounds. *Am. J. Respir. Cell. Mol. Biol.* **19:** 836–841.
46. Tsukida T., Hiramatsu Y., Tsujishita H., Kiyoi T., Yoshida M., Kurokawa K., Moriyama H., Ohmoto H., Wada Y., Saito T., and Kondo H. 1997. Studies on selection blockers. 5. Design, synthesis, and biological profile of sialyl Lewis X mimetics based on modified serine-glutamic acid dipeptides. *J. Med. Chem.* **41:** 262.
47. Vicari G. and Kabat E.A. 1970. Structures and activities of oligosaccharides produced by alkaline degradation of a blood group substance lacking A, B, H, $Le^b$ specificities. *Biochemistry* **9:** 3414–3421.
48. Pereira M.E., Kabat E.A., Lotan R., and Sharon N. 1976. Immunochemical studies on the specificity of the peanut (*Arachis hypogaea*) agglutinin. *Carbohydr. Res.* **51:** 107–118.
49. Cisar J., Kabat E.A., Dorner M.M., and Liao J. 1975. Binding properties of immunoglobulin combining sites specific for terminal or nonterminal antigenic determinants in dextran. *J. Exp. Med.* **142(2):** 435–459.
50. Gupta D., Kaltner H., Dong X., Gabius H.J., and Brewer C.F. 1996. Comparative cross-linking activities of lactose-specific plant and animal lectins and a natural lactose-binding immunoglobulin G fraction from human serum with asialofetuin. *Glycobiology* **6:** 843–849
51. Mandal D.K. and Brewer C.F. 1993. Lectin-glycoconjugate cross-linking interactions. In *Lectins and glycobiology* (ed. H.-J. Gabius and S. Gabius). pp. 117–128. Springer-Verlag, Berlin.
52. Bøg-Hansen T.C. 1973. Crossed immuno-affinoelectrophoresis. An analytical method to predict the result of affinity chromatography. *Anal. Biochem.* **56:** 480–488.
53. Brinkman-van der Linden E.C., van Ommen E.C., and van Dijk W. 1996. Glycosylation of alpha 1-acid glycoprotein in septic shock: Changes in degree of branching and in expression of sialyl Lewis(x) groups. *Glycoconj. J.* **13:** 27–31.
54. Lee M.K. and Lander A.D. 1991. Analysis of affinity and structural selectivity in the binding of proteins to glycosaminoglycans: Development of a sensitive electrophoretic approach. *Proc. Natl. Acad. Sci.* **88:** 2768–2772.
55. Lowe J.B., Stoolman L.M., Nair R.P., Larsen R.D., Berhend T.L., and Marks R.M. 1990. ELAM-1-dependent cell adhesion to vascular endothelium determined by a transfected human fucosyltransferase cDNA. *Cell* **63:** 475–484.
56. Goelz S.E., Hession C., Goff D., Griffiths B., Tizard R., Newman B., Chi-Rosso G., and Lobb R. 1990. ELFT: A gene that directs the expression of an ELAM-1 ligand. *Cell* **63:** 1349–1356.
57. Sako D., Chang X.J., Barone K.M., Vachino G., White H.M., Shaw G., Veldman G.M., Bean K.M., Ahern T.J., Furie B., Cumming D.A., and Larsen G.R. 1993. Expression cloning of a functional glycoprotein ligand for P-selectin. *Cell* **75:** 1179–1186.
58. Li F., Wilkins P.P., Crawley S., Weinstein J., Cummings R.D., and McEver R.P. 1996. Post-translational modifications of recombinant P-selectin glycoprotein ligand-1 required for binding to P- and E-Selectin. *J. Biol. Chem.* **271:** 3255–3264.

本章初稿由 O. Hindsgaul（加拿大艾伯塔大学）和 R. D. Cummings（俄克拉荷马医疗卫生科学中心）编写。

# 第 5 章　聚糖生物学作用探讨



本章提供对真核细胞中主要类别聚糖的生物学作用的概观（overview），并试图综合某些一般原则以求了解和探索这些作用。为更详细了解所列出的某些生物学作用，参见本书的其他章和本章列出的原始文献。

## 聚糖生物学作用的一般原则和结论[1～42]

经常听见的问题——“糖基化的功能是什么？”其实不是一个合理的问题。和大多数其他大分子一样聚糖的生物学作用如同全色光谱，包含着从那些看来相对不重要的到那些对发育、生长、功能或对生物的生存至关重要的各种功能。多年来，已提出了许多有关聚糖生物学作用的理论。虽然有许多证据支持所有这些理论的基本点，但很容易发现每一种理论均有一些例外。考虑到自然界造就了这么大量多样性的聚糖，现有的理论未能包罗万象也就不足为奇了。聚糖常常是微生物及病原体结合的靶标，这更增加了聚糖复杂性的水平。聚糖的生物学作用可大致上分为两组（图 5.1）。其一，按聚糖的结构和调控的特性，另一组则按聚糖结构被其他分子（一般为受体蛋白或凝集素）的特异性识别归类。后一组可进而按其在同一个体中可被内源性受体识别或是由外源性物体识别再分为两个亚组。后一组大多数由病原受体和毒素组成，但也包含共生因子。如同第 3 章所指出的这两种型的识别似乎代表着在进化过程中相反的选择力。

在此也应提出的其他的一般原则是，在不同的体系中糖基化变更的生物学后果是多变的且难以预料（具体讨论见后）。一种给定的聚糖也能在不同的组织或在发育过程中不同的时期有不同的作用。一般而言，末端序列、不寻常结构及聚糖的修饰常在机体中对特异的生物学功能起介导作用。然而，这种不寻常结构或修饰也可能就是病原菌或毒

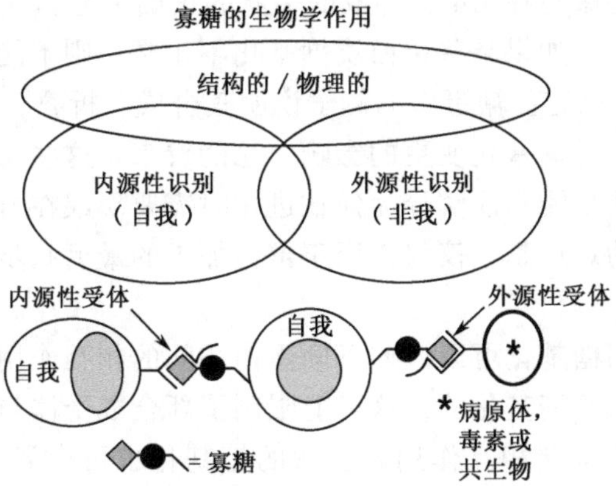


**图 5.1** 聚糖生物学功能的一般分类。介绍一种简化的广义的分类方法，强调内源性及外源性凝集素在识别聚糖中的作用。各组间有些重叠，如某些结构特性也涉及聚糖的特异性识别。（上图是得到允许后从［42］Gagneux 及 Varki 1999［Oxford University Press］引用的。）

素的靶标。种内和种间的差异是相当普通的（具体见第 3 章），至少聚糖的某些多样性可能代表在进化中的“垃圾”。最后，虽在培养细胞中易于得到糖基化的遗传缺陷，但其引起后果却有限，聚糖的许多主要功能可能只在完整的生物体内体现。以下对这些原则逐一进行简要的讨论。

## 糖基化变更的生物学后果是多变的

用以了解聚糖生物学作用的各种手段包括防止糖基化的起动、变更寡糖加工过程、已合成糖链的酶学或化学的脱糖基化、糖基化部位的基因去除以及对糖基化天然发生变异的或遗传突变株的研究等。通过对这类研究的综述（review），可见糖基化变更的后果的变化范围很大，从基本未能测出的到特殊功能的全部丧失，甚至全部糖蛋白本身均丧失。甚至仅一种特殊的糖蛋白（如细胞表面受体）糖基化的变更也是高度可变的和不可预测的。再者，同样的糖基化改变在体内或体外研究中可能有明显不同的影响。所得的结果可能有赖于寡糖的结构、生物学场合和所提出的特异性生物学问题。总的说来，预测在一给定的糖缀合物中的一种给定的寡糖是否可能起介导作用或对机体具有相对重要性是困难的。

## 聚糖的结构作用和调节作用

几无疑义，聚糖具有保护、稳定、组织及屏障等多方面的作用。如同在第 1 章讨论过的覆盖大多数细胞的糖被（glycocalyx）可代表一种实质的物理屏障。与细胞基质分子，如胶原和蛋白聚糖相连的聚糖对组织的结构、多孔性以及整体性的维持均很为重要。这类基质分子含有与特异型聚糖的结合位点，这也有助于细胞基质整体结构的形成。聚糖位于大多数糖蛋白的外侧，它可提供一个屏蔽，保护在其下的多肽免受蛋白酶或抗体的识别。聚糖还参与在ER新合成的多肽的正确折叠和（或）其后蛋白质的溶解度与构象的维持。的确，如果某些蛋白质糖基化不正常，则不能正常折叠和（或）不能从ER排出。相反地，也有些糖蛋白的例子说明其合成、折叠、穿行、对蛋白水解的敏感性或免疫识别似乎不受糖基化变更的影响。总的看来，这些功能对于整体生物体显然是很重要的。然而这些功能不能解释为何在进化时需要形成在自然界发现的大量结构复杂的聚糖。与此一致的观点是，仅仅作用于聚糖加工的最后几步的抑制剂，通常并不干扰其基本结构的功能。

有许多例子可说明糖基化可以调控不同蛋白质间的相互作用。某些生长因子受体结合能力的获得似乎是依赖糖基化的。这可能限制了新合成受体与其在同一细胞合成的生长因子间发生不必要的早期相互作用。多肽的糖基化也可介导一种开-关或闸门效应。例如，当β-人绒毛膜促性腺激素（β-HCG）脱糖基化后，它仍可以相同的亲和力与其受体结合，但不能刺激腺苷环化酶。这种刺激与拮抗作用转变的机理还不明。在大多数情况下，这种糖基化的效应是不完全的，即糖基化看来是调整蛋白质的基本功能。例如，某些糖基化的生长因子及激素的活性可在大范围受到其糖基化的程度和类型的调节。以重组方式生成这些分子时带有不同程度及不同类型的糖基化，这是特别明显的例子。与多聚唾液酸结合的N-CAM就是这种“调整”功能明显的一例。这种黏附受体通常是介导神经细胞间的嗜同种细胞的结合（homophilic binding）。在胚胎状态或在神经“可塑性”的其他状态，这类阴离子链倾向于变得很长，从而干扰亲同种细胞的结合（见第15章）。还有一些例子是蛋白质功能受到其相邻分子上的聚糖的调整。如前已提到胚胎N-CAM的多聚唾液酸可简单地通过对细胞的物理地隔离，就能干扰其他无关的受体-配体对之间的相互作用。另一例子是EGF受体及胰岛素受体的酪氨酸磷酸化酶的活性可以受内源性神经节苷脂的调控（见第9章）。虽然这些效应的详细机制还未阐明，但由于它需要神经节苷脂中一定的寡糖序列，这表明了有某些特异性。或许肝素/硫酸类肝素链对天然抗凝剂抗凝血酶Ⅲ的作用（见第11章）是聚糖调整蛋白质功能的最生动的例子。在多糖中一个特异的五糖序列使作用微弱的抗凝血酶转变成强效的抗凝剂。

由于仅特异聚糖序列的一部分对大多数这种调整效应起作用，它们的总体重要性受到质疑。然而，应看到几个这种部分作用的总效应可对最终的生物学后果产生戏剧性影响。这样，糖基化可能是一种产生重要功能多样性的机理。而它只利用基因组大小限定的几套基本的受体-配体相互作用（即可完成）。当然，如同大多数的聚糖的其他功能一样，也常见例外情况。有一些受体与其配体的结合不是糖基化依赖性方式，有许多肽配体的结合与作用显然不受糖基化的影响。

另一个聚糖的结构的/调节的功能是作为生物重要分子的一种保护性储存物的仓库。一个特别有趣的例子是肝素结合生长因子与需要受到激活的相邻细胞的胞外基质中（例如，在上皮细胞下面的基底膜）的GAG链结合（见第11章）。由此防止该因子从结合点扩散外移，保护它们免受非特异性的蛋白酶解、延长其活性期，从而可能在特殊的情况下释放。同样的，在分泌颗粒中发现的GAG链看来也和颗粒的保护性蛋白结合，并对其功能起调节作用。聚糖对生物学重要的分子（从水、离子到补体调节蛋白等）起水池或仓库作用的例子还有许多。

## 聚糖作为外源性受体的特异性配体

如同第28章讨论的那样，某些聚糖可作为各种病毒、细菌及寄生物的特异受体。它们也是许多植物及细菌毒素的受体，并作为自身免疫（autoimmune）和异体免疫（alloimmune）反应的抗原。在大多数情况下，涉及的聚糖序列有高度的特异性。例如因流感病毒血凝素特异识别唾液酸的型和修饰及其与糖链的连接方式，不同的毒素对某些神经节苷脂具有高度的特异性，而不识别相关结构（见第28章）。某些合成不完全的寡糖链如Tn抗原（在黏蛋白中的GalNAc-O-Ser/Thr）也能作为自身抗原（autoantigens）。对聚糖的这种功能性基因的结构特异性已几无疑义。的确，相关的结合蛋白已用为研究糖链表达的特异性工具。然而，自合成这类聚糖的生物受到注意以来，至今尚未见到由聚糖提供叛逆性的指路标，即可用以帮助病原物入侵或准许有害的自身免疫反应的明确结果。或许为了对抗这些有害的后果，加入特异的单糖或修饰物可以掩盖那些被微生物、毒素或抗体所识别的糖序列。可溶性糖缀合物（例如分泌性黏蛋白）的聚糖序列也可作为对微生物及寄生虫的诱捕器（decoys）。这样在寻找机会与黏膜细胞膜结合的病原菌或毒素可能首先与在可溶性糖缀合物上的特异寡糖配体相遇，然后可以被冲洗掉，从而除去对其下面的细胞可能的危害。相反，有些例子说明共生物种间的识别可能也是由寡糖介导。有关例证还包括在动物肠腔中的某些共生菌以及与植物根瘤形成有关的细菌等。

## 聚糖作为内源性受体的特异性配体

最早发现的能识别内源性受体的是那些参与介导清除、周转及胞内穿行作用的聚糖（例子见第23章及第25章）。然而，就是最精彩而严谨的例子，如Man-6-P在溶酶体酶的穿行中的作用也有一些例外。因此，甘露糖-6-磷酸化对于在某些细胞型中的穿行不是绝对必需的，在某些低等原核生物中完全不起作用。也有些细胞内吞的受体能识别聚糖的特异序列，其功能还有待确定。有一些例子表明游离的聚糖可具有激素作用，以高度结构-特异性形式诱发特异性应答反应。这些例子包括寡糖素（oligosaccharin）在植物中的作用（见第20章）以及聚透明质酸片段在哺乳动物体系中的生物活性特性，两者均能以片段大小和结构依赖性的形式诱导生物学应答。同样，游离的硫酸类肝素片段从某些细胞型中释出后在复杂的情况如伤口愈合下发生作用。许多这样的例子中有关这类分子假设的受体及其作用的详细分子机理还有待确定。

现在已有许多说明寡糖在细胞-细胞识别和细胞-基质相互作用中起重要生物学作用的例子。可能其中最确证的例子是黏附分子中的选凝素家族在许多各种各样的正常或病理条件下介导血细胞之间关键性的相互作用（见第26章）。现在也有确实的证据表明在卵透明带糖蛋白ZP3（见第34章）上的O-聚糖参与精-卵结合。另有些明确的例子包括CD44对聚透明质酸的识别（见第29章）和骨髓细胞与巨噬细胞上的唾液酸黏附素（sialoadhesin）之间的相互作用（见第24章）。如上所述，在凝集素与细胞表面糖和细胞基质分子间也具有特异性相互作用。许多这样例子中，识别的特异性生物学意义还有待在整体动物中得到决定性的确证。

糖-糖相互作用可能在细胞-细胞相互作用和黏附中起特定的作用。最生动的例子是海绵间的种-特异性的相互作用，它们是通过细胞表面的一种大蛋白聚糖与聚糖相结合的同型性结合介导的。另一例是桑葚期小鼠胚胎细胞的致密化（compaction），看来是由于 $Le^X$-$Le^X$ 间的相互作用。这种相互作用的单个位点的亲和力不强而且难以测量。然而，如果这类分子在细胞表面存在的数量很大，大量的具较低的亲和力的相互作用能合作产生高-亲合性的“velcro”维可牢效应，这显然足以介导生物学有关的相互作用。

## 在一个生物体内同样的聚糖可能具有不同的作用

在不同组织不同的发育时间有特异型的糖基化在不同糖缀合物表达，意味着这些结构在同一个体中的作用是不同的。例如，含有 Man-6-P 的寡糖首先在溶酶体酶中发现并与溶酶体酶的穿行有关（见第 23 章）。然而，Man-6-P 聚糖也见于其他显然无关的蛋白质，包括增殖蛋白（proliferin）、甲状腺球蛋白（thyroglobulin）、EGF 受体以及 TGF-β前体。同样，唾液酸化岩藻糖基化的乳糖胺对选凝素的识别是关键的（见第 26 章），但也见于多种的无关的细胞类型；在胚胎 N-CAM 中发挥如此重要作用的多聚唾液酸链（见第 15 章）也在卵的胶状外被蛋白质中以及在钠通道蛋白中发现。由于寡糖是翻译后添加的，这些观察到的现象就不足为奇了。一旦一个新的寡糖或新的修饰物在生物体表达，在不同的组织及在不同的发育时期就可能独立的发展多种不同的用途。任何一种寡糖如果提供了对生物体生存至关重要的功能，那么在其后负责此寡糖表达的基因在进化中就会继续保留。

## 有“垃圾”聚糖吗？

由于与聚糖结合的微生物和寄生物与多细胞的宿主平行进化（见第 3 章），它们不得不适应与在宿主出现的任一种新型的“屏蔽”聚糖相结合。在应答中，宿主可能发现最容易产生新的屏蔽结构，尤其是如果这种结构同时又在机体的其他部位进化得到生命悠关的重要功能时更为如此。因此，保留最适宜的主要聚糖支架并在其上安置最新“屏蔽物”是惟一的选择，这也使聚糖更增加了一层复杂性。这种微生物及宿主间相互作用的循环或许可能解释某些在黏膜和分泌的黏蛋白中发现的糖链种类的众多和复杂。以这种方式，“垃圾”聚糖与“垃圾”DNA 一样可以发展。虽然有的结构它们只是作为支架，在生物体内可能不具有其他特殊功能。

## 糖基化的种内和种间变化

聚糖结构的种内专一性的变化也说明某些聚糖不具有基本的和通用的功能（见第 3 章）。糖基化的这种多样性，可能与观察到的在种间产生形态学及功能上的明显不同有关。这些变化也可能仅反应与不同的病原接触所造成的不同的选择压力。此外，实质上存在的寡糖结构的种内多形性也可能没有明显的功能性意义。这种多形性对寄生物与宿主种群间的相互影响可能有的作用在第 3 章中讨论。当然，应注意广泛的种间的一级结构不同而并不具有基本功能的重要性也见于蛋白质（例如，某些酵母蛋白当转染到哺乳动物细胞后是有功能的，反之亦然。尽管其间仅有限的序列具同源性）。

## 末端序列、修饰及不寻常结构的重要性

考虑到以上所述，可见预测何种聚糖结构可能在生物体内介导较特异或较决定性的功能是（对糖生物学研究）一种挑战。已有的数据提示糖链的末端序列，不寻常的结构，或聚糖的修饰均可能参与了这些特异性功能。而这些末端序列，结构不寻常的聚糖，或聚糖的修饰也可能参与宿主和微生物及其他有害的因子的相互作用，这就降低了上述观察的预测价值。也就是说前面已讨论过的这类结构也可能参与了机体对叛逆的和屏蔽的功能间的平衡。因而这种挑战就是这两种不同的作用中预测和辨别一种给定的聚糖结构究竟起哪一种作用。

## 揭示聚糖特异性生物学功能的手段

聚糖的某些功能是偶然发现的。在大多数情况下，研究人员对特异聚糖的结构和生物合成等详情已经阐明，但对其功能仍无所知。必需设计一些实验用以区别每种聚糖介导的功能是一般性的还是至关重要的。以下是可考虑的各种手段，着重讨论每一种方法的赞同和反对的论点。图 5.2 对这些方法进行图示介绍（该图假设研究者要阐明的聚糖功能是通过受体-配体双方介导的）。

### 1. 应用凝集素或抗体对特异聚糖的定域或干扰

有数目众多的对某些聚糖显然有特异性的凝集素及抗体可提供应用，这使得探索聚糖结构在细胞不同区域及细胞型-特异的定域成为可能。一旦一种特异聚糖已被凝集素或抗体定域，自然会考虑到的是将同样的凝集素或抗体引进到整体系统，期望它会干扰一种特异的功能，产生可以说明的表型。在应用特异性抗体来研究蛋白质功能时已证明这种方法很成功。然而，也有某些例外，同样的方法对聚糖功能的研究似乎会产生混淆的结果。大多数抗聚糖的抗体是 IgM，因为其亲和力弱并显示种间的交叉反应（虽然最好采用高亲和力的 IgG 抗体，但由于聚糖是不依赖于 T 细胞的抗原，并通常不产生高滴度的免疫应答，故它们难以得到）。同样的，虽然某些植物凝集素似乎对动物聚糖很特异，但必需记住凝集素来自某些生物体，它们典型地不具有同种配体。当将它们引入复杂的动物体系时，在那里可能存在一些未知的、可引起交叉反应的聚糖结构，因而，它们的表观特异性可能不尽可靠。最后，抗体与凝集素均为多价结合的，其同种的配体（聚糖）倾向于在多价的糖缀合物中以多拷贝存在。因而，将抗体及凝集素引入复杂的动物体系时有可能引起不同分子间及不同细胞型间的非特异性凝集，而此效应与所研究的聚糖生物学功能可能并不相关。看来最终是值得化大力气在被研究的同一系统中，开发出重组的、单价的、具高亲和力的凝集素。将这种单价的凝集素引入复杂系统后的效果可产生更能说明问题的线索。

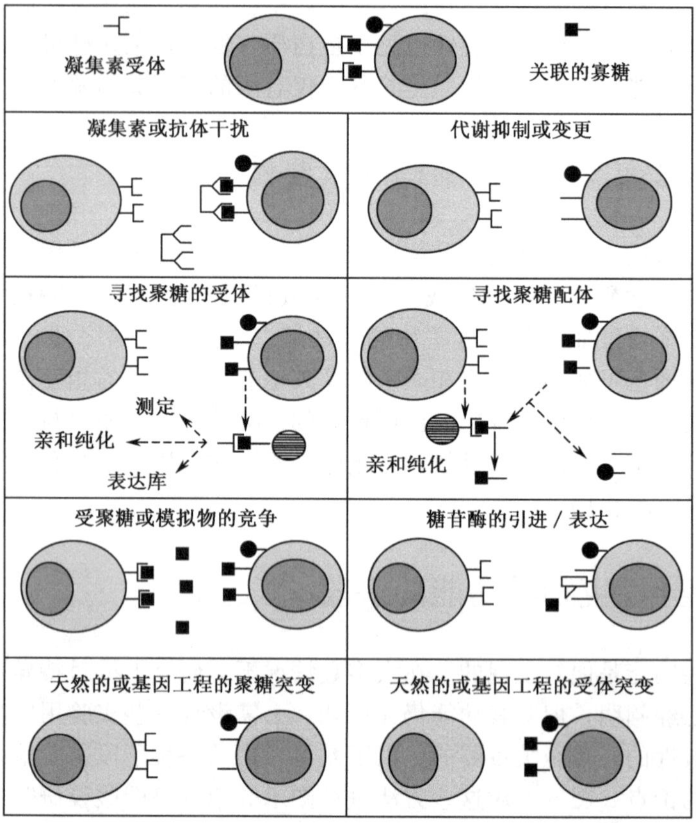


**图5.2** 揭示聚糖生物学功能的手段。图中假设该特异性功能是由给定的聚糖和特异的受体凝集素的识别介导的。可通过不同的方法得到对这种生物学功能的线索（对每一手段的讨论见正文）。

**2. 糖基化的代谢抑制或变更**

如在第4章的提纲所列，有许多药物制剂可代谢性抑制或变更整体细胞或动物的糖基化。虽然代谢抑制剂是阐明生物合成途径的有力武器，但有时它们在复杂体系中会产生混淆的结果。一方面要考虑抑制剂可抑制另外无关的途径（如抑制剂衣霉素阻断N-连接的糖基化也可抑制UDP-Gal的高尔基体摄入）。其次是抑制剂可造成在聚糖合成中如此大的改变以至变更了糖缀合物和（或）膜的物理性质，造成难以解释的结果。应用低分子量的糖基化引物作为高尔基体酶的替代底物，从而使内源性糖蛋白的生物合成偏离原有的方向，由此可能得到更有用的结果。然而，本法的风险是在内源性糖缀合物上同时生成不完全的聚糖，也产生具有它们本身生物学功能的分泌聚糖。

**3. 发现特异性受体的天然聚糖配体**

由于在一级结构的氨基酸序列中具有识别不同型凝集素的模体（motif）的特点（见第22章），可能预测许多新克隆的蛋白质具有与聚糖结合的能力。如果能够生产足够量的潜在凝集素蛋白质，现有的技术如红细胞凝集、流式细胞仪、表面激元共振仪

(surface plasmon resornance) 以及亲和层析就可用来寻找特异配体的存在。应该记住被公认的凝集素与其配体的单价亲和力可能不高，需要高密度和（或）多价的排列以避免遗漏生物学上有关的相互作用。现在的问题是到何处去寻找生物学相关的配体。此外，由于很多聚糖结构可在不同的组织中在不同的发育和生长时期表达，这样重组的凝集素有可能在没有实际的生物学相关性的定位和时间测出同样的结构。仔细的思考凝集素的自然出现和表达的分布情况，应可能引导出在何处寻找聚糖配体的合理判断。

**4. 发现识别特异聚糖的受体**

相反的情况是在感兴趣的邻近序列中当发现了一种不寻常的聚糖的表达，假设它是特异性受体的配体。可能应用上述提到的技术，例如血球凝集反应、流式细胞仪及亲和层析等寻找受体。当然，为利于寻找，需要有纯正的聚糖以及各种结构类似物作为阴性对照。由于许多生物学相关的凝集素样的相互作用仅具低亲和力，故如可能的话最好用多价聚糖为探针。最后，也并不一定先要明确在何处寻找受体。例如，特异识别脑下垂体糖蛋白激素的硫酸化聚糖既非在脑下垂体本身，也不是在激素的靶组织，而是在控制激素循环半衰期的肝脏内皮细胞中发现的。的确，与特殊的聚糖生物学最为相关的受体甚至可能在另一个生物体（一种病原体或一种共生生物）中发现。

**5. 可溶性聚糖或结构模拟物的干扰**

向体系中加入可溶性聚糖或其结构模拟物可干扰内源性凝集素与特异聚糖之间的相互作用。如果抑制物能够达到足够的浓度，则引起的表型改变是有指导意义的。在体外系统中，甚至可把单糖有效地用在研究中（例如，对 M-6-P 受体代谢途径的阐明，见第 23 章）。然而，常常需要用大量的纯化的聚糖以便阻断低-亲和力的相互作用。有效的阻断可能也需要同类聚糖有多价结合力。最后，特别是研究复杂的多细胞体系时，引进的聚糖可引起与其他未知受体的交叉反应，从而给出的表型的读数是混淆不清的。

**6. 应用糖苷酶去除特异的聚糖结构**

应用已知对某些糖苷序列高度特异的降解酶来研究聚糖的生物学功能是一种有力的方法。本法的长处在于第一不干扰细胞基本的生物合成器件，仅在正常的合成完成后单纯的选择性地除去该结构。例如用唾液酸酶处理消除了淋巴细胞与淋巴结的高内皮小静脉 HEV 的结合，第一次提出了研究证明 L-选凝素配体的设计；将内切神经氨酸酶注入发育中的视网膜提示了多聚唾液酸的特异性作用和将类肝素酶注射到发育中的胚胎造成了左右轴形成的紊乱。在所有这类研究中，所用酶的纯度要求很高，而且必需有恰当的对照。应用糖基修饰酶的 cDNA 在完整细胞或动物中表达的遗传学方法则可避免污染问题。例如，在小鼠中转基因表达一种对流感（病毒）唾液酸特异的 C9－O－乙酰酯酶，按其所用的启动子不同可在发育的早期或晚期引起发育异常。

**7. 对天然或遗传工程的聚糖突变株的研究**

这是了解聚糖功能的一种直观有力的手段。在技术上用培养细胞系研究糖基化的突变体最容易（见第 31 章），虽然遗传性的或获得性的糖基化缺陷在培养的细胞系中很容易得到，但这些缺陷只会得出有限的或不易辨认的后果。这可能是由于缺乏完整机体中存在的其他因子或其他型的细胞的原因，例如，聚糖的同源受体可能不在同一种细胞中存在。当然，这种细胞突变株仍可用于聚糖的基本结构性功能以及单个细胞相关的生理功能的分析。此外，也可以加入认为与修饰聚糖相互影响的外源性因子或其他类型的细胞来观察。某些突变株也可重新引入整体动物（如研究肿瘤的发生或转移行为）。总之，这种手段可得到许多有用的信息，但一些更特异的聚糖作用还需要整体多细胞生物的变异来揭示。

整体动物的糖基化遗传缺陷看来是相对不常见而且其结果高度可变的。回顾至今已发现的小鼠和人的突变体（见第 32 和 33 章），显然，聚糖的改变常影响到多个体系，并且其表型是难以预测和高度可变的。天然发生的突变株相对少见，对此可能有许多方面的解释。可能他们的确经常发生，但几未造成可测定的生物学后果。或相反，有的可能造成了致死性异常以致阻止了胚胎发生的完成。另一种可能由于遗传性糖基化异常而未能检出，因为它们是多余的，或是具有自动保护途径（fail-safe pathway）。不论原因如何，建立整体动物的固有的糖基化的突变体价值是显而易见的。能得到复杂的表型并可有潜力造成早期发育胚胎致死性，有以暂时性地调控能力以及细胞型特异状态下破坏基因的能力，这些可能都具有特殊的价值（有关细节及例子见第 32 章）。

**8. 对天然或遗传工程的聚糖受体突变株的研究**

去除特异的聚糖受体生成的表型可能对了解聚糖的功能是十分有益的。像研究聚糖的基因修饰一样，如果在整体动物进行研究，基因修饰的聚糖所得的结果则更加有应用价值。然而，受体蛋白可能还具有与聚糖识别无关的其他功能。反之，待研究的聚糖也可能具有其他不被该受体介导的功能。例如，CD22 受体和产生其配体的 ST6GalI 酶基因剔除产生的表型是互补（complementary）的，而不是相同的。

## 发展方向

现在看来聚糖许多新的生物学功能阐明的前景是很光明的。在“后基因组时代”到来之际，当越来越多的注意集中到整体器官或机体发育和生理的分子基础时，这些作用会变得更明确。当需要阐明寡糖的生物学作用时，将本章所介绍的各种方法联合应用是必要的。

（朱正美 译　　王克夷 校）

### 参 考 文 献

1. Roseman S. 1970. The synthesis of carbohydrates by multiglycosyltransferase systems and their potential function in intercellular adhesion. *Chem. Phys. Lipids* **5:** 270–297.
2. Montreuil J. 1980. Primary structure of glycoprotein glycans: Basis for the molecular biology of glycoproteins. *Adv. Carbohydr. Chem. Biochem.* **37:** 157–223.
3. Aplin J.D. and Hughes R.C. 1982. Complex carbohydrates of the extracellular matrix structures,

interactions and biological roles. *Biochim. Biophys. Acta* **694:** 375–418.
4. Berger E.G., Buddecke E., Kamerling J.P., Kobata A., Paulson J.C., and Vliegenthart J.F.G. 1982. Structure, biosynthesis and functions of glycoprotein glycans. *Experientia* **38:** 1129–1162.
5. Sharon N. and Lis H. 1982. Glycoproteins: Research booming on long-ignored ubiquitous compounds. *Mol. Cell. Biochem.* **42:** 167–187.
6. Schauer R. 1985. Sialic acids and their role as biological masks. *Trends Biochem. Sci.* **10:** 357-360.
7. Barondes S.H. 1988. Bifunctional properties of lectins: Lectins redefined. *Trends Biochem. Sci.* **13:** 480–482.
8. Rademacher T.W., Parekh R.B., and Dwek R.A. 1988. Glycobiology. *Annu. Rev. Biochem.* **57:** 785–838.
9. Paulson J.C. 1989. Glycoproteins: What are the sugar chains for. *Trends Biochem. Sci.* **14:** 272–276.
10. Fenderson B.A., Eddy E.M., and Hakomori S. 1990. Glycoconjugate expression during embryogenesis and its biological significance. *BioEssays* **12:** 173–179.
11. Jentoft N. 1990. Why are proteins *O*-glycosylated? *Trends Biochem. Sci.* **15:** 291–294.
12. Cumming D.A. 1991. Glycosylation of recombinant protein therapeutics: Control and functional implications. *Glycobiology* **1:** 115–130.
13. Elbein A.D. 1991. The role of N-linked oligosaccharides in glycoprotein function. *Trends Biotechnol.* **9:** 346–352.
14. Esko J.D. 1991. Genetic analysis of proteoglycan structure, function and metabolism. *Curr. Opin. Cell Biol.* **3:** 805–816.
15. Darvill A., Augur C., Bergmann C. Carlson R.W., Cheong J.-J., Eberhard S., Hahn M.G., Ló V.-M., Marfà V., Meyer B., Mohnen D., O'Neill M.A., Spiro M.D., van Halbeek H., York W.S., and Albersheim P. 1992. Oligosaccharins—Oligosaccharides that regulate growth, development and defence responses in plants. *Glycobiology* **2:** 181–198.
16. Drickamer K. and Carver J. 1992. Upwardly mobile sugars gain status as information-bearing macromolecules. *Curr. Opin. Struct. Biol.* **2:** 653–654.
17. Hart G.W. 1992. Glycosylation. *Curr. Opin. Cell Biol.* **4:** 1017–1023.
18. Kobata A. 1992. Structures and functions of the sugar chains of glycoproteins. *Eur. J. Biochem.* **209:** 483–501.
19. Rasmussen J.R. 1992. Effect of glycosylation on protein function. *Curr. Opin. Struct. Biol.* **2:** 682–686.
20. Zanetta J.-P., Kuchler S., Lehmann S., Badache A., Maschke S., Thomas D., Dufourcq P., and Vincendon G. 1992. Glycoproteins and lectins in cell adhesion and cell recognition processes. *Histochem. J.* **24:** 791–804.
21. Zeller C.B. and Marchase R.B. 1992. Gangliosides as modulators of cell function. *Am. J. Physiol. Cell Physiol.* **262:** C1341–C1355.
22. Knudson C.B. and Knudson W. 1993. Hyaluronan-binding proteins in development, tissue homeostasis, and disease. *FASEB J.* **7:** 1233–1241.
23. Lis H. and Sharon N. 1993. Protein glycosylation—Structural and functional aspects. *Eur. J. Biochem.* **218:** 1–27.
24. Opdenakker G., Rudd P.M., Ponting C.P., and Dwek R.A. 1993. Concepts and principles of glycobiology. *FASEB J.* **7:** 1330–1337.
25. Van Echten G. and Sandhoff K. 1993. Ganglioside metabolism. Enzymology, topology, and regulation. *J. Biol. Chem.* **268:** 5341–5344.
26. Varki A. 1993. Biological roles of oligosaccharides: All of the theories are correct. *Glycobiology* **3:** 97–130.
27. Bevilacqua M.P., Nelson R.M., Mannori G., and Cecconi O. 1994. Endothelial-leukocyte adhesion molecules in human disease. *Annu. Rev. Med.* **45:** 361–378.
28. Marth J.D. 1994. Will the transgenic mouse serve as a Rosetta Stone to glycoconjugate function? *Glycoconj. J.* **11:** 3–8.
29. Dennis R.P. 1995. A review of the biological significance of carbohydrates on glycoproteins and methods for their analysis. *Adv. Exp. Med. Biol.* **376:** 1–11.
30. Stanley P. and Ioffe E. 1995. Glycosyltransferase mutants: Key to new insights in glycobiology. *FASEB J.* **9:** 1436–1444.
31. Wong S.Y.C. 1995. Neoglycoconjugates and their applications in glycobiology. *Curr. Opin. Struct. Biol.* **5:**599–604.

32. Crocker P.R. and Feizi T. 1996. Carbohydrate recognition systems: Functional triads in cell-cell interactions. *Curr. Opin. Struct. Biol.* **6:** 679–691.
33. Gahmberg C.G. and Tolvanen M. 1996. Why mammalian cell surface proteins are glycoproteins. *Trends Biochem. Sci.* **21:** 308–311.
34. Kansas G.S. 1996. Selectins and their ligands: Current concepts and controversies. *Blood* **88:** 3259–3287.
35. Kasai K. and Hirabayashi J. 1996. Galectins: A family of animal lectins that decipher glycocodes. *J. Biochem.* **119:** 1–8.
36. Salmivirta M., Lidholt K., and Lindahl U. 1996. Heparan sulfate: A piece of information. *FASEB J.* **10:** 1270–1279.
37. Spillmann D. and Burger M.M. 1996. Carbohydrate-carbohydrate interactions in adhesion. *J. Cell. Biochem.* **61:** 562–568.
38. Baenziger J.U. 1996. Glycosylation: To what end for the glycoprotein hormones? *Endocrinology* **137:** 1520–1522.
39. Gabius H.J. 1997. Animal lectins. *Eur. J. Biochem.* **243:** 543–576.
40. Kim Y.J. and Varki A. 1997. Perspectives on the significance of altered glycosylation of glycoproteins in cancer. *Glycoconj. J.* **14:** 569–576.
41. Kinoshita T., Ohishi K., and Takeda J. 1997. GPI-anchor synthesis in mammalian cells: Genes, their products, and a deficiency. *J. Biochem.* **122:** 251–257.
42. Gagneux P. and Varki A. 1999. Evolutionary considerations in relating oligosaccharide diversity to biological function. *Glycobiology* **9:** 747–755.

本章初稿由 A. Varki（圣迭戈加利福尼亚大学）编写。

# 第 6 章　单糖代谢



糖缀合物的生物合成需要将单糖转化为活化的糖核苷酸，糖核苷酸作为供体，通过专一的糖基转移酶，将糖基提供给各种各样的接纳体。为完成此过程，单糖必须要引进细胞内，或由细胞内降解的糖缀合物补救。或是由细胞内的其他糖衍生出来。尽管大多数糖基化反应发生在高尔基体内，但糖的输入、它们之间的转化和活化均发生在细胞质内。活化后的糖核苷酸由专一性的转运子输送到高尔基体内。本章将阐述真核细胞内发生上述反应的各种途径，着重阐述高等动物细胞内的主要单糖的代谢。植物和微生物合成糖缀合物还可利用鼠李糖、阿拉伯糖、半乳糖醛酸等少数几个单糖。由于在动物细胞内尚未发现上述这些糖分子，因此本章不讨论这些糖的代谢途径。单糖的一般代谢原理同样适用于它们。

## 一般原理

多种多样的生物都将葡萄糖和果糖作为主要碳源和能量来源。比如酵母和人，这两种生物都可从这些主要供给中转化获得合成糖缀合物所必需的其他单糖。值得重视的是在所有的细胞型中，所有生物合成途径并不都具有同样的活性。但是，有几个重要的发现奠定了生物化学的基础。糖缀合物的合成需要活化的糖核苷酸作为供体。糖核苷二磷酸的作用是由布宜诺斯艾利斯的诺贝尔奖获得者 L. F. Leloir 于 1950 年首先发现的。他证明：核苷三磷酸，如 UTP，与糖基 1-磷酸反应，生成参与糖缀合物合成的高能量供体（糖-UDP）。在这一论题上，虽然有些例外，糖总是被糖激酶活化（如反应 1），或者从一个已合成的、活化的糖核苷酸转化而来（如反应 2 和 3）。

1. 糖 +ATP ⟶ 糖 –P $\xrightarrow{\text{NTP}\quad\text{PPi}}$ 糖 –NDP
2. 糖 (A)–NDP ⇌ 糖 (B)–NDP
3. 糖 (A)–NDP+ 糖 (B)–1–P ⇌ 糖 (B)NDP+ 糖 (A)–1–P

表 6.1 活化的糖供体

| 糖 | 活化形式 |
|---|---|
| 葡萄糖 | UDP-糖 |
| 半乳糖 | UDP-糖 |
| N-乙酰葡糖胺 | UDP-糖 |
| N-乙酰半乳糖胺 | UDP-糖 |
| 葡糖醛酸 | UDP-糖 |
| 艾杜糖醛酸 | UDP-糖 |
| 木糖 | UDP-糖 |
| 甘露糖 | GDP-糖 |
| 岩藻糖 | GDP-糖 |
| 唾液酸 | GMP-Sia |

表 6.1 列出了最常见的糖核苷酸供体。唾液酸是惟一的以核苷一磷酸的形式被活化的单糖，CMP-sia。艾杜糖醛酸不含糖核苷酸母体结构，因为它是葡萄糖醛酸加入糖胺聚糖链后发生差向异构生成的。某些情况下，常见糖核苷酸经过交换反应可以生成较为稀有糖核苷酸（上述反应 3）。这些稀有糖核苷酸（如，ADP-Glc）常见于植物和微生物中，但动物细胞中也有少数例子。

# 单糖的来源

## 1. 胞外糖源和转运子[1～4]

糖转运子有 3 型。第一种是能量非依赖的易扩散转运子。比如，在哺乳动物细胞中发现的已糖转运子家族，也就是葡萄糖转运子（GLUT）家族，其葡萄糖摄入的 $K_m$ 为 2～20 mmol/L。酵母也有由多成员组成的糖转运子家族，其 $K_m$ 也很相似。第二型转运子为能量依赖性的，如钠-葡萄糖转运子（SGLT）。这些典型的转运子存在于大肠表皮细胞和肾小管中，其作用分别为吸收由食物衍生的单糖和从肾脏滤过液中回收葡萄糖，其效率优于 SGLT 转运子，$K_m$ 值也小于 1 mmol/L（见表 6.2）。最后一型转运子

表 6.2 哺乳动物细胞中的糖转运子

| 型 | 基本定位 | $K_m$（葡萄糖）(mmol/L) |
|---|---|---|
| 1. 离子偶联型 | | |
| (Na+/葡萄糖) | 上皮细胞 | |
| SGLT-1 | 小肠，<br>某些肾 | 0.1～0.8 |
| SGLT-2 | 肾皮质 | |
| 2. 易扩散型 | | |
| GLUT-1 | 红细胞，血组织屏障 | 5 |
| GLUT-2 | 肝，小肠 | 6～12 |
| GLUT-3 | 神经细胞，胎盘 | 1～2 |
| GLUT-4 | 脂肪组织，骨骼肌，<br>胰岛素调节的 | 5 |
| GLUT-5 | 小肠 | 6（岩藻糖） |
| GLUT-7 | 微粒体，从内质网中移出 Glc | — |
| 甘露糖 | 多种细胞型 | 30～70 μmol/L（甘露糖） |
| 岩藻糖 | 几种细胞型 | ～250 μmol/L（岩藻糖） |

也是能量依赖性的，且成员较多，但它将糖向细胞内的输入与 ATP 依赖的磷酸化过程相偶联。这组转运子的 $K_{摄入}$ 为微摩尔数量级的，因此它们能从环境中搜寻痕量的营养物。这组既高效又与众不同的转运子仅存在于细菌中，而在酵母和动物细胞中没有发现，故不在本章讨论范围内。

低等真核生物

酿酒酵母（*Saccharomyces cerevisiae*）通常生存于葡萄汁中，而葡萄汁是葡萄糖和果糖的等摩尔混合物（总糖为 1～1.5 mol/L）。这些糖既是碳源又是能量来源，酵母质膜含有能量非依赖性的易扩散转运子。酵母中至少有 18 种基因编码这种糖转运子。尽管这些转运子是能量非依赖性的，但它们的表达水平与相应的糖激酶相协调，从而避免耗尽 ATP。其中许多转运子为葡萄糖转运子，其余为半乳糖和果糖特异的，有些是双糖特异的。酵母还分泌水解酶降解双糖，如蔗糖（Glcα1-2Fru）或麦芽糖（Glcα1-4Glc），产生的单糖通过已糖转运子摄入细胞内。所有这些转运子具有相同的分子大小(40～50 kDa)，并均有 12 -跨膜结构域的类似结构，而且仅有少数氨基酸面向细胞外侧。这种结构也是在真核生物中发现的许多其他糖和非糖转运子的典型结构。这 12 个结构域可能形成了一个桶状和一个小孔，使糖分子从中通过。一旦进入细胞中，糖分子大部分用于分解代谢产生能量，或用于生成其他糖分子、氨基酸等等。对于一个由 15%重量以上的复合糖（甘露聚糖和几丁质）组成的生物体来说，由葡萄糖衍生组分糖 Man 和 GlcNAc 是维持生命所必需的。其他真核微生物，当生活在糖含量不足的环境时，也依赖已糖转运子和糖分子的相互转化来进行糖缀合物的合成。

高等生物

脊椎动物等高级生物具有一系列起骨干作用的糖降解酶（如 α-淀粉酶和双糖苷酶）。这些酶被分泌到消化道内或定位于肠表皮细胞的刷状缘，并为糖转运子产生单糖。在高等生物中，穿行的单糖绝大多数是葡萄糖和果糖，因此，它们备受关注。葡萄糖是由钠依赖型，而且耗能的转运子（SGLT-1）转运出消化道以外。果糖转运则需要易扩散的 GLUT 转运子——GLUT-5。

除了 GLUT-5，GLUT 家族的其他成员也能够转运葡萄糖。人们对这些转运子的研究较深入。已经发现，哺乳动物和酵母 GLUT 的基本结构高度保守。该家族的 5 个成员在哺乳动物细胞中有不同的分布和 $K_m$ 值，这使得它们能够对不同的葡萄糖浓度，做出各自不同的反应。尽管大多数 GLUT 家族成员位于细胞表面，有一部分 GLUT-4 是与细胞内囊泡结合的。当对胰岛素应答时，则重新补救到细胞表面。尽管 GLUT 转运子能够识别甘露糖、半乳糖等其他已糖，只有葡萄糖或果糖达到了足够高的生理相关浓度。

在高等生物中还发现了其他糖特异的转运子，它们可能具有生理上的重要意义。现已知有两种甘露糖转运子。一种是能量依赖性的转运子，与葡萄糖的 SGLT 相似。它位于肠细胞刷状缘和肾小管上皮细胞表面，它的作用可能是转运大分子降解后释放的游离甘露糖，以及从肾滤液中回收甘露糖，这与葡萄糖转运子非常相似。第二种是甘露糖高度特异的能量非依赖性转运子。它位于许多种哺乳动物细胞表面，它对葡萄糖抑制相对不敏感，其 $K_{摄入}$值接近于许多哺乳动物血液中发现的甘露糖浓度（50～100μmol/L）。在大鼠静脉中注射的甘露糖，首先被肝脏和肠道吸收。在培养的人肝癌细胞和成纤维细胞中，甘露糖转运子实际上提供了用于糖蛋白合成的 80％的甘露糖。很少由葡萄糖直接转化成甘露糖。令人惊奇的是血液中葡萄糖比甘露糖多 100 倍。进行上述研究时，在细胞培养中使用了生理浓度的葡萄糖和甘露糖。目前，在动物整体水平上，不同组织和器官中甘露糖和葡萄糖的相对贡献仍然不详。

已有报道表明，在几种哺乳动物细胞中存在岩藻糖特异的转运子，其 $K_{摄入}$大约为 250μmol/L。这比血液中岩藻糖的浓度高许多。被摄入的岩藻糖多数被转化成 GDP-Fuc，并进一步生成糖蛋白，但是，与从 GDP-Man 开始的糖合成相比，岩藻糖对糖基化的贡献仍然不清。也不知在高等生物细胞表面，是否存在对半乳糖、氨基酸或唾液酸特异的转运子。

**2. 细胞内糖的来源**

补救途径[5～10]

单糖可以通过同一细胞内糖缀合物的降解进行补救合成。特定的降解途径在第 18 章中有详述。糖缀合物的降解多发生在低 pH 值的溶酶体中。尽管人们对补救合成途径的研究既不系统又不太重视，但补救合成对糖基化的作用可能相当重要（见表 6.3）。例如，在肝脏溶酶体中，如果用放射性同位素标记后，可以观察到，糖蛋白降解后产生的 GlcNAc 将有 80％转变成 UDP-GlcNAc，至少三分之一被用于合成分泌的糖蛋白。此外，成纤维细胞胞吞标记糖缀合物后，有大约 50％的氨基糖被该细胞用于新糖蛋白质的合成。在胸腺中，如果从葡萄糖从头合成 UDP-GlcNAc 的途径被阻断了的话，胸腺将通过降解胸腺球蛋白衍生的糖，并再利用这些糖，很容易地就能完成所需要的糖基化。高效率的补救合成不仅限于 GlcNAc。在糖基化缺陷的突变细胞株 IdlD CHO 细胞中，需要补充 Gal 和 GalNAc 来完成 O-糖基化。在胎牛血清中，糖蛋白的分解代谢也能提供 5％～10％的补救糖用于糖基化。多数的研究提示：溶酶体中释放的唾液酸，30％～90％ 被用于新糖蛋白质的合成。

**表 6.3 有利于糖补救途径的证据**

| |
|---|
| **氨基糖** |
| 50％以上标记的氨基糖（GalNAc，GlcNAc）再用于新的糖缀合物 |
| 约 70％的 [$^3$H] GlcNAc 被摄入大鼠肝脏的糖核苷酸 |
| 15％～90％的唾液酸在某些细胞中再循环 |
| 许多组织中存在 GlcNAc/ManNAc 激酶 |
| GalNAc-1-激酶与 Gal-1-激酶性质不同 |
| **己糖与岩藻糖** |
| 甘露糖转运子，利用甘露糖的生理浓度 |
| 缺失 UDP-Gal-4-差向异构酶的细胞，能利用血清糖蛋白获得半乳糖 |
| 岩藻糖转运子已被鉴定 |
| 外源性岩藻糖可纠正 GDP-Man→GDP-Fuc 的缺乏 |

补救糖的再利用要求溶酶体中的单糖首先要从溶酶体出来，到达生物合成相关酶所在的胞液中。在溶酶体中已鉴定出多种溶酶体转运子。包括中性已糖转运子、N-乙酰已糖胺转运子和酸性已糖转运子。中性已糖转运子的 $K_m$ 为 50～75 mmol/L，也能转运岩藻糖和木糖。尽管这些糖能够扩散穿过溶酶体膜，但它们的流出速度并不够高。N-乙酰已糖胺转运子（$K_m$ 为 4.4 mmol/L）不能转运非乙酰化的氨基糖。相比之下，唾液酸和葡糖醛酸转运子（$K_m$ 为 300～550 μmol/L）更显重要，因为失去这两种转运子将导致这两种糖在溶酶体中聚积，在尿中的分泌增加，进而导致人类溶酶体储积病。

一旦这些单糖达到胞质后，它们将被活化成如下所述的糖核苷酸供体。在从大鼠肝制备的溶酶体中，已发现有少量的 GlcNAc 激酶，提示 GlcNAc 的转运与磷酸化是偶联在一起的。随着细胞型的不同，以及合成的糖蛋白量的不同，这些外源性糖，补救途径的糖以及相互转化的糖相对贡献大小可能有所变化。这种情形，在本章接下来描述的 CMP-Sia 的合成中，可以很清楚地见到。

关于单糖和糖核苷酸代谢，大多数的研究工作集中在各种糖的直接活化和相互转化上，而不注重糖的来源。几乎所有细胞培养实验中，生长培养基只含葡萄糖和血清。一般假定葡萄糖能转化产生所有其他的糖，但是，血清中糖蛋白降解产生的糖的作用可能也很重要。食物、补救以及葡萄糖转化的糖对糖蛋白合成的贡献大小，尚不得而知。近来的研究提示，某些关键的合成酶在不同器官中的分布是相当局限的。

单糖的活化与相互转化

糖的活化与单糖相互转化的主要途径如图 6.1 所示。

(1) 糖原[11～13]

糖原是动物细胞中的主要储存多糖。它的合成详见第 13 章。这个百万道尔顿大小的分子含有多达 100 000 葡萄糖单体。以 Glcα1，4Glc 双糖重复的排列，并有一定间隔的 α1，6Glc 分支。糖原合成和降解（糖原分解，glycogenolysis）当然是高度地调节能量利用。某些用于合成其他糖的葡萄糖可能源于糖原，也可能是由胞外输入的葡萄糖。糖原合成是从 UDP-Glc 上的单个葡萄糖单位的添加，糖原降解是以糖原磷酸化酶处理，这种不依赖一ATP 的反应而生成 Glc-1-P，既可以直接用于生成 UDP-Glc，也可以差向异构化为 Glc-6-P，导致糖酵解（glycolysis）反应。糖原实际上是一种不同寻常的糖蛋白叫做糖原生成蛋白（glycogenin）。

将绿色荧光蛋白融合到兔肌肉糖原生成蛋白的氨基末端后，可以发现糖原生成蛋白分布在细胞核和胞液中。用细胞松弛素 D（cytochalasin D）破坏细胞骨架后，细胞内糖原的分布发生改变，但是在羧基端的肌动蛋白结合模体（DNIKKKL）进行点突变（K324A），可使糖原在整个胞液内均一分布，而这种分布不受药物影响。尽管这种分布与功能性定位无关，但上述发现提示细胞骨架在糖原代谢中可能是很重要的。

(2) 葡萄糖

葡萄糖是糖代谢中的中心单糖，它可以转化成糖基化所需的所有其他种类的糖（见图 6.1）。作为糖酵解途径的一部分，葡萄糖在已糖激酶作用下，转化为 Glc-6-P，然后或者由磷酸葡萄糖异构酶转化为 Fru-6-P，或者由磷酸葡萄糖变位酶转化为 Glc-1-P。Glc-1-P 与 UTP 反应生成高能量供体 UDP-Glc。UDP-Glc 代谢池相当大，它可用于合成糖原和其他含有葡萄糖的分子。比如，葡糖脑酰胺（见第 9 章）和多萜醇磷酸葡糖

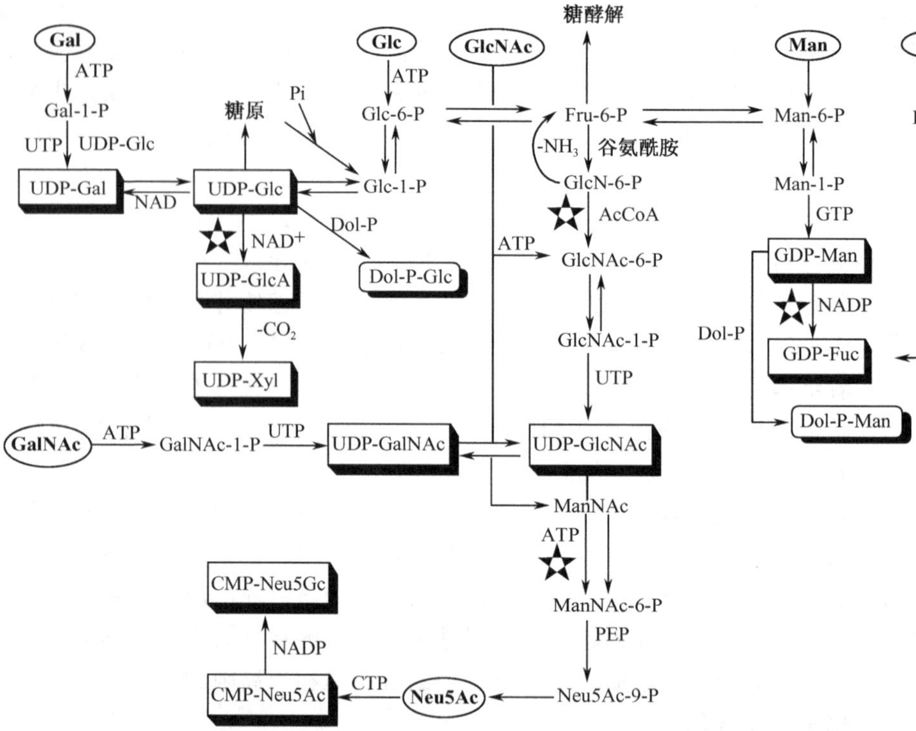


**图 6.1** 单糖的生物合成和相互转化。在生理条件下，各自的相对贡献还不清楚。供体（带阴影的长方形和椭圆形框；单糖（空的椭圆形框）；控制点（星型）。

Dol-P-Glc 用于 N-聚糖生物合成途径中（见第 7 章）。

（3）葡糖醛酸

UDP-GlcA 是由 UDP-Glc 在 NAD 存在下，通过氧化 C-6-OH 直接合成而来。这个酸性糖最基本的用途是糖胺聚糖的生物合成，同时也用于 GlcA 在 N-和 O-聚糖和糖脂上的加成反应。

UDP-GlcA 还用于胆汁酸的葡萄糖醛酸化，及内质网中的生外物质（xenobiotic）的解毒。一大类葡萄糖醛酸转移酶催化该反应，添加葡萄糖醛酸基增加胆汁酸和生外物质的溶解度。有些证据表明，UDP-GlcA 来源于糖原分解，而不是糖原异生。

（4）艾杜糖醛酸

艾杜糖醛酸 IdoA 是葡糖醛酸的 5-位差向异构体，它也存在于糖胺聚糖（GAG）中。与在糖缀合物中的所有其他单糖不同，艾杜糖醛酸不是由糖核苷酸供体直接合成。相反，它的合成是：葡糖醛酸 GlcA 先加到延伸中的糖胺 GAG 聚糖链上，然后，GlcA 发生差向异构，得到 IdoA（见第 11 章）。

（5）木糖[14,15]

UDP-GlcA 脱去羧基，就得到 UDP-Xyl。UDP-Xyl 基本用途是启动糖胺聚糖的合成（见第 11 章），但 UDP-Xyl 也存在于若干凝血蛋白中（见第 12 章）。产生 UDP-Xyl 的脱羧反应发生在内质网腔内，或发生在早期高尔基体，在胞质中也有发生。

(6) 甘露糖[2,16,17]

甘露糖是用于 N-连接寡糖和 GPI-锚合成的关键糖。GDP-Man 的生成有两种途径。第一个途径是，在己糖激酶作用下甘露糖的磷酸化。有人提出在某些脊椎动物中存在特异的甘露糖激酶。另一个途径是至今最熟知的，即通过磷酸甘露糖异构酶，Fru-6-P 转化为 Man-6-P（见图 6.1）。遗传性的这个酶的大部分丢失将导致一种可能致命的人类疾病叫糖缺陷糖蛋白综合征（1b 型）（见第 32 章）。在酵母中，磷酸甘露糖异构酶失活会导致酵母死亡。这很容易理解，因为通常不存在游离的外源性甘露糖，而磷酸甘露糖异构酶就成了连接甘露糖与葡萄糖的关键。酵母干重的近 14%是甘露糖。供给外源性甘露糖能够补救酵母和人类磷酸甘露糖异构酶的缺陷。

尽管甘露糖是必需的，但在“蜜蜂综合征”中，它却是致死的。当蜜蜂被喂食甘露糖而非蔗糖和葡萄糖时，就产生了这种令人不解的现象。在喂食后的最初几分钟，蜜蜂的行为表现正常，但随后它们突然衰竭、死亡。其原因是，甘露糖进入细胞后，在大量的己糖激酶作用下发生磷酸化并消耗 ATP。这时，Man-6-P 成为蜜蜂惟一的能量来源，它必须被转化为 Fru-6-P 以进入糖酵解。问题是蜜蜂的磷酸甘露糖异构酶活性相当低，这就产生了瓶颈而使 Man-6-P 堆积。堆积的 Man-6-P 迅速被磷酸酶分解成游离的甘露糖，而甘露糖又再次发生磷酸化，这样使 ATP 供给减少。如此几次无用的循环耗尽 ATP 储存池，导致死亡。因为相似的原因，高浓度的甘露糖能使大鼠致畸。因为在发育早期阶段，胚泡更多地依赖于糖酵解而不是氧化磷酸化。在高浓度时，甘露糖依靠典型的葡萄糖转运子进入细胞。但一旦进入细胞内，含量低的磷酸甘露糖异构酶制造了瓶颈，限制了能量代谢，导致胚泡发育畸形和停滞。

一旦 Man-6-P 形成后，它就要通过磷酸甘露糖变位酶转变成 Man-1-P。在这一过程中，人类有两种同工酶。二者中，任一酶丢失都产生另一形式的糖缺陷糖蛋白综合征（1a 型），它的产生是由于蛋白质的糖基化不足（见第 32 章）。当然，如果 Man-6-P 和 Man-1-P 二者合成都失败了，GDP-Man 的合成就会减少。GDP-Man 是糖缀合物合成的关键供体，它可被直接用于内质网的胞液面上脂连接的寡糖合成。GDP-Man 也能将甘露糖基转移到多萜醇磷酸上，从而在内质网上形成多萜醇磷酸甘露糖 Dol-P-Man。Dol-P-Man 分子然后翻转进入内质网内侧，在那里 Dol-P-Man 把最后 4 个甘露糖基加到 N-连接糖链前体上（见第 7 章）。Dol-P-Man 也是合成糖磷脂锚的供体。最近证明 Dol-P-Man 也是 C-甘露糖基化的供体。Dol-P-Man 合成缺陷可导致一种糖蛋白缺陷综合征。

(7) 岩藻糖[18,19]

将 GDP-Man 中 Man 部分的 C-6 位上的 $CH_2OH$ 还原成 $CH_3$,，就得到 GDP-Fuc。该反应分 3 步，由两个酶依次催化。第一步是通过 GDP-Man4，6-脱水酶，在 NADP 存在下，将 GDP-Man 中 Man 部分的 C-4 位氧化成酮，得到 GDP-4-脱氢-6-脱氧甘露糖，同时 NADP 还原成 NADPH。接下来的两个反应由单一的多肽催化，该肽具有差向异构酶和还原酶的活性，在从细菌到哺乳动物保守良好。这样，GDP-4-羰基-6-脱氧甘露糖在 C-3 和 C-5 位发生差向异构，生成 GDP-4-酮基-6-脱氧葡萄糖，接着 C-4 位被 NADPH 还原生成 GDP-Fuc（见图 6.2）。最后两步反应也是由一单独的多肽催化，该肽链在从细菌到哺乳动物保守良好。第一步脱氢反应受 GDP-Fuc 的反馈抑制。岩藻糖也被用于直接生成 Fuc-1-P，然后转化成 GDP-Fuc。突变的 CHO 细胞不能转化 GDP-Man 至

GDP-Fuc，所以生成的蛋白质没有岩藻糖基化，但这些通过添加外源性的岩藻糖来进行修正，从而可以生成正常的糖蛋白。有种罕见的人类疾病叫白细胞黏附缺陷Ⅱ型（LAD Ⅱ），其病因可能是由于从 GDP-Man 合成 GDP-Fuc 的量减少，或者 GDP-Fuc 的利用率降低。无论实际的机理如何，这种疾病产生了没有岩藻糖基化的糖蛋白，而这种糖蛋白对合成含有岩藻糖的选凝素（selectin）配体是至关重要的（见第 26 章）。LADⅡ型患者呈慢性感染状，因为他们无法有效地使白细胞渗出到炎症部位（见第 26 章）。除此以外，哺乳动物细胞的岩藻糖转运子可能直接提供岩藻糖用于 GDP-Fuc 的生物合成，但是这条途径贡献程度尚不清楚。血液中岩藻糖浓度很低，但已有一位 LADⅡ型患者接受了岩藻糖的补救治疗后，嗜中性白细胞渗出迅速变成正常（见第 32 章）。

**A. GDP-Man ⟶ GDP-Fuc：三个反应，两个酶；GDP-甘露糖 4，6 脱水酶和 GDP-酮基-6 脱氧甘露糖 3，5-差向异构酶/4-还原酶**

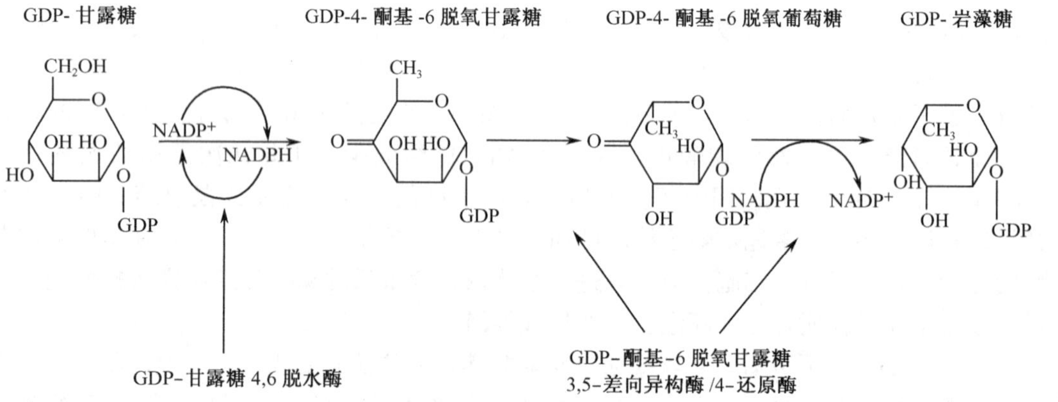


**B. UDP-Glc ⟷ UDP-Gal 单酶：UDP-Gal-4-差向异构酶**

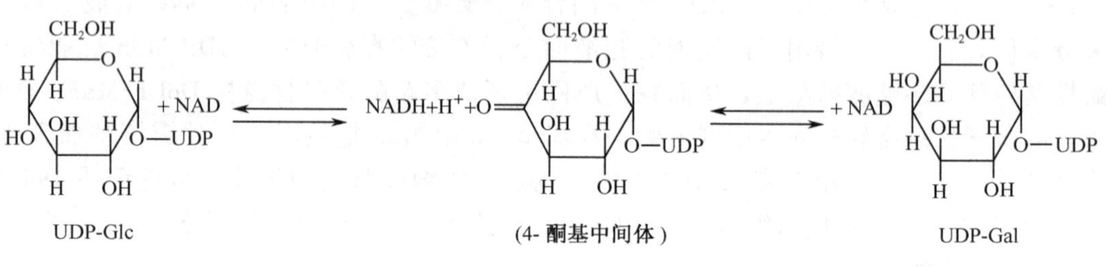


**图 6.2** 活化的糖供体的转化。

（8）半乳糖[20,21]

有多条途径可以将半乳糖活化成 UDP-Gal。第一是 1-位上的直接磷酸化生成 Gal-1-P，Gal-1-P 能与 UTP 反应生成 UDP-Gal。另一方面，Gal-1-P 通过尿苷酸转移酶与 UDP-Glc 进行交换反应，生成 UDP-Gal 与 Glc-1-P。尿苷酸转移酶活力缺陷导致严重的人类疾病叫半乳糖血症。该病表现为智力迟钝、肝脏损伤和最终死亡（见第 32 章）。最后，从 UDP-Glc 也可生成 UDP-Gal，该反应是 NAD 依赖性的，由 UDP-Gal-4 差向异构酶催化。这两种糖核苷酸惟一的不同是在 C-4 位。在半乳糖中，羟基为直立键取向，而葡萄糖中羟基为平伏键取向。NAD 首先将 C-4 位上羟基变成 4-酮基，生成 NADH。第二步 NAD 重新生成而羟基发生异构，从而生成另一种单糖（见图 6.2）。同一种酶也能将 UDP-GalNAc 转变成 UDP-GlcNAc。

(9) N-乙酰葡糖胺[22,23]

UDP-GlcNAc 的合成从 Fru-6-P 开始，首先合成 GlcN-6-P，然后利用谷氨酰胺作为 $-NH_2$的供体进行转氨基反应，生成葡糖胺-6-磷酸，接下来通过乙酰辅酶 A 介导反应使葡糖胺-6-磷酸发生乙酰化生成 GlcNAc-6-P，再经 1，6-二磷酸中间体异构化生成 GlcNAc-1-P。接下来的反应与其他的活化反应相似，GlcNAc-1-P 与 UTP 反应生成 UDP-GlcNAc 和焦磷酸。另一种方式，GlcNAc 可在激酶作用下，直接磷酸化生成 GlcNAc-6-P（该激酶既可用 GlcNAc 也可用 ManNAc)，再经变位酶作用生成 GlcNAc-1-P。这个合成途径可以利用溶酶体降解下来的 GlcNAc，进行有效补救合成。在整体动物中 GlcN 被非常有效地用于肝脏糖蛋白的合成，说明直接磷酸化可能很重要。但并不是所有的 GlcN 都是糖蛋白合成所必需的。这取决于细胞的需求。最近对葡糖胺-6-磷酸脱氨酶（GlcN-6-P→Fru-6-P＋$NH_4^+$）（GNPDA）的研究表明：需要高能量的组织利用这个酶生成 Fru-6-P 进行糖酵解，如神经、肾脏和肠道负责转运的上皮细胞。值得注意的是，这个反应并不是用谷氨酰胺进行转氨基反应的一个简单的逆反应。GNPDA 反应只朝一个方向进行，因为生成 GlcN $H_2$ 所需的 $NH_4^+$ 浓度是极其高的。这个酶在肝脏基本上是没有的，而肝脏有其他能量来源。所以，UDP-GlcNAc 可以从 Fru-6-P 生成，也可以通过 GlcNAc 或激酶生成。

(10) N-乙酰半乳糖胺[24]

UDP-GalNAc 源于两个途径。一个是 GalNAc-1-P 与 UTP 直接反应。用特异的激酶生成 GalNAc-1-P 的反应可以用 ATP，也可以用 ITP。这个酶不同于 Gal-1-激酶。UDP-GalNAc 也可以由 UDP-GlcNAc 通过差向异构生成。该反应用的酶与催化 UDP-Glc 转化成 UDP-Gal 的酶相同，都是 NAD 依赖性差向异构酶。

(11) 唾液酸[22,25]

唾液酸是一组包括 30 多个变体的母体化合物的总称。其修饰包括氧化、单个或多乙酰化、硫酸化及甲基化，这些将在第 15 章详细讨论。唾液酸作为一个活化的糖核苷酸可以生成糖基衍生物。除此之外，在唾液酸转移到接纳体后，唾液酸所有其他的修饰反应都发生在高尔基体。CMP-N-乙酰（或羟基）神经氨酸是直接供体。与其他活化糖的合成相比，它的生物合成途径更复杂。首先，UDP-GlcNAc 转变成 N-乙酰甘露糖胺，参与此过程的是一个单个酶，此酶有两种催化活性。先是在 2-位上差向异构和切断 UDP 产生 N-乙酰甘露糖胺。接下来，这个酶作为激酶利用 ATP 生成 N-乙酰甘露糖胺-6-磷酸。再下一步，这个化合物与磷酸烯醇式丙酮酸缩和生成 N-乙酰神经氨酸-9-磷酸。磷酸根被磷酸酶切下后，与 CTP 反应，活化生成 CMP-N-乙酰神经氨酸。所有这些步骤均在胞液中进行，但最后一步发生在细胞核内，然后活化的前体转运到胞质中。

还有另一条合成途径。差向异构酶/激酶活性仅在相对少数组织中能够检测到，如肝脏、唾液腺、肠黏膜。Northern 印迹分析大鼠组织表明，该酶的表达只限于肝脏，但许多其他组织明确地含有唾液酸化的糖蛋白和糖脂。这一发现表明可能存在其他合成途径。从其他糖蛋白补救合成唾液酸不仅可能而且已经获得证明，但另一种可能性是用分布广泛的 2-差向异构酶使 GlcNAc 异构成 ManNAc。但是，尽管已知 GlcNAc 激酶存在于许多大鼠组织中并且使 ManNAc 生成 ManNAc-P，至今还无人报告 ManNAc 特异的激酶。

(12) 果糖

尽管目前尚不知果糖是否存在于糖蛋白中，但果糖是主要食物组分，并在能量代谢调节中起重要作用。肝中的果糖激酶产生 Fru-1-P，但这个化合物不能转位生成 Fru-6-P 或磷酸化生成 1，6-二磷酸果糖。相反，在 Fru-1-P 醛缩酶作用下，它转变成磷酸二羟基丙酮（进入糖酵解）和甘油醛。这个化合物被还原成甘油，然后磷酸化、氧化成磷酸二羟基丙酮，最后进入糖酵解。

## 糖核苷酸转运子[26～29]

当糖核苷酸在胞液中被合成后（或者 CMP-Sia 在核内），它们将发生拓扑学的定位错误。因为大多数糖基化反应发生在内质网和高尔基体内。由于自身携带负电荷，所以糖核苷酸不易扩散穿过膜而进入这些亚细胞器。为克服解决这个问题，真核生物细胞自身产生了一套不需要能量的糖核苷酸转运子，实际上是反向转运子，它将糖核苷酸送入这些亚细胞器的腔内，同时，送出开始时从核苷二磷酸转化而生成的核苷一磷酸（图 6.3）。人们已进行了大量的工作，已经阐明了这一过程的生物化学机制。大多数研究工作使用的是分离的高尔基体和内质网小泡制品，但人们通过分析转运子缺失的突变细胞揭示了这些转运子蛋白的重要性。该转运子 $K_m$ 为 1～10μmol/L。体外试验表明，转运子能将高尔基体腔内糖核苷酸浓度提高 10～50 倍。这通常足以达到或超过大多数糖核苷酸对应的糖基转移酶 $K_m$ 的计算值。

大多数反向转运子存在高尔基体内，但也有一些存在于内质网里。这样，反向转运子是亚细胞器特异的，它们的定位通常与已知的转移酶的定位相关联（见表 6.4）。核苷酸输入高尔基体不是能量依赖性的，也不受离子载体影响。但是，它要受到相应的核苷一磷酸和核苷二磷酸的竞争性抑制，而单糖没有这种抑制作用。除了糖核苷酸特异的转运子以外，还有对 ATP 特异的转运子，以及对蛋白质和糖发生硫酸化所需供体 PAPS 的转运子。

在内质网里，胆汁和生外物质发生的葡糖醛酸化，与 UDP-GlcA 转运子在内质网和高尔基体中都存在的事实相一致。而在内质网中折叠错误的血型糖蛋白要再进行糖基化（见第 7 章），这说明需要内质网 UDP-Glc 转运子。而为什么在内质网中存在 UDP-GlcNAc 和 UDP-GalNAc 反向转运子？这一问题较难解释，因为大多数糖基转移酶利用这些糖核苷酸的反应发生在高尔基体中。UDP-XyL 可能被用于启动内质网中 GAG 链的合成。

因为转运子的 $K_m$ 值在 1～10μmol/L 范围内，胞液中的酶如 O-GlcNAc 转移酶或网柄菌属（*Dictyostelium*）的岩藻糖基转移酶就必须与转运子竞争可用的底物，它们做到了这一点，就是也有微摩尔数量级的 $K_m$ 值。

对大多数糖基化反应来说，糖核苷酸提供出糖基之后，生成核苷二磷酸。而生成的核苷二磷酸在高尔基体腔内一定要被核苷二磷酸酶转化为核苷一磷酸。通过反向转运子的交换是电中性的，因为带有两个负电荷的糖核苷酸（每个磷酸二酯各有一个负电荷）

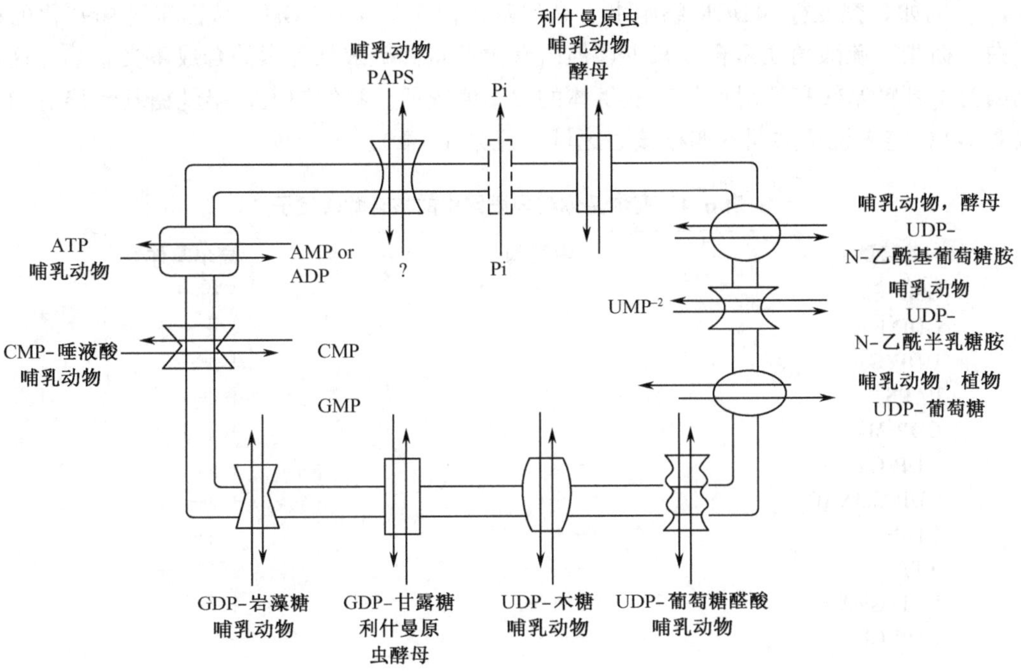


**图6.3** 位于哺乳动物、酵母、原生动物和植物高尔基体膜的糖核苷酸转运子、PAPS转运子及ATP转运子。这些实际上也是反向转运子。糖核苷酸转运子将相应的核苷酸转入胞液中。因为大多数糖基化反应生成核苷二磷酸，因此需要将其转化成核苷一磷酸。与PAPS对应的外流分子尚不清楚，但与ATP对应的外流分子则是AMP、ADP或二者都是。假设存在磷酸根（Pi）转运子。（经许可，该图引自［26］Abeijon等1997［©Elsevier Science］。）

流入，而带有单个磷酸一酯的核苷酸流出。在pH为7.5时，在高尔基体预装UMP会刺激UDP-GlcNAc的摄入，而在pH为5.5左右时，UMP只有一个负电荷，装载会变慢。在酵母中，GDPase将GDP转变成GMP。如果破坏编码这个Ⅱ型必需膜蛋白的基因，会减少所有已经甘露糖基化的糖缀合物的糖基化反应。

反向转运子系统有利于将糖核苷酸的消耗速率与它的输入相偶联。但是，高尔基体可以有一个糖核苷酸池，它储存因参与糖基化反应被转运进来尚未被利用的糖核苷酸。可以看到，在体外制备高尔基体能够使糖基化尚未完成的内源性糖蛋白发生糖基化，也可使自由扩散的糖苷接纳体发生糖基化。人工接纳体进入高尔基体后与糖基转移酶相遇，也发生糖基化。有时，即使没有外源性供体，糖基化反应仍能发生。利用这种反向转运子系统的另一优势是一磷酸前体可以回到胞质中，而开始另一轮激活。这就为前体创造了一个高效率的补救系统。

有些转运子（包括CMP-Sia，UDP-Gal和UDP-GlcA）已被重新构建装入蛋白质脂质体中，并进行功能分析和蛋白纯化。一些转运子已被克隆出来，如CMP-Sia和UDP-Gal（哺乳动物）、UDP-GlcA（酵母）、GDP-Man（原生动物）。所有的转运子都具有很强的疏水性，因而能够跨膜许多次。它们是由功能性的同二聚体组成。已经发现，一些哺乳动物突变细胞系缺乏特定的糖核苷酸转运子，如UDP-Gal和CMP-Sia的转运子，结果，这些细胞可以合成不完整的糖链。但是这样的突变株，也有一些“泄漏”（leakiness)。例如，突变株 MDCK 细胞由于高尔基体内丢失 UDP-Gal，从而半乳糖基化的糖蛋白、糖脂、硫酸角质素合成减少，但硫酸类肝素和硫酸软骨素的合成不受影响。这可能因为半乳糖基转移酶对糖核苷酸供体的 $K_m$ 值较低。我们知道，半乳糖基转移酶能合成对 GAG 链来说是共同的四糖核心区域（见第 11 章）。

**表 6.4 高尔基体与内质网中的核苷酸转运子**

| 核苷酸 | 内质网 | 高尔基体 |
|---|---|---|
| CMP-Sia | － | ＋＋＋ |
| GDP-Fuc | － | ＋＋＋＋ |
| UDP-Gal | － | ＋＋＋＋ |
| PAPS | － | ＋＋＋＋ |
| GDP-Man | － | ＋＋＋＋ |
| UDP-GlcNAc | ＋＋ | ＋＋＋＋ |
| GDP-GalNAC | ＋＋ | ＋＋＋＋ |
| UDP-Xyl | ＋＋ | ＋＋＋＋ |
| ATP | ＋＋＋ | ＋＋＋＋ |
| UDP-GlcA | ＋＋＋＋ | ＋＋＋＋ |
| UDP-Glc | ＋＋＋＋ | ＋ |

内质网与高尔基体中核苷酸转运子的相对分布以正号（＋）的数目表示，负号（－）代表在该室区内无转运子。这些转运子在生物体的分布样式见图 6.3。

理论上，调控高尔基体内的糖核苷酸可以部分控制糖基化。可以推测，调节转运子也有同样作用。目前尚不知道转运子在高尔基体各区（前、中、后）的定位，也不知道这种物理定位与糖基转移酶的关系。但清楚的是，高尔基体区室要发挥功能同时需要糖核苷酸的供体与接纳体，以及与其同时存在（具有相同定位）的转移酶。人们注意力大多集中在糖基转移酶在高尔基体上的定位，而核苷酸转运子基因的克隆将有可能同时发现这些转运子在高尔基体中的定位。但是，目前还很少有研究解释高尔基体内的糖基化反应究竟是如何发生的。它是更像溶液化学还是像固态转移？是否真的存在糖核苷酸“可溶性池”。有物理证据表明，在酵母中存在含有一些甘露糖基转移酶的复合物，而更详细的证据表明（也有一些散在的证据表明）在哺乳动物细胞内存在若干由选定的糖基转移酶联合组成的复合物，但没有研究能够证明是否转运子也是这种复合物的一部分。

带有绿色荧光蛋白的糖基转移酶嵌合体，其戏剧性的延时视频（time-lapse video）表明，蛋白质在高尔基体内是高度移动性的。这一点与认为转移酶整洁地包装在分开区室内的静止观点显著不同。细胞生物学有证据提示，整个高尔基体可能是瞬间互相连接的连续体。在概念上，对高尔基体本身无论有什么限制和假定，糖基化以相对的高精确性继续进行。已用纯化、封闭和正确定向的高尔基体制剂，研发出一套动态高尔基体潜在的糖基化定格影片（“freeze-frame” picture）。这些研究表明，内源受体、糖核苷酸转运子和糖基转移酶处于同一区室内。只有提供放射性标记的外源糖核苷酸，追踪其转运子进入高尔基体，并在各种各样的糖基转移酶作用下，将单糖掺入共定域的内源受体。

有趣的是，带有一个单糖的小分子糖苷被加到经过处理已具有通透性的细胞中时，它能够取代内源性接纳体，但这个细胞仍具有完整的高尔基体而没有囊泡转运所需的

ATP和胞液成分。高尔基体的糖基转移酶利用先前转运的和由转运子输送的糖核苷酸，使接纳体糖基化，同时这些发生糖基化的接纳体在高尔基体限定的范围内扩散。令人惊奇的是，在数分钟内，这些高尔基体内接纳体的绝大多数被完全糖基化，最多可增加7个单糖。可以认为在这一过程中起作用的是位于高尔基体不同区室的各种糖基转移酶。与糖苷和完整细胞共保温相比，糖苷与具有通透性细胞共保温时发生的糖基化反应要广泛而且完全。这些结果表明，小分子糖苷可在高尔基体各区室间自由穿梭，也许它利用了通常限制大分子蛋白质移动的瞬变的相互连接的统一体系。

## 糖核苷酸水平的控制[30～34]

对糖核苷酸水平的控制，目前仍是模糊不清的问题，但它可能有重要的生理学意义。表6.5列出了在糖核苷酸生物合成中的几个关键酶，体外实验表明它们都被它们各自的最终产物所抑制。一种叫“唾液酸脲”（sialuria）的人类遗传性疾病证实，至少有一例体外预测是很重要的。在这种情况下，大量的唾液酸（5～7g/d）以及UDP-GlcNAc→CMP-Sia代谢途径中的各种中间体被分泌到尿中。这一现象的原因被证实是由于位于代谢途径的第一步的2-差向异构酶/ManNAc激酶的反馈抑制缺失。

**表6.5 糖核苷酸合成的几个控制点**

| 酶 | 抑制剂 |
|---|---|
| UDP-Glc脱氢酶 | UDP-Xyl |
| GDP-Man4，6-脱氢酶 | GDP-Fuc |
| 谷氨酰胺：果糖－6－磷酸乙酰转移酶 | UDP-GlcNAc |
| UDP-GlcNAc异构酶/激酶 | CMP-Sia |

大多数前体池在短短的几分钟内就周转一次。糖核苷酸池大小已被可信度不同的多种方法所确定。但即使用最好的方法，也难以解释所测得的数据并把它们描绘出清晰的画面，因为这些前体在胞液和高尔基体的相对分布不清楚。糖核苷酸前体的平均细胞浓度可能意义不大，因为“胞液”组分是一个操作上的定义（指100 000g上清），并且其中应不含有胞质组成中的区室。

许多实验表明，向肌肉细胞提供适当的葡萄糖胺（<1 mmol/L）将增大UDP-己糖胺池，并产生胰岛素非依赖性糖尿病的生物化学表型（见第14章）。与葡萄糖胺共培养的细胞不增加葡萄糖的摄入量，也不因胰岛素而形成糖原。提供给动物的葡萄糖胺也能诱导相似的响应。这个作用的代谢途径和机理不明，但在许多调节蛋白上发现的O-GlcNAc可能提供一些线索。另一方面，由于UDP-GlcNAc的浓度仅次于ATP（1～2 mmol/L），某些作用是由于产生UDP-GlcNAc过程中消耗了ATP。

在动物整体研究中，饮食和断奶时间能够调节GDP-Fuc池和岩藻糖基化的聚糖。考虑到在小肠寄居的细菌参与诱导肠细胞岩藻糖基化途径，利用饮食控制糖基化就是另一个水平的尚未解决的复杂问题。氨基酸和核苷酸代谢与糖核苷酸代谢的关系也是一个具有潜在的重要意义但至今仍未广泛研究的问题。

# 发展方向

本章的某些材料在传统的生物化学教科书中也有。但在这里强调的前景是：复合聚糖合成所必需的各种前体的产生与利用，要远比简单代谢流程图所示的复杂（见图6.1）。今后研究应着眼于单糖的各种来源、细胞内代谢酶的组成、饮食和环境因素对复合糖链合成的影响。在把大量完成序列的基因组信息翻译为有意义的生理学，这项工作尤其重要。

（张嘉宁 译 张树政 校）

## 参 考 文 献


1. Bell G.I., Burant C.F., Takeda J., and Gould G.W. 1993. Structure and function of mammalian facilitative sugar transporters. *J. Biol. Chem.* **268:** 19161–19164.
2. Panneerselvam K. and Freeze H.H. 1996. Mannose enters mammalian cells using a specific transporter that is insensitive to glucose. *J. Biol. Chem.* **271:** 9417–9421.
3. Wiese T.J., Dunlap J.A., and Yorek M.A. 1994. L-fucose is accumulated via a specific transport system in eukaryotic cells. *J. Biol. Chem.* **269:** 22705–22711.
4. Thorens B. 1996. Glucose transporters in the regulation of intestinal, renal, and liver glucose fluxes. *Am. J. Physiol.* **270:** G541–G553.
5. Rome L.H. and Hill D.F. 1986. Lysosomal degradation of glycoproteins and glycosaminoglycans. Efflux and recycling of sulphate and N-acetylhexosamines. *Biochem. J.* **235:** 707–713.
6. Krieger M., Reddy P., Kozarsky K., Kingsley D., Hobbie L., and Penman M. 1989. Analysis of the synthesis, intracellular sorting, and function of glycoproteins using a mammalian cell mutant with reversible glycosylation defects. *Methods Cell Biol.* **32:** 57–84.
7. Trujillo J.L. and Gan J.C. 1973. Glycoprotein biosynthesis. VI. Regulation of uridine diphosphate N-acetyl-D-glucosamine metabolism in bovine thyroid gland slices. *Biochim. Biophys. Acta* **304:** 32–41.
8. Shetlar M.R., Capps J.C., and Hern D.L. 1964. Incorporation of radioactive glucosamine into the serum proteins of intact rats and rabbits. *Biochim. Biophys. Acta* **83:** 93–101.
9. Aronson N.N. Jr. and Docherty P.A. 1983. Degradation of [6-$^{3}$H]- and [1-$^{14}$C]glucosamine-labeled asialo-α 1-acid glycoprotein by the perfused rat liver. *J. Biol. Chem.* **258:** 4266–4271.
10. Lloyd J.B. 1996. Metabolite efflux and influx across the lysosome membrane. *Subcell. Biochem.* **27:** 361–386.
11. Baque S., Guinovart J.J., and Ferrer J.C. 1997. Glycogenin, the primer of glycogen synthesis, binds to actin. *FEBS Lett.* **417:** 355–359.
12. Lomako J., Lomako W.M., and Whelan W.J. 1995. Glycogen metabolism in quail embryo muscle. The role of the glycogenin primer and the intermediate proglycogen. *Eur. J. Biochem.* **234:** 343–349.
13. Lomako J., Lomako W.M., and Whelan W.J. 1988. A self-glucosylating protein is the primer for rabbit muscle glycogen biosynthesis. *FASEB J.* **2:** 3097–3103.
14. Vertel B.M., Walters L.M., Flay N., Kearns A.E., and Schwartz N.B. 1993. Xylosylation is an endoplasmic reticulum to Golgi event. *J. Biol. Chem.* **268:** 11105–11112.
15. Kearns A.E., Vertel B.M., and Schwartz N.B. 1993. Topography of glycosylation and UDP-xylose production. *J. Biol. Chem.* **268:** 11097–11104.
16. Panneerselvam K., Etchison J.R., and Freeze H.H. 1997. Human fibroblasts prefer mannose over glucose as a source of mannose for N-glycosylation. Evidence for the functional importance of transported mannose. *J. Biol. Chem.* **272:** 23123–23129.
17. Niehues R., Hasilik M., Alton G., Korner C., Schiebe-Sukumar M., Koch H.G., Zimmer K.P., Wu R., Harms E., Reiter K., von Figura K., Freeze H.H., Harms H.K., and Marquardt T. 1998. Carbohydrate-deficient glycoprotein syndrome type Ib. Phosphomannose isomerase deficiency and mannose ther-

apy. *J. Clin. Invest.* **101:** 1414–1420.
18. Sullivan F.X., Kumar R., Kriz R., Stahl M., Xu G.Y., Rouse J., Chang X.J., Boodhoo A., Potvin B., and Cumming D.A. 1998. Molecular cloning of human GDP-mannose 4,6-dehydratase and reconstitution of GDP-fucose biosynthesis in vitro. *J. Biol. Chem.* **273:** 8193–8202.
19. Etzioni A., Phillips L.M., Paulson J.C., and Harlan J.M. 1995. Leukocyte adhesion deficiency (LAD) II. *Ciba Found. Symp.* **189:** 51–58.
20. Holton J.B. 1996. Galactosaemia: Pathogenesis and treatment. *J. Inherit. Metab. Dis.* **19:** 3–7.
21. McDowell G. and Gahl W.A. 1997. Inherited disorders of glycoprotein synthesis: Cell biological insights. *Proc. Soc. Exp. Biol. Med.* **215:** 145–157.
22. Van Rinsum J., Van Dijk W., Hooghwinkel G.J., and Ferwerda W. 1983. Subcellular localization and tissue distribution of sialic acid precursor-forming enzymes. *Biochem. J.* **210:** 21–28.
23. Wolosker H., Kline D., Bian Y., Blackshaw S., Cameron A.M., Fralich T.J., Schaar R.L., and Snyder S.H. 1998. Molecularly coned mammalian glucosamine-6-phosphate deaminase localizes to transporting epithelium and lacks oscillin activity. *FASEB J.* **12:** 91–99.
24. Pastuszak I., Drake R., and Elbein A.D. 1996. Kidney N-acetylgalactosamine (GalNAc)-1-phosphate kinase, a new pathway of GalNAc activation. *J. Biol. Chem.* **271:** 20776–20782.
25. Hinderlich S., Stasche R., Zeitler R., and Reutter W. 1997. A bifunctional enzyme catalyzes the first two steps in N-acetylneuraminic acid biosynthesis of rat liver. Purification and characterization of UDP-N-acetylglucosamine 2-epimerase/N-acetylmannosamine kinase. *J. Biol. Chem.* **272:** 24313–24318.
26. Abeijon C., Mandon E.C., and Hirschberg C.B. 1997. Transporters of nucleotide sugars, nucleotide sulfate and ATP in the Golgi apparatus. *Trends Biochem. Sci.* **22:** 203–207.
27. Hirschberg C.B., Robbins P.W., and Abeijon C. 1998. Transporters of nucleotide sugars, ATP and nucleotide sulfate in the endoplasmic reticulum and Golgi apparatus. *Annu. Rev. Biochem.* **67:** 49–69.
28. Varki A. 1998. Factors controlling the glycosylation potential of the Golgi apparatus. *Trends Cell Biol.* **8:** 34–40.
29. Presley J.F., Smith C., Hirschberg K., Miller C., Cole N.B., Zaal K.J.M., and Lippincottschwartz J. 1998. Golgi membrane dynamics. *Mol. Biol. Cell* **9:** 1617–1626.
30. Spiro R.G. 1958. The effect of N-acetylglucosamine and glucosamine on carbohydrate metabolism in rat liver slices. *J. Biol. Chem.* **233:** 546–550.
31. Hawkins M., Angelov I., Liu R., Barzilai N., and Rossetti L. 1997. The tissue concentration of UDP-N-acetylglucosamine modulates the stimulatory effect of insulin on skeletal muscle glucose uptake. *J. Biol. Chem.* **272:** 4889–4895.
32. Hawkins M., Barzilai N., Liu R., Hu M., Chen W., and Rossetti L. 1997. Role of the glucosamine pathway in fat-induced insulin resistance. *J. Clin. Invest.* **99:** 2173–2182.
33. Michalski J.-C. 1996. Normal and pathological catabolism of glycoproteins. In *Glycoproteins and disease* (ed. Montreuil J. et al.), vol. 30, pp. 55–97. Elsevier, Amsterdam, The Netherlands.
34. Lenoir D., Ruggiero-Lopez D., Louisot P., and Biol M.C. 1995. Developmental changes in intestinal glycosylation: Nutrition-dependent multi-factor regulation of the fucosylation pathway at weaning time. *Biochim. Biophys. Acta* **1234:** 29–36.

本章初稿由 H. H. Freeze（加利福尼亚，La Jolla，Burnham 研究所）编写。

# 第 7 章　N-聚糖



本章着重描述脊椎动物体系中天冬酰胺 N-连接寡糖（N-聚糖）的生物合成，其中包括对 N-聚糖的生成、加工、蛋白质折叠的控制以及结构多样性的机理的概观；此外，从生物学角度概述已在脊椎动物整体中的遗传缺损所确定了的 N-聚糖结构与功能的关系。

## 背景

N-聚糖的生物合成被阐明于 20 世纪的 60 年代和 70 年代。当时使用的是无细胞体系和凝集素抗性的细胞系。令人惊奇的发现是 N-聚糖的合成需要生成与脂连接的寡糖前体结构，该结构在内质网中被整个转移到新生蛋白质上。N-聚糖与共有序列 Asn-X-Ser/Thr 中的 Asn 天冬酰胺相连。所有的真核细胞都产生 N-聚糖，而且均保守着合成这个多萜醇-寡糖前体的最初几个步骤以及在内质网中依次进行的加工反应。这些保守的加工反应包括参与蛋白质折叠机制的葡萄糖基移去和再连接循环。在 N-聚糖的生物合成中，另一个出人意料的发现是 N-聚糖结构多样性的程度，即在高尔基体中的高甘露糖型 N-聚糖可转化成所有的、各种各样的杂合型和复合型 N-聚糖的亚型。然后这些亚型被分泌或定位于脊椎动物细胞的表面。在已被研究的生物体中，包括其中最大的节肢动物门，只有脊椎动物表现出会产生千变万化的、动态的各种杂合型和复合型 N-聚糖亚型（见第 3 章）。这是由于存在大量的由脊椎动物基因组编码的酶，包括存在于内质网和高尔基体的糖基转移酶和糖苷酶（见第 17 章）。在植物、脊椎动物以及各种微生物之间，聚糖结构的变化将在别处描述（见第 20、21 和 36 章）。

与 N-聚糖合成相关的糖基转移酶和糖苷酶基因的分子克隆始于 20 世纪 80 年代，至今仍在进行。这些编码的酶表现出显著的底物专一性和各自独特的表达模式（pattern），因而在特定的细胞型中，N-聚糖的结构有所变化。人们已观察到在各种细胞和生物体事件，包括在胚胎发生、细胞活化和癌症中（见第 34 和 35 章）N-聚糖结构发生变化，从而提出了许多有关 N-聚糖功能的假说。通过分离和操纵在完整的生物体内调节 N-聚糖多样性途径的基因，研究 N-聚糖的生理功能不仅是可能的，而且是富有成果的（见第 5、32 和 33 章）。

## 多萜醇寡糖前体的合成[1～12]

已有许多精彩的综述描述了 N-聚糖的生物合成途径。其中，第一件事是组装一个与 Dol-P 脂连接的寡糖前体（见图 7.1）。大多数多萜醇脂存在于除内质网之外的细胞区室，它或者被酯化，或者以自由多萜醇的形式存在。这说明大多数多萜醇脂没有参与 N-聚糖的合成，而是与细胞膜的形成有关。来自于不同体系的证据表明：如果用密实菌素（compactin），外源胆固醇或辅酶 Q 处理，使细胞 Dol-P 水平下降的话，则 N-糖基化会被显著减少。衣霉素是 UDP-GlcNAc 的类似物。通过抑制 GlcNAc-1-磷酸转移酶活性，衣霉素能阻断生成多萜醇寡糖前体的第一步反应。已经观察到，衣霉素处理会导致完整的细胞和胚泡 N-糖基化的消失。

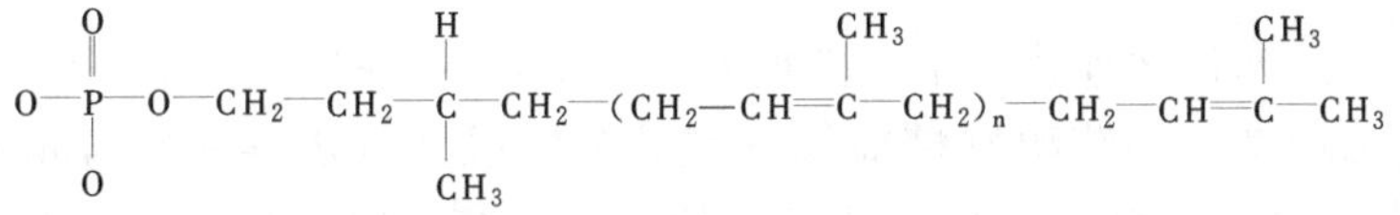

**图 7.1** Dol-P 脂结构。该结构用于构建在 N-连接寡糖生物合成中的多萜醇寡糖前体。图中（$n$）代表异戊二烯重复数目，$n$ 在 15～19 之间。

多萜醇寡糖前体由多萜醇脂和与其相连的一个焦磷酸基团组成，后者又连接由 14 个特异性单糖连接而成的寡糖。所有的真核生物都保守这个结构（见第 6 章）。生物合成途径的细胞拓扑也是受人关注的。尽管在其生物合成途径中发挥作用的几个酶尚未被分离和鉴定，通过对实验中确定的前体结构的推断，这几个酶的活性已经清楚（见下文）。在胞液和腔部位中，已经发现了含有多萜醇寡糖生物合成的各种中间体，这说明肯定有某个组装反应发生在膜的一侧或另一侧。内质网和高尔基体有各种糖核苷酸的转运子，其作用是输送这些单糖核苷酸穿过膜双层，利用腔内糖基转移酶进行聚糖合成。近来，对这些转运子的分子克隆和鉴定结果说明，在利用相关单糖进行各种聚糖的合成时，这些转运子是必需的（见第 6 章）。但是在多萜醇寡糖前体的合成中，这些转运子不是必需的。

对多萜醇寡糖中间体进行的生物化学分析，提供了相对清晰的有关多萜醇寡糖前体的组装细节的轮廓（见图 7.2）。人们对蛋白酶和糖苷酶敏感性已进行了多方面的研究，所获得的证据说明：最初的连接涉及两个 GlcNAc 单糖合成核心结构（可被衣霉素抑制），最初 5 个甘露糖残基的连接发生在内质网膜的胞液侧。在最初的 7 个连接反应中，单糖供体是 UDP-GlcNAc 和 GDP-Man。在最初的两步中，GlcNAc 残基被连接到 Dol-P 脂上，作用的酶首先是 GlcNAc-1-磷酸转移酶，然后是 GlcNAc 转移酶。接下来，以 GDP-Man 为供体，5 个甘露糖残基被依次连接（步骤Ⅲ）。通过一个尚未完全了解的机理，$Man_5GlcNAc_2$-Dol 前体必须“翻转”穿过膜双层变成朝向内质网膜，然后，用 Dol-

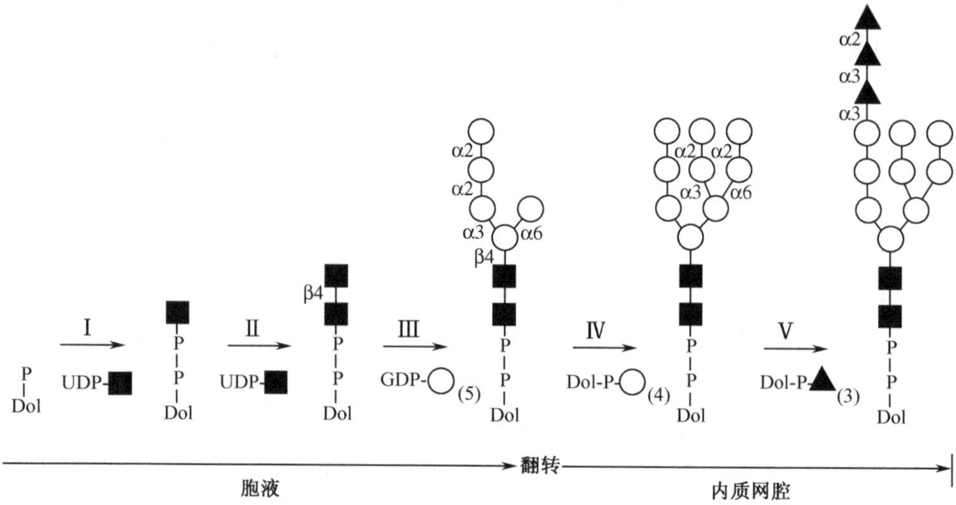


**图 7.2** 多萜醇寡糖前体的生物合成。

P-Man 作供体，迅速依次连接 4 个甘露糖基（步骤Ⅳ）。最后，由 Dol-P-Glc 作供体，再连接上 3 个葡萄糖基，多萜醇寡糖前体的组装就完成了（步骤Ⅴ）。Dol-P-Man 和 Dol-P-Glc 似乎也是在内质网的胞液侧生成的，然后翻转穿过膜双层，提供给位于内质网腔内的酶。这样，已完成组装并连接多萜醇脂的寡糖前体就可以转移到新翻译生成蛋白质的天冬酰胺残基上了。

## 多萜醇寡糖前体向新生蛋白质的转移[13～17]

位于真核生物内质网膜内的一个由多亚基组成的蛋白复合物，能将脂连接的寡糖前体转移到新翻译生成的蛋白质的天冬酰胺残基上。这个复合物叫寡糖基转移酶（OST）。OST 复合物的组成尚有待研究。大多数有关酵母的数据是通过研究酵母突变获得的。在酵母中，至少有 9 个不同的亚基组成了异型的 OST 复合物。酵母 OST 复合物的成员（以下括号内为高等真核生物的同源蛋白）包括 Ost1p（核糖体结合糖蛋白Ⅰ，ribophorin Ⅰ），Stt3p，Wbp1p（OST48），Ost3p，Ost6p，Swp1p（核糖体结合糖蛋白Ⅱ），Ost2p（DAD1），Ost5p 和 Ost4p。Ost1p 是 OST 活性必需的。哺乳动物 OST 相关蛋白包括 DAD1（defender against apoptotic cell death），它最初是作为程序化细胞凋亡（apoptosis）的负调节子被分离出来的。所有 OST 都是有 1～8 个跨膜结构域的跨膜蛋白。OST 复合物结合脂连接的寡糖，再通过切断 GlcNAc-P 的高能键，将 GlcNAc 转移到新生翻译的蛋白质上，在此过程中，释放 Dol-P-P（见图 7.3）。

早期对 N-糖基化修饰肽链的研究揭示，接纳体天冬酰胺周围所需的最小序列是 Asn-X-Thr/Ser，这里 X 是除了脯氨酸之外的任何氨基酸（在某些个别情形，Asn-X-Cys 也被用于 N-糖基化）。最近对狂犬病毒糖蛋白模型的研究提出：在 Ser/Thr 残基后面氨基酸的一致性能影响糖基化的效率。在带有这种共有序列的多肽中，只有约 30%的潜在 N-糖基化位点被利用，尽管这种百分数在特定的糖蛋白中可能变化很大。对模型糖

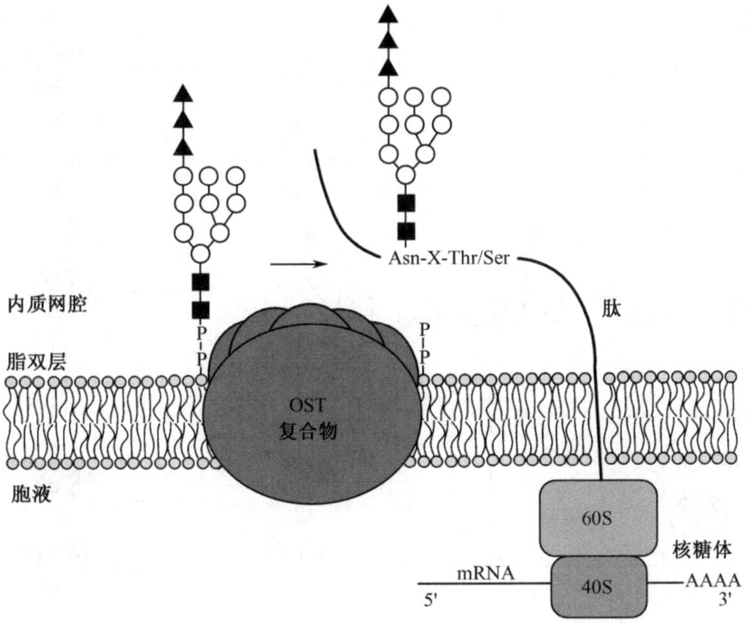


**图 7.3** 位于内质网膜的 OST 复合物将多萜醇寡糖前体转移到新生翻译蛋白质的天冬酰胺残基上。酵母中，至少有 9 个不同的亚基构成该复合物，包括 Ost1p，Stt3p，Wbp1p，Ost3p，Ost6p，Swp1p，Ost2p，Ost5p 和 Ost4p。与 mRNA 结合并与翻译有关的核糖体（60S 和 40S 亚基）在内质网的胞液一侧。信号识别颗粒（SRP）没有画出。

蛋白的研究表明，多萜醇寡糖前体的转移发生在来自活性核糖体的大约 30 个氨基酸的位置，这与微粒体组分的蛋白酶处理的结果相一致，也符合在内质网腔区室内转移的空间要求。

## N-聚糖加工的初始步骤和蛋白质折叠控制[18～29]

当多萜醇寡糖前体中的寡糖以共价键连接到天冬酰胺残基之后，一系列加工反应就发生了。最初的几步反应似乎在所有真核生物细胞中都是保守的，而且已知，在调节脊椎动物糖蛋白的折叠和溶酶体的穿行中，这几步反应起关键作用。

葡萄糖苷酶Ⅰ和Ⅱ首先作用于与蛋白质连接的寡糖前体，依次去掉全部 3 个葡萄糖。这些糖苷酶存在于内质网腔内，而葡萄糖苷酶Ⅰ特异性地作用于单个的、以 α1-2 连接的末端葡萄糖。已经被证实（比如用衣霉素），N-糖基化蛋白分泌中的限速步骤似乎大部决定于糖蛋白在内质网内消耗的时间。前两个较靠外侧的葡萄糖移去得非常迅速，而第三个葡萄糖的移去则需要在此几分钟之后才行。这些葡萄糖残基的移去与蛋白质折叠机理有关。这个过程决定了某一特定的糖蛋白在内质网内的保留时间（见图 7.4）。发生不恰当折叠的蛋白质要通过一种位于内质网腔内的 α-葡萄糖转移酶，重新进行葡萄糖基化。α-葡萄糖转移酶作用于不正确折叠蛋白质的 $Man_9GlcNAc_2$-Asn 寡糖。对发生不正确折叠蛋白质来说，葡萄糖基转移酶可能起到一个传感器作用；但是传感器的

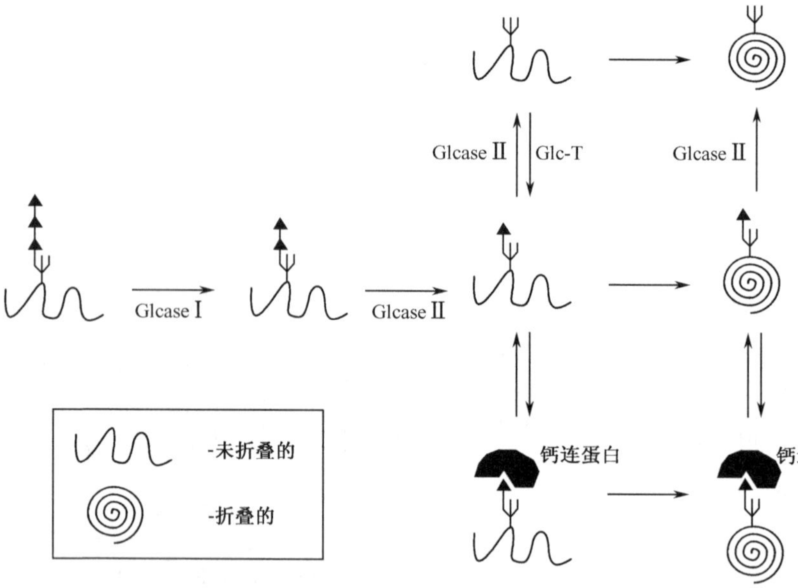


**图7.4** 内质网中糖蛋白质折叠中钙连蛋白的功能。糖蛋白上葡萄糖残基被葡萄糖苷酶（Glcase）Ⅰ和Ⅱ移去后，糖蛋白或者被正确折叠并准备进一步加工，或者被葡萄糖基转移酶（Glc-T）再葡糖基化。钙连蛋白易于结合以α1-3与甘露糖相连的葡萄糖，并在内质网中保留糖蛋白以备折叠。（经许可，引自 Hebert et al. 1995 [©Cell Press]，后修改）

本质目前还不清楚。重新葡萄糖基化的 N-聚糖被保留在内质网中，在那里，它们或者重新折叠成正确的构象，或者被去葡萄糖基化和被降解。

那么，带有葡萄糖的 N-聚糖是怎样调制蛋白质折叠的？对这个问题的理解开始于能结合内质网中新翻译蛋白质的分子伴侣（molecular chaperone）的发现。钙连蛋白（calnexin）是分子伴侣之一。它首先被确认与信号序列受体（SSRα）相关，也与新翻译生成的Ⅰ类主要组织相容性复合物的重链相关。进一步的研究指出，钙连蛋白选择性地结合新合成的完全折叠的蛋白质。此外，钙连蛋白已被确定是一种凝集素，它特异性地结合分泌途径中带有 N-聚糖的糖蛋白，而不结合非糖基化的分泌蛋白质。对凝集素结合特异性进一步的详细研究发现，位于最里面的、以 α3 与甘露糖连接的葡萄糖是最关键的。

现在，这个由葡萄糖苷酶Ⅰ、葡萄糖苷酶Ⅱ、钙连蛋白和α-葡萄糖基转移酶共同起作用的多步骤机制的关键点已相对清楚。初始事件是葡萄糖苷酶Ⅰ和Ⅱ加工 N-聚糖前体，生成 $Glc_1Man_9GlcNAc_2$。用核糖核酸酶 B 作为糖蛋白模型所进行的研究指出，钙连蛋白的结合与蛋白质构象无关，它利用的是在 $Glc_1Man_8GlcNAc_2$-Asn 寡糖结构中单一保留的、以 α1-3 键相连的葡萄糖；钙连蛋白的这种结合是处在动态平衡状态中。钙连蛋白好像单纯地起着凝集素的作用，但最好把它描述成涉及分子伴侣的蛋白质折叠途径中的保留因子。在这个模型中，钙连蛋白并不阻止蛋白质折叠，相反，在蛋白质折叠过程中它起到了“停靠分子”（docking molecule）分子的作用。

第二个特异性有部分重叠的凝集素已被确认，它被命名为钙网蛋白（calreticulin）。

它作为可溶性凝集素存在于内质网腔内。通过部分抑制不恰当或未成熟蛋白的寡聚合，以及减少 N-聚糖的降解，钙连蛋白和钙网蛋白二者似乎都能促进 N-聚糖的正确折叠。有趣的是，钙连蛋白和钙网蛋白结合 N-聚糖的特异性有所不同，但其中的生物学关联至今不明。在某些细胞的高尔基体中，已偶尔观察到少数含有葡萄糖的 N-聚糖前体，它们可能通过这个途径逃避了调控。但是，一种内切的甘露糖苷酶能够作用于这些前体，因此产生 $Man_8GlcNAc_2$-Asn 寡糖结构，该结构然后在 N-聚糖加工和分泌途径中继续反应（见下文）。在被葡萄糖苷酶抑制剂栗树碱（castanospermine）[①]和 1-脱氧野尻霉素（1-deoxynojirimycin）处理的细胞中，或者葡萄糖苷酶Ⅰ或Ⅱ缺失的细胞中，钙连蛋白不与聚糖底物结合，在某些时候反而被观察到能增加某些蛋白质的错误折叠。有人提出只有糖蛋白亚群在构象上受钙连蛋白功能缺失的影响。也可能，只有细胞糖蛋白亚群在内质网中折叠过程中受上述的糖基化和去糖基化的影响。

## N-聚糖的加工和穿行涉及末端甘露糖连键[30～34]

当完成葡萄糖修剪和从内质网释放之后，N-聚糖就可被用于内质网和高尔基体内的糖苷酶反应。这些 N-聚糖被称为高-甘露糖亚型，说明它们的末端是未取代的甘露糖残基。这种 N-聚糖首先在内质网中生成 $Man_8GlcNAc_2$-Asn 结构，然后出现在前高尔基体中。而在前高尔基体中，存在两个加工途径（见图 7.5）。在某些糖蛋白上，$Man_8GlcNAc_2$-AsnN-聚糖被 GlcNAc-磷酸转移酶修饰，然后 GlcNAc 残基被去掉，生成 Man-6-P。尽管目前还不知这些反应在内质网、高尔基体中的精确定位，但是这种修饰是糖蛋白向溶酶体区室靶向时关键的结构决定因素，这也构成了认识首例由糖基化缺陷引起的人类慢性（malady）疾病的基础（Ⅰ-细胞病，第 23 章）。

但是，在多数情形下，另一种位于内质网和高尔基体的α-甘露糖苷酶，依次对高甘露糖 N-聚糖进行加工（见图 7.5）。这些酶被命名为Ⅰ型α-甘露糖苷酶，包括α-甘露糖苷酶 1A 和 1B，它们专一性地作用于α1-2 连接的甘露糖残基。尽管在体外，上述每种酶都能由含有 $Man_9$ 的前体生成 $Man_5GlcNAc_2$-Asn 结构，但它们的亚细胞分布不同。在 N-聚糖的加工在初始阶段，哺乳动物与酵母相似，即在内质网中 $Man_9$-$GlcNAc_2$-Asn 结构被去掉了在中间链上α1-2 相连的甘露糖，生成了 $Man_8GlcNAc_2$-Asn 结构。接下来，与脊椎动物不同，酵母把甘露糖加到这个结构上，从而产生高甘露糖 N-聚糖，并且使其甘露糖残基可多达 15 个。在脊椎动物中，通常可以发现细胞表面的和分泌的（$Man_9$ 和较小的）高甘露糖 N-聚糖，但一般处于低水平，因为加工反应最常生成的是 $Man_5GlcNAc_2$-Asn 聚糖，而该聚糖就成了高尔基体中生成各种各样细胞外 N-聚糖的起始物（见下文）。

在上述的加工反应，有一个例外。在脊椎动物中存在独特的甘露糖苷内切酶，它作用于高尔基体内的葡糖基化的 N-聚糖前体，这个前体在内质网中逃避了葡糖苷酶的作用。甘露糖苷内切酶反应的产物是 $Man_{8-3}GlcNAc_2$-Asn，正是这个酶可以解释：在 N-聚

① 澳大利亚栗子豆属乔木种子中的植物碱。——译者注

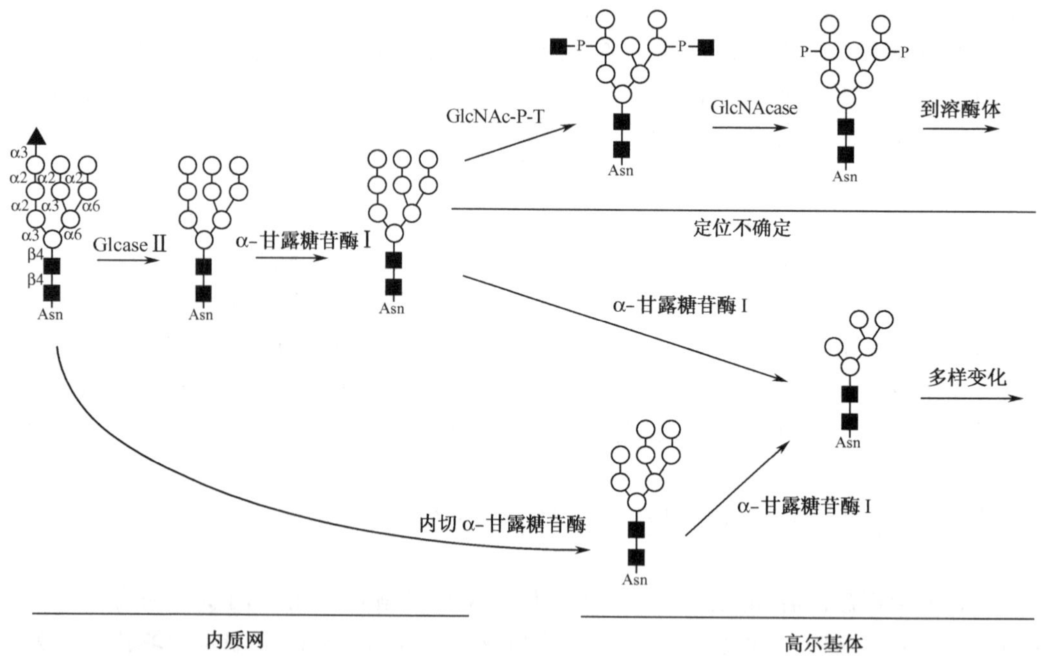


**图 7.5** 脊椎动物内质网和高尔基体中 N-聚糖的加工。大多数 N-聚糖的加工通过位于内质网的 α-甘露糖苷酶Ⅰ及随后位于高尔基体的同工酶的作用。有些逃进高尔基体带有 $Glc_1Man_5GlcNAc_2$-Asn 结构，受到 α-甘露糖苷内切酶的作用。结合于溶酶体的糖蛋白依次被 GlcNAc 磷酸转移酶（GlcNAc-PT）和 GlcNAcase 修饰并带有 Man-6-P 信号。

糖产生多样性的过程中，为什么葡糖苷酶抑制剂不能完全阻止进一步加工反应。

## N-聚糖的多样性变化[35～42]

在过去的 20 年间，通过分析凝集素耐受又缺乏特异性糖基转移酶和糖苷酶的细胞系，并通过使用能在体外加工 N-聚糖的无细胞（cell-free）体系，在 N-聚糖的生物合成中起作用的糖基转移酶和糖苷酶的底物特异性已被了解和认识。这些特异性涉及到来自前一个酶促步骤的寡糖部分。被加工的高甘露糖型 $Man_5GlcNAc_2$-Asn N-聚糖就作为高尔基体内的 N-聚糖进一步产生多样性变化的起始物。在脊椎动物中，细胞外 N-聚糖以高甘露糖亚型、杂合亚型和复合亚型的形式存在（图 7.6）。杂合型结构的定义是指那些同时具有取代的甘露糖残基（与 GlcNAc 相连）和未取代的甘露糖残基的 N-聚糖。复合型的 N-聚糖是指那些 α3-和 α6-连接的甘露糖残基都被 GlcNAc 部分所取代的 N-聚糖。当分析来自各种细胞的总 N-聚糖时，大多数脊椎动物细胞外 N-聚糖被发现是复合亚型。

构建各种 N-聚糖所需的第一个酶是 GlcNAcT-Ⅰ，在哺乳动物体内，它由单一基因（*Mgat1*）编码。GlcNAcT-Ⅰ将 GlcNAc 以 β1-2 键与高甘露糖型 N-聚糖相连，生成杂合型的 N-聚糖，该产物就是 α-甘露糖苷酶Ⅱ活性的底物。α-甘露糖苷酶Ⅱ特异性把作用于中高尔基体（medial Golgi）内的 $GlcNAc_1Man_5GlcNAc_2$-Asn 杂合型 N-聚糖，移去

α1-3 和 α1-6 连接的甘露糖残基，如图所示（图 7.6）。产生的被加工的杂合型 N-聚糖产物（$GlcNAc_1Man_3GlcNAc_2$-Asn）是 *Mgat2* 基因编码的酶 GlcNAcT-Ⅱ的底物，该酶催化杂合型向复合型 N-聚糖的转化。最初，人们认为生成的复合型 N-聚糖的路径永远需要 α-甘露糖苷酶Ⅱ进行的加工；但是，对 α-甘露糖苷酶Ⅱ缺失小鼠的研究表明，还有另一个与 α-甘露糖苷酶Ⅱ功能无关的替代途径。在这个替代途径上的候选酶是另一种不同的，在高尔基体组分中发现的含量丰富的 α-甘露糖酶（命名为 α-甘露糖苷酶Ⅲ）。α-甘露糖苷酶Ⅲ作用于高甘露糖型 N-聚糖 $Man_5GlcNAc_2$-Asn，生成 $Man_3GlcNAc_2$-Asn，后者也被发现在体外是 GlcNAcT-Ⅰ的极佳底物。通过这个替代途径生成 $GlcNAc_1Man_3GlcNAc_2$-Asn。

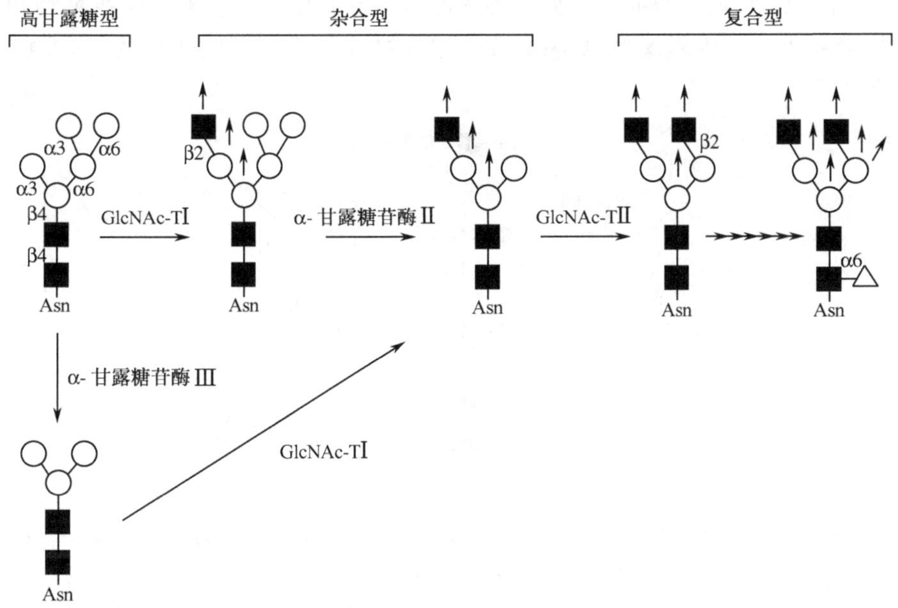


**图 7.6** 图示脊椎动物 N-聚糖在高尔基体中产生多样性变化，生成 3 种 N-聚糖亚型：高甘露糖型、杂合型和复合型。大多数分泌的和细胞表面的 N-聚糖是复合型的，它的产生是两条可能的途径之一。α1-6 岩藻糖比所示的更早连接。垂直箭头指示在 N-聚糖发生多样性变化中，分支结构形成的部位，但不是所有这些多样性变化在任何单一的 N-聚糖都发生。

杂合型和复合型的 N-聚糖可以带有两个或多个含 GlcNAc 的分支结构，这种分支结构被比作天线。在形成多天线的 N-聚糖结构时，GlcNAc 残基可以通过 6 种不同的 GlcNAc 转移酶（Ⅰ～Ⅵ）连接到三甘露糖基（图 7.7）。在某些脊椎动物糖蛋白的 N-聚糖中，已观察到的分支多达 5 个。GlcNAcT-Ⅰ和 GlcNAcT-Ⅱ必须都起作用，才能生成一个复合型的 N-聚糖。除了靠 GlcNAcT-Ⅲ连接的之外，所有 GlcNAc 残基都可以与另外的单糖连接而延伸。杂合型 N-聚糖可以是单天线或双天线结构，或者在 GlcNAcT-Ⅰ和 GlcNAcT-Ⅳ作用下，在 α1-3 连接的甘露糖上有两个分支。某些反应能抑制别的反应，结果在任何一个 N-聚糖的结构上只有一种由 GlcNAc 转移酶催化产生的连接。这可能是由于对同一底物多种酶之间竞争的结果。例如，GlcNAcT-Ⅲ能作用于杂合型 N-聚糖 $GlcNAc_1Man_5GlcNAc_2$-Asn，如果这个酶起作用，α-甘露糖苷酶就不能切掉两个外侧的甘露糖残基；这样，N-聚糖就永远是“未加工的杂合型”亚型。由 GlcNAcT-Ⅳ产生的分支被 GlcNAcT-Ⅲ的作用所抑制，但最适于生成带有 GlcNAcT-Ⅴ分支的 N-聚糖。GlcNAcT-Ⅴ要求 GlcNAcT-Ⅱ活性优先。GlcNAcT-Ⅲ和 GlcNAcT-Ⅴ有时是排斥的，因为 ClcNAcT-Ⅲ的作用可抑制 GlcNAcT-Ⅴ的作用。GlcNAcT-Ⅵ的作用与众不同，但它可能要求 GlcNAcT-Ⅱ和 GlcNAcT-Ⅴ优先进行分支。

在 N-聚糖中，核心结构岩藻糖基化是共同的结构特征。在内质网和早期高尔基体的加工反应之后，许多脊椎动物 N-聚糖被岩藻糖基转移酶修饰，结果岩藻糖以 α1-6 键连接到 GlcNAc 残基上，而这个 GlcNAc 与天冬酰胺相连（见图 7.6 和图 7.7）。这种修饰在经过 GlcNAcT-Ⅰ作用后的杂合型和复合型 N-聚糖上可以见到，但它被由 GlcNAcT-Ⅲ连接的双 GlcNAc 所抑制。另一种核心岩藻糖基化反应通常发生在植物和无脊椎动物的 N-聚糖上，其中岩藻糖也是以 α1-3 键连接到与天冬酰胺相连的 GlcNAc 上（见第 20 章）。

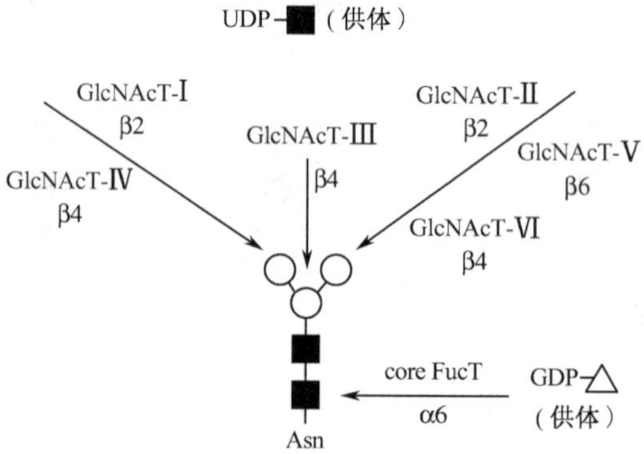


**图 7.7** 在 N-聚糖分支发生中被分离和鉴定的 UDP-GlcNAc 转移酶，以及 GDP-α1-6 岩藻糖基转移酶与动物细胞中核心结构岩藻糖化有关。在给定的 N-聚糖中，所示的反应不是都发生，因为一些糖基转移酶竞争同一底物，而产物还可以抑制其他糖基转移酶的作用（见正文）。

同一蛋白质的 N-糖基化部位可以含有不同的聚糖结构。这个发现被称作微观不均一性。有结果显示，蛋白质序列以外的因子可以影响 N-聚糖的多种变化。这些因素包括糖核苷酸代谢、糖核苷酸在内质网和高尔基体内的转运速率；还包括在高尔基体内，在糖基转移酶发挥作用的“装配线”模式中，糖基转移酶的定位，该定位能决定哪一个酶首先遇到聚糖底物。随着 N-聚糖转运通过高尔基体的中、后部，它变得可为糖基转移酶利用。这些酶不断增加并位于装配线的末端，于是就控制了更远距离结构的修饰（如在后高尔基体中，唾液酸转移酶和硫酸转移酶，见第 15 章）。所以，糖基转移酶表达水平的变化能影响在给定的细胞类型中产生的 N-聚糖的组成。一些糖基转移酶和糖苷酶基因的启动子区域带有转录因子结合元件，包括被 *ets* 基因家族使用的模体（motif），这些元件在生长调节和癌基因转化的途径中发挥作用（见第 34 章和第 35 章）。控制 N-聚糖多样性的另一个机制可能包括糖基转移酶活性的细胞调节因子。例如，牛奶中 α-乳清蛋白（α-lactalbumin）已被发现能将改变 β1-4 半乳糖基转移酶接受体的特异性，使这个酶去识别葡萄糖而不是 N-乙酰葡糖胺（见第 17 章）。

## N-聚糖的一般生物学[43~70]

在脊椎动物的胚胎发生、细胞活化、形态发生、细胞周期进入、细胞被癌基因转化等过程中，N-聚糖的多样性会发生变化（见第 34 章和第 35 章）。在早期的研究中，为了阐明 N-聚糖的功能，进行了衣霉素处理或 Asn-X-Ser/Thr 模体的定点突变。结果，所有 N-聚糖的生成都被抑制了。现在已知，在内质网中蛋白质折叠的早期，寡糖前体和核心结构是必需的，因此无法分析特异性的连接键在 N-聚糖中的作用。然而，那些仍被分泌的蛋白质可能表现出在血清中半衰期的改变（如促红细胞生成素 erythropoietin），这样的蛋白质也可能呈现结合性质的异常或缺失。N-聚糖这种作用的一个有趣的例子是激素分子上存在的硫酸化的 GalNAc 残基。这些激素包括促黄体素（lutropin）、甲状腺刺激激素（thyroid-stimulating hormone）和前鸦片黑皮质素（pro-opiomelanocortin）（见第 16 章）。这种独特的 N-聚糖结构控制着糖蛋白的半衰期。硫酸化 GalNAc 受体位于肝脏内皮细胞，它能迅速从循环中除去带有这种 N-聚糖的糖蛋白。这是极其严格限定的、具有特定功能的一组细胞糖蛋白上的聚糖结构的例子。在培养的动物细胞中，检测大多数 N-聚糖的功能一直是很困难的。但是，像凝集素耐受的细胞系，它们没有特异性的糖基转移酶和糖苷酶，虽然可以正常地生存，但不能提供聚糖功能的有益线索（见第 31 章）。因此，研究整体生物中酶的缺乏（deficiency）已成为了解 N-聚糖功能的焦点。

在 N-聚糖的生物合成过程中，不论是自然发生的还是实验诱发的突变，都在脊椎动物中得到了确认和研究（表 7.1）。最早被认识的缺陷（defect）是不存在（absence）Man-6-P 信号，导致丧失了溶酶体穿行并引起名为Ⅰ-细胞病的严重的综合征（见第 23 章）。一些自然发生的变化是种特异的，如 α1-3Gal 末端结构。由它诱发的缺陷使小鼠产生白内障，而在人类中产生主要的异种移植屏障。糖缺乏糖蛋白综合征（carbohydrate-deficient glycoprotein synelromes，CDGS）由人类中许多相对严重的遗传疾病组成（见第 32 章）。这些综合征产生的原因是由于 N-聚糖生物合成的最初几步进行不完全或完全不能进行。结果，糖蛋白上只有很少的共有序列 Asn-X-Ser/Thr 以支撑 N-聚糖部分。CDGS 有几种型，分别命名为Ⅰ～Ⅴ型，同时还有亚型存在（即Ⅰa 和Ⅰb，见表 7.1）。至今，所有这些 CDGS 的分型是基于临床获得的血清运铁蛋白的等电聚焦的图形。这种独特的运铁蛋白的图形代表异常 N-聚糖谱，它可能是多个特异性酶缺乏的特征。Ⅰ型 CDGS 变异体的病因学和命名仍在不断地演变。已经发现，所有Ⅰ型 CDGS 病例都缺乏在多萜醇寡糖前体产生早期起作用的酶。这些综合征的临床表现有所不同。这可能是归因于在前体中结构缺乏的性质，以及在内质网和前高尔基体中前体是否能被很好地连接和加工。但是，所有Ⅰ型 CDGS 病例都是能发生夭折的童年疾病。有趣的是，磷酸甘露糖异构酶缺乏（常被定为 1b 型）通过摄取甘露糖能够临床治愈。Ⅱ型 CDGS 病人的缺陷有 *Mgat2* 基因功能丧失，不存在 GlcNAcT-Ⅱ活性和复合型 N-聚糖。目前，被确诊的病人还很少，但他们受到的折磨远比Ⅰ型 CDGS 的患者严重。他们的症状有许多，包括精神发育迟缓、运动机能障碍、易于感染。随着医疗意识的增长，还会发现与人类糖基化有关的遗传性疾病。

表 7.1 脊椎动物 N-聚糖的生物合成酶缺乏及其影响

| 酶 | 物种 | 表型/疾病 |
|---|---|---|
| GlcNAc-1-磷酸转移酶（GPT） | 小鼠 | 胚胎致死（E4.5） |
| 磷酸甘露糖变位酶-2（PMM-2） | 人 | CDGS Ⅰa 型，多种缺陷包括血栓形成和神经表现多种缺陷 |
| 磷酸甘露糖异构酶（PMI） | 人 | CDGS Ⅰb 型，多种缺陷包括低血糖、血栓形成和失蛋白肠病 |
| Dol-P-Man 合酶 | 人 | CDGS Ⅳ型 |
| 葡萄糖基转移酶-1 | 人 | CDGS Ic 型 |
| 溶酶体：GlcNAc-phospho-T | 人 | 1-细胞病 |
| GlcNAcT-1 | 小鼠 | 胚胎致死（E9.5）多种缺陷在心脏发育、神经管形成、血管发生 |
| α-甘露糖苷酶Ⅱ[a] | 小鼠 | 红细胞生成障碍，肾小球肾炎 |
| | 人? | CDAⅡ型（?） |
| GlcNAcT-Ⅱ | 小鼠 | CDGSⅡ型综合征，经常出生后死亡 |
| | 人 | CDGSⅡ型 |
| GlcNAcT-Ⅲ | 小鼠 | 可存活/研究中 |
| α1-3 半乳糖基转移酶（αGalT） | 小鼠 | 白内障 |
| | 人 | 异种移植障碍 |
| β1-4GalT[b] | 小鼠 | 多种缺陷，包括上皮和内分泌异常，经常出生后死亡 |
| GlcNAcT-Ⅴ | 小鼠 | 免疫功能障碍，肠过度增生 |
| FucT-Ⅳ[b] | 小鼠 | 部分炎症应答亏损（dificit），与 FucT-Ⅶ协同 |
| FucT-Ⅶ[b] | 小鼠 | 一般白细胞增多，淋巴归巢缺陷，炎症应答亏损 |
| ST3Gal-Ⅲ | 小鼠 | 可存活/研究中 |
| ST8Sia-Ⅱ（STX）[b] | 小鼠 | 可存活/研究中 |
| ST3Gal-Ⅳ[b] | 小鼠 | 可存活/研究中 |
| ST6Gal-1 | 小鼠 | 免疫缺乏并有 B 细胞功能减弱 |

a. 在人类 CDAⅡ型中患有 α-甘露糖苷酶Ⅱ缺乏的例子极少，目前尚未与生殖系的 α-甘露糖苷酶Ⅱ基因突变相连锁。

b. 这些糖基转移酶可能不只作用于 N-连接寡糖。

在完整的生物体内诱导糖基转移酶和糖苷酶缺乏的实验，正在提供许多有关 N-聚糖功能的信息（见第 33 章）。缺乏 *Mgat1* 基因编码的 GlcNAcT-Ⅰ的小鼠胚胎在胚泡发育的第 9 天和第 10 天之间死去（相当于人类妊娠时间中的前 3 个月的末期）。相对应的，GlcNAcT-Ⅰ缺乏的 Lec1CHO 细胞系在体外可正常生存和增殖。在欠缺 GlcNAcT-1 的胚胎中存在形态发生异常，包括神经管形成缺陷，心脏位置异常和血管生成受损害。像这里描述的那样，在 N-聚糖生物合成缺乏模式中有两个例子是胚胎死亡，一个是如上所述的，另一个是缺乏 GlcNA-1 磷酸转移酶的缺乏，该酶是合成多萜醇前体所必需的，没有它 N-糖基化即不能发生。这两个突变都抑制了生物合成的早期步骤，而没有与另一个同工酶重叠存在；这样，聚糖产物不能由一个替代途径产生。利用其他研究有可能揭示还存在着交替途径。对 α-甘露糖苷酶Ⅱ欠缺小鼠的研究表明，只有在发生红细胞生成障碍的红细胞系中，复合型 N-聚糖的合成需要 α-甘露糖苷酶Ⅱ。这样的研究可以有助于理解人类 CDAⅡ型一些病例的病因学，这种病发生时 α-甘露糖苷酶Ⅱ有时缺乏。

在欠缺特异的细胞外 N-聚糖连键的脊椎动物中，血细胞生成、免疫功能和炎症应答时常受到影响。例如，FucT-Ⅶ的丧失导致发生极度的白细胞增多症，并伴有亏损炎症应答和淋巴细胞向淋巴结的归巢。（见第 26 章）。这反映出选凝素及其糖配体在调节上述过程中的作用是必不可少的。ST6Gal-Ⅰ唾液酸转移酶的基因缺乏使 Sia6LacNAc 三糖（Siaα2-6Galβ1-4GlcNAc-）不能生成，导致免疫缺乏并有 B 淋巴细胞活化缺陷和免疫抗体产生减弱。这样的模型系统提供了研究聚糖如何能够调制生物过程的一个手段，并将可能导致理解为什么数以百计的糖基转移酶和糖苷酶基因在整个脊椎动物的系统发育中是保守的。

## 发展方向

随着对 N-聚糖生物合成日益深入地解决，研究整体的生物体内诱导的和偶发的 N-聚糖生物合成缺乏，将提供有关 N-聚糖参与的生理过程的更丰富的信息来源。这样的研究可以进一步揭示在各种细胞型中存在的、替代的生物合成途径或其他的同工酶。N-聚糖的功能也可以包含在感染中病原体和宿主之间的相互作用和随后的免疫反应方面（见第 3、28、33 和 36 章）。研究 N-聚糖对生理的调节机制将涉及到确定那些带有靶向或修饰的聚糖结构的糖蛋白，评估这些变更了的糖缀合物的功能。最近的研究指出：在一个生物体内的任何一种糖基转移酶都可以产生有限的一组糖蛋白，特别是，如果这个酶是一个同工酶家族的一部分或者特异性地表达在某些细胞型的时候。在全面地鉴定 N-聚糖结构-功能关系的时候，必须要对于遗传型和表型突变相关的寡糖结构进行分析。对于在不同的领域研究糖蛋白但还缺少糖蛋白上所连着的聚糖功能信息的细胞生物学家来说，了解 N-聚糖在生理学中的作用是越来越重要的。

（张嘉宁 译　　张树政 校）

## 参 考 文 献

1. Abeijon C., Mandon E.C., and Hirschberg C.B. 1997. Transporters of nucleotide sugars, nucleotide sulfate and ATP in the Golgi apparatus (review). *Trends Biochem. Sci.* **22:** 203–207.
2. Hirschberg C.B., Robbins P.W., and Abeijon C. 1998. Transporters of nucleotide sugars, ATP and nucleotide sulfate in the endoplasmic reticulum and Golgi apparatus. *Annu. Rev. Biochem.* **67:** 49–69.
3. Hirschberg C.B. and Snider M.D. 1987. Topography of glycosylation in the rough endoplasmic reticulum and Golgi apparatus. *Annu. Rev. Biochem.* **56:** 63–87.
4. Hubbard S.C. and Ivatt R.J. 1981. Synthesis and processing of asparagine-linked oligosaccharides. *Annu. Rev. Biochem.* **50:** 555–583.
5. Kornfeld R. and Kornfeld S. 1985. Assembly of asparagine-linked oligosaccharides. *Annu. Rev.*

*Biochem.* **54:** 631–664.

6. Liu T., Stetson B., Turco S.J., Hubbard S.C., and Robbins P.W. 1979. Arrangement of glucose residues in the lipid-linked oligosaccharide precursor of asparaginyl oligosaccharides. *J. Biol. Chem.* **254:** 4554–4559.
7. Robbins P.W., Hubbard S.C., Turco S.J., and Wirth D.F. 1977. Proposal for a common oligosaccharide intermediate in the synthesis of membrane glycoproteins. *Cell* **12:** 893–900.
8. Robbins P.W. 1991. Genetic regulation of asparagine-linked oligosaccharide synthesis. *Biochem. Soc. Trans.* **19:** 642–645.
9. Rosner M.R., Hubbard S.C., Ivatt R.J., and Robbins P.W. 1982. N-asparagine-linked oligosaccharides: Biosynthesis of the lipid-linked oligosaccharides. *Methods Enzymol.* **83:** 399–408.
10. Rush J.S. and Waechter C.J. 1995. Transmembrane movement of a water-soluble analogue of mannosylphosphoryldolichol is mediated by an endoplasmic reticulum protein. *J. Cell Biol.* **130:** 529–536.
11. Snider M.D. and Robbins P.W. 1982. Transmembrane orientation of protein glycosylation. Mature oligosaccharide-lipid is located on the luminal side of microsomes from Chinese hamster ovary cells. *J. Biol. Chem.* **257:** 6796–6801.
12. Struck D.K. and Lennarz W.J. 1980. The function of saccharide-lipids in synthesis of glycoproteins. In *The biochemistry of glycoproteins and proteoglycans* (ed. Lennarz W.J.), pp. 35–83. Plenum Press, New York.
13. Fu J., Ren M., and Kreibach G. 1997. Interactions among subunits of the oligosaccharyltransferase complex. *J. Biol. Chem.* **272:** 29687–29692.
14. Kelleher D.J. and Gilmore R. 1997. DAD1, the defender against apoptotic cell death, is a subunit of the mammalian oligosaccharyltransferase. *Proc. Natl. Acad. Sci.* **94:** 4994–4999.
15. Mellquist J.L., Kasturi L., Spitalnik S.L., and Shakin-Eshleman S.H. 1998. The amino acid following an Asn-X-Ser/Thr sequon is an important determinant of N-linked core glycosylation efficiency. *Biochemistry* **37:** 6833–6837.
16. Silberstein S. and Gilmore R. 1996. Biochemistry, molecular biology, and genetics of the oligosaccharyltransferase. *FASEB J.* **10:** 849–858.
17. Kelleher D.J. and Gilmore R. 1994. The *Saccharomyces cerevisiae* oligosaccharyltransferase is a protein complex composed of Wbp1p, Swp1p, and four additional polypeptides. *J. Biol. Chem.* **269:** 12908–12917.
18. Grinna L.S. and Robbins P.W. 1979. Glycoprotein biosynthesis. Rat liver microsomal glucosidases which process oligosaccharides. *J. Biol. Chem.* **254:** 8814–8818.
19. Hammond C., Braakman I., and Helenius A. 1994. Role of N-linked oligosaccharide recognition, glucose trimming, and calnexin in glycoprotein folding and quality control. *Proc. Natl. Acad. Sci.* **91:** 913–917.
20. Hebert D.N., Foellmer B., and Helenius A. 1995. Glucose trimming and reglucosylation determine glycoprotein association with calnexin in the endoplasmic reticulum. *Cell* **81:** 425–433.
21. Labriola C., Cazzulo J.J., and Parodi A.J. 1995. Retention of glucose units added by the UDP-Glc:glycoprotein glucosyltransferase delays exit of glycoproteins from the endoplasmic reticulum. *J. Cell Biol.* **130:** 771–779.
22. Ora A. and Helenius A. 1995. Calnexin fails to associate with substrate proteins in glucosidase-deficient cell lines. *J. Biol. Chem.* **270:** 26060–26062.
23. Ou W.-J., Cameron P.H., Thomas D.Y., and Bergeron J.J.M. 1993. Association of folding intermediates of glycoproteins with calnexin during protein maturation. *Nature* **364:** 771–776.
24. Parodi A.J., Mendelzon D.H., and Lederkremer G.Z. 1983. Transient glucosylation of protein-bound $Man_9GlcNAc_2$, $Man_8GlcNAc_2$, and $Man_7GlcNAc_2$ in calf thyroid cells. A possible recognition signal in the processing of glycoproteins. *J. Biol. Chem.* **258:** 8260–8265.
25. Saunier B., Kilker R.D. Jr., Tkacz J.S., Quaroni A., and Herscovics A. 1982. Inhibition of N-linked complex oligosaccharide formation by 1-deoxynojirimycin, an inhibitor of processing glucosidases. *J. Biol. Chem.* **257:** 14155–14161.
26. Sousa M. and Parodi A.J. 1995. The molecular basis for the recognition of misfolded glycoproteins by the UDP-Glc:glucosyltransferase. *EMBO J.* **14:** 4196–4203.
27. Tatu U. and Helenius A. 1997. Interactions between newly synthesized glycoproteins, calnexin and a network of resident chaperones in the endoplasmic reticulum. *J. Cell Biol.* **136:** 555–565.
28. Turco S.J. and Robbins P.W. 1979. The initial stages of processing of protein-bound oligosaccharides

in vitro. *J. Biol. Chem.* **254:** 4560–4567.

29. Zapun A., Petrescu S.M., Rudd P.M., Dwek R.A., Thomas D.Y., and Bergeron J.M. 1997. Conformation-independent binding of monoglucosylated ribonuclease B to calnexin. *Cell* **88:** 29–38.
30. Dairaku K. and Spiro R.G. 1997. Phylogenetic survey of endomannosidase indicates late evolutionary appearance of this N-linked oligosaccharide processing enzyme. *Glycobiology* **7:** 579–586.
31. Moremen K.W., Trimble R.B., and Herscovics A. 1994. Glycosidases of the asparagine-linked oligosaccharide processing pathway. *Glycobiology* **4:** 113–125.
32. Reitman M.L., Varki A., and Kornfeld S. 1981. Fibroblasts from patients with I-cell disease and pseudo-Hurler polydystrophy are deficient in uridine 5′-diphosphate-*N*-acetylglucosamine:glycoprotein *N*-acetylglucosaminylphosphotransferase activity. *J. Clin. Invest.* **67:** 1574–1579.
33. Spiro M.J., Bhoyroo V.D., and Spiro R.G. 1997. Molecular cloning and expression of rat liver endo-α-mannosidase, an N-linked oligosaccharide processing enzyme. *J. Biol. Chem.* **272:** 29356–29363.
34. Tulsiani D.R., Hubbard S.C., Robbins P.W., and Touster O. 1982. α-D-mannosidases of rat liver Golgi membranes. Mannosidase II is the GlcNAcMan5-cleaving enzyme in glycoprotein biosynthesis and mannosidases Ia and IB are the enzymes converting Man9 precursors to Man5 intermediates. *J. Biol. Chem.* **257:** 3660–3668.
35. Beyer T.A. and Hill R.L. 1982. Glycosylation pathways in the biosynthesis of nonreducing terminal sequences in oligosaccharides of glycoproteins. In *The glycoconjugates* (ed. Horowitz M. and Pigman W.), vol. III, pp. 25–45. Academic Press, New York.
36. Brisson J.-R. and Carver J.P. 1983. The relation of three-dimensional structure to biosynthesis in the N-linked oligosaccharides. *Can. J. Biochem. Cell Biol* **61:** 1067–1078.
37. Brockhausen I., Hull E., Hindsgaul O., Schachter H., Shah R.N., Michnick S.W., and Carver J.P. 1989. Control of glycoprotein synthesis: Detection and characterization of a novel branching enzyme from hen oviduct, UDP-*N*-acetylglucosamine:GlcNAcβ1-6 (GlcNAcβ1-2)Manβ-R (GlcNAc TO Man) β-4-*N*-acetylglucosaminyltransferase VI. *J. Biol. Chem.* **264:** 11211–11221.
38. Harpaz N. and Schachter H. 1980. Control of glycoprotein synthesis: Processing of asparagine-linked oligosaccharides by one or more rat liver golgi α-D-mannosidases dependent on the prior action of UDP-*N*-acetylglucosamine:α-D-mannoside β2-*N*-acetylglucosaminyltransferase I. *J. Biol. Chem.* **255:** 4894–4902.
39. Lis H. and Sharon N. 1993. Protein glycosylation: Structural and functional aspects. *Eur. J. Biochem.* **218:** 1–27.
40. Narasimhan S. 1982. Control of glycoprotein synthesis: UDP-GlcNAc:glycopeptide β4-*N*-acetylglucosaminyltransferase III, an enzyme in hen oviduct which adds GlcNAc in β1-4 linkage to the β-linked mannose of the trimannosyl core of *N*-glycosyl oligosaccharides. *J. Biol. Chem.* **17:** 10235–10242.
41. Nishikawa Y., Pegg W., Paulsen H., and Schachter H. 1988. Control of glycoprotein synthesis: Purification and characterization of rabbit liver UDP-*N*-acetylglucosamine:α-3-D-mannoside β-1,2-*N*-acetylglucosaminyltransferase I. *J. Biol. Chem.* **263:** 8270–8281.
42. Schachter H. 1986. Biosynthetic controls that determine the branching and microheterogeneity of protein-bound oligosaccharides. *Biochem. Cell Biol.* **64:** 163–181.
43. Asano M., Furukawa K., Kido M., Matsumoto S., Umesaki Y., Kochibe N., and Iwakura Y. 1997. Growth retardation and early death of β-1,4-galactosyltransferase knockout mice with augmented proliferation and abnormal differentiation of epithelial cells. *EMBO J.* **16:** 1850–1857.
44. Brew K., Vanaman T.C., and Hill R.L. 1968. The role of α-lactalbumin and the A protein in lactose synthetase: A unique mechanism for the control of a biological reaction. *Proc. Natl. Acad. Sci.* **59:** 491–497.
45. Burda P., Borsig L., de Rijk-van Andel J., Wevers R., Jaeken J., Carhon H., Berger E.G., and Eabi M. 1998. A novel carbohydrate-deficient glycoprotein syndrome characterized by a deficiency in glucosylation of the dolichol-linked oligosaccharide. *J. Clin. Invest.* **102:** 647–652.
46. Charuk H.M., Tan J., Bernardini M., Haddad S., Reithmeier R.A., Jaeken J.,and Schachter H. 1995. Carbohydrate-deficient glycoprotein syndrome type II: An autosomal recessive *N*-acetylglucosaminyltransferase II deficiency different from typical hereditary erythroblastic multinuclearity, with a positive acidified-serum lysis test (HEMPAS). *Eur. J. Biochem.* **230:** 797–805.
47. Chui D., Oh-Eda M., Liao Y.-F., Panneerselvam K., Lal A., Marek K.W., Freeze H.H., Moremen K.W., Fukuda M.N., and Marth J.D. 1997. α-mannosidase-II deficiency results in dyserythropoiesis and

unveils an alternate pathway in oligosaccharide biosynthesis. *Cell* **90:** 157–167.

48. Crookston J.H., Crookston M.C., Burnie K.L., Francombe W.H., Dacie J.V., Davis J.A., and Lewis S.M. 1969. Hereditary erythroblastic multinuclearity associated with a positive acidified-serum test: A typical congenital dyserythropoietic anaemia. *Br. J. Haematol.* **17:** 11–26.
49. Demetriou M., Nabi I.R., Coppolino M., Dedhar S., and Dennis J.W. 1995. Reduced contact-inhibition and substratum adhesion in epithelial cells expressing GlcNAc-transferase *V. J. Cell Biol.* **130:** 383–392.
50. Fukuda M.N. 1993. Congenital dyserythropoietic anaemia type II (HEMPAS) and its molecular basis. *Baillieres Clin. Haematol.* **6:** 493–511.
51. Fukuda MN, Masri KA, Dell A, Luzzatto L., and Moremen K.W. 1990. Incomplete synthesis of N-glycans in congenital dyserythropoietic anemia type II caused by a defect in the gene encoding α-mannosidase II. *Proc. Natl. Acad. Sci.* **87:** 7443–7447.
52. Granovsky M., Fata J., Khokha R., and Dennis J.W. 1998. N-acetylglucosaminyltransferase V null mice show hypersensitivity to T cell mitogens and intestinal hyperplasia. *Glycobiology* **8:** A156.
53. Hennet T., Chui D., Paulson J.C., and Marth J.D. 1998. Immune regulation by the ST6Gal sialyltransferase. *Proc. Natl. Acad. Sci.* **95:** 4504–4509.
54. Hill R.L. and Brew K. 1975. Lactose synthetase. *Adv. Enzymol. Relat. Areas Mol. Biol.* **43:** 411-490.
55. Ioffe E. and Stanley P.M. 1994. Mice lacking *N*-acetylglucosaminyltransferase I activity die at mid-gestation, revealing an essential role for complex or hybrid N-linked carbohydrates. *Proc. Natl. Acad. Sci.* **91:** 728–732.
56. Jaeken J., Carchon H., and Stibler H. 1993. The carbohydrate-deficient glycoprotein syndromes: Pre-Golgi and Golgi disorders? *Glycobiology* **3:** 423–428.31.
57. Jaeken J., Schachter H., Carchon H., De Cock P., Coddeville B., and Spik G. 1994. Carbohydrate deficient glycoprotein syndrome type II: A deficiency in Golgi localized *N*-acetyl-glucosaminyltransferase II. *Arch. Dis. Child* **71:** 123–127.
58. Kim S., Metha D., Srikrishna G., Murch S., and Freeze H. 1998. Carbohydrate deficient glycoprotein spectrum disorders: Additional glycosylation defects and potential therapy. *Glycobiology* **8:** A153
59. Körner C., Lehle L., and von Figura K. 1998. Abnormal synthesis of mannose 1-phosphate derived carbohydrates in carbohydrate-deficient glycoprotein syndrome type I fibroblasts with phosphomannomutase deficiency. *Glycobiology* **8:** 165–171.
60. Körner C., Knauer R., Holzbach U., Hanefeld F., Lehle L., and Figura K. 1998. Carbohydrate-deficient glycoprotein syndrome V: Deficiency of dolichol-P-Glc: $Man_9GlcNAc_2$-PP-dolichylglucosyltransferase *Proc. Natl. Acad. Sci.* **95:** 13200–13205.
61. Lu Q., Hasty P., and Shur B.D. 1997. Targeted mutation in β1,4-galactosyltransferase leads to pituitary insufficiency and neonatal lethality. *Dev. Biol.* **181:** 257–267.
62. Maly P., Thall A.D., Petryniak B., Rogers G.E., Smith P.L., Marks R.M., Kelly R.J., Gersten K.M., Cheng G.Y., Saunders T.L., Camper S.A., Camphausen R.T., Sullivan F.X., Isogai Y., Hindsgaul O., Von Andrian U.H., and Lowe J.B. 1996. The α(1,3)fucosyltransferase Fuc-TVII controls leukocyte trafficking through an essential role in L-, E-, and P-selectin ligand biosynthesis. *Cell* **86:** 643–653.
63. Manzella S.M., Hooper L.V., and Baenziger J.U. 1996. Oligosaccharides containing β1–4-linked *N*-acetylgalactosamine, a paradigm for protein-specific glycosylation. *J. Biol. Chem.* **271:** 12117–12120.
64. Manzella S.M., Dharmesh S.M., and Baenziger J.U. 1997. Developmental regulation of a pregnancy-specific oligosaccharide structure, Neuα2,6Galβ1,4GlcNAc, on select members of the rat placental prolactin family. *J. Biol. Chem.* **272:** 4775–4782.
65. Marek K.W., Vijay I., and Marth J.D. 1999. A recessive deletion in the GlcNAc-1-phosphotransferase gene results in peri-implantation embryonic lethality. *Glycobiology* **9:** (in press).
66. Matthijs G., Schollen E., Pardon E., Veiga-Da-Cunha M., Jaeken J., Cassiman J.J., and Van Schaftingen E. 1997. Mutations in PMM2, a phosphomannomutase gene on chromosome 16p13, in carbohydrate-deficient glycoprotein type I syndrome (Jaeken syndrome). *Nat. Genet.* **16:** 316.
67. Metzler M., Gertz A., Sarkar M., Schachter H., Schrader J.W., and Marth J.D. 1994. Complex asparagine-linked oligosaccharides are required for morphogenic events during post-implantation development. *EMBO J.* **13:** 2056–2065.
68. Priatel J.J., Sarkar M., Schachter H., and Marth J.D. 1997. Isolation, characterization, and inactivation of the mouse *Mgat3* gene: The bisecting *N*-acetylglucosamine in asparagine-linked oligosaccharides appears dispensable for viability and reproduction. *Glycobiology* **7:** 45–56.
69. Tan J., Dunn J., Jaeken J., and Schachter H. 1996. Mutations in the *MGAT2* gene controlling com-

plex N-glycan synthesis cause carbohydrate-deficient glycoprotein syndrome type II, an autosomal recessive disease with defective brain development. *Am. J. Hum. Genet.* **59:** 810-817.

70. Tearle R.G., Tange M.G., Zannettino Z.L., Katarelos M., Shinkel T.A., Van Denderen B.J., Lonie A.J., Lyons I., Nottle M.B., Cox T., Becker C., Peura A.M., Wigley P.L., Crawford R.J., Robins A.J., Pearse M.J., and d'Apice A.J. 1996. The alpha-1,3-galactosyltransferase knockout mouse. Implications for xenotransplantation. *Transplantation* **61:** 13–19.

本章初稿由 J. D. Marth（圣迭戈加利福尼亚大学，HHMI）编写。

# 第 8 章　O-聚糖



本章详述丝氨酸/苏氨酸（O）-连接聚糖（O-聚糖）的生物合成与生物学，包括 GalNAc-肽的连接，其重点是脊椎动物系统；并进一步说明有关各种 O-聚糖核心结构形成的途径。本章还将概述 O-聚糖的生物学功能。

## 背景[1～11]

通过连接 GalNAc 残基而对蛋白质上丝氨酸或苏氨酸残基进行的修饰产生了 O-连接寡糖或 O-聚糖。这个定义因此不同于在丝氨酸和苏氨酸残基上其他型的蛋白质糖基化(见下文和第 11～14 章)。O-聚糖的生物合成比天冬酰胺（N）-连接寡糖的产生简单，因为它不需要将脂连接的寡糖前体转移到蛋白质上。O-聚糖生物合成的初始步骤是在多肽 GalNAc 转移酶（GalNAcT）催化作用下，单糖 GalNAc（来自 UDP-GalNAc）与丝氨酸和苏氨酸残基连接。也与 N-糖基化不同，尽管确实有可进行预测的计算方法，但还没有发现与 GalNAc 相连接多肽的共有序列。

许多 O-聚糖延伸成带有可变末端的长链，这种末端可能与 N-聚糖的末端相似（见第 16 章)。但是，与大多数 N-聚糖相比，O-聚糖结构的分支较少，通常是双天线结构。O-糖基化能导致黏蛋白型分子的生成（图 8.1)。黏蛋白（mucin）是细胞表面的或分泌的、具有大量成簇状 O-聚糖的糖蛋白。许多黏蛋白在溶液中通过二硫键相互交叉连接，这样可以促进形成凝胶。黏蛋白上的 O-聚糖形成簇状的一部分理由是，在一个不带电荷的且通常是富含脯氨酸的肽片断背景上，即在无糖黏蛋白的蛋白质部分上，存在大量的丝氨酸和苏氨酸。结果，黏蛋白一般是保持伸展的肽构象。黏蛋白在上皮细胞的表达很丰富。这些上皮细胞专门用于黏蛋白的产生，并位于与外部环境接触的界面。不是所

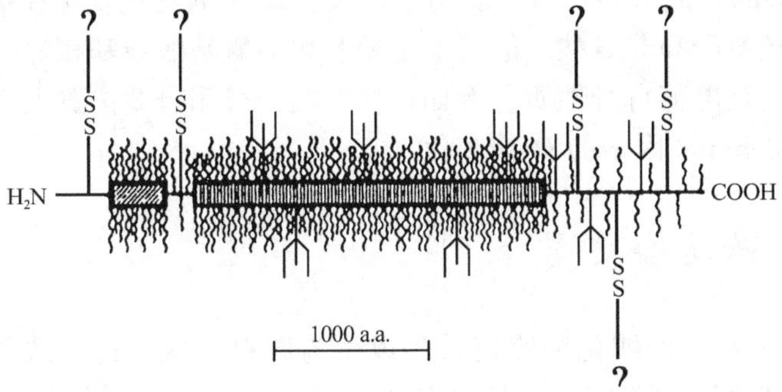


**图8.1** 人类小肠黏蛋白。多数的O-聚糖链（波折线）在整个多肽链上都有分布。该多肽由*MUC2*基因编码，也称为无糖黏蛋白（apomucin）。图中三叉型表示少数N-糖基化位点。二硫桥可以发生在分子内和分子间。（经许可，重印自［56］Toribara et al. 1991。）

有的O-聚糖都位于经典的黏蛋白上，因为有些蛋白质也含相对较少而且分散的O-聚糖，这样的O-聚糖或者是带有极少残基的短链，或者是延长的双天线结构。事实上，在一些细胞上，如某些循环血细胞，O-聚糖可以同N-聚糖一样也大量存在。

## O-聚糖与其他型丝氨酸和苏氨酸糖基化的比较

蛋白质上丝氨酸和苏氨酸的糖基化发生在所有已被研究的真核细胞的分泌途径中。本书所用的O-糖基化是指GalNAc单糖以α-键与蛋白质上丝氨酸或苏氨酸残基的羟基相连接（即“O”连接）。但是，其他型的糖基化也涉及蛋白质中丝氨酸和苏氨酸残基的修饰。例如，细胞内的许多蛋白质也是通过O-连接GalNAc加到丝氨酸和苏氨酸残基上，而该残基也是可以被磷酸化的部位（见第13章）。酵母通常连接甘露糖来使丝氨酸糖基化，而脊椎动物既能产生O-连接岩藻糖，也能产生O-连接甘露糖（见第12章）。植物丝氨酸和苏氨酸残基的糖基化包括GalNAc的连接，但比较而言，它的变化更多(见第20章)。涉及木糖与丝氨酸残基相连的糖基化引发蛋白聚糖的生成（见第11章）。与这些修饰相反，这里定义的脊椎动物O-聚糖的生成需要多肽GalNAcT的活性。

## O-糖基化部位的预测[12～20]

在脊椎动物体内，多肽GalNAcT酶的活性分布较广。用去糖基化的黏蛋白和各种序列的肽作为接纳体，在细胞抽提液中可以检测出多肽GalNAcT酶的活性。为了确定引导O-聚糖形成的序列模体（sequence motif)，人们比较了已知的O-糖基化部位周围的氨基酸序列，虽然没有发现共有序列，但获得了一些预测能力。这种能力部分来自于比较研究，包括建立了一个包含对各种蛋白质的已知糖基化位点分析结果的数据库（O-Glycbase）。

与脯氨酸残基邻近，就很可能与O-糖基化位点有关。许多脯氨酸位于－1和＋3位置。带电荷的氨基酸残基通常不在－1和＋3位置上。脯氨酸通过破坏螺旋的形成、促进β转角和β片层的形成来影响蛋白质构象。大多数O-糖基化发生在被推测是β转角的地方。丙氨酸、丝氨酸和苏氨酸一般与发生糖基化的氨基酸残基相邻。关键的因素应该是电荷分布，而不是电荷自身性质。例如，在−2、+1和+2位置上用酸性氨基酸置换没有减少von Willebrand因子的O-糖基化。

## 多肽GalNAc转移酶家族[21~28]

多肽GalNAcT活性的纯化和鉴定首先以牛为原料完成。这导致了编码多肽GalN-AcT活性的基因被克隆和鉴定，并被命名为多肽GalNAcT-1。由牛多肽GalNAcT-1基因推测的氨基酸序列与其他已被鉴定的糖基转移酶的同源性不高，尽管如此，这个酶同所有糖基转移酶一样，表现是Ⅱ型跨膜蛋白，并带有朝向胞质的小片段。多肽GalN-AcT-I的RNA的表达在人和小鼠中分布较广，而且量大，如人们所期望认为的那样，在脊椎动物细胞型中，O-聚糖是无处不在的。但是，此后的研究揭示：在各种生物中，至少存在8个同源的多肽GalNAcT基因（多肽GalNAcT-1-8，图8.2）。如果不是全部，那么也是大多数的多肽GalNAcT同工酶在催化位点共同拥有一些结构特征。在各种细胞类型中，通过添加底物类似物苯甲基-αGalNAc（对细胞没有主要毒害后果），O-聚糖的形成可以被取消。

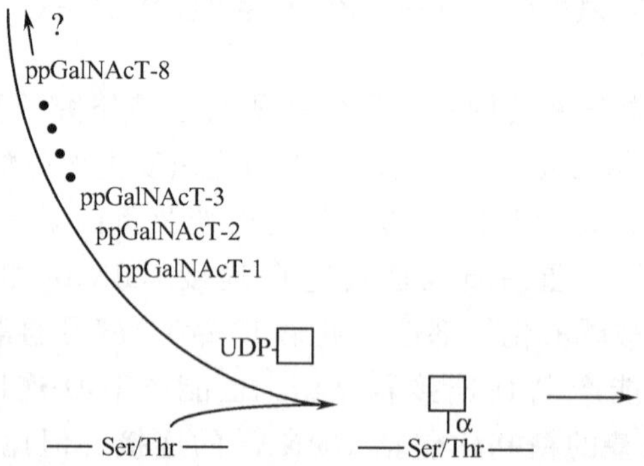


**图8.2** 在所有被研究的多细胞生物中，多个多肽GalNAcT启动O-糖基化。至少8个高度同源的基因存在于线虫、小鼠和人类基因组中。（经许可，采自［55］Marth 1996［©Oxford University Press］。）

理解O-聚糖的功能可能要求必须理解为什么存在那么多各自都能启动O-聚糖生物合成的基因。这些基因一般相互的同源性较好。相互高度关联的几对，还有一些证据可以证明。在体外的重组研究中，人们至少已测定了4个哺乳动物同工酶（多肽GalN-AcT-1-4），均发现了具有多肽GalNAcT活性。在秀丽新小杆线虫（*Caenorhabiditis elegans*）中发现的11个同源基因中，已发现至少有5个基因在体外编码多肽GalNAcT活性。对多个哺乳动物种的多肽GalNAcT氨基酸序列的比较发现，这些同源物的一致性（identity）达97%~100%。这些同源物在编码区的核苷酸序列通常达到95%的一致性。在人类同工酶间序列的比较中，当与多肽GalNAcT-1的催化结构域相比时，多肽GalNAcT-2和GalNAcT-3的氨基酸序列分别有60%和67%的一致性；而与多肽

GalNAcT-1 的全部氨基酸序列相比时，二者则分别只有 44%和 49%的一致性。但是，同样分析小鼠多肽 GalNAcT-8 的序列发现，它与小鼠多肽 GalNAcT-1 的相应氨基酸序列的一致性超过 93%。此外，至今还发现了两个被加工过的多肽 GalNAcT-1 假基因。一个是在人类 DNA 中，另一个结构不同的假基因是在小鼠生殖系中，它有许多突变包括移码和终止信号突变。

那么，有多少功能性的多肽 GalNAcT 呢？一个估计是，在哺乳动物基因组中至少存在 8 种同工酶。对 RNA 表达的研究说明，多肽 GalNAcT-1 在脊椎动物细胞中无处不在，而其他的多肽 GalNAcT 基因一般表达在某一型组织和细胞的亚群（subset）中。在体外，用重组的酶和肽接纳体研究底物特异性的结果表明：这些同工酶之间底物的结构特异性有所不同。但是，此时，GalNAc 转移到丝氨酸或者苏氨酸的倾向无明显差别。

存在着多种多肽 GalNAcT 的事实可以反映出，一种或少数糖蛋白的糖基化有个体的组织型特异性和细胞型特异性作用。这些不同的多肽 GalNAc 转移酶同工酶也可能在亚细胞区室，包括在内质网和高尔基体中的定位不同。这也许可以解释表面上有些矛盾的观察结果，即内质网和高尔基体都是 O-聚糖生成的起始部位。

## 在脊椎动物中 O-聚糖的多样性变化：核心结构亚型的形成[29～35]

在多肽 GalNAcT 作用下产生的 O-聚糖有 4 种共同的核心结构（Core）亚型，这些亚型的产生是基于单糖与未取代的 GalNAc（GalNAcα-Ser/Thr）之间有不同的连接反应。大多数 O-聚糖含有 Core 1 亚型结构，它是由半乳糖与 GalNAc 以 β1-3 键相连而成。对应的糖基转移酶就是 Core 1β1-3 半乳糖基转移酶（Core 1 GalT）（图 8.3）。尽管酶的活性显示有多种 Core 1 GalT 酶可能存在于脊椎动物中，但至今还没有一个编码 Core 1 GalT 的 cDNA 被鉴定。像多肽 GalNAcT 家族一样，Core 1 GalT 同工酶在特定的组织和细胞型中表达不同，一些同工酶在体外还呈现底物选择性，包括对肽序列的选择性。这些酶学性质是否反映了在体内各种 Core 1 GalT 在特定蛋白质糖基化中的作用，尚有待确定。

Core 2 型 O-聚糖的产生是通过 GlcNAc 以 β1-6 键与 GalNAc 相连。Core 2 型 O-聚糖的产生要求以 Core 1 型结构为底物，于是 Core 2 结构也含有 Core 1 结构。因此，Core 1 O-聚糖的定义是指 Core 2 GlcNAcT 还未作用的 O-聚糖。最近，将 Core 2 GlcNAcT 基因从小鼠种系中剔除的研究揭示：在特定的细胞和组织型，包括大肠中，存在至少 1 种其他的 Core 2 GlcNAcT 酶。这个第二种 Core 2 GlcNAcT 酶表现出 Core 4 GlcNAcT 酶活性。因此，它既可以利用未修饰的 Core 1，也可以利用 Core 3 O-聚糖作底物（见下文）。由于在结构中存在多个乳糖胺（Galβ1-4 GlcNAc）单位以及在末端连有岩藻糖和唾液酸，Core 2 O-聚糖可以延长成单天线或双天线（见第 16 章）。在髓样细胞型中，Core 2 O-聚糖的作用是生成选凝素配体的骨架，而选凝素配体在调节炎症中起作用。

Core 3 O-聚糖的生成受 Core 3 GlcNAcT 酶活性的控制。像 Core 1 GalT 一样，该酶用 GalNAcα-Ser/Thr 作底物（见图 8.4）。这样，在一些细胞型中或某些特定糖蛋白中，Core 3 O-聚糖的形成可以依赖于 Core 1 GalT 和 Core 3GlcNAcT 酶的竞争。因为 Core 2 GlcNAcT 需要一个半乳糖残基以 β1-3 连接到下面的 GalNAc 上，因此 Core 3GlcNAcT

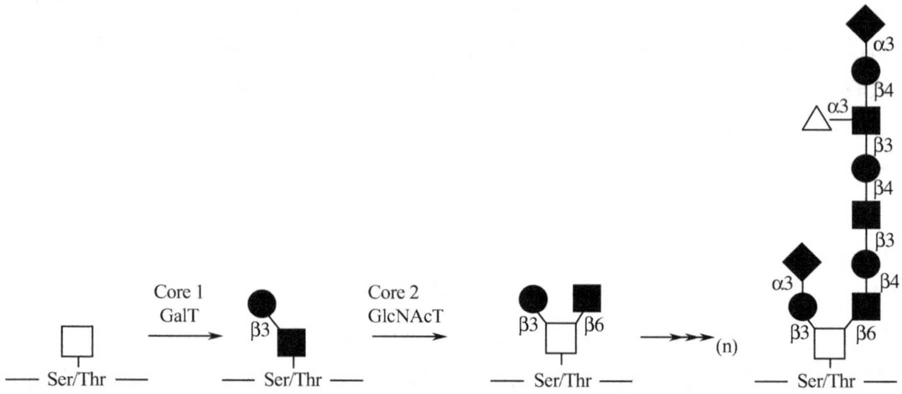


**图 8.3**　Core 1 和 Core 2 O-聚糖亚型的生成受控于 Core 1 GalT 和 Core 2 GlcNAcT 酶的活性。进一步的生物合成能产生带有岩藻糖基化的和唾液酸化乳糖胺的 O-聚糖①。

的作用抑制了 Core 2 GlcNAcT 起作用的能力。虽然如此，Core 3 O-聚糖也可能是依靠 Core 4 GlcNAcT 活性生成双天线 O-聚糖的结构障碍（图 8.4）。相对来说，除了肠道，几乎没有哪个组织具有高水平的 Core 3 GlcNAcT 和 Core 4 GlcNAcT 酶活力。在正常情况下，肠道是高产糖蛋白的部位。①

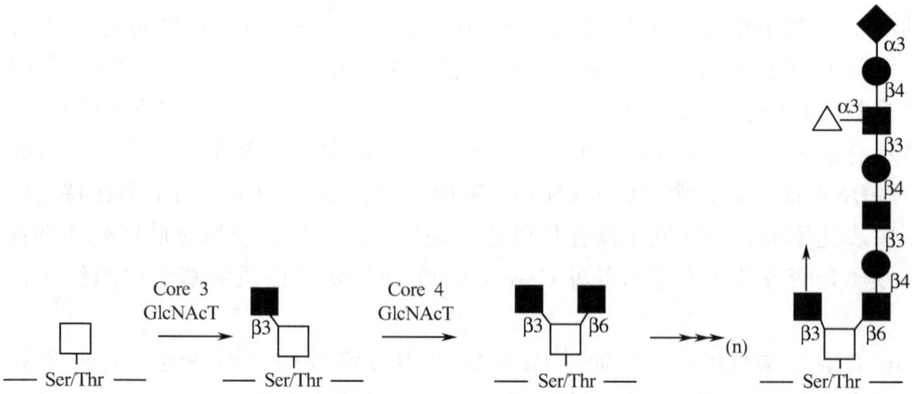


**图 8.4**　Core 3 和 Core 4 O-聚糖亚型的生成受控于 Core 3 GlcNAcT 和 Core 4 GlcNAcT 酶的活性。进一步 O-聚糖的生物合成能产生双天线形式，有时与 Core 2 亚型相似。此外的连接可依次发生（如垂直箭头所示）。

① 图 8.3 中左起第二个图有误，应为 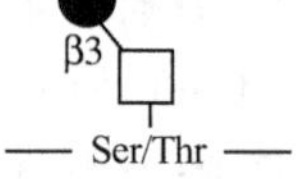

——译者注

## 较不常见的 O-聚糖核心结构亚型[29～30]

从 Core 1 到 Core 4 O-聚糖组成了体内产生的 O-聚糖的大多数结构，而其中多数是 Core 2 亚型。但是，已有报道对 GalNAcα-Ser/Thr 结构还有其他的修饰（图 8.5）。在几种脊椎动物物种中已发现有 Core 5 O-聚糖（GalNAcα1-3GalNAcα-Ser/Thr）。这种结构存在于一些人类腺癌和组成胚胎肠道的细胞上。Core 6 O-聚糖（GlcNAcβ1-6GalNAcα-Ser/Thr）在人类胚胎肠道和卵巢囊肿的黏蛋白中已有报道。但是，也可能 Core 6 O-聚糖是在样品制备和分析过程中，β-半乳糖苷酶作用于 Core2 O-聚糖所得的降解产物。已有人在研究牛颌下腺的 O-聚糖中，描述了 Core 7 O-聚糖（GalNAcα1-6GalNAcα-Ser/Thr）。此外，还有人观察到岩藻糖以 α1-2 键与 GalNAcα-Ser/Thr 相连。这种修饰似乎并不阻止其他核心结构 O-聚糖的生成。由于 O-聚糖多样性变化的不断复杂化，不断有新的核心结构亚型出现和被发现，尽管其中的大多数的含量相对很低而且分散于特定的组织和细胞型中。

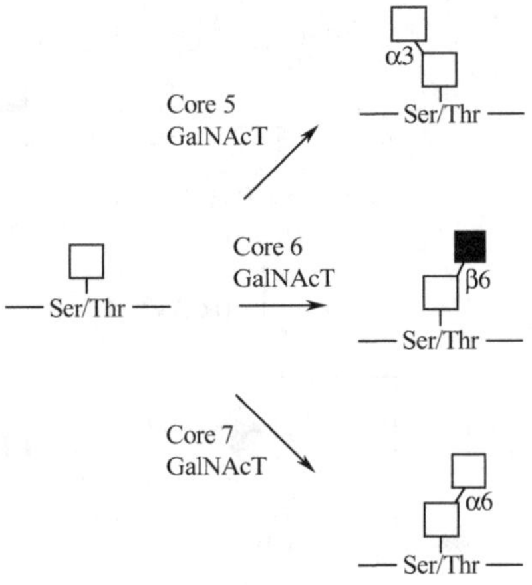


**图 8.5** 较不常见的核心结构 O-聚糖亚型的寡糖结构。

## O-聚糖的生物合成与 T 抗原的形成[29,35,36]

在生物合成的相对早期，O-聚糖能被连接上唾液酸残基而被修饰和终止（图 8.6）。例如，特定的唾液酸转移酶能够作用于 GalNAcα-Ser/Thr，或者作用于 Core 1 GalT 作用后的早期 O-聚糖核心结构亚型。这些唾液酸的连接生成了一系列的 O-聚糖结构。这些结构通常限制了进一步的合成步骤，而被共同称为肿瘤相关（T）抗原[tumor-associated（T）antigens]（见下文）。T 抗原这一名词的使用是始于把 Galβ1-3GalNAcα-Ser/Thr 双糖确定为 Thomsen-Friedenreich 抗原，或 TF 抗原，随后简化为 T 抗原。T 抗原的产生可能与对同一底物多个糖基转移酶之间的竞争有关。与其他寡糖包括 N-连接寡糖的生物合成相似，这些在高尔基体内的糖基转移酶的表达水平和亚细胞分布可能决定最终的结果。假设一个例子，它涉及 GalNAcα-Ser/Thr。已知，它既是 Core1 GalT 的底物，又是 ST6GalNAc-1 的底物。在上述两个酶都表达的细胞中，只有 Core1 GalT 途径起作用。因为，唾液酸转移酶通常位于高尔基体的反式区室，所以它获得的底物一般是在“装配线”上位于高尔基体顺式和中部的糖基转移酶加工之后的产物。相反，使 Core1 GalT 失去作用可能促进唾液酸基 Tn（Siaα2-6GalNAcα-Ser/Thr）的表达。因此，各种糖基转移酶相对表达水平可以在结构上影响 O-聚糖生物合成和多样性变化的结果。

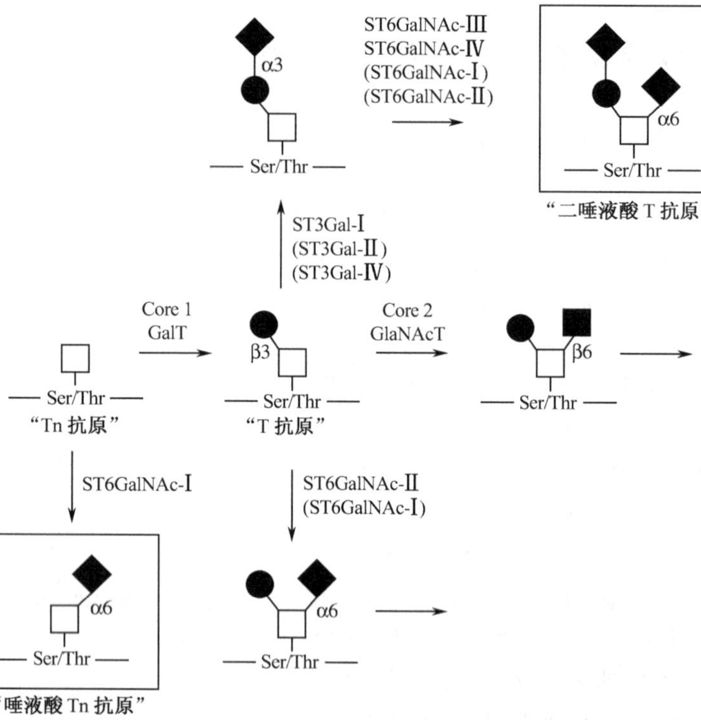


**图 8.6** 在 O-聚糖的合成中，早期和补救途径导致生成肿瘤相关（T）抗原。特异性的唾液酸转移酶能生成唾液酸 Tn 和二唾液酸 T 抗原。这些似乎是生物合成的“终端”（方框中），它不能被进一步修饰。各种 Tn 抗原的高水平表达经常与癌细胞有关（见第 35 章）。

## 黏蛋白多肽基因[37～39]

在上皮细胞黏蛋白形成的过程中，无糖黏蛋白（apomucin）被 O-聚糖高度修饰。人类编码这些黏蛋白的蛋白部分的基因超过 8 个，它们遗传的命名为 *MUC1*、*MUC2* 等等。它们在胃肠道、支气管道和生殖道的表达有所变化。它们既可以是膜相关型的，也可以是分泌型的。第一个被鉴定出来、由 *MUC1* 基因编码的黏蛋白是膜相关型的，因为它有一个跨膜序列。但它也可能通过 RNA 的剪接或在细胞表面蛋白酶的作用下而被分泌。人们已经注意到在许多癌症中 *MUC1* 的表达增加（见第 35 章）。已经发现 4 个人类黏蛋白基因呈簇状地存在于染色体 11p15.5 上。尽管目前不是所有的黏蛋白基因都已被完全测序，但它们的 O-糖基化位点已被定位于多肽中的串联的重复序列上，这段序列像所预测的那样富含脯氨酸、丝氨酸和苏氨酸。每个黏蛋白基因都有各自独特的重复序列，它们可重复数十次至百次以上。人类的黏蛋白也有多态性，其重复的数目因人而异。

在已发现和确定黏蛋白的脊椎动物物种中，黏蛋白基因不是高度保守的。比较小鼠和人类的 *MUC1* 基因序列发现，跨膜和胞质内序列有大于 80%的一致性，但在“黏蛋白”结构域的重复序列远没有保守，除了在 O-糖基化位点共同存在较高水平的脯氨酸、丝氨酸和苏氨酸。尽管经典的黏蛋白基因（*MUC* 系列）最初在上皮细胞中发现，但是，在其他系统中表达的糖蛋白能够具有黏蛋白样（mucin-like）的特征，包括成簇状的 O-聚糖，或有或无串联的重复序列（比如，PSGL-1，CD34，CD43 和 CD45 的替代外显子）。

## O-聚糖的物理的和结构的功能[40～43]

分泌后的黏蛋白一般保留在上皮细胞的顶端表面。依靠自身保持水离子的能力和通过分子内和分子间二硫键的连接形成的缠绕物，黏蛋白能够提供凝胶化功能。黏蛋白对上皮细胞起保护屏障的作用。已经发现，肠溃疡与杯状细胞中黏蛋白水平减少有关。杯状细胞专门分泌黏蛋白，以单个颗粒和复合的胞吐两种方式都可以分泌。后一种分泌过程包括中央颗粒连续地与质膜上的黏蛋白融合，也产生了细胞上暂时的空洞。被黏液促分泌物刺激黏液分泌是由巨噬细胞和淋巴细胞介导的功能。目前，已知的内源性黏液促分泌物有氧自由基和白细胞介素-1（interleukin-1）。

唾液黏蛋白还为上皮细胞提供润滑作用，它可以调控口腔微生物的感染性质。缺少唾液腺功能的人，由于慢性低水平炎症，黏膜表面异常。唾液黏蛋白还与牙釉质黏附，从而保护其免受有机酸的作用而失去矿质。一些唾液黏蛋白能凝集某些口腔链球菌株。这在研究唾液黏蛋白 MG2 中已经被观察到。其中的相互作用还没有完全阐明，但已知 Siaα2-3Galβ1-3GalNAcα-Ser/Thr 糖肽能竞争 MG2-链球菌的相互作用。一些黏蛋白型 O-聚糖起屏障的作用，防止活体组织的冻伤。这样“抗冷冻”的糖蛋白已从各种南极鱼的物种中鉴定出来。在水要结冰的温度，这种糖蛋白表现出可以抑制“成核中心”的形成。这些蛋白的特征性性质是它们利用 Ala-Ala-Thr 序列，在一些情况下，这种序列要重复 40 多次。每个苏氨酸残基都载有 O-聚糖结构 Galβ1-3GalNAcα-，而用化学反应消除这些 O-聚糖的话，也就使它抗冰冻的功能消失。

O-聚糖在 ABO-血型抗原的形成中发挥作用。血型抗原是与输血法有临床相关性的体系，尽管已知糖脂也带有这些抗原（见第 16 章）。血型抗原富集在红细胞表面，其多样性的产生是 H 基因座编码的糖基转移酶基因发生了突变。另一个糖基转移酶中的突变或者是产生无效的等位基因（O），或者是产生底物专一性的实际改变（A 和 B）（见第 16 章）。以前，利用针对特异性血型寡糖的抗体，通过凝集活性鉴定血型，但这些 O-聚糖结构的内源性作用，至今不明。

各种病原体都能利用细胞表面上 O-聚糖的寡糖结构作受体以结合和感染宿主（见第 28 和 36 章）。在一些情况下，分泌的黏蛋白含有这些高密度的、非常一致的寡糖结构。人们发现它们能结合这样的致病原，从而使病原体受体饱和。因为这个原因，已有人提出：在生物体试图躲避病原体感染的努力中，分泌的黏蛋白上的 O-聚糖起着“诱饵”的作用。

## O-聚糖在内源性凝集素-配体相互作用中的功能[44～57]

已有报道，O-聚糖在精卵结合中发挥功能。哺乳动物卵的外层（透明带，zona pellucida）中含有大量的O-聚糖，也有一些N-聚糖。用糖苷酶处理除去卵的N-聚糖不破坏精子的结合，但温和的碱处理后，O-聚糖的丧失会消除精子的结合。在哺乳动物卵子中发现的O-聚糖中，据报告，小鼠透明带的ZP3糖蛋白具有精子受体的基本作用。对ZP3上O-聚糖结构的分析发现，O-聚糖上末端有α1-3Gal残基。尽管以前认为这个结构负责精-卵结合，但人为使造成的缺失α1-3半乳糖基转移酶活性的小鼠完全可以受精，而在体外受精也不受影响。在精-卵结合中，O-聚糖的作用还没有被排除。但是，起作用的特异性O-聚糖的结构和参与的水平目前还未确定。其他物种的精-卵结合似乎利用不同的聚糖特异性，这样导致了一个观点：在受精卵发育过程中普通观察到的物种特异性的产生中，聚糖可能起了主要作用（见第34章）。

脊椎动物的血细胞生成系统在其发育和发挥功能时利用O-聚糖结构。涉及白细胞内渗的淋巴细胞归巢和炎症应答是受起选凝素配体作用的聚糖调节的，而这种聚糖可以存在于O-聚糖、N-聚糖、糖脂和蛋白聚糖中。FucT-Ⅶ是在各种型的聚糖上生成α1-3岩藻糖连接的酶。这个酶的缺乏导致选凝素配体表达的丧失，从而发生广泛的白细胞增多，主要由于不论是在腹膜炎症中中性细胞募集（recruiment），还是淋巴细胞向淋巴结中高内皮细胞静脉归巢，二者都发生亏损（deficit）。相反，不存在Core2 GlcNAcT的酶，导致E-，P-，L-选凝素配体生物合成的部分缺乏，这仍然破坏了中性细胞被募集到炎症腹膜部，但没有改变在淋巴细胞归巢中选凝素的功能。第二个Core2 GlcNAcT同工酶已被分离出来，它也有Core4的活性，它可能与上皮细胞类型的黏蛋白的生成有关。在某些情况下，O-聚糖在选凝素介导的穿行和黏附过程中的作用可能被篡改为诱导病理性的相互作用。选凝素配体在癌细胞转移中的作用已被提出来，因为有研究揭示在选凝素-配体缺乏的体系中，癌转移的发生减少（见第35章）。

**表8.1 在脊椎动物O-聚糖生物合成中的酶的缺乏及其影响**

| 酶 | 物种 | 表型/疾病 |
|---|---|---|
| 多肽GalNAcT-1 | 小鼠 | 可生存/研究中 |
| 多肽GalNAcT-8 | 小鼠 | 可生存/研究中 |
| Core2 GlcNAcT | 小鼠 | 骨髓白细胞增多和炎症应答亏损（deficit） |
| FucT-Ⅳ[a] | 小鼠 | 部分炎症应答亏损 |
| FucT-Ⅶ[a] | 小鼠 | 一般白细胞增多，淋巴归巢缺陷，炎症应答亏损 |
| β1-4GalT[a] | 小鼠 | 多种缺陷，包括上皮和内分泌异常，经常出生后死亡 |
| α1-3半乳糖基转移酶[a] | 小鼠 | 白内障 |
| | 旧大陆灵长类 | 主要异种移植排斥反应 |
| H座位糖基转移酶 | 人 | ABO血型，输血相关 |
| ST3Gal-Ⅰ | 小鼠 | 凋亡引起细胞毒T细胞缺乏 |
| ST3Gal-Ⅱ[b] | 小鼠 | 可生存/研究中 |
| ST3Gal-Ⅳ[a] | 小鼠 | 可生存/研究中 |

a：这些酶可能不仅作用于O-聚糖。

b：该酶在体外倾向基于糖脂的底物。

O-聚糖在淋巴细胞和免疫应答中也发挥功能。从蜥蜴到人类，所有被研究的脊椎动物的胸腺组织都表现对花生凝集素反应性的变化，这种反应性标志着皮质-髓质的分界。当 T 细胞在胸腺中发育，随着胸腺细胞成熟变成 T 细胞并进入骨髓，它对花生凝集素的反应消失。这是由于唾液酸转移酶 ST3Gal-Ⅰ的诱导，Galβ1-3GalNAcα-Ser/Thr 转化成 Siaα2-3Galβ1-3GalNAcα-Ser/Thr，遮罩上了花生凝集素的结合表位。已经发现，使 ST3Gal-Ⅰ的功能失活的修饰会调节 T 细胞的生存率。ST3Gal-Ⅰ缺失小鼠，由于凋亡增加，结果细胞毒 T 细胞也缺乏。这些和其他通过遗传手段改变体内 O-聚糖生成的研究正在提供关于 O-聚糖功能的有用信息（表 8.1)。在各种生理系统中，特异性的 O-聚糖连键似乎有独特的作用。

# 发展方向

在脊椎动物 O-聚糖生物合成中最常见的合成步骤已比较充分地鉴定了。尽管仍然有其他的核心结构不断地被报道，但是，随着发现多个糖基转移酶可产生同样的连键，参与 O-聚糖生物合成的糖基转移酶的数目在迅速增加，例如，新近发现的多肽 GalNAcT、Core1 GalT 和至少是第二个 Core2 GlcNAcT 家族。这种复杂性存在的原因是一个令人着迷的问题，值得研究。O-聚糖的生成可能是由在体内、在相关蛋白质特异的糖基化反应中起作用的糖基转移酶控制的。这可能意味着一些糖蛋白的功能可以依赖于所连接的 O-聚糖的结构。调节 O-聚糖生成的其他方式还可通过独特的启动子元件将多个同工酶的基因转录分离到各种组织型。为了精确地了解在遗传修饰过的体系中 O-聚糖结构-功能的性质，就需要建立一些方法来确定在体内特定的组织和细胞型中 O-聚糖的功能。对 O-聚糖功能的更好理解将可能来自于对各种生物体的比较研究，包括无脊椎动物以及那些人工产生的含有多个在 O-聚糖生物合成中起作用的糖基转移酶基因缺乏的生物。

（张嘉宁 译　　张树政 校）

## 参考文献


1. Abeijon C. and Hirschberg C.B. 1987. Subcellular site of synthesis of the N-acetylgalactosamine (α1-0) serine (or threonine) linkage in rat liver. *J. Biol. Chem.* **262:** 4153–4159.
2. Bansil R., Stanley E., and LaMont J.T. 1995. Mucin biophysics. *Annu. Rev. Physiol.* **57:** 635–657.
3. Elhammer Å. and Kornfeld S. 1984. Two enzymes involved in the synthesis of O-linked oligosaccharides are localized on membranes of different densities in mouse lymphoma BW5147 cells. *J. Cell Biol.* **98:** 327–331.
4. Deschuyteneer M., Eckhardt A.E., Roth J., and Hill R.L. 1988. The subcellular localization of apomucin and nonreducing terminal *N*-acetylgalactosamine in porcine submaxillary glands. *J. Biol. Chem.* **263:** 2452–2459.
5. Roth J. 1984. Cytochemical localization of terminal *N*-acetyl-D-galactosamine residues in cellular compartments of intestinal goblet cells: Implication for the topology of O-glycosylation. *J. Cell Biol.* **98:** 399–406.
6. Roth J., Taatjes D.J., Weinstein J., Paulson J.C., Greenwell P., and Watkins W.M. 1986. Differential subcompartmentation of terminal glycosylation in the Golgi apparatus of intestinal absorptive and goblet cells. *J. Biol. Chem.* **261:** 14307–14312.

7. Roth J., Wang Y., Eckhardt A.E., and Hill R.L. 1994. Subcellular localization of the UDP-*N*-acetyl-D-galactosamine: Polypeptide *N*-acetylgalactosaminyltransferase-mediated O-glycosylation reaction in the submaxillary gland. *Proc. Natl. Acad. Sci.* **91:** 8935–8939.
8. Schweizer A., Clausen H., van Meer G., and Hauri H.-P. 1994. Localization of *O*-glycan initiation, sphingomyelin synthesis, and glucosylceramide synthesis in Vero cells with respect to the endoplasmic reticulum-Golgi intermediate compartment. *J. Biol. Chem.* **269:** 4035–4041.
9. Strous G.J. and Dekker J. 1992. Mucin-type glycoproteins. *Crit. Rev. Biochem. Mol. Biol.* **27:** 57–92.
10. Strous G.J. 1979. Initial glycosylation of proteins with acetylgalactosaminylserine linkages. *Proc. Natl. Acad. Sci.* **76:** 2694–2698.
11. Van den Steen P., Rudd P.M., Dwek R.A., and Openakker G. 1998. Concepts and principles of O-linked glycosylation. *Crit. Rev. Biochem. Mol. Biol.* **33:** 151–208.
12. Chou K.-C., Zhang C.-T., Kézdy F.J., and Poorman R.A. 1995. A vector projection method for predicting the specificity of GalNAc-transferase. *Proteins* **21:** 118–126.
13. Gooley A.A. and Williams K.L. 1994. Towards characterizing *O*-glycans: The relative merits of in vivo and in vitro approaches in seeking peptide motifs specifying *O*-glycosylation sites. *Glycobiology* **4:** 413–417.
14. Elhammer Å.P., Poorman R.A., Brown E., Maggiora L.L., Hoogerheide J.G., and Kézdy F.J. 1993. The specificity of UDP-GalNAc: Polypeptide *N*-acetylgalactosaminyltransferase as inferred from a database on *in vivo* substrates and from the *in vitro* glycosylation of proteins and peptides. *J. Biol. Chem.* **268:** 10029–10038.
15. Hansen J.E., Lund O., Nielsen J.O., and Brunak S. 1996. O-GLYCBASE: A revised database of O-glycosylated proteins. *Nucleic Acids Res.* **24:** 248–252.
16. Hill H.D., Schwyzer M., Steinman H.M., and Hill R.L. 1977. Ovine submaxillary mucin: Primary structure and peptide substrates of UDP-*N*-acetylgalactosamine:mucin transferase. *J. Biol. Chem.* **252:** 3799–3804.
17. Nehrke K., Hagen K.G.T., Hagen F.K., and Tabak L.A. 1997. Charge distribution of flanking amino acids inhibits O-glycosylation of several single-site acceptors *in vivo*. *Glycobiology* **7:** 1053–1060.
18. O'Connell B.C., Hagen F.K., and Tabak L.A. 1992. The influence of flanking sequence on the *O*-glycosylation of threonine *in vitro*. *J. Biol. Chem.* **267:** 25010–25018.
19. Wang Y., Neera A., Eckhardt A.E., Stevens R.D., and Hill R.L. 1993. The acceptor substrate specificity of porcine submaxillary UDP-GalNAc:polypeptide *N*-acetylgalactosaminyltransferase is dependent on the amino acid sequences adjacent to serine and threonine residues. *J. Biol. Chem.* **268:** 22979–22983.
20. Wilson I.B.H., Gavel Y., and von Heijne G. 1991. Amino acid distributions around O-linked glycosylation sites. *Biochem. J.* **275:** 529–534.
21. Clausen H. and Bennett E.P. 1996. A family of UDP-GalNAc: Polypeptide *N*-acetylgalactosaminyltransferases control the initiation of mucin-type O-linked glycosylation. *Glycobiology* **6:** 635–646.
22. Elhammer Å. and Kornfeld S. 1986. Purification and characterization of UDP-*N*-acetylgalactosamine: Polypeptide *N*-acetylgalactosaminyltransferase from bovine colostrum and murine lymphoma BW5147 cells. *J. Biol. Chem.* **261:** 5249–5255.
23. Hagen F.K., VanWuyckhuyse B., and Tabak L.A. 1993. Purification, cloning, and expression of a bovine UDP-GalNAc: Polypeptide *N*-acetyl-galactosaminyltransferase. *J. Biol. Chem.* **268:** 18960–18965.
24. Hagen F.K., Hagen K.G.T., Beres T.M., Balys M.M., VanWuyckhuyse B.C., and Tabak L.A. 1997. cDNA cloning and expression of a novel UDP-*N*-acetyl-D-galactosamine:polypeptide *N*-acetylgalactosaminyltransferase. *J. Biol. Chem.* **272:** 13843–13848.
25. Homa F.L., Hollander T., Lehman D.J., Thomsen D.R., and Elhammer Å.P. 1993. Isolation and expression of a cDNA clone encoding a bovine UDP-GalNAc:polypeptide *N*-acetylgalactosaminyltransferase. *J. Biol. Chem.* **268:** 12609–12616.
26. Wandall H.H., Hassan H., Mirgorodskaya E., Kristensen A.K., Roepstorff P., Bennett E.P., Nielsen P.A., Hollingsworth M.A., Burchell J., Taylor-Papadimitriou J., and Clausen H. 1997. Substrate specificities of three members of the human UDP-N-acetyl-α-D-galactosamine:polypeptide *N*-acetylgalactosaminyltransferase family, GalNAc-T1, -T2, and -T3. *J. Biol. Chem.* **272:** 23503–23514.
27. Wang Y., Abernathy J.L., Eckhardt A.E., and Hill R.L. 1992. Purification and characterization of a UDP-GalNAc:polypeptide *N*-acetylgalactosaminyltransferase specific for glycosylation of threonine

residues. *J. Biol. Chem.* **267:** 12709–12716.

28. White T., Bennett E.P., Takio K., Sorenson T., Bonding N., and Clausen H. 1995. Purification and cDNA cloning of a human UDP-*N*-acetyl-α-D-galactosamine: Polypeptide *N*-acetylgalactosaminyltransferase. *J. Biol. Chem.* **270:** 24156–24165.
29. Brockhausen I. 1995. Biosynthesis. 3. Biosynthesis of O-glycans of the *N*-acetylgalacatosamine-α-Ser/Thr linkage type. In *Glycoproteins* (ed. Montreuil J. et al.), pp. 201–259. Elsevier, The Netherlands.
30. Martensson S., Levery S.B., Fang T.T., and Bendiak B. 1998. Neutral core oligosaccharides of bovine submaxillary mucin: Use of lead tetraacetate in the cold for establishing branch positions. *Eur. J. Biochem.* **258:** 603–622.
31. Brockhausen I., Möller G., Merz G., Adermann K., and Paulsen H. 1990. Control of mucin synthesis: The peptide portion of synthetic O-glycopeptide substrates influences the activity of O-glycan Core 1 UDPgalactose:*N*-acetyl-D-galactosaminyl-R β3-galactosaminyltransferase. *Biochemistry* **29:** 10206–10212.
32. Brockhausen I., Möller G., Pollex-Krüger A., Rutz V., Paulsen H., and Matta K.L. 1992. Control of O-glycan synthesis: Specificity and inhibition of O-glycan core 1 UDP-galactose:*N*-acetylgalactosamine-α-R β3-galactosyltransferase from rat liver. *Biochem. Cell Biol.* **70:** 99–108.
33. Granovsky M., Bielfeldt T., Peters S., Paulsen H., Meldal M., Brockhausen J., and Brochhausen I. 1994. UDP-galactose:glycoprotein-*N*-acetyl-D-galactosamine 3-β-D-galactosaminyltransferase activity synthesizing O-glycan core 1 is controlled by the amino acid sequence and glycosylation of glycopeptide substrates. *Eur. J. Biochem.* **221:** 1039–1046.
34. Hennet T., Dinter A., Kuhnert P., Matu T.S., Rudd P.M. , and Berger E.G. 1998. Genomic cloning and expression of three murine UDP-galactose:β-*N*-acetylglucosamine β1,3-galactosyltransferase genes. *J. Biol. Chem.* **273:** 58–65.
35. Kuhns W., Rutz V., Paulsen H., Matta K.L., Baker M.A., Barner M., Granovsky M., and Brockhausen I. 1993. Processing O-glycan core 1, Galβ1-3GalNAcα-R. Specificities of core 2, UDP-GlcNAc:Galβ1-3GalNAc-R(GlcNAc to GalNAc) β6-*N*-acetylglucosaminyltransferase and CMP-sialic acid:Galβ1-3GalNAc-R α3-sialyltransferase. *Glycoconj. J.* **10:** 381–394.
36. Schachter H. and Brockhausen I. 1989. The biosynthesis of branched *O*-glycans. *Symp. Soc. Exp. Biol.* **43:** 1–26.
37. Debailleul V., Laine A., Huet G., Maton P., d'Hooghe M.C., Aubert J.P., and Porchet N. 1998. Human mucin genes MUC2, MUC3, MUC4, MUC5AC, MUC5B, and MUC6 express stable and extremely large mRNAs and exhibit a variable length polymorphism. *J. Biol. Chem.* **273:** 881–890.
38. Gendler, S.J. and Spicer A.P. 1995. Epithelial mucin genes. *Annu. Rev. Physiol.* **57:** 607–634.
39. van Klinken B.J.-W., Einerhand A.W.C., Büller H.A., and Dekker J. 1998. The oligomerization of a family of four genetically clustered human gastrointestinal mucins. *Glycobiology* **8:** 67–75.
40. Amerongen A.V.N., Bolscher J.G.M., and Veerman E.C.I. 1995. Salivary mucins: Protective functions in relation to their diversity. *Glycobiology* **5**: 733–740.
41. Lowe JB. 1993. The blood group-specific human glycosyltransferases. *Bailliere's Clin. Haematol.* **6:** 465–492.
42. Rose M.C. 1992. Mucins: Structure, function and role in pulmonary disease. *Am. J. Physiol. Lung Cell. Mol. Physiol.* **263:** L413–L429.
43. Tabak L.A. 1995. In defense of the oral cavity: Structure, biosynthesis, and function of salivary mucins. *Annu. Rev. Physiol.* **57:** 547–564.
44. Asano M., Furukawa K., Kido M., Matsumoto S., Umesaki Y., Kochibe N., and Iwakura Y. 1997. Growth retardation and early death of β-1,4-galactosyltransferase knockout mice with augmented proliferation and abnormal differentiation of epithelial cells. *EMBO J.* **16:** 1850–1857.
45. Ellies L.G., Tsuboi S., Petryniak B., Lowe J.B., Fukuda M., and Marth J.D. 1998. Core 2 oligosaccharide biosynthesis distinguishes between selectin ligands essential for leukocyte homing and inflammation. *Immunity* **9:** 881–890.
46. Florman H.M. and Wassarman P.M. 1985. O-linked oligosaccharides of mouse egg ZP3 account for its sperm receptor activity. *Cell* **41:** 313–324.
47. Forstner G. 1995. Signal transduction, packaging and secretion of mucins. *Annu. Rev. Physiol.* **57:** 585–605.
48. Gillespie W., Paulson J.C., Kelm S., Pang M., and Baum L.G. 1993. Regulation of α2,3-sialyltransferase expression correlates with conversion of peanut agglutinin (PNA)+ to PNA-phenotype in

developing thymocytes. *J. Biol. Chem.* **268**: 3801–3804.
49. Hennet T., Hagen F.K., Tabak L.A., and Marth J.D. 1995. T-cell-specific deletion of a polypeptide *N*-acetylgalactosaminyltransferase gene by site-directed recombination. *Proc. Natl. Acad. Sci.* **92:** 12070–12074.
50. Lu Q., Hasty P., and Shur B.D. 1997. Targeted mutation in β1,4-galactosyltransferase leads to pituitary insufficiency and neonatal lethality. *Dev. Biol.* **181:** 257–267.
51. Maly P., Thall A.D., Petryniak B., Rogers G.E., Smith P.L., Marks R.M., Kelly R.J., Gersten K.M., Cheng G.Y., Saunders T.L., Camper S.A., Camphausen R.T., Sullivan F.X., Isogai Y., Hindsgaul O., Von Andrian U.H., and Lowe J.B. 1996. The α(1,3) fucosyltransferase Fuc-TVII controls leukocyte trafficking through an essential role in L-, E-, and P-selectin ligand biosynthesis. *Cell* **86:** 643–653.
52. McEver R.P. and Cummings R.D. 1997. Role of PSGL-1 binding to selectins in leukocyte recruitment. *J. Clin. Invest.* **100:** 485–491.
53. Pascale M.C., Erra M.C., Malagolini N., Serafini-Cessi F., Leone A., and Bonatti S. 1992. Post-translational processing of an *O*-glycosylated protein, the human CD8 glycoprotein, during the intracellular transport to the plasma membrane. *J. Biol. Chem.* **267:** 25196–25201.
54. Thall A.D., Maly P., and Lowe J.B. 1995. Oocyte Gal α 1,3Gal epitopes implicated in sperm adhesion to the zona pellucida glycoprotein ZP3 are not required for fertilization in the mouse. *J. Biol. Chem.* **270:** 21437–21440.
55. Marth J.D. 1996. Complexity in mammalian O-linked oligosaccharide biosynthesis engendered by multiple polypeptide *N*-acetylgalactosaminyl-transferases. *Glycobiology* **6:** 701–705.
56. Toribara N.W., Gum J.R., Culhane P.J., Legace R.E., Hicks J.W., et al. 1991. *MUC-2* human small intestinal mucine gene structure, repeated arrays and polymorphism. *J. Clin. Invest.* **88:** 1005–1013.
57. Yeh J.-C., Ong E., and Fukada M. 1999. Molecular cloning of a novel β-1,6-N-acetylglucosaminyltransferase that forms Core 2, Core 4, and I branches. *J. Biol. Chem.* **274:** (in press).

本章初稿由 J. D. Marth（圣迭戈加利福尼亚大学，HHMI）编写。

# 第9章 糖 鞘 脂



本章讨论了糖鞘脂的生物合成途径，描述了该类分子不同核心系列的结构和分类，概括了以下几个方面的一般原理，即它们在膜结构中的生物学作用、膜蛋白功能的调节作用、细胞-细胞间的识别和宿主-病原体之间的相互作用。本章侧重点是近年来在高等动物糖鞘脂研究中取得的大多数最新信息。

## 历史背景[1～4]

糖鞘脂（Glycosphingolipid）是最早于20世纪40年代从所谓的“贮积异常”（如Tay-Sachs二氏病）的病人富含脂类物质的组织中发现的。其他一些研究人员也从各种动物的红细胞基质中提取出糖鞘脂。它们的复杂性和不平常的结构以及它们尚未被了解的功能使人们联想到埃及谜一般的狮身人面像Sphinx，而将它们称为Sphingolipid，即鞘脂。进一步的结构研究显示，这些两性分子是由两部分组成：即外围的聚糖部分与内部含有称为脑酰胺的鞘脂尾部相连接。糖鞘脂中脑酰胺成分的疏水性使糖鞘脂能够与磷脂、胆固醇和甘油脂共同包埋在细胞膜（脂双层）的外叶。从广泛的各种真核生物来源中，已发现200余种结构上不同的糖鞘脂。

## 结构界定、主要类别和命名[1～12]

定义为糖鞘脂分子的最小模体（motif）是由一个单糖直接与脑酰胺单位连接构成。在高等动物细胞中，这个单糖通常是葡萄糖或半乳糖，分别形成葡糖脑酰胺或半乳糖脑酰胺（见图9.1）。其他复杂的糖鞘脂均是在这两种简单糖鞘脂的基础上，逐步添加单糖延伸形成的（图9.2和图9.3）。由半乳糖脑酰胺延伸生成的糖鞘脂种类有限。葡糖脑酰胺上添加的第一个糖基常是半乳糖，生成乳糖脑酰胺，然后以不同的连接方式延伸，形成几种特定的核心结构（表 9.1）。

**表 9.1 脊椎动物糖鞘脂主要核心结构的名称和缩写**

| 名称（系） | 缩写 | 核心结构 |
|---|---|---|
| 乳糖系 | （$LcOSe_4$） | Galβ3GlcNAcβ3Galβ4Glcβ1Ceramide |
| 拟乳糖系 | （$LcnOSe_4$） | Galβ4GlcNAcβ3Galβ4Glcβ1Ceramide |
| 红细胞系 | （$GbOSe_4$） | GalNAcβ3Galβ4Galβ4Glcβ1Ceramide |
| 副红细胞系 | （$GbiOSe_4$） | GalNAcβ3Galα3Galβ4Glcβ1Ceramide |
| 神经节系 | （$GgOSe_4$） | Galβ3GalNAcβ4Galβ4Glcβ1Ceramide |
| 黏液系 | （$MuOSe_4$） | Galβ3Galβ4Galβ4Glcβ1Ceramide |
| 半乳糖系 | （$GalOSe_4$） | Galα4Galβ1Ceramide |
| 硫苷脂 | | 3-O-Sulfo-Galβ1Ceramide |

这些类别中的某些分子倾向于富集到某些组织型中，如脑组织含有较多的神经节系糖鞘脂，白细胞含有较多的拟乳糖系糖鞘脂。虽然各种糖鞘脂的现有分类是基于它们的核心聚糖结构的多样性，但应该注意到脑酰胺部分也存在着相当大的结构微不均一性。例如，典型的鞘氨醇碱基部分可以随着双键的数量和酰基链的长度而变化。同样，通过酰胺键与鞘氨醇连接的脂肪酸可以在 14 碳到 24 碳之间变化（图 9.1），也随着它的不饱和度和（或）羟化程度而不同。脑酰胺结构的变化也可以表现在细胞型特异的以及发育调节的方式中，提示这些结构差异具有特定的目的。关于这一点，一个有趣的事实是，某些类型的聚糖常具有含量较高的某些脑酰胺亚型。如脑组织中的神经节苷脂 C20 的同系物很可能大量存在于具有一个以上的唾液酸残基的神经节苷脂中。另外一个例子是合成 Galcer 的脑酰胺半乳糖基转移酶，明显的优先利用含有羟化脂肪酸的脑酰胺做底物。

糖鞘脂常被简称为糖脂。这是因为其他与聚糖连接的较重要类别的脂类（糖基肌醇磷脂或 GPI，见第 10 章）在很久以后的 20 世纪 80 年代早期才被发现和定性。含有一个或多个唾液酸基团的糖鞘脂定义为神经节苷脂（也有一些研究者将硫酸化的糖鞘脂也称为神经节苷脂）。Svennerholm 为神经节系列的神经节苷脂提出了一个著名的命名体系（图 9.4）。尽管后来又有了对这类分子更系统的正式命名方法，最初命名法仍被沿用至今。这不仅仅是因为它的历史价值，更主要的是研究人员出于便于记忆，更愿意采用普通名字来称呼特定的分子。举例来说，具有 Neu5Aα3Galβ3GalNAcβ4Galβ4Glcβ1Cer 结构的神经节苷脂，按正式的 IUPAC-IUB 法命名为 $II^2$Neu5Ac-$GgOSe_4$-Cer；按 Svennerholm 命名则称为 $G_{M1a}$。出于同样的历史原因，一些糖鞘脂的命名的细节也有些怪。如唾液酸化副红细胞糖苷（Neu5Acα3Galβ4GlcNAcβ3Gal-β4Glcβ1Ceramide）从核心实际结构上看属于拟乳糖系，并不含红细胞系聚糖核心。

糖鞘脂显然是大多数真核细胞膜外叶结构的主要组分，与其他主要膜脂（磷脂，胆

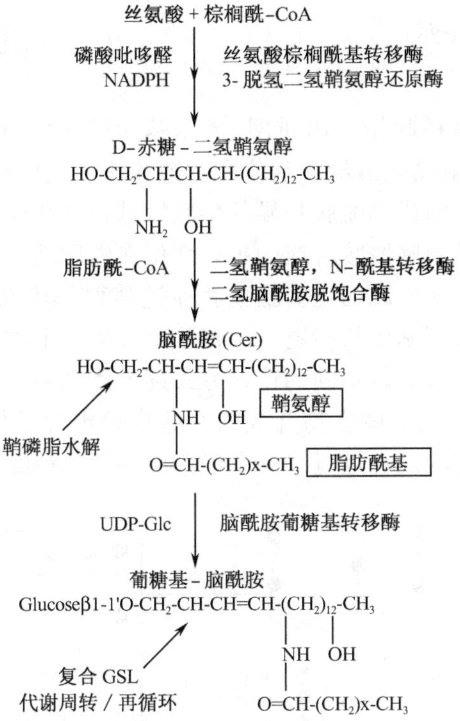


**图 9.1** 脑酰胺和单己糖脑酰胺生物合成途径。图中己糖为葡萄糖。半乳糖脑酰胺合成途径与此相同。图中所有酶促反应位于内质网或高尔基膜脂双层外叶。图中脂肪酸链长度不定（x＝14～24）。注意图中鞘氨醇是结构未确定的中间产物，有待于脂酰化后进一步脱饱合修饰。合成途径中鞘氨醇或脑酰胺也可来自鞘磷脂的降解或糖鞘脂的代谢周转途径。

固醇和甘油脂的摩尔比可以小到红细胞中 5%，也可以大到神经元质膜的 30%）。虽然糖鞘脂分布几乎遍及所有真核生物，但不同的生物分类单元中糖鞘脂常有不同的核心结构。如无脊椎动物中的软体动物常表达一系列以 Manβ1-4Glcβ1-1′-Ceramide 为核心结构的糖鞘脂。在植物和真菌中，主要糖鞘脂则以磷酸肌醇脑酰胺为核心结构。有关聚糖结构多样性的进化见第 3 章的进一步讨论。

## 分离、纯化和分析[3,4,13～15]

采用逐步增加极性的有机溶剂体系分步萃取，大多数糖鞘脂可从组织及细胞中提取。进一步可采用 DEAE－离子交换层析、硅胶薄层层析或柱层析将糖鞘脂与其他脂类分离。采用上述传统方法得到的混合糖鞘脂可再用高效液相层析分离鉴定。对糖鞘脂结构的深入研究见 38 章。值得注意的是，用以去除粗提物中磷脂的常规碱处理方法，常常损伤糖鞘脂结构中的 O-乙酰基和 O-脂酰基。已经有了特异地能从糖脑酰胺上切下糖部分的内切糖脑酰胺酶引进了分析糖鞘脂的另一条途径也常用于糖鞘脂的结构分析。

## 生物合成[2,3,6,11,16～26]

糖鞘脂的从头合成途径起始于内质网-高尔基途径（ER-Golgi pathway）质膜双层内叶。首先，D-赤糖-二氢鞘氨醇经酰基化和去饱和作用生成脑酰胺（图 9.1）。然后在脑酰胺特异的葡糖基转移酶或脑酰胺特异的半乳糖基转移酶催化下糖基化生成葡糖脑酰胺或半乳糖脑酰胺。半乳糖脑酰胺合成的主要部位在内质网内。葡糖脑酰胺的合成位于内质网和高尔基膜胞液侧。生成的葡糖脑酰胺通过某种翻转机制跨膜进入内质网-高尔基体腔途径，进一步添加糖基延长糖链。葡糖脑酰胺第一个添加的常是 β-连接的半乳糖残基，生成乳糖脑酰胺，然后以不同的连接方式逐个添加糖基，形成品种繁多的核心糖链结构（见上文和图 9.2）。这些生物合成的一些步骤包含了相互排斥的分支过程，从而确保糖链延伸沿着特定的途径进行。一个经典的例子是神经节系糖鞘脂合成途径（图

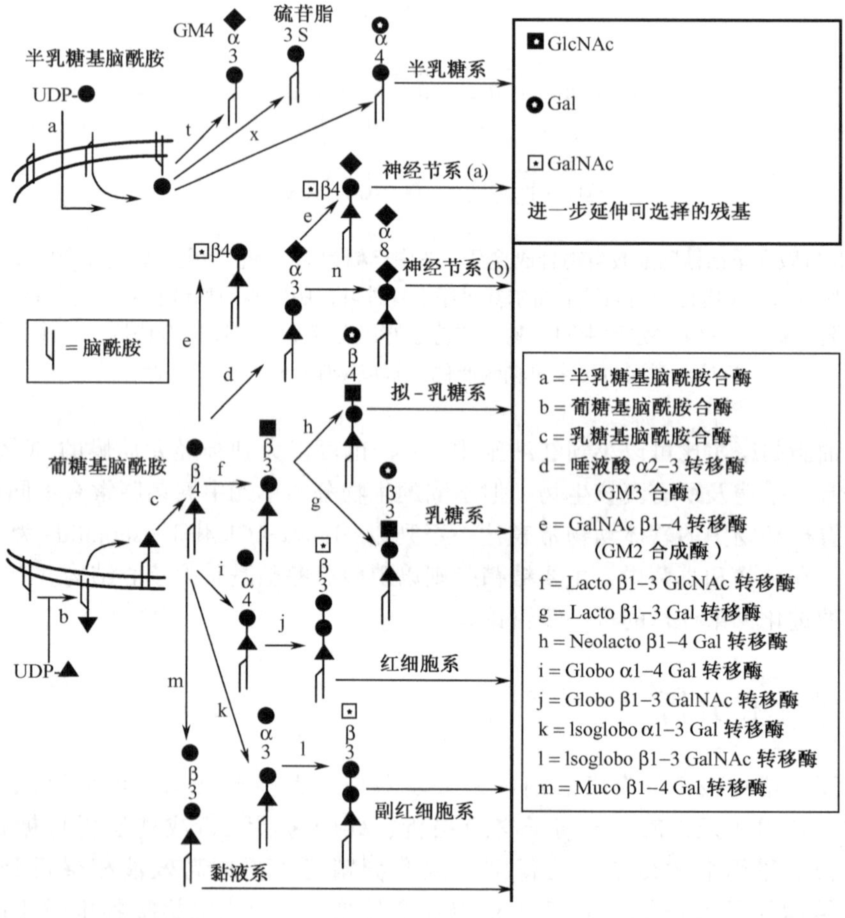


**图 9.2** 葡糖脑酰胺和半乳糖脑酰胺核心结构的生物合成途径。合成途径起始于内质网或高尔基体膜。外侧糖链的延伸和不同类型糖链的结构见图 9.3。有关神经节系糖鞘脂生物合成的详细讨论见本章后文（图 9.4）。注意，其中大部分延伸与 N-和 O-聚糖的延伸相同（见第 7、8、16 章）。

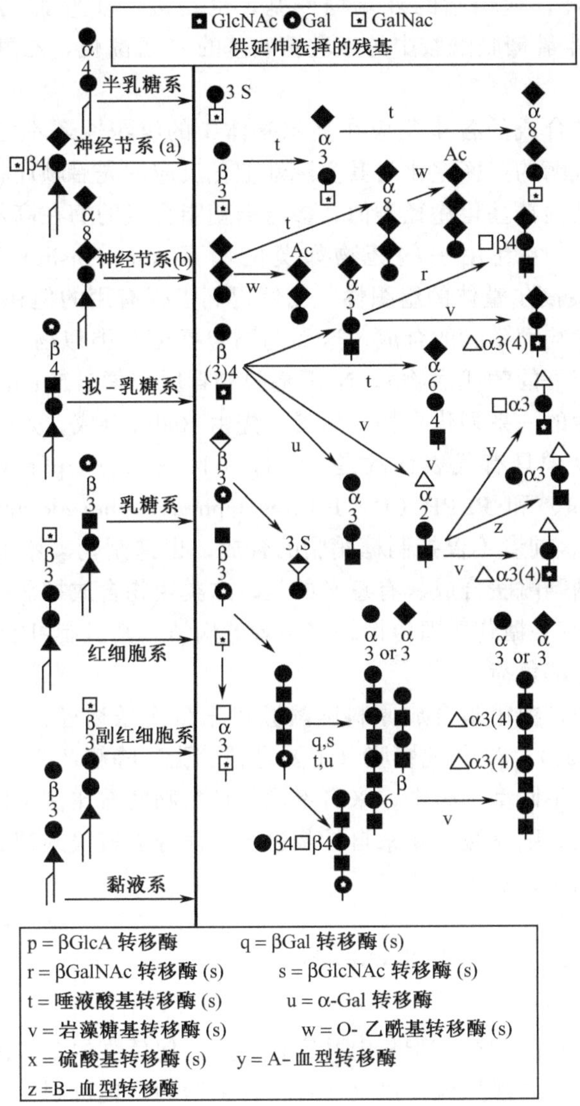


**图 9.3** 各种糖鞘脂糖链延伸途径。图中各种星标所代表的糖基同图 9.2。各种糖基以图中所示的不同的连接方式加入糖链的延伸过程。图中粗线右侧方框中的结构表示各系糖鞘脂共同延伸途径，形成的各种糖链可进一步以不同方式添加不同的糖基进一步延伸。注意，许多糖链延伸与 N-和 O-聚糖延伸相同（见第 5、6 和 15 章）。

9.4）。在该途径中的一个单一的关键酶 GalNAc 转移酶的作用，可以限定该分子随后的延伸，形成 A、B、C 或 O 系和它们的亚途径。糖鞘脂外端链的延伸包括添加唾液酸、岩藻糖、血型结构和葡糖醛酸残基等与 N-聚糖和 O-聚糖的延伸大多是共同的（图 9.3；见第 7、8、16 章）。这样，虽然糖鞘脂合成的初始步骤是由单一的识别疏水性靶向底物的糖基转移酶催化，而其外端延伸所需的糖基转移酶很可能与催化糖蛋白合成的有关酶相同（见第 16 章）。然而，在大多数情况下，这种共用的酶还未被证实。此外，与

N-聚糖和O-聚糖一样，糖鞘脂的外端糖残基，也是进一步修饰的靶标，如唾液酸的9（7）-O-乙酰化，半乳糖脑酰胺中的半乳糖残基的O-乙酰化，乙酰化唾液酸的脱N-乙酰化和O-硫酸化。

关于糖鞘脂生物合成的各步反应在高尔基体中的组织性还不完全清楚。有证据表明，参与糖鞘脂合成酶的亚区室化与其实际地催化反应的先后顺序相一致。但也有报道说，与高尔基体中其他糖基化途径类似，参与糖鞘脂合成的酶在高尔基体中有重叠分布情况。关于这一点，可利用一些药物如莫能菌素（monensin）和布雷菲德菌素A（Brefeldin A）来改变高尔基体的组织性，已经得到了很有用的但还不完全肯定的结果。还有一些药物直接影响糖鞘脂的合成。这类药物包括糖苷类似物（可进入高尔基体内，做为一些糖鞘脂合成酶的替代底物），N-丁基脱氧野尻霉素（N-butyldeoxynojirimycin），和一些由脑酰胺衍生的一系列化合物。后者首先由Radin合成，是一类葡糖脑酰胺合成的特异性抑制剂。其中具有代表性的是PDMP（d，l-threo-1-phenyl-2-decanoylamino-3-morpholino-1-propanol）和PPPP（D，L-threo-1-phenyl-2-hexadecanoylamino-3-pyrrolidino-1-propanol·HCL），前者不仅抑制糖鞘脂的合成，也抑制鞘磷脂的合成。后者特异性较高，主要抑制葡糖脑酰胺合成。有意义的是，这类生物合成抑制剂可用来改善糖鞘脂降解（见第18章）有关糖苷酶遗传性缺陷患者的病情。其机制可能是抑制糖鞘脂合成，从而减轻了糖鞘脂降解负荷。

最近的研究发现，糖鞘脂合成原料脑酰胺可来自3条途径：1. 从头合成途径（de novo synthesis pathway）；2. 其他鞘脂（主要是鞘磷脂）降解产生；3. 糖鞘脂再循环途径，内吞体途径。在不同型细胞中，来自不同途径的脑酰胺比例不同。在分裂较慢的细胞，糖鞘脂需求量低，脑酰胺主要来自补救途径。而分裂较快的细胞，则通过上调从头合成途径来满足糖鞘脂合成的需要。

## 穿行、周转和降解[2,7,16,18,20,22,27~39]

从理论上讲，糖鞘脂能进入脂膜内并穿行通过任何后高尔基体膜区室。事实上，糖鞘脂在后高尔基体中倾向强烈地簇集（通过一种未明的物理机制）并主要被转运到细胞质膜脂双层的外叶。簇集的糖鞘脂常和一些GPI锚定蛋白共同形成一种特殊的“筏”移动到极化的表皮细胞顶端。有事实证明，细胞表面存在着富含糖鞘脂的膜微区（Glycosphingolipid-enriched microdomain，GEM）。[在少数细胞型中，某些糖鞘脂主要在内部定位（如乳糖脑酰胺浓缩到血中性细胞的颗粒中）。有些研究声称，糖鞘脂的真正不寻常的定域是与细胞骨架蛋白相结合。] 糖鞘脂如何跨越脂膜进入胞液内定域至今仍是个谜。关于这一方面，有实验表明波形蛋白缺陷细胞具有糖鞘脂合成途径2的缺陷（见上文中糖鞘脂生物合成章节）。

特别地在具有高浓度糖鞘脂的细胞型，糖鞘脂常从细胞表面脱落进入体液，常见于混和的微团或脱脂无脂蛋白的复合物中。在某些情况下，这种脱落的糖鞘脂可被其他细胞摄取，被摄取的糖鞘脂与自身合成的糖鞘脂不分彼此，共同构成其自身膜组分。这种细胞间的转运在体内发生的程度尚不清楚。将荧光标记的脑酰胺加入细胞培养基中，可发现它们被摄取后主要积累在高尔基体中，其机制尚不清楚。

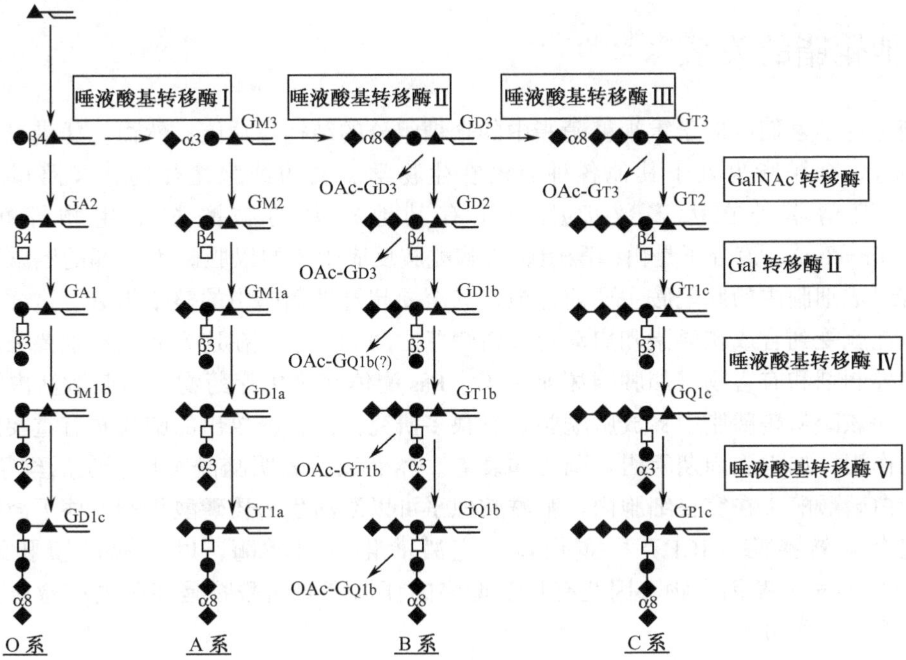


**图 9.4** 神经节系糖鞘脂生物合成途径。注意：合成途径中 GalNAc 转移酶的活性决定了糖链的合成沿着 4 条不同途径中的 1 条进行；该酶基因受损对糖鞘脂合成的影响见文中讨论。在一些细胞型或生物种中，4 种神经节系糖鞘脂还可进一步添加唾液酸，生成多唾液酸神经节苷脂（未表示）。

不管来源如何，糖鞘脂都可通过细胞内化作用从细胞表面进入内体（endosome）的区室中。内化的糖鞘脂部分有时可做为多泡体内膜层的一部分，用培养细胞系的实验提示，内化的糖鞘脂可部分的在高尔基体区室中经一定程度的改型后，可重新利用，然而活体中，这种改型实际上出现的程度还不清楚。大部分内化的糖鞘脂在特异的溶酶体酶作用下，在溶酶体中逐步彻底降解。糖鞘脂降解途径的最后几个环节常需要一些特异的鞘脂活化蛋白参与。这些蛋白的作用被认为是将糖鞘脂从膜中“提起”，使某些糖苷酶与底物更好的结合，从而提高催化效率。在各种鞘脂活化蛋白中，有 4 个是同一基因产物（即 *sap* 前体）的蛋白酶解产物。此外 $G_{M2}$活化蛋白是不同的基因产物。上述参与糖鞘脂降解的各种溶酶体酶及鞘脂活化蛋白先天性缺陷，常导致人类溶酶体贮积病（见第 18 章），糖鞘脂经过一系列的酶促降解过程，最终生成各种单糖及脑酰胺。这些降解组分可进入不同代谢途径被重新利用。一个例外可能是从葡糖基脑酰胺切除葡萄糖的最后一步。一些从降解途径产生的葡糖脑酰胺可能被回收，以便在新一轮糖鞘脂的生物合成中重新利用。从这一点出发，一些糖鞘脂合成抑制剂被建议用来作为药剂，以降低在溶酶体贮积病患者体内积累的葡糖脑酰胺总量。

## 与其他鞘脂的关系[8,29,30,32,40]

糖生物学家们倾向于重视糖鞘脂中的聚糖组分的结构与功能。然而，凭借着它的脑酰胺组分，糖鞘脂也处于其他各种有潜在生物学意义的细胞途径的交叉路口（见图9.5）除糖鞘脂外在大多数细胞中还有其他重要的脑酰胺衍生物即鞘磷脂(sphingomyelin)。该分子是由磷酸胆碱与脑酰胺反应生成的以胆碱为头部的脑酰胺，鞘磷脂可组成细胞中的脑酰胺主要前体池，甚至要超过糖鞘脂中的整个组分。这样，脑酰胺前体池就受到合成鞘磷脂和启动合成糖鞘脂之间的竞争。在这方面，特别要关注的是有些胞外制剂和有害物（如肿瘤坏死因子，Fas配体和癌化疗药物）引起激活内源鞘磷脂酶，使该酶从鞘磷脂中释放脑酰胺。有很多研究指出，释放出的脑酰胺有重要的调控应答的作用，如细胞周期阻碍，凋亡和衰老。体外试验表明脑酰胺也可激活丝氨酸-苏氨酸蛋白磷酸酶。在完整细胞内，脑酰胺似乎可以激活蛋白质磷酸化和一些下游靶标如白细胞介素转换酶（ICE）样蛋白酶，应激活化蛋白激酶，以及视网膜胚细胞瘤(retinoblastoma) 基因产物，因此有日益增多的证据表明脑酰胺是细胞内应激应答途径中的一个关键组分。

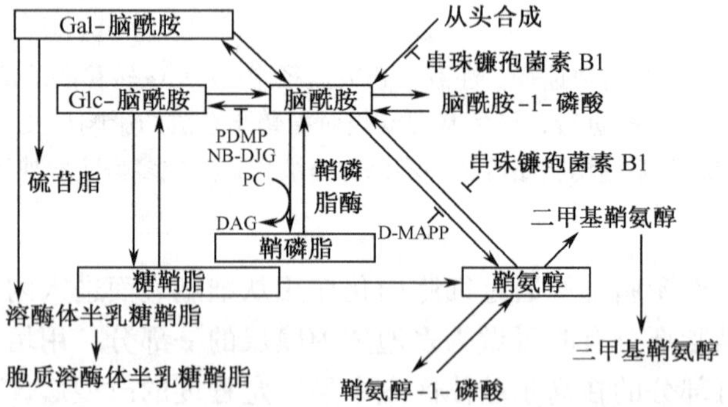


**图 9.5** 糖鞘脂与其他脑酰胺或鞘氨醇衍生物在代谢上的联系。一些抑制剂的作用位点也在图中标出。(PC) 磷脂酰胆碱；(DAG) 二脂酰甘油；(PDMP)D-苏糖-1-苯基-2-癸酰胺基-3-吗啡啉-1-丙醇；(MAPP) D-赤糖-2-（N-豆蔻酰胺基）-1-苯基-1-丙醇。

另外一个脑酰胺衍生物是脑酰胺-1-磷酸，它也有信号转导功能。此外，半乳糖基脑酰胺部分地降解产物半乳糖基鞘氨醇（psychosine)，由半乳糖脑胺脱去脂酰基产生的，它是细胞毒化合物。可强烈抑制蛋白激酶C，活化 *src* 激酶。此外，用不同基团(plasma) 取代半乳糖基鞘氨醇的半乳糖部分以及鞘氨醇部分本身都可作为底物，形成多种多样的其他有生物活性的化合物，它们也涉及细胞信号传导，包括二甲基鞘氨醇、三甲基鞘氨醇、鞘氨醇-1-磷酸等。体外实验提示这些化合物对细胞内有名的激酶起上调或下调的影响，但是一致的，决定性的描述尚待显现。并且这些观察结果在体内的意义仍然大部分未能证明。同样的，在完整细胞内糖鞘脂中的脑酰胺部分与其余的鞘脂的代谢关系仍需进一步搞清楚。(见上述三种合成途径的讨论)。

## 糖鞘脂的抗体[8,29,41～43]

在单克隆抗体技术发展早期，就有许多研究者协同致力于观察这种单克隆抗体可否用来区别正常细胞与肿瘤细胞。在为数众多的“肿瘤特异性”抗体中，超过半数是针对糖链的，其中又有大多数抗体能很好的作用于糖鞘脂。进一步研究表明，这些抗体识别的糖鞘脂抗原多为癌胚抗原，它们在胚胎细胞及肿瘤细胞中高水平表达，在正常成人细胞中表达很低。随后，一些研究者直接用糖鞘脂做免疫原、制备各种特异的抗糖鞘脂抗体。值得注意的是，脊椎动物免疫系统不容易产生高亲合力的单一特异性的抗糖鞘脂抗体。一些早期被认为是单一特异性的抗体［尤其是 IgM 变体（variety）］事实上并不是单一特异抗体。尽管如此，一些抗糖鞘脂抗体已被成功地应用于人类疾病的诊断和预后。一些抗糖鞘脂抗体正在开发用来治疗肿瘤。还有一些抗糖鞘脂抗体被用来作为分子探针，以研究胚胎发育不同阶段及不同组织细胞糖鞘脂选择性表达。这些发现对癌和发育的生物学准确含义仍在探究中。

从病理学观点看，在有些情况下机体可以产生针对神经系统糖鞘脂的自身抗体，这些抗体常导致相应的病理改变（见第 37 章）。如格林-巴利（Guillian-Barre）综合征和米勒-费希尔（Miller-Fisher）综合征，二者发生于弯曲杆菌（*Campylobacter*）感染之后，在病人血循环中出现抗某些神经节苷脂的抗体，这可能是细菌中的脂多糖有分子模拟神经节苷脂的结构所引起的。此外，某些多发性骨髓瘤病人的瘤细胞克隆可分泌一种对神经系统糖鞘脂的硫酸葡糖醛酸基抗原表位（epitope）特异的抗体，这些抗体作用于髓鞘，这与外周神经脱髓鞘病变有关，引起比原发性肿瘤本身更严重的后果。在一些癌症患者，瘤细胞产生的大量神经节苷脂可从细胞表面脱落进入循环。脱落的神经节苷脂有很强的免疫抑制作用，至今其机理不详。

## 生物学作用[3,5,8,26,29,39,40,42,44～50]

有关糖鞘脂的生物学作用有许多假说，但其中仅有一小部分已被确证。从生理角度来看，糖鞘脂在细胞膜中起组织作用（organizing role）。已知葡糖脑酰胺和脑酰胺是表皮渗透性屏障的关键组分。一个值得注意的特点是糖鞘脂的脑酰胺部分常含有较长的脂酰链（24～26 个碳原子），这一特征与 GPI 相似。因此，这两种类型的脂结构可延长到脂双层内叶，二者常可互相结合，并与胆固醇结合形成在膜微区的“筏”(也有作者报道存在着无胆固醇，富含糖鞘脂的膜微区，其作用可能是在一些胞液蛋白的协同下参与细胞信号传导)。认为这种糖鞘脂和 GPI 锚定蛋白的聚集物在反式高尔基体（*trans*-Golgi）形成，然后靶向定位于极化的上皮细胞顶端域。糖鞘脂和 GPI 锚定蛋白约占各种腔表面上皮细胞膜顶端域脂双层外叶总脂含量的 50%。糖鞘脂的这种分布特征，其作用可能在于保护上皮细胞免受所处环境中不利因素的侵害。再就是作为肠道共生菌群黏附结合的位点。在同样的位置，相同的（糖鞘脂）分子的另一些结构性质也可用为不同细菌、毒素及病毒的高度特异性受体的靶。一个典型的例子就是霍乱毒素的 B 亚基结合了神经节苷脂 $G_{M1}$之后，引发了构象改变，并将毒性的 A

亚基送入细胞内（表 9.2 给出其他特异的实例）。这些型的相互作用对原先合成这种糖鞘脂的机体显然是不利的。

文献中反复出现的一个题目就是一定的糖鞘脂与一定的细胞膜受体之间特异的自然的结合（见表 9.2 给出的若干例子）。虽然这种相互作用的确定的机理还未阐明，已有许多实验表明，糖鞘脂可改变一些膜受体的功能。如 $G_{M3}$可下调表皮生长因子受体酪氨酸残基的磷酸化，而与 $G_{M3}$有密切结构的唾液酸化副红细胞系糖苷有类似的作用，但只作用于胰岛素受体。而结构上轻微修饰即脱去乙酰基的 $G_{M3}$（de-N-乙酰基 $G_{M3}$）则作用相反，激活表皮生长因子受体酪氨酸残基的磷酸化。有关研究证明 $G_{M3}$和乳糖基脑酰胺对细胞的生长有相反的作用。然而，许多作用均是加入外源性糖鞘脂所得的结果。因此，至少有一部分外加的糖鞘脂掺入到细胞质膜中，但也不能排除由外加糖脂所形成脂微粒可能与细胞表面膜结合所起的作用。总地看来，这些糖鞘脂聚糖部分精细结构的立体特异性效应，意味着必定涉及某种确定的机制。

**表 9.2　已确定的糖鞘脂和特异结合蛋白之间相互作用的实例**

| 结合蛋白质 | 神经节苷脂 | 功能 |
|---|---|---|
| 霍乱毒素 | $G_{M1}$ | 与 B 亚单位结合，促进 A 亚单位投送入胞液 |
| 破伤风毒素 | $G_{D1b}/G_{T1b}$ | 同上？ |
| 肉毒毒素 | $G_{T1b}/G_{Q1b}$ | 同上？ |
| 表皮生长因子受体 | $G_{M3}$ | 抑制受体活化时二聚体形成及受体酪氨酸残基磷酸化 |
| 胰岛素受体 | SPG | 抑制受体活化时酪氨酸残基磷酸化、机制未明 |
| 甲状腺刺激激素受体 | $G_{D1a}$-lactone | 与此受体选择性相关的异常结构、生物学意义不明 |
| 神经生长因子受体 | $G_{Q1b}$ | 诱导或刺激某些神经细胞轴突生长、机制不详 |
| 玻璃体结合蛋白受体 | $G_{D3}$' $G_{D2}$ | 影响受体的结合活力、机制不明 |
| Src 家族酪氨酸蛋白激酶 Lyn | $G_{D3}$ | 调节脑细胞膜小窝样微区酪氨酸蛋白激酶活性 |

类似的发现已有报道，即神经节苷脂 $G_{Q1b}$有诱导神经轴索发生的特异性作用，这提示可能与神经生长因子受体和（或）一种外在蛋白激酶有关。这同样还缺乏最终的结论。无论如何，这些发现已鼓励其他一些研究者尝试着用神经节苷脂来治疗一些中枢神经系统疾病，其中包括脑卒中和脱髓鞘疾病。尤其是在脑卒中的治疗方面，采用神经节苷脂静脉滴注，已获得较好的疗效。另外，采用 β-葡糖基脑苷脂酶特异的不可逆抑制剂康杜醇（conduritol）B 环氧化物来增加上皮基底细胞 GlcCer 的水平，可刺激细胞增殖，使细胞层厚度增加 4 倍。如同时应用康杜醇 β 环氧化物和 GlcCer 还可促进 DNA 的合成。这一切都有力地说明 GlcCer 直接刺激表皮细胞的有丝分裂。

已有人提出神经节苷脂也可能与神经元膜的温度适应性有关。有数据显示，环境温度越低，脑神经节苷脂组成的极性越强。用脂双层模型研究也表明，神经节苷脂可以温度敏感的方式调节膜的基本性质。Hakomori 及其同事也提供了这样的实验证据，即糖鞘脂在不同型细胞之间能够介导低亲合性而高特异性的糖-糖反应。他们并提出具有

Lewis X 模体的糖鞘脂可能协助介导在小鼠胚胎发育早期桑椹胚形成阶段的致密（见第 34 章）。在大多数其他情况下，有关这种糖-糖之间的相互作用的生物学意义尚待正式地证实。

## 在生物合成中天然的和诱发的失常[36,51～56]

如上所述，各种参与糖鞘脂降解的溶酶体酶和鞘脂活化蛋白的先天性缺陷可导致不同的贮积症。其特征是一些糖鞘脂降解产物不能被彻底降解，并在组织中堆积。有关这类疾病将在第 18 章进一步讨论。对葡糖基脑酰胺合酶完全缺失的细胞株的研究表明，葡糖基脑酰胺以及所衍生的一系列复杂结构的糖鞘脂对体外培养的单细胞的生长不是必需的，这说明糖鞘脂主要在多细胞整体动物中发挥作用。与已发现的各种糖鞘脂降解途径的遗传性缺陷相比，糖鞘脂合成途径的遗传缺陷发生率极低。另一方面，脊椎动物个体发生以及细胞活化过程中，糖鞘脂的表达常发生戏剧性变化。这些均说明复杂的糖鞘脂的合成是活体动物所必需的。

在整体哺乳动物中进行靶向基因突变显然是确定糖鞘脂在活体中的真实生物作用所必需的（见 33 章表）某些基因的“剔除”影响 N-和 O-聚糖外端链，如 FucT-VII 和 α1-3 半乳糖基转移酶；（见 17，18，32 和 33 章）也影响糖鞘脂的外端链结构。这一点还需要进行系统的研究。迄今为止，只有两个基因的破坏实验获得成功，这两个基因选择性地影响糖鞘脂合成。去除脑酰胺半乳糖基转移酶的实验提供了极有意义和发人深思的结果。由于这一酶反应的最接近的产物半乳糖脑酰胺（GalCer）和硫苷脂（sulfatide）是脊椎动物轴突神经髓鞘的主要组分，研究人员期待着能够看见髓脂质的完全瓦解。令人惊奇的是，小鼠仍有能力形成髓鞘，但其髓鞘的 GalCer 被 GlcCer 取代。这些髓鞘虽然在超微结构上类似正常，但小鼠表现出震颤和共济失调。电生理分析表明髓鞘的绝缘能力下降和神经传导障碍。随着年龄的增加小鼠常发生进行性后肢麻痹及严重的腹侧脊索空洞形成。这一切都说明半乳糖脑酰胺和硫苷脂在维持神经髓鞘结构稳定及功能方面具有重要的作用。

GalNAc 转移酶（$G_{M2}$/$G_{D2}$合酶）是合成复杂的神经节系神经节苷脂必需的（见图 9.4）。在这一领域最出人意外的结果是：该酶基因剔除的小鼠缺乏复杂的神经节系神经节苷脂，但没有显著的神经系统缺陷及严重的功能障碍，仅有某些外周神经轻度的传导速度下降。在这些突变的小鼠的脑中 $G_{M3}$和 $G_{D3}$增加，似乎可完全补偿复杂的糖鞘脂的缺失。这些结果说明复杂的神经节系神经节苷脂不是大脑形态发生和器官发生必需的。正像此类研究经常发生的情况一样，进一步分析发现，这些动物有更多的细微缺陷，例如散在发生的轴索变性和一种在精子发生中的主要缺陷。一种作为替换研究手段是在转基因小鼠体内过表达这种同样的基因。在这种情况下，转基因小鼠机体组织中，如皮肤的 $G_{M2}$/$G_{D2}$合成酶的表达量可达正常的 10 倍，使 $G_{M3}$转变为 $G_{M1}$。该小鼠没有明显的形态学改变，但表现出强烈的炎症反应，说明转基因后小鼠中性白细胞对趋化因子的敏感性增高。

总之，根据上述实验结果可以看出，复杂的糖鞘脂（起码是复杂的神经节系糖鞘脂）不是小鼠胚胎发育过程中大多数器官发生所必需的。这一结论也得到了一些实验的进一步支持。如采用特异的抑制剂抑制葡糖基脑酰胺的合成，使体外培养的“medaka”鱼胚胎或小鼠胚胎糖鞘脂水平下降 90%，胚胎仍能正常发育，这说明极少量的糖鞘脂就可满足胚胎发育的需要。糖鞘脂在胚胎发育过程中阶段特异性表达以及在不同细胞类型中选择性表达可能还有其他尚未知的目的，一个可能（第 3 章中进一步论证）就是为了规避外源性病源体及毒素的侵害。糖鞘脂在结构上的复杂多样性确保外源性病原体及毒素要作用于细胞，必须依靠对糖鞘脂精细结构的特异性识别。这样可使宿主机体或器官只有少数细胞受到侵害。

## 发展方向

糖鞘脂的结构十分复杂多样，其合成、再循环及代谢周转过程牵涉到许多酶。要想彻底弄清糖鞘脂的生物功能，需要对合成途径的每一步骤逐个进行遗传分析，包括酶的克隆、突变动物的繁殖及分析等，这将是今后要面对的十分艰巨又必需完成的工作。此外，不仅要研究这些动物的固有的病理生理学，还要使它们接触各种各样的特异病原体，看它们是否能表现变更的易感性。

（马克里 译　　朱正美　辛　毅 校）

### 参 考 文 献


1. Stults C.L.M., Sweeley C.C., and Macher B.A. 1989. Glycosphingolipids: Structure, biological source, and properties. *Methods Enzymol.* **179:** 167–214.
2. Sandhoff K. and Van Echten G. 1993. Ganglioside metabolism—Topology and regulation. *Adv. Lipid Res.* **26:** 119–138.
3. Nagai Y. and Iwamori M. 1995. Cellular biology of gangliosides. In *Biology of the sialic acids* (ed. Rosenberg A.), pp. 197–241. Plenum Press, New York.
4. Wiegandt H. 1995. The chemical constitution of gangliosides of the vertebrate nervous system. *Behav. Brain Res.* **66:** 85–97.
5. Karlsson K.-A. 1989. Animal glycosphingolipids as membrane attachment sites for bacteria. *Annu. Rev. Biochem.* **58:** 309–350.
6. Shayman J.A. and Radin N.S. 1991. Structure and function of renal glycosphingolipids. *Am. J. Physiol.* **260:** F291–F302.
7. Hakomori S. and Igarashi Y. 1995. Functional role of glycosphingolipids in cell recognition and signaling. *J. Biochem.* **118:** 1091–1103.
8. Hakomori S. 1996. Tumor malignancy defined by aberrant glycosylation and sphingo(glyco)lipid metabolism. *Cancer Res.* **56:** 5309–5318.
9. Dasgupta S., Everhart M.B., Bhat N.R., and Hogan E.L. 1997. Neutral monoglycosylceramides in rat brain: Occurrence molecular expression and developmental variation. *Dev. Neurosci.* **19:** 152–161.
10. Ishizuka I. 1997. Chemistry and functional distribution of sulfoglycolipids. *Prog. Lipid Res.* **36:** 245–319.
11. Ichikawa S. and Hirabayashi Y. 1998. Glucosylceramide synthase and glycosphingolipid synthesis. *Trends Cell Biol.* **8:** 198–202.
12. Ogawa-Goto K. and Abe T. 1998. Gangliosides and glycosphingolipids of peripheral nervous system myelins—A minireview. *Neurochem. Res.* **23:** 305–310.
13. Izu H., Izumi Y., Kurome Y., Sano M., Kondo A., Kato I., and Ito M. 1997. Molecular cloning expression, and sequence analysis of the endoglycoceramidase II gene from *Rhodococcus* species strain M-777. *J. Biol. Chem.* **272:** 19846–19850.

14. Wang L.X., Pavlova N.V., Li S.C., Li Y.T., and Lee Y.C. 1996. A fluorometric assay of ceramide glycanase with 4-methylumbelliferyl β-D-lactoside derivatives. *Glycoconj. J.* **13:** 359–365.
15. Li Y.-T. and Li S.-C. 1989. Ceramide glycanase from leech, *Hirudo medicinalis*, and earthworm, *Lumbricus terrestris*. *Methods Enzymol.* **179:** 479–487.
16. Hoekstra D. and Kok J.W. 1992. Trafficking of glycosphingolipids in eukaryotic cells: Sorting and recycling of lipids. *Biochim. Biophys. Acta Rev. Biomembr.* **1113:** 277–294.
17. Freeze H.H., Sampath D., and Varki A. 1993. α- and β-xylosides alter glycolipid synthesis in human melanoma and Chinese hamster ovary cells. *J. Biol. Chem.* **268:** 1618–1627.
18. Van Echten G. and Sandhoff K. 1993. Ganglioside metabolism. Enzymology, topology, and regulation. *J. Biol. Chem.* **268:** 5341–5344.
19. Stoffel W. and Bosio A. 1997. Myelin glycolipids and their functions. *Curr. Opin. Neurobiol.* **7:** 654–661.
20. Li R.X., Kong Y., and Ladisch S. 1998. Nerve growth factor-induced neurite formation in PC12 cells is independent of endogenous cellular gangliosides. *Glycobiology* **8:** 597–603.
21. Nomura T., Takizawa M., Aoki J., Arai H., Inoue K., Wakisaka E., Yoshizuka N., Imokawa G., Dohmae N., Takio K., Hattori M., and Matsuo N. 1998. Purification, cDNA cloning, and expression of UDP-Gal: Glucosylceramide β-1,4-galactosyltransferase from rat brain. *J. Biol. Chem.* **273:** 13570–13577.
22. Platt F.M., Neises G.R., Reinkensmeier G., Townsend M.J., Perry V.H., Proia R.L., Winchester B., Dwek R.A., and Butters T.D. 1997. Prevention of lysosomal storage in Tay-Sachs mice treated with *N*-butyldeoxynojirimycin. *Science* **276:** 428–431.
23. Augusteyn R.C., de Jersey J., Webb E.C., and Zerner B. 1969. On the homology of the active-site peptides of liver carboxylesterases. *Biochim. Biophys. Acta* **171:** 128–137.
24. Watanabe R., Wu. K., Paul P., Marks D.L., Kobayashi T., Pittelkow M.R., and Pagano R.E. 1998. Upregulation of glucosylceramide synthase expression and activity during human keratinocyte differentiation. *J. Biol. Chem.* **273:** 9651–9655.
25. Gillard B.K., Clement R.G., and Marcus D.M. 1998. Variations among cell lines in the synthesis of sphingolipids in de novo and recycling pathways. *Glycobiology* **8:** 885–890.
26. Lloyd K.O. and Furukawa K. 1998. Biosynthesis and functions of gangliosides: Recent advances. *Glycoconj. J.* **15:** 627–636.
27. O'Brien J.S. and Kishimoto Y. 1991. Saposin proteins: Structure, function, and role in human lysosomal storage disorders. *FASEB J.* **5:** 301–308.
28. Gillard B.K., Thurmon L.T., and Marcus D.M. 1993. Variable subcellular localization of glycosphingolipids. *Glycobiology* **3:** 57–67.
29. Hakomori S. and Igarashi Y. 1993. Gangliosides and glycosphingolipids as modulators of cell growth, adhesion, and transmembrane signaling. *Adv. Lipid Res.* **25:** 147–162.
30. Hannun Y.A. 1994. The sphingomyelin cycle and the second messenger function of ceramide. *J. Biol. Chem.* **269:** 3125–3128.
31. Radin N.S. 1996. Treatment of Gaucher disease with an enzyme inhibitor. *Glycoconj. J.* **13:** 153–157.
32. Sandhoff K. and Kolter T. 1996. Topology of glycosphingolipid degradation. *Trends Cell Biol.* **6:** 98–103.
33. Van der Bijl P., Strous G.J., Lopes-Cardozo M., Thomas-Oates J., and van Meer G. 1996. Synthesis of non-hydroxy-galactosylceramides and galactosyldiglycerides by hydroxy-ceramide galactosyltransferase. *Biochem. J.* **317:** 589–597.
34. Hooper N.M. 1998. Membrane biology: Do glycolipid microdomains really exist? *Curr. Biol.* **8:** R114–R116.
35. Kniep B. and Skubitz K.M. 1998. Subcellular localization of glycosphingolipids in human neutrophils. *J. Leukocyte Biol.* **63:** 83–88.
36. Kolter T. and Sandhoff K. 1998. Recent advances in the biochemistry of sphingolipidoses. *Brain Pathol.* **8:** 79–100.
37. Schapiro F.B., Lingwood C., Furuya W., and Grinstein S. 1998. pH-independent retrograde targeting of glycolipids to the Golgi complex. *Am. J. Physiol.* **274:** C319–C332.
38. Gillard B.K., Clement R., Colucci-Guyon E., Babinet C., Schwarzmann G., Taki T., Kasama T., and Marcus D.M. 1998. Decreased synthesis of glycosphingolipids in cells lacking vimentin intermediate filaments. *Exp. Cell Res.* **242:** 561–572.

39. Hakomori S., Handa K., Iwabuchi K., Yamamura S., and Prinetti A. 1998. New insights in glycosphingolipid function: "Glycosignaling domain," a cell surface assembly of glycosphingolipids with signal transducer molecules, involved in cell adhesion coupled with signaling. *Glycobiology* **8:** XI–XVIII.
40. Hannun Y.A. 1996. Functions of ceramide in coordinating cellular responses to stress. *Science* **274:** 1855–1859.
41. Marcus D.M. and Schwarting G.A. 1976. Immunochemical properties of glycolipids and phospholipids. *Adv. Immunol.* **23:** 203–240.
42. Feizi T. 1985. Demonstration by monoclonal antibodies that carbohydrate structures of glycoproteins and glycolipids are onco-developmental antigens. *Nature* **314:** 53–57.
43. Fredman P. and Lekman A. 1997. Glycosphingolipids as potential diagnostic markers and/or antigens in neurological disorders. *Neurochem. Res.* **22:** 1071–1083.
44. Tsuji S., Yamashita T., Matsuda Y., and Nagai Y. 1992. A novel glycosignaling system: GQ1b-Dependent neuritogenesis of human neuroblastoma cell line, GOTO, is closely associated with GQ1b-dependent ecto-type protein phosphorylation. *Neurochem. Int.* **21:** 549–554.
45. Kielczynski W., Bartholomeusz R.K., and Harrison L.C. 1994. Characterization of ganglioside associated with the thyrotrophin receptor. *Glycobiology* **4:** 791–796.
46. Karlsson K.A. 1995. Microbial recognition of target-cell glycoconjugates. *Curr. Opin. Struct. Biol.* **5:** 622–635.
47. Nagai Y. 1995. Functional roles of gangliosides in bio-signaling. *Behav. Brain Res.* **66:** 99–104.
48. Kasahara K., Watanabe Y., Yamamoto T., and Sanai Y. 1997. Association of Src family tyrosine kinase Lyn with ganglioside $G_{D3}$ in rat brain—Possible regulation of Lyn by glycosphingolipid in caveolae-like domains. *J. Biol. Chem.* **272:** 29947–29953.
49. Simons K. and Ikonen E. 1997. Functional rafts in cell membranes. *Nature* **387:** 569–572.
50. Boubelik M., Floryk D., Bohata J., Dráberová L., Macák J., Smíd F., and Dráber P. 1998. $Le^x$ glycosphingolipids-mediated cell aggregation. *Glycobiology* **8:** 139–146.
51. Fenderson B.A., Ostrander G.K., Hausken Z., Radin N.S., and Hakomori S. 1992. A ceramide analogue (PDMP) inhibits glycolipid synthesis in fish embryos. *Exp. Cell Res.* **198:** 362–366.
52. Ichikawa S., Nakajo N., Sakiyama H., and Hirabayashi Y. 1994. A mouse B16 melanoma mutant deficient in glycolipids. *Proc. Natl. Acad. Sci.* **91:** 2703–2707.
53. Coetzee T., Fujita N., Dupree J., Shi R., Blight A., Suzuki K., and Popko B. 1996. Myelination in the absence of galactocerebroside and sulfatide: Normal structure with abnormal function and regional instability. *Cell* **86:** 209–219.
54. Takamiya K., Yamamoto A., Furukawa K., Yamashiro S., Shin M., Okada M., Fukumoto S., Haraguchi M., Takeda N., Fujimura K., Sakae M., Kishikawa M., Shiku H., and Aizawa S. 1996. Mice with disrupted GM2/GD2 synthase gene lack complex gangliosides but exhibit only subtle defects in their nervous system. *Proc. Natl. Acad. Sci.* **93:** 10662–10667.
55. Brigande J.V., Platt F.M., and Seyfried T.N. 1998. Inhibition of glycosphingolipid biosynthesis does not impair growth or morphogenesis of the postimplantation mouse embryo. *J. Neurochem.* **70:** 871–882.
56. Takamiya K., Yamamoto A., Furukawa K., Zhao J.M., Fukumoto S., Yamashiro S., Okada M., Haraguchi M., Shin M., Kishikawa M., Shiku H., and Aizawa S. 1998. Complex gangliosides are essential in spermatogenesis of mice: Possible roles in the transport of testosterone. *Proc. Natl. Acad. Sci.* **95:** 12147–12152.

本章初稿由 A. Varki（圣迭戈加利福尼亚大学）编写。

# 第 10 章　糖基磷脂锚



本章首先综述一个发现，即很多膜蛋白是通过一种全新的糖酯结构锚定在膜上，新脂膜被称为糖基磷脂肌醇（Glycosyl-phosphatidyl-inositol GPI）。这在 20 世纪 80 年代中期之前是不为人知的。然后概述了 GPIs 在物种和蛋白质中的分布，描述了 GPIs 的共同特征和结构多样性，也总结了 GPIs 的生物合成主要途径和与多肽的连接。最后，对 GPI 锚的推定功能作了审慎的评价。

## GPI 锚发现的历史背景[1~4]

早在 1963 年，发现用粗制的细菌磷脂酶 C 可以从哺乳动物细胞释放碱性磷酸酶，这一首次数据，提示有蛋白脂锚的存在。20 世纪 70 年代中期，日本的 Hiro Ikezawa 小组和美国的 Martin Low 小组同时发现，用高纯度的磷脂酰肌醇特异的磷脂酶 C 可从细胞表面释放一些酶，如碱性磷酸酶，并首先推测细胞表面可能存在着肌醇磷脂蛋白锚。但由于缺乏有关结构的数据支持，这一论点并没有得到广泛的接受。英国的 Alan William 小组也独立地研究发现，细胞表面的 Thy-1 抗原具有糖脂和糖蛋白二者的共同性质。随后发现在 Thy-1 糖蛋白的羧基末端含有脂肪酸和乙醇胺。到 1981 年，Tony Holder 和 George Cross 小组的研究表明，在非洲锥虫产生的可溶性变异表面糖蛋白（称之为 sVSG）羧基末端含有一个具有交叉免疫反应性的糖链，该糖链借助于乙醇胺以酰胺键与肽链末端羧基相连。与此同时，Mervyn Turner 小组发现，当锥虫细胞受伤时，细胞内的一种酶可快速释放正常与细胞表面膜结合型变异表面糖蛋白（mfVSG）。活细胞表面膜结合型 VSG 转变为可溶性 VSG 的速度极快，以至于必需在电泳前于 SDS 中快速煮沸处理细胞，才能检测到膜结合型 VSG 的存在。1985 年，约翰霍普金斯大学的 Bangs 与其同事在 Holder 发现的基础上，证实了脂锚结构是在内质网内 VSG 多肽合成后 1 分钟之内添加的，并推测脂锚结构是在内质网中合成，然后作为一个整体加到肽链羧基端。到 1985 年后期，牛津大学的 Michael Ferguson 及其同事发表了一篇精心杰作首次阐明了结合到锥虫膜 mfVSG 的糖酯的完整结构。这些研究第一次从结构上明确了糖基磷脂酰肌醇这一专门名词的含义。其后，一些实验室相继研究了电鳐的乙酰胆碱酯酶（ACHe）、Thy-1 抗原及红细胞膜 ACHe，并证明这些蛋白质均与 GPI 组分共价相连。

自 1985 年以来已发现的 GPI 锚蛋白不下数百种（见表 10.1），其分布范围从古细菌（archea-bacteria）到人类，但目前尚未在真细菌（eubacteria）中发现 GPI 锚定蛋白。1989 年，在约翰霍普金斯大学的 Masterson 及其同事采用放射性 GPI 脂质前体对活体锥虫进行脉冲-追踪标记，并结合产物结构特征分析，揭示了锥虫 GPI 结构的基本生物合成途径。一些研究者也分别对酵母及哺乳动物 GPI 的合成予以阐明。这些研究也依赖于生物合成途径中酶的突变，先在淋巴细胞中确定，后在酵母中确定了生物合成途径。然而，到目前为止，对与复杂的 GPI 的生物合成途径，有关的酶学、酶结构及酶的调节等情况仍知之甚少。

**表 10.1　GPI-锚定蛋白的实例**

| 水解酶 | 细胞黏附分子 | 哺乳动物抗原 | 原虫抗原 | 其他 |
|---|---|---|---|---|
| 碱性磷酸酶 | LFA-3 | Thy-1 | Ssp-4（锥虫） | 衰变加速因子 |
| 5′-核苷酸酶 | 硫酸类肝素蛋白聚糖 Glypican 家族 | RT-6 | 表面变异糖蛋白 | 130kDa 胎盘生长因子 |
| 海藻糖酶 | 神经细胞黏附分子 | Qa | 表面蛋白（草履虫属） | 羊瘙痒病朊病毒 |
| 碱性磷酸二酯酶 I | A 接触位点（网柄菌属） | Ly-6 | 195kDa 抗原（疟原虫属） | GP-2（酶原颗粒） |
| $P^{63}$蛋白酶（利什曼虫） | PH-20（豚鼠精子） | 癌胚抗原 | 抗原 117（网柄菌属） | 体被蛋白（血吸虫） |
| 肾二肽酶 | | Blast-1 | | FcIII 受体（人中性细胞） |
| 裂殖子蛋白酶（疟原虫属） | | CD14 | | 少突神经胶质细胞髓鞘蛋白 |
| 氨基肽酶 P | | | | 125kDa 糖蛋白（酵母） |
| 脂蛋白脂酶 | | | | 同源的限制因子 |

## GPI-锚定蛋白的多样性[1～3]

表 10.1 说明了 GPI-锚定蛋白的功能及结构的多样性。从目前已发现的 GPI-锚定蛋白特征，可归结出以下几个要点：(1) GPI 锚广泛分布于多种不同的生物体，尤其在原虫中含量丰富；(2) GPI-锚定蛋白存在于所有哺乳动物细胞型；(3) GPI-锚定蛋白具有多种不同的功能，包括水解酶、黏附蛋白、补体调节蛋白、受体、朊病毒（prion）蛋白质、抗原等。此外，还发现几种蛋白质的同一基因编码的产物可通过肽的跨膜结构域或通过 GPI-锚定方式与质膜结合。这是由于 RNA 的可变剪接方式所致。因此，

GPI-锚的功能与任何特殊生物学作用或细胞蛋白质种类都无关系。GPI-的特异功能有别于多肽锚之处至今仍是个谜，但是几个流行的假说将在本章后文讨论。

## GPI 锚的结构[5,6]

各种 GPI 都有一个共同的核心结构（图 10.1）。在这一结构中，磷脂酰肌醇通过肌醇环的第 6 位碳原子与未乙酰化的葡糖胺的还原端以糖苷键相连。GPI 是在自然界中一

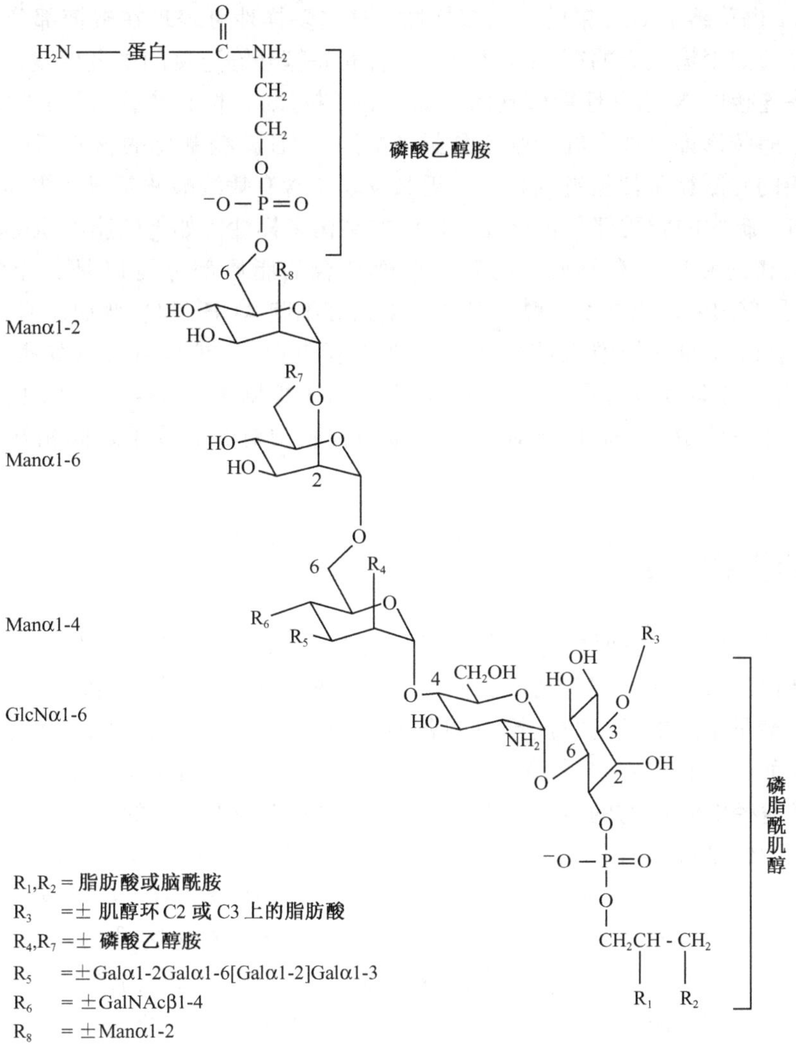


**图 10.1** GPI-锚的结构。所有结构已确定的 GPI 醇锚都有一个共同的核心结构，即 ethanolamine-$PO_4$-6Manα1-2Manα1-6Manα1-4GlcNα1-6 *myo*-Ino-1-$PO_4$-Lipid。各种糖基磷脂酰肌醇锚结构上的不均一性主要是由核心结构中取代基团不同所产生的。图中取代基团以 R 表示 $R_1$ 和 $R_2$ 可以是长链脂酰基或烷烃基，也可以是脑酰胺。$R_3$ 常是软脂酸，可位于肌醇环的第 2 位或第 3 位碳原子上。$R_4$ 和 $R_7$ 是磷酸乙醇胺。$R_5$、$R_6$ 和 $R_8$ 可以是不同聚糖的取代物。一些已知的聚糖链取代基团在图中表示。（引自［1］Cole and Hart 1997［©Elsevier Science］。）

种罕见的实例，其葡糖胺在胺基的第二位上既不含乙酰基（如大多数糖缀合物），也不含硫酸基如肝素修饰。因此，具有无乙酰化的葡糖胺是 GPI 结构的一个独特的标志。在其后，3 个甘露糖残基分别以 α1-4、α1-6 和 α1-2 糖苷键依次连接到葡糖胺上。末端以 α1-2 糖苷键连接的甘露糖又以磷酸二酯键与磷酸乙醇胺相连。GPI 是通过羧基-末端的羧基以酰胺键与磷脂酰乙醇胺的氨基相连。

随着越来越多的 GPI 结构被阐明，人们更加清楚地认识到 GPI 没有共同的核心结构，在结构上也显示出极大的多样性，并且这与产生 GPI 的不同生物体和细胞型都有关。图 10.1 也总结了 GPI 锚的结构多样性。这些多样性可表现在聚糖部分，也可表现在脂质部分。如聚糖核心的第一个甘露糖可含有 α-糖苷键连接的半乳糖残基的支链（如 VSG）或 β-连接的 N-乙酰葡糖胺基团（如 Thy-1 抗原）。核心糖链内部的甘露糖残基也可被磷酸乙醇胺修饰（如人红细胞乙酰胆碱酯酶）。甘露糖基化的核心糖链也可进一步添加 α-连接的甘露糖基使糖链延长。最近又发现了含有唾液酸残基以及更加复杂的聚糖结构的 GPI。疏水的脂质部分也存在着广泛的结构多样性，如与磷脂酰肌醇相连的脂肪酸链的长短和饱和度可有不同。与磷酸肌醇结合的脂质部分可以是二脂酰甘油（如 VSG 或电鳐 ACHe），或烷基一酰基甘油（如人红细胞 ACHe 和衰变加速因子），也可以是硬脂酰-溶血甘油（如锥虫前循环型酸性重复蛋白），或脑酰胺（如霉菌和酵母的 GPIs）。此外，肌醇环也可在 2 或 3 位脂酰化（常为棕榈酸）。这些结构上的差别其生理意义是什么还不清楚。它们可能对 GPI 锚蛋白在膜中对旁侧分子之间相互作用的调控起重要作用。

## GPI 锚的生物合成[7～12]

GPI 锚的生物合成主要分为两步：（1）在内质网膜预组装 GPI 供体；（2）新合成的蛋白质肽链的羧基侧被部分切除，同时 GPI 与新形成的羧基末端结合。研究 GPI 的生物合成，最早采用的是以非洲锥虫制备的无细胞体系。因锥虫 GPI 合成活跃，每个锥虫细胞表面大约有 $1\times10^7$ 个膜结合型 VSG 分子，因此，可由锥虫细胞得到富含各种 GPI 锚合成途径中间产物的微粒体膜制品，作为研究 GPI 合成的材料。其后，又建立了各种不同生物来源的（包括弓形虫、酵母和哺乳动物细胞）GPI 锚的无细胞合成体系。虽然在不同生物体（organism）中，GPI 锚生物合成途径有一些差异（尤其是脂酰链的添加、磷酸乙醇胺的结合），但基本的生物合成途径在生物进化过程中是保守的。内质网中 GPI 锚前体生物合成的主要步骤见图 10.2 和图 10.3。由图可见，参与 GPI 锚合成的各组分是逐步添加到位于内质网膜的磷脂酰肌醇上的（图 10.2）。首先由 UDP-GlcNAc 为供体，将乙酰葡糖胺基转移至磷脂酰肌醇，随即水解乙酰基生成葡糖胺-磷脂酰肌醇。然后依次添加 3 个甘露糖基。在反应中，甘露糖的供体不是 GDP-甘露糖，而是以多萜醇磷酸甘露糖（dolichol-phosphomannose）为直接供体。后者作为一种高能类异戊二烯糖脂，也在糖蛋白生物合成中参与 N-聚糖的合成（见第 7 章）。在不同的生物体，甘露糖的添加过程不尽相同。在锥虫属甘露糖基是直接添加到葡糖胺-磷脂酰肌醇（GlcN-PI）上。而在酵母和哺乳动物细胞，磷脂酰肌醇的肌醇环必须先酰基化生成 GlcN-PI（acyl），才能进一步添加甘露糖残基。另外，虽然在锥虫中这是一个简单的逐步添加的合成途径，然而在哺乳动物细胞中，甘露糖的添加过程则较复杂，必须在第一个甘露糖基团与一分子磷酸乙醇胺基结合后，才能再添加另外两个甘露糖残基（图 10.3）。最近研究表明，磷脂酰乙醇胺部分，与核心结构的末端甘露糖基 $C_6$ 的连接，是以具有磷脂酰乙醇胺的 GPI 前体作为供体，整块添加的。

GPI 生物合成途径中的一些物种特异性变异值得注意。如在血液中锥虫是在 *sn*-1 位含有硬脂酸及 *sn*-2 位含有 18:0，18:1，20:4 及 22:6 等混合脂肪酸的磷脂酰肌醇上组装其 GPI 前体的。然而在组装后 GPI 的结构中，*sn*-1 和 *sn*-2 位置上均是肉豆蔻酸（14:0）。这说明在 GPI 组装过程中，甘油 *sn*-1 和 *sn*-2 位置上的脂肪酸均被重新改造。令人感到特别惊讶的是，哺乳动物宿主体内肉豆蔻酸含量很低，锥虫也没有合成肉豆蔻酸的能力。锥虫 GPI 合成的另一个特征是，在 GPI 合成过程中肌醇环的脂酰化是一个可逆过程，可以提供储存形式的 GPI，而后者只有在去酰化以后才能重新用于合成，这样便能满足锥虫对 GPI 大量合成的需要。酵母 GPI 生物合成途径起码有两点与锥虫和哺乳动物细胞不同，第一是在添加甘露糖残基之前，肌醇环的脂酰化是不可缺少的步骤。另一个就是在酵母及网柄菌（*Dictyostelium*）中，许多 GPI 结构含脑酰胺而不是二酯酰甘油。最近有数据表明，脑酰胺与 GPI 结构中二脂酰甘油部分的交换是发生在 GPI 与蛋白质结合以后，其发生的生物意义尚不清楚，已知这不是细胞在体外存活所必需的。哺乳动物细胞 GPI 锚的生物合成途径也有自己的特点，首先是合成早期肌醇环的脂酰化，这一点与酵母类似。但催化脂酰化反应的酶促反应过程则不同。其次是 GPI 核心内侧的甘露糖残基上添加磷酸乙醇胺基团，这一特点仅存在于哺乳动物细胞。

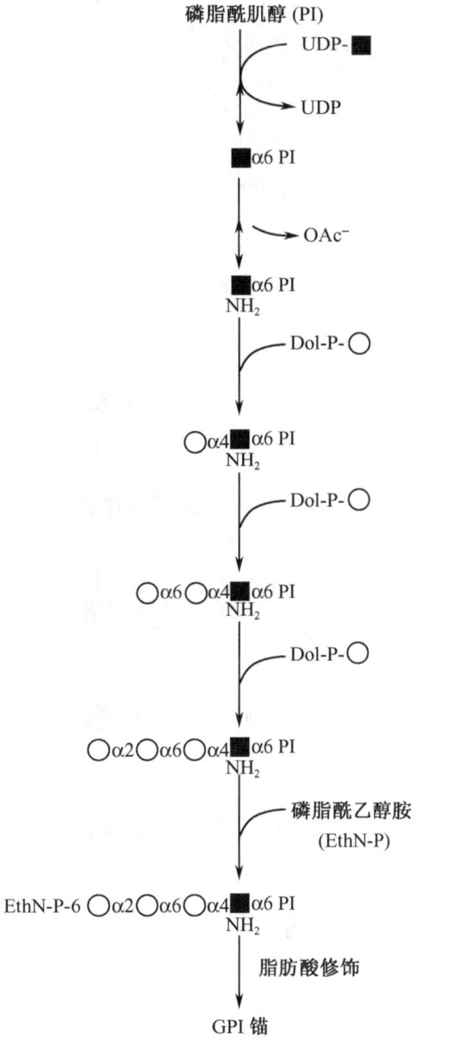


**图 10.2** 锥虫 GPI 锚的生物合成途径。多萜醇磷酸甘露糖（Dol-P-O）；（EthN）磷酸乙醇胺；（■$NH_2$）葡糖胺；（■）N-乙酰葡糖胺；（○）甘露糖；（Ac）乙酸盐；（UDP）5′-尿苷二磷酸。（引自［1］Cole and Hart 1997［©Elsevier Science］。）

对 GPI 组装的拓扑学研究表明，大部分 GPI 前体的预组装是在内质网膜胞质侧进行的。相反，从蛋白酶保护实验已表明，GPI 锚前体是在内质网腔内与蛋白质多肽链结合。GPI 是怎样跨膜进入内质网，及此过程所涉及的酶及调节机制均不清楚。

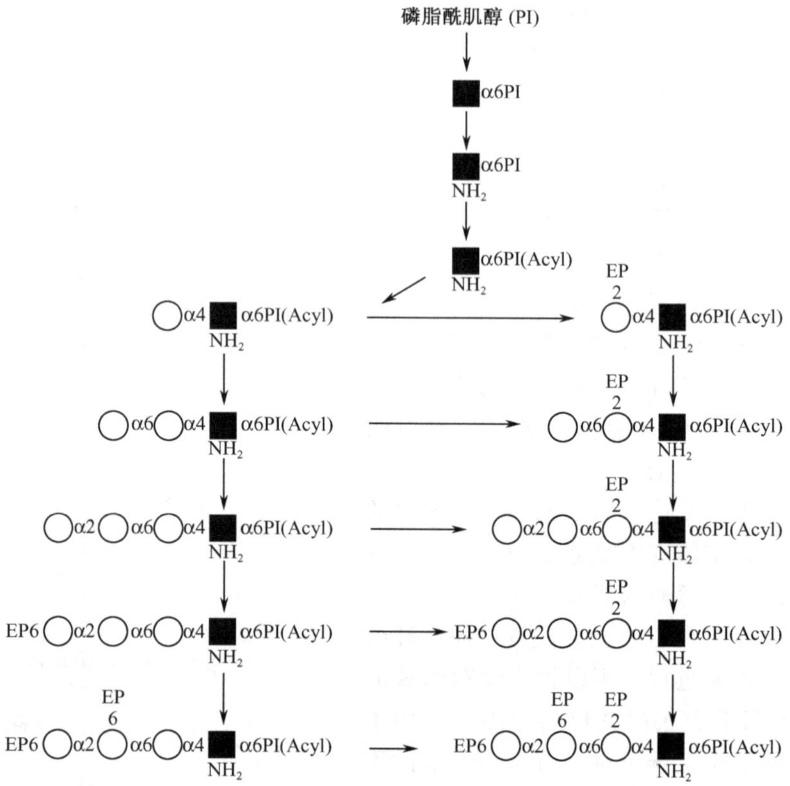


**图 10.3**　哺乳动物 GPI 锚生物合成分支途径。(acyl) 肌醇环的乙酰化，(EP) 磷酸乙醇胺。其余缩写符号所代表的结构同图 10.2。(引自 [1] Cole and Hart 1997 [©Elsevier Science]。)

GPI 锚与多肽链的结合是翻译后的加工修饰过程。这一过程涉及转酰胺基反应。其结果是切断肽链羧基末端的 GPI 信号序列处，同时，将 GPI 锚整个转移至肽链新形成的羧基末端氨基酸。书后彩图 10.4 说明了转酰胺反应的性质。GPI 锚的加入需有 2 个信号肽序列。一个是氨基端信号肽序列，其作用是指导新生肽段进入内质网，另一个是羧基端信号肽序列，其作用是指导 GPI 锚与新生多肽的结合。与氨基端信号肽一样，羧基端 GPI 信号肽也没有特定的氨基酸序列。但对一些 GPI 锚定蛋白质的肽序列研究表明，其中也有一些特征性规律。与 GPI 锚结合的氨基酸残基（称 ω 位）及羧基侧相邻的第二个氨基酸（ω+2 位）常含有较小的侧链，而第一个氨基酸（ω+1 位）常含有较大的侧链。紧接着 ω+2 位氨基酸残基是 5～10 个亲水氨基酸残基，然后是位于或接近肽链羧基末端的 15～20 个疏水氨基酸残基。许多实验表明，如果用人工的方法将 GPI 信号肽序列融入蛋白质羧基端，这一蛋白就成为 GPI 锚定的膜结合蛋白。表 10.2 列出了一些 GPI 信号肽的氨基酸序列。

表 10.2 结合 GPI 锚的蛋白质羧基端信号序列

| 蛋白质 | GPI 信号肽序列 |
|---|---|
| 乙酰胆碱脂酶（电鳐） | NQFLPKLLNATA **C** DGELSSSGTSSSKGIIFYVLFSILYLIFY |
| 碱性磷酸酶（胎盘） | TACDLAPPAGTT **D** AAHPGRSVVPALLPLLAGTLLLLETATAP |
| 衰变加速因子 | HETTPNKGSGTT **S** GTTRLLSGHTCFTLTGLLGTLVTMGLLT |
| 前循环型酸性重复蛋白（PARP）（*T. Brucei*） | EPEPEPEPEPEP **G** AATLKSVALPFAIAAAALVAAF |
| 朊蛋白（仓鼠） | QKESQAYYDGRR **S** SAVLFSSPPVILLISFLIFLMVG |
| Thy-1（大鼠） | KTINVIRDKLVK **C** GGISLLVQNTSWLLLLLLSLSFLQATDFISI |
| 变异的表面糖蛋白（*T. Brucei*） | ESNCKWENNACK **D** SSILVTKKFALTVVSAAFVALLF |

黑体字符表示 GPI 所结合的氨基酸残基。间隔右侧是在锚结合后由转肽酶切除的肽段序列。

## GPI 锚生物合成途径的突变[9,10]

GPI 合成突变的细胞株和酵母对于研究 GPI 的生物合成途径是很重要的。例如，葡糖胺-磷脂酰肌醇的生成，似需 3 个基因的参与，但其中仅有 1 个乙酰葡糖胺转移酶的基因被鉴定。阵发性夜间血红蛋白尿症（PNH）是一种伴有溶血性贫血的人类疾病。这是由多种 GPI 锚定蛋白的不正常表达所致。这些 GPI 锚定蛋白的作用是保护血细胞免受补体系统（如衰变的加速因子及 CD59）的攻击而溶血。PNH 患者的细胞不能合成 GPI 是因为 *PIG-A* 基因发生了突变。*PIG-A* 基因突变属于体细胞突变，可能发生于骨髓干细胞。*PIG-A* 基因是 X 链锁基因，他编码将乙酰葡糖胺转移给磷脂酰肌醇的酶。其他几个参与 GPI 合成的基因是常染色体基因，因此，由于 X 失活作用，*PIG-A* 基因突变导致的 PNH 发病率远远大于其他几个基因。如果是 PNH 杂合子患者，一个活性的 *PIG-A* 等位基因发生 X 失活，常导致一个功能性转移酶①活性全部丧失。

## GPI-锚定蛋白的鉴定[1,3,6]

GPI 锚定蛋白可采用特异的酶学或化学裂解后使之溶解，结合应用去垢剂（如在 Triton X-114 中）分配法，抗体识别及代谢途径同位素标记等技术对其进行鉴定分析。图 10.5 表示常用于 GPI 锚定蛋白鉴定的特异性切割部位或结构特性。研究蛋白质含有 GPI 锚结构的最常用方法是用细菌中提取的磷脂酰肌醇特异的磷脂酶 C（PI-PLC）或锥虫的 GPI-特异的磷脂酶 C（GPI-PLC）。这两种酶作用后，将二酰基留在膜上，在蛋白

① 乙酰葡糖胺转移酶。——译者注

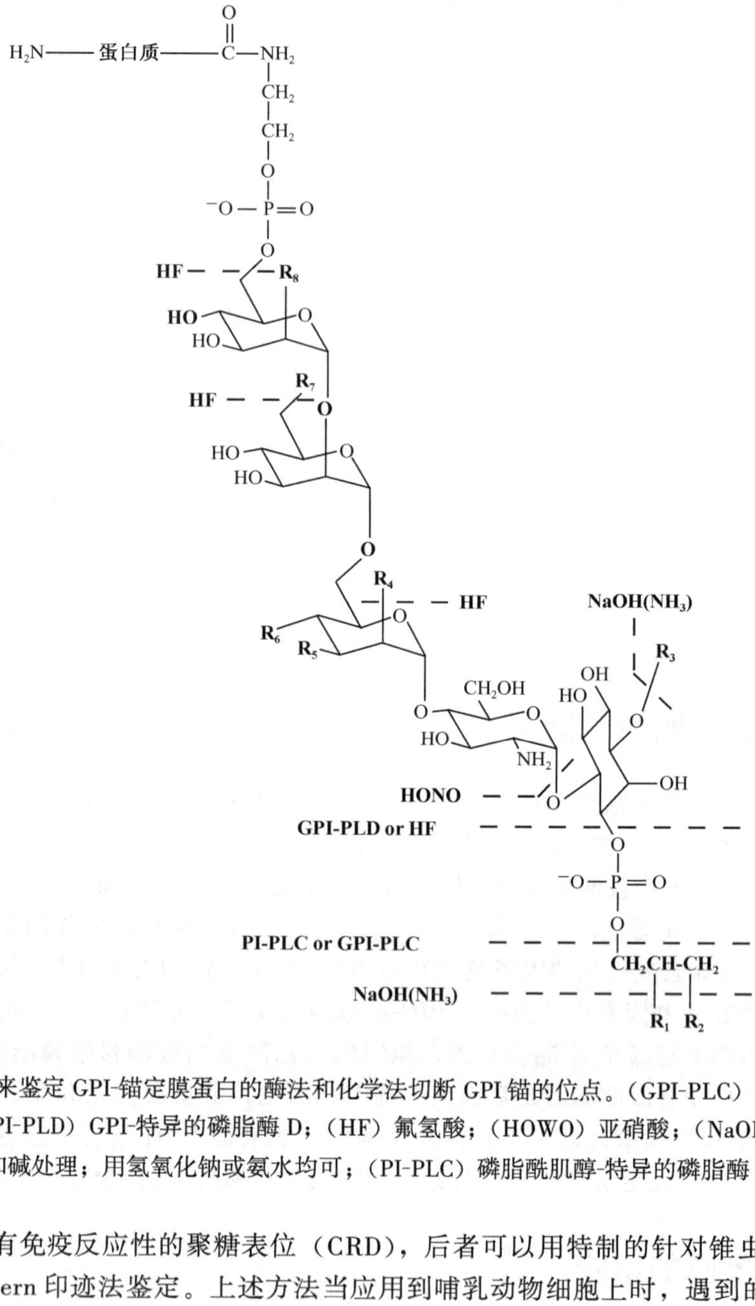


**图 10.5** 用来鉴定 GPI-锚定膜蛋白的酶法和化学法切断 GPI 锚的位点。(GPI-PLC) GPI-特异的磷脂酶 C;(GPI-PLD) GPI-特异的磷脂酶 D;(HF) 氟氢酸;(HOWO) 亚硝酸;(NaOH [$NH_3$]) 温和碱处理;用氢氧化钠或氨水均可;(PI-PLC) 磷脂酰肌醇-特异的磷脂酶 C。

质上形成具有免疫反应性的聚糖表位(CRD),后者可以用特制的针对锥虫 GPI 锚的抗体通过 Western 印迹法鉴定。上述方法当应用到哺乳动物细胞上时,遇到的共同问题是当肌醇上有酰基时,脂酶就不能分解 GPI 锚,因此需要预先用温和碱处理以除去肌醇环上的脂肪酸。另一代替法是用血清来源的 GPI-特异的磷脂酶 D,(GPI-PLD) 分解 GPI 锚,该酶的切点是在肌醇环与磷脂酸部分之间,不受肌醇酰化的抑制。PLD 在磷脂酸与肌醇环之间切开 GPI 锚,并且不受肌醇环脂酰化的抑制。氢氟酸也可在肌醇环和磷脂酸之间切开 GPI,同时也可以切断磷酸乙醇胺与任何甘露糖形成的磷酸二酯键。稀亚硝酸在 GPI 锚定蛋白的研究中特别有用,因为它可特异地水解葡糖胺与肌醇环之间的糖苷键,释出磷脂酰肌醇和蛋白结合的聚糖(含有一种可供诊断用的脱水甘露糖部分)。上面提到的组成成分的分析，肌-肌醇、乙醇胺、葡糖胺、甘露糖或脂肪酸的放射性标记和层析或去垢剂分配方法与 CRD 抗体联合应用，是目前常用来研究 GPI 锚定蛋白结构的强有力的手段。

## GPI 锚推定的功能[1,13~15]

GPI 锚的生理功能至今仍大部分未知，对 PIG-A 基因敲除的小鼠研究表明，生殖细胞系缺乏 GPI 锚，对小鼠是致死的，这说明 GPI 锚是小鼠胚胎正常发育所必需的。GPI 锚的作用显然是将蛋白质固定到细胞质膜的外表面。然而也有关于这种膜是否也有其他特异功能的讨论。这种高度保守的，多步骤和复杂交替的安装膜蛋白质的方式表明 GPI 锚可能有巧妙的功能，如：影响细胞膜的全部理化性质。锚的脂肪酸含量提供膜脂组分并能决定蛋白质在膜内的包装特性。实际上，如上所述锥虫中提供的证据，mfVSG 聚糖取代物可能承担重大功能。将膜蛋白组装到质膜的脂双层中。不需要跨膜域或胞质域的膜-锚定蛋白可能减少“蛋白弄乱”(proteinclutter)。因为在胞面不受其他分子干扰。GPI 锚提示的功能包括 (1) 允许蛋白增加横向运动性，(2) 通过活化脂酶介导释放或分泌蛋白质，(3) 将蛋白质靶向顶面，(4) 调控内吞或蛋白质周转和(5) 参与受体介导的信号转导事件。

由于缺乏跨膜及细胞内区域，排除了 GPI-锚定蛋白与细胞内骨架蛋白之间的相互作用。这样，GPI-锚定蛋白在膜上的横向运动将不受细胞骨架结构的限制。许多 GPI-锚定蛋白是受体或黏附分子，能在膜上自由运动，这对它们与配体之间的相互作用是有利的。这一假设虽很有吸引力，然而，目前尚无强有力的证据支持这一论点。事实上，一些 GPI-锚定蛋白在膜上有较大的迁移率。但也有一些 GPI-锚定蛋白的迁移率甚至低于 (膜蛋白的) 平均迁移率。显然地，也会涉及与膜的其他组分发生复杂的相互作用。直接比较以跨膜蛋白域取代 GPI 锚的嵌合蛋白与未被取代的横向迁移率，二者相差无几。

GPI 锚可被高度特异性磷脂酶切断，提示 GPI 锚介导蛋白快速释放和分泌的可能机理。这个假说可受以下事件所支持。在培养细胞中，通过 GPI-连接蛋白从细胞表面快速脱落，并出现了可溶性的 GPI-锚定形式的蛋白，另一事件是哺乳动物血清中存在 GPI-PLD (磷脂酶 D)，然而，还不清楚在体内 GPI-锚定蛋白的脱落发生到什么程度，并且它们是否通常是被蛋白酶切除还是被脂酶切除的。在某些事例中，不必除去膜上的锚，蛋白质即可被释放出来。为了确定 GPI 锚介导蛋白质分泌，锚的去除必须在体内验证。目前，一个生理学上重要的例子来自对锥虫的研究。当锥虫细胞受损时，细胞表面的膜结合型 VSG (mfVSG) 在细胞内 GPI-PLC 作用下，从细胞表面释放，形成可溶性 VSG (sVSG)，以防御宿主免疫系统的攻击。锥虫从血液型分化到昆虫感染型也有 mfVSG 释出的现象。

GPI-锚定蛋白定位于上皮细胞的顶面，暗示该蛋白包含有向顶面分栋或靶向的信号。有两方面的证据支持此假说。其一，用 GPI-锚定蛋白基因转染的培养上皮细胞或转基因小鼠将锚定蛋白靶向顶面。其二，将 GPI-连接或跨膜蛋白两种锚定物互相替换，则其靶向也变更，例如：将疱疹口炎病毒蛋白 G 和单纯疱疹病毒蛋白 D 中的跨膜蛋白胞质域，以 GPI 锚替换之，原来正常靶向基底侧面的蛋白质重新转道靶向顶面，与此相反，顶面蛋白如胎盘碱性磷酸酶，当添加了肽跨膜域时则转道定位于基底侧面。最近有证据表明，GPI-锚定蛋白所拥有的信号不仅局现于顶面定位，并且普遍适于级化细胞表面的定位，例如，GPI-锚定的 Thy-1 特异地在轴突质膜上表达，而不是均匀地分布在细胞表面。因此，拥有一个 GPI 锚可能发出分栋信号使蛋白进入细胞特异的途径，使蛋白质定位于极性表面。靶向极性表面的信号尚属未知。但是 GPI-连接蛋白的分栋作用可能涉及 GPI 锚与顶面糖鞘脂的共簇聚。这个假说已得到以下观察的支持，即 GPI-锚定蛋白与糖鞘脂形成不溶性复合物，（见第 9 章）。有一种假定是 GPI-锚定蛋白的分栋作用需要一个跨膜蛋白，因为 GPI-锚定蛋白的糖脂部分不能直接与细胞质中的分栋机器相互作用。

GPI-锚定蛋白似乎也参与细胞的胞饮过程（potocytosis）。胞饮是细胞内吞作用的一种特殊形式。是细胞将少量细胞外的分子或离子逆浓度梯度捕获或摄入细胞的过程。胞饮时，细胞局部质膜内陷形成小窝（caveolae），此过程与溶酶体途径无关。小窝为直径约 50nm 大小的瓶状结构，外面包被着一种 22kDa 的跨膜蛋白（小窝蛋白，caveolin）。在小窝内含有簇集的 GPI-锚定蛋白，其中研究最清楚的是叶酸受体。有证据表明存在其他 GPI-锚定蛋白，如：碱性磷酸酶，Thy-1 和朊病毒 PrP（C）等。这些混合的 GPI 锚定蛋白在小窝内形成高密度簇（约 30000 个/$\mu m^2$）聚集。这些聚集簇与小窝的结构完整性都是由 GPI 锚与胆固醇相互作用所介导的。相反，GPI-锚定蛋白在笼蛋白（clathrin）包被的小窝中很少存在。笼蛋白包被小窝主要参与受体介导的内吞过程。GPI-锚定蛋白可延长一些与细胞内吞无关的细胞表面蛋白的半寿期。这和人们推定的 GPI 锚在小窝中的功能一致。GPI 锚在胞吞中的作用为：在开放的小窝中配体与 GPI 锚定受体结合；然后小窝关闭，配体被酶催化或低 pH（条件）下释放，而在小窝内的小体积中形成高浓度梯度；已进入窝内的分子或离子流则顺浓度梯度通过膜载体或转运子进入胞质。GPI-锚定蛋白是不内化的，当小窝再开放时，它们又在下一轮胞饮过程中起作用。

淋巴细胞的活化由 GPI 锚介导。T 细胞正常地是通过抗原受体和由主要组织相容性蛋白呈递的抗原肽之间的结合而活化的。针对 T 细胞上的 GPI-锚定蛋白的抗体通过诱导细胞增殖和白介素 1 和 2 的产生和 T 细胞其他代谢改变模拟 T 细胞活化过程。相反地，T 细胞的大部分其他膜组分的抗体都无激活 T 细胞的能力。此外，事先用 PI-PLC 处理淋巴细胞，释放出 GPL-锚定蛋白，可降低 T 细胞对抗体有丝分裂原的应答。$H_2$ 或 Qa-2 组织相容性抗原的融合蛋白常用来检测 GPI-锚定蛋白在 T 细胞激活中的重要性。在正常情况下，针对 Qa-2 的抗体是促有丝分裂的，而针对 H-2 的抗体却不是。T 细胞的激活是通过 Qa-2 或 H-2 各自特异的抗体分别地结合到 GPI-锚定形式上所诱导的，而不是通过带有跨膜序列肽的同一个多肽的结合所诱导。同样地，将正常的 GPI-锚定形式的 Ly-6E 瞬时转染到淋巴细胞系，可介导 T 细胞激活。而跨膜形式的肽则不能。这些观察结果在体内的功能意义尚属未知。

由于 GPI-锚定蛋白不含跨膜及胞内区域，至今对其参与信号转导的机制仍不清楚。GPI 锚在磷脂酶的作用下产生的降解产物，肌醇磷酸聚糖和二脂酰甘油可能介导一些激素的作用，如胰岛素、胰岛素样生长因子-1、神经生长因子、白细胞介素-2 及甲状腺刺激激素等的作用。这些激素敏感性的糖脂与 GPI 的化学组成相似，但至今仍缺其详细的结构数据。此外，从锥虫衍生的肌醇聚糖可模拟胰岛素的代谢作用。相反，抗肌醇聚糖抗体阻断胰岛素的作用。胰岛素敏感的 GPIs 似也介导 T 细胞突变株的活化，这种 T 细胞突变株不能使蛋白质与 GPI 锚相连接。T 细胞激活的一个早期步骤是刺激酪氨酸激酶的活性。有趣的是蛋白质酪氨酸激酶常与抗 GPI-锚定蛋白的抗体共免疫沉淀，并且与 GPI-锚定蛋白共定域形成大的非共价复合物。这些研究提示，蛋白质酪氨酸激酶是信号介导机制的一部分，通过它使 GPI-锚定蛋白介导 T 细胞激活。显然地，目前对 GPI-锚定蛋白介导信号转导或甚至于连信号是如何转导通过质膜的都还知之甚少。

## 前景展望

仅在大约 13 年以前，GPI 锚的存在是不为人知的。但是现在它们是将膜蛋白锚定在膜上的主要机制，并且的确在原虫中起支配作用的机制。要了解这种修饰还面临一些挑战。首先 GPI 锚的功能在大多数事例中还未清楚的了解，为什么同一个蛋白质在某些情况下锚定在肽域，在其他情况下被 GPI 锚定？其次 GPI 锚生物合成的酶学及调控机制还不清楚。随着编码 GPI 生物合成途径中各种酶的基因快速克隆，有关这方面的研究将是今后 10 年中一个非常活跃的研究领域。最后，还不知道 GPI 锚组分中聚糖部分和脂质部分存在的结构多样性的生理意义是什么？显然 GPI 锚将是今后生物学研究领域中的一个热点。

（马克里 译　　李玉瑞 校）

## 参 考 文 献

1. Cole R.N. and Hart G.W. 1997. Glycosyl-phosphatidylinositol anchors: Structure, biosynthesis and function. In *Glycoproteins II* (ed. Montreuil J. et al.), pp. 69–88. Elsevier, Amsterdam.
2. Englund P.T. 1993. The structure and biosynthesis of glycosyl phosphatidylinositol protein anchors. *Annu. Rev. Biochem.* **62:** 121–138.
3. Ferguson M.A.J. 1992. Glycosyl-phosphatidylinositol membrane anchors: The tale of a tail. *Biochem. Soc. Trans.* **20:** 243–256.
4. Low M.G. 1987. Biochemistry of the glycosyl-phosphatidylinositol membrane protein anchors. *Biochem. J.* **244:** 1–13.
5. Ferguson M.A., Homans S.W., Dwek R.A., and Rademacher T.W. 1988. Glycosyl-phosphatidylinositol moiety that anchors *Trypanosoma brucei* variant surface glycoprotein to the membrane. *Science* **239:** 753–759.
6. Menon A.K. 1994. Structural analysis of glycosylphosphatidylinositol anchors. *Methods Enzymol.* **230:** 418–442.
7. Doering T.L., Masterson W.J., Englund P.T., and Hart G.W. 1989. Biosynthesis of the glycosyl phosphatidylinositol membrane anchor of the trypanosome variant surface glycoprotein. Origin of the non-acetylated glucosamine. *J. Biol. Chem.* **264:** 11168–11173.
8. Doering T.L., Masterson W.J., Hart G.W., and Englund P.T. 1990. Biosynthesis of glycosyl phosphatidylinositol membrane anchors. *J. Biol. Chem.* **265:** 611–614.
9. Stevens V.L. 1995. Biosynthesis of glycosylphosphatidylinositol membrane anchors. *Biochem. J.* **310:** 361–370.

10. Takeda J. and Kinoshita T. 1995. GPI-anchor biosynthesis. *Trends Biochem. Sci.* **20:** 367–371.
11. Tartakoff A.M. and Singh N. 1992. How to make a glycoinositol phospholipid anchor. *Trends Biochem. Sci.* **17:** 470–474.
12. Udenfriend S. and Kodukula K. 1995. How glycosylphosphatidylinositol-anchored membrane proteins are made. *Annu. Rev. Biochem.* **64:** 563–591.
13. Anderson R.G.W. 1993. Potocytosis of small molecules and ions by caveolae. *Trends Cell Biol.* **3:** 69–72.
14. Kinoshita T., Ohishi K., and Takeda J. 1997. GPI-anchor synthesis in mammalian cells: Genes, their products, and a deficiency. *J. Biochem.* **122:** 251–257.
15. Sargiacomo M., Sudol M., Tang Z., and Lisanti M.P. 1993. Signal transducing molecules and glycosyl-phosphatidylinositol-linked proteins form a caveolin-rich insoluble complex in MDCK cells. *J. Cell Biol.* **122:** 789–807.

本章初稿由 G. W. Hart（马里兰州巴尔的摩约翰霍布金斯大学医学院）编写。

# 第 11 章　蛋白聚糖和糖胺聚糖



本章重点介绍蛋白聚糖的结构，生物合成及其生物学综合知识，内容包括蛋白聚糖主要家族、其特性多糖链（糖胺聚糖）和参与其生物合成的途径。

## 历史背景[1～4]

对于蛋白聚糖的研究可追溯到20世纪交替时期从软骨组织提取软骨黏质物“Chondromucoid”和从肝脏提取抗凝制剂（肝素）。1930～1950年间，特别是Karl Meyer与其合作者在分析这些制品的多糖（也称黏多糖，mucopolysaccharide）的化学组分方面取得了很大进展，他们阐明了聚透明质酸（HA），硫酸皮肤素（DS），硫酸角质素（KS）和硫酸软骨素（CS）的结构和硫酸软骨素的各种异构形式。这期间，Jorpes和Gardell在瑞典也描述了肝素和硫酸类肝素的化学结构。最终使我们认识到这类多糖就是现在所命名的糖胺聚糖（GAG）并表明聚合体形式的氨基糖和其他糖类的存在。此后，Rodén和Lindahl阐明了这些聚糖链与核心蛋白的连接方式。这些结构方面的研究工作为以后的生物合成研究铺平了道路。

20世纪70年代是这一研究领域的转折点，当时开发了改进的分离和层析技术，用于纯化和分析组织蛋白聚糖和糖胺聚糖。Sajdera和Hascall用密度梯度方法来分离大分子聚集蛋白聚糖，首次揭示出胞外基质比预想的更具良好的组织性（图11.1）。同时，P. F. Kraemer发现生产蛋白聚糖是动物细胞的普遍功能，而且发现蛋白聚糖和糖胺聚糖存在于细胞表面。这一发现导致这一研究领域的飞速发展，并最终认识到蛋白聚糖在细胞黏附和信息传导中的功能以及许多其他生物活性（详细内容见第 29 章）。目前，已利用体细胞遗传工程，分子克隆和基因剔除方法，以多种生物体，诸如蝇类，蠕虫类和小鼠进行了研究，深入地了解蛋白聚糖的生理功能。先后发现了与蛋白聚糖生物合成的畸变相关的各种人类疾病（见第 31～37 章）。在充分了解生物合成途径的细节之后，可能找到干预蛋白聚糖的组装和具有治疗价值的新方法（见第 40 和 41 章）。

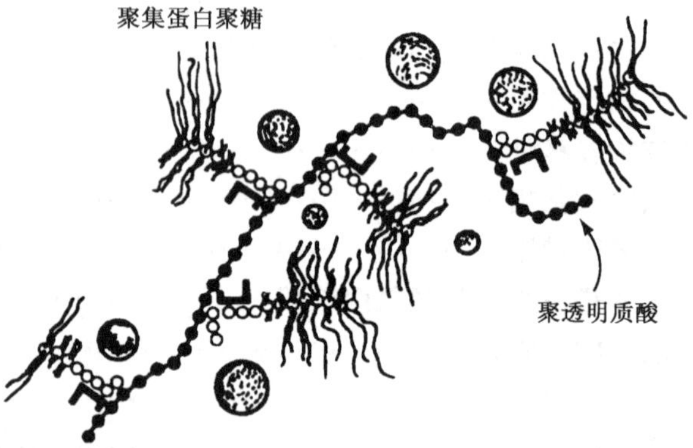


**图 11.1** 以聚透明质酸作支架的软骨大分子 CS 蛋白聚糖（聚集蛋白聚糖）形成聚集物和连接蛋白以稳定该复合物。此外，软骨基质含有胶原（未显示）和各种糖蛋白（部分填充圆圈）。（经［7］许可复制，Roden 1980。）

## 蛋白聚糖和糖胺聚糖是胞外基质和细胞表面的基本组分[3,5～12]

蛋白聚糖是由 1 个核心蛋白与 1 条或多条共价连接的 GAG 链组成的（图 11.2）。糖胺聚糖是直链多糖，其二糖组分为一氨基糖（GlcNAc 或 GalNAc）和一糖醛酸（GlcA

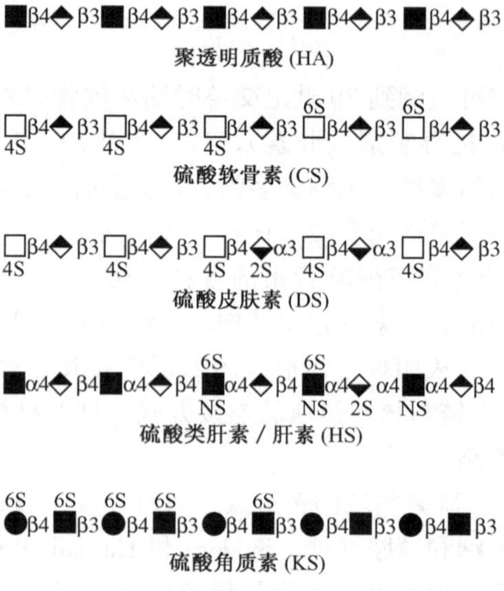


**图 11.2** 糖胺聚糖由重复二糖单位组成。HA 无硫酸基，其余 GAG 在不同位点上含硫酸基。如文中所述，硫酸基和 IdoA 的位置有很大变化。

和 IdoA)。几乎所有哺乳动物细胞都产生蛋白聚糖，或将它们分泌到胞外基质或者插入细胞质膜，或将它们储存在分泌粒内。基质蛋白聚糖包括小型基质蛋白聚糖（饰胶蛋白聚糖 decorin，双链蛋白聚糖 biglycan，纤调蛋白聚糖 fibromodulin，蛋白聚糖式的Ⅸ型胶原蛋白和聚集蛋白聚糖（aggrecan）家族中一个或一个以上的成员（聚集蛋白聚糖，短小蛋白聚糖 brevican，多功能蛋白聚糖 versican 或神经蛋白聚糖 neurocan)。这些蛋白聚糖有的仅含 1 条 GAG 链（例如，饰胶蛋白聚糖)，而其他一些蛋白聚糖则含 100 多条糖胺聚糖链（如聚集蛋白聚糖)。基质蛋白聚糖典型地含有 CS 或 DS 类 GAGs，在这一普遍性规律中也有例外，串珠蛋白聚糖（perlecan ）和组合蛋白聚糖（agrin）等 HS 类蛋白聚糖是在基底膜中发现的主要类型的聚糖。

ECM 决定组织的物理特性和嵌入基质细胞的许多生物特性。ECM 的主要组分是提供抗张强度的纤维蛋白（例如，各种胶原蛋白 collagen 和弹性蛋白 elastin）和黏附性糖蛋白（如纤连蛋白 fibronectin，层黏连蛋白 laminin，肌腱蛋白 tenascin）以及抗压缩力的水合凝胶（hydrated gel）蛋白聚糖。

有些细胞也合成多种膜蛋白聚糖。这类蛋白聚糖常为 I 型定位和具有单一的跨膜域或者有一个 GPI 锚（见第 10 章)。膜蛋白聚糖多数含 HS（如糖基磷脂酰肌醇蛋白聚糖类 glypican)，但也有许多含有 CS/HS 杂合结构的蛋白聚糖，如黏结蛋白聚糖类（syndecan）和 β-蛋白聚糖（betaglycan)。还有少数膜结合蛋白聚糖只含 CS（如 CD44 和 NG2)。

此外，储存分泌粒的一类细胞同其他分泌产物一起浓集蛋白聚糖。尽管结缔组织肥大细胞分泌粒大多含有肝素，但多数这类蛋白聚糖含有高度硫酸化的 CS。分泌粒蛋白聚糖有助于隔离和调节可能出现的正电荷组分，如蛋白酶和活性胺。

不要忘记大多数蛋白聚糖也含有糖蛋白中所含典型的 O-聚糖和 N-聚糖（见第 7 和 8 章)。这类 GAG 链比其他类型的聚糖链大的多（例如，一条 20kD 的糖胺聚糖链含有约 80 个糖残基，而一个典型的双天线 N-聚糖（biantennary N-glycan）可能只含有 10～12 个糖残基)。因此，在生物功能上 GAG 的性能占有优势，但其他聚糖类也有一定的生物活性。

**表 11.1 结合 GAGs 的蛋白质举例**

| 细胞/基质相互作用 | 凝固作用/纤维蛋白溶解作用 | 脂解 | 炎症/生长 |
|---|---|---|---|
| 层黏连蛋白 | 抗凝血酶Ⅲ | 脂蛋白脂肪酶 | FGFs 和 FGF 受体 |
| 纤连蛋白 | 肝素辅因子Ⅱ | 肝脂酶 | 分散因子（HGF） |
| 血小板反应蛋白 | 组织因子途径抑制剂 | apoE | VEGF |
| Ⅰ型胶原蛋白 | 凝血酶 | LDL | IL-8/MIP-1β |
| Ⅲ型胶原蛋白 | C 蛋白质抑制因子 | | TGF-β |
| Ⅴ型胶原蛋白 | tPA 和 PAⅠ-1 | | L 和 P 选凝毒 |
| 玻连蛋白 | | | 过氧化物歧化酶 |
| 肌腱蛋白 | | | |

## 蛋白聚糖与各种配体的相互作用[11～14]

表 11.1 列出了已知的部分与 GAG 结合的蛋白质，大多数蛋白质与 HS 结合（见第 29 章）。这反映出 HS 具有相当大的化学多样性和反应能力。通过硫酸化糖残基的不同排列与蛋白质相互作用，这类相互作用有着意义深远的生理效果。例如，静脉注射肝素，由于与抗凝血酶的结合和活化，导致迅速产生抗凝作用。与糖胺聚糖结合的配体可引起（1）在合成位点固定蛋白质，（2）调节酶的活性，（3）将配体结合到发信号的受体，（4）防止配体产生降解和（5）作为未来流动的配体储存库。在某些情况下，这种互相作用取决于 GAG 链中被修饰糖的非常专一性的序列。一个最好的研究实例是抗凝血酶与肝素的结合，它取决于肝素的专一性五糖序列（图 11.3）。

**图 11.3** 肝素中抗凝血酶结合序列由非常特异性硫酸化糖残基和糖醛酸差向异构体排列组成。

## 蛋白聚糖显示极大的结构多样性[14～17]

由于很多因素，蛋白聚糖显示巨大的结构变化。首先，含有 1 条以上 GAG 链的蛋白聚糖常常在连接链的数目上出现变化。例如，黏结蛋白聚糖-1（syndecan-1）的核心蛋白对 GAG 有 5 个可连接的位点，但这些位点的利用程度并不相同。此外，某些位点可连接 CS，也可以连接 HS。而且，链的长度也有变化，链上硫酸残基的排列也不尽相同。这样，黏结蛋白聚糖-1 的制剂代表着一种多样性分子群体。最后，源自不同类型细胞的黏结蛋白聚糖-1，其糖链的数目、长度及其微细结构也有差异。正如下面将要介绍的，所有这种蛋白聚糖的特征或许能反映 GAG 合成方法的不同。

## 聚透明质酸是最简单的糖胺聚糖[18～24]

HA 的二糖结构是由 GlcNAcβ1-3GlcAβ1-4 组成并在各条链中多次重复。HA 广泛分布于从自然界链球菌荚膜到无脊椎和脊椎动物的组织中。哺乳动物的皮肤、骨骼组织、眼睛的玻璃体、脐带和关节液都富含 HA。典型的聚透明质酸聚合体可含 $10^4$ 二糖分子（质量约为 $10^5$～$10^7$ Da）。在溶液中，HA 出现一种延伸结构，端对端地拉直时，$10^6$ Da 的聚合体长约 2μm。在液体中由于长度的关系，易缠绕成网状结构。浓度为 10mg/ml 的聚透明质酸溶液的黏度比水约高 5000 倍，这说明 HA 处于高浓度（如鸡冠和眼睛的玻璃体）时，则赋予组织刚性。在剪应力下，其黏度急剧下降，但仍能保持相当程度的弹性。因此，在运动过程中，HA 有润滑和减少摩擦的作用，而在静止状态下则提供回弹能力。看起来 HA 的均一性结构将会排除专一性的生物相互作用，但事实上，研究发现一些 HA 结合的蛋白质还是有进化的，详细内容见第 29 章。

HA 的生物合成包括分别来自它们的高能核苷酸供体，UDP-GlcNAc 和 UDP-GlcA 的 GlcNAc 与 GlcA 共聚作用。与所有其他 GAG 不同的是，HA 从不与蛋白质共价连接。其合成好像发生在细胞质膜上，对于普遍发生在高尔基体内的糖基化这一规律是一个例外。再者，想象中这一聚合体是从还原端组装，导致它从细胞表面突出。细胞表面表达HA结合蛋白的细胞（例如，CD44）将突出物保留为一两个细胞直径厚度的细胞外周包被。

已经克隆了3个HA合成酶，这3种酶组成了同源酶家族（HAS1-3）。已经证实了在许多生物体中同工酶的存在，包括爪蟾属中的DG42，一种感染小球藻样绿藻的病毒同源物和链球菌。这类HA合成酶的大小的变化在42kDa至65kDa之间，取决于同工型和物种的不同。亲水性图指明这种酶可跨膜多达12次，但是酶的功能的表现形式还不清楚。对其催化活性有很深刻的印象，因为它每秒钟能在体外聚合100个单糖，或者说1分钟内可聚合成$10^6$Da的多糖。

聚透明质酸酶是一种降解HA的酶。已得知几种类型的聚透明质酸酶可将聚透明质酸降解成最终产物的四糖（睾丸聚透明质酸酶）或二糖（细菌类）。此外，内皮细胞表达一种从血液中促进清除HA的受体。在进入溶酶体后，聚合体能够完全降解为可以循环的GlcNAc（见第18章）和由戊糖途径分解代谢的GlcA。

## 硫酸角质素是硫酸化的聚乳糖胺[25～30]

KS是一种在糖蛋白和黏蛋白中同样发现的硫酸化聚乳糖胺链（见第7和8章）。根据它们与蛋白的连接方式可分为两种类型。最初在角膜中发现的硫酸角质素Ⅰ（KSⅠ），是通过N-糖基化糖蛋白中核心聚糖结构连接的。KS Ⅰ最初发现于角膜，其糖胺聚糖链与核心蛋白的连接方式与N-糖基化的糖蛋白相同。硫酸角质素Ⅱ（KSⅡ）（骨骼的硫酸角质素）与黏蛋白（见第8章）中发现的连接方式一样，是由GalNAc连接到Ser/Thr的O-聚糖。KS蛋白聚糖的举例分别示于图11.4和表11.2。在角膜内，KS蛋白聚糖保持Ⅰ型胶原蛋白原纤维的均匀间隔，保证光线在无散射情况下通过。硫酸角质素的硫酸化缺陷（斑点角膜营养障碍，macular corneal dystrophy）或硫酸角质素链形成缺陷（圆锥形角膜，keratoconus）会引发胶原纤维组织的结构变化和角膜透明度的畸变。KSⅡ在软骨中的功能仍不很清楚。软骨组织中人和奶牛的大分子CS蛋白聚糖（聚集蛋白聚糖）含有4～23个六肽重复序列片段，KS链位于这一片段上（E-E-P-S，F-P-S），但大鼠和啮齿类动物没有这种模体（motif），而且不含KS。

KSⅠ的聚乳糖胺链可以很长（约含50个二糖，20～25 kDa），并含有未硫酸化、单硫酸化（Gal-GlcNAc6S）和双硫酸化二糖（Gal6S-GlcNAc6S）混合物。

聚乳糖胺生物合成和基本连接方式已包括在第7、8章的内容中。已经知道，至少有两种克隆的硫酸基转移酶，即GlcNAc6-O-和Gal6-O-硫酸基转移酶参与硫酸角质素的硫酸化催化反应。同其他硫酸基转移酶一样，这类酶都利用活化硫酸基、PAPS（3′-phosphoadenyl-5′phosphosulfate）作为高能供体（见第6章）。肺黏蛋白生物合成曾为协调聚合体延伸和硫酸化提出一个方案：GlcNAc6-O-硫酸基转移酶只能作用于端部GlcNAc残基，而Gal硫酸基转移酶则可以在硫酸化和未硫酸化两种GlcNAc残基上产生作用（图11.5）。因此，由于不能将硫酸基添加到末端GlcNAc残基上将造成二糖单位上缺少硫酸基，或者在GlcNAc残基上最多只有一个硫酸基。酶在参与KSⅠ和KSⅡ硫酸化方面的作用，目前还不很清楚。

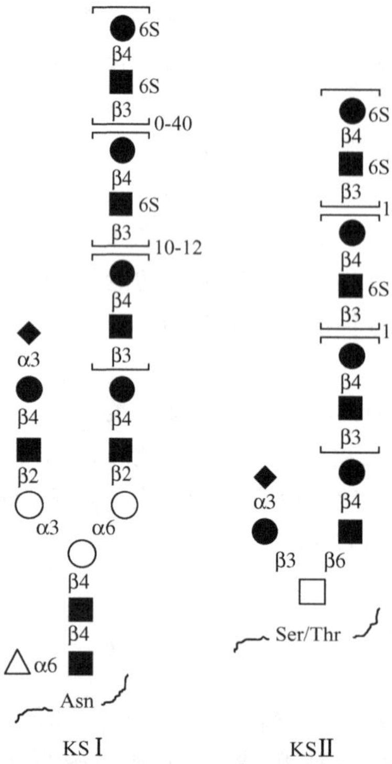


**图 11.4**　硫酸角质素的组成是硫酸聚乳糖胺与 Asn 或与 Ser/Thr 残基上连接。糖链的硫酸化和非硫酸化的二糖结构的实际顺序沿糖链随机分布。链的末端可能存在唾液酸和岩藻糖，图中未显示。

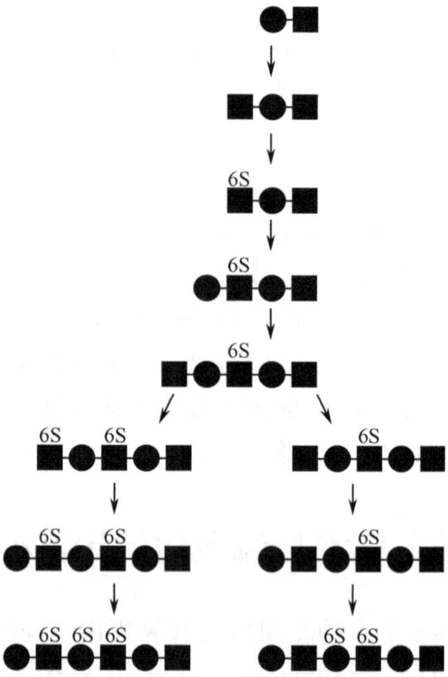


**图 11.5**　硫酸角质素合成过程中产生的二糖完全硫酸化（左）和部分硫酸化（右）的合成途径机理。6-O-硫酸基转移酶不能与糖链内部的残基作用，说明糖聚合和硫酸化反应同时进行。

细菌角质素酶可使 KS 在特定的位点降解（表 11.3）。在动物组织中，KS 是在溶酶体中，以硫酸基酶除去末端残基上的硫酸基之后，再用外切糖苷酶（β-半乳糖苷酶，β-galatosidase和 β-己糖胺酶 β-hexosaminidase）使其依次降解（见第 18 章）。

**表 11.2　硫酸角质素蛋白聚糖举例**

| 蛋白聚糖 | 型 | 核心蛋白质量（kDa） | 分布 |
|---|---|---|---|
| 光蛋白聚糖 | 硫酸角质素 Ⅰ | 37 | 广泛 |
| 角膜蛋白聚糖 | 硫酸角质素 Ⅰ | 37 | 广泛，只在角膜中被硫酸化 |
| 纤调蛋白聚糖 | 硫酸角质素 Ⅰ | 59 | 广泛 |
| Mimecan | 硫酸角质素 Ⅰ | 25 | 广泛，只在角膜中被硫酸化 |
| SV2 | 硫酸角质素 Ⅰ | 80 | 突触小泡 |
| Claustrin | 硫酸角质素 Ⅱ | 105 | CNS，膜蛋白聚糖 |
| 聚集蛋白聚糖 | 硫酸角质素 Ⅱ | 200 | 软骨 |

**表 11.3 角质素酶**

| 酶 | 特异性 |
|---|---|
| β-内切半乳糖苷酶（黄杆菌属，*Flavobacterium*） | Gal-GlcNAc（不容硫酸基） |
| 角质素水解酶 I（假单孢菌属 *Pseudomonas species*）（β-内切半乳糖苷酶） | Gal-GlcNAc6S |
| 角质素水解酶 Ⅱ（格兰氏阴性微生物）（β-内切葡糖胺酶） | GlcNAc-Gal6±S |

## 硫酸类肝素和硫酸软骨素是由木糖与丝氨酸连接[31～33]

CS 和 HS 这两类 GAG 链，都通过木糖连接到核心蛋白上的丝氨酸（图 11.6）。木糖转移酶是以 UDP-木糖为供体启动合成。在丝氨酸羧基末端几乎恒定不变地有一个甘氨酸残基，但在连接位点上并不存在完整的共有序列。此外，至少经常出现两个酸性氨基酸残基，它们常在少数几个残基内与丝氨酸残基的侧面连接。某些蛋白聚糖具有成串的 GAG 连接位点，提高了木糖转移酶继续反应的可能性。对某些蛋白聚糖，木糖化是一个不完整的反应过程，这说明为什么具有多个连接位点的蛋白聚糖在不同细胞中含有不同数目的聚糖链。GAG 取代程度的变化也可能是因为 UDP-木糖的低水平和木糖转移酶的低活性或因为诸如磷酸化、酰化或其他形式的糖基化反应的竞争所造成的。

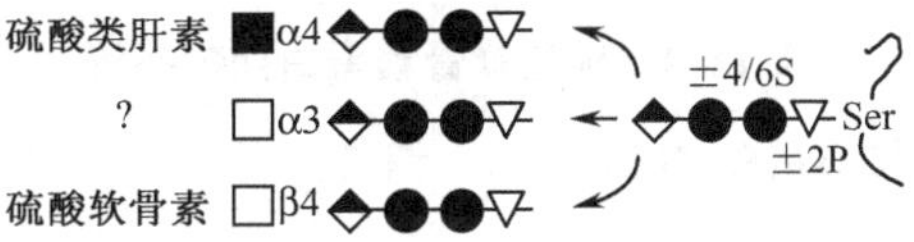


**图 11.6** 硫酸软骨素和硫酸类肝素的生物合成源于四糖连键区的形成。与四糖连接的第一个已糖胺残基决定合成的是 CS 还是 HS。

添加木糖后，能在木糖 C—2 上产生进行磷酸化反应和在半乳糖残基上进行硫酸化反应的四糖连键（图 11.6）。通常，磷酸化和硫酸化反应是在亚化学计量（substoichiometrically）的情况下发生的。磷酸化反应链专一性的缺乏，似乎应排除它作为控制组分的信号。但是，磷酸化反应可能是瞬间的，表明它在加工和分拣中起某种作用。需要进一步研究以确定是否在半乳糖硫酸化和糖链启动、聚合反应以及和周转之间存在什么关联。

四糖连键位于生物合成途径的分叉点。已探明有 3 种类型的反应：β-GalNAc 添加反应（CS 的启动），α-GlcNAc 添加反应（HS 的启动）和 α-GalNAc 添加反应（图 11.6）。这些反应看来是被 3 个独立的转移酶催化的。α-GalNAc 反应是一个不常见的反应，并引发天然蛋白聚糖中产生尚未发现的含有一个 CS 二糖的戊糖和庚糖。这些酶是关键性的调控点，因为它们最终调控要组装类型的 GAG。对 β-GalNAc 或 αGlcNAc 添加的控制似乎表明在酶识别水平上，线形氨基酸序列位于紧接在核心蛋白中的位点。对

HS，α-GlcNAc 添加反应包括连接位点两侧氨基酸序列的识别。这些序列常在连接位点的 7 至 9 个残基内含有一簇酸性残基。下面以黏结蛋白聚糖-2（syndecan-2）为例，有下划线的序列表示为 GAG 的连接位点，黑体字母表示酸性残基簇。

**—SSIEEA SGVYPIDDDDYSS ASGSGADEDIESPVLTTS—**

虽然 CS 和 HS 的糖链常在上述四糖连键区组装，但某些细胞也能产生如 N-聚糖一样的 GAG。这类糖胺聚糖已从与 N-聚糖酶一同释出的寡糖制剂中被检测出来，N-聚糖酶可释放连接在天冬酰胺上的聚糖。但是，这一“连键片段”（即下边划线的核心聚糖）的结构还不清楚。

## 硫酸软骨素和硫酸皮肤素的生物合成[2,34～36]

CS 是由 GalNAc-GlcA 二糖重复结构（图 11.1）聚合成平均分子量为 20kDa（约 40 个二糖分子）的糖链。根据 CS 的结构，预料至少有 5 种活性酶参与了硫酸软骨素的合成，其中包括 3 种糖基转移酶（上述启动 GalNAc 的转移酶和 GalNAc 与 GlcA 的聚合转移酶）和两种硫酸基转移酶（GalNAc4-硫酸基转移酶和 GalNAc6-硫酸基转移酶）。此外，还有另一些 DS 中将 GlcA 差向异构化为IdoA的酶和在糖醛酸 C-2 位置上硫酸化酶和在不常见物种软骨素中发现的其他形式的硫酸化酶。DS 中转化 GlcA 为 IdoA 是少见的反应，因为它是在已经形成聚合物后进行的（见第 6 章）。希望借助于基因组分析和克隆的先进技术加快这一领域的进展，但至今只有 GalNAc6-硫酸基转移酶已经纯化和克隆。

**表 11.4　硫酸软骨素蛋白聚糖举例**

| 蛋白聚糖 | 核心蛋白（kDa） | 糖链数 | 组织 |
|---|---|---|---|
| 聚集蛋白聚糖 | 208～220 | ～100 | 分泌型，软骨 |
| 多功能蛋白聚糖 | 265 | 12～15 | 分泌型，成纤维细胞 |
| 神经蛋白聚糖 | 145 | 1～2 | 分泌型，脑 |
| 短小蛋白聚糖 | 96 | 0～4 | 分泌型，脑 |
| 饰胶蛋白聚糖 | 36 | 1 | 分泌型，结缔组织细胞 |
| 二糖链蛋白聚糖 | 38 | 1～2 | 分泌型，结缔组织细胞 |
| Bamacan | 138 | 1～3 | 基底膜 |
| α-2（1X）胶原 | 68 | 1 | 软骨，玻璃体液 |
| 血栓调节蛋白聚糖 | 58 | 1 | 内皮细胞膜 |
| CD44 | 37 | 1～4 | 淋巴细胞，膜 |
| NG2 | 251 | 2～3 | 神经细胞，膜 |
| 不变链 | 31 | 1 | 抗原加工细胞 |
| 丝苷蛋白聚糖 | 10～19 | 10～15 | 脊髓细胞，小粒（granule） |

事实上，硫酸软骨素可以在所有蛋白聚糖上组装，这取决于细胞中核心蛋白的表达。表 11.4 列出了几种体内含有 CS/DS 的典型蛋白聚糖。不同来源的 CS，其硫酸基的位置也不同。采用能分解糖链为二糖的细菌软骨素酶，可以很容易地分析出硫酸基的不同位置。产物分离表明自然界存在多种型别的 CS（表 11.5），但是许多糖链都含 1 个以上二糖的杂合结构。例如，DS 就含有 1 个或多个 IdoA 二糖（硫酸软骨素 B）和 GlcA 二糖型聚糖（见第 18 章）。利用一系列外切糖苷酶活性（exoglycolytic activity）动物细胞溶酶体内也能降解 CS（见第 18 章）。

**表 11.5 硫酸软骨素的类型**

| 硫酸软骨素类型 | 二糖重复 | 来源 |
|---|---|---|
| A | GlcA-GalNAc4S | 软骨 |
| B | IdoA2S-GalNAc4S | 硫酸皮肤素，皮肤 |
| C | GlcA-GalNAc6S | 软骨 |
| D | GlcA2S-GalNAc6S | 硫酸皮肤素 |
| E | GlcA-GalNAc4，6diS | 乌贼，分泌粒 |

## 肝素和硫酸类肝素的生物合成[3,14,17,37～39]

肝素和 HS 由 GlcNAcα1-4GlcAβ1－4 二糖组成（见图 11.1）。只有肥大细胞产生肝素，如下面所示，它与 HS 的不同之处在于糖残基的修饰程度。事实上，所有细胞都表达 HS 蛋白聚糖，已经克隆了几种主要的核心蛋白家族，并对它们进行了生物化学、基因组和生物学方面的分析（表 11.6）。

**表 11.6 硫酸类肝素蛋白聚糖实例**

| 蛋白聚糖 | 核心蛋白（kDa） | 糖链数 | 组织 |
|---|---|---|---|
| 串珠蛋白聚糖 | 400 | 1～3 硫酸类肝素 | 基底膜 |
| 组合蛋白聚糖 | 212 | 2～3 硫酸类肝素 | 基底膜 |
| 黏结蛋白聚糖 1～4 | 31～45 | 1～3 硫酸软骨素，1～2 硫酸类肝素 | 内皮细胞和成纤维细胞 |
| β-蛋白聚糖 | 110 | 1 硫酸类肝素，1 硫酸软骨素 | 成纤维细胞 |
| 糖基磷脂酰肌醇蛋白聚糖 1～5 | ～60 | 1～3 硫酸类肝素 | 内皮细胞和成纤维细胞 |
| 丝苷蛋白聚糖 | 10～19 | 10～15 肝素/硫酸软骨素 | 肥大细胞 |

当多糖聚合时，至少要进行由 4 个家族的硫酸基转移酶和 1 种差向异构酶催化的系列修饰反应（图 11.7）。GlcNAc N-脱乙酰基酶/N-硫酸基转移酶沿成簇的糖链在

GlcNAc 残基亚部位上起作用。一般情况下，这种酶脱掉乙酰基后，迅速地在自由基上添加硫酸基形成 $GlcNSO_3$，但某些脱掉乙酰基后的 GlcN 残基能够逃避 N-硫酸化反应。例如，参与 DS 合成的一种差向异构酶，作用于紧邻 GlcNS 的 GlcA 残基后，继而对产生的 IdoA 进行 2-O-硫酸化反应。下一步反应是以硫酸基转移酶将硫酸基添加到紧邻糖醛酸 GlcN 残基的 6-OH 上面。最后，一些组合形式的硫酸化糖残基和糖醛酸的差向异构体成为 3-O-硫酸基转移酶的靶的。修饰反应很容易沿成簇的糖链发生在分开修饰带无硫酸基的区域。一般情况下，反应是按指定的顺序进行，但反应往往不能完全地完成，造成修饰区内极大的化学非均一性。肝素和硫酸类肝素中硫酸化的残基和糖醛酸差向异构体的专一性排列导致对配体的专一性结合序列。一个很重要的问题是如何调控硫酸类肝素/肝素生物合成的酶和途径以达到配体结合序列的组织专一性表达。

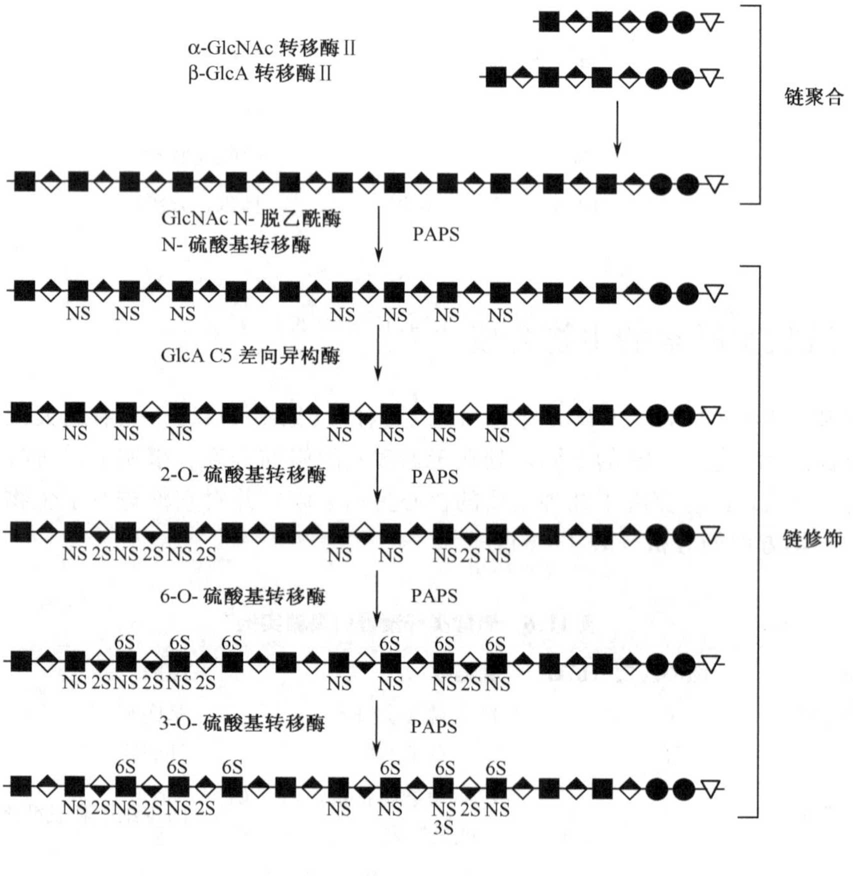


**图 11.7** 硫酸类肝素的生物合成涉及一系列的修饰反应，包括硫酸化和葡萄糖醛酸的差向异构化。糖链的聚合和修饰反应似乎同时进行。(PAPS) 3′phosphoadenyl-5′-phosphosulfate 是硫酸基的高能供体。

近几十年，几乎所有参与合成 HS 的酶都被纯化或分子克隆。从这些研究中，发现有几项重要成果特别吸引人，可能对理解如何产生不同的结合序列有所帮助。

• 有几种酶似乎具有双催化活性。这样，拥有两催化域的单一蛋白质可催化 GlcNAc 残基的 N-脱乙酰基作用和随后的 N-硫酸化作用。共聚酶有着相同的情况，它可以将 GlcNAc 和 GlcA 从相应的 UDP 糖类转移到生长的聚合体上。相反，差向异构酶，2-O-硫酸基转移酶和6-O-硫酸基转移酶似乎是有独特性质的独立酶。

- 在有些情况下，复合同工酶的存在能够催化单一或成对的反应，这样，存在4种N-脱乙酰酶/N-硫酸基转移酶，对3种6-O-硫酸基转移酶已有说明，5种3-O-硫酸基转移酶已被证实。它们分布在不同的组织中，但是，也出现重叠现象，说明个别的同工酶可能在糖链内作用于不同的次级序列（subsequence）。
- 聚合体修饰反应可能共定域于高尔基体同一叠层复合物中，这样，这些酶可协调、修饰超大分子复合物反应。这些复合物的组分可能在调控细微结构方面起一定作用。
- 一般情况下，HS的组分在细胞型之间的变化远多于在同一细胞内表达的核心蛋白之间的变化，这一观察提示，每种型的细胞可表达一套独特的酶和调节因子。

## 肝素和硫酸类肝素之间的区别[14,34]

常常容易混淆肝素和硫酸类肝素的定义。这两种分子的主要区别总结于表11.7。肝素只由肥大细胞生产，制药厂作为抗凝剂的商品出售。硫酸类肝素可由几乎所有细胞产生。尽管它也有抗凝活性，但未加工制品的活性大大低于肝素。生物合成过程中，肝素的硫酸化反应和糖醛酸差向异构的反应深度大得多，85%的GlcNAc残基被脱掉乙酰基并被N-硫酸化，而且70%的GlcA被转化为IdoA。

另一区别肝素和硫酸类肝素的方法是比较它们对黄杆菌（*Flavobacterium*）肝素裂合酶（haparin lyase）的易感性。这些酶，如同细菌软骨素酶一样，具有消除酶(eliminase)的功能，并且在寡糖产物非还原端生成一种少见的不饱和糖醛酸。

**表 11.7 肝素和硫酸类肝素的主要区别**

| 特征 | 硫酸类肝素 | 肝素 |
|---|---|---|
| 在2mol/L醋酸钾（pH5.7，4℃）中溶解 | 是 | 不 |
| 分子大小 | 10～70kDa | 10～12kDa |
| 硫酸基/己糖胺 | 0.8～1.8 | 1.8～2.4 |
| GlcN N-硫酸基 | 40%～60% | ≥85% |
| 艾杜糖醛酸含量 | 30%～50% | ≥70% |
| 与抗凝血酶结合 | 0～0.3% | ～30 |
| 合成部位 | 基本上所有细胞 | 肥大细胞 |

## 蛋白聚糖连续周转[9,40,41]

细胞直接将蛋白聚糖分泌到胞外环境，其中有些蛋白聚糖被核心蛋白的蛋白酶分解，从细胞表面脱落。细胞也利用胞吞作用内化细胞表面大部分的蛋白聚糖（图11.8）。这些内化了的蛋白聚糖在有限数目的位点上首先遇到（或许取决于序列）分裂糖链的类肝素酶。经过一系列外切糖苷酶和硫酸化酶的降解作用，这些较小片段最终出现在溶酶体中（见第 18 章）。对细胞内类肝素酶的作用还不清楚，它们可能参与了在溶酶体之前从内化的蛋白聚糖中释放结合配体的反应。硫酸软骨素蛋白聚糖沿着相同的路径进行，但还没有关于在溶酶体之前可降解糖链的内切糖苷酶的报道。

**表 11.8 肝素裂合酶**

| 肝素裂合酶 | 最佳分裂位点 | 硫酸类肝素 | 肝素 |
|---|---|---|---|
| Ⅰ（肝素裂合酶） | GlcNS6S-IdoA2S | ＜5％ | ＋ |
| Ⅱ | GlcNAc/S±6S-IdoA±2S | ＋ | ＋ |
| Ⅲ（类肝素酶） | GlcNAc/S-GlcA/IdoA | ＋ | 很差 |

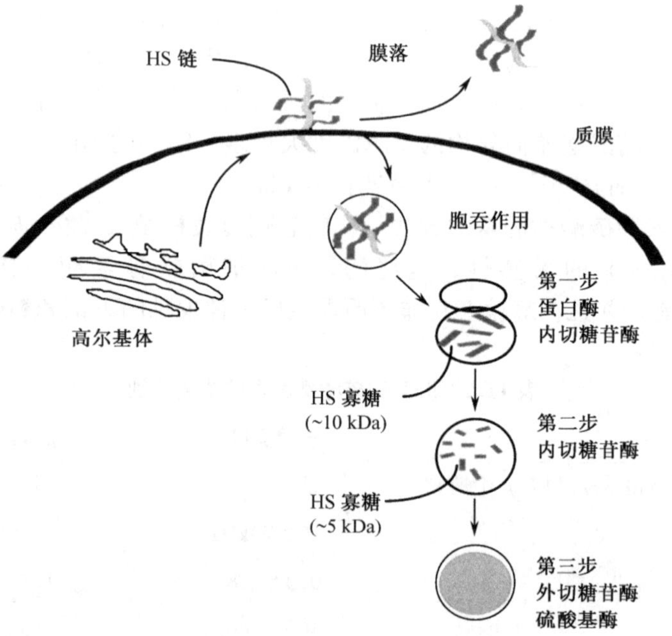


**图 11.8** 硫酸类肝素蛋白聚糖周转经过细胞表面脱落和内吞两种途径逐步在溶酶体内降解。（经许可摘自［9］，Yanagishita and Hascall 1992。）

## 蛋白聚糖的结构、功能以及代谢的遗传研究[42～48]

已经分离出在糖胺聚糖生物合成中改变了的多种突变株，并进行了生化鉴定（见第 31 章）。也证实了在生长因子依赖性信号传导中有损伤的果蝇突变体，在糖胺聚糖生成或核酸前体产生了缺陷。许多核心蛋白和生物合成酶都已经得到 cDNA 克隆，使靶向基因分裂成为可能。有关这一专题的详情，参见 31～33 章。

# 前景

过去的 20 几年中发现了大量糖蛋白中都含有糖胺聚糖，而且对生物合成途径的细节也有了进一步的了解，这些信息又促进了对编码核心蛋白基因和生物合成酶的克隆。这方面的研究结果揭示出一些相关蛋白可能属于有着相关功能的同一家族。现在已经能够生产重组蛋白，为分析研究这些酶的结构和功能提供了方便。有了这些试剂对未来研究糖缀合物的生物学提供了革命性的手段。手中掌握了基因，就可以进行基因摘除，能够研究蛋白聚糖如何参与正常和病理生理学过程。已经清楚地认识到低等生物（见第 19 章）突变体的特征，某种程度上对小鼠（见第 33 章）培养细胞株（见第 31 章）的突变体特征也有了进一步的认识。这样的模型对人蛋白聚糖组装中的先天缺陷和错误使人们有了更深入的了解，而且这些模型为潜在的药物介入找到了目标。

（李晋萍 译　　马毓甲 校）

## 参 考 文 献


1. Lindahl U. and Höök M. 1978. Glycosaminoglycans and their binding to biological macromolecules. *Annu. Rev. Biochem.* **47:** 385–417.
2. Rodén L. 1980. Structure and metabolism of connective tissue proteoglycans. In *The biochemistry of glycoproteins and proteoglycans* (ed. Lennarz W.J.), pp. 267–271. Plenum Press, New York.
3. Kjellén L. and Lindahl U. 1991. Proteoglycans: Structures and interactions. *Annu. Rev. Biochem.* **60:** 443–475.
4. Yanagishita M. 1993. A brief history of proteoglycans. *Experientia* **49:** 366–368.
5. Gallagher J.T., Lyon M., and Steward W.P. 1986. Structure and function of heparan sulphate proteoglycans. *Biochem. J.* **236:** 313–325.
6. Gallagher J.T. 1989. The extended family of proteoglycans: Social residents of the pericellular zone. *Curr. Opin. Cell Biol.* **1:** 1201–1218.
7. Kolset S.O. and Gallagher J.T. 1990. Proteoglycans in haemopoietic cells. *Biochim. Biophys. Acta* **1032:** 191–211.
8. Bernfield M., Kokenyesi R., Kato M., Hinkes M.T., Spring J., Gallo R.L., and Lose E.J. 1992. Biology of the syndecans: A family of transmembrane heparan sulfate proteoglycans. *Annu. Rev. Cell Biol.* **8:** 365–393.
9. Yanagishita M. and Hascall V. 1992. Cell surface heparan sulfate proteoglycans. *J. Biol. Chem.* **267:** 9451–9454.
10. David G. 1993. Integral membrane heparan sulfate proteoglycans. *FASEB J.* **7:** 1023–1030.
11. Iozzo R.V. and Murdoch A.D. 1996. Proteoglycans of the extracellular environment: Clues from the gene and protein side offer novel perspectives in molecular diversity and function. *FASEB J.* **10:** 598–614.
12. Iozzo R.V. 1998. Matrix proteoglycans: From molecular design to cellular function. *Annu. Rev. Biochem.* **67:** 609–652.
13. Jackson R.L., Busch S.J., and Cardin A.D. 1991. Glycosaminoglycans: Molecular properties, protein interactions, and role in physiological processes. *Physiol. Rev.* **71:** 481–539.
14. Conrad H.E. 1998. *Heparin-binding proteins.* Academic Press, San Diego.
15. Turnbull J.E. and Gallagher J.T. 1991. Sequence analysis of heparan sulphate indicates defined location of N-sulphated glucosamine and iduronate 2-sulphate residues proximal to the protein-linkage region. *Biochem. J.* **277:** 297–303.
16. Lyon M., Deakin J.A., and Gallagher J.T. 1994. Liver heparan sulfate structure. A novel molecular

design. *J. Biol. Chem.* **269:** 11208–11215.

17. Maccarana M., Sakura Y., Tawada A., Yoshida K., and Lindahl U. 1996. Domain structure of heparan sulfates from bovine organs. *J. Biol. Chem.* **271:** 17804–17810.
18. Fraser J.R. and Laurent T.C. 1989. Turnover and metabolism of hyaluronan. *Ciba Found. Symp.* **143:** 41–53.
19. DeAngelis P.L., Papaconstantinou J., and Weigel P.H. 1993. Molecular cloning, identification, and sequence of the hyaluronan synthase gene from group A *Streptococcus pyrogenes. J. Biol. Chem.* **268:** 19181–19184.
20. Kreil G. 1995. Hyaluronidases— A group of neglected enzymes. *Protein Sci.* **4:** 1666–1669.
21. DeAngelis P.L. and Achyuthan A.M. 1996. Yeast-derived recombinant DG42 protein of *Xenopus* can synthesize hyaluronan in vitro. *J. Biol. Chem.* **271:** 23657–23660.
22. DeAngelis P.L., Jing W., Graves M.V., Burbank D.E., and Van Etten J.L. 1997. Hyaluronan synthase of chlorella virus PBCV-1. *Science* **278:** 1800–1803.
23. Fraser J.R.E., Laurent T.C., and Laurent U.B.G. 1997. Hyaluronan: Its nature, distribution, functions and turnover. *J. Intern. Med.* **242:** 27–33.
24. Spicer A.P. and McDonald J.A. 1998. Characterization and molecular evolution of a vertebrate hyaluronan synthase gene family. *J. Biol. Chem.* **273:** 1923–1932.
25. Greiling H. and Scott J.E., eds. 1989. *Keratan sulphate: Chemistry, biology, chemical pathology.* Biochemical Society, London.
26. Brown G.M., Huckerby T.N., Morris H.G., Abram B.L., and Nieduszynski I.A. 1994. Oligosaccharides derived from bovine articular cartilage keratan sulfates after keratanase II digestion: Implications for keratan sulfate structural fingerprinting. *Biochemistry* **33:** 4836–4846.
27. Greiling H. 1994. Structure and biological functions of keratan sulfate proteoglycans. *EXS* **70:** 101–122.
28. Tai G.H., Huckerby T.N., and Nieduszynski I.A. 1996. Multiple non-reducing chain termini isolated from bovine corneal keratan sulfates. *J. Biol. Chem.* **271:** 23535–23546.
29. Degroote S., Lo-Guidice J.M., Strecker G., Ducourouble M.P., Roussel P., and Lamblin G. 1997. Characterization of an *N*-acetylglucosamine-6-*O*-sulfotransferase from human respiratory mucosa active on mucin carbohydrate chains. *J. Biol. Chem.* **272:**29493–29501.
30. Fukuta M., Inazawa J., Torii T., Tsuzuki K., Shimada E., and Habuchi O. 1997. Molecular cloning and characterization of human keratan sulfate Gal-6-sulfotransferase. *J. Biol. Chem.* **272:** 32321–32328.
31. Rodén L., Koerner T., Olson C., and Schwartz N.B. 1985. Mechanisms of chain initiation in the biosynthesis of connective tissue polysaccharides. *Fed. Proc.* **44:** 373–380.
32. Sundblad G., Holojda S., Roux L., Varki A., and Freeze H.H. 1988. Sulfated N-linked oligosaccharides in mammalian cells. II. Identification of glycosaminoglycan-like chains attached to complex-type glycans. *J. Biol. Chem.* **263:** 8890–8896.
33. Zhang L. and Esko J.D. 1994. Amino acid determinants that drive heparan sulfate assembly in a proteoglycan. *J. Biol. Chem.* **269:** 19295–19299.
34. Linhardt R.J. 1995. Analysis of glycosaminoglycans with polysaccharide lyases. In *Current protocols in molecular biology* (eds. Ausubel F. et al.), pp. 17.13.17–17.13.32. Greene Publishing and Wiley Interscience, New York.
35. Silbert J.E. and Sugumaran G. 1995. Intracellular membranes in the synthesis, transport, and metabolism of proteoglycans. *Biochim. Biophys. Acta.* **1241:** 371–384.
36. Silbert J.E. 1996. Organization of glycosaminoglycan sulfation in the biosynthesis of proteochondroitin sulfate and proteodermatan sulfate. *Glycoconjugate J.* **13:** 907–912.
37. Lindahl U., Kusche M., Lidholt K., and Oscarsson L.G. 1989. Biosynthesis of heparin and heparan sulfate. *Ann. N.Y. Acad. Sci.* **556:** 36–50.
38. Salmivirta M., Lidholt K., and Lindahl U. 1996. Heparan sulfate: A piece of information. *FASEB J.* **10:** 1270–1279.
39. Rosenberg R.D., Shworak N.W., Liu J., Schwartz J.J., and Zhang L.J. 1997. Heparan sulfate proteoglycans of the cardiovascular system. Specific structures emerge but how is synthesis regulated? *J. Clin. Invest.* **99:** 2062–2070.
40. Williams K.J. and Fuki I.V. 1997. Cell-surface heparan sulfate proteoglycans: Dynamic molecules mediating ligand catabolism. *Curr. Opin. Lipidol.* **8:** 253–262.
41. Bai X.M., Bame K.J., Habuchi H., Kimata K., and Esko J.D. 1997. Turnover of heparan sulfate depends on 2-*O*-sulfation of uronic acids. *J. Biol. Chem.* **272:** 23172–23179.

42. Esko J.D. 1991. Genetic analysis of proteoglycan structure, function and metabolism. *Curr. Opin. Cell Biol.* **3:** 805–816.
43. Wallis G.A. 1995. Cartilage disorders. The importance of being sulphated. *Curr. Biol.* 5: 225–227.
44. Pilia G., Hughes-Benzie R.M., MacKenzie A., Baybayan P., Chen E.Y., Huber R., Neri G., Cao A., Forabosco A., and Schlessinger D. 1996. Mutations in GPC3, a glypican gene, cause the Simpson-Golabi-Behmel overgrowth syndrome [see comments]. *Nat. Genet.* **12:** 241–247.
45. Superti-Furga A., Hästbacka J., Rossi A., Van der Harten J.J., Wilcox W.R., Cohn D.H., Rimoin D.L., Steinmann B., Lander E.S., and Gitzelmann R. 1996. A family of chondrodysplasias caused by mutations in the *diastrophic dysplasia sulfate transporter* gene and associated with impaired sulfation of proteoglycans. *Ann. N.Y. Acad. Sci.* **785:** 195–201.
46. Danielson K.G., Baribault H., Holmes D.F., Graham H., Kadler K.E., and Iozzo R.V. 1997. Targeted disruption of decorin leads to abnormal collagen fibril morphology and skin fragility. *J. Cell Biol.* **136:** 729–743.
47. Häcker U., Lin X.H., and Perrimon N. 1997. The *Drosophila sugarless* gene modulates Wingless signaling and encodes an enzyme involved in polysaccharide biosynthesis. *Development* **124:** 3565–3573.
48. Jackson S.M., Nakato H., Sugiura M., Jannuzi A., Oakes R., Kaluza V., Golden C., and Selleck S.B. 1997. dally, a *Drosophila* glypican, controls cellular responses to the TGF-β-related morphogen, Dpp. *Development* **124:** 4113–4120.

本章初稿由 J. D. Esko（圣迭戈加利福尼亚大学）编写。

# 第 12 章 高尔基体内其他类别的聚糖



真核细胞中各种重要形式（form）的糖基化是根据第一个糖与糖配体，即非糖部分之间的连接方式定义的，大多数的糖基化是在内质网和高尔基体内合成的。本章举例介绍内质网/高尔基体内一些不常见的糖基化途径、途径发生所在的系统、被修饰蛋白的专一性、所涉及的糖基转移酶以及一些推定的功能。有一些修饰方式只见于低等真核生物，有些见于高等真核生物，而有些修饰则在整个进化系统中都存在。

本章不包括两种单糖修饰，一种是将葡糖醛酸单糖加到胆酸和生外物质（xenobiotic），这种修饰的功能是增加缀合物的水溶性。另一种修饰反应称为糖化（glycation）（注意不要与糖基化 glycosylation 混淆），它是以非酶催化方式将单糖添加到蛋白质上，即由糖的醛基，如葡萄糖单糖的醛基与蛋白质的自由氨基反应。

## O-连接的修饰

O-连接糖基化这一术语通常是指典型地将 GalNAc 添加到丝氨酸或苏氨酸残基上（见第 8 章）。不过，也存在许多其他形式的 O-糖基化（总结于表 12.1）。既然承认 O-(β)GlcNAc 这一术语代表 GlcNAc 与胞液中和核蛋白质中的丝氨酸和苏氨酸羟基的连接，O-连接这个命名也适用于本章所讨论的 O-连接修饰。

### 1. EGF-样模件的蛋白质有 Glcβ-O-Ser 和 Fucα-O-Ser/Thr 两种连接方式[1]

含 EGF-样模件的选定组哺乳动物蛋白质可由两种罕见形式的糖基化反应修饰，这些蛋白质包括广泛分布于哺乳动物的 Notch-1 和几个参与凝血级联反应的蛋白质。

### 2. O-(α)岩藻糖[2～4]

O-岩藻糖基化途径定义为 Fucα-Ser/Thr 连键。首例证据证明这种途径形式的存在是在人尿中鉴定出了一种含 Glcβ1-3Fucα-Thr 的糖肽。当时这一发现并未引起重视，但在

**表 12.1 高尔基体内少见的糖基化形式**

| 修饰 | 蛋白质 | 定位 |
|---|---|---|
| **O-(α)岩藻糖** | | |
| Fucα-Thr/Ser | 尿激酶,t-PA,因子Ⅻ,因子Ⅶ,人 notch-1 | EGF-样模件 |
| Sia2-6Gal1-4GlcNAc1-3Fucα1-Thr/Ser | 因子Ⅸ | EGF-样模件 |
| **O-(β)Glc** | | |
| Xylα1-3Xylα1-3Glcβ-Ser/Thr | 因子Ⅶ,Ⅸ,蛋白 Z,人 Notch-1 | EGF-样模件 |
| **O-(β)Gal** | | |
| Glcα-1-2Gal-O-Hyl (羟赖氨酸) | 胶原,表面活性剂蛋白,补体因子 C1q,甘露聚糖结合蛋白 | 胶原重复 |
| **O-Man** | | |
| Man-R-O-Ser/Thr | 脑蛋白聚糖,α-肌营养不良聚糖,脑和神经组织中其他蛋白聚糖 | ? |
| **O-(α)GlcNAc** | | |
| GlcNAcα-Thr | 细胞黏附分子 gp80,胞外基质蛋白 PST | PTVT-黏蛋白重复 |
| **磷酸糖基化** | | |
| GlcNAcα-1-P-Ser | 网柄菌溶酶体蛋白 | 半胱氨酸蛋白质富含丝氨酸域(SGSG,SSSS 模体) |
| Fucβ-1-P-Ser | 胞外基质蛋白,半胱氨酸蛋白酶 | 可能是黏蛋白域 |
| Manα-1-P-Ser | 利什曼(*Leishmania*)属蛋白磷酸聚糖和纤丝分泌的酸性磷酸酶 | 富含丝氨酸域 |
| **Glc-(β)Asn** | 层黏连蛋白 | ? |
| **C-甘露糖基化** | 核糖核酸酶 2,白介素 12 | WXXW 模体 |

人尿激酶中鉴定出 O-岩藻糖之后，则兴趣大增。从而导致发现其他凝血蛋白质（表 12.1）中也有这种修饰，如组织纤溶酶原激活物（t-PA）和凝血因子Ⅶ。现在已知所有含 O-岩藻糖基化修饰的蛋白质都有 EGF-样模件，而且糖基化都发生在同样的丝氨酸和苏氨酸残基上，如图 12.1 所示。凝血因子Ⅶ的聚糖部分又有进一步的延伸，增加了 3 个糖成为 Siaα2-6Galβ1-4GlcNAcβ1-3Fucα-结构。这种唾液酸乳糖胺三糖基（triad）是许

多具有 N-聚糖修饰的血清糖蛋白熟悉的识别标志。添加唾液酸和半乳糖可能利用其他途径中的唾液酸基和半乳糖基转移酶，而形成 GlcNAcβ1-3Fuc 键可能需要一个 O-岩藻糖基化途径中特异的转移酶。不久前，岩藻糖还被认为仅是一个末端糖，并未想到寻找以岩藻糖作为接纳体的糖基转移酶。随着新结构的发现，一些老的“规则”也发生了变化。例如，章鱼视紫红素（octopus rhodopsin）的 N-聚糖在核心区就有一个非末端岩藻糖（Galβ1-4Fucα1-6GlcNAc）。网柄菌（*Dictyostelium*）的 SKP1 在胞液中有一个合成的与羟脯氨酸连接的非末端岩藻糖寡糖（见第 13 章）。

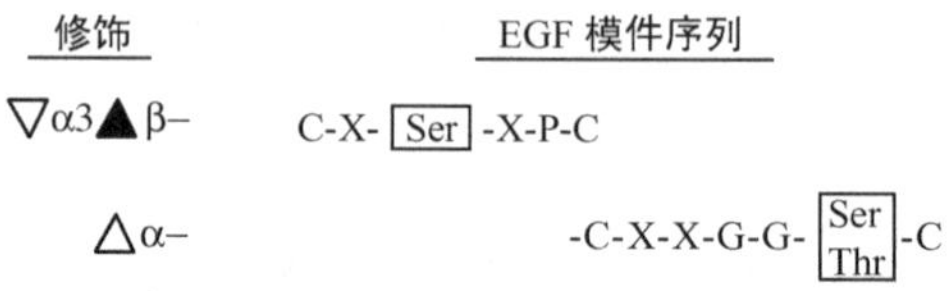


**图 12.1** Xyl-Glc 和 O-Fuc 连接到 EGF-样模件的共有序列。

O-(α)Fuc 也存在于 CHO 细胞的糖蛋白中。糖生物学家钟爱 CHO 细胞株的原因是可以将它改变为有糖基化缺陷的突变体（见第 31 章）。CHO 细胞中的 O-岩藻糖基化糖蛋白的一个亚类含有的 Glcβ1-3 结构，与人尿液中发现的糖蛋白的 Glcβ1-3 延伸类似。形成这样的二糖结构可能靠一个特异的 O-葡糖基转移酶。这些存在于 CHO 的蛋白质尚未得到鉴定，因此难以判断是否也有一个 EGF-样的模件。用一部分类似 EGF-样模件的合成小肽在体外测定 O-岩藻糖基转移酶的活力发现，合成小肽不是酶的理想接纳体，这意味着 EGF-样模件的所有二硫键都很重要，或者蛋白质其他方面的性质决定了其特异性。

虽然 O-Fuc 的功能还不清楚，但发现肝细胞表面的岩藻糖凝集素型受体有可能与清除循环中的 t-PA 有关。岩藻糖和岩藻糖基化白蛋白的缀合物抑制了 t-PA 与受体的结合，而且 t-PA 被 α 岩藻糖苷酶消化后也降低了与受体的结合。如在第 22 章所讨论的，都知道凝集素型受体可控制其他循环糖蛋白半衰期，但是岩藻糖对 t-PA 半衰期的影响尚未确证。人甘露糖受体（见第 25 章）对 t-PA 的亲和性比其他含甘露糖链的蛋白质高得多。那么O-(α)Fuc 有可能在介导 t-PA 清除中有促进作用吗？回答是不能。因为改变 O-(α)Fuc 连接位点对它与甘露糖受体结合并无影响。在其他蛋白质上添加糖到O-(α) Fuc 上表明这些糖可能另有他种功能。其中一种作用可能通过广泛分布的蛋白质，Notch-1，来决定细胞的命运。哺乳动物的 Notch-1 含有 36 个串联（tandem）式 EGF-样模件，其中 12 个模件有 O-岩藻糖基化的共有序列。在 CHO 细胞中表达的 Notch-1 则为有O-(α)Fuc 单糖和寡糖修饰的变体。

O-岩藻糖基化在系统发育过程中属于保守的，因为在原始真核生物盘基网柄菌（*Dictyostelium descoideum*）的发育过程中只有选出的蛋白质表达。仅有少数蛋白质被修饰，但是它们都发生在类黏蛋白域的 EGF 样模件中，并在此生物多细胞发育过程中形成孢子周围的部分被膜（见第 19 章）。

### 3. O-(β)-葡萄糖[5]

这一途径的定义是含有一个O-(β)-连接的葡糖残基。因子Ⅶ，Ⅸ，蛋白质 Z 和人或牛的血小板衍生糖蛋白（thrombospondin）（图 12.1）在 EGF-样模件同样的丝氨酸残基上连接有 Xylα1-3 +/-Xylα1-3Glcβ-O-的糖链。人 Notch-1 蛋白质也有 O-葡糖基化。O-葡糖基化的共有添加位点距 O-岩藻糖基化的位点仅有 9 个氨基酸。葡糖基化可发生于所有分子，但添加两个木糖残基则只可见于部分分子。每个木糖残基是由分开的木糖基转移酶按顺序添加的。还没有用某些模式的多肽研究过接纳体的特异性。无糖基化位点的重组因子Ⅶ仅轻微地损失了一些催化活性。这种不寻常修饰的功能仍不清楚，但在 Notch-1 上发现的 O-葡糖基化为我们提供了新的研究途径。

**4.Glcα1-2Galβ-O-羟赖氨酸**[6～8]

这一途径在 20 世纪 60 年代首次被确认为作用于胶原上，继而又扩展到在有胶原样模件的几个蛋白质上。途径必需的第一步是赖氨酸羟基化形成羟赖氨酸。当这个接纳体位点一旦形成，紧接着有两步糖基化迅速进行，占据了接纳体的大部分位点。具有保守的胶原蛋白域，能够形成三股（triple）螺旋结构的某些蛋白质也有这样的二糖，包括肺表面活化剂蛋白质，补体因子 C1q，以及大鼠和人肝脏产生的甘露聚糖结合蛋白。血清中的甘露聚糖结合蛋白通过内二硫键形成大聚合物。这种二硫键的形成依赖于羟赖氨酸的形成，或许也依赖糖基化。胶原三股螺旋的形成阻止葡糖基化链上添加半乳糖，可能是糖残基受到空间阻塞。

从海绵和海葵提取的原始形式（form）的胶原也含有二糖修饰的羟赖氨酸。因此，这种修饰可能与胶原早已为伴。这种糖基化的功能可能与介导，或者在某种情况下防止这些分子的三股螺旋的凝集有关。

**5. O-甘露糖**[9～11]

早在 20 世纪 50 年代从酵母中已鉴定出 O-αMan，详细内容在第 19 章讨论。简单地说，甘露糖以 α-键与丝氨酸/苏氨酸连接，就像酵母中 N-糖链的延伸情况一样，再用一套甘露糖基转移酶催化延长糖链，增添多个甘露糖残基。

1979 年首次在大鼠脑蛋白聚糖中鉴定出与蛋白质连接的甘露糖。因为它在微碱性水解时释放出来，同时还原成甘露醇，所以不能测定其异头连接。Gal（β1-4）[Fucα1-3] GlcNAcβ1-2Man，GlcNAcβ1-2Man，和甘露糖本身都已被发现（图 12.2）。最近，在大脑总糖肽中发现了含有 4～8 个糖残基的以 O-甘露糖为基础的聚糖并从 α-肌营养不良聚糖（α-dystroglycan）中得到了一种四糖。这种蛋白质存在于施旺氏细胞膜（Schwann cell membrane）上，并在胞外基质中将另一种膜蛋白，β-肌营养不良聚糖与层黏连蛋白连接。Sia2-3Galβ1-4GlcNAc-β1-2Man-Ser/Thr 寡糖占 α-肌营养不良聚糖中 O-聚糖三分之二的部分，并且有可能参与了 α-肌营养不良聚糖与层粘连蛋白的连接，因为唾液酸酶可以阻止相互间的作用，但是除 N-聚糖外都不能阻止这一相互作用。从羊脑中分离出来的肌营养不良聚糖含有岩藻糖基化和非唾液酸化 O-甘露糖结构的 Galβ1-4 GlcNAcβ1-2Man 连键。这种 Lewis X（$Le^x$）决定簇在 N-聚糖中很普遍，也曾在典型的 GalNAc（α）-O-聚糖中出现。结构如图 12.2 所示。用于启动合成途径中甘露糖供体活化的情况还不清楚。O-甘露糖生物合成途径可能比预期的更为多样和更加广泛，有可能在专一性细胞黏附过程中起重要作用。

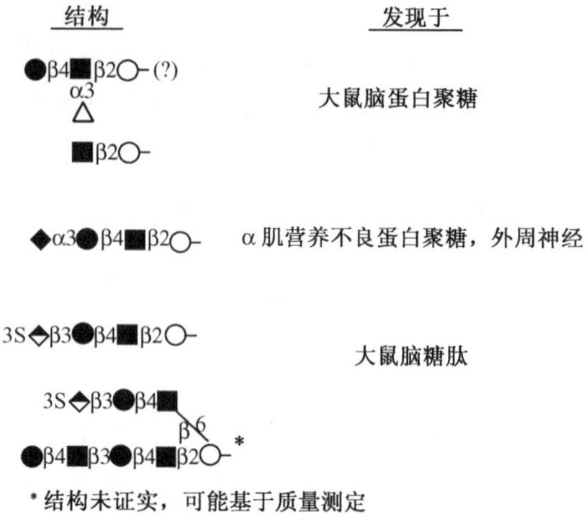


**图 12.2** 以 O-甘露糖为基础的寡糖。

大鼠脑中一小部分总糖肽有 O-甘露糖连接的聚糖，并带有 HNK-1 抗原表位，同时在聚糖链非还原端还发现不寻常的 3-O-硫酸化的葡糖醛酸。这一抗原表位与神经细胞黏附有密切关系。某些带有 HNK-1 抗原的 O-甘露糖糖链可被第二个 GlcNAc 取代，形成支链结构。这些 GlcNAc 糖基转移酶可能是 O-甘露糖基化途径中的专用酶，与N-连接糖链合成中的 GlcNAc 糖基转移酶不同。

HNK-1 特异性抗体是找到 O-甘露糖连接糖链的关键。这种抗体可以识别糖链的非还原端，但是它对还原末端出现的糖基并不重要。选择性地识别糖链的某一部分常需要借助于抗体和糖基转移酶两者。除 α-肌营养不良聚糖外，还没有发现含有人们感兴趣 O-聚糖的其他蛋白质。但是，这种糖基化的蛋白质应该很多，因为在脑糖肽总量中末端为甘露糖与末端为 GalNAc 的 O-聚糖间的比值估计为 1∶3（A. M. Lawson 和 T. Feizi，个人通讯）。

**6.O-αGlcNAc**

第 14 章介绍细胞核与细胞质中范围广泛的由 O-（β）GlcNAc 修饰的蛋白质功能。但在内质网/高尔基体途径间移动的蛋白质中能够发现 O-(α) GlcNAc。至今，它只在盘基网柄菌（*D. discoideum*）的一组糖蛋白中被识别出来。最初，用单克隆抗体反应检测出它的存在，继之，解析出其结构。α-GlcNAc 是添加在一系列多个黏蛋白样的 PTVT 肽重复结构中。缺乏这种高尔基添加的 O-αGlcNAc 突变体时，多细胞发育将受到损伤，因为当缺乏这种修饰时，一种被称为接触位点 A 或 gp80 的黏附蛋白对蛋白酶解更为敏感。黏附分子具有多黏蛋白样结构域重复单位，而且这种成簇的 α-GlcNAc 残基可能导致这一区域形成杆状结构。没有糖基化，构象就不能继续保持，并且细胞表面蛋白酶就能把它切断。

## 低等真核生物的磷酸糖基化（phosphoglycosylation）[12]

网柄菌可将 GlcNAcα-1-P 和 Fucβ-1-P 直接添加到所选择蛋白质的丝氨酸残基上。而利什曼虫属则添加 Manα-1-P，有时会延伸更多的糖。在其他生物体中还没有发现这类修饰。

### 1. 网柄菌（*Dictyostelium*）的 GlcNAcα-1-P-Ser 和 Fucβ-1-P-Ser[13～16]

网柄菌是一种以细菌为食物，也能在人工合成的培养基中生长的单细胞阿米巴。当食物源耗竭时，多达 100 000 个阿米巴可凝聚成一个多细胞生物体（见第 19 章）。在无性繁殖期，可以从 UDP-GlcNAcα-1-P 供体直接把 GlcNAcα-1-P 加到溶酶体的一组选定的蛋白质丝氨酸残基上。有几种木瓜蛋白酶样半胱氨酸蛋白酶是这种修饰的主要载体。尽管半胱氨酸蛋白酶在植物和动物界都是一种高度保守的酶，网柄菌酶有附加的含20～110氨基酸的丝氨酸结构域供 GlcNAcα-1-P 结合。这些酶中与丝氨酸模体相似的小肽是很好的体外试验人工接纳体，但是半胱氨酸蛋白酶的天然构象赋予了提高特异性识别的水平。事实上，哺乳动物缺少丝氨酸域和不能被磷酸糖基化的半胱氨酸蛋白酶仍能与 GlcNAcα-1-P 转移酶结合，并且还能起到抑制剂的作用。这种情况可能意味着 GlcNAcα-1-P 转移酶识别蛋白酶上一种构象依赖性结构特征和局部糖基化位点，这一位点与负责在哺乳动物溶酶体酶上添加 Man-6-P 第一步中所见到的 GlcNAcα-1-P 转移酶非常相似（见第 23 章）。

网柄菌的 GlcNAcα-1-P-Ser 的功能还没有得到证实，可能有助于使两组溶酶体蛋白彼此分离。具有 GlcNAcα-1-P 和具有 Man-6-P 的溶酶体蛋白分成不同的内体溶酶体小泡。这些小泡在功能上也有区别，如从彩图 12.3 所见，它们按顺序地与阿米巴吞噬的细菌融合。首先融合的是含有半胱氨酸蛋白酶的小泡，接着是含有 Man-6-P 水解酶的小泡。脉冲追踪标记细菌的结果显示，出乎意外的是这两种不同修饰的蛋白质很少能驻留在同一小泡内，这表明含有 GlcNAcα-1-P 的蛋白质在第二波进攻细菌残骸之前，第一组含 Man-6-P 的蛋白质已恢复活力（书后彩图 12.3）。为什么是这样？原因可能是因为网柄菌内体溶酶体系统不断地改变 pH，由最初的 pH 6.5 降到约为 pH 5，一小时后又回升到 pH 6.5。含 GlcNAcα-1-P 的蛋白质，例如第一波的半胱氨酸蛋白酶的最佳 pH，比下一波这种蛋白酶具有较高的最佳 pH 值。在这种情况下，阿米巴可以有效地利用 pH 的全程。溶酶体酶也可以高效地恢复活力。

首先识别的是带有 Fucβ-1-P-Ser 的蛋白质，因为它们是结合在糖特异性抗体上，Fucβ-1-P 仅出现在一组具有黏蛋白样有限的蛋白上，包括两种溶酶体半胱氨酸蛋白酶和一组包装在小泡中含有未组装孢子包被组分的蛋白质。含有丝氨酸的小片段肽是 Fucβ-1-P 转移酶的底物。对这种修饰的功能还不清楚，但有 Fucβ-1-P 缺陷的生物含有较多的多孔孢子包被（porous spore coat），因而降低了它们在自然界的生存能力。

### 2. 利什曼属 的 Manα-1-P-Ser/Thr[17]

当利什曼属原生动物寄生物存在于昆虫和哺乳动物宿主中时，合成一种对生物体生命周期非常重要的磷酸化聚糖家族（见第 39 章）。一种称作蛋白磷酸聚糖（proteophosphoglycan，PPG）的组分是由 Man-1-P 和半乳糖（Gal1β1-4Manα1-P）大分子重复多聚体组成的，这一多聚体是通过 Manα-1-P 残基以 O-连接方式与黏蛋白样核心蛋白连接（见第 36 章）。一些由 Manα1-P 启动的糖链可通过一个额外的甘露糖残基进行延伸。有几个利什曼属的种，它们能合成一种分泌的纤丝（filamentous）状酸性磷酸酶。这种分子含有一个富含 Ser/Thr 的域，这一结构域具有经 Manα1-P 而启动的糖链，然后再与 Man，Manα1-P，Glc 和 Gal 进行各种各样的组合，进一步延伸。还不知道同样的 Manα1-P 转移酶是否也能启动这两型聚糖（糖链）。这些糖链的功能以及它们如何经 Manα1-P 启动还不清楚。

## N-连接的修饰[18,19]

人们除熟悉的 GlcNAc-β-Asn 糖基化外，只有一种其他类型的 N-糖基化。由于在释放、生物合成标记和在证实推定的 N-连接糖方面存在技术障碍，可解释这一组成员为何有限。

Glc-β-Asn 是首例在嗜盐菌（*Halobacteria*）中确认的，在该菌中它启动了 N-糖基化主要途径，包括将脂连接寡糖转移到含有 Asn-X-Thr/Ser 序列的接纳体蛋白。这个途径与真核细胞中 N-连接途径有共同的特点。这种修饰只在脊椎动物糖蛋白即基底膜糖蛋白-层黏连蛋白中加以确认。再说一次，发现这一哺乳动物糖蛋白的关键是依靠针对该结构的一种特异抗体，其抗原局限在肾小球基底膜上。由 GlcNAc-Asn 抗体界定的层粘连蛋白抗原的出现，只在酸处理后才能见到。酸处理很可能去除了另一些单糖并将 Glcβ-Asn 暴露给抗体。留下的结构用 GC-MS 确证为 Glcβ-Asn。这一点很重要，因为它排除了一种无关紧要的解释，认为抗体只与类似的结构交叉反应。酸处理去除了周边多少单糖还不清楚，但是，结构表明这一途径要比单一地添加一个葡萄糖单位更为复杂。Glcβ-Asn 的功能还是未知数。

## C-糖基化[20～22]

另一新型糖基化称为 C-甘露糖基化（C-mannosylation）。单一甘露糖残基的 C-1 原子添加到核糖核酸酶 2（Rnase 2）Trp-7 吲哚部分 α-连键的 C-2 原子上（见图 12.4）。应注意这不是糖苷连键，而是 C-C 连接。这一分子首次在人尿中检测到。结构分析以及在哺乳动物细胞株系中的生物合成研究和针对该修饰的特异抗体研究都表明 C-甘露糖基化并不是化学诱导的加工品。许多转染了 RNase2 的哺乳动物细胞能够将该蛋白进行 C-甘露糖基化，表明它们已具备了所需的转移酶。植物的原生质体和细菌不能把转染的 RNase2 进行 C-甘露糖基化，说明这是一种相对而言最新形式的糖基化，或者说糖基转移酶有着不同的识别专一性。定点突变显示 RNase 2 中关键的糖基化序列是 Trp-X-X-Trp，其中第一个 Trp 已被修饰，而 X 可以是任何一种氨基酸。含有此模体的人工合成肽段在体外可被 C-甘露糖基化。在数据库中搜索发现 300 多个哺乳动物细胞的蛋白质含有这种序列。对这些蛋白质中的两种蛋白质曾进行了

C-甘露糖基化的检测。一个是血纤蛋白原B的β-链，未发现有C-甘露糖修饰；而另一个由CHO细胞产生的人白介素12β（interleukin 12β）发现有C-甘露糖基化修饰。这些发现表明含有Trp-X-X-Trp模体的蛋白质可能都有类似的修饰。在血小板衍生蛋白（thrombospondin type1）重复的8个蛋白质也被C-甘露糖修饰。这种修饰看起来与蛋白质折叠有竞争作用，因为已经折叠好的蛋白质在体外是很差的底物。此发现表明反应可能在ER中进行，而且不同细胞C-甘露糖基化的程度也有不同。由GDP-Man产生的Dol-P-Man是生物合成C-甘露糖基化的供体。C-甘露糖基化最近才发现，因此发掘这个高度特异性修饰功能的研究还刚刚开始。

## 糖脂[23～25]

与第9章介绍的脊椎动物的糖鞘脂相比较，某些非脊椎动物具有“不寻常”的糖鞘脂。这类聚糖经Glcβ1连接到脑酰胺上，但常以β1-4甘露糖进行延伸。有时，Manβ1-4Glcβ1Cer核心可被一种脊椎动物的“典型”结构延伸，或者被一种非常见的糖链，包括内部岩藻糖、唾液酸、甲基化单糖、多个磷酸乙醇胺（phosphoethanolamine）或磷酸盐（phosphonate）的结构所延伸。对于这些糖磷脂的功能知道的很少，但是已知果蝇细胞表面分子的一种胶质凝集素（gliolectin）在胶质细胞亚类细胞的胚胎发育过程中表达，与一些中性或兼性的含有磷酸乙醇胺的糖脂特异结合。

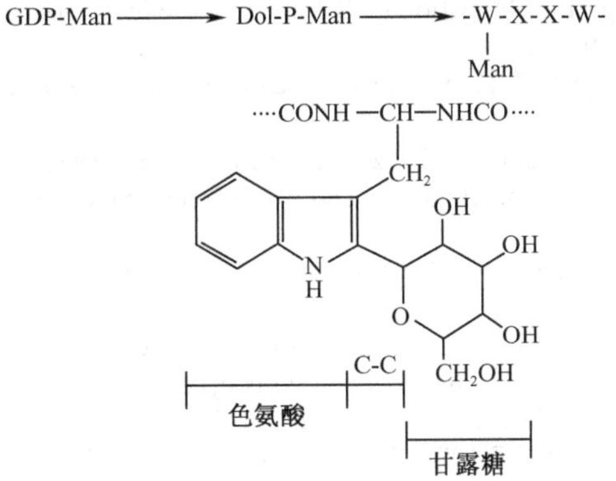


**图12.4** C-甘露糖基化生物合成途径和核糖核酸酶-2中Trp-7的详细结构。

## 糖胺聚糖

已知蛋白聚糖（硫酸角质素蛋白聚糖除外）都是由β-木糖起始的丝氨酸连接，应注意的是几乎所有蛋白聚糖的研究，甚至在非脊椎动物中，都集中在生物体内糖胺聚糖的特殊形式，即硫酸软骨素和硫酸类肝素蛋白聚糖，而对于非脊椎动物种内连接区结构本身的研究还没有给予足够的重视。

# 发展方向

许多不寻常的糖基化形式都发生在真核细胞的高尔基体内。在某些情况下，有些修饰仅针对某类蛋白质，这些蛋白质共享特殊模件（module）或有特异的构象特征。这种糖基化形式最初出现在低等生物体，并在进化中得到保留。它们的一些生物作用还刚刚提出来，仍在继续探寻它们的生物功能。蛋白质靶向的高度选择性，加上在多样性生物中保持这种糖基化，表明它们有特异的功能。采用专一性抗体或利用严密精确的结构分析有可能在高级生物中鉴定出其他不常见的糖基化形式，其中某些可能是已经从低等真核和无脊椎动物的“宝箱”中发现过的并予以修饰过的变体。

（李晋萍　马毓甲 译　　张树政 校）

## 参 考 文 献


1. Harris R.J. and Spellman M.W. 1993. O-linked fucose and other post-translational modifications unique to EGF modules. *Glycobiology* **3:** 219–224.
2. Wang Y. and Spellman M.W. 1998. Purification and characterization of a GDP-fucose:polypeptide fucosyltransferase from Chinese hamster ovary cells. *J. Biol. Chem.* **273:** 8112–8118.
3. Moloney D.J., Lin A.I., and Haltiwanger R.S. 1997. The O-linked fucose glycosylation pathway. Evidence for protein-specific elongation of O-linked fucose in Chinese hamster ovary cells. *J. Biol. Chem.* **272:** 19046–19050.
4. Stults N.L. and Cummings R.D. 1993. O-linked fucose in glycoproteins from Chinese hamster ovary cells. *Glycobiology* **3:** 589–596.
5. Nishimura H., Yamashita S., Zeng Z., Walz D.A., and Iwanaga S. 1992. Evidence for the existence of O-linked sugar chains consisting of glucose and xylose in bovine thrombospondin. *J. Biochem.* **111:** 460–464.
6. Noelken M.E. and Hudson B.G. 1995. Carbohydrate moiety of vertebrate collagens. *New Compr. Biochem.* **29:** 589–616.
7. Colley K.J. and Baenziger J.U. 1987. Identification of the post-translational modifications of the core-specific lectin. The core-specific lectin contains hydroxyproline, hydroxylysine, and glucosylgalactosylhydroxylysine residues. *J. Biol. Chem.* **262:** 10290–10295.
8. Ma Y., Shida H., and Kawasaki T. 1997. Functional expression of human mannan-binding proteins (MBPs) in human hepatoma cell lines infected by recombinant vaccinia virus: Post-translational modification, molecular assembly, and differentiation of serum and liver MBP. *J. Biochem.* **122:** 810–818.
9. Yuen C.T., Chai W., Loveless R.W., Lawson A.M., Margolis R.U., and Feizi T. 1997. Brain contains HNK-1 immunoreactive O-glycans of the sulfoglucuronyl lactosamine series that terminate in 2-linked or 2,6-linked hexose (mannose). *J. Biol. Chem.* **272:** 8924–8931.
10. Chiba A., Matsumura K., Yamada H., Inazu T., Shimizu T., Kusunoki S., Kanazawa I., Kobata A., and Endo T. 1997. Structures of sialylated O-linked oligosaccharides of bovine peripheral nerve α-dystroglycan. The role of a novel O-mannosyl-type oligosaccharide in the binding of α-dystroglycan with laminin. *J. Biol. Chem.* **272:** 2156–2162.
11. Finne J., Krusius T., Margolis R.K., and Margolis R.U. 1979. Novel mannitol-containing oligosaccharides obtained by mild alkaline borohydride treatment of a chondroitin sulfate proteoglycan from brain. *J. Biol. Chem.* **254:** 10295–10300.
12. Haynes P.A. 1998. Phosphoglycosylation—A new structural class of glycosylation. *Glycobiology* **8:** 1–5.
13. Souza G.M., Mehta D.P., Lammertz M., Rodriguez-Paris J., Wu R., Cardelli J.A., and Freeze H.H.

1997. *Dictyostelium* lysosomal proteins with different sugar modifications sort to functionally distinct compartments. *J. Cell Sci.* **110:** 2239–2248.
14. Mehta D.P., Etchison J.R., Wu R., and Freeze H.H. 1997. UDP-GlcNAc:Ser-protein *N*-acetylglucosamine-1-phosphotransferase from *Dictyostelium discoideum* recognizes serine-containing peptides and eukaryotic cysteine proteinases. *J. Biol. Chem.* **272:** 28638–28645.
15. Freeze H.H. 1997. Post-translational modification and sorting of lysosomal enzymes in *Dictyostelium*: A perspective. In Dictyostelium—*A model system for cell and developmental biology* (ed. Y. Maeda et al.), pp. 93–107. Universal Academy Press, Inc. and Yamada Science Foundation.
16. Srikrishna G., Wang L., and Freeze H.H. 1998. Fucose β-1-P-Ser is a new type of glycosylation: Using antibodies to identify a novel structure in *Dictyostelium discoideum* and study multiple types of fucosylation during growth and development. *Glycobiology* **8:** 799–811.
17. Mengeling B.J., Beverley S.M., and Turco S.J. 1997. Designing glycoconjugate biosynthesis for an insidious intent: Phosphoglycan assembly in *Leishmania* parasites. *Glycobiology* **7:** 873–880.
18. Schreiner R., Schnabel E., and Wieland F. 1994. Novel *N*-glycosylation in eukaryotes: Laminin contains the linkage unit β-glucosylasparagine. *J. Cell Biol.* **124:** 1071–1081.
19. Sumper M. and Wieland F.T. 1995. Bacterial glycoproteins. *New Comp. Biochem.* **29:** 455–474.
20. Doucey M.A., Hess D., Cacan R., and Hofsteenge J. 1998. Protein C-mannosylation is enzyme-catalyzed and uses dolichyl-phosphate-mannose as a precursor. *Mol. Biol. Cell* **9:** 291–300.
21. Krieg J., Hartmann S., Vicentini A., Glasner W., Hess D., and Hofsteenge J. 1998. Recognition signal for C-mannosylation of TRP-7 in Rnase 2 consists of sequence TRP-X-X-TRP. *Mol. Biol. Cell* **9:** 301–309.
22. Krieg J., Glasner W., Vicentini A., Doucey M.A., Loffler A., Hess D., and Hofsteenge J. 1997. C-mannosylation of human RNase 2 is an intracellular process performed by a variety of cultured cells. *J. Biol. Chem.* **272:** 26687–26692.
23. Wiegandt H. 1992. Insect glycolipids. *Biochem. Biophys. Acta* **1123:** 117–126.
24. Stults C.L., Sweeley C.C., and Macher B.A. 1989. Glycosphingolipids: Structure, biological source, and properties. *Methods Enzymol.* **179:** 167–214.
25. Tiemeyer M. and Goodman C.S. 1996. Gliolectin is a novel carbohydrate-binding protein expressed by a subset of glia in the embryonic *Drosophila* nervous system. *Development* **122:** 925–936.

此章初稿由 H. H. Freeze（加利福尼亚，La Jolla Burnham 研究所）编写。

# 第 13 章　细胞核和细胞质的糖基化



本章对细胞核质和胞质区室中的复合糖缀合物的证据作了评述。首先讨论了核内糖基转移酶、胞液内的 N-连接聚糖和核孔蛋白上含有唾液酸的糖。然后，介绍几个已经证明结构的胞液和核内糖缀合物，例如糖原生成蛋白、O-连接甘露糖、O-连接岩藻糖，以及核内的糖胺聚糖。（O-连接 GlcNAc 在第 14 章中介绍）。最后，总结了目前对梭状芽孢杆菌 α 毒素糖基转移酶的活性、核内凝集素推定的功能、作为核定位信号糖的可能作用等几方面的综合观点。这些相对未被探索的领域可能成为未来糖生物学领域中的焦点。

## 背景[1～3]

虽然对细胞核和胞质内广泛的蛋白质 O-GlcNAc 化已有大量的数据（见第 14 章），但绝大多数生物化学教科书仍坚持一种观点，即蛋白质的糖基化是把复合聚糖缀合物添加到主要位于细胞表面或高尔基体和 ER 腔区室的蛋白质和脂质上去。事实上，在生物化学文献中已有百余篇关于细胞核和细胞质中存在复合糖缀合物的论文。这些论文的作者运用植物凝集素（见第 30 章）作为工具，检测核质（表 13.1）和细胞质（表 13.2）区室中与糖结合的分子。因为以下几个原因，这些结合凝集素的研究在很大程度上被主流生物化学家所忽视：(1) 已知参与复合糖链生物合成的糖基转移酶都是Ⅱ型膜蛋白，其活性部位均在高尔基体或 ER 的腔内，为此，为了进行核内和胞质内复合糖缀合物的生物合成，“酶的装置”定位在膜的“错误”的一侧。(2) 大多数声称胞液或核内糖基化凝集素的结合研究都没有提出支持结构的数据，以建立胞质或核内糖缀合物推定的性质。(3) 凝集素，例如在有些条件下 Con A 通过非特异性疏水作用能与一些分子结合。

再者，竞争性的糖配体可能改变这些凝集素的构象，诱发这种疏水结合丧失。因此，尽管凝集素是糖生物学的重要工具，但是，在使用它们的基础上作出结论，特别是一些与细胞生物学已知途径和已确定的概念不相符的结论时，必需先进行严格的结构分析。然而，很多这类凝集素结合的研究表明，在核和细胞质中含有丰富的 GlcNAc，甘露糖和岩藻糖的聚糖（表 13.1 和表 13.2），这说明进一步的分析是有正当理由的。

**表 13.1　核内凝集素结合位点示范**

| 结合部位 | 凝集素 | 竞争性的糖 | 论文数 |
|---|---|---|---|
| 核膜 | ConA | α葡萄糖苷，α甘露糖苷 | 10 |
| 核膜 | WGA | D-GlcNAc，唾液酸 | 8 |
| 核膜 | RCA | D-Gal | 2 |
| 染色质 | ConA | α葡萄糖苷，α甘露糖苷 | 12 |
| 染色质 | WGA | D-GlcNAc，唾液酸 | 7 |
| 染色质 | RCA-Ⅰ | D-Gal | 2 |
| 染色质 | LCA | α-D-Man | 2 |
| 染色质 | UEA-1 | α-L-Fuc | 2 |
| 染色质 | RCA-Ⅱ | D-Gal | 1 |
| 染色质 | GSA | α-L-Fuc | 1 |
| 染色质 | APA | α-L-Fuc | 1 |
| 染色质 | TTA | | 1 |
| 染色质 | SBA | | 1 |
| 染色质 | PHA | | 1 |

**表 13.2　胞质内凝集素结合位点示范**

| 凝集素 | 竞争性的糖 | 论文数 |
|---|---|---|
| ConA | α-甘露糖苷，α-葡萄糖苷 | 4 |
| RCA | D-Gal | 2 |
| WGA | D-GlcNAc，唾液酸 | 2 |

## 核内糖基转移酶[4～7]

近年来，有几篇论文曾报道，高纯度大鼠肝细胞核制剂中存在糖基转移酶活性，经标志酶分析判定，这些细胞核制品的纯度在 99%以上。这些研究证明了 GlcNAc 从

UDP-GlcNAc 转移到内源接纳体上，表明 80%活性被低浓度的抗菌素衣霉素阻断，说明也涉及到像 N-乙酰葡糖胺基-焦磷酸-多萜醇（GlcNAc-PP-Dol）这样的 N-连接生物合成中间体。随后的研究证明，使用这些制剂可以把几丁二糖（GlcNAcβ1-4GlcNAc）直接从几丁二糖多萜醇转移到内源核接纳体，表明这是一种新的 N-糖基化途径。基于它们对肽 N-糖苷酶 F 和肼解敏感，但对碱诱导的 β 消除不敏感（见第 38 章），由此发现这些体外反应的产物是 N-连接的几丁二糖。类似的研究已经证明核内甘露糖基转移酶的存在。虽然这些研究带有鼓动性，但是对它们的解释必须小心谨慎。ER 是 N-糖基化广泛的接纳部位（见第 7 章），然而在功能上 ER 又与外层的核膜（nuclear envelope）相连。这样，即使核膜有极少污染很可能导致对这些发现的错误解释。此外，在制备过程中纯化细胞核时，不使其他细胞组分非特异地黏着到核上非常困难。因为这些潜在的问题，要使人们能广泛地接受在核内存在这些糖基转移酶，尚需更为直接的证明。迄今，在已被克隆的糖蛋白糖基转移酶中，只有 O-GlcNAc 转移酶曾报道具有潜在的核定位信息（见第 14 章）。糖核苷酸供体底物是在胞液区室中合成的，而 CMP-NeuAc 合成发生在核内（见第 6 章）。

## 细胞质的复合聚糖[8～11]

有报道指出，狗肾钠泵（$Na^+$，$K^+$-ATP 酶）的 α-亚基是跨膜蛋白，其胞液结构域中含有 GlcNAc 为末端的 N-连接聚糖。这一结论是根据，用半乳糖基转移酶可将放射性半乳糖酶促地连接到 GlcNAc 残基上，这种半乳糖基转移酶能标记正面外侧（right-side-out）通透的膜小泡。放射性标记产物对肽-N-糖苷酶的敏感性表明，这些接纳体都是 N-连接的聚糖（见第 7 章和第 38 章）。在这样的小泡中，由于内部是封闭的，故其泡外组分预期不会被酶促标记。和早年的研究一样，这些带有鼓动性的说法在很大程度上未受重视，因为缺乏任何有关胞液聚糖的推定位点图谱，也没有任何结构数据，虽然这些胞液糖蛋白推定的一级序列是知晓的。有些研究有力地指出，作为染色质中主要结构组分的所谓高速泳动族（HMG）蛋白质具有“经典类型”糖蛋白的骨架。发现高纯度的 HMG 14 和 HMG 17 制剂含有 GlcNAc、甘露糖、半乳糖、葡萄糖、岩藻糖，而且还可能有木糖。岩藻糖专一的凝集素，荆豆凝集素Ⅰ（*ulex europeus agglutinin* Ⅰ）都能与一些 HMG 和分离的核小体结合。对碱具有抗性表明，聚糖是 N-连接的。用糖的标准比色试验进行分析时，也发现纯 HMG 是阳性的。此外，这些 HMG 也能用氚化的岩藻糖、半乳糖、甘露糖或 GlcNAc 进行代谢式的放射性标记。最近的研究提出，HMG 14 和 HMG 17 上的聚糖是结合核基质所必需的，结合中 HMG 对基因转录活性位点处染色质结构的调节有作用。尽管 HMG 的这些研究已被广泛地引证，作为核内 N-聚糖的证据，很多人仍然认为还缺乏这类聚糖肯定存在的结构数据。所需的结构数据包括，聚糖和蛋白质连接现实的证明，以及聚糖结构的物理测定。事实上，Haltiwanger 及其同事最近的研究还不足以证明 HMG 蛋白质上存在着任何类型的复合聚糖。然而，最近的这些研究确实报道了 HMG 是被 O-GlcNAc 所修饰（见第 14 章）。

已报道在核膜的胞质面上存在含唾液酸的糖蛋白。唾液酸专一的凝集素，西洋接骨木（*Sanbucus nigra*）凝集素与前面报道的一些含 GlcNAc 的蛋白质结合。这些蛋白质中有两个已被鉴定为主要的核孔蛋白：p62 和 p180。先用唾液酸酶处理可阻断西洋接骨木凝集素与这两个核孔蛋白的结合。根据其对肽 N-糖苷酶的敏感性，p180 的唾液酸似乎在 N-连接的聚糖上，而 p62 的唾液酸是在 O-连接的聚糖上。作者还证明西洋接骨木凝集素阻断神经母细胞瘤细胞中核内蛋白质的输入，表明唾液酸可能对核孔蛋白质具有功能上的重要性。这些鼓动性发现的意义，再一次说明对核蛋白上这些推定的唾液酸化聚糖的本质，还需要结构上系统的证明。

## 糖原生成蛋白[12～18]

糖原是葡萄糖的一种大分子同多糖。它作为葡萄糖的短期储存形式，而且在应激时，可被降解，为肝脏和肌肉提供葡萄糖。糖原的储存对保持体内血液中葡萄糖稳态也很重要。特别对脑和血细胞，保持血糖水平的恒定是绝对需要的。有些报道明确指出，糖原是共价地连接到肽链上，而且是一种糖蛋白。早在 1886 年，已经提出糖原可以与蛋白质结合。1975 年，Krisman 和 Barengo 证明，肝脏抽提液可从 UDP-Glc 合成一种糖原样产物，这种产物可被三氯乙酸沉淀。麦芽四糖［（Glcα1-4)］$_4$ 可以在体外引发合成糖原最小的延伸糖。因此，曾提出糖原合成的引物是蛋白质，而不是糖类。在 1985 年，Whelan 小组鉴定了糖原的蛋白质引物，并命名为糖原生成蛋白（glycogenin）。Cohen 及其同事以糖原合成酶复合物的形式纯化了糖原生成蛋白，并且测定了糖原生成蛋白的全部 322 个氨基酸序列。他们还证明了，糖原的第一个葡萄糖残基是以糖苷键的形式与蛋白质 194 位 Tyr 的羟基连接。在肌肉中，每一分子的糖原共价附着到一分子的糖原生成蛋白上，比例为 1 糖原生成蛋白对 $M_r$ 为 $10^7$ 的糖原（$10^7$ 是肌肉中糖原近乎最大的长度）。然而在肝中，糖原生成蛋白和糖原的比例为 0.0025%。这样小的比值反映了肝糖原很大（$M_r$ 可高达 $10^9$ Da)，并且在肝糖原颗粒中存在着大量的游离糖原链。

糖原生成蛋白是自动催化地将葡萄糖从供体 UDP-Glc 附着到自身分子上（彩图 13.1），而且被分类为已糖基转移酶（EC2.4.1.186）。这种自身的葡萄糖基化产生一种麦芽八糖（8 个葡萄糖单位），而且对-硝基苯基 α 葡萄糖苷和 α 麦芽寡糖两者都是竞争性底物。就生物化学而言，糖原生成蛋白在葡萄糖稳态的调节中可能起关键作用。糖原生成蛋白对 UDP-Glc 的 $K_m$ 比糖原合成酶对糖核苷酸的 $K_m$ 低 1000 倍。糖原生成蛋白引物的产生，特别在肌肉细胞中可能是糖原形成的限速步骤。因此，糖原生成蛋白的水平或许不能承受已知的整套激素调控机制，包括蛋白质的磷酸化/去磷酸化和调节糖原延伸等。书后彩图 13.1 说明在糖原生成蛋白、糖原合成酶和分支酶作用下糖

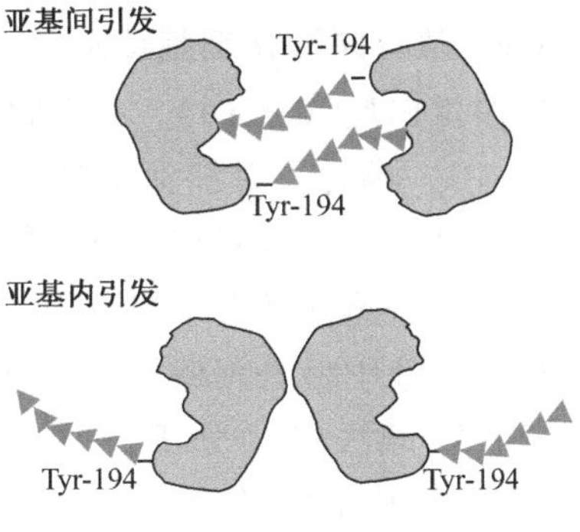


**图 13.2** 糖原生成蛋白自身葡萄糖基化的两种相反的模型。结构数据支持亚基间的引发模型，（上图）而不是亚基内引发的模型。糖原生成蛋白二聚体中的亚基活性部位将 α1-4Glc 残基加到邻近的亚基上。（下图）各亚基向自身添加葡萄糖的模型

原合成的模型（此模型为 Smythe 和Cohen提出）。在许多植物和动物物种中都发现了糖原生成蛋白。大肠杆菌似乎也有糖原生成蛋白样的分子，但是它不能使重组的哺乳动物糖原生成蛋白葡萄糖基化。晶体结构分析，以及糖原生成蛋白突变体将葡萄糖转移到外源底物上的能力，都说明是通过糖原生成蛋白二聚体中的亚基将葡萄糖转移到邻近亚基的 Tyr-194（亚基间反应），而不是同一多肽的自身糖基化（亚基内反应）。这两种相反的模型都描绘在图 13.2 中。迄今，糖原生成蛋白是在动物中已知的酪氨酸残基糖基化惟一的例子。

## O-连接的甘露糖[19～27]

1982 年，Marchase 及其同事证明，α-Glc-1-P 从 UDP-Glc 转移到 O-连接的甘露糖残基上，该残基主要存在于 62-kD 的蛋白质上，后来表明它是磷酸葡萄糖变位酶。磷酸葡萄糖变位酶是能量代谢的关键酶，可以将 Glc-1-P 转换为 Glc-6-P。它们之间的这种转换是一重要的分支步骤，决定了葡萄糖作为能量利用，还是掺入到大分子中。潜在的研究肯定了两种新的作用于磷酸葡萄糖变位酶的葡萄糖磷酸转移酶和从磷酸葡萄糖变位酶上切除葡萄糖的 Glc-1-P 磷酸二酯酶在胞质中均有它们的活性部位。磷酸葡萄糖变位酶的修饰对钙的水平有高度的应答能力，似乎调节了磷酸葡萄糖变位酶与 ER 膜的结合。越来越多的文献提示，Glc-6-P，还有磷酸葡萄糖变位酶，可能在调节细胞内钙水平中起关键作用。遗憾的是，对修饰磷酸葡萄糖变位酶的甘露糖基转移酶一无所知，而且对 Glc-1-P 化修饰的有关甘露糖基化的寡糖也知之甚少。然而，这些发现表明，磷酸葡萄糖变位酶的 O-甘露糖基化和 Glc-1-P 化可能是胞质糖基化非常重要的调节形式。

## 含有 O-连接岩藻糖的聚糖[28～31]

West 及其同事在细胞粘菌，网柄菌（*Dictyostelium*）的胞质中鉴定到一种小的岩藻糖基化的蛋白质（SKP1）。在细胞周期蛋白结合的多蛋白质复合物（SCF 复合物）中发现的 SKP1，参与了对细胞周期很重要的多种蛋白质的泛蛋白化作用。泛蛋白化靶向这些蛋白质是为了快速降解。SCF 复合物对细胞周期中某些磷酸化事件也很重要。早期的研究指出，岩藻糖是大小相当于 4.8 个葡萄糖单位的 O-聚糖的一个组分。已鉴定和部分纯化了胞液中将岩藻糖从 GDP-Fuc 转移到 SKP1（以前为 FP21）上的 α1-2 岩藻糖基转移酶。质谱法结构分析证明，SKP1 糖基化发生在 Pro-143 上，此 Pro 也被羟化。SKP1 在胞质中的糖结构为 Galα1-6Galα1Fucα1-2Galβ1-3GlcNAc-(HyPro)①。在这些研究中发现 Pro-143 是惟一被部分羟化的，但是所有被羟化的形式全被糖基化。与蛋白质的连接、在胞质中这种结构的定位，以及结构本身都是新的，提示了在这些或许还有其他的真核细胞中存在着一种极不典型的糖基化途径。因为 SKP1 广泛地分布在真核细胞中，因此，查阅一下哺乳动物中这种蛋白质是否也有类似的糖基化将是有意义的。

---

① Galα1Fucα1-2 这部分结构不确切。——译者注

## 核内的糖胺聚糖[32～39]

早在1964年，Yamashina及其同事提出在纯细胞核中存在糖胺聚糖。在1971～1983年的一系列引人注意的研究中，Kinoshita及其同事研究了海胆，他们提出海胆胚胎的发育是靠细胞核内的硫酸类肝素。他们发现，肝素刺激mRNA的合成是在原肠胚形成前期，而不在原肠胚形成后期。其他类型的糖胺聚糖，诸如硫酸软骨素和聚透明质酸没有这样的效应。脉冲示踪研究提示，细胞核内的糖胺聚糖首先出现在胞质中，随后被转运到核中。β木糖苷是硫酸软骨素和硫酸类肝素生物合成的引物（见第40章），它抑制处于囊胚泡阶段的海胆的发育。向培养基中加入后原肠胚的糖胺聚糖可防止这类对发育的阻断。前原肠胚的糖胺聚糖不能防止β木糖苷诱导的对发育的阻断。将糖胺聚糖微注射到胚中，可在这个阶段使发育阻断，也可分离得到这个阶段的胚。显然，考虑到研究糖胺聚糖的方法在近年取得的进展，应该对这些潜在的激动人心的观察批判性地重新检验。

1989年，Fedarko和Conrad首次发表了认为在细胞核内有糖胺聚糖的结构上的证据，这一证据不是简单地可以用胞外糖胺聚糖潜在的污染所能否定的。这些工作者用$^{35}SO_4$对大鼠肝脏进行放射性标记，用标准的程序分离亚细胞级分，纯化硫酸类肝素，用亚硝酸断裂硫酸类肝素，并且测定片段的结构。发现细胞核的级分中含有细胞硫酸类肝素总数的11%，但是这个级分极大地富集了一种奇特的分子种类，其间一种新的结构含量很高，新结构为β-D-葡糖醛酸（2-$SO_4$）→D-葡糖胺-N，O-($SO_4$)这样的二糖①。考虑到这些结构的特定性质，很难想象它们是如何从细胞表面被硫酸类肝素污染的细胞核制剂中衍生的，在表面的硫酸类肝素中并不存在这样的结构。后来的脉冲追踪研究提示了，细胞表面的硫酸类肝素被摄入到核内，并且被修饰成为独特的核内分子形式。硫酸类肝素的摄入似乎有一个2小时的滞后时间，同时半衰期为8小时。硫酸类肝素被摄入核内不受氯喹的影响。当标记的、不含（GlcA-2-$SO_4$）的硫酸类肝素蛋白聚糖和细胞保温，结束时约10%进入核中，而且游离的硫酸类肝素链中含有异常的二糖。考虑到硫酸类肝素能影响基因在体外的转录，最终证明这些研究是很有意义的。与此相反，Hascall及其同事用了一种新的细胞核分离方法，从大鼠卵巢颗粒细胞制备细胞核，并且发现了与核结合的是硫酸皮肤素，而不是硫酸类肝素。这些作者强调了，分离纯的细胞核和证明在天然核中存在糖胺聚糖的过程中的困难。况且，目前所知所有参与糖胺聚糖生物合成的糖基转移酶显示的活性部位都在腔区室中，而且还没有报道如此大的带负电荷的分子被摄入核内的途径。

## 梭状芽孢杆菌的α毒素[40～44]

Rho家族的小胞质G蛋白（GTP结合蛋白）参与了细胞骨架的调节。如图13.3所示，Cdc42参与了丝状伪足的形成，Rac调节膜的皱襞，以及Rho调节黏着斑和应力纤

① 原文中在此后还有（GlcA-2-$SO_4$），这似乎是多余的。——译者注

维。Aktories 及其同事发现某些梭状芽孢杆菌毒素是糖基转移酶，它们将糖基部分附着到这些蛋白质 GTP-结合部位中的苏氨酸残基上（在 Rho 中糖基化发生在 Thr-37 上，图 13.4）。来自难辨梭菌［*Clostridium difficile*（ToxA）］和 *C. sordellii* 两种梭状芽孢杆菌的肠毒素是利用 UDP-Glc 作为供体的葡糖基转移酶。与此不同，诺氏梭菌（*C. novyi*）的类毒素是利用 UDP-GlcNAc 作为供体的 O-GlcNAc 转移酶。诺氏梭菌毒素和被克隆的哺乳动物内源 O-GlcNAc 转移酶（见第 14 章）没有一级序列的关系。然而，可能和哺乳动物的尚未被鉴定的转移酶有关。这些糖基转移酶是有其价值的，可作为研究小 G 蛋白功能的工具，并且代表了胞液蛋白质异常糖基化特有的例子。

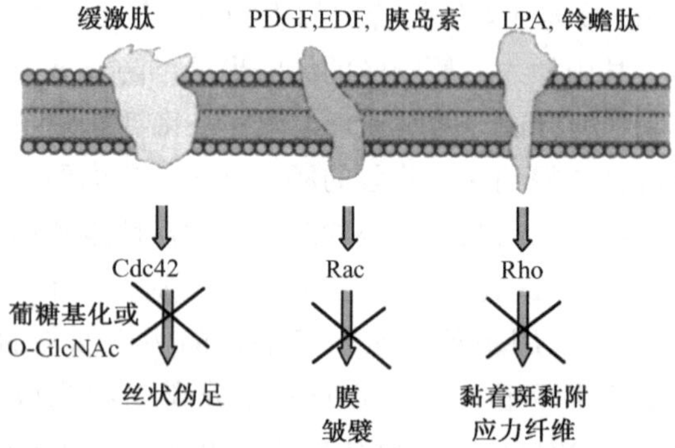


**图 13.3**　Rho 家族的蛋白质调节受体介导的肌动蛋白细胞骨架扰动，并且是细菌毒素的靶标。注意不同 Rho 蛋白家族的成员是如何参与调节不同细胞骨架结构的。图中描述了通过 Rho 家族成员调制细胞骨架结构的跨膜的受体。大 X 表示所指结构对小 G 蛋白介导细胞骨架介导装配的阻断。

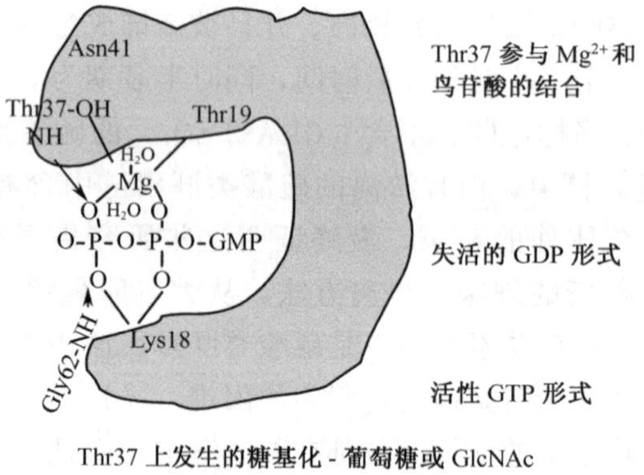


**图 13.4**　Thr-37 是 Rho 蛋白被毒素糖基化的位点，并且在因这些蛋白质而发生的 GTP/GDP 交换中起关键的作用。草图中描述的是这些蛋白质 GTP-结合部位。注意 Thr-37 在 Rho 家族 G 蛋白中不可或缺的作用。

## 核内凝集素[45～53]

Monsigny 和 Hubert 以及他们的同事利用标记的拟糖蛋白进行的大量研究提示，存在着许多核内凝集素。然而，对这些推定的糖结合蛋白的分子特性知之甚少。例如，用L-鼠李糖、D-GlcNAc、D-Glc、乳糖、Man-6-P或L-Fuc衍生的BSA与核的亲和力为未标记BSA的3倍。1981年，Feizi及其同事证明了BSA-乳糖专一地与核的冷冻切片结合。Wang及其同事指出，CBP35（现在被称为半乳凝素3，见第27章）存在于核中，作为不均一核内的核糖核蛋白（ribonucleoprotein）复合物的一部分，似乎为正常的mRNA剪接所需。有趣的是，发现由A型血型四糖和BSA连接而成的拟糖蛋白在体外可专一地抑制mRNA剪接。然而，半乳凝素3的糖结合活性对mRNA剪接中蛋白质的功能究竟有何影响，迄今仍不清楚。

## 糖作为核定位信号[54～57]

大于40 kDa的分子不能自由地通过核孔扩散，必须专一和主动地转运进出于细胞核。通常核定位序列是由带正电荷的氨基酸伸长段组成（例如，YPKKKRKVEDPRC），正如在SV40大抗原T和核质蛋白中出现的那样。过去几年中，Monsigny及其同事已经提出了一些证据，表明糖也能作为核定位信号。拟糖蛋白BSA-葡萄糖，BSA-岩藻糖和BSA-甘露糖都能迅速地被转运进入海拉细胞（HeLa cell）的核内，而BSA本身则不能。糖介导的核转运表现为不同于碱性肽介导的核定位序列途径。与经典的途径一样，糖介导的核转运需要能量，而且被凝集素、麦胚凝集素阻断。然而，与碱性肽系统不同的是，糖介导途径不需要胞液因子，也不被巯基活性化学试剂，例如N-甲基顺丁烯二酰亚胺所阻断。不久前，Monsigny及其同事指出，被β-二-N-乙酰壳二糖（GlcNAcβ4GlcNAc）取代的BSA通过不同于经典界定的核定位序列系统途径而快速地定位于细胞核。检测这些令人感兴趣结果的正确性还有待于对有关成分的鉴定和确定拟糖蛋白的天然对应物。

## 展望和未来趋向

总体上看，许多诱人的思路表明，在细胞核和细胞质中存在着复合的糖缀合物，而且有其重要性。然而，除了个别的描述得比较清楚的特定例子外，还缺乏肯定性的结构数据。一个最明显的疑问是在核质和胞质区室中还没有“经典”的N-和O-聚糖的报道。主张在核质和胞质区室中存在糖缀合物的依据还不足，因为它们与占有绝对优势、参与合成这些分子的酶的定位数据相违背。因此，要证明复合聚糖定位在细胞器的腔面和细胞表面这一信条还有例外，需要有详尽的结构证据，所提议的结构确实是附着到已知的胞液和核内蛋白质的某一区域。这方面的一些研究在将来有可能指向糖生物学研究的一些激动人心的重要领域。

（王克夷 译　　张惟杰 校）

## 参 考 文 献

1. Hart G.W., Haltiwanger R.S., Holt G.D., and Kelly W.G. 1989. Glycosylation in the nucleus and cytoplasm. *Annu. Rev. Biochem.* **58:** 841–874.
2. Hayes B.K. and Hart G.W. 1994. Novel forms of protein glycosylation. *Curr. Opin. Struct. Biol.* **4:** 692–696.
3. Hart G.W. 1997. Dynamic O-linked glycosylation of nuclear and cytoskeletal proteins. *Annu. Rev. Biochem.* **66:** 315–335.
4. Galland S., Degiuli A., Frot-Coutaz J., and Got R. 1988. Transfer of N-acetylglucosamine to endogenous glycoproteins in the nucleus and in non-nuclear membranes of rat hepatocytes: Electrophoretic analysis of endogenous acceptors. *Biochem. Int.* **17:** 59–67.
5. Fayet Y., Galland S., Degiuli A., Got R., and Frot-Coutaz J. 1988. Glycoprotein mannosylation in rat liver nuclei. *Biochem. Int.* **16:** 429–438.
6. Letoublon R., Merit X., and Frot-Coutaz J. 1991. Characteristics of N-acetylglucosamine transfer to nuclear acceptors of rat hepatocytes. *Biochem. Int.* **23:** 221–230.
7. Frot-Coutaz J., Degiuli A., Martel M.-B., and Létoublon R. 1992. In vitro transfer of *N,N′*-diacetylchitobiose to glycoproteins in rat liver nuclei. *Biochem. Cell Biol.* **70:** 677–683.
8. Pedemonte C.H., Sachs G., and Kaplan J.H. 1990. An intrinsic membrane glycoprotein with cytosolically oriented N-linked sugars. *Proc. Natl. Acad. Sci.* **87:** 9789–9793.
9. Reeves R. and Chang D. 1983. Investigations of the possible functions for glycosylation in the high mobility group proteins. Evidence for a role in nuclear matrix association. *J. Biol. Chem.* **258:** 679–687.
10. Reeves R., Chang D., and Chung S.C. 1981. Carbohydrate modifications of the high mobility group proteins. *Proc. Natl. Acad. Sci.* **78:** 6704–6708.
11. Emig S., Schmalz D., Shakibaei M., and Buchner K. 1995. The nuclear pore complex protein p62 is one of several sialic acid-containing proteins of the nuclear envelope. *J. Biol. Chem.* **270:** 13787–13793.
12. Whelan W.J. 1976. On the origin of primer for glycogen synthesis. *Trends Biochem. Sci.* **1:** 13–15.
13. Rodriguez I. and Whelan W.J. 1985. A novel glycosyl-amino acid linkage: Rabbit muscle glycogen is covalently linked to a protein via tyrosine. *Biochem. Biophys. Res. Commun.* **132:** 829–836.
14. Alonso M.D., Lomako J., Lomako W.M., and Whelan W.J. 1995. A new look at the biogenesis of glycogen. *FASEB J.* **9:** 1126–1137.
15. Smythe C. and Cohen P. 1991. The discovery of glycogenin and the priming mechanism for glycogen biogenesis. *Eur. J. Biochem.* **200:** 625–631.
16. Cao Y., Steinrauf L.K., and Roach P.J. 1995. Mechanism of glycogenin self-glucosylation. *Arch. Biochem. Biophys.* **319:** 293–298.
17. Lomako J., Lomako W.M., and Whelan W.J. 1990. The biogenesis of glycogen: Nature of the carbohydrate in the protein primer. *Biochem. Int.* **21:** 251–260.
18. Lomako J., Lomako W.M., Whelan W.J., Dombro R.S., Neary J.T., and Norenberg M.D. 1993. Glycogen synthesis in the astrocyte: From glycogenin to proglycogen to glycogen. *FASEB J.* **7:** 1386–1393.
19. Marchase R.B. and Hiller A.M. 1986. Glucose phosphotransferase and intracellular trafficking. *Mol. Cell. Biochem.* **72:** 101–107.
20. Koro L.A. and Marchase R.B. 1982. A UDP-glucose:glycoprotein glucose-1-phosphotransferase in embryonic chicken neural retina. *Cell* **31:** 739–748.
21. Satir B.H., Hamasaki T., Reichman M., and Murtaugh T.J. 1989. Species distribution of a phosphoprotein (parafusin) involved in exocytosis. *Proc. Natl. Acad. Sci.* **86:** 930–932.
22. Satir B.H., Srisomsap C., Reichman M., and Marchase R.B. 1990. Parafusin, an exocytic-sensitive phosphoprotein, is the primary acceptor for the glucosylphosphotransferase in *Paramecium tetraurelia* and rat liver. *J. Cell Biol.* **111:** 901–907.
23. Marchase R.B., Richardson K.L., Srisomsap C., Drake R.R., and Haley B.E. 1990. Resolution of phosphoglucomutase and the 62-kDA acceptor for the glucosylphosphotransferase. *Arch. Biochem. Biophys.* **280:** 122–129.
24. Marchase R.B., Bounelis P., Brumley L.M., Dey N., Browne B., Auger D., Fritz T.A., Kulesza P., and

Bedwell D.M. 1993. Phosphoglucomutase in *Saccharomyces cerevisiae* is a cytoplasmic glycoprotein and the acceptor for a Glc-phosphotransferase. *J. Biol. Chem.* **268:** 8341–8349.

25. Veyna N.A., Jay J.C., Srisomsap C., Bounelis P., and Marchase R.B. 1994. The addition of glucose-1-phosphate to the cytoplasmic glycoprotein phosphoglucomutase is modulated by intracellular calcium in PC12 cells and rat cortical synaptosomes. *J. Neurochem.* **62:** 456–464.
26. Dey N.B., Bounelis P., Fritz T.A., Bedwell D.M., and Marchase R.B. 1994. The glycosylation of phosphoglucomutase is modulated by carbon source and heat shock in *Saccharomyces cerevisiae. J. Biol. Chem.* **269:** 27143–27148.
27. Fu L., Bounelis P., Dey N., Browne B.L., Marchase R.B., and Bedwell D.M. 1995. The posttranslational modification of phosphoglucomutase is regulated by galactose induction and glucose repression in *Saccharomyces cerevisiae. J. Bacteriol.* **177(11):** 3087–3094.
28. Gonzalez-Yanes B., Cicero J.M., Brown R.D. Jr., and West C.M. 1992. Characterization of a cytosolic fucosylation pathway in *Dictyostelium. J. Biol. Chem.* **267:** 9595–9605.
29. Riley G.R., West C.M., and Henderson E.J. 1993. Cell differentiation in *Dictyostelium discoideum* controls assembly of protein-linked glycans. *Glycobiology* **3:** 165–177.
30. West C.M., Scott-Ward T., Teng-umnuay P., Van der Wel H., Kozarov E., and Huynh A. 1996. Purification and characterization of an α,2-L-fucosyltransferase, which modifies the cytosolic protein FP21, from the cytosol of *Dictyostelium. J. Biol. Chem.* **271:** 12024–12035.
31. Teng-umnuay P., Morris H.R., Dell A., Panico M., Paxton T., and West C.M. 1998. The cytoplasmic F-box binding protein SKP1 contains a novel pentasaccharide linked to hydroxyproline in *Dictyostelium. J Biol. Chem.* **273:** 18242–18249.
32. Kinoshita S. and Yoshii K. 1979. The role of proteoglycan synthesis in the development of sea urchins. II. The effect of administration of exogenous proteoglycan. *Exp. Cell Res.* **124:** 361–369.
33. Kinoshita S. and Saiga H. 1979. The role of proteoglycan in the development of sea urchins. I. Abnormal development of sea urchin embryos caused by the disturbance of proteoglycan synthesis. *Exp. Cell Res.* **123:** 229–236.
34. Kinoshita S. 1974. Some observations on a protein-mucopolysaccharide complex found in sea urchin embryos. *Exp. Cell Res.* **85:** 31-40.
35. Kinoshita S. 1971. Heparin as a possible initiator of genomic RNA synthesis in early development of sea urchin embryos. *Exp. Cell Res.* **64:** 403-411.
36. Yamashina I., Izumi K., and Naka H. 1964. Intracellular distribution of hexosamine and sialic acid in rabbit liver. *Biochem. J.* **55:** 652–658.
37. Ishihara M., Fedarko N.S., and Conrad H.E. 1986. Transport of heparan sulfate into the nuclei of hepatocytes. *J. Biol. Chem.* **261:** 13575–13580.
38. Fedarko N.S. and Conrad H.E. 1986. A unique heparan sulfate in the nuclei of hepatocytes: Structural changes with the growth state of the cells. *J. Cell Biol.* **102:** 587–599.
39. Hiscock D.R.R., Yanagishita M., and Hascall V.C. 1994. Nuclear localization of glycosaminoglycans in rat ovarian granulosa cells. *J. Biol. Chem.* **269:** 4539–4546.
40. Selzer J., Hofmann F., Rex G., Wilm M., Mann M., Just I., and Aktories K. 1996. *Clostridium novyi* α-toxin-catalyzed incorporation of GlcNAc into Rho subfamily proteins. *J. Biol. Chem.* **271:** 25173–25177.
41. Aktories K. and Just I. 1995. Monoglucosylation of low-molecular-mass GTP-binding Rho proteins by clostridial cytotoxins. *Trends Cell Biol.* **5:** 441–443.
42. Just I., Selzer J., Von Eichel-Streiber C., and Aktories K. 1995. The low molecular mass GTP-binding protein Rho is affected by toxin A from *Clostridium difficile. J. Clin. Investig.* **95:** 1026–1031.
43. Just I., Wilm M., Selzer J., Rex G., Von Eichel-Streiber C., Mann M., and Aktories K. 1995. The enterotoxin from *Clostridium difficile* (ToxA) monoglucosylates the Rho proteins. *J. Biosci.* **270:** 13932–13936.
44. Just I., Selzer J., Hofmann F., Green G.A., and Aktories K. 1996. Inactivation of Ras by *Clostridium sordelli* lethal toxin-catalyzed glucosylation. *J. Biol. Chem.* **271:** 10149–10153.
45. Hubert J., Sève A.P., Facy P., and Monsigny M. 1989. Are nuclear lectins and nuclear glycoproteins involved in the modulation of nuclear functions? *Cell Differ.* **27:** 69–81.
46. Sève A.P., Hubert J., Bouvier D., Bouteille M., Maintier C., and Monsigny M. 1985. Detection of sugar-binding proteins in membrane-depleted nuclei. *Exp. Cell Res.* **157:** 533–538.
47. Bourgeois C.A. and Monsigny M. 1990. Distribution of sugar-binding sites within interphase nuclei and mitotic chromosomes of a human cell line. *Biol. Cell* **69:** 119–126.

48. Facy P., Sève A.-P., Hubert M., Monsigny M., and Hubert J. 1990. Analysis of nuclear sugar-binding components in undifferentiated and in vitro differentiated human promyelocytic leukemia cells (HL60). *Exp. Cell Res.* **190:** 151–160.
49. Schröder H.C., Facy P., Monsigny M., Pfeifer K., Bek A., and Müller W.E.G. 1992. Purification of a glucose-binding protein from rat liver nuclei—Evidence for a role in targeting of nuclear mRNP to nuclear pore complex. *Eur. J. Biochem.* **205:** 1017–1025.
50. Wang J.L., Werner E.A., Laing J.G., and Patterson R.J. 1993. Nuclear and cytoplasmic localization of a lectin-ribonucleoprotein complex. *Biochem. Soc. Trans.* **20:** 269–274.
51. Laing J.G. and Wang J.L. 1988. Identification of carbohydrate binding protein 35 in heterogeneous nuclear ribonucleoprotein complex. *Biochemistry* **27:** 5329–5334.
52. Wang J.L., Laing J.G., and Anderson R.L. 1991. Lectins in the cell nucleus. *Glycobiology* **1:** 243–252.
53. Sève A.P., Hubert J., Bouvier D., Bourgeois C., Midoux P., Roche A.-C., and Monsigny M. 1986. Analysis of sugar-binding sites in mammalian cell nuclei by quantitative flow microfluorometry. *Proc. Natl. Acad. Sci.* **83:** 5997–6001.
54. Duverger E., Carpentier V., Roche A.-C., and Monsigny M. 1993. Sugar-dependent nuclear import of glycoconjugates from the cytosol. *Exp. Cell Res.* **207:** 197–201.
55. Duverger E., Pellerin-Mendes C., Mayer R., Roche A.-C., and Monsigny M. 1995. Nuclear import of glycoconjugates is distinct from the classical NLS pathway. *J. Cell Sci.* **108:** 1325–1332.
56. Duverger E., Roche A.C., and Monsigny M. 1996. N-acetylglucosamine-dependent nuclear import of neoglycoproteins. *Glycobiology.* **6:** 381-386.
57. Roche A.-C. and Monsigny M. 1996. Trafficking of endogenous glycoproteins mediated by intracellular lectins: Facts and hypotheses. *Chemtracts Biochem. Mol. Biol.* **6:** 188–201.

本章初稿由 G. W. Hart（马里兰州巴尔的摩，约翰霍布金斯大学医学院）编写。

# 第14章 O-GlcNAc修饰



20世纪80年代中期以前，普遍地认为细胞核和细胞质中的蛋白质都没有糖基化。现在我们知道，许多蛋白质的丝氨酸和苏氨酸的羟基上，在一些区室中都动态地被连接的O-连键的N-乙酰葡糖胺单糖修饰。图14.1显示出以β连键动态地连接到蛋白质上的O-GlcNAc结构。本章首先介绍关于O-GlcNAc发现的历史背景和早期的研究。然后再介绍在关键的核和细胞骨架蛋白质上，以及感染物种上存在的O-GlcNAc。最后，对O-GlcNAc在作为动态调节修饰上的作用，并对酶催化O-GlcNAc的添加和脱除方面已了解的情况作些介绍。

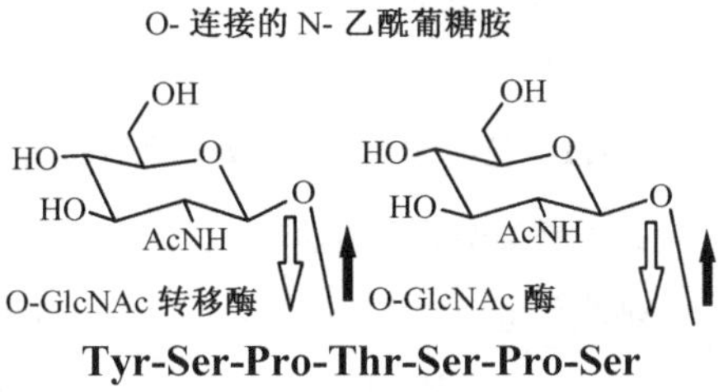


**图14.1** O-GlcNAc结构的示意图。箭头表示这种修饰的高度动态性质。O-GlcNAc可快速地分别被O-GlcNAc转移酶和O-GlcNAc糖苷酶添加和脱除。所示的肽序列代表着典型的O-GlcNAc连接位点；但是，还没有明确界定的共有序列。

## O-GlcNAc的历史背景[1～6]

在早期病毒和植物方面的几项研究中，通常用碱处理，随后再进行单糖分析，暗示O-GlcNAc是以氨基酸羟基连接的糖出现在蛋白质中。遗憾地是，早期的研究既没有验明蛋白质-糖的连键方式，也没有通过结构分析确证O-GlcNAc的存在。1984年，当设计探索表面受体复合聚糖末端GlcNAc的研究过程中，才首次表明O-GlcNAc是鼠类淋巴细胞中胞内糖基化的主要形式。这些研究采用了高度纯化的糖基转移酶及其相应的放射性标记的糖核苷酸作为活细胞末端糖的酶法探针。用放射性标记的 UDP-Gal 和牛奶中的半乳糖基转移酶作为探针发现了 O-GlcNAc 化。图 14.2 说明了这个方法的原理，该原理仍然广泛地用作检测 O-GlcNAc 的修饰。1986 年，在细胞质中也发现大量的 O-GlcNAc修饰，实际上，除线粒体外，在大鼠肝的除线粒体外的所有细胞器中都大量地存在 O-GlcNAc 修饰。在核被膜中发现了最高浓度（每摩尔蛋白质中的糖摩尔数）的 O-GlcNAc化蛋白质。然而，这类相同的研究发现核质中也含有很大数量的 O-GlcNAc 化蛋白质。在以后的两年中几个不同的研究小组很快地证明了调节穿行进出细胞核分子的核孔蛋白质都广泛地被 O-GlcNAc 化。

1987 年，也证实了人红细胞中含有几种细胞质的 O-GlcNAc 化蛋白质，其中包括细胞骨架蛋白带 4.1，其作用是将血影蛋白/肌动蛋白细胞骨架桥连到载糖蛋白的胞质内尾部。在 1989 年，发现沿着果蝇三龄幼虫唾液腺多线染色体的长度存在着非常大量的 O-GlcNAc 化蛋白质。带有 O-GlcNAc 蛋白质的 FITC-WGA 染色呈现出类似于细胞学家使用与染色质结合染料所得到的条带图式。在基因转录的活性位点 O-GlcNAc 的水平明显地降低。果蝇染色质的直接生化分析证明不同的非常大量的染色质蛋白质被 O-GlcNAc 化。

从这些早期的研究到现在，已报道在大量的蛋白质上有 O-GlcNAc。表 14.1 举出了大多数迄今已被鉴定的 O-GlcNAc 化蛋白质。即使这些 O-GlcNAc 化蛋白质具有功能多样性，但是，它们都具有两个共同的特性：（1）它们也被磷酸化，和（2）它们与其他多肽或结构形成可逆的多聚复合体，而且这些结合经常被磷酸化调节。然而，在本书撰写的时候，以细胞核和胞液级分二维凝胶分析法检测的上百种 O-GlcNAc 修饰的蛋白质尚未得到确证。

**表 14.1　已鉴定的 O-GlcNAc 化蛋白质**

| 核内的蛋白质 | 细胞骨架中的蛋白质 | 其他蛋白质 |
|---|---|---|
| 核孔的蛋白质 | 细胞角蛋白 13，8，18 | 92-kDa Ser 蛋白质 |
| RNA 聚合酶Ⅱ | 神经丝 H，M，L | p43/hnRNP |
| 许多转录因子 | 人红细胞带 4.1 | 腺病毒纤维 |
| c-Myc 癌蛋白 | 突触蛋白（synapsin）1 | 人 CMV UL 32 |
| v-Erb-a 癌蛋白 | 许多突触小泡蛋白质 | 轮状病毒 NS 26 蛋白 |
| p53 肿瘤抑制因子 | 微管结合蛋白 | 杆状病毒 gp41 外被蛋白 |
| SV 40 T 抗原 | Tau 蛋白 | p67 转译调节蛋白 |
| 酪氨酸磷酸酶 | 踝蛋白（talin） | 疟原虫蛋白质 |
| 许多染色质蛋白质 | 黏着斑蛋白 | 锥虫蛋白质 |
| 雌激素受体 | 网格蛋白组装蛋白 AP3 | 贾第虫蛋白质 |
| 真菌 DNA 结合蛋白 | 雨虎属神经元蛋白 | 溶组织肠阿米巴蛋白质 |
| | α 晶体蛋白 | 血吸虫蛋白质 |
| | | β 淀粉状前体蛋白 |

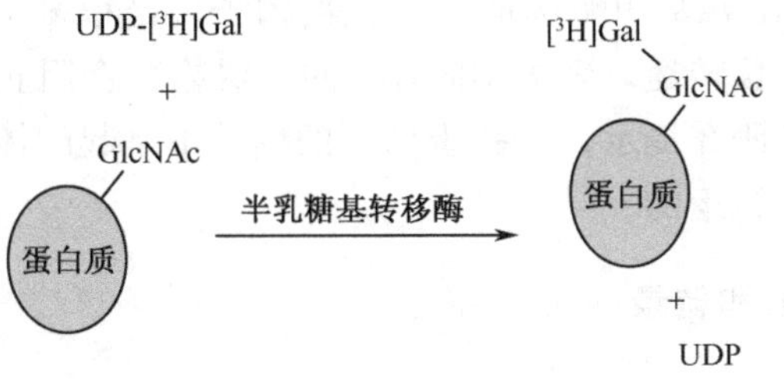


**图 14.2** O-GlcNAc的半乳糖基转移酶标记。纯化的牛奶半乳糖基转移酶和氚标记的 UDP-Gal一起应用于将一个“标签”置于 O-GlcNAc残基上。

## O-GlcNAc普遍存在于真核细胞[7,8]

过去的几年中，已经证明 O-GlcNAc修饰的蛋白质几乎无例外地都限于在胞质和核内（黏菌中α连接 O-GlcNAc的糖除外，它在胞外），而实际上，在已检测的所有真核细胞中，包括原虫和真菌，以及病毒中都含有丰富的 O-GlcNAc 修饰的蛋白质（表14.1）。此外，最近克隆得到的 O-GlcNAc 糖基转移酶在进化上是高度保守的，秀丽新小杆线虫（*Caenorhabditis elegans*）和人的酶的一级序列之间的相似性大于 85%。在公开的数据库中存在的同源开放读码框，至今进化的范围已降低到蓝细菌。

## 核 O-GlcNAc化蛋白质[1,5,9,10]

**1. 核孔糖蛋白**（核孔蛋白，Nucleoporin）

具有 O-GlcNAc化的核孔蛋白在核内转运中的重要性已被 O-GlcNAc专一的单克隆抗体或是与 O-GlcNAc结合的凝集素 WGA 均有能力阻断核内转运所证实。几个实验室的研究提出一个模式，即：核孔糖蛋白的作用是起先与被转运分子的表面结合，随后把被转运分子泊靠在孔复合物的中心并易位。核孔蛋白的核转运作用的直接证据已经从重组研究中得到。从已排除与核孔糖蛋白的爪蟾卵外膜提取液中，把其中的 WGA-结合的核孔蛋白除去后，仍能再组装成十足的正常形态的核孔复合物。然而，这种再组装的核孔在结合和核转运两方面都有缺陷。重新加入分离的核孔蛋白，则可以恢复核转运。除去了 O-GlcNAc化孔蛋白的孔中央区域有“空洞”。这种定域提示这些糖蛋白在核质转运中起着中心的作用。

已经克隆和测序了数个核孔蛋白，包括核孔蛋白（p62），它是最高度 O-GlcNAc化蛋白质中的一个。有趣的是，Hanover及其同事已经证明当 p62 在一个偶联的网质细胞裂解液系统中被转录和转译时，它被有效地糖基化。因此，网质细胞裂解液中有 O-GlcNAc糖基转移酶和 UDP-GlcNAc 糖供体。固定化的核孔蛋白可以耗竭网质细胞裂解液中对蛋白质输入核内所需的可溶性蛋白质，这表明这些糖蛋白与参与核转运的关键蛋白质相互作用。

O-GlcNAc 的糖部分在核转运中的直接作用可以用重组爪蟾核孔来评价，即：预先将核孔蛋白上的 GlcNAc 残基用酶法加上半乳糖帽子，当很多个 O-GlcNAc 部分用被半乳糖戴帽后，并不阻止核转运，因为 GlcNAc 的“戴帽”会阻止它与 GlcNAc 专一的糖结合蛋白的结合，此类研究提示，核孔蛋白上的糖并不是起配体与凝集素类似的相互作用的功能，而是参与核转运的。

**2. 染色质相关的蛋白质和转录**

与染色质在广泛范围内与物理结合的众多不同的染色质蛋白质都是 O-GlcNAc 化的。实际上迄今已检定过的各种 RNA 聚合酶Ⅱ和转录因子都含有 O-GlcNAc。对转录因子的 O-GlcNAc 提出的功能已经包括核转运、组装进入多聚复合物，以及对磷酸化的调节。最近的发现表明，在真菌，甚至在低等的真核细胞中，转录因子上的 O-GlcNAc 对转录是重要的。

除转录因子外，RNA 聚合酶Ⅱ的催化亚基在其羧端结构域的重复序列上也多重地被 O-GlcNAc 化。合成信使 RNA 的 RNA 聚合酶Ⅱ是至少由 10 个不同多肽亚基组成的复合酶。在真核细胞中催化亚基的羧基端结构域（CTD）含有一种独特的七氨基酸序列

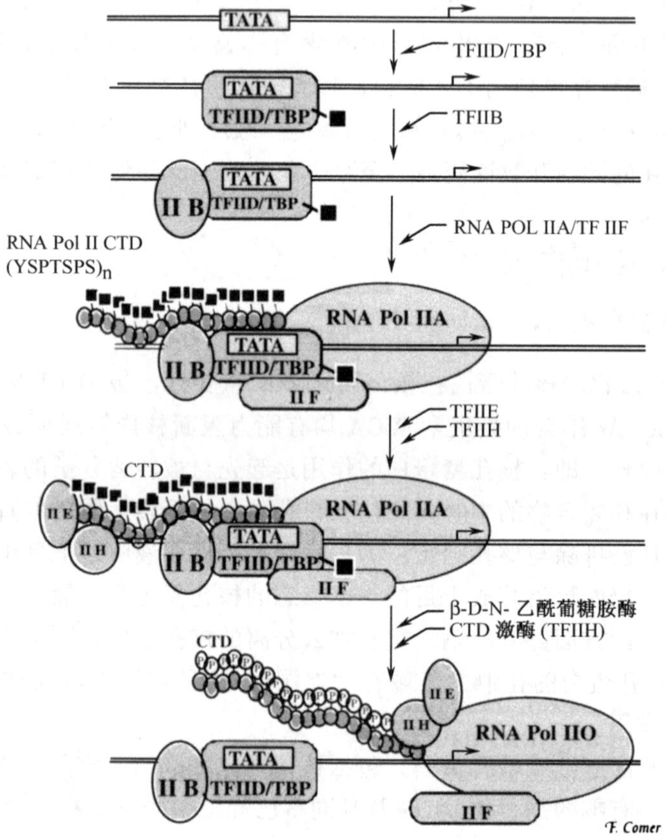


**图 14.3** O-GlcNAc 在转录中作用的模型。这一假设表明 O-GlcNAc 在转录起始中起作用，并在延伸之前即从 RNA 聚合酶 CTD 上除去，而使 CTD 进行广泛地磷酸化。已在最近的研究中证明 O-GlcNAc 也修饰 TATA 结合蛋白。按照本书中所采用的命名标准，黑方块代表 GlcNAc。

(-Tyr-Ser-Pro-Thr-Ser-Pro-Ser-)，这个序列连续重复50次以上，而且对在酵母中存活是必不可少的。在转录延伸期间，CTD被广泛地磷酸化。未磷酸化形式的RNA聚合酶Ⅱ（ⅡA形式）的亚基沿CTD序列长度广泛而多次地被糖基化。在磷酸化形式的RNA聚合酶Ⅱ（ⅡO形式）上没有检测到O-GlcNAc，这表明CTD的O-GlcNAc化和磷酸化是互为补偿的事件。这些数据和不少实验室关于转录起始的研究都支持图14.3的模型，在这一模型中O-GlcNAc化在转录起始中起着重要的作用。根据这个模型，O-GlcNAc残基在预起始之前复合物的组装过程中起作用。随转录起始后，CTD上O-GlcNAc的部分被切除，由于CTD上的广泛磷酸化，使得延伸可以进行。为了评估O-GlcNAc化在转录起始和延伸中的精确的作用还需要进一步的研究。显然，许多（大多数）转录调节的蛋白质是动态O-GlcNAc化，而且糖在一个或多个步骤中直接参与转录过程。

酪蛋白激酶Ⅱ，在调节包括生长、增殖和分化等众多细胞过程中是一个占优势的、重要的细胞核的酶，并在α和α′两亚基上均有，而在β亚基上没有多重的O-GlcNAc化。有趣的是，酪蛋白激酶Ⅱ上O-GlcNAc化的一个主要位点出现在毗邻被Cdc2/p34激酶用于调节磷酸化的部位。

**3．核内的癌基因和肿瘤抑制因子蛋白质**

c-Myc癌蛋白是一种螺旋-环-螺旋亮氨酸拉链并与Max蛋白质异二聚化和调节基因转录的磷蛋白。在哺乳动物体系和杆状病毒中过表达的重组蛋白质中，发现c-Myc含有O-GlcNAc。缺失突变体分析将O-GlcNAc定位在反式激活域，该域在体外与视网母细胞瘤基因产物RB结合，并且是Burkitt和AIDS-相关淋巴瘤中c-Myc突变的热点区。重组c-Myc的位点分析证明O-GlcNAc化的主要位点是Thr-58。图14.4说明了在c-Myc这样的蛋白质上确定O-GlcNAc位点的主要步骤。重要的是，Thr-58也是反式激活结构域中体内的磷酸化位点，而且在逆转录病毒的v-Myc以及人Burkitt和AIDS-相关淋巴瘤的Myc蛋白质中经常突变为不含羟基的氨基酸。Thr-58的突变导致转化活性的增强，而且在癌基因蛋白质中增加诱导肿瘤的潜能。Thr-58和Ser-62上有层次的磷酸化在c-Myc调节细胞周期中起重要作用。

这些研究提供了直接的结构证据，即：糖基化和磷酸化的相互交替，在这一个具有生物学意义的部位起着介导c-Myc转录因子/癌基因蛋白质的功能。显然，从这些发现中得到的一条重要信息是，在解释丝氨酸和苏氨酸位点定向突变的数据时应倍加小心。不能单纯地从突变发生，就对观察到的生物效应是由于缺了磷酸化，还是缺了糖基化，或同时缺了这两种修饰而遽下结论。

p53是将近一半人肿瘤患者中发生突变的肿瘤抑制因子和转录因子，并已证明p53是O-GlcNAc化的。曾有关于p53的高度生物活性和对EB-1的DNA高亲和力的报道，这种生物活性和高亲和力是决定于O-GlcNAc对p 53羧端碱性区域的掩盖，否则就会抑制DNA的结合。因此，p53在这个区域的动态O-GlcNAc化，对调节蛋白质与DNA的亲和力有着重要的作用。

与核内癌基因——癌蛋白v-Erb-a一样，SV40 T抗原也含O-GlcNAc部分。v-Erb-a被鸟类成红细胞增多症病毒编码，并从由一个甲状腺激素（T3/T4甲状腺素）的细胞基因衍生。很可能许多配体-应答转录因子，例如类固醇受体，正如最近对雌激素受体

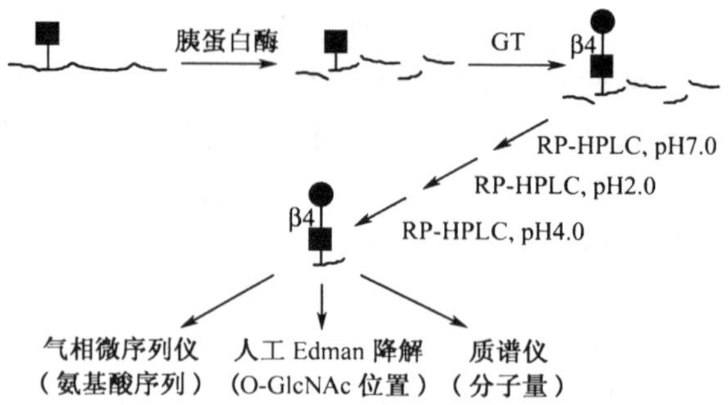


**图 14.4**　确定 O-GlcNAc 连接位点的略图，将蛋白质纯化至均一，用胰蛋白酶或其他方法裂解，以半乳糖基转移酶（GT）介导的半乳糖基化将得到的糖肽“标记”。半乳糖标记的糖肽经几轮 RT-HPLC 纯化，纯化的糖肽用气相微序列法分析。在人工 Edman 降解过程中测量标记的半乳糖在哪一个循环中被脱除，藉此对糖进行定位。位点可用质谱仪确证。

报道的一样，也发现是 O-GlcNAc 化的。

## 细胞骨架和膜 O-GlcNAc 蛋白质[5,11]

已证明首例 O-GlcNAc 化的细胞骨架蛋白是人红细胞的带 4.1，它在维持红细胞的细胞形状中有重要作用。早在 1988 年，对胞质内 O-GlcNAc 化的 ER 和高尔基体的跨膜蛋白质的存在就发表了明确的证据。新近，各种细胞骨架蛋白质和几种重要的膜相关的蛋白质也已证明含有 O-GlcNAc 部分。特别值得注意的是，β 淀粉样物质前体蛋白的胞质结构域上 O-GlcNAc 的发现。O-GlcNAc 连接位点和靶向蛋白质降解的 PEST 序列的相似性导致这样一种假设，O-GlcNAc 化可能在产生与 Alzheimer 疾病中损伤有关的 β 淀粉样肽的 β-淀粉状前体蛋白质降解过程中起作用。

### 1. 细胞骨架中的“桥连”蛋白质

值得注意的是，如带 4.1、黏着斑蛋白、踝蛋白和突触蛋白，这几个 O-GlcNAc 化的细胞骨架蛋白质，都参与了细胞骨架和膜或与其他结构（见表 14.1）间磷酸化依赖性的可逆桥连过程。例如，已经在血小板的黏着斑蛋白上发现了 O-GlcNAc，而且它似乎可对凝血酶-介导的血小板激活作动态应答。网格蛋白组装蛋白（AP3）可在其中心的 50 kD 结构域中都可以被磷酸化和 O-GlcNAc 化。与非网格蛋白结合结构域中的糖定位相一致，O-GlcNAc 似乎不参与 AP3 与网格蛋白的相互作用。虽然 α 晶体蛋白是眼球晶状体的主要组分，但在其他细胞类型，如心脏细胞中，它们作为分子伴侣调节中间丝组装的任务。在眼球和非眼球晶体组织中的 α 晶体蛋白均动态地被 O-GlcNAc 糖基化，O-GlcNAc的周转很快，在多肽的寿命期中循环多次。踝蛋白则是先通过与黏着斑蛋白（也含有 O-GlcNAc）的相互作用，再承担起将整合蛋白桥连到细胞骨架的功能。这提示糖可能在黏着斑蛋白与踝蛋白的结合中起作用。同样，可以设想 O-GlcNAc 化的突触蛋白 I，在介导突触小泡与细胞骨架的相互作用中起作用。虽然还缺乏直接的数据证明，但已有人提出 O-GlcNAc 化在介导参与包括细胞骨架组成在内的各种类型细胞功能中蛋白质-蛋白质的相互作用非常重要。

**2. 中间丝蛋白质**

细胞角蛋白质是由上皮细胞的细胞骨架主要组分组成的中间丝蛋白家族。迄今已鉴定出 21 种以上的细胞角蛋白，它们都是以组织特异和分化依赖性的方式表达。根据直接连键和糖的分析表明，细胞角蛋白 13，许多内部成层上皮的一种最丰富的中间丝蛋白，含有 O-GlcNAc。WGA-印迹研究表明，细胞角蛋白 13 的 O-GlcNAc 化是高度可变的，并且是细胞型依赖性的。由人 HT29 结肠细胞衍生的细胞角蛋白 8 和 18，后来也证实含有 O-GlcNAc。肽谱分析表明 O-GlcNAc 化的多重位点和脉冲示踪分析明示糖的周转比细胞角蛋白的多肽快得多，更进一步支持了这种的糖基化形式的动态特性。在细胞周期的 $G_2/M$ 期间，被秋水仙酰胺控制的 HT29 细胞中，细胞角蛋白的磷酸化和 O-GlcNAc 化两者都有增加。但是，细胞角蛋白 8 显示出优先增加磷酸化，而细胞角蛋白 18，在 $G_2/M$ 的阻断期则显示优先增加 O-GlcNAc 化。情况相反，与蚜栖菌素（aphidicolin）同时出现的 S-期 HT29 细胞，在细胞角蛋白上的 O-GlcNAc 化并没有增加。这些研究表明，细胞角蛋白 18 的头和紧靠棒结构域是两种类型在转译后修饰的主要区域。即使在 $G_2/M$ 期同时出现 O-GlcNAc 化和磷酸化，它们也是发生在不同的分子上。当在杆状病毒转染的昆虫细胞中过表达时，细胞角蛋白 8 和 18 两者都被糖基化和磷酸化，但是，各自的修饰也还是出现在不同的分子上。

**3. 神经丝**

位点图谱分析的研究表明，在神经丝蛋白质上，不同型的神经丝，H、M、L 都是深度 O-GlcNAc 化的。在以前这类神经丝定点突变研究的基础上，O-GlcNAc 部分的定位表明，糖直接参与介导神经丝的组装。事实上，在组装的神经丝上，大多数 O-GlcNAc 残基，除非蛋白质事先变性或用蛋白酶处理使之分解成片断，是无法获得半乳糖基转移酶和己糖胺酶处理的。α 晶体蛋白上的O-GlcNAc部分，也是非眼球晶体组织中小热休克蛋白质，和腺病毒纤维蛋白上的 O-GlcNAc 部分，同样在原有分子上是不能处理的，而未变性的核孔蛋白上的 O-GlcNAc 似乎大部分是在分子的表面上。

**4. 微管结合蛋白**

来自牛脑的正常微管结合蛋白（microtubal-associate protein，MAP）tau 是深度 O-GlcNAc 化的，明显地具有 12 个以上 O-GlcNAc 化位点，和每摩尔蛋白质上约有 4 个平均化学计量的 O-GlcNAc 残基。在正常的神经元中，tau 在轴突微管组织化中起关键作用。然而，在 Alzheimer 病患者的神经元中，tau 异常地超磷酸化，致使形成与神经元死亡有关的异常纤丝（PHF-tau）。如图 14.5 所示，这些研究提出一个可能的模型，其中表明 Alzheimer 病患者神经元中的 PHF-tau 可能是因丝氨酸和苏氨酸的非正常 O-GlcNAc 化，而引起磷酸化的异常。对 Alzheimer 症 O-GlcNAc 化的一项假设功能，甚至引起了最近在 β 淀粉样前体蛋白上O-GlcNAc的发现。同样，鉴于最近报道了包括 MAP1，MAP2H 和 MAP4 在内的高分子量微管结合蛋白的 O-GlcNAc 化，一般情况下，O-GlcNAc 在介导微管蛋白缔合中的可能作用，也必须加以考虑。

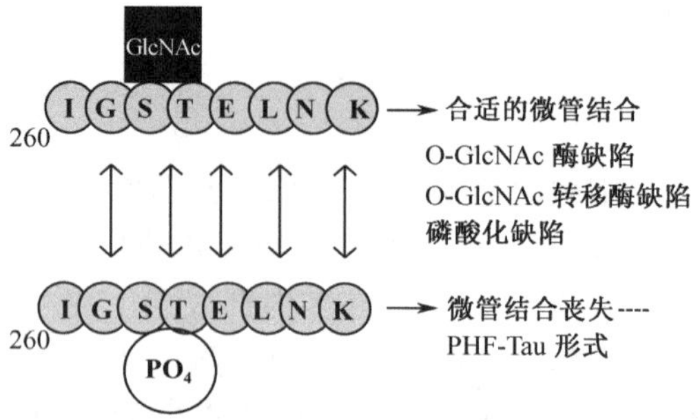


**图 14.5** O-GlcNAc 在 Alzheimer 病中作用的可能性模型。模型表明，在正常情况下，微管结合蛋白 tau 是 O-GlcNAc 化的。确实，β-淀粉样前体蛋白在其胞质结构域也是如此。低糖基化可能使 tau 上潜在的磷酸化位点暴露，进而使这些位点超磷酸化，导致神经纤维乱成一团。已在图中标出蛋白质上 Ser-262 位点。然而，在许多位点 tau 既被磷酸化，也被糖基化，其中某些位点对 Alzheimer 病有重要作用。

## 病毒和寄生物蛋白质上的 O-GlcNAc[5,12]

已经证明，在许多病毒蛋白质上都有 O-GlcNAc 修饰（见表 14.1）。在人巨细胞病毒（Cytomegalovirns，CMV）和杆状病毒（Baculorirus）主要的体被蛋白质（病毒衣壳和病毒被膜之间的区域）上发现了 O-GlcNAc。人 CMV 的碱性磷蛋白（UL32）的功能目前还是未知，但是它在病毒体被区域的定位表明它可能充当衣壳的最终被膜化的信号。O-GlcNAc 可能是碱性磷蛋白寡聚化的信号，或者它可能是病毒被膜用于附着到细胞区室的手段。还不清楚 O-GlcNAc 在任何这种类型蛋白质上的功能；但是，已知腺病毒的纤维蛋白与参与了病毒附着到宿主细胞表面成熟的三聚结构的形成有关。有趣的是，成熟三聚结构中的 O-GlcNAc 部分，除非用去垢剂使纤维蛋白变性，否则无法用半乳糖基转移酶标记，这表明 O-GlcNAc 是包埋在三聚结构中的。证明杆状病毒的 gp41 含有 O-GlcNAc，使昆虫细胞完全可以将这种修饰添加到蛋白质上这一事实变得更加清楚。再者，这一发现对利用杆状病毒表达系统研究包括转录因子和癌基因产物在内的、多种含有 O-GlcNAc 低丰度蛋白质提供了方法。

已从大利什曼原虫（*Leishmania major*）鉴定并克隆一个约 92 kD 的胞质 O-GlcNAc 化的蛋白质。一种原虫类寄生虫，溶组织肠阿米巴（*Entamoeba histolytica*）的保护性抗原，富含丝氨酸的 *E. histolitica* 蛋白（SREHP），有高含量的丝氨酸（52/233 个氨基酸），并且被磷酸化和 O-GlcNAc 化。在人血吸虫曼氏血吸虫（*Schistosoma mansoni*）中的 O-GlcNAc 化是一种主要的蛋白质修饰，在该血吸虫中氚化 GlcNAc 的代谢掺入超过 10%。O-GlcNAc 化也是疟疾寄生虫中蛋白质糖基化的主要形式。

## 动态调节修饰的 O-GlcNAc[7,8,13～20]

### 1. O-GlcNAc 循环的酶

已经从大鼠肝泡液中鉴定到一种 UDP-GlcNAc：多肽 O-GlcNAc 转移酶的活性，并且纯化到表观均一。该酶有以下一些特性：（1）其活性位点在胞液和核内的定位；（2）UDP-GlcNAc是 $K_m$ 约 545 nm 的核苷酸糖供体；（3）肝酶表现为含有两个亚基，$M_r$ 分别为 110 kDa 的 α 亚基和 78 kDa 的 β 亚基；（4）全酶约 340 kDa，表明它是一个 $\alpha_2\beta$ 构型的异三聚体；（5）光亲和标记研究明示 α 亚基含有活性部位。酶的两个亚基均被酪氨酸磷酸化和 O-GlcNAc 化。

最近已从大鼠和秀丽新小杆线虫克隆编码 O-GlcNAc 转移酶的基因。O-GlcNAc 转移酶的蛋白质不同于任何以前介绍过的已知的糖基转移酶，从线虫到人的一级序列水平是高度保守的。这一 O-GlcNAc 糖基转移酶的显著结构特征是存在有 11 个四十三肽的重复单位。根据推理，这些重复的结构域可以促进分子内和分子间两方面的相互作用。这种酶的结构表明，其专一性或活性可能是由多数四十三肽（tetratrico）结合蛋白以类似于 RNA 聚合酶Ⅱ被转录因子调节的方式调节。已克隆得到编码 O-GlcNAc 转移酶的 DNA，一定会使在评价各种生物体的 O-GlcNAc 化和确定糖功能两个方面取得快速的进展。

从大鼠的脾胞液中已经鉴定到 O-GlcNAc 专一的中性 β-D-N-乙酰葡糖胺酶的活性，而且最近已经纯化并测定了它的特性。不同的 O-GlcNAc 酶的数目仍属未知。纯化后的 O-GlcNAc 酶的活性，由于其最适中性 pH（pH 6.4），以及不管它作为抑制剂还是底物，它对 GalNAc 或对其类似物的不敏感性，有别于溶酶体中的己糖胺酶。此酶可从已被 O-GlcNAc 转移酶糖基化的肽底物上脱除 O-GlcNAc，其相对活力比同样数量的肺炎双球菌的己糖胺酶高 6 倍。迄今仍对 O-GlcNAc 酶的调节几乎一无所知，但是，编码大鼠胞液酶 cDNA 的克隆一定会取得快速进展。

**2. 蛋白质合成的调节**

对 1 个 67 kDa 多重 O-GlcNAc 修饰的糖蛋白（$p^{67}$）已有报道，它可以与 eIF-2（真核细胞翻译起动因子）结合，并由 eIF-2 激酶防止它被磷酸化，从而保持蛋白质合成正常启动。几方面的证据表明，O-GlcNAc 化的 $p^{67}$ 保护 eIF-2 的 α 亚基在正常的条件下不被磷酸化，但是当饥饿时，$p^{67}$ 迅速地进行脱糖基化，然后被降解，这就使 eIF-2 激酶将 eIF-2磷酸化，防止蛋白质合成的启动。网质细胞的裂解液含有“去糖基酶”（O-GlcNAc 酶），在高铁血红素存在情况下，保持潜伏的形式。但在无高铁血红素时，去糖基酶则被激活并从 $p^{67}$ 脱除 O-GlcNAc，开始抑制蛋白质合成的级联步骤。这些数据表明，可逆的 O-GlcNAc 化在蛋白质的合成中具有关键作用。如果这是正确的，它们与这种修饰的总体重要性有密切关系。

**3. 葡萄糖稳态的调节**

糖尿病的病理生理很重要的一点是明显地与高血糖本身相联系。最近许多研究得出结论，己糖胺生物合成途径用作偶联到负反馈系统的葡萄糖传感器，它能限制葡萄糖的摄入程度，对高血糖和高胰岛素血症条件作出应答。葡糖胺与胰岛素抗性之间的联系，以及转录因子的普遍性 O-GlcNAc 化，导致一种假设，转录因子的异常糖基化或许是由于 UDP-GlcNAc 水平升高（在某些细胞中它可以达到和 ATP 水平一样的高水平）所造成的，这可能是葡萄糖毒性和胰岛素抗性的多向性效应背后的主要机制。看起来，葡糖胺本身产生“胰岛素抗性”特别重要。例如，在脂肪细胞中，胰岛素、葡萄糖和谷氨酰胺联合引起对胰岛素的脱敏，说明谷氨酰胺∶果糖-6-P 转酰胺酶在葡糖胺的代谢中是一个关键的酶。葡糖胺引发胰岛素抗性比葡萄糖强 40 倍。谷氨酰胺∶果糖-6-P 转酰胺酶，似乎是因将进来的葡萄糖流导入己糖胺而在胰岛素抗性发展中起关键的作用，己糖胺是假设用作偶联到一个“未知”负反馈系统的葡萄糖传感器。葡糖胺可使 TGF-α 的 mRNA和蛋白质增加 6 倍；2 mmol/L 的葡糖胺可使 TGF-α 启动子的活性增加 12 倍。因刺激生长因子基因的转录而引起糖尿病血管并发症，升高的葡糖胺有助于引发葡萄糖毒性。这样，显然由于 O-GlcNAc 在许多细胞调节蛋白上是一种关键的转译后修饰，在高血糖诱导的 O-GlcNAc 代谢混乱之后，或许部分地被 UDP-GlcNAc 库的升高所介导，它可能在糖尿病的病理学中是起主要作用的分子。

## 发展方向

尽管 Ser（Thr）-O-GlcNAc 化的发现仅有 14 个年头，但是脉冲示踪研究和二维凝胶电泳的比较分析清楚地说明，在许多真核细胞的核和胞质蛋白质上，这种修饰就像磷酸化一样广泛而且是动态的。O-GlcNAc 化是以下面 3 个关键性质为特征的：

（1）O-GlcNAc 出现在被许多重要的激酶利用的类似位点上；

（2）在充分研究过的蛋白质上，O-GlcNAc 化和磷酸化是互换的，而且可能在许多蛋白质上它的功能与磷酸化有一种“阴-阳”关系；

（3）在对细胞的信号和细胞各阶段的应答中，O-GlcNAc 化是高度动态，而且循环快速，这方面再一次与磷酸化完全相似。本章强调了一些主要范例，这些范例将有可能导致对 O-GlcNac 化的真实意义的了解。随着方法学的进展，以及参与 O-GlcNAc 循环酶的 cDNA 和强抑制剂的可能性增加，在全面评估 O-GlcNAc 化的重要性方面，将有快速的进展。

（王克夷 译　张惟杰 校）

### 参 考 文 献


1. Hart G.W., Haltiwanger R.S., Holt G.D., and Kelly W.G. 1989. Glycosylation in the nucleus and cytoplasm. *Annu. Rev. Biochem.* **58:** 841–874.
2. Whiteheart S.W., Passaniti A., Reichner J.S., Holt G.D., Haltiwanger R.S., and Hart G.W. 1989. Glycosyltransferase probes. *Methods Enzymol.* **179:** 82–95.
3. Torres C.-R. and Hart G.W. 1984. Topography and polypeptide distribution of terminal N-acetylglucosamine residues on the surfaces of intact lymphocytes. *J. Biol. Chem.* **259:** 3308–3317.
4. Roquemore E.P., Chou T.-Y., and Hart G.W. 1994. Detection of O-linked N-acetylglucosamine O-GlcNAc on cytoplasmic and nuclear proteins. *Methods Enzymol.* **230:** 443–460.
5. Hart G.W. 1997. Dynamic O-linked glycosylation of nuclear and cytoskeletal proteins. *Annu. Rev. Biochem.* **66:** 315–335.
6. Hart G.W., Kreppel L.K., Comer F.I., Arnold C.S., Snow D.M., Ye Z.Y., Cheng X.G., DellaManna D., Caine D.S., Earles B.J., Akimoto Y., Cole R.N., and Hayes B.K. 1996. O-GlcNAcylation of key nuclear and cytoskeletal proteins: Reciprocity with O-phosphorylation and putative roles in protein multimerization. *Glycobiology* **6:** 711–716.
7. Kreppel L.K., Blomberg M.A., and Hart G.W. 1997. Dynamic glycosylation of nuclear and cytosolic proteins. Cloning and characterization of a unique O-GlcNAc transferase with multiple tetratricopeptide repeats. *J. Biol. Chem.* **272:** 9308–9315.
8. Lubas W.A., Frank D.W., Krause M., and Hanover J.A. 1997. O-linked GlcNAc transferase is a con-

served nucleocytoplasmic protein containing tetratricopeptide repeats. *J. Biol. Chem.* **272:** 9316–9324.

9. Kelly W.G., Dahmus M.E., and Hart G.W. 1993. RNA polymerase II is a glycoprotein. Modification of the COOH-terminal domain by O-GlcNAc. *J. Biol. Chem.* **268:** 10416–10424.
10. Chou T.-Y., Hart G.W., and Dang C.V. 1995. c-Myc is glycosylated at threonine 58, a known phosphorylation site and a mutational hot spot in lymphomas. *J. Biol. Chem.* **270:** 18961–18965.
11. Arnold C.S., Johnson G.V.W., Cole R.N., Dong D.L.Y., Lee M., and Hart G.W. 1996. The microtubule-associated protein tau is extensively modified with O-linked N-acetylglucosamine. *J. Biol. Chem.* **271:** 28741–28744.
12. Nyame K., Cummings R.D., and Damian R.T. 1987. *Schistosoma mansoni* synthesizes glycoproteins containing terminal O-linked N-acetylglucosamine residues. *J. Biol. Chem.* **262:** 7990–7995.
13. Haltiwanger R.S., Holt G.D., and Hart G.W. 1990. The enzymatic addition of O-GlcNAc to nuclear and cytoplasmic proteins. Identification of a uridine diphospho-N-acetylglucosamine: Peptide β-N-acetylglucosaminyltransferase.*J. Biol. Chem.* **265:** 2563–2568.
14. Haltiwanger R.S., Blomberg M.A., and Hart G.W. 1992. Glycosylation of nuclear and cytoplasmic proteins. Purification and characterization of a uridine diphospho-N-acetylglucosamine:polypeptide β-N-acetylglucosaminyltransferase. *J. Biol. Chem.* **267:** 9005–9013.
15. Dong D.L.-Y. and Hart G.W. 1994. Purification and characterization of an O-GlcNAc selective N-acetyl-β D-glucosaminidase from rat spleen cytosol. *J. Biol. Chem.* **269:** 19321–19330.
16. Datta B., Ray M.K., Chakrabarti D., Wylie D.E., and Gupta N.K. 1989. Glycosylation of eukaryotic peptide chain initiation factor 2 eIF-2-associated 67-kDa polypeptide $p^{67}$ and its possible role in the inhibition of eIF-2 kinase-catalyzed phosphorylation of the eIF-2 α-subunit. *J. Biol. Chem.* **264:** 20620–20624.
17. Chakraborty A., Saha D., Bose A., Chatterjee M., and Gupta N.K. 1994. Regulation of eIF-2 α-subunit phosphorylation in reticulocyte lysate. *Biochemistry* **33:** 6700–6706.
18. Marshall S., Bacote V., and Traxinger R.R. 1991. Discovery of a metabolic pathway mediating glucose-induced desensitization of the gucose transport system. Role of hexosamine biosynthesis in the induction of insulin resistance. *J. Biol. Chem.* **266:** 4706–4712.
19. Marshall S., Garvey W.T., and Traxinger R.R. 1991. New insights into the metabolic regulation of insulin action and insulin resistance: Role of glucose and amino acids. *FASEB J.* **5:** 3031–3036.
20. Chou C.-F., Smith A.J., and Omary M.B. 1992. Characterization and dynamics of O-linked glycosylation of human cytokeratin 8 and 18. *J. Biol. Chem.* **267:** 3901–3906.

本章初稿由 G. W. Hart（马里兰州巴尔的摩，约翰霍布金斯大学医学院）编写。

# 第 15 章　唾　液　酸



本章叙述自然界中唾液酸（sialic acid）单糖家族的多样性，将涉及它们的生物合成、结构及在糖链中的连接方式，还将涉及研究唾液酸的各种方法的基本原则，唾液酸的生物学功能，特别是有关唾液酸结合凝集素的功能也将作简单的介绍。

## 历史背景[1~8]

50 多年前，Blix、Klenk 和其他研究者发现 N-乙酰神经氨酸（N-acetyl-neuraminic acid，Neu5Ac；见图 15.1）是温和酸水解脑糖脂或唾液黏蛋白（mucin）的主要产物。随后在 20 世纪 50 年代和 60 年代由 Gottschalk、Roseman、Brossmer、Warren、Yamakawa 和 Glick 等几个研究组阐明了该分子的完整结构、化学和生物合成。与此同时，还发现唾液酸是流感病毒识别的靶分子；Chargaff 研究组发现流感病毒的“受体破坏酶”（receptor-destroying enzyme）活性就是唾液酸酶，可从大分子中释放唾液酸，而 Meyer 研究组在细菌中也发现类似的酶活性。早先发现的这种九碳酸性糖实际上是整个神经氨酸类化合物家族的常见成员，由于它们最早发现于唾液黏蛋白中，所以这个家族就被命名为“唾液酸”。到 20 世纪 80 年代 Schauer 及其他研究者已发现了 30 多种唾液酸，而且许多是以细胞特异性和发育调控方式表达的。新近，由 Inoue 及同事发现的 KDN（不是神经氨酸，见图 15.1）又进一步扩展了唾液酸家族。

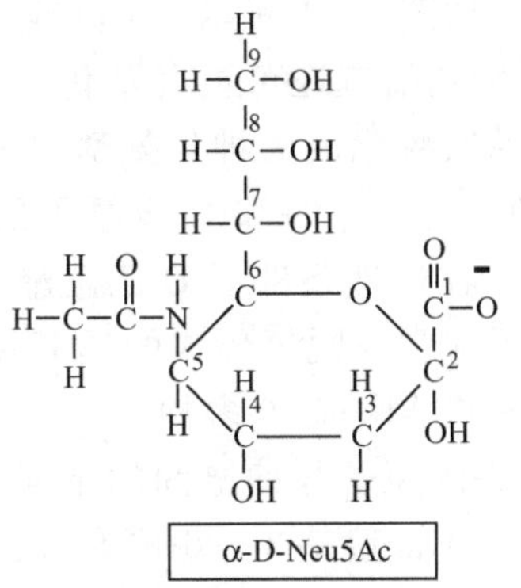


**图 15.1** “原始的”唾液酸：N-乙酰神经氨酸（2-keto-5-acetamido-3，5-dideoxy-D-glycero-D-galactononulosonic acid）和 KDN（2-keto-3-deoxy-D-glycero-D-galactonononic acid）。两者间惟一的区别在于 5-位碳原子上的取代基团不同，在多数脊椎动物细胞中 N-乙酰神经氨酸更为常见，其他唾液酸由这两种结构经代谢衍生而来。

## 唾液酸结构和连键的多样性[2,4,7,9～13]

唾液酸常见于 N-聚糖、O-聚糖和糖鞘脂的末端（有时也出现在 GPI 锚的侧链末端）。唾液酸可进行多种修饰（图 15.2）。1-位碳原子上的羧基在生理 pH 环境下离子

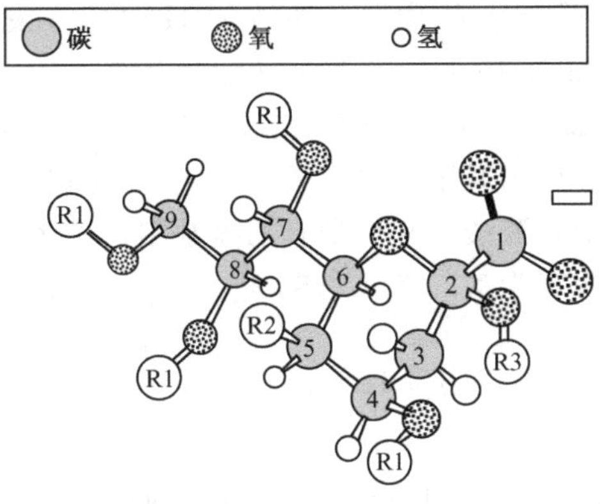


R1 = 氢，乙酰基 (4,7,8,9), 内酯 (9), 甲基 (8), 硫酸基 (8,9), 磷酸基 (9), 脱水 (4,8 或 2,7), 唾液酸 (8,9), 岩藻糖 (4), 葡萄糖 (8) 或半乳糖 (4)

R2 = N- 乙酰基，羟乙酰基，氨基，羟基，N- 羟乙酰基 -O- 乙酰基，N- 羟乙酰基 -O- 甲基

R3 = Gal(3/4/6), GalNac(6), GlcNAc(4/6), Sia(8/9) 或 5-O-Neu5Ac（不存在 2,6 和 2,7 脱水的分子）

**图 15.2** 唾液酸的多样性。图中所示为唾液酸共同的 9-碳骨架。目前已知的天然取代基团的位置已标出（在 $R_4$、$R_5$、$R_7$、$R_8$ 和 $R_9$ 上）。更丰富的多样性则来自内酯（R1 与其他糖的羟基间）、脱氢形式（消除 R2）、分子内脱水形式及多种不同的糖苷键连接方式（通过 R3 与下面的糖链相连）（源于 Varki 1997 [13]）。

化，但有时也会与相邻糖的羟基形成内酯。如图 15.1 所示，5-位碳原子通常有 N-乙酰基（形成 Neu5Ac）或羟基（如 KDN）。5-N-乙酰基还可被羟基化，生成羟乙酰神经氨酸（Neu5Gc）。一些情况下，5-N-乙酰基脱乙酰化成为神经氨酸（Neu）。这 4 种分子（Neu5Ac、Neu5Gc、KDN 和 Neu）均可在 4-、7-、8-和 9-碳原子的羟基上发生取代（O-乙酰基、O-甲基、O-硫酸和磷酸基团）。在生理条件下 O-乙酰酯沿侧链的移位（从 7-位到 9-位）更增加了其复杂性，还存在不饱和与脱氢形式的唾液酸。图 15.2 并未列出在自然界中发现的所有结构，目前已发现的结构有 40 多种。

唾液酸所呈现的更丰富的多样性是由 2-碳原子与糖链间的不同 α-连键产生的（图 15.2）。这些不同连接方式中，最常见的是与 Gal 残基 3-、6-位或 GalNAc 残基 6-位的连接。某些情况下，唾液酸还能占据聚糖内侧位置，最常见的情形是由另一唾液酸残基连接到 8-位（见后面的多聚唾液酸部分）。以上提及的多种基团的取代与不同糖苷键的组合可使唾液酸在细胞表面糖缀合物中有数百种存在方式。唾液酸的这种结构多样性可决定和/或改变抗体及多种内源和外源性唾液酸结合凝集素的识别。

## 命名和缩写[4,7,12]

不同唾液酸的化学命名在常规使用时非常麻烦。目前已有统一且简单的命名系统，并且为越来越多的研究者使用。缩写词根 Neu 表示神经氨酸的核心结构，KDN 指核心结构为 2-keto-3-deoxy-nonulosonic acid；然后用字母代码表示不同的取代基团（Ac＝acetyl，Gc＝glycolyl，Me＝methyl，Lt＝lactyl，S＝sulfate），这些代码与数字同时列出表示取代基团相应于 9-碳骨架上的位置，如 N-glycolyl-neuraminic acid 表示为 Neu5Gc，9-O-acetyl-8-O-methyl-N-acetyl-neuraminic acid 缩写为 Neu5，9$Ac_2$8Me，而 7，8，9-tri-O-acetyl-N-glycolyl-neuraminc acid 则可表示为 Neu5Gc7，8，9$Ac_3$。当不能确定唾液酸类型与特殊的修饰位置时，可用通用的缩写 Sia 表示。如果已知部分信息，可用组合方式表示，如一个未知类型的唾液酸在 9-位带有乙酰基则可写为 Sia9Ac。假如有取代基团，但不知其类型，取代基团写为 X，表示为 SiaX。

## 寡聚唾液酸和多聚唾液酸[9,14～19]

多聚唾液酸（polysialic acid）是存在于少数几种糖蛋白如 N-CAM、鱼籽糖蛋白及某些病原性细菌荚膜多糖中的唾液酸同聚物链（图 15.3）。最近还发现由 2、3 个唾液酸残基组成的较短“寡聚唾液酸”（oligosialic acid）存在于许多其他糖缀合物上（图 15.3）。多聚唾液酸聚合物可在 7-或 9-位被 O-乙酰化，基于 Neu5Gc、Neu5Ac 或 KDN 的多聚唾液酸结构也已见报道。唾液酸残基间的连键也各不相同。攻击含多聚唾液酸的细菌的噬菌体能产生高度特异的内切唾液酸酶，该酶也是研究多聚唾液酸生物学功能的有力工具。多聚唾液酸在 N-CAM 上的表达随发育进程而显著降低，其作用可能是维持发育的可塑性，显然是通过调节神经细胞相关的同型和异型相互作用来实现的。支持这一观点的证据是，多聚唾液酸表达的升高与“神经可塑性”（如轴突的伸长和其他与神经元损伤修复或轴突迁延相关的状态）相关联。多聚唾液酸通常以 α2-3-连接的唾液酸为起点进行延伸。

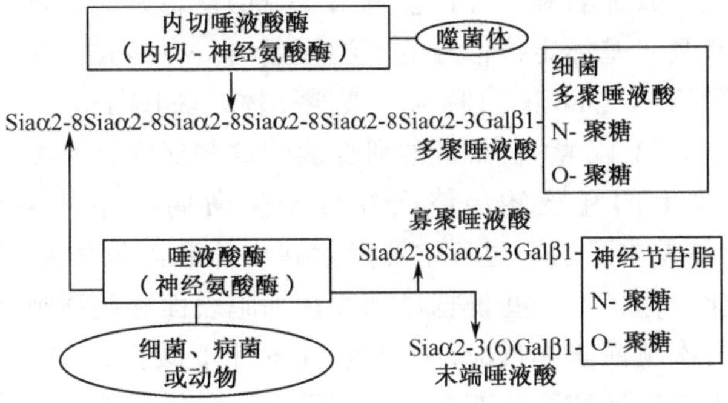


**图 15.3** 末端唾液酸、寡聚唾液酸、多聚唾液酸及降解它们的酶。箭头所指为酶作用的典型切点。

## 唾液酸连键和修饰的组织特异性和分子特异性表达[2～4,7,9,20]

在不同系统中进行的研究表明，唾液酸的不同连接方式和修饰具有组织特异性，并受发育调控；还有些甚至具有分子特异性，比如在特定细胞中仅存在于某类糖缀合物上。甚至在一组特定的糖缀合物中，一种修饰可能只严格地出现于糖链特定位置的某个唾液酸残基上。研究表明，这些修饰在组织发育和/或形成过程中有高度专一的作用，提示有特异的酶促反应机制参与修饰和调控。

唾液酸可能出现于进化的晚期，同时也有少数相反的报道而引起争议。唾液酸通常不存在于在植物、原核生物或大多数无脊椎动物中，但唾液酸已在果蝇胚中被发现，而且某些细菌菌株在其荚膜多糖中含有大量唾液酸。由于许多这类细菌是致病的，因此有人提出其基因可能由真核细胞宿主转移而来，但目前还未证实。相反，与细菌唾液酸合成相关的酶似乎是独立进化而来的，起源于合成 KDO 的基因产物，KDO 是一种酸性细菌糖，在结构上与唾液酸有相似之处。也偶有唾液酸存在于果蝇之外的其他昆虫中的报道。

除了这些明显的例外，唾液酸只在后口动物系统中发现，这些动物包括在寒武纪出现的脊椎动物和一些"高等"无脊椎动物（如棘皮动物），时间大约在五亿五千万年前。早期的研究表明唾液酸的不同修饰有种间特异性，但随着检测和分析技术的发展又发现这些修饰并没有种间特异性，只是其表达水平处于不同可检测范围。

## 唾液酸的生物合成和周转[4,7,9,12,21～28]

Neu5Ac 和 KDN 被认为是所有其他唾液酸的代谢前体，它们由 ManNAc-6-P 或 Man-6-P 与活化的丙酮酸缩合生成 Neu5Ac 或 KDN，去磷酸化后，游离的唾液酸被活化为核苷酸供体 CMP-Sia（有证据显示这一反应发生在细胞核内，原因不明）。来自细胞质的 CMP-Sia 最终被一种特异的反向转运蛋白（antiportor）泵入高尔基体腔（见图 15.4），该反向转运蛋白最近已被克隆（见第 6 章）。唾液酸从 CMP 供体到高尔基体中新合成糖缀合物的转移是由键位专一的唾液酸转移酶家族催化的，该家族的许多成员最近也已被克隆和研究（其命名和特异性参见第 17 章）。与其他糖基转移酶一样，这些唾液酸转移酶也是带有高尔基体定位信号的Ⅱ型膜蛋白，在最先克隆的唾液酸转移酶中发现共同的氨基酸序列模体（motif）（称为唾液酸模体，sialyl motif），根据这些模体克隆了该家族的新成员（见第 17 章）。最近的研究表明这些保守区是糖-核苷酸识别位点。

连接到糖缀合物上的唾液酸最终会在分子生命周期中的某个环节被切去（图 15.4）。在脊椎动物体系中，这一过程主要发生在内体和溶酶体系统的酸性区室内，由特异的唾液酸酶催化。但也有一些证据显示存在细胞表面和胞质唾液酸酶以及与分子重返高尔基器有关的再次唾液酸化反应。细胞表面的唾液酸据信与一些细胞（如白细胞）活化时发生的细胞表面唾液酸脱落有关。细胞质唾液酸的功能还不清楚，因目前还未发现细胞质或细胞膜的胞质小叶（leaflet）有唾液酸化糖缀合物。许多微生物也表达唾液酸酶，其中几种酶已被克隆和研究。病毒唾液酸酶有两个不同的家族，细菌、真菌和无脊椎动物的酶在进化上与哺乳动物家族相近（从这点而言，从动物到细菌的横向基因转移似乎是可能的）。多数唾液酸酶都有一组共同的“Asp 盒”（Ser-X-Asp-X-Gly-X-Thr-Tyr），其功能还不明。其中有几种病毒和细菌唾液酸转移酶的三维结构已被阐明，有的是与其底物或过渡态类似物形成的复合体。某些致病原生动物（如锥虫）表达的“转唾液酸酶”（trans-sialidase）是另一种不同类型的唾液酸酶，这种新型酶从哺乳动物细胞表面切除唾液酸并将其直接转移到寄生虫自身细胞表面的受体上，显然是为其提供保护免受宿主免疫系统的攻击（第 36 章）。

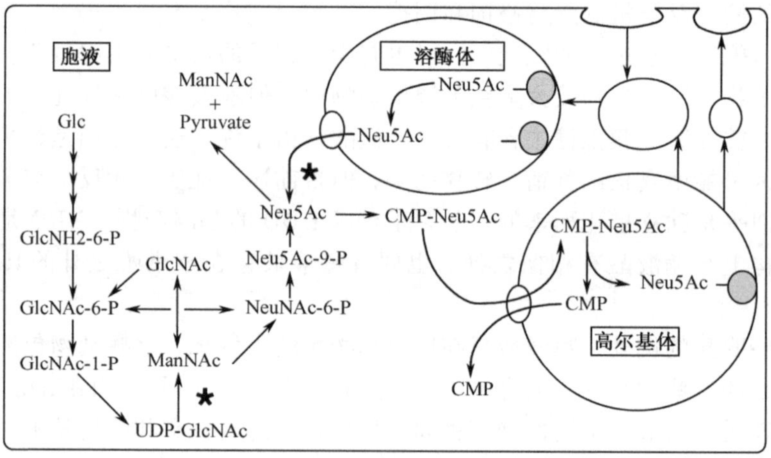


**图 15.4** 基本唾液酸生命周期。图中所示为常见唾液酸 N-乙酰神经氨酸的生物合成、活化、转移和最终再循环的基本途径。星号所示的途径是合成 CMP-Sia 所需唾液酸的主要来源。

一旦唾液酸被释放到脊椎动物细胞的溶酶体中，将被特异的外运蛋白（exportor）运回到胞液中（见第 16 章），使唾液酸被再利用或被降解（图 15.4）。在许多细胞中，大量被释放的唾液酸似乎被重新用于合成新的 CMP-Sia。唾液酸的降解是由唾液酸特异的丙酮酸裂合酶催化的，该酶是将分子切为 N-乙酰氨基己糖和丙酮酸所必需的，类似的丙酮酸裂合酶存在于多种微生物中。

## 唾液酸修饰的生物合成与周转[4,7,9,12,21～23,29～31]

不同唾液酸修饰在特定的空间分区内被加到唾液酸分子上。即便不是全部如此也可以说，多数 Neu5Gc 是在细胞质中由 CMP-Neu5Ac 转变为 CMP-Neu5Gc 的（图 15.5）。负责催化该反应的新型羟化酶已克隆，并被发现是细胞质铁依赖的酶，该酶利用细胞色素 b5 和 b5 还原酶的电子传递链。一旦一个分子的 Neu5Ac 被转变为一个 Neu5Gc 残基，就没有明显的途径来逆转这一反应，这或许是 Neu5Gc 在表达它的细胞内的积累的原因（与 Neu5Gc 相关的细胞途径，见图 15.5）。

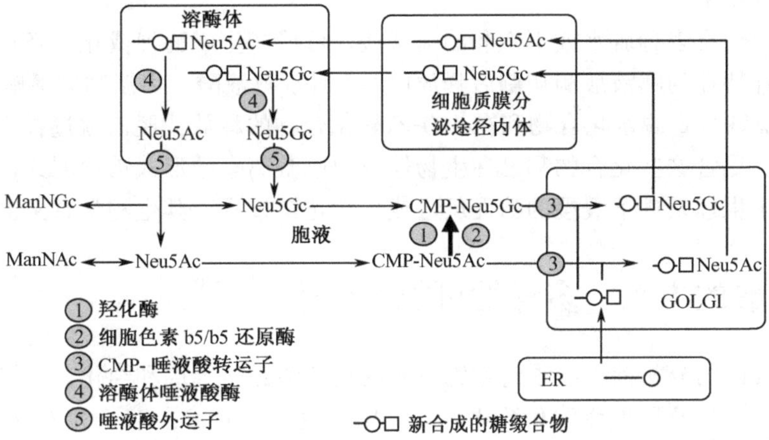


**图 15.5** 唾液酸 N-酰基的生物合成与周转。图中所示为 N-乙酰神经氨酸生物合成、活化及周转的基本途径，N-乙酰基发生羟化的步骤已标出。

与发生在核苷酸糖水平的 Neu5Gc 转化相反，O-乙酰酯的添加和其他羟基修饰似乎发生在高尔基器的腔或高尔基体相关的细胞器内，在唾液酸转移至糖缀合物之后。有证据显示 O-乙酰转移酶具有显著的、与唾液酸特异位点 O-乙酰化有关的活性（如 4-位与 9-位间），以及对不同类型糖缀合物上唾液酸专一的活性（如神经节苷脂与 N-聚糖间）。不幸的是，纯化和克隆这些极不稳定的 O-乙酰转移酶非常困难。其他类型的羟基取代修饰是利用适当的供体（如 S-腺苷甲硫氨酸用于唾液酸甲基化、3′-磷酸-腺苷 5′-磷酸化硫酸用于硫酸化），一些修饰如 9-O-乳酰基则难以预测其可能的供体。还应该有适当的酶来催化这些取代的周转。

值得注意的是，在活化为可直接转移的 CMP 形式时，已研究过的唾液酸修饰似乎都不是好的底物，只有 Neu5Gc 例外。因此，O-乙酰酯在唾液酸分子生命循环的某一环节需要被切除，以进行末端降解或作为乙酰化/脱乙酰化循环的一部分。根据目前的数据可作出的最好解释是，在哺乳动物系统中至少有两种 9-O-乙酰酯酶，一种是胞液酶，将由溶酶体输出到胞液的 O-乙酰化唾液酸进行再循环；另一种 O-乙酰酯酶是经高尔基途径加工、带有 N-糖链的糖蛋白，定位于溶酶体和内体室中。后一种酶的 cDNA 已从小鼠中克隆，但它对底物的 $K_m$ 值相当高，而且与其他溶酶体酶有所不同，其最适 pH

为中性。现阶段还不能将这种性质与该酶在 O-乙酰化唾液酸溶酶体转换中的专一性作用统一起来。具唾液酸特异性的 9-O-乙酰酯酶活性的酶也见报道于细菌和病毒中。C 型流感病毒和冠状病毒的酯酶研究得较清楚，具有整合于病毒血凝素分子的受体破坏活性。引人注目的是，所有这些酯酶都专一作用于 9-位酯键，不能释放 7-位的 O-乙酰酯，但 7-O-乙酰基团可迁移到 9-位而成为这些酶的底物。

由于脱 N-乙酰化的 Neu5Ac（即神经氨酸，Neu）在游离状态非常不稳定，因此认为不存在于自然界中，但以糖苷键连接的神经氨酸至少与 N-乙酰化合物一样稳定。由几个研究组获得的间接证据提示自然界中存在少量的脱 N-乙酰唾液酸（可能来自特异的脱 N-乙酰酶的作用），并且这些分子会很快被再次 N-乙酰化。切去和加上 N-乙酰基团的酶正在寻找中。

自然界中还有多种脱水或不饱和的唾液酸，可能产生于酶促或化学降解过程，包括唾液酸被某种特殊的唾液酸酶切割后释放的2,7-脱水唾液酸、由温和碱降解 CMP-Sia 产生的2,3-双脱氢 2,6-脱水化合物和在 4-O-乙酰化合物的释放或脱乙酰过程中形成的4,8-脱水化合物。尽管这些化合物都已在生物体液中以游离态的形式被检测到，但不清楚它们是否来源于生理条件下缓慢的酶促反应或自然化学过程，其生物学意义也还不清楚。

## 研究唾液酸的方法：多样性可能丢失[4,7,32～34]

在进行准确的分析前，必须将生物来源的唾液酸完全释放和纯化，保持其修饰基团的完整性。一旦唾液酸被释放和纯化，就可用比色计、TLC、GLC 和 GLC/MS、NMR 或质谱来分析。对多数唾液酸而言，用1,2-二氨基-4,5-亚甲基二氧苯二氢氯(1,2-diamino-4,5-methylenedioxybenzene dihydrochloride，DMB）衍生技术标记，然后用荧光检测 HPLC 分析的方法是非常灵敏、特异和实用的。该技术经改进与质谱联用可大大提高灵敏度。几种详细分析代谢标记唾液酸上取代基团的方法也已建立，单克隆抗体和凝集素也可用于鉴定 O-乙酰化分子。重组可溶的 C 型流感病毒 9-O-乙酰专一的血凝素已成功地用于检测细胞和组织中的这类分子。

许多唾液酸化糖缀合物的研究未将唾液酸的复杂性纳入考虑，主要原因是受分析技术的限制。一些取代基团不稳定且在释放、纯化和分析过程中会改变唾液酸的行为。此外，取代基团还可能减缓或甚至完全阻断常用的唾液酸酶和酸水解释放唾液酸的过程。另一方面，强酸条件又会破坏一些取代基团。而且许多用于分析完整糖链结构的方法也会导致唾液酸修饰基团的破坏。因而，研究生物来源唾液酸的传统方法可能会轻易丢掉这些修饰，这些修饰可影响分子的大小、形状、亲水性、总电荷及其生物学性质。因此，认真分析可能有生物学作用的唾液酸组分是非常值得的。对 O-乙酰化侧链而言，化学和酶学方法的发展已能近似地定量释放和纯化这些分子，不会引起酯基团的损失和移位。对更稀有的分子如 O-甲基化或硫酸化唾液酸而言，它们对唾液酸酶的敏感性或被酸释放的最佳条件都知之甚少，也没有其他可直接检测这些分子的方法可资应用。显然，还需要付出更多的努力发展从生物来源释放和纯化唾液酸的方法。

## 唾液酸结合凝集素[12～13，35～38]

因为唾液酸的末端定位和负电荷特性，它们具有抑制一些分子内和分子间相互作用的能力。如前面所讨论的那样，这种抑制是有生物学意义的，如多聚唾液酸链对N-CAM 相互作用的抑制就是如此。与此相反的是，唾液酸也是专一凝集素识别的关键组分。表 15.1 列出了多种来源于动物、植物和微生物的凝集素蛋白（见第 24、26、28 和 30 章）。其中一些凝集素首先是通过观察到它们在体外有凝集红血细胞的能力而被发现的，且这种凝集能力在唾液酸酶处理细胞后丧失；其他凝集素则是在研究细胞-细胞相互作用的过程中发现结合作用对唾液酸酶处理敏感而分离到的。最近，根据已知凝集素的同源序列又发现了一些唾液酸黏附素（sialoadhesin）。有几种凝集素的三维结构已阐明，其中有的结构是与其识别的唾液酸化寡糖形成的复合体。

**表 15.1 唾液酸结合凝集素**

| | |
|---|---|
| **脊椎动物** | |
| | C-型：选凝素（第 26 章） |
| | I-型：Siglec（第 24 章） |
| | 未分类：补体因子 H，层黏连蛋白 |
| **节肢动物** | |
| | 蟹凝集素：Limulin（美洲马蹄蟹，*Limulus polyphemus*） |
| | 龙虾和长脚虾凝集素：L-凝集素（龙虾，*Homarus americanus*） |
| | 蝎凝集素：钩状蝎凝集素（*Masticoproctus giganteus*） |
| | 其他昆虫凝集素：Allo A-II（甲虫凝集素，*Allomyrina dichotoma*） |
| **软体动物** | |
| | 蛞蝓与蜗牛凝集素：*Limax flavus* 凝集素（LFA，蛞蝓，*Limax flavus*） |
| | 贻贝与牡蛎凝集素：太平洋牡蛎凝集素（*Crassostrea gigas*） |
| **原生动物** | |
| | 寄生虫凝集素：裂殖子红细胞结合抗原（*Plasmodium falciparum*） |
| **植物** | |
| | SN 凝集素（接骨树皮凝集素，*Sambucus nigra*），TJ 凝集素（*Tricosanthes japonicum*），MA 凝集素（*Maackia amurensis*），麦胚凝集素（*Triticum vulgaris*） |
| **细菌** | |
| | 细菌黏附素：S-黏附素（*Escherichia coli* K99），黏附素 I 与黏附素 II（*Helicobacter pylori*） |
| | 细菌毒素：霍乱毒素（*Vibrio cholerae*），破伤风毒素（*Clostridium tetani*），肉毒毒素（*Clostridium botulinum*），百日咳毒素（*Bordetella pertussis*） |
| | 支原体凝集素：肺炎支原体血凝素 |
| **病毒** | |
| | 血凝素：A 型与 B 型流感病毒，灵长类多瘤病毒，轮状病毒 |
| | 血凝素-神经氨酸酶：新城疫病毒，仙台病毒，禽瘟病毒 |
| | 血凝素酯酶：C 型流感病毒，人与牛冠状病毒 |

在已研究的多数识别中，带负电荷的 C-1 位羧基对识别至关重要。二价阳离子及与唾液酸相连的糖链在识别中所起的作用则差异较大，可以是绝对需要的，也可以是完全

不必要的。唾液酸的连接方式被多数凝集素特异地识别，有时还识别相连糖链上的特定序列（参见图 15.6）。如图所示，通常为末端唾液酸化的、复杂的高尔基糖基化途径的生物学功能可通过识别的选择性来解读。唾液酸结构的多样性也受这些凝集素识别的影响。不同连接方式和取代基团的作用差异非常大，它们对识别可以是完全不重要的，也可以是非常关键的。用唾液酸酶、9-O-乙酰酯酶和温和过碘酸氧化的不同组合进行处理，可提供该方面的信息，表 15.2 给出了一些已发表数据的例子。

**表 15.2　一些唾液酸结合凝集素的识别对结构的要求**

| 凝集素名称（参见表 15.1） | 识别的偏好性/要求 | | | | | |
|---|---|---|---|---|---|---|
| | 唾液酸连键 | 羧化 | 5-酰基 | 侧链 | 9-O-乙酰 | 4-O-乙酰 |
| 选凝素（selectin） | α2-3 | yes | no | no | | |
| CD22 | α2-6 | yes | Ac，Gc | yes | 阻塞 | |
| 唾液酸黏附素（sialoadhesin，Sn） | α2-3 | yes | Ac | yes | 阻塞 | |
| 髓鞘相关糖蛋白（Myelin-associated glycoprotein，MAG） | α2-3 | yes | Ac | yes | 阻塞 | |
| CD33 | α2-3 | yes | | yes | | |
| 补体因子 H | All? | yes | | yes | 阻塞 | |
| *Limulus polyphemus* 凝集素（limulin） | All? | | Ac=Gc | no | | |
| *Limax flavus* 凝集素（LFA） | All | yes | Ac | yes | 阻塞 | 接受 |
| 恶性疟虫裂殖子凝集素 | α2-3 | | | | 阻塞 | |
| 接骨树皮凝集素（SNA） | α2-6 | yes | | yes | 阻塞 | |
| *Tricosanthes japonicum* 凝集素（TJA） | α2-6 | yes | | | | |
| *Maackia amurensis* 凝集素（MAA） | α2-3 | | Gc/Ac | no | | |
| *E. coli* K99 S-黏附素 | α2-3 | | Gc | | | |
| 霍乱毒素（B 亚基） | α2-3 | | | | | |
| A 型流感病毒血凝素（InfAHA） | varies | | | yes | 阻塞 | |
| C 型流感病毒血凝素酯酶（InfCHE） | All | | | | yes | |

## 唾液酸结合凝集素的功能和应用[12～13,35～37,39～42]

第一个被报道的哺乳动物唾液酸结合蛋白是补体调节因子 H，它是一种与唾液酸完整环外侧链（$C_7$-$C_8$-$C_9$）结合、在细胞表面限制旁路激活途径的可溶性血清因子。细胞表面唾液酸侧链加上 9-O-乙酰基团（或用温和过碘酸氧化未取代的侧链）可封闭 H 因子的结合，阻断其作为旁路途径负调节因子的功能，别的唾液酸结合凝集素的生物学作用在本书其他章节讨论，如选凝素（第 26 章）和 Siglec 家族Ⅰ型凝集素（第 24 章）。新近的研究发现，β-肌营养不良聚糖（β-dystroglycan）与层粘连蛋白的相互作用在肌肉组织中非常重要，其相互作用就是由层粘连蛋白上的结合位点与β-肌营养不良聚糖上的唾液酸化 O-Man-连接糖链参与的。Siglec 和合成相应配体的唾液酸转移酶的细胞特异性表达提示，它们可能参与高度专一的生物学作用。事实上，现有的数据表明 CD22 可能参与和酪氨酸磷酸酯酶 CD45 的相互作用，唾液酸黏附素可介导巨噬细胞与发育中的髓细胞前体的相互作用，髓鞘相关的糖蛋白可与特异的神经元神经节苷脂相互作用以维持髓鞘的完整性和功能。由于一些凝集素识别的相应寡糖序列在多种不同的糖缀合物中均有发现，使得这类凝集素功能的分析变得异常复杂。因而，这些凝集素肯定是通过在低亲和抑制剂环境中识别几种高亲和配体来发挥其功能的。由于一些凝集素能与表达凝集素本身的同一细胞表面唾液酸化配体结合，使得功能研究更加复杂化。有趣的是，细胞的活化可自然而然地使这些被“覆盖”的结合位点暴露出来。

大量的微生物-宿主相互作用都依赖于唾液酸化配体的识别（见表 15.1 和第 9、28 章）。与医学相关的例子包括流感病毒对唾液酸的识别、幽门螺杆菌（*Helicobacter pylori*）（引起胃溃疡）通过至少两种唾液酸依赖的机制与胃黏蛋白和糖鞘脂的结合、多种病原微生物毒素与哺乳动物细胞的相互作用及疟疾寄生虫恶性疟虫（*Plasmodium falciparum*）裂殖子与红细胞的结合。一些微生物凝集素与唾液酸的相互作用可被诸如 9-O-乙酰基取代消除，这样的取代可在哺乳动物的黏膜表面发现，因此，这些修饰作用可能是为这些部位提供特异的保护。事实上，唾液酸多样化的复杂性可能正是由动物和微生物病原体间进行的“军备竞赛”演变而来（见第 3 章）。另一方面，在一些内脏和组织中出现的唾液酸修饰必然起重要的结构作用和（或）作为尚未发现的内源性凝集素的识别位点。

唾液酸结合凝集素在自身并不表达唾液酸的生物中（低等无脊椎动物、植物和昆虫）也有发现。一种解释是它们的主要功能是防御外来唾液酸化病原体，支持这一解释的证据是，马蹄蟹血淋巴中的鲎凝集素（limulin）可介导外来细胞的溶血作用；另一种可能是，所谓的唾液酸结合特性是在研究中发掘出来的，而其真正的配体是其他还未发现的带负电荷的糖。无论其天然配体是什么，这些凝集素已被证明是研究唾液酸生物学的有力工具。比如，麦胚凝集素和黄蛞蝓（*Limax flavus*）凝集素已被用作结合唾液酸的常用工具；通过 *Sambucus nigra* 凝集素、*Tricosanthes japonicum* 凝集素和 *Maackia amurensis* 凝集素的组合分析，可分辨末端乳糖氨上的唾液酸连接方式（可溶性重组 Siglec 如 CD22 和唾液酸黏附素也可用于此目的）；一种 C 型流感病毒的可溶性重组血凝素酯酶可专一地检测 9-O-乙酰化唾液酸。当然，在凝集素用作检测工具的情况下，不结合并不一定意味着没有对应的糖链结构。

唾液酸的其他生物学功能已有很多间接的线索。如某类型淋巴细胞有 O-乙酰化糖链，而其他类型则没有；而且有报道发现恶性程度不同的病人 T 细胞 O-乙酰化水平升高。多聚唾液酸和 O-乙酰化在不同中性神经节苷脂中的表达因发育时期和定位的不同而变化，脑神经节苷脂 O-乙酰化程度在冷血与热血动物种之间、动物的苏醒与休眠状态之间也不相同。肠黏膜 O-乙酰化的发育上调似乎是应对微生物定植的，被认为有保护不被某种微生物感染的作用。鼠红细胞上唾液酸 O-乙酰化可能有抗疟疾寄生虫结合

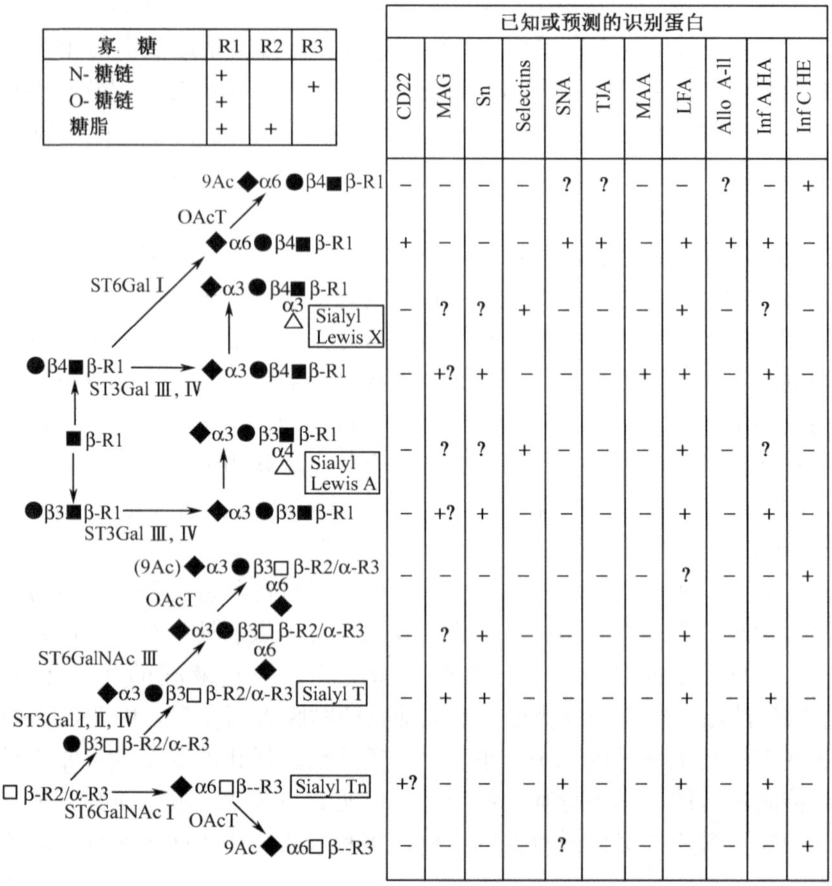


**图 15.6** 用唾液酸结合凝集素鉴定寡糖末端序列。糖蛋白和/或糖脂上的 GlcNAc 或 GalNAc 残基可通过几种生物合成途径延伸，其中一些途径已在图中给出。图中所示的唾液酸化序列是根据已发表的文献和（或）已知的特异性进行合理的预测来确定的。所给出的序列是结合所需的最小结构模体：天然高亲和的配体可能更复杂。识别受唾液酸的修饰所影响（如表 15.2 的例子）。A 型流感病毒血凝素对 α2-3 和 α2-6 连键的相对偏好性会因病毒株的不同而变化。与最后的生物合成步骤相关的一些关键酶表示为：ST3Gal-I = 1 型糖链：α2-3 唾液酸转移酶；ST3Gal-II = Gal：α2-3 唾液酸转移酶；ST3Gal-III = LacNAc：α2-3 唾液酸转移酶；ST3Gal-IV = Gal：α2-3 唾液酸转移酶；ST6GalNAc-I = 1 型糖链：α2-6 唾液酸转移酶；ST6Gal-I = LacNAc：α2-6 唾液酸转移酶和 OacT = 唾液酸：O-乙酰转移酶。其他缩写见表 15.1 和表 15.2。（来源于 Varki 1997 [13]）

的作用。O-乙酰化和 N-羟乙酰基团在细胞表面的表达还可限制细菌唾液酸酶的作用并阻止一些致病性病毒的结合。而在生物体液中发现的 2，3-双脱氢 2，6-脱水唾液酸的功能可能是通过其对微生物唾液酸酶的强力抑制作用来保护自身。总之，尽管研究结果均支持这些推论，但还没有决定性的证据证明唾液酸或其修饰有保护生物免受病原体侵袭的作用。

## 发育和恶性转化过程中的唾液酸修饰[31,43,44]

肿瘤的转化和恶性进程伴随着细胞表面唾液酸量、连接方式和类型的显著变化（见第 35 章）。总的说来，唾液酸的量会升高并形成不同的连接方式（α2-6 连接往往成为主要的形式）。9-位 O-乙酰化会消失（如在大肠癌中）或出现（如在黑色素瘤中出现的 9-O-乙酰-$G_{D3}$）。有趣的是，两种情况下的变化都是向胚胎状态的逆转。

特别是在人体和鸡中 Neu5Gc 也是肿瘤-胚胎抗原，尽管它被认为在人胚胎组织和某些人肿瘤及人肿瘤细胞系中表达，但在正常成人组织中并未发现。事实上，含大量 Neu5Gc 的分子在人体中是免疫原，因而，如含 Neu5Gc 的分子加到马血清中时，在产生的“血清病”反应中被识别的主要抗原表位就是 Neu5Gc。自然发生的、针对 Neu5Gc 的 Hanganutziu-Deicher 抗体已在患肿瘤和某些感染疾病的病人、患 Marek 病（一种恶性疱疹病毒感染）的鸡体内发现。在人体中的发现可解释为 CMP-Sia 羟化酶基因中一个外显子被删除，该删除发生于我们最后的共同祖先非洲大猩猩出现之后，因此，在类似癌症这样的疾病状态下，这种唾液酸的重新表达可能来自旁路合成途径或来源于食物。这种取代基团的出现当然也就改变了由多种凝集素参与的识别，其中包括像 Siglec 这样的内源性凝集素（CD22、髓鞘相关的糖蛋白和唾液酸黏附素），还能影响诸如流感病毒和大肠杆菌 K99 这些微生物的结合。一个特别有趣的发现是，在所有研究过的动物脑中 Neu5Gc 的表达均受抑制，包括那些在其他组织中 Neu5Gc 高表达的动物也是如此。

## 发展方向

培养的细胞系中存在严重地缺乏将唾液酸添加到聚糖的能力，因而，较重要的唾液酸生物学作用可能只有在完整的、复杂的哺乳动物系统中研究才会显现。唾液酸从溶酶体输出的天然遗传缺陷和唾液酸合成反馈调节缺陷已见报道，然而，除人类丧失合成 Neu5Gc 的能力外，还未发现唾液酸修饰的遗传缺陷。因此，为更深入了解唾液酸的生物学功能，有必要获得高等动物整体的唾液酸及其修饰突变体。已进行的研究表明，表达 C 型流感病毒被膜蛋白的转基因小鼠发育停滞于二细胞期，提示 O-乙酰化唾液酸可能与胚胎分节有关；唾液酸在特异器官中的推迟表达导致发育异常。唾液酸的功能研究还可通过唾液酸转移酶在小鼠中的基因删除来进行（见第 32、33 章）。显然，唾液酸及其修饰、生物合成和调控还有待于进行大量的研究，分析方法需要进一步发展。必须探索这些分子生物学作用的众多线索，并积极寻找新的线索。在动物整体中进行的唾液酸及其修饰的遗传操作有可能产生最令人信服的数据。

（金 城 译　　张树政 校）

## 参 考 文 献


1. Blix G., Gottschalk A., and Klenk E. 1957. Proposed nomenclature in the field of sialic acids. *Nature* **175:** 340–341.
2. Roseman S. 1970. The synthesis of carbohydrates by multiglycosyltransferase systems and their potential function in intercellular adhesion. *Chem. Phys. Lipids* **5:** 270–297.
3. Rosenberg A. and Schengrund C. 1976. *Biological roles of sialic acids.* Plenum Press, New York.
4. Schauer R. 1982. *Sialic acids: Chemistry, metabolism and function. Cell Biol. Monogr.,* vol. 10. Springer-Verlag, New York.
5. Nadano D., Iwasaki M., Endo S., Kitajima K., Inoue S., and Inoue Y. 1986. A naturally occurring deaminated neuraminic acid, 3-deoxy-D-glycero-D-galacto-nonulosonic acid (KDN). Its unique occurrence at the nonreducing ends of oligosialyl chains in polysialoglycoprotein of rainbow trout eggs. *J. Biol. Chem.* **261:** 11550–11557.
6. Faillard H. 1989. The early history of sialic acids. *Trends Biochem. Sci.* **14:** 237.
7. Varki A. 1992. Diversity in the sialic acids. *Glycobiology* **2:** 25–40.
8. Schauer R., Kelm S., Reuter G., Roggentin P., and Shaw L. 1995. Biochemistry and role of sialic acids. In *Biology of the sialic acids* (ed. Rosenberg A.), pp. 7–67. Plenum Press, New York.
9. Troy II, F.A. 1992. Polysialylation: From bacteria to brains. *Glycobiology* **2:** 5–23.
10. Tsuji S., Datta A.K., and Paulson J.C. 1996. Systematic nomenclature for sialyltransferases. *Glycobiology* **6:** v–vii.
11. Tsuji S. 1996. Molecular cloning and functional analysis of sialyltransferases. *J. Biochem.* **120:** 1–13.
12. Kelm S. and Schauer R. 1997. Sialic acids in molecular and cellular interactions. *Int. Rev. Cytol.* **175:** 137–240.
13. Varki A. 1997. Sialic acids as ligands in recognition phenomena. *FASEB J.* **11:** 248–255.
14. Nomoto H., Iwasaki M., Endo T., Inoue S., Inoue Y., and Matsumura G. 1982. Structures of carbohydrate units isolated from trout egg polysialoglycoproteins: Short-cored units with oligosialosyl groups. *Arch. Biochem. Biophys.* **218:** 335–341.
15. Rutishauser U., Watanabe M., Silver J., Troy F.A., and Vimr E.R. 1985. Specific alteration of NCAM-mediated cell adhesion by an endoneuraminidase. *J. Cell Biol.* **101:** 1842–1849.
16. Kitajima K., Inoue S., Inoue Y., and Troy F.A. 1988. Use of a bacteriophage-derived endo-N-acetylneuraminidase and an equine antipolysialyl antibody to characterize the polysialyl residues in salmonid fish egg polysialoglycoproteins. Substrate and immunospecificity studies. *J. Biol. Chem.* **263:** 18269–18276.
17. Mühlenhoff M., Eckhardt M., and Gerardy-Schahn R. 1998. Polysialic acid: Three-dimensional structure, biosynthesis and function. *Curr. Opin. Struct. Biol.* **8:** 558–564.
18. Rutishauser U. 1998. Polysialic acid at the cell surface: Biophysics in service of cell interactions and tissue plasticity. *J. Cell. Biochem.* **70:** 304–312.
19. Sato C., Kitajima K., Inoue S., and Inoue Y. 1998. Identification of oligo-N-glycolylneuraminic acid residues in mammal-derived glycoproteins by a newly developed immunochemical reagent and biochemical methods. *J. Biol. Chem.* **273:** 2575–2582.
20. Roth J., Kempf A., Reuter G., Schauer R., and Gehring W.J. 1992. Occurrence of sialic acids in *Drosophila melanogaster. Science* **256:** 673–675.
21. Schenkman S., Jiang M.-S., Hart G.W., and Nussenzweig V. 1991. A novel cell surface trans-sialidase of *Trypanosoma cruzi* generates a stage-specific epitope required for invasion of mammalian cells. *Cell* **65:** 1117–1125.
22. Roggentin P., Schauer R., Hoyer L.L., and Vimr E.R. 1993. The sialidase superfamily and its spread by horizontal gene transfer. *Mol. Microbiol.* **9:** 915–921.
23. Schenkman S. and Eichinger D. 1993. *Trypanosoma cruzi* trans-sialidase and cell invasion. *Parasitol. Today* **9:** 218–222.
24. Crennell S.J., Garman E.F., Philippon C., Vasella A., Laver W.G., Vimr E.R., and Taylor G.L. 1996. The structures of *Salmonella typhimurium* LT2 neuraminidase and its complexes with three inhibitors at high resolution. *J. Mol. Biol.* **259:** 264–280.
25. Taylor G. 1996. Sialidases: Structures, biological significance and therapeutic potential. *Curr. Opin. Struct. Biol.* **6:** 830–837.

26. Abeijon C., Mandon E.C., and Hirschberg C.B. 1997. Transporters of nucleotide sugars, nucleotide sulfate and ATP in the Golgi apparatus. *Trends Biochem. Sci.* **22:** 203–207.
27. Eckhardt M. and Gerardy-Schahn R. 1997. Molecular cloning of the hamster CMP-sialic acid transporter. *Eur. J. Biochem.* **248:** 187–192.
28. Münster A.K., Eckhardt M., Potvin B., Mühlenhoff M., Stanley P., and Gerardy-Schahn R. 1998. Mammalian cytidine 5′-monophosphate N-acetylneuraminic acid synthetase: A nuclear protein with evolutionarily conserved structural motifs. *Proc. Natl. Acad. Sci.* **95:** 9140–9145.
29. Kawano T., Kozutsumi Y., Kawasaki T., and Suzuki A. 1994. Biosynthesis of N-glycolylneuraminic acid-containing glycoconjugates. Purification and characterization of the key enzyme of the cytidine monophospho-N-acetylneuraminic acid hydroxylation system. *J. Biol. Chem.* **269:** 9024–9029.
30. Kawano T., Koyama S., Takematsu H., Kozutsumi Y., Kawasaki H., Kawashima S., Kawasaki T., and Suzuki A. 1995. Molecular cloning of cytidine monophospho-N-acetylneuraminic acid hydroxylase. Regulation of species- and tissue-specific expression of N-glycolylneuraminic acid. *J. Biol. Chem.* **270:** 16458–16463.
31. Chou H.H., Takematsu H., Diaz S., Iber J., Nickerson E., Wright K.L., Muchmore E.A., Nelson D.L., Warren S.T., and Varki A. 1998. A mutation in human CMP-sialic acid hydroxylase occurred after the *Homo-Pan* divergence. *Proc. Natl. Acad. Sci.* **95:** 11751–11756.
32. Klein A., Krishna M., Varki N.M., and Varki A. 1994. 9-O-acetylated sialic acids have widespread but selective expression: Analysis using a chimeric dual-function probe derived from influenza C hemagglutinin-esterase. *Proc. Natl. Acad. Sci.* **91:** 7782–7786.
33. Reuter G. and Schauer R. 1994. Determination of sialic acids. *Methods Enzymol.* **230:** 168–199.
34. Klein A., Diaz S., Ferreira I., Lamblin G., Roussel P., and Manzi A.E. 1997. New sialic acids from biological sources identified by a comprehensive and sensitive approach: Liquid chromatography electrospray ionization mass spectrometry (LC-ESI-MS) of SIA quinoxalinones. *Glycobiology* **7:** 421–432.
35. Varki A. 1994. Selectin ligands. *Proc. Natl. Acad. Sci.* **91:** 7390–7397.
36. Powell L.D. and Varki A. 1995. I-type lectins. *J. Biol. Chem.* **270:** 14243–14246.
37. Kelm S., Schauer R., and Crocker P.R. 1996. The sialoadhesins—A family of sialic acid-dependent cellular recognition molecules within the immunoglobulin superfamily. *Glycoconj. J.* **13:** 913–926.
38. May A.P., Robinson R.C., Vinson M., Crocker P.R., and Jones E.Y. 1998. Crystal structure of the N-terminal domain of sialoadhesin in complex with 3′ sialyllactose at 1.85 Å resolution. *Mol. Cell* **1:** 719–728.
39. Chiba A., Matsumura K., Yamada H., Inazu T., Shimizu T., Kusunoki S., Kanazawa I., Kobata A., and Endo T. 1997. Structures of sialylated O-linked oligosaccharides of bovine peripheral nerve α-dystroglycan: The role of a novel O-mannosyl-type oligosaccharide in the binding of α-dystroglycan with laminin. *J. Biol. Chem.* **272:** 2156–2162.
40. Collins B.E., Yang L.J.S., Mukhopadhyay G., Filbin M.T., Kiso M., Hasegawa A., and Schnaar R.L. 1997. Sialic acid specificity of myelin-associated glycoprotein binding. *J. Biol. Chem.* **272:** 1248–1255.
41. Cornish A.L., Freeman S., Forbes G., Ni J., Zhang M., Cepeda M., Gentz R., Augustus M., Carter K.C., and Crocker P.R. 1998. Characterization of siglec-5, a novel glycoprotein expressed on myeloid cells related to CD33. *Blood* **92:** 2123–2132.
42. Razi N. and Varki A. 1998. Masking and unmasking of the sialic acid-binding lectin activity of CD22 (Siglec-2) on B lymphocytes. *Proc. Natl. Acad. Sci.* **95:** 7469–7474.
43. Kim Y.J. and Varki A. 1997. Perspectives on the significance of altered glycosylation of glycoproteins in cancer. *Glycoconj. J.* **14:** 569–576.
44. Irie A., Koyama S., Kozutsumi Y., Kawasaki T., and Suzuki A. 1998. The molecular basis for the absence of N-glycolylneuraminic acid in humans. *J. Biol. Chem.* **273:** 15866–15871.

本章初稿由 A. Varki（圣迭戈加利福尼亚大学）编写。

# 第 16 章　不同类型聚糖的共同结构



本章描述连接在不同 N-聚糖、O-聚糖、糖脂和蛋白聚糖核心组分上的聚糖，尽管这些聚糖结构与核心糖链的不同亚型相比有独特的结构，但许多结构仍在一种以上的聚糖类型中被发现。在外层糖链的生物合成中，处于糖链“外层”位置的次末端和末端单糖连键决定了糖缀合物的功能。

## 背景

在外层或末端位置的聚糖链修饰通常是在一种或多种糖基转移酶的作用下，通过对核心糖接纳体或前体的修饰形成的，这些接纳体聚糖是第 7、8 和 9 章中论述的生物合成过程的产物，图 16.1～图 16.3 分别给出了对应的 N-连接、O-连接或脂连接的聚糖结构。大多数前体常常是在哺乳动物的所有细胞中均有表达，这些结构包括多天线的 N-聚糖前体、直线型（无分支）或二天线 O-聚糖前体以及直线型（无分支）的脑酰胺-连接的前体。正如在第 7 章中讲述 N-聚糖时所提及的那样，其他更复杂的前体则是由组织或细胞类型特异的生物合成途径所产生的，比如四天线的 N-聚糖就是这样；O-聚

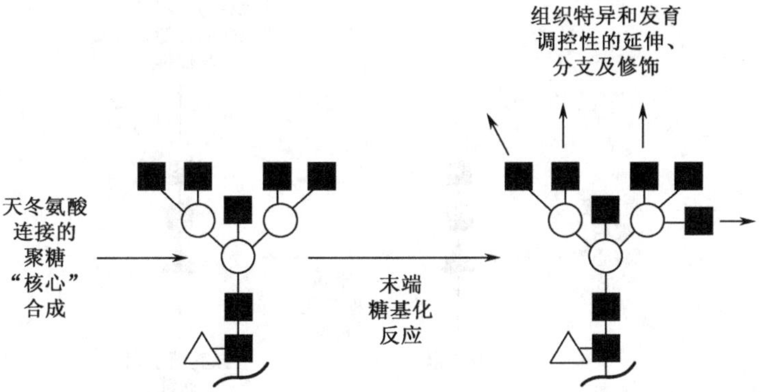


**图 16.1** N-聚糖合成产生的“核心”结构（图例为理论上的多天线结构，详细内容参见第 7 章）。它的特异的 GlcNAc 残基随后可能被组织特异性、发育调控性或甚至蛋白特异性的糖基化反应所修饰。

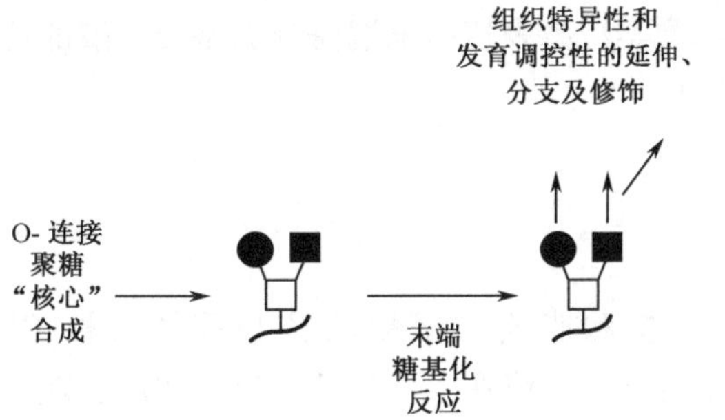


**图 16.2** O-聚糖合成产生的“核心”结构（图中为“2-型核心”结构，详细内容见第 8 章）。它的特异的残基随后可被组织特异性、发育调控性或蛋白特异性的糖基化反应所修饰，催化该修饰的酶与修饰 N-聚糖的酶相同。

糖与脂连接聚糖也是如此。这些更为复杂的前体通常对本章及第 17 章中讨论的修饰过程更敏感，构成了聚糖末端的多样性。

## 组成型表达前体的调控糖基化形成末端糖链[1～7]

如图 16.1～图 16.3 所示，受调控的生物合成过程决定了这些前体末端修饰的精确结构。与前体糖链的生物合成所不同的是，这些修饰过程通常是以组织特异性或细胞类型特异性的方式进行调控的，许多末端糖基化反应在胚胎发生和出生后的一定发育时期内也受调控（见第 34 章），末端聚糖结构的变化还与恶性转化相关（见第 35 章）。许多这种外层糖链结构的变化的功能相关性已阐明，这在本书中一直在讨论。该研究领域内的多数研究者也会同意这样的说法，即在末端糖基化中所观察到的绝大部分调控变化还未明确其功能相关性。如第 17 章中所讨论的那样，外层糖链生物合成的组织和/或细胞特异性调控主要是通过对负责外层糖链修饰的糖基转移酶表达的精细调控来实现的。一

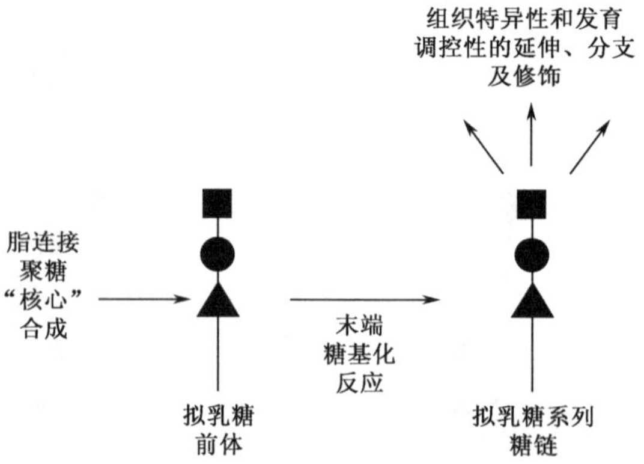


**图 16.3** 糖脂合成产生的"核心"结构（图中所示为拟乳糖基脑酰胺，详见第 9 章）。它的特异的 GalNAc 残基可被组织特异性或发育调控性的糖基化反应所修饰。在有些情况下，催化该修饰的酶与修饰 N-聚糖和 O-聚糖的酶相同。

般而言，在任何特定细胞类型中表达的末端修饰糖基转移酶的特异性将决定该类型细胞所表达的外层糖链的结构。

## 2-型糖链[1～3,8～12]

构成 N-连接、O-连接和脂连接聚糖的核心前体常被 GlcNAc 残基修饰（见图 16.1～16.3），仅有几个例外，这将在本章稍后讨论。实际上随后进行的所有修饰都是首先在一个或多个需要修饰的末端 GlcNAc 残基上加上 β1-4 连接的半乳糖，所形成的结构被命名为"2-型"糖链，其组分二糖为乳糖胺单元（图 16.4）。因而，相对于其他多数

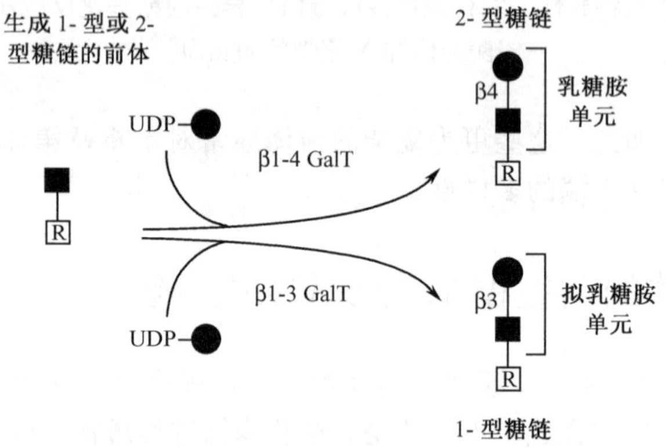


**图 16.4** 暴露的 GlcNAc 残基被半乳糖基化修饰。β1-4-连接半乳糖的修饰（上）通常见于所有哺乳动物组织，该反应由 β1-4 半乳糖基转移酶催化，并产生构成 2-型糖链的 Galβ1-4GlcNAc 单元（乳糖胺单元）；β1-3-连接半乳糖对该前体的修饰（下）只限定于某些组织中（见文字部分），反应由 β1-3 半乳糖基转移酶催化，产生构成 1-型糖链的 Galβ1-3GlcNAc 单元（拟乳糖胺单元）。这两种修饰的底物包括一些带有末端 GlcNAc 残基的 N-连接、O-连接或糖脂聚糖前体（用 R 表示），2-型和 1-型糖链上的 GlcNAc 残基与半乳糖残基是随后进行的糖基化修饰的对象。

在此讨论的外层链修饰而言，这种结构和对应的β1-4半乳糖基转移酶的表达在相当程度上可被视为组成型的。在本章中还需要指出的是，N-连接、O-连接和脂连接聚糖上的末端乳糖胺结构是随后对次末端GlcNAc及末端半乳糖的多种修饰的接纳体底物。另一产生2-型乳糖胺的途径是在β1-4GalNAc转移酶合成“LacdiNAc”聚糖结构时(GalNAcβ1-4GlcNAc；此处未列出，详见后面的讨论)。除作为外层糖链进一步糖基化的前体外，乳糖胺单元的作用还包括被S-型凝集素识别（见第27章），这种相互作用在哺乳动物整体中的功能仍只是些猜想。在第33章中会提到，试图通过建立和分析β1-4半乳糖基转移酶基因缺损小鼠来揭示2-型糖链的生物学作用的研究已开展，β1-4半乳糖基转移酶被认为是负责2-型糖链合成的，但现在看来显然几种不同的β1-4半乳糖基转移酶基因均能参与β1-4半乳糖基化及2-型糖链的表达，这些基因可能在动物整体的不同生理系统中对2-型糖链功能的区分发挥作用。

## 1-型糖链[4,13,14]

N-连接、O-连接和脂连接聚糖核心结构前体末端的GlcNAc残基还可被β1-3连接的半乳糖修饰（图16.4），所形成的结构被命名为“1-型”糖链，其组分二糖为拟乳糖胺(neolactosamine)单元。在人体中，1-型糖链的表达多限定于上皮组织中，如胃肠道或生殖道上皮组织。这类糖链是多种末端结构的前体，在以Galβ1-3GlcNAc结构为底物的糖基转移酶的作用下对末端的半乳糖或次末端的GlcNAc进行修饰。在后面的讨论中会提到，这些修饰包括唾液酸化结构及末端半乳糖或GlcNAc的岩藻糖基化修饰而生成血型抗原结构。1-型糖链与相应β1-3半乳糖基转移酶的表达就是糖链结构与酶的表达以组织特异性方式调控的例子，这与许多外层糖链修饰的情形相同。尽管1-型糖链可作为外层糖链修饰的前体，但这种二糖的特异性作用还不清楚。

## 多聚乳糖胺[15～28]

糖蛋白与糖脂通常带有包括直线型2-型乳糖胺单元的多聚体聚糖，这样的结构被称为多聚乳糖胺（polylactosamine)。多聚乳糖胺的生物合成是在一种或几种β1-4半乳糖基转移酶与一种或几种β1-3GlcNAc转移酶的交替作用下完成的（图16.5)。多聚乳糖胺结构已在多种糖蛋白中被发现，可以是N-聚糖、O-聚糖和糖脂的组分，显然，有些糖蛋白或糖脂优先被多聚乳糖胺修饰。这些发现表明，负责多聚乳糖胺合成的酶促反应体系能区分不同的糖蛋白或糖脂分子，这些糖蛋白或糖脂分子上暴露出来的GlcNAc和半乳糖残基相同，可作为多聚乳糖胺链合成的起始修饰位点。有报道指出多聚乳糖胺偏好定位于多天线的N-聚糖上，特别是β1-6分支结构上，而β1-6分支的合成是由GlcNAcT-V控制的（图16.6)。与此相似的是，黏蛋白型糖蛋白O-糖链上多聚乳糖胺链通常偏好于出现在由核心2β1-6GlcNAc转移酶介导合成的β1-6分支上（图16.6)。多聚乳糖胺的长度显然也受调控，N-连接的多聚乳糖胺通常要比O-连接的长。第17章将讨论可能参与这些调控事件的机制，会提到多聚乳糖胺是进一步修饰的前体，如岩藻糖化与唾液酸化。根据这些糖链的线形特性及其二糖单元的亲水性预测它们将维持伸展的线

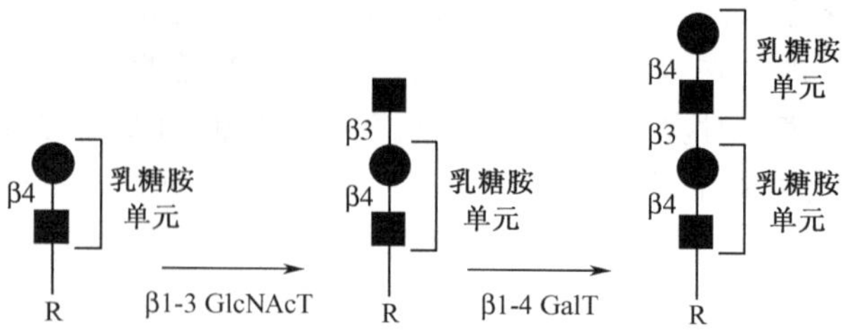


**图 16.5** 多聚乳糖胺的合成。

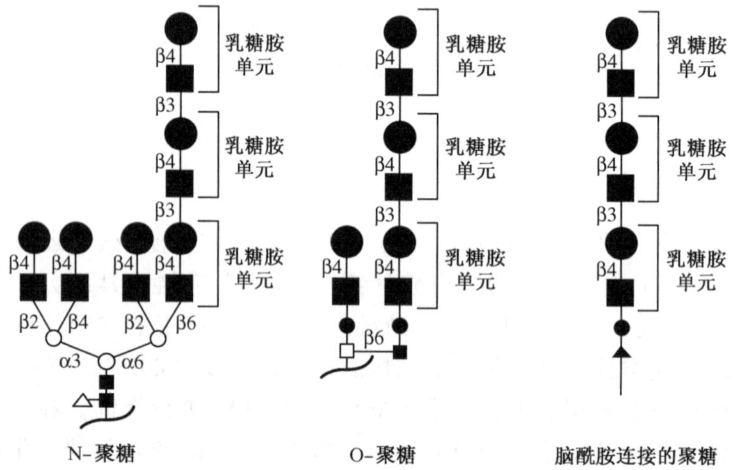


**图 16.6** 不同聚糖上的多聚乳糖胺链。

形构象，这提示多聚乳糖胺可作为特异末端聚糖结构连接的支架，这些特异的末端结构包括唾液酸化和/或岩藻糖基化结构，其功能要求它们要出现在细胞糖被（glycocalyx）表面或表面之上。多聚乳糖胺可被哺乳动物 S-型凝集素高亲和地识别（见第 27 章），其方式为识别糖链内部结构，与末端是否有半乳糖无关，第 27 章将讨论多聚乳糖胺与 S-型凝集素之间相互作用的生理学相关性。

多聚乳糖胺可作为支撑特异的末端聚糖的支架，特异的末端聚糖包括唾液酸化和/或岩藻糖基化结构，它们的功能要求它们要出现在细胞糖被表面或表面之上。多聚乳糖胺可被哺乳动物 S-型凝集素高亲和地识别（见第 27 章），其方式为识别内部结构，与末端是否有半乳糖无关，第 27 章将讨论多聚乳糖胺与 S-型凝集素之间相互作用的生理学相关性。

## β1-6GlcNAc 分支结构[29～33]

多聚乳糖胺可进一步被糖基转移酶依赖的分叉修饰，这样的分支修饰包括在内部的半乳糖残基上加上 N-乙酰葡糖胺，由 β1-6GlcNAc 转移酶的催化形成 β1-6 连接（图 16.7）。分支和无分支的多聚乳糖胺对应的是 Ii 血型系统，I-和 i-血型是在研究患获得

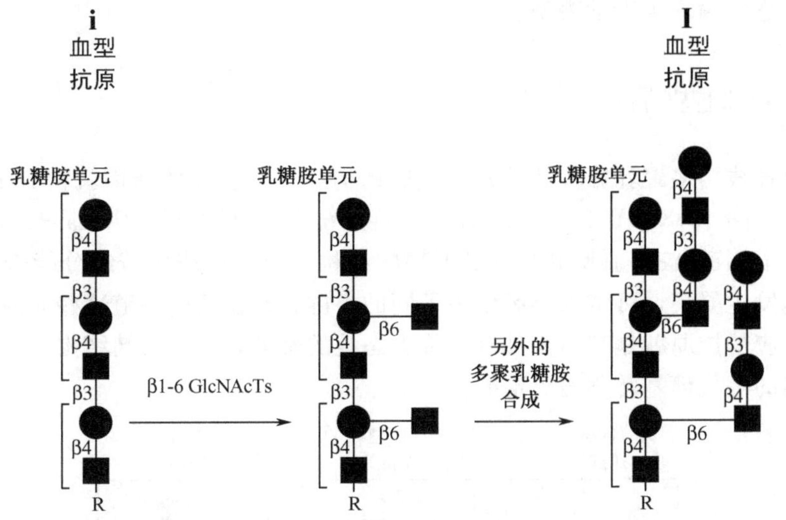


**图 16.7** 由多聚乳糖胺衍生的β1-6GlcNAc 分支结构与 I-抗原的表达相关。出现于 N-连接、O-连接或脂连接糖链（R）中的直线型多聚乳糖胺可被至少两种 β1-6-N-乙酰葡糖胺基转移酶（β1-6GlcNAcT）修饰。如图中所示，其中一种 β1-6GlcNAcT（常叫 clGnT6）将 N-乙酰葡糖胺以 β1-6-连接加到内部的半乳糖残基上；第二种不同的 β1-6GlcNAcT（常叫作 dlGnT6）活性要求在多聚乳糖胺链上有暴露的 N-乙酰葡糖胺残基（未在图中显示）。然后，新加上的 β1-6-连接 N-乙酰葡糖胺残基可作为另外的多聚乳糖胺合成的底物（如图 16.5 所示，被 β1-4 半乳糖基转移酶和 β1-3-N-乙酰葡糖胺基转移酶的活性交替修饰），产生具有 I-抗原反应性的多聚乳糖胺分支链。

性溶血性贫血的病人的冷依赖凝集抗体（冷凝集素）时发现的，冷凝集素疾病、anti-Ⅰ或 anti-i 抗体与感染因子之间的关系将会在第 37 章详细论述。在与 Ii 血型系统发现相关的 anti-Ⅰ抗体的实例中，抗体与所有潜在的供体红细胞反应，只有极个别的例外；不反应的供体被归类为 i-血型，而发生反应的红细胞供体为Ⅰ-血型。β1-6 分支的多聚乳糖胺对应的就是Ⅰ-血型抗原，它是红细胞上的 ABO 血型抗原的前体，而直线型的多聚乳糖胺糖链就是所谓的 i-血型抗原。接纳体位点特异性研究表明，从直线型多聚乳糖胺前体出发，由两种不同的 β1-6GlcNAc 转移酶催化产生不同类型的 β1-6 分支产物（图 16.7）。

分支的Ⅰ-与 i-反应的聚糖链在人体的许多细胞和组织中表达。i-抗原在来源于人胚胎、脐血或红细胞的生成变化时期的红细胞表面大量表达，这些细胞相对缺损Ⅰ-抗原的表达。然而，在生命开始的最初 18 个月中，红细胞上的Ⅰ-抗原反应性就达到了成人的水平，并且 i-抗原反应性下降到非常低的水平，这种发育调控方式被认为是同源的Ⅰβ1-6GlcNAc 转移酶基因座发育调控的结果。极个别的人被发现从不在红细胞上表达Ⅰ-抗原，但却保持着红细胞 i-抗原的表达水平。目前还不知道在这些人的其他组织中是否也缺损Ⅰ-抗原。具有这种表型（i-表型）的人被认为是 β1-6GlcNAc 转移酶基因座为无效等位基因的同合子，β1-6GlcNAc 转移酶就是负责与Ⅰ-抗原的表达相关的 β1-6 分支结构的合成的，但是，这种稀有表型的分子基础以及目前在分子克隆研究中分离到的相应 β1-6GlcNAc 转移酶的保守性还有待确定。i-表型的人没有与缺失Ⅰ-抗原表达相关联的任何明显的病理生理学表型。

## A、B 和 H 血型结构[34～71]

人体中直线型多聚乳糖胺及其分支变形结构经组织特异性修饰就构成了 ABO 血型系统的聚糖（图 16.8～图 16.11）。ABO 血型系统在 20 世纪早期由 Landsteiner 等发现，尽管他们并不知道 ABO 血型的基础是聚糖的结构，但发现按血清组分能否与来自其他人的红细胞发生凝集，可将人类区分为不同的类群，现在我们知道这些血清组分就是抗体，与之对应的抗原就是其结构具有遗传多态性的聚糖，这些聚糖结构的多态性是由功能性质不同的等位糖基转移酶决定的。

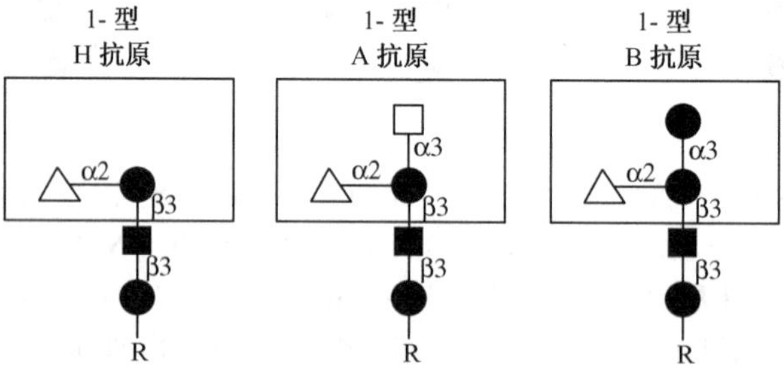


**图 16.8** 1-型 A、B 和 O（H）血型结构。

A、B 和 O（H）血型抗原是以前述 1-型和 2-型前体及所谓的 3-型和 4-型聚糖前体为骨架的寡糖结构（图 16.8～16.11）。H 血型结构以未经修饰的形式出现就是 O 血型抗原（见下文）。A、B 和 H 抗原是由不同糖基转移酶逐个作用于这些前体形成的，这些糖基转移酶由 3 个基因座（*ABO*、*H* 和 *Secretor* 基因座）编码（图 16.12）。ABO 血型抗原的合成途径始于 α1-2 岩藻糖基转移酶对前体聚糖的修饰，这些酶合成了血型 H 抗原决定簇，即 Fucα1-2Galβ1-二糖单元。人类基因组编码两种不同的 α1-2 岩藻糖基转移酶，分别为 *H* 和 *Secretor*（*Se*）血型基因座的产物。H-α1-2 岩藻糖基转移酶在红细胞前体中表达，该酶利用 2-型和 4-型前体合成红细胞上的 2-型和 4-型抗原（图 16.8、16.11 及 16.12）。Se α1-2 岩藻糖基转移酶在上皮细胞中表达，以 1-型和 3-型前体为底物合成胃肠道、呼吸道和生殖腔上皮组织与唾液腺中的 1-型和 3-型 H 抗原决定簇（图 16.8、16.10 及 16.12）。

随后在共显性的 *ABO* 血型基因座编码的糖基转移酶的催化下，由 1-、2-、3-或 4-型 H 聚糖生成 A 或 B 血型抗原决定簇。血型 A 分子由 *ABO* 基因座 *A* 等位基因编码的 α1-3GalNAc 转移酶合成（图 16.12），血型 *B* 等位基因编码的 α1-3 半乳糖基转移酶则合成血型 B 抗原决定簇（图 16.12），*O* 等位基因编码的功能性插入多肽并不对 H 抗原前体作进一步修饰，因而位于该基因座的基因是无效等位基因。所以，能特异生成 A 分子（血型 A）的人其基因型为 AA 或 AO，而 B 血型的人基因型则为 BB 或 BO，能同时表达 A、B 两种抗原（AB 血型）的人基因型为 AB，O 血型的人既不表达 A、也不表达 B 抗原，其 H 抗原未经修饰，是（无效）*O* 等位基因的同合子（基因型为 *OO*）。

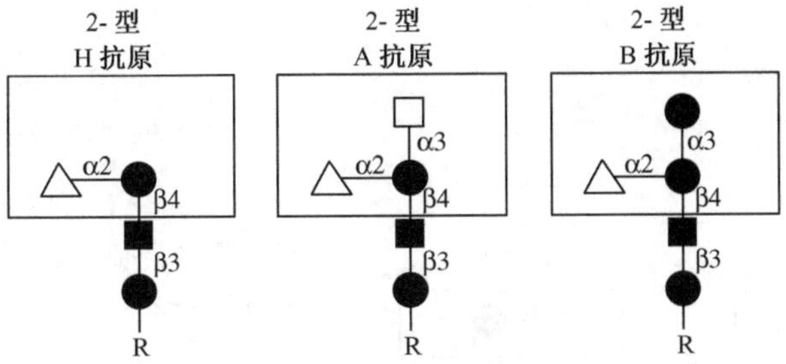


**图 16.9** 2-型 A、B 和 H 血型结构。

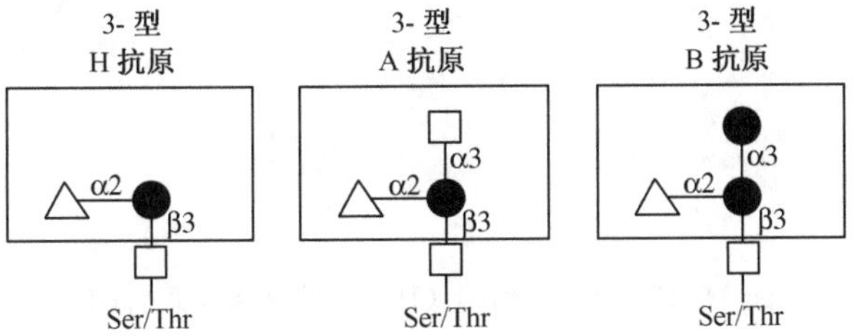


**图 16.10** 3-型 A、B 和 O（H）血型结构。

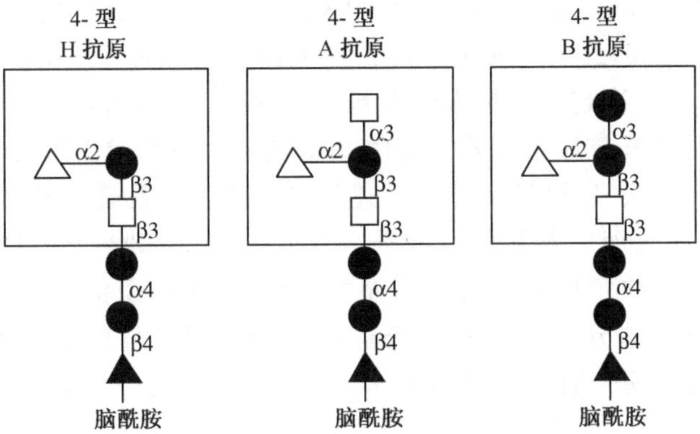


**图 16.11** 4-型 A、B 和 O（H）血型结构。

ABO 抗原在红细胞表面及许多其他组织表达，这些组织包括血管内皮细胞及多种上皮细胞。以这种方式表达的 ABO 血型分子由整合膜蛋白和膜连接的糖脂呈现于细胞表面。有些组织还合成这些抗原分子的水溶性形式，作为分泌糖蛋白、糖鞘脂与游离寡糖上的聚糖。在后面会谈到，表达 ABH 血型分子的能力是一种遗传决定的特性，是位于人 *Se* 基因座的等位基因的功能。

在人的每个红细胞上约有 100 万～200 万个 ABH 抗原决定簇呈现于阴离子转运蛋白上，这些阴离子转运蛋白也叫带 3（band 3）。这些阴离子转运蛋白上的 ABH 约占红细胞全部 ABH 抗原的 80%；另外有 50 万个 ABH 抗原决定簇定位于红细胞葡糖转运蛋白上（带 4.5）。这两类整合膜蛋白均是在一条 N-连接的分支多聚乳糖胺链上带有 ABH

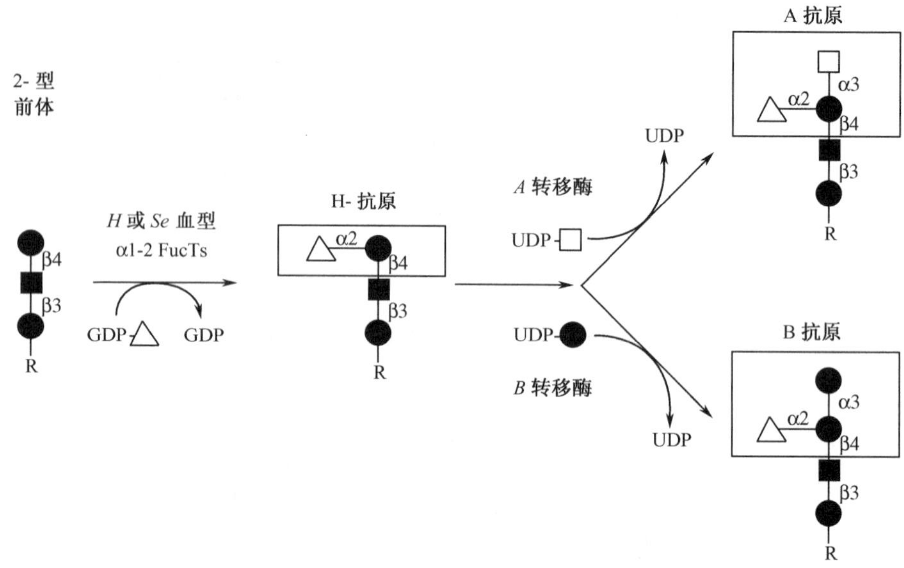


**图 16.12** A、B 和 O（H）血型结构及其合成。

抗原决定簇，在 N-聚糖的末端分支上可有几个 ABH 抗原决定簇。少量的 ABH 抗原决定簇也在红细胞的其他糖蛋白上表达。每个红细胞还表达约 50 万个存在于糖脂中的 ABH 抗原结构，其中许多糖脂由 A、B 和 H 抗原修饰的多聚乳糖胺与脑酰胺连接而成，称为多聚糖脑酰胺（polyglycosyl-ceramide）或大糖脂（macroglycolipid）。出现在 4-型糖链上的 A、B 和 H 抗原决定簇也是人红细胞上的糖脂（图 16.11）。

由上皮表达的 ABH 抗原决定簇主要由 2-型糖链前体构成。来源于胃黏膜和卵巢囊液的黏蛋白表达 3-型 A、B 和 H 抗原。前述的消化道、呼吸道、尿道与生殖腔上皮组织表达 1-型寡糖，一些唾液腺及其他一些外分泌腺的上皮细胞也是如此。这些组织负责合成可溶性 ABH 抗原决定簇的合成，因而可溶性 ABH 血型抗原主要为 1-型分子。A、B、H 抗原决定簇在这些分泌组织中的表达是 *Se* 基因座编码的 α1-2 岩藻糖基转移酶的功能，因为 *H* 基因座编码的 α1-2 岩藻糖基转移酶并不在这些组织中表达。在 *Se* 基因座为无效等位基因同合子的人不能在这些组织中合成 H 抗原决定簇，即便这些人的上述组织持续合成可为 *Se* 基因座编码的 α1-2 岩藻糖基转移酶所利用的可溶性前体，也不会在唾液或其他组织中产生可溶的 H（或 A 或 B）抗原。非分泌子（nonsecretor）一词就是用于描述这类人的基因型的，指这类人的唾液中不能检测到可溶性血型 H、A 和 B 物质。

用于输血红细胞鉴定的血清学方法能鉴别 A 和 B 血型抗原决定簇的差异，即 A 或 B 亚型。这些亚型的 A 或 B 抗原是与 A 或 B 抗原结构相近的变异体，但它们通常只与用于鉴别红细胞 A 和 B 抗原的血清学分型试剂发生弱反应。如双花扁豆（*Dolichos biflorus*）凝集素与多数人的红细胞凝集（已知为 $A_1$ 型的人），但不与不常见的 $A_2$ 型的人红细胞凝集；再如，用 $A_1$ 型的细胞制备的抗体也能与 $A_1$ 反应，却不与 $A_2$ 反应。

$A_1$ 与 $A_2$ 细胞血清学差异的生化基础可部分归结为 $A_1$ 细胞相对于 $A_2$ 细胞有大量 A-活性分子，$A_1$ 与 $A_2$ 亚型抗原的分子结构也是截然不同的（图 16.13），$A_1$ 与 $A_2$ 细胞的结构差异源于相应 $A_1$ 和 $A_2$ 等位基因的血型 A 转移酶的催化活性差异，体外研究中 $A_1$ 转移酶表现出更高的比活。尽管其他 A 和 B 亚型的不同抗原反应性的分子基础还不清楚，但显然是由 A 和 B 转移酶等位基因的不同所致。

由 ABO 等位基因决定的可遗传的红细胞抗原多态性具有重要的医学含义。在生命的早期，人体免疫系统产生针对自身红细胞所没有的 ABO 寡糖抗原的 IgM 类抗体，该抗体可能是对环境中的细菌或真菌合成的寡糖抗原的免疫应答，其结构与 A 和 B 血型分子类似或相同。例如，O-型的人不产生 A 和 B 抗原决定簇，因而在血液循环中维持相当高的 IgM 抗体（被称为异凝血素，isoagglutinin）效价，可与 A 和 B 血型分子反应。与此相似，B 血型的人在血液中有 anti-A 异凝血素，但不产生针对血型 B 抗原决定簇的异凝血素，在这类人中 B 抗原是“自身”抗原。从 A 血型的人采集的血清含 IgM 类 anti-B 抗体，但没有 anti-A 抗体。最后，AB 血型的人既不产生 anti-A、也不产生 anti-B的 IgM 类异凝血素。Anti-H 抗体在大多数人内并不产生，因为相当一部分 H 结构并不被转化成 A 和/或 B 抗原决定簇，甚至在拥有功能性 A 或 B 转移酶等位基因的人群中也是如此。

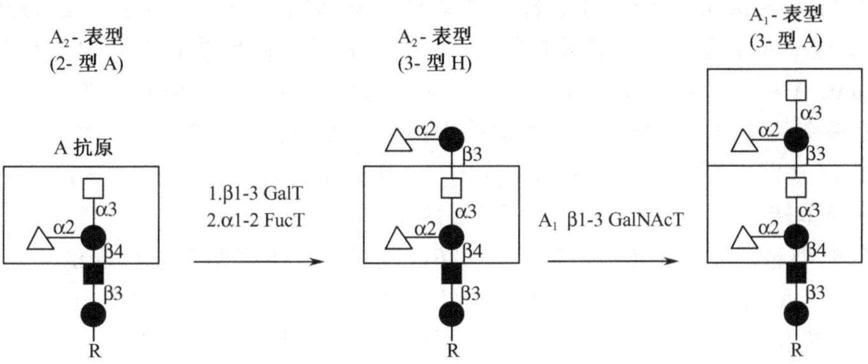


**图 16.13** $A_1$ 与 $A_2$ 亚型抗原的结构差异。代表 $A_2$ 表型的 2-型 A 结构（左）可由 $A_1$ 或 $A_2$ 转移酶合成，然后 2-型 A 结构被 β1-3 半乳糖基转移酶修饰，再被 *H* 基因座编码的 α1-2 岩藻糖基转移酶修饰形成 3-型 H 结构。3-型 H 结构有效地被 $A_1$ 转移酶催化合成重复的 A-反应性单元，该重复的 A-反应性单元据推测是引起 $A_1$ 表型的强血清反应的原因。R 表示下面的糖蛋白或糖脂亚结构。方框内为分子的 A-反应性部分。

这些 IgM 异凝血素能有效地触发补体级联反应，它们在人血浆中循环，其效价足以引起补体依赖的、带相应抗原的输入红细胞裂解。这种急性的、抗体与补体依赖的红细胞裂解与临床上即时的或急性的输血反应表现形式相关联，输血反应包括高血压、休克、急性肾衰竭及循环衰竭导致的死亡。输血反应可通过确保输入红细胞的 ABO 血型与病人的 ABO 血型一致而得以避免，特别要注意的是，选用红细胞所缺失的 ABO 抗原也要在输血受体中缺失（如 A 型受体可以接受另一 A 型或 O 型人的血，但不能接受 B 型或 AB 型的血）。从实际操作的角度而言，这一选择过程是通过验血型与交叉匹配试验（typing and cross-matching）来完成的。在验血型的操作过程中，已标注 A 和 B 抗原的红细胞产品分装单位被选用来与病人的 ABO 血型匹配。为保证这些预期将使用的红细胞分装单位真正与受体“一致”，病人血清要与每一个预期的红细胞分装单位进行交叉匹配试验。交叉匹配试验是将 1 份病人血清与 1 小份准备使用的红细胞供体混合，然后在低倍放大镜下观察。一致的红细胞分装单位不与病人血清凝集，而不一致的红细胞则凝集（被受体血清中的抗体凝集）。虽然这一操作程序是用于保证输入红细胞与受体血浆的 ABO 表型一致的，但也可用来确保那些必须输入血浆的病人受体红细胞间的一致性。类似的 ABO 血型匹配问题在心脏、肾脏、肝脏与骨髓移植手术中也非常重要。在美国，“验型与交叉”操作程序完全消除了因 ABO 血型不匹配所引起的输血反应。在极个别的病例中也发生过输血反应，原因通常是由于在处理病人血清或输血红细胞的过程中操作人员的失误所致。

在上述交叉匹配试验帮助下鉴别出了被命名为孟买表型（Bombay phenotype）的稀有 ABO 血型，其命名是因为第一个被鉴别出 H 抗原缺失的人生活在孟买。这些人被发现在其红细胞上缺失红细胞 H、A 和 B 抗原，而在血清中含有的 IgM 抗体实际上可与包括 O 型红细胞（H-抗原阳性、A-及 B-抗原阴性）在内的所有供体的红细胞反应。进一步研究表明这些人在 Hα1-2 岩藻糖基转移酶基因座上为同合无效等位基因，同时也是非分泌子（nonsecretor）（Se α1-2 岩藻糖基转移酶基因座为无效等位基因的同合子所致），因而这些人不能在任何组织中合成 A、B 或 H 抗原决定簇，血液中含有高效价的 anti-H、anti-A 和 anti-B IgM 抗体，因此，除其他孟买型（H-缺失）供体外，所有人的红细胞都是交叉匹配不相容的。一种被称为类孟买表型（para-Bombay phenotype）的相关表型在 *H* 基因座为零合子（nullizygosity），这种表型的人至少还有一个有功能的 *Se* α1-2 岩藻糖基转移酶等位基因（分泌子-阳性）。

ABO 血型寡糖的功能还不清楚，在 *ABO* 基因座产生多态性的过程也还是一个谜。事实上，孟买型的人并未表现出任何明显的病理学表型，这一事实似乎证明 A、B 和 H 抗原可能在进化的早期有功能，而现在已不再有功能。尽管有人提出在 *ABO* 基因座的多形型可能提供一种选择优势以保护人不受史前时期的某些感染因子的影响，但还没有支持这一设想的有力证据。所以，使 *ABO* 基因座产生多态性的选择压力的本质仍不清楚。

但在本章节中，值得一提的是已在 ABO 血型表型与一些疾病的相对发病率之间发现了多种不同程度的关联。以下我们将讨论其中的两个例子；其余的关联性通常只是不明显的和不完善的关联，其中一些未经受住重复验证，而且实际上所有的关联性都缺乏清楚的机理关系，所以我们将不在此讨论。

第一个要讨论的关联性是众所周知的、但在机制上却依然为未解之谜的、人 ABO 表型与血浆 von Willebrand 因子（vWF）水平之间的关联。vWF 是参与止血的一种糖蛋白。最近在对小鼠的研究中显示，血液循环中 vWF 的半寿期（即其在血浆中的水平）因特异糖基转移酶基因座等位基因的特性而变化，该基因座编码一个修饰 vWF 聚糖的酶。特别值得一提的是，在一个血浆 vWF 水平非常低的小鼠株系中，所产生的 von Willebrand's 病表型是主要的遗传特性，该遗传特性定位于编码 $Sd^a$ 血型的 β1-4GalNAc 转移酶基因座，下面将对此详细论述，不仅如此，该疾病特性与 β1-4GalNAc 转移酶基因座等位基因相关，这个基因座控制酶在 vWF 合成的主要位点——血管内皮细胞中表达。酶在内皮细胞中的表达使 vWF 上的聚糖被相应的 β1-4GalNAc 连接所修饰，以 β1-4

连接的 GalNAc 修饰为特征的 vWF 糖型会被肝细胞去唾液酸化糖蛋白受体迅速地从血浆中清除；相反，具有正常 vWF 水平的小鼠不在血管内皮细胞中表达这种 β1-4GalNAc 转移酶，所以其 vWF 不被 β1-4 连接的 GalNAc 所修饰，vWF 在血浆中的清除就不会那么快。因而这一类型的鼠 von Willebrand's 病的遗传取决于一个糖基转移酶基因座的等位性。在人体中，糖型依赖的清除机制也是 O 型人 vWF 水平通常较低的原因，因为在人体中 vWF 为 ABO 血型抗原所修饰，并且 A、B 和 H 血型抗原可被去唾液酸化糖蛋白受体及其他类似的凝集素以不同的亲和力识别。

第二个要讨论的关联性是在幽门螺杆菌（*Helicobacter pylori*）感染发病过程中胃肠 ABO 及 Lewis 血型抗原的可能作用（在 Lewis 抗原一节会详细讨论）。A 血型的人患胃癌的几率相对要大些（相对发病率为 1.2），O 血型的人的胃溃疡患病率则要稍高一点（相对发病率约为 1.3），这些相关性已为人熟知。目前这两种异常都与 *H. pylori* 的感染有明确而偶然的联系，但在 ABO 血型依赖的胃溃疡与胃癌发病关联性与 *H. pylori* 感染之间是否有机理上的关系还有待确定（在后面的 Lewis 抗原一节中还会再次讨论）。

由 *H* 和 *Se* α1-2 岩藻糖基转移酶合成的寡糖其功能还不明确。有许多关于分泌子状态与多种疾病有相关性的报道，多数只是微弱的相关性，并且缺乏清楚的机理上的关系，但女性非分泌子个体患周期性尿路感染以及非分泌子个体患胃溃疡的机会相对上升还是值得一提的，这些相关性可部分归结为相应上皮细胞表达的血型物质与细菌病原之间的相互作用所致，细菌病原利用这些血型物质来促进对上皮的侵入。有一些证据支持有关胃溃疡的假说，因为在 *Se* α1-2 岩藻糖基转移酶的作用下合成的 α1-2 岩藻糖基化的聚糖可供 *H. pylori* 黏附，但是，正如在后面讲述 Lewis 血型抗原家族 α1-3 岩藻糖基化聚糖的章节中将会提到的那样，对 *H. pylori* 感染的敏感性与血型状态之间的关系并不十分完善。

## Lewis 血型结构[72～94]

Lewis 血型抗原对应的是一组结构类似的 α1-3（4）岩藻糖基化聚糖结构（图 16.14）。Lewis 一词源于有红细胞不相容问题的人的姓，对 Lewis 病例的研究导致了这类抗原的发现。

Lewis A 抗原（$Le^a$）由 *Lewis*（*Le*）血型基因座编码的 α1-3/4 岩藻糖基转移酶合成（图 16.15），Lewis B 抗原则由 *Se* 血型基因座编码的 Lewis α1-3 岩藻糖基转移酶和 α1-2 岩藻糖基转移酶的交替作用下合成（图 16.15），位于个体 *Le* 和 *Se* 基因座的等位基因的特性决定了将在该个体中合成的全部 Lewis-活性的寡糖分子（图 16.15）。分泌子阳性的人将 1-型寡糖前体转化为 1-型 H 分子，然后所形成的 1-型 H 抗原决定簇可被 *Lewis* 基因座编码的 α1-3/4 岩藻糖基转移酶用作底物合成 $Le^b$ 结构（图 16.15），合成 $Le^b$ 的人表现出 $Le^{(a-b+)}$ 表型（图 16.15）。非分泌子的人在其分泌上皮细胞中不合成 1-型 H 抗原决定簇，但这种未经取代过的 1-型分子被 Lewisα1-3/4 岩藻糖基转移酶转化成 $Le^a$ 活性的寡糖，这些人的表型为 $Le^{(a+b-)}$（图 16.15）。*Lewis* 基因座上为无效等位基因同合子的人有两种不同的表型，分泌子状态为阳性的 Lewis-阴性个体产生 1-型 H 抗原结构，但这些结构不被转化成 $Le^b$ 抗原决定簇（图 16.15），这类人的表型为

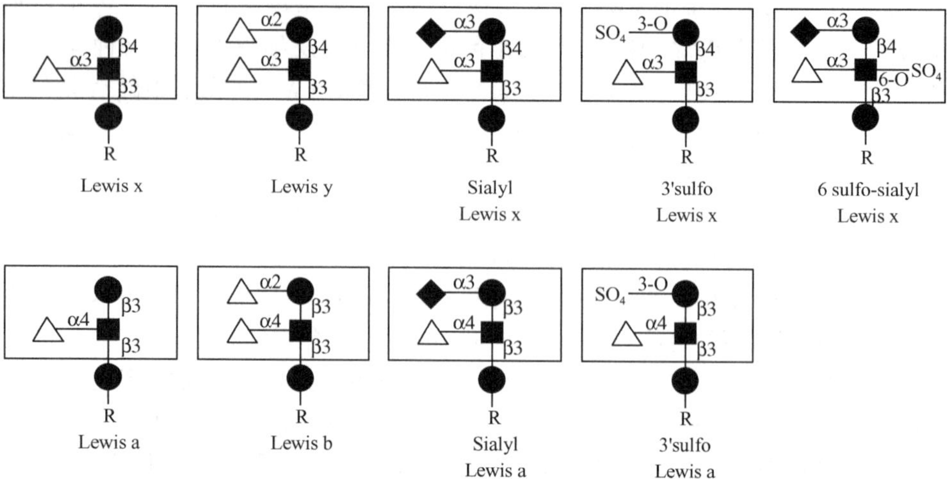


**图 16.14** 代表性的 1-型和 2-型 Lewis 抗原结构。(上) 2-型结构; (下) 1-型结构。1-型与2-型结构在最外层 Gal 的连键上有所不同(分别为 β1-3 和 β1-4),并且在内部 GlcNAc 残基上的岩藻糖连接方式也不同 (分别为 α1-4 和 α1-3)。R 表示 N-连接、O-连接或糖脂连接的亚结构。

$Le^{(a-b-)}$；相反，Lewis-阴性的非分泌子个体的 1-型前体不会被 Lewis 或分泌子岩藻糖基转移酶修饰，因而没有 $Le^a$，$Le^b$ 或 H 结构，他们的表型为 $Le^{(a-b-)}$。

$Le^a$ 和 $Le^b$ 分子及 Lewisα1-3/4 岩藻糖基转移酶的表达主要限定于表达分泌子 α1-2 岩藻糖基转移酶的相同上皮细胞中，同样，这些上皮细胞产生可溶性 Lewis 抗原释放到分泌液和体液中。$Le^a$ 和 $Le^b$ 抗原也可在红细胞上检测到，其表达水平约为每个细胞有 4500～7300 个 $Le^a$ 分子，但红细胞并不合成这些分子，相反，红细胞膜上的 Lewis 抗原是通过被动吸收 Lewis-阳性的糖鞘脂分子而获得的，这些糖鞘脂分子作为脂蛋白复合物及水相分散成分在血浆中循环。

在偶发性的输血反应病例中已牵连到抗 $Le^a$ 抗原的抗体，抗体通过前述与输血过程中 ABO 血型不一致相同的机制引起输血反应。Anti-$Le^b$ 抗体非常罕见，如果有也是与临床上的疑难问题相联系的。这些抗体相对温和的属性决定了 anti-$Le^a$ 和 anti-$Le^b$ 抗体可被输入的血浆中可溶性的 $Le^a$ 和 $Le^b$ 物质有效中和。不仅如此，输血后被输入 Lewis-阴性受体的 Lewis 抗原阳性红细胞会迅速回复到 Lewis 抗原阴性表型，这是由于红细胞在供体中积累这些抗原的吸附过程的逆转所致。

Lewis 血型抗原家族的聚糖还有其他结构，包括 $Le^x$ (SSEA-1) 和 $Le^y$ 分子以及 $Le^a$ 和 $Le^b$ 抗原决定簇的唾液酸化与/或岩藻糖基化形式 (见图 16.14)，这些结构是在一种或多种与 Lewisα1-3/4 岩藻糖基转移酶不同的 α1-3 岩藻糖基转移酶的催化下形成的。

在讲述 *ABO* 和 *Se* 基因座时也曾提到，已观察到 Lewis 血型表型与对多种疾病的敏感性之间有许多联系，疾病与 ABO 与 H 依赖的关联中，大多数是典型的弱相关性，并且通常缺乏清晰的机理关系。但一些 Lewis 抗原家族的成员在选凝素依赖的白细胞与肿瘤细胞黏附过程中有功能上的相关性 (见第 26 章)，特别是相关的包括唾液酸化和/或硫酸化的成员，以唾液酸化 $Le^x$ 四糖及其硫酸化的变异体为代表 (图 16.14)，这些分

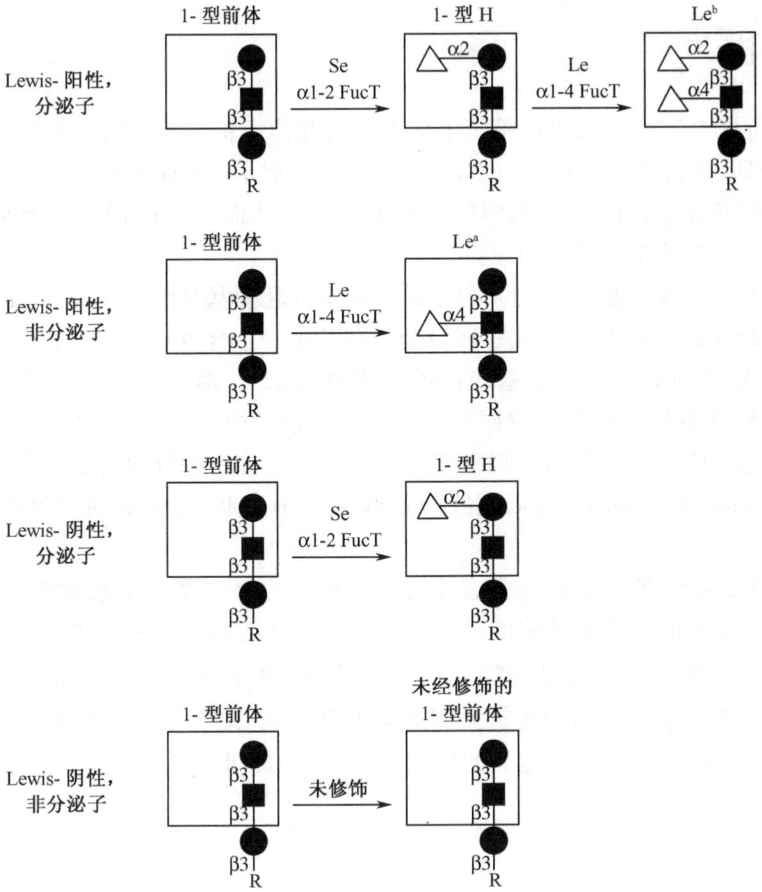


**图 16.15** Lewis 血型抗原表型。Lewis 血型活性的糖脂的结构取决于 *Se* 基因座上 α1-2 岩藻糖基转移酶及 *Lewis* 基因座上 α1-4 岩藻糖基转移酶的有或无。R 表示糖缀合物的其余部分。

子对白细胞上，可能还有肿瘤细胞上的糖蛋白和糖脂作为选凝素的对立受体（counter-receptor）是必不可少的（见第 26 和 35 章）。

在 *H. pylori* 的感染发病过程中也牵涉到 Lewis 血型抗原，现在已清楚 *H. pylori* 是慢性胃炎的致病因子，*H. pylori* 的感染还与胃扩张（hypertrophic gastropathy）、十二指肠溃疡、胃腺癌和胃肠淋巴瘤相关。*H. pylori* 在胃中的定植几乎可以肯定是需要黏附于胃黏膜上皮细胞及其所释放的黏液的。至少在已检测过的有限数量的菌株中，该菌可黏附于 Le$^b$ 血型抗原，提示 Le$^b$ 寡糖可作为 *H. pylori* 在体内的受体。但体内临床研究发现，*H. pylori* 在胃中的定植与人宿主的 ABO、Lewis 及分泌子血型状态间关系与假说并不一致，研究中未发现 *H. pylori* 的感染率与宿主 Le$^b$ 表型间有相关性，*H. pylori* 的感染率与 ABO 和分泌子表型的相关性也极小或没有，*H. pylori* 感染过程中淋巴侵润与 ABO 或分泌子表型间呈弱关联。Lewis 血型黏附假说因一些 *H. pylori* 菌株自身就合成表达 Le$^b$ 抗原而变得更加复杂。因此，在 *H. pylori* 的病理生物学与 Lewis 或 ABO 抗原间如果真的存在任何生理学关系，那么这种关系可能远比将其归结为简单的血型抗原依赖黏附过程要复杂得多。

## P 血型结构[95～106]

P 血型抗原是红细胞及包括膀胱上皮在内的其他组织上的膜结合糖鞘脂所呈现的聚糖结构（图 16.16）。P 血型系统的聚糖是在一系列糖基转移酶的逐个催化下合成的，对控制 P 家族抗原表达的酶或基因的了解非常少，从而在某种程度上导致该系统的命名、生物化学与遗传学背景变得复杂。

有两种不同的途径参与 P 抗原的合成，都是以乳糖基脑酰胺（lactosyl-ceramide）为共同前体开始合成（图 16.17 和图 16.18）。在其中一个合成途径中，P 抗原的合成始于一种合成 $P^k$ 抗原的 α1-4 半乳糖基转移酶（$P^k$ 转移酶），然后 $P^k$ 抗原被称为 P 转移酶的 β1-3GalNAc 转移酶修饰形成 P 抗原；在另一合成途径中，$P_1$ 抗原的合成涉及 3 个顺序进行的糖基化反应，也以乳糖基脑酰胺为起始底物，首先进行的两个反应合成的是类红细胞糖苷脂（paragloboside），然后类红细胞糖苷脂作为 $P_1$ 转移酶的底物被修饰形成 $P_1$ 分子。

在人体中这些抗原的表达是多态性的，最常见的 P 血型表型被称作 $P_1$，$P_1$ 表型的人表达具完全活性的两种途径中的所有酶，他们的红细胞同时表达 P 和 $P_1$ 抗原；$P_1$ 表型的人还表达少量的 $P^k$ 抗原决定簇，因为 P 转移酶不会将所有的 $P^k$ 前体抗原决定簇完全转化成 P 抗原决定簇。另一个常见的血型为 $P_2$，$P_2$ 表型的人在 $P_1$ 转移酶基因座上显然为零合基因（nullizygous），他们的红细胞 P 和 $P^k$ 抗原表达水平正常，但不表达 $P_1$ 抗原决定簇。

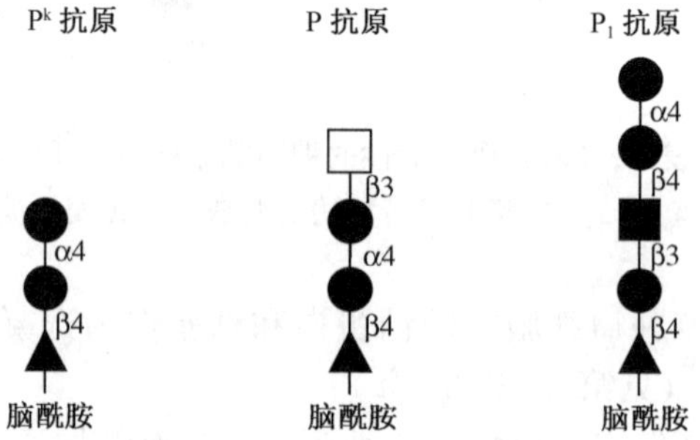


**图 16.16** P 血型系统的抗原。

已发现 3 种稀有的 P 血型。第一种叫 $P_1^k$ 表型，与 P 转移酶活性缺陷有关，被认为是 P 转移酶基因座为零合子所致。$P_1^k$ 表型的人不能将 $P^k$ 结构转变成 P 结构，因而表达的 $P^k$ 抗原决定簇比正常水平要高；平行的 $P_1$ 合成途径在这类人中是完整的，产生正常数量的 $P_1$ 抗原决定簇。第二种为 $P_2^k$ 表型，只在极个别的人身上发现，被认为是在 *P* 和 $P_1$ 转移酶基因座均为零合基因的个体，其结果是，其两个平行的合成途径都不完整，导致 P 和 $P_1$ 两种抗原的表达缺陷，但 $P^k$ 抗原决定簇的数量增加。第三种被命名为 p 表型，其特征是 3 种 P 抗原（P、$P_1$ 和 $P^k$）均缺失，$P^k$ 和 $P_1$ 转移酶基因座上的零合子是产生这一表型的原因，无论是否有 P 转移酶活性均不合成 P 抗原，因为没有 P 前体

($P^k$)，但 p 表型的红细胞可表现出低水平的 P 类抗原反应，与 P 抗原反应不同，这种反应可能识别一个结构未知的糖脂复合物所产生的。(图 16.17 和图 16.18)。

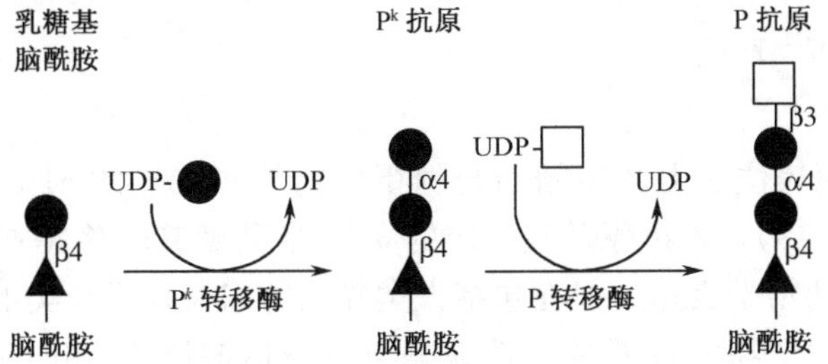


**图 16.17** $P^k$ 与 P 抗原的生物合成。

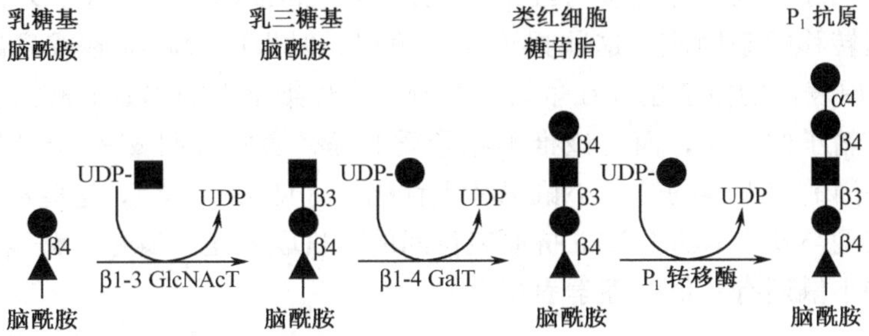


**图 16.18** 由类红细胞糖苷脂开始的 $P_1$ 抗原生物合成。

这些解释都是以 P、$P_1$ 和 $P^k$ 转移酶为 3 个不同基因座产物的假设为前提的，然而对人 P 血型还有另一种遗传模型可以解释。对这一系统的明确理解将有待于编码这些酶的基因的分离与研究。在 p 表型人体中发生的输血反应暗示存在针对不同 P 抗原的抗体，这些人体内常会有抗 P、$P_1$ 和 $P^k$ 抗原决定簇的抗体。在突发性冷血红蛋白尿疾病中观察到的血管内溶血提示有补体结合的、冷反应 anti-P 抗体，被称为"Donath-Landsteiner"抗体（见第 37 章）。

P 血型抗原的生理功能还不清楚，但这些分子在尿路感染和细小病毒感染的病理生理学中起作用。多种大肠杆菌的尿路感染致病菌株表达的黏附素（adhesin）与 $P^k$ 和 $P_1$ 抗原中的 Galα1-4Gal 结合，这一发现表明 P 血型抗原在尿路感染的发病过程中起作用。$P_1$ 抗原决定簇在 $P_1$ 表型的人体尿道上皮细胞上表达，可能通过介导细菌在尿道内层黏附而促进细菌的感染。$P_1$ 表型的人相对于 $P_2$ 表型的人而言患尿路感染与肾盂肾炎的风险更高，这一临床观察结果支持了该假说；引起肾盂肾炎的大肠杆菌菌株在肾组织上的黏附是由特异识别 Galα1-4Gal 结构的细菌黏附素介导的，缺失黏附素的菌株将严重削弱该菌所致的肾盂肾炎症状，这一发现也支持了该假说。

P 血型抗原还可起到人细小病毒 B19 的受体的作用，B19 引起红斑感染（erythema infectiosum)，尿路被感染后会导致婴儿先天性贫血与积水胎型（hydrops fetalis)，还与患溶血性贫血病人的短促发育不全危象（transient aplastic crisis）及患慢性贫血的免疫缺损病人的单纯红细胞发育不全（pure red cell aplasia）有关。细小病毒 B19 的复制严格限定在红细胞系的先祖细胞中；病毒粒子与 P-抗原-活性的糖脂间的黏附相互作用参与病毒对红细胞系先祖细胞的感染。P 血型表型的人明显抗细小病毒 B19 的感染。

## α1-3Gal 结构[107～116]

Galα1-3Gal 抗原表位是由 2-型糖脂与糖蛋白前体在特异的 α1-3 半乳糖基转移酶的作用下合成（图 16.19），该抗原及其对应的 α1-3 半乳糖基转移酶在新大陆的灵长类及许多非灵长类哺乳动物中表达，但在包括人类在内的旧大陆灵长类的细胞和组织中多半没有，该酶及其寡糖产物的种属特异性缺失与不表达该抗原表位的灵长类类群中编码 α1-3 半乳糖基转移酶的基因座失活有关（见第 33 章）。

Galα1-3Gal 抗原表位的生理功能还未被鉴别出来。已有报道在人红细胞上发现少量的 Galα1-3Gal 抗原表位，可能参与红细胞的周转（turnover），但由于人体中无功能性 α1-3 半乳糖基转移酶基因座，这些报道还有争议；对人甲状腺细胞或癌细胞表观表达 Galα1-3Gal 抗原表位的报道也存在争议。推测鼠卵母细胞上的 Galα1-3Gal 抗原表位的作用可能是作为精子的受体，而与该推测相矛盾的是，实验表明 α1-3 半乳糖基转移酶基因座为无效基因的突变体同合子小鼠仍有生育能力（见第 33 章），这些小鼠还患有白内障，但这一表型与缺失 Galα1-3Gal 抗原表位间的有机联系还不清楚，截至本书完稿时也没有发现这些小鼠还有其他病理学表型。

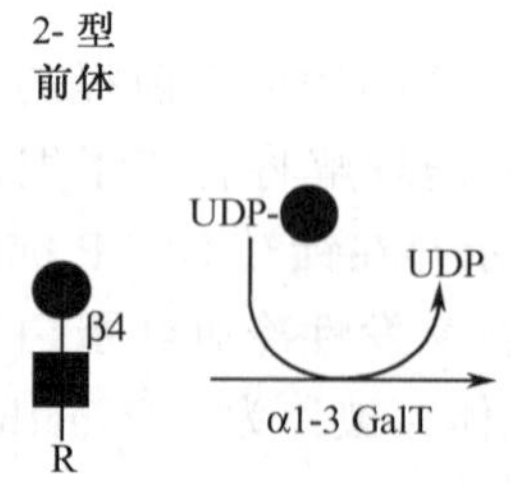


**图 16.19**　Galα1-3Gal 抗原的结构与合成。α1-3 半乳糖基转移酶以未取代的 2-型前体为底物合成 Galα1-3Gal 抗原表位。R 可以为糖脂或糖蛋白上的聚糖结构。

不表达 Galα1-3Gal 抗原表位的物种，特别是包括人类在内的物种会产生天然的 anti-Galα1-3Gal抗体，其产生机制是由于接触与 Galα1-3Gal 抗原表位类似或相同的微生物抗原后发生的免疫反应。anti-Galα1-3Gal 抗体是使用猪或其他非灵长类动物器官作为人异种器官移植供体的主要障碍，因为抗体会与异种移植器官中血管内皮细胞上的 Galα1-3Gal 抗原表位结合，通过补体介导的内皮细胞细胞毒性引起超急性移植排斥反应。目前正尝试用基因工程方法获得表达可减小细胞毒性的蛋白的动物，以作为器官供体（见第 33 章）。所用方法包括 H α1-2 岩藻糖基转移酶的转基因表达，H α1-2 岩藻糖基转移酶可使 2-型前体底物向合成 H 抗原的方向分流，而不能被 α1-3 半乳糖基转移酶所利用，从而减少 Galα1-3Gal 的表达；动物器官供体的 α1-3 半乳糖基转移酶编码基因的无效基因突变体的构建是解决 Galα1-3Gal 依赖的超急性排斥反应难题的一个可靠方案，不幸的是，目前还没有该方案所需的猪或其他大型动物器官供体的发育多能性胚胎干细胞。

天然产生的 anti-Galα1-3Gal 抗体还能显著降低重组逆转录病毒的感染效率，因用于繁殖这些病毒的包装细胞系来源于表达 Galα1-3Gal 抗原表位的物种，并会修饰病毒衣壳蛋白，这就产生了问题。这一问题可通过获得同源 α1-3 半乳糖基转移酶缺陷的包装细胞系来解决。这一技术难题可能反映了逆转录病毒基因组的种间传播受严格限制的天然机制（见第 3 章）。

## Forsman 抗原[117～123]

Forssman 抗原也叫红细胞五糖脑酰胺（globopentosylceramide），是在红细胞糖苷脂（globoside）的末端 GalNAc 残基上加 α1-3 连接的 GalNAc 所形成的糖脂结构（图 16.20）。在文献中还有 Forssman-特异的单克隆抗体可检测到 Forssman-反应性糖蛋白的证据，但这些分子的特性还不清楚。Forssman 抗原分子在啮齿类与其他哺乳动物的胚胎及成体时期表达（见第 34 章），但人类是否具有表达这种抗原的能力还不确定。例如，有证据显示人的血浆中含有一定效价的自身 anti-Forssman 抗体，说明人不表达 Forssman 抗体；与此相反，有证据表明人体中并非始终有这种抗体，并且抗体产生时可能通过与周围神经髓磷脂的糖脂组分结合而参与 Guillain-Barre 综合征的发病过程。与此相似，对多种人的培养细胞系、肺及胃肠道癌的研究发现人胃肠上皮细胞上有少量的 Forssman 反应。这些相互矛盾的结果可能是由于不同研究者所使用的 anti-Forssman 单克隆抗体专一性上的差异以及在免疫组化操作与薄层层析/抗体覆盖操作过程中发生的抗原表位反应性差异所致。Forssman 抗原的功能还不清楚。anti-Forssman 抗体破坏细胞紧密联结形成、顶端-基部极化及黏附的能力表明它可能参与细胞-细胞黏附和通讯过程，产生这些现象的机制还未被阐明，也没有任何结论性的研究将这些发现在更多的生理学背景中加以证实。

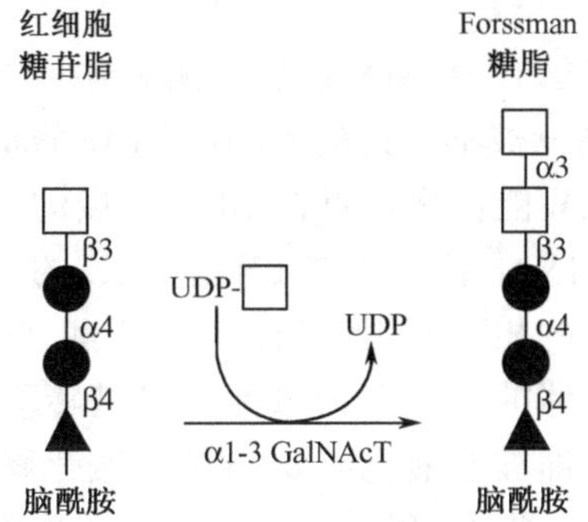


**图 16.20** Forssman 抗原的生物合成。红细胞糖苷脂是 Forssman α1-3-N-乙酰半乳糖胺基转移酶（α1-3GalNAcT）的底物，生成的是红细胞五糖脑酰胺，也叫 Forssman 糖脂。

## 垂体糖蛋白上的硫酸化末端 β-连接 GalNAc 结构[124～127]

带有硫酸化末端 β-连接 GalNAc 结构的聚糖已在研究垂体糖蛋白激素促黄体激素（LH）、促甲状腺素（TSH）和促滤泡素（FSH）的过程中被广泛研究。这些异源二聚体糖蛋白由一个共同的 α-亚基和一个独特的 β-亚基组成，每一亚基均为二天线的 N-聚糖所修饰。TSH 和 LH 上的 N-聚糖含有不寻常的结构，由 GalNAc 连接到二天线聚糖的一个或两个 GlcNAc 残基上，并且 GalNAc 本身被硫酸化或 α2-6 连接的唾液酸进一步修饰（图 16.21），该修饰与 FSH 上的 N-聚糖及多数 N-聚糖的修饰形成鲜明的对比，FSH 的 N-聚糖及多数 N-聚糖的 GlcNAc 残基为 β1-4-连接的半乳糖所修饰，并且 β1-4Gal 通常又被 α2-3-或 α2-6-连接的唾液酸修饰。LH、TSH 与 FSH 共有的游离 α-亚基在垂体细胞中以合成中间体的形式出现，也像垂体及其他组织合成的其他蛋白一样被这种抗原决定簇修饰，这种结构也在前-鸦片黑肾上腺皮质素（pro-opiomelanocortin）的O-聚糖上发现。

硫酸化 GalNAc 聚糖的合成由一种修饰二天线聚糖次末端 GlcNAc 残基的 β1-4GalNAc 转移酶活性控制（图 16.21），该酶只在少数几种细胞类型中表达，包括垂体中生成 LH、TSH 和 FSH 的细胞。然后 β1-4-连接的 GalNAc 被同在垂体细胞中表达的硫酸基转移酶修饰。在包括垂体在内的一些组织中，β1-4-连接的 GalNAc 随即被 α2-6-连接的唾液酸残基所修饰，被 β1-4 连接的 GalNAc 覆盖的次末端 GlcNAc 残基还被发现可被 α1-3-连接的岩藻糖修饰（见第 26 章）。相反，FSH 特有的 β1-4 半乳糖末端的二天线聚糖的合成由 β1-4 半乳糖基转移酶控制，该酶在所有细胞中都有，也包括垂体腺细胞。

尽管 β1-4GalNAc 转移酶和 β1-4 半乳糖转移都在垂体细胞中表达，但 LH 和 TSH 的 N-聚糖只被不常见的 β1-4GalNAc 修饰，而几乎完全相同的糖蛋白 FSH 上的同一种 N-聚糖却只能被更常见的 β1-4-连接的半乳糖所修饰。这种蛋白质-特异的糖基化事件是 β1-4GalNAc 转移酶与 LH 和 TSH 的 α-和 β-亚基上特殊的蛋白序列模体相互作用的结果，两者间的相互作用使酶修饰 LH 和 TSH 上二天线 N-聚糖的催化效率得以提高，使不识别肽模体的竞争性 β1-4 半乳糖基转移酶不能发挥作用。所产生的末端 β1-4-连接 GalNAc 结构随即被硫酸化或 α2-6 唾液酸化修饰（图 16.21）。与此相对的是，在 FSH 的 β-亚基的序列中没有可被 β1-4GalNAc 转移酶识别的肽序列模体，并且 FSH 的 α-亚基上的识别模体不能与酶相互作用，其结果是 FSH 上的二天线 N-聚糖不能被 β1-4GalNAc 转移酶修饰，而是专一地被竞争性的 β1-4 半乳糖基转移酶修饰。

分化的糖基化修饰对整个脊椎动物类群的排卵周期而言是极其重要的。在前排卵峰（pre-ovulatory surge）期间卵巢受到 LH 的最大刺激是与血液中以高度脉动方式升高和下降的 LH 水平相联系的。因为维持高水平的受体将会导致 LH 受体脱敏，所以血液中 LH 水平的脉动特性可保证卵巢 LH 受体得到最大刺激。LH 水平的脉动式上升与下降的原因部分在于垂体激素的脉动式释放，但也是血液中的激素被迅速清除的结果。激素在血液中的清除是由对硫酸化 GalNAcβ1-4Gal 末端特异的受体介导的，该受体由肝脏内皮细胞和 Kupffer 细胞（肝星形细胞）表达，与 LH 结合的表观 $K_m$ 值约 160nmol/L。受体结合之后是内化与溶酶体降解。受体的蛋白质序列与曾报道过的叫作巨噬细胞甘露糖受体的蛋白相同。导致该受体的配体识别性质产生组织特异性差异的机制还有待阐明。

如牛奶、鼠泌乳刺激素（prolactin）和肾上皮细胞等其他脊椎动物来源及诸如蜗牛与寄生虫这样的无脊椎动物来源的 N-聚糖上还发现有类似的 GalNAcβ1-4GalNAc（LacdiNAc）末端，这些残基通常不会像在垂体激素中那样被硫酸化，但脊椎动物来源的则常常被 α2-6 唾液酸化，负责合成这些结构的 GalNAc 转移酶与特异作用于垂体激素的酶有何关系还不清楚。

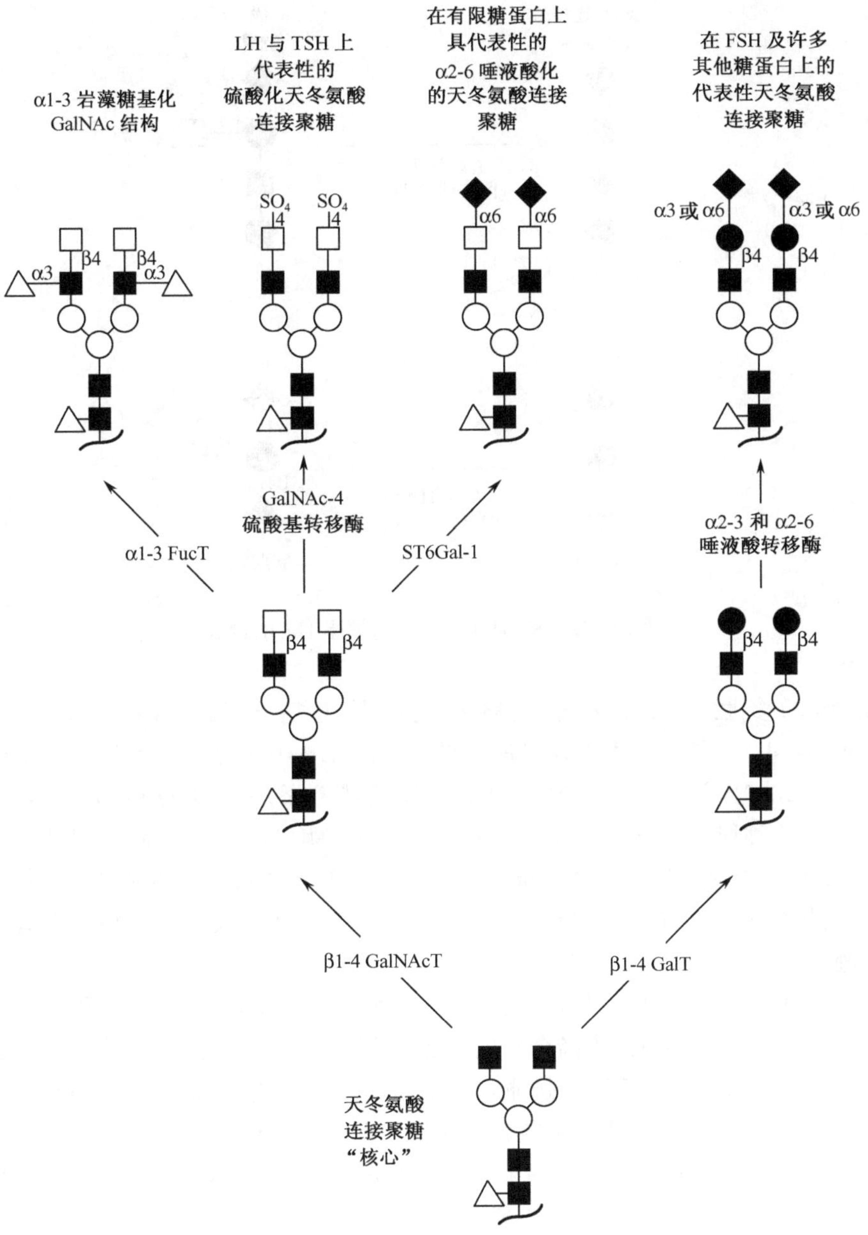


**图 16.21** 带末端 GalNAc 和硫酸基的 N-聚糖的结构与合成。包括与垂体激素 LH 和 FSH 相关的糖链。

## 唾液酸化的末端 β-连接 GalNAc 结构[128～138]

α2-3-唾液酸化结构修饰的末端 GalNAc 存在于糖蛋白与糖脂上（图 16.22），存在于糖蛋白上的为人 Sd$^a$ 血型结构及在鼠中称为 CT1 或 CT2 抗原的寡糖，最早发现于细胞毒 T 淋巴细胞（CTLs）上，存在于糖脂中的该结构就是神经节苷脂（ganglioside）$G_{M2}$。

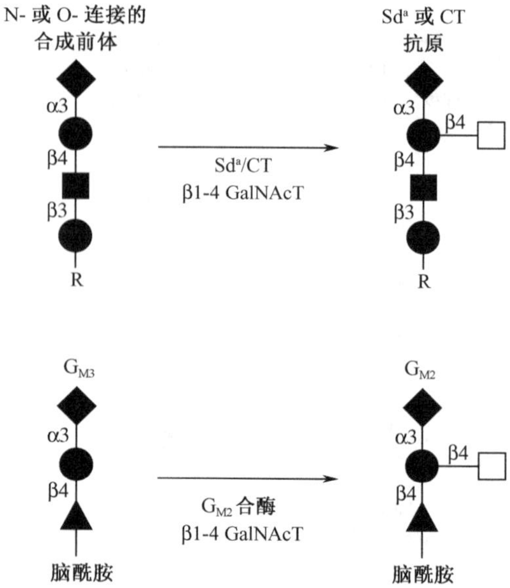


**图 16.22** Sd$^a$ 或 CT 抗原与糖脂 $G_{M2}$的合成。

该结构的多肽连接形式最先被鉴别的是五糖 Siaα2-3（GalNAcβ1-4）Galβ1-4GlcNAcβ1-3Gal-)，是从分离于人尿液中的 Tamm-Horsfall 糖蛋白上释放出来的，该糖链结构是在 α2-3 唾液酸化 2-型糖链的半乳糖残基上添加 β1-4-连接的 GalNAc 形成的（图 16.22)，一种能催化该反应的 β1-4GalNAc 转移酶已在人的肾脏与尿液、肠、结肠及血浆中发现。个别缺乏产生这一抗原决定簇能力的人能自然产生抗体抗该抗原，且据报道还缺失相应的血型抗原决定簇（Sd$^a$），Sd$^a$ 抗原在这些人体中的缺失没有明显的相关有害表型。

小鼠中该糖链结构对应的抗原为两种 IgM 类抗体识别，称为 CT1 和 CT2，这两种抗体就是因其有阻断鼠 CTL 克隆介导的细胞靶裂解的能力而被分离的，抗体能识别由活化的 CTL 表达的相似但不同的抗原，却不识别天然 T 淋巴细胞表达的抗原。活化-依赖的 CT 抗原呈现与相应酶活的诱导表达相关。两种 CT 抗体还可与定位于肠黏膜的一种组成型活化 T-淋巴细胞——上皮内的淋巴细胞结合，用 CT 抗体从 CTL 细胞系上免疫沉淀出来的主要蛋白是属于跨膜酪氨酸磷酸酯酶的同工蛋白，该蛋白为 CD45 细胞表面 T-细胞抗原应答增殖所需的，可能其他淋巴细胞表面蛋白也被这种糖链结构修饰。就人细胞而言，该聚糖结构是由 β1-4GalNAc 转移酶生成的，该酶修饰的是 O-和 N-聚糖上 α2-3-连接的唾液酸取代的 β1-4-连接半乳糖。尽管人和鼠的 β1-4GalNAc 转移酶在体外均能有效利用 3′-唾液酸乳糖（Siaα2-3Galβ1-4Glc）作为底物，但这两种酶都只能将 GalNAc 转移到糖蛋白上的 N-和 O-聚糖，而不能转移到糖脂 $G_{M3}$（Siaα2-3Galβ1-4Glc-Cer）上。

该糖链结构在人体和小鼠中的功能依然未知。在本章的前面部分提到，在少数 von Willebrand's 病显性遗传型的小鼠株中，相应的 β1-4GalNAc 转移酶在血管内皮细胞中异常表达。由于内皮细胞也表达血凝蛋白 vWF，β1-4GalNAc 转移酶在内皮细胞中的表达使这些小鼠的 vWF 聚糖被修饰，所产生的 vWF 糖型被从血液中迅速清除，也就造成了该小鼠株中 vWF 的低水平。vWF 的迅速清除由对末端 GalNAc 结构有亲和性的去唾液酸化糖蛋白受体介导。

该糖链的糖脂连接形式叫 $G_{M2}$，由 $G_{M3}$合成而来（图 16.22）。$G_{M2}$的合成由 β1-4GalNAc转移酶（$G_{M2}$合成酶）催化，$G_{M2}$合成酶与合成该糖链的糖蛋白形式的 β1-4GalNAc 转移酶有一级结构相似性，但不能有效利用糖蛋白聚糖前体。$G_{M2}$的功能还不清楚，但该糖脂在中枢神经系统（CNS）与外周神经系统（PNS）及肾上腺等的广泛表达提示在这些器官系统中有作用，对诱导产生的 $G_{M2}$基因座无效基因突变同合子鼠的分析研究支持了这种推测，突变鼠在 PNS 中表现出中度的传导缺陷，并出现导致雄性不育的生化缺陷（见第 33 章）。检测 $G_{M2}$在这些系统中是如何参与体内平衡及揭示这些反常表型产生机制的研究正在进行中。

## α2-3-唾液酸化结构[139～154]

α2-3-连接的唾液酸在许多（也许是所有）脊椎动物细胞与组织中发现，至少有 5 种不同的 α2-3 唾液酸转移酶（ST3Gal-I、ST3Gal-II、ST3Gal-III、ST3Gal-IV 和 ST3Gal-V）家族成员负责合成这些结构（图 16.23）。基因的表达谱分析表明 ST3Gal-III 和 ST3Gal-IV 在成体哺乳动物的大多数细胞与组织中表达，这些结果与 α2-3-唾液酸化聚糖在许多不同类型细胞上被鉴别相一致，该聚糖包含在不同的糖蛋白和糖脂中。与此不同的是，人和鼠的 ST3Gal-I 转录物在脾、肝、骨髓、胸腺和唾液腺中含量丰富，在其他组织中却不多；与 ST3Gal-I 一样，ST3Gal-II 的表达特异性更严格，其转录产物在脑组织中最多，在其他一些组织中的表达水平相当低。ST3Gal-II 在脑组织中的相对高表达与该器官中含大量 α2-3-唾液酸化糖脂是一致的，也与该酶在糖脂（神经节苷脂）中所起的作用相一致（图 16.23）。ST3Gal-V 基因座也在脑、骨骼肌、睾丸及肝脏中表达。

在无脊椎动物中，α2-3-唾液酸连键在末端半乳糖上发现（图 16.23），该结构作为底物可进一步被 α1-3 岩藻糖基化（见图 16.14 和第 26 章）、有限条件下形成 β1-4GalNAc 连接（图 16.21）、α2-6 唾液酸化（图 16.24）、α2-8 唾液酸化（图 16.25 和 16.26）及硫酸化（图 16.27）所修饰。相反，在图 16.23 中所示的 α2-3-唾液酸化结构通常不会作为包括 α1-2 岩藻糖基转移酶、α1-3 半乳糖基转移酶、GlcNAc 转移酶或 GalNAc 转移酶在内的其他酶的底物，这些酶可与末端 α2-3 唾液酸化竞争而形成聚糖末端修饰。

在本书撰写时，带有 α2-3 唾液酸连接的结构只在少数几种情形中被确定了功能。如第 26 章中详细论述的那样，白细胞黏附分子选凝素家族的聚糖配体包括被 α1-3 岩藻糖基化或 α1-3 岩藻糖基化与硫酸化修饰的 α2-3-唾液酸化结构，这种选凝素配体的 α2-3-连接唾液酸成分可能是 E-、P-和 L-选凝素生理配体的构成所必需的。对 E-选凝素 CRD 三级结构的结晶学与突变研究分析表明特异的荷正电氨基酸残基与糖脂和糖蛋白对立受体（counterreceptor）上的带负电唾液酸相互作用，识别是 α2-3 唾液酸连接特异性的，因为选凝素配体的 α2-3-连接的唾液酸被 α2-6-连接的唾液酸取代后就失去了黏附相互

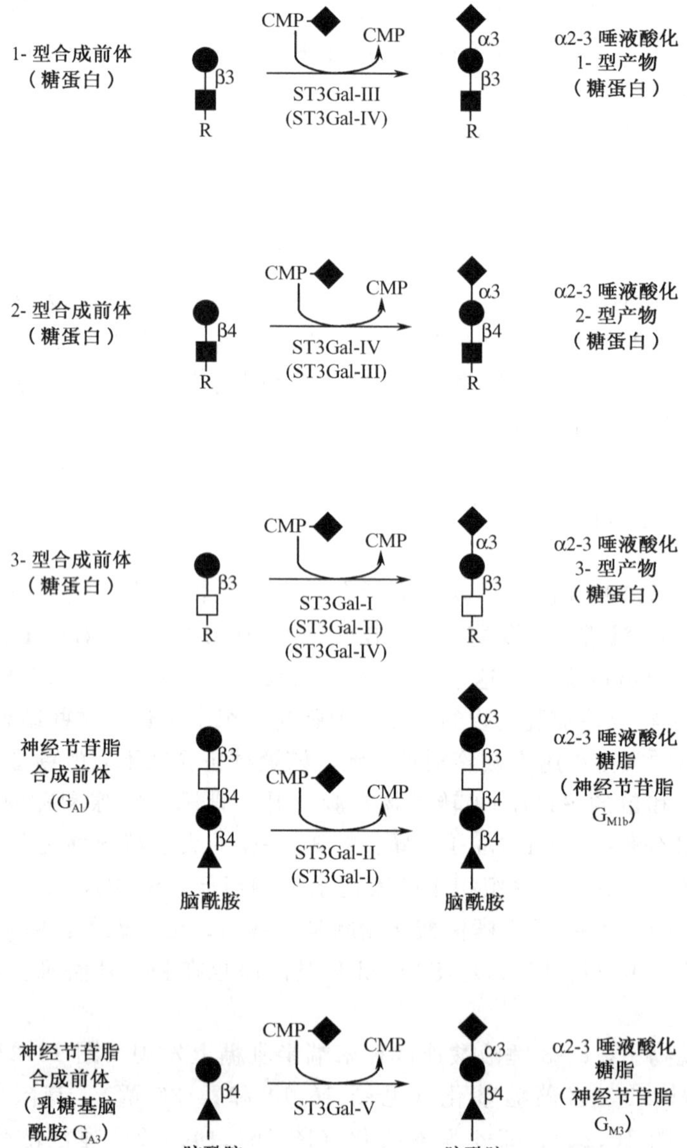


**图 16.23** ST3Gal 系列唾液酸转移酶催化的带末端 α2-3-连接唾液酸的糖蛋白与糖脂的合成。括号中的酶在体外实验中对所注反应的催化活性相对较低。

作用。

带有 α2-3 唾液酸的结构参与维持血液循环中血浆糖蛋白半寿期的内环境平衡，这是通过完全“掩蔽”（masking）半乳糖残基来实现的，暴露的半乳糖残基可被去唾液酸化糖蛋白受体识别而使蛋白被从血液中清除的（见第 25 章），该过程的生理作用还不清楚，但至少就去唾液酸化糖蛋白受体而言，该受体的缺失并不会使小鼠血液中去唾液酸化糖蛋白或脂蛋白的血浆水平上升。然而，最近的研究显示这些受体缺陷鼠积累尚未确定的配体。反过来似乎也是真的，带有 β1-4GalNAc 残基的 α2-3 唾液酸末端的聚糖可增强去唾液酸化糖蛋白受体-依赖的清除，至少对一例血浆蛋白是这样的。

在其他的研究中发现，ST3Gal-I 在合成 Siaα2-3Galβ1-3GalNAcα-Ser/Thr 聚糖过程中的作用对外周 $CD8^+$ T 细胞的生存是非常重要的，ST3Gal-I 酶缺陷的小鼠的细胞毒性-T-细胞应答下降、天然 $CD8^+$ T 细胞的细胞凋亡性死亡上升（见第 33 章），上升的凋亡性死亡的定时、特异性及部位表明可能是肝脏去唾液酸化糖蛋白受体所引起的，并且可能是未知的、能与 Galβ1-3GalNAcα-Ser/Thr 聚糖结合的内源性凝集素所致。

修饰一些糖蛋白和糖脂的 α2-3 唾液酸连接还在微生物感染过程中起作用。在这方面研究最多的系统是该结构作为流感病毒受体的作用，以 α2-3 连接的唾液酸被通常在鸟类和猪中发现的流感病毒红血球凝集素（hemagglutinin）识别，并且病毒基因重组后产生常从人群中分离到的、能与 α2-6 唾液酸结合的病毒株。病毒的红血球凝集素介导病毒黏附于表达 α2-3 唾液酸连键的细胞上，促进了病毒神经氨酸-依赖的唾液酸释放，使病毒基因组进入细胞内部（见第 28 章）。

带有 α2-3 唾液酸连键的糖链还可在细菌的感染致病过程中起作用。例如，α2-3 唾液酸结构可供 *H. pylori* 黏附，*H. pylori* 与胃炎、胃溃疡及胃肠道黏膜的淋巴瘤的发病有关，然而，这些体外观察到的生理学相关性还有待于阐明。相反，已有证据支持神经节苷脂 $G_{M1}$（$G_{M1a}$；Galβ1-3GalNAcβ1-4［Siaα2-3］Galβ1-4Glcβ1-Cer）的作用是作为霍乱弧菌（*Vibrio cholerae*）产生的霍乱毒素的受体及产肠毒素的 *E. coli* 产生的热不稳定肠毒素（LT-1）的受体（见第 28 章）。伴随着霍乱弧菌的感染，霍乱毒素引起严重的肠致病性。热不稳定的肠毒素是旅行者腹泻的致病因子，在发展中国家导致大量儿童死亡。两种毒素都是异源六聚体，由一个具有 ADP-核糖基化（ADP-ribosylating）活性的毒素亚基（A 亚基）与由 5 个结合 $G_{M1a}$的 B 亚基组成的五聚体复合而成，通过异源六聚体识别神经节苷脂 $G_{M1a}$分支五糖而与肠上皮细胞黏附，将细胞毒性 A 亚基送到肠细胞，这些毒素与 $G_{M1a}$是明显有病理生理学相关性的，以聚糖为基础的抑制剂作为药物目前正在人体中进行测试，以评价其减轻霍乱与旅行者腹泻症状和减缓病程的能力。

## α2-6-唾液酸化结构[139,140,149,155～157]

以 α2-6 键连接的唾液酸在多种脊椎动物细胞与组织类型中表达，出现在多种不同的糖蛋白与糖脂上。α2-6-连接唾液酸的合成由至少有 5 个不同的 α2-6 唾液酸转移酶（ST6Gal-Ⅰ、ST6GalNAc-Ⅰ、ST6GalNAc-Ⅱ、ST6GalNAc-Ⅲ与 ST6GalNAc-Ⅳ）家族的成员控制（图 16.24），这些基因已通过分子克隆的方法研究。编码第六种 ST6GlcNAc-Ⅰ酶的基因还未分离到。对多种哺乳动物及一些低等脊椎动物细胞与组织的取样测定表明，α2-6-唾液酸化聚糖可在多种（但不是全部）细胞类型中找到，同时它们并不像带 α2-3-连接唾液酸的聚糖那么普遍。

在脊椎动物中，α2-6 连键出现于末端半乳糖、末端或次末端或内部的 GalNAc 上。被 α2-6 唾液酸修饰的聚糖通常不会被进一步修饰，惟一的例外是可能被一些 α2-8 唾液酸转移酶家族的成员继续修饰，这将在后面谈到。ST6Gal-Ⅰ的产物特征地出现于 N-聚糖中，但该酶的体外接纳体特异性研究显示 O-聚糖上末端乳糖胺重复单位中的 β1-4-连接半乳糖也可被该酶修饰。ST6Gal-Ⅰ在肝细胞和淋巴细胞中的表达水平相对较高，负责血清糖蛋白和抗原受体复合物糖蛋白的 α2-6 唾液酸化。相反，ST6GalNAc-Ⅰ及 ST6GalNAc-Ⅱ的 α2-6-唾液酸化产物及其酶本身只严格地限定于 O-聚糖。ST6GalNAc-Ⅲ酶似乎偏好以糖鞘脂前体为接纳体。而 ST6GalNAc-Ⅳ酶，催化 O-聚糖上核心 N-乙酰半乳糖胺的唾液酸化。

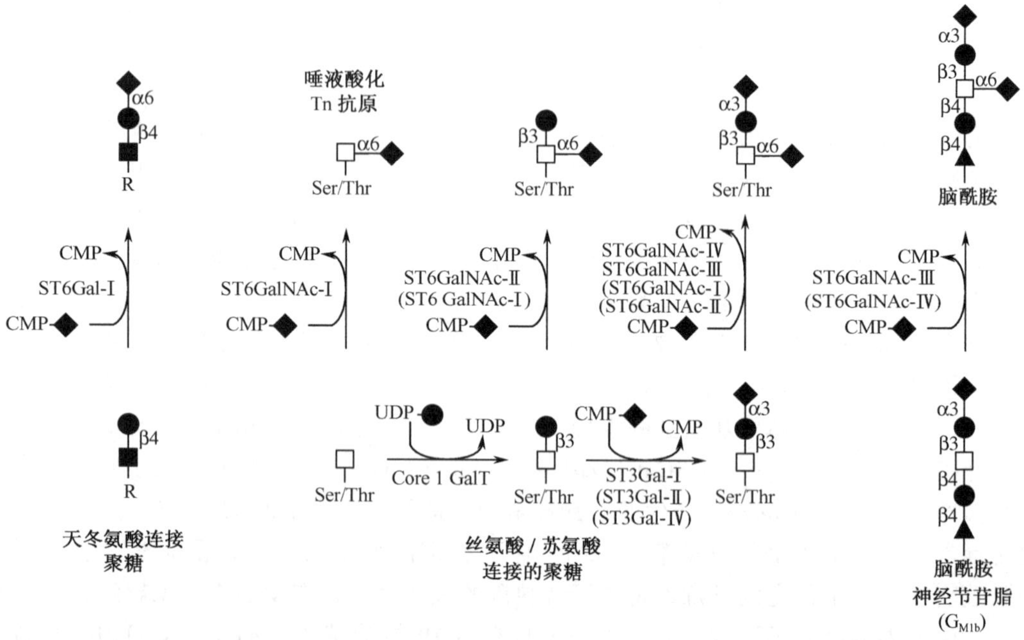


**图 16.24**　由 ST6GalNAc 系列唾液酸转移酶催化的 N-聚糖、O-聚糖与糖脂 α2-6-唾液酸化末端的合成（见第 8 和 9 章）。括号中的酶在体外实验中对所注反应的催化活性相对较低。

有几种 α2-6-连接的唾液酸修饰糖链已被赋予明确的功能。如前面提到的（见第 28 章），α2-6-连接的唾液酸可作为流感病毒的人感染株的受体。在血浆糖蛋白上常见的 α2-6-连接的末端唾液酸可掩蔽正常情况下糖蛋白上被肝脏去唾液酸化糖蛋白受体识别的末端半乳糖和 N-乙酰半乳糖胺部分。还有在前面提到的，用去唾液酸化糖蛋白受体的诱导突变鼠所进行的实验显示，该设想并非如原先所想象的那样直接了当，原因在于这些突变鼠在血浆糖蛋白水平上并没有明显的数量上的变化。

有关一些 α2-6-连接唾液酸功能的最明确的信息来自遗传诱导缺失 ST6Gal-I 的研究及该结构作为 CD22（I-型凝集素家族的一员）受体所起作用的分析（见第 24 和 33 章）。CD22 只在 B 淋巴细胞表面表达，CD22 的胞外结构域特异地识别 Siaα2-6Galβ1-4GlcNAc-，该聚糖的唾液酸化由 ST6Gal-I 酶催化。此聚糖已在多种白细胞糖蛋白上被发现，包括蛋白酪氨酸磷酸酯酶 CD45，所附带的可能性为参与 CD22-依赖的信号传导过程，该过程由 B 淋巴细胞上的 CD22 与 CD45 上的 α2-6-唾液酸化聚糖间相互作用所介导。该聚糖结构也在 CD22 细胞上出现，提示 CD22 细胞可能有亲同种的、细胞间和同一细胞上的相互作用。由于 CD22 与 B-淋巴细胞蛋白上的抗原受体相联系，而且其细胞质结构域在某些情况下是酪氨酸-磷酸化的，推测 CD22 介入的亲同种和亲异种的相互作用可能在免疫系统中也影响有重要生物学意义的信号传导事件。

缺失 ST6Gal-I 的小鼠表现出免疫缺损，抗体对 T-淋巴细胞-依赖与不依赖的抗原应答减弱、对 B-细胞表面糖蛋白 CD40 与表面 IgM 交联的应答所致的 B-淋巴细胞增殖下降、B-细胞表面 IgM 和 CD22 表达水平降低以及血清中的 IgM 水平减少约 65%。在这些鼠中，B-淋巴细胞抗原受体-依赖的信号传导过程也被削弱。这些结果揭示了 ST6Gal-I 在免疫系统中的重要作用。还需要考虑的是，有关 CD22 基因座突变小鼠不同表型的研究报告并不一致（在第 24 章中讨论），而且这些表型并不一定与由 CD22-配体缺陷（ST6Gal-I 无效）鼠的表型一致或相反，一些研究结果提示，可能有其他能与 ST6Gal-I 合成的聚糖结合的凝集素存在，要解决这些问题还需要进行更多的研究。

## α2-8-唾液酸化结构[139,140,158～168]

以 α2-8 唾液酸连接修饰的聚糖已被发现是脊椎动物中枢神经系统（CNS）中发育调控的抗原（第 34 章），在神经发育研究中 α2-8-唾液酸化糖缀合物的生物学已被广泛研究。然而，这些 α2-8-唾液酸化的聚糖也在胚胎形成期和脊椎动物成体的其他非神经组织中表达，并且还在转化细胞上发现。至少有 5 种不同的 α2-8 唾液酸转移酶控制 α2-8 唾液酸化结构的合成（图 16.25 和图 16.26），其中的两个酶被称为 ST8Sia-II（也叫 STX）与 ST8Sia-IV（也叫 PST-1 和 PST），它们催化直线型 α2-8 唾液酸多聚体的合成，该多聚体被命名为多聚唾液酸或 PSA（图 16.25），多聚体可由 100 个或更多的唾液酸残基组成。带有 α2-3 唾液酸连接末端的 N-聚糖是起始 α2-8-连接唾液酸残基连接的底物，但也有证据表明 α2-6-连接的唾液酸也可作为第一个 α2-8-连接唾液酸残基的连接位点。在该所谓的“起始酶”（initiase）反应步骤之后是“延伸”（elongation）反应，反应中前一步反应加上的 α2-8 唾液酸是下一个 α2-8-连接唾液酸的连接位点，这两种“活性”被认为可能是 ST8Sia-Ⅱ和 ST8Sia-Ⅳ自身的活性或是不同的唾液酸转移酶各自的活性。

PSA 作为 N-CAM（免疫球蛋白超家族的成员）的翻译后修饰组分被广泛研究（见第 34 章）。电压门控钠离子通道（voltage-gated sodium channel）的 α-亚基也被 PSA 修饰。尽管多聚唾液酸化并非多聚唾液酸转移酶活性所必需的，但多聚唾液酸转移酶 ST8Sia-Ⅱ和 ST8Sia-Ⅳ的 N-聚糖上也有自身催化合成的多聚唾液酸，这一加工可产生膜结合的 α2-8 唾液酸化酶型。在转染 ST8Sia-Ⅱ和 ST8Sia-Ⅳ时，一些不表达 N-CAM 或钠离子通道的培养细胞系可诱导表达细胞表面定位的 PSA 就是由于酶本身的多聚唾液酸化所致。

N-CAM 被 PSA 修饰表观上由 N-CAM 的免疫球蛋白结构域 5 及相邻的 Ig4 与纤连蛋白Ⅲ型重复区的特异肽段与膜连接片段一起控制，PSA 在发育期间的调控表达是部分由 ST8Sia-Ⅱ和 ST8Sia-Ⅳ的组织特异性调控表达来控制的（第 34 章）。ST8Sia-Ⅱ主要在胎脑中表达，但其表达水平在出生后显著下降；相反，ST8Sia-Ⅳ在出生后的脑组织及心、肺、脾等非神经组织中继续表达。转录后的调控机制也可调节 PSA 的表达。

对立细胞上的 N-CAM 的同型黏附性受 PSA 的负调节，该性质与观察到的 N-CAM 胚胎型普遍被 PSA 修饰、而且参与同型黏附相互作用的能力比成体型 PSA 低的现象相关，成体型 N-CAM 未被 PSA 大量修饰。PSA 还能减小其他黏附分子参与的相互作用，

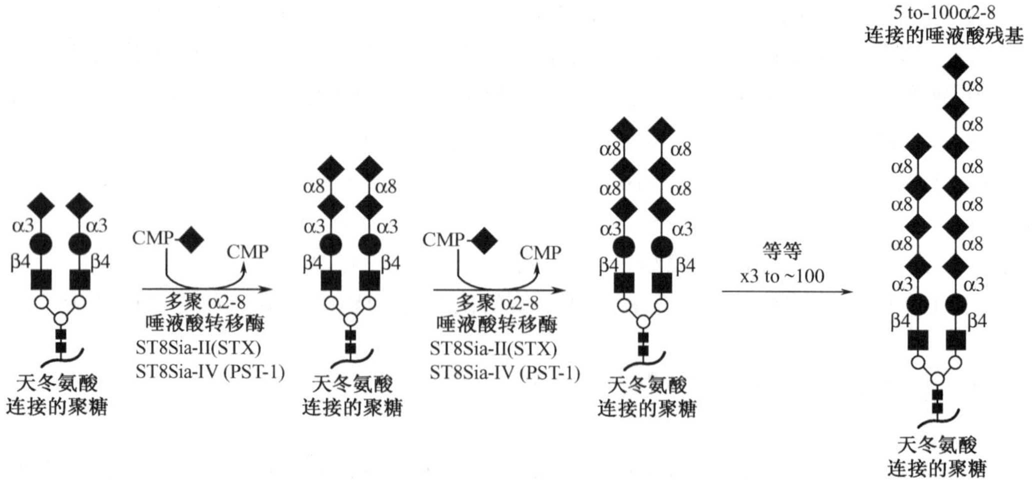


**图 16.25**　N-聚糖上多聚唾液酸的结构与合成。

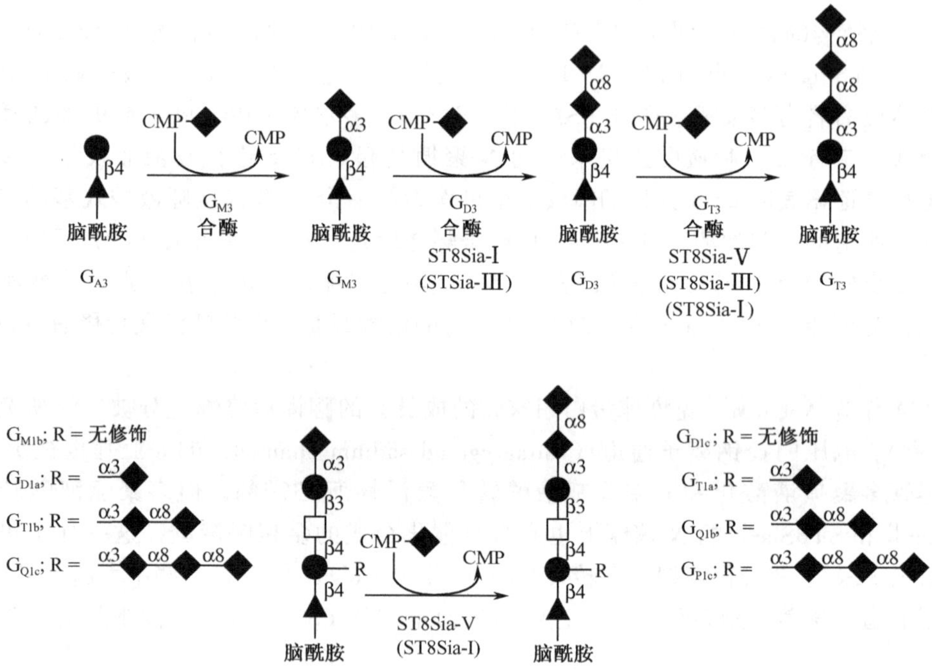


**图 16.26**　糖脂上多聚唾液酸的结构与合成。括号中的酶在体外实验中对所注反应的催化活性相对较低。

其中包括 L1-依赖的层粘连蛋白或胶原蛋白黏附。由于 PSA 带有大量负电荷、高度含水，且占 N-CAM 分子量的三分之一，因此 PSA 被认为通过对相邻细胞的同位质膜的物理干扰来负调节细胞黏附过程。PSA 对与 N-CAM-依赖的其他黏附反受体的黏附相互作用进行正调节，而且能调节同一细胞上象 L1 这样的糖蛋白的黏附活性，这些调节的机制正在研究中。但一般而言，PSA-依赖的细胞-细胞及细胞-基质相互作用的调节被认为对生长中的轴突向神经分布位点的定向、神经发育期间神经细胞的迁移及在 CNS 中的生理学可塑性是非常重要的（见第 34 章）。这些假说的证实以及 PSA 的其他潜在功能的发现将有待于特异缺失 PSA 表达的小鼠的构建和分析。

第二种常见类型的 α2-8 唾液酸出现于神经节苷脂家族的某些成员中，合成该结构的是 3 种 α2-8 唾液酸转移酶，与合成 PSA 的两种酶完全不同。这 3 种酶被称为 ST8Sia-Ⅰ（也叫 $G_{D3}$合成酶）、ST8Sia-Ⅲ和 ST8Sia-Ⅳ（图 16.26），这些酶可催化合成单个或寡聚 α2-8 连接的形成，但不催化由 ST8Sia-Ⅱ或 ST8Sia-Ⅳ所延伸的多聚唾液酸化结构。这 3 种酶一般被认为主要作用于糖脂底物，但体外研究提示 ST8Sia-Ⅲ也能利用 N-聚糖。这些酶催化形成的产物在体内的准确性质目前还不清楚，图 16.26 概括了这些酶的体外底物特异性。3 种酶主要在脑中表达，并且每种酶在脑中的表达均表现出不同的发育调控表达方式。ST8Sia-Ⅰ也在肾和胸腺中表达，可能参与 α2-8-唾液酸化神经节苷脂的合成。体外实验表明某些 α2-8-唾液酸化神经节苷脂可能参与神经细胞类型中的信号传导过程，生成分化的表型。这些结果的体外相关性还未知，α2-8 唾液酸化神经节苷脂的其他明确的功能也还有待于发现。

## 硫酸化聚糖：L-选凝素配体、HNK-1 和硫酸角质素[169～182]

原则上，糖缀合物的单糖组分上任何一个自由羟基都是潜在的硫酸化修饰位点，但在脊椎动物中，聚糖硫酸化一般只发生在 Gal、GlcNAc、IdA 和 GalNAc 残基上，硫酸化可以是在内部或末端位置。第 11 章讨论了以肝素、硫酸类肝素和硫酸软骨素为代表的内部硫酸化聚糖，这些蛋白聚糖是脊椎动物的细胞外基质成分，本章只讨论硫酸化末端聚糖。这类聚糖中最常见和为人熟知的成员包括构成选凝素对立受体活性、HNK-1 抗原表位和硫酸角质素的硫酸化结构，还包括在一些垂体糖蛋白上发现的硫酸化结构。后者已在前面做过一定讨论，此处不再涉及。

某些硫酸化聚糖参与淋巴细胞向外周淋巴结的归巢过程，这些聚糖已被鉴定是特化的内皮细胞上的糖被组分，该内皮细胞内衬在外周淋巴结与其他次级淋巴样器官内的毛细管后小静脉中。通过 L-选凝素这一 C-型凝集素的作用，这些所谓的高内皮小静脉可供淋巴细胞进行黏附。L-选凝素-依赖的黏附是通过对高内皮小静脉产生的粘蛋白型 L-选凝素对立受体的识别来完成的，聚糖结构分析发现以唾液酸化 $Le^x$ 四糖形式存在的 α2-3-唾液酸化、α1-3-岩藻糖基化聚糖的硫酸化形式（图 16.14 和图 16.27）对这些糖蛋白的 L-选凝素对立受体活性作出了潜在贡献。已发现硫酸化位点是半乳糖残基和 GalNAc 残基的 6-位羟基，两种修饰都与 L-选凝素的识别活性有关。该聚糖结构的生物合成、参与合成的酶及其功能将在第 26 章中深入讨论。

HNK-1 抗原是首先在人天然杀伤细胞上发现的末端硫酸化聚糖，分子系列命名为 CD57。脊椎动物神经系统中的多种细胞类型也表达 HNK-1 抗原表位，在神经发育期间其细胞特异性表达方式会发生变化（见第 34 章）。HNK-1 聚糖由一个 3-O-硫酸化的 GlcA 部分组成，其中 GlcA 以 β1-3 键连接在末端半乳糖上（图 16.28），该结构由特异作用于 N-聚糖末端（多聚）乳糖胺单元的葡糖醛酸转移酶合成的，葡糖醛酸化之后由

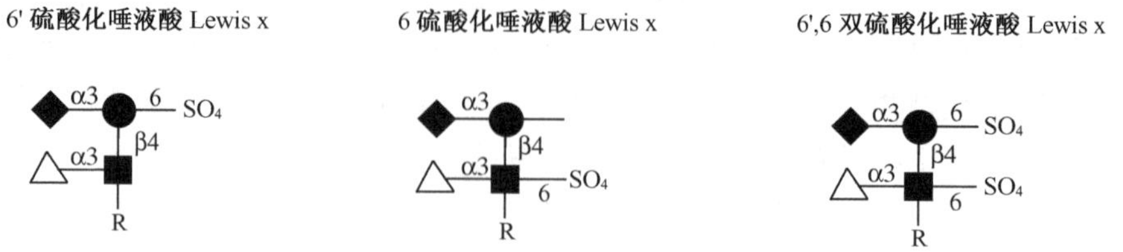


**图 16.27** 半乳糖和 GlcNAc 残基的 6-位羟基上发现的、以唾液酸化 $Le^x$ 四糖形式存在的 α2-3-唾液酸化、α1-3-岩藻糖基化聚糖的硫酸化形式。两种残基上的修饰均对 L-选凝素配体活性有贡献，这些聚糖结构的生物合成、参与合成的酶及其功能将在第 26 章中深入讨论。

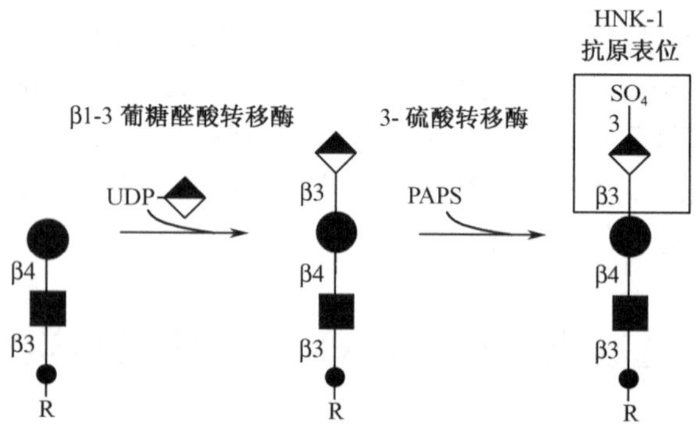


**图 16.28** HNK-1 抗原表位的合成与结构。

一个或多个特异的硫酸基转移酶催化 GlcA 的 3-O-硫酸化。HNK-1 抗原表位也在糖蛋白 O-聚糖、蛋白聚糖和糖脂上发现，其合成有类似的酶促反应过程。有证据表明糖蛋白和糖脂上的 HNK-1 抗原表位的合成涉及不同的葡糖醛酸转移酶。

HNK-1 结构作为多种神经细胞蛋白的翻译后修饰已被描述，包括 N-CAM-1、接触蛋白（contactin）、髓鞘结合糖蛋白、终脑蛋白（telencephalin）、L1 及 P0 这些周围神经鞘的主要糖蛋白。硫酸化聚糖可作为层粘连蛋白、L-选凝素与 P-选凝素及被称为两性蛋白（amphoterin）的小脑黏附蛋白的受体，HNK-1 还能介导 P0 参与的同型黏附相互作用。研究表明 HNK-1-依赖的黏附相互作用与细胞迁移过程中的细胞-细胞及细胞-基质相互作用有关，并可能参与了驱动神经元（motor neuron）在肌肉中的神经再分布。

几种细胞外基质蛋白上的硫酸角质素是主要的翻译后修饰，细胞外基质蛋白的结构与功能已在第 11 章详细论述。硫酸角质素是通过典型 N-聚糖（KS type Ⅰ）或典型 O-聚糖（KS type Ⅱ）连接在蛋白质上的多聚乳糖胺，据信硫酸角质素是在两种 6-O-硫酸基转移酶协调作用下，由多聚乳糖胺合成有关的酶按步骤催化合成的（图 16.29）。角质素特异的 N-乙酰葡糖胺 6-O-硫酸基转移酶利用未取代的（末端）N-乙酰葡糖胺，但不能有效修饰糖链内部的 N-乙酰葡糖胺残基，该酶也不能催化修饰由 GalNAc-GlcA 二糖重复单元构成的硫酸角质素型聚糖上的 GalNAc 残基；与此不同的是，第二种不同分子活性的硫酸基转移酶显然能催化硫酸角质素中 GlcNAc 与硫酸软骨素中 GalNAc 的 6-O-硫酸化。每一种 GlcNAc6-O-硫酸基转移酶在硫酸角质素合成中的贡献还有待确定。

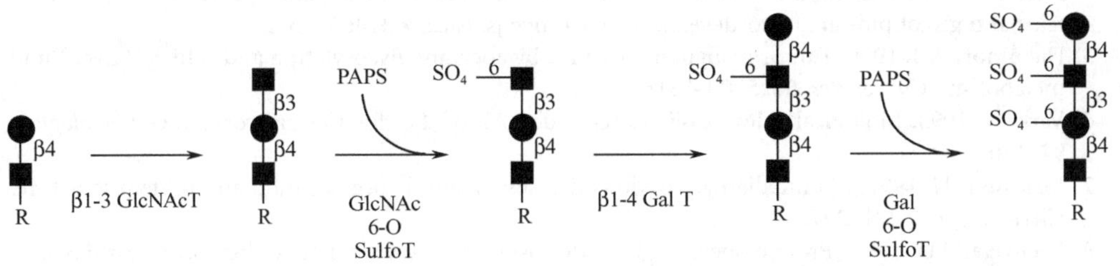


**图 16.29** 由多聚乳糖胺合成有关的酶与两种 6-O-硫酸基转移酶催化的硫酸角质素的合成硫酸角质素通过 N-聚糖（KS type Ⅰ）或 O-聚糖（KS type Ⅱ）与蛋白质（R）连接。

半乳糖 6-O-硫酸基转移酶能有效地使硫酸角质素聚糖中的半乳糖硫酸化，而且当被修饰的半乳糖与 6-O-硫酸化 GlcNAc 相邻时硫酸化反应效率显得更高，这些结果暗示 GlcNAc 的硫酸化只发生在多聚乳糖胺合成与延伸过程中存在的自由 GlcNAc 残基上，而半乳糖的硫酸化则可在多聚乳糖胺合成过程中的任何时候进行。

硫酸角质素还有几种已知的功能。角膜硫酸角质素（KS Ⅰ）的作用是维持Ⅰ型胶原纤丝在角膜中的适当空间组织形态，有利于角膜的透明；硫酸角质素硫酸化程度的变化与斑点性角膜营养障碍病中的角膜不透明相关。脑组织硫酸角质素上硫酸化数量的改变已在阿尔茨海默氏病（Alzheimer's disease）的病人中发现，但其病理生理学相关性还未确定。

## 发展方向

当前随着聚糖分离研究的进行及结构分析技术灵敏度的增加，末端聚糖修饰不断被大量地发现。已开展的研究发现，动物整体中末端聚糖结构的多样性是精细调控的，这意味着这些结构所担负的功能是在细胞与细胞之间或细胞与环境分子之间传递生物信号的作用。还有证据表明由特异聚糖介导的受体依赖相互作用会导致糖蛋白的清除或细胞的黏附。不过，聚糖显示出的显著结构多样性还未与对应的功能多样性联系起来。如第 33 章所述，生物整体中糖基化表型的遗传修饰研究是探索和证实末端聚糖结构的推想功能、发现新功能的强有力方法。对末端聚糖结构多样性作出贡献的大量糖基转移酶基因座、在一些合成途径中重叠存在的酶及聚糖的器官和组织多样性，所有这些都提示还需要进行大量相应的实验研究才能更完整地了解聚糖的多样性所产生的功能。

（金　城 译　　张树政 校）

### 参 考 文 献

1. Kornfeld R. and Kornfeld S. 1985. Assembly of asparagine-linked oligosaccharides. *Annu. Rev. Biochem.* **54:** 631–664.
2. Sadler J.E. 1984. Biosynthesis of glycoproteins: Formation of O-linked oligosaccharides. In *Biology of carbohydrates* (ed. V. Ginsburg and P. Robbins), vol. 2, pp. 199–288. Wiley, New York.
3. van Echten G. and Sandhoff K. 1993. Ganglioside metabolism. Enzymology, topology, and regulation. *J. Biol. Chem.* **268:** 5341–5344.

4. Feizi T. 1985. Demonstration by monoclonal antibodies that carbohydrate structures of glycoproteins and glycolipids are onco-developmental antigens. *Nature* **314:** 53–57.
5. Hakomori S.-I. 1996. Tumor malignancy defined by aberrant glycosylation and sphingo(glyco)lipid metabolism. *Cancer Res.* **56:** 5309–5318.
6. Varki A. 1993. Biological roles of oligosaccharides: All of the theories are correct. *Glycobiology* **3:** 97–130.
7. Joziasse D.H. 1992. Mammalian glycosyltransferases: Genomic organization and protein structure. *Glycobiology* **2:** 271–277.
8. Baenziger J.U. 1994. Protein-specific glycosyltransferases: How and why they do it! *FASEB J.* **8:** 1019–1025.
9. Perillo N.L., Marcus M.E., and Baum L.G. 1998. Galectins: Versatile modulators of cell adhesion, cell proliferation, and cell death. *J. Mol. Med.* **76:** 402–412.
10. Almeida R., Amado M., David L., Levery S.B., Holmes E.H., Merkx G., van Kessel A.G., Rygaard E., Hassan H., Bennett E., and Clausen H. 1997. A family of human β4-galactosyltransferases. Cloning and expression of two novel UDP-galactose:β-n-acetylglucosamine β1,4-galactosyltransferases, β4Gal-T2 and β4Gal-T3. *J. Biol. Chem.* **272:** 31979–31991.
11. Nomura T., Takizawa M., Aoki J., Arai H., Inoue K., Wakisaka E., Yoshizuka N., Imokawa G., Dohmae N., Takio K., Hattori M., and Matsuo N. 1998. Purification, cDNA cloning, and expression of UDP-Gal: Glucosylceramide β-1,4-galactosyltransferase from rat brain. *J. Biol. Chem.* **273:** 13570–13577.
12. Schwientek T., Almeida R., Levery S.B., Holmes E.H., Bennett E., and Clausen H. 1998. Cloning of a novel member of the UDP-galactose: β-N-acetylglucosamine β1,4-galactosyltransferase family, β4Gal-T4, involved in glycosphingolipid biosynthesis. *J. Biol. Chem.* **273:** 29331–29340.
13. Kolbinger F., Streiff M.B., and Katopodis A.G. 1998. Cloning of a human UDP-galactose:2-acetamido-2-deoxy-D-glucose 3β-galactosyltransferase catalyzing the formation of type 1 chains. *J. Biol. Chem.* **273:** 433–440.
14. Amado M., Almeida R., Carneiro F., Levery S.B., Holmes E.H., Nomoto M., Hollingsworth M.A., Hassan H., Schwientek T., Nielsen P.A., Bennett E.P., and Clausen H. 1998. A family of human β3-galactosyltransferases: Characterization of four members of a UDP-galactose: β-N-acetyl-glucosamine/β-nacetyl-galactosamine β-1,3-galactosyltransferase family. *J. Biol. Chem.* **273:** 12770–12778.
15. Ujita M., McAuliffe J., Schwientek T., Almeida R., Hindsgaul O., Clausen H., and Fukuda M. 1998. Synthesis of poly-N-acetyllactosamine in Core 2 branched O-glycans. The requirement of novel β-1,4-galactosyltransferase IV and β-1,3-N-acetylglucosaminyltransferase. *J. Biol. Chem.* **273:** 34843–34849.
16. Sasaki K., Kurata-Miura K., Ujita M., Angata K., Nakagawa S., Sekine S., Nishi T., and Fukuda M. 1997. Expression cloning of cDNA encoding a human β-1,3-N-acetylglucosaminyltransferase that is essential for poly-N-acetyllactosamine synthesis. *Proc. Natl. Acad. Sci.* **94:** 14294–14299.
17. Zhou D., Dinter A., Gutiérrez Gallego R., Kamerling J.P., Vliegenthart J.F.G., Berger E.G., and Hennet T. 1999. A β-1,3-N-acetylglucosaminyltransferase with poly-N-acetyllactosamine synthase activity is structurally related to β-1,3-galactosyltransferases. *Proc. Natl. Acad. Sci.* **96:** 406–411.
18. Wang W.C., Lee N., Aoki D., Fukuda M.N., and Fukuda M. 1991. The poly-N-acetyllactosamines attached to lysosomal membrane glycoproteins are increased by the prolonged association with the Golgi complex. *J. Biol. Chem.* **266:** 23185–23190.
19. Muthing J., Spanbroek R., Peter-Katalinic J., Hanisch F.G., Hanski C., Hasegawa A., Unland F., Lehmann J., Tschesche H., and Egge H. 1996. Isolation and structural characterization of fucosylated gangliosides with linear poly-N-acetyllactosaminyl chains from human granulocytes. *Glycobiology* **6:** 147–156.
20. Do K.Y., Smith D.F., and Cummings R.D. 1990. LAMP-1 in CHO cells is a primary carrier of poly-N-acetyllactosamine chains and is bound preferentially by a mammalian S-type lectin. *Biochem. Biophys. Res. Commun.* **73:** 1123–1128.
21. Merkle R.K. and Cummings R.D. 1987. Relationship of the terminal sequences to the length of poly-N-acetyllactosamine chains in asparagine-linked oligosaccharides from the mouse lymphoma cell line BW5147. Immobilized tomato lectin interacts with high affinity with glycopeptides containing long poly-N-acetyllactosamine chains. *J. Biol. Chem.* **262:** 8179–8189.

22. Elices M.J. and Goldstein I.J. 1990. Initiation of poly-N-acetyllactosamine chain biosynthesis occurs preferentially on complex multi-antennary asparagine-linked oligosaccharides. *Carbohydr. Res.* **203:** 109–118.
23. Yousefi S., Higgins E., Daoling Z., Pollex-Kruger A., Hindsgaul O., and Dennis J.W. 1991. Increased UDP-GlcNAc:Gal β1-3GalNAc-R (GlcNAc to GalNAc) β-1, 6-N-acetylglucosaminyltransferase activity in metastatic murine tumor cell lines. Control of polylactosamine synthesis. *J. Biol. Chem.* **266:** 1772–1782.
24. Wilkins P.P., McEver R.P., and Cummings R.D. 1996. Structures of the O-glycans on P-selectin glycoprotein ligand-1 from HL-60 cells. *J. Biol. Chem.* **271:** 18732–18742.
25. Prieto P.A., Larsen R.D., Cho M., Rivera H.N., Shilatifard A., Lowe J.B., Cummings R.D., and Smith D.F. 1997. Expression of human H-type α1,2-fucosyltransferase encoding for blood group H(O) antigen in Chinese hamster ovary cells. Evidence for preferential fucosylation and truncation of polylactosamine sequences. *J. Biol. Chem.* **272:** 2089–2097.
26. Fukuda M. 1994. Cell surface carbohydrates: Cell-type specific expression. In *Molecular glycobiology* (ed. M. Fukuda), pp. 1–52. Oxford University Press, Oxford, United Kingdom.
27. Renouf D.V. and Hounsell E.F. 1993. Conformational studies of the backbone (poly-N-acetyllactosamine) and the core region sequences of O-linked carbohydrate chains. *Int. J. Biol. Macromol.* **15:** 37–42.
28. Merkle R.K. and Cummings R.D. 1998. Asparagine-linked oligosaccharides containing poly-N-acetyllactosamine chains are preferentially bound by immobilized calf heart agglutinin. *J. Biol. Chem.* **263:** 16143–16149.
29. Bierhuizen M.F., Mattei M.G., and Fukuda M. 1993. Expression of the developmental I antigen by a cloned human cDNA encoding a member of a β-1,6-N-acetylglucosaminyltransferase gene family. *Genes Dev.* **7:** 468–478.
30. Mattila P., Salminen H., Hirvas L., Niittymaki J., Salo H., Niemela R., Fukuda M., Renkonen O., and Renkonen R. 1998. The centrally acting β1,6N-acetylglucosaminyltransferase (GlcNAc to Gal). Functional expression, purification, and acceptor specificity of a human enzyme involved in mid-chain branching of linear poly-N-acetyllactosamines. *J. Biol. Chem.* **273:** 27633–27639.
31. Feizi T. 1981. The blood group Ii system: A carbohydrate antigen system defined by naturally monoclonal or oligoclonal autoantibodies of man. *Immunol. Commun.* **10:** 127–156.
32. Hakomori S. 1981. Blood group ABH and Ii antigens of human erythrocytes: Chemistry, polymorphism, and their developmental change. *Semin. Hematol.* **18:** 39–62.
33. Childs R.A., Kapadia A., and Feizi T. 1980. Expression of blood group I and i active carbohydrate sequences on cultured human and animal cell lines assessed by radioimmunoassays with monoclonal cold agglutinins. *Eur. J. Immunol.* **10:** 379–384.
34. Yeh J.-C., Ong E., and Fukuda M. 1999. Molecular cloning and expression of a novel β-1,6-N-acetylglucosaminyltransferase that forms Core 2, Core 4, and I branches. *J. Biol. Chem.* **274:** 3215–3221.
35. Landsteiner K. 1931. Individual differences in human blood. *Science* **73:** 405–411.
36. Daniels G.L., Anstee D.J., Cartron J.P., Dahr W., Issitt P.D., Jorgensen J., Kornstad L., Levene C., Lomas-Francis C., Lubenko A., et al. 1995. Blood group terminology 1995. ISBT Working Party on terminology for red cell surface antigens. *Vox Sang.* **69:** 265–279.
37. Mollison P.L., Engelfriet C.P., and Contreras M. 1997. *Blood transfusion in clinical medicine,* 10th edition. Blackwell, Oxford, United Kingdom.
38. Garratty G. 1998. Problems associated with passively transfused blood group alloantibodies. *Am. J. Clin. Pathol.* **109:** 769–777.
39. Capon S.M. and Goldfinger D. 1995. Acute hemolytic transfusion reaction, a paradigm of the systemic inflammatory response: New insights into pathophysiology and treatment. *Transfusion* **35:** 513–520.
40. Watkins W.M. 1980. Biochemistry and genetics of the ABO, Lewis, and P blood group systems. *Adv. Hum. Genet.* **10:** 1–136.
41. Lowe J.B. 1999. Red cell membrane antigens. In *The molecular basis of blood diseases* (ed. G. Stamatoyannopoulos et al.). W.B. Saunders, Orlando, Florida. (In press.)
42. Clausen H. and Hakomori S. 1989. ABH and related histo-blood group antigens: Immunochemical differences in carrier isotypes and their distribution. *Vox Sang.* **56:** 1–20.
43. Clausen H., Levery S.B., Nudelman E., Tsuchiya S., and Hakomori S. 1985. Repetitive A epitope (type

3 chain A) defined by blood group A1-specific monoclonal antibody TH-1: Chemical basis of qualitiative A1 and A2 distinction. *Proc. Natl. Acad. Sci.* **82:** 1199–1203.
44. Le Pendu J., Lambert F., Samuelsson B.E., Breimer M.E., Seitz R.C., Urdaniz M.P., Suesa N., Ratcliffe M., Francoise A., Poschmann A., Vinas J., and Oriol R. 1986. Monoclonal antibodies specific for type 3 and type 4 chain-based blood group determinants: Relationship to the A1 and A2 subgroups. *Glycoconj. J.* **3:** 255–271.
45. Clausen H., Levery S.B., Nudelman E., Baldwin M., and Hakomori S. 1986. Further characterization of type 2 and type 3 chain blood group A glycosphingolipids from human erythrocyte membranes. *Biochemistry* **25:** 7075–7085.
46. Betteridge A. and Watkins W.M. 1986. Acceptor substrate specificities of human α-2-L-fucosyltransferases from different tissues. *Biochem. Soc. Trans.* **13:** 1126–1127.
47. Laine R.A. and Rush J.S. 1988. Chemistry of human erythrocyte polylactosamine glycopeptides (erythroglycans) as related to ABH blood group antigenic determinants. *Adv. Exp. Med. Biol.* **228:** 331–347.
48. Koscielak J., Miller-Podraza H., Krauze R., and Piasek A. 1976. Isolation and characterization of poly(glycosyl)ceramides (megaloglycolipids) with A, H, and I blood-group activities. *Eur. J. Biochem.* **71:** 9–18.
49. Eastlund T. 1988. The histo-blood group ABO system and tissue transplantation. *Transfusion* **38:** 975–988.
50. Kisailus E.C. and Kabat E.A. 1978. Immunochemical studies on blood groups. LXVI. Competitive binding assays of A1 and A2 blood group substances with insolubilized anti-A serum and insolubilized A agglutinine from *Dolichos biflorus. J. Exp. Med.* **147:** 830–843.
51. Moreno C., Lundblad A., and Kabat E.A. 1971. Immunochemical studies on blood groups. LI. A comparative study of the reaction of A1 and A2 blood group glycoproteins with human anti-A. *J. Exp. Med.* **134:** 439–457.
52. Yamamoto F.-I., Marken J., Tsuji T., White T., Clausen H., and Hakomori S.-I. 1990. Cloning and characterization of DNA complementary to human UDP-GalNAc:Fucα1→2Gal α1→3GalNAc transferase (histo-blood group A transferase) mRNA. *J. Biol. Chem.* **264:** 1146–1151.
53. Yamamoto F.-I., Clausen H., White T., Marken J., and Hakomori S.-I. 1990. Molecular genetic basis of the histo-blood group ABO system. *Nature* **345:** 229–233.
54. Mourant A.E. 1978. *Blood groups and diseases. A study of associations of diseases with blood groups and other polymorphisms.* Oxford University Press, Oxford, United Kingdom.
55. Garratty G. 1995. Blood group antigens as tumor markers, parasitic/bacterial/viral receptors, and their association with immunologically important proteins. *Immunol. Invest.* **24:** 213–232.
56. Greenwell P. 1997. Blood group antigens: Molecules seeking a function? *Glycoconj. J.* **14:** 159–173.
57. Phillips M.D. and Santhouse A. 1998. von Willebrand disease: Recent advances in pathophysiology and treatment. *Am. J. Med. Sci.* **316:** 77–86.
58. Mohlke K.L., Purkayastha A.A., Westrick R.J., Smith P.L., Petryniak B., Lowe J.B., and Ginsburg D. 1998. Mvwf, a dominant modifier of murine von Willebrand factor, results from altered lineage-specific expression of a glycosyltransferase. *Cell* **96:** 111–120.
59. Boren T., Normark S., and Falk P. 1994. *Helicobacter pylori*: Molecular basis for host recognition and bacterial adherence. *Trends Microbiol.* **2:** 221–228.
60. Aird I., Bentall H.H., Mehigan J.A., and Roberts F.J.A. 1954. The blood groups in relation to peptic ulceration and carcinoma of colon, rectum, breast, and bronchus: An association between the ABO groups and peptic ulceration. *Brit. Med. J.* **ii:** 315–321.
61. Milne R.W. and Dawes C. 1973. The relative contributions of different salivary glands to the blood group activity of whole saliva in humans. *Vox Sang.* **25:** 298–307.
62. Oriol R., Danilovs J., and Hawkins B.R. 1981. A new genetic model proposing that the *Se* gene is a structural gene closely linked to the H gene. *Am. J. Hum. Genet.* **33:**421–431.
63. Clarke C.A., Edwards J., Wyn Haddock D.R.W., Howel-Evans A.W., McConnell R.B., and Sheppard P.M. 1956. ABO blood groups and secretor character in duodenal ulcer. *Brit. Med. J.* **ii:** 725–731.
64. Boren T., Falk P., Roth K.A., Larson G., and Normark S. 1993 Attachment of *Helicobacter pylori* to human gastric epithelium mediated by blood group antigens. *Science* **262:** 1892–1895.
65. Le Pendu J., Cartron J.P., Lemieux R.U., and Oriol. R. 1985. The presence of at least two different H-blood-group-related βDGal α-2-L-fucosyltransferases in human serum and the genetics of blood

group H substances. *Am. J. Hum. Genet.* **37:** 749–760.

66. Kelly R.J., Ernst L.K., Larsen R.D., Bryant J.G., Robinson J.S., and Lowe J.B. 1994. Molecular basis for H blood group deficiency in Bombay (Oh) and para-Bombay individuals. *Proc. Natl. Acad. Sci.* **91:** 5843–5847.
67 Rouquier S., Lowe J.B., Kelly R.J., Fertitta A.L., Lennon G.G., and Giorgi D. 1995. Molecular cloning of a human genomic region containing the H blood group α(1,2)fucosyltransferase gene and two H restriction fragments. Isolation of a candidate for the human Secretor blood locus-related DNA group locus. *J. Biol. Chem.* **270:** 4632–4639.
68. Kelly R.J., Rouquier S., Giorgi D., Lennon G.G., and Lowe J.B. 1995. Sequence and expression of a candidate for the human Secretor blood group α(1,2)fucosyltransferase gene (FUT2). Homozygosity for an enzyme-inactivating nonsense mutation commonly correlates with the non-secretor phenotype. *J. Biol. Chem.* **270:** 4640–4649.
69. Costache M., Cailleau A., Fernandez-Mateos P., Oriol R., and Mollicone R. 1997. Advances in molecular genetics of α-2- and α-3/4-fucosyltransferases. *Transfus. Clin. Biol.* **4:** 367–382.
70. Clausen H., Holmes E., and Hakomori S. 1986. Novel blood group H glycolipid antigens exclusively expressed in blood group A and AB erythrocytes (type 3 chain H). II. Differential conversion of different H substrates by A1 and A2 enzymes, and type 3 chain H expression in relation to secretor status. *J. Biol. Chem.* **261:** 1388–1392.
71. Dejter-Juszynski M., Harpaz N., Flowers H.M., and Sharon N. 1978. Blood-group ABH-specific macroglycolipids of human erythrocytes: Isolation in high yield from a crude membrane glycoprotein fraction. *Eur. J. Biochem.* **83:** 363–373.
72. Mourant A.E. 1946. A "new" human blood group antigen of frequent occurrence. *Nature* **158:** 237–238.
73. Rege V.P., Painter T.J., Watkins W.M., and Morgan W.T.J. 1964. Isolation of a serologically active fucose containing trisaccharide from human blood group Lea substrate. *Nature* **240:** 740–742.
74. Hanfland P. and Graham H. 1981. Immunochemistry of the Lewis blood group system: Partial characterization of Lea, Leb and H type 1 (Ledh) blood group active glycosphingolipids from human plasma. *Arch. Biochem. Biophys.* **220:** 383–395.
75. Hanfland P., Kardowicz M., Peter-Katalinic J., Pfannschmidt G., Crawford R.J., Graham H.A., and Egge H. 1986. Immunochemistry of the Lewis blood group system: Isolation and structures of the Lewis-c active and related glycosphingolipids from the plasma of blood-group O Le(a-b-) nonsecretors. *Arch. Biochem. Biophys.* **246:** 655–672.
76. Marcus D.M. and Cass L.E. 1969. Glycosphingolipids with Lewis blood group activity: Uptake by human erythrocytes. *Science* **164:** 553–555.
77. Johnson P.H., Yates A.D., and Watkins W.M. 1981. Human salivary fucosyltransferases: Evidence for two distinct α-3-L-fucosyltransferase activities one of which is associated with the Lewis blood group Le gene. *Biochem. Biophys. Res. Commun.* **100:** 1611–1618.
78. Kukowska-Latallo J.F., Larsen R.D., Nair R.P., and Lowe J.B. 1990. A cloned human cDNA determines expression of a mouse stage-specific embryonic antigen and the Lewis blood group α(1,3/1,4)fucosyltransferase. *Genes Dev.* **4:** 1288–1303.
79. Weston B.W., Nair R.P., Larsen R.D., and Lowe J.B. 1992. Isolation of a novel human α(1,3)fucosyltransferase gene and molecular comparison to the human Lewis blood group α(1,3/1,4)fucosyltransferase gene. *J. Biol. Chem.* **267:** 4152–4160.
80. Weston B.W., Smith P.L., Kelly R.J., and Lowe J.B. 1992. Molecular cloning of a fourth member of a human α(1,3)fucosyltransferase gene family: Multiple homologous sequences that determine expression of the Lewis x, sialyl Lewis x, and difucosyl sialyl Lewis x epitopes. *J. Biol. Chem.* **267:** 24575–24584.
81. Lowe J.B., Kukowska-Latallo J.F., Nair R.P., Larsen R.D., Marks R.M., Macher B.A., Kelly R.J., and Ernst L.K. 1991. Molecular cloning of a human fucosyltransferase gene that determines expression of the Lewis x and VIM-2 epitopes but not ELAM-1-dependent cell adhesion. *J. Biol. Chem.* **266:** 17467–17477.
82. Goelz S.E., Hession C., Goff D., Griffiths B., Tizard R., Newman B., Chi-Rosso G., and Lobb R. 1990. ELFT: A gene that directs the expression of an ELAM-1 ligand. *Cell* **63:** 1349–1356.
83. Kumar R., Potvin B., Muller W.A., and Stanley P. 1991. Cloning of a human α(1,3)fucosyltransferase gene that encodes ELFT but does not confer ELAM-1 recognition on CHO transfections. *J. Biol. Chem.* **266:** 21777–21783.

84. Sasaki K., Kurata K., Funayama K., Nagata M., Watanabe E., Ohta S., Hanai N., and Nishi T. 1994. Expression cloning of a novel α1,3-fucosyltransferase that is involved in biosynthesis of the sialyl Lewis x carbohydrate determinants in leukocytes. *J. Biol. Chem.* **269:** 14730–14737.
85. Natsuka S., Gersten K.M., Zenita K., Kannagi R., and Lowe J.B. 1994. Molecular cloning of a cDNA encoding a novel human leukocyte α(1,3)fucosyltransferase capable of synthesizing the sialyl Lewis x determinant. *J. Biol. Chem.* **269:** 16789–16794.
86. Kudo T., Ikehara Y., Togayachi A., Kaneko M., Hiraga T., Sasaki K., and Narimatsu H. 1998. Expression cloning and characterization of a novel murine α1,3-fucosyltransferase, mFuc-TIX, that synthesizes the Lewis x (CD15) epitope in brain and kidney. *J. Biol. Chem.* **273:** 26729–26738.
87. Mollicone R., Reguigne I., Kelly R.J., Fletcher A., Watt J., Chatfield S., Aziz A., Cameron H.S., Weston B.W., Lowe J.B., and Oriol R. 1994. Molecular basis for Lewis α(1,3/1,4)-fucosyltransferase gene deficiency (FUT3) found in Lewis-negative Indonesian pedigrees. *J. Biol. Chem.* **269:** 20987–20994.
88. Elmgren A., Mollicone R., Costache M., Borjeson C., Oriol R., Harrington J., and Larson G. 1997. Significance of individual point mutations, T202C and C314T, in the human Lewis (FUT3) gene for expression of Lewis antigens by the human α(1,3/1,4)-fucosyltransferase, Fuc-TIII. *J. Biol. Chem.* **272:** 21994–21998.
89. Kansas G.S. 1996. Selectins and their ligands: Current concepts and controversies. *Blood* **88:** 3259–3287.
90. Forman D. 1998. *Helicobacter pylori* infection and cancer. *Br. Med. Bull.* **54:** 71–78.
91. Atherton J.C. 1998. *H. pylori* virulence factors. *Br. Med. Bull.* **54:** 105–120.
92. Oberhuber G., Kranz A., Dejaco C., Dragosics B., Mosberger I., Mayr W., and Radaszkiewicz T. 1997. Blood groups Lewis(b) and ABH expression in gastric mucosa: Lack of inter-relation with *Helicobacter pylori* colonisation and occurrence of gastric MALT lymphoma. *Gut* **41:** 37–42.
93. Heneghan M.A., Moran A.P., Feeley K.M., Egan E.L., Goulding J., Connolly C.E., and McCarthy C.F. 1998. Effect of host Lewis and ABO blood group antigen expression on *Helicobacter pylori* colonisation density and the consequent inflammatory response. *FEMS Immunol. Med. Microbiol.* **20:** 257–266.
94. Monteiro M.A., Chan K.H., Rasko D.A., Taylor D.E., Zheng P.Y., Appelmelk B.J., Wirth H.P., Yang M., Blaser M.J., Hynes S.O., Moran A.P., and Perry M.B. 1998. Simultaneous expression of type 1 and type 2 Lewis blood group antigens by *Helicobacter pylori* lipopolysaccharides. Molecular mimicry between *H. pylori* lipopolysaccharides and human gastric epithelial cell surface glycoforms. *J. Biol. Chem.* **273:** 11533–11543.
95. Marcus D.M., Kundu S.K., and Suzuki A. 1981. The P blood group system: Recent progress in immunochemistry and genetics. *Semin. Hematol.* **18:** 63–71.
96. Yang Z., Bergstrom J., and Karlsson K.A. 1994. Glycoproteins with Gal alpha 4Gal are absent from human erythrocyte membranes, indicating that glycolipids are the sole carriers of blood group P activities. *J. Biol. Chem.* **269:** 14620–14624.
97. Lomberg H. and Eden C.S. 1989. Influence of P blood group phenotype on susceptibility to urinary tract infection. *FEMS Microbiol. Immunol.* **1:** 363–370.
98. Wold A.E., Thorssen M., Hull S., and Svanborg E.C. 1988. Attachment of *Escherichia coli* to mannose- or Galα1-4Galβ-containing receptors in human colonic epithelial cells. *Infect. Immun.* **56:** 2531–2537.
99. Lomberg H., Hanson L.A., Jacobsson B., Jodal U., Leffler H., and Svanborg E.C. 1983. Correlation of P blood group, vesicoureteral reflux, and bacterial attachment in patients with recurrent pyelonephritis. *N. Engl. J. Med.* **308:** 1189–1192.
100. Stapleton A.E., Stroud M.R., Hakomori S.I., and Stamm W.E. 1998. The globoseries glycosphingolipid sialosyl galactosyl globoside is found in urinary tract tissues and is a preferred binding receptor *in vitro* for uropathogenic *Escherichia coli* expressing pap-encoded adhesins. *Infect. Immun.* **66:** 3856–3861.
101. Striker R., Nilsson U., Stonecipher A., Magnusson G., and Hultgren S.J. 1995. Structural requirements for the glycolipid receptor of human uropathogenic *Escherichia coli*. *Mol. Microbiol.* **16:** 1021–1029.
102. Tomisawa S., Kogure T., Kuroume T., Leffler H., Lomberg H., Shimabukoro N., Terao K., and Svanborg E.C. 1989. P blood group and proneness to urinary tract infection in Japanese children. *Scand. J. Infect. Dis.* **21:** 403–408.
103. Roberts J.A., Marklund B.I., Ilver D., Haslam D., Kaack M.B., Baskin G., Louis M., Mollby R.,

Winberg J., and Normark S. 1994. The Gal(alpha 1-4)Gal-specific tip adhesin of *Escherichia coli* P-fimbriae is needed for pyelonephritis to occur in the normal urinary tract. *Proc. Natl. Acad. Sci.* **91:** 11889–11893.

104. Brown K.E. and Young N.S. 1997. Parvovirus B19 in human disease. *Annu. Rev. Med.* **48:** 59–67.
105. Brown K.E., Anderson S.M., and Young N.S. 1993. Erythrocyte P antigen: Cellular receptor for B19 parvovirus. *Science* **262:** 114–117.
106. Brown K.E., Hibbs J.R., Gallinella G., Anderson S.M., Lehman E.D., McCarthy P., and Young N.S. 1994. Resistance to parvovirus B19 infection due to lack of virus receptor (erythrocyte P antigen). *N. Engl. J. Med.* **330:** 1192–1196.
107. Galili U. 1993. Evolution and pathophysiology of the human natural anti-alpha-galactosyl IgG (anti-Gal) antibody. *Springer Semin. Immunopathol.* **15:** 155–171.
108. Galili U., Kobrin E., Macher B.A., and Shohet S.B. 1989. Anti-Gal and human red cell aging. *Prog. Clin. Biol. Res.* **319:** 225–241.
109. Bleil J.D. and Wassarman P.M. 1988. Galactose at the nonreducing terminus of O-linked oligosaccharides of mouse egg zona pellucida glycoprotein ZP3 is essential for the glycoprotein's sperm receptor activity. *Proc. Natl. Acad. Sci.* **85:** 6778–6782.
110. Thall A.D., Maly P., and Lowe J.B. 1995. Oocyte Gal alpha 1,3Gal epitopes implicated in sperm adhesion to the zona pellucida glycoprotein ZP3 are not required for fertilization in the mouse. *J. Biol. Chem.* **270:** 21437–21440.
111. Winand R.J., Devigne J.W., Meurisse M., and Galili U. 1994. Specific stimulation of Graves' disease thyrocytes by the natural anti-Gal antibody from normal and autologous serum. *J. Immunol.* **53:** 1386–1395.
112. Galili U. and LaTemple D.C. 1997. Natural anti-Gal antibody as a universal augmenter of autologous tumor vaccine immunogenicity. *Immunol. Today* **18:** 281–285.
113. Cooper D.K. 1998. Xenoantigens and xenoantibodies. *Xenotransplantation* **5:** 6–17.
114. Lambrigts D., Sachs D.H., and Cooper D.K. 1998. Discordant organ xenotransplantation in primates: World experience and current status. *Transplantation* **66:** 547–561.
115. Osman N., McKenzie I.F., Ostenried K., Ioannou Y.A., Desnick R.J., and Sandrin M.S. 1997. Combined transgenic expression of alpha-galactosidase and alpha1,2-fucosyltransferase leads to optimal reduction in the major xenoepitope Galalpha(1,3)Gal. *Proc. Natl. Acad. Sci.* **94:** 14677–14682.
116. Takeuchi Y., Porter C.D., Strahan K.M., Preece A.F., Gustafsson K., Cosset F.L., Weiss R.A., and Collins M.K. 1996. Sensitization of cells and retroviruses to human serum by (alpha 1-3) galactosyltransferase. *Nature* **379:** 85–88.
117. Siddiqui B. and Hakomori S.-I. 1971. A revised structure for the Forssman glycolipid hapten. *J. Biol. Chem.* **246:** 5766–5769.
118. Fredman P. 1993. Glycosphingolipid tumor antigens. *Adv. Lipid Res.* **25:** 213–234.
119. Mori E., Mori T., Sanai Y., and Nagai Y. 1982. Radioimmuno-thin-layer chromatographic detection of Forssman antigen in human carcinoma cell lines. *Biochem. Biophys. Res. Commun.* **108:** 926–932.
120. Haslam D.B. and Baenziger J.U. 1996. Expression cloning of Forssman glycolipid synthetase: A novel member of the histo-blood group ABO gene family. *Proc. Natl. Acad. Sci.* **93:** 10697–10702.
121. Koski C.L., Chou D.K., and Jungalwala F.B. 1989. Anti-peripheral nerve myelin antibodies in Guillain-Barre syndrome bind a neutral glycolipid of peripheral myelin and cross-react with Forssman antigen. *J. Clin. Invest.* **84:** 280–287.
122. Strokan V., Rydberg L., Hallberg E.C., Molne J., and Breimer M.E. 1998. Characterisation of human natural anti-sheep xenoantibodies. *Xenotransplantation* **5:** 111–121.
123. Zinkl G.M., Zuk A., van der Bijl P., van Meer G., and Matlin K.S. 1996. An antiglycolipid antibody inhibits Madin-Darby canine kidney cell adhesion to laminin and interferes with basolateral polarization and tight junction formation. *J. Cell Biol.* **133:** 695–708.
124. Manzella S.M., Hooper L.V., and Baenziger J.U. 1996. Oligosaccharides containing β 1,4-linked N-acetylgalactosamine, a paradigm for protein-specific glycosylation. *J. Biol. Chem.* **271:** 12117–12120.
125. Baenziger J.U., Kumar S., Brodbeck R.M., Smith P.L., and Beranek M.C. 1992. Circulatory half-life but not interaction with the lutropin/chorionic gonadotropin receptor is modulated by sulfation of bovine lutropin oligosaccharides. *Proc. Natl. Acad. Sci.* **89:** 334–338.
126. Smith P.L. and Baenziger J.U. 1992. Molecular basis of recognition by the glycoprotein hormone-specific N-acetylgalactosamine-transferase. *Proc. Natl. Acad. Sci.* **89:** 329–333.

127. Fiete D.J., Beranek M.C., and Baenziger J.U. 1998. A cysteine-rich domain of the "mannose" receptor mediates GalNAc-4-SO4 binding. *Proc. Natl. Acad. Sci.* **95:** 2089–2093.
128. Lefrancois L. and Bevan M.J. 1985. Functional modifications of cytotoxic T-lymphocyte T200 glycoprotein recognized by monoclonal antibodies. *Nature* **314:** 449–452.
129. Lefrancois L., Puddington L., Machamer C.E., and Bevan M.J. 1985. Acquisition of cytotoxic T lymphocyte-specific carbohydrate differentiation antigens. *J. Exp. Med.* **162:** 1275–1293.
130. Lefrancois L. 1987. Carbohydrate differentiation antigens of murine T cells: Expression on intestinal lymphocytes and intestinal epithelium. *J. Immunol.* **138:** 3375–3384.
131. Conzelmann A. and Kornfeld S. 1984. A murine cytotoxic T lymphocyte cell line resistant to *Vicia villosa* lectin is deficient in UDP-GalNAc:β-galactose β1,4-N-acetylgalactosaminyltransferase. *J. Biol. Chem.* **259:** 12528–12535.
132. Conzelmann A. and Kornfeld S. 1984. Beta-linked N-acetylgalactosamine residues present at the nonreducing termini of O-linked oligosaccharides of a cloned murine cytotoxic T lymphocyte line are absent in a *Vicia villosa* lectin-resistant mutant cell line. *J. Biol. Chem.* **259:** 12536–12542.
133. Donald A.S.R., Yates A.D., Soh C.P.C., Morgan W.T.J., and Watkins W.M. 1983. A blood group Sda-active pentasaccharide isolated from Tamm-Horsfall urinary glycoprotein. *Biochem. Biophys. Res. Commun.* **115:** 625–631.
134. Conzelmann A. and Lefrancois L. 1988. Monoclonal antibodies specific for T cell-associated carbohydrate determinants react with human blood group antigens CAD and SDA. *J. Exp. Med.* **167:** 119–131.
135. Smith P.L. and Lowe J.B. 1994. Molecular cloning of a murine N-acetylgalactosaminyltransferase cDNA that determines expression of the T-lymphocyte-specific CT oligosaccharide differentiation antigen. *J. Biol. Chem.* **269:** 15162–15171.
136. Nagata Y., Yamashiro S., Yodoi J., Lloyd K.O., Shiku H., and Furukawa K. 1992. Expression cloning of β1,4 N-acetylgalactosaminyltransferase cDNAs that determine the expression of GM2 and GD2 gangliosides. *J. Biol. Chem.* **267:** 12082–12089.
137. Takamiya K., Yamamoto A., Furukawa K., Yamashiro S., Shin M., Okada M., Fukumoto S., Haraguchi M., Takeda N., Fujimura K., Sakae M., Kishikawa M., Shiku H., Furukawa K., and Aizawa S. 1996. Mice with disrupted GM2/GD2 synthase gene lack complex gangliosides but exhibit only subtle defects in their nervous system. *Proc. Natl. Acad. Sci.* **93:** 10662–10667.
138. Takamiya K., Yamamoto A., Furukawa K., Zhao J., Fukumoto S., Yamashiro S., Okada M., Haraguchi M., Shin M., Kishikawa M., Shiku H., Aizawa S., and Furukawa K. 1998. Complex gangliosides are essential in spermatogenesis of mice: Possible roles in the transport of testosterone. *Proc. Natl. Acad. Sci.* **95:** 12147–12152.
139. Tsuji S. 1996. Molecular cloning and functional analysis of sialyltransferases. *J. Biol. Chem.* **120:** 1–13.
140. Harduin-Lepers A., Recchi M.-A., and Delannoy P. 1995. 1994. The year of the sialyltransferases. *Glycobiology* **5:** 741–758.
141. Kono M., Ohyama Y., Lee Y.C., Hammamoto T., Kojima N., and Tsuji S. 1997. Mouse β-galactoside α2,3sialyltransferases: Comparison of *in vitro* substrate specificities and tissue specific expression. *Glycobiology* **7:** 469–479.
142. Ishii A., Ohta M., Watanabe Y., Matsuda K., Ishiyama K., Sakoe K., Nakamura M., Inokuchi J., Sanai Y., and Saito M. 1998. Expression cloning and functional characterization of human cDNA for ganglioside GM3 synthase. *J. Biol. Chem.* **273:** 31652–31655.
143. Kono M., Takashima S., Liu H., Inoue M., Kojima N., Lee Y.C., Hamamoto T., and Tsuji S. 1998. Molecular cloning and functional expression of a fifth-type alpha 2,3-sialyltransferase (mST3Gal V: GM3 synthase). *Biochem. Biophys. Res. Commun.* **253:** 170–175.
144. Ashwell G. and Harford J. 1982. Carbohydrate-specific receptors of the liver. *Annu. Rev. Biochem.* **51:** 531–554.
145. Weigel P.H. 1994. Galactosyl and N-acetylgalactosaminyl homeostasis: A function for mammalian asialoglycoprotein receptors. *Bioessays* **16:** 519–524.
146. Braun J.R., Willnow T.E., Ishibashi S., Ashwell G., and Herz J. 1996. The major subunit of the asialoglycoprotein receptor is expressed on the hepatocellular surface in mice lacking the minor receptor subunit. *J. Biol. Chem.* **271:** 21160–21166.
147. Ishibashi S., Hammer R.E., and Herz J. 1994. Asialoglycoprotein receptor deficiency in mice lacking the minor receptor subunit. *J. Biol. Chem.* **269:** 27803–27806.

148. Karlsson K.-A. 1989. Animal glycosphingolipids as membrane attachment sites for bacteria. *Annu. Rev. Biochemi* **58:** 309–350.
149. Karlsson K.A. 1995. Microbial recognition of target-cell glycoconjugates. *Curr. Opin. Struct. Biol.* **5:** 622–635.
150. Weis W., Brown J.H., Cusak S., Paulson J.C., Skehel J.J., and Wiley D.C. 1988. Structure of the influenza virus hemagglutinin complexed with its receptor, sialic acid. *Nature* **333:** 426–431.
151. Hirmo S., Kelm S., Schauer R., Nilsson B., and Waldstrom T. 1996. Adhesion of *Helicobacter pylori* strains to α-2,3-linked sialic acids. *Glycoconj. J.* **13:** 1005–1011.
152. Simon P.M., Goode P.L., Mobasseri A., and Zopf D. 1997. Inhibition of *Helicobacter pylori* binding to gastrointestinal epithelial cells by sialic acid-containing oligosaccharides. *Infect. Immun.* **65:** 750–757.
153. Merritt E.A., Kuhn P., Sarfaty S., Erbe J.L., Holmes R.K., and Hol W.G. 1998. The 1.25 Å resolution refinement of the cholera toxin B-pentamer: Evidence of peptide backbone strain at the receptor-binding site. *J. Mol. Biol.* **282:** 1043–1059.
154. Merritt E.A., Sarfaty S., Feil I.K., and Hol W. G. 1997. Structural foundation for the design of receptor antagonists targeting *Escherichia coli* heat-labile enterotoxin. *Structure* **5:** 1485–499.
155. Weinstein J., de Souza-e-Silva U., and Paulson J.C. 1982. Sialylation of glycoprotein oligosaccharides N-linked to asparagine. Enzymatic characteristization of a Galβ1-3(4)GlcNAc α2-3sialyltransferase and a Galβ1-4GlcNAc α2-6sialyltransferase from rat liver. *J. Biol. Chem.* **257:** 13845–13853.
156. Weinstein J., Lee E.U., McEntee K., Lai P., and Paulson J.C. 1987. Primary structure of β-galactoside α2,6sialyltransferase. *J. Biol. Chem.* **262:** 17735–17743.
157. Hennet T., Chui D., Paulson J.C., and Marth J.D. 1998. Immune regulation by the ST6Gal sialyltransferase. *Proc. Natl. Acad. Sci.* **95:** 4504–4509.
158. Eckhardt M., Muhlenhoff M., Bethe A., Koopman J., Frosch M., and Gerardy-Schahn R. 1995. Molecular characterization of eukaryotic polysialyltransferase-1. *Nature* **373:** 715–718.
159. Livingston B.D. and Paulson J.C. 1993. Polymerase chain reaction cloning of a developmentally regulated member of the sialyltransferase gene family. *J. Biol. Chem.* **268:** 11504–11507.
160. Scheidegger E.P., Sternberg L.R., Roth J., and Lowe J.B. 1995. A human STX cDNA confers polysialic acid expression in mammalian cells. *J. Biol. Chem.* **270:** 22685–22688.
161. Sasaki K., Kurata K., Kojima N., Kurosawa N., Ohta S., Hanai N., Tsuji S., and Nishi T. 1994. Expression cloning of a GM3-specific alpha-2,8-sialyltransferase (GD3 synthase). *J. Biol. Chem.* **269:** 15950–15056.
162. Nakayama J. and Fukuda M. 1996. A human polysialyltransferase directs *in vitro* synthesis of polysialic acid. *J. Biol. Chem.* **271:** 1829–1832.
163. Nara K., Watanabe Y., Maruyama K., Kasahara K., Nagai Y., and Sanai Y. 1994. Expression cloning of a CMP-NeuAc:NeuAc α2,8-sialyltransferase (GD3 synthase) from human melanoma cells. *Proc. Natl. Acad. Sci.* **91:** 7952–7956.
164. Haraguchi M., Yamashiro S., Yamamoto A., Furukawa K., Takamiya K., Lloyd K.O., Shiku H., and Furukawa K. 1994. Isolation of GD3 synthase gene by expression cloning of GM3 alpha-2,8-sialyltransferase cDNA using anti-GD2 monoclonal antibody. *Proc. Natl. Acad. Sci.* **91:** 10455–10459.
165. Nakayama J., Fukuda M.N., Hirabayashi Y., Kanamori A., Sasaki K., Nishi T., and Fukuda M. 1996. Expression cloning of a human GT3 synthase. GD3 and GT3 are synthesized by a single enzyme. *J. Biol. Chem.* **271:** 3684–3891.
166. Yoshida Y., Kojima N., Kurosawa N., Hamamoto T., and Tsuji S. 1996. Molecular cloning of Sia α2,3Gal β1,4GlcNAc α2,8-sialyltransferase from mouse brain. *J. Biol. Chem.* **270:** 14628–14633.
167. Kono M., Yoshida Y., Kojima N., and Tsuji S. 1996. Molecular cloning and expression of a fifth type of α2,8-sialyltransferse (ST8Sia V). Its substrate specificity is similar to that of SAT-V/III, which synthesize GD1c, GD1a, GQ1b and GT3. *J. Biol. Chem.* **271:** 29366–29371.
168. Rutishauser U. 1996. Polysialic acid and the regulation of cell interactions. *Curr. Opin. Cell Biol.* **8:** 679–684.
169. Bowman K.G., Hemmerich S., Bhakta S., Singer M.S., Bistrup A., Rosen S.D., and Bertozzi C.R. 1998. Identification of an N-acetylglucosamine-6-O-sulfotransferase activity specific to lymphoid tissue: An enzyme with a possible role in lymphocyte homing. *Chem. Biol.* **5:** 447–460.
170. Rosen S.D. and Bertozzi C.R. 1996. Leukocyte adhesion: Two selectins converge on sulphate. *Curr. Biol.* **6:** 261–264.
171. Uchimura K., Muramatsu H., Kaname T., Ogawa H. Yamakawa T., Fan Q.W., Mitsuoka C., Kannagi

R., Habuchi O., Yokoyama I., Yamamura K., Ozaki T., Nakagawara A., Kadomatsu K., and Muramatsu T. 1998. Human N-acetylglucosamine-6-O-sulfotransferase involved in the biosynthesis of 6-sulfo sialyl Lewis X: Molecular cloning, chromosomal mapping, and expression in various organs and tumor cells. *J. Biochem.* **124:** 670–678

172. Schachner M. and Martini R. 1995. Glycans and the modulation of neural-recognition molecule function. *Trends Neurosci.* **18:** 183–191.
173. Voshol H., van Zuylen C.W.E.M., Orberger G., Vliegenthart J.F.G., and Schachner M. 1996. Structure of the HNK-1 carbohydrate epitope on bovine peripheral myelin glycoprotein P0. *J. Biol. Chem.* **271:** 22957–22960.
174. Bakker H., Friedmann I., Oka S., Kawasaki T., Nifant'ev N., Schachner M., and Mantei N. 1997. Expression cloning of a cDNA encoding a sulfotransferase involved in the biosynthesis of the HNK-1 carbohydrate epitope. *J. Biol. Chem.* **272:** 29942–29946.
175. Yuen C.-T., Chai W., Loveless R.W., Lawson A.M., Margolis R.U., and Feizi T. 1997. Brain contains HNK-1 immunoreactive O-glycans of the sulfoglucuronyl lactosamine series that terminate in 2-linked or 2,6-linked hexose (mannose). *J. Biol. Chem.* **272:** 8924–8931.
176. Terayama K., Oka S., Seiki T., Miki Y., Nakamura A., Kozutsumi Y., Takio K., and Kawasaki T. 1997. Cloning and functional expression of a novel glucuronyltransferase involved in the biosynthesis of the carbohydrate epitope HNK-1. *Proc. Natl. Acad. Sci.* **94:** 6093–6098.
177. Ong E., Yeh J.-C., Ding Y., Hindsgaul O., and Fukuda M. 1998. Expression cloning of a human sulfotransferase that directs the synthesis of the HNK-1 glycan on the neural cell adhesion molecule and glycolipids. *J. Biol. Chem.* **273:** 5190–5195.
178. Fukuta M., Inazawa J., Torii T., Tsuzuki K., Shimada E., and Habuchi O. 1997. Molecular cloning and characterization of human keratan sulfate Gal-6-sulfotransferase. *J. Biol. Chem.* **272:** 32321–32328.
179. Sugumaran G., Katsman M., and Drake R.R. 1995. Purification, photoaffinity labeling, and characterization of a single enzyme for 6-sulfation of both chondroitin sulfate and keratan sulfate. *J. Biol. Chem.* **270:** 22483–22487.
180. Habuchi O., Hirahara Y., Uchimura K., and Fukuta M. 1996. Enzymatic sulfation of galactose residue of keratan sulfate by chondroitin 6-sulfotransferase. *Glycobiology* **6:** 51–57.
181. Chakravarti S., Magnuson T., Lass J.H., Jepsen K.J., LaMantia C., and Carroll H. 1998. Lumican regulates collagen fibril assembly: Skin fragility and corneal opacity in the absence of lumican. *J. Cell Biol.* **141:** 1277–1286.
182. Lindahl B., Eriksson L., Spillmann D., Caterson B., and Lindahl U. 1996. Selective loss of cerebral keratan sulfate in Alzheimer's disease. *J. Biol. Chem.* **271:** 16991–16994.

本章初稿由 J. B. Lowe（安阿伯密歇根大学医学院，HHMI）和 J. D. Marth（圣迭戈加利福尼亚大学，HHMI）编写。

# 第 17 章 糖基转移酶



本章简要概括了关于聚糖生物合成的糖基转移酶的一般知识，主要侧重于在高尔基体内那些参与合成多种聚糖种类的酶。具体内容包括：这些酶的一般结构特点、在细胞内参与加工和修饰聚糖的过程以及它们的表达调控。对于功能上有关联的酶家族，它们序列间的关系也将简要提及。由这些酶催化产生的糖苷键及其生物学特点，将在其他章中讨论。

## 聚糖的生物合成主要是由糖基转移酶介导的[1~12]

一些参与组装聚糖的酶类是具有加工性质的糖苷酶，它们的作用是从前体将特定单糖剪切掉，形成合成聚糖的中间体。这些酶将不在讨论之列。绝大多数参与聚糖生物合成的酶类是糖基转移酶，它们的典型作用方式是逐个将单糖加到特定前体的特定位置。正象我们在第 16 章和其他有关章节中提到的，聚糖的生物合成主要是由一系列酶按一定顺序作用来完成的。这种合成是将单糖组装成直线或分支的糖链。虽然不是全部，但大多数此类酶都可以在内质网-高尔基体代谢途径中发现，该途径是将新合成的糖缀合物转运到胞外。从自然界聚糖物质具有复杂结构的特点来看，正像我们预期的，糖基转移酶是由古代进化而来的多种酶所组成的一个大家族。然而，这些酶却具有某些共同的特点。这将在本章中讨论到。

除了少数例外，糖基转移酶催化的转糖基反应，是将高能核苷酸糖供体（如 GDP-岩藻糖或 CMP-唾液酸，见第 6 章）中的单糖成分转移到被称作接纳体的前体物质上

(见图 17.1)。这种普遍性的例外包括：寡糖基转移酶，该酶以大分子量的、由多萜醇连接的寡糖为底物（见第 7 章）；它们是一些甘露糖基转移酶和葡萄糖基转移酶，参与了多萜醇连接的寡糖的组装，以多萜醇-磷酸连接的甘露糖或葡萄糖作为高能供体；在细菌中的有关酶，它们这些酶利用十一异戊烯-磷酸连接的糖作为底物。大多数糖基转移酶的接纳体分子本身就是寡糖（见第 16 章)。然而，糖蛋白的合成需要首先单分子的单糖连到其苏氨酸或丝氨酸的残基上（见第 8、11、12 和 14 章)。在这种情况下，蛋白质具有接纳体底物的功能。与此类似，寡糖基转移酶在起始 N-糖基化时，利用蛋白质作为接纳体。最后，糖脂的生物合成始于由半乳糖基转移酶或葡萄糖基转移酶催化的反应，该反应利用脑酰胺作为接纳体分子（见第 9 章）。当然，还有其他一些自然界中的糖基转移酶并不参与聚糖的生物合成，例如那些参与生成小分子糖苷的酶（举例：在对药物解毒过程中的葡萄糖醛酸化)。以上这些糖基转移酶将不在本书中讨论。

糖基供体 + 接纳体 —糖基转移酶→ 糖基-接纳体 + 核苷酸或多萜醇-磷酸

糖基供体

CMP-唾液酸
GDP-岩藻糖
GDP-甘露糖
UDP-半乳糖
UDP-N-乙酰半乳糖胺
UDP-N-乙酰葡糖胺
UDP-葡萄糖
UDP-葡糖醛酸
UDP-木糖
多萜醇-P-葡萄糖
多萜醇-P-甘露糖
多萜醇-P-P-（葡萄糖$_3$-甘露糖$_9$-N-乙酰葡糖胺$_2$)

接纳体

寡糖
单糖
蛋白质
脂类（脑酰胺）

**图 17.1**　一般糖基化反应。糖基转移酶需要糖基供体和接纳体底物。糖基供体可包括核苷酸糖、多萜醇-磷酸连接的单糖和聚糖。接纳体可以是寡聚糖（最常见）或单糖（不常见)。蛋白质和脑酰胺也是一些糖基转移酶的接纳体，该糖基转移酶起始糖蛋白和糖脂的合成。

## 糖基转移酶反应的一般性质[1,2,4,5,7,12]

大多数依赖于糖基转移酶的转糖基过程需要作为辅助因子的二价阳离子的参与（典型的有 $Mg^{2+}$ 或 $Mn^{2+}$)。这类酶在 pH5.0 或 pH7.0 时活性最高，这反映出内质网-高尔基体-细胞质膜区途径各部位的 pH 值。在体外实验中，糖基转移酶对核苷酸糖底物在低微摩尔浓度范围典型地显示出 Michaelis-Menten 常数（$K_m$ 值)。这些数据被认为反映了核苷酸糖在相关细胞内估计的浓度，但高尔基体内核苷酸实际浓度却没有被直接测试过。一般说来，在体外实验中，观察到的接纳体底物的 $K_m$ 值对于不同的酶则有极大的变化，其范围可以从低微摩尔浓度一直到低毫摩尔浓度。然而，体外实验不大可能真实地反映出这些分泌途径所处的亚细胞区域的实际情况。进一步讲，这些实验经常使用接纳体类似物，而生理底物的含量很低。由于以上原因，文献所述由体外实验所取得的 $K_m$ 值数据可能并不反映酶与自然底物的亲和力。再进一步讲，大多数糖基转移酶的催化位点是朝向高尔基体各个区室的腔面，而小分子的核苷酸糖-供体是在高尔基体外的胞液中合成的。因此，糖基化发生的前提是这些供体必须特异地从胞液转运到高尔基体内腔中（见第 6 章）。从这个意义上讲，多种因素能够调节每种糖基转移酶的作用。这些因素包括：由供体转运而进入腔内的糖核苷酸供体的浓度；存在有特定糖核苷酸的降解酶；来自于其他能够利用相同供体或接纳体的糖基转移酶的竞争；腔内接纳体的浓度；腔内的 pH 以及接纳体分子通过特定高尔基体区室的时间。在一个完整的细胞内，当一个特定糖缀合物穿过高尔基体时，它的聚糖部分的合成以及最终结构是由以上所述的多数或全部因素可能的相互作用所决定的。显而易见，以上这些对于拓扑学和动力学方面的考虑，并不适用于胞液中糖基转移酶的情况，因为这些酶可以直接获得供体和接纳体（见第 14 和 15 章）。

## 糖基转移酶的程序性作用[1～5,7,12～15]

一般来说，糖基转移酶呈程序性作用，这就是说，某一个酶合成的寡糖产物，是其他糖基转移酶进行一系列合成时的合适接纳体底物。合成的最终产物是一条直链或支链，抑或直链和支链结合的多聚体，彼此间由单糖连接组成。正像在本书第 16 章和其他章节中所提示的，这些单糖组分是以极为精确的方式连接在一起的。这种精细加工是由于大多数糖基转移酶对接纳体底物具有很窄的专一性的结果。

人类 B 血型的半乳糖基转移酶为这种专一性提供了一个极佳的范例。正像在第 16

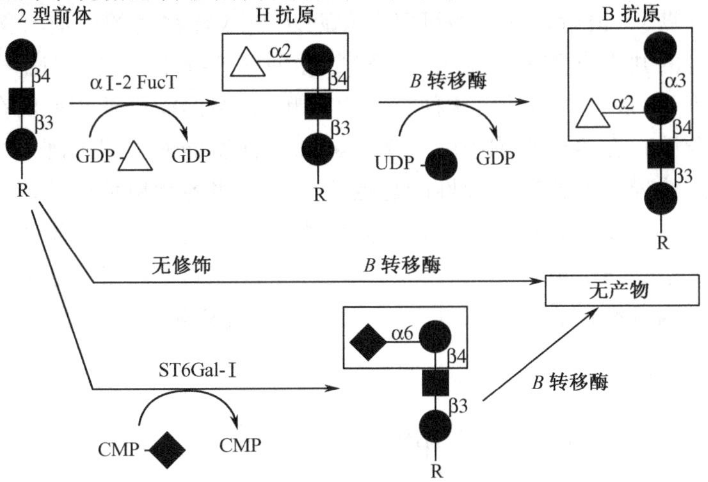


**图 17.2** 人类 B 血型的 α1-3 半乳糖基转移酶对于接纳体底物具有严格的要求。B 转移酶将半乳糖以 α1-3 键加到 H 抗原上（上部）。此酶需要有经过 α1-2 键岩藻糖修饰的 H 抗原存在时才有活性，这是因为 B 转移酶不能将半乳糖加到未经修饰的 2 型前体上（中间），也不能加到由唾液酸基修饰的前体上（下部），或者其他单糖修饰的前体上（未显示）。

章具体叙述的，这个酶催化的糖基化作用是将半乳糖以 α 糖苷键的形式加到相邻的半乳糖基的 3 碳位置上（图 17.2）。该酶这一固有的催化属性确定了它只能利用 UDP-Gal 作为供体，并且只催化 α 糖苷键，而非 β 糖苷键的形成。进一步，该酶只将新的残基加到作为接纳体底物中的半乳糖基的 3 碳上的羟基上，而不是该半乳糖基的其他羟基上，也不是接纳体分子上从理论上讲可以形成糖苷键的任何其他羟基上。重要的是，接纳体底物的半乳糖部分必须首先被修饰，就是将岩藻糖以 α1-2 键连接到该半乳糖上（见第 16 章。该章描述了孟买血型的个体，由于不能将岩藻糖以 1-2 键方式加入，因此阻止了 A 或 B 转移酶的作用）。再进一步，其他单糖如一个 α2-6 键连接的唾液酸部分（见图 17.2)，对于半乳糖部分的事先修饰，会产生一个不能够被 B 血型酶所利用的聚糖，尽管此修饰在半乳糖上保留了可以被利用的 3 碳位羟基。类似的一般考虑实际上适用于所有已知的脊椎动物糖基转移酶，并且造成了早期一种概念的形成，即每种糖苷键是单独一种酶的产物。

## 一键一酶典型的例外[12,16～19]

对于一键一酶观念的一些例外已经出现。首先，人们越来越清楚地发现，一种具体的糖苷键的建立，实际上是由若干在结构和遗传上相互关联的几个酶中某一种酶完成的。许多这些具有多种多样催化功能的糖基转移酶家族已经被发现。其中，哺乳动物 α2-8 唾液酸基转移酶家族中的一些成员提供了极为典型的例子（见第 16 章）。第二，很明显，若干糖基转移酶能够合成两种不同的糖苷键（例如 α1-3 岩藻糖基转移酶，即 Fuc T-III）。第三，一种酶对接纳体的专一性可以被其他蛋白质所修饰（经典范例是乳清蛋白，它将 β1-4 半乳糖基转移酶的接纳体专一性地从 N-乙酰葡糖转变为葡萄糖，促使乳汁形成时合成乳糖）。最后，一些酶可以催化两步糖基转移酶的反应（例如，在合成糖胺聚糖链骨架时的共聚合酶类，见第 11 章）。在一些情况下，突变细胞株（见第 31 章）或者小鼠（见第 33 章）也揭示出这种交替途径和/或新的糖基转移酶的存在。暂不考虑这些额外的复杂性，在给定细胞中的一整套糖基转移酶能够表现出既多样、又极为精确的接纳体底物的特异性，这种特异性的总效应限制了将各种单糖连接起来而形成不同组合的可能性。所以，我们有理由预期，在给定细胞中，见到的一些聚糖的结构通常可以反映出在该细胞中表达的整套糖基转移酶。然而，许多其他因素能够使具体情况更为复杂，这些因素影响着酶的作用（见上文）以及糖基转移酶在亚细胞区室安排方式（见下文）。

## 主要多肽对糖基转移酶作用的影响[20～25]

对于大多数糖基转移酶，对接纳体的特异识别只涉及 1 个或几个单糖单位，或其他成分，如脂或氨基酸。但是，在一些情况下，已知主要蛋白特异地主导了某一具体糖基转移酶的作用。举例来说，在溶酶体酶靶向（见第 23 章）中涉及的 N-乙酰葡糖-磷酸转移酶能够识别溶酶体酶系的赖氨酸残基以及酶的二级结构中其他结构模体，并且选择性地使该蛋白质中的 N-聚糖磷酸化。另外，垂体糖蛋白激素含有一个 Pro-Xaa-Arg/Lys

序列，此序列主导 GalNAc 残基的添加。接着经历生物学上非常重要的 4-O-硫酸化（见第 16 章）。糖基转移酶的核心蛋白质的特性决定一个蛋白聚糖是接收硫酸类肝素还是硫酸软骨素链（见第 11 章）。然而，对于大多数蛋白质，迄今没确证它们可以被聚糖转移酶所识别。尽管如此，在正常组织中，多数蛋白质的特异糖基化位点连有可预测的特异聚糖结构。在某些程度上，这可能是因为主要多肽链从空间上限制了糖基转移酶的作用范围。然而，在体外对不同糖基转移酶的直接竞争研究提示，另外一些还不清楚的性质使得糖蛋白能够调节它们自己的糖基化作用。

## 糖基转移酶基因的分子克隆[5～12,26～30]

据估计，超过 100 种不同的糖苷键存在于任何已知的脊椎动物物种一整套的糖缀合物中。由于每一种键通常是一种特异的糖基转移酶的产物，同时每一种键也经常被发现是几种不同的糖基转移酶的产物，所以显示出在任何已知的脊椎动物基因组中至少有几百个不同的糖基转移酶位点。耐人寻味的是，长期以来人们对于这些遗传位点的一级结构以及它们的同源酶类几乎一无所知。直到 1986 年，才出现了第一篇关于哺乳动物 β1-4 半乳糖基转移酶的分子克隆的报道。这种在对于糖基转移酶的分子克隆方面工作的滞后，是由于要想将这些酶纯化到足以用来得到蛋白质序列信息或制备抗体血清的量，都是极为困难的事。虽然继续成功地采用对酶蛋白纯化的手段，来对一些糖基转移酶进行分子克隆工作，但用表达克隆的手段却作出了实质性贡献，从而丰富了糖基转移酶基因序列克隆的整体容量。进一步，还可以采用低强度互杂交方法，以及用针对某个糖基转移酶家族基因的保守序列来设计 PCR 引物，从而克隆出新的基因。最近，表达的序列标记（expressed sequence tag，EST）数据库已经成为寻找新的糖基转移酶的丰富来源。

## 糖基转移酶中一级序列之间的关系[5～11,26～29,31～38]

随着已被克隆的糖基转移酶的总数不断扩大，清晰显示出在一些家族中广泛存在着核苷酸序列的相似性。但是，使人感到有些意外的是，在不同的酶家族成员中，这种同源性却相对有限。举例来说，唾液酸基转移酶与 β1-4 半乳糖基转移酶之间并没有可检出的同源片段。相比之下，在广泛趋异的脊椎动物与非脊椎动物之间，一些酶的 β1-4 半乳糖基转移酶却存在有高度的保守序列。这些观察结果提示，不同的糖基转移酶家族在进化上处于古老类型；但在家族之内，有强大的选择压力保持蛋白序列的相似性。

通过对家族内序列相似性的分析，已发现一些有共同的氨基酸序列的模体。第一个被认知的是“唾液酸-模体”，该模体为不同的唾液酸基转移酶所共有（图 17.3）。对唾液酸模体突变体的研究提示，该模体可能参与了核苷酸糖的识别。通过对新近发现的半乳糖基转移酶、岩藻糖基转移酶以及乙酰半乳糖胺转移酶等酶的最新比较提示，在各个家族中存在有其他独特的模体结构。很可能，随着更多的转移酶成员被克隆及测序，在每个家族之中将有更多的模体出现。在这方面，有一篇颇具启示的研究报告显示，参与细菌酯-寡糖生物合成的糖基转移酶类有一些与果蝇流苏（*Drosophila* Fringe，FNG）及 Brainiac（BRN）蛋白有同源成分，而这些蛋白质参与了在发育过程中的模式建成。糖基转移酶晶体结构研究的出现，可以期待对这些序列的三维结构和功能有更深入的理解。

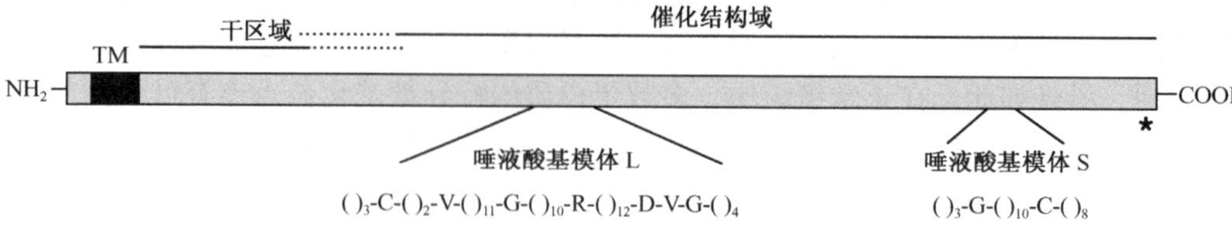


**图 17.3** 典型的唾液酸基转移酶的结构域的结构，显示了与这种酶家族共有的唾液酸基模体。在这个家族成员之间，具有 48～49 个氨基酸的唾液酸基 L 模体含有极高的同源性，并且有高达 65% 的氨基酸序列完全相同。唾液酸基 S 模体较小（约 23 个氨基酸），在家族成员中差异也较大，只有 2 个相同的氨基酸组分。在这两种情况下，完全相同的残基已在图中标出，同源残基也由圆括弧表示。星号指示高保守序列 H-X（4）-E 的位置。

## 高尔基体糖基转移酶类具有共用的二级结构[3,5,6,39～44]

尽管在不同的糖基转移酶家族之间缺乏序列的同源性，而几乎所有的高尔基体酶类都有某些共同的二级特征。早期对于脊椎动物糖基转移酶的细胞生物学及生物化学的研究显示，一些糖基转移酶活性在分泌物和体液中以可溶形式存在；另外一些转移酶则在细胞中结合在膜上。还有一些酶活性同时具有以上两种特性。细胞组分分离研究发现，与细胞有关的糖基转移酶存在于内膜丰富的微体组分中。这些酶可以通过加入去污剂而释放出来而成为可溶的形式。这些观察提示，某些糖基转移酶可能代表了跨膜蛋白，而另一些酶可能是分泌蛋白。最初的分子克隆工作主要是确定一些酶的一级结构，如 β-1,4半乳糖基转移酶、α-2,6唾液酸基转移酶以及血型 A 的 α1-3N-乙酰半乳糖胺基转移酶等，紧随其后更发现了高尔基体酶类共有一个常见的二级结构，由此可解释以前所有的发现。确实，迄今已知的所有高尔基体糖基转移酶具有单一的跨膜结构域，该结构域的两翼分别为一个短的氨基末端结构域和一个长羧基末端结构域，这种结构是被称作 II 型跨膜蛋白质的特征。该单一氨基末端跨膜结构域具有类似信号-锚定序列的功能，将短的氨基末端片断置于胞液中，并引导较大的羧基末端结构域进入该信号-锚所嵌入的生物膜的另一侧（见图 17.4）。对于细胞膜关联的Ⅱ型蛋白质，“另一侧”是指细胞外的表面。但对糖基转移酶而言，“另一侧”是构成 ER-Golgi 途径的以膜界定的区室的腔，这些区室包括由 ER 通往 Golgi 的 cis-cisferna（顺式池），高尔基体自己的池，trans-Golgi 的小泡-管状网和远离 trans-Golgi 网的膜界定的结构。这种分布预测了大的羧基末端结构域对应于糖基转移酶的催化结构域，并且这种推测具有广泛的试验支持。当糖蛋白和糖脂在分泌途径中通过时，催化结构域在囊腔内的位置使它能够参与糖蛋白和糖脂上聚糖的合成和延长。由脊椎动物糖基转移酶序列预测的 II 型跨膜蛋白的拓扑学已经被广泛的实验所证实。该拓扑学也解释了关于糖基转移酶在哺乳动物细胞表面表达的报道（见第 34 章）。有意思的是，一些其他被克隆的高尔基体酶（加工的糖苷酶和硫酸基转移酶）具有类似的拓扑学特点。但是，有两个明显的例外。一是 UDP-GlcNAc：溶酶体 N-乙酰葡糖胺-1-磷酸转移酶（GlcNAc-磷酸转移酶），二是 GlcNAc-1-磷酸二酯 α-N-乙酰葡糖胺酶。二者参与了新产生的溶酶体水解酶上甘露糖-6-磷酸靶向信号的合成（见第 32 章）。前者是多亚基复合体；后者是 I 型跨膜糖蛋白，它的氨基末端位于高尔基体的腔内。

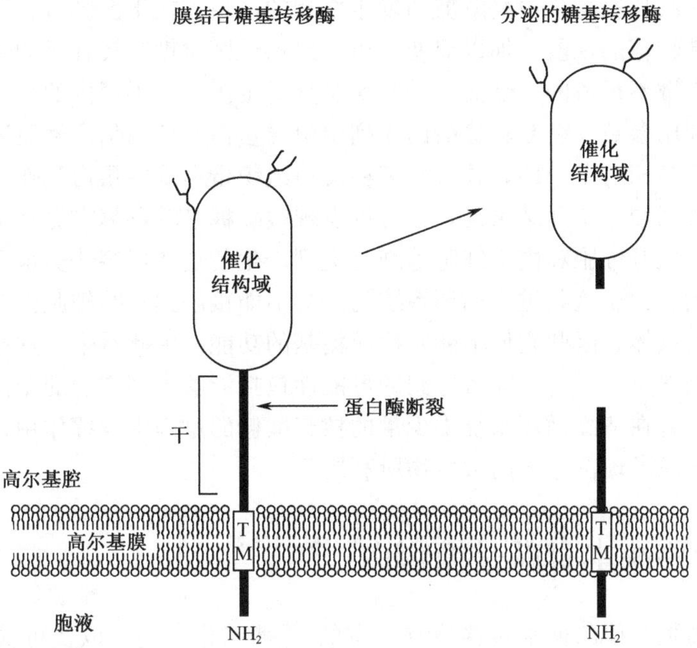


**图 17.4** 脊椎动物糖基转移酶的典型的跨膜拓扑学及蛋白水解过程。脊椎动物糖基转移酶通常有一个单一的疏水片段，该片段具有信号-锚序列的功能。在分泌途径中，这个片段跨越了管状和泡状结构的双酯层，包括高尔基体膜。这一拓扑学将糖基转移酶的催化结构域置于高尔基体腔内，以及其他分泌途径中膜结构的腔内。糖基转移酶的膜连接形式对于一种或多种蛋白质断裂均有敏感性，这种对该酶蛋白的断裂发生在酶的“干”区域中。蛋白水解能够释放出具有催化活性和可溶的酶，并从细胞内释放。除了少数例外，脊椎动物糖基转移酶有一个或多个潜在的天冬酰胺连接的糖基化位点（在图中绘成叉形）。在实验研究条件下，一个或多个这样的位点被利用了，显示多数糖基转移酶是糖蛋白。

以上所述的所有考虑也不适用于在细胞核及细胞质内聚糖合成的糖基转移酶情况。例如，用于合成 O-连接 GlcNAc 细胞核及细胞质蛋白质的 GlcNAc 转移酶与高尔基体 GlcNAc 转移酶之间没有可检测到的同源性。目前还没有克隆出足够多的细胞核及细胞质糖基转移酶来确定它们是否具有相同的一级和二级结构特点。

## 高尔基体糖基转移酶的蛋白酶解及分泌[3,6,9,39～42,45]

如上所述，许多高尔基体酶是由细胞分泌的，有时是大量的。在没有去污剂加入的条件下，通过分离可溶形式的哺乳动物糖基转移酶，并对纯化的糖基转移酶的氨基末端进行氨基酸序列分析，分泌形式的糖基转移酶的性质第一次变得清晰起来。这些研究显示，转移酶的可溶形式实际上是从它们的膜结合形式通过一步或多步蛋白酶解过程转变而来。降解发生在酶蛋白中羧基方向距穿膜区域很近的位置（见图17.4）。这些蛋白酶解的剪切过程使具有催化活性的糖基转移酶片段从它的跨膜的锚定物上释放出来，并促使细胞将这些片段外运到细胞表面。高尔基体糖基转移酶的剪切通常发生在“干区”，该区大致指在跨膜片段与蛋白酶解剪切发生之间的区域。在干区具有各种部分缺乏的有催化活性的糖基转移酶片段，加以突变分析，启示干区对糖基转移酶的催化功能即使如果有作用，也是微不足道的。然而，一些实验分析也提示，干区内的多肽序列能够提高接纳体底物的利用参数。糖基转移酶的序列中引导蛋白水解的信号性质还不清楚，但实验显示蛋白酶解是相对专一的，并且由某种类似组织蛋白酶的蛋白酶作用于高尔基体反式区及超过反式区域。实际结果是，也可以发现很多糖基转移酶在循环中以及体液中以可溶形式存在。从肝细胞和内皮细胞等细胞类型产生的这些可溶酶类也可以在特定炎症条件下大幅上调。由于这些进入循环系统的酶类不能接触到只在细胞内存在并具有合适浓度的核苷酸糖供体，因此它们不能发挥转糖基的功能。由此看来，这些可溶性转移酶的生物学功能仍然是一个谜。能考虑到的可能性包括能够识别它们的受体底物的类似凝集素的活性，或者在清除循环系统中少量的核苷酸糖的过程中发挥作用，否则，这些核苷酸糖可能会被像淋球菌一样的微生物所利用。

## 通常糖基转移酶本身就是糖蛋白[3,6,39～42,46]

很多位于高尔基体的糖基转移酶有共有的N-糖基化序列，以及可被糖基化修饰加工的丝氨酸和苏氨酸残基。生化分析表明很多哺乳动物的糖基转移酶确实是经过了翻译后的糖基化修饰的，特别是N-糖基化修饰。在某些情况下，糖基化是酶蛋白合适地折叠和/或活性所必须的，有少数研究显示糖基转移酶也受到“自身糖基化”。还有少数实验证实糖基转移酶也可以被磷酸化修饰。这种翻译后的修饰与功能之间的关系尚属未知。

## 糖基转移酶在高尔基体亚区室内的存留[47～52]

生化和超微结构的分析表明，糖基转移酶部分地分别进入到分泌途径中不同的区室。一般来说，参与聚糖早期生物合成的酶常定域于顺式和中间高尔基体，而在后期发挥作用的酶趋于共定域于反式高尔基体潴泡及高尔基体网状结构中。这些观察引发了深入探讨糖基转移酶建立这种区室隔离的机理。一种尝试是通过模拟KDEL四肽与内质网相关蛋白的存留关系来揭示高尔基体的存留序列。虽然上述研究得出了一些一般的结论，但读者还是急切地考虑继后的深入说明。首先，对一种酶的观察研究并不一定适用于其他的酶。其次，特定糖基转移酶在高尔基体内的存留随检测细胞种类变化而有所不同。第三，糖基转移酶在实验体系中表达水平的不同对其存留/定域有很大的影响。第四，很多研究以嵌合蛋白质作为对象，将糖基转移酶的片段与报告蛋白质相融合的蛋白质，由此得出的结论无论是用完整的糖基转移酶还是附加的表达蛋白质都不能获得证实。最后，用完整的高尔基体区室进行的体外研究提示酶之间在空间和功能上有着一定的重叠，而这些酶基于不太灵敏的技术曾被认为是相互隔离的。

大多数有关糖基转移酶在高尔基体特定区室腔中存留的信息来自于对以下的酶的研究：α2-6 唾液酸糖基转移酶（ST6Gal-Ⅰ），β1-4 半乳糖基转移酶（GalT-Ⅰ），和 N-乙酰葡胺转移酶 Ⅰ（GlcNAcT-Ⅰ）。前两种酶主要趋于在反式高尔基体和反式高尔基体网状结构中浓缩，而 GlcNAcT-Ⅰ 大多数定域于中间高尔基体。对于 ST6Gal-Ⅰ 而言，跨膜结构域与其两侧的序列足以引导异源蛋白质进入高尔基体。但是，跨膜片段的长度(假设它在自然状态下是疏水性的）而不是该结构域的精确序列可能是另一个决定这种酶在高尔基体定域的因素。有效的高尔基体的存留可能由跨膜片段两侧氨基酸的性质所控制。使问题更为复杂的是，一些结果提示 ST6Gal-Ⅰ 的主干区对高尔基体的存留也有深刻地影响，并且在某些情况下，该主干区域能够主导高尔基体存留的性质，这种性质受该蛋白质由跨膜片段产生的影响。相反，对高尔基体存留决定因子 GalT-Ⅰ 的研究主要指出了跨膜结构域在此过程中的重要作用。在高尔基体存留问题上，估计跨膜结构域两侧的序列对于 GalT-Ⅰ 不及对于 ST6Gal-Ⅰ 重要。GlcNAcT-Ⅰ 的存留也主要是由它的跨膜结构域所决定，虽然该酶的主干区域和跨膜结构域两侧的残基也可主导定域。总的说来，现有的实验观察提示，糖基转移酶在高尔基体特定区域的存留可能不是由简单的初级序列的模体所决定的。相反，这一过程显然取决于每一种酶若干不同的区域。溶酶体酶具有磷酸转移酶的识别模体，该磷酸转移酶用 Man-6-P 装饰溶酶体酶（见第 23 章），将糖基转移酶与溶酶体酶相比，可以推断，定域或存留“信号”可能由一组特定的氨基酸组成，它们结合在一起，在正确折叠的糖基转移酶表面形成特殊的“形状”。

两种研究特定糖基转移酶在特定高尔基体亚区室中存留的模型已经被提出。第一种称为家属识别模型（kin-recognition model），即参与定域于特异区室的糖基转移酶家属成员，在到达适宜的高尔基体区室后，将聚集在一起形成多聚体的复合物。该假设过程包含了通过聚集的糖基转移酶在主干区和（或者）跨膜片段之间的相互反应所形成的同质和异质寡聚合的过程。该模型还提出，通过利用聚集酶的胞液结构域与高尔基体基质蛋白的相互作用，将这些寡聚糖锚定到高尔基体结构。对模型的实验支持来自于如下的观察，即一些成对共定域在特定高尔基体区室的糖基转移酶可以从细胞中共同免疫沉淀出来，即使当某种酶已被定向到内质网腔时也是如此。然而，这一类型的联合对于大多数的酶还未被证实。

第二种模型提出，胆固醇在分泌途径中的浓度梯度产生了由顺式至反式高尔基层叠方向的脂双层厚度增加。这样，每种糖基转移酶会依据它的跨膜片段的长短将自己分拣并定位到高尔基体的特定位置。当酶在分泌途径的转运过程中，一旦该酶抵达合适的区室，这种具有特定长度的跨膜片段就将该酶保持在那里。该模型的建立主要基于有关 ST6Gal-Ⅰ 的实验，其跨膜结构域的长度对于决定在高尔基体的存留起着主要作用。然而，模型的普遍适用性尚不明了，这是因为不同的糖基转移酶的跨膜片段长度与该酶在特定高尔基体腔室的存留之间的关系并非恒定。但需注意的是一般高尔基体酶跨膜区域比质膜蛋白质要短。因此，与递送到细胞质膜上的其他蛋白质相比，该模型有助于更好地解释糖基转移酶在高尔基体中存留的一般现象。

## 糖基转移酶基因表达的调控[9,12,53～57]

除去高尔基体因素对糖基转移酶功能的调节，酶的实际表达也可以在 RNA 合成和周转水平上加以控制。研究表明，尽管某些糖基转移酶 mRNA 的表达形式主要由组织特异性和发育调节方式进行主控，但其他的表达方式具有更为广泛的称之为“管家”类型的分布。两种方式的例证在给定的酶家族中都可发现。在多数情况下，差异调节主要是因为相应基因的 5′端特定启动子区域的作用（见第 34 章）。对于某些基因（如 ST6Gal-Ⅰ），有证据显示，它们具有多种组织特异性的启动子，可在不同生物环境中被激活。另外一个有趣的发现是糖基转移酶 mRNA 一般具有较长的 5′端未翻译区域，该区域兼有较长的二级结构，因此可能导致不同信息的稳定性，在细胞周期中尤为如此。

## 发展方向

很多糖基转移酶仍然有待克隆和鉴定。如果以往的经验可以作为指导，则再克隆的大多数新酶将作为相关基因产物家族成员的“创始者”。因此，这表明糖基转移酶超级家族可能有效地代表 1%或更多的给定基因组的全部遗传组分。很显然，这些基因的表达和调控的特点尚须探究，对整体动物进行的基因干扰实验可能会对体内糖基转移酶功能提供更有价值的生物学结论。得到重组可溶性酶的可能性也极大地提高了我们在原子分辨水平上研究这些酶的结构和功能的能力。这些已经克隆并充分定性的酶也为化学家增添了新的手段，通过合成特定的聚糖结构用于体外研究和体内治疗。充分理解高尔基体究竟是如何组织这些数量众多的“工人”形成高效的装配线来调节具有生物学重要性的聚糖的生产，细胞又是如何对整套聚糖进行修饰，以便对外来信号作出应答，还有许多工作有待进行。

（辛　毅 译　　张树政 校）

### 参 考 文 献


1. Sadler J.E., Beyer T.A., Oppenheimer C.L., Paulson J.C., Prieels J.P., Rearick J.I. and Hill R.L. 1982. Purification of mammalian glycosyltransferases. *Methods Enzymol.* **83:** 458–514.
2. Kornfeld R. and Kornfeld S. 1985. Assembly of asparagine-linked oligosaccharides. *Annu. Rev. Biochem.* **54:** 631–664.
3. Paulson J.C. and Colley K.J. 1989. Glycosyltransferases. Structure, localization, and control of cell type-specific glycosylation. *J. Biol. Chem.* **264:** 17615–17618.
4. Schachter H. 1991. The “yellow brick road” to branched complex N-glycans. *Glycobiology* **1:** 453–462.
5. Shaper J.H. and Shaper N.L. 1992. Enzymes associated with glycosylation. *Curr. Opin. Struct. Biol.*

2: 701–709.
6. Kleene R. and Berger E.G. 1993. The molecular and cell biology of glycosyltransferases. *Biochim. Biophys. Acta* **1154:** 283–325.
7. Van den Eijnden D.H. and Joziasse D.H. 1993. Enzymes associated with glycosylation. *Curr. Opin. Struct. Biol.* **3:** 711–721.
8. Natsuka S. and Lowe J. B. 1994. Enzymes involved in mammalian oligosaccharide biosynthesis. *Curr. Opin. Struct. Biol.* **4:** 683–691.
9. Dinter A. and Berger E.G. 1995. The regulation of cell- and tissue-specific expression of glucans by glycosyltransferases. *Adv. Exp. Med. Biol.* **376:** 53–82.
10. Fukuda M., Bierhuizen M.F.A., and Nakayama J. 1996. Expression cloning of glycosyltransferases. *Glycobiology* **6:** 683–689.
11. Tsuji S. 1996. Molecular cloning and functional analysis of sialyltransferases. *J. Biochem.* **120:** 1–13.
12. Lindahl U., Kusche-Gullberg M., and Kjellén L. 1998. Regulated diversity of heparan sulfate. *J. Biol. Chem.* **273:** 24979–24982.
13. Beyer T.A., Rearick J.I., Paulson J.C., Prieels J.P., Sadler J.E., and Hill R.L. 1979. Biosynthesis of mammalian glycoproteins. Glycosylation pathways in the synthesis of the nonreducing terminal sequences. *J. Biol. Chem.* **254:** 12531–12534.
14. Watkins W.M. 1980. Biochemistry and genetics of the ABO, Lewis, and P blood group systems. *Adv. Hum. Genet.* **10:** 1–136; 379–85.
15. Beyer T.A., Sadler J.E., Rearick J.I., Paulson J.C., and Hill R.L. 1981. Glycosyltransferases and their use in assessing oligosaccharide structure and structure-function relationships. *Adv. Enzymol.* **52:** 23–175.
16. Hill R.L. and Brew K. 1975. Lactose synthetase. *Adv. Enzymol.* **43:** 411–490.
17. Kukowska-Latallo J.F., Larsen R.D., Nair R.P., and Lowe J.B. 1990. A cloned human cDNA determines expression of a mouse stage-specific embryonic antigen and the Lewis blood group α(1,3/1,4)fucosyltransferase. *Genes Dev.* **4:** 1288–1303.
18. Harduin-Lepers A., Recchi M.A., and Delannoy P. 1995. 1994, the year of sialyltransferases. *Glycobiology* **5:** 741–758.
19. Spicer A.P., Augustine M.L., and McDonald J.A. 1996. Molecular cloning and characterization of a putative mouse hyaluronan synthase. *J. Biol. Chem.* **271:** 23400-23406.
20. Hsieh P., Rosner M.R., and Robbins P.W. 1983. Selective cleavage by endo-beta-N-acetylglucosaminidase H at individual glycosylation sites of Sindbis virion envelope glycoproteins. *J. Biol. Chem.* **258:** 2555–2561.
21. Kornfeld S. 1990. Lysosomal enzyme targeting. *Biochem. Soc. Trans.* **18:** 367–374.
22. Baenziger J.U. 1994. Protein-specific glycosyltransferases: How and why they do it. *FASEB J.* **8:** 1019–1025.
23. Dustin M.L., Baranski T.J., Sampath D., and Kornfeld S. 1995. A novel mutagenesis strategy identifies distantly spaced amino acid sequences that are required for the phosphorylation of both the oligosaccharides of procathepsin D by *N*-acetylglucosamine 1-phosphotransferase. *J. Biol. Chem.* **270:** 170–179.
24. Esko J.D. and Zhang L.J. 1996. Influence of core protein sequence on glycosaminoglycan assembly. *Curr. Opin. Struct. Biol.* **6:** 663–670.
25 Yeh J.C. and Cummings R.D. 1997. Differential recognition of glycoprotein acceptors by terminal glycosyltransferases. *Glycobiology* **7:** 241–251.
26. Datta A.K., Sinha A., and Paulson J.C. 1998. Mutation of the sialyltransferase S-sialylmotif alters the kinetics of the donor and acceptor substrates. *J. Biol. Chem.* **273:** 9608–9614.
27. Breton C., Oriol R., and Imberty A. 1998. Conserved structural features in eukaryotic and prokaryotic fucosyltransferases. *Glycobiology* **8:** 87–94.
28. Breton C., Bettler E., Joziasse D.H., Geremia R.A., and Imberty A. 1998. Sequence-function relationships of prokaryotic and eukaryotic galactosyltransferases. *J. Biochem.* **123:** 1000–1009.
29. Drickamer K. 1993. A conserved disulphide bond in sialyltransferases. *Glycobiology* **3:** 2–3.
30. Varki A. and Marth J. 1995. Oligosaccharides in vertebrate development. *Semin. Dev. Biol.* **6:** 127–138.
31. Livingston B.D. and Paulson J.C. 1993. Polymerase chain reaction cloning of a developmentally regulated member of the sialyltransferase gene family. *J. Biol. Chem.* **268:** 11504–11507.

32. Geremia R.A., Petroni E.A., Ielpi L., and Henrissat B. 1996. Towards a classification of glycosyltransferases based on amino acid sequence similarities: Prokaryotic α-mannosyltransferases. *Biochem. J.* **318:** 133-138.
33. Datta A.K. and Paulson J.C. 1997. Sialylmotifs of sialyltransferases. *Indian J. Biochem. Biophys.* **34:** 157-165.
34. Geremia R.A., Harduin-Lepers A., and Delannoy P. 1997. Identification of two novel conserved amino acid residues in eukaryotic sialyltransferases: implications for their mechanism of action (letter). *Glycobiology* **7:** v–vii.
35. Yuan Y.P., Schultz J., Mlodzik M., and Bork P. 1997. Secreted fringe-like signaling molecules may be glycosyltransferases. *Cell* **88:** 9–11.
36. Amado M., Almeida R., Carneiro F., Levery S.B., Holmes E.H., Nomoto M., Hollingsworth M.A., Hassan H., Schwientek T., Nielsen P.A., Bennett E.P., and Clausen H. 1998. A family of human β3-galactosyltransferases—Characterization of four members of a UDP-galactose:β-*N*-acetyl-glucosamine/β*N*-acetyl-galactosamine β-1,3-galactosyltransferase family. *J. Biol. Chem.* **273:** 12770–12778.
37. Bennett E.P., Weghuis D.O., Merkx G., Van Kessel A.G., Eiberg H., and Clausen H. 1998. Genomic organization and chromosomal localization of three members of the UDP-N-acetylgalactosamine: polypeptide N-acetylgalactosaminyltransferase family. *Glycobiology* **8:** 547-555.
38. Hennet T., Dinter A., Kuhnert P., Mattu T.S., Rudd P.M., and Berger E.G. 1998. Genomic cloning and expression of three murine UDP-galactose: β-*N*-acetylglucosamine β1,3-galactosyltransferase genes. *J. Biol. Chem.* **273:** 58–65.
39. Weinstein J., Lee E.U., McEntee K., Lai P.H., and Paulson J.C. 1987. Primary structure of beta-galactoside alpha 2,6-sialyltransferase Conversion of membrane-bound enzyme to soluble forms by cleavage of the NH2-terminal signal anchor. *J. Biol. Chem.* **262:** 17735–17743.
40. D'Agostaro G., Bendiak B., and Tropak M. 1989. Cloning of cDNA encoding the membrane-bound form of bovine β 1,4-galactosyltransferase. *Eur. J. Biochem.* **183:** 211–217.
41. Yamamoto F. Clausen H. White T. Marken J. and Hakomori S. 1990. Molecular genetic basis of the histo-blood group ABO system. *Nature* **345:** 229–233.
42. Yamamoto F., Marken J., Tsuji T., White T., Clausen H., and Hakomori S. 1990. Cloning and characterization of DNA complementary to human UDP-GalNAc:Fuc alpha 1-2Gal alpha 1-3GalNAc transferase (histo-blood group A transferase) mRNA. *J. Biol. Chem.* **265:** 1146–1151.
43. Bao M., Booth J.L., Elmendorf B.J., and Canfield W.M. 1996. Bovine UDP-N-acetylglucosamine:lysosomal-enzyme *N*-acetylglucosamine-1-phosphotransferase. 1. Purification and subunit structure. *J. Biol. Chem.* **271:** 31437–31445.
44. Kornfeld R., Bao M., Brewer K., Noll C., and Canfield W.M. 1998. Purification and multimeric structure of bovine *N*-acetylglucosamine-1-phosphodiester α-*N*-acetylglucosaminidase. *J. Biol. Chem.* **273:** 23203–23210.
45. Lammers G. and Jamieson J.C. 1990. Cathepsin D-like activity in the release of Galβ1-4GlcNAcα2-6sialyltransferase from mouse and guinea pig liver Golgi membranes during the acute phase response. *Comp. Biochem. Physiol. B* **95B:** 327–334.
46. Teasdale R.D., Matheson F., and Gleeson P.A. 1994. Post-translational modifications distinguish cell surface from Golgi-retained β1,4 galactosyltransferase molecules. Golgi localization involves active retention. *Glycobiology* **4:** 917–928.
47. Bretscher M.S. and Munro S. 1993. Cholesterol and the Golgi apparatus. Science **261:** 1280–1281.
48. Nilsson T. and Warren G. 1994. Retention and retrieval in the endoplasmic reticulum and the Golgi apparatus. *Curr. Opin. Cell Biol.* **6:** 517–521.
49. Nilsson T., Hoe M.H., Slusarewicz P., Rabouille C., Watson R., Hunte F., Watzele G., Berger E.G., and Warren G. 1994. Kin recognition between medial Golgi enzymes in HeLa cells. *EMBO J.* **13:** 562–574.
50. Colley K.J. 1997. Golgi localization of glycosyltransferases: More questions than answers. *Glycobiology* **7:** 1–13.
51. Gleeson P.A. 1998. Targeting of proteins to the Golgi apparatus. *Histochem. Cell Biol.* **109:** 517–532.
52. Warren G. and Malhotra V. 1998. The organisation of the Golgi apparatus. *Curr. Opin. Cell Biol.* **10:** 493–498.
53. Charron M., Shaper J.H., and Shaper N.L. 1998. The increased level of β1,4-galactosyltransferase required for lactose biosynthesis is achieved in part by translational control. *Proc. Natl. Acad. Sci.* **95:**

14805–14810.

54. Rajput B., Shaper N.L., and Shaper J.H. 1996. Transcriptional regulation of murine β1,4-galactosyltransferase in somatic cells—Analysis of a gene that serves both a housekeeping and a mammary gland-specific function. *J. Biol. Chem.* **271:** 5131–5142.
55. Shaper N.L., Harduin-Lepers A., and Shaper J.H. 1994. Male germ cell expression of murine β4-galactosyltransferase. A 796-base pair genomic region, containing two cAMP-responsive element (CRE)-like elements, mediates male germ cell-specific expression in transgenic mice. *J. Biol. Chem.* **269:** 25165–25171.
56. Hu Y.P., Dalziel M., and Lau J.T.Y. 1997. Murine hepatic β-galactoside α2,6-sialyltransferase gene expression involves usage of a novel upstream exon region. *Glycoconj. J.* **14:** 407–411.
57. Lo N.W. and Lau J.T.Y. 1996. Transcription of the β-galactoside α2,6-sialyltransferase gene in B lymphocytes is directed by a separate and distinct promoter. *Glycobiology.* **6:** 271–279.

本章初稿由 J. B. Lowe（安阿伯密歇根大学医学院，HHMI）和 A. Varki（圣迭戈加利福尼亚大学）编写。

# 第 18 章　聚糖的降解和周转



本章主要探讨糖缀合物的降解和周转。大多数糖缀合物都在溶酶体中降解，释放出单糖的一部分重新用于糖缀合物的合成（见第 6 章）。聚糖降解是有序并且经常是高度专一的过程。它与最终释放单糖的内切和外切糖苷酶直接有关，有时，需要非催化性蛋白质的帮助。对称为溶酶体贮积症的人类少见的遗传失常系列研究，为阐明聚糖降解的复杂途径非常关键（见第 23 章）。各种贮积症中，都有限定量的未降解分子在溶酶体中积聚。结合酶学和糖链的结构分析，用精巧的实验弄清了途径的各个步骤，并为第 23 章所描述的溶酶体酶靶向机制提供了答案。还介绍了选择性的聚糖的拆解，因为每一种聚糖都说明一种独特的性质。

## 溶酶体酶[1,2]

大多数降解糖链及其修饰物的内切和外切糖苷酶，其最适 pH 介于 4.0～5.5 之间，但也存在特例。某些溶酶体酶的最适 pH 较高。外切糖苷酶是从糖链的非还原端切断末端糖的糖苷键。通常，这意味着聚糖分子的最外端的糖基是在所给图的最左端。外切糖苷酶只识别一个（偶尔是两个）与异头连键在一起的单糖。但它们很少苛求糖苷连键以外的分子结构。这一特征造成这些酶具有范围广泛的特异性。不过，外切糖苷酶通常只在底物糖所有羟基均未修饰的情况下才发挥作用。通常在外切糖苷酶反应之前必须除去 O-乙酰基团、硫酸或磷酸酯等取代基团。酯酶切断乙酰基，在外切酶裂解前特异的硫酸酯酶从糖胺聚糖和从 N-连接和 O-连接糖链切断各种硫酸基。内切糖苷酶切断大分子糖链的糖苷连键，产生能在以后被外切酶降解的断片。内切糖苷酶一般更能容忍糖链残基的修饰，在某些情况下，内切糖苷酶需要它们甚至是为了能够最理想地切断它们。

虽然溶酶体类糖苷酶进行类似的反应，但它们只有约 15%～20%的氨基酸相同，40%～50%的相类似。没有高度保守的“糖苷酶”催化域。溶酶体酶全都是 N-糖基化的，并且大多数是在第 23 章讨论过的由 Man-6-P 途径靶向溶酶体。因此，它们必须对

GlcNAc-磷酸转移酶识别标记和对 Man-6-P 大小受体不同的亲和力具有共同点。很难测定溶酶体内部酶的浓度，但是像组织蛋白酶B,D,L 一类的蛋白酶估计为 1mmol/L。糖苷酶的浓度可能更低些。

## 聚糖在溶酶体降解中的遗传缺陷[1,3～5,9～10]

溶酶体的缺失导致未降解物质在组织中积累和将断片分泌到尿内。列入表 18.1 中的人类失常都有动物模型。除失去 β-半乳糖苷酶和 β-N-乙酰己糖胺酶也影响糖脂外，大多数这些失常都影响糖蛋白的降解。

表 18.1、表 18.2 和表 18.3 列举了与糖缀合物降解相关疾病的主要临床症状。对三个表中的疾病进行比较，发现有两个突出的特点。第一，这类疾病都出现部分重叠的症状，每种疾病都具有独特的特征，至今只能靠经验丰富的临床医生具体地诊断。第二，这种疾病在人身上表现的轻重程度不同，通常婴幼儿期发病最为严重，青少年或成年人发病较轻。迟发疾病比早发病更能影响不同的系统。还不清楚溶酶体中不同类型“未降解物质”的积累是如何引发各种疾病不同症状的。可能意味着积累物不是各种临床症状病因，而是表现轻重程度的指针。就我们有限的知识而言，细胞还无法辨别积累物的化学性质。“溶酶体贮积疾病”标签只是规定了一个统一的主题。临床表现的轻重程度和发病时间的早晚可能与在缺陷酶中残留的活性高低和复合聚糖合成与降解之间的精细平衡有关。减少合成可能对减缓未降解物质的积累略有帮助。本章将在这方面进行讨论。

## 糖蛋白的降解

到达溶酶体的绝大部分 N-连接和 O-连接的寡糖链仅含六种糖-β-GlcNAc、α/β-GalNAc、α/β-Gal、α/β-Man、α-Fuc、α-Sia。当与其他任何成分结合时，假定各个酶都切断其底物，理论上每一种糖只需一个异头特异的糖苷酶。这个数字确实非常接近降解途径中的已知酶的数目。但是，有些连键需要一种这个组以外的特异酶，β-N-乙酰己糖胺酶切断 β-GlcNAc 和 β-GalNAc 两种残基，而且，GlcNAcβ-Asn 和 GalNAcα-Ser/Thr 连键的降解也需要特异的酶。

### 1. 复合型 N-连接糖链[1,3～5]

我们对这一途径的了解得自失去（表 18.1）降解酶之一患者的积累产物的分析，或者得自大鼠灌注肝脏降解时单糖标记糖蛋白的结构分析。在溶酶体酶不同抑制剂存在下进行后者的研究时，出现了蛋白质和糖链同步和独立的双向降解画面（图 18.1）。降解的相对速度随蛋白质和糖链的结构和空间因素而改变。在不能切断 GlcNAcβ-Asn 连键的细胞中，GlcNAcβ1-4GlcNAcβ-Asn 的积聚清楚地表明，糖链的降解不需要事先从蛋白质裂解。多数蛋白质可能是在 N-聚糖分解代谢开始之前已被降解。核心岩藻糖（Fucα1-6GlcNAc）和某些可能与外侧分支糖链（Fucα1-3GlcNAc）连接的外周糖残基的去除似乎是降解的第一步，因为缺失这种酶的患者仍有连接天冬酰胺的完整的 N-连接糖链。如果α-氨基不在肽连键内，而后糖基天冬酰胺酶（天冬酰胺-N-乙酰-β-D-葡糖胺酶）切断 GlcNAcβ-Asn 键。在啮齿和灵长类动物中，几丁二糖酶（一种内切-β-N-乙酰葡糖胺酶）去除还原性的 GlcNAc，使寡糖只有一个末端 GlcNAc。在很多其他动物中，利用下面介绍的β-N-乙酰己糖胺酶分裂几丁二糖连键（GlcNAcβ1-4GlcNAc）作为降解的最后一步。因为两途径中任一途径看起来均能完成这一工作，某些物种中，内切-β-N-乙酰葡糖胺酶（也称为几丁二糖酶）的存在原因不明。接下来寡糖链依次由唾液酸酶和/或α-半乳糖苷酶，然后是β-半乳糖苷酶、β-N-乙酰己糖胺酶以及α-甘露糖

**表 18.1 糖蛋白降解缺陷**

| 名称 | 缺陷 | 涉及的降解 | | 临床症状 |
|---|---|---|---|---|
| | | 糖蛋白 | 糖脂 | |
| α-甘露糖贮积病Ⅰ型和Ⅱ型 | α-甘露糖苷酶 | 多数 | 无 | Ⅰ型：婴儿发病，进行性智力发育迟缓，肝肿大，死于 3～12 岁<br>Ⅱ型：幼儿/成人发病，轻微而缓慢的过程 |
| β-甘露糖贮积病 | β-甘露糖苷酶 | 多数 | 无 | 四肢严重麻痹，重者 15 个月死亡；轻者智力发育迟缓，血管角质瘤，面部畸形 |
| 天冬酰胺葡糖胺尿 | 天冬酰胺葡糖胺酶 | 多数 | 无 | 进行性，面部粗糙，神经发育迟缓 |
| 唾液酸贮积病（黏脂贮积病Ⅰ） | 唾液酸酶 | 多数 | 少数 | 进行性，严重者与黏多糖病特点相似，神经发育迟缓 |
| SchindlerⅠ型和Ⅱ型 | α-N-乙酰半乳糖胺酶 | 有 | ? | Ⅰ型：婴儿发病，神经轴突萎缩，严重者神经运动性及智力迟缓，神经退化引起皮质视觉缺失<br>Ⅱ型：轻度智力损伤，弥漫性体血管角质瘤 |
| 半乳糖唾液酸贮积病 | 保护性蛋白/组织蛋白酶 A | 多数 | 少数 | 面部粗糙，骨骼发育不良，早死 |
| 岩藻糖贮积病 | α-岩藻糖苷酶 | 多数 | 存在 | 严重程度波及神经运动系统迟钝，面部粗糙，生长缓慢 |
| $G_{m1}$神经节苷脂贮积病 | β-半乳糖胺酶 | 存在 | 多数 | 进行性神经疾病，婴儿期严重的骨骼发育不良 |
| $G_{m2}$神经节苷脂贮积病 | β-己糖胺酶 | 存在 | 多数 | 重型：4 年内因神经退化而死亡<br>轻型：症状出现较晚，并有与中枢神经系统相关的不同症状。 |

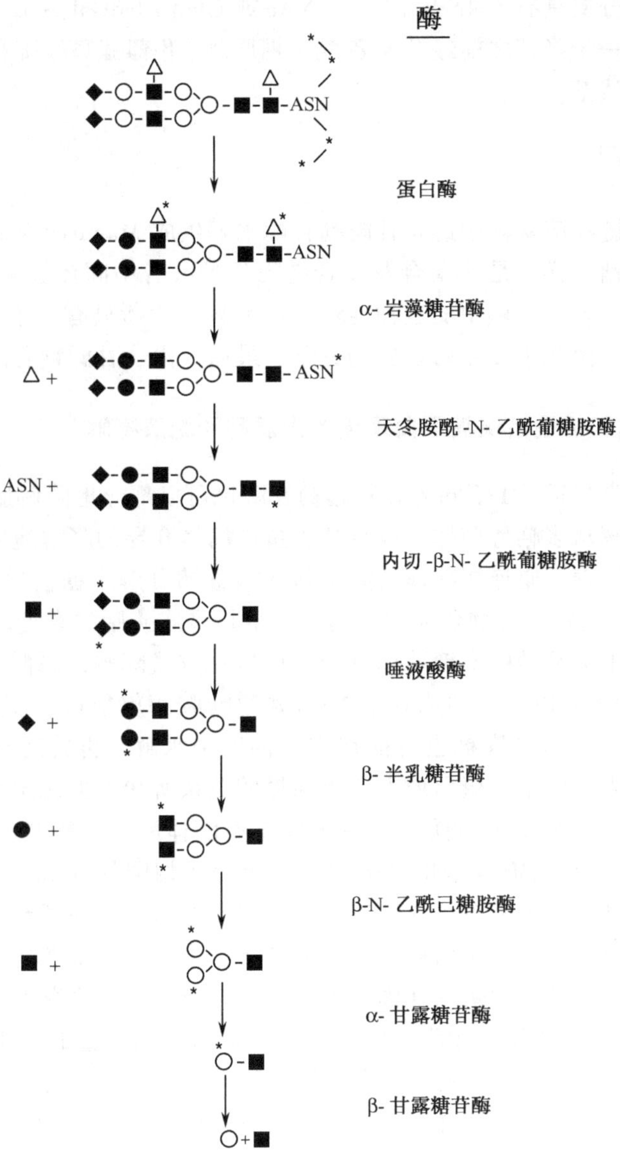


**图 18.1** 灵长类和啮齿类复合 N-连接寡糖链的降解。在溶酶体降解途径中携带复合型寡糖的糖蛋白降解，在蛋白质和寡糖部分同时进行。寡糖的降解需要一定的外切糖苷酶依次作用，文中已述。星号表示下一步应水解的糖基。

苷酶降解。余下的 Man β1-4GlcNAc 被甘露糖苷酶分裂成甘露糖和 GlcNAc，或在没有几丁二糖酶的物种中则分裂成几丁二糖，再由 β-N-乙酰己糖胺酶降解。

溶酶体唾液酸酶（神经氨酸酶），β-半乳糖苷酶和一种被称为保护性蛋白/组织蛋白酶 A 的丝氨酸羧肽酶在溶酶体中形成一种复合物，此为唾液酸化的糖缀合物有效的降解所必需。组织蛋白酶 A 保护 β-半乳糖苷酶不被迅速降解，同时激活唾液酸酶前体。这种保护性蛋白质的变异将导致半乳糖苷唾液酸病，同时伴有继发的 β-半乳糖苷酶和 α-

唾液酸酶缺陷。

其他在其外侧分支具有 GalNAc β1-4GlcNAc 或 GlcA β1-3Gal 或 Gal αGal 的寡糖一定要在基础寡糖链进一步降解之前经β-N-乙酰己糖胺酶、β-葡糖醛酸酶和α-半乳糖苷酶去除寡糖链上的这些残基。

**2. 高甘露糖型寡糖**[6,7]

高甘露糖型糖链在溶酶体中经α-甘露糖苷酶水解生成 Man α1-6Man β1-4GlcNAc，该产物与高甘露糖型糖一样，是从杂合及复合链衍生的共有中间体。第二种 α1-6-特异性甘露糖苷酶能够切断人和大鼠中的这种连键，但是只能切断只有一个 GlcNAc 核心区分子上的连键，例如，由几丁二糖酶切后的分子。最后，由β-甘露糖苷酶完成任务。

**3. 来自多萜醇前体和折叠错误糖蛋白寡糖的内质网和胞液降解**[6~8]

用一组具有较高最适 pH 不同的α-甘露糖苷酶也可以部分地降解胞液中的高甘露糖型寡糖。这些酶降解从多萜醇前体，或者从去蛋白酶体介导的降解途中新合成但错折叠糖蛋中释放的自由聚糖。脂连接前体的降解从焦磷酸酶分解未糖基化胞液面对的前体，主要是 $Man_5$ 开始。通常，生物合成途径的下一步是将连接脂的寡糖翻转至内质网腔以完成以后的步骤。未能翻转的寡糖前体可能也用这种方式降解。磷酸化的 $Man_5$ 糖链一旦与脂质分离，磷酸酶和胞液的内切-β-N-乙酰葡糖胺酶就能除去其磷酸基团并还原 GlcNAc。其他多萜醇连接的寡糖也可能在内质网腔中水解，再转运至胞液，但对途径的具体环节以及在内质网中从蛋白质上切除寡糖的关系所知甚少。无论机制如何，前面提及的胞液内切-β-N-乙酰葡糖胺酶（一种不同于溶酶体酶的几丁二糖酶）可以剪切单个的 GlcNAc。有几个甘露糖残基也被去除，生成前述相同的 $Man_5$ 结构。这一分子被输入溶酶体中完成其最后的降解。总数三分之一以上的脂连接寡糖能够以游离聚糖的形式回收。这些酶切可能对协调蛋白质合成速度和寡糖中间体的水平起重要作用。

以前曾认为不良折叠的糖蛋白在内质网中降解，但最近的研究表明，这种降解过程是以一种依赖 ATP 的方式发生在胞液中。新观点提出错误折叠的糖蛋白是通过内质网中 Sec61 转运通道而反向移位至胞质。多肽释放至胞质取决于泛蛋白化，最终降解则依赖蛋白酶体。依赖蛋白质的 N-聚糖可能在泛蛋白化之前要剪切掉少量甘露糖，但蛋白质的完全降解则需要用胞液中的肽-N-葡糖胺酶（非内切葡糖胺酶）除去所有的 N-聚糖。这些释放出的寡糖可被胞液中内切-β-N-乙酰葡糖胺酶和α-甘露糖苷酶水解，这与从脂连接寡糖释放的糖链过程极为相似。

一些证据提示，从蛋白质上去除糖链可能具有生理学重要性。近侧肽-N-葡糖胺酶能释放全部的寡糖链，这样做的时候，它们将天冬酰胺转化成天冬氨酸残基。在某些蛋白质的 DNA 序列预料为天冬酰胺的地方，氨基酸测序表明为天冬氨酸。释放出的多糖不能简单地加到内质网中其他糖蛋白上，因为这一过程需要焦磷酸连接的多萜醇作为供体而不只是糖链本身。这些释放的聚糖可能需要外排，以防止它们与内质网中凝集素发生竞争，这些凝集素包括钙连蛋白，钙网蛋白或者内质网中一种结合甘露糖的凝集素 ERGIC53。

#### 4. O-连接寡糖[9]

对由 α-GalNAc-起始的典型的 O-聚糖的降解尚未进行过系统的研究。因为在许多 N-连接糖链中出现的结构在 O-聚糖中也存在，它们的降解可能也同样采用前面讨论过的一组外切葡糖苷酶。当然，这方面的例外是 GalNAc α-O-Ser/Thr 连键区。Schindler 病患者缺少的是一种 α-N-乙酰半乳糖胺酶。这种酶对 α-GalNAc 是特异的，但不能酶切 α-GlcNAc。缺乏 α- N-乙酰半乳糖胺酶的患者尿中积累含 GalNAc 的糖肽，但奇怪的是它们还积累更复杂的含有 GlaNAc、半乳糖和唾液酸的延伸糖肽。其结构与某些天然糖缀合物中的结构一致。它们的生成可能是由于寡糖降解全面减慢，但这似乎不大可能。另一方面，用正常的糖苷酶可以产生正常降解产物末端为 GalNAcα-O-Ser/Thr 的糖肽，然后再重新合成。这是如何发生的呢？有几种可能性。其一，部分合格的糖肽进入含有合适的糖基转移酶和糖核苷酸的区室（高尔基体?)。在产物离开细胞前依次添加单糖。以这种方式，此时糖肽将起到寡糖引物的作用（见第 40 章）。然而，另一种可能是溶酶体中的 GalNAc α-O-Ser/Thr 有相当高的浓度，其中的糖苷酶在一系列糖基化转移反应中利用它们作为接纳体。也发现 α-N-乙酰半乳糖苷酶是上述唾液酸酶/β-半乳糖苷酶/组织蛋白酶 A 复合物的一部分。如果溶酶体糖苷酶形成复合物降解糖缀合物更加有效，部分降解的底物在糖基化转移反应中作为接纳体可能处于最有利的位置。同样的 α-GalNAc 酶可能从 A 型血含有的聚糖（GalNAc α1,3Gal)中清除末端 α-GalNAc 和一些包括 Forsmann 抗原、GalNAcα1、3GalNAcβ1、3Galα1、4Galβ1、4Galβ 和 4Glcβ-Cer 在内的糖脂。

## 糖胺聚糖的降解[1,2,4,11～13]

包括硫酸类肝素、硫酸软骨素、硫酸皮肤素、硫酸角质素和聚透明质酸在内的糖胺聚糖的降解有严格的顺序。前三者是 O-木糖与核心蛋白质连接，根据组织来源不同硫酸角质素可分为 N-和 O-连接，聚透明质酸则成为游离的糖链（见第 11 章）。一些蛋白聚糖在细胞表面内化，其蛋白质组分被降解。随后，有些酶，例如，内切-β-葡糖醛酸酶，或者能在数个特异位点上剪切 GAG 链的内切已糖胺酶，根据序列情况，可以部分地切断 GAG 链，产生约 10kDa 的断片。这一情况可能具有重要意义，因为从一端开始的简单外切糖苷酶消化如此大的糖链将会很慢。内切糖苷酶的切断，产生能被独特或重叠的硫酸酯酶和内切糖苷酶组完全降解的多种末端残基。一般来说，外切糖苷酶不能降解取代的糖，因此，这些取代基团必需在反应前除去。分析各种黏多糖病（一类遗传病，见表 18.2）患者细胞溶酶体中部分水解片段的结构对于阐明降解途径至关重要。需要重申的是这种病的临床轻重程度和症状有一定范围。

表 18.2 黏多糖病：缺陷及临床症状分类

| 类别 | 常用名 | 酶缺乏 | 糖胺聚糖受累 | 临床症状 |
| --- | --- | --- | --- | --- |
| MPS Ⅰ H[a] | Hurler | α-L-艾杜糖醛酸酶 | DS，HS | 角膜浑浊，器官肿大，心脏病，精神迟钝，幼年死亡 |
| MPS Ⅱ | Hunter | 艾杜糖醛酸-2-硫酸酯酶 | DS，HS | 重型：器官肿大，无角膜浑浊，精神迟钝，15 岁前死亡<br>轻型：智力正常，身材矮小，寿命在 20～60 岁之间 |
| MPS Ⅲ A | Sanfilippo A | 类肝素 N-硫酸酯酶 | HS | 严重精神错乱，多动，相对轻度的躯体表现 |
| MPS Ⅲ B | Sanfilippo B | α-N-乙酰葡糖胺酶 | HS | 同上 |
| MPS Ⅲ C | Sanfilippo C | 乙酰 CoA：α-葡糖胺乙酰转移酶 | HS | 同上 |
| MPS Ⅲ D | Sanfilippo D | N-乙酰葡糖胺-6-硫酸酯酶 | HS | 同上 |
| MPS Ⅳ A | Morquio A | 半乳糖-6-硫酸酯酶 | KS，CS | 骨骼明显异常，角膜浑浊，牙釉质发育不良，也存有轻型 |
| MPS Ⅳ B | Morquio B | β-半乳糖苷酶 | KS | 同上 |
| MPS Ⅵ | Maroteaux-Lamy | N-乙酰半乳糖胺-4-硫酸酯酶 | DS | 角膜浑浊，智力正常，重型可活到青年，有轻型存在 |
| MPS Ⅶ | Sly | β-葡糖醛酸酶 | DS，HS，4，6-硫酸软骨素 | 重型病变表现范围广，包括胎儿和新生儿水肿 |

摘自［11］Neufeld and Muenzer（1995）。[a] MPS 代表黏多糖疾病。

### 1. 聚透明质酸

最丰富的 GAG 是聚透明质酸，在溶酶体中用聚透明质酸酶降解（见图 18.2）。降解产物为四糖和更大些的片段。由于聚透明质酸不在蛋白质上合成，因此不需要蛋白水解，而且也不必硫酸化；这样，聚透明质酸的降解从非还原端开始，仅需 β-葡糖醛酸酶和 β-N-乙酰己糖胺酶依次参加反应。猪肝中透明质酸酶的序列与血红素结合蛋白（hemopexin）中的相同。尽管血清中的血红素结合蛋白与聚透明质酸连接，但它不具备透明质酸酶的活性。猪透明质酸酶在杆状病毒中表达，生成一种具有透明质酸酶活性的蛋白质，说明这一主要序列中含有酶活必需的信息。然而溶酶体透明质酸酶与血红素结合蛋白之间的关系究竟如何，还不

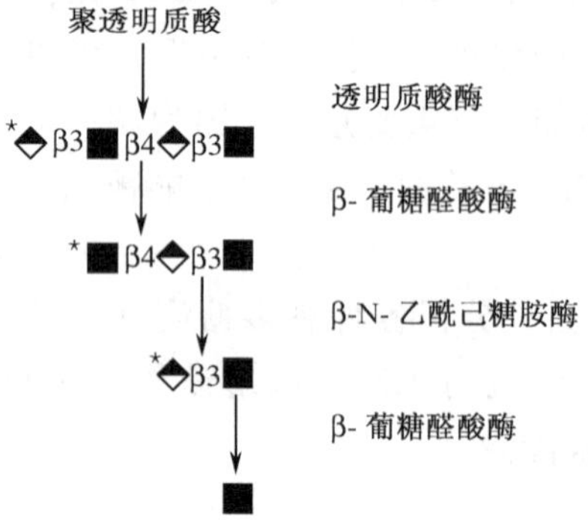


图 18.2 聚透明质酸的降解。透明质酸酶作为一种内切葡糖苷酶可将长糖链切成较小的片段，其后，每一片段再从非还原端进行降解。

明了。

**2. 硫酸类肝素**[14,15]

硫酸类肝素 HS 链先经内切葡糖醛酸酶降解，随后再进行有序的降解（见图 18.3）。在末端 IdoA-2-硫酸与 α- 艾杜糖醛酸酶反应前需用特异的 IdoA-2 硫酸酶脱掉硫酸后，方可作为合适的底物进行反应。如果在这个位置上有 GlcA-2 硫酸，要用 GlcA-2 硫酸酯酶先切去硫酸基，再用 β-葡糖醛酸酶水解。末端 $GlcNSO_4$ 是下一步要切断的糖，但这种糖的切断需要两步骤。硫酸基的去除要经过 N-硫酸酯酶形成葡萄胺，但是这一残基不能用 α-N-乙酰葡萄胺酸切断。这个氨基必须用嵌入溶酶体膜中的 N-乙酰转移酶先 N-乙酰化。在这第一步骤中，乙酰 CoA 在中性 pH 条件下向胞液面对的组氨酸残基提供乙酰基。随后，乙酰基出现在溶酶体膜的内腔一侧，于低 pH 条件下转移到部分降解的 HS 链上的葡糖胺的氨基。这时，末端 α-GlcNAc 可以切掉。如果葡糖醛酸残基是 2-硫酸化，则 β-葡糖醛酸酶水解之前需先脱去硫酸基。如下一 α-GlcNAc 是 6-O-硫酸化，则需要特异的 GlcNAc-6-硫酸酯酶催化脱去硫酸基。图 18.3 及表 18.2 列举了酶缺陷以及因此而引起的失常。

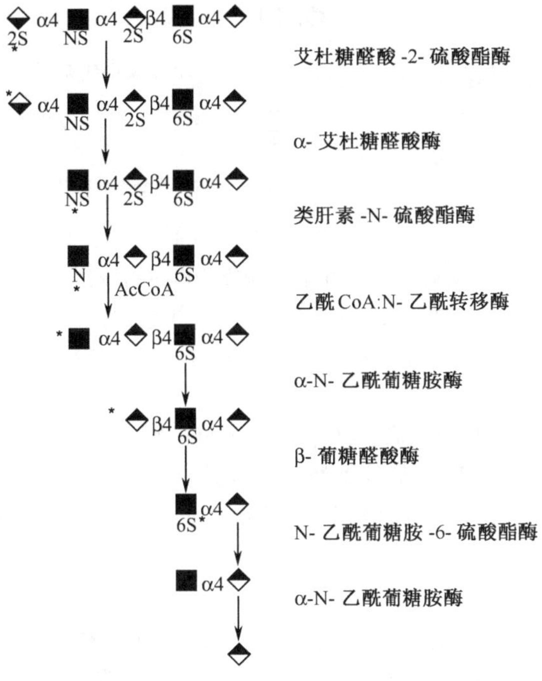


**图 18.3** 硫酸类肝素的降解。内切葡糖醛酸酶可首先将长糖链切成小片段，如正文中所述，再从非还原端进行降解，切去各个单糖。外切糖苷酶作用前需去除N-、O-硫酸酯结构。HS 降解过程的一个特点是还包括一合成步骤。去除 $GlcNSO_4$ 的 N-硫酸基团后，GlcN 先经乙酰 CoA 乙酰化后方能被 α-N-乙酰葡糖胺酶切除。

**3. 硫酸皮肤素和硫酸软骨素**

联合使用内切糖苷酶、硫酸酯酶和外切糖苷酶降解溶酶体中的硫酸皮肤素（DS）

(图 18.4)。先用 IdoA-2-硫酸酯酶，再用 α-艾杜糖醛酸酶。末端 GalNAc-4-$SO_4$ 的切除可采用下述任何一条途径，第一条途径，GalNAc-4-$SO_4$ 硫酸酯酶起作用，紧随其后用 β-N-乙酰己糖胺酶 A 或 B 去除 GalNAc。另一途径，β-N-乙酰己糖胺酶 A 切掉整个 GalNAc-4-$SO_4$ 单位后，用硫酸酯酶继续切断。缺失这一硫酸酯酶（MPS Ⅵ）对 DS 途径是少见的。β-葡糖醛酸酶可以切断 β-GlcA 残基，而且这一过程在其余分子上可以重复进行。

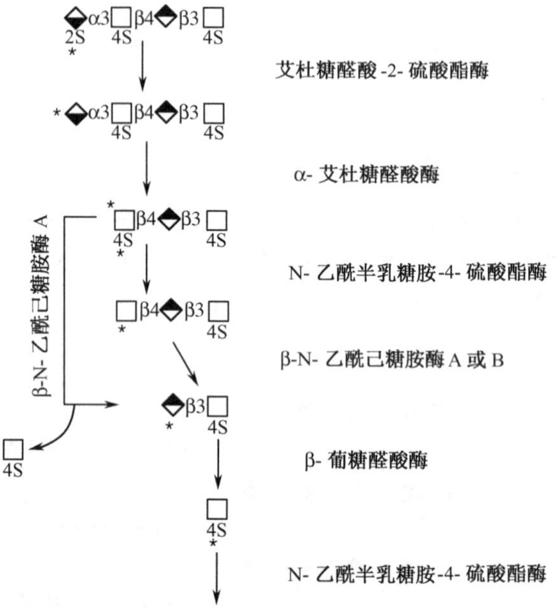


**图 18.4** 硫酸皮肤素/软骨素的降解。两种不同途径皆可进行降解。一是先用 GalNAc-4-$SO_4$ 酶再经 β-N-乙酰己糖胺酶 A 或 B 降解；另一途径只用 β-N-乙酰己糖胺酶 A，它是仅有的几个可在低 pH 条件下切掉硫酸化氨基糖的外切糖苷酶。

降解的硫酸软骨素（CS），需要 GalNAc-6-$SO_4$ 硫酸酯酶和 GalNAc-4-$SO_4$ 硫酸酯酶与 β-N-乙酰己糖胺酶 A 或 B 以及 β-葡糖醛酸酶结合起来共同作用。聚透明质酸酶也能降解硫酸软骨素，但至今尚未发现特异性的硫酸软骨素内切糖苷酶。

**4. 硫酸角质素**

硫酸角质素（KS）是高度硫酸化的多聚乳糖胺链。有些生物的内切-β-半乳糖苷酶虽然能水解结构相似的糖链，但哺乳动物细胞缺乏这种降解硫酸角质素的酶，因此必须依靠硫酸酯酶和外切糖苷酶结合的作用。半乳糖-6-$SO_4$ 硫酸酯酶和在硫酸角质素水解中脱 GalNAc-6-$SO_4$ 硫酸的硫酸脂酶是同一种酶。经过 β-半乳糖苷酶消化，该水解反应留下末端的 GlcNAc-6-$SO_4$。经硫酸酯酶脱硫酸后，借助于 β-N-乙酰己糖胺酶 A 或 B 切掉 GlcNAc-6-$SO_4$。另外，继单糖脱硫酸后 β-N-乙酰己糖胺酶 A 可直接释放 GlcNAc-6-$SO_4$。

**5. 蛋白聚糖连键区的降解**

核心区 O-连接 KS（骨骼型；Ⅱ型）的降解可能发生在与其他 O-连接糖链相同的降

解途径（图 18.5）。人们熟悉的 N-连接角质型 KS（Ⅰ型）和近来发现的 N-连接 GAG 链家族的降解可能也采用 N-聚糖相同的降解酶组。更为典型的连接木糖的 GAG 链（DS，CS，HS）都有共同的核心四糖。GlcAβ1、3Galβ1、3Galβ1、4Xylβ-O-Ser 和以木糖、半乳糖为末端的核心片段的发现表明，都存在内切-β-木糖苷酶和内切-β-半乳糖苷酶。已从兔肝中检测出内切-β-木糖苷酶。很可能同样的酶可切断不同类型的 GAG，但关于 GAG 连键区是如何被降解的细节，还有待确定。

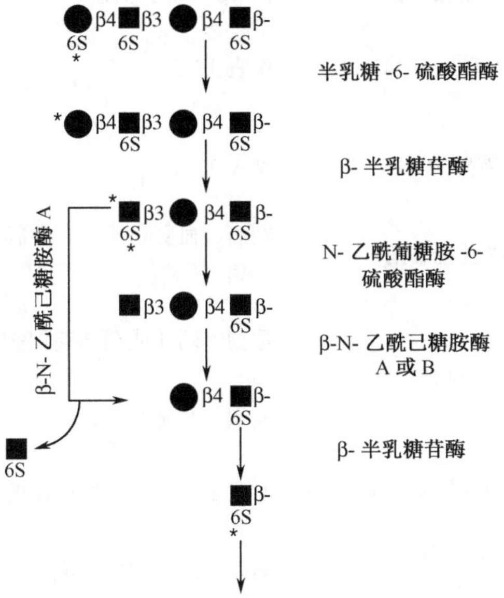


**图 18.5** 硫酸角质素溶酶体的逐步降解。KS 的有序降解从非还原端开始，末端 GlcNAc-6-$SO_4$ 先用硫酸酶再经 β-N-乙酰己糖胺酶 A 或 B 切掉与 DS、CS 降解相似，或用 β-N-乙酰己糖胺酶 A 在低 pH 条件下直接切掉 GlcNAc-6-$SO_4$。

## 糖鞘脂的降解[1,16～18]

当糖鞘脂（见第 9 章）仍结合在脂部分（脑酰胺）的时候，糖鞘脂的降解是用外切糖苷酶从非还原端开始。因为糖鞘脂有着许多在 N-聚糖和 O-聚糖中发现的同样的糖序列，很多相同的糖苷酶都可以用于糖鞘脂的降解（图 18.6）。但是，还需要专门的水解酶切断葡萄糖-脑酰胺和半乳糖-脑酰胺键和靠近膜的连键。除这些特异的酶以外，另一些非催化性质的（溶酶体）蛋白质（也称作鞘脂活化蛋白）有助于向裂解酶提供底物。有报道称水蛭和蚯蚓中，并且在高等动物中也可能存在内切糖脑酰胺酶（endoglycoceramidase）。这种酶，如同肽-N-葡糖胺酶一样，可从脂质中释放整体聚糖。

### 1. 降解糖鞘脂的专用酶和蛋白质

某些用于降解糖蛋白和 GAG 链的外切糖苷酶也用于降解糖脂，但其他一些酶则专门用于糖脂降解。缺失这特定的酶，就会引发表 18.3 中的糖脂贮积类疾病。葡糖脑苷脂酶（亦称 β-葡糖脑酰胺酶）可以特异地降解 Glc β-Cer 的连键，它的丧失引发 Gaucher 氏病。

**表 18.3 糖脂代谢异常**

| 疾病名称 | 缺乏的酶或蛋白质 | 临床症状 |
|---|---|---|
| Tay-Sachs 氏病 | β-己糖胺酶 A | 最重型：神经退行性病变，4 岁左右致死<br>较轻型：发病缓慢，不同症状皆与神经系统的各个部分相关 |
| Sandhoff 病 | β-己糖胺酶 A 和 B | 同 Tay-Sachs 氏病 |
| $G_{m1}$ 神经节苷脂贮积病 | β-半乳糖苷酶 | 见表 18.1 |
| 唾液酸贮积病 | 唾液酸酶 | 见表 18.1 |
| Fabry 氏病 | α-半乳糖苷酶 | 剧痛，血管角质瘤，角膜浑浊，死于肾脏或心血管疾病 |
| Gaucher 氏病 | β-葡糖脑酰胺酶 | 重型：幼儿或婴儿期发病，肝脾肿大，神经退行性病变<br>轻型：儿童/成人发病，无神经退行性病变 |
| Krabbe 氏病 | β-半乳糖脑酰胺酶 | 发病早，有进行性严重的精神和运动系统障碍 |
| 异染性脑白质营养不良 | 芳香硫酸酶 A（脑苷脂硫酸酶）$SO_4$ GalβCer 贮积 | 婴儿、幼儿和成人型，包括智力退化、周围神经病、癫痫、痴呆 |
| 多硫酸酯酶缺陷 | 胱氨酸→甲酰基甘氨酸 | 张力减退，精神运动发育障碍，四肢麻痹 |
| 鞘脂活化蛋白(saposin)* 缺乏 | 鞘脂活化蛋白前体 | 同 Tay-Sachs 氏病和 Sandhoff 氏病 |

一种称作 β-半乳糖脑酰胺酶的特异 β-半乳糖苷酶水解半乳糖和脑酰胺键，也能将乳糖脑酰胺的末端半乳糖切除。缺乏该酶将导致 Krabbe 氏病。半乳糖脑酰胺常具有 3-硫酸酯（硫苷脂），因此在与 β-半乳糖脑酰胺酶反应前要利用特异的硫酸酯酶，即芳香硫酸酯酶 A 切掉硫酸基团。缺失该酶会引发异染性脑白质障碍和硫苷脂贮积。末端为 α-半乳糖胺残基的糖脂，由特定的 α-半乳糖苷酶降解，该酶的丧失可导致 Fabry 病。

**2. 激活蛋白**

所有已知鞘脂类激活蛋白可由两个基因编码。这些蛋白质也可与一种以上的降解酶形成复合物，更为有效地进行水解反应。

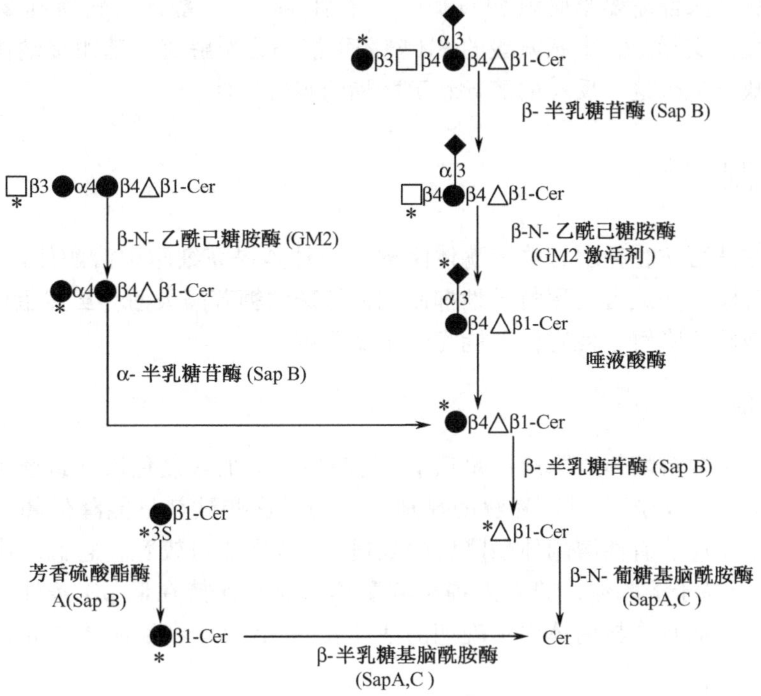


**图 18.6** 糖脂的降解。括号中表示反应必需的激活蛋白。

### 3. $G_{M2}$激活蛋白

$G_{M2}$激活蛋白与 $G_{M2}$或 $G_{A2}$形成一种复合物并将它们呈递给 β-N-乙酰己糖胺酶用于切断末端的 β-GalNAc。位于太靠近脂双层的糖，接近可溶性己糖胺酶的机会显然有限。激活蛋白与糖脂分子结合，形成一种能够被己糖胺酶切断的可溶性复合物。结果产物重回插入膜内，激活蛋白再呈递下一个 $G_{M2}$分子，等等。这一激活蛋白的遗传缺失导致 $G_{M2}$和 $G_{A2}$的积累，最终引发神经节糖苷 $G_{M2}$沉积症的 AB 变异体。激活蛋白可能是通过 Man-6-P 途径靶向溶酶体的。

### 4. 鞘脂活化蛋白（saposin）

鞘脂活化蛋白来源于由 524 个氨基酸组成的前体，亦称鞘脂活化蛋白前体（prosaposin）。该前体被加工成 4 种同源激活蛋白：Sap-A，Sap-B，Sap-C，Sap-D。每种大约由 80 个氨基酸组成，而且各个性质不同。Sap-A 和 Sap-C 有助于 β-葡糖和 β-半乳糖脑酰胺酶降解。Sap-B 则有助于芳基硫酸酯酶 A、α-半乳糖苷酶、α-唾液酸酶和 β-半乳糖苷酶的降解。认为鞘脂活化蛋白的作用机理与 $G_{M2}$激活蛋白相似，即部分地将糖脂分子移出膜外，形成能被可溶性酶裂解的复合物，随后再将底物插回膜内。Sap-D 和 Sap-B 也可以协助鞘髓磷脂降解。完全缺失鞘脂活化蛋白前体对人是致命的，缺失 Sap-B 和 Sap-C 导致与芳基硫酸酯酶 A 缺乏（异染性脑白质发育不良）和 Gaucher 氏病相类似的临床缺陷。根据这些鞘脂活化蛋白辅助酶可以预测这些症状。

一种非常少见的人的失常是缺乏多种硫酸酯酶。所有硫酸酯酶都是造成这一缺陷的病因，因为这些酶都需要半胱氨酸残基的一个活性位点，翻译后转换到 2-氨基-3-氧化丙酸产生活性。实际上，半胱氨酸的 SH 基团可能作为裂解硫酸基团接纳体的双键氧原子所取代。缺乏进行这一反应的酶导致硫酸酯酶丧失活性。

## 降解的抑制[19,20]

有几种方法可防止糖缀合物溶酶体降解。一种是提高细胞中溶酶体内的 pH，另一种是采用遗传学方法或者使用特异性抑制剂使特殊的糖苷酶失活。虽然蛋白水解的抑制剂也能有效地防止降解，但它们不能完全阻断降解。

### 1. 普通抑制剂

由于绝大多数溶酶体酶降解的最适 pH 为酸性，当加入氯化铵和氯奎等试剂，溶酶体内 pH 从 5～5.5 升至 7 时，降解明显地被削弱。这些试剂只能降低降解的速度，但不能阻断整个反应。有些溶酶体酶降解的最适 pH 范围相对较宽，它们之中某些酶的最适 pH，实际上高于溶酶体。曾有人提出溶酶体不能总保持在低 pH 条件。某些“溶酶体”酶确实存在而且在核内体内早晚期的活性最适 pH 高于在溶酶体的 pH 范围。

### 2. 特异性抑制剂

糖基化抑制剂的详细内容见第 40 章；然而，其中有些也能抑制特异的溶酶体酶。例如，苦马豆碱不但能阻断参与加工糖蛋白的 α-甘露糖苷酶Ⅱ，也能阻断溶酶体 α-甘露糖苷酶。如果牛羊食用了富含苦马豆碱（疯草）的饲料会出现神经错乱。由于在转基因剔除中，在缺乏加工 α-甘露糖苷酶Ⅱ的小鼠中未发现对神经有影响，很可能这些暂时的症状是因为溶酶体 α-甘露糖苷酶被抑制而诱导的。未降解的寡糖可能在受累动物内积聚。虽然在体外进行酶法测试时，许多抑制剂会影响各种各样的酶，但它们在细胞或整体动物中不会产生效果，因为它们不可能进入溶酶体，即使进去了，其浓度也达不到要求。

### 3. 合成、降解以及遗传失常的展望

为深入了解分解代谢途径的本质及其重要性，溶酶体的遗传缺陷提供了最佳条件。例如，将两种不同贮积疾病患者的成纤维细胞一起培养，导致两种病型细胞中的贮积物质都已消失。各个细胞通过细胞表面 Man-6-P 受体的摄入，为其他细胞提供所缺乏的校正因子（溶酶体酶）（详见第 23 章关于溶酶体酶 Man-6-P 靶向的发现）。交叉校正强调，只需相对少量的酶就可以防止贮积物的积累及其引发的并发症。有人估计并提出只需 10%的 β-N-乙酰己糖胺酶的正常活性就足以防治 Tay-Sachs 病的病理学症状。由于贮积物的积累取决于糖缀合物的合成和降解的相对速度，降低贮积化合物的合成速度也能改善几乎完全缺失某种糖苷酶的状况。这在采用 N-丁基脱氧野尻霉素（糖鞘脂生物合成第一步中葡糖基脑酰胺合成酶的一种抑制剂）作为抑制剂的小鼠模型实验中得到了证实。N-丁基脱氧野尻霉素可以在糖鞘脂生物合成的起始步骤就抑制葡糖脑酰胺合成酶。当这种化合物给予正常小鼠后，小鼠体内所有组织中的糖鞘脂减少了 50%～70%，没

有出现明显的病理症状。当用这种化合物治疗 Tay-Sachs 病的小鼠时，可阻断其在脑中 $G_{M2}$的贮积，神经节苷脂的贮积也随之减少。因此，初生前体合成的减少，也就减少了能被小鼠降解的 $G_{M2}$的负荷。

正如第 6 章中所述，认为大部分来自降解糖缀合物的单糖可以再利用。在探讨这一问题时，有人认为糖苷酶释放糖的再利用可能具有重要意义。

## 降解和再合成[21,22]

糖缀合物的降解不都是完美无缺的。细胞表面糖蛋白和糖鞘脂部分降解的聚糖、或不完整的聚糖能够被内化，而后在含有糖核苷酸和适宜的糖基转移酶的功能性高尔基体区室内进行延伸。对糖鞘脂而言，这一途径对细胞的总合成发挥了重要作用，然而对糖蛋白来说，做出的贡献不大。还不知道这些途径是简单的补救还仅是一种修理机制，或者在尚未证实的生理途径中它们是否承担着重要任务。

### 1. 糖蛋白的再糖基化

从不同的实验结果清楚地表明，特异性膜蛋白的半衰期比聚糖的半衰期长。末端的单糖与靠近还原端的单糖周转得越快，越能说明单糖是被外切糖苷酶按顺序切除的。这种情况可能发生在膜正常再循环过程中的细胞表面，或者在蛋白质胞吞的时候。由于末期的微酸性核内体含有溶酶体酶，其最适 pH 范围可能十分宽阔，像唾液酸一类的末端糖链能够被切断。如果胞吞的蛋白质未在溶酶体内降解，它们可能在高尔基体内相遇，再次进行唾液酸化，并重新出现在细胞表面。如果糖蛋白从聚糖上既失去唾液酸，又失去半乳糖残基，可能发生同样情况。有些在寡糖加工抑制剂的存在下合成的膜蛋白也能以未加工的形式达到细胞表面。不存在抑制剂的情况下，将导致随后的正常保温培育加工超时。加工时间的延长及其动力学决定于蛋白质和细胞系。由于高尔基体内的各种酶在不同细胞中分布不均，很难断定有多少需要“再加工”。大多数研究都监控 N-连接聚糖，但具有 O-聚糖的膜蛋白表现同样的应答。新到达的膜蛋白将在超时期间于以前未占据的糖基化位点获得添加的 O-聚糖。据推测 O-聚糖的启动发生在顺式高尔基体，但是很难确定在末期（反式）高尔基体内是否也有少量具有活性的 O-GalNAc 转移酶，或者接纳体蛋白质在区室早期与高浓度糖基转移酶是否能够有短暂的相遇。

### 2. 糖鞘脂的再循环

大部分新合成的葡糖脑酰胺是通过与高尔基体无关的胞液途径到达细胞表面的。这类物质中有些以及从更为复杂的糖脂降解产生的 Glc-Cer 也可以循环到高尔基体。与糖蛋白一样，在高尔基体内它们可以成为合成长链的接纳体。在溶酶体中，糖鞘脂可以完全降解为鞘氨醇和二氢鞘氨醇，并能重复利用。总之，这两种途径，特别是后者，实际上是大多数复杂糖脂的合成途径。根据细胞的生理状态不同和合成的需要，从丝氨酸和棕榈酰辅酶 A（palmitoyl CoA）开始的全程途径只占合成总数的 20%～30%。使再循环成分通过和在各种细胞中来回穿梭似乎包括波形蛋白中间纤丝。这一过程的机理和细节研究目前还很欠缺，但这方面的研究却为多年前纯化脑糖脂转移蛋白的生理功能提出了解释。关于生物合成具体的细节见第 9 章的讨论。

## 发展方向

本章反复讨论的主题是合成、降解和补救途径之间的良好平衡。单糖补救途径的研究是今后的重点研究领域，而且一定会解释清楚饮食上的作用和降解分子再循环至糖缀合物合成的重要性。酶置换法已经用于治疗像 Gaucher 病一类的溶酶体贮积症，基因置换也是一种可能的治疗方法。但是，如上所述，另一重要的治疗方法是降低具有贮积物积累作用聚糖的合成速度。这一方法可能有改善患者病情的作用。

（辛　毅译　　马毓甲校）

### 参考文献


1. Winchester B.G. 1996. Lysosomal metabolism of glycoconjugates. *Sub.-cell. Biochem.* **27:** 191–238.
2. Jourdian G.W. 1996. Normal and pathological catabolism of glycoproteins. *New Compr. Biochem.* **30:** 3–54.
3. Thomas G.H. and Beaudet A.L. 1995. Disorders of glycoprotein degradation and structure: α-Mannosidosis, β-mannosidosis, fucosidosis, sialidosis, aspartylglucosaminuria, and carbohydrate-deficient glycoprotein syndrome. In *The metabolic and molecular bases of inherited diseases,* 7th edition (ed. Scriver C.R. et al.), vol. II, pp. 2529–2562. McGraw-Hill, New York.
4. Michalski J.-C. 1996. Normal and pathological catabolism of glycoproteins. *New Compr. Biochem.* **30:** 55–97.
5. Mononen I., Fisher K.J., Kaartinen V., and Aronson N.N. Jr. 1993. Aspartylglycosaminuria: Protein chemistry and molecular biology of the most common lysosomal storage disorder of glycoprotein degradation. *FASEB J.* **7:** 1247–1256.
6. Cacan R. and Verbert A. 1997. Free oligomannosides produced during the N-glycosylation process: Origin, intracellular trafficking and putative roles. *Trends Glycosci. Glycotechnol.* **9:** 365–377.
7. Suzuki T., Kitajima K., Inoue S., and Inoue Y. 1994. Occurrence and biological roles of "proximal glycanases" in animal cells. *Glycobiology* **4:** 777–789.
8. de Virgilio M., Weninger H., and Ivessa N.E. 1998. Ubiquitination is required for the retro-translocation of a short-lived luminal endoplasmic reticulum glycoprotein to the cytosol for degradation by the proteasome. *J. Biol. Chem.* **273:** 9734–9743.
9. Desnick R.J. and Wang A.M. 1995. α-N-acetylgalactosaminidase deficiency: Schindler disease. In *The metabolic and molecular bases of inherited diseases,* 7th edition (ed. Scriver C.R. et al.), vol. II, pp. 2509–2528. McGraw-Hill, New York.
10. d'Azzo A., Andria G., Strisciuglio P., and Galjaard H. 1995. Galactosialidosis. In *The metabolic and molecular bases of inherited diseases,* 7th edition (ed. Scriver C.R. et al.), vol. II, pp. 2825–2838. McGraw-Hill, New York.
11. Neufeld E.F. and Muenzer J. 1995. The mucopolysaccharidoses. In *The metabolic and molecular bases of inherited diseases,* 7th edition (ed. Scriver C.R. et al.), vol. II, pp. 2465–2494. McGraw-Hill, New York.
12. Aronson N.N. Jr. and Davidson E.A. 1968. Catabolism of mucopolysaccharides by rat liver lysosomes in vivo. *J. Biol. Chem.* **243:** 4494–4499.
13. Aronson N.N. Jr. and De Duve C. 1968. Digestive activity of lysosomes. II. The digestion of macromolecular carbohydrates by extracts of rat liver lysosomes. *J. Biol. Chem.* **243:** 4564–4573.
14. Bame K.J. and Rome L.H. 1986. Acetyl-coenzyme A:α-glucosaminide N-acetyltransferase. Evidence for an active site histidine residue. *J. Biol. Chem.* **261:** 10127–10132.
15. Bame K.J. and Rome L.H. 1985. Acetyl coenzyme A:α-glucosaminide N-acetyltransferase. Evidence for a transmembrane acetylation mechanism. *J. Biol. Chem.* **260:** 11293–11299.

16. Gravel R.A., Clarke J.T.R., Kaback M.M., Mahuran D., Sandhoff K., and Suzuki K. 1995. The $G_{M2}$ gangliosides. In *The metabolic and molecular bases of inherited diseases,* 7th edition (ed. Scriver C.R. et al.), vol. II, pp. 2839–2879. McGraw-Hill, New York.
17. Sandhoff K., Harzer K., and Fürst W. 1995. Sphingolipid activator proteins. In *The metabolic and molecular bases of inherited diseases,* 7th edition (ed. Scriver C.R. et al.), vol. II, pp. 2427–2442. McGraw-Hill, New York.
18. Dierks T., Schmidt B., and von Figura K. 1997. Conversion of cysteine to formylglycine: A protein modification in the endoplasmic reticulum. *Proc. Natl. Acad. Sci.* **94:** 11963–11968.
19. Leinekugel P., Michel S., Conzelmann E., and Sandhoff K. 1992. Quantitative correlation between the residual activity of β-hexosaminidase A and arylsulfatase A and the severity of the resulting lysosomal storage disease. *Hum. Genet.* **88:** 513-523.
20. Platt F.M., Neises G.R., Reinkensmeier G., Townsend M.J., Perry V.H., Proia R.L., Winchester B., Dwek R.A., and Butters T.D. 1997. Prevention of lysosomal storage in Tay-Sachs mice treated with N-butyldeoxynojirimycin. *Science* **276:** 428–431.
21. Gillard B.K., Clement R., Colucci-Guyon E., Babinet C., Schwarzmann G., Taki T., Kasama T., and Marcus D.M. 1998. Decreased synthesis of glycosphingolipids in cells lacking vimentin intermediate filaments. *Exp. Cell Res.* **242:** 561–572.
22. Gillard B.K., Harrell R.G., and Marcus D.M. 1996. Pathways of glycosphingolipid biosynthesis in SW13 cells in the presence and absence of vimentin intermediate filaments. *Glycobiology* **6:** 33–42.

本章初稿由 H．H．Freeze（加利福尼亚，La Jolla Burnham 研究所）编写。

# 第 19 章　“模式”生物体中的糖基化



本章着重介绍了在几种生物模式系统中的糖基化和糖生物学内容；涵盖了糖缀合物的结构、生物合成和新出现的功能性作用；概括地说明了每一种系统的优势和限制因素。除酵母外，对这些模式的生物合成及结构分析的探索，远比在哺乳动物细胞中开展的工作要少。然而，研究这些较为复杂的系统必然要结合遗传学胚胎发育和行为等方面，因此对了解聚糖的功能性作用提供极大的潜力。

## 背景

模式生物体对于理解较复杂生物体的生物化学、生理学和行为具有重要作用。每一生物系统具有其自己的实力，如快速生长、有效地利用大量物质、实行遗传性运作的能力以及在细胞分化和胚胎发育中精细分辨的能力。在糖生物学的早期研究中，这些生物学优势并不是驱动其发展的力量。而当时，科学家的注意力主要是集中在理解糖缀合物的结构和生物合成。结构分析的技术局限性是因为需要有大量的研究材料。乳汁、血清和血液提供了易于纯化的糖蛋白，软骨提供了蛋白聚糖，脑含有丰富的糖脂。过去在糖基化和糖缀合物的生物合成的研究主要局限在微生物和培养的哺乳动物细胞。当时，探索完整的多细胞生物体中聚糖的功能的想法实际上是不存在的。当前，随着遗传学研究对糖基化在基础发育过程中的功能的揭示，这种情况发生了根本的改变。

对模式生物体的选择在很大程度上取决于所研究的问题。啤酒酵母（*Saccharomyces cerevisiae*）使我们对糖基化前体的生物合成和前体组装到寡糖能够深入地了解。盘基网柄菌（*Dictyostelium discoideum*）在研究细胞分化、组织比例化、黏附和简单行为等方面具有更多的优势。较复杂的生物如：秀丽新小杆线虫（*Caenorhabditis elegans*）、海胆、黑腹果蝇（*Drosophila melanogaster*）和爪蟾（*Xenopus*）等为研究多细胞生物体所特有的生物过程（譬如受精、胚胎发育、器官形成和复杂的行为）提供了机会。现在这些系统在糖生物学研究中已占有显著地位，也为理解哺乳动物中相似的过程提供了基础。

目前，进行对糖基转移酶的同源性调查和以强有力手段对分析功能性遗传正在利用某些生物体，例如果蝇和美丽新线虫，使得对聚糖功能上重要性的了解有了量的跃进，但结构和生物合成的研究仍落后于功能的研究，将来在这些模式体系中功能上的联系将推动对聚糖的结构分析。

## 酵母[1～4]

啤酒酵母（*Saccharomyces cerevisiae*）的干重大约14%是甘露糖，主要以甘露聚糖的N-和O-聚糖形式存在于细胞壁。高度糖基化的酶，例如转化酶也典型地含有较长的N-聚糖结构。借助于巧妙的遗传学选择技术和容易获得克级材料的特点，使酵母成为研究聚糖的生物合成途径、酶学及结构分析的理想选择。最近，对啤酒酵母整个基因组的测序已经完成。利用同源调查有希望揭示在酵母和高等生物体中参与糖基化的更多的基因。已经从生物合成的前体物的合成过程、糖核苷酸转运子和许多参与脂连接的寡糖的生物合成的糖基转移酶及N-聚糖的早期加工步骤中分离出来一些突变体。在几种病例中，通过这些信息已获得某些人类基因的克隆，从而能证明在至少有3种人类糖缺乏性的糖蛋白综合症是因为这些基因发生了突变（见第23章）。

### 1. N-聚糖

酵母似乎是产生常见的N-聚糖的最“原始”的真核生物。其合成途径的最初部分已被很好地保留在哺乳动物中。酵母合成典型的真核细胞的脂连接的寡糖前体，是通过特定的有序过程将每个N-乙酰葡糖胺、甘露糖和葡萄糖残基加入到链上（见第7章）。在大多数脂连接的寡糖生物合成步骤中出现的突变体已经可以得到（图19.1）。在内质网中的早期加工步骤与那些在高等生物体中所见的步骤相似：在向胞外输出前，切除所有的葡萄糖残基和一个甘露糖残基。在哺乳动物中内切甘露糖苷酶可从新形成的糖蛋白上切去葡萄糖α1-3Man但在酵母中并没有此酶。另一差异是酵母在内质网（ER）只切除单一的甘露糖残基，然后在高尔基体中加上多个甘露糖残基，而不是切除更多的甘露糖残基。每一个甘露糖残基都是直接以GDP-Man而不是以Dol-P-Man的形式加入。图19.2显示某些糖链延长的实例。例如，在甘露聚糖合成中，核心的延长是利用α1-6Man基转移酶形成一个由重复单位组成的长骨架。每一个α1，6单位在键特异的甘露糖基转移酶催化下，通过增加α1-2Man和α1-3Man以形成分支。近来的证据显示，α1-6和α1-2转移酶是作为复合体的一部分，存在于酵母的高尔基体中。

甘露聚糖合成的另一特征是在延伸的糖链上将Man-1-P加到一个α1-3Man单位的第6位碳上。像其他甘露糖基化反应一样，用于该反应的供体是GDP-甘露糖。其他种类的酵母也由Glc-1-P（UDP-Glc供体）代替Man-1-P来合成相似的磷酸二酯。这些磷酸二酯的形成类似于甘露糖-6-磷酸生物合成途径的第一步，该途径在高等生物中，可借此以靶向溶酶体（见第23章）。对于酵母中磷酸化甘露聚糖生物合成中产生了磷酸二酯键的认识，可为了解哺乳动物细胞中合成Man-6-P的寡糖的途径提供了关键的线索。然而，酵母不利用Man-6-P以靶向溶酶体酶，其靶向有赖于对肽模体的识别。

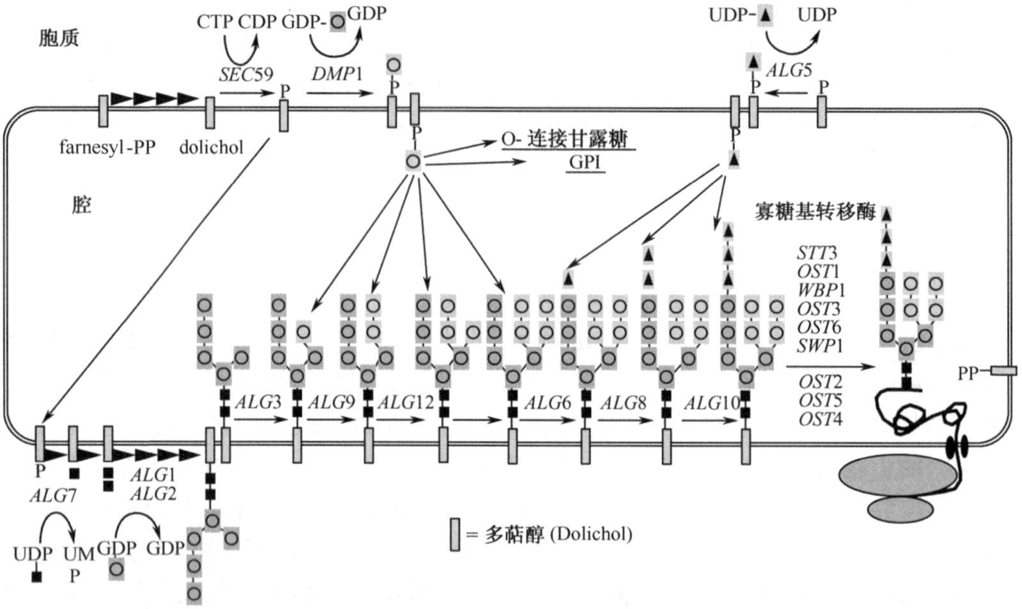


**图 19.1** 酵母中脂连接寡糖的生物合成和突变体。通过影响脂连接寡糖结构和向蛋白质转移的多种功能性突变体，以遗传学的方式界定了脂连接寡糖在内质网中的合成和转移到蛋白质的过程。虽然最早期前体（例如 Man-6-P 和 Man-1-P）合成的某些步骤已经被检测到，但在此并未显示。利用多萜醇进行合成和再循环的缺陷，预期也可产生降低糖基化效率的突变体。（深灰部分）来源于 GDP-Man 的甘露糖残基；（浅灰部分）来源于多萜醇-磷酸-甘露糖 Dol-P-Man 的甘露糖残基。（经允许，修改于 Burda 和 Aebi 的［3］，1999［©Elsevier Science］。）

**2. O-聚糖**

甘露聚糖也含有 O-聚糖，这些 O-聚糖起始于甘露糖而不是哺乳动物中所见的典型的 GalNAc 为主的链。Dol-P-Man 是添加到内质网上连接于 Ser/Thv 的第一个残基的供体。随后程序性链延长是在高尔基体中通过用 GDP-Man 作为供体加入 2～3 个甘露糖残基实现的。可以预测，高尔基体 GDP-Man 转运子对于酵母中长链 N-和 O-聚糖的合成是关键的。事实上，糖核苷酸载体与核苷二磷酸水解的偶合已在酵母的突变体中确定。在哺乳动物脑组织中见到的大量以 O-甘露糖为基础的寡糖链（见第 12 章）是否与酵母中 O-甘露聚糖途径有关，目前还不清楚。

**3. 糖磷脂锚**

酵母糖基磷脂酰肌醇（GPI）锚中糖的基本结构与见于锥虫和哺乳动物中的糖蛋白相似。一个显著的差别是酵母 GPI 锚中的酰基之一被脑酰胺取代了。脑酰胺能够抵抗碱催化的切断（见第 10 章）。

**4. 优势和限制因素**

如上所述，酵母模式有许多优点，包括有能力产生大量用于结构分析的聚糖，具备

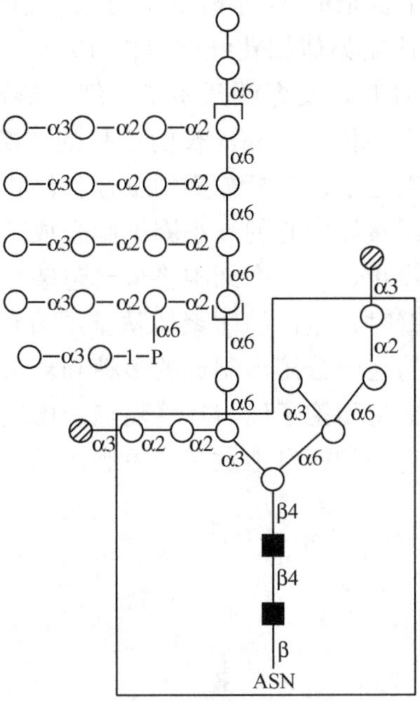


**图 19.2** 酵母中寡糖加工途径中的一部分。酵母中的加工与在其他真核生物系统中所见的不同，通常只有一个甘露糖残基被内质网 α-甘露糖苷酶切除，而产生从 $Glc_3Man_9GlcNAc_2$ 寡糖衍生而来的结构（在大框中）（见图 19.1）。这些分子的一小部分延伸成为一个由 9～15 个甘露糖组成的内部核心，如图所示的一些带阴影的残基。其他寡糖通过由 α-6 甘露糖单位的直链序列的延伸构建而延长，如图所示的括号部分。通过 α1-2 和 α1-3 连接的甘露糖残基的加入，可进一步修饰该核心以产生见于酵母细胞壁的复杂结构（甘露聚糖）。除此之外，通过将 Man-1-P 残基加到 α1-2Man 的第 6 位碳上，甘露聚糖也被磷酸化成磷酸二酯。可能还有其他形式的修饰，修饰的每一主要步骤都是由产生改变了结构的寡糖的突变体所确定的。除了连接到 N-乙酰葡糖胺残基的 β-连接甘露糖外，所有的甘露糖残基都是 α-连接。

产生突变体的能力和一个完成了全部测序的基因组。毫无疑问，在未来的许多年中，酵母将仍会持续地做出贡献，特别是在基因的鉴定方面，而这些基因在人类糖基化疾病中可能是有缺陷的。预期这将是一个富有成果的领域，但是酵母也有它的局限性。首先，在酵母中 N-聚糖的加工反应很少，这是因为没有发现剪切用的 α-甘露糖苷酶、GlcNAc、半乳糖和唾液酸转移酶等。它也没有典型的 O-聚糖、糖胺聚糖或糖鞘脂。另一方面需要考虑的是，酵母中糖基化的量高于哺乳动物细胞中的 100 倍。类似于大多数微生物体，酵母的快速和高效的生长是要特别注意的。多细胞生物体对于糖基化的需要较少，它侧重于调节和细微地调整，而不是侧重于放任性生长。

## 盘基网柄菌（*Dictyostelium discoideum*）[5～7]

### 1. 生活史和发育

盘基网柄菌（*Dictyostelium discoideum*）是一种正常地吞噬细菌的单倍体变形虫。

当食物被耗尽时，它经历一个复杂的 24 小时的形态发生过程，产生一堆孢子位于一束有空心 evacuolated 柄的细胞顶端类似棉花纤维（图 19.3）。当含有 100000 个细胞的细胞群趋化于 cAMP 并相互黏着时，发育就开始了。细胞群形成被纤维素和糖蛋白鞘所覆盖的小丘，该鞘封闭了一个伸长 1～2mm 长的迁移的“蛞蝓型幼虫”。前端的细胞将产生柄，而后部的细胞将产生孢子。当蛞蝓型幼虫迁移停止时，顶部向后移动，使其变成垂直位置。然后，在细胞团聚体中心的一小圈细胞合成了类似吸管的纤维素环。在管上端的细胞迁移进入管中并停止，每一个细胞将自己包装在纤维素壁中。当更多的细胞进入柄管并形成它们自己的壁时，全部的团聚体从基层升起。前孢子细胞爬上 2mm 长的柄，并从前孢子细胞特异的泡中分泌出制成的多糖和糖蛋白混合物。一些糖蛋白形成与纤维素结合的复合物，用来封闭孢子以与环境隔绝。雨滴、过往的动物或饥饿的食肉动物可将具抵抗性的孢子从它们的栖息地散布到更肥沃的土地上。

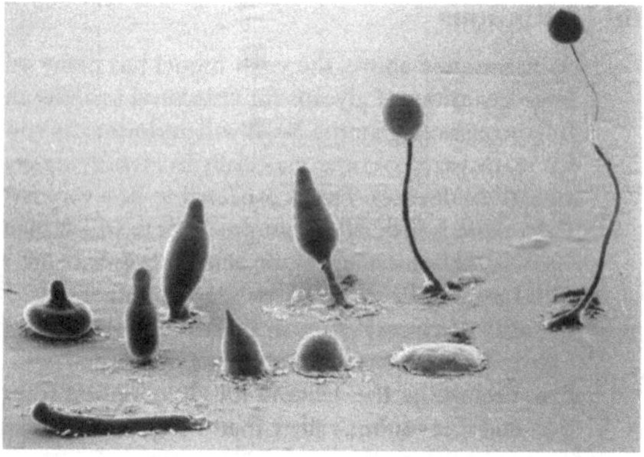

**图 19.3** 盘基网柄菌的发育。扫描电子显微镜摄影显示在盘基网柄菌发育中的形态学阶段。图片中部的平小丘是由营养耗尽后刚完成聚集的细胞所组成。在几小时之后的下一阶段，升高的小丘被主要由蛋白质形成的表面鞘所覆盖。根据环境条件，小丘能延长成趋光的蛞蝓型幼虫，图的左下角显示它当向左侧迁移时的情况。在幼虫中，接近幼虫左侧顶端的细胞将成为柄细胞，而剩下的 80%的细胞在以后的发育中转化为孢子。一系列明显的形态学阶段，包括“墨西哥草帽”阶段，发生在其后的 7～8 小时中，产生由空心细胞组成的棉花纤维状细薄柄，支持一组纤维素包装的孢子细胞上升成为柄，长到 2mm 长时，落到肥沃的土地上，在此孢子脱出以细菌为食物。（经 R. L. Blanton 允许）

**2. N-聚糖**

像其他真核生物一样，盘基网柄菌含有 N-聚糖并对它们进行加工，但是，那些在营养期生长过程中所产生的 N-聚糖几乎没有受到什么加工。大多数 N-聚糖链含有 7～8 个甘露糖残基，许多含有单个 GlcNAc，是处于甘露糖支链的“平分型”或“交叉型”的位置。这相似于高等生物体中一些被 GlcNAc T-Ⅲ所修饰的高甘露糖型和复合型链（见第 7 章），但是，典型的双天线的聚糖在盘基网柄菌中并没被发现。另一共同的修饰方式是将一个 α1-6 Fuc 加到核心中近端的 GlcNAc 上。这种结构在高等生物体的复合型链中也是很典型的，并认为岩藻糖的添加必需先有 GlcNAc 的复合型糖链的启动合成。盘基网柄菌的情况却不是这样，因为盘基网柄菌不产生这些复合型的聚糖。近期已在哺乳动物细胞中发现几种具有相似于盘基网柄菌的核心岩藻糖基化的高甘露糖型 N-聚糖，所以此途径可能比以前所认识的更多样化。

在发育过程中出现两个用于加工寡糖的 α-甘露糖苷酶。基于其对抑制剂的敏感性和所形成的结构，第一个酶是典型的高尔基体 α-甘露糖苷酶Ⅰ能催化产生 $Man_5GlcNAc_2$ 寡糖；第二个酶与 α-甘露糖苷酶Ⅱ相似或者（更相似于）α-甘露糖苷酶Ⅲ，因为它能催化产生含有 Man3 的链。

在营养细胞中发现了核心 Fucα1-6GlcNAc 的形成，但在发育阶段其量较少。另一方面，Fuclα1-3GlcNAc 只在发育阶段与 1-6 连接的核岩藻糖以交互关系出现。核心 Fucα1-3GlcNAc 也典型地见于许多植物糖蛋白中（见第 20 章）。

### 3. Man-6-P 的生物合成

网柄菌的溶酶体酶含有携带 Man-6-P 的 N-聚糖。其生物合成很像在哺乳动物细胞中的情况。第一步是将 GlcNAc-1-P 转移到被选的甘露糖残基的第 6 位碳上，网柄菌转移酶能够识别的糖链，与其在哺乳动物中的对应体非常相似。但与哺乳动物的 GlcNAc 磷酸转移酶不同，网柄菌的酶不与溶酶体酶上的特异的识别标记物相互作用。在网柄菌中没有发现甘露糖-6-磷酸受体，但它的溶酶体酶被大的 Man-6-P/IGF-II 受体所识别并被摄入到哺乳动物细胞。在哺乳动物和网柄菌中生物合成的下一步是除去 GlcNAc 帽，以产生 Man-6-P，这是高等生物体合成途径中的最终步骤。然而，网柄菌含有对 Man-6-P 特异的并且依赖于 S-腺苷甲硫氨酸的甲基转移酶，将磷酸酶敏感的磷酸单酯转变成为磷酸二酯，即 Man-6-P-$OCH_3$。此二酯能保护 Man-6-P 免遭降解并使它参与不同细胞区室之间的多轮循环而不至失去 Man-6-P。尽管依赖于 Man-6-P 的靶向还没有被证明，但网柄菌确有两类溶酶体。每一类溶酶体包含的蛋白质具有相互不同的糖修饰，或是甘露糖-6-磷酸或者是 GlcNAc-1-P-Ser（见第 12 章）。尽管溶酶体与含运载物小泡（cargo-containing vesicle）反复地融合，但这些蛋白质似乎总是保持分离状态。这些结果提示糖可能对各种蛋白质起分隔作用。

### 4. 非常规的糖基化

如同在第 12 章所讨论的，在网柄菌中发现了几种非常规的 O-连接糖类型。在一些蛋白质中发现 α-GlcNAc 直接连接到苏氨酸残基上，且失去该糖基的结果会导致细胞表面蛋白质对蛋白酶的敏感性提高。很可能有其他的多种单糖也被加到 α-GlcNAc 上。磷酸糖基化有几种不同的类型，以前曾提到过 GlcNAc-1-P-Ser。在几种蛋白质中发现了 Fμc-β-1-P-Ser，它是用于装配孢子的包被。不含这种糖的突变株具有更为多孔的孢子包被，这种多孔孢子在自然界很可能不能生存。在网柄菌的 SKP1 蛋白质中发现已知最复杂的胞液糖基化形式，这种蛋白质与一些细胞周期蛋白质的泛蛋白化有关。一些 SKP1 分子中的一个羟脯氨酸残基含有由 GlcNAc、半乳糖和岩藻糖组成的直链五糖。这些寡糖的功能还不清楚。在第 13 章中将有更详细的讨论。

### 5. 多糖和纤维素

网柄菌不具有哺乳动物细胞中的典型蛋白聚糖，而是产生已知组成的多糖。处于蛞蝓幼虫内而在后来成为孢子的细胞称为前孢子细胞。它们的储存处被称作前孢子小泡，这些小泡含有孢子包被蛋白质和一种多糖称为半乳蛋白聚糖（galuran）是由 Gal、GalNAc 和 GalA 组成。小泡中的全部内容物在虫最终的构建完成时被抛放出来。它们组成为一个多层的孢子包被，至少含有 8 种蛋白质似乎是自我组装的蛋白质，其中一些蛋白质之间通过二硫键相互交联，一些蛋白质对纤维素有高亲和性，这种相互间的作用可能包含在孢子包被的正常组装中。纤维素原纤维是由每一个独立的孢子细胞产生，但不储存在前孢子小泡中。在营养细胞中没有发现纤维素，但是当团聚体被蛋白质表面鞘的合成和分泌所封锁时，纤维素才开始出现。纤维素出现在鞘中，它也包围着每一个柄细胞，它是见于柄外侧成为柄管的一部分。

### 6. 优势和限制因素

网柄菌有一可任意选择的多细胞阶段，因此，对那些影响发育程序不同部分的突变体可被分别地进行研究。像酵母那样，大量营养期的和同步发育的网柄菌细胞可相对容易地获得。网柄菌基因组的 DNA 含有大约 34Mb 个碱基对，并估计有 8000 个基因，它们的序列将很快被测出（计划在 2001 年完成）。因有精确的形态学程序，研究者可通过随机基因标记来干扰发育，并可利用解剖显微镜很容易地筛选突变体，α-葡萄糖苷酶和纤维素合酶的破坏导致易于辨认的表现型，由于糖蛋白加工和细胞壁组装发生了变化。糖基化已影响到细胞黏附、趋化性迁移和细胞内蛋白质的穿行。网柄菌有迄今观察到最复杂的胞液糖基化型（见第 13 章），但它也有一些局限，即不产生复杂的 N-聚糖、蛋白聚糖或糖鞘脂。然而，它确实产生像在酵母中所见到的以脑酰胺为基础的糖磷脂锚。网柄菌只有非常简单的行为，如趋光性，它的发育局限在只有少数细胞型的分化。尽管有许多糖特异的抗体可供利用，但大多数的结构没被很好地确定，试图用表达克隆方法从 cDNA 文库中得到能与缺乏这些抗原的突变株的互补株还未成功。

## 秀丽新小杆线虫（*Caenorhabditis elegans*）[8～17]

### 1. 概述、优势和限制因素

携带 19,099 个基因的线虫类秀丽新小杆线虫的 97Mb 序列现在已被完全测出，它大约是啤酒酵母基因组大小的 8 倍。20 个高度密集的基因家族中，其中 2 个参与糖基化或糖结合蛋白的形成；150 个基因有 C-型凝集素结构域，70 个基因看来属于 UDP-葡糖醛酸基转移酶和 UDP-葡糖基转移酶家族。后一组酶是很常见的如同许多膜蛋白都含 EGF 样结构域那样丰富。秀丽新小杆线虫中的一些基因家族对多细胞生物体是独特的。已详细了解到雌雄同体秀丽新小杆线虫的 959 个细胞，其中包括神经系统中的 302 个细胞的起源和命运。其相对简单、透明的身体平面易于显示，尤其是用 GFP 标记的蛋白质，都为研究空间的和时间的特异基因表达、模式形成和细胞的命运等方面提供方便条件。通过注射与特异基因相匹配的双链 RNA 到蠕虫卵中可以完成功能性敲除。通过此方法对揭示糖基化的功能。在几个例子中，推定的糖基转移酶基因已显示能影响发育功能。对糖基转移酶的同源筛选已获成功，但是对基于同源性的糖基化的功能性作用的检测经常与酶活性的资料不相符。重要的是，只有几个氨基酸的差异便能改变糖基转移酶的特异性并导致得到不同的产物。

另一问题是用于结构分析的秀丽新小杆线虫聚糖的量相当有限。下面的讨论描述少数已知的结构、基因和已证明的酶活性。

## 2. 一般的筛选

组织化学方法凝集素结合研究，首先证明在线虫中可能出现类似哺乳动物的糖基化。秀丽新小杆线虫粗提液中酶的测定显示出 GlcNAcT-I、β-3Gal T、Core4GlcNAc T 和 GlcNAcT-V 的活性。从 DNA 数据库的查找证实与 N-、O-糖基化、GPI 连接的糖蛋白、黏蛋白和蛋白聚糖的有关基因也都存在。如果由这些基因编码的蛋白质都是有酶活性，它们可能会促使实现许多见于哺乳动物中的典型的糖基化途径。与酵母或网柄菌相比，秀丽新小杆线虫在糖基化复杂性上可能有重大的飞跃；然而，没有发现唾液酸存在于秀丽新小杆线虫中的证据。

## 3. 已证实的结构

秀丽新小杆线虫中 N-聚糖的特异结构还未见报道，但是，来自于另一种线虫 *Haemonchus contortus* 的 N-聚糖已被确定。它含有一系列独特的 N-聚糖，其中一些 N-聚糖带有多至 3 个核心岩藻糖残基。已用特异的抗体证明了秀丽新小杆线虫也含有带 lac-DiNAc（GalNAc β1-4GlcNAc）结构的聚糖（见第 36 章）。

几个 arthro 系列的糖脂结构已被鉴定：Glcβ1Cer、Manβ1-4Glcβ1Cer、和 GlcNAcβ1-3Manβ1-4Glcβ1Cer（见第 19 章）。如今，还没有对 O-聚糖、糖胺聚糖或糖磷脂锚特异结构的报道，但是，无可置疑它们是存在的，因为累积的证据表明发现了有编码关键的糖基转移酶的基因。

## 4. 糖基转移酶基因

N-连接途径

GlcNAc T-Ⅰ和 GlcNAcT-Ⅱ的基因已被鉴定，它们所编码的蛋白质已显示出酶活性。3 种与 GlcNAc T-Ⅰ同源的 cDNA 被称之为 *gly*-12、*gly*-13 和 *gly*-14，一个基因与 GlcNAcT-Ⅱ（C03E10）同源。*gly*-12 和 *gly*-14 是高活性的，但 *gly*-13 似乎是无活性的。*gly*-12 和 *gly*-13 启动子在多种组织发育的全过程中表达，包括小肠、肌肉、皮下组织、上皮细胞和头及尾部的神经节部位。*gly*-14 启动子只在幼虫发育的全过程和成体的肠道细胞中表达。美丽新线虫的 GlcNAc T-Ⅱ cDNA 编码的蛋白质具有典型的 2-型膜蛋白拓扑学特性，但是其活性还没被证实。

秀丽新小杆线虫的 GlcNAc T-V 同系物称为 *gly*-2。它有一个典型的单一跨膜片段，37%完全相同于哺乳动物酶，60%相似于哺乳动物酶。当进行体外测试时，一个可溶性结构显示有 GlcNAc T-V 活性，因此，可与哺乳动物基因相类比。利用秀丽新小杆线虫的酶与 CHO 细胞突变株 Lec4A 有互补能力这一事实可强化这一论点。由于一个点突变，导致此细胞株的 GlcNAc T-V 定域在错的区室。当在体外测试时，此酶仍有活性，但错定域阻碍了与凝集素 L-PHA 结合寡糖的合成（见第 30 章）。正常的秀丽新小杆线虫基因可补救 Lec4A 的表现型，但是相似的点突变被引入到 *gly*2 基因时，它不再补救 Lec4A。因此，美丽新线虫的 GlcNAc T-V 可能是用与哺乳动物细胞相同的机制来定域的。基于此酶与哺乳动物形式的酶在功能上有相互交换能力，蠕虫基因有 GlcNAc T-V 的正向同源物特性。

O-连接途径

秀丽新小杆线虫有黏蛋白型的 O-糖基化，且 9 个基因（*gly*-3 到 *gly*-11）表达 13 个cDNAs，它们与 O-α-GalNAc T 有同源性。每一 cDNA 编码一个Ⅱ型的膜蛋白，此膜蛋白与哺乳动物同系物的催化结构域相比较其中 60%～80%的氨基酸序列有相似性。每一蛋白质均含有特异的组氨酸和对活性至关重要的羧化侧链以及见于许多糖苷转移酶中的 DxH 或 DxD 样模体。一些 cDNA 克隆显示可变的信息加工、读框移位和羧基末端凝集素样结构域中的早熟终止密码。5 个 cDNA 能够对一个含有多重潜在糖基化位点的哺乳动物的肽底物进行 O-糖基化，表明它们中的一些含有 O-糖基化所需要的同源的功能和相似的氨基酸序列。根据来源于表达的哺乳动物基因的分析资料，可能是不同的转移酶识别不同的肽序列或需要另一个具有不同接纳体特异性的 α-GalNAc T 的预先作用。

蛋白聚糖和糖胺聚糖

糖胺聚糖很可能存在于秀丽新小杆线虫中，如下所述，Glypican，即糖基磷脂锚定的硫酸类肝素同系物已被鉴定（见第 11 章）。*unc*-52 基因的突变体产生无组织的肌肉表型，因为它影响肌丝晶格附着到肌肉细胞膜上。*unc*-52基因编码线虫串珠蛋白聚糖(perlecan)（一种哺乳动物基底膜硫酸类肝素蛋白聚糖）的同系物。还有与脊椎动物核心葡糖醛酸转移酶（用于在糖胺聚糖链的核心区加入第一个 GlcA 残基）邻近的同系物，包括 GlcNAcN-脱乙酰基酶/N 硫基转移酶和 GlcAC5 差向异构酶。

在秀丽新小杆线虫中更有兴趣和令人振奋的发现之一是糖基化可能参与外阴部的发育。此管道是通过特化的上皮细胞内陷与子宫上皮相连接而形成的。它是雌雄同体排卵和从雄性接收精子所必需的。管的形成需要细胞形状发生局部变化，细胞形状对于细胞与 ECM 和其他细胞接触是必需的。在 8 个不同基因中经过多重突变产生相似的“压扁的外阴部”（*sqv*）表型。其中 3 个基因（*sqv*-3，*sqv*-7 和 *sqv*-8）可能参与寡糖合成。推测 *sqv*-3 所编码的蛋白质与脊椎动物 β1-4Gal Ts 和 β1-4GlcNAc Ts 相似。预期来自 *sqv*-8 的预期蛋白质与 β1-3GlcAT 相似，能将 Glc A 加到 Galβ1-4GlcNAc，*sqv*-7 有糖核苷酸转运子家族的特性。尽管这些蛋白质还没被表达或显示出酶活性，结果提示在这一部分正常的形态发生中糖基化途径会起到极端重要作用。根据秀丽新小杆线虫基因与它们的哺乳动物对应物的同源性还不能预测具体地哪个特异的糖基化途径可能会受影响。

# 海胆[18～26]

### 1．受精和早期发育的模式系统

长时间以来海胆已被发育生物学家视为一种主要的模式。依照需要，这些棘皮动物可提供大量的纯卵和精子。配子迅速地启动同步的和相当明确的发育程序，在此发育程序中有不同的形态阶段和容易辨认的多种结构。保护性卵胶状物包围着卵，以此将质膜与环境分隔。受精前，精子首先必须附着到胶状物上。精子头的顶部含有顶体，顶体是一种特化的溶酶体，其中装载有降解酶。经由种特异性的、离子通道介导的过程，这些酶在实际受精前被释放出来，精子钻入卵胶状物到达质膜。由于受精发生在海水中，同一物种的卵和精子必须特异地识别它们的配偶。然后，只有当精子非常接近卵时，才启动顶体反应，将本酶释放到靶位上。早熟的顶体反应可能使酶在海水中被稀释，以致精子不能穿透黏稠的卵胶状物。生物化学方法证明大多数的识别依赖于蛋白质与不寻常的糖的相互作用。

### 2．顶体反应

当卵胶状物中称作岩藻聚糖的硫酸岩藻糖聚合物结合到精子上的蛋白质受体时，精子才发生顶体反应。在 *Strongylocentrotus perpuratus* 种的大多数雌性的卵中发现两种不同的岩藻聚糖结构。卵中不是有这一种就是有另一种，少量卵有两种岩藻聚糖结构。具有重复 α-1，3 连接的岩藻糖的主干结构有不同的硫酸样式。两种岩藻聚糖在诱导顶体反应时有大约相等的活性。与它们结合的精子的受体蛋白质有两种不同的 C-型凝集素结构域。这个 210 kDa 受体蛋白质与 *PKD1* 基因编码的多囊素（polycystin）有较高的同源性，后者是人类多囊肾疾病的主要蛋白质缺陷。这种蛋白质被认为在人体内参与离子转运，这是与离子通道介导的顶体反应相一致的。

### 3．卵和精子结合

精子穿透卵胶状物后，为了受精它必须与卵结合。这种结合也是由糖所介导的。一种含 70％ 糖、分子质量为 350 kDa 的糖蛋白是精子的卵受体（ERS）。它含有 N-聚糖和 O-聚糖，但是只有 O-聚糖能介导的具有顶体反应的精子结合，可能是稳定相互作用。结合中的关键成分看来是位于一种不寻常的双唾液酸链的非还原末端的硫酸酯（图 19.4）。功能性的三糖单位是由 9-O-$SO_4$-Sia2-5Sia-GalNAc-组成。典型地，大多数多聚唾液酸化的分子都含有 α2-8 连接的唾液酸，但是，在这种情况中，唾液酸，即 N-羟乙基神经氨酸（Neu5Gc）在第 5 位碳有一个羟基并由此形成糖苷键（见第 15 章）。

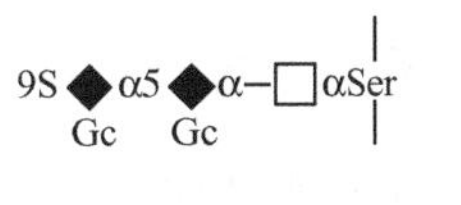


**图 19.4** 在精子的卵受体上的唾液酸链结构。O-α-GalNAc 结构与 9-O-硫酸二唾液酸结构是通过唾液酸的羟乙基（5Gc）相连接。

精卵结合看来是一个两阶段的过程。首先，精子以低亲和性结合到硫酸化的多聚唾液酸寡糖和 ERS 蛋白质的含 247 个氨基酸的氨末端部分。这种反应没有属特异性。紧接着是由 ERS

蛋白质的含 32 个氨基酸的氨末端部分参与的、高亲和性、属特异的结合，然后配子才发生融合。

**4. N-糖基化和骨针形成**

海胆中原肠胚的形成需要 N-糖基化。在整个囊胚期阶段途径中的一些早期的酶的活性很低，然后在原肠胚形成酶活性增加。此时，分子量分别为 130、205 和 250 kDa 的 3 种 GPI-连接的细胞表面蛋白质参与钙摄入和骨骼的形成。体外实验中，证明抗这种蛋白质的单克隆抗体抑制钙摄入和由胚胎间质细胞产生的碳酸钙骨针的生长。抗体能识别带阴离子的 N-聚糖，可将用于骨骼形成的钙离子分离。已发现两种其他的蛋白质携带抗原决定簇，可能参与骨针的形成，但是，没有其他关于寡糖结构的信息。

## 黑腹果蝇（*Drosophila melanogaster*）[27～43]

**1. 概述、优势和限制因素**

1910 年，T. H. Morgan 发表了首篇关于黑腹果蝇（*D. melanogaster*）的遗传学方面的文章，它显示出果蝇的白眼颜色是一种性连锁特征。从那时起，果蝇这一模式系统就成为用于遗传学分析的重要的生物体。其优点包括：容易研究的发育程序、相对复杂的神经系统、行为和在形态学、发育和行为方面有可准确地辨别的数千种不同的表现型。果蝇基因组将在今后几年内（预计到 2001 年结束）被测序，为进行同源性筛选提供了目前在酵母与秀丽新小杆线虫中是可提供的所有各种附加的优势。果蝇是可利用的最复杂、最多样化的一种无脊椎动物模式系统。果蝇遗传学家们在追踪调节和控制模式形成和边界分界的基因时不经意地进入到糖生物学领域中来。他们的研究证明多种最终控制其形态发生的基因，是通过建立边界，调节细胞通讯与细胞分裂并且经信号传导途径而完成。这些新出现的领域在不久的将来对检测糖缀合物的新功能作用和阐明它们的作用机制有较大的希望。

尽管果蝇生物学已将准糖缀合物的功能分析作为目标，然而有关它的糖缀合物的结构的资料却寥寥无几。许多令人兴奋的功能性的暗示都是建立在与编码已知的哺乳动物细胞的酶和凝集素的基因的同源性的基础上，但是实际上没有一个假定的糖基转移酶基因产物显示出有预期的活性。虽然唾液酸和 N-聚糖的延伸构建在果蝇中没被证实，但是，在美丽新线虫中多种 GlcNAc Ts 的存在提示类似的加工可能也会发生在果蝇中。

**2. 结构和生物合成**

N-连接途径

果蝇具有典型的生物合成的酶，这些酶为 N-连接途径中合成脂连接的寡糖前体所必需。加工过程中预计应包括 α-葡萄糖苷酶，但尚未发现从新合成糖链中切除 Glcα1-3Man 的内切甘露糖苷酶。存在有 α-甘露糖苷酶介导的加工，然而缺乏甘露糖苷酶Ⅰ的突变体只表现有翅膀和眼睛形态学的轻微变化，说明另一个代偿途径可能补偿其缺陷。已发现带核心岩藻糖 α1-6 乙酰葡糖胺的高甘露糖型聚糖，并已报道 Man-6-P 出现在溶酶体的脱氧核糖核酸酶上。蜜蜂产生以 GlcNAc 结尾的双天线链，其核心 GlcNAc 是由 α-3-连接和 α-6-连接的岩藻糖残基取代。很可能果蝇也产生这些糖链。

O-连接途径

在果蝇中已经鉴定出典型的 Galβ1-3GalNAcα-Thr/Ser（Core1）结构。这一双糖结构也见于其他昆虫和昆虫细胞系，例如，Sf9 细胞中。Galβ1-3GalNAc 的一个功能性作用可能是防御微生物的攻击。当昆虫受到细菌或创伤挑战时所产生的 19 个氨基酸的肽需要这种双糖以完全地表现其活性。在体外合成的完全相同的肽，其活性低于体内活性的 5～10 倍。昆虫也在肠中利用黏蛋白作为防御屏障。例如，一种黏蛋白样蛋白质（ⅡM）和含有几丁质的围食膜相连接。入侵的杆状病毒在侵入中产生增强蛋白（enhancin）。这种蛋白质无论在体内还是在体外都具有降解黏蛋白的活性。体内增强蛋白介导的体内在ⅡM 的降解增强了病毒的感染能力，说明病毒已经形成一种有趣的机制可用于穿透关键性的小肠的黏蛋白膜屏障。

旋转的腹部基因座（*rt*）的突变可引起腹部发生顺时针方向的螺旋旋转。无效的等位基因仍能生存，其旋转是在中胚层和中肠中表达。*rt* 基因编码转膜蛋白质，它与酵母 O-甘露糖基转移酶基因（*PMT1*，*PMT2*）非常相似，这两种酶都以 Dol-P-Man 为糖基供体。上述酶的活性或其推定的接纳体或产物至今尚未在昆虫体内确定。

糖脂

果蝇产生的糖鞘脂还没完全被鉴定，但是与来源于其他昆虫的糖鞘脂可能有相似的结构（图 19.5）。值得注意的是，从还原端起的第二个单糖是甘露糖，而不像在高等生物体的糖脂中所见的那样是半乳糖。有另外的单糖被添加，则与在高等生物体中所见相似。然而，有一些糖脂具有末端 GlcA，而其他的糖脂则含有使分子成为兼性离子的 GlcNAc-6-P-Etn。GlcA 和 GlcNAc-6-P-Etn 二者都可以出现在同一分子中。果蝇也含有 GPI 锚定的蛋白质。

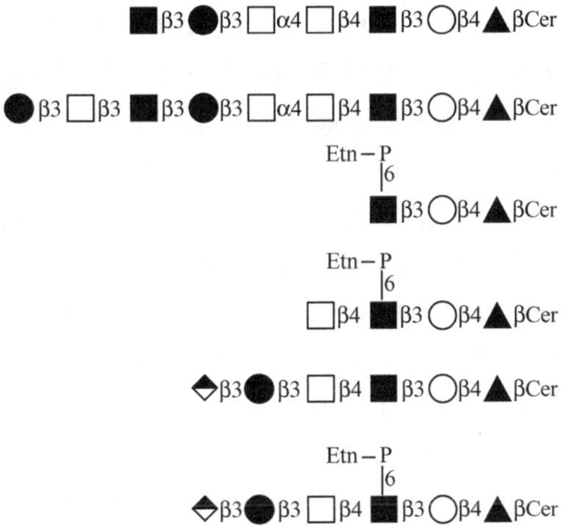


**图 19.5** 在昆虫中发现的糖脂的实例。昆虫（蝇）的糖鞘脂包括有中性、中性兼性离子、酸性兼性离子等不寻常的结构。磷酸乙醇胺（Etn-P）残基赋予糖脂分子以兼性离子特性，葡糖醛酸提供负电荷。

*其他类型的糖基化?*

缺刻蛋白（Notch）是一个大的多模块的受体蛋白质，它与决定细胞命运有关。Notch 受体蛋白家族成员广泛地分布于从秀丽新小杆线虫到人类中。Notch 的一个特点是含有表皮生长因子（EGF）样模块。如第 12 章中所讨论的，在人类 Notch 同系物中，EGF 样结构域模块已被证明有两种不寻常类型的 O-糖基化，类型即 O-β-葡萄糖和 O-α-岩藻糖，它们可能参与 Notch 与其配体的相互作用。EGF 样模块的翻译后修饰作用很可能影响了它与配体间的结合和相关的相互作用。尽管果蝇也存在 Notch 蛋白质，但尚未显示它有这些修饰反应。

### 3. 糖结构的抗体

包括果蝇在内的许多节肢动物的神经系统中的蛋白质与识别 N-聚糖核心区中的β1-2连接的木糖和 α1-3 连接的岩藻糖残基的抗体有交叉反应。已发现这些寡糖抗原存在于许多植物糖蛋白质，如辣根过氧化物酶中。胚胎及成体中的神经细胞胞体和中枢及外周神经系统的轴突都可与这些抗原表位的多克隆和单克隆抗体发生反应。缺乏抗体结合能力的突变体能导致神经发育和改变行为缺陷的，说明组织特异性神经细胞间的相互作用是由这些寡糖所介导。但尚未在果蝇胚胎内鉴定出可与辣根过氧化物酶抗原决定簇结合的特异性内源凝集素。

### 4. 果蝇糖生物学的前沿

*凝集素*

沟纹基因（*fw*）的突变可减小果蝇眼睛的大小，并在视网膜上产生沟纹和裂缝。双侧小眼发生的形态学有改变和细胞数量异常。其刚毛也显示出结构的改变，或复制成双倍或全部消失。这种表现型表明 *fw* 基因参与影响在感觉器官中的细胞的决定性事件。*fw* 基因具有 1 个 C-型凝集素结合的结构域和 1 个含 10 个补体结合结构域的系列。这些特点使人联想到选凝素结构。当与 E-和 L-选凝素、甘露糖结合蛋白、藤壶（barnacle）凝集素和食肉蝇凝集素的凝集素结合结构域比较时，果蝇凝集素结合结构域能与多个关键的半胱氨酸残基和疏水簇很好地匹配。由于它是在幼虫的成虫盘中表达，它可能介导一些糖与蛋白质间的相互作用。然而，还未证明表达的蛋白质与昆虫或任何其他生物体内的糖结构结合。这一点是很重要牢记，即在凝集素一级结构上的相对较小的变更，实际上能改变它们与糖结合的特性。由于在果蝇中没有发现唾液酸化的寡糖，所以结合在 *fw* 基因产物上的聚糖不可能被唾液酸化。来自蛹中的另一种 C-型凝集素已被鉴定，看来是特异地结合半乳糖，并可能参与病原体的清除。

凝集素-糖相互作用可能在发育的神经系统中介导一些细胞的特异性连接。胚胎 cDNA表达文库的筛选产生一种称为“胶质凝集素（gliolectin）”的候选凝集素。预期的 cDNA可能编码一种分子量大约为 25 kDa 的蛋白质，但抗该表达蛋白质的单克隆抗体能使一种 46 kDa 的分子沉淀，说明它经过了广泛的翻译后修饰。该分子在发育的腹神经索中线处的选择的胚胎神经胶质细胞中表达。伸展进入在果蝇胚胎中枢神经系统的第一个轴突建立了跨过中线而形成轴突连合的途径。胶质凝集素在空间上和时间上的表达与特异的神经胶质-神经胶质或神经胶质-神经元之间的相互作用相一致。胶质凝集素与见于果蝇胚胎中的中性和两性（含有磷酸乙醇胺）糖脂的亚类特异地结合。缺乏胶质凝集素的突变系在轴突的导向上显示出缺陷，说明胶质凝集素对轴突连合的形成是重要的。

信号蛋白质

边缘蛋白（Fringe）是一种能诱导果蝇翅膀边缘形成的信号蛋白质。这一过程涉及到在特定边界指定细胞的命运。在小鼠中已发现了多种同系物，这些同系物在中胚层、神经上皮、表皮和造血组织的发育上重要的边界处表达。所有的基因都具有明显的同源性和相似于细菌糖基转移酶的二级结构特征。*Fringe* 的表达边界与 *notch* 依赖性的模式化（patterning）以及 *Notch* 配体的表达边界相一致。尚未证明 Fringe 蛋白质具有任何糖基转移酶活性，但这没什么可惊奇的，因为活性的表现依赖于选择正确的底物和鉴定正确的供体。而这些关键的性质中没有一项是必然地可从它们与细菌糖基转移酶的同源性来预测。

在果蝇 P-元件插入的研究中对两个 P-元件突变体的意外地进行了鉴定，这两个突变体显然是通过破坏硫酸类肝素蛋白聚糖的合成来影响信号传导途径的。果蝇的无翅基因（*wingless*）是 *Wnt* 蛋白质家族的一部分，这些 *Wnt* 蛋白质负责胚胎发育中细胞增殖的调节。无翅 *wingless* 信号传导是果蝇胚胎全部体节的固有模式化所需要的。两个基因的缺陷便可破坏无翅和成纤维细胞生长因子（FGF）的信号传导途径。尽管不同实验室给予这两个基因不同的命名，但最方便的名字是无糖基因（*sgl*）和无硫酸基因（*sfl*）。*sgl* 基因编码一种与 UDP-葡糖脱氢酶有同源性的蛋白质（见第 6 章），而 *sfl* 编码与硫酸类肝素 N-脱乙酰酶/N-硫酸基转移酶有同源性的蛋白质。第一种酶对从 UDP-Glc 产生活化的 UDP-GlcA 是必需的，而第二种酶对硫酸类肝素的生物合成是必需的，说明硫酸类肝素一定有重要的功能作用（见第 11 章）。由于 *sgl* 和 *sfl* 的角质层实际上与在 *wingless* 突变体中所见到的完全相同，*sgl* 和 *sfl* 最初被鉴定为具有“无翅样”的表现型。在某些组织（譬如 *sgl* 与 *sfl* 突变体的胃神经系统）中，*Wingless* 信号传导减少，但未被完全阻断。*Wingless* 在突变体中的过度表达避开了这些突变的影响而导致正常的 *Wingless* 信号传导途径。对这些结果最可能的解释是硫酸类肝素促进 *Wingless* 蛋白质与其受体的结合。这种现象与众所周知的硫酸类肝素与生长因子的结合和呈现相一致。

下面的事实对此能给以支持，发现了在 *sgl* 或 *sfl* 突变体的胚胎边发生中胚层细胞的迁移，与无心脏型基因（*Htl*）和喘息型基因（*Btl*）的突变所造成的严重影响相似，*Htl* 和 *Btl* 分别为控制胚胎中胚层细胞和气管细胞迁移的两种果蝇成纤维细胞生长因子（FGF）受体。在 *htl* 突变体中，MAP 激酶位于 FGF 受体的下游，MAP 激酶在中胚层细胞和气管小窝的激活则分别依赖于 *Htl* 及 *Btl* 受体的活性。通过用抗 MAP 激酶活化形式的抗体染色，发现 *sgl* 和 *sfl* 突变体的胚胎在中胚层细胞和气管小窝关键区的 MAP 激酶活性被阻断。*Sgl* 和 *Sfl* 对由 *Htl* 和 *Btl* 受体介导的信号转导看来是关键的。

在筛选影响视觉系统发育的突变体时，鉴定出称作 *dally*（分裂异常地延迟）的基因。当 *dally* 基因有缺陷时，整个细胞周期的进展延迟，因此，细胞分裂不能按期发生。这引起触角、翅膀和生殖器的形态发生上出现缺陷。*dally* 编码 Glypican 家族中的糖磷脂锚定的硫酸类肝素蛋白聚糖，它可能是一种用于由 Decapentaplegic（Dpp）途径介导的信号传导的共受体，该 Dpp 途径与生长因子的 TGF-β/BMP 超家族有关。

## 非洲爪蟾（*Xenopus laevis*）[44～50]

**1．概述**

非洲爪蟾（*Xenopus laevis*）是一种用于研究受精和胚胎发育的已完善建立的模式生物体。近期关于发育上重要的基因的研究指明了基因同系物的能力和限制，并指出生化分析对于了解甚少的一些分子的合成具有重要性。在爪蟾体内也发现了一种新型凝集素。

**2．受精**

受精的起始步骤可能与糖的识别有关（见第 34 章）。精子与卵子的卵黄包膜的结合可被从包膜中纯化的两种糖蛋白（gp69 和 gp64）所抑制。抗这些蛋白质的多克隆抗体特异地阻断精子的结合和受精，并产生于 gp69/gp64 糖蛋白中的糖肽也抑制精卵结合。用过碘酸钠处理这些糖肽便破坏它们的阻断能力，说明对精卵结合的抑制需要完整的糖结构。

**3．DG42、聚透明质酸和几丁寡糖的合成**

DG42 基因是在原肠胚形成的中后期阶段于内胚层细胞中短暂地表达，在神经胚形成的末期消失。它与真菌的几丁质合酶和产生短几丁寡聚体（GlcNAcβ1-4GlcNAc)$_n$ 的一种固氮菌（*Rhizobium*）的 *NodC* 基因具有同源性。这些产物和它们的一些复杂衍生物对固氮菌侵入植物根毛和产生用于氮固定的瘤是必需的。表达的 DG42 基因产物可由此生成可被几丁质酶消化的几丁质寡聚体，这可以用来证明脊椎动物，至少是脊椎动物的胚胎，可以合成短链的几丁寡糖。然而，DG42 也与来自于链球菌属（*Streptococcus*）的 *hasA* 基因具有相当大的同源性，该 *hasA* 基因负责聚透明质酸(GlcAβ1-3GlcNAcβ1-4)$_n$ 的合成（见第 11 章）。DG42 在几种自身不产生聚透明质酸的细胞株和酵母中的表达有力地说明表达的基因增加聚透明质酸在那些细胞中的合成。实际上，到目前为止，所有分离的和表达的哺乳动物聚透明质酸合酶的基因都与 DG42 有着相当大的同源性。因此，通过同源性和最初的生物化学鉴定提供了这两种类型聚糖的合成的证据，但是，争论现在尚未完全平息。

由于对脊椎动物聚透明质酸的生物合成了解甚少，使情况复杂化（见第 11 章）。它不在 ER/Golgi 途径产生，而在或接近细胞表面产生。而且，它是惟一的不在蛋白质上起始合成的脊椎动物多糖。尚未鉴定出聚透明质酸生物合成中的“接纳体”或引物。实际上，还不清楚聚透明质酸还原端的特性。发现了酵母表达的重组 DG42 可在体外合成大分子聚透明质酸链（$2\times10^6$～$10\times10^6$ Da），对于证明聚透明质酸合酶的活性倾向作用于 DG42 是有利的。酵母在正常情况下不合成聚透明质酸，并且缺乏引物。只有用 UDP-GlcA 和 UDP-GlcNAc 才能产生高分子量的聚透明质酸，并且其动力学常数与从脊椎动物细胞的膜所获得的动力学常数有可比性。

这一争论对几丁寡糖在发育中的重要性产生了新的认识。爪蟾、斑马鱼和鲤鱼胚胎可能均只在晚原肠胚阶段合成几丁寡糖。几丁寡糖在体外的合成可被抗 DG42 的抗体所抑制。将 DG42 抗体注射到已受精的发育卵中导致在躯干和尾部的发育中出现严重缺陷。如果将能岩藻糖基化几丁质寡糖的慢根瘤菌 *Bradyrhizobium NodZ* 酶注射到胚胎中，可看到同样的效果。这些观察支持了几丁寡糖在胚胎发育的特殊位置和时间上的功能性作用。

### 4. 在非洲爪蟾中发现的一种新型凝集素

非洲爪蟾卵母细胞皮质颗类含有一种凝集素（XL35），它在受精时被释放并结合到卵胶状物的黏蛋白寡糖上，而形成一层受精膜。尽管 XL35 没有"C-型"凝集素的典型序列模体，但它仍可以结合蜜二糖并需要钙离子。重组的凝集素在细胞凝集测试中是有活性的，并可被 EDTA 和蜜二糖抑制。mRNA 在卵母细胞中表达，在整个晚原胚肠期保留高活性，直至蝌蚪期仍可检测到。此蛋白质是不同程度地 N-糖基化的。这种凝集素与在发育胚胎的一定区域所检测到的凝集素可能是完全相同的，在该区域它可能参与调节细胞黏附与迁移。

现在在人体内也发现了相似的多种凝集素，尽管它们似乎有不同的聚糖结合特异性。人类同系物几乎全部定位于某些选定的组织中覆在小血管的内皮细胞上。该类凝集素在人类中的功能不知道，但它们可能参与细胞间的黏附。在秀丽新小杆线虫中也发现了它的同系物。

## 发展方向

从用来发现细胞黏附、信号传导、细胞通讯和发育中重要的基因的模式系统中已鉴定出参与聚糖生物合成的酶的同系物。这是一个重要的步骤，但未来的挑战将是证明设想的同系物实际上能编码具有预期的酶活性或糖结合特异性的蛋白质。这需要进行体外的试验，在某些情况下，那些试验将要求有特异的底物或限定的结合特性。这也就意味着在清楚地检查它们的活性之前，需要详细地理解聚糖的结构和生物合成途径。以前这是不可能的，但是高度灵敏的分析和结构技术的出现将为这些研究铺平道路。另外，由于发展了新的模式系统，对它们的糖生物学的探索将给予更多的机会。斑马鱼系统就是一个很好的例子，对其糖生物学的研究尚未见报道。

（马郁芳 译　　李玉瑞 校）

### 参 考 文 献

1. Lehle L. and Tanner W. 1995. Protein glycosylation in yeast. In *Glycoproteins* (ed. Montreuil J. et al.), ed. 29, pp. 475–509. Elsevier, Amsterdam.
2. Kukuruzinska M.A., Bergh M.L., and Jackson B.J. 1987. Protein glycosylation in yeast. *Annu. Rev. Biochem.* **56:** 915–944.
3. Burda P. and Aebi M. 1999. The dolichol pathway of N-linked glycosylation. *Biochim. Biophys. Acta* **24718:** 1–19.

4. Herscovics A. and Orlean P. 1993. Glycoprotein biosynthesis in yeast. *FASEB J.* **7:** 540–550.
5. Freeze H.H. 1997. *Dictyostelium discoideum* glycoproteins: Using a model system for organismic glycobiology. *New Compr. Biochem.* **29:** 89–121.
6. Maeda Y., Inouye K., and Takeuchi I., eds. 1997. *Dictyostelium: A model system for cell and developmental biology.* Universal Academy Press, Tokyo (Frontier Science Series no. 21).
7. Jung E., Gooley A.A., Packer N.H., Karuso P., and Williams K.L. 1998. Rules for the addition of O-linked *N*-acetylglucosamine to secreted proteins in *Dictyostelium discoideum*—In vivo studies on glycosylation of mucin MUC1 and MUC2 repeats. *Eur. J. Biochem.* **253:** 517–524.
8. Kuwabara P.E. 1997. Worming your way through the genome. *Trends Genet.* **13:** 455–460.
9. Chen S., Zhou S., Sarkar A., Spence A., and Schachter H. 1999. Expression of three *Caenorhabditis elegans N*-acetylglucosaminyltransferase I genes during development. *J. Biol. Chem.* **274:** 288–297.
10. Haslam S.M., Coles G.C., Munn E.A., Smith T.S., Smith H.F., Morris H.R., and Dell A. 1996. *Haemonchus contortus* glycoproteins contain *N*-linked oligosaccharides with novel highly fucosylated core structures. *J. Biol. Chem.* **271:** 30561–30570.
11. Field M.C. and Wainwright L.J. 1995. Molecular cloning of eukaryotic glycoprotein and glycolipid glycosyltransferases: A survey (erratum *Glycobiology* [1996] **6:** 5). *Glycobiology* **5:** 463–472.
12. Hagen F.K. and Nehrke K. 1998. cDNA cloning and expression of a family of UDP-*N*-acetyl-D-galactosamine-polypeptide *N*-acetylgalactosaminyltransferase sequence homologs from *Caenorhabditis elegans. J. Biol. Chem.* **273:** 8268–8277.
13. Lowe J.B. 1997. Selectin ligands, leukocyte trafficking, and fucosyltransferase genes. *Kidney Int.* **51:** 1418–1426.
14. The *C. elegans* Sequencing Corsortium 1998. Genome sequence of the nematode *C. elegans:* A platform for investigating biology. *Science* **282:** 2012–2018.
15. Herman T. and Horvitz H.R. 1998. Proteins involved in vulval invagination in the nematode *Caenorhabditis elegans* are similar to components of a glycosylation pathway. *Glycobiology* **8:** 1097. (Abstr. 12.)
16. Warren C.E., Roy P.J., Krizus A., Culotti J.G., and Dennis J.W. 1998. The *C. elegans* gene, *gly-2*, is an orthologue of mammalian *N*-acetylglucosaminyltransferse V. *Glycobiology* **8:** 1097. (Abstr. 16.)
17. Gerdt S., Lochnit G., Dennis R.D., and Geyer R. 1997. Isolation and structural analysis of three neutral glycosphingolipids from a mixed population of *Caenorhabditis elegans* (Nematoda:Rhabditida). *Glycobiology* **7:** 265–275.
18. Alves A.P., Mulloy B., Moy G.W., Vacquier V.D., and Mourao P.A. 1998. Females of the sea urchin *Strongylocentrotus purpuratus* differ in the structures of their egg jelly sulfated fucans. *Glycobiology* **8:** 939–946.
19. Vacquier V.D. and Moy G.W. 1997. The fucose sulfate polymer of egg jelly binds to sperm REJ and is the inducer of the sea urchin sperm acrosome reaction. *Dev. Genet.* **192:** 125–135.
20. Stears R.L. and Lennarz W.J. 1997. Mapping sperm binding domains on the sea urchin egg receptor for sperm. *Dev. Biol.* **187:** 200–208.
21. Kitazume-Kawaguchi S., Inoue S., Inoue Y., and Lennarz W.J. 1997. Identification of sulfated oligosialic acid units in the O-linked glycan of the sea urchin egg receptor for sperm. *Proc. Natl. Acad. Sci.* **94:** 3650–3655.
22. Kitazume S., Kitajima K., Inoue S., Haslam S.M., Morris H.R., Dell A., Lennarz W.J., and Inoue Y. 1996. The occurrence of novel 9-*O*-sulfated *N*-glycolylneuraminic acid-capped $\alpha2\rightarrow5$-$O_{glycoly}$-linked oligo/polyNeu5Gc chains in sea urchin egg cell surface glycoprotein. Identification of a new chain termination signal for polysialyltransferase. *J. Biol. Chem.* **271:** 6694–6701.
23. Moy G.W., Mendoza L.M., Schulz J.R., Swanson W.J., Glabe C.G., and Vacquier V.D. 1996. The sea urchin sperm receptor for egg jelly is a modular protein with extensive homology to the human polycystic kidney disease protein, PKD1. *J. Cell Biol.* **133:** 809–817.
24. Welply J.K., Lau J.T., and Lennarz W.J. 1985. Developmental regulation of glycosyltransferases involved in synthesis of N-linked glycoproteins in sea urchin embryos. *Dev. Biol.* **107:** 252–258.
25. Farach-Carson M.C., Carson D.D., Collier J.L., Lennarz W.J., Park H.R., and Wright G.C. 1989. A calcium-binding, asparagine-linked oligosaccharide is involved in skeleton formation in the sea urchin embryo. *J. Cell Biol.* **109:** 1289–1299.
26. Kitazume-Kawaguchi S. 1998. Polysialylated glycoproteins found in sea urchin eggs. *Trends Glycosci. Glycotechnol.* **10:** 383–392.

27. März L., Altmann F., Staudacher E., and Kubelka V. 1995. Protein glycosylation in insects. In *Glycoproteins* (ed. Montreuil J. et al.), ed. 29, pp. 543–563. Elsevier, Amsterdam.
28. Martin-Blanco E. and Garcia-Bellido A. 1996. Mutations in the rotated abdomen locus affect muscle development and reveal an intrinsic asymmetry in *Drosophila*. *Proc. Natl. Acad. Sci.* **93:** 6048–6052.
29. Bulet P., Dimarcq J.L., Hetru C., Lagueux M., Charlet M., Hegy G., Van Dorsselaer A., and Hoffmann J.A. 1993. A novel inducible antibacterial peptide of *Drosophila* carries an O-glycosylated substitution. *J. Biol. Chem.* **268:** 14893–14897.
30. Wang P. and Granados R.R. 1997. An intestinal mucin is the target substrate for a baculovirus enhancin. *Proc. Natl. Acad. Sci.* **94:** 6977–6982.
31. Wiegandt H. 1992. Insect glycolipids. *Biochim. Biophys. Acta.* **1123:** 117–126.
32. Jackson S.M., Nakato H., Sugiura M., Jannuzi A., Oakes R., Kaluza V., Golden C., and Selleck S.B. 1997. dally, a *Drosophila* glypican, controls cellular responses to the TGF-β-related morphogen, Dpp. *Development* **124:** 4113–4120.
33. Haerry T.E., Heslip T.R., Marsh J.L., and O'Connor M.B. 1997. Defects in glucuronate biosynthesis disrupt Wingless signaling in *Drosophila*. *Development* **124:** 3055–3064.
34. Binari R.C., Staveley B.E., Johnson W.A., Godavarti R., Sasisekharan R., and Manoukian A.S. 1997. Genetic evidence that heparin-like glycosaminoglycans are involved in *wingless* signaling. *Development* **124:** 2623–2632.
35. Reichsman F., Smith L., and Cumberledge S. 1996. Glycosaminoglycans can modulate extracellular localization of the *wingless* protein and promote signal transduction. *J. Cell Biol.* **135:** 819–827.
36. Cohen B., Bashirullah A., Dagnino L., Campbell C., Fisher W.W., Leow C.C., Whiting E., Ryan D., Zinyk D., Boulianne G., Hui C.C., Gallie B., Phillips R.A., Lipshitz H.D., and Egan S.E. 1997. Fringe boundaries coincide with Notch-dependent patterning centres in mammals and alter Notch-dependent development in *Drosophila*. *Nat. Genet.* **16:** 283–288.
37. Cumberledge S. and Reichsman F. 1997. Glycosaminoglycans and WNTs: Just a spoonful of sugar helps the signal go down. *Trends Genet.* **13:** 421–423.
38. Leshko-Lindsay L.A. and Corces V.G. 1997. The role of selectins in *Drosophila* eye and bristle development. *Development* **124:** 169–180.
39. Tiemeyer M. and Goodman C.S. 1996. Gliolectin is a novel carbohydrate-binding protein expressed by a subset of glia in the embryonic *Drosophila* nervous system. *Development* **122:** 925–936.
40. Lin X., Haecker U., Michelson A., Lincecum J., Bernfield M., and Perrimon N. 1998. Roles of heparan sulfate proteoglycans in Wingless/Wnt and FGF signaling in *Drosophila*. *Glycobiology* **8:** 1097. (Abstr. 13.)
41. Hacker U., Lin X., and Perrimon N. 1997. The *Drosophila sugarless* gene modulates Wingless signaling and encodes an enzyme involved in polysaccharide biosynthesis. *Development* **124:** 3565–3573.
42. Tiemeyer M., Seppo A., Andrejeva L., and Parisky K. 1997. Expression and function of cell surface carbohydrates in the embryonic nervous system of *Drosophila melanogaster*. *Glycobiology* **7:** 1020 (Abstr. 24.)
43. Selleck S.B., Tsuda M., Nakato H., Futch T., and Cheng C. 1997. A *Drosophila* glypican, dally, regulates growth factor signaling during development. *Glycobiology* **7:** (Abstr. 25.)
44. Tian J., Gong H., Thomsen G.H., and Lennarz W.J. 1997. Gamete interactions in *Xenopus laevis*: Identification of sperm binding glycoproteins in the egg vitelline envelope. *J. Cell Biol.* **136:** 1099–1108.
45. Lee J.K., Buckhaults P., Wilkes C., Teilhet M., King M.L., Moremen K.W., and Pierce M. 1997. Cloning and expression of a *Xenopus laevis* oocyte lectin and characterization of its mRNA levels during early development. *Glycobiology* **7:** 367–372.
46. Semino C.E., Specht C.A., Raimondi A., and Robbins P.W. 1996. Homologs of the *Xenopus* developmental gene *DG42* are present in zebrafish and mouse and are involved in the synthesis of Nod-like chitin oligosaccharides during early embryogenesis. *Proc. Natl. Acad. Sci.* **93:** 4548–4553.
47. Pummill P.E., Achyuthan A.M., and DeAngelis P.L. 1998. Enzymological characterization of recombinant *Xenopus* DG42, a vertebrate hyaluronan synthase. *J. Biol. Chem.* **273:** 4976–4981.
48. Bakkers J., Semino C.E., Stroband H., Kijne J.W., Robbins P.W., and Spaink H.P. 1997. An important developmental role for oligosaccharides during early embryogenesis of cyprinid fish. *Proc. Natl. Acad. Sci.* **94:** 7982–7986.
49. Varki A. 1996. Does DG42 synthesize hyaluronan or chitin? A controversy about oligosaccharides in

vertebrate development. *Proc. Natl. Acad. Sci.* **93:** 4523–4525.

50. Weigel P.H., Hascall V.C., and Tammi M. 1997. Hyaluronan synthases. *J. Biol. Chem.* **272:** 13997–4000.

本章初稿由 H. H. Freeze（加利福尼亚州 La Jolla，Burnham 研究所）编写。

# 第 20 章　植物细胞的糖生物学



植物糖生物学的研究领域范围广泛。因此本章着重介绍植物糖生物学的最重要部分，特别介绍研究人员取得快速进展的领域。尽管也开展某些动物细胞方面的研究，植物学家总是集中研究植物所独具的生物学特性，因此本章也集中讨论植物特有的问题。植物细胞有一个柔韧的细胞壁，应该是一种胞外基质，而不是细胞外的一个盒子。细胞壁的生物合成、在细胞建构中的作用以及它作为模式与形态形成的信号源等方面都颇具特点。细胞壁也是传递病原体侵入信号的小分子聚糖的根源。植物细胞具有发育完善的信号传递级联系统，可以启动防御基因对聚糖信号的应答。此外，细菌利用糖脂信号与植物建立物种专一结合的共生关系。植物合成的复合 N-聚糖与哺乳动物合成的不同，与昆虫及软体动物合成的相似。

## 富含多糖的细胞壁是植物细胞的胞外基质（ECM）[1～4]

在探讨植物糖生物学之前，应从描述植物细胞壁或称胞外基质的结构与功能开始。1960 年以前，细胞壁被认为是围绕着活原生质体的一个无生命的盒子。20 世纪 70 年代，当发现细胞壁蛋白质和酶以后，细胞壁变成活的了。80 年代，发现细胞壁是植物用来探测试图穿破植物细胞壁的病原体侵入信号的来源。直到 90 年代，才认识到细胞壁在植物生长和分化中的重要信号功能。它不再是一个死的盒子，而是构成活细胞的重要组成部分。这就引领我们完成了一个认知的循环过程，因为在 1665 年，Robert Hooke 在软木、木髓和树皮组织中就发现了这个小盒子，并把它们称之为“细胞”。植物细胞壁在植物生物学研究中一直是一个活跃的研究课题。

目前我们把植物细胞壁看作是纤维素微原纤维和包埋在富含半乳糖醛酸（果胶）酸

性多糖凝胶基质中，并以钙离子桥连一起交联多糖（半纤维素）的三维空间网络（书后彩图20.1）。在两类主要的有花植物——单子叶和双子叶植物中，它们的半纤维素多聚体组成不同：单子叶中为阿拉伯木聚糖，双子叶中则为木葡聚糖。这一网络是由各种各样的结构蛋白和糖蛋白，以及部分与芳香族物质（单体木质素，monolignols）交联形成的。网络的生物合成或修饰所需的酶（如：过氧化物酶、木葡聚糖内转糖苷酶、α-岩藻糖苷酶和葡聚糖酶），或修饰代谢物的酶（如：蔗糖酶、磷酸酶和抗坏血酸氧化酶）可能以离子或共价的形式与半纤维素网络或果胶基质结合。

细胞壁的组装要求质膜中大分子纤维素合酶复合物的活性与20～25种高尔基体中组装果胶和半纤维素多聚体的不同糖基转移酶活性协调完成。这些多聚体，与细胞壁蛋白质和糖蛋白一样，被转运到分泌泡质膜上，而且细胞壁的酶催化它们之间的交联。尽管有这些交联，幼嫩的细胞壁仍保持良好的柔韧性，并能通过断裂进行延伸和重新形成交联以适应植物细胞生长巨大体积变化的特征。在高度分化的细胞中，例如木质部导管（主要负责从根部运送水分和养分）和须根，当浸透木质素后，由分泌的单体木质素亚部位在细胞外聚合成一种多聚体，其细胞壁就变得厚实、坚硬并且不易压缩。

以单克隆抗体与细胞壁抗原决定部位相互作用显示，植物细胞分化过程是伴随着植物细胞胞外基质的各种组分的合成和分泌完成的。这一过程的研究目前已在百日草（*Zinnia*）细胞中进行。当百日草叶肉细胞用激素植物生长素和细胞分裂素处理时，叶肉细胞转分化为导管成分，伴随着这一转分化过程，新模式的基因表达和细胞表面蛋白以及多糖有一整套的改变。

## ECM糖蛋白含有短链阿拉伯糖苷O-糖基化的羟脯氨酸残基[5～7]

植物细胞的ECM至少包含3种型的结构蛋白：富甘氨酸蛋白、富脯氨酸蛋白和富羟脯氨酸蛋白（HRGP）。

最为特性化的HRGP是胡萝卜伸展蛋白，分子量为86kDa。多肽链具有30kDa并含有25个SerHypHypHypHyp五肽重复序列，其中间隔着TyrLysTyr单位。羟脯氨酸的残基常用含有1到4个阿拉伯糖残基的短阿拉伯呋喃糖苷O-糖基化。最近的阿拉伯糖以1→4连接到羟脯氨酸，两个相邻阿拉伯糖均以1→2连接，末端阿拉伯糖是以1→3连接到短链上。总羟脯氨酸残基在$SerHyp_4$五肽结构中的份额因HRGP的不同而有改变。与其说富含脯氨酸的蛋白质和HRGPs可以组成统一体，不如说它们是两类不同的蛋白质，因为已经鉴定出了富含脯氨酸和羟脯氨酸蛋白质。羟脯氨酸的糖基化过程遵循相邻接触原则（contiguity rule），即一个被糖基化的羟脯氨酸残基必须紧连接着另一个羟脯氨酸残基。对Douglas杉木的HRGP分析表明IleProProHyp从未被糖基化，LysProHypValHyp偶尔在Hyp-5被阿拉伯单糖糖基化，并且LysProHypHypVal总是在Hyp-3处被三阿拉伯糖苷糖基化。在胡萝卜伸展蛋白中，$SerHyp_4$五肽的4个Hyp残基中有3个Hyp残基被四阿拉伯糖苷糖基化，半乳糖残基以O-连接方式与伸展蛋白中的丝氨酸连接。糖类可用来把蛋白质稳定在刚性棒状结构中。另外一些被称为阿拉伯半乳聚糖蛋白的HRGP，含有连接在羟脯氨酸或丝氨酸残基上的大分子聚糖（见下面）。TyrLysTyr的重复三肽有着不同的结构功能。位于ECM中的伸展蛋白过氧化酶与酪氨酸残基交联，形成异二酪氨酸分子内和分子之间的交联。由此创出了分子间和分子内的交联。

## 胞外阿拉伯半乳聚糖蛋白是细胞命运的标记，并能诱导胚胎发生[8,9]

阿拉伯半乳聚糖蛋白（Arabinogalactan protein，AGP）是细胞外或锚定在细胞质膜上，典型地含糖90%以上的蛋白质。多肽链骨架有一个富含丙氨酸、丝氨酸、苏氨酸和羟脯氨酸的结构域，而糖部分是由连接在羟脯氨酸上的短阿拉伯糖苷（如胡萝卜伸展蛋白，见前文）和O-连接在羟脯氨酸或丝氨酸上的阿拉伯半乳聚糖组成。已经证实半乳糖基-O-丝氨酸和半乳糖基-O-羟脯氨酸这两种连键。阿拉伯半乳聚糖侧链有30～150个糖残基，在短侧链上大部分连接一末端连接L-阿拉伯呋喃糖残基的纯β（1→3）-D半乳聚糖骨架。分泌出的AGP通常比质膜上锚定形式的AGP含有更多的糖，而二者之间的关系尚不清楚。AGP都是高度不均一性的，每一种器官和细胞类型都是与AGP的某一特性化亚型相结合的。

已经克隆了几种AGP的cDNA，并分成两类：一类为“经典”的AGP（130～150个氨基酸），由一个信号肽，一个富含羟脯氨酸、丙氨酸、丝氨酸和苏氨酸结构域以及一个膜锚定螺旋组成；另一类为“非经典”的AGP是较大分子（170～450个氨基酸）的蛋白质，含有一个信号肽和一个富含羟脯氨酸、丙氨酸、丝氨酸、苏氨酸的结构域，紧接其后还连接一个可变长度为特点的大型羧基末端结构域（图20.2）。在AGP氨基酸序列发现的变异性、糖基化程度和聚糖的大小与动物细胞ECM和蛋白聚糖糖基化和多肽链骨架中观察到的相类似。

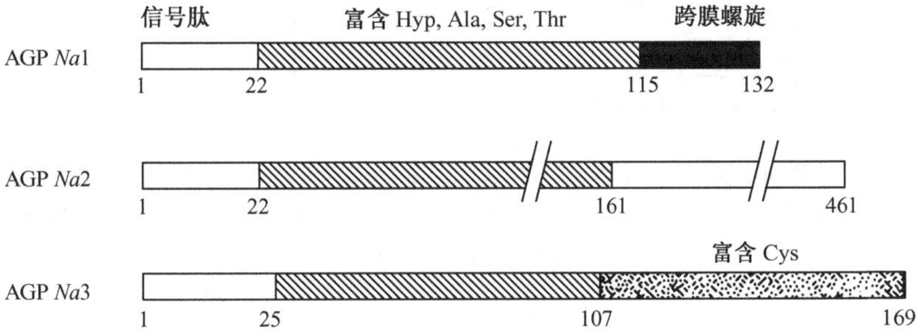


**图 20.2** 来自烟草 *Nicotiana alata* 的3种不同AGP结构域图解（见参考文献[8]）。

发现在陈放的植物细胞培养基中含有丰富的AGP，近期的研究表明AGP在决定细胞命运和体细胞胚胎发生上有重要作用。新建立的胡萝卜悬浮培养细胞是胚胎发生型的，在去除激素植物生长素之后，一些细胞发育成体细胞胚胎。这种培养基中含有长久保持其胚胎潜在性的3种主要不同型细胞：即具有稠密胞质或空泡的球型细胞或空泡伸长型细胞。只有球型细胞可导致产生胚胎，而伸长细胞则很少能发育成胚胎。只要有球型胞质细胞存在，胡萝卜培养细胞即保持其胚胎的潜在性。用单克隆抗体JIM8可在该型细胞上检测出AGP的存在；只有空泡球型细胞呈JIM8

（十）。呈 JIM8（一）的稠密胞质细胞只在与 JIM8（十）细胞一起培养，或在培养基中加入 AGP 时，才能发育成胚胎（图 20.3）。即使培养基中存在 AGP，伸长细胞也不能发育成胚胎。最近的工作证实了许多早年在细胞培养中的 AGP 能刺激胚胎发生的报道，但那些报道缺乏详细的观察。

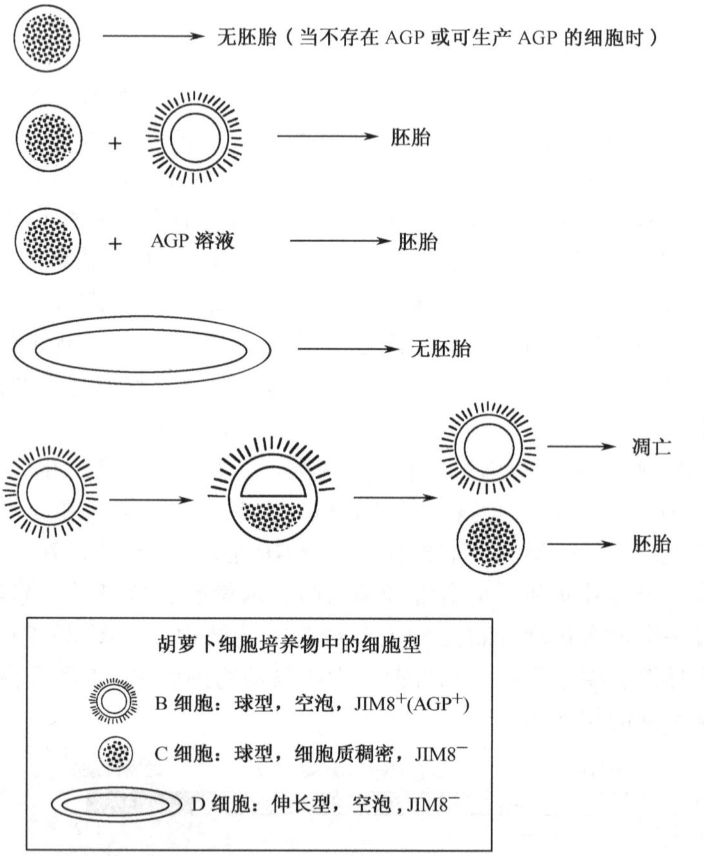


**图 20.3** 在悬浮培养时，胡萝卜（*Daucus carota*）不同型细胞的发育命运。细胞周围“晕圈”表明单克隆抗体 JMB8 与 AGP 结合染色。B 细胞可以不对称地分裂，当 AGP 存在时，细胞质球型密集细胞能产生胚胎。

## 植物细胞生长需要蛋白质和寡糖介导的木葡聚糖网络的松开过程[10～14]

幼嫩植物细胞的体积增长很大，这是一个需要松开木葡聚糖与纤维素微原纤维（cellulose micofibril）连接的氢键，用酶分解木葡聚糖，并以内部渗透压推开微原纤维的过程。这一过程也伴随着铺设新的各层纤维素微原纤维素和与之相连的半纤维素多聚体。细胞壁松开过程是由膨胀蛋白（expansin）、内切 β 聚糖酶及木葡聚糖内切转移糖苷酶（xyloglucan-endotransglycosylase，XET）等催化完成的。膨胀蛋白是一些与细胞壁相结合的小分子蛋白（27kDa），可在体外诱导细胞的延伸。它们的这种作用是以破坏基质的纤维素与多糖间非共价空间或氢键结合来完成的。推导出的膨胀蛋白氨基酸序列表明存在数个结构域：一个含 8 个保守半胱氨酸的富半胱氨酸域，一个碱性结构域和一个色氨酸结构域。这些结构域的空间分布与由纤维素分解菌合成的水解酶的纤维素结合域相类似。最近有证据表明每当在番茄分生组织中新的发叶初始期膨胀蛋白的表达是上调的，表明这些蛋白质在植物发育中有着重要的作用。

很多观察资料都强调了木葡聚糖网络和水解网络中的共价键酶的重要性，表明 β-1-4-葡聚糖酶的较高活性是与较高速率的细胞膨胀相互关联的；此外发现这些酶的抗体能抑制细胞的膨胀。在木葡聚糖网络上内切 β-1-4-葡聚糖酶或者木聚糖转移糖苷酶（XET）的作用，都导致木葡聚糖片段的释放，包括被称作 XXFG 的九聚糖（图 20.4）。最初发现 XXFG 寡糖在纳摩尔浓度下可抑制由激素植物生长素刺激的细胞生长，后来表明它是细胞壁的正常组分。XXFG 是如何引起细胞壁某些性质改变的，目前尚不清楚。以定域细胞壁的 α-岩藻糖苷酶（α-fucosidase）从 XXFG 去除末端岩藻糖则使寡糖失活，但是，如以半乳糖替代则不能使寡糖失活。因此，ECM 中丰富的活性寡糖是由酶来调控的，这些酶决定着寡糖的形成（内切 β-1-4-葡聚糖酶或 XET）及其失活（α-岩藻糖苷酶）。

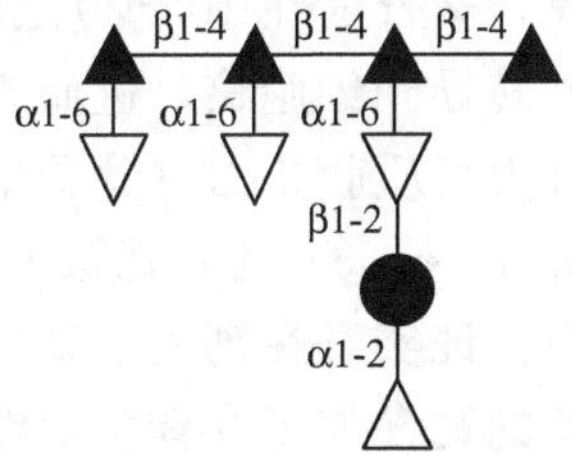


**图 20.4** 木葡糖派生的九聚糖 XXFG，可抑制植物生长素诱导茎的生长。

## ECM 是防御病原体的寡糖信号来源[15,16]

当植物受到病原体的入侵，它们会发动精密设计的防御应答系统。如果病原体能早

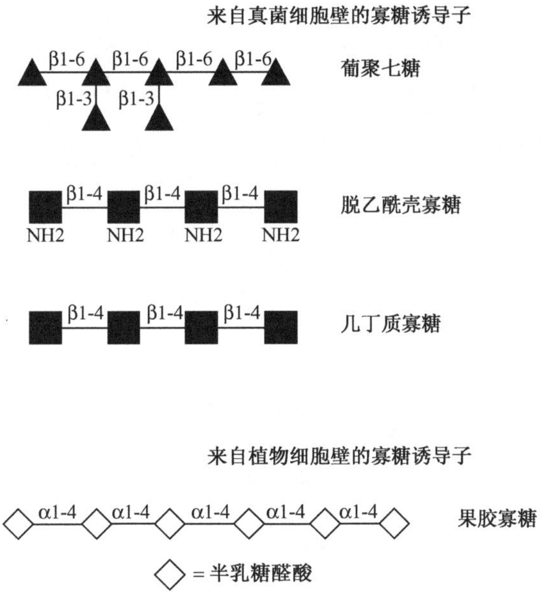


**图 20.5** 来自真菌和植物细胞壁具有诱导植物防御应答的寡糖。

期被检测出来，就会在侵染点形成枯斑，可用来限制病原体的扩散。如果检测太慢，植物只发动微弱的应答，则病原体占据了优势。这一应答系统由导致细胞壁多聚物间交联若干基因的活化、产生细胞壁附加的结构性成分（如：单一木质素和富含羟脯氨酸的糖蛋白)、植保素（phytoalexin)（杀死入侵者的小分子）以及可降解入侵菌细胞壁的β-葡聚糖酶和几丁质酶组成。在植物和入侵病原体相互作用中，来自两伙伴任何一方的细胞壁寡糖均可作为诱导子（elicitor)，引发植物的防御应答（见图 20.5)。

寡糖诱导子通常含有 4 到 20 个糖残基。真菌细胞壁的降解产生β-葡聚糖、壳寡糖（几丁质）和脱乙酰壳寡糖等诱导子。植物细胞壁的降解产生寡聚半乳糖醛酸，即果胶片段，聚合度在 10～20 之间，可作为强效诱导子。然而目前对负责监察这些寡聚糖信号并转导到细胞核，进而激活防御基因的作用机制还很少了解。光亲和标记实验鉴定出一种大豆质膜蛋白（分子量为 70kDa)，可与大豆真菌病原体大雄晚疫病原真菌（*Phytophtera sojae*）的β-葡聚七糖结合。这种膜蛋白是否就是受体，以及是否负责信号转导还有待证实。在钙离子载体和钙离子通道阻断剂实验的基础上，推定作为到处可见胞内信使的钙参与了β-葡聚七糖诱导的信号转导。

寡聚半乳糖醛酸信号的传递可能涉及系统的第二信使，寡聚半乳糖醛酸是从病原体侵染点细胞壁果胶中释放出来的，但在植物体内寡聚半乳糖醛酸不是流动的。番茄（*Lycopersicum esculentum*）中，在距侵染点一定距离防御应答的引发是由于植物中产生了被转运的系统素（systemin）——18 个氨基酸肽链。系统素像寡聚半乳糖醛酸一样可激活相同植物的防御基因，但其活性是寡聚半乳糖醛酸的百万倍。由系统素或相似的肽激活防御基因是否也发生在其他植物中还不清楚。

防御基因也被茉莉酸盐（jasmonate）激活，该类物质是由亚麻酸经过十八碳烯酸途

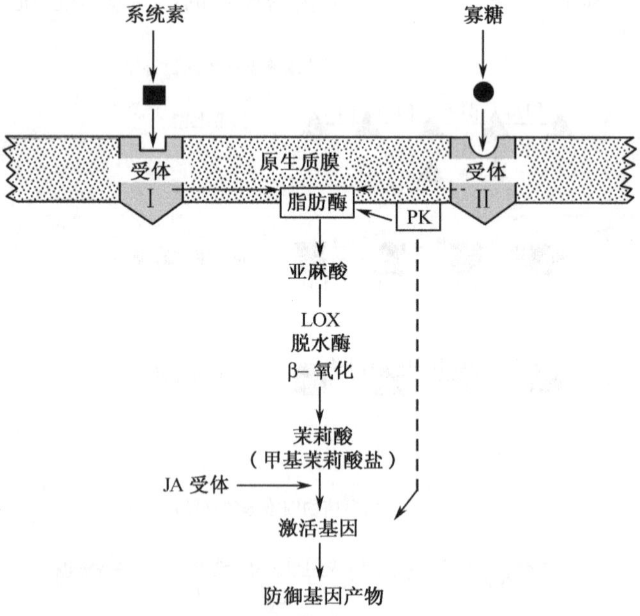


**图 20.6** 导致防御基因活化的信号转导推定模型。(PK）蛋白激酶；(LOX）脂氧合酶；(JA）茉莉酸。

径合成的。在昆虫蚕食植物之后数分钟内，叶中的茉莉酸盐含量升高，这可能是液泡脂肪酶释放的结果。寡聚半乳糖醛酸、系统素和茉莉酸盐类这 3 种信号传递分子在防御反应中是平行地还是串联式的激活防御反应还有待阐明。这 3 种化合物在防御应答中的一个可能的作用模型示于图 20.6。

## 糖脂信号在固氮菌与植物建立共生关系过程中起关键作用[17～22]

为了与豆科植物建立共生关系，存在于土壤的根瘤菌必须侵入植物根系并诱导根瘤的形成，细菌在这些特殊的器官内繁殖和固定大气中的氮，同时从植物光合产物中取得能量和碳骨架。这个复杂的过程需要伙伴双方大量的基因表达，并且必须有来自植物和根瘤菌的信号参与。由植物根系释放的类黄酮可以诱导细菌 *nod* 基因，该基因编码参与合成结瘤因子（Nod factor）壳寡糖脂（LCO）的酶，结瘤因子壳寡糖脂由四聚或五聚壳寡糖主链组成，其主链的非还原端连接有一长链不饱和脂肪酸（图 20.7）。豆科寄主和共生根瘤菌间的识别具有种专一性，根据根瘤菌种的不同，脂肪酸的结构、聚糖还原端和非还原端的取代基都有变化。LCO 可在极低浓度下引发根瘤的形成。靠近添加

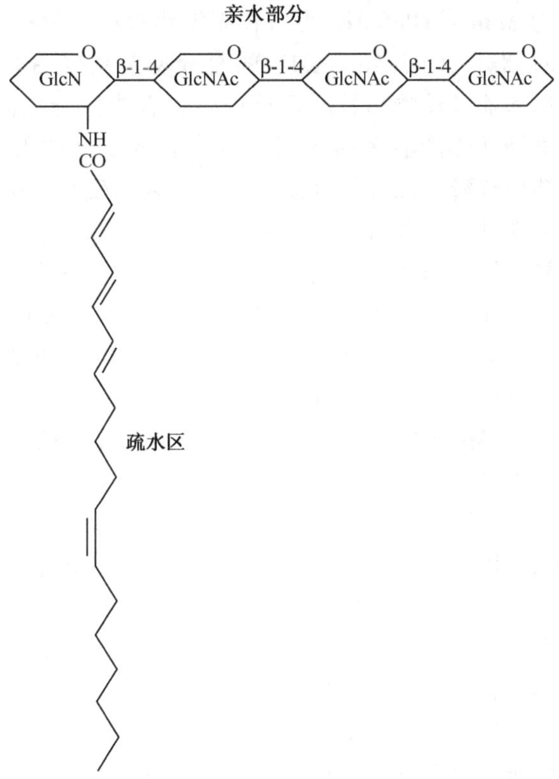


**图 20.7** 根瘤菌株系产生的 LCOs 结构。寡糖主链的长度可在 3～5 个糖基单元间变化。例如，脂链可以是 C18：4（*R. leguminosarum* bv. *viciae*）、C16：2、或 C16：3（*Rhizobium meliloti*）或 18：1（*Bradyrhizobium japonicum*）。在糖主链上的附加取代基可以是硫酸盐、2-O-甲基岩藻糖、1 个 O-乙酰基基团、或 1 个甲基基团。图中表示的脂肪酸是 C18：4。

LCO 处根尖敏感区的应答包括根毛卷曲、钙脉冲的诱导、诱导皮层细胞周期活化的细胞分裂、以及其产物在共生阶段大量起重要作用基因的活化（ENOD 或早期根瘤基因）。

LCO 在植物发育中还可能有其他作用。在温度敏感的胡萝卜细胞系突变体 *ts11* 中，在非许可温度下，超过球形期阶段后，体细胞胚胎发育就不再继续进行。通过加入内切几丁质酶——突变体胚不能合成内切几丁质酶——或加入含 GlcNAc 的聚糖，或加入具有 18∶4 脂肪酸的 LCO，就可以补救缺陷。这些结果表明：与 LCO 相类似和通过胞外内切几丁质酶作用，从前体大分子释放含 GlcNAc 的聚糖对发育过程起着非常重要的作用。

## 植物糖蛋白复合型 N-聚糖不同于哺乳动物和酵母糖蛋白复合型 N-聚糖并具有高致免疫性[23～29]

像其他真核生物一样，植物拥有连接 N-和 O-聚糖的糖蛋白。N-聚糖是连接在天冬酰胺残基上的，而 O-聚糖则连接在羟脯氨酸、丝氨酸或苏氨酸残基上。曾有报道仅有少数植物蛋白质连接两型聚糖。

发现 N-聚糖连接分泌蛋白、液泡蛋白和内膜系统蛋白的情况很普遍。已知有两种 N-聚糖：一种是组分为 $Man_{5\sim9}GlcNAc_2$ 的高甘露糖型聚糖，另一种是含少数甘露糖并附加其他糖残基（Fuc，Xyl，GlcNAc，Gal）的复合型聚糖（图 20.8）。植物高甘露聚糖的生物合成与在酵母和哺乳动物高甘露聚糖的生物合成完全相同（见第 7 章），并包括 $Glc_3Man_9GlcNAc_2$ 寡糖从焦磷酸多萜醇到新生多肽链专一性天冬酰胺残基的整体转移。用内质网腔中的葡糖苷酶Ⅰ和葡糖苷酶Ⅱ切去葡萄糖残基，接着将蛋白质转运到高尔基体，并将某些高甘露糖型聚糖（容易接近高尔基体中修饰酶的聚糖）修饰成复合型聚糖。在高尔基体最初的修饰作用与在哺乳动物细胞发现的修饰相似：用甘露糖苷酶Ⅰ切去 4 个甘露糖残基、用 GlcNAc 转移酶Ⅰ连接一个周边 GlcNAc 残基、用甘露糖苷酶Ⅱ再切去 2 个以上的甘露糖残基，再连接第 2 个周边 GlcNAc 残基。前两步反应常常在两种糖基转移酶的作用之前进行，这两种转移酶分别在邻近壳二糖核心的 GlcNAc 上连接一个 α1-3 岩藻糖残基，在邻近核心的半乳糖上连接 β1-2 木糖残基。不是所有的复合型聚糖都存在岩藻糖和半乳糖取代成分。将这类糖蛋白转运到液泡必然导致切除周边的 GlcNAc 残基，因为液泡中含有 N-乙酰葡糖苷酶。同样，α-甘露糖苷酶于液泡中的存在，可能导致修剪高尔基体中逃脱甘露糖苷酶Ⅰ作用的高甘露聚糖。因此，许多液泡蛋白上的复合型聚糖相当小，并具有（Xyl）$Man_3GlcNAc$（Fuc）GlcNAc 结构。重要的是要注意还未曾有过哺乳动物糖蛋白含有 α1-3 岩藻糖残基或 β1-2 木糖残基的报道。曾有报道低等动物（如软体动物，昆虫和蜘蛛）的糖蛋白含有与植物糖蛋白相类似的成分和抗原表位。当植物糖蛋白注射到哺乳动物体内时则具有独特的致免疫性，而后，产生的血清能识别植物蛋白中所有复合型聚糖糖蛋白。在哺乳动物中，α-1，3岩藻糖和 β-1，2 木糖残基可能是引发致免疫性和诱导过敏反应的潜在因素。

因为细胞壁上很少或不具有 N-乙酰葡糖胺酶的活性，因此分泌性糖蛋白常保留周边 GlcNAc 残基。分泌性蛋白漆酶是至今惟一被鉴定出含有大分子复合聚糖的蛋白。在漆酶上复合型聚糖的天线被半乳糖和岩藻糖残基延长，而且有和 Lewis A 抗原相同的结构（Galβ1-3［Fucα1-4］GlcNAc）。植物糖蛋白的N-聚糖能使它们稳定，免受蛋白酶水解，但复合型聚糖（相对于高甘露聚糖）的功能还不清楚。缺少GlcNAc转移酶Ⅰ（GlcNAcT-1），而且不能把高甘露聚糖转化为复合型聚糖的拟南芥（*Arabidopsis*）突变体（*cgl*），在规范的实验室条件下种植时，没有看得见的表型。这与GlcNAcT-1在小鼠体内的缺失影响形成了鲜明的对比，后者导致小鼠胚胎在9.5天死亡（见第7和33章）。有趣的是，当突变体细胞用哺乳动物GlcNAcT-1的基因转化后，转基因细胞可以合成有复合型聚糖的正常糖蛋白，这表明哺乳动物的酶正确地靶向高尔基体，并在植物高尔基体中发挥其功能。

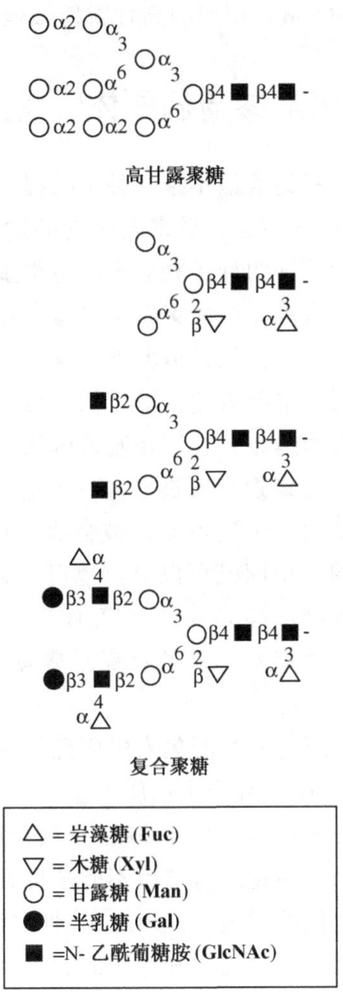


**图 20.8** 在植物糖蛋白中发现的一种高甘露糖型N-聚糖和3种复合型N-聚糖结构。

## 植物生产哺乳动物糖蛋白需要利用合成不同N-聚糖的植物突变体

转基因植物最具吸引力的应用之一是重组药物的生产，例如大量需要的抗体类或溶酶体酶（分子药物）。在植物中生产大量的哺乳动物蛋白质项目已经实施，不久的将来即可进入临床实验。然而，如果这些哺乳动物蛋白是糖蛋白，它们通常都带有高致免疫性和潜在变应原的植物N-聚糖。可采用几种方法避免这类潜在的难题。如果哺乳动物蛋白质是与von Schaewen等人所描述的情况相同，即在植物缺失GlcNAcT-1的突变体中产生，则所有的聚糖将是$Man_5GlcNAc_2$类型，而且这些聚糖不是致免疫的。但是，甘露糖末端型的聚糖可以由哺乳动物巨噬细胞受体迅速地将它们清除。第二种方法是清除（knock out）某些水解酶（如，液泡中的N-乙酰葡糖胺酶）和糖基转移酶（如，对木糖和岩藻糖）的方法，并且添加专一性哺乳动物糖基转移酶。利用哺乳动物GlcNAcT-1转化的植物细胞，Gomez和Chrispeels的研究表明这种哺乳动物高尔基酶可在植物细胞的环境中准确地起作用，从而有可能制造出在GlcNAc近端无木糖而有α-1，6岩藻糖的N-聚糖植物。植物是否能合成唾液酸化糖蛋白还不清楚，这将需要转化大量的基因，因为还没有植物能合成唾液酸的报道。因此，不但要把制成这种糖的酶，将这种糖与CMP偶合的酶和转运CMP-唾液酸跨越高尔基池膜的蛋白质，结合到转基因植物中，也要结合一种唾液酸转移酶。另一可选择的方法是制成一种具有羧基末端信号KDEL或HDEL的哺乳动物蛋白，使其存留在内质网中。已经表明，用这种方法修饰的蛋白质在叶子中有相当程度的积累。这类蛋白质典型地具有与内质网中其他存留物

(resident)相似的高甘露糖型聚糖。

## 凝集素参与病原体、害虫及共生生物的识别[30~36]

凝集素最早是在种子的提取物中发现的，这是由于凝集素有使血红细胞凝集的性质(见第30章)。后来表明它的这种活性是凝集素与血红细胞表面聚糖互相作用引发的。此后，证明种子凝集素可与很多生物的聚糖相互作用。但种子凝集素在植物中的真正作用仍未确立。凝集素不单是存在于某种植物种子中，在叶子、树皮或球茎中也有丰富的蛋白质。在某种情况下，凝集素同样的基因在某一器官（如种子）中高度表达，而在另一器官中则表达水平很低。另一些情况下，同源基因在不同器官中表达。凡是凝集素很丰富的地方，它们普遍地被认为是植物的防御蛋白。

凝集素有时被隔离在液泡中，有时分泌到胞外基质或细胞间的空间。凝集素在植物体内，恒定不变地被合成为具有信号肽的前蛋白质，该信号肽可引导蛋白质进入内质网，从而既可以分泌也可以靶向液泡。尽管植物中含有的凝集素可以与高甘露糖型的聚糖（如ConA）相互作用，但植物中还未发现可与植物糖蛋白特殊复合型聚糖反应的凝集素，除了对高甘露糖型聚糖有受体以外，植物中都不含它们自身凝集素的受体。

所有植物凝集素中研究最透彻的是植物血凝素（PHA），PHA占红腰豆（*Phaseolus vulgaris*）种子蛋白质含量的4%～8%，它是一种促细胞分裂剂，广泛应用于哺乳动物的细胞培养。A. Pusztai及其合作者做了大量的工作，证明PHA对哺乳动物有毒。它既不易被消化酶分解也不能被盲肠和结肠中的细菌降解，而且具有生物活性的PHA存活于大鼠的肠道中。PHA识别并与肠上皮细胞刷状缘细胞膜上的复合型聚糖结合，这样的结合产生局部和系统的后果：如小肠的肥大增生、加快刷状缘细胞的周转和骨骼肌及胸腺的萎缩。其中有些变化缘于PHA诱导的激素平衡的变化。饮食中如含PHA，有趣的后果一个是表征未成熟刷状缘细胞的末端甘露糖基化刷状缘糖蛋白有所增加，另一个是肠腔中与1型甘露糖结合的菌毛大肠杆菌（*Escherichia coli*）急剧过度繁殖。曾用PHA做了很多研究工作，其他凝集素，如接骨木浆果（elderberry）和刺槐凝集素也都有同样的毒害作用。

已经证明凝集素对昆虫有毒害作用。两种对GlcNAc特异的凝集素——麦胚凝集素(Wheat-germ agglutinin）和西非单叶豆（*Griffonia simplicifolia*）凝集素Ⅱ，能阻碍某些昆虫幼虫的生长。雪滴凝集素（Snow drop GNA），甘露糖特异的凝集素，对刺吸式昆虫（如蚜虫）有毒。这些凝集素通过与肠道内糖缀合物的结合发挥其活性。

最近，发现红腰豆①和白扁豆（*Dolichos lablab*）中含有一种新的甘露糖专一的凝集素，这种凝集素在悬浮培养时，在培养基不改变条件下能保藏人脐带血生殖细胞达1个月之久。这种独特的性质也是植物凝集素与动物细胞间相互作用的一个出人意料的

① 本书中译作红腰豆，红肾豆，海军豆，与菜豆（*Phaseolus vulgaris*）是同一种豆。——校者注

例证。

早已推定豆类凝集素可能参与了对根瘤菌（*Rhizobium*）的识别，或者至少是参与了与其共生生物的相互作用。现在已搞清豆类凝集素不负责寄主与共生体之间种专一性的相互作用，其相互作用是由 LCO（见上文）完成的。凝集素起作用可能是细菌“凝集”在根的表面上，从而使随后的相互作用易于进行。已在获得功能突变株（转基因植物的过量表达）及缺失功能突变株（反义转基因植物和大豆插入突变体）中进行了根瘤形成中凝集素作用的研究。白三叶草和红三叶草根系中豌豆凝集素的过量表达导致豆类根瘤菌（*Rhizobium leguminosarum* bv. *viciae*）使根系形成根瘤，该菌在正常情况下不能与三叶草形成根瘤。但是，这种作用应归之于三叶草根对根瘤菌（*R. leguminosarum*）产生的 LCO 具有高度敏感性，而不是对凝集素的直接作用。A. Hirsch 及其合作者鉴定了分别在根和花中表达的两个苜蓿凝集素基因 *Mslec1* 和 *Mslec2*。*Mslec1* 基因表达极度衰弱的苜蓿植株（反义植株）与苜蓿根瘤菌形成正常的根瘤，但根瘤很快衰老。他们的实验表明凝集素参与了根瘤菌与植物的寄主专一的相互作用，并表明凝集素对建立功能性根瘤是必需的，但对识别来说是不够的。反义 *Mslec2* 植株有正常的根瘤，但也有各种发育不正常的其他根瘤，这表明凝集素在植物体中有内在的作用，这种作用还有待进一步研究。

## 发展方向

植物糖生物学中很多关键问题有待解决：如何合成和组装植物胞外基质（ECM）？如何协调不同组分的合成？为了适应细胞体积变化，胞外基质（ECM）如何“生长”？在木葡聚糖网络结构松开中发生了哪些分子水平的反应？哪些分子参与了 ECM—质膜—细胞骨架的统一体？来自细胞内部的信号如何改变 ECM 的建构？膨压在信号传递过程中起什么作用？胞外大分子如何影响胞内和核内的反应事件？复合型 N-聚糖有什么作用？如果突变体植株不能处于正常，聚糖在什么时候和对哪些蛋白是重要的？当植物处于强制条件下，这是否是惟一的途径？凝集素在防御和共生识别中起作用，在植物生理上和发育中是否还有其他作用，什么作用？据推测，植物具有在动物细胞中发现的细胞加工的同型凝集素，至今还没有人去探寻它们，可能因为这不单纯是植物方面的问题。基因组工程将使这类凝集素的同源基因成为现实。关于信号传递途径（糖脂和聚糖诱导子）一事，这类受体和转导这些信号的分子，很可能需要与应答突变体研究一起得到证实。

（杜昱光　赵小明 译　　张树政 校）

## 参 考 文 献

1. Carpita N., McCann M., and Griffing L.R. 1996. The plant extracellular matrix: News from the cell's frontier. *Plant Cell* **8:** 1451–1463.
2. Carpita N.C. and Gibeaut D.M. 1993. Structural models of primary cell walls in flowering plants: Consistency of molecular structure with the physical properties of the walls during growth. *Plant J.* **3:** 1–30.
3. Boudet A.M. 1998. A new view of lignification. *Trend. Plant Sci.* **3:** 67–71.
4. Stacey N.J., Roberts J.C., Carpita N.C., Wells B., and McCann M.C. 1995. Dynamic changes in cell surface molecules are very early events in the differentiation of mesophyll cells from *Zinnia elegans* into tracheary elements. *Plant J.* **8:** 891–906.
5. Showalter A.M. 1993. Structure and function of plant cell wall proteins. *Plant Cell* **5:** 9–23.
6. Chen J. and Varner J.E. 1985. An extracellular matrix protein in plants: Characterization of a genomic clone for carrot extensin. *EMBO J.* **4:** 2145–2151.
7. Kieliszewski M.J., O'Neill M., Leykam J., and Orlando D.R. 1995. Tandem mass spectrometry and structural elucidation of glycopeptides from a hydroxyproline-rich plant cell wall glycoprotein indicate that contiguous hydroxyproline residues are the major sites of hydroxyproline-O-arabinosylation. *J. Biol. Chem.* **270:** 2541–2549.
8. Du H., Clarke A.E., and Bacic A. 1996. Arabinogalactan proteins: A class of extracellular matrix proteoglycans involved in plant growth and development. *Trends Cell Biol.* **6:** 411–414.
9. McCabe P.F., Valentine T.A., Forsberg L.S., and Pennell R.I. 1997. Soluble signals from cells identified at the cell wall establish a developmental pathway in carrot. *Plant Cell* **9:** 2225–2241.
10. McQueen-Mason S.J. and Cosgrove D.J. 1995. Expansin mode of action on cell walls. Analysis of wall hydrolysis, stress relaxation, and binding. *Plant Physiol.* **107:** 87–100.
11. Reinhardt D., Wittwer F., Mandel T., and Kuhlemeier C. 1998. Localized upregulation of a new expansin gene predicts the site of leaf formation in tomato meristem. *Plant Cell* **10:** 1427–1437.
12. Fry S.C., Aldington S., Hetherington P.R., and Aitken J. 1993. Oligosaccharides as signals and substrates in the plant cell wall. *Plant Physiol.* **103:** 1–5.
13. Fry S.C. 1996. Oligosaccharin mutants. *Trends Plant Sci.* **1:** 326–329.
14. Augur C., Benhamou N., Darvill A., and Albersheim P. 1993. Purification characterization and cell wall localization of an α-fucosidase that inactivates a xyloglucan oligosaccharin. *Plant J.* **3:** 415–426.
15. Hahn M.G. 1996. Microbial elicitors and their receptors in plants. *Annu. Rev. Phytopathol.* **34:** 387–412.
16. Schaller A. and Ryan C.A. 1995. Systemin—A polypeptide defense signal in plants. *BioEssays* **18:** 27–33.
17. Geurts R. and Franssen H. 1996. Signal transduction in *Rhizobium* induced nodule formation. *Plant Physiol.* **112:** 447–453.
18. Lerouge P., Roche P., Faucher C., Maillet F., Truchet G., Promé J.C., and Dénarié J. 1990. Symbiotic host-specificity of *Rhizobium meliloti* is determined by a sulphated and acylated glucosamine oligosaccharide signal. *Nature* **344:** 781–784.
19. Yang W.-C., de Blank C., Meskiene I., Hirt H., Bakker J., van Kammen A., Franssen H., and Bisseling T. 1994. *Rhizobium* Nod factors reactivate the cell cycle during infection and nodule primordium formation, but the cycle is only completed in primordium formation. *Plant Cell* **6:** 1415–1426.
20. de Jong A.J., Cordewener J., Schiavo F.L., Terzi M., Vandekerckhove J., van Kammen A., and de Vries S. 1992. A carrot somatic embryo mutant is rescued by chitinase. *Plant Cell* **4:** 425–433.
21. Röhrig H., Schmidt J., Walden R., Czaja I., Miklasevics E., Wieneke U., Schell J. and John M. 1995. Growth of tobacco protoplasts stimulated by synthetic lipo-chitooligosaccharides. *Science* **269:** 841–843.
22. de Jong A.J., Heidstra R., Spaink H.P., Hartog M.V., Hendriks T., Lo Shiavo F., Terzi M., Bisseling T., Van Kammen A., and de Vries S. 1993. A plant somatic embryo mutant is rescued by rhizobial lipo-oligosaccharides. *Plant Cell* **5:** 615–620.
23. Staudacher E., Dalik T., Wawra P., Altmann F., and Marz L. 1995. Functional purification and characterization of a GDP-fucose: β-N-acetylglucosamine (Fuc to Asn linked GlcNAc) α 1,3-fucosyltransferase from mung beans. *Glycoconj. J.* **12:** 780–786.
24. Sturm A. 1995. N-Glycosylation of plant glycoproteins. In *Glycoproteins* (ed. Montreuil J., et al.), pp. 521–541. Elsevier, The Netherlands
25. Zeng Y., Bannon G., Thomas V.H., Rice K., Drake R., and Elbein A. 1997. Purification and specifici-

ty of β1,2-xylosyltransferase, an enzyme that contributes to the allergenicity of some plant proteins. *J. Biol. Chem.* **272:** 31340–31347.

26. Garcia-Casado G., Sanchez-Monge R., Chrispeels M.J., Armentia A., Salcedo G., and Gomez L. 1996. Role of complex asparagine-linked glycans in the allergenicity of plant glycoproteins. *Glycobiology* **6:** 471–477.
27. Fitchette-Lainé A.C., Gomord V., Cabanes M., Michalski J.C., Saint Macary M., Foucher B., Cavelier B., Hawes C., Lerouge P., and Faye L. 1997. N-glycans harboring the Lewis a epitope are expressed at the surface of plant cells. *Plant J.* **12:**1411–1417.
28. von Schaewen A., Sturm A., O'Neill J., and Chrispeels M.J. 1993. Isolation of a mutant *Arabidopsis* plant that lacks N-acetyl glucosaminyl transferase I and is unable to synthesize Golgi-modified complex N-linked glycans. *Plant Physiol.* **102:** 1109–1118.
29. Gomez L. and Chrispeels M.J. 1994. Complementation of an *Arabidopsis thaliana* mutant that lacks complex asparagine-linked glycans with the human gene encoding N-acetylglucosaminyl transferase I. *Proc. Natl. Acad. Sci.* **91:** 1829–1833.
30. Chrispeels M.J. and Raikhel N.V. 1991. Lectins, lectin genes and their role in plant defense. *Plant Cell* **3:** 1–19.
31. Peumans W.J. and Van Damme E.J.M. 1995. Lectins as plant defense proteins. *Plant Physiol.* **109:** 347–352.
32. Pusztai A., Ewen S.W.B., Grant G., Peumans W.J., Van Damme E.J.M., Rubio L., and Bardocz S. 1990. The relationship between survival and binding of plant lectins during small intestine passage and their effectiveness as growth factors. *Digestion* **46:** 308–316.
33. Pusztai A., Ewen S.W.B., Grant G., Brown D.S., Stewart J.C., Peumans W.J., Van Damme E.J.M., and Bardocz S. 1993. Antinutritive effects of wheat-germ agglutinin and other N-acetylglucosamine-specific lectins. *Br. J. Nutr.* **70:** 313–321.
34. Hamblin J. and Kent S.P. 1973. Possible role of phytohaemagglutinin in *Phaseolus vulgaris* L. *Nature* **245:** 28–30.
35. Kijne J.W., Bauchrowitz M.A., and Diaz C.L. 1997. Root lectins and rhizobia. *Plant Physiol.* **115:** 869–873.
36. Colucci G., Moore J.G., Feldman M., and Chrispeels M.J. 1999. cDNA cloning of FRIL, a lectin from *Dolichos lablab*, that preserves hematopoietic progenitors in suspension culture. *Proc. Natl. Acad. Sci.* **96:** 646–650.

本章初稿由 M．J．Chrispeels（圣迭戈加利福尼亚大学）编写。

# 第 21 章　细菌多糖



本章阐述细菌细胞壁中糖缀合物和聚糖的结构与组装，包括肽聚糖、胞壁周质葡聚糖、脂多糖及荚膜多糖；有关细菌糖基化生物学意义的讨论是贯穿本章的主要内容，还将介绍细菌糖蛋白研究的最新发现。

## 前言[1]

细菌可产生多种糖缀合物并以多糖作为其细胞壁成分，而且这些糖链中含有许多脊椎动物糖缀合物所没有的“奇怪”单糖，如 KDO、庚糖（heptose）及不同修饰的己糖。甚至在像大肠杆菌这样的“简单”细菌中，多样的聚糖也表现出极大的结构多样性和复杂性（图 21.1）。与其他革兰氏阴性菌一样，大肠杆菌细胞壁由内膜和外膜组成，内膜与外膜间由周质空间分隔。由多糖与短肽共价连接所形成的肽聚糖是周质空间的主要结构成分，一些革兰氏阴性菌的周质空间还含有 β-葡聚糖，具有调节渗透压的作用。因脂多糖主要存在于外膜外小叶（outer leaflet），故外膜呈不同寻常的脂双层结构。黏（mucoid，slimy）菌株则有一层包裹整个细胞的多糖荚膜，可起毒力因子的作用。革兰氏阳性菌的细胞壁结构与革兰氏阴性菌相似，但革兰氏阳性菌无外膜，肽聚糖层更厚且含有特殊化的多糖磷壁酸（teichoic acid）。

正如在下面将讨论的那样，多糖组分在细菌细胞的生命周期中担负重要的结构和功能作用。荚膜多糖和脂多糖是细菌抵御补体和噬菌体进攻的第一道防线，这些糖链还包含了可将细菌分为不同血清型的主要抗原决定簇，而不同的血清型往往与疾病相关联，这些糖链还能对哺乳动物宿主产生重大影响。脂多糖含有脂 A，也称为内毒素，可导致多种并发症，如脓毒性休克（septic shock）、多器官衰竭及死亡。因此，能阻断内毒素刺激所产生的有害效应的药剂开发受到相当的关注。

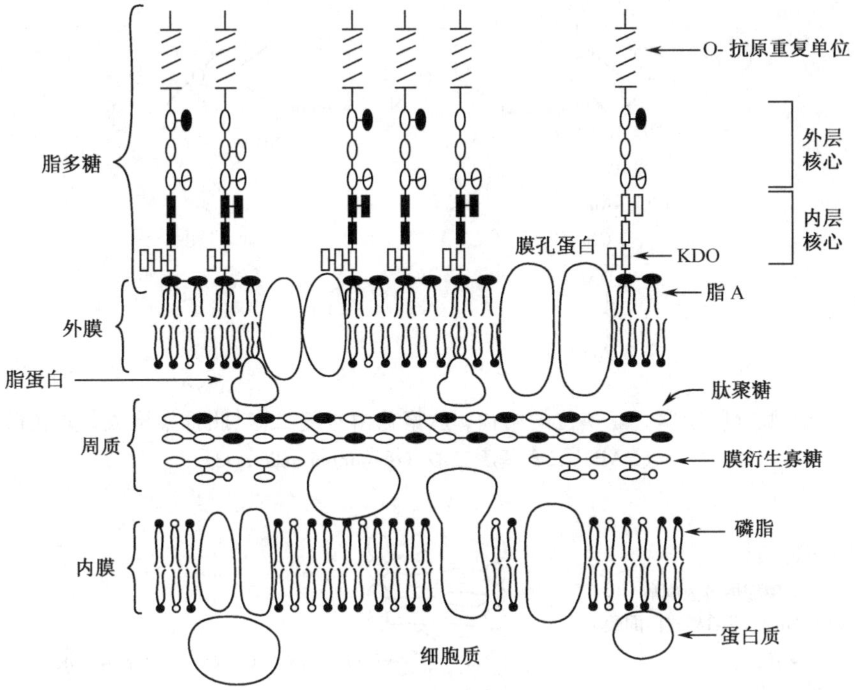


**图 21.1** 大肠杆菌细胞壁结构。革兰氏阴性菌的细胞壁由几层不同的多糖构成，周质空间含有肽聚糖（一种多糖和短肽的共聚物）和叫作 MDO 的 β-葡聚糖。外膜的外小叶有大量的 LPS。在黏菌株中，荚膜多糖覆盖整个细胞（未画出）。（根据 Raetz 1993［8］的图修改）

## 肽聚糖[1~5]

肽聚糖（peptidoglycan）（也称胞壁质，murein）在革兰氏阴性菌中约占细胞干重的10%，其交联结构赋予细胞机械强度和一定形状，并提供了一个保持胞内渗透压的屏障，非但如此，肽聚糖还有足够的可塑性使细胞得以生长（延伸）和分裂（分隔）。

肽聚糖由平行的多糖链构成，多糖链为 β1，4 连接的 GlcNAc 和 N-乙酰胞壁酸（MurNAc；图 21.2），并通过由 L-Ala、不常见的 D-氨基酸（D-Glu 和 D-Ala）和 L-二氨基庚二酸（L-diaminopimelic acid，L-DAP）组成的共价连接短肽进行交联。糖链以单层或可能以双层沿平行于细菌表面的方向排列（图 21.1），肽在链间发生交联，但这种结构是高度动态的，因为每世代（约 30 分钟）约有 50%的肽聚糖会发生周转。

肽聚糖的组装过程如下（图 21.3）：

- 在 UDP-MurNAc（由磷酸烯醇丙酮酸与 UDP-GlcNAc 缩合并还原而成）上逐个加上氨基酸形成 UDP-MurNAc-pentapeptide 衍生物，在此过程中每个氨基酸的添加均要求特异的氨基酸连接酶，并且每一反应都要求水解 ATP 提供能量。最后两个氨基酸（D-Ala-D-Ala）是以二肽形式加上去的。所有的反应均由胞液中的酶催化。
- 然后 MurNAc-pentapeptide 由膜转位酶催化转移到十一萜醇（undecaprenyl）（C55）磷酸（或称细菌异戊烯磷酸）上。该脂肪链的作用类似于真核细胞中用于生成糖蛋白中 N-聚糖寡糖前体的多萜醇（dolichol）载体，所形成的产物含焦磷酸键。

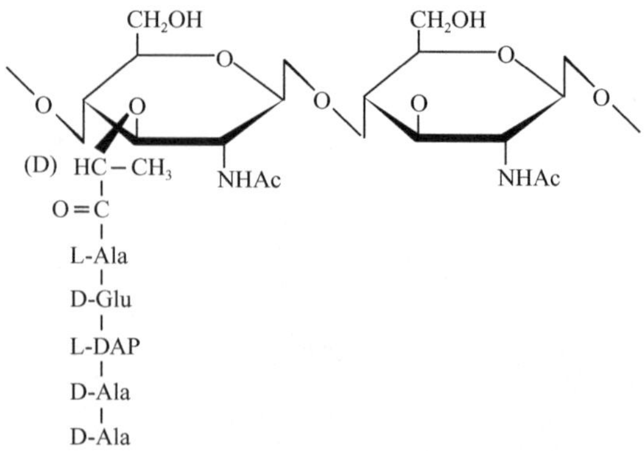


**图 21.2** 二糖-肽（胞壁肽）亚单位的结构。肽聚糖由重复二糖-肽骨架构成，并在链间交联。（DAP）二氨基庚二酸（diaminopimelic acid）

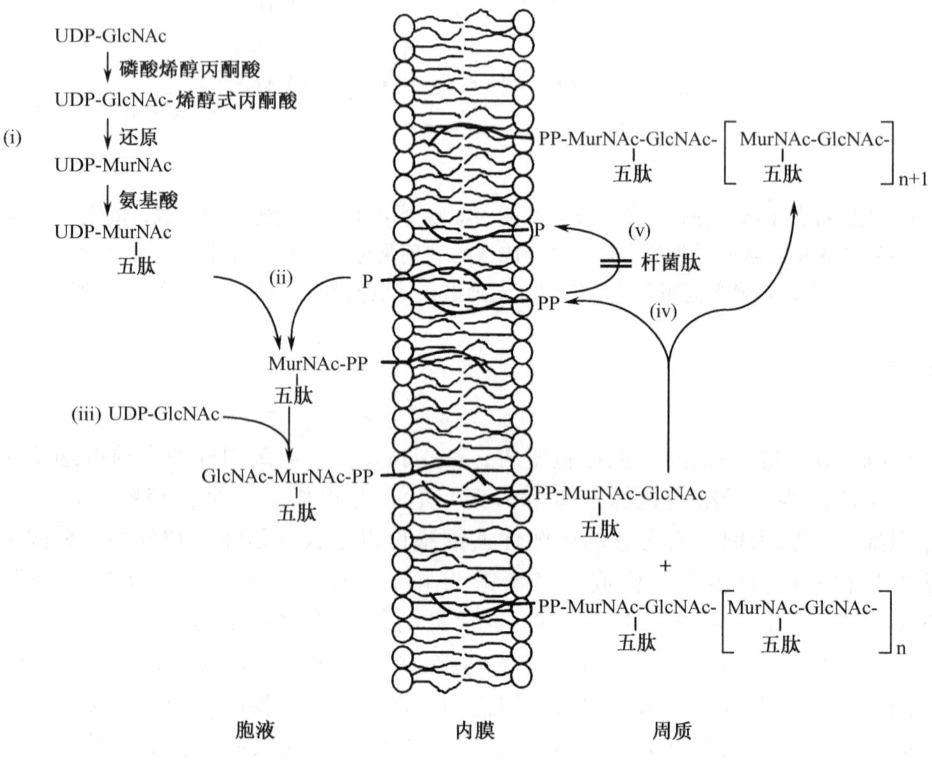


**图 21.3** 肽聚糖的组装。肽聚糖的组装过程是将二糖五肽转移到新生肽聚糖上，在此过程中磷酸十一萜醇（undecaprenol phosphate）有催化作用。

- 细菌内膜内表面的第二个酶（转移酶）将 GlcNAc 从 UDP-GlcNAc 转移到十一萜醇-PP-MurNAc-pentapeptide 上形成连接在脂载体上的二糖五肽，这一被称为胞壁肽（muropeptide）的前体构成了组装肽聚糖的亚基。
- 十一萜醇作为载体将亚基从它们在细胞质中的组装部位转运出内膜，但这一转运的机制还不清楚。然后亚基通过转糖基（transglycosylation）反应被整个转移到已有的肽聚糖上，存在两种可能的机制：从还原端延伸（胞壁肽中非还原 GlcNAc 残基上的 4-OH 基团进攻相邻［脂连接］的肽聚糖链上的 MurNAc-P 连接键取代十一萜醇焦磷酸）或从非还原端延伸（相邻肽聚糖的非还原端 GlcNAc 进攻亚基中的 MurNAc-P 键，释放十一萜醇焦磷酸）。一个典型的肽聚糖链平均由 15 个亚基构成，但调控链长的机制还不清楚。肽聚糖链的最终释放是与 1，6-无水-N-乙酰胞壁酸在还原端的形成相偶联的。

- 十一萜醇焦磷酸被切掉一个磷酸根基团后可进入下一循环的转运。
- 最后一步反应涉及通过转肽作用形成的链间交联，在转肽反应中末端 D-Ala 残基被切下使新的末端 D-Ala 残基上被释放出的羧基基团转移到相邻链上的 DAP 的氨基基团上，因而，最终的结构为平均每隔一个亚基有一个四肽交联（图 21.4）。

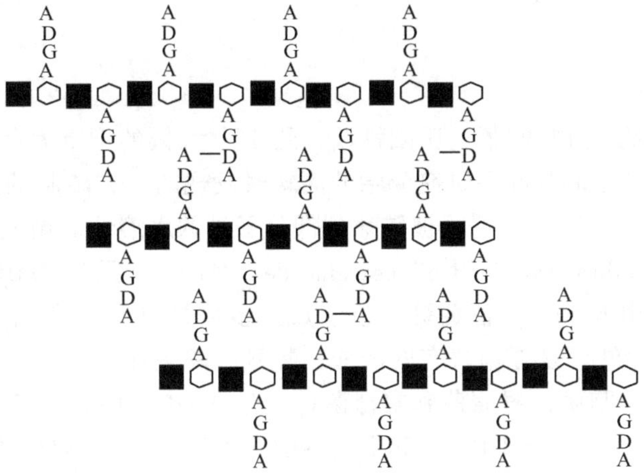

**图 21.4** 肽聚糖的交联结构。肽聚糖由通过肽交联的数层 MurNAc-GlcNAc 多糖组成。（A）Ala；（G）Glu；（D）DAP；（六边形）MurNAc；（■）GlcNAc。

许多已知抗生素的作用位点是与肽聚糖层的形成相关的连接酶和转肽酶。杆菌肽（bacitracin）可阻断细菌十一萜醇焦磷酸的脱磷酸化和再循环；革兰氏阳性和阴性菌均含有参与转糖基和转肽反应的青霉素结合蛋白，正如它们名称所暗示的那样，青霉素和其他 β-内酰胺抗生素与这些蛋白结合并抑制肽聚糖亚基的插入；万古霉素可与胞壁肽中的 D-Ala-D-Ala 二肽结合，非常有趣的是，万古霉素抗性菌株是其连接酶发生突变，使得酶可以合成 D-Ala-D-lactate，而不是 D-Ala-D-Ala。

肽聚糖是高度动态的，每一代有约 50% 的肽聚糖在自溶蛋白（糖苷酶、肽酶和氨肽酶）的作用下发生周转。在抗生素存在时肽聚糖的连续周转会导致肽聚糖的减少、细胞壁完整性的缺损及渗透膨胀所致的细胞溶解。

溶菌酶可水解肽聚糖 GlcNAc 和 MurNAc 间的键。事实上，实验室中破开革兰氏阴性菌的方法正是基于该原理：溶菌酶处理的细胞对渗透压敏感，非常容易用剪切力破开，匀浆后用密度梯度离心可将细胞质与内膜及外膜分离。脊椎动物的宿主防御机制涉及由补体在外膜上打洞，使得由白细胞分泌的溶菌酶可穿透外膜破坏胞壁质层。

革兰氏阳性菌没有革兰氏阴性菌那样的外膜，其肽聚糖层也更厚，可占菌体干重的

20%～25%。在革兰氏阳性菌中，多糖骨架通常由 100 个二糖单位构成，并且平均每 10 个二糖单位含一个磷壁酸。芽孢杆菌菌株的磷壁酸由多聚核糖醇磷酸或多聚甘油磷酸组成，此外还有许多其他类型的磷壁酸存在。一些磷壁酸还含有一个还原末端磷脂酸，被称为脂磷壁酸。所有结合于肽聚糖的磷壁酸似乎都是通过一个保守的连接单位进行连接的，该保守连接单位为 ManNAc-GlcNAc-1-P 连接到 MurNAc 残基的 C6 位。多聚核糖醇磷酸和多聚甘油磷酸组成的磷壁酸多聚体在连接单位上形成，此时连接单位仍与核心二糖前体连接（[ribitolphosphate]$_n$-[glycerophosphate]$_{2\text{-}3}$-ManNAc-GlcNAc-PP-undecaprenol)，整个单位被认为是整体转移到肽聚糖上的。外层核糖和甘油随后被 D-Ala、单糖及其他取代物修饰。虽然对磷壁酸的功能还不了解，但它们可能是细菌生存所必需的，因为阻断磷壁酸形成的 daptomycin 可使细菌的生长减缓。

## 膜衍生寡糖[6]

大肠杆菌（及约 0.1%的革兰氏阳性菌）约 1%～5%的干重为存在于周质的 β-葡聚糖短链组成。β-葡聚糖是在过去研究磷脂的周转时发现的，在磷脂的周转过程中磷脂酰甘油和磷脂酰乙醇氨的极性端基团被转移到低分子量的水溶性寡糖上，这种寡糖就被称为膜衍生寡糖（membrane-derived oligosaccharide，MDO)。虽然 MDO 的精细结构存在差异，但它们通常由 6～12 个葡萄糖单位组成，多数是以 β1-2 糖苷键连接，并有 β1-6 分支（图 21.5)。此外，该寡糖含有的磷酸乙醇氨、磷酸甘油和琥珀酸基团使其带负电荷。大肠杆菌、假单胞菌、根瘤菌和农杆菌都产生 MDO，而且在某些菌中还以环状结构存在。MDO 的组装需要 UDP-Glc 和十一萜醇-PP-Glc 作为引物和载体以穿过内膜。

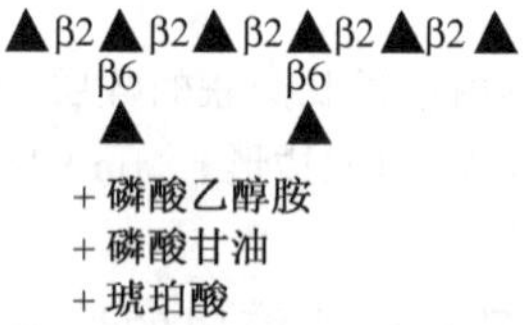


**图 21.5** 大肠杆菌 MDO 的部分结构。MDO 由小的 β-葡聚糖和多种带电荷的取代基组成，被认为可赋予细菌渗透压抗性。

细菌在环境中要面对极大的渗透压差异（就像自行车胎一样，高达 6 个大气压!)，因此它们发展出了化学和物理的机制以抵抗这种差异。肽聚糖提供抵抗渗透压膨胀的结构屏障。MDO 的高电荷与胞壁质（murein）多糖构成的电荷层则在周质形成一个渗透压缓冲，可保护内膜。非常有意思的是，低渗透压环境可诱导 MDO 的合成。

## 脂多糖和内毒素[7～13]

革兰氏阴性菌的外膜由一脂双层组成，但不像其他细胞膜那样由双层磷脂构成，其外膜的外小叶含有许多脂多糖（LPS)。每个细菌细胞有约 $10^6$ 个 LPS 分子（与此对应的是 $10^7$ 个磷脂分子)。该结构由二价阳离子来稳定；与二价阳离子结合的螯合剂（如

EDTA）可使外膜具穿透性，甚至像切割肽聚糖的溶菌酶这样大的蛋白也可穿过外膜。

LPS 是在 100 多年前作为与细菌相关的热稳定毒素被首次发现的（与第 28 章所述的热不稳定外毒素相区别）。LPS 结构复杂，由 3 个截然不同区域组成（图 21.6），既有常见的糖，也有不常见的糖（图 21.7）。脂 A 核心的部分结构在 20 世纪 50 年代就被研究，但直到 1983 年还未完全确定。1985 年脂 A 全化学合成的成功才证实其就是革兰氏阴性菌相关的热稳定内毒素。脂 A 可将 LPS 锚定在外膜上，作为内层核心区和外层 O-抗原寡糖组装的支架。

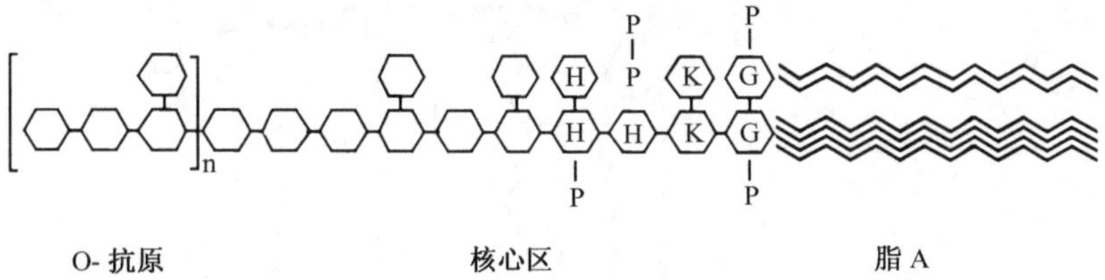


**图 21.6** 大肠杆菌 LPS 结构示意图。LPS 可分为 3 个区。脂 A 区也就是内毒素，有 2 个乙酰化 GlcNAc-P 残基（G）。核心区由 KDO（K）、庚糖（H）和像半乳糖这样的中性糖构成。外层 O-抗原由 2～8 个糖重复多次。（空心六边形）非特指的单糖。（根据 Holst 等 1996 的图修改［Elsevier Science］。）

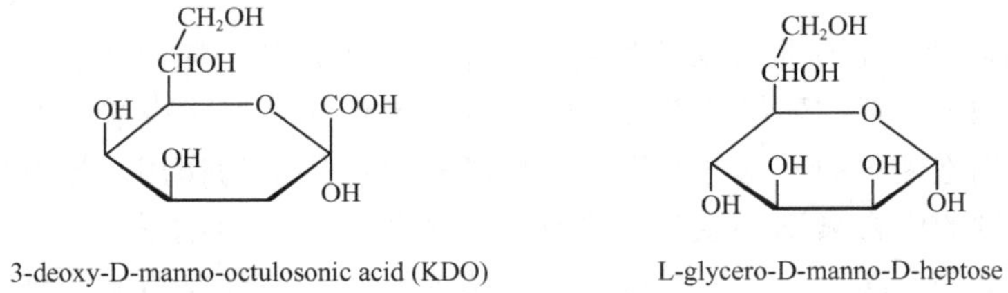


**图 21.7** 庚糖和 KDO 的结构。LPS 含有几种脊椎动物所没有的不常见糖。

脂 A 的基本结构由两个 β1-6 连接的葡萄糖胺残基组成。还原末端的糖在 C1-位有磷酸以及在 C3-位上为酯连接、C2-位上则为酰胺连接的两个 β-羟基豆蔻酸（β-hydroxymyristic acid）单位（图 21.8）。这些手性中心的立体化学与甘油磷酸脂中的甘油一致，酰胺基与哺乳动物鞘脂中的情形相同（见第 9 章）。第二个葡萄糖胺残基还含有两个在 β-羟基上连接有月桂酰（lauroyl）基团的 β-羟基豆蔻酸（类似蜡）。所有的脂 A 分子均含有 1～4 个单位的 KDO（图 21.7），与核心二糖上 C1-和 C4′-位的磷酸基团一起形成二价阳离子的结合位点，二价阳离子的结合可稳定外膜。酰基化、磷酸化的程度及脂肪酸的类型在不同的革兰氏阴性菌中有一定的差异。

脂 A 的合成始于 UDP-Glc C3-位的酰基化，随后进行 N-去乙酰化、N-酰基化和焦磷酸键的切割，形成 2，3-二酰基葡糖胺-1-磷酸。该分子与另一个 UDP-二酰基葡糖胺缩合形成四酰基二糖核心。一种 4′激酶将非还原端的糖磷酸化，然后由 KDO 转移酶催化核心区的形成。有趣的是，另两个 β-羟基连接的脂肪酸只在加上 KDO 单位后才添加到核心二糖上。$KDO_2$-脂 A 的生成是大肠杆菌存活所必需的，但并非所有革兰氏阴性菌都如此。大肠杆菌和沙门氏菌的高度粗糙型突变株缺乏核心和外层糖链，但含有带KDO的脂A。组装过程发生在内膜，但目前还不清楚脂A是如何转位到外膜外层的。

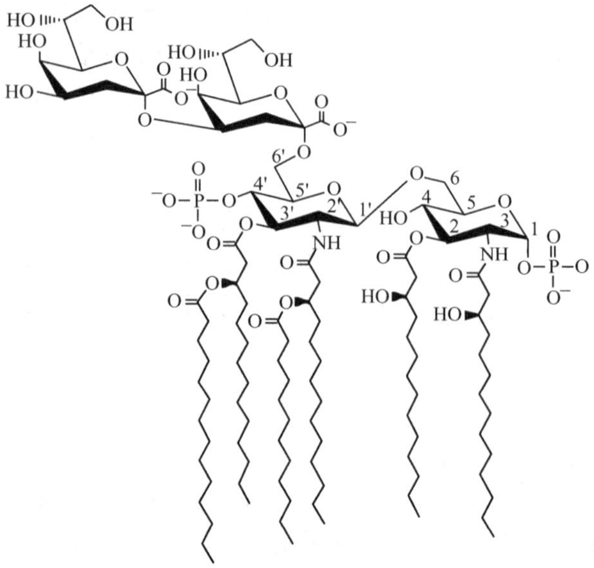

**图 21.8** 大肠杆菌 $KDO_2$-脂A的结构。(来源于 Raetz 1996 [11])

脂A在哺乳动物中有非常强的生物学效应，导致发热、脓毒性休克和多种有害的生理学效应。LPS被释放到循环系统中时，可与单核细胞和巨噬细胞上的CD14结合，从而引发多种细胞因子的分泌。低浓度的内毒素可起佐剂的作用，导致多克隆B-细胞扩张；而高浓度的内毒素则导致发病和死亡。由于其重要生物学效应，目前正以LPS合成相关的酶为靶，寻找基于脂A类似物的拮抗剂和LPS合成的抑制剂。

脂A的组装完成后，内层核心区的庚糖、己糖和磷酸基团被加上（图21.7)。大量基因编码的多种转移酶（在 *rfa* 基因座中形成基因簇）参与这一过程。外层O-抗原的生物合成独立于脂A和内层核心的合成，并利用活化的核苷酸糖和磷酸十一萜醇。表观上，与载体连接的糖链从还原末端伸长。当外层糖链的合成完成时，整条链被转移到LPS的核心区。外层糖链的组装过程由位于面向胞液的膜结合酶催化，但与内层核心区的连接则被认为是发生在周质。

O-抗原由2～8个糖残基构成，重复≤50次。出现在O-抗原中的糖残基范围较广，包括自由的和胺基化的糖醛酸、氨基糖、甲基化和脱氧衍生物、乙酰化糖及其他含有共价连接氨基酸和磷酸的糖。表21.1给出了3个例子。如其名称所示，O-抗原定义了与人抗血清反应性不同的多种血清型。已知大肠杆菌有170多种血清型。尽管某种血清型导致的感染更典型，但血清型与疾病间无严格的相关性。从细菌的角度来看，O-抗原可能为细菌提供一个抵御疏水抗生素（天然真菌和细菌代谢物）、胆汁酸（在肠杆菌中）和补体的亲水屏障。

**表 21.1 O-抗原实例**

| O-抗原 | 结构 |
|---|---|
| 09 | ○α3○α2○α2○α2○α3 |
| 06 | ○α3○β4○β3■α4<br>β2<br>▲ |
| 0124 | □β3●β6●α3<br>α4<br>▲β6 GlcLA |

GlcLA=glucolactillic acid

# 荚膜多糖[14～18]

许多野生细菌产生多糖荚膜，也叫 K-抗原（Kapsel antigen）以区别于 LPS 的 O-抗原及菌毛和鞭毛的 F-抗原。荚膜在最外层并使在软琼脂上生长的菌落表现出粘滑的形态。大肠杆菌有 80 多种不同的荚膜型，其中几种荚膜型也存在于其他细菌中（如大肠杆菌 K1 和脑膜炎球菌 B 均产生含唾液酸的荚膜）。荚膜多糖在结构上表现出异乎寻常的多样性，但一些常见糖仍然是构成不同组（group）的基础（表 21.2）。Ⅰa 组荚膜含有己糖醛酸（hexuronic acid）和中性糖，Ⅰb 组含己糖醛酸和 N-乙酰己糖胺，Ⅱ组则含己糖醛酸、KDO 或唾液酸与中性或氨基糖的组合。

**表 21.2 荚膜多糖实例**

| 荚膜型 | 结构 |
|---|---|
| K1 | ◆α8◆α8◆α8◆α8◆α8 |
| K5 | ■α4⬘β4■α4⬘β4■α4⬘ |
| B 组链球菌 | ■α4⬘β3■α4⬘β3■α4⬘ |

与荚膜的组装相关的基因在染色体中成簇排列成 3 个连续的区域（Ⅰ～Ⅲ）。区域Ⅱ的基因也称血清型区，编码与核苷酸糖的形成相关的酶和荚膜特异的转移酶。Ⅰ型荚膜多糖的组装始于连接于十一萜醇焦磷酸上的寡糖重复单位的聚合。杆菌肽能阻断磷酸十一萜醇的循环，从而可抑制该型荚膜的合成。然而，其他荚膜多糖的合成不需要十一萜醇，因此可抗杆菌肽的作用。一些荚膜在寡糖的还原末端还含有磷脂酸-KDO（phosphatidic acid-KDO）缀合物或脂 A，表明可能存在不同类型的引物。研究得较深入的包括由 α2-8 连接的多聚唾液酸组成的 K1 荚膜的合成，其生物合成在还原端进行，极有可能是连续性机制，但其合成起始的机制尚不清楚。A 株（strain）链球菌透明质酸荚膜的合成也以类似的方式进行，所不同的是，其合成酶同时具有 GlcNAc 和 GlcA 转移酶的活性（见第 11 章）。其他共聚体荚膜的生成可能也有类似的双功能酶参与（如 K5）。要阐明其体内组装过程还需要进行更多的研究。

基因簇的Ⅰ区和Ⅲ区包含多糖穿过内膜和周质空间所需的转运活性蛋白编码基因，但多糖过外膜所需的转运蛋白基因目前尚未分离到。转运的发生与血清型无关。基因簇中基因座的重排可使血清型发生改变，是通过单纯交换不同的血清型序列盒这一简单的机制来实现的。事实上，血清型基因座在相容性细菌间可通过质粒转移，导致荚膜组分的转换。

荚膜有多种功能。它们在定植于组织的过程中可作为黏附受体（见第 28 章）。由于它们有吸水性，可起防止干燥的作用。它们的多种结构可能有抵御多种噬菌体和脊椎动物宿主补体（替换途径）的作用，这就意味着一些荚膜是毒力因子。一些荚膜由于有与宿主一致的结构而不会成为免疫原。例如，A 群链球菌的透明质酸荚膜与哺乳动物细胞产生的透明质酸多聚物一样（见第 11 章）。像这样的分子模拟还发生在产生 K1 荚膜（多聚唾液酸发现于脑组织中）或 K5 荚膜（N-acetylheparosan 是硫酸类肝素的骨架）的细菌以及ⅢB 群链球菌（Neu5Acα3Galβ4Glc，类似神经节苷脂 $G_{M3}$）中。

## 细菌糖蛋白[19～22]

最近还发现古菌和细菌的某些种可使蛋白糖基化。这些细菌糖蛋白包括表层（surface layer，S layer）蛋白、鞭毛蛋白和细胞分泌的多糖降解酶。许多不同的寡糖已被研究，其核心结构与真核细胞的糖链结构有很大的不同。例如，在极端嗜盐古菌隐藏嗜盐碱球菌（*Natronoccus occultus*）的细胞被膜中就发现了一种新型糖缀合物，该缀合物由糖基化的多聚谷氨酸聚合物组成。

细菌还能产生与哺乳动物细胞聚糖相近的糖缀合物。比如，沙眼衣原体（*Chlamydia trachomatis*）可在糖蛋白上产生高甘露糖型 N-聚糖，其结构与真核细胞糖蛋白上的结构相似。它们还产生对感染真核宿主至关重要的肝素样分子。脑膜炎奈瑟氏球菌（*Neisseria meningitidis*）的黏附性菌毛在其菌毛素（pilin）结构亚基中有 O-聚糖（见第 28 章）。细菌，特别是病原菌产生真核细胞样聚糖对细菌而言可能是分子模拟的一种形式，这种模拟使细菌避开或减弱宿主免疫系统的作用。这一新领域的研究表明横向基因转移（horizental gene transfer）已使细菌获得真核细胞起源的基因。几乎可以肯定地说，该领域的研究将为理解糖基化的进化和寻找药物治疗的新靶位提供新的途径。

## 发展方向

从上述讨论中不难看出，细菌已进化出了在细胞生长和分裂过程中起结构和功能作用的多种糖缀合物。最近，几种细菌的基因组全序列测序已完成，开放读框的分析显示与糖代谢、糖结合蛋白和细胞壁组装相关的蛋白构成了表达基因的主要家族。这些基因是开发新的抗微生物药物的候选靶标。特别吸引人的是以必需中间体的形成为靶位的研究思路，比如脂 A 或细菌特有的不常见糖（如 KDO 和庚糖）。这是一个最具重要性的问题，因为能抗所有已知抗生素的临床分离细菌已经出现。

尽管对细菌聚糖的结构和它们的组装途径已有一些了解，但有关其组装的拓扑学（topology）仍不清楚。所有的前体似乎都是在细胞质内由水溶性的核苷酸和多种糖生成的，但膜聚糖的组装过程却发生在内膜和外膜的疏水环境中，而肽聚糖的合成则发生在周质空间。前体是如何进入这些不同的细胞区室的？这将是今后最神秘、回报也最丰厚的研究领域。

**致谢** 感谢 Christian R. H. Raetz 对本章提出的建设性意见。

（金 城 译 张树政 校）

## 参 考 文 献

1. Hancock I.C. 1997. Cell-surface molecular architecture. *Biochem. Soc. Trans.* **25:** 183–187.
2. Höltje J.V. and Schwarz U. 1985. Biosynthesis and growth of the murein sacculus. In *Molecular cytology of* Escherichia coli (ed. Nanninga N.), pp. 77–119. Academic Press, London.
3. Bugg T.D. and Brandish P.E. 1994. From peptidoglycan to glycoproteins: Common features of lipid-linked oligosaccharide biosynthesis. *FEMS Microbiol. Lett.* **119:** 255–262.
4. Park J.T. 1996. The murein sacculus. In Escherichia coli *and* Salmonella: *Cellular and molecular biology,* 2nd edition (ed. Neidhardt F.C. et al.), pp. 48–57. American Society for Microbiology, Washington, D.C.
5. Van Heijenoort J. 1996. Murein synthesis. In Escherichia coli *and* Salmonella: *Cellular and molecular biology*, 2nd edition (ed. Neidhardt F.C. et al.), pp. 1025–1034. American Society for Microbiology, Washington, D.C.
6. Kennedy E.P. 1996. Membrane-derived oligosaccharides (periplasmic β-D-glucans) of *Escherichia coli.* In Escherichia coli *and* Salmonella: *Cellular and molecular biology*, 2nd edition (ed. Neidhardt F.C. et al.), pp. 1064–1071. American Society for Microbiology, Washington, D.C.
7. Rietschel E.T. and Brade H. 1992. Bacterial endotoxins. *Sci. Am.* **267:** 54–61.
8. Raetz C.R.H. 1993. Bacterial endotoxins: Extraordinary lipids that activate eukaryotic signal transduction. *J. Bacteriol.* **175:** 5745–5753.
9. Rietschel E.T., Kirikae T., Schade F.U., Mamat U., Schmidt G., Loppnow H., Ulmer A.J., Zahringer U., Seydel U., and Di Padova F. 1994. Bacterial endotoxin: Molecular relationships of structure to activity and function. *FASEB. J.* **8:** 217–225.
10. Holst O., Ulmer A.J., Brade H., Flad H.D., and Rietschel E.T. 1996. Biochemistry and cell biology of bacterial endotoxins. *FEMS Immunol. Med. Microbiol.* **16:** 83–104.
11. Raetz C.R.H. 1996. Bacterial lipopolysaccharides: A remarkable family of bioactive macroamphiphiles. In Escherichia coli *and* Salmonella: *Cellular and molecular biology*, 2nd edition (ed. Neidhardt F.C. et al.), pp. 1035–1063. American Society for Microbiology, Washington, D.C.
12. Rietschel E.T., Brade H., Holst O., Brade L., Muller-Loennies S., Mamat U., Zahringer U., Beckmann F., Seydel U., Brandenburg K., Ulmer A.J., Mattern T., Heine H., Schletter J., Loppnow H., Schonbeck U., Flad H.D., Hauschildt S., Schade U.F., Di Padova F., Kusumoto S., and Schumann R.R. 1996. Bacterial endotoxin: Chemical constitution, biological recognition, host response, and immunological detoxification. *Curr. Top. Microbiol. Immunol.* **216:** 39–81.
13. Wyckoff T.J., Raetz C.R., and Jackman J.E. 1998. Antibacterial and anti-inflammatory agents that target endotoxin. *Trends Microbiol.* **6:** 154–159.
14. Troy F.A. 1979. The chemistry and biosynthesis of selected bacterial capsular polymers. *Annu. Rev. Microbiol.* **33:** 519–560.
15. Troy F.A. 1992. Polysialylation: From bacteria to brains. *Glycobiology.* **2:** 5–23.
16. DeAngelis P.L., Papaconstantinou J., and Weigel P.H. 1993. Isolation of a *Streptococcus pyrogenes* gene locus that directs hyaluronan biosynthesis in acapsular mutants and in heterologous bacteria. *J. Biol. Chem.* **268:** 14568–14571.
17. Roberts I.S. 1996. The biochemistry and genetics of capsular polysaccharide production in bacteria. *Annu. Rev. Microbiol.* **50:** 285–315.
18. Jann K. and Jann B. 1997. Capsules of *E. coli.* In Escherichia coli: *Mechanisms of virulence* (ed. Sussman M.), pp. 113–143. Cambridge University Press, Cambridge, United Kingdom.

19. Tuomanen E.I. 1996. Surprise? Bacteria glycosylate proteins too. *J. Clin. Invest.* **98:** 2659–2660.
20. Messner P. 1997. Bacterial glycoproteins. *Glycoconj. J.* **14:** 3–11.
21. Messner P., Allmaier G., Schaffer C., Wugeditsch T., Lortal S., Konig H., Niemetz R., and Dorner M. 1997. Biochemistry of S-layers. *FEMS Microbiol. Rev.* **20:** 25–46.
22. Moens S. and Vanderleyden J. 1997. Glycoproteins in prokaryotes. *Arch. Microbiol.* **168:** 169–175.

本章初稿由 J. D. Esko（圣迭戈加利福尼亚大学）编写。

# 第 22 章　动物凝集素的发现和分类



本章介绍了有关发现动物凝集素的历史背景和对这一主题的总体导论，然后根据序列同源性和进化上可能的相关性，讨论这类分子目前的分类情况，也讨论了动物凝集素结构和功能的总原则，以及它们在糖结合方面的一些特性。各种重要动物凝集素类型的详细情况将在第 23～27 章中讨论。有关糖-蛋白质相互作用的分析和涉及到的物理学原理的细节见第 4 章。

## 发现动物凝集素的历史背景[1～31]

凝集素是一类糖结合蛋白。虽然它们在 100 多年前就已经在植物中首次发现（见第 30 章），但是到现在才知道它们存在于整个自然界［包括微生物世界，在该领域习惯于用其他名词称呼凝集素，例如红血球凝集素、黏附素（adhesin）和毒素，见第 28 章］。在观察解离的海绵细胞重新聚集时，第一次发现糖参与了动物细胞之间的相互作用。这是种内特异识别方式。还证明了在甲壳纲和蜘蛛纲动物中有血细胞凝集素（红细胞凝集活性）存在。然而直到 20 世纪 60 年代，在复杂的多细胞动物，例如在脊椎动物中，还没有发现这类相互作用。脊椎动物系统中有内源性凝集素的模糊概念始于 Ginsburg 及其同事们用细菌糖苷酶处理大鼠血液中的白细胞，再注射到其循环系统中的研究。经过这样的处理导致白细胞归巢的改变，进入不同的内部器官。考虑到当时工具的条件限制，还很难确定这一现象是否由内源凝集素介导。回想起来，这种现象很可能说明因唾液酸酶作用而产生肝脏半乳糖受体的配体，和/或由于岩藻糖苷酶的作用产生了选凝素的配体。第一个哺乳类动物凝集素的直接证据是在 Ashwell 及其同事们的工作中偶然发现的。他们正在研究血液循环中控制糖蛋白周转的机制，在重复注射前为了在纯化的糖蛋白中引入放射性示踪剂找到一种改进方法，他们试图从氚化硼氢化合物中将氚标记转移到含 Sia-Gal-GlcNAc 末端序列的这类糖蛋白的糖链中。在温和条件下用高碘酸氧化唾液酸侧链（使剩余的唾液酸完整地保留）之后，或在氧化半乳糖残基的6-位（在去除外侧的唾液酸）之后，这项操作是成功的。令他们感到惊奇的是，这两种末端分别为唾液酸或为半乳糖残基的制剂，其循环半衰期有很大差别。留在循环中的标记唾液酸分子可以保留数日之久，然而，另一种情况，失去他们的那些分子（现以半乳糖残基为末端）几分钟内就会消失。这些末端β-连接半乳糖残基的重要性被体外重新唾液酸化，或被β-半乳糖苷酶处理证实，两者均可部分地恢复循环中的稳定性。发现积聚去唾液酸糖蛋白的主要部位是肝脏。这导致了“无唾液酸糖蛋白受体”（asialoglycoprotein receptor）的发现，这一受体是肝细胞膜蛋白质复合物，专一地识别循环糖蛋白或细胞上末端为β-连接的半乳糖或 GalNAc 残基。随后，又发现鸟类或爬行动物类的血浆可以强烈地抑制这种凝集素的活性。由此，又导致发现鸡肝细胞凝集素是优先识别末端 GlcNAc 残基的凝集素。这样，鸡有一种对 GlcNAc 专一的肝的受体，替代了半乳糖专一的受体，能够使无唾液酸糖蛋白循环，但是被去除半乳糖残基的糖蛋白则不能。

而后，用固定化无唾液酸糖蛋白的亲和层析柱来纯化肝脏的无唾液酸糖蛋白的受体。其他研究者将同样的方法用于其他系统，研究从黏菌盘基网柄菌（*Dictyostelium discoideum*）到哺乳动物组织范围广泛的不同的细胞型，如心脏组织中发掘出各种类型的半乳糖结合蛋白。终于证明大多数这类凝集素和原先的无唾液酸糖蛋白受体完全不同，溶于水，并且具有较低的分子量（现在被称为半乳凝素，galactin，见第 27 章）。同时，Hill 及其同事也报道了似乎参与岩藻糖部分识别的另一型的肝脏摄取系统。

在 20 世纪 70 年代初，Neufeld 及其同事报道了成纤维细胞介导溶酶体酶摄入的糖依赖系统。在 1977 年，Sly 及其同事证明了单糖 Man-6-P 对这一摄入的专一性阻断。随后，Kornfeld，Jourdian，Von Figura 等人的小组，率先发现 Man-6-P 受体，这类受体识别溶酶体酶上选择性表达的磷酸化高甘露糖型寡糖。在利用这一摄入系统校正人的溶酶体酶缺乏症的大好应用前景鼓舞下，其他的研究者将完整标记的溶酶体酶注入整体动物中，然后跟踪观察它们的命运。结果表明，成熟的溶酶体酶实际上并不富含 Man-6-P（在开始靶向进入溶酶体后，这些磷酸酯就被除掉，见第 23 章）；有关清除结果主要是涉及末端甘露糖和 GlcNAc 残基的识别。这又导致了巨噬细胞甘露糖受体的发现。这样，在 20 世纪 80 年代初，就牢固地建立起脊椎动物凝集素能够识别专一内源配体的概念。

同时，在多样物种的动物血浆中发现了几种可溶性循环凝集素，并具有与不同糖类结合的专一性。最初认为唾液酸在作为外源细菌病原体配体的同时，通常在脊椎动物体内还承担着“遮盖”的任务，防止被识别潜在糖的内源凝集素与唾液酸结合。某些在体外能够识别唾液酸的节肢和甲壳动物凝集素的发现也没有改变这一现象，因为这些生物本身并不表达内源唾液酸。Fearon 和 Austen 首次表明，唾液酸可以在脊椎动物体内作为内源配体。他们指出，调节补体的 H 蛋白质与细胞“自身”的表面结合决定于唾液酸残基。后来 Rosen 及其同事指出，大鼠淋巴结切片经唾液酸酶处理后，淋巴细胞就失去了与高内皮小静脉结合的能力；后来弄清楚了，这是糖参与了血管受体选凝素家族识别的最早证明（见第 26 章）。同时，另有一些发现：如肝素链的抗凝效应是抗凝血酶Ⅲ专一结构序列介导和软骨连接蛋白与聚透明质酸结合建构的蛋白质与多聚阴离子糖胺聚糖的相互作用，也是基于高度专一性的识别这一概念（见第 29 章）。20 世纪 80 年代末，证实了蛋白质的一级结构，氨基酸序列，可用于预测蛋白质的糖识别特性（见下一节“动物凝集素目前的分类”）。这一事实导致人们认识了 CD44 与聚透明质酸结合的性质和正确地预测出选凝素能识别糖。近 10 年来，B 细胞分子 CD22 与唾液酸依赖性结合的发现和巨噬细胞受体唾液酸黏附素（sialoadhesin）的克隆导致另一属于免疫球蛋白超家族的新凝集素家族 Siglec 的界定（见第 24 章）。还发现了能识别垂体糖蛋白激素上硫酸化 GalNAc 残基的、特异的识别系统。前不久，在发生糖链生物合成的内质网-高尔基途径中也发现了数种凝集素。

## 动物凝集素目前的分类[7,15,19,23,26,31～40]

在许多动物凝集素发现后不久，按照它们与糖序列的结合强度（例如，与β半乳糖苷结合的凝集素）进行了分类。随着分子克隆技术的广泛应用，出现了更为合理的分类方式，即以凝集素的氨基酸序列的同源性，以及进化上的相关性（关于分类方式见表 22.1，图解举例见图 22.1）为基础的分类方式。Drickamer 依据两组凝集素在糖识别结构域中的高度保守氨基酸序列模体，率先提出这样的分类方式，第一组在识别时需要钙，因此被称为 C 型凝集素，而另一组在稳定其结构时需要“游离的”硫醇，故而被称为 S 型凝集素。同时，识别 Man-6-P 的两种凝集素，经测序发现它们是同源的并和其他型的凝集素不同，根据它们的识别情况，称它们为 P 型凝集素。尽管有些型的凝集素，例如 P-型和 S-型凝集素，似乎只识别单一类的糖（分别为 Man-6-P 和β半乳糖苷），其他如 C 型，则包括仅共有一种凝集素蛋白质模件的各种分子。当 3 个同源的血管黏附素（adhesin）受体被分别克隆后，表明在 N-末端具有共同的 C 型凝集素模体，结果发现这 3 个分子是选凝素。这是一个重要的突破，因为这是首次在克隆蛋白质的一级氨基酸序列基础上预测糖的识别，使以序列同源性为基础的分类方法合法化。许多可溶性、循环凝集素，经克隆后，也导致对一种亚类 C 型凝集素的认识，并命名为“胶原凝集素家族，collectin family”。此外，有两个与钙结合的凝集素：钙连蛋白（calnexin）和钙网蛋白（calcireticulin），它们与 C 型凝集素无关（由此得知，不是所有需要钙的凝集素都是 C 型凝集素），这两个凝集素专一地识别新合成糖蛋白上的葡萄糖残基。20 世纪 90 年代的研究还揭示了免疫球蛋白超家族的成员也能识别糖，由此引出了一组新的 I 型凝集素（见第 24 章）。这些分子中的一个亚类可以专一识别唾液酸，最近被命名为“Siglec”，它是 ***s***ialic acid/ ***i***mmuno***globulin*** *superfamily*/ ***lec***tin 的缩写。另一类进化上非常古老的、循环的而且可溶的凝集素被称为正五聚蛋白（pentraxin），对它们的了解不全是根据它们的序列同源性，而是根据它们稳定的五聚结构组织形式，以及它们在最初宿主免疫应答中的作用。

这种归类分组方式主要是以序列同源性或者以进化相关性为基础，而且包括了大多数已知的动物凝集素。然而，其他许多凝集素并没有显示任何明确的序列同源性，或者进化的相关性（表 22.1）。另一大组是难以根据序列数据或普通结构分类的，是一些与糖胺聚糖结合的蛋白，例如肝素（GAG）结合蛋白。与其他倾向于特异识别末端糖链状态的动物凝集素不同，它们是被适配到较浅的，但非常明确的结合袋内，而 GAG 与蛋白质的相互作用似乎涉及表面上成簇排列的带正电荷氨基酸与 GAG 链的负电荷区相对应。这样，尽管事实上所识别的 GAG 结构模体可能是十分专一性的，而且它们很多都包含一般的模体，如 XBBXBX，XBBBXXBX 或 TXXBXXTBXXXTBB（这里 B 为碱性残基，X 为一种亲水残基）但是大多数 GAG 结合蛋白似乎在进化上彼此并没有相关性。部分由于这些原因，“凝集素”这个词通常不用于 GAG 结合蛋白。

**表 22.1 动物凝集素的类别和家族**

| 类别 | 成员的数目 | 在蛋白质序列中确定的特征 | 对钙的依赖 | 已知所能识别的糖 |
|---|---|---|---|---|
| **已知序列同源性** | | | | |
| C 型（包括选凝素、胶原凝素等） | <20 | C 型凝集素序列模体 | 大多数是 | 高度可变的 |
| S 型（半乳凝素） | >8 | S 型凝集素序列模体 | 不 | β-半乳糖苷和多聚 N-乙酰乳糖胺 |
| P 型（M6P 受体） | 2 | 独特的重复模体 | 可变的 | 在高甘露糖型 N-聚糖链的 Man-6-P |
| I 型（包括 Siglec 家族） | >5 | 免疫球蛋白样结构域 | 不 | 唾液酸（Siglec），其他 |
| 钙连蛋白，钙网蛋白，calmegin | 2 | 同源性彼此相似 | 是 | ER 中糖基化高甘露糖型 N-聚糖 |
| 聚透明质酸结合蛋白质（CD44，连接蛋白，聚集蛋白聚糖，多功能蛋白聚糖） | >5 | 结合区序列同源性 | 不 | 聚透明质酸链 |
| 蛙卵凝集素 | 未知 | 序列同源性 | 是 | 半乳糖，唾液酸，肝素 |
| **未知序列同源性** | | | | |
| 正五聚蛋白 | >5 | 正五聚亚基排列 | 大多数是 | 可变的 |
| 糖胺聚糖结合蛋白 | >20 | 碱性氨基酸成簇（可变的） | 不 | 糖胺聚糖 |
| ERGIC-53 和 VIP-36 | 未知 | 类似于植物凝集素序列 | | 内质网-高尔基途径的聚糖 |
| S4GGnM 受体 | 未知 | 甘露糖结合蛋白中富含胱氨酸的结构域 | 不 | 垂体糖蛋白激素上的硫酸 GalNAc |
| 神经节苷脂结合蛋白 | 未知 | 无已知的序列信息 | 不 | 唾液酸化的糖脂 |

续表

| 类别 | 成员的数目 | 在蛋白质中确定的特征 | 对钙的依赖 | 已知所能识别的糖 |
|---|---|---|---|---|
| 硫酸化的葡糖醛酸脂-结合蛋白 | 未知 | 无已知的序列信息 | 是 | 硫酸化的葡萄糖醛酸糖脂 |
| 昆虫血淋巴凝集素 | 未知 | 无已知的序列信息 | | 唾液酸 |
| 白细胞介素Ⅰ和Ⅱ | 未知 | | 不 | 高甘露糖寡糖 |

有关这些不同类别动物凝集素进一步的细节可参阅第 23～27 章。糖和蛋白质相互作用原理的详细情况可参阅第 4 章。本章的其余部分则对动物凝集素的生物合成，物理结构，结合特性以及调节等方面的一般原则作一概述。

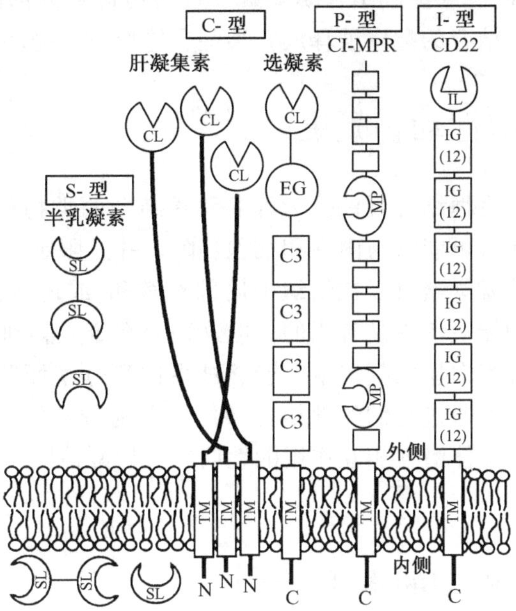


**图 22.1** 以蛋白质结构为基础，主要动物凝集素分组图解实例。给出的例子是一些主要家族的代表。所强调的是细胞外结构域的结构及其拓扑。以下是糖结合结构域的定义：(CL) 是 C 型凝集素的糖识别域；(SL) 为 S 型凝集素的糖识别域；(MP) P 型凝集素的糖识别域；(IL) I 型凝集素的 (CRD) 糖识别域。其他的结构域是按照国际上序列、结构和功能，以及细胞外蛋白质模体讨论会上介绍的：(EG) 为 EGF 样；(IG [12]) 为免疫球蛋白不变组；(TM) 为跨膜区；(C3) 为补体调节重复片段。

## 动物凝集素的生物合成、穿行和调节[12～13,15,21,23,25～26,30,34,37,41]

有些凝集素基因的表达是组成型的，而另一些凝集素则是在特定的生物学环境下由基因激活诱导的。所有膜结合凝集素和许多可溶性的凝集素都是在 ER 结合的核糖体上合成的，然后经由内质网-高尔基体途径被传送到它们最终的目的地。为此，凝集素本身常常是糖蛋白。然而，有相当一部分可溶性凝集素亚类（例如半乳凝素、肝素结合的生长因子以及一些细胞因子）是在游离的核糖体上合成的，通过一些目前尚不太清楚和可能与质膜经过挤压有关的机制直接传送到细胞外面。因为这类凝集素有些能识别内质网-高尔基体途径中出现的生物合成中间体（例如半乳糖苷和高甘露糖寡糖），这就有些目的论的色彩。这些分子绕过常见的分泌途径就能避免与在同一细胞内合成的潜在的配体进行不必要的未成熟的相互作用。此外，另一些这类凝集素（例如半乳凝素），对氧化还原环境非常敏感，它们只能在胞液的还原环境中保有活性。这类凝集素一进入细胞外空间的氧化环境，必须立即与配体结合，否则就会逐步失活。当凝集素与同一细胞或同一细胞表面上的相关糖链结合时，就出现另一种调控方式，并因此而成为功能性失活(例如，唾液酸免疫球蛋白超家族 Siglec 凝集素，如同时带有唾液酸的配体必须从同一细胞表面除去才有活性)。某些膜结合凝集素一旦与传送到内部的酸性区室（内体）的配体结合，就被内化，结合的配体被释放，某些受体经过再循环回到它们原来的位置。

## 膜结合形式的可溶性动物凝集素[42,43]

从功能的观点看，将糖结合蛋白分为可溶和膜结合两类物理性质是有一定意义的。细胞膜结合的凝集素更有可能参与内吞和细胞黏附，并且限定它们留在原始合成细胞型中。另一方面，可溶性凝集素可以在组织中局部扩散和/或进入血液循环。虽然这种物理性质上的分类，从功能上考虑是有用的，但这种分类令人感到困惑：第一，在开始产生活性时就作为膜结合蛋白质的凝集素，能够被蛋白酶分解而脱落到细胞外的流体中；第二，可溶性多价凝集素通过它们的糖结合部位可以附着到细胞表面。图 22.2 举例说明了这种关系和与天然配体潜在相互作用的性质。天然配体同样也可以是可溶或膜结合形式的。

## 凝集素-配体相互作用的本质[42,43]

已经阐明了几个带相关配体的动物凝集素晶体结构，现在可以从原子分辨水平了解这些相互作用。这些凝集素-配体可以分为两大组：一组包含 GAG 链，主要是有序排列表面电荷接触介导的（第 29 章）；另一组包含 N-和 O-聚糖。后者的原理如下：第一，结合部位的亲和力较低，而且结合部位出现在蛋白质表面的浅凹陷处。第二，选择性的获得主要通过氢键（包括糖的羟基）与范德华力相结合，由单糖环的疏水面对芳香氨基酸侧链堆积形成疏水相互作用。第三，进一步的选择性可通过增加糖和蛋白质之间的接触，有时还需要桥连水分子或二价阳离子才能实现。最后要指出的是，糖和多肽之间真实的典型接触区仅涉及 1～3 个单糖残基。综上所述，这些凝集素的结合部位只有较低的亲和力，但具有高度的专一性。如此低的亲和力，要介导系统中生物学相关的整体性相互作用，凝集素需要多价性。

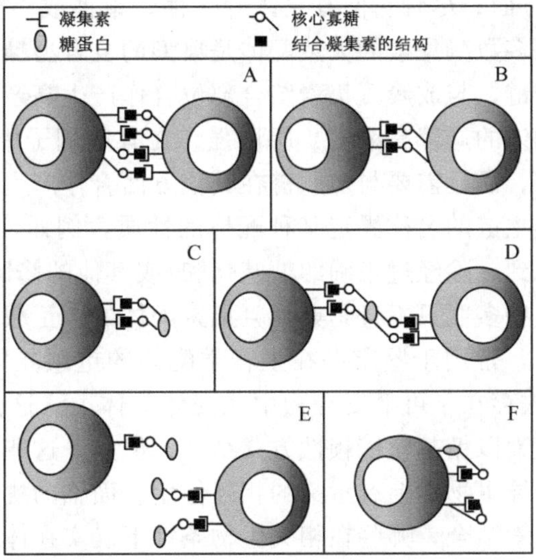


**图 22.2** 动物凝集素被同源配体调节的几种可能机制。潜在配体可以附着在细胞表面和/或可溶性的蛋白质（包括凝集素自身的糖链）上。如正文中讨论的那样，在图中用卡通描述的“凝集素结合结构”或“配体”是非常复杂的模体，可以是一个以上的单糖，也可以含有其他组分。细胞-细胞的直接相互作用可以发生在凝集素阳性细胞之间（A），或者凝集素阳性细胞与带有相关配体的其他型细胞之间（B）。可溶糖蛋白配体能直接与凝集素阳性细胞相互作用（C），也可以作为两个凝集素阳性细胞之间的桥（D），或者抑制凝集素参与的细胞-细胞相互作用（E）。凝集素阳性细胞上的配体的表达可能通过细胞间或细胞内分子相互作用，使凝集素失去功能（F）。

## 动物凝集素通常是多价的[14,21,31,34,44～46]

到 20 世纪 90 年代，所有已发现的天然动物凝集素都是多价的，或者因为它们界定为多亚基结构，或者在多肽链中含有多个糖结合部位。确实，由单一部位低亲和力的多价结合产生的高亲合力似乎是凝集素功能优化的共同机制。而且传统上，也将凝集素定义为“非抗体多价糖结合蛋白”。普遍规律的第一个例外是选凝素，它们的胞外多肽结构域中只有一个 CRD 位点（见第 26 章）。Siglec 存在同样的情况（见第 24 章）。然而，在这两个例子中，有证据表明由于非共价结合，或由于细胞表面的簇聚才使这些分子在功能上成为多聚性的。生物学上有重大意义的动物凝集素结合是否都严格地以单价引发相互作用，还有待进一步研究。还注意到，单一凝集素对多种配体可以保有多个结合位点，例如巨噬细胞表面的甘露糖受体，现在知道它不仅与甘露聚糖结合，还通过不同的 CRD 与垂体糖蛋白激素的 4-O-硫酸化 GalNAc 残基结合。

## 动物凝集素配体的本质[6,12,14,15,17,18,21,23,27,29,31,34,41,43～45,47,48]

在本书的其他章节也讲到了动物凝集素配体性质的细节。在少数例子中，还讲到动物凝集素与其相关配体的晶体结构，显然，两者之间的接触区通常只占 1～3 个单糖单位（见第 4 章）。另一方面，尽管它们有立体专一性，单糖或小分子寡糖常是凝集素相互作用的弱抑制剂。大多数凝集素的天然配体是典型的复合型糖缀合物，这种糖缀合物带有成簇排列的相关糖链，与成簇凝集素结合部位合作产生高亲合力的结合，并进一步被质量传输效应（即配体的局部高浓度）所增强。在有些例子中（例如选凝素），这种成簇的特点不容易界定，而且需要与多肽链在其他方面合作产生适当的结合。部分由于这种原因，常用多肽链主链的名称界定某种配体的性质，例如，PSGL-1 是 P-选凝素的配体。但是，应该认识到，除经过正确的糖基化和/或其他的修饰（如硫酸化），否则多肽本身就不是配体。这些多肽只不过是典型凝集素配体的真正载体，它们是由一些聚糖单位组合构成的。此外，常用于鉴定潜在生物学配体的重组凝集素，都是多聚体结构和/或以簇聚的排列方式存在于可溶复合物中或固体载体上。这样，虽然各种各样的分子可与特定的重组凝集素以糖基化依赖性方式结合，但是，这些"配体"中只有为数不多的几种真正参与了介导生物学上有意义的相互作用。面临的挑战是：要明确哪些在体外实验中能与重组凝集素结合，哪些在相关生物条件下确实在体内结合到天然凝集素这两种情况之间的区别。配体这个词的确是为后一种与生物学有关的结构保留的。还应该记住，某些动物凝集素的天然配体主要存在于外来的入侵者（例如，可溶性循环的甘露糖结合蛋白可用于结合并调理具有高密度甘露糖，如酵母和其他的真菌一类的微生物）。

## 动物凝集素介导的功能型

[6,11～13,15,20,21,23～25,28,29,31,37,49～51]

动物凝集素为动物细胞中大量聚糖结构的多样性提供了功能性的解释（即内源配体的识别）。关于不同动物凝集素功能的细节可以参阅以后几章。表 22.2 中列举了已知专一性或推定的功能，可以看出大自然利用糖结合的广泛用途和多样性产生各种各样的功能性后果。在有些实例中，相互作用的生物重要性可从凝集素及其配体表达中的自然结果或实验性的遗传突变得到证明。当然，还有些实例，其凝集素及其特异性也已明确界定，但是这种相互作用的生物功能仍然难以解释清楚。例如，在凝集素 Siglecs 情况下，从凝集素高度限制在细胞型特异性表达，有理由预言，凝集素确实可以起到高度特异性生物功能。

## 发展方向

像过去一样，由于机缘凑巧偶然的观察，从新近克隆分子中意外地发现了序列同源物到已知的凝集素，或利用特定的糖探针作为亲和配体进行定向发现的尝试，还可能在未来继续发现新的动物凝集素。最终目标不仅是对其全部配体进行确证和结构鉴定和在原子分辨水平上阐明相关的结合相互作用的性质，也要全面搞清楚这类分子的生物作用。这些分子的生物功能最终还要由凝集素表达中天然或基因控制的突变，以及/或者由完好无损的动物配体来证实。

**表 22.2 动物凝集素生物功能实例**

| 凝集素名称 | 类别（家族） | 表达部位 | 天然配体 | 推定的生物功能 | 整体动物中基因突变所证明的功能 |
|---|---|---|---|---|---|
| 不依赖阳离子的 Man-6-受体 | P-型 | 大多数型细胞 | 溶酶体酶中磷酸化的高甘露糖型聚糖 | 酶穿行到前溶酶体区室中 | 配体（I-疾病）和受体（小鼠突变体） |
| P-选凝素 | C-型 | 血小板和内皮细胞 | 带有唾液酸化 $Le^x$ 和硫酸化酪氨酸残基的 PS-GL-1 | 白细胞的组织归巢；血小板与单核细胞相互作用 | 配体人类（LAD-Ⅱ型和 FucT-Ⅶ小鼠突变体）和受体（小鼠突变体） |
| CD22 (Siglec-2) | I-型 | 成熟的 B 细胞 | 未知载体上 α2-6-连接的唾液酸 | CD22 与 B 细胞和/或 T 细胞相互作用，糖蛋白 | 配体和受体（CD22 ST6Gal1 小鼠突变体） |
| 抗凝血酶 | 肝素结合蛋白 | 血浆蛋白 | 肝素样序列（内皮细胞上?） | 增强抗凝血酶与Ⅱa 和 Xa 的相互作用，抑制凝血 | 受体（人 AT 缺乏症） |
| 钙连蛋白 | 与钙网蛋白分在一组 | ER | 新合成的带有 α 葡糖基化 N-聚糖糖蛋白 | 未完全折叠糖蛋白的传感器，促进分子伴侣的功能? | 无 |
| 半乳凝素-1 | S-型（半乳凝素） | 许多细胞型 | 发育中的胸腺细胞和迁移中白细胞上多聚 N 乙酰乳糖胺 | 诱导细胞凋亡应答 | 无 |

（王克夷 译　　马毓甲 校）

## 参 考 文 献


1. Van Den Hamer C.J., Morell A.G., Scheinberg I.H., Hickman J., and Ashwell G. 1970. Physical and chemical studies on ceruloplasmin. IX. The role of galactosyl residues in the clearance of ceruloplasmin from the circulation. *J. Biol. Chem.* **245:** 4397–4402.
2. Morell A.G., Gregoriadis G., Scheinberg I.H., Hickman J., and Ashwell G. 1971. The role of sialic acid in determining the survival of glycoproteins in the circulation. *J. Biol. Chem.* **246:** 1461–1467.
3. Lindahl U., Backstrom G., Hook M., Thunberg L., Fransson L.A., and Linker A. 1979. Structure of the antithrombin-binding site in heparin. *Proc. Natl. Acad. Sci.* **76:** 3198–3202.
4. Rosenberg R.D. and Lam L. 1979. Correlation between structure and function of heparin. *Proc. Natl. Acad. Sci.* **76:** 1218–1222.
5. Ashwell G. and Harford J. 1982. Carbohydrate-specific receptors of the liver. *Annu. Rev. Biochem.* **51:** 531–554.
6. Schauer R. 1985. Sialic acids and their role as biological masks. *Trends Biochem. Sci.* **10:** 357–360.
7. Drickamer K. 1988. Two distinct classes of carbohydrate-recognition domains in animal lectins. *J. Biol. Chem.* **263:** 9557–9560.
8. Stoolman L. M. 1989. Adhesion molecules controlling lymphocyte migration. *Cell* **56:** 907–910.
9. Yamashita K., Kobata A., Suzuki T., and Umetsu K. 1989. *Allomyrina dichotoma* lectins. *Methods Enzymol.* **179:** 331–340.
10. Kornfeld S. 1990. Lysosomal enzyme targeting. *Biochem. Soc. Trans.* **18:** 367–374.
11. Drickamer K. 1991. Clearing up glycoprotein hormones. *Cell* **67:** 1029–1032.
12. Stahl P.D. 1992. The mannose receptor and other macrophage lectins. *Curr. Opin. Immunol.* **4:** 49–52.
13. Knudson C.B. and Knudson W. 1993. Hyaluronan-binding proteins in development, tissue homeostasis, and disease. *FASEB J.* **7:** 1233–1241.
14. Sharon N. 1993. Lectin-carbohydrate complexes of plants and animals: An atomic view. *Trends Biochem. Sci.* **18:** 221–226.
15. Barondes S.H., Cooper D.N.W., Gitt M.A., and Leffler H. 1994. Galectins. Structure and function of a large family of animal lectins. *J. Biol. Chem.* **269:** 20807–20810.
16. Bergeron J.J.M., Brenner M.B., Thomas D.Y., and Williams D.B. 1994. Calnexin: A membrane-bound chaperone of the endoplasmic reticulum. *Trends Biochem. Sci.* **19:** 124–128.
17. Rosen S.D. and Bertozzi C.R. 1994. The selectins and their ligands. *Curr. Opin. Cell Biol.* **6:** 663–673.
18. Spillmann D. and Lindahl U. 1994. Glycosaminoglycan-protein interactions: A question of specificity. *Curr. Opin. Struct. Biol.* **4:** 677–682.
19. Stamenkovic I. and Aruffo A. 1994. Hyaluronic acid receptors. *Methods Enzymol.* **245:** 195–218.
20. Fiedler K. and Simons K. 1995. The role of N-glycans in the secretory pathway. *Cell* **81:** 309–312.
21. McEver R.P., Moore K.L., and Cummings R.D. 1995. Leukocyte trafficking mediated by selectin-carbohydrate interactions. *J. Biol. Chem.* **270:** 11025–11028.
22. Nelson R.M., Venot A., Bevilacqua M.P., Linhardt R.J., and Stamenkovic I. 1995. Carbohydrate-protein interactions in vascular biology. *Annu. Rev. Cell Biol.* **11:** 601–631.
23. Powell L.D. and Varki A. 1995. I-type lectins. *J. Biol. Chem.* **270:** 14243–14246.
24. Stockert R.J. 1995. The asialoglycoprotein receptor: Relationships between structure, function, and expression. *Physiol. Rev.* **75:** 591–609.
25. Baenziger J.U. 1996. Glycosylation: To what end for the glycoprotein hormones? *Endocrinology* **137:** 1520–1522.
26. Crocker P.R. and Feizi T. 1996. Carbohydrate recognition systems: Functional triads in cell-cell interactions. *Curr. Opin. Struct. Biol.* **6:** 679–691.
27. Crocker P.R., Kelm S., Hartnell A., Freeman S., Nath D., Vinson M., and Mucklow S. 1996. Sialoadhesin and related cellular recognition molecules of the immunoglobulin superfamily. *Biochem. Soc. Trans.* **24:** 150–156.
28. Hooper L.V., Manzella S.M., and Baenziger J.U. 1996. From legumes to leukocytes: Biological roles for sulfated carbohydrates. *FASEB J.* **10:** 1137–1146.
29. Kansas G.S. 1996. Selectins and their ligands: Current concepts and controversies. *Blood* **88:** 3259–3287.

30. Kasai K. and Hirabayashi J. 1996. Galectins: A family of animal lectins that decipher glycocodes. *J. Biochem.* **119:** 1–8.
31. Varki A. 1997. Sialic acids as ligands in recognition phenomena. *FASEB J.* **11:** 248–255.
32. Cardin A.D. and Weintraub H.J.R. 1989. Molecular modeling of protein-glycosaminoglycan interactions. *Arteriosclerosis* **9:** 21–32.
33. Bevilacqua M., Butcher E., Furie B., Gallatin M., Gimbrone M., Harlan J., Kishimoto K., Lasky L., McEver R., Paulson J., Rosen S., Seed B., Siegelman M., Springer T., Stoolman L., Tedder T., Varki A., Wagner D., Weissman I., and Zimmerman G. 1991. Selectins: A family of adhesion receptors. *Cell* **67:** 233.
34. Kornfeld S. 1992. Structure and function of the mannose 6-phosphate/insulinlike growth factor II receptors. *Annu. Rev. Biochem.* **61:** 307–330.
35. Barondes S.H., Castronovo V., Cooper D.N.W., Cummings R.D., Drickamer K., Feizi T., Gitt M.A., Hirabayashi J., Hughes C., Kasai K., Leffler H., Liu F.-T., Lotan R., Mercurio A.M., Monsigny M., Pillai S., Poirer F., Raz A., Rigby P.W.J., Rini J.M., and Wang J.L. 1994. Galectins: A family of animal β-galactoside-binding lectins. *Cell* **76:** 597–598.
36. Kelm S., Schauer R., and Crocker P.R. 1996. The sialoadhesins—A family of sialic acid-dependent cellular recognition molecules within the immunoglobulin superfamily. *Glycoconj. J.* **13:** 913–926.
37. Helenius A., Trombetta E.S., Hebert D.N., and Simons J.F. 1997. Calnexin, calreticulin and the folding of glycoproteins. *Trends Cell Biol.* **7:** 193–200.
38. Taylor M.E. 1997. Evolution of a family of receptors containing multiple C-type carbohydrate-recognition domains. *Glycobiology* **7:** v–viii.
39. Hileman R.E., Fromm J.R., Weiler J.M., and Linhardt R.J. 1998. Glycosaminoglycan-protein interactions: Definition of consensus sites in glycosaminoglycan binding proteins. *BioEssays* **20:** 156–167.
40. Crocker P.R., Clark E.A., Filbin M., Gordon S., Jones Y., Kehrl J.H., Kelm S., Le Douarin N., Powell L., Roder J., Schnaar R.L., Sgroi D.C., Stamenkovic K., Schauer R., Schachner M., van den Berg T.K., van der Merwe P.A., Watt S.M., and Varki A. 1998. Siglecs: A family of sialic-acid binding lectins [letter]. *Glycobiology* **8:** v.
41. Kjellén L. and Lindahl U. 1991. Proteoglycans: Structures and interactions. *Annu. Rev. Biochem.* **60:** 443–475.
42. Rini J.M. 1995. Lectin structure. *Annu. Rev. Biophys. Biomol. Struct.* **24:** 551–577.
43. Weis W.I. and Drickamer K. 1996. Structural basis of lectin-carbohydrate recognition. *Annu. Rev. Biochem.* **65:** 441–473.
44. Lee Y.C. 1992. Biochemistry of carbohydrate-protein interaction. *FASEB J.* **6:** 3193–3200.
45. Drickamer K. and Taylor M.E. 1993. Biology of animal lectins. *Annu. Rev. Cell Biol.* **9:** 237–264.
46. Mahoney J.A. and Schnaar R.L. 1994. Ganglioside-based neoglycoproteins. *Methods Enzymol.* **242:** 17–27.
47. Varki A. 1994. Selectin ligands. *Proc. Natl. Acad. Sci.* **91:** 7390–7397.
48. Varki A. 1997. Selectin ligands: Will the real ones please stand up? *J. Clin. Invest.* **99:** 158–162.
49. Fearon D.T. 1979. Activation of the alternative complement pathway. *CRC. Crit. Rev. Immunol.* **1:** 1–32.
50. Weiss P. and Ashwell G. 1989. The asialoglycoprotein receptor: Properties and modulation by ligand. *Prog. Clin. Biol. Res.* **300:** 169–184.
51. Roberts D.D., Haverstick D.M., Dixit V.M., Frazier W.A., Santoro S.A., and Ginsburg V. 1985. The platelet glycoprotein thrombospondin binds specifically to sulfated glycolipids.*J. Biol. Chem.* **260:** 9405–9411.


本章初稿由 A. Varki（圣迭戈加利福尼亚大学）编写。

# 第 23 章　P-型凝集素



溶酶体是细胞内的细胞器，它对大多数细胞大分子进行最后的降解。这一过程主要由若干溶酶体酶（因为溶酶体内部的低 pH 特征，常称之为酸性水解酶）的作用来完成。这些酶是在 ER 中膜结合核糖体上合成的，并随同其他新合成的蛋白质一起跨越 ER-高尔基体途径。最后从其他糖蛋白中分离出来，并选择性地转运到溶酶体。在大多数高等动物细胞内，这种特异的穿行主要由一个选择性的，被专一受体识别的标记糖来完成。本章将叙述溶酶体酶穿行（trafficking）甘露糖-6-P 途径的发现及其性质、产生这种标记的生物合成步骤以及甘露糖-6-P 受体（“P-型”凝集素）的结构和功能，并讨论人和鼠在这一途径中已知的遗传缺陷。值得注意的是，这个途径的发现和阐明第一次证明了糖蛋白生物合成和人类疾病之间的联系。

## I-细胞疾病和溶酶体酶的“共同识别标记”[1～4]

20 世纪 60 年代，对人类遗传“贮积症”的研究，表明细胞内某些成分不能在细胞内降解，因而积聚在溶酶体中（第 18 章）。Neufeld 及其共同工作者证明，这类疾病患者的培养成纤维细胞中积聚了黏多糖（现称糖胺聚糖），这些糖可以用含有［$^{35}$S］的硫酸代谢标记，采用了正常成纤维细胞共培养的方法（或用不同临床表型病人的细胞）校正了［$^{35}$S］的硫酸在细胞内的积聚。发现可溶的“校正因子”对这一结果负责。经过纯化，发现这些因子原来是患有不同疾病的病人所缺乏的，而且是正常细胞分泌的（或者是从不同缺陷病人细胞分泌的）少量溶酶体酶（图 23.1）。这类酶以两种不同形式存在：能校正高摄入形式和无活力低摄入形式的缺陷细胞。直接的结合研究表明存在高摄入形式高亲和力饱和的受体。同时发现遗传异常病患者培养的成纤维细胞中存在非常明显的包涵体（inclusion body），因此，定名为 I-细胞疾病，并发现该细胞不只是缺少一种，而是缺少几乎所有的溶酶体酶。实际上，所有的酶都是在 I-细胞中合成的，不过几乎全部分泌到了介质内。Hickman 和 Neufeld 对精液进行了观察，虽然 I-细胞能够摄入正常细胞分泌的高摄入酶，但从 I-细胞分泌的酶，不能被其他细胞摄入。他们提出，I-细胞疾病是因为不能添加溶酶体酶上都出现的共同识别标记而引起的，他们假设这一识别标记负责细胞中的停滞和去溶酶体的正常穿行。因为用过碘酸处理能够破坏高摄入性质，他们预言这一标记中含有糖。

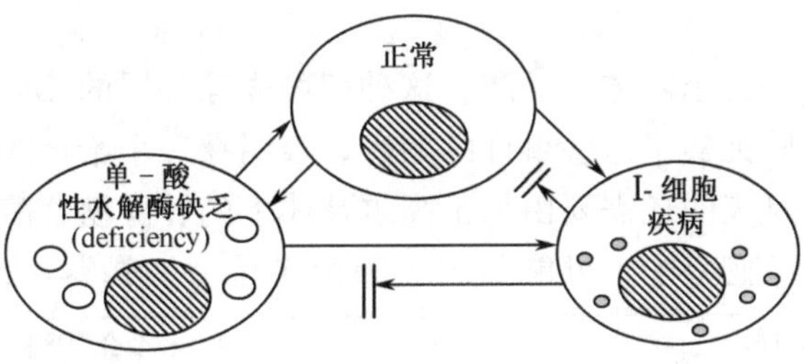


**图 23.1** 在培养细胞中溶酶体酶缺乏的“交叉校正”。成纤维细胞分泌的低水平、高摄入的溶酶体酶可以被其他细胞摄入，而且能矫正单个酶固有的遗传欠缺（lack）。与此相反，I-细胞疾病的成纤维细胞分泌大量所有溶酶体酶低摄入变种，它们不能校正其他细胞中的缺乏。I-细胞保留接受其他细胞分泌的高摄入酶的能力。

## 磷酸甘露糖基识别标记的发现[5～9]

接着出现的另一个突破是，Kaplan 等发现高摄入溶酶体酶的摄取可专一地被甘露糖-6-P 及其立体异构体（果糖-1-P）所抑制。尽管所要求的浓度为毫克分子，但是用其他同样浓度糖类和糖的磷酸酯则没有可比的效果。在此之前，已解决了整个 N-聚糖加工途径问题（见第 7 章）。已知甘露糖残基存在于高甘露糖型的 N-聚糖中，这意味着这些残基有可能在溶酶体酶上特异地被磷酸化。因为经碱性磷酸酶处理可以消除高摄入活性，用衣霉素处理则阻断 N-糖基化，并且导致溶酶体酶从细胞内分泌到细胞外就证明了这一点。其后不久，甘露糖-6-P 以溶酶体酶的高摄入形式出现，并且也出现在这些酶的内切-β-N-乙酰葡糖胺酶 H（Endo H）敏感的寡糖上。当 Kornfeld 和 Von Figura 从新合成的溶酶体酶中分离出 endo H 敏感的 N-聚糖时，出现了令人惊奇的结果。虽然这些分子在甘露糖残基上含有预期的磷酸酯，但是大多数甘露糖被外侧 α-连接的 GlcNAc 残基“封闭”，用弱酸使磷酸二酯键断裂，可除去这些残基，产生甘露糖-6-P 的磷酸单酯。

## 产生识别标记的酶学机制[7,10～12]

N-聚糖的进一步研究显示，每个分子在不同的甘露糖上带有 1～2 个磷酸基团。把这种聚糖与磷酸二酯和磷酸单酯进行比较，可断定前者一定是代谢的前体。这肯定了磷酸化不是由依赖于 ATP 的激酶介导，而是通过依赖于 UDP-GlcNAc 的 GlcNAc-1-磷酸转移酶介导的。用一种双标记底物可证明这一点：

$$\text{尿嘧啶-P-}^{32}\text{P-}\alpha\ [6\text{-}^{3}\text{H}]\ \text{GlcNAc}+\text{Man}\alpha 1\text{-（N-聚糖）-溶酶体酶}$$
$$\downarrow$$
$$\text{尿嘧啶-P}+[6\text{-}^{3}\text{H}]\ \text{GlcNAc}\alpha 1\text{-}^{32}\text{P-6-Man}\alpha 1\text{-（N-聚糖）-溶酶体酶}$$

随后，发现了一种高尔基体中的酶，这种酶可去除外层的 GlcNAc 残基，使磷酸单酯暴露。脉冲追踪试验证实了这些事件的顺序，表明在一个给定的酶上有两个以上的寡糖可以被磷酸化，并且表明还需要由加工高尔基体上的甘露糖苷酶除去外层的甘露糖残基（图 23.2）。多数细胞型中，可能是因为磷酸单酯——暴露给溶酶体中的酸性磷酸

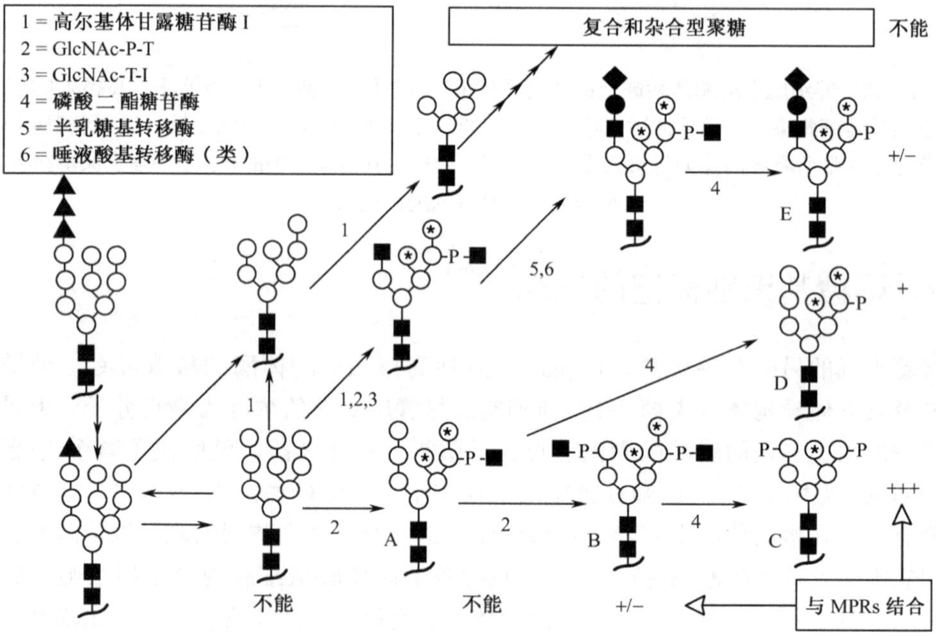


**图 23.2** 带有磷酸甘露糖识别标记的 N-聚糖合成途径。早期加工（见第 7 章）之后，一个 GlcNAc 磷酸二酯被加到溶酶体酶的 N-聚糖上，被修饰的糖基连接到 β 甘露糖的 α1-6 分支上的 3 个甘露糖中的 1 个（结构 A）。然后第二个磷酸二酯被加到聚糖的另一分支（结构 B）。除去外层的 GlcNAc 和甘露糖残基进一步加工后，形成了结构 C 和 D。进一步除去甘露糖受到磷酸酯的限制。星号表示这些酯另外可能的定位。这样，C 和 D 代表了含有 1～2 个磷酸单酯的几种可能结构中的两种。没有被磷酸化的聚糖变成了典型的复合型或杂合型寡糖链。也发现了一些杂合型磷酸化的分子（结构 E）。用纯化的 MPR、对这些聚糖的结合研究表明了图中指出的相对亲和性。

酶，最终会失去磷酸单酯。然而，在通过高尔基体时，磷酸残基抑制加工甘露糖苷酶的全部作用，仍保持聚糖为高甘露糖形式（图 23.2）。如下面可以见到的，在 I-细胞疾病时，缺乏磷酸（见下文）这件事，在解释为何在这些病人分泌的溶酶体酶中带有更多的唾液酸化复合型 N-连接的寡糖链似乎颇有道理。

许多实验室经过多年的失败和努力，最近已纯化并克隆得到了参与这一途径主要的两种酶。这种 UDP-N-乙酰葡糖胺溶酶体酶∶N-乙酰葡糖胺-1-磷酸转移酶（GlcNAC-P-T）已被部分纯化，然后用于产生一个能够沉淀此酶活力的特异免疫单克隆抗体。此抗体转而被用于免疫纯化这个酶，达到了表观均一的程度，而且提纯 480 000 倍。纯化后的酶是 540kDa 的复合物，一个由 166kDa 和 51kDa 亚基二硫键连接的同源二聚体，以及两个相同的非共价缔合的 56kDa 的亚基组成。通过利用叠氮化［$\beta$-$^{32}$P］UDP-Glc 的光亲和标记，166kDa 亚基被鉴定为催化亚基。最近采用一种基于类似单克隆抗体的研究方法，使第二个酶，α-N-乙酰葡糖胺-1-磷酸二酯水解酶得到了纯化。它是一个分子量为 272kDa，由 4 个相同的 68kDa 亚基排列成两个二硫键连接的同源二聚体复合物。它似乎与高尔基体中其他的酶不同，是一种Ⅰ-型跨膜糖蛋白，其 N-端位于高尔基体的腔内。编码这两个酶的基因的克隆工作已接近完成（W. Canfield，私人通讯）。

## I-细胞疾病和假性 Hurler 多营养不良症的酶学基础[13～15]

在发现 GlcNAc-P-T 这个酶以后不久，对从 I-细胞疾病（也称为Ⅱ型黏多糖糖脂增多症，ML-Ⅱ）患者得到的成纤维细胞进行分析，结果显示此酶的活性存在缺陷。一个称作假性 Hurler 多营养不良症（Ⅲ型黏多糖糖脂增多症，ML-Ⅲ）的微弱变种显示此酶的缺乏不太严重。成纤维细胞的代谢标记确证了在这些疾病中溶酶体水解酶的甘露糖磷酸化的失败，由专性杂合子表明缺乏部分的磷酸转移酶，并且血清溶酶体酶水平略有升高，但无表型。随着对 GlcNAc-P-T 酶基因的克隆，有望很快最终证实缺乏 GlcNAc-P-T 是这种疾病的主要遗传失常。关于磷酸二酯糖苷水解酶，只报道过一个家族有部分的“缺乏”，并且与溶酶体酶水平的升高相关。这或许代表着酶缺乏的杂合子状态。

## I-细胞疾病和假性 Hurler 多营养不良症的变种[14,16,17]

GlcNAc-P-T 最简单的体外底物是 α-甲基甘露糖苷。然而，与高甘露糖型的 N-聚糖相比，它是一个较差的底物，后者和天然溶酶体酶相比也是很差的底物。带有高甘露糖型 N-聚糖的其他糖蛋白同样也是较差的底物。这些数据表明，GlcNAc-P-T 必须通过第二个识别部位超过其他带有 N-聚糖的糖蛋白更为专一地识别溶酶体酶（图 23.3）。在用单糖和溶酶体接纳体检测 ML-Ⅱ 和 ML-Ⅲ 大多数情况下，得到的结果是活力降低。一对相同的、带有 ML-Ⅲ 单亲的后代与 α-甲基甘露糖苷接受体显示正常的活性，但与溶酶体酶接纳体的活性则显著地降低。在这些病人中，GlcNAc-P-T 有可能存在正常的催化量，但是它不能对磷酸化作为特异接纳体识别溶酶体酶。这为 GlcNAc-P-T 专一识别溶酶体酶提供了遗传的证据。最近已经确定这一变种酶的分子基础（W. Canfield，私人通讯）。

至于大多数突发性遗传失常，这类疾病在遗传学上是非常异质性的。已经在这类病人的成纤维细胞中鉴定出几个互补群，包括热不稳定性酶。当在 88mmol/L 蔗糖中生长时，这些酶的稳定性可以解释对某些细胞株的 GlcNAc-P-T 活性和溶酶体分拣的校正。另一新的变种是一不太严重的 I-细胞病例，这种 GlcNAc-P-T 缺陷病人的组织是由一组纯合子或杂合子镶嵌细胞组成的。尽管这一镶嵌机制的遗传基础还无法解释，但这一性质的实验却说明在正常和缺陷细胞之间溶酶体酶完全的“交叉校正”不能出现，甚至当两种型的细胞在同一多细胞生物体中一起生长时也不可能出现。

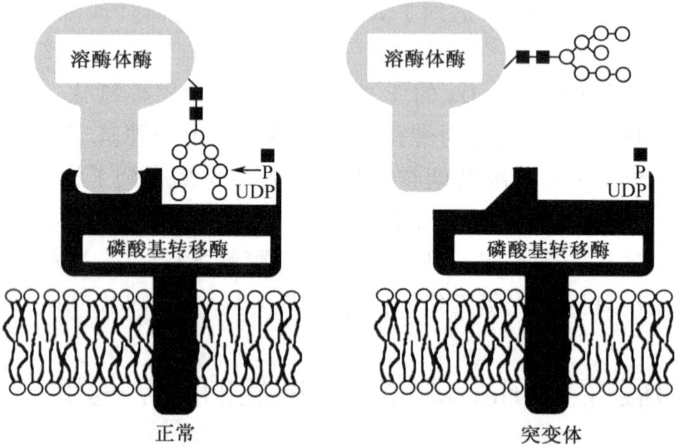


**图 23.3** GlcNAc-P-T 对溶酶体酶的选择性识别。正常的 GlcNAc-P-T 有 3 个独立的结合部位。一个是对寡糖底物，另一个是对 UDP-GlcNAc 供体，再一个是对溶酶体酶选择性地识别。最后一个部位是溶酶体酶选择性磷酸化最关键决定子；在假性 Hurler 多营养不良症的某些变异病例中这个部位被假定为突变的部位。

## 磷酸转移酶对溶酶体酶的识别[18～23]

因为溶酶体酶的高甘露糖型 N-聚糖与其他通过 ER-高尔基体途径的许多糖蛋白相同，因此，GlcNAc-P-T 对前者特异的识别，对完成它们的选择性穿行就变得至关重要。用溶酶体酶多肽一级序列的相似性不能解释这种识别。确实，变性的溶酶体酶失去特定接纳体的活性说明二级或三级结构的特征非常关键。Kornfeld 及其同事们对两种同源的酶，即可被 GlcNAc-P-T 识别的和不被该酶识别的组织蛋白酶 D 和胃蛋白酶的一级序列进行了系统的“互换”（swapping）。结果表明，分散的碱性残基及其邻近的一个肽环是 GlcNAc-P-T 识别的理由。随后用一种新型组合诱变策略，改组诱变（shuffle mutagenesis），表明组织蛋白酶 D 的 N-末端叶的两个区域参与了正确的折叠、表面表达和 C-末端叶中 N-聚糖的选择性磷酸化。这些区域表现为与 C-末端叶中的一个识别元件彼此协同，致使 N-和 C-端两叶中的寡糖均能被有效地磷酸化。

对其他溶酶体酶的研究使这些发现成为普遍性。用人的溶酶体天冬氨酰-葡糖胺酶进行实验，发现存在于此酶多肽中 3 个不同空间区域的 3 个赖氨酸和 1 个酪氨酸残基是 N-聚糖磷酸化所必需的。这些赖氨酸中的两个对天冬氨酰-葡糖胺酶的溶酶体靶向的效率特别重要，而靶向效率似乎主要地受"α"亚基寡糖磷酸化程度的支配。DNaseⅠ（一种带有低水平 Man-6-P 的分泌蛋白)，当 Lys-50，Lys-124 和 Arg-27 被突变为丙氨酸时，该酶的磷酸化程度由 13%降低到 2%。赖氨酸在其他位置的突变对 GlcNAc-P-T 的作用没有影响，证明了这一过程是有选择性的。有趣的是，当 DNase Ⅰ 的 Arg-27 和/或 Asn-74 被赖氨酸取代时，磷酸化程度确有增加，表明 GlcNAc-P-T 对赖氨酸和精氨酸作出选择时，更优先地选择赖氨酸。除此之外，Arg→Lys-27 和 Arg→Lys-74 位的突变导致了在邻近的天冬酰胺连接的寡糖上出现选择性地磷酸化。对于将 GlcNAc-P-T 的催化范围延伸到溶酶体水解酶靶标表面相隔较远的寡糖上，已经提出了各种不同的模型。随着最近对磷酸化酶基因克隆的实现，现在就可以在体外对这些模型进行直接的测试。

## 甘露糖-6-P 受体[6～9,18,24～29]

Sahagian 和 Jourdian 采用固定化酵母磷酸甘露聚糖的亲和层析法，从牛肝中分离得到了磷酸甘露糖基识别标记的首例候选受体。此后不久，其他研究人员利用各种方法从其他来源也分离得到了同样的受体。这个分子（Mr-275000）在无阳离子的情况下可与 Man-6-P 结合。某些缺乏这种受体细胞的观察结果显示 Man-6-P 仍抑制溶酶体酶的结合，导致发现了第二类 Man-6-P 受体（约 45kDa）。这类受体的最佳结合需要二价阳离子。不依赖阳离子的较大 Man-6-P 受体（CI-MPR）可以 1∶1 化学计量和最高亲和力与带有两个磷酸单酯的寡糖（图 23.2 中的结构 C）结合，但是和带有 GlcNAc-P-Man 磷酸二酯（图 23.2 中的结构 A 和 B）的分子结合则很差。与带有一个磷酸单酯（结构 D）的分子结合时，亲和力居中。而阳离子依赖型小的 Man-6-P 受体（CD-MPR）对单一磷酸单酯似乎只有一个结合部位。在体外，从带有两个磷酸二酯的分子中除去“封闭”的 GlcNAc 残基，可改善对受体的结合能力，如用 α-甘露糖苷酶处理则可以更进一步地提高结合能力。由此证实了在结构和脉冲追踪研究中所作出的预测，即以加工高尔基体的甘露糖苷酶除去外层甘露糖残基是必需条件。用分离的糖链也证实了这些发现，并且在细胞直接摄入磷酸化聚糖研究中，还有所拓展。

编码这两类 Man-6-P 受体的基因已被克隆，并深入研究了几个种的性质（见表 23.1 和图 23.4）。这两类受体都是Ⅰ-型膜糖蛋白，它们具有胞质外大结构域、单一跨膜疏水区域以及相对较小的 C 末端胞质内结构域。较大的 CI-MPR 有 15 个独特的连续重复单位，每个单位约有 145 个氨基酸，各个单位彼此间只有部分相同。小的阳离子依赖型受体 CD-MPR 只有一个与大受体中某些重复结构域具有同源性胞外结构域。结合某些内含子-外显子边界的保守性一起考虑，这种同源性表明，两个基因是由同一祖先进化得到的。基于它们的序列关系和独特的糖结合特性，这两种 MPR 正式被分类为 P-型凝集素。至今还没有其他成员隶属于这个家族。

CD-MPR 主要以二体形式存在，每个单体组分结合一个 Man-6-P 残基。然而，也发现有单体和四体的形式，并且温度、pH 和配体的存在对这些形式之间的平衡都有影响。CI-MPR 似乎主要以单体状态出现。令人有些惊奇的是，这种大得多的分子受体仅利用了 15 个中的两个重复单位，只结合了两个 Man-6-P 残基。通过诱变研究已经鉴定了参与结合 Man-6-P 的这类受体的特异残基。最近已得到了在与 Man-6-P 的复合物中

CD-MPR[①]的单个胞外结构域的晶体结构。这个结构域以二聚形式被结晶，并且发现每个单体折叠成为 9 股的平坦的 β 桶形，与抗生物素蛋白（avidin）非常类似（书后彩图 23.5）。二体的两个配体结合部位之间的距离为 CD-MPR 对各种溶酶体酶所显示的结合亲和力上的差异提供了一个极好的说明。

**表 23.1 两种哺乳动物 MPR（P-型凝集素）的比较**

| 特性 | 阳离子不依赖型（大）受体 | 阳离子依赖型（小）受体 |
|---|---|---|
| 拓扑 | Ⅰ型膜糖蛋白 | Ⅰ型膜糖蛋白 |
| 亚基分子量（SDS-PAGE） | 250-300kDa | 45kDa |
| 核心多肽分子量 | 275kDa | 28kDa |
| 最适结合 pH | 6.0～7.0 | 6.0～6.5 |
| 结合对阳离子的依赖 | 不依赖 | $Mn^{2+} > Mg^{2+} = Ca^{2+}$ |
| 域结构情况 | 15 个类似的重复单元，每个约 145 个氨基酸 | 单个 155-氨基-酸的单元同系物对大受体的重复结构 |
| 天然的寡聚状态 | 单体 | 二体或四体 |
| 与 Man-6-P 结合的计量关系 | 每个单体两个 | 每个单体一个 |
| 带有两个 Man-6-P 聚糖的 $K_d$ | $2\times10^{-9}$ mol/L | $2\times10^{-7}$ mol/L |
| 与其他配体的结合 | | |
| 甲基磷酸甘露糖 | 能 | 不能 |
| IGF-Ⅱ | 能（不能与鸡和爪蟾结合） | 不能 |
| 视黄酸（retinoic acid） | 能 | ? |
| 尿激酶型纤溶酶原激活剂受体（uPAR） | 能 | 不能 |
| 在生物合成途径中的作用 | 有 | 有 |
| 在内吞途径中的作用 | 有 | 无（? 高密度时除外） |

磷酸甘露糖基识别标记这个术语，根据磷酸基团的位置和底层（underlying）寡糖的结构，包括对受体具有不同程度亲和力并带有 Man-6-P 聚糖的一个家族（图 23.2）。酸性水解酶上这样聚糖的数目和分布能进一步改变对两个受体的有效结合。这样，两种 MPR 却对有着两个磷酸单酯聚糖的酶都优先选择结合，看起来两个相隔适当的单磷酸化的寡糖之间能够一起提供高亲和力配体。因此，一组新合成有共性的溶酶体酶可列出亲和力范围图谱。对一系列因子，诸如数目、区室的定位、受体分子的存在情况、两个受体性质之间的差异、还有阳离子的浓度等综合考虑，穿行机制明显地具有很大的灵活性。事实上，不同型的细胞，常以不同的速率，将含有 Man-6-P 的不同蛋白质靶向它

① 原文为 CIMPR，可能有误。——译者注

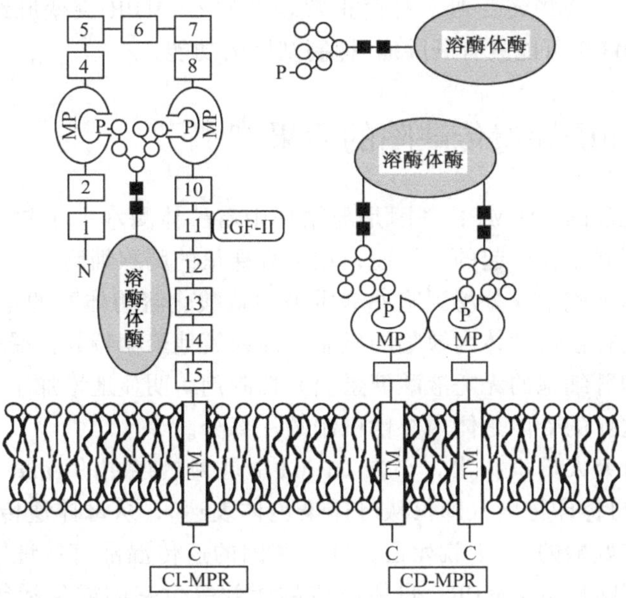


**图 23.4** 两个已知的脊椎动物 MPR 受体的结构域和拓扑示意图。CD-MPR 在绝大多数情况是二体形式。图中表示出两种可能的识别溶酶体酶中磷酸化聚糖的模式。这两种独立的受体，并不必然互相排斥。仅有一单个甘露糖磷酸残基的酶不能以高亲和力结合。

们的溶酶体，并在不同的部分分泌出去。

## 阳离子非依赖型受体与其他配体的结合[27,28,30～37]

已经知道 IGF-Ⅱ可与两种受体结合，一种与 IGF-Ⅰ受体相同，另一种是报道过的大小约为 220～250kDa 的独立的受体。后者的分子克隆研究揭示令人惊奇的事实，即与 CI-MPR 完全相同。此后，进行了许多研究，探索表面上根本不同的配体之间可能的相互作用。尽管很清楚，两配体在受体的不同部位结合，但是对两个系统之间可能的相互关系有互相矛盾的报道。在多项研究中，发现这两个配体有协同或者拮抗作用。这也表明，根据胰岛素刺激，受体的重新分布能够解释激素在蛋白质降解上因溶酶体酶穿行改变所导致已知的代谢效应。然而，鸡和爪蟾的 CI-MPR 不与 IGF-Ⅱ结合，虽然它们的细胞可以对 IGF-Ⅱ有应答。这个发现多少可以说明，专一性结合的重叠对动物细胞具有普遍的重要性。在相当程度上 CI-MPR 似乎主要作为胞外体液中过量 IGF-Ⅱ的一个总“洗涤槽”，将其清理到溶酶体中去降解，以减少其与 IGF-Ⅰ受体可以结合的数量。

最近还发现，CI-MPR 可以高亲和力与视黄酸（retinoic acid）结合，其结合部位不同于对 Man-6-P 和 IGF-Ⅱ的结合。视黄酸与 Man-6-P/IGF-Ⅱ受体的结合，似乎可增强这一受体的主要功能，而且其生物重要性似乎是抑制细胞增殖和/或诱导细胞凋亡。这个意外观察的重要意义还在进一步探索中。在有些和肿瘤有关的 CI-MPR 表达中还有一些未能解释的变化。在 CI-MPR 基因座杂合性的丧失出现在 50 多例发育不良肝损伤和肝癌相关的高发肝炎病毒感染和肝硬化等病症。在 50%的癌中检测出在其余的等位基因中发生的突变，这些突变似乎常由正常表型的 CI-MPR-突变肝细胞克隆扩大发育而成。因此，CI-MPR 可能具有肝肿瘤-抑制基因的功能。

## MPR 中天然和诱导遗传缺陷的后果[28,38～45]

小鼠中靶向混乱的 CD-MPR 基因是与循环中溶酶体酶水平正常或略有升高和在其他方面与正常表型联系在一起的。然而，在纯合裸鼠的胸腺细胞中，或在这类动物成纤维细胞的初始培养细胞中，分泌到胞外基质中的磷酸化溶酶体酶的量明显地有所增加。因此，必需有某些补偿这种体内缺陷的机制。注射其他聚糖特异性受体（巨噬细胞的甘露糖特异性受体和肝细胞的无唾液酸糖蛋白）抑制剂，明显地增加了缺陷小鼠血清中的溶酶体酶，表明这样的受体是体内补偿机制的一部分。

同时，其他研究人员也指出，小鼠 CI-MPR 是天然存在的 *Tme* 基因座的一部分，在 17 号染色体的母体印记区（即仅从母体染色体表达），从母体遗传得到的 *Tme* 基因座缺失的小鼠，在妊娠的 15 天就死亡。这一基因的遗传混乱直接证明了这种致命性杀伤力是由于欠缺（lack）CI-MPR。母体遗传的无效等位基因或失活等位基因的纯合性一般都在出生时死亡，并且突变体在大小上约大 30%。这种表型可能是由 IGF-Ⅱ的过量引起的，因为引进一个 IGF-Ⅱ无效等位基因可挽救这种突变小鼠。突变小鼠在器官和骨骼上也有些异常。

还可以通过缺失 CD-MPR 的小鼠与去除 CI-MPR 等位基因的杂合小鼠进行交配而得到欠缺任何一种或两种 MPR 的细胞株系。从欠缺两种受体胚胎制备的成纤维细胞显示大量的多种溶酶体的分拣失误，并且在内吞区室中积累了未被消化的物质。与只缺乏 CD-MPR 的成纤维细胞一样，缺乏 CI-MPR 的成纤维细胞在分拣上只损伤一部分。这一点证明了这两种受体对细胞内溶酶体酶有效的靶向是必需的。对不同型细胞分泌的磷酸化蛋白质进行比较，表明这两个受体对不同亚群水解酶的相互作用各有优先的选择。由此，在单个溶酶体酶分子内和在不同的酶中，磷酸甘露糖基识别标记的异质性对两种具有结合互补性质 MPR 的进化保证在不同细胞型或组织中溶酶体蛋白质的有效但不同的靶向是一种合理的解释。

## 溶酶体酶穿行中两种 MPR 的相对作用[6～9,18,27,28,43～47]

已经对两种 MPR 的生物合成、细胞内分布以及穿行进行了广泛研究。每个 MPR 都是作为 N-糖基化的糖蛋白合成的，这类糖蛋白均经过 ER-高尔基体途径，并终结在细胞表面和一直互相混合的内部库（图 23.6）。大多数 MPR 出现在高尔基体的反式部分和邻近后期的内吞体区室。这样，大多数新合成的溶酶体酶穿越整个高尔基途径，并通过与收集在网格蛋白被膜凹内的一个或另一个 MPR 结合，从反式高尔基体分流到内吞体区室。在许多细胞中，少量新合成的溶酶体酶逃脱了分拣，带着 Man-6-P 残基分泌到介质中。这些分泌出的分子易被同一个细胞或邻近的带有相同受体的细胞再次捕获。不管其来源，与细胞表面 MPR 结合的酶都经网格蛋白被膜小窝和小泡内吞，最终从高尔基体到达新合成分子的同一内吞体区室。在这里，酸性环境引起两种酶群体从受体上解离，然后，它们再循环到细胞表面或高尔基体。在成熟的溶酶体中没有发现MPR这一点上达成了共识，似乎是通过其他机制从后期内吞体中获取到了装载的货物。在大多数细胞中，发生在细胞表面的这种“分泌-再捕获”途径是次要的途径，但在某些情况下有其潜在意义。例如，有些被激活的巨噬细胞将其大部分溶酶体酶直接分泌到介质中。可能在有炎症的情况下，这种分泌出的酶，经 Man-6-P 途径从细胞外的流体返回到溶酶体内是有一定用处的。

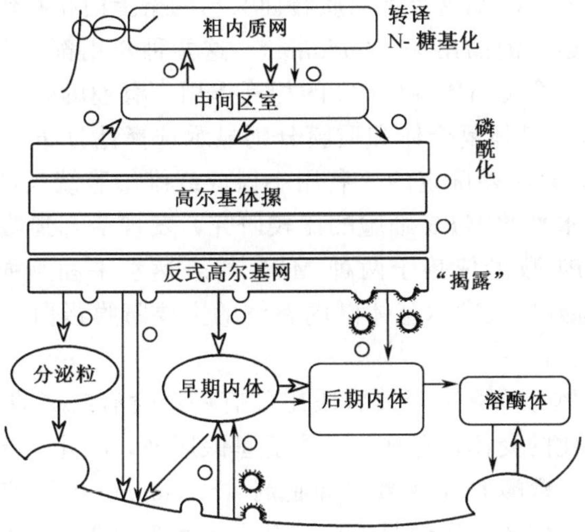


**图 23.6** 糖蛋白经历的亚细胞途径，其中包括溶酶体酶和 MPR。来自糙面 ER 的新合成糖蛋白通过高尔基体摞，然后被分拣到所示的目的地。按照这条路线，溶酶体酶按所示方式被修饰（表示可能发生修饰的位置）。通过内吞途径重新进入细胞溶酶体酶，与沿生物合成途径的酶相遇。空心箭头表示糖蛋白的通用途径；实心箭头代表溶酶体酶专一的经历。在反式高尔基体外，溶酶体酶的历程主要由 MPR 介导。有细毛边缘的代表网格蛋白被膜凹或小泡。

如上所述，两种受体中遗传缺陷的细胞分泌它们大部分的酶，与 I-细胞疾病患者的细胞非常相似。看起来只有 CI-MPR 负责从细胞表面经过内吞体进入溶酶体的内吞作用。但是，当 CD-MPR 强烈地过表达时，也能够介导表面的摄入。这些差异可能是由于 CD-MPR 的非常窄的最适结合 pH 范围，或者由于其变化无常的寡聚状态所造成的。综合各方面的情况，结果表明，虽然 CI-MPR 是生物合成途径中穿行的主要决定因子，但是 CD-MPR 也有重要的贡献。然而，当 CD-MPR 在含有 CI-MPR 的细胞中过表达时，也能增加溶酶体酶的分泌。这样，CD-MPR 可调控是保留还是分泌的途径，或许还根据其他方面的因子，诸如它们的寡聚状态、表达水平、亚区室 pH 值、二价阳离子的有效性、其他受体存在的量以及对多价配体在亲和力精确程度上的差异（表 23.1）。在最终分析中，这两种受体在量和定位上的不同组合，连同各种各样分子上磷酸甘露糖识别标记谱系结构，能够说明不同细胞型中溶酶体酶穿行高度变化的生理学。

## 两种 MPR 亚细胞穿行的机制[6～9,18,27,28,47～54]

对 MPR 在亚细胞穿行中起作用的分子决定簇有很多精巧的研究，主要涉及到分子胞液尾部的一些决定簇。对这些有趣的研究理应以单独的章节给予详尽的描述，但是在这里只能作扼要的总结。受体胞液尾部的某些氨基酸模体，可以专一地结合一些“适接”（“adaptor”）蛋白质，已知这类蛋白质转而又与网格蛋白相互作用。从质膜内吞和从反式高尔基体网络输运小泡的出芽（budding），这两种作用都涉及受体与网格蛋白-包被小泡相联合的蛋白复合物 AP1 和 AP2 的相互作用。有趣的是，这两个“适接”蛋白质，AP1 和 AP2 对高尔基体复合体和质膜分别显示选择性分布，两个识别部位正是决定 MPR 穿行的部位，是必须确定的。利用小鼠成纤维细胞缺失两种 MPR 的细胞或任何一种重新表达生理水平的 MPR 细胞的比较研究，发现结合到质膜上的和联合有网格蛋白-包被小泡的 AP1 数量依赖于两种 MPR 的表达水平和胞质域的整体性。这样，MPR 的浓度，即分拣到反式高尔基体网内吞体的主要跨膜蛋白，决定在该域形成的网格蛋白-包被小泡的数目。

CD-MPR 的内吞体分拣取决于其胞质尾部有一个含有二芳香氨基酸的模体。因为已知在其他细胞膜内化的受体也存在二芳香氨基酸序列，因此，这个特征可认为是内吞体分拣的普遍决定簇。磷酸肌醇-3-激酶抑制剂 wortmannin 可以抑制由 CI-MPR 实施的从反式高尔基体到内吞体的输送途径。这一结果与此激酶在酵母的相同输送过程中建立起来的作用相一致。与此相反，wortmannin 不能抑制内吞作用和向反式高尔基体网的输送。CD-MPR 胞质尾部中的两个半胱氨酸（Cys-30 和 Cys-34），通过巯酯键被棕榈酰化，而且其周转很快。这一结果提示，它们参与了胞质尾部到脂双层这一区域的锚定。对受体的正常投送和溶酶体酶分拣功能来说经由 Cys-34 的锚定是非常重要的。CI-MPR 胞质尾部也含有一个防止受体进入溶酶体的信号，在溶酶体中，受体将被降解。

## MPR 系统的进化起源[27,28,55]

虽然 MPR 在脊椎动物细胞溶酶体酶的穿行中起着重要作用，但是它们在无脊椎系统中的作用并不突出。溶酶体酶在诸如酵母、锥虫和网柄菌等低等的真核生物中，在没有可检定的 MPR 的帮助下也能靶向成功。黏菌盘基网柄菌在其一些溶酶体酶上产生一种新的甲基磷酸甘露糖序列，可以在体外被哺乳类 CI-MPR（但不被 CD-MPR）所识别。然而，尽管存在着可识别 α1-2 连接甘露糖的 GlcNAc-P-T，但是在这些生物中没有发现磷酸化甘露糖残基的存在。值得注意的是，虽然这个磷酸转移酶对溶酶体水解酶并不呈现如对哺乳类酶那样的专一识别，但是可产生另一种转移酶，能在丝氨酸上选择性地加上 GlcNAc-1-P（见第 12 章）。与此相反，原虫 *Acanthameba* 产生一种 GlcNAc-P-T，此酶可专一识别溶酶体酶。虽然有证据说明在一些生物中有“揭露型”（uncovering）酶，但至今并没有发现可下定义的 MPR。在进化上出现完全的 MPR 系统的趋异点还有待鉴定。

## 溶酶体酶穿行的代替途径[9,56]

尽管磷酸甘露糖识别标记在脊椎动物细胞中对新合成的溶酶体酶穿行到溶酶体中起到重要的作用，但是有一些证据表明，代替的机制一定存在于某些细胞型中。甚至在 I-细胞疾病中一些细胞和组织（例如肝和循环的粒细胞）基本上具有正常的酶水平。从这些病人得到的 B 成淋巴细胞系未出现在成纤维细胞中见到的完整的酶缺乏表型。一种解释是，溶酶体酶穿行的 Man-6-P 途径，是靶向的一种特殊形式，与其他迄今尚未鉴定的基本机制重叠。两种溶酶体酶，酸性磷酯酶和 β 葡糖脑苷脂酶，它们的分布，甚至在 I-细胞疾病的成纤维细胞中也完全不受影响。酸性磷酯酶在初始合成时是一个膜结合的蛋白质，一到溶酶体中，就被蛋白酶分解，断裂成为成熟的可溶形式。葡糖脑苷脂酶也是膜结合酶，不显示其聚糖磷酸化，不依赖此途径靶向到溶酶体。同样情况，溶酶体中的整合性膜蛋白，如 LAMP/lgp 蛋白，并不需要磷酸识别标记途径即可穿行到溶酶体，而与 MPR 相类似，它们似乎是利用胞液尾部的模体。

## 甘露糖-6-P 对非溶酶体蛋白质的重要性[57～63]

已有关于 Man-6-P 酯也存在于各种非溶酶体蛋白质上的报道。有些酶，例如子宫铁蛋白（uteroferrin）和 DNaseⅠ，看起来它们主要是经过分泌途径的水解酶。在子宫铁蛋白例子中，导致分泌的原因可能是由于未去除封闭的 GlcNAc 残基。关于 DNaseⅠ的情况，天然磷酸化的水平非常低。这些似乎是 MPR 基本途径的变种。

在 TGF-β 前体中也发现有 Man-6-P，然后在成熟时失去磷酸。这似乎说明，在整体细胞中可以用 Man-6-P 将前体靶向酸性区室，使在完整细胞中激活。已报道的其他带有 Man-6-P 的非溶酶体蛋白，还有增殖蛋白（proliferin）、白血病抑制因子和甲状腺球蛋白。在后一个例子中，表明含有 Man-6-P 的链将蛋白质靶向降解部位，并释放甲状腺激素。水痘病毒糖蛋白，在其复合型 N-聚糖上也含有 Man-6-P，表明这种形式的 Man-6-P 来源于一种完全不同的途径。在非溶酶体蛋白质上发现 Man-6-P 的重要意义，多数情况下还不十分清楚。人们没有必要去假设在所有这些蛋白质上，磷酸甘露糖基都参与了细胞内的穿行。正如丝氨酸的磷酸化有着多种的生物学作用，在复杂的多细胞生物中 Man-6-P 可能有多种用途。因此，对每一具体情况都需要作进一步的研究，对所有可能性都应以开阔的思想去对待。

## 发展方向

甘露糖-6-磷酸化的溶酶体穿行由 P-型凝集素介导是一个研究得最清楚的例子，证明聚糖的特异性功能参与了内源凝集素的识别。符合逻辑的下一步工作是进一步鉴定最近克隆得到的生物合成酶，以及在原子分辨的水平上阐明这一系统中所有分子相互作用的细节。CI-MPR的多功能性质及其在癌变中的畸变值得深入研究。对 GlcNAc-P-T

基因缺陷的详尽的检定，以及磷酸二酯糖苷酶的突变研究也应受到重视。

（王克夷 译　　张树政 校）

## 参 考 文 献


1. Leroy J.G., Ho M.W., MacBrinn M.C., Zielke K., Jacob J., and OBrien J.S. 1972. I-cell disease: Biochemical studies. *Pediatr. Res.* **6:** 752–757.
2. Hickman S., Shapiro L.J., and Neufeld E.F. 1974. A recognition marker required for uptake of a lysosomal enzyme by cultured fibroblasts. *Biochem. Biophys. Res. Commun.* **57:** 55–61.
3. Glaser J.H., Roozen K.J., Brot F.E., and Sly W.S. 1975. Multiple isoelectric and recognition forms of human β-glucuronidase activity. *Arch. Biochem. Biophys.* **166:** 536–542.
4. Sando G.N. and Neufeld E.F. 1977. Recognition and receptor-mediated uptake of a lysosomal enzyme, α-l-iduronidase, by cultured human fibroblasts. *Cell* **12:** 619–627.
5. Kaplan A., Achord D.T., and Sly W.S. 1977. Phosphohexosyl components of a lysosomal enzyme are recognized by pinocytosis receptors on human fibroblasts. *Proc. Natl. Acad. Sci.* **74:** 2026–2030.
6. von Figura K. and Hasilik A. 1986. Lysosomal enzymes and their receptors. *Annu. Rev. Biochem.* **55:** 167–193.
7 Kornfeld S. 1987. Trafficking of lysosomal enzymes. *FASEB J.* **1:** 462–468.
8. Dahms N.M., Lobel P., and Kornfeld S. 1989. Mannose 6-phosphate receptors and lysosomal enzyme targeting. *J. Biol. Chem.* **264:** 12115–12118.
9. Kornfeld S. and Mellman I. 1989. The biogenesis of lysosomes. *Annu. Rev. Cell Biol.* **5:** 483–525.
10. Bao M., Booth J.L., Elmendorf B.J., and Canfield W.M. 1996. Bovine UDP-*N*-acetylglucosamine:lysosomal-enzyme *N*-acetylglucosamine-1-phosphotransferase. 1. Purification and subunit structure. *J. Biol. Chem.* **271:** 31437–31445.
11. Bao M., Elmendorf B.J., Booth J.L., Drake R.R., and Canfield W.M. 1996. Bovine UDP-*N*-acetylglucosamine:lysosomal-enzyme *N*-acetylglucosamine-1-phosphotransferase. 2. Enzymatic characterization and identification of the catalytic subunit. *J. Biol. Chem.* **271:** 31446–31451.
12. Kornfeld R., Bao M., Brewer K., Noll C., and Canfield W.M. 1998. Purification and multimeric structure of bovine *N*-acetylglucosamine-1-phosphodiester α-*N*-acetylglucosaminidase. *J. Biol. Chem.* **273:** 23203–23210.
13. Reitman M.L., Varki A., and Kornfeld S. 1981. Fibroblasts from patients with I-cell disease and pseudo-Hurler polydystrophy are deficient in uridine 5′-diphosphate-N-acetylglucosamine: Glycoprotein N-acetylglucosaminylphosphotransferase activity. *J. Clin. Investig.* **67:** 1574–1579.
14. Varki A., Reitman M.L., and Kornfeld S. 1981. Identification of a variant of mucolipidosis III (pseudo-Hurler polydystrophy): A catalytically active N-acetylglucosaminylphosphotransferase that fails to phosphorylate lysosomal enzymes. *Proc. Natl. Acad. Sci.* **78:** 7773–7777.
15. Alexander D., Deeb M., and Talj F. 1986. Heterozygosity for phosphodiester glycosidase deficiency: A novel human mutation of lysosomal enzyme processing. *Hum. Genet.* **73:** 53–59.
16. Kato T., Okada S., Ohshima T., Inui K., Yutaka T., and Yabuuchi H. 1982. Normalization of intracellular lysosomal hydrolases in I-cell disease fibroblasts with sucrose loading. *J. Biol. Chem.* **257:** 7814–7819.
17. Mueller O.T., Honey N.K., Little L.E., Miller A.L., and Shows T.B. 1983. Mucolipidosis II and III. The genetic relationships between two disorders of lysosomal enzyme biosynthesis. *J. Clin. Investig.* **72:** 1016–1023.
18. Kornfeld S. 1990. Lysosomal enzyme targeting. *Biochem. Soc. Trans.* **18:** 367–374.
19. Reitman M.L. and Kornfeld S. 1981. Lysosomal enzyme targeting. N-Acetylglucosaminylphosphotransferase selectively phosphorylates native lysosomal enzymes. *J. Biol. Chem.* **256:** 11977–11980.
20. Baranski T.J., Faust P.L., and Kornfeld S. 1990. Generation of a lysosomal enzyme targeting signal in the secretory protein pepsinogen. *Cell* **63:** 281–291.
21. Nishikawa A., Gregory W., Frenz J., Cacia J., and Kornfeld S. 1997. The phosphorylation of bovine DNase I Asn-linked oligosaccharides is dependent on specific lysine and arginine residues. *J. Biol. Chem.* **272:** 19408–19412.

22. Tikkanen R., Peltola M., Oinonen C., Rouvinen J., and Peltonen L. 1997. Several cooperating binding sites mediate the interaction of a lysosomal enzyme with phosphotransferase. *EMBO J.* **16:** 6684–6693.
23. Dustin M.L., Baranski T.J., Sampath D., and Kornfeld S. 1995. A novel mutagenesis strategy identifies distantly spaced amino acid sequences that are required for the phosphorylation of both the oligosaccharides of procathepsin D by *N*-acetylglucosamine 1-phosphotransferase. *J. Biol. Chem.* **270:** 170–179.
24. Sahagian G.G., Distler J., and Jourdian G.W. 1981. Characterization of a membrane-associated receptor from bovine liver that binds phosphomannosyl residues of bovine testicular β-galactosidase. *Proc. Natl. Acad. Sci.* **78:** 4289–4293.
25. Varki A. and Kornfeld S. 1983. The spectrum of anionic oligosaccharides released by endo-β-N-acetylglucosaminidase H from glycoproteins. Structural studies and interactions with the phosphomannosyl receptor. *J. Biol. Chem.* **258:** 2808–2818.
26. Hoflack B. and Kornfeld S. 1985. Purification and characterization of a cation-dependent mannose 6-phosphate receptor from murine P388D1 macrophages and bovine liver. *J. Biol. Chem.* **260:** 12008–12014.
27. Kornfeld S. 1992. Structure and function of the mannose 6-phosphate/insulin-like growth factor II receptors. *Annu. Rev. Biochem.* **61:** 307–330.
28. Ludwig T., Le Borgne R., and Hoflack B. 1995. Roles for mannose-6-phosphate receptors in lysosomal enzyme sorting, IGF-II binding and clathrin-coat assembly. *Trends Cell Biol.* **5:** 202–206.
29. Roberts D.L., Weix D.J., Dahms N.M., and Kim J.J. 1998. Molecular basis of lysosomal enzyme recognition: Three-dimensional structure of the cation-dependent mannose 6-phosphate receptor. *Cell* **93:** 639–648.
30. Morgan D.O., Edman J.C., Standring D.N., Fried V.A., Smith M.C., Roth R.A., and Rutter W.J. 1987. Insulin-like growth factor II receptor as a multifunctional binding protein (erratum *Nature* [1988] **20:** 442). *Nature* **329:** 301–307.
31. Kiess W., Blickenstaff G.D., Sklar M.M., Thomas C.L., Nissley S.P., and Sahagian G.G. 1988. Biochemical evidence that the type II insulin-like growth factor receptor is identical to the cation-independent mannose 6-phosphate receptor. *J. Biol. Chem.* **263:** 9339–9344.
32. MacDonald R.G., Pfeffer S.R., Coussens L., Tepper M.A., Brocklebank C.M., Mole J.E., Anderson J.K., Chen E., Czech M.P., and Ullrich A. 1988. A single receptor binds both insulin-like growth factor II and mannose-6-phosphate. *Science* **239:** 1134–1137.
33. Tong P.Y., Tollefsen S.E., and Kornfeld S. 1988. The cation-independent mannose 6-phosphate receptor binds insulin-like growth factor II. *J. Biol. Chem.* **263:** 2585–2588.
34. Sleat D.E., Chen T.-L., Raska K. Jr., and Lobel P. 1995. Increased levels of glycoproteins containing mannose 6-phosphate in human breast carcinomas. *Cancer Res.* **55:** 3424–3430.
35. Kang J.X., Li Y.Y., and Leaf A. 1997. Mannose-6-phosphate/insulin-like growth factor-II receptor is a receptor for retinoic acid. *Proc. Natl. Acad. Sci.* **94:** 13671–13676.
36. Yamada T., De Souza A.T., Finkelstein S., and Jirtle R.L. 1997. Loss of the gene encoding mannose 6-phosphate insulin-like growth factor II receptor is an early event in liver carcinogenesis. *Proc. Natl. Acad. Sci.* **94:** 10351–10355.
37. Nykjær A., Christensen E.I., Vorum H., Hager H., Petersen C.M., Roigaard H., Min H.Y., Vilhardt F., Moller L.B., Kornfeld S., and Gliemann J. 1998. Mannose 6-phosphate/insulin-like growth factor-II receptor targets the urokinase receptor to lysosomes via a novel binding interaction. *J. Cell Biol.* **141:** 815–828.
38. Barlow D.P., Stoger R., Herrmann B.G., Saito K., and Schweifer N. 1991. The mouse insulin-like growth factor type-2 receptor is imprinted and closely linked to the *Tme* locus. *Nature* **349:** 84–87.
39. Köster A., Saftig P., Matzner U., von Figura K., Peters C., and Pohlmann R. 1993. Targeted disruption of the $M_r$ 46 000 mannose 6-phosphate receptor gene in mice results in misrouting of lysosomal proteins. *EMBO J.* **12:** 5219–5223.
40. Ludwig T., Ovitt C.E., Bauer U., Hollinshead M., Remmler J., Lobel P., Rüther U., and Hoflack B. 1993. Targeted disruption of the mouse cation-dependent mannose 6-phosphate receptor results in partial missorting of multiple lysosomal enzymes. *EMBO J.* **12:** 5225–5235.
41. Ludwig T., Munier-Lehmann H., Bauer U., Hollinshead M., Ovitt C., Lobel P., and Hoflack B. 1994. Differential sorting of lysosomal enzymes in mannose 6-phosphate receptor-deficient fibroblasts. *EMBO J.* **13:** 3430–3437.

42. Wang Z.-Q., Fung M.R., Barlow D.P., and Wagner E.F. 1994. Regulation of embryonic growth and lysosomal targeting by the imprinted *Igf2/Mpr* gene. *Nature* **372:** 464–467.
43. Pohlmann R., Boeker M.W.C., and von Figura K. 1995. The two mannose 6-phosphate receptors transport distinct complements of lysosomal proteins. *J. Biol. Chem.* **270:** 27311–27318.
44. Kasper D., Dittmer F., von Figura K., and Pohlmann R. 1996. Neither type of mannose 6-phosphate receptor is sufficient for targeting of lysosomal enzymes along intracellular routes. *J. Cell Biol.* **134:** 615–623.
45. Munier-Lehmann H., Mauxion F., Bauer U., Lobel P., and Hoflack B. 1996. Re-expression of the mannose 6-phosphate receptors in receptor-deficient fibroblasts—Complementary function of the two mannose 6-phosphate receptors in lysosomal enzyme targeting. *J. Biol. Chem.* **271:** 15166–15174.
46. Chao H.H.-J., Waheed A., Pohlmann R., Hille A., and von Figura K. 1990. Mannose 6-phosphate receptor dependent secretion of lysosomal enzymes. *EMBO J.* **9:** 3507–3513.
47. Traub L.M. and Kornfeld S. 1997. The *trans*-Golgi network: A late secretory sorting station. *Curr. Opin. Cell Biol.* **9:** 527–533.
48. Schweizer A., Kornfeld S., and Rohrer J. 1996. Cysteine[34] of the cytoplasmic tail of the cation-dependent mannose 6-phosphate receptor is reversibly palmitoylated and required for normal trafficking and lysosomal enzyme sorting. *J. Cell Biol.* **132:** 577–584.
49. Höning S., Sosa M., Hille-Rehfeld A., and von Figura K. 1997. The 46-kDa mannose 6-phosphate receptor contains multiple binding sites for clathrin adaptors. *J. Biol. Chem.* **272:** 19884–19890.
50. Le Borgne R. and Hoflack B. 1997. Mannose 6-phosphate receptors regulate the formation of clathrin-coated vesicles in the TGN. *J. Cell Biol.* **137:** 335–345.
51. Nakajima Y. and Pfeffer S.R. 1997. Phosphatidylinositol 3-kinase is not required for recycling of mannose 6-phosphate receptors from late endosomes to the *trans*-Golgi network. *Mol. Biol. Cell* **8:** 577–582.
52. Schweizer A., Kornfeld S., and Rohrer J. 1997. Proper sorting of the cation-dependent mannose 6-phosphate receptor in endosomes depends on a pair of aromatic amino acids in its cytoplasmic tail. *Proc. Natl. Acad. Sci.* **94:** 14471–14476.
53. Rohrer J., Schweizer A., Johnson K.F., and Kornfeld S. 1995. A determinant in the cytoplasmic tail of the cation-dependent mannose 6-phosphate receptor prevents trafficking to lysosomes. *J. Cell Biol.* **130:** 1297–1306.
54. Le Borgne R., Griffiths G., and Hoflack B. 1996. Mannose 6-phosphate receptors and ADP-ribosylation factors cooperate for high affinity interaction of the AP-1 Golgi assembly proteins with membranes. *J. Biol. Chem.* **271:** 2162–2170.
55. Gabel C.A., Costello C.E., Reinhold V.N., Kurz L., and Kornfeld S. 1984. Identification of methylphosphomannosyl residues as components of the high mannose oligosaccharides of *Dictyostelium discoideum* glycoproteins. *J. Biol. Chem.* **259:** 13762–13769.
56. Owada M. and Neufeld E.F. 1982. Is there a mechanism for introducing acid hydrolases into liver lysosomes that is independent of mannose 6-phosphate recognition? Evidence from I-cell disease. *Biochem. Biophys. Res. Commun.* **105:** 814–820.
57. Couso R., Lang L., Roberts R.M., and Kornfeld S. 1986. Phosphorylation of the oligosaccharide of uteroferrin by UDP-GlcNAc:glycoprotein N-acetylglucosamine-1-phosphotransferases from rat liver, *Acanthamoeba castellani*, and *Dictyostelium discoideum* requires α1,2-linked mannose residues. *J. Biol. Chem.* **261:**6326–6331.
58. Herzog V., Neumuller W., and Holzmann B. 1987. Thyroglobulin, the major and obligatory exportable protein of thyroid follicle cells, carries the lysosomal recognition marker mannose-6-phosphate. *EMBO. J.* **6:** 555–560.
59 Lee S.J. and Nathans D. 1988. Proliferin secreted by cultured cells binds to mannose 6-phosphate receptors. *J. Biol. Chem.* **263:** 3521–3527.
60. Gabel C.A., Dubey L., Steinberg S.P., Sherman D., Gershon M.D., and Gershon A.A. 1989. Varicella-zoster virus glycoprotein oligosaccharides are phosphorylated during posttranslational maturation. *J. Virol.* **63:** 4264–4276.
61. Miyazono K. and Heldin C.-H. 1989. Role for carbohydrate structures in TGF-β1 latency. *Nature* **338:** 158–160.
62. Dennis P.A. and Rifkin D.B. 1991. Cellular activation of latent transforming growth factor β requires

binding to the cation-independent mannose 6-phosphate/insulin-like growth factor type II receptor. *Proc. Natl. Acad. Sci.* **88:** 580–584.

63. Blanchard F., Raher S., Duplomb L., Vusio P., Pitard V., Taupin J.L., Moreau J.F., Hoflack B., Minvielle S., Jacques Y., and Godard A. 1998. The mannose 6-phosphate/insulin-like growth factor II receptor is a nanomolar affinity receptor for glycosylated human leukemia inhibitory factor. *J. Biol. Chem.* **273:** 20886–20893.

本章初稿由 A. Varki（圣迭戈加利福尼亚大学）编写。

# 第 24 章　I-型凝集素



I-型凝集素属于免疫球蛋白超家族内的一个糖结合蛋白家族，所包括的是一组唾液酸结合的凝集素（唾液酸免疫球蛋白凝集素，***s***ialic acid/ ***i***mmuno ***g***lobulin superfamily/ ***lec***tin，Siglec）和几个非唾液酸结合的凝集素。本章将介绍 Siglec 的发现细节、生化特性、结合性质及其生物学，并一起讨论这些蛋白质在哺乳动物生物学中的功能的重要性。

## 历史背景和发现[1～12]

免疫球蛋白超家族是蛋白质的一个大家族，而且作为受体、细胞黏附分子，或作为抗体，多数都参与了蛋白质和蛋白质之间的相互作用。最近，这个家族的一个亚型被鉴定为具有糖结合蛋白的功能（凝集素，见表 24.1）。定名为 I-（免疫球蛋白）型凝集素的亚型，包括它们的功能（为糖识别蛋白）和它们的 IgSF（Ig 超家族）样氨基酸序列。应注意到，这个家族中只有一个成员（唾液酸黏附素，Sialoadhesin）是在糖结合特性基础上分离鉴定的。其他 I-型凝集素是在其他研究过程中分离出来的。如同下面所讨论的一样，它们的凝集素功能是在以后才确定下来的。

1986 年，唾液酸黏附素最早介绍它作为鼠类巨噬细胞受体负责介导未经调理羊红细胞的唾液酸依赖型结合。因它的分子量相当大，直到 1994 年才被测序，并确定为免疫球蛋白超家族成员。

1972 年最早报道了髓鞘相关糖蛋白（MAG），并在 1987 年被测序。CD33 和 CD22 最初分别用单克隆抗体鉴定为局限于髓鞘和 B-细胞表面的糖蛋白，1988 和 1990 年相继被克隆和测序。1992 年，从鸟类细胞中鉴定出施旺细胞髓鞘蛋白，然后被测序。1993 年，鉴定了 CD22 的凝集素功能。CD22 相当重要的序列同源物和具有 CD33 的唾液酸黏附素、施旺细胞髓鞘蛋白质和 MAG 导致正确预言这后三个糖蛋白也具有唾液酸依赖型凝集素功能。在 DNA 数据库中寻找与 CD33 同源的 cDNA 时，又鉴定出了另一个蛋白（现命名为 Siglec-5）。随后在测试其体外功能时，表明与唾液酸结合蛋白有同源性。已经检测到几个能够识别非唾液酸化糖结构的 IgSF 的成员。其中包括 N-CAM、$P_0$、血小板-内皮细胞黏附分子（PECAM）、CD48、细胞内黏附分子-1（ICAM-1）（见表

24.1)。因此，这些凝集素的整个家族被命名为 I-型凝集素，而识别唾液酸化结构的亚家族被称为唾液酸免疫球蛋白凝集素（**s**ialic acid/ **i**mmuno**g**lobulin/ **lec**tin，siglec)，并达成共识，按顺序编号。本章将以唾免凝素（Siglec）为主，综述这群凝集素结构和功能方面的数据，因为对它们了解得最多。

**表 24.1 已确证和推定的 I-型凝集素家族成员**

| 凝集素 | 别名 | 组织/细胞型分布 | 域结构 | 能识别的最小糖链结构 |
|---|---|---|---|---|
| **Siglec** | | | | |
| Siglec 1 | 唾液酸黏附素 | 脾脏、淋巴结和骨髓中的巨噬细胞 | $(V)_1$-$(C2)_{16}$ | Siaα2-3Galβ1-3（4）GlcNAc-<br>Siaα2-3Galβ1-3GalNAc- |
| Siglec 2 | CD22 | B 细胞 | $(V)_1$-$(C2)_6$ | Siaα2-6Galβ1-4GlcNAc- |
| Siglec 3 | CD33 | 髓样细胞系 | $(V)_1$-$(C2)_1$ | Siaα2-3Galβ1-3（4）GlcNAc-<br>Siaα2-3Galβ1-3GalNAc- |
| Siglec 4a | MAG | PNS | $(V)_1$-$(C2)_4$ | Siaα2-3Galβ1-3GalNAc |
| Siglec 4b | 施旺细胞 | 鹌鹑施旺细胞 | $(V)_1$-$(C2)_4$ | Siaα2-3Gal- |
| Siglec 5 | 髓鞘蛋白 | 粒细胞和单核细胞 | $(V)_1$-$(C2)_3$ | Siaα2-3Gal-和 Siaα2-6-Gal- |
| **非 Siglec** | | | | |
| PECAM | | 血小板 | | 肝素 |
| PO | | PNS | $(V)_1$ | $SO_3$ GlcAβ-13Galβ1-R<br>(HNK1 抗原决定部位)[a] |
| N-CAM | | PNS 和 CNS | $(C2)_5$ | 高甘露糖寡糖[a] |
| ICAM-1 | | 血细胞和内皮细胞等 | $(C2)_5$ | 聚透明质酸（GlcNAcβ-1-3GlcAβ1-4)$_n$，白细胞唾液酸蛋白（唾液酸化黏蛋白)[a] |
| CD48 | | 激活的 B 细胞 | $(V)_1$-$(C2)_1$ | 肝素和硫酸类肝素 |

a 在这些事例中，参与糖专一结合的都是间接证据。

## SIGLEC 的共同特征

### 1. 域结构和遗传性[13～21]

I-型凝集素的一级氨基酸序列表明，它们是 IgSF 的成员，含有一个 N-末端的 V 组结构域，后面紧接可变数目的 C2 组结构域（$V_1$-$C2_n$）（见图 24.1)。C2 组结构域是常见的 C1 组结构域的变种，被认为代表一种早于抗体基因进化发生的原始模体。发现在 Siglec 成员之间其氨基酸序列有很大程度的相关性（图 24.1)。与 IgSF 蛋白质和唾液酸黏附素第一个结构域晶体结构相似的基础上，预测第一域结构是由名为 ABED 和

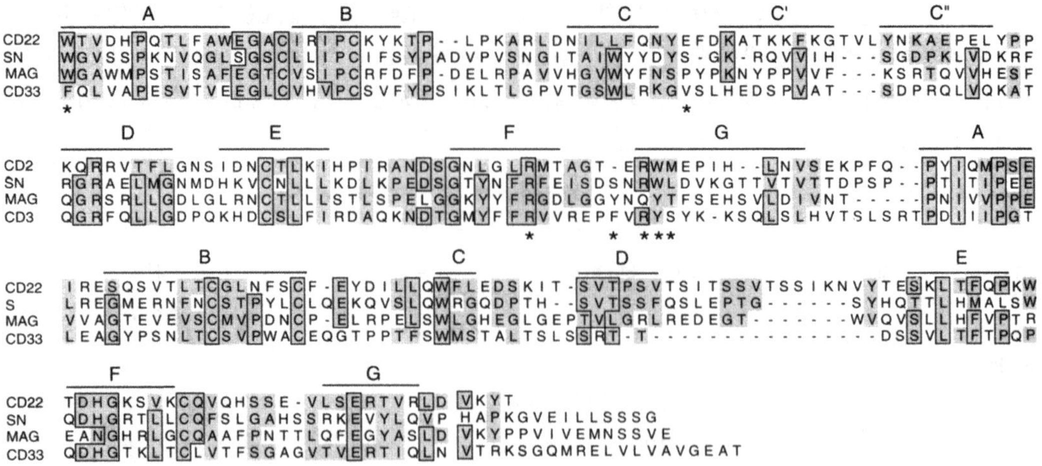


**图 24.1** 图示鼠类 CD22、唾液酸黏附素、MAG 和 CD33 的头两个结构域的排序，方框中为相同的区域，相似的区域用阴影表示。序列上面是预测区域确证为（对唾液酸黏附素）β 折叠链区域。星号表示参与了与唾液酸黏附素中唾液酸乳糖结合，并在图 24.2 已鉴定的残基。已从各序列中删除了前导肽。

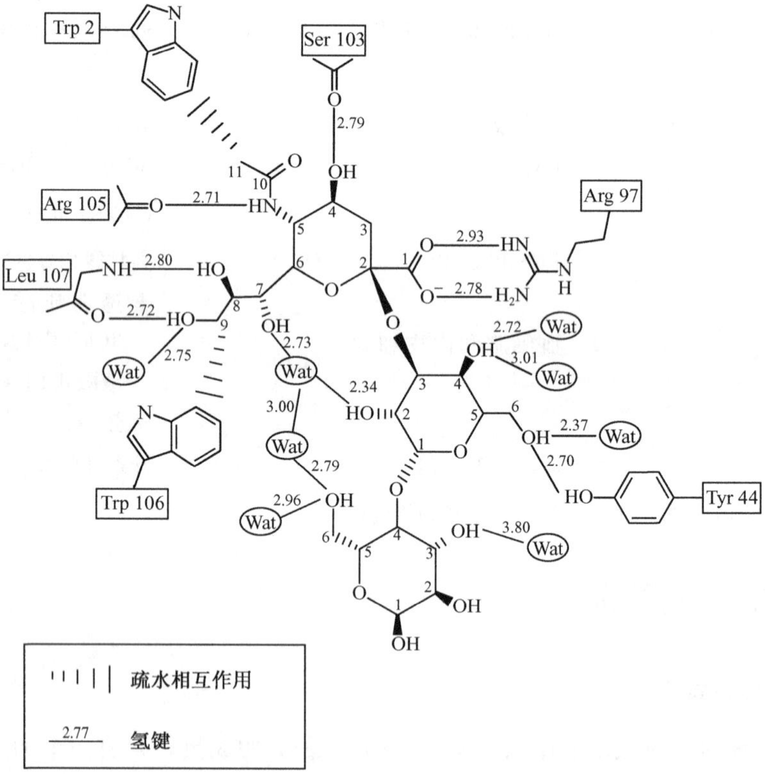


**图 24.2** 唾液酸黏附素中的特异氨基酸残基与 3′唾液酸乳糖界定的相互作用。溶剂分子用椭圆表示，3′唾液酸乳糖用粗黑线表示。注意：参与和聚糖配体相互作用的 7 个氨基酸残基与 Siglec 家族中高度保守的残基相一致（在图 24.1 中用星号表示）。（经许可，从［15］May et al. 1998 复制。）

GFCC′两个β片层的β-夹心结构组成的，采用标准的免疫球蛋白命名法标注各个β折叠链。这些β折叠链的位置示于图 24.1。在 V 结构域中值得注意的特征是，第二个半胱氨酸的位置是在 E 折叠链中，而不在（免疫球蛋白结构域经典的定位）F 折叠链内，导致预测为片层内的二硫键，而不是片层间的二硫键。F 折叠链中的半胱氨酸被一个疏水残基占据的事实给出这样一种提示，即疏水相互作用将结构域的β-夹心结构联合在一起。唾液酸黏附素的 X 射线晶体结构证实了这一点。另一个共同的特征是，在第一和第二个结构域中的半胱氨酸是以奇数出现的。这又给出另一个提示，在结构域之间有一个二硫键连接。在唾液酸黏附素晶体结构中没有观察到这一现象，但是用生化方法在 MAG 中得到了证明。几个保守的精氨酸在第一个结构域中的 F 和 G 折叠链中均能看到（图 24.1）。定点突变指出，这些残基是唾液酸黏附素和 CD22 与唾液酸化的糖缀合物结合所必需的，因为与唾液酸上的羧基有相互作用。结合唾液酸乳糖的唾液酸黏附素的晶体学结构进一步证明，唾液酸和第一个结构域 A 和 G 折叠链中两个保守的芳香残基之间存在着相互作用（图 24.1 和图 24.2）。

染色体定位研究指出，CD22，CD33，Siglec-5 和 MAG 簇聚在人染色体 19q，和在同线的鼠类 7 号染色体上。包括癌胚抗原、妊娠特异糖蛋白家族成员在内的 20 个 IgSF 的相关基因，发现它们彼此非常靠近。提示它们的进化起源是基因复制。唾液酸黏附素定位在鼠类染色体 2 和人染色体 20（用鼠类唾液酸黏附素作探针确定），这样，它在两个种中与其他 Siglec 无连锁关系。其他的 Siglec 是否存在于邻近唾液酸黏附素处，尚待探究。

**2. 对唾液酸化结构识别的专一性**[9～11,17,22～26]

Siglec 另一个重要的特征是，它们能够识别特异性连键的唾液酸结构。CD22 对 α2-6 连接的唾液酸残基为绝对地专一性识别；MAG、施旺细胞的髓鞘蛋白和 CD33 则对 α2-3 连接的唾液酸残基专一；唾液酸黏附素能识别 α2-3 连接和 α2-8 连接的残基。用合成的唾液酸糖苷对 Siglec-5 的最初的分析表明，它能结合 α2-3 连接和 α2-6 连接的唾液酸残基。

在检测系统中，也能看出由 α2-3 唾液酸转移酶生成的唾液酸化糖缀合物有一些优先的选择性（表 24.2）。这些观察结果非常重要，考虑到唾液酸转移酶是一个很大、而且至今仍在扩大的家族，在已形成的连接方式、被接纳体所识别糖缀合物的结构以及细胞表达模式等方面均有显著的不同（表 24.2；见第 16 和 17 章）。为此，Siglec 是为数不多的能“读”出哺乳动物多种唾液酸转移酶基因差异表达所反映的信息内容的蛋白质之一。

除了对唾液酸的特异连键显示优先外，Siglec 对唾液酸残基上面的修饰也很敏感。正如第 15 章所指出的，唾液酸是一个大家族，其成员已超过 40 种不同的分子，它们的母体分子是神经氨酸和脱氧壬酮糖酸。在脊椎动物中最常见的两种形式是 Neu5Ac 和 Neu5Gc（结构和命名见第 15 章）。鼠类唾液酸黏附素和鼠类的 MAG 在与含有 Neu5Gc 的结构结合时，结合能力显著地减弱，而鼠类的 CD22 却对含 Neu5Gc 的结构显示明显的优先选择性。与此相反，人 CD22 与 Neu5Gc 和 Neu5Ac 两者有同样良好的结合能力。这些观察结果很有意义，考虑到在人组织中没有发现 Neu5Gc，但在灵长类和非灵长类的物种中有发现，其 Neu5Gc 对 Neu5Ac 的比值在种内组织间有所不同。唾液酸侧链上的 C9 羟基的各种修饰，不论它是被 9-O-乙酰化，还是通过化学氧化切除，都对 Siglec 的结合产生负面影响。由于 9-O-乙酰化是一种天然存在的和动态的修饰，因此，这一修饰在调节 Siglec-依赖性功能方面可能有重要作用。

**表 24.2 唾液酸转移酶与形成的 Siglec 配体的相关性**

| 唾液酸转移酶 | 头字母略语词 | 接纳体二糖 | 形成的唾液酸化结构 | 潜在的 Siglec 配体 |
|---|---|---|---|---|
| O-聚糖核心 1α2-3 唾液酸转移酶 | ST3Gal-Ⅰ | Galβ1-3GalNAc | Siaα2-3-Galβ1-3GalNAc | SMP，MAG，唾液酸黏附素，CD33 |
| O-聚糖 α2-3 | ST3Gal-Ⅱ | Galβ1-3GalNAc | Siaα2-3-Calβ1-3GalNAc | SMP，MAG |
| 唾液酸转移酶 | ST3Gal-Ⅲ | Galβ1-3GlcNAc | Siaα2-3-Galβ1-3GlcNAc | 唾液酸黏附素，CD33 |
| | | Galβ1-4GlcNAc | Siaα2-3-Galβ1-4GlcNAc | 唾液酸黏附素，CD33>MAG |
| LacNAc：α2-3 | ST3Gal-Ⅳ | Galβ1-3GalNAC | Siaα2-3-Galβ1-3GalNAc | SMP，MAG |
| 唾液酸转移酶 | | Galβ1-3GlcNAc | Siaα2-3-Galβ1-3GlcNAc | 唾液酸黏附素，CD33 |
| N/Oα2-3 唾液酸转移酶 | | Galβ1-4GlcNAc | Siaα2-3-Galβ1-4GlcNAc | |
| Galβ1-4GlcNAcα-2-6 唾液酸转移酶 | ST6Gal-Ⅰ | Galβ1-4GlcNAc | Siaα2-6-Galβ1-4GlcNAc | CD22 |

CD22 和唾液酸黏附素的定向诱变研究，随同黏附素晶体学结构研究一起，阐明了几个保守的氨基酸残基的作用（图 24.1 和图 24.2）。唾液酸化的结构与 GFCC′C″β 片层面上所形成的位点结合。在 F 折叠链中，不变的精氨酸残基（在唾液酸黏附素中为 Arg-97）与唾液酸中的羧基部分形成盐键。G 折叠链中的保守碱性残基（Arg，Gln 或 Lys）（在唾液酸黏附素中为 Arg-105）与乙酰胺基中的氢形成氢键。在 A 和 G 折叠链中保守的疏水残基（Tyr，Trp，Phe，在唾液酸黏附素中为 Trp2 和 Trp106）分别与乙酰胺基中的甲基和甘油侧链中的骨架碳原子形成疏水键。有几个氢键是与唾液酸甘油侧链上的一些羟基形成的，这说明 Siglec 对侧链的过碘酸氧化和侧链的 9-O-乙酰化结合具有敏感性。此外，带有 α2-3 唾液酸半乳糖唾液酸黏附素复合物的晶体结构也表明，Siglec 不能结合唾液酸的 7-O 或 8-O 乙酰基化的衍生物。

# SIGLEC 的凝集素功能

## 1. Siglec-1（唾液酸黏附素）[10,22,27～33]

唾液酸黏附素最初被鉴定为鼠类巨噬细胞表面的受体，负责与未受调理作用羊红细胞的唾液酸依赖型结合。原来认为这种结合是由于负责无唾液酸或受调理素作用红细胞的受体不同。这种凝集素的胞外部分是以（V）$_1$-（C2）$_{16}$形式排列的 17 个免疫球蛋白结构域组成的，其凝集素的功能定位在第一个结构域。内部 4-17 的这些结构域组成了 7 个成对的同源结构域，这种组成形式使人联想到这些成对的结构域，是由重复的基因复制造成的。已证实这类多重结构域的惟一功能是将凝集素的氨基末端结构域布置在远离细胞表面富含唾液酸的糖包被，否则会阻断该凝集素的结合部位。这一假设得到了以下 3 种观察结果的支持，即电子显微图像中的唾液酸黏附素为线形结构；消除 17 个胞外结构域中的 7 个时，黏附性降低；还有小鼠和人之间唾液酸黏附素长度的保守性。

与其他类 Siglec 比较，唾液酸黏附素能与系列广泛的唾液酸化结构结合。早期的研究就已经证明可与包括 Siaα2-3Galβ1-3GalNAc 和 Siaα2-3Galβ1-3（4）GlcNAc 在内的 β2-3 唾液酸残基结合。这类结构是不同的 α2-3 专一性唾液酸转移酶的几种产物，在糖脂上和在糖蛋白的 N-和 O-糖链上可能发现这类产物（表 24.2）。最近，还证明唾液酸黏附素可与带有 α2-8 唾液酸末端残基，例如 $G_{D3}$和 $G_{D1b}$这样一类的神经节苷脂结合。这样，事实上，几乎在各种细胞型上都可以发现唾液酸黏附素的潜在配体。但是，唾液酸黏附素（在 COS 细胞，巨噬细胞上表达，或以 Sn-Rg 唾液酸黏附素受体球蛋白构建物出现）表现明显的优先选择与粒细胞和成红细胞结合，远远的超过对其他型细胞。例如，与 MAG 相较，红细胞和胸腺细胞这两种细胞与 MAG 的结合水平高于对唾液酸黏附素的结合，但在 MAG 和唾液酸黏附素对纯化的神经节苷脂结合的优先选择上，就未能预测到与此相同的结果。因此，参与凝集素-配体之间的结合，除唾液酸化寡糖结构本身所含的信息之外，似乎还存在另外的结构信息。这一信息是否对寡糖本身中的结构特征，在表达寡糖结构的支架（糖蛋白和糖脂）内的结构特征，或对其密度/在细胞表面的表现有关，均有待证实。

唾液酸黏附素对 α2-3 唾液酸乳糖的表观 $K_D$ 约 0.5mmol/L。如此低亲和力的凝集素如何在生物系统中起作用？巨噬细胞表面凝集素的密度和它的靶配体这类因素可提高受体的表观亲和力。考虑到可溶性 Sn-Rg 蛋白与不同细胞结合的优先性不依赖于 α2-3 唾液酸水平，高亲和力相互作用的形成很可能取决于支架蛋白的结构特征或带有唾液酸化寡糖结构的糖脂。α2-3 唾液酸乳糖的这种弱表观 $K_d$ 说明约含 1～2mmol/L 的 α2-3 唾液酸残基的总血清糖蛋白为什么不能阻断不同细胞间唾液酸黏附素依赖型的结合。对天然唾液酸黏附素的大分子配体的鉴定和对它继续进行特性研究，肯定会有助于解决这些问题。

唾液酸黏附素不是在所有巨噬细胞上都是组成型的表达，只有在组织-时相期的特异亚组（subset）上或者激活的巨噬细胞集群中才是组成型表达。关于这一点，重要的是在不同器官中考虑巨噬细胞形态和功能的多样性。从肺、肝、胸腺、心、脑、腹膜和皮肤分离得到的休止的巨噬细胞的唾液酸黏附素有低水平的表达。在急性和慢性炎症状态下和将腹膜巨噬细胞暴露在小鼠血清中含有的一些因子时，表达水平出现上调。只有在骨髓、脾脏和淋巴结内，巨噬细胞才高水平地组成型表达唾液酸黏附素。在人脾脏中，唾液酸黏附素强阳性巨噬细胞选择性地定位于滤泡周带（perifollicular zone）毛细管周围的鞘中，这个位置可以使这些巨噬细胞与发育中滤泡淋巴细胞或其他细胞的进出进行密切接触。在小鼠骨髓的试样中，发现唾液酸黏附素阳性的巨噬细胞出现在发育中成红细胞簇中，电子显微镜下可观察到唾液酸黏附素在细胞和细胞间的接触点聚集成簇。在骨髓中唾液酸黏附素也与髓细胞结合。这些观察结果都支持凝集素有细胞黏附分子作用这一假设，但是它在不同组织中，在不同巨噬细胞的种群上有着不同的潜在功能。唾液酸黏附素细胞质尾部仅由 28 个氨基酸残基组成，并且未被磷酸化（与 CD22，CD33，MAG 不同）。但是，通过与细胞质蛋白非共价结合，它还是可以在细胞内部的信号转导中起一定的作用。唾液酸黏附素另外的，或者一些潜在功能还包括促进粒细胞发育和清除、巨噬细胞的着边（margination）和激活、抗原专一性激活淋巴细胞和/或激活的淋巴细胞向淋巴样小结的归巢。

**2．Siglec-2（CD22）**[4,5,7,8,17,18,20,25,34～48]

CD22 是第一个被鉴定既是免疫球蛋白超家族成员，又是凝集素 Siglec。已分离得到两个人 CD22 的同型异构体，其差别在于有无第 3 和第 4 免疫球蛋白结构域。尚未对这两个同型异构体的寡糖结合能力进行直接比较，但是根据已有的数据表明，凝集素的部位是包含在头两个免疫球蛋白结构域中，因此，这两个同型异构体很可能有着相同的糖结合性能。从小鼠中没有分离到短的 CD22 同型异构体，但是存在着两个 CD22 等位基因。两者的区别在于氨基酸序列中有 6 个缺失和 8 个取代，分别簇聚在结构域 1 和结构域 2 的 C″和 Cβ 折叠链中。尽管对这些等位基因与潜在的糖蛋白配体专一性的细微结合尚未探究清楚，在测定唾液酸黏附素和 CD22 时，发现这些被取代的残基与唾液酸结合所必需的氨基酸残基并不相符。

1986 年，CD22 最初被鉴定为 B 细胞上调控细胞发育的表面糖蛋白。大约在免疫球蛋白基因重排时表达，而且优先在淋巴结小结套膜区和脾脏边缘的 B 细胞表面表达。1990 年，CD22 被克隆和测序，并证实它以一种黏附分子的功能，能使 CD22-转染的 COS 细胞与单核细胞、红细胞和某些淋巴细胞种群形成玫瑰花结（rosette）。CD22 依赖型的黏附作用能够被抗 CD-45 的单克隆抗体所阻断，表明抗原是 CD22 的主要配体。UCHL-1 是具有阻断功能抗体中的一种，已知这种抗体能识别 CD45RO 上唾液酸依赖型的表位。以这一观察结果，并且已经证明用唾液酸酶预处理靶细胞可消除 CD22 本身的结合，这表明它识别的是一种唾液酸依赖型的表位。对分离得到的聚糖和 CD22 之间的直接结合研究，确定了它的凝集素功能，没有证据证明结合需要蛋白质-蛋白质间的相互作用。识别的最小的糖结构为 Neu5Acα2-6Galβ-R，按 α2-6 唾液酸乳糖和 α2-6 唾液酸乳糖胺测得的 $K_D$ 约为 30μmol/L。这类结构主要发现在 N-聚糖（高尔基酶 ST6Gal-Ⅰ的产物，见表 14.2）上，但在某些黏蛋白和糖脂结构中乳糖胺的末端位置上也发现了这类结构。α2-6 唾液酸化的 GlcNAc 和 GalNAc 两种结构也能被 CD22 结合。虽然这

些不同的 α2-6 唾液酸化结构中的某些结构也能与 CD22 结合，但是与 CD22 对 α2-6 唾液酸化乳糖的表观亲和力相比，低 10～30 倍（预测的 $K_D$ 在 0.5～1.0mmol/L 之间），但是这种预期的低亲和力不会从潜在的生物学相关性上排除它们参与的相互作用。例如，唾液酸黏附素对 α2-3 唾液酸化乳糖的亲和力估测约为 0.5mmol/L；而选凝素对简单的唾液酸化和岩藻糖基化聚糖的亲和力也在这个范围（见第 26 章）。

正如交联实验研究证明的，CD22 作为非共价多聚体存在于细胞表面。另外，用带有单双 α2-6 唾液酸化的二天线 N-聚糖进行抑制作用的研究，表明这一非共价二体上的两个凝集素位点非常靠近。这一非共价二体的存在表明，在形成这一结构上，CD22 的内部免疫球蛋白结构域起着一定的作用。在淋巴细胞中，CD22 在结合时显示出一种优先性，即只与 α2-6 唾液酸化的糖蛋白这一亚群结合，其中包括 CD45。然而，它也能与其他几个尚未鉴定的糖蛋白结合。在血清中，主要结合的糖蛋白是七珠蛋白（heptoglobin）和五聚的 IgM。值得注意的是，不论在淋巴样细胞表面，还是在血清糖蛋白中，许多不结合的蛋白质也含有相当数量 α2-6 连接的唾液酸残基。为何这些糖蛋白不能与 CD22 结合，尚不清楚；可能其他一些因素也在起作用，例如唾液酸表位的密度和/或肽骨架的其他结构特征。事实上，在血清中，α2-6 唾液酸残基的浓度约 0.5mmol/L，只要 4%的血清浓度就能阻断所有糖蛋白与 CD22 的结合。因此，其他的糖蛋白虽然其亲和力还不足以被鉴定为 CD22 的配体，但是可以起到配体拮抗剂的作用。这些观察结果提出了一个未回答的问题：在一片含有 α2-6 唾液酸结构的“海洋”中 CD22 是怎样有效地发挥凝集素功能的？

利用可溶性 CD22-免疫球蛋白融合蛋白作为免疫组织化学试剂，鼠类淋巴血细胞生成组织被染色用于测定潜在配体的表达。配体的表达似乎得到了很好地调节，因为只有在淋巴结和脾脏中离散的淋巴细胞群才表达潜在的配体。而且，潜在的配体被 O-乙酰基团所掩盖，因为脱 O-乙酰反应可增强所有检测组织的染色图像。人们或许会期望这样的染色可反映 ST6Gal-I 的表达，正如前一节中讨论过的，不是含 α2-6 连接唾液酸的所有蛋白质都能与 CD22 结合。因此，在研究中观察到的组织专一和细胞专一的染色模型可能反映了 ST6Gal-I 和专一糖蛋白两者的表达。

虽然已证明 ST6Gal-I 在调节靶细胞潜在配体的表达能起到一定的作用，但是，ST6Gal-I 也具有遮蔽 CD22 凝集素的功能。这一点已被下列实验证实，仅表达 CD22 的转染细胞，可以适当地结合唾液酸化探针，但同时表达 CD22 和 ST6Gal-Ⅰ两者的转染细胞，没有这种结合能力。重要的是应认识到，最早是以 CD22 转染不表达 ST6Gal-Ⅰ的 COS 细胞证明了 CD22 具有黏附分子功能。经常用于细胞黏附实验的 CHO 细胞，也不表达 ST6Gal-I。但是，B 细胞确实表达这一唾液酸转移酶，而且这种表达导致了遮蔽天然 B-细胞集群上 CD22 的凝集素功能，至少是在用细胞黏附检测，或是在利用含 α2-6 唾液酸的糖蛋白或丙烯酰胺高聚物进行测试时是如此。曾提出过 CD22 的第一个 N-糖基化位点在遮蔽其凝集素功能上起特异作用的观点。但是其他的细胞表面糖蛋白可能也参与了这种遮蔽作用。细胞被激活后，原先被遮蔽的 CD22 结合位点成为不被遮蔽的，这种情况是由什么机制造成的，目前还不清楚。

CD22 的凝集素特性是如何与 CD22 的免疫调节作用关联起来的尚未确证。发现有少数细胞表面的 CD22 非共价地与 B-细胞 IgR 复合物结合。在 B-细胞免疫球蛋白受体受到 lyn 激酶刺激后，其细胞质尾部很快成为酪氨酸-磷酸化的形式，这是一种对补充蛋白质酪氨酸磷酸酶 SHP-1 有用的修饰。考虑到 CD22 与 IgR 复合物的结合，磷酸酯酶的补充可能起到负调节信号的作用。CD22-无效小鼠为免疫失调提供了与这一假设相符的证据，这种失调包括随血清自身抗体水平的增高和腹膜 B 细胞数目的膨胀，在 IgR-依赖性触发后的 B 细胞应答过高或过低。CD22 的凝集素功能和配体在这类体液免疫过程中的特定作用还不清楚。然而，在 ST6Gal-I 无效突变小鼠（见第 16 和 33 章）中出现的更加严重的免疫异常表明，含有 α2-6 唾液酸的结构对 B 细胞功能的调节有明显的作用。CD22-依赖型的功能是否归功于 CD22 与 $CD22^+$ 细胞和邻近细胞上共表达的唾液酸化配体的相互作用，还是归功于与可溶糖蛋白的相互作用，还不清楚。

**3．Siglec-3（CD33）**[3,9,49,50]

1983 年，CD33 最初被鉴定为早期髓细胞前体标志物，并在 1988 年被克隆。它是 Siglec 中最小的，在胞外部分只有两个结构域和 1 个约有 80 个氨基酸的胞质内结构域。由 SDS-PAGE 测得的 CD33 分子量约为 70kDa，这取决于表达 CD33 的特定细胞，表明 N-连接的糖含量约为 40%。CD33 的凝集素功能最初是在表达 CD33 的 COS 细胞上得到证实的。其凝集素功能的证明，与 Siglec-5 的情况一样，完全决定于唾液酸酶对 CD 33 细胞的预处理。有趣的是，很容易证明唾液酸酶处理后的 $CD33^+$-COS 细胞的玫瑰花结活性，但是天然发现的，像 HL60 和 U937 细胞一类的 CD33 阳性细胞系，即使用唾液酸酶处理后，也不能玫瑰花结红细胞。这些细胞用可诱导单核细胞特性的佛波酯（phorbol ester）一类的试剂强行分化，产生能够以唾液酸依赖性方式玫瑰花结红细胞的黏附细胞；但是这种凝集素的功能并不归功于 CD33（根据抗体阻断研究），可能应归功于新介绍的 Siglec-5。CD33-免疫球蛋白的融合构建物也能以唾液酸依赖性的方式与红细胞结合，显示出对 α2-3 唾液酸残基的优先选择（专一的 ST3GalT 可以将唾液酸残基加到无唾液酸的红细胞上）。虽然还没有确定为特殊的结合亲和力，在所有已鉴定的 Siglec 中，看起来它是迄今所知的结合力最弱的一个。已分离一种鼠类 CD33 的同系物，这种同系物在两个免疫球蛋白结构域上面有高度的序列同源性（61%的氨基酸相同），而胞质内的结构域与人类同系物则显示相当弱的同源性。与此相反，CD22 的胞质结构域，在人类和小鼠之间是合理的保守。最初分离到的是鼠类 CD33 长、短两种形式的胞质结构域，但是较长的同系异构体可能是剪接的中间体。

在不成熟的髓细胞和红细胞、成熟的髓细胞上表达 CD33，在成熟的单核细胞、粒细胞和某些树突状细胞种群上低水平地表达 CD33。它是髓样白血病细胞的可靠的标志物。它在体外长期地扩增后，也会出现在双表型淋巴母细胞的白血病细胞 T 细胞表面上。针对 CD33 的单克隆抗体对髓细胞株的增殖没有影响，在许多不同的细胞株中，作为下游丝氨酸残基上蛋白质激酶 C 激活的结果，CD33 很快地被磷酸化。初步数据表明，磷酸化下调其凝集素活性，同样，如果凝集素位点被占据，也会抑制它被磷酸化的能力。CD33 在髓细胞中的生物学作用，目前尚不清楚。

**4．Siglec 4a（MAG）和 Siglec 4b（SMP）**[2,6,10,16,24,26,51~55]

1972 年，MAG 被鉴定为中枢和外周神经系统髓鞘中的糖蛋白，1987 年被克隆。

尽管还不知道 MAG 专一的配体，但已经知道它与神经原表面表达的结构结合。1992 年从鹌鹑施旺细胞中克隆得到 SMP（施旺细胞髓鞘蛋白），它和大鼠的 MAG 有 43%的序列同源性。虽然 SMP 近似于 MAG 鸟类的同系物，但在有些方面，包括一些细胞的表达类型，与 MAG 不同，因此，它可能不具备与 MAG 相同的功能。但是，在这里把 SMP 和 MAG 放在一起讨论，是因为这两种蛋白质在整体上是相似的。

这两个蛋白质都有 5 个细胞外免疫球蛋白结构域。对 MAG 的深入研究表明，在头两个结构域中未成对的半胱氨酸残基之间存在着半胱氨酸二硫键桥。MAG 中含有 5 个 N-糖基化部位，其分子量（100kDa，用 SDS-PAGE 测得）近 1/3 是糖。MAG 有两个同型异构体（L-MAG 和 S-MAG)，它们之间的差别在于细胞质内结构域中是否有一个早停的密码子，可产生长度分别为 74 和 105 个氨基酸残基的结构域。可鉴定到几个潜在的 Ser/Thr 磷酸激酶的底物的位点，而且分离得到的 L-MAG 是蛋白质激酶 C 的底物。L-MAG 在胚胎发生和幼体发育期间表达，而 S-MAG 则在成年动物中的表达占有优势。

最初证实 MAG 凝集素的功能是选择性地将再唾液酸化的红细胞与转染表达 MAG 的 COS 细胞形成花结实现的。研究结果表明，这种结合对 α-2-3 唾液酸残基是特异的。最初用 ST3Gal-I 再唾液酸化红细胞的优先性超过 ST3Gal-Ⅲ 处理的红细胞（表明含 Siaα2-3Galβ1-3GalNAc 结构的结合优先于含有 Siaα2-3Galβ1-3（4）GlcNAc 的结构）。用合成的唾液酸化糖脂（神经节苷脂）也证实了这一优先性。采用吸附不同种类神经节苷脂的表面，在结合离散的 $MAG^{+}$ 或 $SMP^{+}$ 的 COS 细胞的实验中，发现只有末端为 α2-3 唾液酸连键结构才能实现结合。内部正好有一个 α2-3 唾液酸残基的 $G_{M1}$，不是 $SMP^{+}$ 或 $MAG^{+}$ COS 细胞的配体，但它是 $Sn^{-}$ 的 COS 细胞的配体。这些观察结果与原先认为 MAG 的天然配体可能包括脑的神经节苷脂这个建议是一致的。

免疫组化研究指出，形成髓鞘的细胞表达 MAG，其中包括中枢神经寡树突细胞和外周神经施旺细胞。在完全发育的轴突中，它被定位在外轴突区域，而不在髓鞘化区域。这种定位表明，MAG 在髓鞘化过程中起作用。有些奇怪的是，有正常髓鞘超结构的 $MAG^{-/-}$ 小鼠能够正常发育。但是，这种小鼠在整个成年期却没有维持正常髓鞘化的能力，这意味着，其作用是针对髓鞘整体保护，而不是对髓鞘整体的发育。另一方面，MAG 还起着调节轴突外生长的作用。在髓鞘中含有可抑制轴突外生长和修复损伤的物质。并且，可溶的 MAG 和在 CHO 细胞上表达的 MAG 能在体外抑制出自成年的背根神经节神经元轴突外生长的功能。与此相反，MAG 则有促进出自新生的背根神经节的神经元生长轴突的功能。与 MAG 的分布相反，在成髓鞘和非成髓鞘的细胞中都发现了 SMP，这提示 SMP 可能不是起作用的 MAG 的鸟类同系物。SMP 潜在的功能作用，迄今还没有报道。

考虑到髓鞘中富含各种神经节苷脂，这方面的研究必然意味着神经节苷脂有作为这两种凝集素天然配体的功能。但是，有证据表明，也有糖蛋白的参与。MAG 与某些神经元群体的轴突结合，是胰蛋白酶敏感的。尽管看不到脂质体结合的 MAG，但从大鼠脑中分离的可溶性 MAG 可以和胶原结合。最近的数据进一步表明 MAG 依赖型相互作用的复杂性，和鉴定天然配体的挑战性。正如从唾液酸黏附素的突变数据期望的那样，三结构域 MAG-Rg 构建物的唾液酸结合功能，是因 Arg-118（此残基与唾液酸黏附素的 Arg-97 相当）的突变为丙氨酸而丧失的。然而，具有同样突变的全长 MAG，当在 COS

细胞上表达时，仍保留抑制轴突外生长的能力。此外，轴突外生长还被 5 个结构域，而不是 3 个结构域的 MAG-Rg 构建物所抑制。这些数据意味着，两个膜上邻近的胞外结构域在轴突外生长中有调节作用，而且，唾液酸凝集素的同型可能也不是这些体外实验中所必需的。

**5. Siglec-5**[11,56]

cDNA 的序列同源性检索和表达的序列标签（expressed sequence tag，EST）数据库鉴定出与 Siglec 有明显同源性的 3 种定名为 OB-BP1，OB-BP2 和 CD33-L 的蛋白质序列。OB-BP1 和 OB-BP2 作为"瘦蛋白-结合蛋白（leptin-binding protein"存入基因库中。但至今还没有发表的资料。CD33-L 是从人胎盘中克隆的，其序列几乎和 OB-BP1 相同。以人 CD33 序列作探针，对 EST 数据库进行检索，鉴定出一个克隆，在分离和测序后，证实 99.6%与 OB-BP2 相同。被命名为 Siglec-5 的这个蛋白质，在人的单核细胞和粒细胞中表达，而且当用表达 Siglec 的瞬间转染的 COS 细胞进行红细胞玫瑰花结实验时，能检测到依赖于唾液酸的凝集素功能。应注意的是，Siglec-5 与含有 α2-3 连接或 α2-6 连接的唾液酸残基的合成高聚物结合时，同样有良好的结合能力。Siglec-5 胞质内的结构域（89 个氨基酸残基）与 CD33 以及 OB-BP1，包括一个 ITIM 模体具有明显的序列同源性。当在酪氨酸残基上被磷酸化时，ITIM 模体形成一个为磷酸酶 SHP-1 和 SHIP 泊靠（docking）的位点。还没有有关 OB-BP1 或 CD33-L 的唾液酸结合特性的报道，虽然已证明在人胎盘中存在着一个唾液酸结合凝集素。这些观察结果表明存在着一个大 Siglec 家族。

## I-型凝集素对非唾液酸化结构的结合[57～61]

在 I 型凝集素的大致分类中，有些是不属于 Siglec 的蛋白质（表 24.1）。在这些凝集素和 Siglec 之间的序列也发现了有限的同源性，虽然没有 Siglec 之间的同源性那么高。N-CAM 第 4 个结构域似乎能与其他蛋白质上的高甘露糖型的 N-聚糖相互作用，而且结合特性明显地不依赖于这类分子的以同型蛋白质为基础的相互作用。ICAM-1 可作为阴离子寡糖聚透明质酸的受体，也可以作为高度唾液酸化的糖蛋白（CD43），白细胞唾液酸糖蛋白（leukosialin）的受体。但是这种结合对白细胞唾液酸糖蛋白的唾液酸化的依赖性尚未被探究过。此外，间接的证据表明，在免疫球蛋白超家族成员 $P_0$ 上的阴离子型、复合型 N-聚糖可能参与了对某些结合功能的调节。其他两个免疫球蛋白超家族的成员，PECAM 和 CD48 可以识别肝素，对这一糖结合现象的生物学意义研究得还很少，许多问题还无法解释。

## 发展方向

I-型凝集素，特别是 Siglec 的活性和凝集素功能，大部分是由体外实验证实的。但是，这一凝集素的特征极有可能是这些分子生物（各种）功能的重要性质。了解这些分子所面临的挑战之一是研发一种方法，以此理解发生在细胞表面、取决于弱相互作用的生物学过程，而且在这些过程中，凝集素面对的不单纯是高亲和力的配体，而是暴露给亲和力高低不同结合分子的混合群体，这个混合物分子在概念上可看成为二维环境。这样一种体系的生物物理参数应适当地包括配体邻近特性、受体和/或配体的成簇以及凝集素受体同时暴露给受体激动剂和拮抗剂的混合体系。凝集素功能的调节可能发生在几种水平上，包括凝集素自身和糖基转移酶（顺式或反式）以及其他修饰酶（例如，乙酰化反应）的表达。这类系统的复杂性可能使得它们可以适应某些生物过程精细水平调节的需要。有些实验方法已经在鉴定 I-型凝集素上成功地应用，利用这些方法可能在将来发现更多的 I-型凝集素。

（王克夷 译　　马毓甲 校）

## 参 考 文 献


1. Lai C., Brow M.A., Nave K.A., Noronha A.B., Quarles R.H., Bloom F.E., Milner R.J., and Sutcliffe J.G. 1987. Two forms of 1B236/myelin-associated glycoprotein, a cell adhesion molecule for postnatal neural development, are produced by alternative splicing. *Proc. Natl. Acad. Sci.* **84:** 4337–4341.
2. Arquint M., Roder J., Chia L.S., Down J., Wilkinson D., Bayley H., Braun P., and Dunn R. 1987. Molecular cloning and primary structure of myelin-associated glycoprotein. *Proc. Natl. Acad. Sci.* **84:** 600–604.
3. Simmons D. and Seed B. 1988. Isolation of a cDNA encoding CD33, a differentiation antigen of myeloid progenitor cells. *J. Immunol.* **141:** 2797–2800.
4. Wilson G.L., Fox C.H., Fauci A.S., and Kehrl J.H. 1991. cDNA cloning of the B cell membrane protein CD22: A mediator of B-B cell interactions. *J. Exp. Med.* **173:** 137–146.
5. Stamenkovic I. and Seed B. 1990. The B-cell antigen CD22 mediates monocyte and erythrocyte adhesion. *Nature* **345:** 74–77.
6. Dulac C., Tropak M.B., Cameron-Curry P., Rossier J., Marshak D.R., Roder J., and Le Douarin N.M. 1992. Molecular characterization of the Schwann cell myelin protein, SMP: Structural similarities within the immunoglobulin superfamily. *Neuron* **8:** 323–334.
7. Powell L.D., Sgroi D., Sjoberg E.R., Stamenkovic I., and Varki A. 1993. Natural ligands of the B cell adhesion molecule CD22 β carry N-linked oligosaccharides with α-2,6-linked sialic acids that are required for recognition. *J. Biol. Chem.* **268:** 7019–7027.
8. Powell L.D. and Varki A. 1994. The oligosaccharide binding specificities of CD22b, a sialic acid-specific lectin of B cells. *J. Biol. Chem.* **269:** 10628–10636.
9. Freeman S.D., Kelm S., Barber E.K., and Crocker P.R. 1995. Characterization of CD33 as a new member of the sialoadhesin family of cellular interaction molecules. *Blood* **85:** 2005–2012.
10. Collins B.E., Kiso M., Hasegawa A., Tropak M.B., Roder J.C., Crocker P.R., and Schnaar R.L. 1997. Binding specificities of the sialoadhesin family of I-type lectins. Sialic acid linkage and substructure requirements for binding of myelin-associated glycoprotein, Schwann cell myelin protein, and sialoadhesin. *J. Biol. Chem.* **272:** 16889–16895.
11. Cornish A.L., Freeman S., Forbes G., Ni J., Zhang M., Cepeda M., Gentz R., Augustus M., Carter K.C., and Crocker P.R. 1998. Characterization of siglec-5, a novel glycoprotein expressed on myeloid cells related to CD33. *Blood* **92:** 2123–2132.
12. Crocker P.R., Clark E.A., Filbin M., Gordon S., Jones Y., Kehrl J.H., Kelm S., Le Douarin N., Powell L., Roder J., Scnaar R.L., Sgroi D.C., Stamenkovic K., Schauer R., Schachner M., van den Berg T.K., van der Merwe P.A., Watt S.M., and Varki A. 1998. Siglecs: A family of sialic-acid binding lectins (letter). *Glycobiology* **8:** v.
13. Williams A.F., Davis S.J., He Q., and Barclay A.N. 1989. Structural diversity in domains of the immunoglobulin superfamily. *Cold Spring Harbor Symp. Quant. Biol.* **54:** 637–647.
14. Hunkapiller T. and Hood L. 1989. Diversity of the immunoglobulin gene superfamily. *Adv. Immunol.* **44:** 1–63.

15. May A.P., Robinson R.C., Vinson M., Crocker P.R., and Jones E.Y. 1998. Crystal structure of the N-terminal domain of sialoadhesin in complex with 3′ sialyllactose at 1.85 Å resolution. *Mol. Cell* **1:** 719–728.
16. Pedraza L., Owens G.C., Green L.A., and Salzer J.L. 1990. The myelin-associated glycoproteins: Membrane disposition, evidence of a novel disulfide linkage between immunoglobulin-like domains, and posttranslational palmitylation. *J. Cell Biol.* **111:** 2651–2661.
17. van der Merwe P.A., Crocker P.R., Vinson M., Barclay A.N., Schauer R., and Kelm S. 1996. Localization of the putative sialic acid-binding site on the immunoglobulin superfamily cell-surface molecule CD22. *J. Biol. Chem.* **271:** 9273–9280.
18. Vinson M., van der Merwe P.A., Kelm S., May A., Jones E.Y., and Crocker P.R. 1996. Characterization of the sialic acid-binding site in sialoadhesin by site-directed mutagenesis. *J. Biol. Chem.* **271:** 9267–9272.
19. Stubbs L., Carver E.A., Shannon M.E., Kim J., Geisler J., Generoso E.E., Stanford B.G., Dunn W.C., Mohrenweiser H., Zimmermann W., Watt S.M., and Ashworth L.K. 1996. Detailed comparative map of human chromosome 19q and related regions of the mouse genome. *Genomics* **35:** 499–508.
20. Nath D., van der Merwe P.A., Kelm S., Bradfield P., and Crocker P.R. 1995. The amino-terminal immunoglobulin-like domain of sialoadhesin contains the sialic acid binding site. Comparison with CD22. *J. Biol. Chem.* **270:** 26184–26191.
21. Mucklow S., Hartnell A., Mattei M.G., Gordon S., and Crocker P.R. 1995. Sialoadhesin (Sn) maps to mouse chromosome 2 and human chromosome 20 and is not linked to the other members of the sialoadhesin family, CD22, MAG, and CD33. *Genomics* **28:** 344–346.
22. Crocker P.R., Kelm S., Dubois C., Martin B., McWilliam A.S., Shotton D.M., Paulson J.C., and Gordon S. 1991. Purification and properties of sialoadhesin, a sialic acid-binding receptor of murine tissue macrophages. *EMBO J.* **10:** 1661–1669.
23. Schnaar R.L., Collins B.E., Wright L.P., Kiso M., Tropak M.B., Roder J.C., and Crocker P.R. 1998. Myelin-associated glycoprotein binding to gangliosides. Structural specificity and functional implications. *Ann N.Y. Acad. Sci.* **845:** 92–105.
24. Kelm S., Brossmer R., Isecke R., Gross H.J., Strenge K., and Schauer R. 1998. Functional groups of sialic acids involved in binding to siglecs (sialoadhesins) deduced from interactions with synthetic analogues. *Eur. J. Biochem.* **255:** 663–672.
25. Sjoberg E.R., Powell L.D., Klein A., and Varki A. 1994. Natural ligands of the B cell adhesion molecule CD22 beta can be masked by 9-O-acetylation of sialic acids. *J. Cell Biol.* **126:** 549–562.
26. Tang S., Shen Y.J., DeBellard M.E., Mukhopadhyay G., Salzer J.L., Crocker P.R., and Filbin M.T. 1997. Myelin-associated glycoprotein interacts with neurons via a sialic acid binding site at ARG118 and a distinct neurite inhibition site. *J. Cell Biol.* **138:** 1355–1366.
27. Crocker P.R., Mucklow S., Bouckson V., McWilliam A., Willis A.C., Gordon S., Milon G., Kelm S., and Bradfield P. 1994. Sialoadhesin, a macrophage sialic acid binding receptor for haemopoietic cells with 17 immunoglobulin-like domains. *EMBO J.* **13:** 4490–4503.
28. Crocker P.R., Freeman S., Gordon S., and Kelm S. 1995. Sialoadhesin binds preferentially to cells of the granulocytic lineage. *J. Clin. Invest.* **95:** 635–643.
29. Kelm S., Schauer R., and Crocker P.R. 1996. The Sialoadhesins—A family of sialic acid-dependent cellular recognition molecules within the immunoglobulin superfamily. *Glycoconj. J.* **13:** 913–926.
30. Crocker P.R., Kelm S., Hartnell A., Freeman S., Nath D., Vinson M., and Mucklow S. 1996. Sialoadhesin and related cellular recognition molecules of the immunoglobulin superfamily. *Biochem. Soc. Trans.* **24:** 150–156.
31. Steiniger B., Barth P., Herbst B., Hartnell A., and Crocker P.R. 1997. The species-specific structure of microanatomical compartments in the human spleen: Strongly sialoadhesin-positive macrophages occur in the perifollicular zone, but not in the marginal zone. *Immunology* **92:** 307–316.
32. Crocker P.R., Hartnell A., Munday J., and Nath D. 1997. The potential role of sialoadhesin as a macrophage recognition molecule in health and disease. *Glycoconj. J.* **14:** 601–609.
33. van den Berg T.K., Breve J.J., Damoiseaux J.G., Dopp E.A., Kelm S., Crocker P.R., Dijkstra C.D., and Kraal G. 1992. Sialoadhesin on macrophages: Its identification as a lymphocyte adhesion molecule. *J. Exp. Med.* **176:** 647–655.
34. Stamenkovic I., Sgroi D., Aruffo A., Sy M.S., and Anderson T. 1991. The B lymphocyte adhesion molecule CD22 interacts with leukocyte common antigen CD45RO on T cells and α 2-6 sialyl-

transferase, CD75, on B cells (see comments). *Cell* **66:** 1133–1144.
35. Schulte R.J., Campbell M.A., Fischer W.H., and Sefton B.M. 1992. Tyrosine phosphorylation of CD22 during B cell activation. *Science* **258:** 1001–1004.
36. Law C.L., Torres R.M., Sundberg H.A., Parkhouse R.M., Brannan C.I., Copeland N.G., Jenkins N.A., and Clark E.A. 1993. Organization of the murine Cd22 locus. Mapping to chromosome 7 and characterization of two alleles. *J. Immunol.* **151:** 175–187.
37. Powell L.D., Jain R.K., Matta K.L., Sabesan S., and Varki A. 1995. Characterization of sialyloligosaccharide binding by recombinant soluble and native cell-associated CD22: Evidence for a minimal structural recognition motif and the potential importance of multisite binding. *J. Biol. Chem.* **270:** 7523–7532.
38. Hanasaki K., Powell L.D., and Varki A. 1995. Binding of human plasma sialoglycoproteins by the B cell-specific lectin CD22: Selective recognition of immunoglobulin M and haptoglobin. *J. Biol. Chem.* **270:** 7543–7550.
39. Campbell M.-A. and Klinman N.R. 1995. Phosphotyrosine-dependent association between CD22 and protein tyrosine phosphatase IC. *Eur. J. Immunol.* **25:** 1573–1579.
40. Doody G.M., Justement L.B., Delibrias C.C., Matthews R.J., Lin J., Thomas M.L., and Fearon D.T. 1995. A role in B cell activation for CD22 and the protein tyrosine phosphatase SHP. *Science* **269:** 242–244.
41. Lankester A.C., van Schijndel G.M., and van Lier R.A. 1995. Hematopoietic cell phosphatase is recruited to CD22 following B cell antigen receptor ligation. *J. Biol. Chem.* **270:** 20305–20308.
42. Powell L.D. and Varki A. 1995. I-type lectins. Carbohydrate-binding proteins of the immunoglobulin superfamily. *J. Biol. Chem.* **270:** 14243–14246.
43. O'Keefe T.L., Williams G.T., Davies S.L., and Neuberger M.S. 1996. Hyperresponsive B cells in CD22-deficient mice. *Science* **274:** 798–801.
44. Otipoby K.L., Andersso K.B., Draves K.E., Klaus S.J., Farr A.G., Kerner J.D., Perlmutter R.M., Law C.L., and Clark E.A. 1996. CD22 regulates thymus-independent responses and the lifespan of B cells. *Nature* **384:** 634–637.
45. Hennet T., Chui D., Paulson J.C., and Marth J.D. 1998. Immune regulation by the ST6Gal sialyltransferase. *Proc. Natl. Acad. Sci.* **95:** 4504–4509.
46. Razi N. and Varki A. 1998. Masking and unmasking of the sialic acid-binding lectin activity of CD22 (Siglec-2) on B lymphocytes. *Proc. Natl. Acad. Sci.* **95:** 7469–7474.
47. Sgroi D., Nocks A., and Stamenkovic I. 1996. A single N-linked glycosylation site is implicated in the regulation of ligand recognition by the I-type lectins CD22 and CD33. *J. Biol. Chem.* **271:** 18803–18809.
48. Cyster J.G. and Goodnow C.C. 1997. Tuning antigen receptor signaling by CD22: Integrating cues from antigens and the microenvironment. *Immunity* **6:** 509–517.
49. Koller U. and Peschel C. 1989. Cluster report: CD33. In: *Leucocyte typing IV* (ed. Knapp W et al.), pp. 812–813. Oxford University Press, New York.
50. Tchilian E.Z., Beverley P.C., Young B.D., and Watt S.M. 1994. Molecular cloning of two isoforms of the murine homolog of the myeloid CD33 antigen. *Blood* **83:** 3188–3198.
51. Salzer J.L., Holmes W.P., and Colman D.R. 1987. The amino acid sequences of the myelin-associated glycoproteins: Homology to the immunoglobulin gene superfamily. *J. Cell Biol.* **104:** 957–965.
52. Ishiguro H., Sato S., Fujita N., Inuzuka T., Nakano R., and Miyatake T. 1991. Immunohistochemical localization of myelin-associated glycoprotein isoforms during the development in the mouse brain. *Brain Res.* **563:** 288–292.
53. Kirchhoff F., Hofer H.W., and Schachner M. 1993. Myelin-associated glycoprotein is phosphorylated by protein kinase C. *J. Neurosci. Res.* **36:** 368–381.
54. Mukhopadhyay G., Doherty P., Walsh F.S., Crocker P.R., and Filbin M.T. 1994. A novel role for myelin-associated glycoprotein as an inhibitor of axonal regeneration. *Neuron* **13:** 757–767.
55. Li C., Tropak M.B., Gerlai R., Clapoff S., Abramow-Newerly W., Trapp B., Peterson A., and Roder J. 1994. Myelination in the absence of myelin-associated glycoprotein. *Nature* **369:** 747–750.
56. Ahmed H. and Gabius H.J. 1989. Purification and properties of a $Ca^{2+}$-independent sialic acid-binding lectin from human placenta with preferential affinity to O-acetylsialic acids. *J. Biol. Chem.* **264:** 18673–18678.
57. Horstkorte R., Schachner M., Magyar J.P., Vorherr T., and Schmitz B. 1993. The fourth

immunoglobulin-like domain of NCAM contains a carbohydrate recognition domain for oligomannosidic glycans implicated in association with L1 and neurite outgrowth. *J. Cell Biol.* **121:** 1409–1421.

58. McCourt P.A., Ek B., Forsberg N., and Gustafson S. 1994. Intercellular adhesion molecule-1 is a cell surface receptor for hyaluronan. *J. Biol. Chem.* **269:** 30081–30084.
59. Rosenstein Y., Park J.K., Hahn W.C., Rosen F.S., Bierer B.E., and Burakoff S.J. 1991. CD43, a molecule defective in Wiskott-Aldrich syndrome, binds ICAM-1. *Nature* **354:** 233–235.
60. Griffith L.S., Schmitz B., and Schachner M. 1992. L2/HNK-1 carbohydrate and protein-protein interactions mediate the homophilic binding of the neural adhesion molecule P0. *J. Neurosci. Res.* **33:** 639–648.
61. Filbin M.T. and Tennekoon G.I. 1993. Homophilic adhesion of the myelin P0 protein requires glycosylation of both molecules in the homophilic pair. *J. Cell Biol.* **122:** 451–459.

本章初稿由 L. Powell（圣迭戈加利福尼亚大学）编写。

# 第 25 章　C-型凝集素



C-型凝集素代表一个 $Ca^{2+}$-依赖的凝集素大家族。在糖识别域中，它们共有一级结构的同源性。这个非常大的家族，包括很多整个动物界中都能发现的内吞作用的受体，蛋白聚糖以及所有已知的胶原凝素和选凝素。然而，这个家族的多数成员能够高度亲和识别的糖类结构却各不相同。C-型凝集素参与了多种免疫功能，诸如炎症和对肿瘤及病毒感染的细胞免疫；而胶原凝素则和先天免疫有关。这一章将重点介绍 C-型凝集素家族的多样性，并介绍目前和这些蛋白质整体结构已知的、有关的知识，以及它们分布的广泛性和生物学功能。

## C-型凝集素的历史背景和发现[1～4]

在动物中第一个鉴定的凝集素是 C-型凝集素，被称为肝的去唾液酸糖蛋白受体，或肝的 Gal/GalNAc 受体。Ashwell、Morell 和他们的同事在研究唾液酸化的血清糖蛋白，例如血浆铜蓝蛋白的结构和功能时，鉴定到了这个凝集素。在观察大多数血清糖蛋白都含有末端唾液酸残基的基础上，研究人员假设唾液酸化是维持糖蛋白在血清中适当寿命所必需的。在一个关键实验中，他们用酶法使放射性标记的糖蛋白去唾液酸化，然后再注射到兔血中。他们发现从循环系统清除去唾液酸的糖蛋白比未经处理的糖蛋白要快得多。此外，还发现因去唾液酸化而暴露的末端第二位的半乳糖残基清除非常关键，因为用半乳糖氧化酶处理，使半乳糖残基 C-6 上的羟基氧化，可延长产物在血清中的寿命。利用唾液酸基转移酶和 CMP-NeuAc 处理，可以使去唾液酸化的糖蛋白再唾液酸化，同时可使产物恢复到正常的循环寿命。发现从循环系统中被清除的无唾液酸糖蛋白是在肝脏中，而且主要是在溶酶体中分离。

利用放射性标记的无唾液酸糖蛋白，在肝细胞的质膜级分中鉴定到一个特异的

$Ca^{2+}$依赖型的去唾液酸糖蛋白受体。并以去唾液酸 α-酸性糖蛋白-交联琼脂糖柱亲和层析法纯化这个肝细胞受体。这一受体由大小两个亚基组成，两者的分子量分别为 48kDa 和 40kDa，纯化的兔肝细胞受体能凝集人和兔的去唾液酸的红细胞，还能诱导去唾液酸外周淋巴细胞的有丝分裂。显然，这是首次证明一个动物凝集素对细胞代谢有如此深远的效应。兔肝脏凝集素的活力可能因为与 GalNAc 或半乳糖结合而被抑制，而且 GalNAc 的作用比半乳糖更强烈。这种凝集素也能结合以 GalNAc 或半乳糖为非还原末端的糖蛋白。在大鼠中也鉴定到类似的凝集素，并命名为大鼠肝脏凝集素。它含有 1 个不寻常的由两种亚基构成的三聚体结构，被称为大鼠肝凝集素 R2/3。在鸡肝细胞中也鉴定到一种凝集素，但与鸟类凝集素有所不同，它只能识别以 GlcNAc 残基为末端的糖蛋白。为此，只有酶解去除唾液酸和半乳糖以后的糖蛋白才能迅速地被鸟类肝脏清除。

## C-型凝集素的定义和序列模体[5~7]

已经对几种动物的 $Ca^{2+}$ 依赖型凝集素进行了测序，特别是测定了重要的鸡肝凝集素、大鼠肝凝集素和肝甘露糖受体。从而发现了所有这些蛋白质都共有同一结构模体。Drickamer 注意到序列同源性表现在 CRD 中，他将含有这一模体的蛋白质归属为 C-型（$Ca^{2+}$ 依赖型）凝集素家族的成员。负责结合糖的 C-型凝集素结构域最初是在分析蛋白酶解片段时鉴定到的，发现这些片段中含有 CRD。C-型凝集素家族的 CRD 是一种含有 25.1 图中约为 115～130 个氨基酸的可识别的共有序列节段。如图所示，由二硫键连结的半胱氨酸残基的出现以及它们的间隔对折叠的凝素的作用具有重要意义。

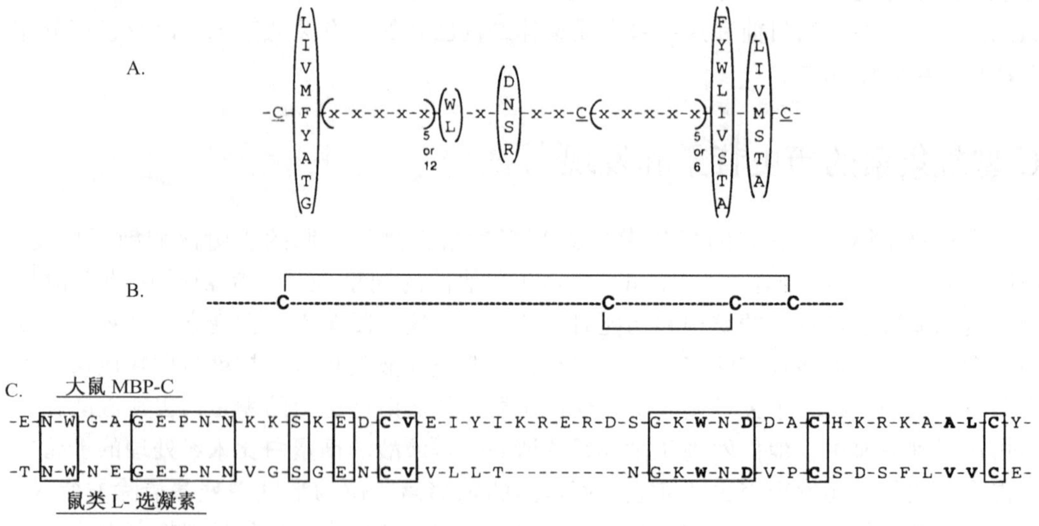


**图 25.1** （A）C-型动物凝集素 CRD 中保守的一级结构。下面有横线的是不变的半胱氨酸残基，括号中为高度保守的残基。位于残基之间的氨基酸用括号中的 Xs 表示。（B）在 C-型凝集素 CRD 中的二硫键。（C）大鼠 MBP-C 和鼠类 L-选凝素 CRD 的序列比较，相同的残基置于方框中。在典型的 C-型凝集素 CRD 中的残基用粗体字母表示。

# C-型凝集素的各种亚家族[7]

C-型凝集素 CRD 的发现开辟了鉴别其他也展示 $Ca^{2+}$ 依赖型蛋白质与糖配体结合的新路。相关的凝集素见表 25.1 和书后彩图 25.2。迄今已鉴定出人体内含有 C-型凝集素 CRD 的蛋白质超过 20 种，在其他的动物中也发现了相应的同系物。此外，C-型凝集素还存在于许多脊椎动物（包括爬行类）和无脊椎动物。从秀丽新小杆线虫（*Caenorhabditis elegans*）的基因序列中也鉴定到约 150 种 C-型凝集素的基因。根据其功能和独特的定位，可将众多的高等动物 C-型凝集素分为若干亚家族。

**表 25.1　C-型凝集素的不同亚家族**

**内吞型受体**
- 大鼠 Kupffer 肝星形细胞受体
- 人巨噬细胞甘露糖受体
- 大鼠无唾液酸糖蛋白受体 R2/3（肝凝集素 2/3）
- 人无唾液酸糖蛋白受体（肝凝集素 H1）
- 鸡肝凝集素
- 树突状细胞和胸腺上皮细胞 DEC-205（巨噬细胞甘露糖结合受体的同系物）
- 鼠类巨噬细胞无唾液酸糖蛋白结合蛋白（巨噬细胞 Gal/GalNAc 专一性凝集素［MMGL］）
- 牛 180kDa 分泌型磷脂酶 $A_2$ 受体
- DEC-205 受体①

**胶原凝素**
- 牛胶原凝素-43
- 牛共凝素
- 大鼠甘露糖结合蛋白 A 和 C
- 人甘露糖结合蛋白
- 人肺泡表面活性剂相关蛋白 A（SP-A）
- 人肺泡表面活性剂相关蛋白 D（SP-D）
- 人四柄蛋白（tetranectin，纤溶酶原三环区-4 结合蛋白）

**选凝素**
- L-选凝素
- E-选凝素
- P-选凝素

**淋巴细胞凝集素**
- 人早期激活抗原（CD69）
- 人 B 细胞分化抗原（CD72）
- 鼠类 T 细胞表面糖蛋白 YE1/48（LY49A、B、D、E、F、G、H 抗原）

**淋巴细胞凝集素**

① 这个似乎和前面的 DEC-205 重复。——译者注

续表

- 人 NK 抗原（CD94）
- 人 NKG2A、B、C、D、E
- 人肥大细胞功能相关抗原（MCFA）
- 激活诱导的 C-型凝集素（AICL）
- 人嗜伊红颗粒的主要碱性蛋白
- 人低亲和免疫球蛋白 εFc 受体（CD23）
- P47pr LSLCL（淋巴细胞分泌的长形 C-型凝集素）

**蛋白聚糖**

- 人多能蛋白聚糖核心蛋白（大的成纤细胞蛋白聚糖——CS 蛋白聚糖核心蛋白 2-胶质透明质酸结合蛋白）
- 人可聚蛋白聚糖核心蛋白（软骨专一蛋白聚糖核心蛋白——CSPCP-CS 蛋白聚糖核心蛋白-1）
- 大鼠短小蛋白聚糖核心蛋白（脑富含的 HA 结合蛋白）
- 大鼠神经蛋白聚糖核心蛋白（245kDa 早期产后的核心糖蛋白）

**其他**

- 人整合膜蛋白 DGCR2/IDD
- 人 lithostathine 1α-前体（胰石蛋白，PSP）
- 人多囊蛋白（polycystin）
- 人内皮细胞清除剂受体
- 人胰腺炎相关蛋白 1（PAP 或 HIP）
- 人胰脏 β 细胞生长因子（INGAP）

**无脊椎动物凝集素**

- 人凝血因子（日本鲎血淋巴 *Tachypleus tridentatus*）
- 凝集素 BRA-2（藤壶（acorn barnacle）体腔液 *Megabalanus rosa*）
- 水蜥（伊比利亚有线水蜥 *Pleurideles waltii* 输卵管）凝集素
- 可诱导的大麻蝇（*Sarcophaga peregrina*）凝集素
- 被囊类动物（*Polyandrocarpa misakiensis*）凝集素
- 海胆（*Strongylocentrotus purpuratus*）完整针状体基质凝集素
- 海胆（*Anthocidaris crassispina*）的棘皮蛋白（echinoidin）
- 蟑螂凝集素（*Periplaneta americana* 的血淋巴）
- 海乌鸦（*Hemitripterus americanus*）的抗冻蛋白（ATP）

**病毒凝集素**

- 家禽痘病毒的肝脏凝集素同系物
- 痘苗病毒的 gp22-24

**蛇和毒液**

- 白聚集素（alboaggregin）A 亚基 1（白唇坑蝰 *Trimeresurus albolabris*）
- 磷脂酶 A2 抑制剂亚基 B（*Trimeresurus flavoviridis*）
- 蝰凝素（echicetin）α-亚基（锯鳞蝰 *Echis carinatus*）
- 共凝因子Ⅸ/因子Ⅹ结合蛋白 A（Ⅸ/Ⅹ BP）（*Trimeresurus flavoviridis*）
- 半乳糖专一凝集素［响尾蛇类（*Crotalus atrox*）］
- 蝮凝素（botrocetin），α 链（血小板共聚素）（*Bothrops Jararaca*）

前面讨论的肝凝集素代表一类能够介导结合配体内吞的C-型凝集素（表25.1和图25.2)。内吞途径包括凝集素对细胞表面配体的识别，经被膜小窝的内化作用和复合物传送到内吞区室，并在区室的低pH诱导下，配体和凝集素彼此解离。凝集素再循环到细胞表面，并重复这个过程。哺乳动物无唾液酸受体是三聚体，具有两个由不同基因编码的多肽链。通常尽管只有一个多肽，但两个多肽均是功能性装配所必需的。与之相反，鸡肝凝集素是单一种多肽构成的三聚体。这种凝集素以三聚和六聚的形式存在，借此对专一的糖缀合物配体增强亲和力。CRD的簇聚决定了凝集素的专一性和亲和力，因为每个CRD都能独立地与糖结合。无唾液酸糖蛋白受体和大多数内吞受体是Ⅱ型跨膜蛋白，而巨噬细胞的甘露糖受体则是Ⅰ型跨膜蛋白。肝脏凝集素只有一个CRD，而巨噬细胞的甘露糖受体则有8个CRD，后者是惟一在单一多肽中含有多个独立CRD的已知蛋白质①。甘露糖受体相邻的CRD可能有助于使其结合导向含有甘露糖的特异性多价聚糖。巨噬细胞受体可以使含有高甘露糖型N-聚糖的溶酶体酶"内化"，此外还参与了对多种病原体（诸如酵母、长氏肺囊虫 *Pneumocystis carinii* 和利什曼原虫）的吞噬。

尽管认为肝脏无唾液酸糖蛋白受体的功能有益于其自身稳态和维持血清糖蛋白水平，但含有MHL-2亚基的无效突变小鼠仍能成活，生育的后代没有明显的表型异常，也没有内源血清糖蛋白的过量积累。然而，当加入外源无唾液酸糖蛋白时，突变小鼠在肝脏摄入和清除方面就出现缺陷。这些结果提示存在着某些可能性：在一些引起血清糖蛋白水平升高的应激过程中，为了调节这一时期血清糖蛋白的水平可能需要肝脏受体，这种受体也可能参与了病原体糖缀合物之间的相互作用，也可能兼而有之。例如，肝脏无唾液酸糖蛋白受体促进乙型肝炎病毒颗粒以内吞依赖型方式进入肝细胞。有趣的是，自身免疫的肝炎与人肝脏ASGPR的自身抗体有关。有证据表明，肝炎病毒的入侵可增强这种应答。

典型CRD以外的其他C-型凝集素结构域，也可能具有受体活性。例如，富含半胱氨酸的"甘露糖"受体结构域介导GalNAc-$SO_4$的结合，并参与从血清中除去和内吞循环体系中含有这类决定子的垂体激素。不依赖$Ca^{2+}$的Man-6-P受体（P类凝集素）也可以作为具有结合多种配体能力的例证。这种受体通过其15个重复域中的少数几个相互作用结合含有Man-6-P的配体，并且通过与其他结构域的相互作用结合IGF-Ⅱ以及尿激酶型纤溶酶原激活剂受体。

## 胶原凝素[14～17]

胶原凝素是一类含有胶原样结构域的C-型凝集素，它们通常装配成很大的含有9～27个亚基的寡聚复合体（表25.1和图25.3)。有些胶原凝素，如甘露糖结合蛋白和人

① 目前已知在单一肽链中有多个CRD的凝集素至少还有两个，DEC-205和磷脂酶$A_2$受体——译者注

表面活性物质 SP-A 组成“花束”状；而另一些，如牛的共凝素（conglutinin）和表面活性物质 SP-D 则形成“十字形”。血清胶原凝素 MBP 研究得最为清楚。牛胶原凝素-43（CL-43）是结构最简单的胶原凝素之一，仅含 3 条肽链，每条链的末端含有 C-型凝集素的结构域。大鼠有两种血清 MBP，被命名为 MBP-A 和 MBP-C，有时也称为甘露聚糖结合蛋白。人仅有一种 MBP，相当于大鼠的 MBP-A。

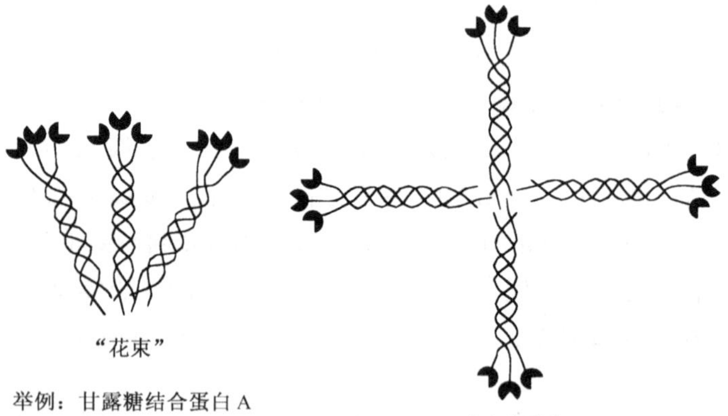

“花束”

举例：甘露糖结合蛋白 A
表面活性剂 SP-A

“十字形”

举例：共凝素
表面活性剂 SP-D

**图 25.3** C-型凝集素中的胶原凝素家族的亚基排列。(摘自文献［7］Drickamer & Taylor。)

胶原凝素对“先天”性免疫有益，在诱导抗体介导的应答产生之前起作用。胶原凝素通过识别病原体表面的聚糖、趋化作用产生活性氧和通过免疫细胞调节细胞因子（cytokine）的释放来刺激体外的吞噬作用。肺的表面活性脂有压制某些免疫细胞功能，如：增生，此功能可被 SPA（表面活性剂）增强。

通过胶原样尾部之间的相互作用，MBP 形成三聚的螺旋结构，半胱氨酸富含区中的二硫键变得更加稳定。在一“花束”型组织中，这些三聚体能聚集成 3 个或 6 个三聚体。三聚体中各 CRD 间相距 53Å，这样排列对凝集素的功能非常重要；因为单一 CRD 的亲和力相对较低专一性也相对较低。CRD 的间距提供了有重要意义的规整度（degree of regulation），距离较远就减弱 MBL 与宿主糖缀合物之间潜在的相互作用，增强了含有甘露聚糖的糖缀合物（特别是细菌、酵母和寄生虫表面的糖缀合物）延伸间的相互作用。

MBL 和其他胶原凝素与靶细胞的结合，都是通过经典途径直接激活补体。对人 MBP 而言，这种激活作用似乎是由新型 Cls 样丝氨酸蛋白酶引起的，这种蛋白酶与 MBP 复合并激发体内补体的级联反应。有趣的是，一些个体 MBP 基因外显子 1 编码的 Gly-X-Y 重复片段中有突变，并表现 MBP 缺乏综合征。外显子 1 的突变在人群中有高度多变性，这样的突变抑制亚基间的相互作用，导致这些个体增大了对细菌感染的危险程度。

胶原凝素家族中的一个有趣的成员是四连凝素（tetranectin），它是纤溶酶原激活蛋白，识别纤溶酶原内三环区 4 这一部位。四连凝素可能参与对胞吐目标分子的包裹。人四连凝素是同源三聚体，三重螺旋是特异的卷曲再卷曲。每个单体含有一个 CRD 和一条长 α 螺旋。四连凝素可以归入 C-型凝集素超家族中一个特别的亚家族，但是这种蛋白质和胶原凝素的结构类似性最大。

## 选凝素[18～20]

选凝素是一类Ⅰ型膜结合的 C-型凝集素，它们在血管内皮组织和循环的白细胞中表达并参与了选择性的细胞黏附。迄今只鉴定到 3 类选凝素：L-选凝素表达在所有白细胞表面；E-选凝素由细胞活素激活的内皮细胞表达；P-选凝素在血小板颗粒和内皮细胞的 Weibel-Palade 体中为组成性表达，但也表达在激活的血小板和内皮细胞表面。对选凝素更全面的讨论可参阅第 26 章。L-选凝素参与白细胞之间的相互作用，所有 3 类选凝素都参与白细胞-内皮细胞间的相互作用。

每一种选凝素在氨基末端有一个 CRD，随后是一个共同的 EGF 样域和多个重复的补体调节结构域。这些蛋白质有一个跨膜域和一个较大的胞质域。该蛋白质的每个域可能对血管内流动细胞的功能性相互作用有重要意义。所有选凝素对唾液酸化、岩藻糖基化的糖结构［例如唾液酸化的 LewisX 抗原，NeuAcα2-3Galβ1-4（Fucα1-3）GlcNAcβ1-R］都表现出适度的专一性和亲和力。然而，各种选凝素都与特异大分子配体有很高的亲和力。多数情况下，这些配体都是兼有唾液酸化和岩藻糖基化的 O-聚糖的黏蛋白。此外，L-选凝素的配体（GlyCAM-1）是兼有 Gal 和/或 GalNAc 的 C6 硫酸化和唾液酸化的 LewisX 抗原。P-选凝素的主要配体被称为 P-选凝素的糖蛋白配体（PSGL-1），在含有唾液酸化 LewisX 抗原的 O-聚糖附近还有多个硫酸化的酪氨酸。

## 淋巴细胞凝集素[21]

从人和啮齿类动物的淋巴细胞表面鉴定到的含 C-型 CRD 的蛋白质越来越多（表 25.1）。就大多数而言，这些蛋白质的功能还知之甚少。它们与糖的结合能力尚未得到确证。多数淋巴细胞的 C-型凝集素是Ⅱ型膜蛋白，只含有一个 C-型的 CRD。免疫球蛋白样受体和 C-型凝集素是在 NK 细胞表面发现的两个Ⅰ型 MHC 专一受体家族。在小鼠 NK 细胞表面的 C-型凝集素代表了受体的 Ly49 家族。人 NK 细胞表达的是相关性较差的、被定义为 CD94 的分子。在人 NK 细胞中，CD94 和 NKG-2 家族的成员形成Ⅰ型 MHC 专一、二硫键连接的异源二聚体。NKG-2 家族的成员也含有 C-型凝集素的 CRD。

NK 基因复合物存在于小鼠 6 号染色体上，人体内它的同系物存在于 12 号染色体上。这些复合物编码Ⅱ型膜蛋白有一个 C-型凝集素域，此结构域可引发或抑制 NK 细胞（例如 NKR-P1，Ly49，NKG-2 和 CD94）对细胞的溶解，或者可激活不同的造血细胞（例如 CD69）。CD69 是一个早期激活的抗原，表达在激活的 T 细胞、B 细胞、NK 细胞、嗜中性细胞、嗜伊红细胞、表皮郎罕氏细胞和血小板表面，而且在促有丝分裂原刺激后的几小时内仍可检测到。B 细胞的分化抗原（CD72）表达在人的前 B 细胞和 B 细胞，但在终期分化的浆细胞表面并不存在。而且与 CD5 有关。淋巴细胞表面的另一个 C-型凝集素被称为激活诱导的 C-型凝集素（AICL），在淋巴细胞受到刺激后，它的表达迅速增加。编码 AICL 的基因在图谱上和人的 NK 基因复合物靠近，并邻近于 CD69 基因。肥大细胞功能相关抗原（MCFA）是一个 C-型凝集素，其抗原簇聚体可抑制通过 $F_c\varepsilon RI$ 刺激产生的肥大细胞分泌应答。淋巴细胞低亲和力 IgE $F_c$ 受体（CD23）以 $Ca^{2+}$ 依赖方式通过其 CRD 与 IgE 结合，但是这一结合可能不依赖糖，再次表明，CRD 在蛋白质-蛋白质的相互作用中，而不是在糖-蛋白质相互作用中有潜在功能。

## 蛋白聚糖[22～23]

在几个典型的蛋白聚糖中也已经鉴定到 C-型 CRD，最近被称为凝集蛋白聚糖（lectican），它们缺少跨膜域，而是存在于 ECM 中。这类蛋白聚糖包括：可聚蛋白聚糖（aggregan）、短小蛋白聚糖（brevican）、多能蛋白聚糖（versican）和神经蛋白聚糖(neurocan)（表 25.1 和图 25.2）。与选凝素一样，每一核心蛋白都有一个 C-型 CRD，一个 EGF 样结构域和重复的补体调节结构域，这些结构域的排列顺序不同，均位于蛋白质的羧基端。在凝集素结构域的附近，有一个很大的区域，它含有多个与硫酸软骨素和/或硫酸角质素连接的位点。对蛋白聚糖更为全面的讨论见第 11 章。在这些蛋白质中凝集素结构域的确切功能尚不清楚。可聚蛋白聚糖的 CRD 可结合到含高密度糖链的载体上，但是呈现较宽的专一性，其最佳配体是岩藻糖和半乳糖。一些最新的研究结果提示，其直接的重要性不是对这些蛋白质中糖的结合，可能是与其他 ECM 分子一起增强蛋白质-蛋白质间相互作用的结构域。多能蛋白聚糖的 C-型凝集素域能够和韧黏蛋白聚糖-R（tenascin-R），一种在神经系统中特异表达的 ECM 蛋白质结合（可能是通过糖-蛋白质相互作用）。然而，也有证据表明，所有的凝集蛋白聚糖，包括短小蛋白聚糖，它们的 C-型凝集素结构域都以糖-蛋白质相互作用的方式与韧黏蛋白聚糖 R 结合。这样，C-型 CRD 可能有一种促进专一性蛋白质-蛋白质相互作用的结构特征。

## 其他 C-型凝集素[24,25]

已经在胰脏和肾脏中鉴定到一些有 C-型 CRD 的蛋白质，但是其 CRD 的重要性，以及与糖的结合能力和功能的关系还不清楚（表 25.1）。常染色体显性多囊性肾病（ADPKD）是一种常见的遗传性疾病，约占晚期肾病的 10%。*PKD1*，最近分离出的两 ADPKD 基因产物中的一个，涉及到参与了细胞-细胞和细胞-基质间相互作用。*PKD1* 基因编码新的被命名为多囊蛋白（polycystin）的蛋白质，它有多个细胞识别域，包括在氨基端区域的单个 C-型 CRD。*PKD1* 的功能以及突变对其活性的可能影响均不清楚。有趣的是，一些 C-型凝集素可以非常小，可以 HIP 和 PSP 的形式出现。它们实际上是游离的 C-型 CRD，在其前面有一信号序列。

低等脊椎动物，无脊椎动物和一些病毒也合成含有 C-型 CRD 的蛋白质，这些蛋白质中，有些已经证明可以结合糖类，例如来自响尾蛇类（*Crotauls atrox*）的半乳糖专一的凝集素以钙离子依赖的方式与各种含半乳糖的糖脂结合。许多蛇毒有关的蛋白质表现出抑制血小板和/或凝血级联反应的能力。来自白唇蝰（*Trimeresurus albolabris*）的白凝集素（alboaggregin）A 含有亚基 1-4，其中亚基 1 在氨基端的结构域有一个 C-型 CRD。这种蛋白质与血小板的 GP1b/Ⅸ受体结合，而且刺激凝集，但是这一过程中糖识别的潜在作用目前尚属未知。

## C-型凝集素的三级/四级结构[26～30]

书后彩图 25.4 显示的是大鼠三聚 MBP-A 的晶体结构。每个 CRD 有一折叠到由两个二硫键保持稳定的四环系列内的连续多肽片段，并且每个 CRD 都含有两个 $Ca^{2+}$ 结合位点。这个有趣的结构证实了 C-型 CRD 的作用，因为许多酸性残基都对 $Ca^{2+}$ 的配位有帮助，而且共有的甘氨酸和脯氨酸出现在关键的转角。此外，CRD 的羧基和氨基末端彼此靠近。这一点有利于解释明白Ⅰ型跨膜蛋白（例如选凝素）和Ⅱ型跨膜蛋白（如肝脏去唾液酸糖蛋白受体）两者中的 C-型 CRD 为什么如此地相似。CRD 在表面浅口袋内与糖的配体结合，相对于深口袋 1-型结合结构域，将 C-型 CRD 归类为 2-型糖结合结构域，深口袋 1-型结合域典型地出现在单糖转运蛋白和霍乱毒素（见第 4 章）一类细菌毒素中。大鼠血清 MBP 中的 CRD 与甘露糖的相互作用是通过与 $Ca^{2+}$ 配位的末端甘露糖 C3 和 C4 平伏羟基发生的。这一复合物由每个羟基上的氢键保持稳定。内吞受体中 C-型 CRD 的亲和力随 pH 变低而丧失，可能是因为失去了配位的 $Ca^{2+}$。

## 发展方向

C-型凝集素的发现意味着实现了研究者很早对这一领域的预言，即可溶性和膜结合糖缀合物中的糖部分在细胞-细胞、细胞-基质和在这类细胞的其他相互作用中具有重要功能。未来的研究应适当地集中鉴定更多的 C-型凝集素，并以动物模型系统的基因突变界定它们的作用，探索更多影响其表达和定位的自然发生的突变。此外，动物细胞 C-型凝集素的多样性对大分子糖缀合物的糖结合专一性存在巨大差异，这些情况提示，在庞大的动物群中许多糖的组织体可能都有专一的结合搭档，已经证实，在动物中也存在除 C-型家族以外的许多糖结合蛋白质，上述概念就变得越来越令人信服。

（王克夷 译　　张树政 校）

## 参 考 文 献

1. Morell A.G., Irvine R.A., Sternlieb I., Schinberg I.M., and Ashwell G. 1968. Physical and chemical studies on ceruloplasmin. V. Metabolic studies on sialic acid-free ceruloplasmin in vivo. *J. Biol. Chem.* **243:** 155–159.
2. Hudgin R.L., Pricer W.E. Jr., Ashwell G., Stockert R.J, and Morell A.G. 1974. The isolation and properties of a rabbit liver binding protein specific for asialoglycoproteins. *J. Biol. Chem.* **249:** 5536–5543.
3. Novogrodsky A. and Ashwell G. 1977. Lymphocyte mitogenesis induced by a mammalian liver protein that specifically binds desialylated glycoproteins. *Proc. Natl. Acad. Sci.* **74:** 676–678.
4. Lunney J. and Ashwell G. 1976. A hepatic receptor of avian origin capable of binding specifically modified glycoproteins. *Proc. Natl. Acad. Sci.* **73:** 341–343.
5. Drickamer K. 1981. Complete amino acid sequence of a membrane receptor for glycoproteins. Sequence of the chicken hepatic lectin. *J. Biol. Chem.* **256:** 5827–5839.
6. Drickamer K. 1988. Two distinct classes of carbohydrate-recognition domains in animal lectins. *J. Biol. Chem.* **263:** 9557–9560.
7. Drickamer K. and Taylor M.E. 1993. Biology of animal lectins. *Annu. Rev. Cell Biol.* **9:** 237–264.
8. Breitfeld P.P., Simmons C.F. Jr., Strous G.J., Geuze H.J., and Schwartz A.L. 1985. Cell biology of the asialoglycoprotein receptor system: A model of receptor-mediated endocytosis. *Int. Rev. Cytol.* **97:** 47–95.
9. Weigel P.H. 1994. Galactosyl and N-acetylgalactosaminyl homeostasis: A function for mammalian asialoglycoprotein receptors. *BioEssays* **16:** 519–524.
10. Braun J.R., Willnow T.E., Ishibashi S., Ashwell G., and Herz J. 1996. The major subunit of the asialoglycoprotein receptor is expressed on the hepatocellular surface in mice lacking the minor receptor subunit. *J. Biol. Chem.* **271:** 21160–21166.
11. Hoyle G.W. and Hill R.L. 1991. Structure of the gene for a carbohydrate-binding receptor unique to rat kupffer cells. *J. Biol. Chem.* **266:** 1850–1857.
12. Fiete D.J., Beranek M.C., and Baenziger J.U. 1998. A cysteine-rich domain of the "mannose" receptor mediates GalNAc-4-$SO_4$ binding. *Proc. Natl. Acad. Sci.* **95:** 2089–2093.
13. Nykjaer A., Christensen E.I., Vorum H., Hager H., Petersen C.M., Roigaard H., Min H.Y., Vilhardt F., Moller L.B., Kornfeld S., and Gliemann J. 1998. Mannose 6-phosphate/insulin-like growth factor-II receptor targets the urokinase receptor to lysosomes via a novel binding interaction. *J. Cell Biol.* **141:** 815–828.
14. Treichel U., Meyer zum Buschenfelde K.H., Dienes H.P., and Gerken G. 1997. Receptor-mediated entry of hepatitis B virus particles into liver cells. *Arch. Virol.* **142:** 493–498.
15. Nielsen B.B., Kastrup J.S., Rasmussen H., Holtet T.L., Graversen J.H., Etzerodt M., Thogersen H.C., and Larsen I.K. 1997. Crystal structure of tetranectin, a trimeric plasminogen-binding protein with an alpha-helical coiled coil. *FEBS Lett.* **412:** 388–396.
16. Summerfield J.A. 1993. The role of the mannose-binding protein in host defence. *Biochem. Soc. Trans.* **21:** 473–477.
17. Wright J.R. 1997. Immunomodulatory functions of surfactant. *Physiol. Rev.* **77:** 931–962.
18. McEver R.P. and Cummings R.D. 1997. Role of PSGL-1 binding to selectins in leukocyte recruitment. *J. Clin. Invest.* **100:** S97–103.
19. Rosen S.D., Hwang S.T., Giblin P.A., and Singer M.S. 1997. High-endothelial-venule ligands for L-selectin: Identification and functions. *Biochem. Soc. Trans.* **25:** 428–433.
20. Varki A. 1997. Selectin ligands: Will the real ones please stand up? *J. Clin. Invest.* **100:** 31–35.
21. Dohring C. and Colonna M. 1997. Major histocompatibility complex (MHC) class I recognition by natural killer cells. *Crit. Rev. Immunol.* **17:** 285–299.
22. Aspberg A., Binkert C., and Ruoslahti E. 1995. The versican C-type lectin domain recognizes the adhesion protein tenascin-R. *Proc. Natl. Acad. Sci.* **92:** 10590–10594.
23. Aspberg A., Miura R., Bourdoulous S., Shimonaka M., Heinegard D., Schachner M., Ruoslahti E., and Yamaguchi Y. 1997. The C-type lectin domains of lecticans, a family of aggregating chondroitin sulfate proteoglycans, bind tenascin-R by protein-protein interactions independent of carbohydrate moiety. *Proc. Natl. Acad. Sci.* **94:** 10116–10121.
24. Hughes J., Ward C.J., Peral B., Aspinwall R., Clark K., San Millan J.L., Gamble V., and Harris P.C. 1995. The polycystic kidney disease 1 (PKD1) gene encodes a novel protein with multiple cell recog-

25. Kowalska M.A., Tan L., Holt J.C., Peng M., Karczewski J., Calvete J.J., and Niewiarowski S. 1998. Alboaggregins A and B. Structure and interaction with human platelets. *Thromb. Haemostasis* **79:** 609–613.
26. Weis W.I., Kahn R., Fourme R., Drickamer K., and Hendrickson W.A. 1991. Structure of the calcium-dependent lectin domain from a rat mannose-binding protein determined by MAD phasing. *Science* **254:** 1608–1615.
27. Weis W.I. and Drickamer K. 1994. Trimeric structure of a C-type mannose-binding protein. *Structure* **2:** 1227–1240.
28. Rini J. and Drickamer K. 1997. Carbohydrates and glycoconjugates. *Curr. Opin. Struct. Biol.* **7:** 615–616.
29. Drickamer K. 1997. Making a fitting choice: Common aspects of sugar-binding sites in plant and animal lectins. *Structure* **5:** 465–468.
30. Weis W.I., Taylor M.E., and Drickamer K 1998. The C-type lectin superfamily in the immune system. *Immunol. Rev.* **163:** 19–34.

本章初稿由 R. D. Cummings（俄克拉荷马大学）编写。

# 第 26 章　选　凝　素



本章总结了称为选凝素的 C-型凝集素的当代知识，如 C-型凝集素的结构、功能和表达以及相应的聚糖结构用以修饰其配体使它们具有所需的配体活性。这个家族有 3 个成员，命名为 L-选凝素、E-选凝素和 P-选凝素，过去曾根据簇聚定名，分别为 CD62L、CD62E 和 CD62P。这些分子共享整体结构和一级序列，并且呈现对有助于它们黏附功能的相关糖的类似性。各自地参与介导血细胞和内皮细胞的相互作用的介导。在多数情况中，这些相互作用的特征表现为相对快速的结合/解离（on/off）动力学，而且多数与血管切变流动情况有关。

## 背景[1～13]

为确定促进淋巴样细胞再循环的分子和机制的种种努力，导致了选凝素的发现。这些努力的目的是希望了解淋巴样细胞是如何从血管内的区室进入次级淋巴器官，包括淋巴结和 Peyer 氏斑（淋巴滤泡集结），然后这些细胞又如何重新通过淋巴系统再进入血液循环的。这个再循环过程为淋巴细胞提供了在次级淋巴样器官中与抗原提呈细胞所展示的外来抗原接触的机会。早期的研究指出，血液淋巴细胞毛细血管后小静脉进入淋巴结。这些毛细血管后小静脉以特异的内皮细胞为内衬，并称为高内皮小静脉，缩写为 HEV。这些内皮细胞在形态上呈立方体，它们的表面装饰着某种糖蛋白，以满足使淋巴细胞 HEV 黏附的需要，导致随后的移行（transmigration）。

对这个黏附过程的早期研究，涉及到单克隆抗体 MEL-14 的制作，这个抗体在体外可阻断淋巴细胞与 HEV 的黏附，在体内则阻断淋巴细胞归巢到外周淋巴结中。同一时期的研究还提供了间接的证据，说明 HEV 糖被中的寡糖组分有助于淋巴细胞与 HEV 之间的黏附事件。例如暴露在冷冻切片的 HEV 经甲醛固定，并不影响淋巴细胞与 HEV

的黏附（用 Stamper-Woodruff 法检测），这意味着不受固定影响的 HEV 表面的聚糖可能对黏附负责。进一步用这个方法检测淋巴细胞-HEV 间的相互作用，指出各种特异的单糖和多糖能抑制两者的相互作用。抑制能力最强的多糖是岩藻聚糖（从褐藻分离的含有 α2-和 α3-连接的岩藻糖残基、硫酸化的高分子量多糖）和 PPME（一种酵母衍生的以甘露聚糖为基础的、富含 Man-6-P 的多糖）。这两者在浓度低到纳摩尔时，已能抑制淋巴细胞的黏附。况且，淋巴细胞经 PPME 处理，则抑制它们与 HEV 的黏附，而对 HEV 作前处理，却不抑制黏附。这些观察以及 PPME 可以直接和淋巴细胞结合这一结果都提示了，PPME 可被淋巴细胞表面表达的糖结合蛋白或凝集素识别，而且这种识别参与了与 HEV 的黏附。以后的研究证明，与 PPME 相互作用的淋巴细胞表面的蛋白质也被 MEL-14 抗体所识别。这些研究意味着 MEL-14 抗原相当于有关糖结合蛋白，现在称之为 L-选凝素（CD62L），是它介导了淋巴细胞通过内皮细胞中以糖为基础的专一配体与 HEV 黏附。

通过进一步的研究，这一假设证实了唾液酸在这种相互作用中是必需的，具体地说，用唾液酸酶处理以聚甲醛固定的 HEV，或在血管内注射细菌唾液酸酶，其后果分别是：在体外降低了淋巴细胞与 HEV 的黏附；或在体内减少了淋巴细胞向外周淋巴结的短期归巢。这些观察结果表明，唾液酸对 HEV 中以糖为基础的分子介导淋巴细胞的穿行是主要的贡献者。

同时，现在称为 E-选凝素（CD62E）的分子已鉴定为内皮细胞的白细胞黏附分子 I（ELAM-1）。这项研究起源于对炎症状态下鉴定血管内皮细胞表面表达的白细胞黏附分子的探索。内皮细胞经过 IL1-β 及 TNF-α 的处理就会诱导生成白细胞黏附分子，随后制备针对该分子的单克隆抗体，从中筛选出能阻断嗜中性细胞与活化的内皮细胞相黏附的抗体。这种抗体随即用于克隆编码 E-选凝素的 cDNA。

与此相平行，P-选凝素作为一个在激活的血小板上表达的抗原而被发现；它最初被命名为颗粒膜蛋白 140（GMP-140），或由血小板激活的颗粒转运到外膜（PADGEM）的蛋白质，因为它定位在血小板的 α 颗粒中，在血小板激活后被释放。这些名称基本上已不再使用。然而，巨核细胞，以及血管内皮细胞的 Weibel-Palade 体也合成 P-选凝素（CD62P）。在血小板和内皮细胞激活后数分钟内，因细胞内储藏区室和质膜的融合，P-选凝素被表达在细胞表面。例如，内皮细胞经组胺、蛋白激酶 C 激活剂、补体的片段以及凝血酶等处理，可以观察到储藏颗粒的迁移和融合。

在 1989 年，几乎同时克隆了这 3 个蛋白质，认识到它们属于同一个独特的家族。在 3 个 cDNA 的 N-端都存在一个 C-型凝集素结构域，和先前的糖参与 L-选凝素结合的证据，引发了许多实验室的工作，最终导致识别出它们的糖配体和它们的内功能。

## L-选凝素的结构和表达[3, 4, 8, 13]

分子克隆研究随后分离剂 cDNA 相当于 MEL-14 抗原及其人体同源物，这个 MEL-14 蛋白质被命名为 L-选凝素。在这之前，不同的小组将它们称为 LEC-CAM、Ly-22、Leu8、TQ1、DREG-56 和 LAM-1，现在这些名称基本上不再使用。由克隆的 cDNA 衍生的多肽序列预示了，该分子为一个 I 型的跨膜糖蛋白，其大部分 N-末端片段在胞外（书后彩图

26.1)。对该多肽序列的分析，确定了有一系列彼此分开的结构域，N-末端有信号肽。成熟蛋白质的 N-末端片段氨基酸序列和 C-型（$Ca^{2+}$ 依赖）凝集素家族具同源性（见第 25 章）。成熟的 L-选凝素的 N 端的 116 个氨基酸，与其他 C-型凝集素，例如哺乳动物肝细胞无唾液酸糖蛋白受体、Kupffer 细胞的岩藻糖结合蛋白和几个甘露糖结合蛋白的 CRD，共享了约 25%～30%相同的氨基酸序列。在 L-选凝素中也保留着类似 C-型凝集素中 4 个保守的半胱氨酸残基。小鼠和人的 L-选凝素糖识别域有 83%的氨基酸序列是相同的，这一点再加上其他证据提示，小鼠和人 L-选凝素共享配体识别特性。

L-选凝素 CRD 随后的结构域与 EGF 前体有一级序列同源性，此 EGF 样结构域相当于多种蛋白质的序列模体，包括果蝇中的缺刻蛋白（Notch），凝血因子 X，LDL 受体。与 EGF 样结构域的羧基端相邻的是一串重复配对（pair）的 62 个氨基酸长结构域。每个这些结构域与蜕变加速因子补体受体 I，和尤其是补体组分 C3d 的受体，共享一级序列相似性。这个模体也称为 CR 重复（CR-repite），补体调节或共有重复（Complement regulator or consensus repeat），因为它经常出现在调节补体途径的蛋白质中。L-选凝素的 CRD、EGF 样以及 CR 结构域后依次接有跨越膜片段，再接到短胞质结构域。人和小鼠的 L-选凝素基因座的基因结构分析指出，信号肽序列、CRD、EGF 结构域，以及每个 CR 重复片段和跨膜片段都是由不连续的外显子编码的。胞液内的结构域由两个外显子编码。人 L-选凝素基因座位于 1 号染色体的 q22 和 q25 条带之间，与编码其他几个含有 CR 重复片段蛋白质的、定位在条带 1q32 的结构相距甚远。正如下面将看到的，E-选凝素和 P-选凝素的基因座的组织情况与 L-选凝素的基因座相似，而且与这个基因座紧密连接。

L-选凝素中每个结构域对功能的贡献，已经利用抗体阻断和重组 L-选凝素嵌合体等方法进行了检测。总体而言，这些研究证明了 L-选凝素中的 CRD 是直接参与以聚糖为基础的、配体间黏附有关的相互作用，包括在 CRD 羧基端部分的一些特殊的氨基酸。这样的研究也指出，EGF 样结构域在维持 CRD 识别配体所需的构象中起到重要的作用。在 L-选凝素中的两个 CR 重复片段对维持其最佳的识别配体的构象也是需要的。

血液单核细胞、血液嗜中性细胞、天然杀伤细胞的一些亚群，以及 B 和 T 淋巴细胞，实际上还包括不论血液还是淋巴结中所有“幼稚”表型的淋巴细胞都表达 L-选凝素。呈现“记忆”表型的淋巴细胞一般不表达 L-选凝素。在骨髓中的早期和成熟的造血细胞也都表达 L-选凝素，B 淋巴细胞系的细胞似乎只在它们发育进程的接近晚期阶段才表达 L-选凝素。

L-选凝素是一种糖蛋白，它们的大小随合成它们的白细胞的型变化。这些观察意味着，细胞系专一的糖基化过程调节了与 L-选凝素相关的聚糖结构。L-选凝素在淋巴细胞激活时，从白细胞表面脱落；而且这种脱落有赖于紧靠细胞膜外表面处发生的蛋白酶酶切，酶解位点在成熟的蛋白质的残基 283 和 284 之间。L-选凝素的脱落被一种或多种金属蛋白酶（分泌酶），其中包括肿瘤坏死因子 α 转换酶所催化。有证据表明，钙调蛋白调节这个依赖于蛋白酶的脱落过程。

曾有人设想，L-选凝素的脱落可能促成在移行（transmigration）过程中黏附的细胞从内皮细胞上释放；但是也有相反的证据，因此，这个问题还悬而未决。可溶性的L-选凝素存在于正常的和患病的个体血清中。这一分子的循环形式的功能意义还不清楚。

L-选凝素介导的黏附有如下特征，相互作用的表观亲和力较低（0.1mM/L 范围），而且结合和解离速率都较快。这样的黏附相互作用有利于在血管切变流动的条件下进行操作。类似的考虑也可以应用于 E-选凝素以及 P-选凝素参与的细胞黏附过程，虽然 L-选凝素表现为一种有趣的“依赖于切变”的细胞黏附。体内依赖于 L-选凝素的细胞黏附是白细胞沿着内皮细胞单层表面“滚动”所特有的特征。靠近血管中央快速流动的血流和靠近内皮细胞表面的相对较慢的血流之间受力有差别，相应地，靠近血管壁表面和远离血管壁表面的滚动白细胞在受力上为此也有差别，由此产生的、作用在白细胞上的力矩促成了这一滚动过程。上述的力矩，以及存在于白细胞-内皮细胞界面的选凝素-选凝素配体之间以较快速率进行的黏附/脱开相互作用，两者一起造成了白细胞沿着血管内皮细胞的滚动。

依赖于 L-选凝素的白细胞在 HEV 上的滚动，以及在体内导致淋巴细胞归巢的相应过程都需要 L-选凝素定位在淋巴细胞和其他白细胞表面特有的微绒毛的末梢。L-选凝素在微绒毛末梢定位，有助于淋巴细胞在对应细胞表面的栓系，这对滚动的起始很重要。滚动过程还有赖于 L-选凝素胞液内结构域和肌动蛋白细胞骨架间的缔合，但是该缔合过程和配体的识别，以及微绒毛的分拣无关。L-选凝素的胞液内结构域显然也参与信号转导过程，因为 L-选凝素的交联，或 L-选凝素和多价的配体类似物的结合，都能导致与其他系统的信号转导过程有关的胞内磷酸化事件。这些情况和白细胞穿行，以及效应细胞功能之间的关系尚待研究。

## 高内皮小静脉中的 L-选凝素配体[13～31]

在测定被淋巴细胞 L-选凝素识别的、HEV 产生的、以聚糖为基础的配体分子时，使用了多种生化和细胞生物学方法，包括用 L-选凝素-免疫球蛋白嵌合体对这些配体分子的纯化，随后用分子克隆的方法测定它们的多肽组分，以及利用寡糖结构测定方法和单克隆抗体染色法分析它们聚糖的组分。早年的努力证明，HEV 精巧制造的（elaborate）分子可以被 L-选凝素-Ig 嵌合体所沉淀，它们是一类以丝氨酸/苏氨酸连接的聚糖为主的糖蛋白，而且其聚糖被硫酸、岩藻糖和唾液酸所修饰。在这些研究中可以看到几种明显不同的多肽可以和 L-选凝素作用，提示了 L-选凝素的配体可以是多种不同的糖蛋白。

现在利用生化和分子克隆的方法已经得到 4 种不同的由 HEV 产生的、可被 L-选凝素识别的糖蛋白。其中首先被分离的被命名为依赖于糖基化的细胞黏附分子（GlyCAM-1），它是一个含有大量丝氨酸和苏氨酸的、由 132 个氨基酸残基组成的蛋白质。这一蛋白质预期的分子量是 14154 道尔顿，远小于用电泳方法测得的糖蛋白的分子量（50kDa）。GlyCAM-1 相当于可被 L-选凝素-Ig 沉淀的、所谓的 $Sgp^{50}$。在器官培养时，GlyCAM-1 被 HEV 加工为一个可溶性的分子，而免疫电镜在 HEV 细胞表面却鉴定不到明显数量的 GlyCAM-1。这些观察意味着，O-聚糖对 GlyCAM-1 的表观分子量有明显的贡献，更深一层地提示这个分子是一个黏蛋白型的糖蛋白。GlyCAM-1 的序列中没有预测到跨膜的片段，这一事实和上述观察相一致。这又提示了，GlyCMA-1 和 HEV 细胞表面的缔合可能以两种方式：一种是由分子羧基端的 21 个残基构成的两亲螺旋中介；另一种更为可能的是与另外一种或多种栓系在膜上的分子相互作用。GlyCAM-1 在血清中可以检测到，并且被认为通过与这些细胞所带的 L-选凝素相互作用，对带有 L-选凝素的白细胞的黏附/激活状态具调节功能。

HEV 表达的第二个 L-选凝素配体是 CD34，它对应于可被 L-选凝素-Ig 沉淀的、被称为 $Sgp^{90}$的分子。CD34 是一个唾液酸黏蛋白（sialomucin），含有几个富含丝氨酸和苏氨酸的黏蛋白样结构域，被预测为高度 O-糖基化。由于 CD34 是一个跨膜的糖蛋白，因此，决定了这个 L-选凝素配体在循环的淋巴细胞向淋巴结 HEV 的栓系和黏附中起重要作用。然而，CD34 显然不是惟一的 HEV 上的 L-选凝素的配体，因为无 CD34 的小鼠事实上仍具有正常的依赖于 L-选凝素的淋巴细胞归巢活性。CD34 也表达在其他地方，包括血管的内皮细胞，但是在这样的部位没有 L-选凝素配体的功能，因为它不能合适的转译后加工。

第三个被鉴定为 L-选凝素配体的分子是所谓的黏膜地址蛋白（addressin）的细胞黏附分子（MAdCAM-1）。MAdCAM-1 以前是作为整合蛋白型的淋巴细胞归巢受体 $\alpha_4\beta_7$ 进行研究的，这个分子负责了大量淋巴细胞归巢到淋巴滤泡集结。生化实验指出在肠系淋巴结中表达的 MAdCAM-1 被 O-聚糖装饰，以此支撑依赖于 L-选凝素的白细胞黏附。因此，MAdCAM-1 被预示为兼有 L-选凝素和 $\alpha_4\beta_7$ 整合蛋白两者配体的活性。

第四个 HEV 表达的 L-选凝素配体是跨膜的唾液酸黏蛋白，足萼（podocalyxin）样蛋白，或缩写为 PCLP。和 CD34 一样，PCLP 表达在一些血管的内皮细胞上，但是也表达在足突的小球状足细胞上。HEV 衍生的 PCLP 和重组的 L 选凝素-Ig 嵌合体相互作用，支持在生理条件下依赖于 L-选凝素的淋巴细胞黏附。

如上所述，早期的生化研究提供的间接证据说明 L-选凝素的恰当的功能需要硫酸和唾液酸部分（moiety）。例如专一性广的唾液酸酶，在各种体内和体外检测中能使 L-选凝素的配体失活，而应用了对 α2-3 连接唾液酸残基专一的唾液酸酶（新城疫病毒的唾液酸酶）可使 GlyCAM-1 表现的配体活性丧失。这些研究意味着，α2-3 连接唾液酸残基为 L-选凝素配体活性所必需。外周淋巴结的器官培养中，加入氯酸盐可抑制硫酸化，然后从中纯化得到 GlyCMA-1。利用这个方法研究硫酸化的作用。结果是，这样得到的非硫酸化的 GlyCAM-1 不能和 L-选凝素-Ig 的嵌合体结合。氯酸盐可竞争性地阻断 PAPS 的合成，而后者是细胞中所有已知的硫酸基转移酶的供体。

对 GlyCAM-1 的 O-聚糖直接生化分析得到了一系列参与 L-选凝素识别的、候选的、O-聚糖的"成帽"（"capping"）结构。被提议的结构相当于末端结构为 6-硫酸唾液酸 $Le^X$，6′-硫酸唾液酸 $Le^X$，以及 6，6′-双硫酸唾液酸 $Le^X$（图 26.2）。

有一种假设认为，这些分子中的某一种和几种对 L-选凝素配体活性确实是必需的，或者至少是重要的。利用这些结构或它们的变异物对依赖于 L-选凝素的黏附所进行的抑制研究，得到了支持上述假设的证据。使用识别这些结构的单克隆抗体，及特异糖基转移酶缺失的小鼠也能得到支持上述假设的证据。在体外进行了一些实验，对这些结构以及有关结构阻断 L-选凝素识别其配体的相对能力作出评估。可是，得到的对 6′-硫酸唾液酸 $Le^X$，6-硫酸唾液酸 $Le^X$，以及一些 6，6′-双硫酸唾液酸 $Le^X$ 部分类似结构的相对抑制"潜力"的结果有矛盾。然而，利用直接针对这些结构及其异构体的单克隆抗体的研究指出，6-硫酸唾液酸 $Le^X$ 在人外周淋巴结 HEV 上表达丰富，而且意味着在 HEV 上

6′-硫酸唾液酸 $Le^X$，以及 6，6′-双硫酸唾液酸 $Le^X$ 的数量没有必要很多。

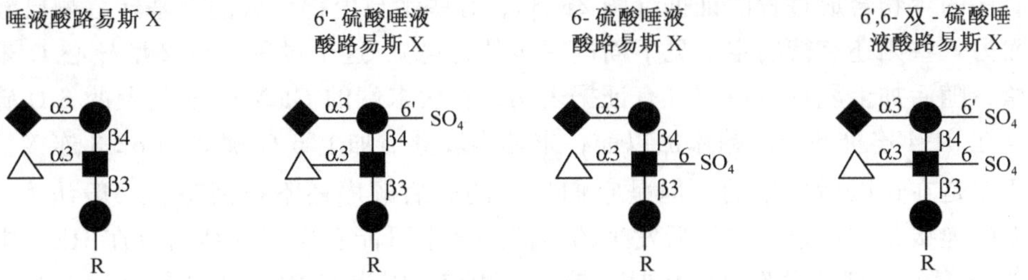


**图 26.2** HEV 产生的 L-选凝素配体聚糖的候选“成帽”结构。

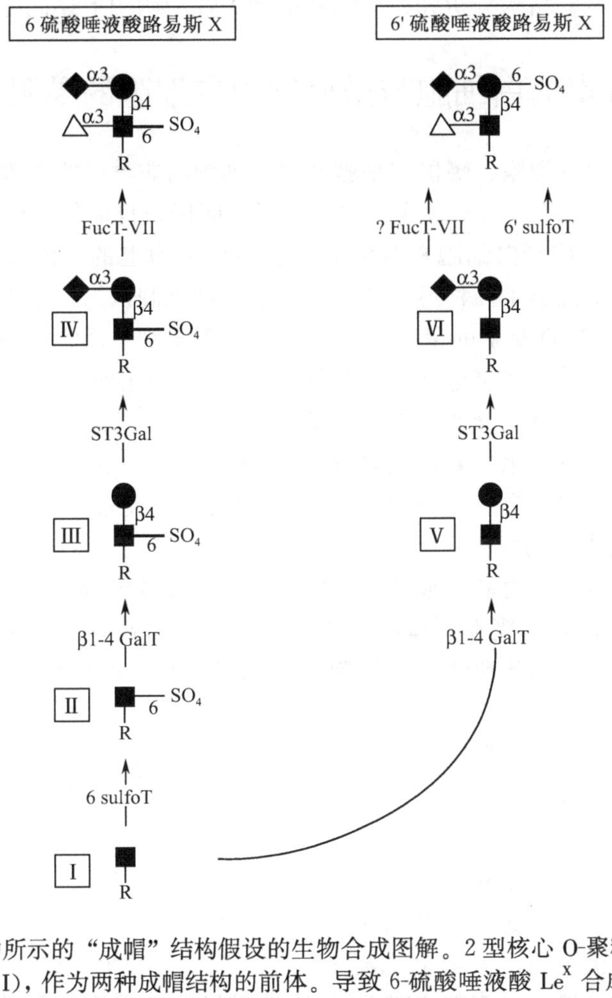


**图 26.3** 图 26.2 中所示的“成帽”结构假设的生物合成图解。2 型核心 O-聚糖（R）含有一个末端的 GlcNAc 残基（I），作为两种成帽结构的前体。导致 6-硫酸唾液酸 $Le^X$ 合成的途径以 6-O GlcNAc 硫酸转移酶（6 SulfoT）催化的Ⅰ中末端 GlcNAc 的硫酸化为起始，形成合成中间体Ⅱ。此中间体然后连续地被 β1-4 半乳糖基转移酶（β1-4GalT，形成Ⅲ），α2-3 唾液酸基转移酶（ST3Gal，形成Ⅴ），最后用 α1-3 岩藻糖基转移酶（FucT-Ⅶ）修饰，形成最终产物。导致 6 硫酸唾液酸 $Le^X$ 合成的途径假设为以 β1-4 半乳糖基转移酶（β-4GalT）修饰（Ⅰ）开始，形成中间体Ⅴ；然后是被 α2-3 唾液酸转移酶（ST3Gal）催化而唾液酸化，形成Ⅵ，这中间体随后被 FucT-Ⅶ岩藻糖基化，并被一个或多个 6-O 半乳糖基硫酸转移酶（6′sulfoT）硫酸化。最后两个酶的作用顺序还不确定。

生化分析和遗传学研究提供了这些硫酸化、唾液酸化和岩藻糖基化结构在加工时的一个有序的生物合成过程的证据（图 26.3）。有些参与生物合成的糖基转移酶已经被确定，而另一些则还有待鉴定（见下面进一步的讨论）。这个过程是以 2 型核心 O-聚糖分支开始，随后加上乳糖胺单位。有证据表明，在次末端的 GlcNAc 残基上的 6-O 硫酸化是发生在 β1-4 连接的半乳糖添加以前；末端半乳糖上加上 6-O-硫酸和 α2-3 连接的唾液酸被假定是在这以后发生的，但是它们加上的先后顺序还不很清楚。一般认为，α1-3 岩藻糖的连接是在这过程中最后发生的。而这 3 个可能有作用的结构对在 HEV 中依赖于 L-选凝素的生理性黏附事件相对贡献还不清楚。因为 HEV 产生的每一种 L-选凝素配体均有多个 O-聚糖，因此有可能这 3 种结构都存在于 4 种配体中，而且可以在多个位点取代组分聚糖，有可能是在某个结构的独特位点发生取代，是否可被取代也体现出功能上的重要性。详尽的结构分析和相应的功能相关性为阐明上述问题所必需。

## 依赖于 L-选凝素的白细胞与微血管内皮细胞的黏附[32～42]

L-选凝素在嗜中性细胞、嗜伊红细胞和单核细胞与非淋巴样血管内皮细胞黏附过程中也起作用（书后彩图 26.4）。对这一过程的诸多证据来自体外和体内观察，它们表明抗 L-选凝素的抗体可阻断白细胞在激活的血管内皮细胞上的、依赖于血流的滚动。为了解释这个过程至少提出了 3 种不同的机制。第一种机制认为，嗜中性细胞产生的L-选凝素展示（display）E-选凝素的聚糖配体。而 E-选凝素则是由激活的尚未黏附的内皮细胞表达的。在这一章稍后将讨论到，E-选凝素介导了嗜中性细胞通过该细胞所表达的唾液酸化和岩藻糖基化的糖缀合物，黏附到激活的血管内皮细胞上。人嗜中性细胞表达的 L-选凝素也装饰着唾液酸化和岩藻糖基化的聚糖，属于 E-选凝素配体的家族。这些考虑意味着，在体外和体内观察到的依赖于 L-选凝素的滚动过程，是由于嗜中性细胞的 L-选凝素呈递 E-选凝素的配体。

还有一些证据表明，内皮细胞展示一些可以直接介导依赖于 L-选凝素黏附的分子。生化分析揭示这样的 L-选凝素配体活性依赖于 $Ca^{2+}$，而且是由硫酸类肝素蛋白聚糖提供的。这些分子对单核细胞和嗜中性细胞，可能还有其他类型白细胞的依赖于 L-选凝素的黏附也有贡献。这类分子的结构，以及它们表达的调节现在尚不清楚。

第三种 L-选凝素介导的嗜中性和其他白细胞与非淋巴血管内皮组织黏附的机制涉及到白细胞-白细胞间的相互作用。这些初步的研究意味着，已黏附的白细胞可支持其他白细胞的 L-选凝素依赖性的滚动。已黏附的白细胞提供一个固定的有 L-选凝素配体活性的表面。这样的活性是对唾液酸酶敏感的，短暂的，以单一方向进行的，其特征是，滚动中白细胞上的 L-选凝素和已黏附的白细胞上的配体黏附。这些观察提示，嗜中性白细胞同时展现 L-选凝素和 L-选凝素配体，似乎也预示在体内存在着依赖于 L-选凝素的白细胞募集。然而，依赖 L-选凝素的黏附仅在切变流动的某些条件下才显现，这可以解释为何通常体内并不存在依赖 L-选凝素的白细胞凝集。在已黏附的嗜中性细胞表面 L-选凝素较少，因为这些细胞发生了激活依赖的 L-选凝素的脱落。这一事实可以解释，早期体外观察到的依赖于 L-选凝素的白细胞-白细胞滚动现象中明显的单一方向性。然而，现在已经清楚了，作为有关嵌合体，或已黏附的细胞单层展示的 L-选凝素可引发栓系并捕获在切变作用下流经的白细胞；这指出了，因其他嗜中性白细胞而发生的依赖 L-选凝素的白细胞栓系和捕获可以是双向过程。作为嗜中性细胞上一个重要组分的 L-选凝素配体是 P-选凝素糖蛋白配体-1（PSGL-1）分子，它是黏蛋白型的唾液酸化、岩藻糖基化的糖蛋白，将在这一章稍后加以讨论。还有证据表明，白细胞表达其他黏蛋白类型的、不同于 PSGL-1 的 L-选凝素配体。虽然在这类 L-选凝素配体中唾液酸残基的重要性已经很清楚，但是，聚糖的其他部分可能也有重要贡献，然而尚未肯定。

通过制备 L-选凝素基因座无效等位基因纯合子的小鼠并对其分析，人们已探索 L-选凝素在体内的功能。这些小鼠在与炎症有关的嗜中性细胞通过血管外部位的穿行中表现出中度的缺陷。这结果与提议的嗜中性细胞的 L-选凝素与血管内皮细胞以及与已黏附的嗜中性细胞的黏附中所起的作用相一致。这些小鼠在幼稚的 L-选凝素阳性的 T 淋巴细胞向外周和腹膜淋巴结归巢上也有缺陷。这些小鼠的淋巴结因此较小，而且相对地缺少幼稚的 T 淋巴细胞。这种缺陷导致这些小鼠不能建立迟发的接触性超敏反应。

## E-选凝素的结构和调节[5, 8, 13, 43,44]

E-选凝素的 cDNA 序列预示，它是带有 CRD、EGF 样结构域和 4 个 CR 重复结构域的 1 型跨膜糖蛋白（见书后彩图 26.1）。含有 CRD 和 EGF 样结构域的 E-选凝素重组片段已经被结晶，而且其结构也被解析。E-选凝素的 CRD 基本上可和甘露糖结合蛋白的 CRD 叠合，但是 E-选凝素的 CRD 仅和一个钙离子配位，而甘露糖结合蛋白以及其他已结晶的 C-型凝集素均与两个钙离子配位。并且，E-选凝素的 CRD 片段在与钙离子配位的方式上也和甘露糖结合蛋白不同。通过 E-选凝素以及 L-选凝素和 P-选凝素的 CRD 的基因突变，确定了参与小分子糖配体结合共有的和不同的氨基酸。这些氨基酸的典型图谱均与蛋白质中与钙离子配位的部位邻近。基因突变分析还揭示了在这 3 个选凝素中不变的、带正电荷的残基，而且提出它们是和唾液酸及岩藻糖相互作用的，正如下面讨论到，它们颇有助于配体的亲和力增加。

如上对 L-选凝素所述，E-选凝素的 CRD、EGF 样结构域和 CR 重复和跨膜结构域，每一个均为分开的外显子所编码，同时 E-选凝素的胞液结构域来自两个外显子。E-选凝素基因座位于 1 号染色体 L-选凝素基因座的旁侧。

在灵长类和啮齿类中，血管内皮通常几乎不表达组成型 E-选凝素，如果表达，其水平也较低。依赖于细胞因子的转录过程导致 E-选凝素在内皮细胞表面的诱导表达。E-选凝素基因座的诱导转录被 TNF-α，IL1-β 和脂多糖等介导。介导的途径至少部分是通过依赖于 NF-κB 的事件。E-选凝素的依赖于细胞因子的调节表现为，在细胞因子处理后的约 2 小时开始表达 E-选凝素，最大表达在 4 小时前后。在体外，E-选凝素的表达在 12 小时内回落到起始水平，但是在体内的炎症部位，则能持续地表达。E-选凝素表达水平的回落与 E-选凝素基因座的转录降低、E-选凝素转录本的降解以及 E-选凝素分子被内皮细胞内化和降解有关。在血清中可检测到可溶性 E-选凝素。循环中 E-选凝素水平的升高和急性或慢性炎症的状态有关。在血液中可溶性 E-选凝素的功能相关性尚不清楚。与 E-选凝素表达有关的急性和慢性炎症状态包括诸如脓毒、肾脏炎症、类风湿关节炎和器官移植等。

## E-选凝素的配体[43～46]

E-选凝素配体可由多型细胞表达，如嗜中性细胞、单核细胞、嗜伊红细胞，记忆效应 T-样淋巴细胞和天然杀伤细胞。这些细胞被发现在急性和慢性炎症部位并都与 E-选凝素表达相关，这就表示 E-选凝素召募这些细胞到炎症部位。利用了 E-选凝素基因座无效基因纯合子的小鼠研究了这一相关性的因果关系。在腹膜外渗模型和迟发性超敏模型中，这些小鼠仍能正常地招募白细胞；在这两种模型中都可测量到和急性炎症有关的嗜中性细胞和其他白细胞的招募。然而，通过施用对 P-选凝素有阻断作用的单克隆抗体，显示了这些小鼠白细胞穿行的缺陷；而同样处理不影响在野生型动物中白细胞的招募、这些观察意味着，在发生已被小心检测过炎症的限定环境中，E-和 P-选凝素保持着一种表观的功能冗余，至少在小鼠中是如此。然而，在其他动物中用抗 E-选凝素的抗体实验表明，E-选凝素在急性炎症中对白细胞的招募是必需的，非冗余的。

E-选凝素中存在有 CRD，这提示了，它识别以糖缀合物为基础的白细胞配体。E-选凝素和 L-选凝素之间密切的结构相似性，以及使用 L-选凝素识别糖类配体的方法所作的研究，均支持了这种可能性。E-选凝素能识别的白细胞类型（例如嗜中性细胞）能表达某些聚糖、这些聚糖在不与 E-选凝素相互作用的血细胞（例如红细胞）中不能表达，从这些聚糖中可能找到 E-选凝素配体的线索。以前由髓样细胞系和红细胞样细胞系表面的聚糖结构分析已鉴定到在红细胞样细胞表面没有的、但是在髓样细胞表面很多的一组岩藻糖基化和唾液酸化的寡糖。这些聚糖可以从髓样细胞膜糖蛋白和糖脂组分中分离得到，它含有末端和次末端被 α2-3 或 α2-6 连接的唾液酸所修饰的多聚乳糖胺链。髓样细胞所含有聚糖结构的特殊性还在于它们存在着红细胞聚糖所没有的 α1-3 连接的岩藻糖。这些髓样细胞专一的结构为唾液酸化的 $Le^X$ 四糖（图 26.5）。这四糖是存在于 N-聚糖和脂质连接的糖缀合物，以及 O-聚糖中的 α2-3 唾液酸化、α1-3 岩藻糖基化的聚糖家族的代表。O-聚糖这一组包括以 2 型核心为基础的乳糖胺和多聚乳糖胺链。这些分子的多聚乳糖胺链可以不同的方式被岩藻糖基化，在高聚物中可以是一个或多个 GlcNAc 残基被岩藻糖基化。

用这些结构的可溶性形式在体外测试对 E-选凝素依赖性黏附的抑制能力，由此得到了一些证据支持这些结构确实在有关的黏附中起作用。类似地，利用转基因方法，强制性地在不同的培养细胞株表面表达这些聚糖结构，使之具有作为 E-选凝素配体重要组成的唾液酸化 $Le^X$ 结构或它们的类似物。从这两个方面得到的大量数据指出，唾液酸化 $Le^X$ 和唾液酸化 $Le^a$ 结构，以及一些（但不是所有的）这些结构的硫酸化形式在体外可以行使 E-选凝素配体的功能。这些研究也指出，未唾液酸化的 $Le^X$ 和 $Le^a$ 结构并不支撑依赖于 E-选凝素的细胞黏附，人为地在 $Le^X$ 结构上用 α2-6 连接的唾液酸取代也无效。带有末端上 α2-3 连接的唾液酸残基的 2-型乳糖胺链经 α1-3 连接的岩藻糖取代在内部的 GlcNAc 残基上（VIM-2；图 26.5）却在体外的一些情况中确实能支撑 E-选凝素依赖性的细胞黏附。

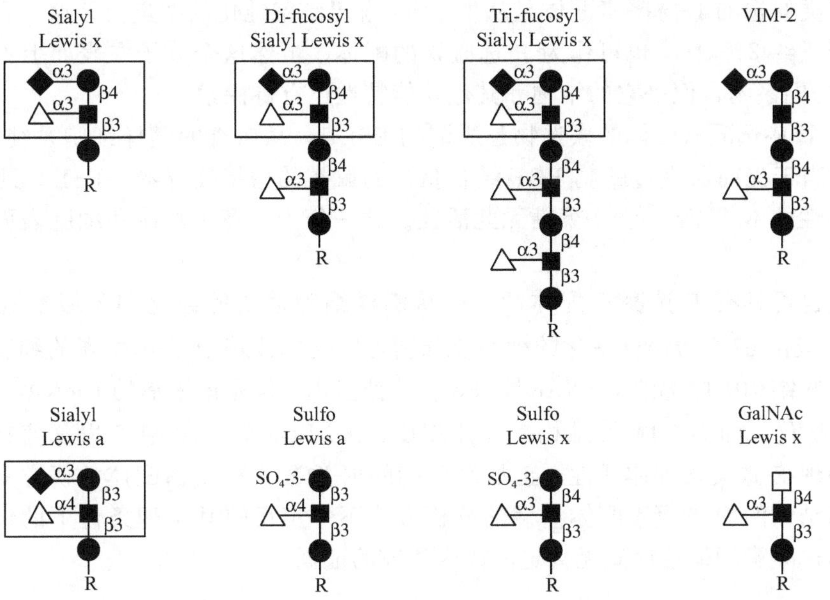


**图 26.5** 图示所有能介导依赖于E-选凝素细胞黏附的岩藻糖基化、唾液酸化的寡糖结构它们包括了 $SLe^x$、二岩藻糖基化 $SLe^x$、$SLe^a$、3′硫酸化 $Le^x$、3′硫酸化 $SLe^a$、″GalNAc-$Le^x$（也命名为岩藻糖基化 lacdiNAc 或 LDNF）和 VIM-2。

将唾液酸化 $Le^X$ 四糖和/或其结构类似物归属于 E-选凝素的配体并没有像原先想像的那样简单。一定要特别注意到，对能在体外支撑依赖于 E-选凝素的细胞黏附和在体内真正能支撑这一过程的结构加以区分。很显然，这样的工作还与体外对假定的 E-选凝素配体所用的检测方法性质有关。关于这一点，应该强调的是，在白细胞上并没有发现唾液酸化的 $Le^a$，以及唾液酸 $Le^X$ 和唾液酸 $Le^a$ 的硫酸形式；这意味着，它们并没有参与 E-选凝素依赖性的白细胞黏附事件，即便在实验室中它们是明确地支撑着和 E-选凝素的结合。还应记住，虽然针对这类结构的单克隆抗体在确定这些结构和 E-选凝素配体“活性”的相关性时起到重要作用，但是这样的抗体一般只能鉴定 E-选凝素配体活性象征的标志物。例如，单克隆抗体 CSLEX-1 和 HECA-452 识别的白细胞上的表位和 E-选凝素的活性密切相关。然而，HECA-452 明确的和唾液酸化的 $Le^a$ 结构相互作用，而 CSLEX-1 则没有这样的相互作用。类似地，向皮肤归巢的记忆 T 细胞，已知是表达 E-选凝素配体的，但是不能和 CSLEX-1 抗体作用，但是和 HECA-452 抗体结合。因此，重要的是试图从白细胞纯化得到生理活性的 E-选凝素配体，并检测它们的聚糖组分的组成和结构，以及评估每一聚糖组分对 E-选凝素黏附活性的贡献。

这一类型的研究已经将 E-选凝素配体的功能归属于至少 3 种不同的糖蛋白。它们中的第一个是 PSGL-1，前面已将它作为 L-选凝素的配体加以讨论，而且也已明确地是 P-选凝素的配体，它可以作为一个支架，产生针对 E-选凝素的、α2-3 唾液酸化 α1-3 岩藻糖基化的聚糖。重要的是，如果 PSGL-1 不被 α2-3 唾液酸化或 α1-3 岩藻糖基化，就不支撑依赖于 E-选凝素的相互作用。况且，某些细胞株中，E-选凝素配体活性并不需要 PSGL-1，尽管这类黏蛋白样的分子在体内很可能为白细胞提供 E-选凝素配体活性。

第二类候选的 E-选凝素配体是从牛 γ/δT 淋巴细胞纯化的糖蛋白。这一蛋白质未还原的分子量约 250kDa，也可作为 P-选凝素的配体。虽然这个分子在表面上不是牛体内 PSGL-1 的同系物，但是它的结构和其他功能特性还有待探索。

第三个 E-选凝素配体的候选物是所谓的 ESL-1，从鼠类的髓样细胞系纯化得到的。ESL-1 相当于先前研究过的鸡 EGF 结合蛋白的鼠类的剪接变异物。ESL-1 具有 E-选凝素配体活性的 N-聚糖，但 O-聚糖无此活性。这一分子在高尔基体和细胞表面的微绒毛上都有。

糖脂也可具有 E-选凝素配体活性。从髓样细胞糖脂的纯化和分级实验鉴定到的 α2-3 唾液酸化 α1-3 岩藻糖基化的神经节苷脂可以支撑依赖于 E-选凝素的细胞黏附。经检定，这些结构中内部的 GlcNAc 被 α-3 岩藻糖基化，但是最末端的 GlcNAc 并没有 α1-3 岩藻糖基化，即为 VIM-2 结构。与此相反，末端 GlcNAc 被 α1-3 岩藻糖基化的糖脂分子不呈现 E-选凝素配体活性。正如对可能的 E-选凝素糖蛋白配体的研究一样，用于分析糖脂结构的 E-选凝素配体活性的分析方法不一定反映其生理条件下的情况。对这些糖脂的选凝素配体活性尚无肯定的体内研究的证据。

## P-选凝素的结构和表达[6～8，47～55]

分子克隆研究已经确定了 P-选凝素的氨基酸序列和 P-选凝素基因座中基因组的组织结构情况。P-选凝素亦具有 E-选凝素和 L-选凝素的域结构特征，P-选凝素仅有一条肽链，包含一个 CRD，一个 EGF 样模体，9 个 CR 重复片段，一次穿越膜的片段，以及一段短的胞液内结构域（见图 26.1）。每一个这样的结构域对应于 P-选凝素基因座中一个外显子；但胞液内的结构域例外，它由 2 个不同的外显子衍生而来。这样的组织结构和 E-选凝素及 L-选凝素的情况相似。P-选凝素的基因座在人 1 号染色体的 L-选凝素基因座邻近。

在内皮细胞的 Weibel-Palade 体内和血小板的 α 颗粒中均发现 P-选凝素。通过与指导这一过程的分子相互作用，P-选凝素胞液结构域内的序列，显然介导了颗粒的分拣。在细胞表面的 P-选凝素表达通常是短暂的，这是因为，接着很快发生由蛋白质的胞质尾部介导的内吞事件。P-选凝素转录本的剪接变种产生了多种形式的 P-选凝素，有些形式没有跨膜的结构域，以此可以解释 P-选凝素何以可作为可溶的形式被释放。

P-选凝素胞液内尾部的特定苏氨酸、酪氨酸和组氨酸可以被磷酸化。P-选凝素胞液内尾部同一结构域中的一个半胱氨酸上还被豆蔻酰化。这些转译后修饰和功能的相关性尚未清楚。P-选凝素的表达也受转录调控，TNF-α、IL1-β 或 LPS 可以诱导转录。在这些情况中 P-选凝素表达的时间过程和在 E-选凝素所观察得到的结果相似。

P-选凝素对各种急慢性炎症中白细胞的聚集均有贡献。它在白细胞聚集和炎症中的作用与内皮细胞引起的急慢性 P-选凝素表达以及依赖于血小板激活的 P-选凝素表达都有关。利用了对 P-选凝素无效等位基因纯合子小鼠的分析可很好地说明，该分子在急性炎症过程白细胞募集中的作用。这些小鼠和野生型小鼠相比，在急性炎症时嗜中性细胞的募集显然变慢，表明了 P-选凝素在白细胞募集的早期起到重要作用。P-选凝素对慢性炎症也有贡献，可能是通过炎症反应后期其表达的转录上调。例如，在炎症模型的超急性期，P-选凝素缺陷的小鼠单核细胞向发炎腹膜部位的穿行显得迟缓。这些观察意味着，在晚期，依赖于转录的P-选凝素表达能像正常情况下一样，对单核细胞的募集作贡献。相似地，在慢性炎症时，T细胞向皮肤穿行也需要P-选凝素。

血小板衍生的P-选凝素对白细胞的穿行，以及创伤的痊愈和血液凝固也都有贡献。例如，激活的血小板可和嗜中性细胞、单核细胞、天然杀伤细胞以及一些T细胞亚群相黏附。这种黏附部分地通过P-选凝素介导，而且提供了增强白细胞和血小板在血管损伤部位募集的一种机制。血小板衍生的P-选凝素对止血过程也有贡献，因为它能刺激单核细胞表达组织因子，而且在血块形成过程还能促进血纤维蛋白的沉积。但是血小板衍生P-选凝素在止血过程中的相关作用，与在P-选凝素失效的小鼠中通常所观察到的较温和的止血缺陷并不完全吻合，这一情况还有待进一步探究。

## P-选凝素的配体[56～86]

P-选凝素和细胞的结合被许多不同类型的阴离子化合物所抑制，其中包括：硫酸化的糖缀合物（例如肝素和硫苷脂）和磷酸化的化合物（例如 Man-1-P）。从这些早期的观察得出了一个概念，P-选凝素识别的配体类型高度无选择性。值得注意的是，白细胞只表达一种糖蛋白，PSGL-1，它和P-选凝素以高度亲和的方式结合；而且它是白细胞表面相对含量较少的黏蛋白（书后彩图 26.6A）。考虑到迄今发现的凝集素都仅仅识别糖决定簇（或糖的修饰物），而且一般认为，典型的、细胞中的糖决定簇会表达在许多的糖蛋白上，所以，只找到并确定一种P-选凝素专一的受体特别令人惊奇。

P-选凝素和嗜中性细胞的结合能力经唾液酸酶处理即丧失，这直接提示了唾液酸是P-选凝素识别时所需的重要决定簇。其他一些实验也得到了唾液酸化 $Le^x$ 对P-选凝素的识别极为重要。这些实验包括：（1）P-选凝素只和表达唾液酸化 $Le^x$ 的变种细胞株结合，没有这种表位的细胞株则不能结合；（2）对唾液酸化 $Le^x$ 表位的抗体能阻断细胞和P-选凝素的结合，而对 $Le^x$ 表位的抗体则不能；（3）含有唾液酸化 $Le^x$ 的聚糖可抑制P-选凝素介导的黏附，而且P-选凝素可直接结合到含有唾液酸化 $Le^x$ 的固定化聚糖上。然而，P-选凝素和嗜中性细胞的结合表现出的高亲和力的相互作用远远大于和非髓样细胞的结合，即便是后者也表达唾液酸化 $Le^x$，为此直接提示了，髓样细胞仅有一个（或一组）独特的P-选凝素配体。应用 $^{125}I$ 标记的P-选凝素印迹和固定化的P-选凝素的亲和层析，从人嗜中性细胞和前髓样细胞株 HL60 提取得到的全部膜糖蛋白中鉴定并纯化得到一个P-选凝素的糖蛋白配体。现在已知为 PSGL-1 的经纯化的配体，在非还原条件的 SDS-PAGE 时它的行为是二硫键键合的、约 250kDa 的蛋白质，在还原 SDS-PAGE 为约 120kDa。与其他选凝素配体相比，PSGL-1 和P-选凝素结合以高亲和性（$K_d$ 在 100 nmol/L 范围）和快的结合解离速率为特征。

编码 PSGL-1 的 cDNA 克隆到转染 α1-3（4）岩藻糖基转移酶（人 FacT-III）的 COS 细胞中进行表达，可在转染细胞中合成 $Le^x$ 和 $Le^a$。由 PSGL-1 序列预测这是一个 412 个氨基酸组成的蛋白质，具有一段 18 个氨基酸残基的信号序列和一个共有的四肽断裂位点，该位点为残基 38～41（-R-D-R-R-），被白细胞中成对碱性氨基酸转换酶识别。这样，成熟蛋白质的 N-末端始于 42 位残基。在蛋白质的长形式中，跨越残基

118～277的是由共有序列-A-T/M-E-A-Q-T-T-X-P/L-A/T-组成的 16 个十肽重复片段；在它的短形式中缺少残基 132～141。单个半胱氨酸残基位于胞外结构域的残基 320，其后即为预测的一次跨膜的结构域，残基321～341；胞质内的结构域为残基 342～412。人的 PSGL-1 的编码区被完全包含在基因的 2 个外显子中，基因的图谱显示它位于染色体 12q24 上。鼠类 PSGL-1 的 cDNA 编码一个被预测为 397 个残基的蛋白质，它与人的序列有可识别的同源性。在鼠类蛋白质中含有一段可预测的、和人 PSGL-1 同样长度的信号肽和前肽。成熟的鼠类 PSGL-1 也被预测是从残基 42 开始。然而，小鼠的同系物只有 10 个十肽重复片段，其共有序列为-E-T-S-Q/K-P-A-P-T/M-E-A-，这序列明显地不同于人 PSGL-1 相应的序列。人和鼠类最高的同源性是在跨膜的部分（83%）和胞质内的结构域（76%）。

人 PSGL-1 的每条链在胞外结构域中含有 70 个丝氨酸和苏氨酸残基，它们都是潜在的 O-糖基化位点，还有 3 个潜在的 N-糖基化位点。鼠类 PSGL-1 也含有数量不少的丝氨酸和苏氨酸残基和两个潜在 N-糖基化位点。鼠类 PSGL-1 在 307 位有一个胞外的不配对的半胱氨酸，位于预测的跨膜的结构域之前。有趣的是，预测人 PSGL-1 有 3 个可硫酸化的酪氨酸位点，46、48 和 51 ，它们处于两侧为酸性残基的共有序列中。鼠类 PSGL-1 在 54 和 56 位也有两个预测可被硫酸化的酪氨酸位点。

PSGL-1 分子量大，而且高度糖基化，这对想了解它是如何被 P-选凝素所识别的，提出了令人望而生畏的挑战。最初预期 PSGL-1 是通过其黏蛋白样的特性所赋予的能力，而成为 P-选凝素的高亲和力和独特的配体，而且假定这配体含有大量的唾液酸化 $Le^x$ 抗原，因此增强了它和 P-选凝素的结合能力。然而，如下面讨论的那样，这些猜想都是不正确的。

纯化的 PSGL-1 经唾液酸酶处理失去和 P-选凝素的结合能力，由嗜中性细胞得到的 PSGL-1 经肽 N-糖苷酶 F 处理，除去了大部分分子中的 N-聚糖，如果不是全部的话，但是对它和 P-选凝素的识别没有影响。这些结果提示，唾液酸化的 O-聚糖，而不是 N-聚糖是 P-选凝素识别的重要决定簇。纯化的 PSGL-1 或嗜中性细胞，经来自溶血巴斯德菌（*Pasteurella hemolytica*）的唾液酸糖蛋白酶处理，切除黏蛋白的唾液酸，则分别阻断配体或细胞和 P-选凝素的结合。这也支持了 O-聚糖的作用。此外，当 HL60 细胞用苄基-α-GalNAc 处理，抑制 O-聚糖的延伸，结果细胞和较少的 P-选凝素结合。另外的研究证明，分离的 PSGL-1 用可降解 2 型多聚乳糖胺重复单位 [-3Galβ1-4GlcNAcβ1-] 的细菌内切糖苷酶处理，明显地降低和 P-选凝素的结合。这说明，可能在 O-聚糖上的多聚乳糖胺对结合可能也是重要的。

由人 HL60 细胞纯化的天然 PSGL-1 的 O-聚糖结构揭示，它们大多数含有简单的 2 型核心结构，上面只有一个或两个唾液酸残基，一般没有岩藻糖。岩藻糖仅存在于两个较小的 O-聚糖上，被称为聚糖 1 和聚糖 2（书后彩图 26.6B）。聚糖 1 和聚糖 2 两者含有唾液酸化 $Le^x$ 抗原；聚糖 1 在 2 型核心上有 1 条带有多个岩藻糖的多聚乳糖胺链，而聚糖 2 没有。聚糖 1 可能的合成过程将在下面讨论（图 26.7）。为此，PSGL-1 的 O-聚糖一般没有岩藻糖，仅有很少几个呈现唾液酸化 $Le^x$ 抗原，并认为和 P-选凝素的结合是重要的。聚糖 2 被预测存在的数量不多，这一事实导致了一个期望，聚糖 1 可能对 P-选凝素的识别是更重要的 O-聚糖，但是目前还不确定。参与 P-选凝素配体形成的糖基转移酶将在下一节中讨论。

虽然 PSGL-1 合适的糖基化是它和 P-选凝素结合所需的，但是另一些研究提示硫酸化也是重要的。纯化的 PSGL-1 经细菌芳基硫酸酯酶处理，从 PSGL-1 的酪氨酸上除去硫酸基团，该分子和 P-选凝素的结合被废除了。况且，PSGL-1 的重组形式中，3 个在靠近分子氨基末端的、处于假设可硫酸化的酪氨酸模体内的酪氨酸被改变为苯丙氨酸，同样也不能和 P-选凝素结合。此外，细胞以氯酸钠处理，也阻止了有该功能的 PSGL-1 分子的表达。

至关重要的、与结合有关的部分似乎在 PSGL-1 的靠近氨基末端处。几个不同方面的证据都和这种设想吻合。这些证据有以下几个：(1) 有阻断能力的单克隆抗体 (PL1) 能识别与硫酸化酪氨酸共有部位重叠的肽表位，而无阻断能力的单克隆抗体（例如 PL2）针对的部位在这区域之外。PL1 单克隆抗体阻止嗜中性细胞、单核细胞、嗜伊红细胞以及淋巴细胞在 P-和 L-选凝素上黏附和滚动。(2) 在一些表达适当糖基转移酶的细胞中产生含有 PSGL-1 靠近氨基末端结构域的嵌合糖蛋白，它可被 P-选凝素识别。(3) 嗜中性细胞经眼镜蛇蛇毒中的一个金属酶（mocarhagin）处理后，除去PSGL-1 的氨基末端起始的 10 个氨基酸残基，它就失去和 P-选凝素结合的能力。这样一些数据描绘了一个模型，在这模型中，和 P-选凝素的高亲和力的结合需要蛋白质上同时具有硫酸化的酪氨酸残基和寡糖（图 26.6C）。

在 PSGL-1 氨基端结构域中氨基酸的选择性突变，以及重组 PSGL-1 和 P-选凝素结合能力的评估是另一用于探索 PSGL-1 氨基端结构域中识别 P-选凝素所必需精确结构的方法。氨基端的 3 个酪氨酸全部被取代为苯丙氨酸废除了重组 PSGL-1 和 P-选凝素的结合，但是不影响和 E-选凝素的结合。有趣的是，这 3 个潜在可硫酸化的酪氨酸中只有 1 个是和 P-选凝素结合绝对必需的。更为奇怪的发现是，57 位的苏氨酸被丙氨酸取代也阻断了重组分子和 P-选凝素的结合。这些数据支持了图 26.6C 所示的模型，其间 P-选凝素[①]的 C-型凝集素结构域可同时和硫酸化的酪氨酸残基，以及与 57 位苏氨酸连接的 2 型核心的 O-聚糖上的唾液酸化 $Le^x$ 两者结合。然而，必须强调这个模型仍是预测的，还没有直接的证据，因为如书后彩图 26.6C 中描绘的、发生在 PSGL-1 中 57 位苏氨酸上的情况，以及这样的 O-聚糖与一个或多个硫酸化的酪氨酸之间的配位结合均没有直接证据。

利用有阻断能力的、针对蛋白质及其重组修饰的抗体探索了 PSGL-1 在体内的专一的功能。有阻断能力的、针对 PSGL-1 的单克隆抗体（PL1）及其 F（ab）碎片急剧地降低人多形态嗜中性细胞和 HL60 细胞在大鼠肠系膜急性外化的（exteiorized）小动脉内的滚动，表明 PSGL-1 在生理切变作用情况下，对髓样细胞在肠系膜小动脉中的滚动是重要的。另一个研究在炎症过程中 PSGL-1 功能的方法是，探究它在缺血/再灌流损伤模型中的作用。在这模型中，血流被阻断，因此刺激了内皮细胞表达 P-选凝素。在缺血/再灌流损伤的大鼠模型中，动物用重组 PSGL-1 处理后，明显地提高大鼠的成活率、肝功能和恢复。PSGL-1 对体内炎症部位淋巴细胞的募集也是重要的，因为在皮肤迟发型超敏反应模型中，对小鼠 PSGL-1 有阻断能力的抗体能阻断 1 型辅助性 T 细胞进

① 原文误写为 PSGL-1。——译者注

入皮肤的炎症区域。还有证据表明，P-选凝素，可能还有 E-选凝素在动脉硬化损害的发展中也是重要的因素。虽然这些研究还只是开始确定 PSGL-1 在白细胞的体内功能中的作用。

因此，还要作大量的研究才能了解 PSGL-1 在整个炎症过程中是如何与其他的选凝素配体一起相反或协同发挥作用的。

## 参与选凝素配体生物合成的糖基转移酶[87～100]

关于选凝素的生理的白细胞配体的结构的许多方面尚有待阐明，但是近年来负责这些结构合成的基因座的性质已经越来越清楚了。例如，修饰白细胞选凝素配体结构、并对选凝素配体活性有贡献的白细胞 α1-3 岩藻糖基转移酶已被鉴定。鉴定使用了两种方法：一是将候选基因转染细胞，然后进行分析；二是对缺失这些基因的动物作分析。利用类似的方法已经确定了 2 型核心 β1-6N 乙酰葡糖胺基转移酶在选凝素配体生物合成中的作用（见下文）。

人类基因组至少持有 5 个不同的 α1-3 岩藻糖基转移酶的基因座。其中 3 个 FucT-Ⅲ，FucT-Ⅴ和 FucT-Ⅵ在白细胞或它们的祖细胞中没有明显的表达，而且 FucT-Ⅲ和 FucT-Ⅵ基因座的无效等位基因的纯合子个体中选凝素配体的合成也没有明显的缺陷。与此相反，α1-3 岩藻糖基转移酶 FucT-Ⅳ和 FucT-Ⅶ在白细胞细胞系中表达，而且作为参与 E-选凝素配体岩藻糖基化的重要候选者。已发表的有关 FucT-Ⅳ在这过程中起作用的证据尚有争议，因为这个基因在有些培养的细胞系中能决定 E-选凝素配体活性的表达，即可合成唾液酸化 $Le^x$；然而在另一些培养的细胞系中却不能。生化分析指出，FucT-Ⅳ可以产生 $Le^x$ 结构，利用 α2-3 唾液酸化的多聚乳糖胺作为前体可得到内部岩藻糖基化的产物（图 26.7）。然而，在从 α2-3 唾液酸化乳糖胺的聚糖前体形成唾液酸化 $Le^x$ 四糖时，此酶的效率相当低，在有些细胞系中有它们的表达者除外。

从 α2-3 唾液酸化乳糖胺前体形成具有选凝素配体活性聚糖的岩藻糖基化过程中，FucT-Ⅳ和 FucT-Ⅶ所起的作用是彼此排斥的。这些观察进一步提示了，这些不同的岩藻糖基化事件对选凝素配体活性可作出相应的但是又不同的贡献。在有些实验中，有人从相对选凝素配体“活性”的角度，对 FucT-Ⅳ或 FucT-Ⅶ单独，和两者协同产生带有选凝素配体聚糖的结构进行了研究。但是上述的有些提示尚未得到证明。图 26.7 所示的可能的生物合成途径，预示 FucT-Ⅶ和 FucT-Ⅳ协同作用才能形成高亲和力的选凝素配体，特别是关于 PSGL-1

外周淋巴结的 HEV 表达 FucT-Ⅶ，对缺失这个 α1-3 岩藻糖基转移酶的小鼠所作的分析得到的证据支持岩藻糖残基对 L-选凝素配体所需的结构是至关重要的。FucT-Ⅶ无效等位基因的纯合子小鼠，在 HEV 内的 L-选凝素配体的形成有缺陷。它们还表现出明显的白细胞增多症，即白细胞水平升高，同时白细胞在淋巴结中集落化有缺陷。再者，利用嗜中性细胞向发炎腹膜募集的评估法，能观察到缺乏 FucT-Ⅶ的小鼠对实验诱导的炎症应答也有缺损。用免疫组化观察所作的评估，或在体内淋巴细胞归巢研究中，均能发现 HEV 产生的 L-选凝素配体活性的下降超过 90%，这再次证明，α1-3 连接的岩藻糖残基在 L-选凝素配体的活性中起到关键作用。在体外，FucT-Ⅶ有效地利用非岩藻糖

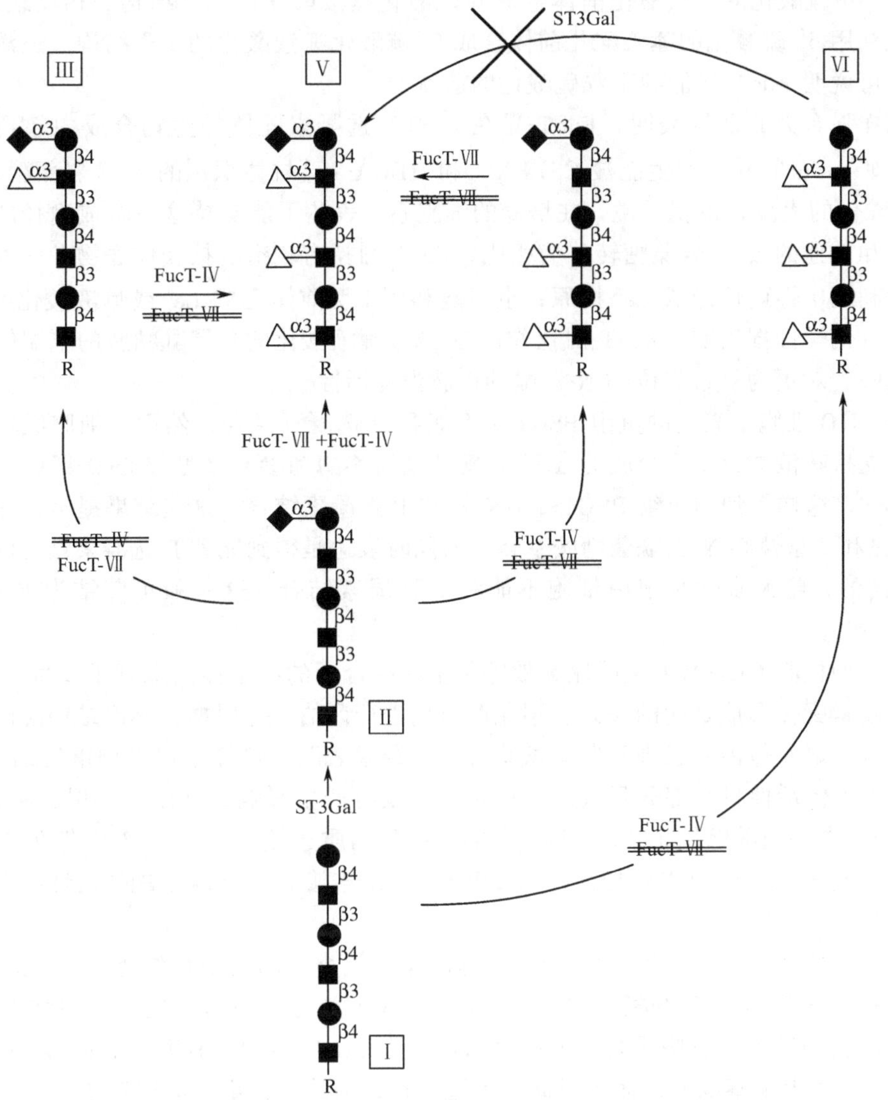


**图 26.7** 唾液酸化 $Le^x$，双岩藻糖唾液酸化 $Le^x$，$Le^x$ 和 VIM-2 合成的图解。展示在 O-聚糖、N-聚糖，或脂质连接的糖缀合物（R）上的多聚乳糖胺链（I）可作为这条途径的前体。这类糖缀合物的一个重要例子包括了 PSGL-1 上的 2 型核心 O-聚糖上的多聚乳糖胺部分。通过 1 个或多个 α2-3 唾液酸基转移酶（ST3Gal）的作用，前体在末端 Gal 可因连接 α2-3 唾液酸而被修饰，生成合成中间体Ⅱ。Ⅱ上次末端的 GlcNAc 可由 α1-3 岩藻糖基转移酶（FucT-Ⅶ）的作用，连接 α1-3 岩藻糖而被修饰，形成化合物Ⅲ，一个唾液酸化 $Le^x$ 活性的、单岩藻糖基化的 α2-3 唾液酸化乳糖胺。与此相比，α1-3 岩藻糖基转移酶，FucT-Ⅳ通常不能有效地完成反应。另一代替方式，中间体Ⅱ可被 FucT-Ⅳ作用，形成化合物Ⅳ，其内部的 GlcNAc 被 α1-3 岩藻糖基化。此结构和 VIM-2 抗体有反应性，但和 CSLEX-1 或其他针对唾液酸化 $Le^x$ 的抗体无反应。结构Ⅲ和Ⅳ用作前体，被 FucT-Ⅳ或 FucT-Ⅶ催化，经 α1-3 岩藻糖基化合成Ⅴ。因此Ⅴ可以看成是在体内 FucT-Ⅳ或 FucT-Ⅶ对合成的中间体Ⅱ联合作用的产物，在作用上可以是先后或同时进行的。化合物Ⅵ是多重岩藻糖基化的中性多聚乳糖胺结构，经 α1-3 岩藻糖基转移酶 FucT-Ⅳ作用于前体 I，直接岩藻糖基化所形成的。FucT-Ⅶ不能完成这个反应。化合物Ⅵ不能作为 α2-3 唾液酸化结构（例如化合物Ⅴ）的前体，因为执行这个反应的 α2-3 唾液酸转移酶尚未鉴定到。双横线表示这个酶不能催化这一反应。X 表示不能发生的反应途径。

基化的、6-硫酸化的唾液酸化前体合成6-硫酸化唾液酸化的 $Le^x$ 结构。相反地，FucT-Ⅶ不能利用6′-硫酸化的唾液酸化前体合成6′-硫酸化唾液酸化的 $Le^x$ 结构。还没有现成的信息可说明 FucT-Ⅶ能利用双硫酸化的前体。

同样强有力的证据表明，FucT-Ⅶ在 E-和 P-选凝素配体的生物合成中起到重要作用。例如，FucT-Ⅶ可产生能被 CSLEX-1 和 HECA-452 抗体识别的α1-3岩藻糖基化α2-3唾液酸化的表位，也就是说，在培养的细胞系上表达了能支持这一合成途径的糖基化表位。和其他的α1-3岩藻糖转移酶相比，FucT-Ⅶ持有较窄的接受体底物专一性，因为它不能利用中性前体形成 $Le^x$ 抗原，也不能利用Ⅰ型前体合成 $Le^a$ 或唾液酸化的 $Le^a$ 结构。还有化学证据表明，FucT-Ⅶ仅作用在α2-3唾液酸化的多聚乳糖胺的末端位的N-乙酰葡糖胺，对更为靠近表位的 N-乙酰葡糖胺没有活性。

在 CHO 细胞中表达的重组 PSGL-1 不能和 P-选凝素结合。然而，细胞经转染共表达了能支持唾液酸化 $Le^x$ 合成的α1-3岩藻糖基转移酶和参与2型核心 O-聚糖的形成的 GlcNAcT，这样得到的重组 PSGL-1 有效地和 P-选凝素结合。这些结果提示，唾液酸化 $Le^x$ 抗原和2型核心 N-乙酰葡糖胺基转移酶同时表达是得到能和 P-选凝素结合的 PSGL-1 所必需的。绝大多数小鼠白细胞不能和 P-选凝素结合，这一般可归结为 FucT-Ⅶ的缺失。

在2型核心 GlcNAcT 基因座无效等位基因纯合子的小鼠体内探索了2型 O-聚糖结构和选凝素配体形成之间的关系。用免疫组化进行评估，并根据在淋巴结中淋巴细胞的丰度正常，以及体内淋巴细胞归巢试验得到的结果表明，这样小鼠外周淋巴结 HEV 的 L-选凝素配体活性只有部分降低；而且对功能没有产生影响。利用在小鼠的补偿过程，和/或利用在外周淋巴结 HEVs 观察到 N-连接和脂质连接（对 O-唾液酸糖蛋白酶有抗性）的 L-选凝素配体可以解释为什么2型 GlcNAc 连接对 L-选凝素配体活性没有生理意义的贡献。

与此相反，来自2型核心 GlcNAcT 基因座无效小鼠的嗜中性细胞和 P-选凝素结合较差，和 E-选凝素及 L-选凝素的结合则更差。虽然迄今还没有确定鼠类白细胞的 O-和 N-聚糖的精确结构，有些研究有力地提示，2型核心 O-聚糖也有唾液酸化 $Le^x$ 抗原，如在人 PSGL-1 上观察到的，而且以此作为选凝素识别的至关重要的决定簇。在2型核心 GlcNAcT 基因座无效小鼠中，免疫应答受到严重的影响，类似于在 FucT-Ⅶ无效的小鼠中的免疫应答不强。在2型核心 GlcNAcT 缺失的小鼠中，出现中度的白细胞增多症，这几乎完全是由于嗜中性细胞的水平提高所致。髓样细胞的专一性和表型的性质均指出，在淋巴细胞归巢，或髓样细胞在炎症中的选凝素配体功能似乎都因2型 O-聚糖的生物合成而被分离出来。

有生理意义的选凝素配体的生物合成尚有许多不清楚之处。目前还不清楚是何种聚糖结构的丢失导致 FucT-Ⅶ缺损的裸鼠白细胞丧失与选凝素结合的活性。编码两个可使 PSGL-1 中酪氨酸残基硫酸化的人酪氨酸蛋白质硫酸基团转移酶的 cDNA，和一个编码能合成6-硫酸化唾液酸化 $Le^x$ 的 GlcNAc6-硫酸基转移酶的 cDNA 都已经被鉴定。然而，其他的硫酸基转移酶的性质，以及和选凝素配体生物合成之间的关系仍需深入地研究。有趣的是，α2-3唾液酸转移酶的精确性质和 HEV 中生物合成过程的关系在编写这一章时还没有确定。

# 发展方向

选凝素被鉴定为糖结合蛋白，并认识到它们在调节白细胞的穿行和黏附中的重要性，这可作为糖生物学发展过程中的一个里程碑。选凝素还可作为一个首例，以此说明糖基转移酶与作为识别分子的相关聚糖结构之间的结构-功能关系。此外，对选凝素生物学的全面了解，正在导致能够阻断选凝素介导的黏附事件的特效药物的开发，同时也是开拓糖生物工程新兴领域的重大努力。完全可以期望，通过对选凝素及其配体表达调控，以及它们之间相互作用的详尽分子机制的进一步了解，必将提供一些新的典范，以此深入探讨糖结合蛋白和专一聚糖的相互作用是如何调节各种血液细胞间黏附性质的相互作用的。

（王克夷 译　　金　城　王俊琦 校）

## 参 考 文 献


1. Stamper H.B., Jr. and Woodruff J.J. 1977. An in vitro model of lymphocyte homing. I. Characterization of the interaction between thoracic duct lymphocytes and specialized high-endothelial venules of lymph nodes. *J. Immunol.* **119:** 772–780.
2. Yednock T.A., Stoolman L.M., and Rosen S.D. 1987. Phosphomannosyl-derivatized beads detect a receptor involved in lymphocyte homing. *J. Cell Biol.* **104:** 713–723.
3. Lasky L.A., Singer M.S., Yednock T.A., Dowbenko D., Fennie C., Rodriguez H., Nguyen T., Stachel S., and Rosen S.D. 1989. Cloning of a lymphocyte homing receptor reveals a lectin domain. *Cell* **56:** 1045–1055.
4. Siegelman M.H., van de Rijn M., and Weissman I.L. 1989. Mouse lymph node homing receptor cDNA clone encodes a glycoprotein revealing tandem interaction domains. *Science* **243:** 1165–1172.
5. Bevilacqua M.P., Stengelin S., Gimbrone M.A., and Seed B. 1989. Endothelial leukocyte adhesion molecule 1: An inducible receptor for neutrophils related to complement regulatory proteins and lectins. *Science* **243:** 1160–1165.
6. Johnston G.I., Cook R.G., and McEver R.P. 1989. Cloning of GMP-140, a granule membrane protein of platelets and endothelium: Sequence similarity to proteins involved in cell adhesion and inflammation. *Cell* **56:** 1033–1044.
7. Larsen E., Celi A., Gilbert G.E., Furie B.C., Erban J.K., Bonfanti R., Wagner D.D., and Furie B. 1989. PADGEM protein: A receptor that mediates the interaction of activated platelets with neutrophils and monocytes. *Cell* **59:** 305–312.
8. Stoolman L.M. 1989. Adhesion molecules controlling lymphocyte migration. *Cell* **56:** 907–910.
9. Bevilacqua M., Butcher E., Furie B., Gallatin M., Gimbrone M., Harlan J., Kishimoto K., Lasky L., McEver R., Paulson J., Rosen S., Seed B., Siegelman M., Springer T., Stoolman L., Tedder T., Varki A., Wagner D., Weissman I., and Zimmerman G. 1991. Selectins: A family of adhesion receptors. *Cell* **67:** 233.
10. Imai Y., True D.D., Singer M.S., and Rosen S.D. 1990. Direct demonstration of the lectin activity of gp90MEL, a lymphocyte homing receptor. *J. Cell Biol.* **111:** 1225–1232.
11. Imai Y., Singer M.S., Fennie C., Lasky L.A., and Rosen S.D. 1991. Identification of a carbohydrate-based endothelial ligand for a lymphocyte homing receptor. *J. Cell Biol.* **113:** 1213–1221.
12. Rosen S.D., Chi S.I., True D.D., Singer M.S., and Yednock T.A. 1989. Intravenously injected sialidase inactivates attachment sites for lymphocytes on high endothelial venules. *J. Immunol.* **142:** 1895–1902.
13. Kansas G.S. 1996. Selectins and their ligands: Current concepts and controversies. *Blood* **88:** 3259–3287.

14. Lasky L.A., Singer M.S., Dowbenko D., Imai Y., Henzel W.J., Grimley C., Fennie C., Gillett N., Watson S.R., and Rosen S.D. 1992. An endothelial ligand for L-selectin is a novel mucin-like molecule. *Cell* **69:** 927–938.
15. Foxall C., Watson S.R., Dowbenko D., Fennie C., Lasky L.A., Kiso M., Hasegawa A., Asa D., and Brandley B.K. 1992. The three members of the selectin receptor family recognize a common carbohydrate epitope, the sialyl Lewis(x) oligosaccharide. *J. Cell Biol.* **117:** 895–902.
16. Imai Y., Lasky L.A., and Rosen S.D. 1993. Sulphation requirement for GlyCAM-1, an endothelial ligand for L-selectin. *Nature* **361:** 555–557.
17. Hemmerich S. and Rosen S.D. 1994. 6′-sulfated sialyl Lewis x is a major capping group of GlyCAM-1. *Biochemistry* **33:** 4830–4835.
18. Hemmerich S., Bertozzi C.R., Leffler H., and Rosen S.D. 1994. Identification of the sulfated monosaccharides of GlyCAM-1, an endothelial-derived ligand for L-selectin. *Biochemistry* **33:** 4820–4829.
19. Hemmerich S., Leffler H., and Rosen S.D. 1995. Structure of the O-glycans in GlyCAM-1, an endothelial-derived ligand for L-selectin. *J. Biol. Chem.* **270:** 12035–12047.
20. Chandrasekaran E.V., Jain R.K., Larsen R.D., Wlasichuk K., and Matta K.L. 1995. Selectin ligands and tumor-associated carbohydrate structures: Specificities of α 2,3-sialyltransferases in the assembly of 3′-sialyl-6-sialyl/sulfo Lewis a and x, 3′-sialyl-6′-sulfo Lewis x, and 3′-sialyl-6-sialyl/sulfo blood group T-hapten. *Biochemistry* **34:** 2925–2936.
21. Fuhlbrigge R.C., Alon R., Puri K.D., Lowe J.B., and Springer T.A. 1996. Sialylated, fucosylated ligands for L-selectin expressed on leukocytes mediate tethering and rolling adhesions in physiologic flow conditions. *J. Cell Biol.* **135:** 837–848.
22. Hwang S.T., Singer M.S., Giblin P.A., Yednock T.A., Bacon K.B., Simon S.I., and Rosen S.D. 1996. GlyCAM-1, a physiologic ligand for L-selectin, activates 2 integrins on naive peripheral lymphocytes. *J. Exp. Med.* **184:** 1343–1348.
23. Rosen S.D., Hwang S.T., Giblin P.A., and Singer M.S. 1997. High-endothelial-venule ligands for L-selectin: Identification and functions. *Biochem. Soc. Trans.* **25:**428–433.
24. Springer T.A. 1995. Traffic signals on endothelium for lymphocyte recirculation and leukocyte emigration. *Annu. Rev. Physiol.* **57:** 827–872.
25. Varki A. 1997. Selectin ligands: Will the real ones please stand up? *J. Clin. Invest.* **99:** 158–162.
26. Vestweber D. 1996. Ligand-specificity of the selectins. *J. Cell. Biochem.* **61:** 585–591.
27. Sanders W.J., Katsumoto T.R., Bertozzi C.R., Rosen S.D., and Kiessling L.L. 1996. L-selectin-carbohydrate interactions: Relevant modifications of the Lewis x trisaccharide. *Biochemistry* **35:** 14862–14867.
28. Smith P.L., Gersten K.M., Petryniak B., Kelly R.J., Rogers C., Natsuka Y., Alford J.A. 3rd, Scheidegger E.P., Natsuka S., and Lowe J.B. 1996. Expression of the α(1,3)fucosyltransferase Fuc-TVII in lymphoid aggregate high endothelial venules correlates with expression of L-selectin ligands. *J. Biol. Chem.* **271:** 8250–8259.
29. Crockett-Torabi E. 1998. Selectins and mechanisms of signal transduction. *J. Leukoc. Biol.* **63:** 1–14.
30. Bowman K.G., Hemmerich S., Bhakta S., Singer M.S., Bistrup A., Rosen S.D., and Bertozzi C.R. 1998. Identification of an N-acetylglucosamine-6-O-sulfotransferase activity specific to lymphoid tissue: An enzyme with a possible role in lymphocyte homing. *Chem. Biol.* **5:** 447–460.
31. Mitsuoka C., Sawada-Kasugai M., Ando-Furui K., Izawa M., Nakanishi H., Nakamura S., Ishida H., Kiso M., and Kannagi R. 1998. Identification of a major carbohydrate capping group of the L-selectin ligand on high endothelial venules in human lymph nodes as 6-sulfo sialyl Lewis X. *J. Biol. Chem.* **273:** 11225–11233.
32. Bargatze R.F., Kurk S., Butcher E.C., and Jutila M.A. 1994. Neutrophils roll on adherent neutrophils bound to cytokine-induced endothelial cells via L-selectin on the rolling cells. *J. Exp. Med.* **180:** 1785–1792.
33. Alon R., Fuhlbrigge R.C., Finger E.B., and Springer T.A. 1996. Interactions through L-selectin between leukocytes and adherent leukocytes nucleate rolling adhesions on selectins and VCAM-1 in shear flow. *J. Cell Biol.* **135:** 849–865.
34. McEver R.P., Moore K.L., and Cummings R.D. 1995. Leukocyte trafficking mediated by selectin-carbohydrate interactions. *J. Biol. Chem.* **270:** 11025–11028.
35. Norgard-Sumnicht K.E., Varki N.M., and Varki A. 1993. Calcium-dependent heparin-like ligands for L-selectin in nonlymphoid endothelial cells. *Science* **261:** 480–483.

36. Koenig A., Norgard-Sumnicht K., Linhardt R., and Varki A. 1998. Differential interactions of heparin and heparan sulfate glycosaminoglycans with the selectins—Implications for the use of unfractionated and low molecular weight heparins as therapeutic agents. *J. Clin. Invest.* **101:** 877–889.
37. Walcheck B., Moore K.L., McEver R.P., and Kishimoto T.K. 1996. Neutrophil-neutrophil interactions under hydrodynamic shear stress involve L-selectin and PSGL-1: A mechanism that amplifies initial leukocyte accumulation on P-selectin in vitro. *J. Clin. Invest.* **98:** 1081–1087.
38. Zimmerman G.A., McIntyre T.M., and Prescott S.M. 1996. Adhesion and signaling in vascular cell-cell interactions. *J. Clin. Invest.* **98:** 1699–1702.
39. Frenette P.S., and Wagner D.D. 1997. Insights into selectin function from knockout mice. *Thromb. Haemostasis* ***78:*** *60-64.*
40. Konstantopoulos K. and McIntire L.V. 1997. Effects of fluid dynamic forces on vascular cell adhesion. *J. Clin. Invest.* **98:** 2661–2665.
41. Rainger G.E., Buckley C., Simmons D.L., and Nash G.B. 1997. Cross-talk between cell adhesion molecules regulates the migration velocity of neutrophils. *Curr. Biol.* **7:** 316–325.
42. Rossiter H., Alon R., and Kupper T.S. 1997. Selectins, T-cell rolling and inflammation. *Mol. Med. Today* ***3:*** *214-222.*
43. Diacovo T.G., Roth S.J., Morita C.T., Rosat J.P., Brenner M.B., and Springer T.A. 1996. Interactions of human $\alpha/\beta$ and $\gamma/\delta$ T lymphocyte subsets in shear flow with E-selectin and P-selectin. *J. Exp. Med.* **183:** 1193–1203.
44. Lowe J.B. and Ward P.A. 1997. Therapeutic inhibition of carbohydrate-protein interactions in vivo. *J. Clin. Invest.* **99:** 822–826.
45. Steegmaier M., Levinovitz A., Lesmann S., Borges E., Lenter M., Kocher H.P., Kleuser B., and Vestweber D. 1995. The E-selectin ligand ESL-1 is a variant of a receptor for fibroblast growth factor. *Nature* **373:** 615–620.
46. Steegmaier M., Borges E., Berger J., Schwarz H., and Vestweber D. 1997. The E-selectin-ligand ESL-1 is located in the Golgi as well as on microvilli on the cell surface. *J. Cell. Sci.* **110:** 687–694.
47. McEver R.P. and Martin M.N. 1984. A monoclonal antibody to a membrane glycoprotein binds only to activated platelets. *J Biol. Chem.* **259:** 9799–9804.
48. Stenberg P.E., McEver R.P., Shuman M.A., Jacques Y.V., and Bainton D.F. 1985. A platelet alpha-granule membrane protein (GMP-140) is expressed on the plasma membrane after activation. *J. Cell Biol.* **101:** 880–886.
49. Berman C.L., Yeo E.L., Wencel-Drake J.D., Furie B.C., Ginsberg M.H., and Furie B. 1985. A platelet alpha granule membrane protein that is associated with the plasma membrane after activation. Characterization and subcellular localization of platelet activation-dependent granule-external membrane protein. *J Clin Invest.* **78:** 130–137.
50. Moore K.L. and Thompson L.F. 1992. P-selectin (CD62) binds to subpopulations of human memory T lymphocytes and natural killer cells. *Biochem. Biophys. Res. Commun.* **186:** 173–181.
51. Ushiyama S., Laue T.M., Moore K.L., Erickson H.P., and McEver R.P. 1993. Structural and functional characterization of monomeric soluble P-selectin and comparison with membrane P-selectin. *J. Biol. Chem.* **268:** 15229–15237.
52. Weyrich A.S., McIntyre T.M., McEver R.P., Prescott S.M., and Zimmerman G.A. 1995. Monocyte tethering by P-selectin regulates monocyte chemotactic protein-1 and tumor necrosis factor- secretion. *J. Clin. Invest.* **95:** 2297–2303.
53. Zannettino A.C.W., Berndt M.C., Butcher C., Butcher E.C., Vadas M.A., and Simmons P.J. 1995. Primitive human hematopoietic progenitors adhere to P-selectin (CD62P). *Blood* **85:** 3466–3477.
54. Weyrich A.S., Elstad M.R., McEver R.P., McIntyre T.M., Moore K.L., Morrissey J.H., Prescott S.M., and Zimmerman G.A. 1996. Activated platelets signal chemokine synthesis by human monocytes. *J. Clin. Invest.* **97:** 1525–1534.
55. Patel K.D., Nollert M.U., and McEver R.P. 1995. P-selectin must extend a sufficient length from the plasma membrane to mediate rolling of neutrophils. *J. Cell Biol.* **131:** 1893–1902.
56. Zhou Q., Moore K.L., Smith D.F., Varki A., McEver R.P., and Cummings R.D. 1991. The selectin GMP-140 binds to sialylated, fucosylated lactosaminoglycans on both myeloid and nonmyeloid cells. *J. Cell Biol.* **115:** 557–564.
57. Moore K.L., Stults N.L., Diaz S., Smith D.L., Cummings R.D., Varki A., and McEver R.P. 1992.

Identification of a specific glycoprotein ligand for P-selectin (CD62) on myeloid cells. *J. Cell Biol.* **118:** 445–456.

58. Sako D., Chang X.-J., Barone K.M., Vachino G., White H.M., Shaw G., Veldman G.M., Bean K.M., Ahern T.J., Furie B., et al. 1993. Expression cloning of a functional glycoprotein ligand for P-selectin. *Cell* **75:** 1179–1186.
59. Moore K.L., Eaton S.F., Lyons D.E., Lichenstein H.S., Cummings R.D., and McEver R.P. 1994. The P-selectin glycoprotein ligand from human neutrophils displays sialylated, fucosylated, O-linked poly-N-acetyllactosamine. *J. Biol. Chem.* **269:** 23318–23327.
60. Moore K.L., Patel K.D., Bruehl R.E., Fugang L., Johnson D.A., Lichenstein H.S., Cummings R.D., Bainton D.F., and McEver R.P. 1995. P-selectin glycoprotein ligand-1 mediates rolling of human neutrophils on P-selectin. *J. Cell Biol.* **128:** 661–671.
61. Li F., Erickson H.P., James J.A., Moore K.L., Cummings R.D., and McEver R.P. 1996. Visualization of P-selectin glycoprotein ligand-1 as a highly extended molecule and mapping of protein epitopes for monoclonal antibodies. *J. Biol. Chem.* **271:** 6342–6348.
62. Wilkins P.P., Moore K.L., McEver R.P., and Cummings R.D. 1995. Tyrosine sulfation of P-selectin glycoprotein ligand-1 is required for high affinity binding to P-selectin. *J. Biol. Chem.* **270:** 22677–22680.
63. Pouyani T. and Seed B. (1995). PSGL-1 recognition of P-selectin is controlled by a tyrosine sulfation consensus at the PSGL-1 amino terminus. *Cell* **83:** 333–343.
64. Sako D., Comess K.M., Barone K.M., Camphausen R.T., Cumming D.A., and Shaw G.D. 1995. A sulfated peptide segment at the amino terminus of PSGL-1 is critical for P-selectin binding. *Cell* **83:** 323–331.
65. Norman K.E., Moore K.L., McEver R.P., and Ley K. 1995. Leukocyte rolling in vivo is mediated by P-selectin glycoprotein ligand-1. *Blood* **86:** 4417–4421.
66. Norgard K.E., Moore K.L., Diaz S., Stults N.L., Ushiyama S., McEver R.P., Cummings R.D., and Varki A. 1993. Characterization of a specific ligand for P-selectin on myeloid cells. A minor glycoprotein with sialylated O-linked oligosaccharides. *J. Biol. Chem.* **268:** 12764–12774.
67. Furie B. and Furie B.C. 1995. The molecular basis of platelet and endothelial cell interaction with neutrophils and monocytes: role of P-selectin and the P-selectin ligand, PSGL-1. *Thromb. Haemostasis* **74:** 224–227.
68. Laszik Z., Jansen P.J., Cummings R.D., Tedder T.F., McEver R.P., and Moore K.L. 1996. P-selectin glycoprotein ligand-1 is broadly expressed in cells of myeloid, lymphoid, and dendritic lineage and in some nonhematopoietic cells. *Blood* **88:** 3010–3021.
69. De Luca M., Dunlop L.C., Andrews R.K., Flannery J.V. Jr., Ettling R., Cumming D.A., Veldman G.M., and Berndt M.C. 1995. A novel cobra venom metalloproteinase, mocarhagin, cleaves a 10-amino acid peptide from the mature N-terminus of P-selectin glycoprotein ligand receptor, PSGL-1, and abolishes P-selectin binding. *J. Biol. Chem.* **270:** 26734–26737.
70. Borges E., Eytner R., Moll T., Steegmaier M., Campbell M.A., Ley K., Mossmann H., and Vestweber D. 1997. The P-selectin glycoprotein ligand-1 is important for recruitment of neutrophils into inflamed mouse peritoneum. *Blood* **90:** 1934–1942.
71. Guyer D.A., Moore K.L., Lynam E., Schammel C.M.G., Rogelj S., McEver R.P., and Sklar L.A.1996. P-selectin glycoprotein ligand-1 (PSGL-1) is a ligand for L-selectin in neutrophil aggregation. *Blood* **88:** 2415–2421.
72. Wilkins P.P., McEver R.P., and Cummings R.D. 1996. Structures of the O-glycans on P-selectin glycoprotein ligand-1 from HL-60 cells. *J. Biol. Chem.* **271:** 18732–18742.
73. Veldman G.M., Bean K.M., Cumming D.A., Eddy R.L., Sait S.N.J., and Shows T.B. 1995. Genomic organization and chromosomal localization of the gene encoding human P-selectin glycoprotein ligand. *J. Biol. Chem.* **270:** 16470–16475.
74. Vachino G., Chang X.-J., Veldman G.M., Kumar R., Sako D., Fouser L.A., Berndt M.C., and Cumming D.A. 1995. P-selectin glycoprotein ligand-1 is the major counter-receptor for P-selectin on stimulated T cells and is widely distributed in non-functional form on many lymphocytic cells. *J. Biol. Chem.* **270:** 21966–21974.
75. Spertini O., Cordey A.-S., Monai N., Giuffre L., and Schapira M.1996. P-selectin glycoprotein ligand-1 (PSGL-1) is a ligand for L-selectin on neutrophils, monocytes and CD34+ hematopoietic progenitor cells. *J. Cell Biol.* **135:** 523–531.
76. Li F., Wilkins P.P., Crawley S., Weinstein J., Cummings R.D., and McEver R.P. 1996. Post-transla-

tional modifications of recombinant P-selectin glycoprotein ligand-1 required for binding to P- and E-selectin. *J. Biol. Chem.* **271:** 3255–3264.

77. McEver R.P and Cummings R.D. 1997. Role of PSGL-1 binding to selectins in leukocyte recruitment. *J. Clin. Invest.* **100:** 485–914.
78. Hidari K.I., Weyrich A.S., Zimmerman G.A., and McEver R.P. 1997. Engagement of P-selectin glycoprotein ligand-1 enhances tyrosine phosphorylation and activates mitogen-activated protein kinases in human neutrophils. *J. Biol. Chem.* **272:** 28750–28756.
79. Takada M., Nadeau K.C., Shaw G.D., Marquette K.A., and Tilney N.L. 1997. The cytokine-adhesion molecule cascade in ischemia/reperfusion injury of the rat kidney. Inhibition by a soluble P-selectin ligand. *J. Clin. Invest.* **99:** 2682–2690.
80. Dong Z.M., Chapman S.M., Brown A.A., Frenette P.S., Hynes R.O., and Wagner D.D. 1998. The combined role of P- and E-selectins in atherosclerosis. *J. Clin. Invest.* **102:** 145–152.
81. Mehta P., Cummings R.D., and McEver R.P. 1998. Affinity and kinetic analysis of P-selectin binding to P-selectin glycoprotein ligand-1. *J. Biol. Chem.* **273:** 32506–32513.
82. Liu W., Ramachandran V., Kang J., Kishimoto T.K., Cummings R.D., and McEver R.P. 1998. Identification of N-terminal residues on P-selectin glycoprotein ligand-1 required for binding to P-selectin. *J. Biol. Chem.* **273:** 7078–7087.
83. Yang J., Galipeau J., Kozak C.A., Furie B.C., and Furie B. 1996. Mouse P-selectin glycoprotein ligand-1: Molecular cloning, chromosomal localization, and expression of a functional P-selectin receptor. *Blood* **87:** 4176–4186.
84. Evangelista V., Manarini S., Sideri R., Rotondo S., Martelli N., Piccoli A., Totani L., Piccardoni P., Vestweber D., de Gaetano G., and Cerletti C. 1999. Platelet/polymorphonuclear leukocyte interaction: P-selectin triggers protein-tyrosine phosphorylation-dependent CD11b/CD18 adhesion: Role of PSGL-1 as a signaling molecule. *Blood* **93:** 876–885.
85. Dulkanchainun T.S., Goss J.A., Imagawa D.K., Shaw G.D., Anselmo D.M., Kaldas F., Wang T., Zhao D., Busuttil A.A., Kato H., Murray N.G., Kupiec-Weglinski J.W., and Busuttil R.W. 1998. Reduction of hepatic ischemia/reperfusion injury by a soluble P-selectin glycoprotein ligand-1. *Ann. Surg.* **227:** 832–840.
86. Scalia R., Hayward R., Armstead V.E., Minchenko A.G., and Lefer A.M. 1999. Effect of recombinant soluble P-selectin glycoprotein ligand-1 on leukocyte-endothelium interaction in vivo: Role in rat traumatic shock. *Circ. Res.* **84:** 93–102.
87. Lowe J.B., Stoolman L.M., Nair R.P., Larsen R.D., Berhend T.L., and Marks R.M. 1990. ELAM-1-dependent cell adhesion to vascular endothelium determined by a transfected human fucosyltransferase cDNA. *Cell* **63:** 475– 484.
88. Ellies L.G., Tsuboi S., Petryniak B., Lowe J.B., Fukuda M., and Marth J.D. 1998. Core 2 oligosaccharide biosynthesis distinguishes between selectin ligands essential for leukocyte homing and inflammation. *Immunity* **9:** 881–890.
89. Goelz S.E., Hession C., Goff D., Griffiths B., Tizard R., Newman B., Chi-Rosso G., and Lobb R. 1990. ELFT: A gene that directs the expression of an ELAM-1 ligand. *Cell* **63:** 1349–1356.
90. Kumar R., Potvin B., Muller W.A., and Stanley P. 1991. Cloning of a human α(1,3)-fucosyltransferase gene that encodes ELFT but does not confer ELAM-1 recognition on Chinese hamster ovary cell transfectants. *J. Biol. Chem.* **266:** 21777–21783.
91. Goelz S., Kumar R., Potvin B., Sundaram S., Brickelmaier M., and Stanley P. 1994. Differential expression of an E-selectin ligand (SLex) by two Chinese hamster ovary cell lines transfected with the same α(1,3)-fucosyltransferase gene (ELFT). *J. Biol. Chem.* **269:** 1033–1040.
92. Lowe J.B., Kukowska-Latallo J.F., Nair R.P., Larsen R.D., Marks R.M., Macher B.A., Kelly R.J., and Ernst L.K. 1991. Molecular cloning of a human fucosyltransferase gene that determines expression of the Lewis x and VIM-2 epitopes but not ELAM-1-dependent cell adhesion. *J. Biol. Chem.* **266:** 17467–17477.
93. Picker L.J., Warnock R.A., Burns A.R., Doerschuk C.M., Berg E.L., and Butcher E.C. 1991. The neutrophil selectin LECAM-1 presents carbohydrate ligands to the vascular selectins ELAM-1 and GMP-140. *Cell* **66:** 921–933.
94. Polley M.J., Phillips M.L., Wayner E., Nudelman E., Singhal A.K., Hakomori S., and Paulson J.C. 1991. CD62 and endothelial cell-leukocyte adhesion molecule 1 (ELAM-1) recognize the same carbohydrate ligand, sialyl-Lewis x. *Proc. Natl. Acad. Sci.* **88:** 6224–6228.

95. Natsuka S., Gersten K.M., Zenitas K., Kannagi R., and Lowe J.B. 1994. Molecular cloning of a cDNA encoding a novel human leukocyte α1,3-fucosyltransferase capable of synthesizing the sialyl Lewis x determinant. *J. Biol. Chem.* **269:** 16789–16794.
96. Asa D., Raycroft L., Ma L., Aeed P.A., Kaytes P.S., Elhammer Å.P., and Geng J.-G. 1995. The P-selectin glycoprotein ligand functions as a common human leukocyte ligand for P- and E-selectins. *J. Biol. Chem.* **270:** 11662–11670.
97. Lowe J.B. 1997. Selectin ligands, leukocyte trafficking, and fucosyltransferase genes. *Kidney Int.* **51:** 1418–1426.
98. Lenter M., Levinovitz A., Isenmann S., and Vestweber D. 1994. Monospecific and common glycoprotein ligands for E- and P-selectin on myeloid cells. *J. Cell Biol.* **125:** 471–481.
99. Maly P., Thall A.D., Petryniak B., Rogers G.E., Smith P.L., Marks R.M., Kelly R.J., Gersten K.M., Cheng G.Y., Saunders T.L., et al. 1996. The α(1,3)fucosyltransferase Fuc-TVII controls leukocyte trafficking through an essential role in L-, E-, and P-selectin ligand biosynthesis. *Cell* **86:** 643–653.
100. Niemela R., Natunen J., Majuri M.L., Maaheimo H., Helin J., Lowe J.B., Renkonen O., and Renkonen R. 1998. Complementary acceptor and site specificities of Fuc-TIV and Fuc-TVII allow effective biosynthesis of sialyl-TriLe$^x$ and related polylactosamines present on glycoprotein counterreceptors of selectins. *J. Biol. Chem.* **273:** 4021–4026.

本章初稿由 R. D. Cummings（俄克拉荷马大学医学科学中心）和 J. B. Lowe（密歇根大学医学院，HHMI）编写。

# 第 27 章 S-型凝集素（半乳凝素）



最近定名为半乳凝素（galectin）的 S-型凝集素，代表一组蛋白质，与含有 β 半乳糖基糖缀合物结合，并在它们的糖识别域（CRD）中共有一级结构同源性。它们在结构和不需要二价离子这两方面与 C-型凝集素完全不同。半乳凝素遍及整个动物界。半乳凝素多数是可溶性蛋白，通过独特的途径分泌，而且在无配体情况下保持活性表现为要求还原性环境。半乳凝素家族的某些成员可促进细胞-细胞间的黏附，有些则具有烈性的生物活性，例如具有诱导细胞凋亡的能力，或称做程序性细胞死亡，和诱导代谢改变，例如细胞的激活和有丝分裂。本章将介绍半乳凝素家族的多样性，并介绍它们生物合成、分泌和生物功能方面的知识。

## 半乳凝素的历史背景和发现[1～11]

20 世纪 70 年代初，Barondes 和 Rosen 以及他们的同事在发现了植物凝集素和盘基网柄菌（*Dictyostelium discoideum*）中的凝集素（盘菌素 I，discoidin I）以后，许多研究人员开始探索动物组织中的凝集素。正如第 25 章中指出的，第一个报道的动物细胞凝集素是肝脏的无唾液酸糖蛋白受体，一种 C-型凝集素。报道的第二个动物凝集素是现在认定的第一个 S-型凝集素蛋白质。最初介绍的这类蛋白质是 Teichberg 及其同事们在研究电鳗的电器官时认为可能存在着这类凝集素。这个命名为电凝集素（electrolectin）的蛋白质具有可以被 β-半乳糖苷抑制的血凝活性，并且可以用以 β-半乳糖苷为载体的亲和层析方法分离得到。值得注意的是，在分离用的缓冲液中需要有 β-巯基乙醇来保持其活性。这提示其活性需要有一个或更多的游离半胱氨酸残基。电凝集素的大小约为 15kDa，并且是以非共价连接的同源二聚体的形式存在。

在哺乳动物中发现的第一个 S-型动物凝集素，现在定名为半乳凝素-1，是 1976 年 Kornfeld 及其同事在小牛的心和肺的提取液中分离得到的。有趣的是，在提取液中也需要有乳糖才能从大分子糖缀合物中有效地提取出来。这个在无唾液酸胎球蛋白-Sepharose（asialofetuin-

Sepharose）柱上用亲和层析法分离的凝集素也需要还原条件保持其活性。小牛心/肺半乳凝素-1 的大小约 15 kDa，而且以非共价二聚体存在。同年，Barondes 及其同事在鸡肌肉提取液中也鉴定到 S-型凝集素。在 20 世纪 80 年代初，Wang 及其同事鉴定到一 35 kDa 的糖结合蛋白，现在称为半乳凝素-3，它是从人和小鼠中，也与β半乳糖苷结合的成纤维细胞中分得的。所有这些蛋白质都表现出血凝活性，但是红血球的选择至关重要。比人的红血球含有更多的末端半乳糖残基的兔的红血球，更容易被大多数半乳凝素所凝集，然而，人的红血球需经过神经氨酸酶处理后，才能增强其凝集能力。这些蛋白质的可溶特性，其序列同源性和活性以及它们需要还原条件等有关特点，促成 Drickamer 把这类凝集素称为 S-型，表明它们对巯基（sulfhydryl）的依赖性和它们的溶解度（solubility）特性，这与 C-型凝集素的命名表明对钙（calcium）的依赖性是同一含义。1994 年，实现了半乳凝素命名的系统化。发现的第一个半乳凝素（根据其来源的不同，定名为：电凝集素、β半乳糖苷结合的凝集素、半乳糖凝集素（galaptin）、L-14 等）均被命名为半乳凝素-1。最近的同系物定名为半乳凝素-2。35 kDa 的糖结合凝集素被命名为半乳凝素-3。以后，这一家族的其他成员则按发现的顺序命名。

## 半乳凝素的定义和序列模体[12]

规范的半乳凝素 CRD 约有 130 个氨基酸，然而只有少数的残基构成糖结合部位直接与糖配体接触。以近 30 种不同来源的半乳凝素序列进行比较，用 X-光晶体分析表明参与结合糖的 8 个残基是不变的。此外，另外的十多个残基表现为高度保守。用于鉴定半乳凝素的共有序列模体，随同人和鸡半乳凝素-1 序列比较一起，示于图 27.1。虽然 CRD 中所有半乳凝素都共有高度同源性，但是，根据序列的同源性，两大组半乳凝素亚类还是可以区别开的。一组包括半乳凝素-1 和半乳凝素-2 在内的半乳凝素-1 亚类，而半乳凝素 3 亚类包括了所有其他半乳凝素。与人的半乳凝素-1 比较，来自菌类 *Coprinus cinereus* 的蘑菇半乳凝素一般有 20%相同，而鸡中的 14 kDa 和 16 kDa 的半乳凝素，两者均有 60%是相同的。

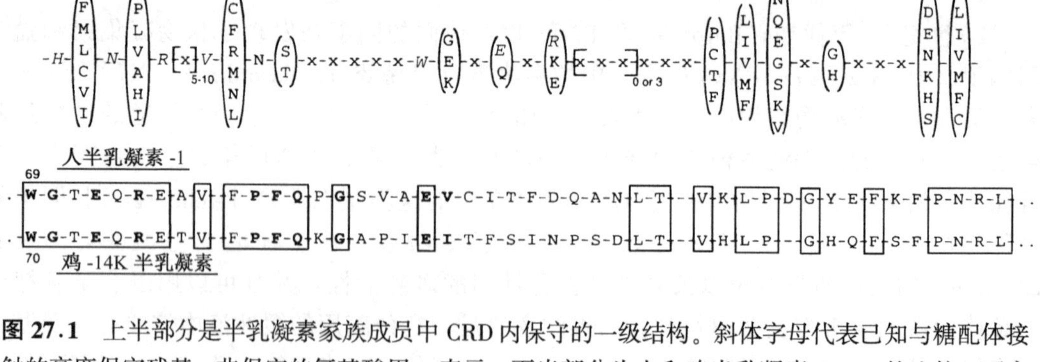


**图 27.1** 上半部分是半乳凝素家族成员中 CRD 内保守的一级结构。斜体字母代表已知与糖配体接触的高度保守残基。非保守的氨基酸用-x-表示。下半部分为人和鸡半乳凝素-1CRD 的比较。两序列间相同的残基加方框，典型的半乳凝素 CRD 内的残基则用黑体表示。

## 半乳凝素的不同亚家族[6]

以保守的半乳凝素 CRD 为基础，已经在动物中鉴定到大量的半乳凝素，尽管多数结合都相对较弱，这些半乳凝素均能识别简单的β-半乳糖苷。在表 27.1 和图 27.2 中，列举了含有半乳凝素 CRD 的哺乳动物蛋白质。有些半乳凝素是单体，有些是非共价的二聚体。此外，有些蛋白质，像半乳凝素 4、6、8、9，是含有蛋白酶敏感亚基的单体，亚基间桥连的肽连接有两个 CRD。除表中列举的外，在许多其他动物中也发现了半乳凝素。鸟类含有 14 kDa、16 kDa 和 30 kDa 形式的半乳凝素，它们可能是半乳凝素-1 和半乳凝素-3 的鸟类同系物。在非洲爪蟾（*Xenopus laevis*）的皮肤和蛙（*Bufo arenarum*）卵中分别发现了 16 kDa 和 15 kDa 的半乳凝素。前面已经提及，电鳗中的电凝集素是第一个被研究的半乳凝素，但是在海鳗的皮肤黏膜中也有一个 16 kDa 的二聚半乳凝素。在独立生存的秀丽新小杆线虫（*Caenorhabditis elegans*）和海绵以及真菌中也发现了半乳凝素-1 和半乳凝素-4。这样，半乳凝素可能存在于所有的动物和多细胞生物中。

**表 27.1　半乳凝素家族及其在哺乳动物中的分布**

| 类型 | 来源 | 分布 | 分子量(kDa) | 寡聚结构 | 备注 |
|---|---|---|---|---|---|
| 半乳凝素-1 | 人，大鼠，小鼠，仓鼠，猴，牛，猪 | 肌肉，心，肺，肝，淋巴结，胸腺，前列腺，结肠 | 14.5 | 二聚体 | 最常见最丰富的半乳凝素 |
| 半乳凝素-2 | 人，小鼠 | 小肠 | 14.5 | 二聚体 | 与半乳凝素-1 比较为低水平 |
| 半乳凝素-3 | 人，大鼠，小鼠，狗，仓鼠 | 巨噬细胞，结肠 | 29～35 | 单体 | N-末端结构域为胶原样 |
| 半乳凝素-4 | 人，大鼠，猪，小鼠 | 消化道 | 36 | 单体 | 两个 CRD 的连键对蛋白酶敏感 |
| 半乳凝素-5 | 大鼠 | 红细胞 | 17～18 | 单体 | 85％与半乳凝素-9 羧基末端 CRD 相同 |
| 半乳凝素-6 | 小鼠 | 胃肠道 | 34 | ? | 85％与半乳凝素-4 相同 |
| 半乳凝素-7 | 人，大鼠 | 皮肤 | 14.5 | ? | 成层表皮的标志 |
| 半乳凝素-8 | 人，大鼠 | 肝，肾，肺 | 34 | 单体 | |
| 半乳凝素-9 | 人，大鼠，小鼠 | 胸腺，肾，Hodgkin 氏淋巴瘤 | 35 | ? | 羧基末端结构域 85％与半乳凝素-5 相同 |
| 半乳凝素-10 | 人 | 嗜伊红细胞，嗜碱性细胞 | 17 | 二聚体 | Charcot-Leyden 晶体蛋白，溶血磷脂酶 |

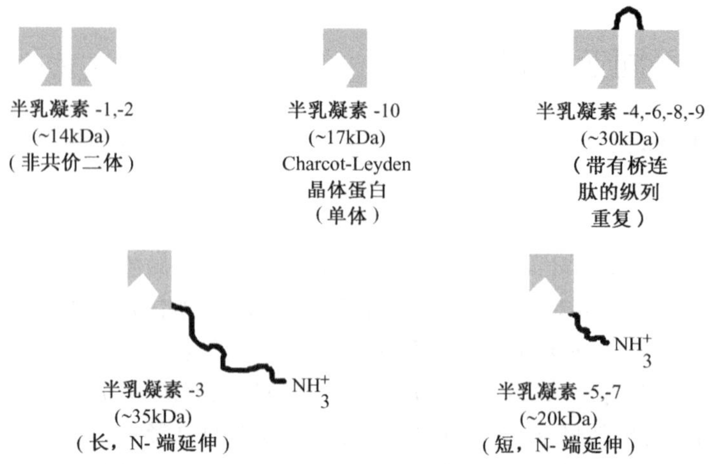


**图 27.2**　半乳凝素结构示意图。CRD 用灰色表示。

## 半乳凝素的糖配体[13～15]

迄今已测试过的所有半乳凝素家族中的成员均与简单的β-半乳糖苷结合，但是亲和力都相当低，仅在毫克分子水平。令人惊奇的是，对大多数半乳凝素聚糖的专一性细节都不清楚，而且各种半乳凝素的整体专一性不同。所有半乳凝素似乎都与末端的β半乳糖苷结合，但是某些半乳凝素对识别寡聚糖中的半乳糖残基明显地有所不同。例如，半乳凝素 1 和 3 两者都和简单的乳糖胺单位以及多聚乳糖胺结合。如果倒数第二个半乳糖基被 Galα1-3，GalNAcα1-3，或 Fucα1-2 残基取代，半乳凝素-3 与寡糖的结合将会增强。与此相反，这种取代方式则显著地降低与半乳凝素-1 的结合。半乳凝素与简单的含β半乳糖苷的二糖共晶显示，对半乳糖的 C4 和 C6 上的羟基和 GlcNAcC3 上的羟基具有密切的识别。对半乳凝素-1 的研究表明，对于含有重复半乳糖残基的更大的聚糖有更高的亲和力，例如出现在以-3Galβ1-4GlcNAcβ1-3Galβ1-4GlcNAcβ1-3Galβ1-4GlcNAcβ1-R 结构为代表的 2-型多聚乳糖胺序列。有趣的是，至少对半乳凝素-1 而言，它与多聚乳糖胺的相互作用并不依赖于末端的半乳糖残基，但无论如何它需要两个重复的线性二糖单位。在下面讨论半乳凝素的结构一节中会讨论到，半乳凝素-1 与多聚乳糖胺以及其他延伸聚糖的相互作用可能是由于蛋白质上的第二结合位点起了作用。

只对少数半乳凝素家族成员的潜在内源性糖缀合物配体进行了研究。半乳凝素 1 和 3 的潜在配体包括：基底膜上的蛋白质，例如层粘连蛋白（laminin）和纤粘连蛋白（fibronectin）；某些膜受体，例如整合蛋白 $\alpha_7\beta_1$，CD43 和 CD45；溶酶体相关的膜蛋白（LAMP）；甚至还包括一些神经节苷脂。然而，这些大分子配体上被半乳凝素识别的糖的精确结构尚未明确地界定。很可能半乳凝素的寡糖结合专一性和大分子配体亲和力两方面都稍有不同。例如，事实上，半乳凝素-1 仅与有限的一组糖缀合物结合，这表明在糖缀合物上仅有半乳糖的存在还不足以促进与凝集素的高亲和力结合。

## 半乳凝素的生物合成和分泌[16～22]

所有半乳凝素家族的成员都欠缺典型的信号序列，或膜锚定的结构域，而且似乎是在细胞质中游离的多核糖体上合成的，并且在分泌前就积聚在该处。半乳凝素的一个更为常见的修饰是氨基末端的阻断，虽然半乳凝素-3 也显示有磷酸化的丝氨酸。直接从胞液中分离的新合成半乳凝素在与 β-半乳糖苷结合中是起作用的。以半乳凝素-1 为例，在书后彩图 27.3 中以图解的方式说明了半乳凝素的生物合成、分泌及其寡聚化的复杂性。奇怪的是，半乳凝素从细胞中的输出并不需要通过分泌装置的直接移动。曾用多种方法对这些蛋白质神秘的输出过程进行了研究，但是对其基本机制仍不清楚。另外有几种比较小的生长因子和细胞外基质分子也是以非典型的途径分泌的，但是还不知晓它们的分泌途径与半乳凝素的途径是否吻合。

在探索可能的输出机制时，发现在酵母中表达的重组半乳凝素-1 是从跨膜蛋白质输出的，但是迄今这一转运子似乎是新的，而且仅限于酵母。在动物细胞中是否也存在不同的转运子，尚不清楚。很可能输出与膜的结构直接有关。例如，半乳凝素-1 看来像是通过质膜的外翻从成肌细胞输出的，挤压形成富含凝集素的小泡。同样，半乳凝素-3聚集成片，然后留存在质膜下面，成为最终在胞外空间沉积的前奏。含有引入豆蔻酰化和棕榈酰化部位的半乳凝素-3 的嵌合形式，很快地被转运到质膜域，似乎是从小泡细胞释放出来，这种小泡可从培养基中分离得到。小泡自发的破裂可以释放蛋白质。然而，小泡的本质和半乳凝素是如何被隔离到小泡中去的，目前尚不清楚。

虽然输出的机制还不清楚，但是大多数半乳凝素在非还原环境中，犹如在细胞外面一样就会失去活性。然而，对半乳凝素-1 生物合成的研究发现，新输出的蛋白质在无配体时非常不稳定，但是在已有高亲和力配体时，蛋白质则是稳定的。由此可以表明，有规律的分泌和配体的有效性能够调控半乳凝素的活性和稳定性。

## 三级和四级结构[13，23～26]

目前已报道过几个半乳凝素的晶体结构，包括以下结构：牛半乳凝素与 N-乙酰乳糖胺或与二天线 N-聚糖的复合物，人的半乳凝素 2、3、7 与单糖或二糖（如乳糖的复合物，蟾蜍半乳凝素-1 与二糖的复合物。所有这些结构显示，半乳凝素亚基的 CRD 是由 5 股或 6 股链组成的逆平行 β 片层，或以 β 夹心或者以胶冻卷（jelly-roll）样完全没有 α 螺旋的结构排列（书后彩图 27.4）。在半乳凝素 1、2、7 这样的二聚蛋白质中，亚基是与垂直于 β-片层的双向旋转轴相关。CRD 中的糖结合位点位于二聚体对面的端部。CRD 中排列紧密的结构，部分地说明了半乳凝素 CRD 对蛋白酶的抗性和高度保守性，以及 CRD 中需要有 130 个氨基酸的原因。有趣的是，半乳凝素的三级结构，而不是它们的一级结构，与许多豆科植物凝集素中发现的胶冻卷型结构（见第 30 章）相似。

如上所述，半乳凝素的 CRD 对半乳糖和 GlcNAc 残基呈现高度专一的相互作用，但是糖结合部位的开口结构，有可能结合含半乳糖的延伸聚糖，如聚乳糖胺。在蛋白质的糖结合部位附近有几个亚部位，能够增强对延伸聚糖的亲和力。牛半乳凝素-1 的晶体结构是从与含有两个末端β-半乳糖残基的二天线 N-聚糖复合的牛半乳凝素-1 衍生得到的。在这一延伸的晶体结构中，N-聚糖桥连于两个半乳凝素二聚体之间，这样可以有效地建立起晶体的晶格。

## 半乳凝素推定的功能[15，27～37]

因为半乳凝素的多样性和多种亚细胞定位，因此，对这些蛋白质推出了各种不同的功能（图 27.5）。大多数半乳凝素是多价或寡聚的，在体外能凝集细胞和交联配体。半乳凝素 1 和 3 在小鼠中的表达受发育调节。已经推定的半乳凝素功能包括：细胞-细胞黏附；细胞-基质黏附；对细胞生长和成活的直接影响；以及潜在的细胞内调节代谢的功能。它们在多种肿瘤细胞中的表达，引伸出一种假设，半乳凝素可能参与了肿瘤发生和转移。

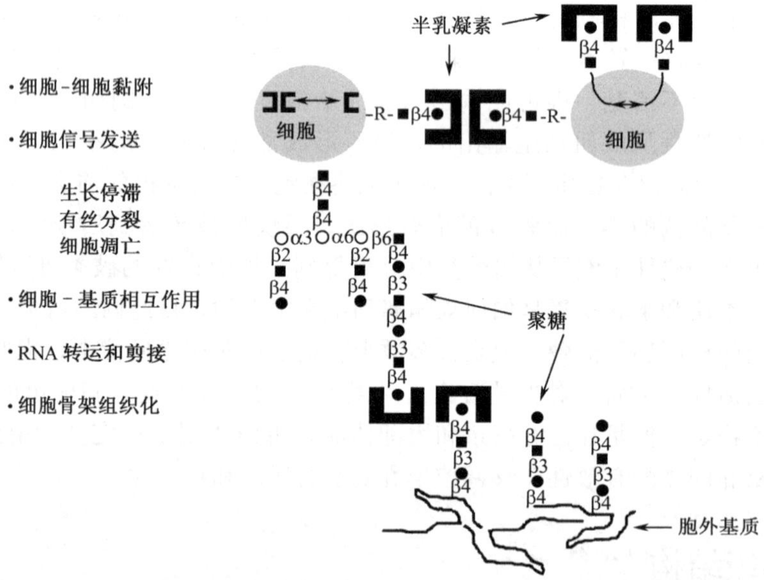


**图 27.5　半乳凝素推定的功能**

### 1. 细胞-基质相互作用

对半乳凝素-1 与层粘连蛋白这样的含有聚乳糖胺配体之间的高亲和力结合和半乳凝素-1 与层黏连蛋白在胞外基质共定域这些事实的发现表明，这种凝集素的主要功能可能是促进细胞与糖缀合物的黏附。事实上，在有些系统中，半乳凝素-1 能够直接促进细胞对层粘连蛋白的黏附，但是，在另一体系中，它又能干扰细胞对层粘连蛋白的黏附。通过与整合蛋白的糖依赖性的相互作用，半乳凝素-1 干扰整合蛋白 $\alpha_7\beta_1$ 结合到层粘连蛋白上，但不干扰与纤黏连蛋白的结合。半乳凝素这种交联能力的生物学意义最近在海绵中得到了更直接的证明，表明海绵半乳凝素是海绵细胞和糖基化聚集因子之间的一种连接蛋白。

**2. 细胞凋亡**

胸腺细胞在胸腺中的成熟和细胞唾液酸化的改变一起发生，即不成熟细胞的唾液酸化比成熟细胞差，而且与 ST3Gal-1 唾液酸转移酶（第 8、33 和 34 章）的表达有关。这些观察结果导致进一步研究成熟的胸腺细胞与内源胸腺凝集素直接相互作用的可能性。随后，体外实验证明，胸腺上皮细胞表达的半乳凝素-1 与激活的或静止的胸腺细胞都可以结合，该凝集素激活 T-细胞和 T-细胞中的白血病细胞株系，并诱导细胞凋亡，或称为程序性细胞死亡。细胞凋亡是一种人们公认的生物调控的细胞死亡形式，这种死亡形式受控于能够寡聚化和传导胞内蛋白酶（caspase，胱天蛋白酶）级联反应的特异表面受体。半乳凝素-1 的胸腺细胞受体可能是 CD45 和 CD43，两者都是高度糖基化的膜糖蛋白。有趣的是，胸腺细胞中富含的半乳凝素-9 也能诱发人胸腺细胞的凋亡。这样，半乳凝素 1 和 9 都有助于调节 T-细胞的发育。

与之相反，其他研究表明，与未被感染病毒的细胞相比较，在感染了人 T-细胞白血病 I 型病毒 T-细胞中，半乳凝素-3 有抗细胞凋亡的效应。这或许是通过半乳凝素-3 与抑制凋亡的蛋白质 Bcl-2 相互作用的结果。类似的情况，当半乳凝素-3 在人乳腺癌细胞中过表达时，它可以抑制由药物诱发的细胞凋亡。这样，半乳凝素在多种多样的细胞型中具有普遍调节细胞凋亡的功能。这种调节可能既涉及到细胞表面的受体，也与细胞质中参与细胞凋亡途径相互作用的其他蛋白质有关。

**3. 半乳凝素的胞内配体**

半乳凝素-3 既存在于许多细胞核和细胞质中，也存在于细胞表面。在组织巨噬细胞上，半乳凝素-3 是主要的表面抗原，是人们熟知的 Mac-2 抗原。半乳凝素-3 的多重定位表明它可以具有多种功能。例如，半乳凝素-3 定位在某些细胞的核内，由于它与前 mRNA 是剪接复合物的一个组成部分，在 RNA 合成中可能有重要功能。半乳凝素-3 也能与细胞骨架中的一种蛋白质，细胞角蛋白（cytokeratin）结合。最近意外地发现，细胞角蛋白也显示含有 GalNAcα1-3Gal（NAc）β1-R 的独特修饰。半乳凝素-3 以高亲和力和依赖糖的方式与细胞角蛋白结合，但是这种相互作用的生物学意义还不清楚。

**4. 半乳凝素的基因突变**

因为半乳凝素的表达高度地受发育调节，人们认为这些蛋白质在发育过程中具有重要意义。为了探究这种可能性，在小鼠中进行了半乳凝素 1 和 3 的无效突变，出人意外的是，对任何一种凝集素的无效突变，或对两种凝集素的联合无效突变，在动物中都没有发现明显的发育缺陷。这可能是，半乳凝素家族成员的过剩，对这些无效突变体的存活起着有利的作用，或者因为这些特定的半乳凝素参与了发育后的过程，例如免疫调节。与这种可能性相一致的是，最近在半乳凝素-3 无效突变小鼠中炎症应答方面的研究证明，渗出的嗜中性细胞发生了可检测到的衰退现象，这表明半乳凝素对嗜中性细胞的功能是关键。还有，当提供各种挑战性的环境、病原和抗原条件去观察联合无效突变体的表型时就更加有趣。显然，对于这个凝集素大家族的生物功能等的方方面面，还有待于进一步的阐明。

# 发展方向

种类繁多的半乳凝素和它在细胞黏附、细胞凋亡、基因表达潜在功能方面激动人心的新发现，表明了这些蛋白质在动物发育、细胞分化和生理学上有着极其重要的作用。我们对半乳凝素大分子配体是怎样从细胞中分泌的、所有的半乳凝素为何都与 β-半乳糖苷结合以及为何有如此多的不同的半乳凝素等等，都还知道的太少。

（王克夷 译　　马毓甲 校）

## 参 考 文 献


1. Teichberg V.I., Silman I., Beitsch D.D., and Resheff G. 1975. A β-D-galactoside binding protein from electric organ tissue of *Electrophorus electricus*. *Proc. Natl. Acad. Sci.* **72:** 1383–1387.
2. de Waard A., Hickman S., and Kornfeld S. 1976. Isolation and properties of β-galactoside binding lectins of calf heart and lung. *J. Biol. Chem.* **251:** 7581–7587.
3. Nowak T.P., Haywood P.L., and Barondes S.H. 1976. Developmentally regulated lectin in embryonic chick muscle and a myogenic cell line. *Biochem. Biophys. Res. Commun.* **68:** 650–657.
4. Roff C.F. and Wang J.L. 1983. Endogenous lectins from cultured cells. Isolation and characterization of carbohydrate-binding proteins from 3T3 fibroblasts. *J. Biol. Chem.* **258:** 10657–10663.
5. Drickamer K. 1988. Two distinct classes of carbohydrate-recognition domains in animal lectins. *J. Biol. Chem.* **263:** 9557–9560.
6. Leffler H. 1997. Introduction to galectins. *Trends Glycosci. Glycotechnol.* **9:** 9–19.
7. Colnot C., Ripoche M.A., Fowlis D., Cannon V., Scaerou F., Cooper D.N.W., and Poirier F. 1997. The role of galectins in mouse development. *Trends Glycosci. Glycotechnol.* **9:** 31–40.
8. Feizi T. and Childs R.A. 1987. Growth regulating network? *Nature* **329:** 678.
9. Barondes S.H., Cooper D.N., Gitt M.A., and Leffler H. 1994. Galectins. Structure and function of a large family of animal lectins. *J. Biol. Chem.* **269:** 20807–20810.
10. Frazier W.A., Rosen S.D., Reitherman R.W., and Barondes S.H. 1975. Purification and comparison of two developmentally regulated lectins from *Dictyostelium discoideum*. Discoidin I and II. *J. Biol. Chem.* **250:** 7714–7721.
11. Roff C.F., Rosevear P.R., Wang J.L., and Barker R. 1983. Identification of carbohydrate-binding proteins from mouse and human fibroblasts. *Biochem. J.* **211:** 625–629.
12. Barondes S.H., Castronovo V., Cooper D.N., Cummings R.D., Drickamer K., Feizi T., Gitt M.A., Hirabayashi J., Hughes C., Kasai K., Leffler H., Liu F.-T., Lotan R., Mercurio A.M., Monsigny M., Pillai S., Poirer F., Raz A., Rigby P.W.J., Rini J.M., and Wang J.L 1994. Galectins: A family of animal β-galactoside-binding lectins. *Cell* **76:** 597–598.
13. Lobsanov Y.D. and Rini J.M. 1997. Galectin structure. *Trends Glycosci. Glycotechnol.* **9:** 145–154.
14. Leffler H. and Barondes S.H. 1986. Specificity of binding of three soluble rat lung lectins to substituted and unsubstituted mammalian β-galactosides. *J. Biol. Chem.* **261:** 10119–10126.
15. Zhou Q. and Cummings R.D. 1993. L-14 lectin recognition of laminin and its promotion of in vitro cell adhesion. *Arch. Biochem. Biophys.* **300:** 6–17.
16. Cooper D.N. and Barondes S.H. 1990. Evidence for export of a muscle lectin from cytosol to extracellular matrix and for a novel secretory mechanism. *J. Cell Biol.* **110:** 1681–1691.
17. Mehul B. and Hughes R.C. 1997. Plasma membrane targetting, vesicular budding and release of galectin 3 from the cytoplasm of mammalian cells during secretion. *J. Cell Sci.* **110:** 1169–1178.
18. Cho M. and Cummings R.D. 1995. Galectin-1, a β-galactoside-binding lectin in Chinese hamster ovary cells. II. Localization and biosynthesis. *J. Biol. Chem.* **270:** 5207–5212.
19. Cleves A.E., Cooper D.N., Barondes S.H., and Kelly R.B. 1996. A new pathway for protein export in *Saccharomyces cerevisiae*. *J. Cell Biol.* **133:** 1017–1026.
20. Kuchler K. and Thorner J. 1992. Secretion of peptides and proteins lacking hydrophobic signal

sequences: The role of adenosine triphosphate-driven membrane translocators. *Endocr. Rev.* **13:** 499–514.
21. Sato S., Burdett I., and Hughes R.C. 1993. Secretion of the baby hamster kidney 30-kDa galactose-binding lectin from polarized and nonpolarized cells: A pathway independent of the endoplasmic reticulum-Golgi complex. *Exp. Cell Res.* **207:** 8–18.
22. Hughes R.C. 1994. Mac-2: A versatile galactose-binding protein of mammalian tissues. *Glycobiology* **4:** 5–12.
23. Lobsanov Y.D., Gitt M.A., Leffler H., Barondes S.H., and Rini J.M. 1993. X-ray crystal structure of the human dimeric S-Lac lectin, L-14-II, in complex with lactose at 2.9-Å resolution. *J. Biol. Chem.* **268:** 27034–27038.
24. Bourne Y., Bolgiano B., Liao D.I., Strecker G., Cantau P., Herzberg O., Feizi T., and Cambillau C. 1994. Crosslinking of mammalian lectin (galectin-1) by complex biantennary saccharides. *Nat. Struct. Biol.* **1:** 863–870.
25. Seetharaman J., Kanigsberg A., Slaaby R., Leffler H., Barondes S.H., and Rini J.M. 1998. X-ray crystal structure of the human galectin-3 carbohydrate recognition domain at 2.1-Å resolution. *J. Biol. Chem.* **273:** 13047–13052.
26. Rini J.M. 1995. X-ray crystal structures of animal lectins. *Curr. Opin. Struct. Biol.* **5:** 617–621.
27. Gu M., Wang W., and Song W.K. 1994. Selective modulation of the interaction of integrin $\alpha_7\beta_1$ with fibronectin and laminin by L-14 during skeletal muscle differentiation. *J. Cell Sci.* **107:** 175–181.
28. Wada J., Ota K., Kumar A., Wallner E.I., and Kanwar Y.S. 1997. Developmental regulation, expression, and apoptotic potential of galectin-9, a β-galactoside binding lectin. *J. Clin. Invest.* **99:** 2452–2461.
29. Perillo N.L., Uittenbogaart C.H., Nguyen J.T., and Baum L.G. 1997. Galectin-1, an endogenous lectin produced by thymic epithelial cells, induces apoptosis of human thymocytes. *J. Exp. Med.* **185:** 1851–1858.
30. Perillo N.L., Pace K.E., Seilhamer J.J., and Baum L.G. 1995. Apoptosis of T cells mediated by galectin-1. *Nature* **378:** 736–739.
31. Dagher S.F., Wang J.L., and Patterson R.J. 1995. Identification of galectin-3 as a factor in pre-mRNA splicing. *Proc. Natl. Acad. Sci.* **92:** 1213–1217.
32. Akahani S., Nangia-Makker P., Inohara H., Kim H.R., and Raz A. 1997. Galectin-3: A novel anti-apoptotic molecule with a functional BH1 (NWGR) domain of Bcl-2 family. *Cancer Res.* **57:** 5272–5276.
33. Cooper D.N.W., Massa S.M., and Barondes S.H. 1991. Endogenous muscle lectin inhibits myoblast adhesion to laminin. *J. Cell Biol.* **115:** 1437–1448.
34. Yang R.Y., Hsu D.K., and Liu F.T. 1996. Expression of galectin-3 modulates T-cell growth and apoptosis. *Proc. Natl. Acad. Sci.* **93:** 6737–6742.
35. Goletz S., Hanisch F.G., and Karsten U. 1997. Novel αGalNAc containing glycans on cytokeratins are recognized *in vitro* by galectins with type II carbohydrate recognition domains. *J. Cell Sci.* **110:** 1585–1596.
36. Wagner-Hulsmann C., Bachinski N., Diehl-Seifert B., Blumbach B., Steffen R., Pancer Z., and Muller W.E. 1996. A galectin links the aggregation factor to cells in the sponge (*Geodia cydonium*) system. *Glycobiology* **6:** 785–793.
37. Colnot C., Ripoche M.A., Milon G., Montagutelli X., Crocker P.R., and Poirier F. 1998. Maintenance of granulocyte numbers during acute peritonitis is defective in galectin-3-null mutant mice. *Immunology* **94:** 290–296.

本章初稿由 R．D Cummings（俄克拉荷马医学科学中心）编写。

# 第 28 章　微生物的糖结合蛋白



许多致病的微生物都利用宿主细胞表面的糖缀合物作为与细胞黏附、组织定植和入侵的受体。本章举出了微生物表面的蛋白质（黏附素或血凝素）和哺乳动物细胞表面的糖结合伙伴（受体）的例子。还有些例子包括与唾液酸、糖胺聚糖结合的病毒，以及与糖鞘脂结合的细菌和毒素。

## 引言[1～8]

许多微生物和动物宿主的相互作用都涉及暴露在环境中的呼吸道或肠胃道表面上皮细胞内衬的黏附。细菌、病毒和寄生虫必须穿过围绕在细胞表面的糖被，结合在细胞表面或暴露的胞外基质（ECM），和定植于组织中才能产生感染。过程的第一步骤就必须经由微生物表面专一性蛋白质介导的黏附，称为细胞黏附素，或称为病毒血凝素，并且把哺乳动物细胞表面的配体称为受体（注意：在此情况下受体一词等同于动物细胞凝集素的“配体”）。过去 15 年中，有许多黏附素和血凝素已经被描述、克隆和鉴定。某些情况下，是与蛋白质配体结合，但是更多的是与糖蛋白、糖脂和蛋白聚糖上的复合糖结合。结合可导致细胞入侵、组织破坏和全身感染。

许多黏附素是凝集素，并且可能含有与内源性哺乳动物凝集素结合相同糖的糖识别域（见第 22 章）。A 型流感病毒表面的黏附素，即血凝素是迄今研究得最清楚的系统，部分原因是因为它对公共卫生的重要性。Wiley 及其协作者结晶出病毒血凝素，于 1981 年确定了它的结构；后来又解析了与唾液酸化乳糖制备成的共晶结构。自此以后，又测定了几个其他病毒的血凝素和细菌毒素的晶体结构。与动物凝集素一样，一些细菌黏附素也和末端糖残基结合，而另一些则和线形或分支寡糖内部的序列结合（见第 22 章）。糖识别域的详图对结合机制提供了更为透彻的了解并导致了更具亲和力配体的开发。这些合成配体的形式奠定了治疗感染药物的基础。

应该记住，微生物在组织上的定植并不总是致病的。例如正常肠胃道的细菌菌丛就是由适度的和符合需要的益生菌定植确定的。微生物在组织上的选择性定植界定了感染物的向性（tropism）。在很大程度上，向性是由靶组织细胞所表达的糖受体的组成和结构决定的。

## 研究微生物结合和黏附的方法[7, 9～12]

已经开发出研究微生物体外黏附的分析方法。在这些方法中，要把微生物黏附到培养细胞、组织切片、薄层层析板、由 SDS-PAGE 凝胶制备的印迹片或者涂有寡糖和糖缀合物的塑料表面上。如果红细胞含有可识别的糖受体，许多完整的病毒可以引发血凝反应。

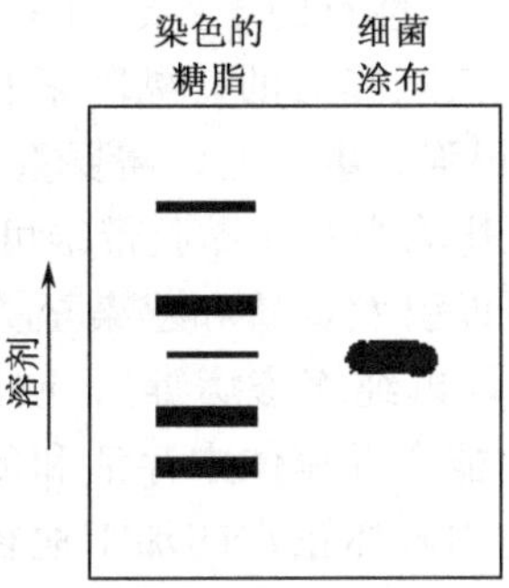


**图 28.1** 利用涂布技术发现糖受体的一种方法。在所描述的薄层层析板中，标记的细菌与一条含量较少的糖脂带结合。

典型的涂布程序是将固定化（利用电泳或层析法分离）的糖缀合物与细菌、病毒或毒素的悬浮液一起保温，然后用放射自显影、抗体染色或结合微生物的直观等方法，测定结合程度。这些方法有很高的灵敏度，特别当推定的受体已经被浓集成条带时（例如在薄层层析板上，见图 28.1），可认为这些条带模拟了细胞表面发现的高密度的配体。为了更多的了解对配体-受体的相互作用，可在其他竞争性配体（例如，另一种糖）存在下，在不同的 pH 和盐浓度，或在两价阳离子存在等不同的条件下对黏附和结合进行测量。

除直接结合的实验外，人们还可以检验除去靶细胞可疑的糖受体如何影响黏附作用。例如，用唾液酸酶处理红细胞后，可消除流感病毒引发的血凝作用。用专一的唾液酸基转移酶和 CMP-唾液酸进行的再唾液酸化反应可恢复界定的连键型（α2-3 或 α2-6），由此可以检测结合连键的专一性。还可以由编码生物合成酶（见第 31 和 32 章）基因的突变，或用糖基转移酶转染细胞的方法，在代谢上修饰糖缀合物的组分（见第 6 和 40 章）。

已经用上述方法对许多糖受体和细菌的黏附素进行了鉴定。用分子克隆的方法得到黏附素 cDNA 以后，利用不同型的蛋白质-糖的分析方法可进行更为精细的结合分析试验（参阅第 29 章）。随着转基因和变更糖基化的基因靶向小鼠的研发（见第 33 章），一定能把体外得到的结合研究结果与体内微生物致病性联系在一起。

## 微生物黏附素和细胞表面的糖缀合物受体[8, 13～15]

微生物已进化到与一些糖蛋白、蛋白聚糖、糖脂相互作用形成黏附素。在细菌上，许多黏附素是菌毛（pili）（发状），也称作纤毛（fimbriae）（线状）的蛋白质亚基。这类结构具有典型的 5～7nm 的直径并且可以延伸到 100～200 nm 的长度，或者说大约是细菌细胞直径的十分之一。这样，菌毛可延伸并超越由脂多糖和荚膜多糖形成的糖被（见第 21 章），实际上这种糖被可干扰黏附素的活性，黏附素的糖识别域典型地位于菌毛的末梢。

某些黏附素是单体或寡聚的膜蛋白。大多数细菌（可能还有他种微生物）有多种不同糖专一性的黏附素，不同的糖专一性有助于界定组织易受影响的范围（即，微生物的生态定位）。但是由于结合通常是低亲和力的，黏附素和受体经常在膜平面成簇，相互作用产生的强度（亲合力）可以很强。事实上，需要重力的几百倍才能使黏附解离。也许，黏附素-受体的结合可恰当地比喻为双面黏胶带维可牢（Velcro™）的相互作用。

黏附素-受体间的相互作用可以引发定植和感染至关重要的信号转导事件。许多微生物必须与细胞表面融合（例如，单纯疱疹病毒），或内化后与内吞体膜融合（例如，流感病毒）。某些情况下，微生物能在吞噬体中存活和复制（例如，衣原体和利什曼原虫），这意味着，微生物可在细胞内破坏正常的加工途径。另有一些情况，结合可导致防卫反应（例如，结合可能引发上皮细胞分泌产生黏膜免疫应答的白介素）。微生物和宿主细胞间的关系十分复杂。例如多形拟杆菌（*Bacteroides thetaiotaomicron*）是小肠中寄生的正常微生物，在无菌小鼠中定植，可诱导黏膜上皮细胞中的 α1-2 岩藻糖基转移酶。细菌可与 L-岩藻糖残基结合，并利用它作为碳源。轮状病毒成为世界范围内的儿童杀手，它只能在某个时期与新生婴儿的肠上皮结合，这一时期似乎与糖蛋白上唾液酸的特异型的表达和排列有关。因此，肠道是一种不断变化的功能性微生态系统，在这一系统糖基化起着重要的作用。

## 结合糖脂的黏附素[1, 5, 8, 16～20]

许多细菌、细菌毒素和寄生虫都与糖脂结合，而且大多数的黏附素以含有 Galβ4Glc 的寡糖作靶标。有时黏附素与乳糖脑酰胺末端的 Galβ4Glc 结合，但是核心寡糖常被其他一些单糖（例如，血型抗原）所覆盖。有些细菌分泌暴露 Galβ4Glc-Cer-决定簇的糖苷水解酶，而另一些细菌则与内部序列的 Galα4Gal 结合。对其他一些结合专一性的细菌也有报道（表 28.1）。

结合专一性能够解释微生物组织的向性。大肠壁内衬的柱状上皮细胞可表达 Galβ4Glc-Cer，而小肠壁内衬的细胞则不能表达。为此，在正常条件下，拟杆菌（*Bacterioides*）、梭状芽胞杆菌（*Clostridium*）、大肠杆菌和乳杆菌仅定植于大肠。某些尿道致病的大肠杆菌株系识别含有 Galα4Gal 的糖脂，这些糖脂在膀胱上皮既可以是内层的，也可以是末端结构，这一现象与 P1 血型表型（见第 16 章）与尿道感染的相关性是一致的。这些抗原的存在与否，可能是影响尿道上皮黏附细菌的一个因素。

除表28.1中列举的微生物外，许多细菌分泌的毒素也与糖脂型决定簇结合（表28.2）。研究得最清楚的是霍乱弧菌（*Vibrio cholera*）分泌的霍乱毒素。它由A和B两种亚基组成，两者的比例为$AB_5$。其晶体结构显示，B亚基结合的是作为受体的$G_{M1}$神经节苷脂，其糖识别域是在亚基的底部（书后彩图28.2和图4.2）。A亚基（毒素）松散地保持在B亚基平面上，其单一的螺旋插入五聚的B亚基构成的中央核心。根据通过B亚基与膜糖脂结合，A亚基传递进入细胞内的有关机制还不清楚。来自志贺氏菌（*Shigella dysenteria*）、百日咳杆菌（*Bordetella pertussis*）和大肠杆菌的相关毒素的结构也已经被解析。

**表28.1 细菌黏附素与聚糖相互作用举例**

| 微生物 | 靶组织 | 黏附素 | 推定的专一性 |
|---|---|---|---|
| 大肠杆菌 | 尿道 | P纤毛 | Galα4Galβ- |
| 大肠杆菌 | 肠道 | S纤毛 | Neu5Acα3Galβ4GlcβCer |
| | | | GalNAcβ4（Neu5Acα3）Galβ4GlcβCer |
| 大肠杆菌 | | 1型纤毛 | 甘露糖、甘露聚糖、糖蛋白 |
| 丙酸杆菌 | 皮肤、肠道 | ? | Galβ4Glcβ-Cer |
| 肺炎链球菌 | 呼吸道 | ? | GlcNAcβ3Gal- |
| 腐生葡萄球菌 | 尿道 | ? | Galβ4GlcNAc- |
| 内氏放线菌 | 口腔 | ? | Galβ3GalNAcβ- |
| 绿脓杆菌 | 呼吸道 | ? | GalNAcβ4Gal |
| 奈氏淋球菌 | 生殖道 | ? | Galβ4Glcβ-Cer，NeuAcα3Galβ4GlcNAc- |
| 幽门螺杆菌 | 胃 | BabA | [Fucα2] Galβ3 [Fucα4] GlcNAc（Lewis B） |
| 百日咳博德特氏菌 | 呼吸道 | FHA | 硫酸化糖脂，肝素 |
| 支原体 | 呼吸道 | ? | Neu5Acα3Galβ4GlcNAcβ- |

**表28.2 细菌毒素糖鞘脂受体举例**

| 微生物 | 毒素 | 靶组织 | 推定的受体序列 |
|---|---|---|---|
| 霍乱弧菌 | 霍乱毒素 | 小肠 | Galβ3GalNAcβ4（Neu5Acα3）Galβ4GlcβCer（GM1） |
| 大肠杆菌 | 热易变毒素 | 肠道 | Galβ3GalNAcβ4（Neu5Acα3）Galβ4GlcβCer（GM1） |
| 破伤风梭菌 | 破伤风毒素 | 神经膜 | $G_{1b}$神经节苷脂，以$G_{T1b}$最有效 |
| 肉毒梭菌 | 肉毒素 | 神经膜 | （±NeuAcα8）NeuAcα3Galβ3GalNAcβ4 |
| | （A～E） | | （NeuAcα8NeuAcα3）Galβ4GlcβCer |
| 艰难梭菌 | 毒素A | 大肠 | GalNAcβ3Galβ4GlcNAcβ3Galβ4GlcβCer |
| 痢疾志贺氏菌 | 志贺毒素 | 大肠 | Galα4GalβCer，Galα4Galβ4GlcβCer，GlcNAcβ4GlcNAc |

## 结合糖蛋白的黏附素[5，21～34]

与糖脂相比，很少发现微生物与糖蛋白的相互作用。糖脂占有明显优势的原因可能是糖脂的聚糖与膜表面更为接近，而糖蛋白的聚糖距离膜表面则更远些。毒素或细菌与糖脂的结合可能进一步与膜产生相互作用（例如，结合其他受体，或嵌入膜内）。事实上，志贺毒素就可以与糖脂或糖蛋白上的Galα4Gal决定簇结合，但只有与糖脂的结合才能导致细胞死亡。另一种可能是，糖脂明显的优先地位也反映出在糖脂作为受体的现有分析方法中是较好的一种（例如涂布法）。不管怎样，有几种病毒和寄生虫对结合糖蛋白在感染上有适应性变化（表 28.3）。例如痢疾内变形虫（*Entamoeba histolytica*）表达一种与糖蛋白或糖脂末端 Gal/GalNAc 残基结合的 260-kDa 异源二聚黏附素。结合可以产生黏附、入侵和溶解肠道上皮的作用，而且对结合的细菌，还可以起到提供食物来源的功能。

**表 28.3 微生物糖蛋白受体举例**

| 微生物 | 靶组织 | 推定的受体序列 |
|---|---|---|
| 痢疾内变形虫 | 小肠黏膜 | 末端残基为 Gal/GalNAc |
| 恶性疟原虫 | 红细胞 | 含有唾液酸的聚糖（Neu5Acα2-3Galβ-） |
| 南美古氏锥虫 | 血液 | 含有唾液酸的聚糖（?） |
| 小隐孢子虫 | 肠道表皮 | 末端的 Gal/GalNAc |
| 表吮贾第虫 | 十二指肠、小肠 | 末端为甘露糖的寡糖 |
| 流感病毒（血凝素） | 上呼吸道黏膜 | 含有唾液酸的聚糖 |

迄今，研究得最透彻的糖蛋白黏附素实例是与含唾液酸聚糖结合的流感血凝素。流感病毒 A 的血凝素缔合为三聚寡聚体，以此增强与多价表面的全面结合。流感病毒 A 和 B 亚型这种相互作用的专一性变化很大，人流感病毒只与含有 Siaα6Gal 的细胞结合，而其他的动物流感病毒则与 Siaα3Gal 连键结合。优先选择连键结合是由于血凝素中单个氨基酸的改变。相反，流感病毒 C 优先与含 9-O-乙酰化唾液酸的糖蛋白结合。因为有了现成的晶体结构，就有可能设计出更好的合成配体。例如，晶体结构显示出在糖的结合位点附近有一个疏水口袋，预示着含有疏水配糖体的唾液酸糖苷将产生亲合力更强的结合。

除血凝素外，A 和 B 型流感类病毒表达一种从糖蛋白上切除唾液酸的唾液酸酶（传统上被称为神经氨酸酶）。其功能涉及几个方面：从病毒颗粒外壳糖蛋白上去除唾液酸残基以防止病毒的聚集，当病毒颗粒从细胞表面出芽时，使病毒颗粒解离，或者从感染部位的可溶性黏蛋白脱去唾液酸，促使接近膜结合的唾液酸。有趣的是，唾液酸酶对唾液酸连键的专一性倾向于和血凝素平行逐步发展。这也表明一种重要的向性功能。在 C 型流感病毒中，单一的糖蛋白既有血凝素的活性也有破坏受体的活性。这种情况下的糖蛋白是一个从乙酰化唾液酸受体切除 9-O-乙酰基的酯酶。根据 A 型流感病毒唾液酸酶的晶体结构，已经设计出一些强力抑制剂。这些抑制剂中有些在纳摩尔浓度即可抑制酶活性，而且在临床研究中确定它们可用作抗病毒剂（见第 41 章）。其他的许多病毒（例如呼肠孤病毒、轮状病毒、仙台病毒和多瘤病毒）也都表现为利用唾液酸感染。

恶性疟原虫［*Plasmodium falciparum*（malaria）］裂殖体（merozoite）与红细胞的相互作用也取决于宿主细胞表面是否有唾液酸。在这种生物体中，其黏附是由裂殖体表面与唾液酸结合称作 EBT-175 的黏附素介导的。这种黏附素与出现在主要红细胞膜蛋白，血型糖蛋白（glycophorin）上的唾液酸结合，并优先选择 Neu5Ac，而不是选择 9-O-乙酰化 Neu5Ac 或 Neu5Gc。可溶性 Neu5Ac 和含有 Neu5Acα6Gal 的寡糖并不竞争性地抑制 EBA-175 与红细胞结合，然而，含 Neu5Acα3Gal 的寡糖是很有效的抑制剂，表明这种黏附素对这种寡糖结构是敏感的。与红细胞结合可导致入侵并最终产生更多的裂殖体。表达唾液酸黏附素的其他微生物也能结合红细胞（例如流感病毒），但是这些相互作用并不能导致在无核细胞中的有效感染。因此，在这类情况下，红细胞可以看作是这些感染物的一种清除机制（见第 3 章）。被疟原虫感染的红细胞也表达糖胺聚糖结合的蛋白质，认为这种蛋白质能促使感染细胞与组织黏附。正如下面将介绍的，在某些类型的疟原虫中，寄生虫的另一种发育形式，环孢子小体（circumsporozoite），通过被称作环孢子小体蛋白质的一种与硫酸类肝素结合的黏附素，可选择性地入侵红细胞。

## 结合糖胺聚糖的黏附素[7, 35, 36]

许多细菌、寄生虫和病毒都利用蛋白聚糖作为黏附受体（表 28.4）。大多数微生物结合的是硫酸类肝素，而不是硫酸软骨素，原因可能是前者在细胞表面占有极大优势

**表 28.4　结合真核细胞上蛋白聚糖受体的微生物举例**

| 微生物 | 靶组织 |
|---|---|
| 百日咳博德特氏菌 | 呼吸道纤毛化的表皮 |
| 沙眼衣原体 | 眼、生殖道、淋巴样组织 |
| 流感嗜血杆菌 | 呼吸道表皮 |
| 布氏疏螺旋体 | 内皮组织、表皮、细胞外基质 |
| 淋病奈瑟氏球菌 | 生殖道 |
| 金黄色葡萄球菌 | 结缔组织、内皮细胞 |
| 化脓链球菌 | 心脏和肾脏组织 |
| 结核分支杆菌 | 呼吸道表皮 |
| 恶性疟原虫（环孢子小体） | 肝细胞、胎盘 |
| amazonensi 利什曼原虫（无纤毛型） | 巨噬细胞、成纤维细胞、表皮 |
| 南美古氏锥虫 | 心、胃肠系统、神经系统、细胞外基质 |
| 单纯疱疹病毒（HSV） | 口腔、眼、生殖道和呼吸道黏膜表面；潜伏于神经节 |
| 登革热病毒 | 巨噬细胞? |
| 巨细胞病毒 | 嗜中性细胞、单核细胞 |
| 艾滋病病毒（HIV-1） | T 淋巴细胞 |

（见第 29 章）。与糖脂或糖蛋白结合的黏附素不同，与糖胺聚糖结合的黏附素可能是在多聚糖内部，而不是在末端糖残基上选取结合位点。迄今，微生物糖胺聚糖黏附素的糖识别域的精确结构还没有确定下来。登革出血热的致病因子，登革热病毒是与硫酸类肝素结合。仿照病毒颗粒外壳蛋白晶体结构中的病毒外壳蛋白序列，提示硫酸类肝素结合位点位于正电荷氨基酸内衬的沟漕中（图 28.3）。这样，与 GAG 结合的黏附素有一个更为开放的结构，这与其他肝素结合蛋白的结合位点（见第 29 章）情况一致。

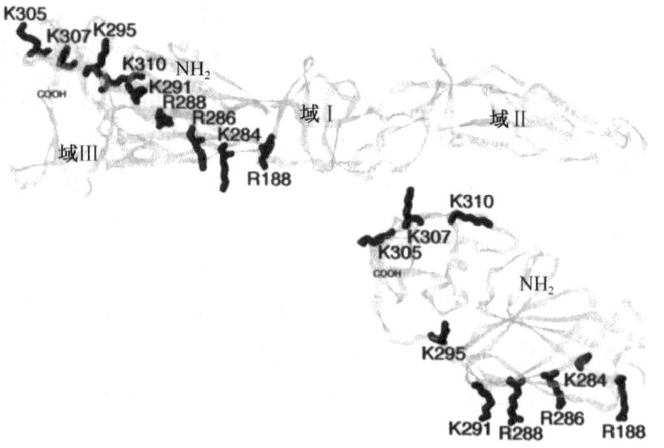


**图 28.3** 登革热病毒外壳蛋白中肝素结合部位的推定结构。注意，正电荷氨基酸沿着蛋白质开放面排列。(摘自文献［35］Chen *et al*. 1997，经许可复制。)

微生物结合糖胺聚糖的向性不同，可能反映了硫酸类肝素链的精细结构变化。单纯疱疹病毒（HSV）糖蛋白 gpB 和 gpC 与肝素结合并对硫酸基团有不同的要求（表 28.5）。在不同的细胞上，富含 2-O 硫酸化糖醛酸序列的表达可以部分地解释 HSV-1 和 HSV-2 亚型组织的不同向性。恶性疟原虫的孢子小体以组织专一的方式与肝素和硫酸类肝素结合，而且表现出不同的组织特异性，优先结合在肝细胞的基底外表面和肾小管的基底膜。覆盖孢子小体细胞表面的环孢子小体蛋白介导了这种结合。这一蛋白质的羧基端含有一些带正电的残基。在微生物表面环孢子小体蛋白的簇聚可以产生促进结合的带正电的高浓度残基区。至于如何实现对肝细胞选择性的结合，还不清楚。

**表 28.5　微生物肝素-结合蛋白质**

| **微生物** | **蛋白质** | **结合域** |
|---|---|---|
| 恶性疟原虫 | 环孢子蛋白 | 羧基端区Ⅱ＋PCSVTCGNGIQVRIK |
| 艾滋病病毒 HIV | gp120 | V3 环（loop）NNTRKSIRIQRGPGRAFVTIGKIG |
| 单纯疱疹病毒 HSV | gpC | SP-1 区 RxxxRCFRxxxR |
| 百日咳博德氏菌 | 丝状血凝素 | 羧基末端区 |

在多数情况下，蛋白聚糖可以是共受体系统的一部分，在这个系统中微生物与细胞表面的蛋白聚糖作最初的接触，而后再与另一受体接触。例如，HSV 与细胞表面的硫酸类肝素结合，但是感染则要求另外的非蛋白聚糖受体。蛋白聚糖的共受体作用很像抗凝血酶抑制凝血酶，和基本的 FGF 信号传递所要求的形成三元复合物（见第 29 章和第 34 章）。尽管已经清楚地知道，细胞表面蛋白聚糖的作用是作为黏附的受体，但是它们在入侵和致病过程中有无作用还不清楚。HSV 的糖蛋白 gpB 与硫酸类肝素结合并促进黏

附,以及促进随后的病毒-细胞融合和合孢体的形成。硫酸类肝素如何促使膜融合的机制还不清楚,很可能是作为一个模板,促进融原性膜蛋白的缔合(参阅第29章)。

## 动物细胞凝集素的微生物糖配体[3,37～44]

有些微生物模拟哺乳动物细胞表面的糖受体。例如，衣原体具有一种复杂的黏附模式，在这种黏附模式中硫酸类肝素被认为是一个桥梁，它既和宿主细胞的蛋白质受体结合，也和衣原体受体结合。最小也需要一个十糖，而且根据化学修饰的肝素进行竞争实验的研究，发现对宿主受体和对微生物受体结合所需的序列不同。有趣的是，衣原体产生一种自身特有的硫酸类肝素样分子，此分子为感染细胞提供了低水平内源硫酸类肝素的机会，或者是提供了缺乏适当结合序列的硫酸类肝素。利什曼原虫以类似的方式利用硫酸类肝素。这是一个开放的研究领域，因为对肝素结合蛋白至今还了解得很肤浅，而对硫酸类肝素样聚糖在这些微生物中的生物合成则研究得更少。

南美古氏锥虫（*Tryoanosoma cruzi*）发展成一种令人感兴趣的分子伪装策略，在这一策略中，寄生虫编码的转唾液酸酶将唾液酸从宿主血清糖蛋白转移到自身表面的膜蛋白上。虽然这一反应的主要功能很可能是覆盖表面聚糖，作为防止宿主免疫反应性的一种方法，然而，唾液酸化的聚糖仍可以被细胞上的唾液酸结合蛋白所识别（见第 22～27 章)。转唾液酸酶也可以作为黏附素。淋病奈瑟氏菌（*Neisseria gonorrhoeae*）利用低水平的CMP-唾液酸，把唾液酸残基覆盖它本身，使它对补体产生抗性。血吸虫是一种寄生性的丝状蠕虫。在人的白细胞表面也发现了 LewisX 抗原。由于 Lewis X 抗原可被选凝素识别，可能为黏附或跨细胞迁移提供了一种机制。(然而，这些聚糖也在宿主内产生了一种巨大的抗 Lewis X 抗体的应答)。细菌周围的荚膜、脂多糖和酵母细胞壁含有以类似方式被哺乳动物细胞凝集素识别的寡糖序列。例如，酵母甘露聚糖既可以被可溶的，也可以被巨噬细胞甘露糖结合蛋白识别，这种现象在婴儿的前免疫期有着重要作用。这些型的糖和糖结合蛋白的结构和生物学分别在第 19、21 和 36 章中讨论。

## 发展方向[5,45～48]

上述相互作用的讨论表明黏附素受体间的相互作用与微生物的致病性相关。毒性和无毒性分离株的检测说明，在某些情况下取决于糖的相互作用。但是在这一领域还需要做更多的工作。在糖基化专一性的步骤中，利用有基因缺陷的小鼠模型（见第 32、33 章)，毫无疑问证实这一点是有用的。但是，最终还是靠干预这些过程的能力来确定是否存在因果关系和这种相互作用是否是药物介入的合适目标。

黏附分子表现为潜在的靶标产生其抗体用作疫苗。然而，细胞上存在多种黏附素，可能使控制感染的计划受到挫折。体外结合的研究提示出另一构想，即把已知与黏附素相互作用的寡糖给适宜用药的动物模型服用，然后再检测动物模型的微生物分布、组织定植、以及宿主的存活率。外源肝素和相关多糖抑制病毒复制的能力，提示这一方法可能导致生产以多糖为基础的抗病毒药物。证实多价糖配体可能更为有效，但因用药上的困难，它们仅限于用在呼吸和胃肠道系统。

由于可以获得越来越多的晶体结构，一定会提高小分子抑制剂定型设计的能力，使得这些抑制剂更适配糖识别域和黏附素的活性位点。在这方面已有成功的先例，流感血凝素和神经氨酸酶的晶体结构已经提示可以用多种方法修饰唾液酸，使其更好地适配活性部位。有些化合物已经在人体上进行了试验（见第40、41章）。

（王克夷 译　　王俊琦 校）

## 参 考 文 献


1. Karlsson K.-A. 1989. Animal glycosphingolipids as membrane attachment sites for bacteria. *Annu. Rev. Biochem.* **58**: 309–350.
2. Sharon N. and Lis H. 1989. Lectins as cell recognition molecules. *Science* **246**: 227–234.
3. ——— 1993. Carbohydrates in cell recognition. *Sci. Am.* **268**: 82–89.
4. Patti J.M. and Hook M. 1994. Microbial adhesins recognizing extracellular matrix macromolecules. *Curr. Opin. Cell Biol.* **6**: 752–758.
5. Karlsson K.A. 1995. Microbial recognition of target-cell glycoconjugates. *Curr. Opin. Struct. Biol.* **5**: 622–635.
6. Mouricout M. 1997. Interactions between the enteric pathogen and the host—An assortment of bacterial lectins and a set of glycoconjugate receptors. *Adv. Exp. Med. Biol.* **412**: 109–123.
7. Rostand K.S. and Esko J.D. 1997. Microbial adherence to and invasion through proteoglycans. *Infect. Immun.* **65**: 1–8.
8. St. Geme J.W. 1997. Bacterial adhesins: Determinants of microbial colonization and pathogenicity. *Adv. Pediatr.* **44**: 43–72.
9. Magnani J.L., Brockhaus M., Smith D.F., and Ginsburg V. 1982. Detection of glycolipid ligands by direct binding of carbohydrate-binding proteins to thin-layer chromatograms. *Methods Enzymol.* **83**: 235–241.
10. Karlsson K.A. and Stromberg N. 1987. Overlay and solid-phase analysis of glycolipid receptors for bacteria and viruses. *Methods Enzymol.* **138**: 220–232.
11. Prakobphol A., Murray P.A., and Fisher S.J. 1987. Bacterial adherence on replicas of sodium dodecyl sulfate-polyacrylamide gels. *Anal. Biochem.* **164**: 5–11.
12. Karlsson A., Markfjäll M., Lundqvist H., Strömberg N., and Dahlgren C. 1995. Detection of glycoprotein receptors on blotting membranes by binding of live bacteria and amplification by growth. *Anal. Biochem.* **224**: 390–394.
13. Hultgren S.J. and Normark S. 1991. Biogenesis of the bacterial pilus. *Curr. Opin. Genet. Dev.* **1**: 313–318.
14. Wick M.J., Madara J.L., Fields B.N., and Normark S.J. 1991. Molecular cross talk between epithelial cells and pathogenic microorganisms. *Cell* **67**: 651–659.
15. Bry L., Falk P.G., Midtvedt T., and Gordon J.I. 1996. A model of host-microbial interactions in an open mammalian ecosystem [see comments]. *Science* **273**: 1380–1383.
16. Corfield T. 1992. Bacterial sialidases—Roles in pathogenicity and nutrition. *Glycobiology* **2**: 509–521.
17. Merritt E.A., Sarfaty S., van den Akker F., L'Hoir C., Martial J.A., and Hol W.G. 1994. Crystal structure of cholera toxin B-pentamer bound to receptor GM1 pentasaccharide. *Protein Sci.* **3**: 166–175.
18. Merritt E.A. and Hol W.G. 1995. AB5 toxins. *Curr. Opin. Struct. Biol.* **5**: 165–171.
19. Zhang R.G., Scott D.L., Westbrook M.L., Nance S., Spangler B.D., Shipley G.G., and Westbrook E.M. 1995. The three-dimensional crystal structure of cholera toxin. *J. Mol. Biol.* **251**: 563–573.
20. Varki A. 1997. Sialic acids as ligands in recognition phenomena. *FASEB. J.* **11**: 248–255.
21. Wilson I.A., Skehel J.J., and Wiley D.C. 1981. Structure of the haemagglutinin membrane glycoprotein of influenza virus at 3 Å resolution. *Nature* **289**: 366–373.
22. Rogers G.N., Paulson J.C., Daniels R.S., Skehel J.J., Wilson I.A., and Wiley D.C. 1983. Single amino acid substitutions in influenza haemagglutinin change receptor binding specificity. *Nature* **304**: 76–78.

23. Rogers G.N. and Paulson J.C. 1983. Receptor determinants of human and animal influenza virus isolates: Differences in receptor specificity of the H3 hemagglutinin based on species of origin. *Virology* **127**: 361–373.
24. Weis W., Brown J.H., Cusack S., Paulson J.C., Skehel J.J., and Wiley D.C. 1988. Structure of the influenza virus haemagglutinin complexed with its receptor, sialic acid. *Nature* **333**: 426–431.
25. Ravdin J.I., Stanley P., Murphy C.F., and Petri W.A. Jr. 1989. Characterization of cell surface carbohydrate receptors for *Entamoeba histolytica* adherence lectin. *Infect. Immun.* **57**: 2179-2186.
26. Orlandi P.A., Sim B.K., Chulay J.D., and Haynes J.D. 1990. Characterization of the 175-kilodalton erythrocyte binding antigen of *Plasmodium falciparum*. *Mol. Biochem. Parasitol.* **40**: 285–294.
27. Glick G.D., Toogood P.L., Wiley D.C., Skehel J.J., and Knowles J.R. 1991. Ligand recognition by influenza virus. The binding of bivalent sialosides. *J. Biol. Chem.* **266**: 23660–23669.
28. Toogood P.L., Galliker P.K., Glick G.D., and Knowles J.R. 1991. Monovalent sialosides that bind tightly to influenza A virus. *J. Med. Chem.* **34**: 3138–3140.
29. Klotz F.W., Orlandi P.A., Reuter G., Cohen S.J., Haynes J.D., Schauer R., Howard R.J., Palese P., and Miller L.H. 1992. Binding of *Plasmodium falciparum* 175-kilodalton erythrocyte binding antigen and invasion of murine erythrocytes requires N-acetylneuraminic acid but not its O-acetylated form. *Mol. Biochem. Parasitol.* **51**: 49–54.
30. Joe A., Hamer D.H., Kelley M.A., Pereira M.E., Keusch G.T., Tzipori S., and Ward H.D. 1994. Role of a Gal/GalNAc-specific sporozoite surface lectin in *Cryptosporidium parvum*-host cell interaction. *J. Eukaryot. Microbiol.* **41**: 44S.
31. Sim B.K., Carter J.M., Deal C.D., Holland C., Haynes J.D., and Gross M. 1994. *Plasmodium falciparum*: Further characterization of a functionally active region of the merozoite invasion ligand EBA-175. *Exp. Parasitol.* **78**: 259–268.
32. Adler P., Wood S.J., Lee Y.C., Lee R.T., Petri W.A. Jr., and Schnaar R.L. 1995. High affinity binding of the *Entamoeba histolytica* lectin to polyvalent N-acetylgalactosaminides. *J. Biol. Chem.* **270**: 5164–5171.
33. Gambaryan A.S., Piskarev V.E., Yamskov I.A., Sakharov A.M., Tuzikov A.B., Bovin N.V., Nifant'ev N.E., and Matrosovich M.N. 1995. Human influenza virus recognition of sialyloligosaccharides. *FEBS Lett.* **366**: 57–60.
34. Rosenthal P.B., Zhang X.D., Formanowski F., Fitz W., Wong C.H., Meier-Ewert H., Skehel J.J., and Wiley D.C. 1998. Structure of the haemagglutinin-esterase-fusion glycoprotein of influenza C virus. *Nature* **396**: 92–96.
35. Chen Y.P., Maguire T., Hileman R.E., Fromm J.R., Esko J.D., Linhardt R.J., and Marks R.M. 1997. Dengue virus infectivity depends on envelope protein binding to target cell heparan sulfate. *Nature Med.* **3**: 866–871.
36. Conrad H.E. 1998. *Heparin-binding proteins*, pp. 1–527. Academic Press, San Diego.
37. Ezekowitz R.A. and Stahl P.D. 1988. The structure and function of vertebrate mannose lectin-like proteins. *J. Cell Sci. (suppl.)* **9**: 121–133.
38. Demarco de Hormaeche R., van Crevel R., and Hormaeche C.E. 1991. *Neisseria gonorrhoeae* LPS variation, serum resistance and its induction by cytidine 5′-monophospho-N-acetylneuraminic acid. *Microb. Pathog.* **10**: 323–332.
39. Butcher B.A., Sklar L.A., Seamer L.C., and Glew R.H. 1992. Heparin enhances the interaction of infective *Leishmania donovani* promastigotes with mouse peritoneal macrophages. A fluorescence flow cytometric analysis. *J. Immunol.* **148**: 2879–2886.
40. Zhang J.P. and Stephens R.S. 1992. Mechanism of *C. trachomatis* attachment to eukaryotic host cells. *Cell* **69**: 861–869.
41. Love D.C., Esko J.D., and Mosser D.M. 1993. A heparin-binding activity on leishmania amastigotes which mediates adhesion to cellular proteoglycans. *J. Cell Biol.* **123**: 759–766.
42. Schenkman S., Eichinger D., Pereira M.E.A., and Nussenzweig V. 1994. Structural and functional properties of *Trypanosoma trans*-sialidase. *Annu. Rev. Microbiol.* **48**: 499–523.
43. Cummings R.D. and Nyame A.K. 1996. Glycobiology of schistosomiasis. *FASEB J.* **10**: 838–848.
44. Stahl P.D. and Ezekowitz R.A. 1998. The mannose receptor is a pattern recognition receptor involved in host defense. *Curr. Opin. Immunol.* **10**: 50–55.
45. Frangipane J.V. and Rest R.F. 1993. Anaerobic growth and cytidine 5′-monophospho-N-acetylneuraminic acid act synergistically to induce high-level serum resistance in *Neisseria gonorrhoeae*. *Infect.*

*Immun.* **61**: 1657–1666.

46. Neyts J. and De Clercq E. 1995. Effect of polyanionic compounds on intracutaneous and intravaginal herpesvirus infection in mice: Impact on the search for vaginal microbicides with anti-HIV activity. *J. Acquir. Immune Defic. Syndr.* **3**: 1-5.
47. Clayette P., Moczar E., Mabondzo A., Martin M., Toutain B., Marcé D., and Dormont D. 1996. Inhibition of human immunodeficiency virus infection by heparin derivatives. *Aids Res. Hum. Retroviruses* **12**: 63–69.
48. Von Itzstein M. and Thomson R.J. 1997. Sialic acids and sialic acid-recognising proteins: Drug discovery targets and potential glycopharmaceuticals. *Curr. Med. Chem.* **4**: 185–210.

本章初稿由 D．Esko（圣迭戈加利福尼亚大学）编写。

# 第 29 章　糖胺聚糖结合蛋白



在蛋白聚糖上发现的糖胺聚糖与各种类型的蛋白质结合，其中某些蛋白质具有正电氨基酸的特殊排列。本章集中讨论具有特异生物功能和对其糖结合序列有所了解的糖胺聚糖结合蛋白，也讨论 GAG-结合蛋白的测定方法，包括糖胺聚糖以及有关糖胺聚糖结合蛋白的三维结构。

## 引言[1]

糖胺聚糖可与许多不同类型的蛋白质相互作用。事实上，肝素与抗凝血酶的结合是生理学有关的蛋白质与复合糖特异相互作用的最早实例之一（见第 22 章）。阐明与抗凝血酶结合肝素的亚结构包括肝素片段详细的化学分析、寡糖的化学合成、抗凝血酶肽谱的绘制和对抗凝血酶突变的研究，以及最终的抗凝血酶-肝素复合物的结晶。结果表明，高亲和力的结合取决于肝素中相对稀有的五糖序列与正电氨基酸在两个 α 螺旋并列形成裂隙中的相互作用。这些发现成为其他系统中糖胺聚糖与蛋白质相互作用的范例。过去的 5 年中，还阐明了另外几个 GAG-蛋白质系统，并对这类相互作用规律提出了看法。

## 自然界存在多种糖胺聚糖（GAG）结合蛋白[1～9]

文献中已经报道的糖胺聚糖结合蛋白超过 100 种。表 29.1 列举了其中的一小部分。GAG 与蛋白质间的相互作用，对止血、脂质转运和吸收、细胞生长和迁移，以及发育都产生意义深远的生理效应。与 GAG 的结合能引发蛋白质在其产生部位的固定化和以后在基质中的转移，还能调节酶的活力和配体与受体结合，以及防止蛋白质的降解。这种相互作用有些情况依赖于 GAG 链中经修饰过的，小而又非常特异的糖残基序列。已报道的 GAG-结合蛋白都能与肝素和硫酸类肝素，或聚透明质酸相互作用；相对很少数的已知糖胺聚糖结合蛋白以相类似的亲合力和亲和力与硫酸软骨素或硫酸角质素相互作用。出现这种选择性的原因还不清楚。

**表 29.1 GAG-结合蛋白及其生物活性的举例**

| 蛋白质 | GAG | 结合的生理效应 |
|---|---|---|
| 抗凝血酶 | 肝素/HS | 系统的抗凝作用 |
| 肝素辅因子Ⅱ | DS 和肝素 | 局部的抗凝 |
| 组织纤溶酶原激活剂 | 肝素/HS | 血块溶解 |
| 成纤维细胞生长因子 | 肝素/HS | 发生有丝分裂 |
| 肝细胞生长因子 | 肝素/HS | 发生有丝分裂 |
| 细胞因子 IL-8/MIP-1b | 肝素/HS | 炎症 |
| L-和 P-选凝素 | 肝素/HS | 炎症 |
| 细胞外超氧化物歧化酶 | 肝素/HS | 宿主防卫 |
| 脂蛋白脂酶 | 肝素/HS | 局部的脂解和周转 |
| 载脂蛋白 E | 肝素/HS | 清除脂蛋白 |
| 纤连蛋白 | 肝素/HS | 细胞黏附 |
| 层黏连蛋白 | 肝素/HS | 细胞黏附 |
| Ⅴ型胶原 | 肝素/HS | 细胞黏附 |
| 血小板反应蛋白 | 肝素/HS/CS | 细胞黏附/生长 |
| CD44 | 聚透明质酸 | 细胞黏附/移动 |
| RHAMM | 聚透明质酸 | 细胞黏附/移动 |
| 聚集蛋白聚糖 | 聚透明质酸 | 软骨形成 |

## GAG-结合蛋白的测定方法[10～13]

许多现成的方法可用于分析 GAG-蛋白质间的相互作用，而且其中有些还能直接测定 $K_d$ 值。最常用的方法是在含有共价连接 GAG 链（常用肝素）的 Sepharose 柱上对蛋白质进行亲和分级。用不同浓度的 NaCl 洗脱结合的蛋白质，所需的盐浓度一般说来与 $K_d$ 成比例。高亲和力的相互作用至少需用 1mol/L 的 NaCl 才能置换结合的配体；转换成 $K_d$ 值，相当于 $10^{-7}$ 至 $10^{-9}$mol/L（在生理盐浓度下用平衡结合法测定）。低亲和力（$10^{-4}$ 至 $10^{-6}$mol/L）的蛋白质，或在正常条件下（0.15mol/L NaCl）不能结合，或在结合后，只需用0.3～0.5mol/L NaCl即可洗脱。通常这种方法在与其他蛋白质比较时典型地用于评价相对亲和力。采用固定蛋白质，并将GAG的混合物流过分级柱的办法，也可以纯化和分离具有不同亲和力的聚糖亚型。有些少数例子，聚糖可能以两价阳离子依赖的方式进行结合（可用阳离子的螯合剂置换）。

一种被称为亲和共电泳的电泳分离技术可以同时测定亲和力和选择性。这种技术是通过含有结合蛋白的丙烯酰胺凝胶，使放射性标记的GAG电泳移动。通过放射性自显影可以看到GAG与蛋白质的结合，使聚糖的迁移率发生滞后。改变胶中蛋白质的浓度，可以测得表观 $K_d$ 值。这种方法也可以用来从不结合的亚群中分离结合的GAG亚群。利用这种方法可以说明，只有亚级部分（subfraction）的肝素才与抗凝血酶结合(典型制剂的30%)。

另一种技术是滤器-结合检测。在这一技术中，特定的蛋白质在溶液中与放射性标记的一组GAG一起保温，然后，在硝酸纤维素滤器上分离游离的和已与蛋白质结合的糖（游离的糖链不与滤器结合）。这种技术的优点是可在溶液中进行测定，而且测量到的是真实的结合平衡值。检测中加入竞争性的GAG链，可以测定标记和未标记GAG间按大小分级的寡糖对蛋白质配体竞争。还可以在各种条件下测试，例如，不同的盐浓度、两价阳离子、pH和温度等。

不管采用何种技术，都应记住，在分离柱上和固体载体上与固定化GAG的结合，都与蛋白聚糖在细胞表面或胞外基质中的结合不同。为了测定相互作用的生理相关性，可以在导致生物应答的条件下，对结合进行测量。例如，可以测量细胞与改变GAG组分的结合（见第31章），或经专一的裂解酶处理，从细胞表面除去GAG链后（见第11章），再进行测量，看应答是否与GAG存在时相同。利用上述体外检测方法，对相互作用可进行更为深入的研究。

## 构象和序列的考虑[14,15]

如上所述，大多数GAG结合蛋白都与肝素或HS相互作用。HS、CS、KS和聚透明质酸都广泛地分布在各种组织中，还不清楚为什么会出现这种选择性。最直觉的解释可能是，HS中被修饰的糖残基呈现高度的不均一性，但是有报道称，有几个聚透明质酸结合蛋白的聚透明质酸甚至没有任何糖修饰。Conrad对此提出一种假设，正如下面将介绍的，这种差异可能出自艾杜糖醛酸的独特构象带来肝素和HS中所发现的构象选择。虽然这一假设很难证实，但为解释IdoA对GAG二级结构的影响具有指导意义。

GAG为线性的螺旋结构，由交替出现的GlcNAc或GalNAc与GlcA组成（KS例外，它是由交替出现的GlcNAc和Gal组成；见第11章）。对含有高度修饰结构域（[GlcNS6S-IdoA2S]$_n$）的肝素寡糖检验表明，二糖重复单位的N-硫酸和6-O-硫酸基团位于螺旋的对面，与2-O-硫酸基团和羧基分开（书后彩图29.1）。由于N-乙酰和羧基对异头体连键旋转的限制，与多肽链端对端的有限的弯曲相比，相对地说糖链具有刚性。这样，GAG链为取代基提供了相对固定的方位。

对个别糖的构象分析表明，在溶液中GlcNAc和GlcA残基被视为一种优先选择的构象，命名为$^4C_1$（表示碳-4是在碳2、3、5和环中氧所界定的平面之上，而碳1在平面之下)。相比之下，IdoA 表现为$^1C_4$ 或$^2S_0$ 是优先选取的构象（图 29.2），在这些构象中对硫酸取代基的位置重新定向，因此，产生了带电荷基团的方位有所不同。当蛋白质与 HS 链结合时，这一蛋白质能在富含 IdoA 区域潜在地诱导构象改变，这一区域更适宜结合并能增强结合能力。IdoA 总是出现在富含 N-硫酸化和 O-硫酸葡糖胺残基的结构域中（这是因为生物合成的缘故，见第 11 章），这种域也常是蛋白质结合的部位。因此，在这些修饰域中呈现更大的构象柔性，这或许能够解释，为什么如此多的蛋白质对肝素、HS 和 DS 的亲和力比对其他 GAGs 的亲和力高。也有明显的例外，这意味着蛋白质的进化更为近似其他 GAG 的结构。另一种可能性是，与其他 GAG 的结合需要更长的寡聚糖，使蛋白质能在更大结构域上相互作用。

## GAG-结合蛋白中确实存在共有序列吗?[4,8,16～19]

复合 GAG 结合蛋白的发现，促使很多研究人员对是否存在共有的 GAG 结合序列进行研究。回顾以往，由于认为所有的 GAG 结合蛋白只识别肝素中相同的寡糖序列，或者至少是识别那些具有许多共同特征的序列，这在战略上有些过于简单化。现在已经认识到 GAG 结合蛋白可与不同的寡糖序列相互作用（表 29.2）。蛋白质中的结合部位总是含有碱性氨基酸（赖氨酸和精氨酸），它们的正电荷可能与 GAG 链中带负电的硫酸基和羧基相互作用。然而，这些氨基酸的排列变化多端，总与 GAG 伙伴细微结构中的改变保持一致。看起来，优先选择的氨基酸，除赖氨酸和精氨酸外，似乎并不存在其他的氨基酸。

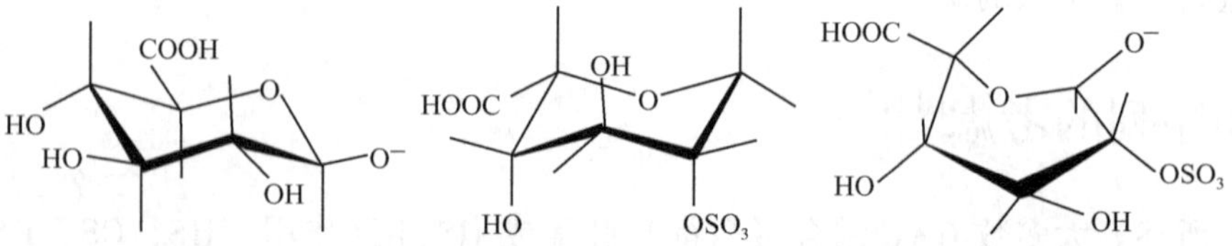


**图 29.2** 个别单体的构象。GlcA 存在于$^4C_1$ 构象，IdoA 以相同能量状态存在于命名为$^1C_4$ 或$^2S_0$ 的构象。

多数蛋白由 α 螺旋，β 折叠和环组成。因此，为衔接一个线性 GAG 链，可以预见，带正电荷的氨基酸残基将不得不沿蛋白片段的同一侧排列。α 螺旋具有每圈 3.4 个残基的周期性，为了和寡糖排列一致，要求沿螺旋每第三或第四位置出现基本残基。在 β 折叠中，每隔一个残基侧链发生改变。这样，如果肽链折叠成 β 折叠，在 GAG 连接蛋白中正电荷残基的分布应该有很大不同。

**表 29.2 GAG 结合蛋白识别的寡糖**

| 蛋白质 | GAG 伙伴 | 寡糖 |
|---|---|---|
| 抗凝血酶 | 肝素/HS | 6S 6S<br>■α4⬘β4■α4⬙α4■<br>NS NS3S 2S NS |
| FGF-2 | 肝素/HS | ⬘β4■α4⬘β4■α4⬙<br>NS NS 2S |
| 脂蛋白脂酶 | 肝素/HS | 6S 6S 6S<br>■α4⬙α4■α4⬙α4■α4⬙<br>NS 2S NS 2S NS 2S |
| 肝素辅因子Ⅱ | DS | 4S 4S 4S<br>□β4⬙α3□β4⬙α3□β4⬙<br>2S 2S 2S |
| 聚集蛋白聚糖 | 聚透明质酸 | ■β4⬘β3■β4⬘β3■β4⬘ |

以 1991 年几个肝素结合蛋白的结构为基础，Cardin 和 Weintraub 提出建议，认为典型的肝素结合部位具有 XBBXBX 或 XBBBXXBX 序列，其中 B 是赖氨酸或精氨酸，X 为其他任何的氨基酸。从上面提供的结构论证来看，在这些序列中只有某些碱性残基能参与 GAG 的结合，结合的实际数目，则决定于肽段是以 α-螺旋还是以 β-折叠的形式存在。现在知道，存在于蛋白质中的这些序列只表明有可能与肝素（或另一 GAG 链）相互作用，并未证明正常条件下确实存在这种相互作用。事实上，在一次测定晶体结构时，发现 bFGF 中预测的肝素结合部位原来是错误的。可能是多个蛋白质参与的结合把带正电荷的残基并行排列于三维识别位点内。根据结合寡糖的类型及其细微结构，残基的特异排列一定有所改变。

在宿主中的植物和动物凝集素和识别糖的抗体中，糖识别域是典型的与寡聚糖末端糖基结合的浅口袋（见第 4、22 章）。在 GAG 结合蛋白中，蛋白质是结合在链中的糖残基而不是末端的糖残基。因此，GAG 结合蛋白中的结合部位是由裂隙或表面并列的几组残基，而不是由口袋组成的。考虑到 GAG 是以螺旋构象存在，只有面向蛋白质的残基可以与氨基酸相互作用；螺旋另一侧的残基则可以任意地与第二个配体相互作用。另一种情况是，在结合裂隙中的残基与螺旋的两侧都能相互作用。最后，还应记住，参与结合的寡糖只代表 GAG 链的一小片段，因此，单个聚糖能结合多个蛋白配体。

与 HS 相反，可望在 HA 结合蛋白中存在更好的共有序列，因为 HA 中的重复单位（$[GlcA\beta 1\text{-}4GlcNAc\beta 1\text{-}4]_n$）是均一的。确实，通过对多种 HA 结合蛋白比较，推断 HA 结合的共有序列为 $BX_7B$，其中 B 是精氨酸或赖氨酸（表 29.3）。然而，对这些模体深入的调研表明，介入其间的 7 个氨基酸中，还有另外的碱性残基。应注意到，如果天然蛋白质中这一肽段表现为 α-螺旋构象，碱性残基的实际位置将会呈线形排列。

## 抗凝血酶-肝素：研究 GAG-结合蛋白的范例[1, 3, 16, 20～22]

蛋白质与 GAG 相互作用研究得最透彻的例子是抗凝血酶与肝素和 HS 的结合。由于肝素在临床上用作抗凝剂，这种相互作用在止血过程中具有重要的生理意义。抗凝血酶是蛋白酶抑制剂中抑丝酶（serpin）家族中的成员，这个家族中的很多成员可以与肝素结合。结合后产生两种效果：第一，引起蛋白质构象的改变，并激活对蛋白酶的抑制作用，结果使凝血酶和因子Ⅹa失活的速率提高 1000 倍。第二，肝素承担着增强凝血酶和抗凝血酶之间物理接触的模板作用。这样，蛋白酶（凝血酶）和抑制剂两者都有 GAG-结合部位。

在这些反应中，肝素作为催化剂，通过底物间的接触和构象改变加大反应速率。在抗凝血酶引发了凝血酶不可逆失活后，复合物失去了对肝素的亲和性，并且解离。然后，肝素又可以用于另一轮的激活/失活循环。

早期采用亲和分级方法的研究表明，大约只有 1/3 肝素制剂中的聚糖真正与抗凝血酶发生高亲和力的结合。将结合的和未结合的聚糖序列进行比较，在结构上显示不出有任何明显的区别，与以后的发现相一致的是结合部位仅由 5 个糖残基组成（肝素链平均长度为 50 个糖残基）。这一观察结果几乎可以扩大到适用于所有 GAG-结合蛋白。由此，可以推断结合部位只相当于聚糖中很小的片段。

用肝素酶和化学解聚的方法使肝素剪切为更小的寡糖，揭示出五糖是最小的以高亲和力与抗凝血酶结合的寡糖。分析五糖结构时发现了一种异常的修饰，在这一修饰中有一硫酸基连接在内部 N-硫酸化/6-O 硫酸化的葡糖胺残基的 3-OH 上（表 29.2）。而且在它前面的一个残基（向非还原端一侧的）总是 GlcA，然而，紧接其后的则经常是 IdoA。3-O-硫酸化的葡糖胺是肝素和 HS 中含量较少的组分，3-O-硫酸化反应也能发生在其他有关序列中，但是催化这种硫酸化的硫酸基转移酶可能不同于参与抗凝血酶结合部位中的酶（见 第 11 章）。

最近，已经制备出抗凝血酶的晶体，而且用 X-射线衍射方法进行了分析，分辨率为 2.6Å（书后彩图 29.3）。肝素五糖泊靠的部位由螺旋 A 和 D 并置形成，在这两段螺旋的界面均含关键的精氨酸和赖氨酸。D 螺旋中的序列（$_{124}$ AKLNCRLYRKANKSSKLVSANR$_{145}$），在靠近螺旋 A（$_{41}$PEATNRRVW$_{49}$）精氨酸处这一螺旋的面上排列着许多带正电的残基。

五糖足以激活趋向结合因子Ⅹa的抗凝血酶，但不能促使凝血酶失活。要使凝血酶失活，至少需要 18 个残基的更大的寡糖片段。如上所述，凝血酶也有一个肝素结合位点，可把这一更大的肝素寡糖片段想像为一个与凝血酶和抗凝血酶形成三元复合物的模板。与抗凝血酶相反，凝血酶表现结合的专一性微乎其微。如所期望的那样，加入高浓度的肝素实际上可抑制这个反应，因为形成肝素和凝血酶，或肝素和抗凝血酶的二元复合物占压倒优势。这个重要的低浓度激活，高浓度抑制的原则，也体现在其他形成三元复合物的系统（见第 28 章）。

肝素是肥大细胞惟一的产物，虽然已经证明它在治疗上非常有用，但是，参与控制凝血酶的天然寡糖很可能是出现在内皮细胞表面蛋白聚糖上的内源性硫酸类肝素，不同于来自其他组织和细胞不含抗凝血酶结合序列的硫酸类肝素，它可以含有少量的抗凝血酶结合序列。但是，这类结合序列的位置似乎是位于离开管腔的一侧，除非在受伤后，好像并不暴露给血液。抗凝血酶内源性激活剂的性质尚待证实。

## 成纤维细胞生长因子(FGF)-肝素相互作用增强对 FGF-受体信号转导的刺激[23～30]

许多生长因子可以根据它们对肝素的亲和力进行纯化。与肝素结合的生长因子的家族成员已经增加到 9 个以上，包括原型的 FGF-2，也称为碱性成纤维细胞生长因子。FGF-2 对肝素有很高的亲和力（$K_d$ 约 $10^{-9}$ mol/L），需要用 1.5～2.0mol/L NaCl 才能将其从肝素-交联琼脂糖凝胶上洗脱下来。在表达 FGF 信号转导受体之一（已知有 4 种这样的受体）的细胞中，FGF-2 具有强烈的促细胞分裂活性。细胞表面的 HS 与 FGF-2 及其受体都可以结合，促使形成三元复合物。结合和促有丝分裂应答这两个方面都明显地受到肝素或 HS 的刺激，刺激很可能来自配体二聚化（图 29.4）。

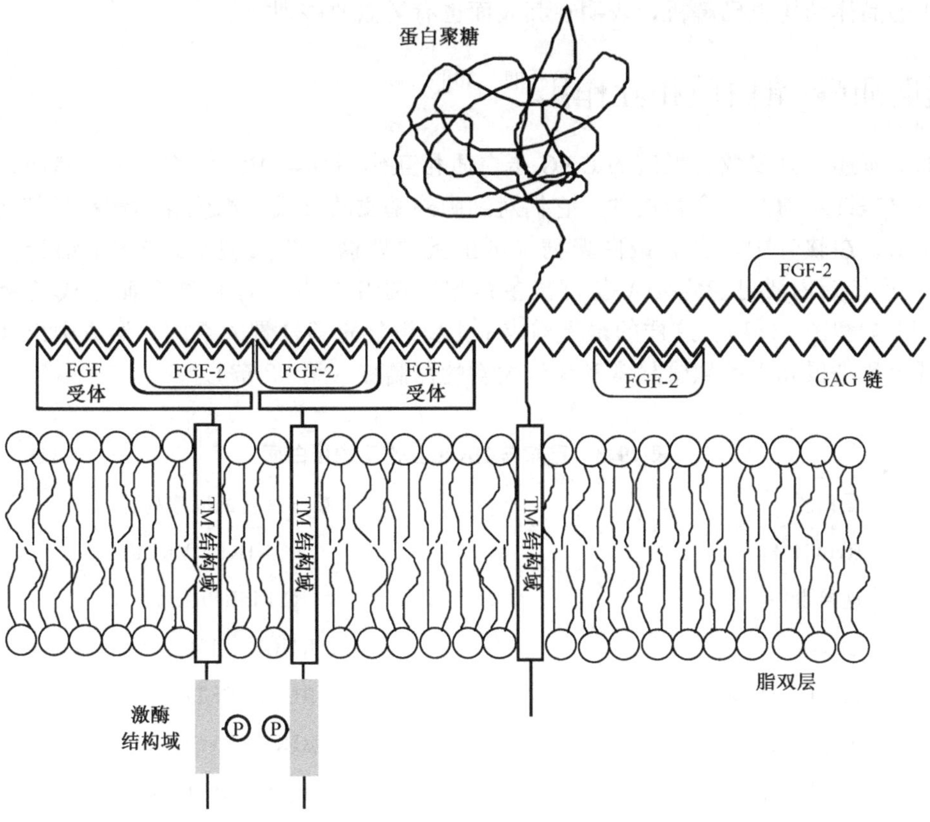


**图 29.4** 在 HS 蛋白聚糖、bFGF 和 bFGF 受体之间形成复合物。肝素或 HS 与 bFGF 的结合可降低受体活化所需的浓度。

在这一系统中，HS（和肝素）的共激作用使人想到肝素/抗凝血酶/凝血酶的故事。事实上，FGF-2 最小结合序列也由五糖组成（表 29.2）。然而，这种五糖并不能激发生物应答（促有丝分裂）。要发生有丝分裂需要含有最小序列和两侧富含更长单位的 6-O-硫酸化，N-硫酸化葡糖胺的寡聚糖（12 聚体），原因可能是这类寡糖可与 FGF 受体结合。在 HS 和肝素中与 FGF-2 结合的五糖颇为普遍。要求在结构上不同于结合受体的相邻序列，以减少天然 HS 中可能出现的这种特殊排列。这样，有些 HS 制剂是无活性的，只有含一半双向结合序列的 HS 才真正地具有抑制性。

已经获得 FGF-2 与肝素六糖共结晶的晶体结构（书后彩图 29.5）。肝素片段（$[GlcNS6S\alpha 1\text{-}4IdoA\alpha 1\text{-}4]_3$）是螺旋状的，而且结合到含有 Asn-28、Arg-121、Lys-126、Gln-135 残基的 bFGF 表面区域和另一个由 Lys-27、Asn-102 和 Lys-135 组成的结合部位。由${}_{120}$KRTGQYKLGSKTGPGQK${}_{136}$序列组成的线性片段与 Cardin 和 Weintraub 预测的并不一致。只有来自邻近 IdoA 的一个 N-硫酸化和 2-O-硫酸化的基团与第一结合域的生长因子结合，紧接其后的 GlcNS 残基则与第二个位点结合，这与由寡糖限定的最小结合序列相符（表 29.2）。与肝素寡糖结合后，FGF-2 没有出现明显的构象变化，这与肝素主要是使 FGF-2 二聚化和把 FGF 信号转导途径的组分并列起来的观点是吻合的。FGF-1 的晶体结构也已解析，表明在其表面也有类似的序列。

## 聚透明质酸-蛋白质相互作用[31～36]

如上所述，大多数已报道的 GAG-蛋白质相互作用都与 HS/肝素有关。然而，也有一些报道是针对 HA-结合蛋白的，它们对细胞外基质的形成、细胞黏附和移动都起着重要的作用。在软骨中，含有蛋白聚糖（可聚蛋白聚糖）的大型 CS 与 HA 结合（见表 29.2）。连接蛋白质可稳定 HA 与可聚蛋白聚糖两者以 1∶1 计量结合而形成的聚集体（见第 11 章和图 11.1）。这样的聚集构成了主要组分充满软骨的空间。形成中出现的缺陷，可导致小鼠和人的软骨异常和比例失常的侏儒症（第 32 章）。

**表 29.3　已知与 HA 相互作用的蛋白质**

| 蛋白质 | 参与结合的肽序列 |
| --- | --- |
| RHAMM | ${}_{401}$KQKIKHVVKLK${}_{411}$ |
| 连接蛋白 | ${}_{316}$RYPISRPRKR${}_{325}$ |
| CD44 | ${}_{38}$KNGRYSISR${}_{46}$ |
| 聚透明质酸酶 | ${}_{96}$RGTRSGSTR${}_{104}$ |
| 聚集蛋白聚糖 | ${}_{71}$RIKWSRVSK${}_{79}$ |
| 聚透明质酸 | ${}_{2109}$KRTMRPTRR${}_{2117}$ |

长时间 HA 被认为与细胞黏附和细胞行动有关，因为许多类型的细胞大量表达这种聚糖，特别是高度游走的肿瘤细胞（motile tumor cell），而且在形态发生过程中也有大量表达。在搜寻细胞表面受体时，发现了两种主要的与 HA 结合的膜蛋白：CD44 和 RHAMM［聚透明质酸和游动（motility）受体］。许多细胞都大量表达 CD44，由于不同的 mRNA 剪接，导致糖基化程度、寡聚程度和蛋白质序列均有显著改变。所有这些因素都被认为可以影响 HA 的亲和力。CD44/HA 相互作用可以介导白细胞滚动和在某些组织中的外渗（extravasation）。CD44 表达的改变还和许多肿瘤和癌的转移扩散有

关，尽管也与其他一些肿瘤相关因子有关，但是彼此间不存在严格的相关性。许多细胞也表达 RHAMM 蛋白受体，这类受体可能通过导向黏着斑形成的酪氨酸激酶信号转导途径也参与细胞游动和细胞转化。可以认为 RHAMM 这一途径诱导黏着斑传导细胞骨架变化的信号，对于肿瘤增长、入侵和转移中见到的细胞游动性偏高，这种信号传导非常必要。和 CD44 一样，RHAMM 以不同的剪接突变体出现，其中有一些可能出现在细胞内部。RHAMM 和 CD44 两者都含有与 $BX_7B$ 共有序列相匹配的 HA 结合模体（表 29.3）。

## 其他 GAG-蛋白质的相互作用[7, 37～40]

肝素辅因子Ⅱ是另一种凝血酶抑制剂，它与硫酸皮肤素和肝素结合。肝素辅因子Ⅱ的结构与抗凝血酶的非常相似，具有与 GAG 互补的结合位点。然而，与抗凝血酶不同的是，肝素辅因子Ⅱ是惟一的可与 DS 结合的抑丝酶。因为肝素辅因子Ⅱ不与 HS 相互作用，因此，其作为抗凝剂的功能仅限制在基质中暴露 DS 蛋白聚糖的受损组织。如表 29.2 所示，结合的 DS 是由富含 IdoA 的一种重复结构组成。

已表明 L 和 P 选凝素可以二价阳离子依赖性的方式与 HS 和肝素的亚部分（subfraction）结合。这类选凝素是与某些唾液酸化、岩藻糖基化和硫酸化的糖蛋白配体结合的钙依赖性的 C-型凝集素（见第 25 章）。然而，L 和 P 选凝素还以钙依赖的方式，通过未取代的葡糖胺单位中强化 HS 的方法识别内皮细胞的蛋白聚糖。猪小肠肝素显示具有类似的特性。这样，内皮组织衍生的硫酸类肝素链和肥大细胞产生的肝素可能在体内调控选凝素起生物作用。虽然这些作用的生理相关性还有待肯定，这一观察结果表明，其他类阳离子依赖型的 GAG 链受体的存在可能性增加了。

病毒、细菌和寄生虫利用细胞表面的 GAG 作为黏附受体，以促进定植和对细胞可能的入侵。许多这类相互作用已被跟踪到细菌表面与质膜蛋白聚糖结合的特异蛋白质上。这一论题在第 29 章作更详尽的讨论。

## 发展方向

综上所述，现在已经积累了有关 GAG 结合蛋白及其配体分子的大量信息。Conrad 编写的肝素结合蛋白是一本很好的专著，是收藏 GAG 与蛋白质相互作用方面书籍的图书馆所必备的。与其他类糖结合蛋白，如植物和动物凝集素（见 22～27、30 章）不同，GAG 结合蛋白形成一组特殊的不能按一级序列模体分类的糖结合蛋白。为此，很难利用序列比较分析的方法发现新的 GAG 结合蛋白，而是采用可溶性蛋白制剂和固定化 GAG 链作为亲和模型直接测定结合的方法发现新成员。幸运的是，有大量现成的 GAG，制成具有亲和性的分析柱，与由规定的 N-聚糖和 O-聚糖组成的可比性模型进行比较相对要容易些。当更多的晶体结构解析清楚后，再对界定 GAG 寡糖的合成方法进行改进，对 GAG-蛋白质相互作用的了解会更加深入。

利用已有的蛋白质-GAG 复合物晶体结构应该可以发明设计出一些作为 GAG 的激

动剂和拮抗剂的模式化合物。可以断定这类制剂在重要的 GAG-蛋白质相互作用条件下可以作为有效的药物。这样，我们预期可开发出治疗传染病（见第 28 章）、增进创伤愈合以及改变肿瘤增长和转移（见第 35 章）等方面的合成化合物。今后的研究重点应致力于各种 GAG-结合蛋白相关过程的分离及其特性的鉴定。

（王克夷 译　　马毓甲 校）

## 参 考 文 献


1. Conrad H.E. 1998. *Heparin-binding proteins.* Academic Press, San Diego.
2. Gallagher J.T., Lyon M., and Steward W.P. 1986. Structure and function of heparan sulphate proteoglycans. *Biochem. J.* **236:** 313–325.
3. Lane D.A. and Lindahl U. 1989. *Heparin: Chemical and biological properties, clinical applications.* CRC Press, Boca Raton.
4. Jackson R.L., Busch S.J., and Cardin A.D. 1991. Glycosaminoglycans: Molecular properties, protein interactions, and role in physiological processes. *Physiol. Rev.* **71:** 481–539.
5. Kjellén L. and Lindahl U. 1991. Proteoglycans: Structures and interactions. *Annu. Rev. Biochem.* **60:** 443–475.
6. Lindahl U., Lidholt K., Spillmann D., and Kjellén L. 1994. More to "heparin" than anticoagulation. *Thromb. Res.* **75:** 1–32.
7. Parthasarathy N., Goldberg I.J., Sivaram P., Mulloy B., Flory D.M., and Wagner W.D. 1994. Oligosaccharide sequences of endothelial cell surface heparan sulfate proteoglycan with affinity for lipoprotein lipase. *J. Biol. Chem.* **269:** 22391–22396.
8. Yang B., Yang B.L., Savani R.C., and Turley E.A. 1994. Identification of a common hyaluronan binding motif in the hyaluronan binding proteins RHAMM, CD44 and link protein. *EMBO J.* **13:** 286–296.
9. Vyas K.A., Patel H.V., Vyas A.A., and Wu W.G. 1998. Glycosaminoglycans bind to homologous cardiotoxins with different specificity. *Biochemistry* **37:** 4527–4534.
10. Farooqui A.A. and Horrocks L.A. 1984. Heparin-sepharose affinity chromatography. *Adv. Chromatogr.* **23:** 127–148.
11. Lee M.K. and Lander A.D. 1991. Analysis of affinity and structural selectivity in the binding of proteins to glycosaminoglycans: Development of a sensitive electrophoretic approach. *Proc. Natl. Acad. Sci.* **88:** 2768–2772.
12. Maccarana M. and Lindahl U. 1993. Mode of interaction between platelet factor 4 and heparin. *Glycobiology* **3:** 271–277.
13. Mach H., Volkin D.B., Burke C.J., Middaugh C.R., Linhardt R.J., Fromm J.R., Loganathan D., and Mattsson L. 1993. Nature of the interaction of heparin with acidic fibroblast growth factor. *Biochemistry* **32:** 5480–5489.
14. Arnott S. and Mitra A.K. 1984. *Molecular biophysics of the extracellular matrix.* Humana Press, Clifton, New Jersey.
15. Mulloy B., Forster M.J., Jones C., and Davies D.B. 1993. N.m.r. and molecular-modelling studies of the solution conformation of heparin. *Biochem. J.* **293:** 849–858.
16. Cardin A.D. and Weintraub H.J. 1989. Molecular modeling of protein-glycosaminoglycan interactions. *Arteriosclerosis* **9:** 21–32.
17. Whiteheart S.W., Shenbagamurthi P., Chen L., Cotter R.J., and Hart G.W. 1989. Murine elongation factor 1 α (EF-1 α) is posttranslationally modified by novel amide-linked ethanolamine-phosphoglycerol moieties. Addition of ethanolamine-phosphoglycerol to specific glutamic acid residues on EF-1 α *J. Biol. Chem.* **264:** 14334–14341.
18. Yang B., Hall C.L., Yang B.L., Savani R.C., and Turley E.A. 1994. Identification of a novel heparin binding domain in RHAMM and evidence that it modifies HA mediated locomotion of *ras*-trans-

formed cells. *J. Cell. Biochem.* **56:** 455–468.
19. Hileman R.E., Fromm J.R., Weiler J.M., and Linhardt R.J. 1998. Glycosaminoglycan-protein interactions: Definition of consensus sites in glycosaminoglycan binding proteins. *BioEssays* **20:** 156–167.
20. Herr A.B., Ornitz D.M., Sasisekharan R., Venkataraman G., and Waksman G. 1997. Heparin-induced self-association of fibroblast growth factor-α—Evidence for two oligomerization processes. *J. Biol. Chem.* **272:** 16382–16389.
21. Moy F.J., Safran M., Seddon A.P., Kitchen D., Bhlen P., Aviezer D., Yayon A., and Powers R. 1997. Properly oriented heparin-decasaccharide-induced dimers are the biologically active form of basic fibroblast growth factor. *Biochemistry* **36:** 4782–4791.
22. Skinner R., Abrahams J.P., Whisstock J.C., Lesk A.M., Carrell R.W., and Wardell M.R. 1997. The 2.6 Å structure of antithrombin indicates a conformational change at the heparin binding site. *J. Mol. Biol.* **266:** 601–609.
23. Rapraeger A.C., Krufka A., and Olwin B.B. 1991. Requirement of heparan sulfate for bFGF-mediated fibroblast growth and myoblast differentiation. *Science* **252:** 1705–1708.
24. Yayon A., Klagsbrun M., Esko J.D., Leder P., and Ornitz D.M. 1991. Cell surface, heparin-like molecules are required for binding of basic fibroblast growth factor to its high affinity receptor. *Cell* **64:** 841–848.
25. Gallagher J.T. and Turnbull J.E. 1992. Heparan sulphate in the binding and activation of basic fibroblast growth factor. *Glycobiology* **2:** 523–528.
26. Guimond S., Maccarana M., Olwin B.B., Lindahl U., and Rapraeger A.C. 1993. Activating and inhibitory heparin sequences for FGF-2 (basic FGF). Distinct requirements for FGF-1, FGF-2, and FGF-4. *J. Biol. Chem.* **268:** 23906–23914.
27. Kan M., Wang F., Xu J., Crabb J.W., Hou J., and McKeehan W.L. 1993. An essential heparin-binding domain in the fibroblast growth factor receptor kinase. *Science* **259:** 1918–1921.
28. Maccarana M., Casu B., and Lindahl U. 1993. Minimal sequence in heparin/heparan sulfate required for binding of basic fibroblast growth factor. *J. Biol. Chem.* **268:** 23898–23905.
29. Faham S., Hileman R.E., Fromm J.R., Linhardt R.J., and Rees D.C. 1996. Heparin structure and interactions with basic fibroblast growth factor. *Science* **271:** 1116–1120.
30. Kan M., Wang F., To B., Gabriel J.L., and McKeehan W.L. 1996. Divalent cations and heparin/heparan sulfate cooperate to control assembly and activity of the fibroblast growth factor receptor complex. *J. Biol. Chem.* **271:** 26143–26148.
31. Neame P.J., Christner J.E., and Baker J.R. 1987. Cartilage proteoglycan aggregates. The link protein and proteoglycan. *J. Biol. Chem.* **262:** 17768–17778.
32. Knudson C.B. and Knudson W. 1993. Hyaluronan-binding proteins in development, tissue homeostasis, and disease. *FASEB J.* **7:** 1233–1241.
33. Pilarski L.M., Masellis-Smith A., Belch A.R., Yang B., Savani R.C., and Turley E.A. 1994. RHAMM, a receptor for hyaluronan-mediated motility, on normal human lymphocytes, thymocytes and malignant B cells: A mediator in B cell malignancy? *Leuk. Lymphoma.* **14:** 363–374.
34. Toole B.P. 1997. Hyaluronan in morphogenesis. *J. Intern. Med.* **242:** 35–40.
35. Borland G., Ross J.A., and Guy K. 1998. Forms and functions of CD44. *Immunology.* **93:** 139–148.
36. Zhang S.W., Chang M.C.Y., Zylka D., Turley S., Harrison R., and Turley E.A. 1998. The hyaluronan receptor RHAMM regulates extracellular-regulated kinase. *J. Biol. Chem.* **273:** 11342–11348.
37. Maimone M.M. and Tollefsen D.M. 1990. Structure of a dermatan sulfate hexasaccharide that binds to heparin cofactor II with high affinity. *J. Biol. Chem.* **265:** 18263–18271.
38. Norgard-Sumnicht K.E. and Varki A. 1995. Endothelial heparan sulfate proteoglycans that bind to L-selectin have glucosamine residues with unsubstituted amino groups. *J. Biol. Chem.* **270:** 12012–12024.
39. Rostand K.S. and Esko J.D. 1997. Microbial adherence to and invasion through proteoglycans. *Infect. Immun.* **65:** 1–8.
40. Koenig A., Norgard-Sumnicht K., Linhardt R., and Varki A. 1998. Differential interactions of heparin and heparan sulfate glycosaminoglycans with the selectins—Implications for the use of unfractionated and low molecular weight heparins as therapeutic agents. *J. Clin. Invest.* **101:** 877–889.

本章的初稿由 J. D. Esko（圣迭戈加利福尼亚大学）编写。

# 第 30 章　植物凝集素



大多数植物都含有一种或多种被称为植物凝集素的糖结合蛋白。虽然这些蛋白质在植物中的功能还刚开始被人们理解，但是凝集素对糖生物学这个领域的发展却有着特殊重要性。大多数凝集素是多价的，并能凝集细胞。此外，因为各种凝集素能够高亲和性地识别不同糖类结构，因此，它们常常用于鉴别糖缀合物。本章介绍了植物凝集素的多样性、它们是如何分离和鉴定的以及它们的结构和识别的糖类。另外，还介绍了植物凝集素在糖缀合物研究方法中的应用。

## 植物凝集素的历史背景[1]

上个世纪，从植物种子中鉴定到一些能够结合并凝集细胞的蛋白质；因为这些蛋白质能凝集红血球，而被命名为血球凝集素（hemagglutinin）。然而，当时并不知道它们是否能识别糖类。1919 年，伟大的生物化学家 J. B. Sumner 从普通的巨刀豆（*Canavalia ensiformis*）中结晶出现在称为伴刀豆球蛋白 A（ConA）的蛋白质，这远早于 1926 年第一个酶（脲酶）的结晶。后来，在 1936 年 Sumner 发现 ConA 能结合并沉淀一些多糖，例如糖原和淀粉。但是，凝集素（lectin，起源于拉丁字 *lectus*，其含义为收集和选择）这个词汇到 1954 年才被普遍采用。总之，凝集素被定义为一种能够与糖结合、而又不修饰糖的、非免疫来源的蛋白质。凝集素这个词最初限制在用于可溶性、多价并能凝集的蛋白质，在历史上还曾经限于用在植物来源的蛋白质。然而，凝集素这个词如今已广泛使用，泛指不能对其配体有催化反应的所有类型糖结合蛋白。

从那时开始，已经鉴定了数百种不同的植物凝集素，并研究了其特性。这些蛋白质的有效性和对复合糖类的精确专一性，将糖生物学这一领域推向了一个新时代。表 30.1 中关于凝集素的简短历史，说明了植物凝集素的研究对近代生物化学的发展作出了巨大贡献。从植物凝集素的分离、特性研究和结合活性测定方法中学到的知识对发现

C-类凝集素和S-类凝集素（半乳凝素）的近代突破起到了直接的作用。

**表 30.1 植物凝集素的历史回顾**

| 时期 | 研究者 | 发现 |
|---|---|---|
| 1888年 | H. Stillmark | 蓖麻植物提取液具有血凝活性 |
| 1890年 | P. Ehrlich | 在早期的免疫学研究中凝集素被用作抗原 |
| 1908年 | K. Landsteiner 和 H. Raubitsheck | 在不同的植物种子中具有不同的血凝活性 |
| 1919年 | J. Sumner | 结晶出 Con A |
| 1936年 | J. Sumner | 凝集素可以结合糖类，Con A 可沉淀糖原 |
| 1940年 | W. Boyd、R. Reguera 和 K. O. Renkonen | 凝集素对一些血型抗原有专一性 |
| 1952年 | W. Watkins 和 W. Morgan | 利用凝集素和糖苷水解酶证明了血型抗原是糖类，并推测了抗原的结构 |
| 1954年 | W. Boyd 和 E. Shyleigh | 用凝集素这个名词代替血凝素 |
| 1960年 | P. C. Nowell | 红肾豆凝集素对静止的淋巴细胞促进有丝分裂 |
| 1960至1980年 | J. C. Aub，M. Burgern 和 G. Nicolson | 凝集素选择性地凝集一些动物肿瘤细胞 |

## 植物凝集素的分类和序列[2～6]

鉴定得最清楚的植物凝集素家族是豆科（表 30.2）。这个家族包括诸如 Con A、大豆凝集素和兵豆凝集素等。谷物（例如麦胚）和茄科（马铃薯和番茄）是另外两个了解得较为清楚的、小型植物凝集素家族。因为植物凝集素的糖结合专一性具有庞大的多样性，研究者们根据植物凝集素识别的小分子糖类半抗原对它们进行分类，例如半乳糖结合凝集素或结合 GlcNAc 的凝集素。豆科和谷物类凝集素在一级/二级/三级结构和转译后的修饰以及糖结合活性需要金属等方面都有很大的差异。

**表 30.2 植物凝集素的分类**

| 类型 | 单糖专一性 | 亚基分子量（kDa） | 亚基数目 | 每个亚基的结合部位数目 | 糖基化 | 二硫键 | 金属 |
|---|---|---|---|---|---|---|---|
| 豆科 | 多样性 | 25～30 | 2或4 | 1 | 可改变 | 无 | $Ca^{2+}$，$Mn^{2+}$ |
| 谷物 | 主要是氨基糖（GlcNAc/NeuAc） | ～18 | 2 | 2 | 可改变 | 有 | 无 |

大多数豆科植物凝集素是紧密结合 $Ca^{2+}$，$Mn^{2+}$ 的金属蛋白，这些金属离子是糖结合活性所必需的。金属离子可以被 EDTA 螯合，导致蛋白质的可逆性失活。豆科植物凝集素分享共有序列，利用这些序列很容易对它们进行鉴定。两个典型的凝集素，利马豆和大豆凝集素，它们的共有序列示于图 30.1。这些凝集素的氨基末端含有两个高度保守的苯丙氨酸残基。羧基末端的结构域含有恒定不变的缬氨酸和甘氨酸的共有序列。负责与金属 $Ca^{2+}$ 和 $Mn^{2+}$ 结合的结构域含有不变的缬氨酸和天冬氨酸残基。在植物细胞的分泌细胞器中，豆科凝集素是以分子量约 30kDa 的前体肽链的形式合成的，而且经常被寡聚为同源二聚体或同源四聚体。

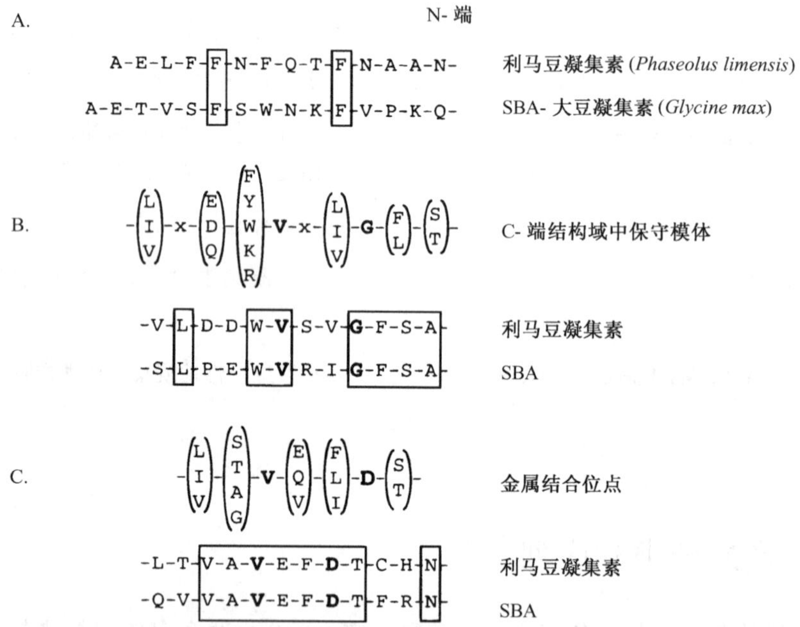


**图 30.1** （A）豆科凝集素的两个例子，利马豆凝集素和大豆凝集素的氨基末端序列的比较。（B）豆科凝集素羧基末端结构域的保守模体。不变的残基用黑体表示，保守的残基在括号中表示。非保守氨基酸用-x-表示。还比较了利马豆凝集素和大豆凝集素的序列。（C）豆科凝集素中羧基末端序列中的金属结合结构域的共有模式。

在生物合成的过程中，有些豆科凝集素被蛋白酶断裂为 β 链和 α 链，两者分别相当于氨基末端和羧基末端。例如，从木菠萝（*Artpcarpus heterophylus*）分离得到的木菠萝凝集素是由两条肽链组成的四聚凝集素（65 kDa），其 α 链含有 133 个氨基酸残基，而 β 链只有 20～21 个残基。来自巨刀豆的众所周知的凝集素 Con A 则是例外。Con A 也经蛋白酶加工，两条肽链发生了转位，而且形成新的肽键后重新连接为完整的蛋白质。这样，与其他凝集素相比，Con A 成熟的氨基末端相当于 α 链，羧基末端则相当于 β 链。与其他凝集素的序列排比，Con A 呈现一种所谓的“环形”同源性。

许多豆科植物凝集素是含有 N-聚糖的糖蛋白，其聚糖是按动物细胞中发现的典型途径合成的。两个最常见的凝集素，Con A 和麦胚凝集素没有被糖基化，但是它们的前体蛋白都含有糖，在用蛋白酶分解去除前肽时这些糖才会失掉。茄科凝集素，例如马铃薯凝集素和番茄凝集素也都是糖蛋白，但是它们含有大量不常见的聚糖，诸如与羟脯氨酸以β方式连接的三聚或四聚的呋喃型阿拉伯糖，以及和丝氨酸残基上α方式连接的半乳糖。对一些豆科凝集素而言，N-聚糖并不是活力所需的，因为在大肠杆菌中表达的重组蛋白质也与糖结合，而且其专一性类似于天然的凝集素。

大多数植物凝集素的寡聚特征产生了多价性和高亲和力，因为多数情况，单个亚基只有一个结合位点，表现为低亲和力。在有些种子中，有多种不同的凝集素，它们能可逆地缔合为异源复合物。例如在红肾豆（*Phaseolus vulgaris*）中，有两种凝集素，分别命名为 $E_4$-PHA 和 $L_4$-PHA；它可以缔合成所有可能的异源四聚体，$E_1L_3$-PHA，$E_2L_2$-PHA 和 $E_3L_1$-PHA。大多数的寡聚植物凝集素，其亚基都是比较紧密地、非共价地结合在一起。

## 植物凝集素的毒性[7～10]

许多，但不是所有植物凝集素对动物都是有毒的。由食物摄入的凝集素可以是无毒的，因为它们经常在烹调时已经变性，或者在进食时已被蛋白酶消解了。然而，未经加工的凝集素还是有害的，因为未经煮过的凝集素对蛋白酶非常稳定。例如，食用生菜豆（navy bean）会改变肠道的微生物区系，导致胃肠道功能异常。生的大豆凝集素和麦胚凝集素会诱导释放缩胆囊肽，这种情况表明，这类凝集素对胃肠道的功能和生长有直接影响。

然而，有些植物凝集素，或许更确切地应分类为毒素，它们是我们星球上最毒的蛋白质，它们不仅非常容易引起培养细胞的死亡，而且也可使动物死亡。通常如此高度毒性的植物凝集素都是异源二聚体，含有一个与聚糖配体结合的亚基，以及一个没有糖结合活性的，但具有酶活性的亚基。例如，从蓖麻籽中分离出的蓖麻毒蛋白就是异源二聚的蛋白质，含有一个 A 链和一个 B 链。与蓖麻毒蛋白类似的其他凝集素有：蒴莲根毒素（modeccin）、相思豆毒蛋白和来自槲寄生（*Viscum album*）的槲寄生凝集素Ⅰ（ML-Ⅰ）。B 链是和糖结合的亚基，而 A 链是一个酶，具有腺苷-N-糖苷酶的活性，它能催化核糖体失活。这类蛋白质被称为核糖体失活蛋白或 RIPs。单个分子的 A 亚基通过内吞作用进入细胞能完全阻断蛋白质的合成。A 亚基从内吞区室进入细胞质的机制尚不清楚。这些偶联专一性抗体和其他靶向配体的毒性植物凝集素亚基正在试验用于治疗癌症和其他一些细胞增殖紊乱病症。

## 植物凝集素的分离[4，11]

许多种子含有相当数量的凝集素。例如，大豆凝集素占总蛋白质含量的 10%～15%。但是，不是所有种子都含凝集素。例如，番茄凝集素是以可溶的方式存在于番茄果内小腔（locular）的流体中，而不在番茄的种子中。大部分植物凝集素是比较容易溶解的而且易于提取。典型的操作方法是从磨碎的种子制剂经生理盐水提取，过滤，高速离心。有趣的是，大多数种子内所含凝集素的内源性糖缀合物配体的量并不多，可在离心后从上清液中定量地回收这些凝集素。然而，对那些从树干和树皮中获得的凝集素，提取过程要复杂些。一经溶解，可附着在适当的固定化的糖类基质上，并用适宜的半抗原洗脱，可以纯化得到均一的凝集素。通常是利用红细胞、白细胞等进行凝集试验检测凝集素的活力。但是，有些凝集素，例如蓖麻毒蛋白，因为它们只有一个糖结合亚基，它不能使细胞凝集。在这种情况下，就必须建立其他的生物检测方法，例如用检测凝集素毒性的方法代替凝集素活力的测定①。

## 植物凝集素的结构[12～20,36]

大多数豆科植物凝集素至少含有一条 N-聚糖，但是有些凝集素，例如 Con A，不含任何共价结合的糖。由于植物凝集素容易纯化，而且易于得到，使得它们成为了蛋白质晶体研究的主要对象。许多植物凝集素的结构目前已得到解析。大体上，豆科凝集素多半是组装成紧密排列无 α 螺旋的 β 桶形结构，并被两反平行折叠片控制（书后彩图 30.2）。有趣的是，豆科植物凝集素的反平行 β 折叠片的组织形式及其整体的三级结构与在动物的半乳凝素中所看到的非常类似，尽管豆科凝集素和半乳凝素事实上无共有序列同源性，并且半乳凝素活力也不需要金属（书后彩图 30.3）。在豆科凝集素中，金属结合部位位于单独的、长形圈内。对 Con A 而言，其单体先结合在一起形成长度约 80 的椭球状二聚体，然后两个这样的二聚体结合，由盐键、氢键和疏水相互作用形成四面体形状的稳定结构。

大多数豆科凝集素内糖的结合部位包括氢键、疏水相互作用和范德瓦尔接触的一种组合。蛋白质表面附近的亚位点对寡糖的结合有帮助，而且对于配糖体与疏水的相互作用也是有益的。靠近结合部位的金属不与糖直接接触，但是它对结合所需的氨基酸残基起稳定作用。即使凝集素在与更为复杂的聚糖配体共结晶中，凝集素主要是与单个单糖取代基接触。植物凝集素似乎是因为其二聚体或四聚体的多价性，才获得了高亲和力。凝集素的四级结构也有助于对糖的识别。每个亚基与糖单独结合的能力，导致独特的交联晶格结构，正如在 4 个异构二天线 N-聚糖与大豆凝集素的相互作用中和在麦胚凝集素中完美地观察到的情况相同。与血型糖蛋白 A 中以胰蛋白酶唾液酸糖肽共结晶的麦胚凝集素，采取了由两个相同的四结构域单体组成的麦胚凝集素二聚体之间存在缔合的构象。有趣的是，观察到两种独立的糖结合模式：一种主要模式是在唾液酸化 O-聚糖两个凝集素亚基之间形成交联；另一次要模式是其中单个 α2，6 连接的唾液酸与富含芳香族残基的位点结合。形成晶格结构的能力使得凝集素可以与细胞表面，以及基质中含有多个位点的糖缀合物发生复杂的相互作用，这种形成晶格的能力可能对植物凝集素的生物活性起作用。

## 植物凝集素的应用[21～29, 37,38]

虽然目前还正在研究凝集素的天然功能，但是多年来研究者已经发现植物凝集素许

① 蓖麻毒蛋白具有血球凝集活力，实验可以测得到，因为一个蓖麻毒蛋白的 B 链上有两个糖基结合位点。原作者有误。但是也确实存在一些单价的糖结合蛋白，它们没有血球凝集活力。——译者注

多方面的用途（表 30.3）。因为它们具有区别人血细胞中糖类决定簇的能力，因此，历史上凝集素被用于血型的分型。凝集素在免疫学研究上也有用处，例如 Con A，在低浓度时，商陆中的促有丝分裂原和 L-PHA 都对外周血淋巴细胞有促有丝分裂作用。然而，有些凝集素，例如 Con A 和 PHA，在高浓度时对细胞有极大的毒性，而且已用于选择糖基化途径发生突变的细胞株。植物凝集素也用于组织化学和电泳分离糖蛋白的凝集素印迹检测（蛋白质印迹，Western-type blot）。可是，有些凝集素对非糖基化的分子也显示非特异的疏水结合。为此，重要的是应确定凝集素的结合是糖类所专一的，并被合适的半抗原所抑制。

**表 30.3　植物凝集素的一些应用**

| | |
|---|---|
| 凝集细胞和血液分型 | 细胞的有丝分裂 |
| 细胞分离和分析 | 制作神经元途径的图谱 |
| 细菌分型 | 糖缀合物的纯化 |
| 鉴定和选择糖基化变更的突变细胞株 | 糖基转移酶和糖苷酶的检测 |
| 毒性缀合物杀死肿瘤细胞 | 靶标糖缀合物糖基化状态的界定 |
| 细胞化学鉴定/组织和细胞的染色 | |

凝集素也广泛地用于鉴定动物细胞糖缀合物，鉴定糖结合专一性已完好确定的糖缀合物。图 30.4 列举了许多植物凝集素和以高亲和力与凝集素结合的聚糖类型，以及适宜的并能专一地阻断相互作用的半抗原。按常规，植物凝集素具有与单糖结合的特性。但是这种简单化的提法可能产生误导，例如，图 30.4 表明，大多数凝集素可以高亲和地与复合的决定子结合，而且识别还常涉及专一性异头体构型和邻近的糖残基。此外，凝集素对复合糖类的亲和力常在 1～10 μmol/L $K_d$ 的范围，而对单糖的亲和力在 1～10 mmol/L $K_d$ 范围。另外，用于抑制凝集素的半抗原糖类可能不反映高亲和识别聚糖的结构特性。例如，对 L-PHA 的最有效的单糖半抗原是 GalNAc。但是，L-PHA 可与三天线和四天线复合型的 N-聚糖结合，这种 N-聚糖含有在 C-2 和 C-6 的 α1-6 甘露糖残基被乳糖胺基二糖取代，而且即使与末端含有 GalNAc 残基的糖缀合物结合，这种结合也是很弱的（图 30.4）。

有了凝集素对动物细胞糖缀合物 N-和 O-聚糖专一性的深刻认识，可以很自然地利用这些凝集素对糖蛋白、糖肽、游离的糖类，甚至对糖脂进行固定形式的亲和纯化。复合糖类各种不同的末端修饰，例如唾液酸化和岩藻糖基化也可以用植物凝集素进行专一地鉴别。此外，N-和 O-聚糖的核心结构也可以用专一的凝集素加以区分。在这类研究中，最常用的凝集素是 Con A，它可以与高甘露糖型 N-聚糖结合地非常紧密，而且它对杂合型和二天线复合型 N-聚糖也有较弱些的亲和力。但是，Con A 不能与高度分支的复合型 N-聚糖和 O-聚糖产生可以检测到的结合。当分析完整的糖蛋白与植物凝集素相互作用时，对数据的解释可能因为糖蛋白的多价性而变得复杂。例如，含有多条高甘露糖型 N-聚聚糖的糖蛋白与固定化 Con A 的强烈结合，即使用极高浓度的半抗原在剧烈的条件下也很难将结合的糖蛋白洗脱。然而，对游离的糖类与凝集素的相互作用已了

| 半乳糖基化聚糖 | 结合的凝集素 |
|---|---|

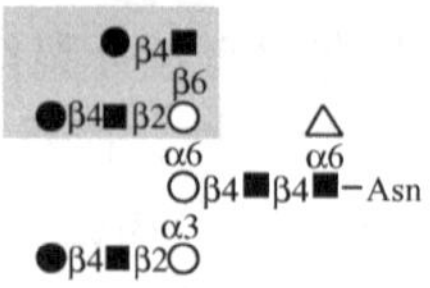


菜豆 (*Phaseolus vulgaris*)
白细胞型凝集素 (L-PHA)
[ 半抗原：0.4mol/L GalNAc]

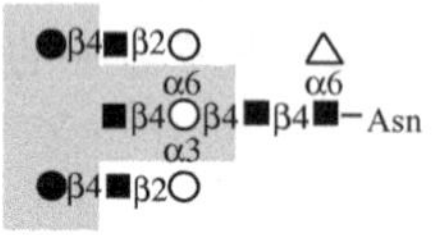


菜豆 (*Phaseolus vulgaris*)
红细胞型凝集素 (E-PHA)
[ 半抗原：0.4mol/L GalNAc]

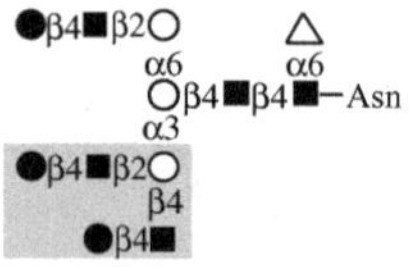


曼陀萝 (*Datura stramonium*)
凝集素 (DSA)( 弱 )
[ 半抗原：10mg/ml 甲壳三糖 ]

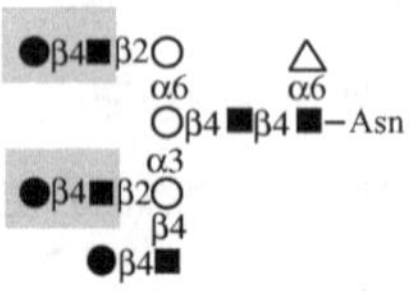


蓖麻 (*Ricinus communis*)
凝集素 (RCA-1)( 强 )
[ 半抗原：0.1mol/L 半乳糖 ]

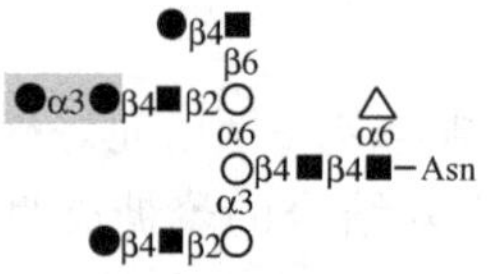


西非单叶豆 (*Criffonia simplicifolia*)
凝集素 (GS-I-$B_4$ )
[ 半抗原：10mmol/L 棉子糖 ]

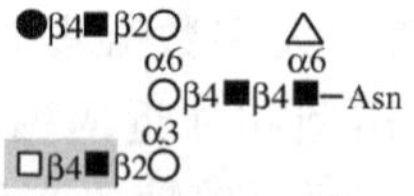


紫藤 (*Wisteria floribunda*)
凝集素 (WFA)
[ 半抗原：50mmol/L GalNAc]

| 含多聚乳糖胺的聚糖 | 结合的凝集素 |
|---|---|

蕃茄 (*Lycopersicon esculentum*)
和马铃薯 (*Solanum trberosum*) 凝集素
[ 半抗原：10mg/ml 甲壳三糖 ]

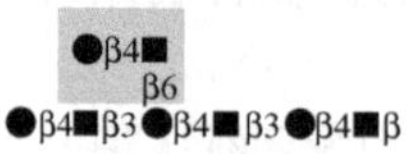


商陆 (*Phytolacca americana*) 有丝分裂原
[ 半抗原：10mg/ml 甲壳三糖 ]
麦胚 (*Triticum vulgaris*) 凝集素 -WGA
[ 半抗原：0.1mol/L GlcNAc]

唾液酸化聚糖

朝鲜槐 (*Maackia amurensis*)
白细胞型凝集素 (MAL)
[ 半抗原：50mmol/L 乳糖 ]

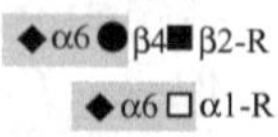


西洋接骨木 (*Sambucus nigra*)
凝集素 (SNA)
[ 半抗原：50mmol/L 乳糖 ]

注：许多唾液酸化 N-聚糖和 O-聚糖也可以低亲和力地被 WGA 和鲎凝集素所识别。在一定程度上亲和力和配体的唾液酸含量成正比。

**图 30.4** （说明见下页）

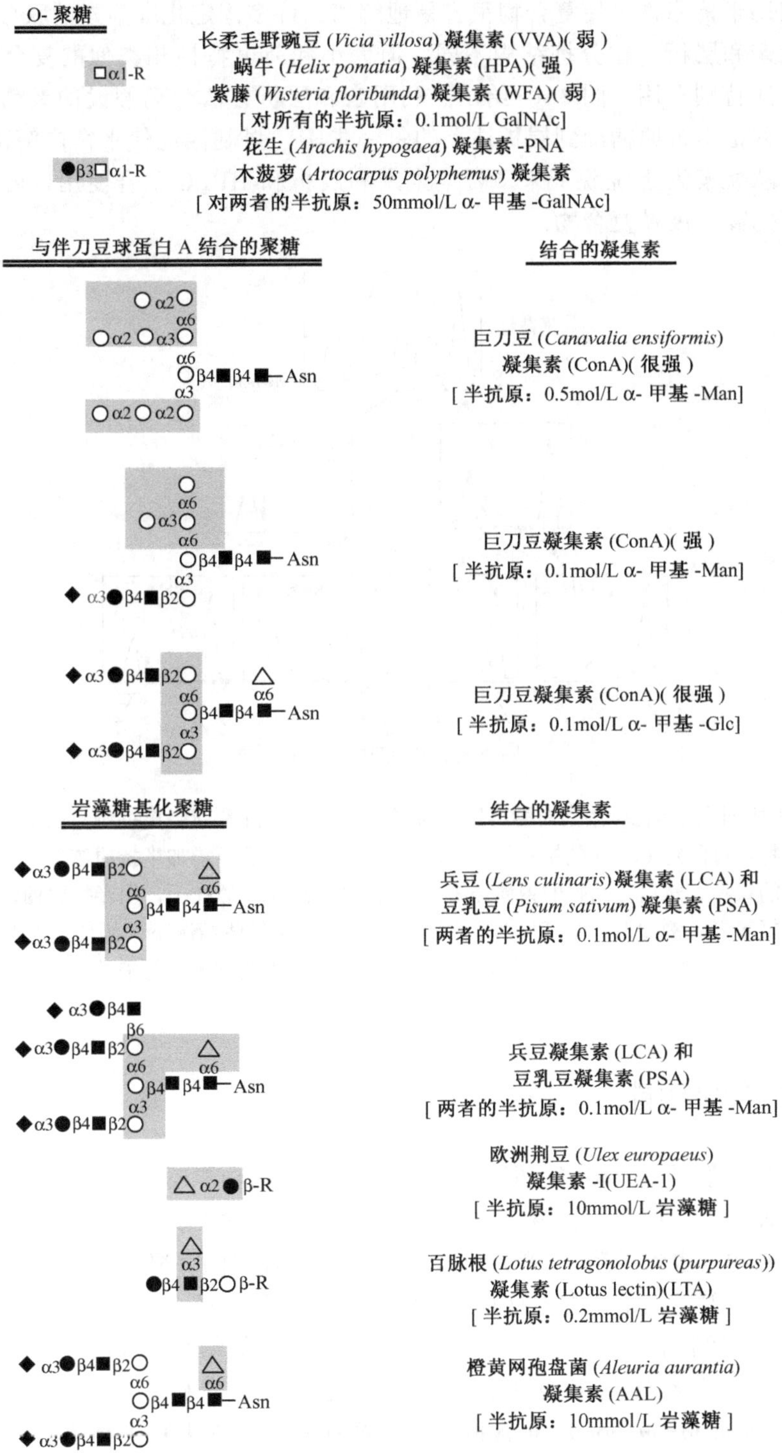


**图 30.4** 植物凝集素对结合复合糖的专一性。图中示出各种高亲和结合植物凝集素所需的最小聚糖结构。对某些凝集素，例如 Con A 和 LCA，在其识别的 N-聚糖中用方框表示。图中还示出了解离凝集素-聚糖复合物的半抗原糖类。

解很多，利用半抗原糖可使复合物很容易地解离。许多固定化凝集素的联合应用被称为系列凝集素亲和层析。在分拣结构不同，但大小和荷电特性相类似的复合聚糖混合物时，这种方法特别有用。图 30.5 给出了利用亲和层析方法分离假设的聚糖混合物的例子。纯化过程把半抗原糖加到层析柱上的每一步骤，强制性地使平衡向解离方向进行，使结合的糖从凝集素上洗脱下来。凝集素亲和层析和 HPLC 联合使用，可以提供作为结构分析用的高纯度糖复合物。

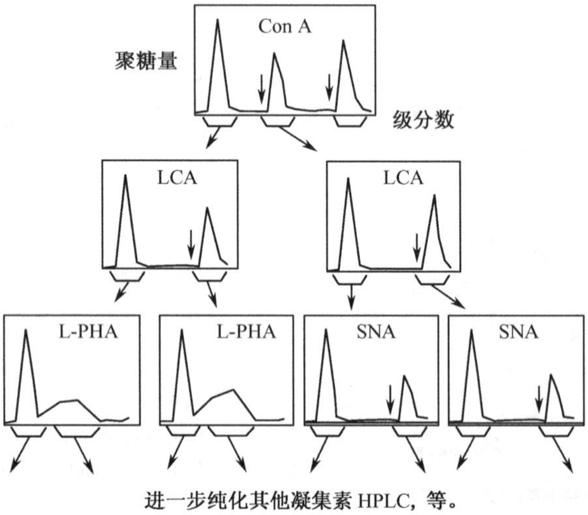


**图 30.5** 利用不同固定化凝集素对游离聚糖的复合混合物进行系列层析举例。在这个例子中，将一聚糖混合物经过固定 Con A 的层析柱，如图 30.4 所示，以逐渐增加半抗原浓度（箭头处）的方式洗脱结合的聚糖。然后，回收的聚糖经第二组含固定化 LCA 的柱子，用半抗原糖洗脱结合的聚糖。用其他凝集素，例如 L-PHA 和 SNA 重复这一过程。在某些情况下，例如用 L-PHA，聚糖在洗脱过程中出现滞后，可能半抗原糖对洗脱并不是必需的。

## 植物凝集素的功能[30～35]

尽管植物凝集素用处很多，但是对它们在植物中的功能还知道得极少。许多豆科凝集素存在于种子中，但是，在植物的其他部位，例如在树皮、茎和叶中也发现了同样的凝集素或同源物（也参见第 20 章）。正如表 30.4 所表明的，凝集素在植物中有着许多不同而又非常重要的功能。在这些可能性中最引人入胜的是，豆科凝集素可能参与固氮菌的附着和根部结瘤。例如，*Lotus corniculatus* 正常的结瘤是 loti 固氮菌（*Rhizobia loti*），经大豆凝集素转基因表达后，转基因植物的结瘤模式改变为日本慢固氮菌（*Bradyrhizobium japonicum*），正常情况下，这种固氮菌在大豆上结瘤。一些被细菌释放的结瘤因子是糖缀合物，这提供了一个启示，即这类植物凝集素蛋白质中的某些成员可能参与了这类植物重要的信号转导途径。植物凝集素对许多植物病原体是有毒的，而且这可能是它们在植物种子和其他外周组织中的主要功能。例如雪花莲（*Galanthus nivalis*）凝集素，对吸食树木液汁的稻褐飞虱（rice brown plant hopper）是有毒的。编码雪花莲凝集素的基因转移到稻米植物中，并使之表达，可以降低攻击转基因植物昆虫的寿命和生殖力。虽然人们常认为植物凝集素只有与糖结合的能力，但是有证据表明这些蛋白质还具有其他活性。有些凝集素，例如双花藕豆（*Dolichus biflorus*）可以专一性的以高亲和力的方式在蛋白质共有的糖结合部位以外的区域与腺嘌呤结合。

**表 30.4 植物凝集素可能的天然功能**

| | |
|---|---|
| 种子贮存蛋白质 | 转运糖类 |
| 有助于种子保持休眠状态 | 刺激植物胚细胞的有丝分裂 |
| 防御真菌、病毒和细菌等病原体 | 细胞壁的延伸 |
| 防御动物的侵袭 | 识别花粉 |
| 与豆科共生 | |

# 发展方向

植物凝集素对动物细胞糖生物学发展贡献巨大。它们还为动物细胞整套糖结构，以及动物细胞也含糖结合蛋白的可能性提供了重要研究思路。毫无疑问，植物凝集素以它本身可以作为试剂的特点，还可以继续发挥重要作用。随着对凝集素的糖结合专一性和对它们三维结构的进一步了解，将来有可能用基因工程生产出特异识别糖缀合物的凝集素。此外，全世界生物学家更加关注在细胞相互作用和调节中，糖所起的非凡作用。这终将有助于对感兴趣的植物蛋白质的天然功能有更深入的了解；并使得以不同凝集素广泛表达的基因改变植物能够保护植物免遭病害和提高植物的结瘤和固氮能力。

（王克夷 译　　马毓甲 校）

## 参 考 文 献


1. Boyd W.C. and Shapleigh E. 1954. Specific precipitating activity of plant agglutinins (lectins). *Science* **119:** 419.
2. Sharon N. and Lis H. 1990. Legume lectins. *FASEB J.* **4:** 3198–3208.
3. Lis H. and Sharon N. 1986. Lectins as molecules and as tools. *Annu. Rev. Biochem.* **55:** 33–37.
4. Goldstein I.J. and Poretz R.D. 1986. Isolation, physico-chemical characterization, and carbohydrate-binding specificity of lectins. In *The lectins. Properties, functions and applications in biology and medicine* (ed. Liener I.E. et al.), pp. 33–247. Academic Press, Orlando, Florida.
5. Rudiger H. 1998. Plant lectins—More than just tools for glycoscientists: Occurrence, structure, and possible functions of plant lectins. *Acta Anat.* **161:** 130–52.
6. Sharon N. 1998. Glycoproteins now and then: A personal account. *Acta Anat.* **161:** 7–17.
7. Jayne-Williams D.T. and Hewitt D. 1972. The relationship between the intestinal microflora and the effects of diets containing raw navy beans (*Phaseolus vulgaris*) on the growth of Japanese qualis (*Coturnix coturnix japonica*). *J. Appl. Bacteriol.* **35:** 331–344.
8. Nachbar M.S. and Oppenheim D.J. 1980. Lectins in the United States diet: A survey of lectins in commonly consumed foods and a review of the literature. *Am. J. Clin. Nutr.* **33:** 2338–2345.

9. Jordinson M., Playford R.J., and Calam J. 1997. Effects of a panel of dietary lectins on cholecystokinin release in rats. *Am. J. Physiol.* **273:** G946–950.
10. Takeya A., Hosomi O., and Kogure T. 1998. *Vicia villosa* B4 lectin inhibits nucleotide pyrophosphatase activity toward UDP-GalNAc specifically. *Biochim. Biophys. Acta* **1425:** 215–223.
11. Rüdiger H. 1993. Isolation of plant lectins. In *Glycosciences: Status and perspectives* (ed. Gabius H.J. and Gabius S.), pp. 415–438. Chapman and Hall, Weinheim, Germany.
12. Loris R., Hamelryck T., Bouckaert J., and Wyns L. 1998. Legume lectin structure. *Biochim. Biophys. Acta* **1383:** 9–36.
13. Wright C.S. 1992. Crystal structure of a wheat germ agglutinin/glycophorin-sialoglycopeptide receptor complex. Structural basis for cooperative lectin-cell binding. *J. Biol. Chem.* **267:** 14345–14352.
14. Bourne Y., Mazurier J., Legrand D., Rouge P., Montreuil J., Spik G., and Cambillau C. 1994. Structures of a legume lectin complexed with the human lactotransferrin N2 fragment, and with an isolated biantennary glycopeptide: Role of the fucose moiety. *Structure* **2:** 209–219.
15. Loris R., Maes D., Poortmans F., Wyns L, and Bouckaert J. 1996. A structure of the complex between concanavalin A and methyl-3,6-di-O-(α-D-mannopyranosyl)-α-D-mannopyranoside reveals two binding modes. *J. Biol. Chem.* **271:** 30614–30618.
16. Loris R., Hamelryck T., Bouckaert J., and Wyns L. 1998. Legume lectin structure. *Biochim. Biophys. Acta* **1383:** 9–36.
17. Rüdiger H. 1997. Structure and function of plant lectins. In *Lectins and glycobiology* (ed. Gabius H.J. and Gabius S.), pp. 31–46. Springer-Verlag, Berlin, Germany.
18. Naismith J.H. and Field R.A. 1996. Structural basis of trimannoside recognition by concanavalin A. *J. Biol. Chem.* **271:** 972–976.
19. Olsen L.R., Dessen A., Gupta D., Sabesan S., Sacchettini J.C., and Brewer C.F. 1997. X-ray crystallographic studies of unique cross-linked lattices between four isomeric biantennary oligosaccharides and soybean agglutinin. *Biochemistry* **36:** 15073–15080.
20. Wright C.S. 1997. New folds of plant lectins. *Curr. Opin. Struct. Biol.* **7:** 631–636.
21. Merkle R.K. and Cummings R.D. 1987. Lectin affinity chromatography of glycopeptides. *Methods Enzymol.* **138:** 232–259.
22. Kobata A. and Yamashita K. 1993. Fractionation of oligosaccharides by serial affinity chromatography with use of immobilized lectin columns. In *Glycobiology: A practical approach* (ed. Fukuda M. and Kobata A.), pp. 103–126. Oxford University Press, Oxford, United Kingdom.
23. Cummings R.D. 1997 Affinity chromatography of oligosaccharides and glycopeptides. In *Affinity separations: A practical approach* (ed. Matejtschuk P.), pp. 123–139. IRL Press, Oxford, United Kingdom.
24. Osawa T. and Tsuji T. 1987. Fractionation and structural assessment of oligosaccharides and glycopeptides by use of immobilized lectins. *Annu. Rev. Biochem.* **56:** 21–42.
25. Peumans W.J. and Van Damme E.J. 1998. Plant lectins: Specific tools for the identification, isolation, and characterization of O-linked glycans. *Crit. Rev. Biochem. Mol. Biol.* **33:** 209–258.
26. Natunen, J., Niemela R., Penttila L., Seppo A., Ruohtula T., and Renkonen O. 1994. Enzymatic synthesis of two lacto-N-neohexaose-related Lewis x heptasaccharides and their separation by chromatography on immobilized wheat germ agglutinin. *Glycobiology* **4:** 577–583.
27. Abdullaev F.I. and de Mejia E.G. 1997. Antitumor effect of plant lectins. *Nat. Toxins* **5:** 157–163.
28. Raju T.S. and Stanley P. 1998. Gain-of-function Chinese hamster ovary mutants LEC18 and LEC14 each express a novel N-acetylglucosaminyltransferase activity. *J. Biol. Chem.* **273:** 14090–14098.
29. Kilpatrick D.C. 1998. Mechanisms and assessment of mitogenesis: An overview. In *Methods in molecular medicine: Lectin methods and protocols* (ed. Rhodes J.M. and Milton J.D.), vol. 9, pp. 365–378. Human Press, Totawa, New Jersey.
30. van Rhijn P., Goldberg R.B., and Hirsch A.M. 1998. *Lotus corniculatus* nodulation specificity is changed by the presence of a soybean lectin gene. *Plant Cell* **10:** 1233–1250.
31. Skvortso I.M. and Ignatov V.V. 1998. Extracellular polysaccharides and polysaccharide-containing biopolymers from Azospirillum species: Properties and the possible role in interaction with plant roots. *FEMS Microbiol. Lett.* **165:** 223–229.
32. Rao K.V., Rathore K.S., Hodges T.K., Fu X., Stoger, E., Sudhakar D., Williams S., Christou P., Bharathi M., Bown D.P., Powell K.S., Spence J., Gatehouse A.M., and Gatehouse J.A. 1998. Expression of snowdrop lectin (GNA) in transgenic rice plants confers resistance to rice brown

planthopper. *Plant J.* **15:** 469–477.

33. Maliarik M., Plessas N.R., Goldstein I.J., Musci G., and Berliner L.J. 1989. ESR and fluorescence studies on the adenine binding site of lectins using a spin-labeled analogue. *Biochemistry* **28:** 912–917.
34. Gegg C.V. and Etzler M.E. 1994. Photoaffinity labeling of the adenine binding sites of two *Dolichos biflorus* lectins. *J. Biol. Chem.* **269:** 5687–5692.
35. Etzler M.E. 1992. Plant lectins: Molecular biology, synthesis, and function. In *Glycoconjugates: Composition, structure and function* (ed. Allen H.J. and Kisailus E.C.), pp. 521–539. Marcel Dekker, New York.
36. Loris R., Maes D., Poortsmans F., Wyns L., and Bouckaert J. 1996. A structure of the complex between concanavalin A and methyl-3,6-di-O-(α-D-mannopyranosyl-α-D-mannopyranoside reveals two binding modes. *J. Biol. Chem.* **271:** 30614–30618.
37. Olsen L.R., Dessen A., Gupta D., Sabesan S., Sacchettini J.C., and Brewer C.F. 1997. X-ray crystallographic studies of unique cross-linked lattices between four isomeric biantennary oligosaccharides and soybean agglutinin. *Biochemistry* **36:** 15073–15080.
38. Lobsanove Y.D., Gitt M.A., Leffler H., Barondes S.H., and Rini J.M. 1993. X-ray crystal structure of the human dimeric S-Lac lectin, L-14-II, in complex with lactose at 2.9-Å resolution. *J. Biol. Chem.* **268:** 28034–37038.

本章初稿由 R. D. Cummings（俄克拉荷马大学医学科学中心）编写。

# 第 31 章　培养细胞糖基化的遗传失常



我们知道的有关脊椎动物糖基化生物合成和功能方面的知识，大多是从培养细胞系诱发体细胞突变体的研究中了解到的。本章对糖基化突变体的一般分离方法、现有突变体的多样性以及突变体在糖生物学研究中的一些应用做了综述。

## 引言[1～6]

体细胞遗传学研究产生了一种愿望，将微生物遗传学原理应用于哺乳动物系统以了解人类遗传失常和代谢的分子基础。这一研究领域始于 20 世纪 50 年代初。早期的成纤维细胞和 CHO 细胞的培养细胞系的开创性研究表明能够从动物组织中分离出稳定的细胞系，并能在适宜的规范条件下进行体外繁殖。另外，还能以相当好的频率分离出突变体，而且它们的表型经过多少世代仍能保持稳定。研究培养细胞突变体的各种过程避免了整体生物遗传中固有的长世代周期，并能系统地控制环境因素，如营养、pH 和温度。

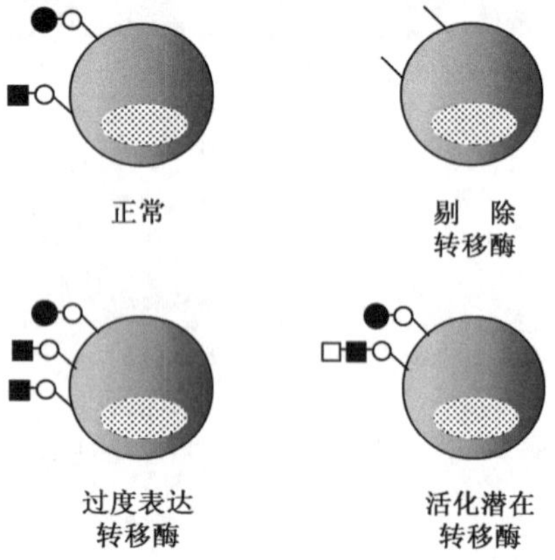


**图 31.1**　隐性和显性突变体使细胞表面糖基化变更。

有了在培养物中分离突变体的能力就有可能阐明代谢途径，搞清结构基因和调控基因，并将基因图谱定位在人染色体上。突变体常常积累代谢途径中缺陷酶的上游中间体，这就能揭示出代谢途径中各阶段发生的化学转化。突变体等位基因的测序，可阐明特异氨基酸的改变是如何影响酶活力的。最后，以 cDNA 转染方法引进外源糖基转移酶，人们就可以回复突变体表型，或使细胞转化产生不同的糖型。这类技术应用在糖生物学领域发展初期，在糖蛋白生物合成中和在以后的蛋白聚糖，GPI 锚以及糖脂合成中获得了大量突变体。大多数情况下，突变可以降低途径中某个重要酶的活力，而在有些情况下，突变能激活潜伏的糖基转移酶或提高现存酶的表达（图 31.1）。在两种情况下，突变可导致细胞表面上的聚糖变更，和取决于糖基化生物应答的相应改变。

## 突变体的诱变和分离[7～12]

细胞培养中突变的随机发生率很低（每代的突变$\leqslant 10^{-7}$），因此，在糖基转移酶基因中发现突变体的可能性也很低。为了提高所期望株系的发现或然率，可将细胞用化学方法（如用烷化剂），物理方法（如采用电离辐射）或生物诱变剂（如用一种病毒）进行处理，这类诱变剂使种群中突变体的发生几率提高几个数量级。显然，如果突变为隐性，细胞 DNA 多倍体状态可能影响观察到的突变体表型的频率，如所预期的糖基转移酶功能丧失的缺陷。但是，实际上发现隐性突变体的频率大大高于预期的频率，很可能是因为基因转换的效果。CHO 细胞中，许多基因座的功能都是半合子的，这意味着单一的攻击适合于发现隐性表型。也发现显性突变，在多数情况下，由一种潜伏转移酶的活化而导致赢得功能。

甚至用诱变剂的情况下，因为糖基化的基因仅占基因组的 1%，特异糖基转移酶基因缺陷突变体的发生率也比较低。因此，还需要某些形式的选择或富集方法发现糖基化表型改变的罕见突变体（表 31.1）。

**表 31.1 根据筛选法糖基化突变体的类别**

| **选择/富集方案** | **分离出的突变体型**（type） |
|---|---|
| 凝集素抗性 | N-糖基化 |
| | 多萜醇组装 |
| | 核苷酸糖形成和运输 |
| | 赢得功能型突变体 |
| 辐射自杀 | N-糖基化 |
| | 核苷酸转化 |
| 细胞分拣 | GPI 锚 |
| 抗体/补体介导的溶胞作用 | |
| 影印铺板 | GAG 生物合成 |
| | N-糖基化 |
| | 核苷酸糖形成 |

已经证实以抗细胞毒性植物凝集素为基础的直接选择方案特别适用于鉴定 N-糖基化变更的突变体。已有几十个凝集素对不同排列形式的糖类有着不同的选择性（见第 30 章）。某些植物凝集素，如蓖麻毒蛋白和相思豆毒蛋白，因为它们能使核糖体失活才

具有胞毒活性。因此，减少细胞表面聚糖配体分子的表达，细胞即可对凝集素具有抗性(见图 31.1)。也用无细胞毒性的凝集素选择突变体，因为凝集素的结合能防止细胞的黏附。因此，细胞表面存在结合的凝集素，正常细胞不会黏附。但是失掉被凝集素识别糖决定簇的突变体细胞则能继续黏附。已经采用这类方法检测末端和内部两种糖基化反应的突变。也发现了核苷酸糖前体在合成和转运中的突变。

事实上，任何一种识别细胞表面糖的试剂都可用来检测诱变处理细胞中的糖基化缺陷。包括荧光标记法，例如利用这种方法检测与细胞表面的糖或与取决于细胞表面糖基化表达的蛋白（如 GPI-锚蛋白）结合的偶联抗体或凝集素。用荧光激活细胞分选法可以检测缺陷细胞。平板法是一种基于在涂有糖结合剂的塑料或玻璃表面上的细胞黏附相关技术。例如，将 bFGF 涂在塑料或玻璃板上，用以检测不能产生硫酸类肝素蛋白聚糖的突变体细胞，因为突变体细胞不能在涂板上黏附（见第 29 章)。这一方法也用于检测糖抗原抗体。

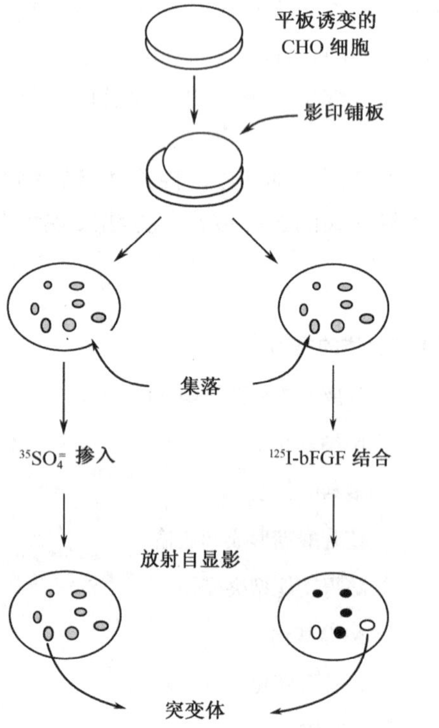


**图 31.2** 采用动物细胞影印铺板筛选突变体 从转移到圆盘上的动物细胞集落中筛选缺陷型的方法可用放射性前体的掺入与凝集素结合或抗体结合，或用酶的直接分析法。

辐射自杀为获取突变体提供了直接选择法。它利用了细胞所采用的途径补救自由单糖和其他大分子合成前体（例如，甘露糖，岩藻糖和硫酸盐)。高放射性比活条件下细胞与放射性糖或硫酸盐保温，导致放射性物质掺入并浓缩到糖蛋白，糖脂或蛋白聚糖中。当同位素衰变时，能引发表达标记糖缀合物细胞的辐射损伤。

动物细胞与微生物集落很相似，也可以采用影印铺板分离。在此操作中动物细胞在低密度下铺板，可得到由单个细胞形成的集落。在细胞上面覆盖一层聚酯或尼龙多孔布并压上一层玻璃珠，将圆盘与平板底部压紧。形成集落后，细胞集落中的一些细胞仍牢固地附着在平板上，而另一些细胞则在圆盘中生长，这样就得到了与原来平板集落样式相同的影印品。圆盘上的集落用来测定掺入的大分子前体（如，放射活性糖或硫酸盐）或未能与凝集素或抗糖抗体结合的突变体（见图 31.2)。此技术的一种变通方法也可用酶分析法直接检测圆盘集落匀浆中的突变体。后一种测定法比其他方法具有更高的专一性筛选。

不管采用何种检测突变体的技术，对最后所得到的株系应进行仔细地鉴定。另一些基因测试包括对显性/隐性测试的细胞杂交研究和对突变体分拣为不同互补组。生化分析包括突变体细胞产生的聚糖结构的鉴定（见第 38 章)，中间体的量化和分析以及根据突变体的性质分析被认为已失去活性的酶。

## N-糖基化突变体[4,6,8,13~16]

以抗细胞毒性植物凝集素和其他抑制剂为基础的选择方案提供了大量糖基化突变体。表 31.2 是核苷酸糖生成或转运中改变了的株系举例。正如所料，一些缺陷都是多效性的，例如，影响 O-聚糖的生成和 GAG 合成以及 N-糖基化（如 UDP-Glc/Gal 差向异构酶）。在这方面 CHO-1dlD 突变体具有特殊意义，因为它缺失了负责转化 UDP-Glc 为 UDP-Gal 和转化 UDP-GlcNAc 为 UDP-GalNAc 的酶。因为对 Gal 和 GalNAc 补救途径的存在（参见第 6 章），在 1dlD 细胞培养中寡糖组分可用 Gal 和/或 GalNAc 营养互补的办法进行调控。表中大多数突变体缺少一种特殊活性。CHO 的 SAP 突变体和 D33W25-1 都是活化潜伏酶的显性突变体实际例子，在这一实例中，是一种将 CMP-Neu5Ac 转化为 CMP-Neu5Gc 的羟化酶。

**表 31.2 核苷酸糖合成和转运中缺陷举例**

| 细胞株 | 生化缺陷 | 糖基化表型 |
|---|---|---|
| Lec32（CHO） | CMP-Neu5Ac 合成酶 | 唾液酸 |
| Lec2（CHO） | CMP-Neu5Ac 转运子 | Neu5Ac 减少；N- 和 O-聚糖末端为 Gal |
| Lec8（CHO） | UDP-Gal 转运子 | Gal 减少；N-聚糖以 GalNAc 为末端 |
| Lec13（CHO） | GDP-Man-2，4-脱水酶 | 岩藻糖减少 |
| ldlD（CHO） | UDP-Gal/UDP-GlcNAc-4-差向异构酶 | N-聚糖 Gal 减少并以 GlaNAc 为末端<br>当不存在添加的 GalNAc 时，O-聚糖和硫酸软骨素不存在<br>当 Gal 不存在时，GAG 缺乏 |
| D33W25-1（MDAY-D2） | CMP-Neu5Ac 羟化酶的活化 | 以 Neu5Gc 为末端 |
| SAP（CHO） | | |

某些抗凝集素突变体影响 Dol-P 寡糖的生成，或者影响聚糖从多萜醇中间体转移到糖蛋白之后加工去除葡萄糖和甘露糖残基的酶（见第 7 章）。后者这类突变体表明 α-甘露糖苷酶在培养细胞系中形成 N-聚糖的重要性，但是，后来在切除小鼠 α-甘露糖苷酶Ⅱ的研究中，发现存在另一种具有重叠活性的酶。这一发现着重说明体细胞突变体的局限性：这项研究仅限于基因诱变的细胞系。因为许多糖基转移酶看来是以组织专一的形式受发育调控，在研究单细胞型突变体时，可能失去另一些合成途径。

其他一些 N-聚糖合成中的缺陷实例列于表 31.3。突变体能够影响某些酶（如 Lec1A）的动力学性质，或在亚细胞中影响酶（如 Lec4A）的定位。为了界定催化或分拣所需蛋白质的重要功能域，突变体等位基因的测序为进一步体外基因诱变提供了先例。

另一类抗凝集素突变体表型为显性，相当于正常控制或表达的糖基转移酶能在水平很低情况下起作用。这些糖基转移酶的活化可能反映基因调控区或反式作用（*trans-acting*）抑制因子的突变。赢得功能突变体的产生为检验和分析新基因的影响提供了机会，以前都不知道存在这些影响。例如，*LEC14* 和 *LEC18* 的突变能够活化 *N*-连接糖链的核心壳二糖上添加 *GlcNAc* 分支残基的转移酶，一种未曾报道过的诱发变异（表 *31.4*）。

**表 31.3 N-糖基化反应后期突变体变更实例**

| 细胞株 | 生化缺陷 | 糖基化表型 |
|---|---|---|
| Lec1（CHO） | GlcNAc-TⅠ | $Man_5GlcNAc_2Asn$ |
| Clone 15B（CHO） | | |
| Lec1A（CHO） | GlcNAc-TⅠ（$K_m$ 缺陷） | 聚糖和 $Man_5GlcNAc_2Asn$ 的复合混合物 |
| $Ric^R21$（BHK） | GlcNAc-TⅡ | $Man_3GlcNAc_2Asn$ |
| Lec4A（CHO） | GlcNAc-TV 位于不正确区室 | 复合 N-聚糖欠缺了以 αMan（1，6）的 GlcNAc 分支 |
| Sil（KB） | α2，3 唾液酸基-T | O-聚糖上 Neu5Ac 减少 |

**表 31.4 糖基化反应中显性突变体变更实例**

| 细胞株 | 生化缺陷 | 糖基化表型 |
|---|---|---|
| LEC11（CHO） | （1，3）Fuc-T | 末端 Lewis X，SiA-Lewis X 和 VIM-2 |
| LEC14（CHO） | GlcNAc-TⅦ | 核心部位附加 GlcNAc |
| LEC18（CHO） | GlcNAc-TⅧ | 核心部位附加 GlcNAc |
| LEC10（CHO） | GlcNAc-TⅢ | 具有平分型 GlcNAc 残基的复合聚糖 |

## GPI 锚生物合成中的突变体[9,17]

还没有关于 GPI 锚选择性结合凝集素的报道。因此，GPI 锚合成中分离改变的突变体另行开发了不同的方法，这一方法利用了 GPI 锚定蛋白质（T-细胞淋巴瘤上 Thy-1）的抗体和细胞分拣，或补体介导的溶胞作用。在它们的表面表达 Thy-1 的细胞与 Thy-1 的抗体和补体共同保温，就可以把表达抗原的细胞溶解。失去 GPI-锚的合成则减少细胞表面 Thy-1 的表达并使细胞溶解效应产生抗力。其他突变体是用荧光抗体分析法分拣细胞发现的。这些突变体在 GPI 锚生物合成中因损伤不同而分属 8 个互补组（见第 10 章；表 31.5）。这些突变体证实了 GPI 锚合成的复杂性：3 种基因产物参与了 GlcNAc 对磷酯酰肌醇（合成途径中第一个承担义务的中间体）连键的形成。这类突变体也证实 Dol-P-Man 参与了 GPI 锚内甘露糖的连接和多种酶参与了磷酸乙醇胺残基的连接（全部共 3 个）。根据哺乳动物 GPI 锚的结构，合成途径中一定还有其他酶存在，但在这些基因中还没有鉴定出突变体。对于鉴定基因来说，已有的细胞株系表明，仅靠在体外检测酶的反应，突变发生研究的重要性还不是很明显。

**表 31.5 GPI-锚生物合成中的突变体缺陷**

| 细胞株 | 生化缺陷 | 糖基化表型 |
|---|---|---|
| A，C，H | GlcNAc 接到 PI 转移酶 | GlcNAc-PI 形成 |
| J | GlcNAc N-脱乙酰酶 | 积累 GlcNAc-PI |
| E | Dol-P-Man 合酶 | 核心附加 GlcNAc |
| B | α1，2-连接甘露糖的添加 | $Man_2$ GlcN-PI |
| F，K | 乙醇胺-磷酸盐添加反应 | $Man_3$ $(Eth\text{-}P)_{1-2}$ GlcN-PI |

## 蛋白聚糖组装中的突变体[3]

已在蛋白聚糖生物合成中收集到不少有缺陷的突变体（表 31.6）。这些突变体是用掺入硫酸盐，监控集落中糖胺聚糖影印铺板法获得的（图 31.2）。在糖胺聚糖生物合成（互补组 A、B 和 G）的前期步骤中，突变体缺少硫酸软骨素和硫酸类肝素这两种聚糖，而且酶分析表明，它们缺少负责组装两种糖胺聚糖共有的核心蛋白连接四糖的酶（见第 11 章）。另一类突变体（D 组）在硫酸类肝素合成中有缺陷。这一突变界定一种双功能酶，这种酶催化 GlcNAc 和 GlcA 残基交替连接到增长链上的反应。某些突变体的等位基因可削弱两种酶活力，另一些酶只影响 GlcA 的转移活力。因此，突变体可界定蛋白质不同的功能域，以各种突变体等位基因测序可将这些功能域绘制成图谱。GlcNAc N-脱乙酰酶/ N-硫酸转移酶（另一种双功能酶）中的突变体表明在聚糖 N-硫酸化中只部分地有缺陷。进一步分析这种突变体表明在 CHO 细胞中不只存在一种同功酶，而且其缺陷仅影响一个基因座。由此，根据聚糖的结构，以及细胞抽提物内测出的酶反应和脉冲标记试验，揭示出这类突变体硫酸类肝素的组装要比所认识到的更为复杂。

**表 31.6 动物细胞蛋白聚糖组装中缺陷突变体**

| 细胞株 | 生化缺陷 | 表型 |
|---|---|---|
| pgsA（CHO） | 木糖基转移酶 | HS 和 CS 两者合成缺陷 |
| pgsB（CHO） | 半乳糖基转移酶 1 | HS 和 CS 两者合成缺陷 |
| pgsG（CHO） | 葡糖醛酸基转移酶 1 | HS 和 CS 两者合成缺陷 |
| pgsD（CHO） | GlcA 和 GlcNAc 转移酶 | HS-缺乏和积累 CS |
| ldlD（CHO） | UDP-Gal/UDP-GlcNAc-4-差向异构酶 | 不添加 GalNAc 时，CS 不存在；无 Gal 时，GAG 缺乏 |
| pgsC（CHO） | 硫酸盐转运子 | 正常糖胺聚糖生物合成 |
| CM-15（COS） | N-硫酸转移酶 | 低硫酸化 HS |
| pgsF（CHO） | 硫酸类肝素 2-O-硫酸转移酶 | HS 2-O-硫酸缺陷；bFGF 结合缺陷 |
| 小鼠 LTA 细胞 | 3-O-硫酸转移酶 | 抗凝血酶结合缺陷 |

## 糖脂和黏蛋白组装中的缺陷突变体[18]

与前面介绍的系统相反，在糖脂或黏蛋白生物合成中突变体选择性受阻的报道很少(表 31.7)。这类系统中不存在突变体，只能反映在这方面缺乏努力，而不是这些途径的突变性有什么根本的不同。

**表 31.7 糖脂和黏蛋白生物合成中变更的突变体**

| 细胞株 | 生化缺陷 | 表型 |
|---|---|---|
| GM-95 (B16 黑素瘤) | 葡糖脑酰胺 | 无糖鞘脂 |
| IdID (CHO) | UDP-Gal/UDP-GlcNAc-4-差向异构酶 | 不添加 GalNAc 时，O-聚糖不存在 |

## 体细胞糖基化突变体的用途[3,4,6,15,19～22]

如上所述，在界定细胞糖基化的途径中突变体有重要作用。对研究活细胞背景下糖基化的功能糖基化突变体提供了机会。研究实例包括病毒、细菌和寄生物的黏附和传染；白细胞黏附和游动性；蛋白质折叠；蛋白质的胞内分拣和分泌；生长因子的结合和活化；酶固定化以及受体功能。更为详细的情况，参见第 5、28、29 和本章后面参考文献中的综述文章。

最使人惊奇的发现之一是培养细胞糖基化的许多步骤可能并不必要。因此，在结构上 N-聚糖可经历很大变化而不影响细胞的生长。类似情况，蛋白聚糖的生成和糖脂的生物合成对保持生长发育能力也并不很重要。但应该牢记的是，即使采用强有力的理论上应能生成这类失落株系的选择方法也很难制得某些突变体。其中有一个例子是参与了糖蛋白生成的 β1-4 半乳糖基转移酶。未能在这一步骤中得到突变体，可能说明还没有在合成途径中界定这种酶的基本性质。另外突变体的缺失也表明有多种同工酶的存在。

虽然培养细胞糖基化的许多步骤并不重要，但体内情况并非如此。糖基化突变体的研究表明，在某些情况下，糖基化对肿瘤生长和转移就很重要。小鼠的基因切除研究表明，完整的糖基化对胚胎发生更为重要。这类例子包括展示胚胎致死率的 GlcNAc-TI 突变体和最近一项对小鼠的硫酸类肝素 2-O-硫酸化的研究。在培养 CHO 细胞中的相应突变体不会引发生长表型（分别为 Lec1 和 pgsF）。这样，糖基化在多细胞生物这一情况下至关重要。这一题目将在第 32～34 章中更为详细地讨论。

## 发展方向

体细胞遗传学是因调控体外培养细胞表型的需要应运而生。今天，遗传学的重点转向利用新开发的转基因和同系重组技术生产生物突变体。但是体细胞突变体的研究在糖生物学的研究中仍有重要作用，因为它对代谢中缺失或表达特殊基因产物效果的研究提供了既便宜而又快捷的方法。再者，通过与表型变化直接有关的糖基化的筛选发现新基因，在以细胞为基础的遗传学中已有可能。这种可能性在动物中虽然不是不可能，但做起来困难重重。因此，体细胞突变体为参与糖基化的新基因提供了接近的机会，转过来又成为基因剔除先进实验所需的原料。这两种方法结合起来，可以明确界定细胞生物学和病理生理学中特定糖基转移酶或糖缀合物的功能。动物的基因剔除，也使从各种组织中得到期望的缺陷细胞系成为可能。这样，作为细胞和动物中的突变体，似乎在遗传学上兜了一个圈子，对进一步分析糖基化作用提供了互为有用的试剂。

**致谢** 感谢 Albert Einstein 医学院 Pamela Stanley 女士提供了表 2～4 的信息。

（马毓甲 译　　张树政 校）

## 参 考 文 献


1. Puck T.T. and Kao F.-T. 1982. Somatic cell genetics and its application to medicine. *Annu. Rev. Genet.* **16:** 225–274.
2. Takatsuki A. and Tamura G. 1971. Effect of tunicamycin on the synthesis of macromolecules in cultures of chick embryo fibroblasts infected with Newcastle disease virus. *J. Antibiot.* **24:** 785–794.
3. Esko J.D. 1991. Genetic analysis of proteoglycan structure, function and metabolism. *Curr. Opin. Cell Biol.* **3:** 805–816.
4. Takatsuki A. and Tamura G. 1971. Tunicamycin, a new antibiotic. II. Some biological properties of the antiviral activity of tunicamycin. *J. Antibiot.* **24:** 224–231.
5. Marth J.D. 1994. Will the transgenic mouse serve as a Rosetta Stone to glycoconjugate function? *Glycoconj. J.* **11:** 3–8.
6. Stanley P. and Ioffe E. 1995. Glycosyltransferase mutants: Key to new insights in glycobiology. *FASEB J.* **9:** 1436–1444.
7. Baker R.M., Hirschberg C.B., O'Brien W.A., Awerbuch T.E., and Watson D. 1982. Isolation of somatic cell glycoprotein mutants. *Methods Cell Biol.* **83:** 444–457.
8. Stanley P. 1983. Selection of lectin-resistant mutants of animal cells. *Methods Enzymol.* **96:** 157-184.
9. Elbein A.D. 1991. The role of N-linked oligosaccharides in glycoprotein function. *Trends Biotechnol.* **9:** 346–352.
10. Esko J.D. 1989. Replica plating of animal cells. *Methods Cell Biol.* **32:** 387–422.
11. Schwarz R.T. 1991. Manipulation of the biosynthesis of protein-modifying glycoconjugates by the use of specific inhibitors. *Behring Inst. Mitt.*, pp. 198–208.
12. Hubbard S.C., Walls L., Ruley H.E., and Muchmore E.A. 1994. Generation of Chinese hamster ovary cell glycosylation mutants by retroviral insertional mutagenesis. Integration into a discrete locus generates mutants expressing high levels of N-glycolylneuraminic acid. *J. Biol. Chem.* **269:** 3717–3724.
13. Takatsuki A., Arima K., and Tamura G. 1971. Tunicamycin, a new antibiotic. I. Isolation and characterization of tunicamycin. *J. Antibiot.* **24:** 215–223.
14. Stanley P. 1984. Glycosylation mutants of animal cells. *Annu. Rev. Genet.* **18:** 525–552.
15. Stanley P. 1987. Glycosylation mutants and the functions of mammalian carbohydrates. *Trends Genet.* **3:** 77–81.
16. Stanley P., Raju T.S., and Bhaumik M. 1996. CHO cells provide access to novel *N*-glycans and developmentally regulated glycosyltransferases. *Glycobiology* **6:** 695–699.
17. Mohney R.P., Knez J.J., Ravi L., Sevlever D., Rosenberry T.L., Hirose S., and Medoff M.E. 1994. Glycoinositol phospholipid anchor-defective K562 mutants with biochemical lesions distinct from those in Thy-1-murine lymphoma mutants. *J .Biol. Chem.* **269:** 6536–6542.
18. Ichikawa S., Nakajo N., Sakiyama H., and Hirabayashi Y. 1994. A mouse B16 melanoma mutant deficient in glycolipids. *Proc. Natl. Acad. Sci.* **91:** 2703–2707.

19. Varki A. 1993. Biological roles of oligosaccharides: All of the theories are correct. *Glycobiology* **3:** 97–130.
20. Mortensen R.M. and Seidman J.G. 1994. Inactivation of G-protein genes: Double knockout in cell lines. *Methods Enzymol.* **237:** 356–366.
21. Varki A. and Marth J. 1995. Oligosaccharides in vertebrate development. *Dev. Biol.* **6:** 127–138.
22. Rostand K.S. and Esko J.D. 1997. Microbial adherence to and invasion through proteoglycans. *Infect. Immun.* **65:** 1–8.

本章初稿由 J. D. Esko（圣迭戈加利福尼亚大学）编写。

# 第32章　自发性糖基化遗传失常



本章论述包括聚糖生物合成过程中的遗传性疾病，重点讨论新出现的一组糖缺陷糖蛋白综合征（carbohydrate-deficient glycoprotein syndrome，CDGS）、白细胞黏附缺陷综合征Ⅱ型（leukocyte adhesion deficiency syndrome，LADⅡ）、先天性红细胞生成不良性贫血Ⅱ型（HEMPAS）和半乳糖血症及蛋白聚糖合成异常。有关血型糖基转移酶的遗传性缺陷参见第16章和17章。第18章讨论源于聚糖降解缺陷的溶酶体贮积症。第23章讨论溶酶体酶磷酸化失常。像囊性纤维增生这样的疾病，其中糖基化的变化是继发性的，在第37章讨论。

## 引言

糖基化的遗传性失常在生化和临床方面表现为异质性。CDGS，LADⅡ，HEMPAS和半乳糖血症患者通常都遭受多器官系统机能障碍的折磨。根据生物合成的特异性损伤情况，糖蛋白、糖脂、糖磷脂酰肌醇连接蛋白的结构和功能都可能受到影响。最近这个领域的进展突飞猛进，已对几种原发性遗传缺陷已进行了鉴定，并以明确的生化原理作基础，成功地进行了治疗。此外，研究表明，这类疾病在遗传上的异质性远比想像的更为复杂，也很难诊断。因此，临床医学界对这组异常疾病的新认识，将在发病机理和治疗上对这类疾病增长新的洞察力。

## 人类和动物模型的自发突变

本章主要讨论人的糖基化失常，但动物也发生糖基化自发性突变。因为这些缺陷引发的不良形态特征容易识别，动物的缺陷主要影响蛋白聚糖生物合成，表 32.1 列举了人和动物中的一些缺陷（参见第 7 章和 33 章中类似的表）。另外，第 23 章阐述动物种中出现的溶酶体多种贮积失常突变。

**表 32.1　动物中糖基化途径自发性失常及引发的疾病**

| 失常 | 缺陷 | 物种 |
|---|---|---|
| Ⅰ-细胞病和假胡尔勒（Hurler）多发性营养不良（黏脂沉积症Ⅱ型和Ⅲ型，mucolipidosis Ⅱ and Ⅲ） | UDP-GlcNAc：溶酶体 GlcNAc-1-磷酸转移酶缺乏 | 人 |
| 糖缺陷糖蛋白综合征（CDGS） | 与N-聚糖组装、转移和早期加工有关的遗传缺陷（详见文中内容） | 人 |
| 白细胞黏附缺陷Ⅱ型 | GDPMan 转换成 GDP-Fuc 的量降低，原发性缺陷不清楚 | 人 |
| 半乳糖血症 | UDP-Gal 形成缺陷，例如：Gal-1-P 尿苷基转移酶 | 人 |
| 斑点状角膜营养不良Ⅰ型 | 硫酸角质素合成缺陷 | 人 |
| Ehlers-Danlos 综合症（早老型） | 木糖蛋白 β4 半乳糖基转移酶（GalT-1）部分缺陷 | 人 |
| 骨畸形性发育不良，软骨发育不全症Ⅰb 型，骨发育不全症Ⅱ型 | 骨畸形性发育不良硫酸转运子；硫酸的可利用性缺陷 | 人 |
| 矮型病（Brachymorphism）（bm） | 腺苷磷酸硫酸激酶缺陷（SK2）硫酸供体（PAPS）合成缺陷 | 小鼠 |
| 软骨基质缺乏（cmd） | 聚集蛋白聚糖基因（移码突变） | 小鼠 |
| 侏儒状短肢（Nanomelia） | 聚集蛋白聚糖基因（无义突变） | 鸡 |
| Simpson-Golabi-Behmel 生长过度综合征 | Glypican-3 蛋白聚糖核心蛋白缺乏 | 人、小鼠 |
| 遗传性红细胞多核性伴有酸化血清试验阳性（HEMPAS）；又称先天性红细胞生成不良性贫血Ⅱ型 | UDP-GlcNAc：α-甘露糖 GlcNAc 转移酶Ⅱ或 α-甘露糖加工部分缺陷；原发性遗传缺陷尚不清楚 | 人 |
| N-羟乙酰神经氨酸缺乏 | CMP-Sia 羟化酶基因的外显子删除 | 所有人类（all humans） |
| α1-3Gal 表位缺乏 | UDP-Gal：LacNAcα1，3-Gal 半乳糖基转移酶基因无义突变 | 所有旧大陆灵长类（all old world primates） |
| Tn 综合征 | 合成核心 1 O-聚糖的 β1，3 半乳糖基转移酶缺乏；影响红细胞 | 人 |
| IgA 肾小球肾炎 | 除 IgA 分子受影响外，其余与 Tn 综合征同 | 人 |

## CDGS的临床和实验室特点[1~10]

CDGSs是新出现的一组临床表现异质性的常染色体隐性糖基化失常的疾病。根据血清运铁蛋白等电聚焦图谱分析（见下文）已确定了4种型的CDGS（Ⅰ～Ⅳ型）。CDGS的系统命名仍在修改，很快会修订完毕。CDGSⅠ型最为常见，医学文献上曾报道了200多例病人。相反，CDGSⅡ、Ⅲ、Ⅳ型仅有少数病例报道。根据临床表现及分子缺陷性质，CDGSⅠ型又可细分为3个不同形式，称作CDGSIa，CDGSIb和CDGSIc型（后者又称为Ⅴ型）。Ⅱ、Ⅲ、Ⅳ型则仅有互不相同的单一临床实体。

CDGS的诊断一般是靠临床症状和体征以及血清运铁蛋白等电聚焦或层析聚焦分析。这些方法为血清运铁蛋白的糖基化状态提供了一个非常灵敏的指示计。其他血清糖蛋白的糖基化也出现变化，但运铁蛋白最为灵敏可靠，可作为简单易行的指示计。

正常人的血清运铁蛋白分子有两个糖基化位点，主要（约80%）由双唾液酸二天线N-聚糖占据。多数分子含有4个唾液酸残基，它们表现一种特性化的电泳迁移（图32.1）。这一四唾液酸化运铁蛋白的糖形被称为S4。约10%～15%正常人的运铁蛋白分子至少含有一个提供S5和S6糖形的三唾液酸化三天线N-聚糖。这些糖形在急性应答期增加，但对于CDGS的诊断并不重要。在CDGS患者中，S4糖形不是实质性地减少（CDGSⅠ型）就是完全缺失（CDGSⅡ型），并伴有另外两种称为S2和S0糖形的补偿性地增加。从CDGSⅠ型患者分离的S2和S0糖形结构分析表明：每个S2运铁蛋白分子仅含单一的双唾液酸二天线N-聚糖（在两正常位点之一上），其中每个S0分子则完全缺乏（deficient）N-聚糖的修饰（图32.1）。目前，3个不同的基因座突变可以说明CDGS糖基化不足的原因。在CDGSⅡ型中，虽然有效地添加上了聚糖，但它们的加工不正常。CDGSⅣ型中，从脂前体添加了结构改变了的聚糖，但其加工也不正常。

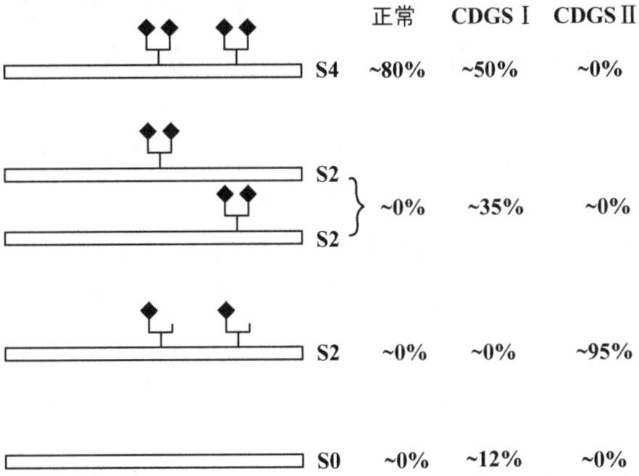


**图32.1** 正常个体和CDGSⅠ、CDGSⅡ型患者血清运铁蛋白聚糖结构示意图。右侧为总血清中运铁蛋白特异糖形所占大致百分数。符号代表二天线N-聚糖。用菱形符号表示血清运铁蛋白中GnT-II依赖性分支的缺席，这种糖形是CDGSⅡ型的主要成分。

## CDGS Ⅰa 型[11～25]

CDGS Ⅰa 型是 CDGS 中最常见的一种，占所有 CDGS Ⅰ型病例的 70%。自 1980 年首次发现后，文献中已报道了 180 多例。这种个体一般于出生时发现有典型的肌张力减退、畸形、不易存活、肝功能障碍、特别易受感染等表现。约 20%的病人于出生后不久的几年内死亡。CDGS Ⅰa 型的其他临床症状包括大脑、小脑、脑干发育不全，动作和语言发育非常迟缓。CDGS 病人还表现为脂肪分布异常，多发神经病变，运动失调，肌张力低下，骨骼肌畸形，色素沉着性视网膜炎，视觉运动异常等。肝功能障碍的典型表现为血清转氨酶升高，血清白蛋白减少，并在临床上，表现为凝血蛋白中的抗凝血酶Ⅲ、C 蛋白、S 蛋白、肝素辅助因子和凝血因子 XI 显著减少。CDGS Ⅰa型病人还出现内分泌稳态失调，特别是性腺机能低下。

生化和分子遗传学分析发现 CDGS Ⅰa 型的糖基化缺陷是由磷酸甘露糖变位酶 2（*phosphomannomutase 2*）基因座（*PMM2*）缺陷引起的。这一基因位于人染色体的 16p13，连键的研究，把 CDGS Ⅰ型基因座限定在某些家族。*PMM2* 基因座编码区的 DNA 序列约有 65%与 *PMM1* 基因座相同。*PMM1* 基因座位于人染色体 *22*q13，排除了这一基因与经典形式的 CDGS Ⅰa 型的相关性。一种称作 *PMM2psi* 的已加工 *PMM2* 假基因定域在人染色体基因座 *18*p。

*PMM2* 基因座编码一种在 GDP-Man 和 Dol-P-Man（图 32.2）生物合成中催化一关键步骤的酶。这两种化合物是甘露糖基转移酶不可或缺的底物，也是合成 N—糖基化脂连接前体所必需的（图 32.2）。在 CDGS Ⅰa 型中，磷酸甘露糖变位酶缺乏活性，可降低 GDP-Man 和 Dol-P-Man 的水平。这类化合物水平的降低，继而引起作为寡糖基转移酶生理底物的 $Glc_3Man_9GlcNAc_2$ 合成的减少。GDP-Man 和 Dol-P-Man 的减少，还会产生截短形式的 Dol-PP-寡糖。然而，这些截短形式的寡糖，特别是那些未葡糖基化结构的截短寡糖，不适合作寡糖转移酶的底物。寡糖转移酶优先选用生理性前体底物 $Glc_3Man_9GlcNAc_2$-PP-Dol，但是低水平底物具有限速作用，导致酶使天冬酰胺连接位点处于非修饰状态。尽管如此，相当部分的位点接受正常的经过正规修剪和改型的 $Glc_3Man_9GlcNAc_2$ 聚糖，产生双唾液酸化的二天线寡糖。

有必要指出，Dol-P-Man 还用于糖磷脂酰肌醇锚 4 个甘露糖残基的合成（见第 10 章），而且，GDP-Man 还是末端岩藻糖基化所需的 GDP-Fuc 的来源（参见下面的白细胞黏附缺陷综合征Ⅱ型）。在 PMM 缺陷的 CDGS Ⅰa 型中引发 GDP-Man 合成的降低，很可能造成依赖这些过程分子的结构和功能产生缺陷。例如，CDGS Ⅰa 型病人经常患有严重的感染（性）并发症，可能是由于白细胞选凝素配体合成出现故障，这种配体正常功能的发挥需要末端 α-1，3-岩藻糖基化（见第 26 章和下面的白细胞黏附缺陷综合征Ⅱ型）。

已在 50 多例患有磷酸甘露糖变位酶缺陷的 CDGS 病人中测定了 *PMM2* 基因座的序列。大部分这种病人对 *PMM2* 基因座中错义突变都是复合的杂合子，错义突变的纯合子 CDGS Ⅰa 型病人不常见。某些 PMM 缺陷病人在 *PMM2* 基因编码区未产生突变。后一现象的观察结果表明 PMM 缺陷也可能是由于影响了该基因的调节，或由于影响其转录的剪接和稳定性的突变造成的。尽管如此，现有的和新出现的关于 PMM 缺陷中 PMM 突变性质的信息将有助于促进建立 CDGS Ⅰa 型产前诊断工作。

CDGS Ⅰa 型的治疗方法尚存在问题。体外研究证实，在 CDGS Ⅰa 型成纤维细胞中加入外源性甘露糖，可使这些观察细胞中与脂连接的短寡糖合成减少，同时伴有掺入到糖蛋白中放射性的甘露糖增加。结果表明补充甘露糖可能改善 CDGS Ⅰa 型病人的缺陷。但这些有趣的，鼓舞人心的体外研究结果的生化基础尚不清楚。在生化水平上，甘露糖治疗 CDGS Ⅰa 型病人还不算有效，对 CDGS Ⅰa 型的临床症状似乎亦无多大改善。

## CDGS Ⅰb 型[26～29]

CDGS Ⅰb 型是最近报道的一种 CDGS 形式，已知有 10 个左右这种病例，但其中有好几个在就诊前已经死亡。CDGS Ⅰb 型患者不表现精神性运动或发育的异常。而是患者在 1 岁时出现低血糖症，严重的呕吐、腹泻、蛋白丢失性肠病和肝纤维化。可能是由于抗凝血酶Ⅲ缺乏的原因，CDGS Ⅰb 型病人易患复发性血栓形成症。血清运铁蛋白的等电聚焦图谱特点与在 CDGS Ⅰa 型观察的结果相同。其磷酸甘露糖变位酶正常；但这类病人的磷酸甘露糖异构酶活性有所降低（图 32.2）。分子水平分析证实，CDGS Ⅰb 型病人的磷酸甘露糖异构酶（*phosphomannose isomerase*）（*PMI*）基因座有错义突变。与 CDGS Ⅰa 型一样，PMI 缺乏（图 32.2），也会引起 GDP-Man，Dol-P-Man 及 $Glc_3Man_9GlcNAc_2$-PP-Dol 水平降低导致形成截短形式的前体。再者，在这种情况下将导致糖蛋白的合成，不能以正确结构的 N-聚糖完全地糖基化。原则上讲，这些病人也可能在岩藻糖基化聚糖和糖磷脂酰肌醇连键的合成中存在其他缺陷。

CDGS Ⅰb 型 PMI 缺陷症的治疗手段是绕过 GDP-Man 和 Dol-P-Man 途径中 PMI 的合成途径（图 32.2）。正常情况下，Man-6-P（6-磷酸甘露糖）既可通过 PMI 由 Fru-6-P（6-磷酸果糖）生成，也可经由己糖激酶从游离的甘露糖产生。后一途径在CDGS Ⅰb型病人中完整无损，据推测该途径的甘露糖来自溶酶体降解的糖缀合物和血中一个或多个甘露糖特异转运子所携带的。循环中的甘露糖估计是从饮食中来，包括植物和动物食物中富含甘露糖的聚糖。这些聚糖中的甘露糖经肠上皮细胞刷状缘中 α-甘露糖苷酶的作用，从食物所含的复合碳水化合物中释放出来。显然，通过己糖激酶依赖型的途径从正常饮食和糖蛋白分解代谢中形成的甘露糖，不足防止 PMI 缺陷的发生。但是，可以想出各种办法使通过该途径甘露糖液流能够产生足够的 M-6-P 及其下游产物，将使 CDGS Ⅰb 型病人与 CDGS Ⅰa 型病人相比，免受严重的临床症状之苦。

这方面的考虑促使人们以提供超生理需要量的甘露糖液流，经己糖激酶到 M-6-P 途径的方式防止 PMI 缺陷的发生。用缺乏 PMI 的细胞所进行的体外研究证实，细胞外甘露糖可用 CDGS Ⅰb 型细胞完全补偿 PMI 的缺陷。并且，体内研究证明口服甘露糖可增加血清甘露糖的水平，适当地高于甘露糖转运子的摄入常数（$K_{摄入}$）。这些观察结果为开创长期口服甘露糖疗法治疗 PMI-缺陷的 CDGS Ⅰb 型病人提供了科学依据。这一方法非常成功，能纠正低血糖症，肠道病理性蛋白丢失和间歇性胃肠道疾病，还可以使血浆中抗凝血酶Ⅲ恢复到正常水平，并改正血清运铁蛋白和其他血清糖蛋白的等电聚焦模式。由于口服甘露糖有良好的耐受性，此方法，即使不能使 CDGS Ⅰb 病人痊愈，对这种有致命危险的疾病也有明显的疗效。

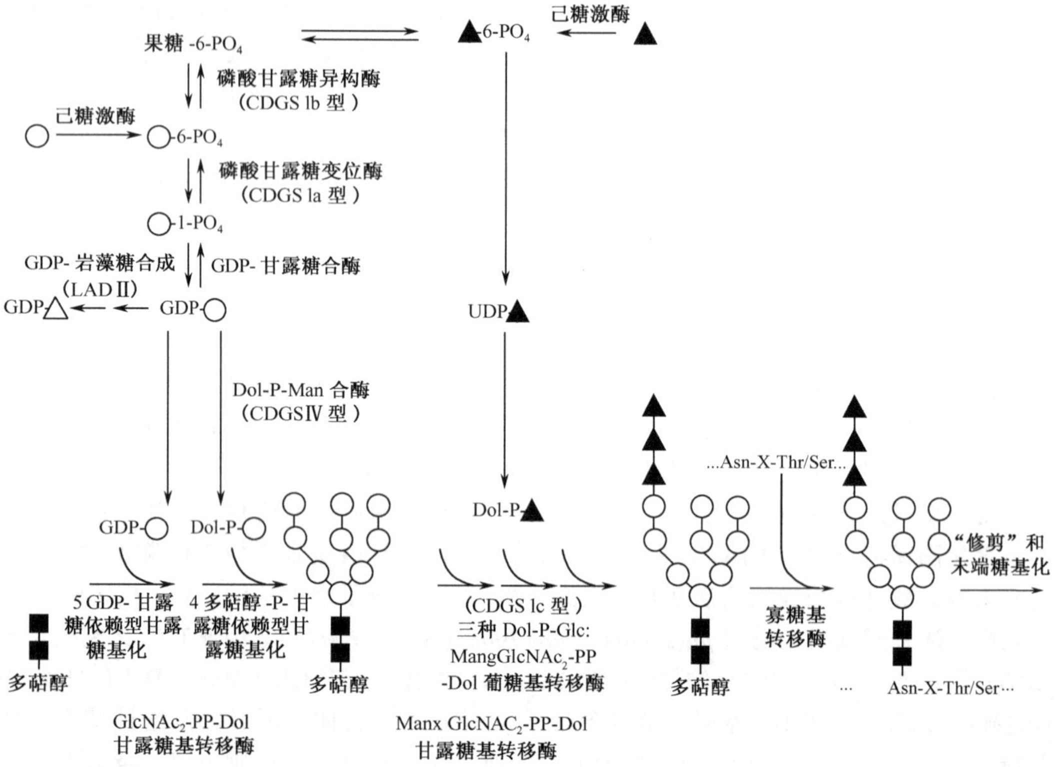


**图 32.2** CDGS 中受影响的 N-聚糖生物合成反应。CDGS Ⅰa、Ⅰb、Ⅰc 型和 IV 型中受影响的反应在相关合成步骤下面用括号标注。

## CDGS Ⅰc 型[30,31]

CDGS Ⅰc 型（又称Ⅴ型）与 CDGS Ⅰa 型和 CDGS Ⅰb 型有相同的转铁蛋白糖形表型，但 PMM 和 PMI 均属正常。CDGS Ⅰc 型最近才被鉴定，文献曾报道过两个家庭，但至少还有 9 个家庭证实为这种病的患者。已发表的资料中，报道病人有轻微的 CDGS Ⅰa 表型，包括精神运动异常，思考能力减退和运动肌发育缺陷，病人还易患复发性感染，并导致几种凝血因子水平降低。

CDGS Ⅰc 型成纤维细胞的生化分析显示缺乏 $Glc_3Man_9GlcNAc_2$-PP-Dol 合成和产生寡糖转移酶的低效底物 $Man_9GlcNAc_2$-PP-Dol 的积累（图 32.2）。Dol-P-Glc 和 UDP-Glc 的合成均正常，但在用成纤维细胞进行体外研究时，在成纤维细胞中，基本检测不到添加第一个葡糖残基到 $Man_9GlcNAc_2$-PP-Dol 前体上葡糖基转移酶的活性。葡糖基转移酶活性的显著降低是因为葡糖基转移酶编码序列突变。遗憾的是，虽然对这类病人生化损伤机制有所了解，但未能提供一个明确的治疗方法。目前对病人提供的仅是治标疗法。

必须指出，CDGSⅠc型的缺陷仅限于N-糖基化途径，因为细胞仍有能力合成正常水平的M-6-P、GDP-Man和Dol-P-Man。原因是它可能比CDGSⅠa型患者有相对较轻临床表现。CDGSⅠa型病人中，由于GDP-Man转化成GDP-Fuc，引发Man-6-P合成缺陷，并影响N-糖基化、GPI锚合成和岩藻糖基化。

## CDGSⅡ型[32～36]

已发现有两个家庭患有CDGSⅡ型病。患者有形体发育不良特征，与典型的CDGSⅠa型病人相比表现更为严重的精神运动迟缓。而且，CDGSⅡ型患者还有心室隔膜缺陷，但没有出现外周神经病变和小脑萎缩。与其他CDGS患者一样，该种病人相对缺乏凝血因子Ⅺ、抗凝血酶Ⅲ、C蛋白、S蛋白和肝素辅助因子。另外还缺乏因子Ⅸ和因子Ⅻ。利用运铁蛋白等电聚焦分析（图32.1），CDGSⅡ型很容易与Ⅰa、Ⅰb、Ⅰc型区分。在CDGSⅡ型中，几乎完全丧失四唾液酸糖形S4，并且被二唾液酸糖形S2取代。两个糖基化位点均被失去“第二”天线截短的天冬酰胺连接的聚糖（图32.3）占据，这第二天线，正常情况下，是由N-乙酰葡糖胺转移酶Ⅱ（GlcNAcT-Ⅱ；见第7章）引发的。生化分析证明，CDGSⅡ型成纤维细胞中GlcNAcT-Ⅱ活性降低约98%。分子分析的结果显示患者对GlcNAcT-Ⅱ基因座中酶失活错义突变是纯合子的。目前该病变尚无有效的治疗方法。

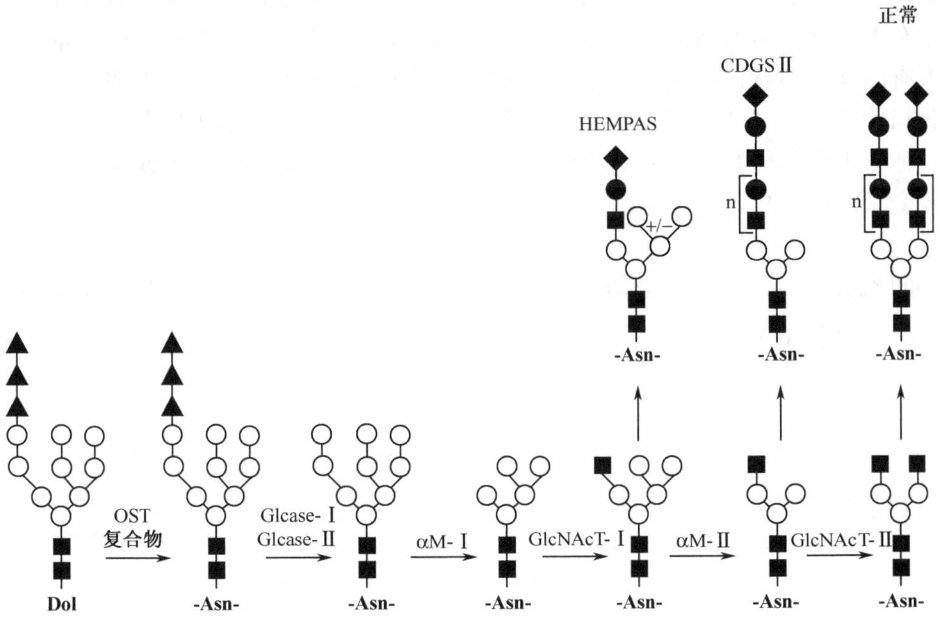


**图32.3** 在CDGSⅡ型和HEMPAS中积累的N-聚糖。（正常）为出现在红细胞带3和带4.5上的N-聚糖；“n”代表多聚乳糖胺链中乳糖胺单位从一到数个的数目。CDGSⅡ型聚糖上α1，6-连接的甘露糖残基无修饰，聚糖α1，3-连接臂上的结构正常。HEMPAS病人红细胞带3和带4、5上的N-聚糖缺乏多聚乳糖胺链。再者，有证据表明正常情况下常用α-甘露糖苷酶Ⅱ（用+/−表示）去除两甘露糖残基修剪两甘露糖缺陷。但α1，6-分支不再进一步修饰，似乎GlcNAcT-Ⅱ不起作用。

## CDGS Ⅲ型和Ⅳ型[37～41]

已在两个家庭中发现 CDGS Ⅲ型患者。其失常的特征为持续性的严重精神运动迟缓和四肢轻瘫（tetraparesis），大脑和视神经萎缩和畸形等。临床表现与 CDGS Ⅰ型不同，没有发现多发性神经病变，视网膜色素沉积和小脑发育不良。血清转铁蛋白糖形的分析显示，以四唾液酸化型 S4 为主，所有低唾液酸化糖形均略有升高。

已报道有两个家庭患有 CDGSⅣ型病。这型 CDGS 的特征是精神运动迟缓并伴有小头症和癫痫发作和明显的不存在肝脏病。血清运铁蛋白糖形分析显示，二唾液酸化运铁蛋白糖形相对过剩。带有这种运铁蛋白样式和有这种临床特征的一位患者出现 Pol-P-Man 合酶活性缺陷。患者仅生成主要 5 个甘露糖残基的截短脂连寡糖，而正常人则是 9 个甘露糖残基。尽管这种寡糖可正常地转移到蛋白上，但在随后的成纤维细胞中出现寡糖加工异常。更为常见的是仅有一个唾液酸的杂合型链。这种变化可能说明患者 S2 运铁蛋白增加的原因。在成纤维细胞培养基中加入甘露糖可纠正截短的寡糖前体分子的大小和改变了的加工。还不能断定纠正的原因，但患者 Dol-P-Man 合酶的 $K_M$ 比正常值高 5 倍。可能是外源性甘露糖的增加也增加 GDP-Man 代谢池的局部浓度，从而推动反应进行。有必要强调 Dol-P-Man 的缺陷也影响糖磷脂锚、C-甘露糖基化蛋白和以 O-甘露糖为基础的脑中聚糖合成的重要性。

最近有婴儿患精神运动和其他临床表现异常的有关报道，这与反常的血清运铁蛋白糖形也有关。几乎所有病症都是通过运铁蛋白的分析鉴定的，因为患者与已知 CDGS 糖形病人有同样的症状。运铁蛋白是强有力的诊断工具，在理论上，可检测到至少 30 个糖基化相关基因的突变结果，这种突变的后果是否确实具有临床实际意义还有待进一步观察。运铁蛋白虽然是一个有用的标记物，但不能用于检测像多聚乳糖胺或岩藻糖基化一类改变了的糖基化，因为运铁蛋白 N-聚糖不含这类结构。

## 白细胞黏附缺陷Ⅱ型综合征（leukocyte adhesion deficiency Ⅱ syndrome，LADⅡ）[42～53]

白细胞黏附缺陷（LAD）这一名词最早用来描述表现为频发的非化脓性细菌感染、白细胞黏附缺陷和外周白血细胞增多综合征。这种缺陷病分两种：LADⅠ和 LADⅡ。LADⅠ的分子基础表明是由于整合素型白细胞黏附分子 LFA-1（CD11a/CD18；$\alpha_L\beta_2$），Mac-1（CD11b/CD18；$\alpha_M\beta_2$）和 p150/95（CD11c/CD18；$\alpha_X\beta_2$）的表达减少或缺失，或者是功能不良形式分子的正常表达。此病的病因归咎于编码异二聚体 $\beta_2$ 整合素中共同的 β-亚基（CD18）基因的突变。临床所见和实验室检查均符合整合素依赖性白细胞黏附缺陷。

最近，在两个无血缘关系的男孩中发现了 LAD 样症状，CD18 含量水平和结构均属正常。与 LADⅠ病人一样，发现有复发的非化脓性感染和白细胞增多症。除了 LADⅠ的 CD18 依赖性症状外，这些病人还表现为生长速度减慢，严重的智力迟钝和其他神经内科症状和在 LADⅠ病人中未见的各种形体和骨骼肌异常。而且，两患者均显示少见的、以红细胞 H 血型结构缺乏为特征的孟买血型表型（见第 16 章）。两个病人都缺乏 Lewis 血型抗原并且是非分泌者（non-secretor）的血型抗原。由于 H 和 Lewis 抗原相当于岩藻糖基化的寡糖结构，并且因为非分泌者的特点也与缺席表达岩藻糖基化血型物质有关（见第 16 章），这些观察结果提示，这些病人可能普遍存在岩藻糖代谢缺陷。由于岩藻糖基化的白细胞抗原，如唾液酸化 Lewis X，有助于选凝素依赖性白细胞的黏附（第 28 章讨论），有缺陷的岩藻糖代谢也可能是这类病人 LAD 样表型的原因。事实上，病人的白细胞不表达唾液酸化 Lewis X 。这些观察结果使 Etzioni 和他的同事们将 $\beta_2$-整合素依赖性疾病称为 LADⅠ型（LADⅠ），将唾液酸化 Lewis X 缺乏称为 LADⅡ型（LADⅡ）。

后来的研究显示 LADⅡ型嗜中性细胞缺少 E-选凝素、P-选凝素和 L-选凝素配体。采用流式细胞仪（flow cytometry）研究的结果表明这是因为缺少结合单克隆抗体的 CSLEX-1，一种 E-和 P-选凝素配体活性的代用标志。LADⅡ型的嗜中性细胞在体外既不与 E-和 P-选凝素黏附，也不参与体外 L-选凝素依赖性同型的凝集过程。在体内，活体镜检证明，当表达内皮 E-选凝素和在剪流下介导白细胞滚动的情况下，LADⅡ嗜中性细胞不能在小静脉内皮上滚动。最后，对 LADⅡ病人的皮窗和皮室的镜检结果，证明使嗜中性细胞和单核细胞迁移至皮肤发炎部位的数量锐减。这些结果结合起来表明由于选缺少凝素配体，LADⅡ白细胞不能保持正常的转送。这些观察结果和 LADⅡ综合征白细胞增多的表征与有缺陷的白细胞转送表型是一致的。这也与无 P-选凝素和/或 E-选凝素小鼠中的白细胞增多症，及对小鼠缺少 FucT-Ⅶ，一种对白细胞选凝素配体活性起主要作用的、α1-3FucT 缺陷所引起的白细胞增多症是一致的。

正如上面提到的，LADⅡ病人缺乏 3 种不同的岩藻糖基化血型抗原（ H/ABO，分泌者（secretor）和 Lewis 系统）和被 CSLEX-1 抗体识别的岩藻糖基化白细胞中的抗原。原则上，这一“星罗棋布”的缺陷可用 4 岩藻糖基转移酶基因座合成这些抗原（H、Se、Lewis、FucT-Ⅶ基因座）的纯合性无效等位基因的缺失来说明。但是，现在搞清楚了，缺陷问题出在参与 GDP-Fuc 合成的途径上（图 32.4）。

GDP-Fuc 的从头生物合成包括发生在哺乳动物胞液中 3 个独立的反应（见第 6 章）。这一途径是在 GDP-Man-4，6-脱水酶作用下从 GDP-Man 转化为 GDP-4-酮-6-脱氧甘露糖作为开端。然后，GDP-4-酮-6-脱氧甘露糖再经过两步，包括 3、5-差向异构酶依赖型转化为 GDP-4-酮-6-脱氧-L-Gal 的反应和紧接其后的 4-还原酶依赖型生成 GDP-Fue 的反应（图 32.4）。在哺乳动物细胞中，单一的多肽可催化差向异构化反应和还原反应。这一差向异构酶-还原酶多肽也就是众所周知的 FX 蛋白。FX 蛋白最早报道为“肿瘤专一”抗原，在发现时认为它是一种丰富的红细胞蛋白质，并不知道它的功能。分子克隆揭示出，FX 蛋白与原核生物参与 GDP-Fuc 合成的差向异构酶-还原酶有相似的一级序列。生化研究已经证实 FX 蛋白有着 GDP-4-酮-6-脱氧甘露糖 3，5-差向异构酶-4-还原酶的功能。

哺乳动物细胞也能利用补救和清除剂途径合成 GDP-Fuc。细胞外的岩藻糖可通过质膜上的岩藻糖特异的转运子转运到胞液的区室中，另一种方式，从内吞糖蛋白裂解下来的岩藻糖也能进入泡液。通过岩藻糖激酶形成 Fuc-1-P，再经 GDP-Fuc 焦磷酸化酶（GDP-Fu 合酶）从 Fuc-1-P 生成 GDP-Fuc。细胞培养实验表明清除剂途径对 GDP－Fuc 代谢池的贡献相对较小。

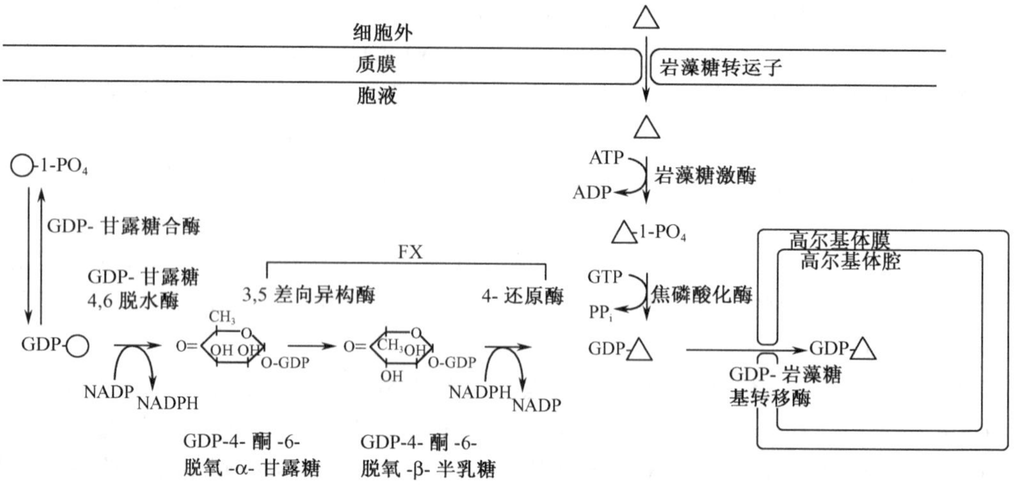


**图 32.4** GDP-Fuc 的合成。胞液从头合成途径从 GDP-Man 开始并由两种酶（4,6-脱水酶和 FX 蛋白）催化生成 GDP-Fuc。另一“补救”途径,来自胞外或胞内分解代谢来源(未显示)的胞液岩藻糖作为开端。岩藻糖激酶和焦磷酸化酶两种酶催化生成 GDP-Fuc。特异的转运子将输送胞液的 GDP-Fuc 到高尔基体腔。

GDP-Fuc 在胞液内合成后，紧接着输送到高尔基腔（见第 6 章）。定域在腔的 GDP-Fuc 作为限于高尔基腔内岩藻糖基转移酶的底物，该酶可催化膜相关性和可溶性糖缀合物的岩藻糖基化。

用培养患者的 LADⅡ细胞探测 GDP-Fuc 代谢的研究表明，该种疾病中的缺陷，问题出在 GDP-Fuc 生物合成的从头的合成途径上。在正常培养条件下，从 LADⅡ病人制备的经 EB 病毒（Epstein-Barr-virus）转化的 B 淋巴细胞系不能与岩藻糖特异的凝集素百脉根凝集素（*Lotus tetragonobolus* agglutin）结合，由此确证 LADⅡ细胞不表达细胞表面岩藻糖基化的聚糖。但在含岩藻糖培养基中生长的 LADⅡ细胞则恢复了与凝集素的结合。这些观察结果证明 LADⅡ细胞中 GDP-Fuc 合成的补救途径是完整的，并说明把 GDP-Fuc 输送到 Golgi 腔内并未受到损害（图 32.4）。相反，体外研究表明 GDP-Man 转化成 GDP-4-酮-6-脱氧甘露糖的中间过程是有缺陷的，而且，差向异构酶-还原酶反应明显地未受到 LADⅡ所引起的功能障碍的影响。在 LADⅡ胞液中存在失活形式的 4，6-脱水酶，但经过预培养步骤后可恢复活性。再者，尽管 4，6-脱水酶在 LADⅡ细胞中受到了损害，但 LADⅡ脱水酶基因座的编码序列是完好的，而且 4，6-脱水酶蛋白在 LADⅡ细胞中的表达水平也正常。这些观察结果提示，LADⅡ缺陷包括一未知的因子，它可能通过与 GDP-Man 4，6-脱水酶相互作用控制 GDP-Fuc 的从头合成途径。

新近有报道指出，在成熟的过程中可能减少 LADⅡ的免疫损伤，因为随患者年龄的增长，偶发感染的几率似乎有所减少。既然 LADⅡ细胞的岩藻糖基化缺陷可经补救途径纠正，从食物中补充岩藻糖，临床上治疗可能有效，因为这样可部分地恢复缺陷白细胞选凝素配体的活性。这种可能的治疗方法还是有一定风险的，因为这种方法也可以恢复红细胞中 H 血型决定簇的表达，根据患者的 ABO 基因型，也可以恢复 A 和/或 B 决定簇的表达，像大多数有孟买表型的患者一样，因为LADⅡ病人保持IgM类的高滴度、补体固定抗-A、抗-B和抗-H等抗体和用口服岩藻糖治疗方法使这些红细胞抗原恢复活力可能突然出现一段急性自身免疫性贫血。

尽管有可能出现并发症，最近对确诊为LADⅡ的病人进行了补充岩藻糖疗法的试验。这一2岁男孩表现LADⅡ的全部典型症状。没有鉴定出原发性缺陷，但是，在脱水酶或还原酶-差向异构酶的编码序列中都没有发现突变，而且相应的mRNA水平亦正常。病人的成纤维细胞发现岩藻糖基化缺陷，但服用外源岩藻糖以后可以恢复正常。根据这一发现，病人服用外源岩藻糖数天后，岩藻糖有效地吸收到血液中。治疗后不久，嗜中性细胞就出现了岩藻糖基化选凝素的配体，血清蛋白核心的岩藻糖基化得到恢复。经五个月的疗程，感染和发烧消失，嗜中性细胞数由高转为正常，更令人惊奇的是，根据标准化试验，就连神经运动功能也有增进。幸运的是，在红细胞表面上未出现H-抗原，也没有出现溶血性贫血。这些结果说明了补救途径对改善岩藻糖基化直接而有效。岩藻糖疗法在恢复岩藻糖基化上产生不同的效果说明表型的纠正对细胞型可能是特异的，对糖缀合物是有选择性的。在高等动物中，岩藻糖的利用以及如何起调控作用目前还知道的很少（见第6章）。

## 先天性红细胞生成不良性贫血Ⅱ型[54～64]

酸化血清溶解试验阳性的遗传性成红细胞（erythroblastic）多核性（HEMPAS），也名为先天性红细胞生成不良性Ⅱ型贫血。这种病似乎是一种常染色体隐性遗传缺陷，但其原发失常是否由于糖基化的原因尚不清楚（见第37章）。缩写词HEMPAS是指正常人的血清中含有一种可与HEMPAS病人红细胞结合的抗体，并且，血清被酸化后这些细胞将会溶解。还不清楚该抗体识别抗原的性质，也不了解为何这一抗体仅出现在某些正常人，而不是所有正常人的血清中。HEMPAS患者的红细胞及其骨髓中的前体都很脆弱，容易裂解，可能是骨髓产生红细胞效果不佳造成的，或者说至少是因部分的不佳造成的。已观察到HEMPAS患者骨髓中的红细胞前体（幼红细胞）过度增殖，并伴有成红细胞出现。超微结构分析说明幼红细胞系的细胞中显示膜结构异常，HEMPAS患者要承受无效生成红细胞的后果，主要包括贫血，骨髓反应性增生，脾大，胆结石，肝病和肝中铁的积累等。这种病主要影响骨髓中红细胞前体（幼红细胞）和红细胞本身，但下面讨论的生化缺陷有时也会在某些患者的白细胞和其他组织中出现。

对HEMPAS红细胞聚糖的分析表明，由名为带3（阴离子交换蛋白）和带4.5（葡萄糖转运子蛋白）的一对红细胞膜蛋白携带的N-聚糖存在结构性缺陷。正常情况下，这些蛋白含有二天线复合型N-聚糖，而且在两个天线上都用长链多聚乳糖胺修饰，但HEMPSA患者的带3和带4.5实际上几乎不含多聚乳糖胺。相反，在这些细胞中的糖脂（i-抗原）上却含有大量的多聚乳糖胺，在正常的红细胞中，相对而言，是含量相当少的组分。

对带-3和带-4.5聚糖的结构分析表明，在不同的HEMPAS患者中这类变化已发展到值得重视的程度。在一些患者中，异常聚糖有它的特点，在N-聚糖三甘露糖核心结构α1，6-连接甘露糖残基上有一条连接的截短天线（图 32.3）。这一结构是 GlcNAcT-Ⅱ的直接合成前体，其过度的积累表明 HEMPAS 患者在这种酶的表达和活性上产生了缺陷（图 32.4）。尽管已有报道称 HEMPAS 病人细胞 GlcNAcT-Ⅱ的活性降低 70%～90%，但这些观察与病理生理的相关性还不清楚，因为引起 CDGS 型的 GlcNAcT-Ⅱ遗传性缺陷明显地与更为严重的疾病相关，并累及多个器官系统。有人提出与这种酶表征 CDGSⅡ型的泛谱系（pan-lineage）缺陷相对比，GlcNAc-Ⅱ的红细胞特异性降低，足以说明 HEMPAS 是红细胞特异性的体现。但是，GlcNAcT-Ⅱ红细胞特异性缺陷怎么能导致 HEMPAS 红细胞中带-3 多聚乳糖胺几乎完全亏损（deficit）还不清楚，特别是这些聚糖在CDGSⅡ型仅减少约 50%。根据这些方面的考虑，使人想到不大可能单单因为 GlcNAcT-Ⅱ基因座的缺陷就导致 HEMPAS 疾病的。

在其他 HMEPAS 病人中，主要是杂合型 N-聚糖，其特征表现为保持 α1-3 连接和 α1-6 连接的甘露糖残基依次与三甘露糖基核心的 α1-6 连接的甘露糖结合（图 32.3）。这一结构是 α-甘露糖苷酶Ⅱ的合成底物，必须在 GlcNAcT-Ⅱ起作用之前用 α-甘露糖苷酶Ⅱ加工。在一些 HEMPAS 病人的红细胞中，这种部分加工的聚糖过多的积累，表示这些病人的 α-甘露糖苷酶Ⅱ的表达和活性存在缺陷（图 32.3）。有这样一个患者，细胞中的 α-甘露糖苷酶Ⅱ的活性几乎完全消失，α-甘露糖苷酶Ⅱ RNA 转录物的积累减少似乎可以说明缺乏这一酶家族的原因所在。但是分子水平缺陷还是个未知数，很可能问题出在调控其表达的基因座上。

在这些 HEMPAS 病例中，明显的 α-甘露糖苷酶缺陷为什么仅限于红细胞系？根据缺乏 α-甘露糖苷酶Ⅱ小鼠的研究，最具说服力的解释是因为在外-红细胞组织中另有 α-甘露糖苷酶Ⅱ样的（名为 α-甘露糖苷酶Ⅲ）活性物质存在。除此之外，近期在分子克隆研究中已鉴定出名为 α-甘露糖苷酶Ⅱx 的与 α-甘露糖苷酶相关基因座。尚未鉴定出编码 α-甘露糖苷酶Ⅲ活性的基因。

总之，对 HEMPAS 的分子基础还没有一个清楚的了解，对某些 HEMPAS 谱系的遗传关联分析，已把 α-甘露糖苷酶Ⅱ基因座，α-甘露糖苷酶Ⅱx 基因座和 GlcNAcT-Ⅱ基因座的缺陷排除在外。而且，红细胞多聚乳糖胺从 N-聚糖转向糖脂生物合成的生化基础还未完全弄清楚。聚糖结构分析获得的重要基因异质性证据，与这些观察结果结合起来表明，在深入了解这种病症的病理生理学方面，还有严峻的挑战摆在面前。

## 半乳糖血症[65～70]

半乳糖血症是指半乳糖代谢中编码 3 种酶基因的先天性缺陷引发的一组疾病。其中一种名为经典半乳糖血症的，是由 Gal-1-P 尿苷转移酶（GALT，图 32.5）缺陷引发的。这种病可使 UDP-Gal 的合成和有效性降低。很少发现 UDP-Gal 4′差向异构酶或半乳糖激酶出现缺陷，对 UDP-Gal 合成和积累也没有明显的影响，关于这些方面，不再赘述。

GALT 缺陷患者在婴儿期表现为生存困难、肝肿大、黄疸、白内障。采用无半乳糖饮食可使该病的大部分急性症状得到缓解。这种治疗可减少进入半乳糖代谢途径的半乳糖数量，从而减少半乳糖和 Gal-1-P 的过度积累，这些都被认为是这种病的症状。减少半乳糖的积累也有助于抑制半乳糖醇和半乳糖酸的生成，它们是在半乳糖的还原和氧化代谢中生成。半乳糖醇不再进一步代谢，它具有对白内障形成起重要作用的渗透性能。不幸的是，无半乳糖饮食明显地不能防止先天性的残弱疾病，如认知障碍、运动失调、发育迟缓及卵巢功能不良等典型症状。有人提出，治疗后 GALT 患者出现的长期性并发症可能由于患者继续积累小量毒性代谢物（来自少量饮食中的半乳糖和 Gal-1-P 的重新合成；图 32.5）。也有人认为，GALT 缺陷导致 UDP-Gal 半乳糖基转移酶可利用的核苷酸糖的底物相对不足，结果还造成半乳糖基化聚糖缺陷，半乳糖基化聚糖可能是这种病的致病因素。在一些 GALT 病人中观察到的糖蛋白和糖脂出现半乳糖基化降低似乎支持这个假说。另外，未坚持无半乳糖饮食的病人，则合成异常运铁蛋白糖形，是 CDGS Ia 和 Ib 型病人的常见糖形。当他们恢复无半乳糖饮食后，运铁蛋白糖形也回归正常，但是，还不清楚缺失 GALT 的患者是否与细胞 UDP-Gal 的亏损在生理学上有相关性，特别是因为大量的这种化合物是从 UDP-Glc 由 UDP-Gal 4′差向异构酶催化合成的（图 32.5）。半乳糖基化聚糖的低度积聚对这类病人的总代谢异常可能是继发性的。在这些病人中，异常结构的积累与神经缺陷之间的关系有待进一步证实。

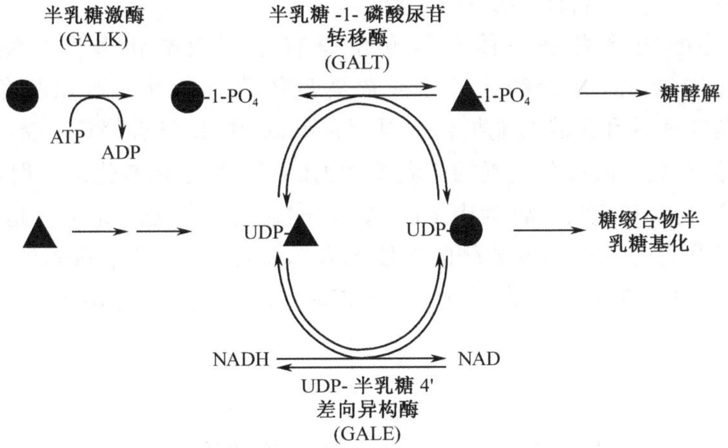


**图 32.5** UDP-Gal 合成和半乳糖血症。常见半乳糖血症是因 Gal-1-P 尿苷转移酶（GALT）缺陷引发的。正常情况下这种酶从食物半乳糖摄入 Gal-1-P。GALT 缺乏时，Gal-1-P 与过剩的半乳糖及其氧化还原产物半乳糖醇和半乳糖酸（未显示）一同积累。GALT 缺失也会，但不完全损伤 UDP-Gal 合成，因为 UDP-Gal 4′差向异构酶（GALE）可从 UDP-Glc 生成 UDP-Gal，并能提供糖缀合物正常生物合成所需的半乳糖转移酶。

## 蛋白聚糖合成缺陷[71～79]

蛋白聚糖及其糖胺聚糖 GAG 链是胞外基质的重要成分。关于它们的生物合成、核心蛋白和功能参见第 11 章。

Ehlers-Danlos 综合征（早老型）是一种结缔组织失常，病人的特征是不易存活、皮肤疏松、骨骼肌异常、肌张力低、关节活动过度等，还伴有运动和语言的发育迟缓。在分子基础上病人的失常似乎出现在木糖基 GAG 链共有的核心区的合成上。饰胶蛋白聚糖（decorin），部分缺乏的一种与胶原纤维结合的硫酸皮肤素蛋白聚糖而且某些合成的分子没有延伸的 GAG 链。在木糖基丝氨酸（ xylosylserine ）上添加半乳糖的半乳糖基转移酶Ⅰ的活性，在病人中，仅有正常的 5%，然而它的亲代这种酶的正常活性为 50%。病人的这种酶是不耐热的。另外，负责将第二个半乳糖残基加到 GAG 核心链上的酶半乳糖基转移酶Ⅱ，仅有正常活性的 20%，而且这两个亲代酶均显示活性降低。需要进一步分析解答这一特异缺陷问题，一种可能的解释是原发性突变影响包括一些 GAG 链生物合成酶在内的生物合成复合物的生成和稳定性。在饰胶蛋白聚糖上观察到的选择效果可能反映底物的优先选择。

弯曲变形营养不良（DTD）、骨发育不良综合征Ⅱ型（AO Ⅱ）和软骨发育不良综合征 1B 型（ACG-IB），这 3 种常染色体隐性失常都是由软骨蛋白聚糖硫酸化的缺陷引起的。这类骨软骨发育不良的形态有不同的结果。AO Ⅱ型和 ACG-IB 型 因呼吸机能不足可导致产前死亡，而 DTD 患者则仅在软骨和骨骼上出现症状，包括腭裂、杵状脚和其他的骨骼肌异常。DTD 患者如能活过婴儿期，就可能正常地度过生命期。所有这些失常，常引发编码硫酸转运子 DTD 基因的突变。与单糖不同，从溶酶体大分子降解释放出来的硫酸基，看起来补救得不是很好。合成骨、软骨蛋白聚糖需要大量硫酸基这一事实，对为什么大部分症状都出现在这些部位可能有了明确的解释。

角膜中的硫酸角质素是一种在第 6 位具有不同硫酸化多聚乳糖胺重复单位（GlcNAcβ1-3Galβ1-4）的 N-聚糖。另一种常染色体隐性疾病，斑点状角膜营养不良（MCD）引起角膜浑浊和角膜机能损伤。对两种型的 MCD 已有报道，MCD Ⅰ似乎是重复单位的硫酸化不足。硫酸角质素的半乳糖和 GlcNAc 都是硫酸化的，但病人中硫酸角质素的硫酸化半乳糖和硫酸软骨素中 GlcNAc 硫酸化酶，都是正常的。这就使 GlcNAc-6-硫酸基转移酶更像是一个引发缺陷的“候选者”，但这一点尚未得到证实。MCD Ⅱ与 MCD Ⅰ不同，MCD Ⅱ的缺陷尚未明确，它可能是 MCD Ⅰ的等位基因形式。

## 发展方向[80～83]

现在已经明确以新生儿胎位严重神经和代谢功能障碍为特点的许多综合征是由 CDGS 典型的糖基化作用引发的。看起来新生儿科和儿科医生对这一系列疾病的认识正在提高，再加上对这类疾病已有简单易行的诊断方法，意味着 CDGS 的诊断将会频繁出现。到目前为止，只鉴定了 5 个能说明发病原因的特异的基因损伤。但是合成 N-聚糖需要的其他已知的基因座缺陷有可能发现其他形式的 CDGS。这些基因多数都已经克隆并进行了鉴定。部分根据从酵母和其他生物中已成功地分离出这些基因座，也根据宝贵的财富人类 DNA 序列信息，其余的基因可能很快地出现在公共所有的 EST（expressed sequence tag）数据库中。这种序列信息将有助于精神界定由 CDGS 引起转铁蛋白异常患者的缺陷，并使产前诊断更为简单易行。重要的是，正如 CDGSIb 型和一例 LAD Ⅱ表述很好的病例所说明的，对所包括的生化途径有深入的了解并通过查证各种 CDGS 形式特异缺陷的基因损伤，将有助于发现治疗这种破坏性失常的有效方法。看起来，还应当通过小鼠诱变的方法继续研发这类疾病的模型。为解释清楚至今未知的哺乳动物聚糖合成途径的组成，这些动物提供了机会。此外，它们还可能提供测试治疗的方法，这种方法，在鼠类聚糖合成中的缺陷可以达到准确反映相应的人类病理生理学的程度。

（燕　秋　马毓甲 译　　张树政 校）

## 参 考 文 献


1. Jaeken J., Vanderschueren-Lodeweyckx M., Casaer P., Snoeck L., Corbeel L., Eggermont E., and Eeckels, R. 1980. Familial psychomotor retardation with markedly fluctuating serum prolactin, FSH and GH levels, partial TBG deficiency, increased serum arylsulphatase A and increased CSF protein: A new syndrome? *Pediatr. Res.* **14:** 179.
2. Jaeken J. and Carchon H. 1993. The carbohydrate-deficient glycoprotein syndromes—An overview. *J. Inherit. Metab. Dis.* **16:** 813~820.
3. De Zegher F. and Jaeken J. 1995. Endocrinology of the carbohydrate-deficient glycoprotein syndrome type 1 from birth through adolescence. *Pediatr. Res.* **37:** 395–401.
4. Kristiansson B., Borulf S., Conradi N., Erlanson-Albertsson C., Ryd W., and Stibler H. 1998. Intestinal, pancreatic and hepatic involvement in carbohydrate-deficient glycoprotein syndrome type I. *J. Pediatr. Gastroenterol. Nutr.* **27:** 23–29.
5. Young G. and Driscoll M.C. 1999. Coagulation abnormalities in the carbohydrate-deficient glycoprotein syndrome: Case report and review of the literature. *Am. J. Hematol.* **60:** 66–69.
6. Freeze H.H. 1998. Disorders in protein glycosylation and potential therapy: Tip of an iceberg? *J. Pediatr.* **133:** 593–600.
7. Yamashita K., Ideo H., Ohkura T., Fukushima K., Yuasa I., Ohno K., and Takeshita K. 1993. Sugar chains of serum transferrin from patients with carbohydrate deficient glycoprotein syndrome. Evidence of asparagine-N-linked oligosaccharide transfer deficiency. *J. Biol. Chem.* **268:** 5783–5789.
8. Yamashita K., Ohkura T., Ideo H., Ohno K., and Kanai M. 1993. Electrospray ionization-mass spectrometric analysis of serum transferrin isoforms in patients with carbohydrate-deficient glycoprotein syndrome. *J. Biochem.* **114:** 766–769.
9. McDowell G. and Gahl W.A. 1997. Inherited disorders of glycoprotein synthesis: Cell biological insights. *Proc. Soc. Exp. Biol Med.* **215:** 145–157.
10. Gahl W.A. 1997. Carbohydrate-deficient glycoprotein syndrome: Hidden treasures. *J. Lab. Clin. Med.* **129:** 394–395.
11. Van Schaftingen E. and Jaeken J. 1995. Phosphomannomutase deficiency is a cause of carbohydrate-deficient glycoprotein syndrome type I. *FEBS Lett.* **377:** 318–320.
12. Jaeken J., Artigas J., Barone R., Fiumara A., de Koning T.J., Poll-The B.T., de Rijk-van Andel J.F., Hoffmann G.F., Assmann B., Mayatepek E., Pineda M., Vilaseca M.A., Saudubray J.M., Schluter B., Wevers R., and Van Schaftingen E. 1997. Phosphomannomutase deficiency is the main cause of carbohydrate-deficient glycoprotein syndrome with type I isoelectrofocusing pattern of serum sialotransferrins. *J. Inherit. Metab. Dis.* **20:** 447–449.
13. Kjaergaard S., Kristiansson B., Stibler H., Freeze H.H., Schwartz M., Martinsson T., and Skovby F. 1998. Failure of short-term mannose therapy of patients with carbohydrate-deficient glycoprotein syndrome type 1A. *Acta Paediatr.* **87:** 884–888
14. Matthijs G., Schollen E., Pirard M., Budarf M.L., Van Schaftingen E., and Cassiman J.J. 1997. PMM (PMM1), the human homologue of SEC53 or yeast phosphomannomutase, is localized on chromosome 22q13. *Genomics* **1540:** 41–47.
15. Charlwood J., Clayton P., Keir G., Mian N., Young E., and Winchester B. 1998. Prenatal diagnosis of the carbohydrate-deficient glycoprotein syndrome type 1A (CDG1A) by a combination of enzymology and genetic linkage analysis after amniocentesis or chorionic villus sampling. *Prenatal. Diagn.* **18:** 693–699.
16. Matthijs G., Schollen E., Cassiman J.J., Cormier-Daire V., Jaeken J., and van Schaftingen E. 1998. Prenatal diagnosis in CDG1 families: Beware of heterogeneity. *Eur. J. Hum. Genet.* **6:** 99–104.
17. Bjursell C., Wahlstrom J., Berg K., Stibler H., Kristiansson B., Matthijs G., and Martinsson T. 1998.

Detailed mapping of the phosphomannomutase 2 (PMM2) gene and mutation detection enable improved analysis for Scandinavian CDG type I families. *Eur. J. Hum. Genet.* **6:** 603–611.
18. Kjaergaard S., Skovby F., and Schwartz M. 1998. Absence of homozygosity for predominant mutations in PMM2 in Danish patients with carbohydratē-deficient glycoprotein syndrome type 1. *Eur. J. Hum. Genet.* **6:** 331–336.
19. Korner C., Lehle L., and von Figura K. 1998. Abnormal synthesis of mannose 1-phosphate derived carbohydrates in carbohydrate-deficient glycoprotein syndrome type I fibroblasts with phosphomannomutase deficiency. *Glycobiology* **8:** 165–171.
20. Matthijs G., Schollen E., Pardon E., Veiga-Da-Cunha M., Jaeken J., Cassiman J.J., and Van Schaftingen E. 1997. Mutations in PMMM2, a phosphomannomutase gene on chromosome 16p13, in carbohydrate-deficient glycoprotein type I syndrome (erratum in *Nat. Genet.* 1997, **16:** 316). *Nat. Genet.* **16:** 88–92.
21. Matthijs G., Schollen E., Van Schaftingen E., Cassiman J.J., and Jaeken J. 1998. Lack of homozygotes for the most frequent disease allele in carbohydrate-deficient glycoprotein syndrome type 1A. *Am. J. Hum. Genet.* **62:** 542–550.
22. Mayatepek E., Schroder M., Kohlmuller D., Bieger W.P., and Nutzenadel W. 1997. Continuous mannose infusion in carbohydrate-deficient glycoprotein syndrome type I. *Acta Paediatr.* **86:** 1138–1140.
23. Panneerselvam K. and Freeze H.H. 1996. Mannose corrects altered N-glycosylation in carbohydrate-deficient glycoprotein syndrome fibroblasts. *J. Clin. Invest.* **97:** 1478–1487.
24. Korner C., Lehle L., and von Figura K. 1998. Carbohydrate-deficient glycoprotein syndrome type 1: Correction of the glycosylation defect by deprivation of glucose or supplementation of mannose. *Glycoconj. J.* **15:** 499–505.
25. Schollen E., Pardon E., Heykants L., Renard J., Doggett N.A., Callen D.F., Cassiman J.J., and Matthijs G. 1998. Comparative analysis of the phosphomannomutase genes *PMM1*, *PMM2* and *PMM2psi*: The sequence variation in the processed pseudogene is a reflection of the mutations found in the functional gene. *Hum. Mol. Genet.* **7:** 157–164.
26. Jaeken J., Matthijs, G., Saudubray J.M., Dionisi-Vici C., Bertini E., de Lonlay P., Henri H., Carchon H., Schollen E., and Van Schaftingen E. 1998. Phosphomannose isomerase deficiency: A carbohydrate-deficient glycoprotein syndrome with hepatic-intestinal presentation. *Am. J. Hum. Genet.* **62:** 1535–1539.
27. Niehues R., Hasilik M., Alton G., Korner C., Schiebe-Sukumar M., Koch H.G., Zimmer K.P., Wu R., Harms E., Reiter K., von Figura K., Freeze H.H., Harms H.K., and Marquardt T. 1998. Carbohydrate-deficient glycoprotein syndrome type Ib. Phosphomannose isomerase deficiency and mannose therapy. *J. Clin. Invest.* **101:** 1414–1420.
28. de Koning T.J., Dorland L., van Diggelen O.P., Boonman A.M., de Jong G.J., van Noort W.L., De Schryver J., Duran M., van den Berg I.E., Gerwig G.J., Berger R., and Poll-The B.T. 1998. A novel disorder of N-glycosylation due to phosphomannose isomerase deficiency. *Biochem. Biophys. Res. Commun.* **245:** 38–42.
29. Babovic-Vuksanovic D., Patterson M.C., Schwenk W.F., O'Brien J.F., Vockley J., Freeze H.H., Mehta D.P., and Michels V.V. 1999. Severe hypoglycemia as a presenting symptom of carbohydrate-deficient glycoprotein syndrome. *J. Pediatr.* (in press).
30. Burda P., Borsig L., de Rijk-van Andel J., Wevers R., Jaeken J., Carchon H., Berger E.G., and Aebi M. 1998. A novel carbohydrate-deficient glycoprotein syndrome characterized by a deficiency in glucosylation of the dolichol-linked oligosaccharide. *J. Clin. Invest.* **102:** 647–652.
31. Korner C., Knauer R., Holzbach U., Hanefeld F., Lehle L., and von Figura K. 1998. Carbohydrate-deficient glycoprotein syndrome type V: Deficiency of dolichyl-P-Glc:Man9GlcNAc2-PP-dolichyl glucosyltransferase. *Proc. Natl. Acad. Sci.* **95:** 13200–13205.
32. Ramaekers V.T., Stibler H., Kint J., and Jaeken J. 1991. A new variant of the carbohydrate deficient glycoproteins syndrome. *J. Inherit. Metab. Dis.* **14:** 385–388.
33. Jaeken J., De Cock P., Stibler H., Van Geet C., Kint J., Ramaekers V., and Carchon H. 1993. Carbohydrate-deficient glycoprotein syndrome type II. *J. Inherit. Metab. Dis.* **16:** 1041.
34. Jaeken J., Schachter H., Carchon H., De Cock P., Coddeville B., and Spik G. 1994. Carbohydrate deficient glycoprotein syndrome type II: A deficiency in Golgi localised N–acetyl-glucosaminyltransferase II. *Arch. Dis. Child.* **71:** 123-127.
35. Tan J., Dunn J., Jaeken J., and Schachter H. 1996. Mutations in the *MGAT2* gene controlling complex N-glycan synthesis cause carbohydrate-deficient glycoprotein syndrome type II, an autosomal

recessive disease with defective brain development. *Am. J. Hum. Genet.* **59:** 810–817.

36. Coddeville B., Carchon H., Jaeken J., Briand G., and Spik G. 1998. Determination of glycan structures and molecular masses of the glycovariants of serum transferrin from a patient with carbohydrate deficient syndrome type II. *Glycoconj. J.* **15:** 265–273.
37. Stibler H., Westerber B., Hanefeld F., and Hagberg B. 1993. Carbohydrate-deficient glycoprotein (CDG) syndrome—A new variant, type III. *Neuropediatrics* **24:** 51–52.
38. Stibler H., Stephani U., and Kutsch U. 1995. Carbohydrate-deficient glycoprotein syndrome—A fourth subtype. *Neuropediatrics* **26:** 235–237.
39. Charlwood J., Clayton P., Johnson A., Keir G., Mian N., and Winchester B. 1997. A case of the carbohydrate-deficient glycoprotein syndrome type 1 (CDGS type 1) with normal phosphomannomutase activity. *J. Inherit. Metab. Dis.* **20:** 817–826.
40. Acarregui M.J., George T.N., and Rhead W.J. 1998. Carbohydrate-deficient glycoprotein syndrome type 1 with profound thrombocytopenia and normal phosphomannomutase and phosphomannose isomerase activities. *J. Pediatr.* **133:** 697–700.
41. Kim S., Mehta D., Srikrishna G., Murch S., and Freeze H.H. 1998. Carbohydrate deficient glycoprotein spectrum disorders: Additional glycosylation defects and potential therapy. *Glycobiology* **8:** 1097.
42. Anderson D.C. and Springer T.A. 1987. Leukocyte adhesion deficiency: An inherited defect in the Mac-1, LFA-1, and p150,95 glycoproteins. *Annu. Rev. Med.* **38:** 175–194.
43. Etzioni A., Frydman M., Pollack S., Avidor I., Phillips M.L., Paulson J.C., and Gershoni-Baruch R. 1992. Brief report: Recurrent severe infections caused by a novel leukocyte adhesion deficiency. *N. Engl. J. Med.* **327:** 1789–1792.
44. Etzioni A., Obedeanu N., Benderly A., and Gershoni-Baruch R. 1990. Saethre-Chotzen syndrome associated with defective neutrophil chemotaxis. *Acta Paediatr. Scand.* **79:** 375–379.
45. Frydman M., Etzioni A., Eidlitz-Markus T., Avidor I., Varsano I., Shechter Y., Orlin J.B., and Gershoni-Baruch R. 1992. Rambam-Hasharon syndrome of psychomotor retardation, short stature, defective neutrophil motility, and Bombay phenotype. *Am. J. Med. Genet.* **44:** 297–302.
46. Etzioni A., Gershoni-Baruch R., Pollack S., and Shehadeh N. 1998. Leukocyte adhesion deficiency type II: Long-term follow-up. *J. Allergy Clin. Immunol.* **102:** 323–324.
47. Phillips M.L., Schwartz B.R., Etzioni A., Bayer R., Ochs H.D., Paulson J.C., and Harlan J.M. 1995. Neutrophil adhesion in leukocyte adhesion deficiency syndrome type 2. *J. Clin. Invest.* **96:** 2898–2906.
48. Von Andrian U.H., Berger E.M., Ramezani L., Chambers J.D., Ochs H.D., Harlan J.M., Paulson J.C., Etzioni A. and Arfors K.E. 1993. In vivo behavior of neutrophils from two patients with distinct inherited leukocyte adhesion deficiency syndromes. *J. Clin. Invest.* **91:** 2893–2897.
49. Karsan A., Cornejo C.J., Winn R.K., Schwartz B.R., Way W., Lannir N., Gershoni-Baruch R., Etzioni A., Ochs H.D., and Harlan J.M. 1998. Leukocyte adhesion deficiency type II is a generalized defect of de novo GDP-fucose biosynthesis. Endothelial cell fucosylation is not required for neutrophil rolling on human nonlymphoid endothelium. *J. Clin. Invest.* **101:** 2438–2445.
50. Sturla L., Etzioni A., Bisso A., Zanardi D., De Flora G., Silengo L., De Flora A., and Tonetti M. 1998. Defective intracellular activity of GDP-D-mannose-4,6-dehydratase in leukocyte adhesion deficiency type II syndrome. *FEBS Lett.* **429:** 274–278.
51. Becker D.J. and Lowe J.B. 1998. Leukocyte adhesion deficiency II. *Biochim. Biophys. Acta* (in press).
52. Marquardt T., Brune T., Lühn K., Zimmer K.-P., Kömer C., Fabritz L., van der Werft N., Vormoor J., Freeze H.H., Louwen F., Biermann B., Harms E., von Figura K., Vestweber D., and Koch H.G. 1999. Leukocyte adhesion deficiency II syndrome, a generalized defect in fucose metabolism. *J. Pediatr.* **13:** 681–688.
53. Marquardt T., Lühn K., Srikrishna G., Freeze H.H., Harms E., and Vestweber D. 1999. Correction of leukocyte adhesion deficiency type II (LAD II) with oral fucose. *Blood* **94:** 3976–3985.
54. Crookston J.H., Crookston M.C., Burnie K.L., Francombe W.H., Dacie J.V., Davis J.A., and Lewis S.J. 1969. Hereditary erythroblastic multinuclearity associated with a positive acidified-serum test: A typical congenital dyserythropoietic anaemia. *Br. J. Haematol.* **17:** 11–26.
55. Scartezzini P., Forni G.L., Baldi M., Izzo C., and Sansone G. 1982. Decreased glycosylation of band 3 and band 4.5 glycoproteins of erythrocyte membrane in congenital dyserythropoietic anaemia type II. *Br. J. Haematol.* **51:** 569–576.

56. Mawby W.J., Tanner M.J.A., Anstee D.J., and Clamp J.R. 1983. Incomplete glycosylation of erythrocyte membrane proteins in congenital dyserythropoietic anaemia type II (CDA II). *Br. J. Haematol.* **55:** 357–368.
57. Fukuda M.N., Papayannopoulou T., Gordon-Smith E.C., Rochant H., and Testa U. 1984. Defect in glycosylation of erythrocyte membrane proteins in congenital dyserythropoietic anaemia type II (HEMPAS). *Br. J. Haematol.* **56:** 55–68.
58. Fukuda M.N., Bothner B., Scartezzini P., and Dell A. 1986. Isolation and characterization of poly-N-acetyllactosaminylceramides accumulated in the erythrocytes of congenital dyserythropoietic anemia type II patients. *Chem. Phys. Lipids* **42:** 185–197.
59. Fukuda M.N., Dell A., and Scartezzini P. 1987. Primary defect of congenital dyserythropoietic anemia type II. Failure in glycosylation of erythrocyte lactosaminoglycan-proteins caused by lowered N-acetylglucosaminyltransferase II. *J. Biol. Chem.* **262:** 7195–7206.
60. Fukuda M.N., Masri K.A., Dell A., Luzzatto L., and Moremen K.W. 1990. Incomplete synthesis of N-glycans in congenital dyserythropoietic anemia type II caused by a defect in the gene encoding α-mannosidase II. *Proc. Natl. Acad. Sci.* **87:** 7443–7447.
61. Fukuda M.N., Gaetani G.F., Izzo P., Scartezzini P., and Dell A. 1992. Incompletely processed N-glycans of serum glycoproteins in congenital dyserythropoietic anaemia type II (HEMPAS). *Br. J. Haematol.* **82:** 745–752.
62. Charuk J.H.M., Tan J., Bernardini M., Haddad S., Reithmeier R.A.F., Jaeken J., and Schachter H. 1995. Carbohydrate-deficient glycoprotein syndrome type II—An autosomal recessive N-acetylglucosaminyltransferase II deficiency different from typical hereditary erythroblastic multinuclearity, with a positive acidified-serum lysis test (HEMPAS). *Eur. J. Biochem.* **230:** 797–805.
63. Misago M., Liao Y.F., Kudo S., Eto S., Mattei M.G., Moremen K.W., and Fukuda M.N. 1995. Molecular cloning and expression of cDNAs encoding human α-mannosidase II and a previously unrecognized α-mannosidase IIx isozyme. *Proc. Natl. Acad. Sci.* **92:** 11766–11770.
64. Chui D., Oh-Eda M., Liao Y.-F., Panneerselvam P., Lai A., Marek K., Freeze H.H., Moreman K.W., Fukuda M.N., and Marth J.D. 1997. α-mannosidase-II deficiency results in dyserythropoiesis and unveils an alternate pathway in oligosaccharide biosynthesis. *Cell* **90:** 157–167.
65. Gitzelmann R. 1995. Galactose-1-phosphate in the pathophysiology of galactosemia. *Eur. J. Pediatr.* **154:** S45–S49.
66. Holton J.B. 1996. Galactosaemia: Pathogenesis and treatment. *J. Inherit. Metab. Dis.* **19:** 3–7.
67. Petry K.G. and Reichardt J.K. 1998. The fundamental importance of human galactose metabolism: Lessons from genetics and biochemistry. *Trends Genet.* **14:** 98–102.
68. Segal S. 1995. Defective galactosylation in galactosemia: Is low cell UDPgalactose an explanation? *Eur. J. Pediatr.* **154:** S65–S71.
69. Segal S. 1995. Galactosemia unsolved. *Eur. J. Pediatr.* **154:** S97–S102.
70. Stibler H., von Dobeln U., Kristiansson B., and Guthenberg C. 1997. Carbohydrate-deficient transferrin in galactosaemia. *Acta Paediatr.* **86:** 1377–1378.
71. Nakazawa K., Hassell J.R., Hascall V.C., Lohmander L.S., and Krachmer J. 1984. Defective processing of keratan sulfate in macular corneal dystrophy. *J. Biol. Chem.* **259:** 13751–13757.
72. Midura R.J., Hascall V.C., MacCallum D.K., Meyer R.F., Thonar E.J.-M.A., Hassell J.R., Smith C.F., and Klintworth G.K. 1990. Proteoglycan biosynthesis by human corneas from patients with types 1 and 2 macular corneal dystrophy. *J. Biol. Chem.* **265:** 15947–15955.
73. Kresse H., Rosthoj S., Quentin E., Hollmann J., Glossl J., Okada S., and Tonnesen T. 1987. Glycosaminoglycan-free small proteoglycan core protein is secreted by fibroblasts from a patient with a syndrome resembling progeroid. *Am. J. Hum. Genet.* **41:** 436–453.
74. Quentin E., Gladen A., Rodén L., and Kresse H. 1990. A genetic defect in the biosynthesis of dermatan sulfate proteoglycan: Galactosyltransferase I deficiency in fibroblasts from a patient with a progeroid syndrome. *Proc. Natl. Acad. Sci.* **87:** 1342–1346
75. Beavan L.A., Quentin-Hoffmann E., Schönherr E., Snigula F., Leroy J.G., and Kresse H. 1993. Deficient expression of decorin in infantile progeroid patients. *J. Biol. Chem.* **268:** 9856–9862.
76. Edward D.P., Thonar E.J., Srinivasan M., Yue B.J., and Tso M.O. 1990. Macular dystrophy of the cornea. A systemic disorder of keratan sulfate metabolism. *Ophthalmology* **97:** 1194–1200.
77. Hassell J.R. and Klintworth G.K. 1997. Serum sulfotransferase levels in patients with macular corneal dystrophy type I. *Arch. Ophthalmol.* **115:** 1419–1421.
78. Liu N.P., Baldwin J., Lennon F., Stajich J.M., Thonar E.J., Pericak-Vance M.A., Klintworth G.K., and

Vance J.M. 1998. Coexistence of macular corneal dystrophy types I and II in a single sibship. *Br. J. Ophthalmol.* **82:** 241–244.
79. Quentin-Hoffmann E., Harrach B., Robenek H., and Kresse H. 1993. Genetic defects in proteoglycan biosynthesis. *Paediatr. Paedol.* **28:** 37–41.
80. Freeze H.H. Human glycosylation disorders and sugar supplement therapy. *Biochem. Biophys. Res.*
81. Kornfeld S. 1998. Diseases of abnormal protein glycosylation—An emerging area. *J. Clin. Invest.* **101:** 1293–1295.
82. Krasnewich D. and Gahl W.A. 1997. Carbohydrate-deficient glycoprotein syndrome. *Adv. Pediatr.* **44:** 109–140.
83. Freeze H.H. 1999. New diagnosis and treatment of congenital hepatic fibrosis. *J. Pediatr. Gastroenterol. Nutr.* (in press).

本章初稿由 J．B．Lowe（安阿伯密歇根大学 HHMI）和 H．Freeze（加利福尼亚，La Jolla，Burnham 研究所）编写。

# 第 33 章　利用遗传修饰的小鼠确定聚糖功能



许多缺乏糖基转移酶或糖苷酶的细胞系并未表现出明显的表型，而在完整的生物体内相同的突变却能引发病理改变和在某些情况下导致胚胎死亡。确定体内聚糖功能的几种方法包括：表达糖苷酶、隐蔽和竞争糖基转移酶及过表达内源性糖基转移酶（图 33.1）。本章内将详细论述鉴定聚糖功能的几种非常有用的方法，特别是关于以小鼠作为脊椎动物模型所进行的转基因和基因靶向技术，对其所用的一些特殊技术作综述。近年来，应用这些技术，已获得了有关聚糖功能方面的大量信息，这部分内容也将在本章内介绍。

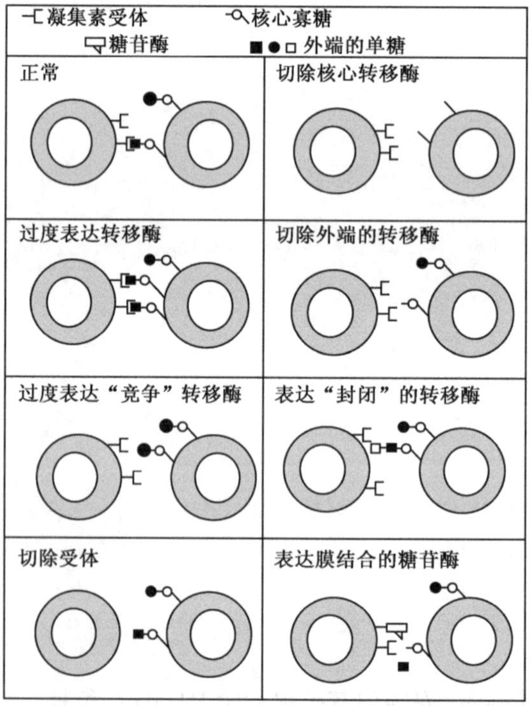


**图 33.1**　寡糖功能研究中变更糖基化的方法。(经许可,修改,引自[66] Varki 和 Marth 1995。)

# 背景

随着分子遗传学中，在体外分离和变更DNA结构的技术的不断发展，使完整动物体内生殖细胞的DNA发生变更的一些方法也被设计出来。在80年代初期，曾利用小鼠成功地建立了一种将外源DNA导入生殖细胞内的方法，称之为转基因。转基因一词是指转基因生物体的产生，也就是，使一个生物体含有从另一个生物体转移来的DNA，从而使该宿主在其染色体组成中获得了由转移基因编码的遗传性状。小鼠被认为是最适合用于初始建立转基因技术的生物体，其原因在于各种哺乳类生物体的生理过程相近，及小鼠易于在较小的空间内饲养。此外，小鼠繁殖时间短，需8周左右，可供快速应用。为何进行动物的转基因？基因转移对于生命周期长而经典方法（杂交）不适合的二倍体生物体特别有用。除此之外，对某些系统，如免疫系统或个体发育本身的研究需要有一个生理性的“实体”。

建立转基因技术，最早使用的是胚泡期的鼠胚，将SV40 DNA注射到囊胚腔中。移植到（implantation）母鼠后，在存活子鼠的各种组织中可见SV40的基因组，但完整的SV40 DNA并未整合或移生（colonize）到生殖细胞中。因此，不发生生殖细胞转化。尽管对胚泡期胚胎中逆转录病毒的转导确实使生殖细胞发生修饰，但由于新近才获知的抑制逆转录病毒表达的细胞因子的出现，使其表达水平极低。随后，利用纯化DNA的前核（pronuclear）微注射技术产生了生殖细胞转化和转基因的表达。转基因表达可由构建转基因载体时所选择的启动子-增强子元件来调控。采用前核注射进行的转基因，最常见的是使转基因整合到动物体内所有的细胞中，它为显性遗传的研究提供了一种有效的方法。

在整体脊椎动物体内造成特异的隐性遗传损伤的方法一直处于探索之中。了解一个基因的生理功能，最好的方法是通过研究具有该特异基因功能损伤的生物体。80年代，技术和试剂联合发展，使在整体小鼠内产生隐性遗传损伤得以实现。一种发展是PCR的发明，另一种是获得了多能的（pluripotent）干细胞从而能够产生含有修饰过的生殖细胞的嵌合鼠。为了建立隐性遗传模型，现在最常用的是称为基因靶向的方法。在应用基因靶向过程中和继其后发明的位点特异性DNA重组技术使得建立隐性遗传模型的方法得到进一步地完善。遗传损伤目前可产生于整体小鼠的特异细胞型和特异的时期。

# 转基因[1～8]

为了获得转基因动物需要懂得生物体发育的知识以及胜任（competence）微注射技术和多种外科操作。此外要评估转基因成果的妥当性，还需要了解转基因是如何影响内源基因组的结构以及其是如何表达的。大体说来，此技术相当复杂，费用高并且效率低，而构建一个具备所需元件的转基因载体是比较容易的。当受精卵（接合子，zygote）之中的雄性和雌性的前核（pronuclei）未融合之前，将转基因DNA微注射到其中一个前核中（pronucleus）（见书后彩图33.2）。次日，将经过注射后存活的并已成为2细胞期胚胎的接合子移植（implant）到预先与结扎了输精管的雄鼠交配过的处于接受态的输卵管中。每百个接合子可得到一支转基因小鼠，平均50%的接合子在DNA注射后存活并分裂到2细胞期，其中50%移植成功并发育至成熟。从100个接合子中大约有5%～25%（1～6）只小鼠，与经常以测定尾部DNA定型结果相同。

DNA整合的机制中可能会发生染色体DNA断裂，因为线形DNA的整合率是环形DNA的5倍，在胚胎的一细胞期整合发生迅速，可出现超过90%的整合。如果整合出现在二细胞期，则转基因鼠是嵌合型的，因为并不是其体内所有的细胞都获得了转移的基因。转基因主要是以1至几百个拷贝的首尾排列方式整合，约5%的转基因整合出现在一个内源基因上，因此造成该内源基因的不连续性，并有可能引起一个细胞功能性基因的突变。在产生基因无效性（NULL）突变的插入突变事件中，可观察到并非由转基因表达所引起的表型变化，这正是通过独特的“建种”（founder）小鼠所建立的多个转基因系被认为是控制转基因对内源基因组产生影响的致关重要的原因。“建种”转基因小鼠是直接由特异前核注射发育而成的鼠。

转基因的表达依赖于许多因子，早期实验已给出了对染色体结构功能的深入洞察。大约仅有10%～50%的转基因小鼠表达转基因，而在最初未认识到转基因中质粒序列的出现是不利于转基因的，使表达率更低。似乎宿主的一些因子能够消灭结合了细菌和噬菌体的DNA序列的转基因的表达。如果利用特异的启动子和增强子元件，大多数，但非全部被检查的转基因都能适当地表达。由于转基因的表达可比相应的内源同源序列高，最适的基因表达并不依赖于染色体中的正常情况（context）。然而，在整合部位的染色质结构可影响转基因的表达。表达水平因具有相同拷贝数的不同细胞不同的整合位点而变化，推测是由于染色体位置对表达产生的影响。这可能归因于与宿主转录因子靠近程度上的差别。并且，可能由于转基因整合到异染色质区域，某些转基因根本不表达。由于队列（array）中出现多拷贝转基因，因此无法确定具有转录激活性的转基因的数目。然而，转基因表达和其拷贝数的低相关性提示仅有一部分转基因可以表达，并且队列对染色体位置是敏感的。

组织—特异的转基因表达可常规地完成，一般地，尽管一个转基因是整合到染色体的不同位置，如果它确实表达，经常是适当地表达。因此，参与（involved in）建立宿主—组织—特异的基因表达的反式—作用蛋白（proteit）可在染色体的多个位置找到它们的靶序列并激活转录。这似乎也真地发生在经历数亿年进化中趋异（divergent）的物种之中。因此，参与组织—特异基因调控的许多信号分子在进化中是保守的。偶尔地，会发生序列效应即在转基因载体中包含有来源于趋异的元件（element）可导致表达膜式既不同于基因的，也不同于启动子或增强子的元件。启动子/增强子元件正常地在许多种细胞型中表达，并且常是对转基因和对染色体上的表达位置为最敏感的。而一个组织—特异的增强子可使染色体位置在一个或少数细胞型中只影响表达水平。然而一个在很多种型细胞中都有功能的启动子/增强子则染色体位置效应可能会随细胞型不同而变化，并且从一种建种动物到另外一种，导致在建立转基因表达中，成功率显然地是随机性的。有些转基因从未成功的表达，可能由于在基因表达中有胚胎死亡。基因“沉默子”可能由于在基因表达中有胚胎死亡。基因“沉默子”也曾有报道，包括v-src-编码序列的3′区和控制T-细胞系定型（commitment）的CD4基因的一个内含子。

转基因在子代的表达与建种亲代一般相同，但由于基因组印记（imprinting）的原因，转基因也会发生变化。基因组印记不遵守孟德尔关于单倍体平衡原则，最初是从

Robertson 的染色体平衡性易位的研究中认识到的，其内容是，为使胚胎存活，一些等位基因必需来自雌性和雄性双方基因组。基因组印记的机制包括 DNA 甲基化改变。转基因也可经过印记，而导致在子代中代代相传的表达发生变化，并且取决于提供转基因的亲代的性别。

## 通过转基因进行体内糖基化修饰[9～17]

在为变更体内糖基化所设计的第一个转基因实验中，发现一种流感病毒的唾液酸 O-乙酰脂酶有干扰胚胎发生的作用，它的表达可使发育阻滞在二细胞阶段（图 33.3）。来源于此病毒的酶可除去位于高尔基体和细胞表面寡糖上的唾液酸的 O-乙酰基，这是通过内源性的唾液酸 O-乙酰基转移酶催化完成的（见第 15 章）。当 O-乙酰脂酶转基因在体细胞部分选择性表达时，可在视网膜和肾上腺观察到组织形态发生中出现多种变化。这些结果提示唾液酸的 O-乙酰化就是一种寡糖修饰作用，而这种作用是植入前胚胎早期发育和器官发生所必需的。

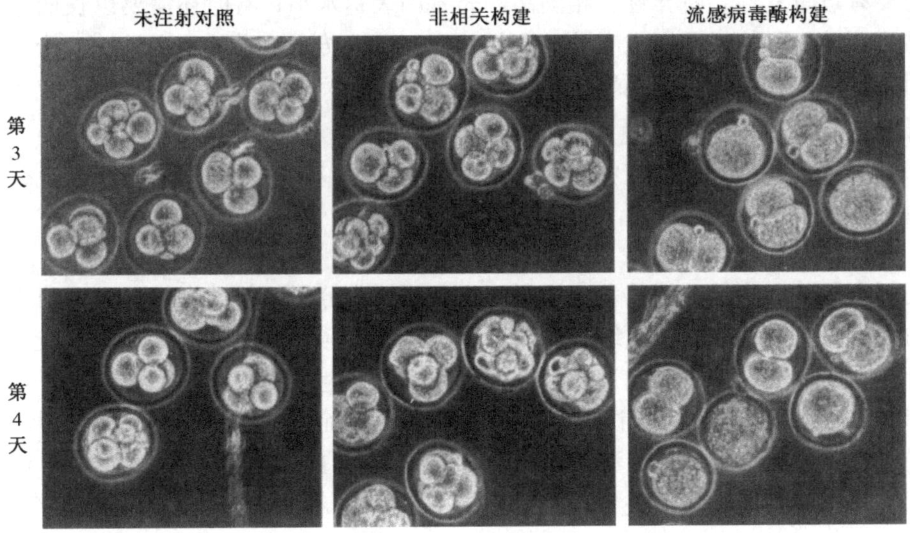


**图 33.3** 前核微注射后受流感病毒唾液酸 O-乙酰酯酶的影响，导致发育阻滞于二细胞胚胎期（经许可，重印，引自［16］Varki 等。1991©Cell Press）

以上的例子表明可以用酯酶除去内源性寡糖修饰（图 33.3）。这与为显著增加内源性功能而过度表达内源性糖基转移酶的方法有所区别。在 β-1，4-半乳糖基转移酶的转基因研究中，其过度表达引起精卵结合能力降低，抑制乳腺发育及泌乳应答。正常情况下，此 β-1，4-半乳糖基转移酶在大部分细胞的高尔基体中表达，但在精子细胞表面也发现其存在，提示其在受精过程中对精卵结合起调控作用。虽然在成熟组织中发现有预计的高丰度的半乳糖基化或岩藻糖基化的糖缀合物，但异位表达的半乳糖基转移酶（Gal3T）或 α1，3/4 岩藻糖基转移酶（FucT-Ⅲ）对发育不起作用。据报道，Gal3T 过表达的小鼠体重降低，皮毛生长发生改变，死亡率增加。在转基因小鼠的胃中，随着通

过基因工程方法使 α1，3/4 岩藻糖连接增加，并可观察到设想的 Lewis b 抗原的增加，可提供用于幽门螺杆菌（*Helicobacter pylori*）感染研究的小鼠动物模型，幽门螺杆菌是一种引起胃溃疡的细菌。

隐蔽"竞争性"糖基转移酶的作用，可能受到过表达糖基转移酶或糖苷酶的影响。在 Gal 3T 作用下产生的寡糖末端 α1-3Gal 是人类相关的主要异种移植抗原。旧大陆灵长类由于其获得性生殖细胞系的 Gal 3T 基因突变，特异地丢失了合成该结构的能力。因此，人血清富含的免疫球蛋白结合在 α1-3Gal 表位，起动对其他物种（如猪）器官移植的免疫排斥反应。人们渴望削减和清除细胞表面的 αl-3Gal 残基。有一种办法就是过表达 α1-2 岩藻糖基转移酶（EC2.4.1.69）该酶正常地表达 H 血型的基因座，可竞争 Gal 3T 的同一底物。也有报道进一步消减细胞表面的 αl-3 Gal 的办法，就是将具有 αl-2 岩藻糖基转移酶的转基因小鼠与具有 α-半乳糖苷酶转基因的小鼠杂交，用以分解 αl-3Gal 连键。

用前核（pronudear）注射法进行转基因是研究显性遗传的一种好办法，在基因组学背景上已具备了全套的基因及基因座，可以通过基因整合发生突变，一般地，显性转基因需要有可重复性，特异性，相当高的转基因表达水平，有时还需要以长期方式，这是不易达到的。尽管尚需探求有关的资料，但显性遗传方法会使确定结构功能关系复杂化，而转基因整合的随机性更增加了其复杂的程度。

## 应用胚胎干细胞（Embryonic Stem Cell，ES 细胞）进行的基因靶向[18～28]

利用小鼠建立隐性遗传技术已为了解生理系统中分子遗传学提供了必要的手段。基因靶向技术目前常用以同源重组方法以变更（alter）生殖细胞系的 DNA，因此，是以高度特异的和实验上确定的方式进行。外源 DNA 和染色体 DNA 的同源重组在酵母中发生频率高，并已被成功地用于诱导隐性遗传损伤，进而可揭示酵母内源性基因的功能，但在哺乳动物基因组中发生同源重组的频率低。应用 PCR 方法可在体外对转基因后经历同源基因重组的细胞克隆进行检测。PCR 检测系统和 ES 细胞应用联合使用是 80 年代末的一个重要突破，通过这种技术可在小鼠生殖细胞系中插入人工修饰的等位基因。

ES 细胞来源于胚泡期胚胎的内细胞团，在体外于适当的培养基中可无限期地保持其多能的状态。这种培养基需富含一种最初称为白血病抑制因子的细胞因子，此因子现有多种商品名。经电穿孔方法进入 ES 细胞的基因转移很容易完成（accomplished），用稳定的转染克隆，后者通常有单一整合事件（event），与新霉素磷酸转移酶基因合并(incorporate)。因此，对稳定的整合细胞常利用其对抗生素 G 418 的抗性进行选择(select)。对基因靶向载体的设计是使其中与基因组 DNA 同源的部分位于将产生的突变位点的两侧（图 33.4）。随后，进行 PCR 筛选和克隆分离。扩增后从基因组水平进行分析，以确定等位基因结构的变更（alter）。重组发生的频率在 0.1%到 10%范围之内。已发现当利用同基因 DNA 时，即来源于同种 ES 细胞或同种小鼠基因组的 DNA，可使重组频率显著增加，ES 细胞种系大多数来源于 129 株系（strain）的小鼠，但也可来源于其他种系，如 C57BL/6 小鼠，并已被分离出来。

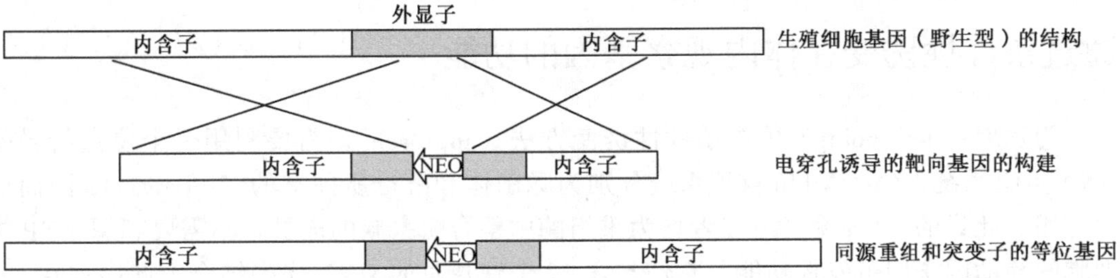


**图 33.4** 用于灭活内源性等位基因的经典基因靶向策略。新霉素磷酸转移酶基因（NEO）既可作为选择标志，又可作为破坏编码外显子的一个基因的插入性突变。

**图 33.5** 制备嵌合小鼠时，将基因靶向的 ES 细胞微注射到胚泡期胚胎内。

正确靶向的 ES 细胞经分离和鉴定后，通过微注射进入到胚泡期胚胎宿主中（图 33.5)。大约注射 8～10 个 ES 细胞，它们整合到内细胞团中，借以在发育中的胚胎中移生出各种组织（colonizing various tissues)。如果它们的移生物中包括生殖细胞（colonization inclued gene cell)，则生成的小鼠可将变更的等位基因传递到子代。宿主胚胎的基因型常用 C57BL/6。因为它的皮毛颜色分析，可以指示出源于 129 株系的 ES 细胞嵌合鼠的出现（书后彩色图 33.6)。129 珠系的 ES 细胞基因组在 Augoti 基因座是纯合子，其毛色是棕色，而 C57BL/6 基因组生出的小鼠毛色是黑的。Augot 基因座是显性的，在嵌合鼠的毛色出现了大量棕色，很可能指示出 ES 细胞基因组已移生在生殖细胞中。再将此嵌合鼠与 C57BL/6 小鼠杂交以检验此结果，并可产生突变的杂合子。此次交配产生的纯 Aogoti 子代，指示 ES 细胞基因组是移生在 Agouti 子代的生殖细胞中，50%的突变是杂合子，这是因为减数分裂重组未联接（unlinked）到 Agouti 基因座。最后，将这些杂合子交配使突变产生的子代基因是纯合子。平均（为 25%）除非突变对胚胎发生是致死性的。

以这种方式，已在小鼠的生殖细胞系中构建出数以百计的特异的基因突变，用以破解（decifering）生理和疾病的分子遗传基础。已发现这些突变绝大部分对胚胎和所生后代极为有害，常常产生严重的发育缺陷和导致死亡。

## 通过条件性诱变在体内观察基因的功能[29～40]

为发展（developing）体内条件性诱变方法（approach），需要利用一个位点特异的DNA重组系统。Cre和Flp重组系统分别为噬菌体和酵母所固有的（intrinsic），因而已被应用于此目的。Cre和Flp二者均为重组酶中整合酶家族的成员，不需要利用ATP或细胞的辅助因子即可发挥功能。它们与含34个碱基对的DNA序列结合，此序列在Cre称为 *LoxP*，而在Flp称为 *frt*。其作用机制是保守的，需要一种Holliday中介结构，它携带具有在重组接头进行碱基配对的特异核苷酸。哺乳动物中的Cre重组酶比Flp重组酶的作用强，尽管最近已得到了作用增强了的Flp重组酶。Cre能以效率高、可遗传、组织和位点特异性的方式能将在不同染色体位置上特异地处于 *LoxP* 重复单位直接侧面的DNA切下来。重组后，切下的DNA被降解。

一个新颖的诱变（mutagenesis）策略已设计出来，*LoxP* 位点用于获得基因靶向的ES细胞克隆。同源重组使位于待删除的基因元件（通常是关键的外显子）两侧的 *LoxP* 位点和选择标志（selectable marker），如Neo和HSV-TK。Cre在这些亲代的基因靶向ES细胞中进行暂态（transient）表达后，利用gancyclovir对含有Ⅰ型或Ⅱ型重组的亚克隆在HSV-TK基因不存在（absense）情况下进行筛选（图33.7）。Ⅰ型重组（剩一个 *LoxP* 位点）是用于产生系统性（经典）的先天缺陷。优点之一是欠缺影响邻近基因座的表达和雄性生育的原核Neo和HSK-TK基因。Ⅱ型重组（两个 *LoxP* 位点均保留）在含有条件性突变的ES细胞中产生条件性突变。其中，*LoxP* 位点位于以无害的（nondeleterious）方式存在于基因的两侧。嵌合鼠和杂合鼠生成后，使之与有Cre转基因的转基因鼠进行杂交以获得体内条件性基因突变（书后彩图33.8）。与Floxed等位和

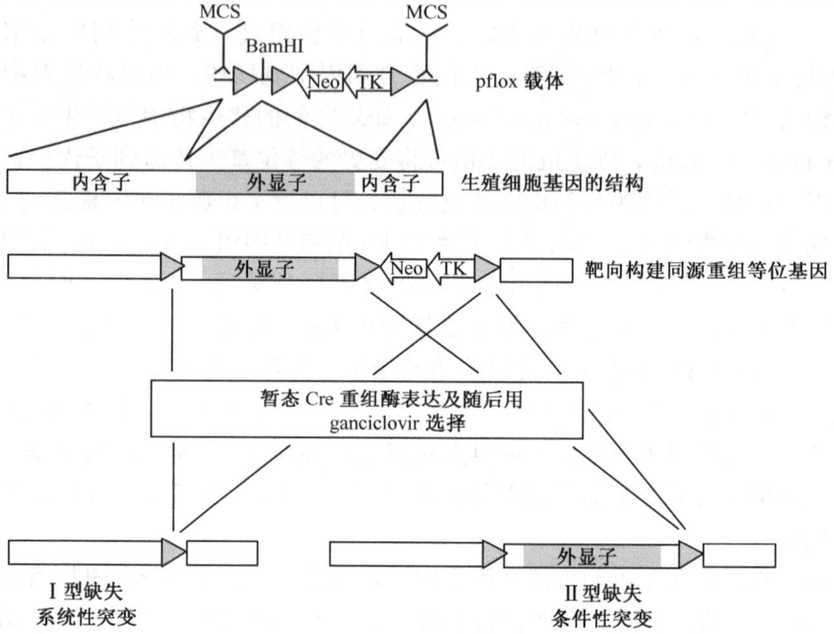


**图 33.7** 利用Cre-*LoxP*重组系统获得ES细胞系统性和条件性基因突变的策略图。

Cre转基因均为纯合子的小鼠只有在cre表达之处，其组织才能经历基因突破。Cre是在特异的启动子-增强子元件调控下提供转基因以产生有限制的表达模式。

实际上，Cre重组在体内几乎所有体细胞型都成功地得到了证实，包括脑和肝内的处于后有丝分裂细胞。在产生高水平的细胞核内定位的Cre蛋白系统中效率高，也出现嵌合组织，其中某些细胞是未经重组的。利用可诱导的启动子，如四环素系统和对Cre序列的修饰会容许激素的激活，这是追加的精炼，使Cre重组联结到外源的和实验的刺激。体内条件性诱变显然是提供了一个更确定的生理情况（context），可在其中研究基因功能，在某些情况下是必需的，如当系统基因切除导致早期死亡，排除了在成年体系中观察基因功能。用定向重组方法进行条件性诱变可能特别适用于糖生物学，在其中研究完整生物体的聚糖需要着重于根本不同的细胞型中细胞-细胞的相互作用。

## 通过隐性遗传损伤揭示聚糖的功能[31,41～61]

为了在体内确定聚糖的功能，现在都是常规地使小鼠生殖细胞系中参与聚糖多样化的酶失活。使用此种隐性遗传方法，这样的突变有效地限制了特异的寡糖连键的形成。当将该方法与确定的生物合成途径和多样性化途径相联用时，如N-聚糖途径，即有可能确定完整动物体内聚糖特异的结构与功能的关系。像产生在其他有明显等级性的生物系统的突变一样，如在蛋白磷酸化中，一个酶的失活可影响到许多“下游”分子的结构，单个的失活可使系统中从很少几个到十几个以上的糖蛋白或磷蛋白变更。尽管如此，一般认为这类实验代表目前可行的、建立基因功能的最好的方法，特别是针对那些在系统发生中保守的基因。随着更多资料的积累，仍然值得考虑的是也许并非所有转录后修饰均为生理相关的，已经发现存在功能重叠，然而有些酶家族和生理系统可能会因此有能力对个体发生中的单个基因功能障碍给予补偿。

如本章所述（见表33.1），已有20多个控制聚糖合成和多样化的基因在小鼠生殖细胞系中被灭活。研究揭露了各种各样的未预计到的生理功能是由内源性寡糖的结构调控。其表型包括胚胎的和出生后死亡，广活的系统疾病，有模式的人类糖基化缺乏(deficiency)，细胞凋亡，免疫功能障碍和器官发生缺陷。至今所见到的死亡分散到(segragate to）聚糖生物合成的初始步骤，GPI-锚的形成，聚透明质酸生物合成，和蛋白聚糖硫酸化，在26例研究中，有一例是遗传性全身性聚糖缺乏，是由基因靶向产生的，仅5例（19%）引起胚胎死亡。

已发生的聚糖缺乏的主要效应明显地是在特异的生理系统中，并不严重地变更形态发生或造成系统性病变。这反映在实验焦点和已作出的检测。通常受累的细胞包括那些造血系统和神经系统在其过程中调控造血，免疫功能，受体-配体激活，骨髓炎症，淋巴细胞凋亡，神经轴突移行，神经肌肉活性，内分泌功能和神经支配等。此外，在N-聚糖合成初期和蛋白聚糖硫酸化中的聚糖缺乏症是致死性的。它们对心、肾、神经管和血管的发育是不利的。对脊椎动物疾病状态，如糖缺乏糖蛋白综合征Ⅱ型和α-甘露糖苷酶Ⅱ诱导的慢性肾小球肾炎。通过建立模型和研究，将会为这些以聚糖为基础的慢性病的病因提供信息。

**表 33.1　诱发的小鼠先天性寡糖缺乏及其生物效应**

| 酶 | 表型/疾病 |
|---|---|
| GlcNAc-1-磷酸转移酶 | 胚胎死亡（E4.5） |
| Glc NAc T-1 | 胚胎死亡（E9.5），有血管形成、心腔不对称和神经管形成等缺陷 |
| α-甘露糖苷酶Ⅱ | 红细胞生成不良和肾小球肾炎 |
| GlcNAcT-Ⅱ | CDGS Ⅱ型样综合症，常引起新生儿死亡 |
| GlcNAcT-Ⅲ | 可生存/研究中 |
| GlcNAcT-Ⅴ | 免疫功能障碍，肠上皮过度增生 |
| ST6Gal-Ⅰ | 免疫功能缺乏，B 细胞功能减弱 |
| GlcNAcT-1 多肽 | 可生存/研究中 |
| GlcNAcT-8 多肽 | 可生存/研究中 |
| 核心 2 GlcNAcT | 髓样白细胞增多症及炎症应答缺陷 |
| β1-4GalT | 多种缺陷包括上皮和内分泌异常，常引起新生儿死亡 |
| FucT-Ⅳ | 部分炎症应答亏损，与 FunT 协同 |
| Fuc T-Ⅶ | 一般白细胞增多，淋巴细胞归巢缺陷，炎症应答缺乏 |
| α1-3 GalT（Gal3T） | 白内障 |
| ST3Gal-Ⅰ | 凋亡所致细胞毒性-T 细胞缺乏 |
| ST3Gal-Ⅱ | 可生存/研究中 |
| ST3Gal-Ⅲ | 可生存/研究中 |
| ST3Gal-Ⅳ | 可生存/研究中 |
| ST8Sia-Ⅱ（STX） | 可生存/研究中 |
| 硫酸类肝素 2-硫酸转移酶（hs2st） | 肾发育不全及新生儿死亡 |
| N-去乙酰酶/ N-硫酸转移酶-1（NDST-1） | 新生儿死亡 |
| N-去乙酰酶/ N-硫酸转移酶-1（NDST-2） | 肥大细胞缺陷 |
| 聚透明质酸合酶（has2） | 胚胎死亡（E9.5） |
| 脑酰胺半乳糖基转移酶 | 髓鞘异常；麻痹；和新生儿死亡 |
| $G_{M2}$/$G_{D2}$合酶 | 某些神经传导速度轻微减慢；男性不育 |
| GPI 合成（X-连锁的 *Pig-a*） | 如果生殖细胞系突变或体细胞广泛突变，则为致死性的。 |

一般来讲，聚糖生物合成缺陷出现在越前面的步骤早，则引起的表型就越广泛并且越严重。这是有直觉意义的，因为聚糖多样化的最初步骤对大部分聚糖是共同的，并在许多型的细胞中广泛存在。但以前认为是仅由某单一酶作用的生物合成中的几个早期步骤，现已发现在体内有多种同工酶参与。在 α-甘露糖苷酶Ⅱ缺乏，其在早期 N-聚糖生物合成中的作用仍如以前确定的那样，然而，它在体内的功能仅在小鼠的红细胞系中是必要的。人们注意到高尔基体的提取物中有独特的 α-甘露糖苷酶活性，可为大多数细

胞型中复合 N-聚糖的生物合成提供一个有效的替代途径（第 7 章）。已发现了第二种核心 2 GlcNAcT 同工酶（第 8 章）。在特异细胞型中进行的其他生物合成途径或许会比现在已确定的途径更常进行，并可在糖基酶和糖苷酶基因的隐性损伤的研究中进一步地有所发现。

N-和 O-聚糖生物合成中都存在好几种分支点（第 7 和第 8 章）。在分支处起作用的糖基转移酶和糖苷酶控制着各种结构的形成及其后续的生物合成。（见第 16 章）有些结构出现在多个分支上，而另一些则选择性地局限于某一个分支上。这些分支的存在可能是部分地为适当的凝集素创造一个多价配体。在切除（ablating）控制分支形成的有关酶的研究中，目前得到的结果都常表明 N-和 O-聚糖的分支所提供的独特功能对特异的组织和细胞型可能是特别重要（图 33.9）。在使小鼠的其他类聚糖（glycan classes）失活的研究中，包括聚透明质酸、GPI 锚和糖胺聚糖硫酸化的生物合成，也为初步了解这些糖类中涉及的结构-功能关系提供了资料（图 33.10）。

理论上讲，通过在体内使编码特异性凝集素活性的基因发生突变，也可以用于聚糖功能的研究。这类研究报道极少，在这少数已完成的研究中，由于肽段组分具有潜在的不同作用所获得结果更为复杂，并且可能与其他具有相似结合活性的凝集素间存在着凝

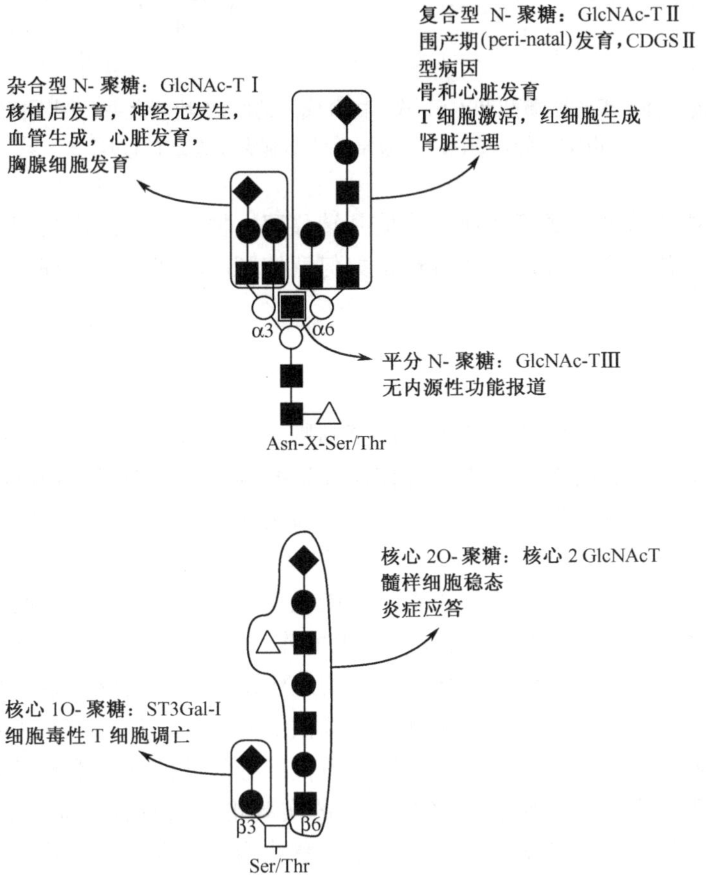


**图 33.9** 在 N-和 O-聚糖结构功能关系中观察到的分支特异性。圆圈内的结构表示小鼠体内因生殖细胞的突变而引发的缺陷，涉及到控制 N-或 O-聚糖多样性的指定的基因/酶。

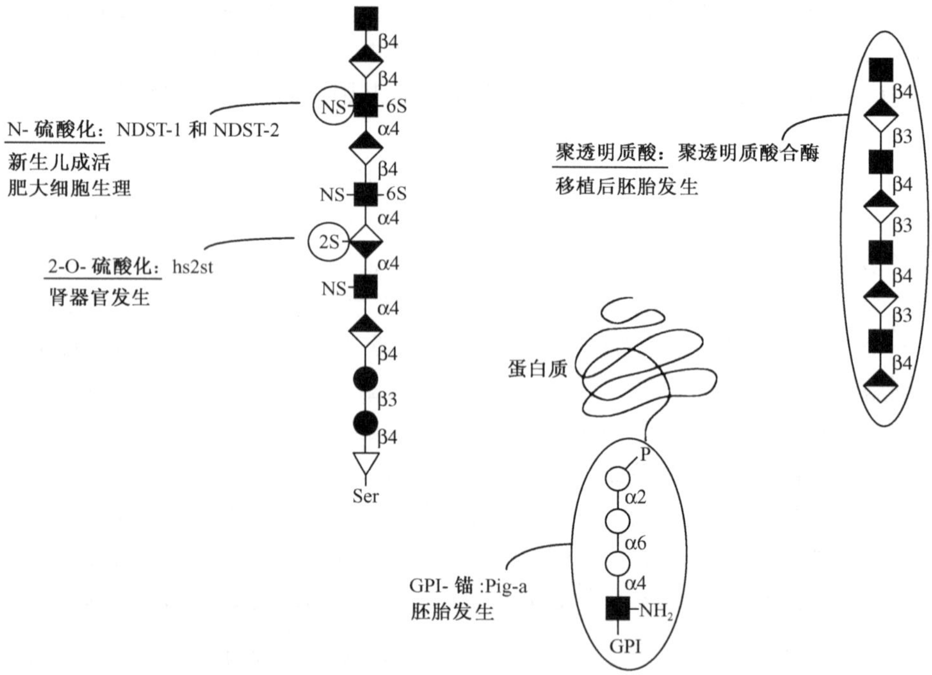


**图 33.10** 糖胺聚糖、聚透明质酸和 GPI 锚生物合成中的结构-功能关系。圆圈内的结构代表小鼠指定基因/酶中，由诱导生殖细胞突变造成的缺陷。

集素间存在着功能重叠。尽管如此，将糖基转移酶、糖苷酶和内源凝集素的功能生理地互相联系起来，预期会对我们了解聚糖是如何调控胚胎和成人的生理学提出重要贡献。

## 发展方向

目前的研究表明：细胞外的聚糖在调节细胞-细胞的黏附及经内源性凝集素-配体相互作用介导的受体复合物的激活中发挥作用。这些作用提示许多聚糖的功能可被描述为天然的生物修饰剂或变阻器。聚糖可调节生理系统的发育功能，例如唾液酸转移酶在淋巴细胞凋亡及抗原-受体信号转导中的作用，以及在成纤维细胞生长因子受体激活中蛋白聚糖存在的必要性等。内源性凝集素也可能就代表以聚糖为基础的调节系统的“另一个手臂”，并可能会在细胞中有比现在所认识的作用更经常更广泛的作用。在另一些情况下，聚糖主要是靠其立体结构或构象的影响起作用。在研究调控聚糖合成基因的生理功能中所得到的一些发现可为阐明聚糖功能提供研究途径。建立新方法研究聚糖结构和来源于转基因或基因靶向小鼠的全部组织或原代细胞的载体具有重要意义。为了解聚糖调节的生理过程，用各种多细胞生物体进行的实验也将会提供大量信息。在某些情况下，多个突变基因座的共杂交，不仅可揭示重叠功能，也可发现新的功能。

（燕　秋 译　　李玉瑞 校）

## 参 考 文 献


1. Gordon J.W., Scangos G.A., Plotkin D.J., Barbosa J.A., and Ruddle F.H. 1980. Genetic transformation of mouse embryos by microinjection of purified DNA. *Proc. Natl. Acad. Sci.* **77:** 7380–7384.
2. Gridley T., Soriano P., and Jaenisch R. 1987. Insertional mutagenesis in mice. *Trends Genet.* **3:** 162–166.
3. Hanahan D. 1989. Transgenic mice as probes into complex systems. *Science* **246:** 1265–1274.
4. Jaenisch R. 1988. Transgenic animals. *Science* **240:** 1468–1474.
5. Palmiter R.D., Brinster R.L., Hammer R.E., Trumbauer M.E., Rosenfield M.G., Birnberg N.C., and Evans R.M. 1982. Dramatic growth of mice that develop from eggs microinjected with metallothionein-growth hormone fusion genes. *Nature* **300:** 611–615.
6. Palmiter R.D. and Brinster R.L. 1986. Germ-line transformation of mice. *Annu. Rev. Genet.* **20:** 465–499.
7. Storb U. 1987. Transgenic mice with immunoglobulin genes. *Annu. Rev. Immunol.* **5:** 151–174.
8. Surani M.A., Reik W., and Allen N.D. 1988. Transgenes as molecular probes for genomic imprinting. *Trends Genet.* **3:** 59–62.
9. Bry L., Falk P.G., and Gordon J.L. 1996. Genetic engineering of carbohydrate biosynthetic pathways in transgenic mice demonstrates cell cycle-associated regulation of glycoconjugate production in small intestinal epithelial cells. *Proc. Natl. Acad. Sci.* **93:** 1161–1166.
10. Falk P.G., Bry L., Holgersson J., and Gordon J.I. 1995. Expression of a human α-1,3/4-fucosyltransferase in the pit cell lineage of FVB/N mouse stomach results in production of Leb-containing glycoconjugates: A potential transgenic mouse model for studying *Helicobacter pylori* infection. *Proc. Natl. Acad. Sci.* **92:** 1515–1519.
11. Hathaway H.J. and Shur B.D. 1996. Mammary gland morphogenesis is inhibited in transgenic mice that overexpress cell surface β1,4-galactosyltransferase. *Development* **122:** 2859–2872.
12. Ikematsu S., Kaname T., Ozawa M., Yonezawa S., Sato E., Uehara F., Obama H., Yamamura K., and Muramatsu T. 1993. Transgenic mouse lines with extopic expression of α-1,3-galactosyltransferase: Production and characteristics. *Glycobiology* **3:** 575–580.
13. Obama H., Kaname T., Sudou A., Yanagida T., Ikematsu S., Ozawa M., Yoshida H., Kannagi R., Yamamura K.I., and Muramatsu T. 1995. A transgenic mouse line with α-1,3/4-fucosyltransferase cDNA: Production and characteristics. *Glycoconj. J.* **12:** 795–801.
14. Osman N., McKenzie I.F., Ostenried K., Ioannou Y.A., Desnick R.J., and Sandrin M.S. 1997. Combined transgenic expression of α-galactosidase and α1,2-fucosyltransferase leads to optimal reduction in the major xenoepitope Galα(1,3)Gal. *Proc. Natl. Acad. Sci.* **94:** 14677–14682.
15. Sharma A., Okabe J., Birch P., McClellan S.B., Martin M.J., Platt J.L., and Logan J.S. 1996. Reduction in the level of Gal(α,3)Gal in transgenic mice and pigs by the expression of an α(1,2)fucosyltransferase. *Proc. Natl. Acad. Sci.* **93:** 7190–7195.
16. Varki A., Hooshmand F., Diaz S., Varki N.M., and Hedrick S.M. 1991. Developmental abnormalities in transgenic mice expressing a sialic acid-specific 9-O-acetylesterase. *Cell* **65:** 65–74.
17. Youakim A., Hathway H.J., Miller D.J., Gong X., and Shur B.D. 1994. Overexpressing sperm surface β1,4-galactosyltransferase in transgenic mice affects multiple aspects of sperm-egg interactions. *J. Cell Biol.* **126:** 1573–1583.
18. Capecchi M.R. and Thomas K.R. 1986. High frequency targeting of genes to specific sites in the mammalian genome. *Cell* **44:** 419–428.
19. Cappechi M. 1989. Altering the genome by homologous recombination. *Science* **244:** 1288–1291.
20. Doetschman T., Gregg R.G., Maeda N., and Hooper M.L. 1987. Targeted correction of a mutant HPRT gene in mouse embryonic stem cells. *Nature* **330:** 576–578.
21. Evans M.J. and Kaufman M.H. 1981. Establishment in culture of pluripotential cells from mouse embryos. *Nature* **292:** 154–156.
22. Greg R.G., Boggs S.S., Koralewski M.A., and Kucherlapati R.S. 1985. Insertion of DNA sequences into the human chromosomal β-globin locus by homologous recombination. *Nature* **317:** 230–234.
23. Mansour S.L., Thomas K.R., and Capecchi M.R. 1988. Disruption of the proto-oncogene int-2 in mouse embryo-derived stem cells: A general strategy for targeting mutations to non-selectable genes. *Nature* **336:** 348–352.

24. Martin G.R. and Evans M.J. 1975. Differentiation of clonal lines of teratocarcinoma cells: Formation of embryoid bodies in vitro. *Proc. Natl. Acad. Sci.* **72:** 1441–1445.
25. Robertson E., Bradley A., Kuehn M., and Evans M. 1986. Germ-line transmission of genes introduced into cultured pluripotential cells by retroviral vector. *Nature* **323:** 445–448.
26. Smith A.G., Heath J.K., Donaldson D.D., Wong G.G., Moreau J., Stahl M., and Rogers D. 1988. Inhibition of pluripotential embryonic stem cell differentiation by purified polypeptides. *Nature* **336:** 688–690.
27. Thomas K.R. and Cappechi M.R. 1987. Site-directed mutagenesis by gene targeting in mouse embryo-derived stem cells. *Cell* **51:** 503–512.
28. Zimmer A. and Gruss P. 1989. Production of chimaeric mice containing embryonic stem (ES) cells carrying a homoeobox *Hox 1.1* allele mutated by homologous recombination. *Nature* **338:** 150–153.
29. Gossen M., Freundlieb S., Bender G., Müller G., Hillen W., and Bujard H. 1995. Transcriptional activation by tetracyclines in mammalian cells. *Science* **268:** 1766–1769.
30. Gu H., Marth J.D., Orban P.C., Mossmann H., and Rajewsky K. 1994. Deletion of a DNA polymerase beta gene segment in T cells using cell type-specific gene targeting. *Science* **265:** 103–106.
31. Hennet T., Hagen F.K., Tabak L.A., and Marth J.D. 1995. T cell-specific deletion of a polypeptide N-acetylgalactosaminyltransferase gene by site-directed recombination. *Proc. Natl. Acad. Sci.* **92:** 12070–12074.
32. Hoess R.H. and Abremski K. 1990. The Cre-lox recombination system. *Nucleic Acids Mol. Biol.* **4:** 99–109.
33. Kühn R., Schwenk F., Aguet M., and Rajewsky K. 1995. Inducible gene targeting in mice. *Science* **269:** 1427–1429.
34. Lakso M., Sauer B., Mosinger B., Lee E.J., Manning R.W., Yu S.H., Mulder K.L., and Westphal H. 1992. Targeted oncogene activation by site-specific recombination in transgenic mice. *Proc. Natl. Acad. Sci.* **89:** 6232–6236.
35. Logie C. and Stewart A.F. 1995. Ligand-regulated site-specific recombination. *Proc. Natl. Acad. Sci.* **92:** 5940–5944.
36. Marth J.D. 1996. Recent advances in gene mutagenesis by site-directed recombination. *J. Clin. Investig.* **97:** 1999–2002.
37. Metzger D., Clifford J., Chiba H., and Chambon P. 1995. Conditional site-specific recombination in mammalian cells using a ligand-dependent chimeric Cre recombinase. *Proc. Natl. Acad. Sci.* **92:** 6991–6995.
38. O'Gorman S., Fox D.T., and Wahl G.M. 1991. Recombinase-mediated gene activation and site-specific integration in mammalian cells. *Science* **251:** 1351–1355.
39. Orban P.C., Chui D., and Marth J.D. 1992. Tissue- and site-specific DNA recombination in transgenic mice. *Proc. Natl. Acad. Sci.* **89:** 6861–6865.
40. Sauer B. and Henderson N. 1988. Site-specific DNA recombination in mammalian cells by the Cre recombinase of bacteriophage P1. *Proc. Natl. Acad. Sci.* **85:** 5166–5170.
41. Asano M., Furukawa K., Kido M., Matsumoto S., Umesaki Y., Kochibe N., and Iwakura Y. 1997. Growth retardation and early death of β-1,4-galactosyltransferase knockout mice with augmented proliferation and abnormal differentiation of epithelial cells. *EMBO J.* **16:** 1850–1857.
42. Bullock S.L., Fletcher J.M., Beddington R.S., and Wilson V.A. 1998. Renal agenesis in mice homozygous for a gene trap mutation in the gene encoding heparan sulfate 2-sulfotransferase. *Genes Dev.* **12:** 1894–1906.
43. Chen N., Soloway P., and Lau J.T.Y. 1998. Functional analysis of ST3Gal-2 by targeted mutagenesis. *Glycobiology* **8:** A23.
44. Chui D., Oh-Eda M., Liao Y.-F., Panneerselvam K., Lal A., Marek K.W., Freeze H.H., Moremen K.W., Fukuda M.N., and Marth J.D. 1997. Alpha-mannosidase-II deficiency results in dyserythropoiesis and unveils an alternate pathway in oligosaccharide biosynthesis. *Cell* **90:** 157–167.
45. Coetzee T., Fujita N., Dupree J., Shi R., Blight A., Suzuki K., Suzuki K., and Popko B. 1996. Myelination in the absence of galactocerebroside and sulfatide: Normal structure with abnomral function and regional instability. *Cell* **86:** 209–219.
46. Ellies L.G., Tsuboi S., Petryniak B., Lowe J.B., Fukuda M., and Marth J.D. 1999. Core 2 oligosaccharide biosynthesis distinguishes between selectin ligands participating in leukocyte homing and inflammation. *Immunity* **9:** 881–890.

47. Granovsky M., Fata J., Khokha R., and Dennis J.W. 1998. N-acetylglucosaminyltransferase V null mice show hypersensitivity to T cell mitogens and intestinal hyperplasia. *Glycobiology* **8:** A156.
48. Hennet T., Chui D., Paulson J.C., and Marth J.D. 1998. Immune regulation by the ST6Gal sialyltransferase. *Proc. Natl. Acad. Sci.* **95:** 4504–4509.
49. Ioffe E. and Stanley P.M. 1994. Mice lacking *N*-acetylglucosaminyltransferase I activity die at midgestation, revealing an essential role for complex or hybrid N-linked carbohydrates. *Proc. Natl. Acad. Sci.* **91:** 728–732.
50. Kawagoe K., Kitamura D., Okabe M., Taniuchi I., Ikawa M., Watanabe T., Kinoshita T., and Takeda J. 1996. Glycophosphatidylinositol-anchor-deficient mice: Implications for clonal dominance of mutant cells in paroxysmal nocturnal hemoglobinuria. *Blood* **87:** 3600–3606.
51. Kjellén L. 1998. Phenotypic characterization of mice lacking genes coding for NDSTs, heparin sulfate glucosaminyl N-deacetylase/N-sulfotransferases. *Glycobiology* **8:** A38.
52. Lu Q., Hasty P., and Shur B.D. 1997. Targeted mutation in β1,4-galactosyltransferase leads to pituitary insufficiency and neonatal lethality. *Dev. Biol.* **181:** 257–267.
53. Maly P., Thall A.D., Petryniak B., Rogers G.E., Smith P.L., Marks R.M., Kelly R.J., Gersten K.M., Cheng G.Y., Saunders T.L., Camper S.A., Camphausen R.T., Sullivan F.X., Isogai Y., Hindsgaul O., Von Andrian U.H., and Lowe J.B. 1996. The α(1,3) fucosyltransferase Fuc-TVII controls leukocyte trafficking through an essential role in L-, E-, and P-selectin ligand biosynthesis. *Cell* **86:** 643–653.
54. Marek K.W., Vijay I., and Marth J.D. 1999. A recessive deletion in the GlcNAc-1-phosphotransferase gene results in peri-implantation embryonic lethality. *Glycobiology* **9:** (in press).
55. McDonald J.A., Brehm-Gibson T., Canenisch T., and Spicer A.P. 1998. Molecular cloning and gene targeting of hyaluronan synthase-2 reveals a critical role in development of the cardiovascular system in the mouse. *Glycobiology* **8:** A146.
56. Metzler M., Gertz A., Sarkar M., Schachter H., Schrader J.W., and Marth J.D. 1994. Complex asparagine-linked oligosaccharides are required for morphogenic events during post-implantation development. *EMBO J.* **13:** 2056–2065.
57. Priatel J.J., Sarkar M., Schachter H., and Marth J.D. 1997. Isolation, characterization, and inactivation of the mouse *Mgat3* gene: The bisecting *N*-acetylglucosamine in asparagine-linked oligosaccharides appears dispensable for viability and reproduction. *Glycobiology* **7:** 45–56.
58. Tarutani M., Itami S., Okabe M., Ikawa M., Tezuka T., Yoshikawa K., Kinoshita T., and Takeda J. 1997. Tissue-specific knockout of the mouse *Pig-a* gene reveals important roles for GPI-anchored proteins in skin development. *Proc. Natl. Acad. Sci.* **94:** 7400–7405.
59. Takamiya K., Yamamoto A., Furukawa K., Yamashiro S., Shin M., Okada M., Fukumoto S., Haraguchi M., Takeda N., Fujimura K., Sakae M., Kishikawa M., Shiku H., Furukawa K., and Aizawa S. 1996. Mice with disrupted GM2/GD2 synthase gene lack complex gangliosides but exhibit only subtle defects in their nervous system. *Proc. Natl. Acad. Sci.* **93:** 10662–10667.
60. Thall A.D., Maly P., and Lowe J.B. 1995. Oocyte Galα1,3Gal epitopes implicated in sperm adhesion to the zona pellucida glycoprotein ZP3 are not required for fertilization in the mouse. *J. Biol. Chem.* **270:** 21437–21440.
61. Varki A. and Marth J.D. 1995. Oligosaccharides in vertebrate development. *Semin. Dev. Biol.* **6:** 127–138.

本章初稿由 J. D. Marth（圣迭戈加利福尼亚大学，HHMI）编写。

# 第 34 章　个体发生和细胞活化中的糖基化改变



多细胞生物体的个体发生（ontogeny）和各种型细胞的活化与聚糖结构的改变有密切联系。关于这一方面已有大量文献报道。本章将以脊椎动物为重点，对发育过程中特异性糖基化改变和生理应答，以及对这些变化的测定方法及其潜在的功能提供一些实例。

## 背景

近数十年来，人们已经认识到在哺乳动物胚胎发生和细胞活化中发生细胞表面糖基化改变。认为糖基化改变参与了细胞黏附、受体活化、细胞分化以及组织形态发生。因为早期胚胎中的细胞是由一些必须与其他胚胎细胞相互黏附的。那些参与调节这一黏附过程的因子似有可能在早期发育过程中起重要作用。由凝集素促进的各种细胞-细胞间黏附事件的识别过程导致人们推测细胞表面聚糖可能参与脊椎动物早期发育过程。的确，应用糖基化抑制剂和外源性聚糖进行的研究已经引起胚胎细胞间的黏附产生了实质性的变更，这对胚胎的发育有决定性影响。目前人们已开始以不同单克隆抗体对最初简单地定义为“阶段特异性”抗原的胚胎阶段的聚糖进行分类和鉴定。发现这些抗原结构在胚胎发生的不同时期是波动的。一个令人惊异的发现是这些单克隆抗体中的大多数具有糖特异性并可识别脊椎动物个体发生中盈亏变化的不同聚糖结构。从那时起，凝集素和抗糖抗体同时开始被应用于获取脊椎动物胚胎发生和细胞活化中细胞表面糖基化的有关信息。大多数有关聚糖修饰的生物意义仍然没有揭开，但是某些实例中，某些聚糖对脊椎动物胚胎发生和细胞活化的直接作用已经得到了。

## 受精[1~9]

研究已阐明，卵子受精的过程，尤其是在海胆、青蛙以及小鼠受精时，需要聚糖和凝集素之间的识别。海胆卵表面的精子受体是由硫酸化的 O-聚糖构成的，当加入外源性的这类聚糖时能抑制受精。此外，从海胆卵中提取的硫酸化聚糖可以诱导精子的顶体反应，后者为精卵融合所必需。脊椎动物卵细胞通常多具有种属特异性的糖基化模式。非洲爪蟾可能需要卵黄外壳上的糖蛋白 GP69/64 的聚糖结构。在小鼠中，应用化学方法去除 O-连接聚糖可以影响精卵结合，而去除 N-连接聚糖却没有任何影响；加入 UDP-半乳糖和 UDP-岩藻糖多聚体也可以阻断精卵结合。尽管包括使用糖苷酶的试验研究表明 α1,3 半乳糖聚糖末端可能参与精卵结合，使之缺乏 α1,3 半乳糖的小鼠却并没有表现精卵相互作用缺陷或者生育能力降低的缺陷。应用 β1,4 半乳糖基转移酶缺陷小鼠进行的研究显示此半乳糖连接在受精过程中由精子结合诱导的卵母细胞精子顶体反应中具有重要功能。最新研究表明 α1,3 岩藻糖基化的 O-聚糖可能是精子维持高亲和能力结合所必需的。要确定何种内源性聚糖结构参与哺乳动物受精过程还需要更多的试验证据。

## 着床前发育[10~22]

在卵子受精后，单细胞胚胎（合子）经过几次体积没有变化的细胞分裂，直至早期胚胎完成通过输卵管（喇叭管）进入子宫的旅程，并植入子宫内膜上皮壁。脊椎动物的胚胎发生通常用发育的各种阶段来表示。从受精到着床被称作发育的着床前阶段（图 34.1）。这是第一次分化事件发生，由于细胞分裂和胚胎大小被限制而产生丧失全能性的子代细胞，同时发生细胞-细胞接触的过程，至此子代细胞已与亲体细胞不同。此阶段是胚胎发生的桑椹形成阶段，这一时期胚胎大约有 16 个细胞，正经历细胞致密化过程，这也是胚胎发育中的第一次形态学变化过程。随后，在胚胎着床前发育的最后阶段成为大约有 64 个细胞的胚泡。这一时期的胚胎包括将来成为胚胎自身的内细胞团，而滋养层细胞的外层将最终在着床后形成胎盘。

胚胎基因组在着床前阶段就开始变得活跃并翻译出最初的胚胎来源的蛋白质。对于某些基因的转录激活来讲，这一过程实际在 2 细胞阶段就已经开始了。在研究基因和蛋白质在着床前发育阶段的作用时，有必要考虑到从母体（卵细胞）来源的 mRNA 和蛋白质可能在胚胎基因组被诱导以前协助胚胎的发育。这些母体来源物质的作用可能一直持续在着床前的整个过程，但最终会通过降解或被稀释而消失。

特异性针对着床前胚胎细胞的单克隆抗体的生产，使阶段特异性胚胎抗原（SSEA）首先得以确定。SSEA 抗原是存在于糖蛋白或者糖脂上的聚糖结构，它们在早期胚胎发生过程表达具有显著的变化（图 34.2）。SSEA-1 是 Lewis X 寡糖抗原的另一个名称（Lewis X 寡糖结构见第 16 章），在 8 细胞期出现，到 32～64 细胞发育期消失，SSEA-1 的缺失与胚胎致密期的出现有关。这些聚糖结构可能具有十分重要的功能，因为人工合成的多价 Lewis X 半抗原（Lewis X 与赖氨酰-赖氨酸的一级氨基结合）能够使已经聚合

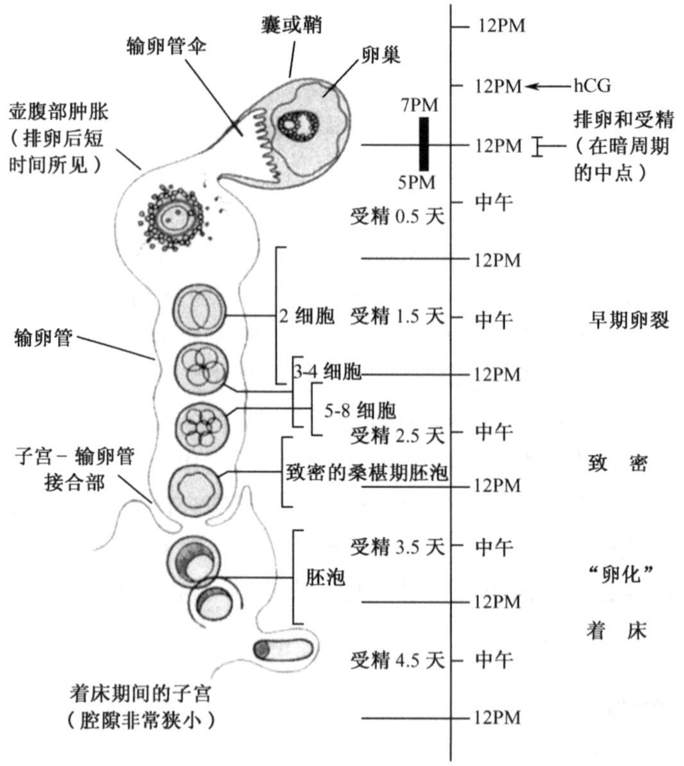


**图 34.1** 小鼠胚胎发育的着床前阶段。(经过作者许可，引自［95］Hoganetal，1994。)

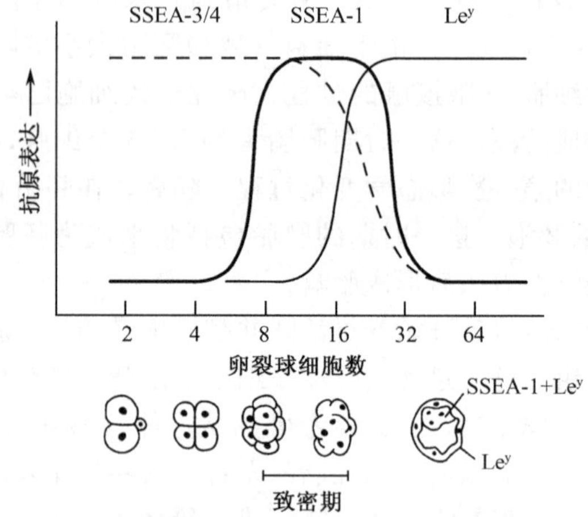


**图 34.2** 小鼠着床前胚胎发育过程中糖抗原的变化。
(经过允许，改自［14］Fenderson et al. 1990。)

的胚胎解聚（图 34.3）。而携带 Lewis A 寡糖的半抗原或游离的 Lewis X 寡糖和赖氨酰-赖氨酸的混合物均未观察到该现象。在另外一个研究中，带有 α1，3 和 α1，4 岩藻糖连接的 GlcNAc 也可以导致胚胎解聚。在着床前的小鼠胚胎中进一步应用糖脂特异性的抗体检测表明，存在于胚胎表面的大多数糖脂显然为 Globo 系列（含有 Galα1-4 Galβ1-4 Glcβ-神经酰胺）糖脂，主要包括有 SSEA-3、SSEA-4 和福斯曼抗原（Forssman antigen）。SSEA-3 和 SSEA-4 在早期卵细胞和受精卵细胞表面出现，表明它们是由母系来源合成的，其表达在胚泡阶段消失。福斯曼抗原在 8-细胞阶段出现，并且在胚泡阶段的内细胞团的细胞表面一直存在。这些糖抗原在胚胎发生过程中的功能作用到目前为止仍所知不多。

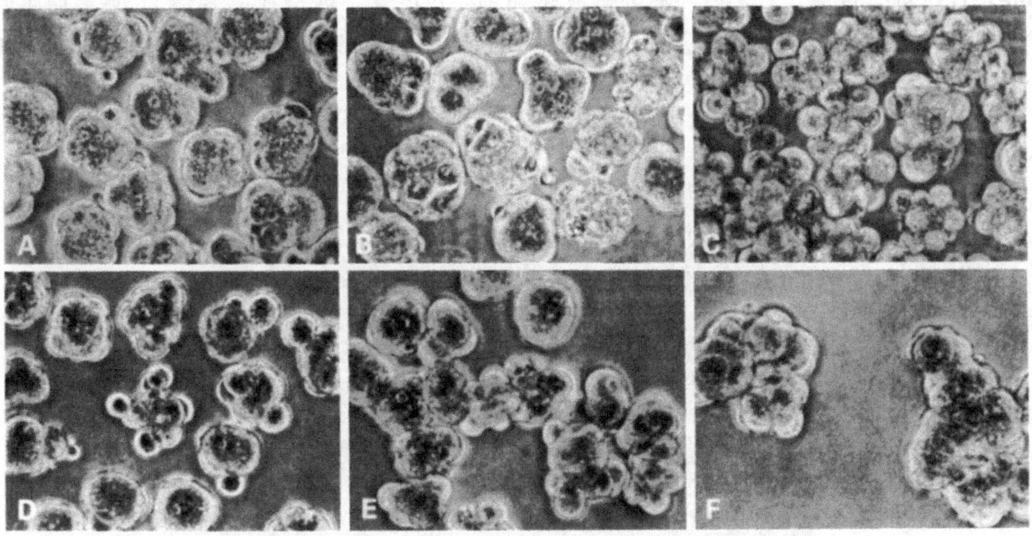


**图 34.3** 多价寡聚糖对着床前成纤维细胞的黏附调节。(A) 已经致密化的胚泡经多价 Lewis A 处理，或者经过 (B) 多价的 SSEA-1/Lewis X 处理，(C) 寡聚糖处理，(D) 未处理的胚胎与经成纤维细胞糖肽 (E) 或高分子量 (F) 来源于 F9 畸胎瘤细胞的聚乳糖胺处理的胚胎比较。(经过允许，从 Fenderson 等 (1990) [14] 复制；原始出处 Fenderson 等 1984 [97]。)

## 致密化[10～22]

胚胎致密期过程可以被带有多聚乳糖胺（有时又称为胚胎聚糖）的胚胎糖缀合物所调节，根据天然人类抗体及其明确的结构特点，可以确定这类胚胎糖缀合物为两种聚乳糖胺：i-型聚乳糖胺为无分支结构，在受精卵开始后广泛表达；与此相对比，具有分叉的 I-型聚乳糖胺在着床前胚泡表面没有表达或者呈现低水平表达（见第 16 章）。用酶学方法去掉胚泡上的聚乳糖胺可以大大降低胚泡致密化的发生几率，但是外加入来自 F9 细胞（而不是来自人成熟成纤维细胞）的胚胎聚糖则可以使 8～16 细胞期胚胎细胞高度聚集（图 34.3）。ECMA-2 抗体已知是能够识别胚胎聚乳糖胺末端 α-连接的-半乳糖残基的抗体。ECMA-2 在胚胎着床前的表达比较广泛，但是随着胚胎的不断发育而逐渐消失，到胚胎发育 9～10 天时，其表达已经仅局限于成熟组织的某一部位。ECMA-2 在胚胎发育中的功能目前仍不清楚。

不同的糖基化抑制物对胚胎着床前发育具有显然不同的作用。衣霉素能够阻断致密期和胚泡形成过程但不影响早期卵裂。连续长时间地将胚泡暴露于衣霉素会杀死滋养层细胞，但显然不影响内细胞团（图 34.4）。这一效果与从缺乏编码 GLcNAc-1-磷酸转移酶基因的胚胎中得到的结果相似。GLcNAc-1-磷酸转移酶是 N-聚糖合成中多萜醇寡糖前体生成所必需，如果胚胎细胞缺乏该酶，所有的 N-糖基化将会停止（见第 7 章）。在另一个研究着床前 N-糖基化的研究中，人们发现 compactin（聚类异戊二烯合成的抑制剂）可以造成发育停滞；并且这种停滞不能通过补充多萜醇（Dol）而逆转。对包括 Dol-P-甘露糖合成酶、Dol-P-葡萄糖合成酶和 Dol-P-P-壳二糖合成酶等参与 N-聚糖生物合成的酶的微量酶学检测表明从受精开始直到在胚泡阶段被诱导前其活性一直稳定地下降。

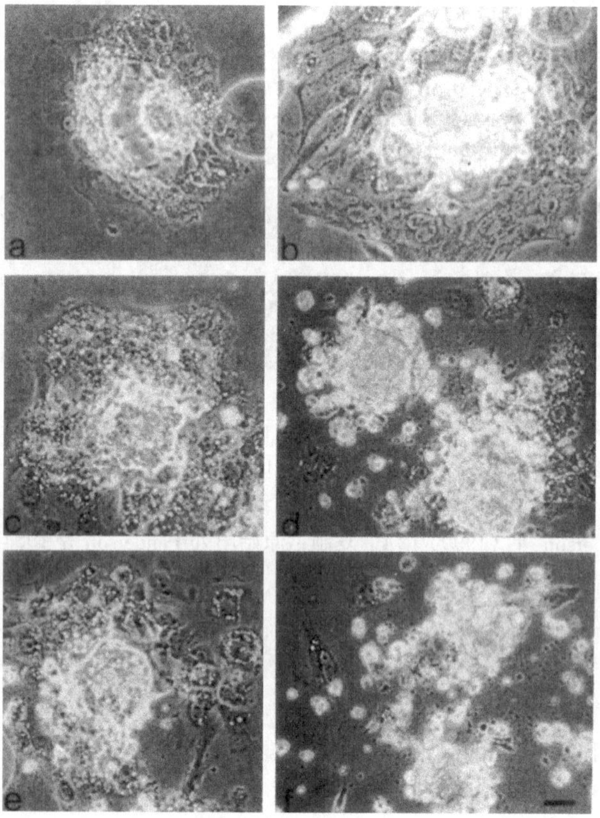


**图 34.4** 衣霉素对培养中胚泡期胚胎的影响。胚胎在相应的胚胎发育第 7 天(a,c,e)和第 8 天(b,d,f)外生长，(a,b)未处理对照；(c,d) 0.05 μg/ml 衣霉素处理；(e,f) 0.5 μg/ml 衣霉素处理。(经允许，引自 [11] Atienza-Samols et al. 1980.)

## 着床后胚胎发生[10,12,14,16,18,20,23～26]

随着胚泡在处于接受态的子宫内膜表面着床以后，胚胎继续进行着各种形态学的变化。在着床和后继的过程中，胚泡滋养层细胞作用于胚泡与母体子宫上皮之间的界面，最终将形成胎盘。多聚乳糖胺水平的增加与多种细胞的植入有关，包括与细胞参与母胎之间界面的黏附，以及与多种肿瘤的转移活性有关（见第 35 章）。原肠胚形成导致了中胚层的形成，进而产生了胚胎所有的 3 个胚层：内胚层、中胚层和外胚层。在小鼠中这一过程在 E7 发生。目前已经用凝集素和抗糖抗体观察了胚胎早期以及着床后晚期发育过程中聚糖表达的多种变化，见图 34.5。在着床前，i-抗原继续广泛在于内胚层、外胚层和中胚层表达。I-抗原结构的唾液酸化产生的唾液酸化 I 抗原也广泛分布。然而，I-型聚乳糖胺在原肠胚形成后其表达被诱导并其表达的部位更限定，即在内胚层和中胚层高水平表达，但在外胚层却仅见极少表达。唾液酸化 I-抗原结构在胚外外胚层中存在。SSEA-3 和 SSEA-4 在胚胎着床后早期发育从 E5 到 E7 天特异地在胚胎外胚层重新出现，此与胎盘的吸收、分泌和形成有关。福斯曼抗原（Forssman antigen）则在 E5 到 E10 的原始外胚层中发现，原始外胚层产生来源于内细胞团的多能干细胞。

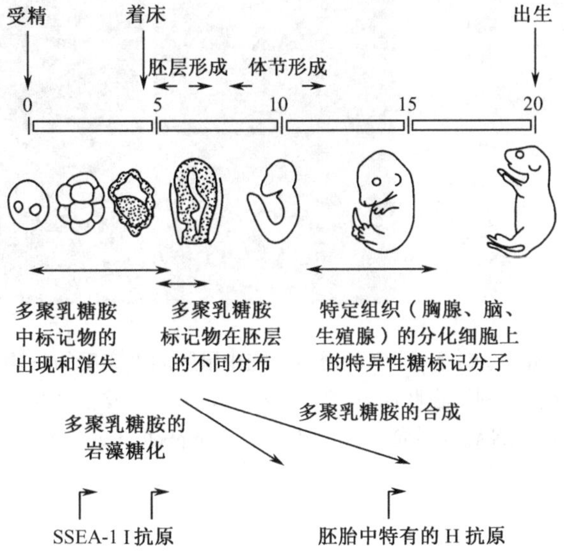


**图 34.5** 小鼠妊娠过程中聚糖结构的各种变化

（经允许，引自［16］Muramatsu 1988［©Wiley-Liss，Inc.］。）

大多数成熟的细胞表面的 N-聚糖为杂合型，因此需要 GlcNAcT-Ⅰ。实验表明在 E5 和 E7 *Mgat1* 基因编码的 GlcNAcT-Ⅰ在胚胎诱导发生（图 34.6）。通过在 E9 灭活 *Mgat1* 基因产生的 GlcNAcT-Ⅰ缺陷小鼠实验表明胚胎 *Mgat1* 基因诱导几乎正发生在胚胎所有细胞需要 GlcNAcT-Ⅰ的时候。如果缺乏了 GlcNAcT-Ⅰ，胚胎的形态发育会受到影响，包括心脏发育畸形（反位）、异常神经管形成以及血管形成受损等。在 E9 前，*Mgat1* 基因缺乏的胚胎可以通过多种亲体来源的包括母方的 RNA 以及携带有杂合型 N-聚糖的糖蛋白获得杂合型 N-聚糖，糖蛋白是通过胚外内胚层（原始胎盘）运输的，这些来源于母体方面的聚糖可以协助缺乏 Mgat1 的胚胎发育到 E9。使用 ConA 和 E-PHA 对胚胎 N-聚糖的识别表明，小鼠在 E7 时 3 个胚层的所有类型的细胞中胚胎 N-聚糖没有明显的差别，因为它们都可以和这些凝集素发生反应（图 34.6）。然而，在 E7 的中胚层和外胚层通过 L-PHA 的反应确定，缺乏一种其合成需要 GlcNAcT-V 的杂合型 N-

聚糖亚型（图 34.7）。

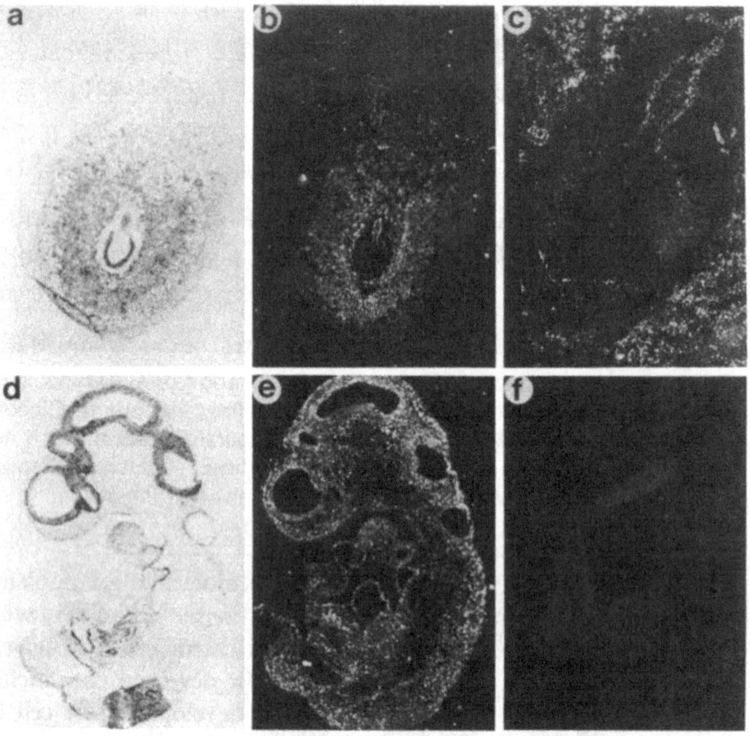


**图 34.6** Magat1 RNA 编码的 GlcNAc-TI 的诱导，在小鼠胚胎着床后的早期发育过程中为杂合型和复合型 N-聚糖合成所必需。图示在胚胎发育第 7 天（a，b，c）或者第 9.5 天（d，e）的表达。对照（f）为正义 *Mgat1* RNA。（经允许，引自［23］Campbell et al. 1995［© Oxford university Press］。）

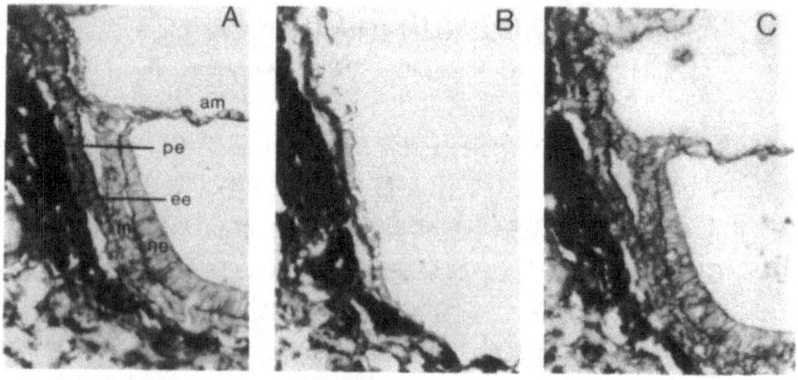


**图 34.7** 在发育第 E7 天鼠胚的 3 个胚层中的 E-PHA（A），L-PHA（B）和 ConA（C）的结合模式。图中标示了中胚层（m）、羊膜（am）和神经外胚层（ne）中显然缺乏由 GlcNAcT-V 催化的分支的 N-聚糖。胚胎内胚层（ee）和壁层内胚层（pe）含有这些结构。（经允许，引自参考文献［24］Granovsky et al. 1995［© Oxford University Press］。）

在原肠胚形成和神经嵴移行过程中的细胞运动（见下文）与细胞外基质（ECM）组分的空间变化有关。在整个胚胎中，对这些分子的积累存在着不同的途径。ECM 含聚透明质酸和各种蛋白聚糖，这些分子在富含细胞活素的环境中（cytokine-rich milieu）可能对穿行（trafficking）和细胞分化事件起促进作用。蛋白聚糖在器官和肢芽形成等主要的形态发育区域有积累现象，它们可调节细胞系和器官的发育（见下文）。目前，可以用于原位检测糖胺聚糖结构变化的试剂非常少。然而，应用抗体检测发现对蛋白聚糖的硫酸化可有各种的时-空的调节方式，这种现象包括上皮-间充质细胞边界以及发育中的脑区均可见到。

## 神经发生[27~51]

某些单克隆抗体对仅见于神经细胞亚型或者中枢神经系统区域的聚糖具有特异性，表明糖缀合物可能调节控制神经系统的发生的某些过程。胚胎发育早期表达的 SSEA-Ⅰ表位（epitope）在胚胎发育晚期小脑和脊髓感觉神经元中的星形胶质细胞亚群的细胞中重新表达。利用各种凝集素也可以检测到神经系统发育过程中聚糖的变化。早期的研究报道了在脊椎动物视网膜-顶盖系统中具有与 $G_{M2}$神经节苷脂的结合有从腹部到背部的梯度。在研究中，发现了通过增加一个半乳糖残基使 $G_{M2}$改变为 $G_{M1}$的酶活性也存在从腹部到背部的梯度，与上述的观察结果一致。还有报道发现在体内神经细胞对固定化的神经节苷脂具有黏附现象，经过蛋白酶处理后可以消除这种结合，说明细胞表面存在有凝集素。事实上，一个较早期的研究报道了鸡视网膜细胞表面表达有 N-乙酰半乳糖胺转移酶，这是一个令人惊讶的发现，因为人们普遍认为在细胞外环境中糖基化过程所必需的糖供体缺乏，或者处于一个很低的浓度水平。虽然如此，大量的关于在细胞表面糖基转移酶和糖苷酶的观察提出了这样的假说，即在某种情形下酶可能起了凝集素作用。在视网膜-顶盖系统中，用 N-乙酰己糖胺酶或者唾液酸酶处理细胞也可以减少细胞在腹侧区的黏附，说明唾液酸化对此也可能起作用。有报道 ST6Gal-I RNA 在大鼠视网膜的神经节细胞中高表达，在各种光感受器细胞中具有不同的表达模式。

JONES 抗原可被对神经节苷脂 $G_{D3}$上 9-O-乙酰化唾液酸特异的单克隆抗体识别。实验观察到 O-乙酰化的 $G_{D3}$位于成神经细胞和轴突上，并且在神经胶质沿着轴突迁移的过程中富集。在视网膜系统，也发现 O-乙酰化 $G_{D3}$的表达有背-腹梯度。因此，与上述所描述的 GMZ 神经节苷脂的结合相反。这也不同于 $G_{D3}$本身的表达，在视网膜-顶盖系统中 $G_{D3}$的表达不显示出区域特异性。对 JONES 表位的反应性在最大细胞迁移时的神经区域内最高。有关发育中的视网膜的其他研究揭示了除去高度硫酸化的蛋白聚糖改变了视网膜的组织发生。这些改变提示聚糖结构可能调节神经发生过程（见下段）中细胞和轴突引导的可能性。

着床后发育期间的神经上皮的神经嵴迁移细胞以及其他神经外胚层来源的细胞上有硫酸化聚糖结构 HNK-1（根据单克隆抗体命名）。它由糖脂和糖蛋白携带，包括有 N-CAM、髓磷脂相关糖蛋白以及腱生蛋白（tenascin）。虽然有报道针对 HNK-1 的抗体可以抑制神经元-星形胶质细胞、星形胶质细胞-星形胶质细胞、神经元-少突神经胶质细胞和少突神经胶质细胞-少突神经胶质细胞之间的黏附，但是这种修饰的生物学作用尚不清楚。

人们推测在突触接点的发育过程中有聚糖的参与。神经肌肉接点对凝集素 DBA 具有选择性结合，表明存在有末端 N-乙酰葡糖胺。具不同糖特异性的其他凝集素分别特异性地与突触和突触外区域结合。有报道这种携带末端 N-乙酰葡糖胺的分子包括乙酰胆碱酯酶和可以被抗 SSEA-3 抗体识别的糖脂。在脊椎动物神经肌肉接点发现了肌细胞的钠通道，对唾液酸连接以及它们富含于不同离子通道表面已经研究了十多年。应用唾液酸酶处理表明唾液酸可能调节电流和电压依赖性的离子通道的功能。在心肌、神经肌肉接点和各种神经细胞中的离子通道可能均有赖于静电或者唾液酸连接的位置和数目的空间机制调节，已经有报道提出某些这种通道含有寡聚唾液酸或者多聚唾液酸。

在脊椎动物神经系统中或许研究最明确的聚糖结构的调节是 PSA。PSA 是一个 α2，8 连接唾液酸的链状多聚体，通常含有 60～100 个残基（见第 15 章）。N-CAM 携带了在脊椎动物胚胎组织中发现的大部分 PSA。PSA 非常局限而且显著地在发育中的中枢神经系统中高度表达（图 34.8），大部分 PSA 被发现存在于 N-CAM 的 N-聚糖上。此

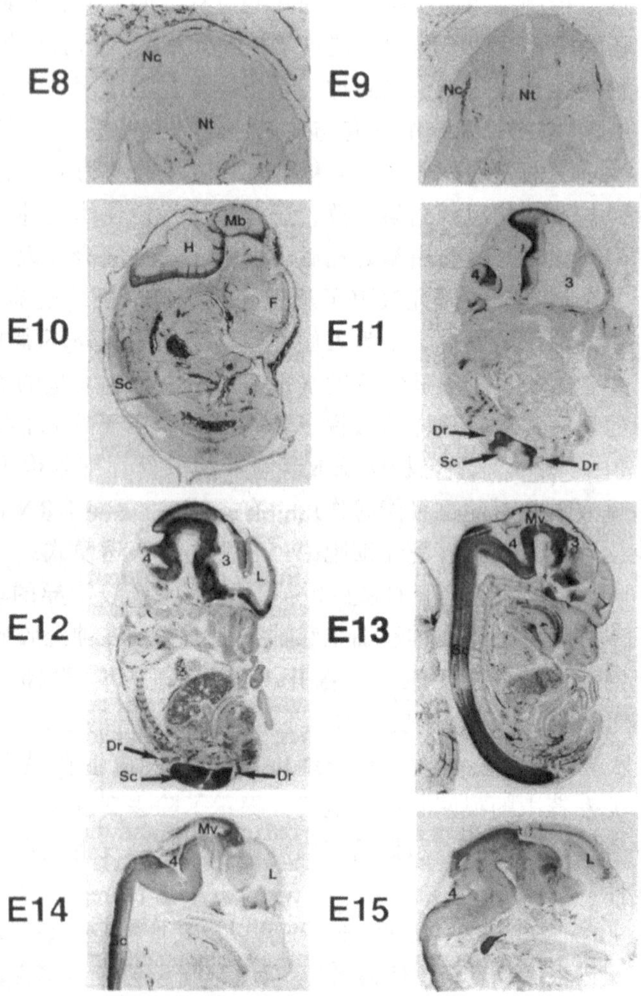


**图 34.8** 在小鼠着床后发育期间的神经组织中 PSA 富集
（经允许，改自［40］Ong et al. 1998［©Oxford University Press］。）

外，PSA 表达是高度可调节的，并特异地在胚胎型 N-CAM 中发现，并与同型 N-CAM 的粘连缺乏有关连。有迹象表明 PSA 的作用之一是抑制同型细胞-细胞之间的黏附，在应用对 α2，8 连接唾液酸专一性的噬菌体内切神经氨酸酶切除 PSA 后得到了 PSA 在轴突成束中的功能（见图 34.9）。有人提出 PSA 通过立体化学和负电荷的性质调节轴突成束。注射神经氨酸酶到鸡双眼去除 PSA 能够干扰神经上皮的发生，导致视网膜中视神经纤维层的异位。有趣的是，应用基因靶向的方法导致 N-CAM 突变后的小鼠嗅球体积变小，室区轴突累积和学习空间不足（图 34.9）。已经在体外应用 N-CAM cDNA 进行的共转染试验初步鉴定了参与 PSA 产物生成的唾液酸转移酶，至少有 5 种唾液酸转移酶生成 α2-8 唾液酸连接；然而，STX 唾液酸转移酶（ST8Siα-Ⅱ）和 PST（STSSiα-Ⅳ）最有可能参与 N-CAM 中 PSA 合成的，它们的表达和这种 α2，8 唾液酸修饰的存在有关。

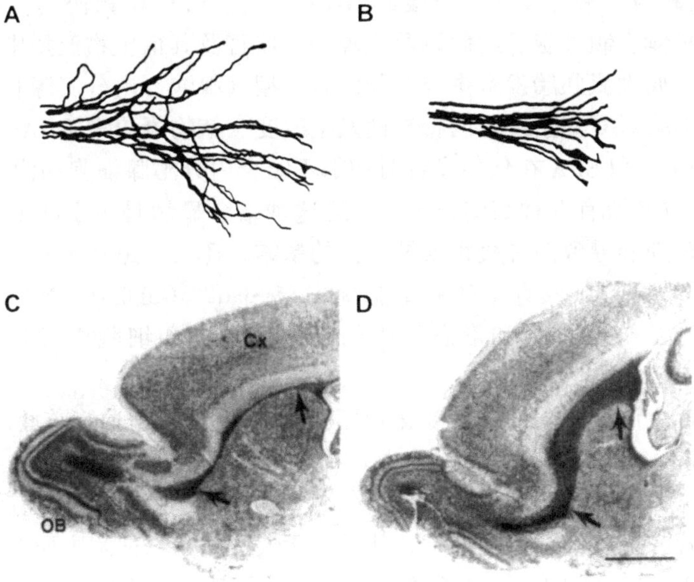


**图 34.9** PSA 缺乏对神经成束和嗅球神经分布的影响。假处理（A）和 α2，8 连接唾液酸特异性的神经氨酸酶处理的（B）的运动神经的神经元通过后肢的轨迹。与野生型小鼠（C）相比，N-CAM 突变小鼠（D）表现为向嗅球的细胞迁移以及在亚室区带（subventricular zone）中神经元前体的堆积。（经允许，引自［38］Landmesser et al. 1990 及［44］Rutishauser 1996。）

## 器官形成[52～65]

胚胎发生过程中的器官发生反映了组织形成模式和四肢发育中的主要形态学事件。由聚糖调节因子导致这些事件的改变可以为胚胎发生过程中聚糖作用的研究提供线索。在脊椎动物中，包括小鼠已经有许多这样的研究报道。总体来讲，在脊椎动物研究中，器官发生和胞外基质组分，包括聚透明质酸和糖胺聚糖的增加具有相关性。在小鼠胚胎的形态发生中的肢芽、心脏和体节发育中产生大量的聚透明质酸。这种细胞外基质组分是与聚透明质酸受体 CD44 结合的，后者以因变更的（alternate）RNA 剪接形成的大量的不同异构体形式存在。壳寡糖合成活性已经在原肠胚形成后期的斑马鱼胚胎中被发现。注射抗控制透明质酸产生的透明质酸合酶 DG42 的抗体将导致躯干和四肢发育的缺损。在小鼠角膜发育过程中，蛋白聚糖的生物合成有从硫酸类肝素到硫酸角质素的转变，后者成为角膜的主要组分，在角膜的透明中起作用。另外，在脊椎动物的器官发生和软骨形成过程中发现有蛋白聚糖的硫酸化模式改变。应用包括麦胚凝集素（WGA）在内的多种凝集素处理发育中的鸡胚尾芽，可以导致大范围的发育缺损。在器官发生中，多种中胚层和内胚层来源的 N-CAM 上也发现有 PSA 的表达。总地来说，PSA-N-CAM 表达在上皮形成过程的上皮细胞中大量表达，随后降低。

在 N-聚糖有限的亚型中发现的硫酸化 GalNAc 能控制糖蛋白激素的半寿期（见第 16 章）。这种独特的 N-聚糖产物可以调节内分泌功能，并需要糖蛋白激素特异性的 GalNAc 转移酶和与末端特异性-β 连接的 GalNAc 硫酸转移酶的协助。这两种酶和它们的产物在包括垂体、颌下腺、腮腺以及肾等一套器官及其衍生物亚型中协同地表达。在另外的例子中，如大鼠胚胎发育中与 3 种细胞类型（腺泡、内分泌腺和泡心细胞）的分化有关，胰腺细胞对凝集素反应的特异性发生改变。植物凝集素 RCA Ⅱ（*Ricinus communis agglutinin*）和 SBA 在任何发育时期都不结合内分泌腺细胞和泡心细胞，而 RCA I 和 WGA 则可以和所有 3 种细胞结合。缺乏这种结合显然是由于唾液酸的掩盖，应用神经氨酸酶处理则会导致两种凝集素结合位的暴露。还有报道在胰腺发育中细胞上发现有 PSA-N-CAM。在心脏发育中的肌细胞优先与 Siaα2-3Galβ1-4GlcNAc 特异性的抗-GD 抗体结合，在心脏神经分布和形态发生的不同的轴突和细胞中发现含有 PSA 的 N-CAM，并且这与室间隔发育有关。

在肺的发育中许多不同的聚糖变化包括蛋白聚糖生物合成的增加和 N-聚糖的出现已经被描述。Lewis 抗原在肺发育过程中具有戏剧性的变化，在肺芽的最初发育时相中表达的是 Lewis Y 抗原，但不存在 Lewis X 和唾液酸化的 Lewis X。随后，Lewis X 在将来形成细支气管的上皮细胞首先表达，其后，唾液酸化 Lewis X 主要在终末肺芽细胞中表达。但此时 Lewis X 和 Lewis Y 消失。Lewis X 和 Lewis Y 则随着上皮细胞的纤毛的出现而再现，在成年人的肺中，在肺呼吸细胞未发现任何一种可测定水平的 Lewis 抗原存在。

肾脏的发育也和多种聚糖结构的变化有关连。其中两个例子为，包括岩藻糖基化的聚乳糖胺和 PSA-N-CAM。针对岩藻糖基化聚乳糖胺的抗体可以和向内生长的输尿管分支的壶腹部细胞结合，但是不与输尿管芽的残余部分结合。这种聚糖的表达随输尿管芽与 S 型小管的融合而消失，但肾曲小管段一直持续表达。因此，有观点认为这种岩藻糖基化聚乳糖胺的表达和肾小管发生有关的细胞之间有关联。对于肾发育过程中 PSA 的表达也有报道。在早期，PSA-N-CAM 位于输尿管芽和后肾发生的间充质中，在输尿管芽其表达逐渐降低，到出生前消失，因此，结果也暗示在肾脏器官发育过程中 PSA-N-CAM 和细胞黏附的变化之间有关联。

## 血细胞生成和免疫系统[66～74]

按照它们最终分化成为不同的系统，造血细胞系中的细胞相对容易被确定（书后彩图 34.10）。在个体发生中，造血干细胞首先出现在 E7 小鼠胚胎的卵黄囊中，并且仅存在于有核红细胞及巨噬细胞中。它们随后在发育到约 E10 的哺乳动物胚胎肝细胞中开始表达。以肝细胞为基础的血细胞生成过程产生成熟的无核红细胞并且一直持续到出生，此时造血干细胞的大部分已移入骨髓，并且终生停留于此。

对在类红细胞系、髓样细胞系和淋巴样细胞系发育中的聚糖结构的变化已有描述。一个惊人的例子，是红细胞聚乳糖胺的生成，在小鼠和人类未成熟的和胎儿红细胞中，大部分聚乳糖胺属于不分支的 i 型，并且主要存在于糖脂上。这种类型聚乳糖胺也在与红细胞生成升高和周转有关的血液动力的应激反应时期中发现。在出生后的发育过程中，i 抗原明显降低，分支型 I 抗原聚乳糖胺水平变成了主要的种类。尽管小鼠带 3 可能不携带有这种结构，在成年人红细胞 I 抗原也被发现在带 3 阴离子转运蛋白中。类红细胞系的 N-聚糖的变化导致的糖脂的 I 抗原水平升高在红细胞生成异常中已被直接指出其病因学意义。比较而言，粒细胞系聚乳糖胺则正常地主要为 i 型，并且可能被岩藻糖基化产生 Lewis X 抗原。这种岩藻糖基化过程在分化的成髓细胞时期开始，并且随着不断成熟，Lewis X 抗原的水平明显地升高。ABH 血细胞抗原并未在任何人类分化时期的髓样细胞中发现。总体来讲，红色细胞富含血细胞抗原，淋巴样细胞富含 N-聚糖的 α2，6 唾液酸末端，髓样细胞则富含聚乳糖胺和唾液酸 Lewis X。唾液酸 Lewis X 寡糖在未成熟的以及发育中的鸟类 B 和 T 淋巴细胞中被检测到，然而在开始分化的细胞中消失，唾液酸 Lewis X 在成熟的嗜中性白细胞和单核细胞中重新出现，与其在白细胞黏附和穿行中的作用是一致的（见第 26 章）。

淋巴细胞及其附属细胞类型有特异的细胞表面聚糖表达。硫酸软骨素构成了未成熟 B 细胞蛋白聚糖中糖胺聚糖结构的主要部分，然而更成熟的 B 细胞则通常合成硫酸类肝素。B 细胞上软骨素蛋白聚糖硫酸化大多发生在 6 位上，而很少出现 4-O-位硫酸化。在胸腺发育过程中 T 淋巴细胞的糖基化常经历了一系列的特异性变化。这种发育需要胸腺上皮细胞和树状细胞之间的相互作用。这些辅助细胞提供一种刺激用以调节正负选择必要条件以获取成熟的外周 T 细胞，具备全套能力，即既有免疫胜任的和自身耐受性的。胸腺上皮能够大量合成聚透明质酸，与之比较，胸腺细胞的合成产量很低。这个比例与胸腺上皮和胸腺细胞产生的硫酸化糖胺聚糖的比例相似，硫酸化的糖胺聚糖之中，胸腺上皮和胸腺细胞主要合成的是硫酸软骨素而不是硫酸类肝素。T 淋巴细胞中的糖胺聚糖其硫酸软骨素主要在 4-O-硫酸化而不是 6-O-硫酸化，有关胸腺细胞 O-聚糖的变化也有报道。在 $CD4^+$，$CD8^+$ 皮质胸腺细胞中见有 2 型核心的 GlcNAcT 表达，但它在单个阳性髓质胸腺细胞并没有表达，表明在未成熟胸腺细胞中大多数 O-聚糖属于 1 亚型核心结构。

发育中胸腺细胞的唾液酸化是受发育限制的。需要 ST6Gal-Ⅰ功能的与植物凝集素 SNA 的结合，在成熟髓质胸腺细胞中发现，即使 RNA 原位研究也显示 ST6Gal-I 表达的广泛分布，包括在未成熟皮质胸腺细胞也有表达。在胸腺细胞中证据最明确的一种寡糖变化，包括其凝集素花生凝集素和 ST3Gal-Ⅰ唾液酸转移酶的变化。花生凝集素和 ST3Gal-I 唾液酸转移酶在未成熟的皮质胸腺细胞高度表达与花生凝集素结合的结构 Gal β1-3 GalNAc α-Ser/Thr，这与未成熟 T-细胞群体有高水平的 ST3Gal-I RNA 相关。在成熟髓质胸腺 T-细胞中花生凝集素显著地相对缺乏，并且在遗传性 ST3Gal-I 功能缺乏时这种变化消失（书后彩图 34.11；见第 23 章）。

## 细胞激活和信号转导[75～97]

对细胞激活和信号转导中聚糖功能的研究是一个比较活跃的领域。在个体发生中观察到产生聚糖的变化可预料是部分地通过调控糖基转移酶基因和糖苷酶基因的表达实现的。糖基转移酶和糖苷酶基因如何被转录调节的机制则知道的甚少。但是编码 GlcNAcT-Ⅱ和 GlcNAcT-Ⅴ的基因座是由拥有转录因子和生长应答元件的启动子序列所调节，某些这类因子和元件定义为原癌基因，或者被原癌基因所调节，这还包括 GlcNAcT-Ⅴ 启动子中，被细胞 src 癌蛋白所激活的 efs 反应元件。另外，也已被发现包括 HNF-1、DBP 和 LAP 等的肝转录因子可以反式激活 ST6Gal-Ⅰ启动子。对聚糖改变的调控可能是以细胞周期特异性的方式发生的，暴露给 SV40 大 T 抗原可以诱导重新进入细胞周期的有丝分裂后小肠绒毛相关的肠细胞通过岩藻糖基化产生 Lewis X 决定簇，人类甲状腺刺激激素的糖基化变异体具有独特的通过 cAMP 或者肌醇磷酸酯的水解途径选择性活化信号转导的生理性质。

有关参与细胞活化和信号转导的聚糖的研究绝大多数都集中在造血细胞，因为它们很容易获得，可以培养方式维持，并能在体外被活化。许多例子表明淋巴细胞免疫活化可以因细胞表面聚糖变化而被修饰，而且与内源性寡糖产物的变化有关。在应用唾液酸酶脱去唾液酸，随后通过交联或混合淋巴细胞反应使抗原受体活化的试验中，收集到了淋巴细胞信号转导被聚糖调节的证据，淋巴细胞明显地增殖，表明唾液酸可能正常的作用是减低免疫应答能力。有报道 T-细胞活化发生了包括 2 型核心 GlcNAcT 和 2 型核心 O-聚糖增加的 O-糖基化改变。另外，淋巴细胞增殖可以被外源性加入蛋白聚糖调节，淋巴细胞刺激本身可以诱导蛋白聚糖，尤其是 6-O-硫酸化软骨素显著地增加。在某些系统中，与 T 细胞识别的肿瘤细胞导致的 T 细胞活化看来需要唾液酸的存在，大概在 N-聚糖上存在的大多数是 α2，6 连接的唾液酸，因为 N-聚糖生物合成的抑制剂有相同效果。发现加入脱氧甘露糖野尻霉素（deoxymannojirimycin）或苦马豆碱（swainsonine）以抑制 B 细胞中 N-聚糖形成，对在多克隆激活剂美洲商陆促细胞分裂剂刺激的基础上可以降低免疫球蛋白的产生。

在应用 L-选凝素配体 GlyCAM-1 或者抗体介导的 L-选凝素交联的 L-选凝素处理白细胞等研究之后，唾液酸化的 Lewis X 寡糖在白细胞与 L-选凝素结合中的作用已被研究证明，并已观察到整合素激活可以增加细胞对纤黏连蛋白的结合能力。研究表明 L-选凝素与 GlyCAM-1 结合能促进整合素的激活，后者可增强白细胞向外周淋巴结的聚集。虽然这种整合素依赖性的激活机制的本质还没有完全了解，但是已经知道包括细胞内蛋白质磷酸化级联反应。

并不是所有对脊椎动物细胞分化的影响都与在糖脂中见到的 N-聚糖或者 O-聚糖的

变化有关。例如，向前单核细胞 HL-60 细胞系的培养基中加入神经节苷脂 $G_{M3}$ 可以诱导其分化成单核细胞，而来自嗜中性白细胞的神经节苷脂混合物可以诱导粒细胞分化。在另一个体外分化系统中，神经节苷酯 $G_{Qib}$ 已经表现出可以诱导某些人成神经细胞瘤的轴突外延生长。其他的糖脂能够调节 PDEF 和 EGF 的受体的活性，虽然这些作用的机制还不清楚。凋亡是脊椎动物免疫系统发育和维持中的重要事件，神经节苷脂可能参与了凋亡，因为 $G_{D3}$ 合酶（synthase）基因的过表达通过介导造血细胞中 CD95（Fas）的激活而诱导凋亡。

已经提出聚糖调节控制细胞表面受体信号转导和激活的机制，在一种情况下与蛋白聚糖中的糖胺聚糖链有关。糖胺聚糖硫酸化缺陷的无脊椎动物模型发生包括生长因子受体信号转导系统机能障碍的严重的发育缺陷（见第 11 章）。很久以来就知道多种生长因子在它们生物合成和分泌后即被糖胺聚糖隔离，例如，硫酸肝素蛋白聚糖正常地与包括 FGF 在内的各种生长因子结合，已经知道 FGF 和糖胺聚糖的结合是有效的 FGF 受体二聚体化、活化和随后的细胞增殖所必需的（图 34.12；见第 29 章）。已知 FGF 受体信号是脊椎动物胚胎发育所必需的，在个体发生中，已发现蛋白聚糖与 FGF-1 的结合特异性转换为 FGF-2 结合特异性与对 FGF-1 RNA 的诱导同时发生。虽然大多数受体酪氨酸激酶需要二聚体化以激活它们细胞质的酪氨酸激酶催化域，但受体二聚体化发生的机制

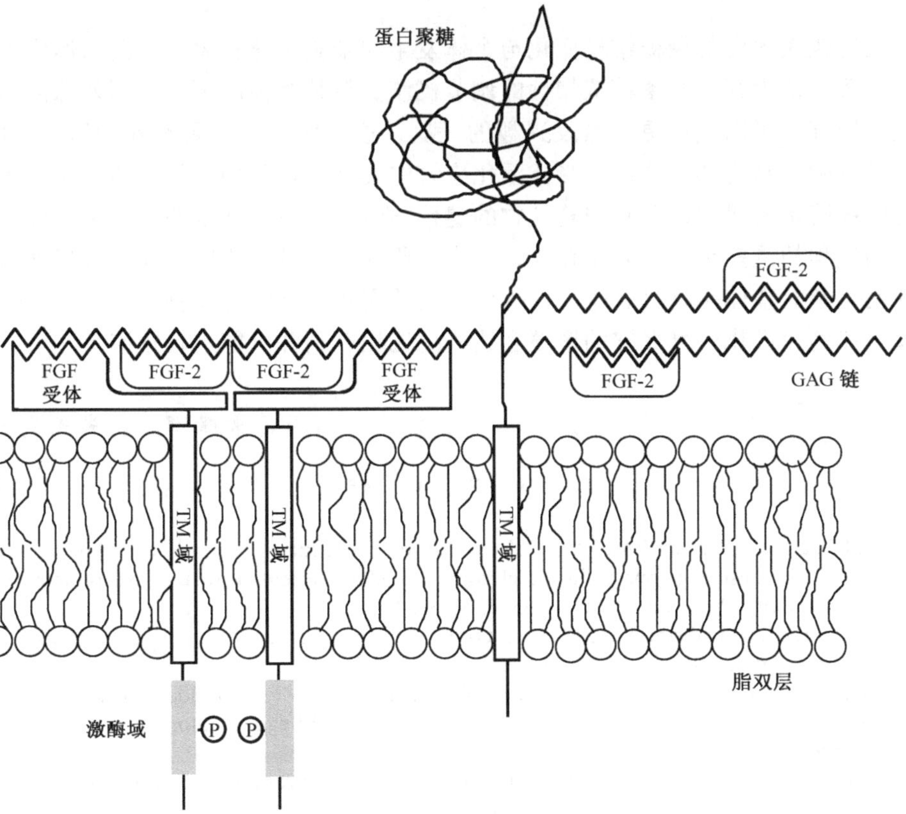


**图 34.12** 依赖 FGF 受体活化的糖胺聚糖。蛋白聚糖上的糖胺聚糖链与 FGF 和 FGF 受体结合，这对有效的受体激活剂的自我磷酸化（P）是必需的。

仍然没有解决，可能涉及聚糖结构。

凝集素-配体相互作用控制的信号转导事件可能在不同的细胞之间或者同一细胞的不同分子之间发生。CD22 凝集素仅在 B 淋巴细胞中发现，并且特异性地与 N-聚糖的 Siaα2-6Galβ1-4GlcNAc 三糖末端结合。小鼠淋巴细胞，包括 B 淋巴细胞本身，这种末端三糖特别丰富。CD22 结合活性不仅表现在相同细胞的表面，而且在 CD22 细胞自身，因为它也携带 Siaα2-6Galβ1-4GlcNAc-R。CD22 的功能涉及调控对 B 淋巴细胞的免疫激活，因此已经提出对其自身的凝集素活性的修饰作为一种作用机理，Siaα2-6Galβ1-4GlcNAc-R 合成需要 ST6Gal-Ⅰ唾液酸转移酶，并且此酶以组织特异性的方式在淋巴细胞中高表达。ST6Gal-Ⅰ-缺乏小鼠已经产生并报道其欠缺（lack）Siaα2-6Galβ1-4GlcNAc-R（见第 33 章）。尽管别的方式似乎不受影响，它们表现为循环的 IgM 水平减少和 B 淋巴细胞功能损害的免疫缺乏表型。从 ST6Gal-Ⅰ缺乏小鼠得到的 B 淋巴细胞不能进行在抗原受体交联后的酪氨酸磷酸化。在 B 淋巴细胞，抗原受体诱导的酪氨酸磷酸化是有决定性募集和活化各种激酶和磷酸化酶，随后它们活化并向下游传达信号以促进 B 细胞的免疫功能。

## 发展方向

已发现较大程度的聚糖结构变化与个体发生和细胞活化相关。对此已形成了多种假说，这些假说认为存在有聚糖依赖性的调节机制。在某些情况下，应用外源性糖基化抑制剂或者糖苷酶可以提供更多激发兴趣的证据，这确实表明了聚糖在细胞-细胞间相互作用、发育中细胞迁移模式以及受体活化应答中具有调控作用。从对糖基转移酶和糖苷酶缺乏的细胞系的研究以及对完整动物的遗传学研究中清楚地说明聚糖是各种发育的和出生后的过程的重要组分。未来在此领域中的研究，将进一步区分体外观察到的聚糖激发性的变化和对整体生物具有生理性重要意义的变化。这将对在物种之间糖基化变化差异以及对那些在进化中最保守的聚糖表达概况比较有利并可能进行预测。

（葛常辉 译　　朱正美 校）

## 参考文献

1. Bleil J.D. and Wassarman P.M. 1988. Galactose at the nonreducing terminus of O-linked oligosaccharides of mouse egg zona pellucida glycoprotein ZP3 is essential for the glycoprotein's sperm receptor activity. *Proc. Natl. Acad. Sci.* **85:** 6778–6782.
2. Florman H.M. and Wassarman P.M. 1985. O-linked oligosaccharides of mouse egg ZP3 account for its sperm receptor activity. *Cell* **41:** 313–324.
3. Kitazyume-Kawaguchi S., Inoue S., Inoue Y., and Lennarz W.J. 1997. Identification of sulfated oligosialic acid units in the O-linked glycan of the sea urchin egg receptor for sperm. *Proc. Natl. Acad. Sci.* **94:** 3650–3655.
4. Shaper J.H. 1998. Murine sperm-zona binding: An α3-fucosyl residue is required for the assembly of a high affinity sperm-binding ligand. *Glycobiology* **8:** A51.
5. Thall A.D., Maly P., and Lowe J.B. 1995. Oocyte Galα 1,3Gal epitopes implicated in sperm adhesion to the zona pellucida glycoprotein ZP3 are not required for fertilization in the mouse. *J. Biol. Chem.* **270:** 21437–21440.

6. Tian J., Gong H., Thomsen G.H., and Lennarz W.J. 1997. Gamete interactions in *Xenopus laevis:* Identification of sperm binding glycoproteins in the egg vitelline envelope. *J. Cell. Biol.* **136:** 1099–1108.
7. Vacquier V.D. 1998. Evolution of gamete recognition proteins. *Science* **281:** 1995–1998.
8. Vacquier V.D. and Moy G.W. 1997. The fucose sulfate polymer of egg jelly binds to perm REJ and is the inducer of the sea urchin sperm acrosome reaction. *Dev. Biol.* **192:** 125–135.
9. Youakim A., Hathway H.J., Miller D.J., Gong X., and Shur B.D. 1994. Overexpressing sperm surface β 1,4-galactosyltransferase in transgenic mice affects multiple aspects of sperm-egg interactions. *J. Cell Biol.* **126:** 1573–1583.
10. Armant D.R., Kaplan H.A., and Lennarz W.J. 1986. N-linked glycoprotein biosynthesis in the developing mouse embryo. *Dev. Biol.* **113:** 228–237.
11. Atienza-Samols S.B., Pine P.R., and Sherman M.I. 1980. Effects of tunicamycin upon glycoprotein synthesis and development of early mouse embryos. *Dev. Biol.* **79:** 19–32.
12. Bourrillon R. and Aubery M. 1989. Cell surface glycoproteins in embryonic development. *Int. Rev. Cytol.* **116:** 257–338.
13. Feizi T. 1985. Demonstration by monoclonal antibodies that carbohydrate structures of glycoproteins and glycolipids are onco-developmental antigens. *Nature* **314:** 53–57.
14. Fenderson B.A., Eddy E.M., and Hakomori S.-I. 1990. Glycoconjugate expression during embryogenesis and its biological significance. *BioEssays* **12:** 173–179.
15. Kannagi R., Cochran N.A., Ishigami F., Hakomori S., Andrews P.W., Knowles B.B., and Solter D. 1983. Stage-specific embryonic antigens (SSEA-3 and -4) are epitopes of a unique globo-series ganglioside isolated from human teratocarcinoma cells. *EMBO J.* **2:** 2355–2361.
16. Muramatsu T. 1988. Developmentally regulated expression of cell surface carbohydrates during mouse embryogenesis. *J. Cell. Biochem.* **36:** 1–14.
17. Ozawa M., Muramatsu T., and Solter D. 1985. SSEA-1, a stage-specific embryonic antigen of the mouse, is carried by the glycoprotein-bound large carbohydrate in embryonal carcinoma cells. *Cell. Differ.* **16:** 169–173.
18. Pennington J.E., Rastan S., Roelcke D., and Feizi T. 1985. Saccharide structures of the mouse embryo during the first eight days of development. *J. Embryol. Exp. Morphol.* **90:** 335–361.
19. Rastan S., Thorpe S.J., Scudder P., Brown S., Gooi H.C., and Feizi T. 1985. Cell interactions in preimplantation embryos: Evidence for involvement of saccharides of the poly-N-acetyllactosamine series. *J. Embryol. Exp. Morphol.* **87:** 115–128.
20. Sato M. and Muramatsu T. 1986. Oncodevelopmental carbohydrate antigens: Distribution of ECMA 2 and 3 antigens in embryonic and adult tissues of the mouse and in teratocarcinomas. *J. Reprod. Immunol.* **9:** 123–135.
21. Solter D. and Knowles B.B. 1978. Monoclonal antibody defining a stage-specific mouse embryonic antigen (SSEA-1). *Proc. Natl. Acad. Sci.* **75:** 5565–5569.
22. Thorpe S.J., Bellairs R., and Feizi T. 1988. Developmental patterning of carbohydrate antigens during early embryogenesis of the chick: Expression of antigens of the poly-N-acetyllactosamine series. *Development* **102:** 193–210.
23. Campbell R.M., Metzler M., Granovsky M., Dennis J.W., and Marth J.D. 1995. Complex asparagine-linked oligosaccharides in *Mgat1*-null embryos. *Glycobiology* **5:** 535–543.
24. Granovsky M., Fode C., Warren C.E., Campbell R.M., Marth J.D., Pierce M., Friegen N., and Dennis J.W. 1995. GlcNAcTransferase V and core 2 GlcNAcTransferase expression in the developing mouse embryo. *Glycobiology* **5:** 797–806.
25. Mark M.P., Baker J.R., Kimata K., and Ruch J.V. 1990 Regulated changes in chondroitin sulfation during embryogenesis: An immunohistochemical approach. *Int. J. Dev. Biol.* **34:** 191–204.
26. Muramatsu T., Condamine H., Gachelin G., and Jacob F. 1980 Changes in fucosyl-glycopeptides during early post-implantation embryogenesis in the mouse. *J. Embryol. Exp. Morphol.* **57:** 25–36.
27. Bennett E., Urcan M.S., Tinkle S.S., Koszowski A.G., and Levinson S.R. 1997. Contribution of sialic acid to the voltage dependence of sodium channel gating. A possible electrostatic mechanism. *J. Gen. Physiol.* **109:** 327–343.
28. Blum A.S. and Barnstable C.J. 1987. O-acetylation of a cell-surface carbohydrate creates discrete molecular patterns during neural development. *Proc. Natl. Acad. Sci.* **84:** 8716–8720.
29. Britis P.A., Canning D.R., and Silver J. 1992. Chondroitin sulfate as a regulator of neuronal pattern-

ing in the retina. *Science* **255:** 733–736.

30. Castillo C., Diaz M.E., Balbi D., Thornhill W.B., and Recio-Pinto E. 1997. Changes in sodium channel function during postnatal brain development reflect increases in the level of channel sialidation. *Brain Res. Dev. Brain Res.* **104:** 119–130.
31. Cremer H., Lange R., Christoph A., Plomann M., Vopper G., Roes J., Brown R., Baldwin S., Kraemer P., Scheff S., Barthels D., Rajewsky K., and Wille W. 1994. Inactivation of the N-CAM gene in mice results in size reduction of the olfactory bulb and deficits in spatial learning. *Nature* **367:** 455–459.
32. Dasgupta S., Hogan E.L., and Spicer S.S. 1996. Stage-specific expression of fuco-neolacto- (Lewis X) and ganglio-series neutral glycosphingolipids during brain development: Characterization of Lewis X and related glycosphingolipids in bovine, human and rat brain. *Glycoconj. J.* **13:** 367–375.
33. Doherty P., Cohen J., and Walsh F.S. 1990. Neurite outgrowth in response to transfected N-CAM changes during development and is modulated by polysialic acid. *Neuron* **5:** 209–219.
34. Fermini B. and Nathan R.D. 1991. Removal of sialic acid alters both T- and L-type calcium currents in cardiac myocytes. *Am. J. Physiol.* **260:** H735–H743.
35. Jessel T.M., Hynes M.A., and Dodd J. 1990. Carbohydrates and carbohydrate-binding proteins in the nervous system. *Annu. Rev. Neurosci.* **13:** 227–255.
36. Key B. and Akeson R.A. 1991. Delineation of olfactory pathways in the frog nervous system by unique glycoconjugates and N-CAM glycoforms. *Neuron* **6:** 381–396.
37. Kiss J.Z. and Rougon G. 1997. Cell biology of polysialic acid. *Curr. Opin. Neurobiol.* **7:** 640–646.
38. Landmesser L., Dahm L., Tang J., and Rutishauser U. 1990. Polysialic acid as a regulator of intramuscular nerve branching during embryonic development. *Neuron* **4:** 655–667.
39. McDonagh J.C. and Nathan R.D. 1990 Sialic acid and the surface charge of delayed rectifier potassium channels. *J. Mol. Cell. Cardiol.* **22:** 1305–1316.
40. Ong E., Nakayama J., Angata K., Reyes L., Katsuyama T., Arai Y., and Fukuda M. 1998. Developmental regulation of polysialic acid synthesis in mouse directed by two polysialyltransferases, PST and STX. *Glycobiology* **8:** 415–424.
41. Ono K., Tomasiewicz H., Magnuson T., and Rutishauser U. 1994. N-CAM mutation inhibits tangential neuronal migration and is phenocopied by enzymatic removal of polysialic acid. *Neuron* **13:** 595–609.
42. Phillips G.R., Krushel L.A., and Crossin K.L. 1997. Developmental expression of two rat sialyltransferases that modify the neural cell adhesion molecule, N-CAM. *Brain Res. Dev. Brain Res.* **102:** 143–155.
43. Recio-Pinto E., Thornhill W.B., Duch D.S., Levinson S.R., and Urban B.W. 1990. Neuraminidase treatment modifies the function of electroplax sodium channels in planar lipid bilayers. *Neuron* **5:** 675–684.
44. Rutishauser U. 1996. Polysialic acid and the regulation of cell interactions. *Curr. Opin. Cell Biol.* **8:** 679–684.
45. Schlosshauer B., Blum A.S., Mendez-Otero R., Barnstable C.J., and Constantine-Paton M. 1988. Developmental regulation of ganglioside antigens recognized by the JONES antibody. *J. Neurosci.* **8:** 580–592.
46. Sieber-Blum M. 1989. SSEA-1 is a specific marker for the spinal sensory neuron lineage in the quail embryo and in neural crest cell cultures. *Dev. Biol.* **134:** 362–375.
47. Tole S. and Patterson P.H. 1995. Regionalization of the developing forebrain: A comparison of FORSE-1, Dlx-2, and BF-1. *J. Neurosci.* **15:** 970–980.
48. Walsh F.S., Parekh R.B., Moore S.E., Dickson G., Dickson G., Barton C.H., Gower H.J., Dwek R.A., and Rademacher T.W. 1989. Tissue specific O-linked glycosylation of the neural cell adhesion molecule (N-CAM). *Development* **105:** 803–811.
49. Wilson D.B. and Wyatt D.P. 1995. Patterns of lectin binding during mammalian neurogenesis. *J. Anat.* **186:** 209–216.
50. Yee H.F. Jr., Weiss N.J., and Langer G.A. 1989. Neuraminidase selectively enhances transient Ca2+ current in cardiac myocytes. *Am. J. Physiol.* **256:** C1267–C1272.
51. Zuber C., Lackie P.M., Catterall W.A., and Roth J. 1992. Polysialic acid is associated with sodium channels and the neural cell adhesion molecule N-CAM in adult rat brain. *J. Biol. Chem.* **267:** 9965–9971.
52. Bakkers J., Semino C.E., Stroband H., Kijne J.W., Robbins P.W., and Spaink H.P. 1997. An important developmental role for oligosaccharides during early embryogenesis of cyprinid fish. *Proc. Natl. Acad. Sci.* **22:** 7982–7986.

53. Candelier J.J., Mollicone R., Mennesson B., Bergemer A.M., Henry S., Coullin P., and Oriol R. 1993. α-3-fucosyltransferases and their glycoconjugate antigen products in the developing human kidney. *Lab. Invest.* **69:** 449–459.
54. Ertl C. and Wrobel K.H. 1992. Distribution of sugar residues in the bovine testis during postnatal ontogenesis demonstrated with lectin-horseradish peroxidase conjugates. *Histochemistry* **97:** 161–171.
55. Fleming A. 1990. N-linked oligosaccharides during human renal organogenesis. *J. Anat.* **170:** 151–160.
56. Fleming S. and Brown G. 1986. Distribution of fucosylated N-acetyl lactosamine carbohydrate determinants during embryogenesis of the kidney in man. *Histochem. J.* **18:** 61–66
57. Fukushi Y., Orikasa S., Shepard T., and Hakomori S. 1986. Changes of Lex and dimeric Lex haptens and their sialylated antigens during development of human kidney and kidney tumors. *J. Urol.* **135:** 1048–1056.
58. Hart G.W. 1976. Biosynthesis of glycosaminoglycans during corneal development. *J. Biol. Chem.* **251:** 6513–6521.
59. Hooper L., Beranek M.C., Manzella S.M., and Baenziger J.U. 1995. Differential expression of GalNAc-4-sulfotransferase and GalNAc-transferase results in distinct glycoforms of carbonic anhydrase VI in parotid and submaxillary glands. *J. Biol. Chem.* **270:** 5985–5993.
60. Kitagawa H. and Paulson J.C. 1994. Differential expression of five sialyltransferase genes in human tissues. *J. Biol. Chem.* **269:** 17872–17878.
61. Lackie P.M., Zuber C., and Roth J. 1990. Polysialic acid and N-CAM localisation in embryonic rat kidney: Mesenchymal and epithelial elements show different patterns of expression. *Development* **110:** 933–947.
62. Miyake M., Zenita K., Tanaka O., Okada Y., and Kannagi R. 1988. Stage-specific expression of SSEA-1-related antigens in the developing lung of human embryos and its relation to the distribution of these antigens in lung cancers. *Cancer Res.* **48:** 7150–7158.
63. Serafini-Cessi F. 1977. Sialyltransferase activity in regenerating rat liver. *Biochem. J.* **166:** 381–386.
64. Vertino-Bell A., Ren J., Black J.D., and Lau J.T. 1994. Developmental regulation of β-galactoside α 2,6-sialyltransferase in small intestine epithelium. *Dev. Biol.* **165:** 126–136.
65. Wang X., O'Hanlon T.P., Young R.F., and Lau J.T. 1990. Rat beta-galactoside α 2,6-sialyltransferase genomic organization: Alternate promoters direct the synthesis of liver and kidney transcripts. *Glycobiology* **1:** 25–31.
66. Baum L.G., Derbin K., Perillo N.L., Wu T., Pang M., and Uittenbogaart C. 1996. Characterization of terminal sialic acid linkages on human thymocytes. Correlation between lectin-binding phenotype and sialyltransferase expression. *J. Biol. Chem.* **271:** 10793–10799.
67. Britz J.S. and Hart G.W. 1983. Biosynthesis of glycosaminoglycans by epithelial and lymphocytic components of murine thymus. *J. Immunol.* **130:** 1848–1855.
68. Engelmann S., Ebeling O., and Schwartz-Albiez R. 1995. Modulated glycosylation of proteoglycans during differentiation of human B lymphocytes. *Biochim. Biophys. Acta* **1267:** 6–14.
69. Fukuda M., ed. 1992. *Cell surface carbohydrates and cell development*, pp. 127–159. CRC Press, Boca Raton.
70. Fukuda M. and Fukuda M.N. 1981. Changes in cell surface glycoproteins and carbohydrate structures during the development and differentiation of human erythroid cells. *J. Supramol. Struct. Cell. Biochem.* **17:** 313–324.
71. Gillespie W., Paulson J.C., and Kelm S. 1993. Regulation of α 2,3-sialyltransferase expression correlates with conversion of peanut agglutinin (PNA)+ to PNA– phenotype in developing thymocytes. *J. Biol. Chem.* **268:** 3801–3804.
72. Palojoki E., Jalkanen S., and Toivanen P. 1995. Sialyl Lewis X carbohydrate is expressed differentially during avian lymphoid cell development. *Eur. J. Immunol.* **25:** 2544–2550.
73. Rider C.C. and Hart G.W. 1987. Differential sulphation of chondroitins in murine T and B lymphocytes and lymphoma cells. *Mol. Immunol.* **24:** 963–967.
74. Tulp A., Barnhoorn M., Bause E., and Ploegh H. 1986. Inhibition of N-linked oligosaccharide trimming mannosidases blocks human B cell development. *EMBO J.* **5:** 1783–1790.
75. Bessler H., Singer R., Raanani P., Levinsky H., Lahav M., and Cohen A.M. 1995. Interferon α-2b modulates β-galactoside α-2,6 sialyltransferase gene expression in rat testes. *Biol. Reprod.* **53:** 1474–1477.

76. Bry L., Falk P.G., and Gordon J.L. 1996. Genetic engineering of carbohydrate biosynthetic pathways in transgenic mice demonstrates cell cycle-associated regulation of glycoconjugate production in small intestinal epithelial cells. *Proc. Natl. Acad. Sci.* **93:** 1161–1166.
77. Coughlan C.M. and Breen K.C. 1998 Glucocorticoid induction of the α 2,6 sialyltransferase enzyme in a mouse neural cell line. *J. Neurosci. Res.* **51:** 619–626.
78. Coughlan C.M., Seckl J.R., Fox D.J., Unsworth R., and Breen K.C. 1996. Tissue-specific regulation of sialyltransferase activities in the rat by corticosteroids in vivo. *Glycobiology* **6:** 15–22.
79. De Maria R., Lenti L., Malisan F., d'Agostino F., Tomassini B., Zeuner A., Rippo M.R., and Testi R. 1997. Requirement for GD3 ganglioside in CD95- and ceramide-induced apoptosis. *Science* **277:** 1652–1655.
80. Hanasaki K., Varki A., Stamenkovic I., and Bevilacqua M.P. 1994. Cytokine-induced β-galactoside α-2,6-sialyltransferase in human endothelial cells mediates α 2,6-sialylation of adhesion molecules and CD22 ligands. *J. Biol. Chem.* **269:** 10637–10643.
81. Hart G.W. 1982. Biosynthesis of glycosaminoglycans by thymic lymphocytes. Effects of mitogenic activation. *Biochemistry* **21:** 6088–6096.
82. Hennet T., Chui D., Paulson J.C., and Marth J.D. 1998. Immune regulation by the ST6Gal sialyltransferase. *Proc. Natl. Acad. Sci.* **95:** 4504–4509.
83. Kearse K.P. and Hart G.W. 1991. Lymphocyte activation induces rapid changes in nuclear and cytoplasmic glycoproteins. *Proc. Natl. Acad. Sci.* **88:** 1701–1705.
84. Nurcombe V., Ford M.D., Wildschut J.A., and Bartlett P.F. 1993. Developmental regulation of neural response to FGF-1 and FGF-2 by heparan sulfate proteoglycan. *Science* **260:** 103–106.
85. Piller F., Piller V., Fox R.I., and Fukuda M. 1988. Human T-lymphocyte activation is associated with changes in O-glycan biosynthesis. *J. Biol. Chem.* **263:** 15146–15150.
86. Powell L.D., Bause E., Legler G., Molyneux R.J., and Hart G.W. 1985. Influence of asparagine-linked oligosaccahrides on tumor cell recognition in the mixed lymphocyte reaction. *J. Immunol.* **135:** 714–724.
87. Powell L.D., Whiteheart S.W., and Hart G.W. 1987. Cell surface sialic acid influences tumor cell recognition in the mixed lymphocyte reaction. *J. Immunol.* **139:** 262–270.
88. Schaaf L., Leiprecht A., and Saji M. 1997. Glycosylation variants of human TSH selectively activate signal transduction pathways. *Mol. Cell. Endocrinol.* **132:** 185–194.
89. Sela B.A., Wang J.L., and Edelman G.M. 1976. Lymphocyte activation by monovalent fragments of antibodies reactive with cell surface carbohydrates. *J. Exp. Med.* **143:** 665–671.
90. Spivak-Kroizman T., Lemmon M.A., Dikic I., Ladbury J.E., Pinchasi D., Huang J., Jaye M., Crumley G., Schlessinger J., and Lax I. 1994. Heparin-induced oligomerization of FGF molecules is responsible for FGF receptor dimerization, activation, and cell proliferation. *Cell* **79:** 1015–1024.
91. Svensson E.C., Conley P.B., and Paulson J.C. 1992. Regulated expression of α 2,6-sialyltransferase by the liver-enriched transcription factors HNF-1, DBP, and LAP. *J. Biol. Chem.* **267:** 3466–3472.
92. Tsuboi S. and Fukuda M. 1997. Branched O-linked oligosaccharides ectopically expressed in transgenic mice reduce primary T-cell immune responses. *EMBO J.* **16:** 6364–6373.
93. Wang X.C., O'Hanlon T.P., and Lau J.T. 1989. Regulation of β-galactoside α 2,6-sialyltransferase gene expression by dexamethasone. *J. Biol. Chem.* **264:** 1854–1859.
94. Wolf M.F., Schmitt H.R., and Schumacher K. 1989. Expression of Thomsen-Friedenreich (TF) antigens on lymphocytes. II. Loss of cryptic TF antigens during mitogenic activation of human T and B lymphocytes. *Cell. Immunol.* **121:** 366–371.
95. Hogan B., Beddington R., Costantini F., and Lacy E. 1994. *Manipulating the mouse embryo: A laboratory manual,* 2nd editon. Cold Spring Harbor Laboratory Press, Cold Spring Harbor, New York.
96. Miltenyi Biotec. 1998. *MACS&more*, vol. 2, no. 2, pp. 3–4. Miltenyi Biotec, Bergisch Gladbach, Germany
97. Fenderson B.A., Zehavi U., and Hakomori S. 1984. A multivalent lacto-*N*-fucopentaose III-lysyllysine conjugate decompacts preimplantation mouse embryos, while the free oligosaccharide is ineffective. *J. Exp. Med.* **160:** 1591–1596.


本章初稿由 J. D. Marth（圣迭戈加利福尼亚大学，HMMI）编写。

# 第 35 章　癌的糖基化改变



糖基化变更是癌细胞的普遍特征,并且有某些型的聚糖结构被公认为肿瘤发展的标志物。本章讨论在癌细胞中常见的特异的酶学途径变更及其改变的糖基化与临床预后的相关性,这些变化的遗传学基础,以及可以表明在恶变中这些途径的重要性的体外检测及体内研究。

## 历史背景[1～5]

肿瘤细胞如同在胚胎发生中的正常细胞一样,也经历被活化和快速生长,黏附于其他各种细胞型或细胞基质并侵入组织的过程。正如第 34 章所述,脊椎动物的胚胎发育和细胞激活中典型地伴有细胞糖基化型的改变。这样,糖基化改变也是细胞恶变和肿瘤发展的普遍特征就不足为奇了。最初观察到的是植物凝集素(如 ConA 及 WGA)对动物肿瘤细胞结合的增强。其后,又发现在体外的转化细胞中普遍伴有代谢标记的糖肽普遍增大。在 70 年代晚期随着单克隆抗体技术的发展,研究者们在寻求抗肿瘤的"魔弹"中,发现了许多"肿瘤-特异性"抗体是针对糖抗原表位(carbohydrate epitope)的,特别是针对那些由糖鞘脂携带的糖抗原表位。在大多数情况下,进一步研究表明这些糖抗原表位是"癌-胚抗原"(onco-fetal antigen),即它们也在胚胎组织、肿瘤细胞及少数某些型的正常成人细胞表达。某些糖基化改变的型与带瘤动物及病人的实际预后有相关意义,这使得人们对这些变化更加重视。在某些情况下,体外细胞检测进一步支持已提出的这些变化的确对一些癌细胞的行为至关重要的概念。然而，在大多数情况下，由这些糖基化变化引起肿瘤细胞行为改变的机理还缺乏可靠的证据。本章提要地讨论迄今已发现肿瘤细胞中的多种糖基化变化与肿瘤可能的相关性，尤其侧重讨论有关通过脊椎动物内源性凝集素对聚糖的识别。

## 恶性细胞中可能发生糖基化变更的方式[4~7]

在恶变细胞中可能发生各种形式(form)的糖基化变化。已发现常见的糖链结构的变化有：某些结构的表达丧失或表达过度，不完全的或截短的结构的持续表达，前体的堆积，和较少见的是出现新的结构。在正常生物合成途径中改变糖基化过程早期的分支点可明显影响一种类型结构的相对量，从而使得另一种结构成为主要成分。然而，这并不是由简单的随机的肿瘤细胞中的生物学紊乱所造成。现已有更多的数据说明，只有生物合成途径的有限部分常和细胞的恶性转化及肿瘤的发展有关。以下对最常见的糖基化改变，包括与其有关的生物合成的机理以及可能产生的各种生物学后果做进一步讨论。

## N-聚糖分支的变更[5~14]

目前，对经典报道的肿瘤细胞糖肽增大已经可用N-聚糖中β1-6分支的增加给予令人信服地解释(图35.1)，这是GlcNAc转移酶Ⅴ(GlcNAcT-Ⅴ，见第五章)表达增强的结果。这种酶表达的变化似乎主要发生在转录水平，并可能由包括病毒及化学致癌物各种机制诱导。新近的研究将这种应答与GlcNAcT-Ⅴ的5′-启动子区域的特异性质相联系。GlcNAcT-Ⅴ表达增强的细胞株表现为转移频率增多，并且自发的回复突变体(revertant)由于酶活性缺失也同时失去其转移的表型。某些人类肿瘤临床样品表现出与植物凝集素L-PHA(已知其具有高度识别GlcNAcT-Ⅴ产物的特性)的染色增强。最有说服力的证据是，GlcNAcT-Ⅴ的cDNA转染培养细胞时可引起伴有在软琼脂胶中集落的形成、细胞扩展增加、通过对膜的侵入性增强等明显的肿瘤表型，并使得这些原来是非肿瘤性的细胞产生肿瘤的行为。按通常的标准来判断，这是真正肿瘤基因的应答。相反，如N-糖基化的加工受苦马豆碱(swainsonine)抑制(此抑制剂阻断α-甘露糖苷酶Ⅱ，阻止完全的N-糖基化过程，从而取消β1-6分支)可使细胞表现出肿瘤行为的逆转。

总之，所有上述资料都表明GlcNAcT-Ⅴ在癌生物学中起很重要的作用。由此所致的生物化学和结构变化是如何引起所见到的生物学后果的准确机理有待进一步阐明。多种可能性(见图35.1)中包括在此类分支中多见的聚乳糖胺链(可能被半乳凝素识别)的增加，并由此增多了链外侧的多岩藻糖基化及唾液酸化Lewis X(可能被选凝素识别)的生成，以及分支结构本身对膜蛋白结构的一般生物物理效应。最后的一种情况提示了β1-6分支具有与其他N-聚糖外部天线很为不同的构象，它有以"破碎羽翼"(broken wing)构象存在的趋势，可能直接使寡糖链与相邻的多肽表面相连。以这种方式，β1-6支链可影响糖基化的细胞表面黏附分子(如整合蛋白)的物理性质及功能特性。

已有报道在某些肿瘤中(如大鼠肝癌)有另一种GlcNAc转移酶(GlcNAcT-Ⅲ，它催化

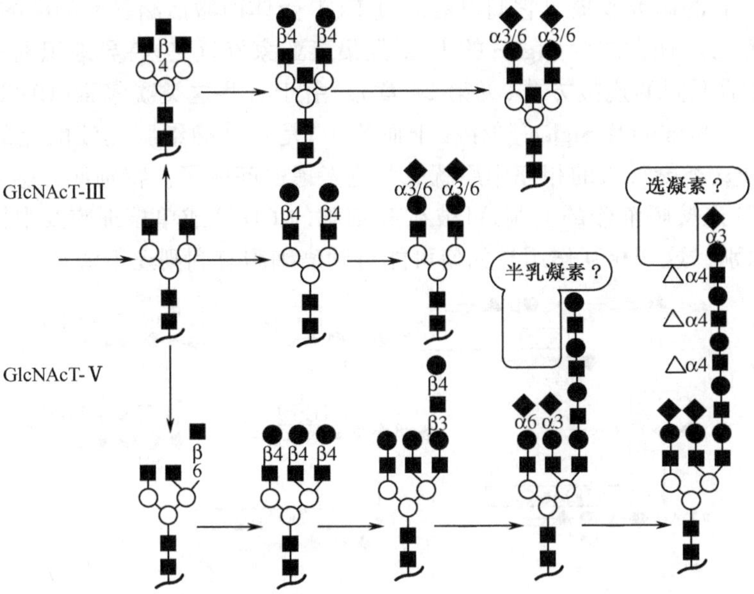


**图 35.1** 在细胞转化时发生 N-聚糖链增大，这可用 GlcNAcT-Ⅴ活性增加，使得 N-聚糖形成 β1-6 分支来解释。随后，可导致多聚-N-乙酰乳糖胺的表达增强，此多聚-N-乙酰乳糖胺还可经唾液酸及岩藻糖基化修饰。这些结构可分别被半乳凝素及选凝素识别。图中也表示了 GlcNAcT-Ⅲ表达增强的结果。

平分型 GlcNAc 分支的添加，见图 35.1）影响 N-聚糖的结构。然而，GlcNAcT-Ⅲ的超表达在其他类型肿瘤细胞中却阻遏生长因子受体的功能和细胞形态的改变，并实际上降低了肿瘤细胞的转移率。新近的研究表明 GlcNAcT-Ⅲ基因缺陷的小鼠表现为化学性肝细胞癌发生率降低，然而，小鼠和大鼠的情况不同，在肝癌中并未见到 GlcNAcT-Ⅲ的上调。有些数据提示有一个独立的糖蛋白因子与平分型 GlcNAc 残基相连，这个因子可促进小鼠肝癌的肿瘤发展。总的看来，虽然 GlcNAcT-Ⅲ的表达看来对肿瘤的生物学有影响，但其结果不如 GlcNAcT-Ⅴ所得到的明确和一致。

## 唾液酸数量、连键以及乙酰化的改变[15～21]

动物肿瘤细胞和麦胚凝集素结合能力加强的经典的观察结果，看来可用其细胞表面唾液酸含量全面的增加来解释，唾液酸含量的增加进而降低了转移的肿瘤细胞与 IV 型胶原及纤粘连蛋白的附着。唾液酸化增加常常表现为唾液酸基以特异的 α2-6 键与外侧乳糖胺（Galβ1-4GluNAc 单位）或 O-聚糖的内侧 GalNAc-O-Ser/Thr 单位相连。后一种表位 Siaα2-6 GalNAcα1-O-Ser/Thr（称为唾液酸化 Tn）是新近拟用于某些肿瘤治疗的靶位（见下文）。除了唾液酸的含量与连接方式之外，其修饰方式也可能有明显改变。唾液酸的 9-O 乙酰化或可上调（例如神经节苷脂的抗原决定基 9-O 乙酰化的 $G_{D3}$（图 35.2），在从人到鱼类的多种动物的黑色素瘤细胞中均见增加）或可减少（例如在结肠癌的 O-聚糖中）。也曾有报告指出某些类型的肿瘤细胞有少量 N-脱乙酰神经节苷脂（图 35.2），在其中典型的神经节苷脂的 N-乙酰基被除去，而暴露出游离的氨基。同样这些分子的病理意义尚不清楚。有的研究曾提出它们可能通过 EGF 受体而激活酪氨酸的磷酸化起作用。

最近研究已发现称之为 Siglec 的 Ⅰ-型凝集素亚家族，(它)特异地识别唾液酸结构的许多特征，包括不同的连接方式(见第 24 章)。由于有些这类凝集素[CD22，CD33，唾液酸黏附素(sialoadhesin)及 Siglec-5]存在于血流中，是否肿瘤细胞唾液酸化的改变可能影响其与任一种这类凝集素的相互作用就成为应考虑的问题了。特别使人感兴趣的是在有些肿瘤中 α2-6 连接唾液酸的上调，可被在 B 细胞的 CD22 或单核细胞及中性白细胞表面的 Siglec-5 识别。这些相互作用是如何可能对肿瘤细胞有利则还不清楚。

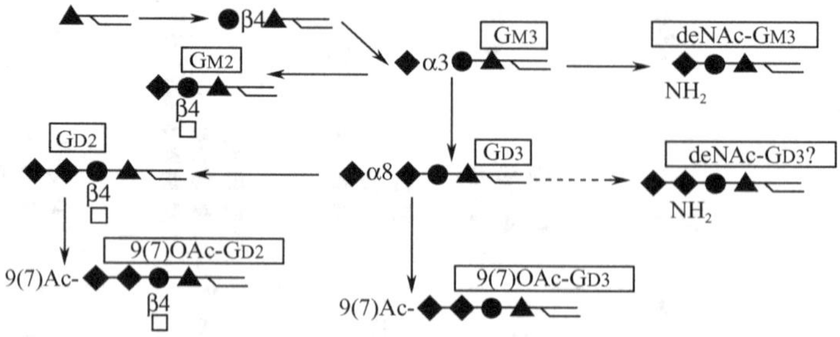


**图 35.2** 在人神经外胚层肿瘤中神经节苷脂堆积的途径。黑线箭头表示上调途径。虚线箭头表示尚未正式证明的途径。末端唾液酸的 O-乙酰化可发生在第 7-或 9-位，在生理条件下，则第 7 位 O-乙酰化迁移到第 9 位。

## N-羟乙酰神经氨酸在人肿瘤中的表达[22,23]

N-羟乙酰神经氨酸(Neu5Gc)在人肿瘤中的异常表达是一个特别有趣的现象。这个唾液酸与普通的唾液酸(Neu5Ac)不同，它加上了一个氧原子(图 35.3)。成人在其正常细胞不明显表达 Neu5Gc，当注入含有 Neu5Gc 的动物血清时，会使之产生对这种抗原表位的免疫应答。最近的证据指出，Neu5Gc 异常表达的发生，是由于人体内负责合成 Neu5Gc 的羟化酶发生变异的缘故。从这个见解看来，早期报道的在癌症中 Neu5Gc 异常表达很可能解释为有另一种 Neu5Gc 合成途径存在，并在某种癌变损伤中此途径放大(或

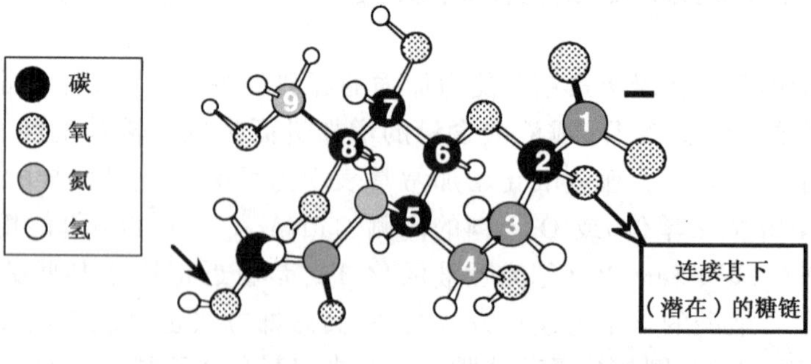


**图 35.3** α-N-羟乙酰-神经氨酸(Neu5Gc)。一个带负离子的羧基存在于第一位，和其下(潜在)的糖链的连接发生在第二位。箭头指示的添加的氧原子是 NeuGc 与其前体 N-乙酰神经氨酸 Neu5Ac 的区别所在。

者通过它从食物来源中摄入)来解释(Neu5Gc 的增多)。不论涉及哪种机制,这种 Neu5Gc 的再表达可用以解释为什么一些癌病人能自发地产生针对含有 Neu5Gc 的神经节苷脂(即所谓"Hanganutziu-Deicher"抗原)的抗体。

## 糖胺聚糖表达的变更[24,25]

已有报道表明在肿瘤周围的基质中蛋白聚糖的含量有明显改变,并提示这些变更可能支持肿瘤的生长,以及发展和侵入。饰胶蛋白聚糖(decorin)是一种富含亮氨酸的蛋白聚糖,其水平可能对细胞基质的组装和细胞增殖起调节作用,它在结肠癌的基质中也明显增多。其他报道,有关细胞恶变时的变化,还包括硫酸类肝素硫酸化水平的减少及聚透明质酸(hyaluronan)表达的增加等。在后一种情况下,认为高水平的此种阴离子高聚物使包围肿瘤的基质变得疏松,从而有利于肿瘤细胞的侵入。CD44 是聚透明质酸及有些含有硫酸软骨素的蛋白聚糖的主要受体。CD44 与聚透明质酸的结合活性受其本身的糖基化(包括 N-连接、O-连接)和糖胺聚糖链的添加,以及各种同工型表达的影响。CD44 表达的变更(包括其糖形和同工型的变更)和多种多样的肿瘤有关,在有些情况下,它直接与肿瘤的转移行为相关。然而转移是否是通过对聚透明质酸识别的改变来介导的并未明确。

## 糖基化改变的黏蛋白的病理作用[26~38]

黏蛋白是大分子糖蛋白,由于它们在串联重复排列区存在许多成簇的糖基化丝氨酸及苏氨酸而具有"棒状"构象(见第 8 章)。大多数上皮黏蛋白多肽属于 MUC 家族。在极化正常上皮组织中黏蛋白完全存在于顶区,面向器官的腔面。同样,可溶性黏蛋白均分泌到腔内。然而,恶变的上皮细胞则失去正常的拓扑学(图 35.4)使得黏蛋白在细胞各个部位均有表达,并且可溶性黏蛋白能进入细胞外空间及体液(如血浆)中。

由 Codington、Jeanloz、Bhavanandan 及其同事对小鼠肿瘤细胞上"Episialin" 的经典研究开始,黏蛋白在肿瘤中过度表达已经被描述了多年。许多肿瘤同时有膜结合型黏蛋白和分泌型黏蛋白表达,由于这两种黏蛋白具有相反的作用,使得对它们的病理作用讨论混乱而得不到一致的见解。不论其作用如何,分泌型黏蛋白常出现在肿瘤病人血流中,可用单克隆抗体测知。在多数情况下,看来黏蛋白是肿瘤中异常糖基化的载体。通过在无胸腺小鼠中不同肿瘤细胞株的转移倾向,以及经过和苯基-αGlcNAc(阻断 O-糖基化)预保温抑制肿瘤转移,提示黏蛋白在恶变中起一种关键的病理生理作用(见第 40 章)。除了其 O-聚糖与内源性凝集素特异相互作用外,棒状结构的黏蛋白所带的负电荷对细胞间有排斥作用,在空间上阻碍其他细胞黏附素分子如钙黏附蛋白(cadherine)及整合蛋白(integrin)等功能的实现。因而,在有些情况下黏蛋白可能起"抗黏附剂"的作用,也可能在肿瘤转移始发期间促进细胞从原发肿瘤脱落迁徙。有证据表明,黏蛋白可能阻断血-骨髓瘤细胞与宿主具有细胞溶解作用的细胞(如天然杀伤细胞)间的黏附。此外,黏蛋白还可隐蔽 MHC 分子抗原肽的表达。

癌黏蛋白的另一特性是糖基化不全。其共同的结果是有 Tn 抗原和 T 抗原表达(图

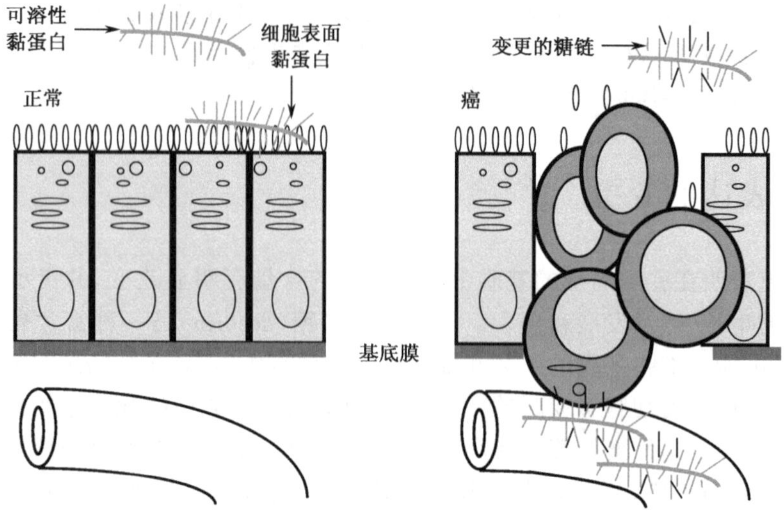


**图 35.4** 在癌中上皮细胞的正常拓扑学和极化的丧失导致黏蛋白分泌入血流。侵入组织和血流的癌细胞表面也有呈现这种变更的黏蛋白。

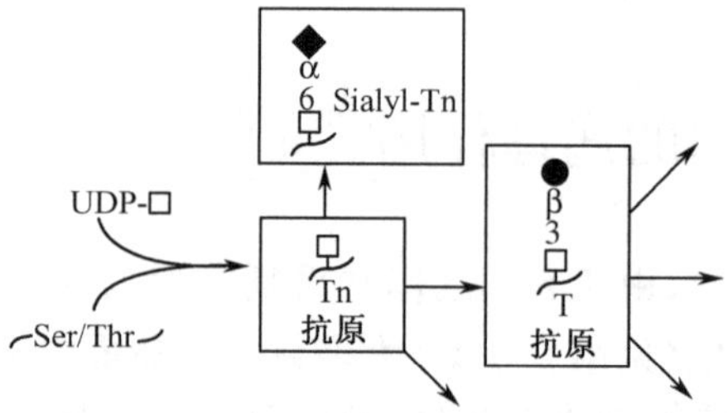


**图 35.5** 在 O-连接途径中糖基化不完全导致 Tn 抗原,唾液酸化 Tn 抗原,[一种"终端"(dead-end)结构,或 T 抗原[Thomsen-Friedenreich 抗原,或未修饰的 Ⅰ 型核心(Core Ⅰ)结构]的表达。多拷贝的这些结构有可能在多肽上紧靠地排成一列。黏蛋白骨架的某些区域也可能是"裸露的",即完全无糖基化。

35.5;见第 8 章)。由于这种结构在正常情况中很少见,故认为它们可能激发病人的免疫应答。的确,Tn 及 T 抗原的表达和针对它们的抗体的自发表达相关,也与癌病人的预后相关。最低的糖基化的形式造成了"赤裸"黏蛋白多肽的表达。临床试验正在慎重地选择引发或加强免疫应答的办法,如:应用注射带有 Tn 或 Sialyl-Tn 结构的合成肽抗原来增强病人对这类抗原的免疫应答,结果注意到,糖基化抗原中的糖排列严格地与黏蛋白中的相同时,可引起最强的免疫应答。这可能是因为多价抗原与 B 细胞表面免疫球蛋白的结合使细胞被激活的程度最高。

## 在癌细胞表面唾液酸化的 Lewis 结构和选凝素配体[26,36,39～43]

对不同肿瘤样品的免疫组织化学研究表明 Lewis X/A 结构常在癌过度表达,这类结构在糖鞘脂或 N-聚糖或 O-聚糖中存在。的确,唾液酸 Lewis X 和唾液酸 Lewis A 是最先被确定的肿瘤抗原。这些抗原在上皮癌的表达一向是与病人的肿瘤发展、转移扩散、预后不良有关,在小鼠中也与肿瘤的转移潜能密切相关。这些唾液酸化和岩藻糖基化的结构也是形成选凝素多数天然配体的关键组分。因而,作以下推想是合理的,即这类肿瘤细胞“得益”于有能力表达病理性选凝素配体由此介导与内源选凝素相互作用的特点。的确研究者们也观察到癌细胞表面有钙-依赖性选凝素配体,并且观察到与 E-选凝素结合的黏蛋白样肿瘤抗原存在于结肠癌患者血流中。同样,在转基因小鼠的肝中 E-选凝素过度表达,这诱导通常在肺定植的同源性肿瘤改变为向肝转移。具有 P-选凝素表达缺陷的小鼠其肿瘤转移减少。上述研究说明黏蛋白与选凝素分子间的互相作用在某些癌细胞的转移级联途径中起作用(图 35.6)。这也与以下经典观察相关联,即当肿瘤细胞进入血流时会与血小板及白细胞形成复杂的血栓栓塞,血栓栓塞可促进肿瘤异位有助于侵犯免疫系统。

一些动物实验表明,循环中的血小板数低下可降低肿瘤转移率。新近的资料提示这种现象可用血小板 P-选凝素与肿瘤黏蛋白的相互作用来解释。由此,人结肠癌细胞在 P-选凝素缺陷的小鼠转移率下降,可用缺乏 P-选凝素依赖性的、在肿瘤细胞表面的血小板玫瑰花结形成(rosetting)来说明。值得注意的是,有时肿瘤病人发生血栓及高凝血状态这也可能与癌细胞-血小板相互作用有关。在正常白细胞表面的 L-选凝素与肿瘤细胞表面黏蛋白相互作用的可能性则研究尚少。

## 糖鞘脂表达的变更与脱落[44～49]

多种抗肿瘤的、肿瘤-特异的单克隆抗体似乎均与糖鞘脂分子糖的部分反应。在特殊型的肿瘤中高度富含这类(糖)结构(如 Burkitt's 淋巴瘤中的 Gb3/CD77 及黑色素瘤中的 $G_{D3}$)。有几种肿瘤(尤其是来自神经外胚层的肿瘤,如黑色素瘤及神经母细胞瘤)的特征是合成很高水平的唾液酸化糖鞘脂(神经节苷脂,见第 9 章)。其中某些神经节苷脂如 $G_{D2}$及 $G_{M2}$正常情况在神经外的神经节苷脂的高表达并不多见。正因如此,它们现用为被动免疫(单克隆抗体灌流)及主动免疫治疗(应用纯化的糖脂制剂进行免疫)的靶分子。在有些情况下,神经节苷脂也是修饰后唾液酸的主要载体(见前文)。许多体外实验的结果提示,有些神经节苷脂具有控制生长的效应,并提示(但未经证明)在体内的情况也可能如此。有的研究注意到从某些肿瘤细胞表面有大量神经节苷脂脱落,这种脱落的神经节苷脂具有强烈的免疫抑制效应。现还不了解这种免疫抑制效应是否纯粹的病理现象,但天然并不具备这种效应。不管怎样在某些这类肿瘤病人的体液中出现的大量游离神经节苷脂,这种免疫抑制看来可能与医疗有关。

## 半乳凝素和多聚乳糖胺的表达[50～53]

半乳凝素(尤其是半乳凝素-3)的表达增加也与肿瘤的发展有关。相关的分子意义是在设想半乳凝素与基质蛋白(如粘连蛋白)的多聚乳糖胺相互作用有助于细胞侵入的基础上提出的。由于多聚乳糖胺也在肿瘤黏蛋白上表达,并富含 β1-6 分支的 N-肿瘤聚糖(见前文及图 35.1)。这种分子间的互相作用亦可介导相同肿瘤细胞间的黏连(图 35.6)。半乳凝素的识别也能用以解释为何在高尔基体缺乏 UDP-Gal 转运子的肿瘤细胞变种的表面添加半乳糖可加强其转移力。总之,半乳凝素-多聚乳糖胺相互作用是如何改变癌的生物学性质还待进一步研究,才能确切阐明。

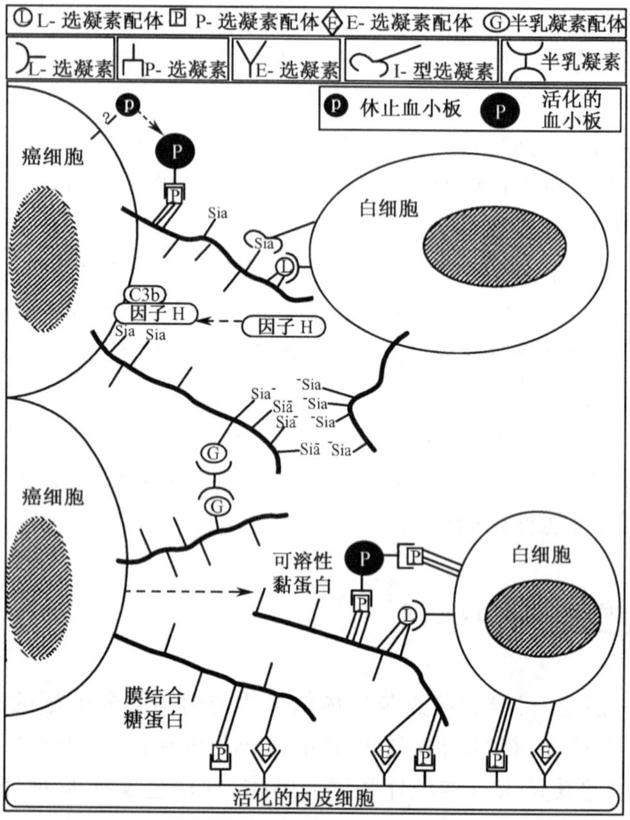


**图 35.6** 肿瘤细胞与内源性凝集素间可能发生的相互作用。在肿瘤生物学中大多数的这些互相作用还没有被正式地证明是重要的。见正文中的讨论。(本图经允许改自 Kim 及 Varki[7]1997,[© Kluwer]。)

## ABH(O)血型有关结构表达的改变[54～56]

有些研究表明丧失正常 AB 血型物质表达(伴有 H 及 $Le^Y$ 结构表达的增加)与肿瘤临床预后不良相关,其原理未明。在罕见的病例中发现,肿瘤可能存在"病态的"血型结构(即在 A 一阳性病人中有 B 血型抗原的表达,详见第 16 章 ABO 血型抗原)。由于在理论上需要 4 个互不相关氨基酸的变化才能从"B"转移酶变成 A 转移酶(见第 16 章),这种变化的遗传学基础还待探讨。不管其机理如何,在少数病例中注意到有可能通过天然的抗"非法"结构的内源性抗体的发生而引起肿瘤的退化。

## 糖基磷脂锚表达的丧失[57,58]

完全丧失 GPI-锚定的蛋白质表达可见于造血系统有关的癌状态和癌前状态。这是

由造血干细胞中 *PIG-A* 基因(在 GPI 锚前体生物合成早期需要,见第 10 章)获得性体细胞变异造成的。其后果是造成几种 GPI-锚蛋白在单一造血干细胞克隆的子代细胞表面显著的或完全的丧失。由于这种变异仅影响单个干细胞,可以想像此变异的子代不容易被检出。然而,经常发现这种克隆逐渐取代所有的其他克隆,从而引发阵发性夜间血红蛋白尿综合征(见第 10 章)。虽然变异本身并不赋予干细胞恶变的表型,但受影响的克隆倾向于向恶性转变,引起白血病。这种趋使恶性化转变的机理还不清楚。

## 肿瘤细胞糖基化变更的实际意义

虽然通过注射肿瘤糖脂已生成了许多肿瘤特异的单克隆抗体,而相应抗原在血流中的出现可能是从带有相似末端聚糖结构的黏蛋白类糖蛋白(图 35.5)溢出的结果。已知相应抗原对于监测肿瘤的生长状态很有价值(如医生可用 CA125 的测定来监测卵巢癌手术后或化学疗法后肿瘤的残留量)。然而,循环中的黏蛋白也是实践中的障碍,由于这些抗原会直接吸收用于治疗的单抗,它们好像一个“陷井”可吸收进入血流的抗体,从而阻止抗体到达肿瘤。如前所述,也曾应用抗肿瘤相关的神经节苷脂以及不完全糖基化的黏蛋白试行过肿瘤被动及主动免疫治疗。其中最鼓舞人的结果是,得自用人化的抗-$G_{D2}$抗体治疗儿童神经母细胞瘤已进入Ⅰ期临床。考虑到肿瘤 N-聚糖的 β1-6 支链增加,对 N-糖基化抑制剂苦马豆碱的早期临床研究也得到一些有前景的结果。但在其他大多数情况下,对所提出的这些诊断和预后的特异方法的机理还不太了解。

## 发展方向

一般公认肿瘤发生的早期事件涉及癌基因、肿瘤抑制基因、致突变基因以及凋亡-相关途径等的变更。随后的肿瘤生长、侵入和转移,则涉及最适合细胞的存活,因此,很可能肿瘤细胞中见到的糖基化高度选择性的改变在其晚期阶段具有很重要的功能性的后果。不幸的是,进展性肿瘤内在的遗传学不稳定性与肿瘤细胞的异质性增加了对特异糖基化的功能性后果做确定性解释的难度(同样理由,对每一种提出的假设都可能找到例外)。然而,导致病人死亡的是肿瘤的侵袭和转移。为此,我们是值得花时间和精力进行这一十分艰难领域的研究。异常糖基化最特异的后果可能与内源性凝集素有关,这些应该是进一步注意的焦点。解析这些复杂情况的一个途径是诱导生成小鼠特异性内源性凝集素及产生同类配体的糖基转移酶突变株。例如,将小鼠中表达选凝素配体的酶基因剔除,探索其对肿瘤生物学的影响,并与野生鼠或杂合子的小配子中的肿瘤生物学比较,有可能搞清凝集素与其糖配体的特异性作用。当这些异常聚糖功能性效应的精确分子水平的解释变得清楚时,诸如游离寡糖或合成的模拟物等抑制物就可能更有深入研究的价值了。

(朱正美 译　　王克夷 校)

## 参 考 文 献


1. Buck C.A., Glick M.C., and Warren L. 1971. Glycopeptides from the surface of control and virus-transformed cells. *Science* **172:** 169–171.
2. Wickus G.G. and Robbins P.W. 1973. Plasma membrane proteins of normal and Rous sarcoma virus-transformed chick-embryo fibroblasts. *Nature* **245:** 65–67.
3. Feizi T. 1985. Demonstration by monoclonal antibodies that carbohydrate structures of glycoproteins and glycolipids are onco-developmental antigens. *Nature* **314:** 53–57.
4. Hakomori S. 1986. Tumor associated glycolipid antigens, their metabolism and organization. *Chem. Phys. Lipids* **42:** 209–233.
5. Dennis J.W. 1992. Changes in glycosylation associated with malignant transformation and tumor progression. In *Cell surface carbohydrates and cell development* (ed. Fukuda M.), pp.161–194. CRC Press, Boca Raton.
6. Fukuda M. 1996. Possible roles of tumor-associated carbohydrate antigens. *Cancer Res.* **56:** 2237–2244.
7. Kim Y.J. and Varki A. 1997. Perspectives on the significance of altered glycosylation of glycoproteins in cancer. *Glycoconj. J.* **14:** 569–576.
8. Goss P.E., Baptiste J., Fernandes B., Baker M., and Dennis J.W. 1994. A phase I study of swainsonine in patients with advanced malignancies. *Cancer Res.* **54:** 1450–1457.
9. Demetriou M., Nabi I.R., Coppolino M., Dedhar S., and Dennis J.W. 1995. Reduced contact-inhibition and substratum adhesion in epithelial cells expressing GlcNAc-transferase V. *J. Cell Biol.* **130:** 383–392.
10. Saito H., Gu J.G., Nishikawa A., Ihara Y., Fujii J., Kohgo Y., and Taniguchi N. 1995. Organization of the human N-acetylglucosaminyltransferase V gene. *Eur. J. Biochem.* **233:** 18–26.
11. Yoshimura M., Nishikawa A., Ihara Y., Taniguchi S., and Taniguchi N. 1995. Suppression of lung metastasis of B16 mouse melanoma by N-acetylglucosaminyltransferase III gene transfection. *Proc. Natl. Acad. Sci.* **92:** 8754–8758.
12. Kang R., Saito H., Ihara Y., Miyoshi E., Koyama N., Sheng Y., and Taniguchi N. 1996. Transcriptional regulation of the N-acetylglucosaminyltransferase V gene in human bile duct carcinoma cells (HuCC-T1) is mediated by Ets-1. *J. Biol. Chem.* **271:** 26706–26712.
13. Taniguchi N., Yoshimura M., Miyoshi E., Ihara Y., Nishikawa A., and Fujii S. 1996. Remodeling of cell surface glycoproteins by N-acetylglucosaminyltransferase III gene transfection: Modulation of metastatic potentials and down regulation of hepatitis B virus replication. *Glycobiology* **6:** 691–694.
14. Bhaumik M., Harris T., Sundaram S., Johnson L., Guttenplan J., Rogler C., and Stanley P. 1998. Progression of hepatic neoplasms is severely retarded in mice lacking the, bisecting N-acetylglucosamine on N-glycans: Evidence for a glycoprotein factor that facilitates hepatic tumor progression. *Cancer Res.* **58:** 2881–2887.
15. Pearlstein E., Salk P.L., Yogeeswaran G., and Karpatkin S. 1980. Correlation between spontaneous metastatic potential, platelet-aggregating activity of cell surface extracts, and cell surface sialylation in 10 metastatic-variant derivatives of a rat renal sarcoma cell line. *Proc. Natl. Acad. Sci.* **77:** 4336–4339.
16. Yogeeswaran G. and Salk P.L. 1981. Metastatic potential is positively correlated with cell surface sialylation of cultured murine tumor cell lines. *Science* **212:** 1514–1516.
17. Dennis J., Waller C., Timpl R., and Schirrmacher V. 1982. Surface sialic acid reduces attachment of metastatic tumour cells to collagen type IV and fibronectin. *Nature* **300:** 274–276.
18. Cheresh D.A., Reisfeld R.A., and Varki A. 1984. O-Acetylation of disialoganglioside $G_{D3}$ by human melanoma cells creates a unique antigenic determinant. *Science* **225:** 844–846.
19. Reid P.E., Culling C.F., Dunn W.L., Ramey C.W., and Clay M.G. 1984. Chemical and histochemical studies of normal and diseased human gastrointestinal tract. I. A comparison between histologically normal colon, colonic tumours, ulcerative colitis and diverticular disease of the colon. *Histochem. J.* **16:** 235–251.
20. Ogata S., Ho I., Chen A., Dubois D., Maklansky J., Singhal A., Hakomori S., and Itzkowitz S. H. 1995. Tumor-associated sialylated antigens are constitutively expressed in normal human colonic mucosa. *Cancer Res.* **55:** 1869–1874.

21. Yamashita K., Fukushima K., Sakiyama T., Murata F., Kuroki M., and Matsuoka Y. 1995. Expression of Siaα2→6Galβ1→4GlcNAc residues on sugar chains of glycoproteins including carcinoembryonic antigens in human colon adenocarcinoma: Applications of *Trichosanthes japonica* agglutinin I for early diagnosis. *Cancer Res.* **55:** 1675–1679.
22. Hirabayashi Y., Kasakura H., Matsumoto M., Higashi H., Kato S., Kasai N., and Naiki M. 1987. Specific expression of unusual GM2 ganglioside with Hanganutziu-Deicher antigen activity on human colon cancers. *Jpn. J. Cancer Res.* **78:** 251–260.
23. Marquina G., Waki H., Fernandez L.E., Kon K., Carr A., Valiente O., Perez R., and Ando S. 1996. Gangliosides expressed in human breast cancer. *Cancer Res.* **56:** 5165–5171.
24. Iozzo R.V. and Cohen I. 1993. Altered proteoglycan gene expression and the tumor stroma. *Experientia* **49:** 447–455.
25. Lesley J., Hyman R., English N., Catterall J.B., and Turner G.A. 1997. CD44 in inflammation and metastasis. *Glycoconj. J.* **14:** 611–622.
26. Hoff S.D., Matsushita Y., Ota D.M., Cleary K.R., Yamori T., Hakomori S., and Irimura T. 1989. Increased expression of sialyl-dimeric LeX antigen in liver metastases of human colorectal carcinoma. *Cancer Res.* **49:** 6883–6888.
27. Itzkowitz S.H., Bloom E.J., Kokal W.A., Modin G., Hakomori S., and Kim Y.S. 1990. Sialosyl-Tn: A novel mucin antigen associated with prognosis in colorectal cancer patients. *Cancer* **66:** 1960–1966.
28. Carraway K.L. and Hull S.R. 1991. Cell surface mucin-type glycoproteins and mucin-like domains. *Glycobiology* **1:** 131–138.
29. Schwartz B., Bresalier R.S., and Kim Y.S. 1992. The role of mucin in colon-cancer metastasis. *Int. J. Cancer* **52:** 60–65.
30. Bhavanandan V.P. 1991. Cancer-associated mucins and mucin-type glycoproteins. *Glycobiology* **1:** 493–503.
31. Brockhausen I., Yang J.M., Burchell J., Whitehouse C., and Taylor-Papadimitriou J. 1995. Mechanisms underlying aberrant glycosylation of MUC1 mucin in breast cancer cells. *Eur. J. Biochem.* **233:** 607–617.
32. Cao Y., Karsten U.R., Liebrich W., Haensch W., Springer G.F., and Schlag P.M. 1995. Expression of Thomsen-Friedenreich related antigens in primary and metastatic colorectal carcinomas—A reevaluation. *Cancer* **76:** 1700–1708.
33. Van Klinken B.J.W., Dekker J., Büller H.A., and Einerhand A.W.C. 1995. Mucin gene structure and expression: Protection vs adhesion. *Am. J. Physiol. Gastrointest. Liver Physiol.* **269:** G613–G627.
34. Codington J.F. and Haavik S. 1992. Epiglycanin-A carcinoma-specific mucin-type glycoprotein of the mouse TA3 tumour. *Glycobiology* **2:** 173–180.
35. Goydos J.S., Elder E., Whiteside T.L., Finn O.J., and Lotze M.T. 1996. A phase I trial of a synthetic mucin peptide vaccine induction of specific immune reactivity in patients with adenocarcinoma. *J. Surg. Res.* **63:** 298–304.
36. Kim Y.S., Gum J., and Brockhausen I. 1996. Mucin glycoproteins in neoplasia. *Glycoconj. J.* **13:** 693–707.
37. Terasawa K., Furumoto H., Kamada M., and Aono T. 1996. Expression of Tn and sialyl-Tn antigens in the neoplastic transformation of uterine cervical epithelial cells. *Cancer Res.* **56:** 2229–2232.
38. Taylor-Papadimitriou J. and Finn O.J. 1997. Biology, biochemistry and immunology of carcinoma-associated mucins. *Immunol. Today* **18:** 105–107.
39. Fukushima K., Hirota M., Terasaki P.I., Wakisaka A., Togashi H., Chia D., Suyama N., Fukushi Y., Nudelman E., and Hakomori S. 1984. Characterization of sialosylated Lewis$^x$ as a new tumor-associated antigen. *Cancer Res.* **44:** 5279–5285.
40. Kannagi R. 1997. Carbohydrate-mediated cell adhesion involved in hematogenous metastasis of cancer. *Glycoconj. J.* **14:** 577–584.
41. Nakamori S., Furukawa H., Hiratsuka M., Iwanaga T., Imaoka S., Ishikawa O., Kabuto T., Sasaki Y., Kameyama M., Ishiguro S., and Irimura T. 1997. Expression of carbohydrate antigen sialyl Lea: A new functional prognostic factor in gastric cancer. *J. Clin. Oncol.* **15:** 816–825.
42. Nakamori S., Kameyama M., Imaoka S., Furukawa H., Ishikawa O., Sasaki Y., Izumi Y., and Irimura T. 1997. Involvement of carbohydrate antigen sialyl Lewis$^x$ in colorectal cancer metastasis. *Dis. Colon Rectum* **40:** 420–431.
43. Kim Y.J., Borsig L., Varki N.M., and Varki A. 1998. P-selectin deficiency attenuates tumor growth and metastasis. *Proc. Natl. Acad. Sci.* **95:** 9325–9330.

44. Ladisch S. 1987. Tumor cell gangliosides. *Adv. Pediatr.* **34:** 45–58.
45. Ladisch S., Hasegawa A., Li R., and Kiso M. 1995. Immunosuppressive activity of chemically synthesized gangliosides. *Biochemistry* **34:** 1197–1202.
46. Ritter G., Ritter-Boosfeld E., Adluri R., Calves M., Ren S.L., Yu R.K., Oettgen H.F., Old L.J., and Livingston P.O. 1995. Analysis of the antibody response to immunization with purified O-acetyl GD3 gangliosides in patients with malignant melanoma. *Int. J. Cancer* **62:** 668–672.
47. Hakomori S. 1996. Tumor malignancy defined by aberrant glycosylation and sphingo(glyco)lipid metabolism. *Cancer Res.* **56:** 5309–5318.
48. vHakomori S. and Zhang Y. 1997. Glycosphingolipid antigens and cancer therapy. *Chem. Biol.* **4:** 97–104.
49. Livingston P., Zhang S.L., Adluri S., Yao T.J., Graeber L., Ragupathi G., Helling F., and Fleisher M. 1997. Tumor cell reactivity mediated by IgM antibodies in sera from melanoma patients vaccinated with GM2 ganglioside covalently linked to KLH is increased by IgG antibodies. *Cancer Immunol. Immunother.* **43:** 324–330.
50. Lotan R. and Raz A. 1988. Lectins in cancer cells. *Ann. N.Y. Acad. Sci.* **551:** 385–398.
51. Cornil I., Kerbel R.S., and Dennis J.W. 1990. Tumor cell surface β1-4-linked galactose binds to lectin(s) on microvascular endothelial cells and contributes to organ colonization. *J. Cell Biol.* **111:** 773–781.
52. Lotan R., Matsushita Y., Ohannesian D., Carralero D., Ota D.M., Cleary K.R., Nicolson G.L., and Irimura T. 1991. Lactose-binding lectin expression in human colorectal carcinomas. Relation to tumor progression. *Carbohydr. Res.* **213:** 47–57.
53. Inohara H., Akahani S., Koths K., and Raz A. 1996. Interactions between galectin-3 and Mac-2-binding protein mediate cell-cell adhesion. *Cancer Res.* **56:** 4530–4534.
54. Lee J.S., Ro J.Y., Sahin A.A., Hong W.K., Brown B.W., Mountain C.F., and Hittelman W.N. 1991. Expression of blood-group antigen A—A favorable prognostic factor in non-small-cell lung cancer. *N. Engl. J. Med.* **324:** 1084–1090.
55. Orntoft T.F., Meldgaard P., Pedersen B., and Wolf H. 1996. The blood group ABO gene transcript is down-regulated in human bladder tumors and growth-stimulated urothelial cell lines. *Cancer Res.* **56:** 1031–1036.
56. Miyake M., Taki T., Hitomi S., and Hakomori S. 1992. Correlation of expression of H/Le(y)/Le(b) antigens with survival in patients with carcinoma of the lung (see comments). *N. Engl. J. Med.* **327:** 14–18.
57. Kinoshita T., Ohishi K., and Takeda J. 1997. GPI-anchor synthesis in mammalian cells: Genes, their products, and a deficiency. *J. Biochem.* **122:** 251–257.
58. Rosse W.F. 1997. Hematopoiesis and the defect in paroxysmal nocturnal hemoglobinuria. *J. Clin. Invest.* **100:** 953–954.

本章初稿由 A. Varki(圣迭戈加利福尼亚大学)编写。

# 第 36 章　原虫和蠕虫寄生物的糖生物学



许多原虫和蠕虫寄生物可以合成少见的、通常具有抗原性的并且是入侵宿主所必需的糖结构，寄生虫还可以合成一些糖-结合蛋白以便黏附和入侵宿主细胞。主要的原虫包括疟原虫（*Plasmodium* species）（可导致疟疾）、溶组织内阿米巴（*Entamoeba histolytica*）（可导致阿米巴病）、利什曼原虫（*Leishmania* species）（可导致利什曼病）以及锥虫（*Trypanosoma* species）（可导致嗜睡症和恰氏病）等。主要的蠕虫包括线虫，例如蚯蚓状蛔虫（*Ascaris lumbricoides*）；吸虫，例如血吸虫（*Schistosoma mansoni*）（可以导致血吸虫病）；以及绦虫，例如带状绦虫（*Taenia solium*），（可以导致绦虫病）。本章主要探讨由这些寄生物合成的糖缀合物和凝集素的结构，以及这些糖缀合物在宿主-寄生虫相互影响中所起的作用。

## 寄生虫糖生物学的背景[1]

寄生可以被定义为这样一种状态，即一种生物体（寄生虫）在某种程度上依赖宿主而生存，但同时对宿主又造成伤害。寄生虫影响了全世界数以百万计的人，并造成了巨大的痛苦和死亡，尤其是在不发达国家，表 36.1 列举了一些毫不夸大的统计数据，由此可看出寄生虫糖生物学和生物化学研究的重要性。同时，对这些已经进化到能成功欺骗和对抗被感染动物免疫系统的生物进行的研究还可以为分子病理学提供重要的新知识。然而，寄生虫糖生物学研究可能是举步维艰的，因为要获得足够的用于研究的物质并进行体外研究均十分困难；而且许多寄生虫还具有特殊的第一宿主和中间宿主，使得对其全部生命活动周期各阶段研究难以进行。

尽管存在着许多困难，仍然有令人振奋的新证据表明糖缀合物在大多数主要寄生虫的生活史和病理学变化中起重要作用。目前已经清楚一些原虫和蠕虫寄生物在宿主细胞中依靠糖-结合蛋白来促进它们的寄生过程（参见 28 章），并且它们还具有复杂而精确的抵御宿主的抗糖免疫机制的策略。下面分别以原生（单细胞）寄生虫（表 36.2）和蠕虫寄生虫（表 36.3）为例，列举一些主要的可以感染人类和哺乳动物的寄生虫疾病。

**表 36.1 全世界主要寄生虫疾病的分布情况**

| 疾病类型 | 估计感染人数 | 估计每年死亡人数 |
|---|---|---|
| 所有寄生虫疾病 | 45 亿 | ? |
| 蛔虫 Ascaris | 10 亿 | 2 万 |
| 钩虫 Hookworm | 9 亿 | 5 万～6 万 |
| 鞭虫 Trichuris | 7.5 亿 | ? |
| 丝虫 Filarial worm | 6.57 亿 | 2 万～5 万 |
| 血吸虫 Schistosome | 2 亿 | 50 万～100 万 |
| 疟疾 Malaria | 4.89 亿 | 100 万～200 万 |

经过作者同意，改编自[1]Schmidt 和 Roberts (1996) ( McGraw-Hill 公司)。表中数字表示全世界感染的总人数(部分个体可能有重复感染) 以及每年与感染相关的死亡人数。

**表 36.2 人体主要的原生寄生虫**

| 寄生虫 | 评注 |
|---|---|
| 感染人类的阿米巴 | |
| 溶组织内阿米巴 *Entamoeba histolytic* | 导致阿米巴痢疾；能造成肝脓肿 |
| 肠道和生殖道鞭毛虫 | |
| 兰伯氏贾第鞭毛虫 *Ciardia lamblia* | 导致腹泻；北美洲最常见的寄生虫之一 |
| 阴道毛滴虫 *Trichomonas vaginalis* | 导致生殖器官炎症；非常普遍 |
| 血鞭毛虫 | |
| 杜诺凡氏利什曼原虫 *Leshmania donovani* | 可导致内脏利什曼病(黑热病)，肝脾大 |
| 墨西哥利什曼原虫 *L. mexicana* | 导致爆发性的皮肤溃疡 |
| 大型利什曼原虫 *L. major* | 导致皮肤溃疡 |
| 布鲁斯氏锥虫 *Trypanosoma brucei* | 导致人类和家畜嗜睡病(非洲锥虫病) |
| 克鲁斯氏锥虫 *T. cruz* | 导致恰斯氏病(南美洲锥虫病) |
| 簇虫类、球虫类以及相关微生物等 | |
| 恶性疟原虫 *Plasmodium falciparum* | 人类疟疾的主要致病原 |
| 间日疟原虫、卵型疟原虫、三日疟原虫 *P. vivax*, *P. ovale*, *P. malariae* | 导致人类疟疾 |
| 免疫缺陷状态下的偶发感染致病原因 | |
| 非洲弓浆虫 *Toxoplasma gondii* | 导致肌肉和细胞内疼痛 |
| 卡润氏肺囊虫 *Pneumocystis carinii* | 导致细胞间质肺炎 |
| 小隐孢子虫 *Cryptosporidium parvum* | 导致腹泻的肠道细胞内寄生虫 |

**表 36.3 一些主要的哺乳动物蠕虫寄生物**

| 寄生虫 | 评价 |
|---|---|
| 吸虫 | |
| 血吸虫 | |
| 曼森氏血吸虫 *Schistosoma mansoni* | 导致人类血吸虫病(影响流向大肠的肠系膜静脉) |
| 埃及血吸虫 *S. haematobium* | 导致人类血吸虫病(影响尿道膀胱血管丛) |
| 日本血吸虫 *S. japonicum* | 导致人类血吸虫病(影响小肠血管肠系膜静脉) |
| 肝吸虫 | |
| 肝片形吸虫 *Fasciola hepatica* | 主要感染反刍动物,偶尔感染人类;胆道肝蠕虫 |
| 中华支睾吸虫 *Clonorchis sinensis* | 最普通的人类肝吸虫;可由食用生鱼感染 |
| 绦虫 | |
| 有钩绦虫(猪肉绦虫) *Taenia solium* | 长人类绦虫病,可由食用未熟的猪肉感染 |
| 细粒棘球绦虫 *Echinococcus granulosus* | 短人类绦虫病,由食用未熟的羊肉感染;寄生物囊包发生于肝或者其他部位 |
| 牛肉绦虫 *Taeniaarhynchus saginatu* | 长人类绦虫病,由食用未熟的牛肉感染 |
| 线虫 | |
| 人蛔虫 *Ascaris lumbricoides* | 最常见的人类肠道蛔虫 |
| 鞭形鞭虫 *Trichurus trichuiura* | 人类肠道鞭虫 |
| 蠕形住肠鞭虫 *Enterobius vermicularis* | 小肠道鞭虫;可导致小儿夜间肛周发痒 |
| 美洲板口线虫 *Necator americanus* | 人类肠道钩虫;可导致贫血 |
| 十二指肠钩虫 *Ancylostoma duodenale* | 人类肠道钩虫;可导致贫血 |
| 粪类圆线虫 *Strongyloides stercoralis* | 蠕虫寄生虫;导致自体感染 |
| 捻转血矛吸虫 *Haemonchus contortus* | 绵羊和山羊的蠕虫寄生虫 |
| 旋毛形线虫 *Trichinella spiralis* | 最小的人类线虫寄生虫(旋毛虫病),寄生于肌纤维中;可由未煮熟的猪肉感染的病 |
| 旋盘尾丝虫 *Onchocerca volvulus* | 丝状寄生虫,导致河盲(盘尾丝虫病) |
| 班氏吴策丝虫 *Wuchereria babcrofti* | 生存于淋巴节的丝虫,可导致象皮病 |
| 马来丝虫 *Brugia malayi* | 生存于淋巴节的丝虫,可导致象皮病 |
| 犬恶丝虫 *Dirofilaria immitis* | 犬类丝虫病 |

## 疟疾[2～10]

疟疾是由疟原虫属寄生虫造成的,几种主要的疟原虫均可以感染人类,其中恶性疟原虫(*P. falciparum*)是最具有致命性的。恶性疟原虫的生活史十分复杂(见表 36.4),在人类和昆虫宿主体内的生活史可以分为有性繁殖阶段和无性繁殖阶段。寄生虫和宿主细胞之间的相互作用对完成生活史的各阶段具有重要作用。镰刀状体(子孢子)和肝细胞的相互作用需要一个由疟疾环形子孢子(circumsporozoite)表达的可以识别肝细胞硫酸类肝素的蛋白质,这种蛋白质可能与低密度脂蛋白受体相关蛋白(low-density lipoprotein receptor-related protein,LRP)有关(表 36.5,同时参见第 28 章)。硫酸化糖缀合物能够在体外抑制子孢子与细胞间的相互作用,而疟疾子孢子和环形子孢子蛋白并不与具有糖胺聚糖合成缺陷的中国仓鼠突变细胞结合(参见第 31 章)。

另外，存在于红细胞的唾液酸对裂体性孢子结合及入侵红细胞十分重要。红细胞的去唾液酸化可以阻断结合过程，而那些缺乏血型糖蛋白 A(Ena-)或血型糖蛋白 B(MkMk)的个体则对入侵具有抵抗能力。血型糖蛋白是红细胞表面主要的含有唾液酸的糖蛋白，裂体性孢子可能含有唾液酸-结合蛋白，目前已经发现了两种唾液酸-结合蛋白，分别被命名为 EBA-175 和 MSA-1，它们具有明显不同的免疫性，可能具有不同的功能。半抗原抑制试验表明这两种蛋白质均可以特异性地结合唾液酸，由此说明(糖蛋白中的)唾液酸连接是重要的。

**表 36.4 疟疾致病原恶性疟原虫的生活史**

| |
|---|
| 子孢子由吸血过程的蚊子的唾液腺中释放出来，通过硫酸类肝素黏附介导进入宿主的肝细胞中 |
| 发育进入到前-红细胞阶段 |
| 细胞破裂，释放裂殖性芽孢 |
| 芽孢通过唾液酸识别黏附和侵入红细胞并且形成一个空泡 |
| 空泡中的芽孢变形形成滋养体，它可以消化血红蛋白产生疟(原虫)色素 |
| 成熟的滋养体进行裂殖生殖，产生子代裂殖性芽孢 |
| 经过几个裂殖生殖循环的裂殖性芽孢发育成性分化细胞(雄性和雌性配子体) |
| 配子母细胞在蚊子叮咬过程中进入蚊子体内 |
| 配子母细胞在蚊子的中肠变成雄性小配子和雌性小配子 |
| 雄性小配子和雌性小配子结合形成合子 |
| 合子转化成动合子，穿过小肠壁，转化成环状的卵母细胞 |
| 在卵母细胞内，由成孢子细胞发育成子孢子 |
| 子孢子由卵母细胞中释放，转移到唾液腺 |

由寄生虫合成的糖缀合物也可能在入侵过程具有重要作用。疟原虫可以合成游离的或者带有结合蛋白的 GPI 脂类，它们在结构上是不同的，其表达是受发育调节的(见第 10 章)。疟原虫合成的游离 GPI 脂类具有生物活性，能够促进宿主黏附分子(例如 I-CAM-1，V-CAM-1 以及人类脐带静脉血管内皮细胞的 E-选择素)的表达，这种活性通常通过酪氨酸磷酸化级联反应发生，后者可以被特异性的酪氨酸激酶拮抗剂阻断，但这一过程的特异的机制仍不清楚。

**表 36.5 主要的寄生虫及其糖结合蛋白**

| 寄生虫 | 发育阶段 | 蛋白质 | 专一性 |
|---|---|---|---|
| 恶性疟原虫 | 裂殖性芽孢 | EBA-175 | Neu5Acα2-3 Gal |
| | 裂殖性芽孢 | MSA-1 | Neu5Ac? |
| | 子孢子 | 环子孢子蛋白 | 硫酸类肝素 |
| 克鲁斯氏锥虫 | 锥型鞭毛虫 | 转唾液酸酶 | Neu5Acα2-3 Gal |
| | | 穿透蛋白 | 硫酸类肝素 |
| 溶组织性内变形虫 | 滋养体 | Gal/GalNAc 凝集素 | Gal/GalNAc |
| | | 220kDa 凝集素 | 壳三糖 |
| | | 80kDa | 聚透明质酸 |
| 兰伯氏贾第鞭毛虫 | 滋养体 | talin | 甘露糖-6-磷酸 |
| 小隐孢子虫 | 子孢子 | Gal/GalNAc 凝集素 | Gal/GalNAc |
| 角膜炎棘变形虫 | | 136kDa 甘露糖结合蛋白 | 甘露糖 |

## 锥虫病[11~18]

克鲁斯氏锥虫是恰斯氏病的致病原因，恰斯氏病是一种发生于南美洲的可感染多种组织系统的使人衰弱的疾病；冈比亚布鲁斯氏锥虫和罗德西亚布鲁斯氏锥虫则可导致人类的非洲嗜睡性疾病。但是某些布鲁斯氏锥虫的其他亚类并不感染人类，而是在非洲羚羊和其他一些反刍类动物中导致一种叫非洲(牛)锥虫病的疾病。布鲁斯氏锥虫可以自由生活于宿主动物的血液和淋巴中，始终直接暴露于宿主的免疫系统，然而，布鲁斯氏锥虫隐藏于宿主细胞中，在一定程度上可以避开宿主的免疫系统。图 36.1 显示了克鲁斯氏锥虫复杂的生活史。为了逃避宿主细胞的免疫攻击，布鲁斯氏锥虫在细胞质膜表面表达有高水平的 GPI-锚定的可变表面糖蛋白(variable surface glycoprotein，VSG)，每个细胞大约有 1 千万个拷贝(见第 10 章)。在感染期间不同的 VSG 基因表达可以导致可变表面糖蛋白的一级结构的周期性改变，它可以表达多达 1000 种不同的 VSG 蛋白，但是某一个时刻通常只有一种 VSG 蛋白表达。这样新出现的变异体当然不被宿主体内已经存在的抗体所识别，就产生了一种暂时性的免疫逃避。当宿主对这些变异体产生免疫能力并导致其死亡时，另一些新的不被宿主免疫系统识别的变异体又产生了，这一循环一直持续到宿主死亡为止。虽然其他一些锥虫也像所有的真核生物一样表达 GPI 锚蛋白，但是它们的核心结构因被修饰而有所不同(图 36.2)，在克鲁斯氏锥虫中表达的 GPI 锚蛋白是其有效寄生过程所必需的。通过布鲁斯氏锥虫 GPI-磷脂酶 C 的异源性表达诱导在克鲁斯氏锥虫中 GPI 缺乏，可以抑制其表面糖蛋白的表达，并降低其在被感染的动物体内的毒性。

正如在对疟原虫中讨论的那样，唾液酸对锥形鞭毛体和宿主细胞黏附的成功与否也是十分重要的。在此黏附过程中令人感兴趣的黏附分子是这种原生生物细胞表面通过 GPI 锚结合的转-唾液酸酶(trans-sialisadase)。这种酶能够发挥传统唾液酸酶的作用，但是还具有去除宿主糖缀合物上的唾液酸并将其转移到自身糖缀合物上的能力。这些观察结果解释了为什么这些寄生虫本身是唾液酸化的但是却缺乏传统的唾液酸转移酶的反常现象。此酶的活性对 α2,3 连接的唾液酸和与末端半乳糖残基的连接具有专一性。该唾液酸似乎保护寄生虫不被补体激活和抗体形成作用。由 cDNA 免疫而诱导产生的针对转-唾液酸酶的抗体能够对被免疫动物产生保护性免疫作用。锥形鞭毛体还含有一种分子量大约为 60kDa 的称为穿透蛋白 (pentrin)的表面肝素-结合蛋白，它可以和宿主细胞表面的硫酸类肝素分子相互作用。无鞭毛体的含有甘露糖的糖蛋白可能也是人类巨噬细胞甘露糖-结合蛋白的配体(见第 28 章)。

研究锥虫除了对深入了解它们的生物学具有明显的价值外，锥虫中 N-聚糖合成的研究对界定糖缀合物在糖蛋白合成中的一般功能也取得了丰硕成果。锥虫不能合成 Dol-P-Glc，而是合成一个脂类连接的寡糖供体 $Man_{6,7或9}$GlcNAc2-P-P-Dol(依据物种而不同)。与哺乳动物的酶不同，锥虫的寡糖基转移酶能有效地转移非葡萄糖基化的寡糖供体到新合成的糖蛋白的天冬酰胺残基上。然而，锥虫具有葡萄糖苷酶Ⅱ样活性，为 UDP-Glc：糖蛋白葡萄糖基转移酶所合成的葡萄糖基化 N-聚糖中脱葡萄糖基化所必需，这种酶活性是首次在这些寄生虫中被发现。新生糖蛋白的葡萄糖基化可能是对所有真核生物内质网中的分子伴侣(钙连蛋白/钙网蛋白，calnexin/calreticulin)辅助的糖蛋白折叠并排出内质网过程都是一个重要方面(见第 7 章)。

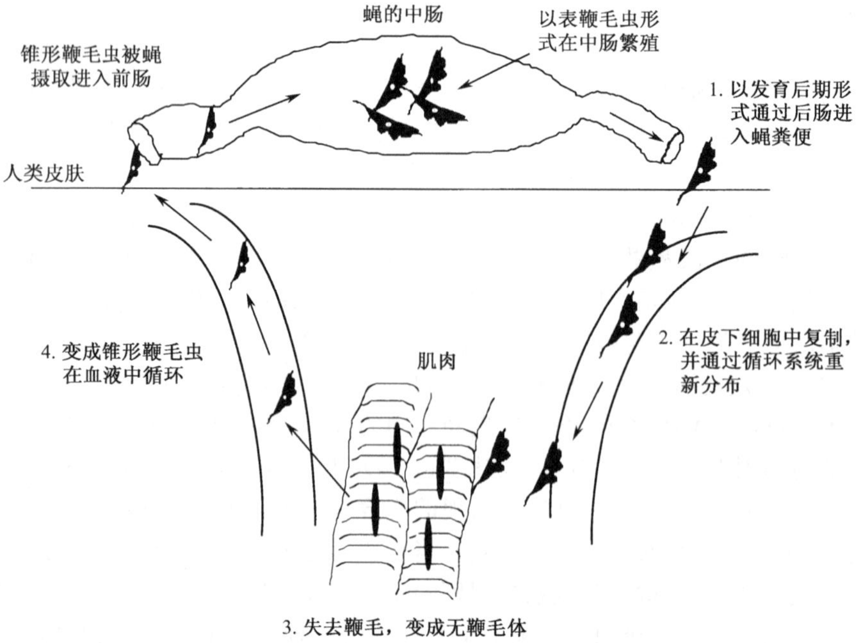


**图 36.1**　克鲁斯氏锥虫的生活史(经许可,引自[11]Adam 等,1971。)

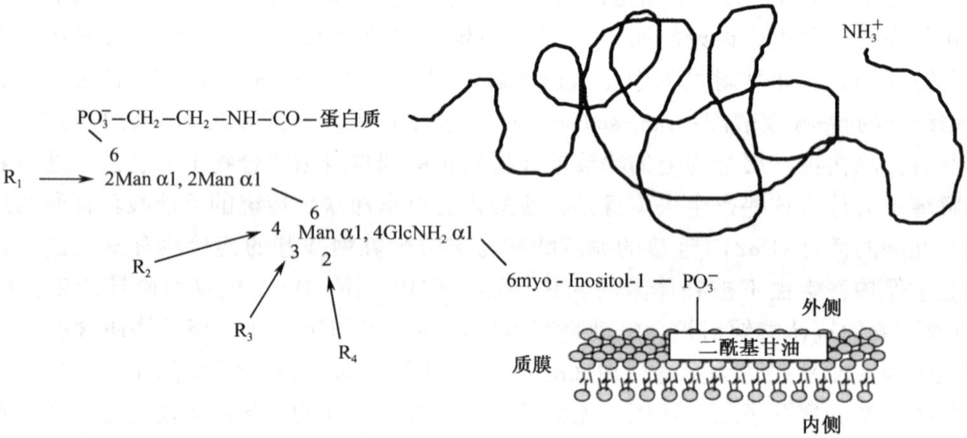


**图 36.2**　锥虫属和利什曼原虫属的 GPI 锚蛋白。在布鲁斯氏锥虫 VSG: $R_1$, $R_2$ 和 $R_4$ = OH, $R_3$ = α$Gal_{0-5}$; 脂类为二酰基甘油;在克鲁斯氏锥虫 1G7: $R_1$ = αMan, $R_2$, $R_3$ 和 $R_4$ = OH,脂类不确定;在大型利什曼原虫 PSP: $R_1$, $R_2$, $R_3$ 和 $R_4$ = OH 和脂类为烷基化/酰基化甘油。

## 利什曼病[19~24]

杜诺凡氏利什曼原虫是一种可以导致内脏利什曼病的原生寄生虫,其他种类的利什曼原虫则可以导致黏膜皮肤利什曼病(见书后彩图 36.3)。其前鞭毛体的表面覆盖有一种含大量甘露糖的大分子糖缀合物——磷酸聚糖。在杜诺凡氏利什曼原虫中，此聚糖主要出现在脂类磷酸聚糖上，并不与蛋白质相连，如图 36.4 所示。与此相反，墨西哥利什曼原虫的磷酸聚糖是连接到蛋白质的丝氨酸残基上的，如分泌的酸性磷酸酶(sAP)；在大型利什曼原虫，磷酸聚糖是通过丝氨酸连接到一个蛋白磷酸聚糖上的。杜诺凡氏利什曼原虫的脂多糖是由通过连续地加上甘露糖-1-磷酸(来自 GDP-甘露糖)和半乳糖(来自 UDP-半乳糖)而合成的，它是(宿主)巨噬细胞甘露糖受体识别和寄生虫进入巨噬细胞的重要配基。另外，杜诺凡氏利什曼原虫脂多糖能够抑制吞噬体和核内体的融合并防止被内吞寄生生物的溶解，杜诺凡氏利什曼原虫的脂多糖一般是寄生虫生存所必需的。发生基因突变的前鞭毛型利什曼原虫不能合成脂多糖，它虽然可以在体外正常生长，但是却不能在白蛉体内生长也不能感染巨噬细胞。尽管脂多糖的生物活性还不清楚，但是它可以抑制巨噬细胞中氧化呼吸所必需的蛋白激酶 C。因此，磷酸聚糖的所有功能可能是与允许寄生虫在被感染细胞空泡中的生存和自我复制有关。利什曼原虫的突变种中的一种，其甘露糖掺入脂多糖受到影响，经鉴定已知此突变种是在编码一种预测和膜运载体(可能为甘露糖运载体)同源的蛋白质的基因内发生突变(见第 6 章)。杜诺凡氏利什曼原虫脂多糖还有其他一些人们感兴趣的生物学活性，如它可激活 HIV-1 在类单核细胞中的复制，通过识别 NF-KB 结合位点的转录因子活化直接上调 HIV-1 在 T 细胞的表达。这些结果支持

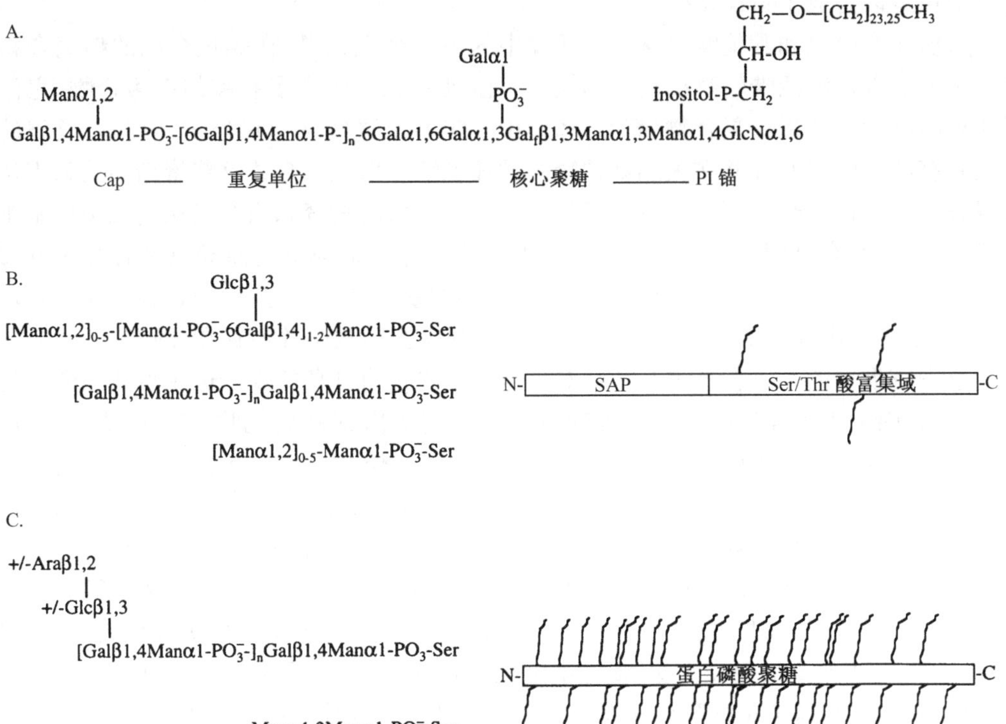


**图 36.4** 利什曼原虫的磷酸聚糖。(A)杜诺凡氏利什曼原虫 LPG；前循环的 LPG 含有大约 15 个重复单位；(B) 墨西哥利什曼原虫分泌酸性磷酸酶 (sAP)；(C) 大型利什曼原虫的蛋白磷酸聚糖(PPG)，磷酸聚糖(用波浪线表示)通过丝氨酸残基与 sAP 和 PPG 相连。

杜诺凡氏利什曼原虫可能是 HIV-1 病理发生的辅助因子的假说。总地来看，在利什曼虫属中表达的磷酸化聚糖可能是原生寄生虫中的最有力的防卫武器之一，因为这些寄生虫有可能感染宿主的巨噬细胞并在其中兴旺繁殖。

## 血吸虫病[25~45]

血吸虫病是由寄生的吸虫造成的，目前世界上主要存在有 3 种可以感染人类的吸虫(图 36.5)。吸虫的特点是雌雄成对生活在宿主血管内并且产下的卵吸附到血管内皮上。其卵可以寄生于宿主组织中，并且其中很多最终进入粪便并通过中间宿主钉螺继续生活，每一种不同的血吸虫的中间宿主是不相同的。血吸虫能够产生大量的膜结合的以及循环流动的岩藻糖化糖蛋白抗原。3 种值得注意的在血吸虫聚糖结构中发现的有抗原性的糖结构包括 Lewis X、LDN 和 LDNF，还有一些其他的结构(图 36.6)。总体来讲，岩藻糖化是大多数血吸虫糖缀合物的共同特点。有趣的是，其他一些蠕虫类寄生虫如细粒棘球绦虫、犬恶丝虫、捻转血矛吸虫，也可以合成含有 LDN 和 LDNF 的糖蛋白，同时还有其他岩藻糖化和木糖化的聚糖(图 36.7)。一般来讲，血吸虫表现出特别地富含糖结构如有长大阵列的糖鞘脂和大量糖蛋白的 O-和 N-聚糖。然而，在所有检测过的蠕虫类寄生虫中，只有血吸虫可以合成 Lewis X 抗原。

目前在血吸虫和其他蠕虫寄生虫研究中的另一个主题是，在蠕虫合成的糖缀合物中缺乏唾液酸以及唾液酸转移酶活性的缺失。血吸虫能合成许多有趣的糖缀合物，它们位于所谓的尾蚴多糖蛋白复合物(糖萼)和卵中。来源于这些寄生虫外皮、内脏以及卵的糖蛋白具有高度的抗原性并在被感染动物的循环系统中出现。多数这些聚糖结构的表达具有发育地、阶段特异性调节的特点，但是它们在寄生虫的发育和宿主发病过程中的基本作用仍然不清楚，有可能是不同的血吸虫种类因糖缀合物结构不同而导致具有许多方面不同的特点。例如：曼森氏血吸虫病糖鞘脂有延伸的双岩藻糖化寡糖，而这种末端双岩藻糖化的 N-乙酰半乳糖(GalNAc) 在日本血吸虫的糖鞘脂结构中并不存在(图 36.7)。

感染血吸虫的个体会产生一种针对 Lewis X 抗原的自身免疫。这在某种程度上是令人惊讶的，因为 Lewis X 抗原是一种哺乳动物共同的白细胞标记物 CD15(见第 16 章)。成熟蠕虫的外表具有粗糙的、有高度再生能力的合胞体外膜，可以抵抗补体的攻击。这是一个非常有趣的现象，因为血吸虫病的特点是针对糖抗原的强烈的体液免疫过程，但是免疫攻击对成熟虫体是无效的，除非同时应用了特效的治疗药物环吡异喹酮，这对有效的体液免疫是必须的。现有的证据表明寄生虫表达的 Lewis X 抗原可能在中和(抵御)宿主的细胞免疫作用过程中起重要作用。在慢性血吸虫感染过程中，$T_H2$ 的免疫反应(促进体液免疫)大大超过 $T_H1$ 的免疫反应(促进细胞免疫)。体外实验发现，对含有 Lewis X 的聚糖进行应答反应中，鼠 B-1 细胞分泌大量 IL-10，因为 IL-10 能够抑制动物体内 $T_H1$ 的免疫应答反应，Lewis X 抗原可能对血吸虫病早期阶段的 $T_H2$ 的免疫优势有一定贡献。

血吸虫卵合成的聚糖也可能参与对内皮的黏附并作为选凝素的配体，例如可溶解形式的 L-选凝素是一个在血管床表达的 C-型糖结合蛋白家族成员(见第 26 章)。令人惊异的是，有报道血吸虫自身也表达有与宿主细胞岩藻糖化聚糖相互作用的选凝素样分子。对来自血吸虫的具有不同抗原特性的糖缀合物的鉴定有助于设计新的血吸虫诊断方法；

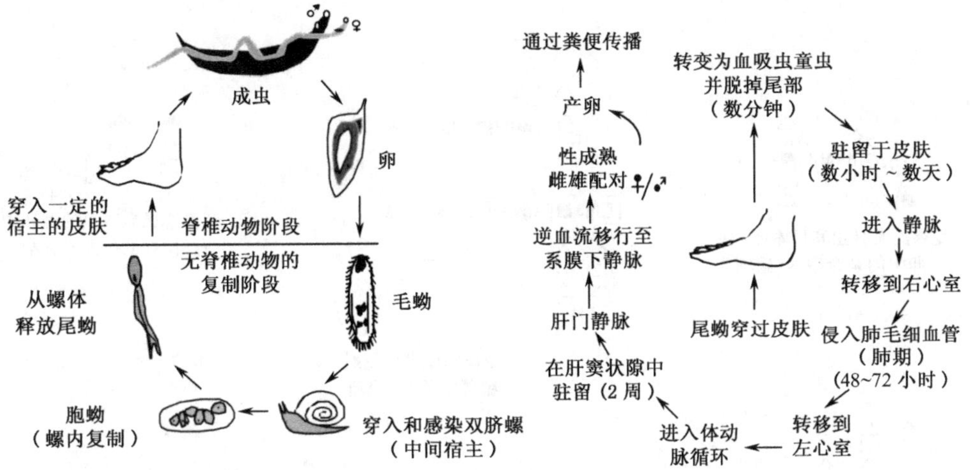


**图 36.5** 曼森氏血吸虫的生活史及其在脊椎动物宿主体内的移动。

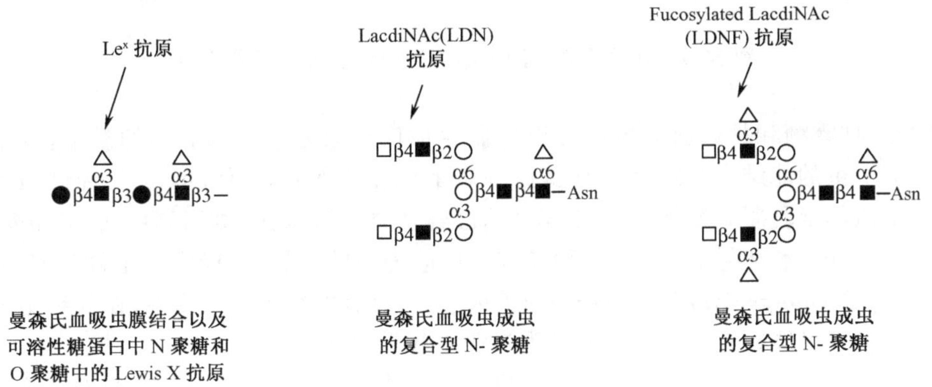


**图 36.6** 部分岩藻糖化的血吸虫糖缀合物。

另外，对血吸虫体内负责抗原性聚糖合成的糖基转移酶以及对它们在中间宿主钉螺体内某些酶特征的确定，也将有助于确定新的药物靶标和发展以糖为基础的疫苗。

## 其他寄生虫的糖生物学[46～57]

如上所述，糖缀合物和糖结合蛋白在不同寄生物感染宿主的过程中均起着重要作用。表 36.5 列出了几个例子。许多寄生性原生生物显然是利用糖结合蛋白作为和宿主-细胞黏附及入侵的主要机制(见第 28 章)。例如，主要引起阿米巴性腹泻的溶组织内阿米巴表达的主要糖蛋白之一，是一种识别 Gal/GalNAc 残基的凝集素，它导致滋养体对宿主细胞的黏附。随后宿主细胞发生接触依赖性的细胞溶解。能够导致严重的眼睛角膜上皮感染角膜炎的棘阿米巴虫也可以通过与凝集素相互作用而发生黏附。这种凝集素介导的角膜炎棘阿米巴虫对宿主细胞的黏附是靶细胞发生阿米巴诱导的胞吞的先决条件。此黏附作用通过一种甘露糖结合蛋白产生的，并可以被甘露糖 α1,3 甘露糖二糖高度抑制。令人感

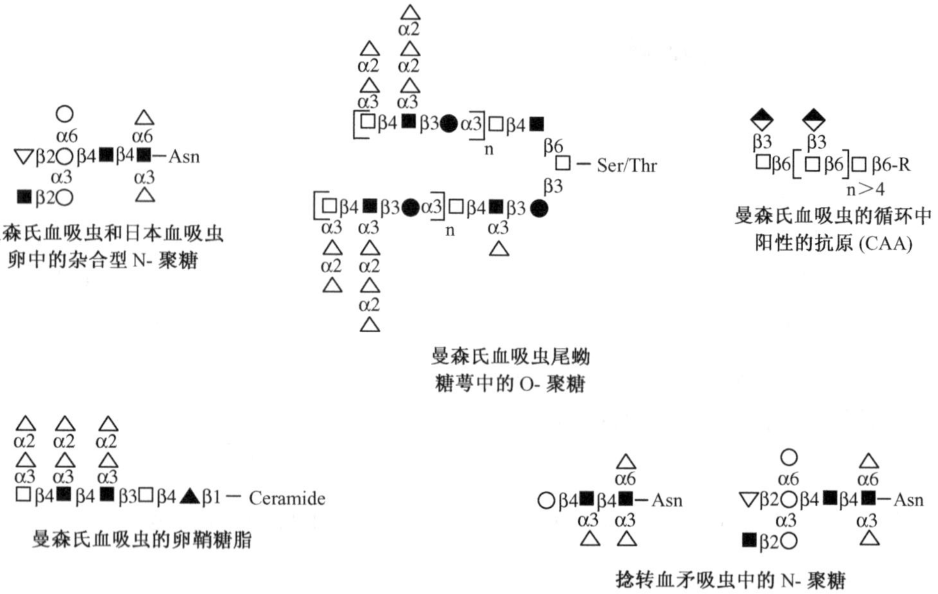


**图 36.7**　其他类型的血吸虫以及捻转血矛吸虫糖缀合物。

兴趣的是，甘露糖和甘露糖-6-磷酸可以抑制兰伯氏贾第鞭毛虫滋养体的黏附，其中一种来源于寄生虫的能结合甘露糖和甘露糖-6-磷酸的蛋白被命名为 talin。几种最初被认为是抗原蛋白的半乳凝素家族成员的 cDNA，已经从寄生性线虫(如背带线虫 *Teladorsagia circumcincta*)的体内克隆出来。一种具有免疫危害性的、偶尔感染宿主个体的寄生虫-小隐孢子虫( *Cryptosporidium parvum*)的子孢子体，具有红细胞凝集活性，在其细胞表面上的某种凝集素可能在对宿主细胞的黏附过程中起重要作用。

除了对于那些目前正在进行的寄生虫糖结合蛋白的研究之外，人们希望能够通过对寄生虫糖抗原的深入研究获得更多的信息，藉此开发新疫苗和新的诊断试剂。例如，由寄生性犬弓蛔虫和猫弓蛔虫幼虫合成的主要的复合糖抗原是包含 2-O-甲基岩藻糖和半乳糖残基的 O-甲基化三糖。肠道线虫——旋毛线形虫合成几种具有高度免疫原性的含有不常见的泰威糖(3,6-二脱氧-D-甘露糖)结构的糖蛋白。泰威糖是在旋毛线形虫幼虫体内复合型 N-聚糖中发现的，是被宿主体内抗体识别的重要抗原决定簇。宿主对这些聚糖的极强的免疫反应可以提供保护性免疫，驱除入侵的蠕虫寄生虫的幼虫。这种保护性免疫能力也可以由针对反刍动物肠道线虫捻转血矛吸虫生成的未定性糖抗原的抗体产生。

## 发展方向

尽管为确定和了解来自寄生虫的与寄生虫感染有关的凝集素和聚糖的作用，仍然有很多工作需要去做，目前收集到的信息已表明糖缀合物对多种原虫和蠕虫寄生物感染是极其重要的。在这个领域中未来的研究目标可能集中于发展阻断寄生虫糖缀合物合成的药物或者干扰宿主受体与寄生虫识别过程的药物。有关寄生虫表达的重要的糖结合蛋白和独特的糖缀合物的信息可能促进新型诊断检测方法的开发。此外，由于许多寄生虫表达和细胞黏附所需要的特殊凝集素,基于这些凝集素的疫苗可能在一定程度上会有效地限制感染。也可以开发针对已鉴定为有独特抗原性的,并对于寄生虫入侵有重要性的糖缀合物疫苗。

(葛常辉 译　　朱正美 校)

## 参 考 文 献

1. Schmidt G.D. and Roberts L.S. 1996. *Foundations of parasitology*, 5th edition, p. 2, Wm. C. Brown, New York.
2. Hoessli D.C., Davidson E.A., Schwarz R.T., and Nasir-ud-Din. 1996. Glycobiology of *Plasmodium falciparum:* An emerging area of research. *Glycoconj. J.* **13:** 1–3.
3. Camus D. and Hadley T.J. 1985. A *Plasmodium falciparum* antigen that binds to host erythrocytes and merozoites. *Science* **230:** 553–556.
4. Shakibaei M. and Frevert U. 1996. Dual interaction of the malaria circumsporozoite protein with the low density lipoprotein receptor-related protein (LRP) and heparan sulfate proteoglycans. *J. Exp. Med.* **184:** 1699–1711.
5. Pancake S.J., Holt G.D., Mellouk S., and Hoffman S.L. 1992. Malaria sporozoites and circumsporozoite proteins bind specifically to sulfated glycoconjugates. *J. Cell Biol.* **117:** 1351–1357.
6. Schofield L., Novakovic S., Gerold P., Schwarz R.T., McConville M.J., and Tachado S.D. 1996. Glycosylphosphatidylinositol toxin of *Plasmodium* up-regulates intercellular adhesion molecule-1, vascular cell adhesion molecule-1, and E-selectin expression in vascular endothelial cells and increases leukocyte and parasite cytoadherence via tyrosine kinase-dependent signal transduction. *J. Immunol.* **156:** 1886–1896.
7. Clark D.L., Su S., and Davidson E.A. 1997. Saccharide anions as inhibitors of the malaria parasite. *Glycoconj. J.* **14:** 473–479.
8. Schmidt A., Schwarz R.T., and Gerold P. 1998. *Plasmodium falciparum:* Asexual erythrocytic stages synthesize two structurally distinct free and protein-bound glycosylphosphatidylinositols in a maturation-dependent manner. *Exp. Parasitol.* **88:** 95–102.
9. el Moudni B., Philippe M., Monsigny M., and Schrevel J. 1993. N-acetylglucosamine-binding proteins on *Plasmodium falciparum* merozoite surface. *Glycobiology* **3:** 305–312.
10. Ward H.D. 1997. Glycobiology of parasites: Role of carbohydrate-binding proteins and their ligands in the host-parasite interaction. In *Glycosciences: Status and perspectives* (ed. Gabius H.J. and Gabius S.), pp. 399–413. Chapman and Hall, Weinheim, Germany.
11. Adam K.M.G., Paul J., and Zaman V. 1971. *Medical and veterinary protozoology: An illustrated guide.* Churchill Livingston, Edinburgh, United Kingdom.
12. Schenkman S., Eichinger D., Pereira M.E.A., and Nussenzweig V. 1994. Structural and functional properties of *Trypanosoma cruzi* trans-sialidase. *Annu. Rev. Microbiol.* **48:** 499–523.
13. Kahn S.J., Wleklinski M., Ezekowitz R.A., Coder D., Aruffo A., and Farr A. 1996. The major surface glycoprotein of *Trypanosoma cruzi* amastigotes are ligands of the human serum mannose-binding protein. *Infect. Immun.* **64:** 2649–2656.
14. Costa F., Franchin G., Pereira-Chioccola V.L., Ribeirao M., Schenkman S., and Rodrigues M.M. 1998. Immunization with a plasmid DNA containing the gene of trans-sialidase reduces *Trypanosoma cruzi* infection in mice. *Vaccine* **16:** 768–74.
15. Mehlert A., Zitzmann N., Richardson J.M., Treumann A., and Ferguson M.A. 1998. The glycosylation of the variant surface glycoproteins and procyclic acidic repetitive proteins of *Trypanosoma brucei. Mol. Biochem. Parasitol.* **91:** 145–152.
16. Parodi A.J. 1993. N-glycosylation in trypanosomatid protozoa. *Glycobiology* **3:** 193–199.
17. Ribeirao M., Pereira-Chioccola V.L., Eichinger D., Rodrigues M.M., and Schenkman S. 1997. Temperature differences for trans-glycosylation and hydrolysis reaction reveal an acceptor binding site in the catalytic mechanism of *Trypanosoma cruzi* trans-sialidase. *Glycobiology* **7:** 1237–1246.
18. Garg N., Postan M., Mensa-Wilmot K., and Tarleton R.L. 1997. Glycosylphosphatidylinositols are required for the development of *Trypanosoma cruzi* amastigotes. *Infect. Immun.* **65:** 4055–4060.

19. Mengeling B.J., Beverley S.M., and Turco S.J. 1997. Designing glycoconjugate biosynthesis for an insidious intent: Phosphoglycan assembly in *Leishmania* parasites. *Glycobiology* **7:** 873–880.
20. Ma D., Russell D.G., Beverley S.M., and Turco S.J. 1997. Golgi GDP-mannose uptake requires *Leishmania* LPG2. A member of a eukaryotic family of putative nucleotide-sugar transporters. *J. Biol. Chem.* **272:** 3799–3805
21. Bernier R., Barbeau B., Tremblay M.J., and Olivier M. 1998. The lipophosphoglycan of *Leishmania donovani* up-regulates HIV-1 transcription in T cells through the nuclear factor-κB elements. *J. Immunol.* **160:** 2881–2888.
22. Mengeling B.J. and Turco S.J. 1998. Microbial glycoconjugates. *Curr. Opin. Struct. Biol.* **8:** 572–577.
23. Smith D.F. and Rangarajan D. 1995. Cell surface components of *Leishmania*: Identification of a novel parasite lectin? *Glycobiology* **5:** 161–166.
24. Opat A., Ng K., Currie G., Handman E., and Bacic A. 1996. Characterization of lipophosphoglycan from a ricin-resistant mutant of *Leishmania major*. *Glycobiology* **6:** 387–397.
25. Cummings R.D. and Nyame A.K. 1996. Glycobiology of schistosomiasis. *FASEB J.* **10:** 838–848.
26. Ko A.I, Drager U.C., and Harn D.A. 1990. A *Schistosoma mansoni* epitope recognized by a protective monoclonal antibody is identical to the stage-specific embryonic antigen 1. *Proc. Natl. Acad. Sci.* **87:** 4159–4163.
27. Velupillai P. and Harn D.A. 1994. Oligosaccharide-specific induction in interleukin 10 production by B22$^+$ cells from schistosome-infected mice: A mechanism for regulation of CD4$^+$ T-cell subsets. *Proc. Natl. Acad. Sci.* **91:** 18–22.
28. Khoo K.H., Chatterjee D., Caulfield J.P., Morris H.R., and Dell A. 1997. Structural characterization of glycophingolipids from the eggs of *Schistosoma mansoni* and *Schistosoma japonicum*. *Glycobiology* **7:** 653–661.
29. Khoo K.H., Nieto A., Morris H.R., and Dell A. 1997. Structural characterization of the N-glycans from *Echinococcus granulosus* hydatid cyst membrane and protoscoleces. *Mol. Biochem. Parasitol.* **86:** 237–248.
30. Halkes K.M., Vermeer H.J., Slaghek T.M., van Hooft P.A., Loof A., Kamerling J.P., and Vliegenthart J.F. 1998. Preparation of spacer-containing di-, tri-, and tetrasaccharide fragments of the circulating anodic antigen of *Schistosoma mansoni* for diagnostic purposes. *Carbohydr. Res.* **309:** 175–188.
31. van den Eijnden D.H., Neeleman A.P., Bakker H., and van Die I. 1998. Novel pathways in complex-type oligosaccharide synthesis. New vistas opened by studies in invertebrates. *Adv. Exp. Med. Biol.* **435:** 3–7.
32. DeBose-Boyd R., Nyame A.K., and Cummings R.D. 1996. *Schistosoma mansoni:* Characterization of an α1-3 fucosyltransferase in adult parasites. *Exp. Parasitol.* **82:** 1–10.
33. Marques E.T., Jr., Weiss J.B., and Strand M. 1998. Molecular characterization of a fucosyltransferase encoded by *Schistosoma mansoni*. *Mol. Biochem. Parasitol.* **93:** 237–250.
34. Hokke C.H., Neeleman A.P., Koeleman C.A., and van den Eijnden D.H. 1998. Identification of an α3-fucosyltransferase and a novel α2-fucosyltransferase activity in cercariae of the schistosome *Trichobilharzia ocellata:* Biosynthesis of the Fucα1-2Fucα1-3[Gal(NAc)β1-4]GlcNAc sequence. *Glycobiology* **8:** 393–406.
35. Srivatsan J., Smith D.F., and Cummings R.D. 1992. *Schistosoma mansoni* synthesizes novel biantennary Asn-linked oligosaccharides containing terminal β-linked N-acetylgalactosamine. *Glycobiology* **2:** 445–452.
36. Neeleman A.P., van der Knaap W.P., and van den Eijnden D.H. 1994. Identification and characterization of a UDP-GalNAc:GlcNAc β-R β1→4-N-acetylgalactosaminyltransferase from cercariae of the schistosome *Trichobilharzia ocellata*. Catalysis of a key step in the synthesis of N,N′-diacetyllactosediamino (lacdiNAc)-type glycans. *Glycobiology* **4:** 641–651.
37. Trottein F., Nutten S., Papin J.P., Leportier C., Poulain-Godefroy O., Capron A., and Capron M. 1997. Role of adhesion molecules of the selectin-carbohydrate families in antibody-dependent cell-mediated cytoxicity to schistosome targets. *J. Immunol.* **159:** 804–811.
38. Velupillai P., Secor W.E., Horauf A.M., and Harn D.A. 1997. B-1 cell (CD5$^+$B220$^+$) outgrowth in murine schistosomiasis is genetically restricted and is largely due to activation by polylactosamine sugars. *J. Immunol.* **158:** 338–344.
39. van Lieshout L., Polderman A.M., Visser L.G., Verwey J.J., and Deelder A.M. 1997. Detection of the circulating antigens CAA and CCA in a group of Dutch travellers with acute schistosomiasis. *Trop. Med. Int. Health* **2:** 551–557.

40. van Dam G.J., Bergwerff A.A., Thomas-Oates J.E., Rotmans J.P., Kamerling J.P., Vliegenthart J.F.G., and Deelder A.M. 1994. The immunologically reactive O-linked polysaccharide chains derived from circulating cathodic antigen isolated from the human blood fluke *Schistosoma mansoni* have Lewis x as repeating unit. *Eur. J. Biochem.* **225:** 467–482.
41. El Ridi R., Velupillai P., and Harn D.A. 1996. Regulation of schistosome egg granuloma formation: Host-soluble L-selectin enters tissue-trapped eggs and binds to carbohydrate antigens on surface membranes of miracidia. *Infect. Immun.* **64:** 4700–4705.
42. Bergwerff A.A., van Dam G.J., Rotmans J.P., Deelder A.M., Kamerling J.P., and Vliegenthart J.F.G. 1994. The immunologically reactive part of immunopurified circulating anodic antigen from *Schistosoma mansoni* is a threonine-linked polysaccharide consisting of →6)-β-D-Glc*p*A-(1→3))-β-D-Gal*p*NAc-(1→ repeating units. *J. Biol. Chem.* **269:** 31510–31517.
43. Haslam S.M., Coles G.C., Reason A.J., Morris H.R., and Dell A. 1998. The novel core fucosylation of *Haemonchus contortus* N-glycans is stage specific. *Mol. Biochem. Parasitol.* **93:** 143–147.
44. Haslam S.M., Coles G.C., Munn E.A., Smith T.S., Smith H.F., Morris H.R., and Dell A. 1996. *Haemonchus contortus* glycoproteins contain N-linked oligosaccharides with novel highly fucosylated core structures. *J. Biol. Chem.* **271:** 30561–30570.
45. Nyame A.K., Debose-Boyd R., Long T.D., Tsang V.C., and Cummings R.D. 1998. Expression of $Le^x$ antigen in *Schistosoma japonicum* and *S. haematobium* and immune responses to Lex in infected animals: Lack of Lex expression in other trematodes and nematodes. *Glycobiology* **8:** 615–624.
46. Reason A.J., Ellis L.A., Appleton J.A., Wisnewski N., Grieve R.B., McNeil M., Wassom D.L., Morris H.R., and Dell A. 1994. Novel tyvelose-containing tri- and tetra-antennary N-glycans in the immunodominant antigens of the intracellular parasite *Trichinella spiralis*. *Glycobiology* **4:** 593–603.
47. Petri W., Jr. and Mann B.J. 1993. Molecular mechanisms of invasion by *Entamoeba histolytica*. *Semin. Cell Biol.* **4:** 305–313.
48. Farhing J.J, Pereira M.E., and Keusch G.T. 1986. Description and characterization of a surface lectin from *Giardia lamblia*. *Infect. Immun.* **51:** 661–667.
49. Cao Z., Jefferson D.M., and Panjwani N. 1998. Role of carbohydrate-mediated adherence in cytopathogenic mechanisms of *Acanthamoeba*. *J. Biol. Chem.* **273:** 15838–15845.
50. Joe A., Verdon R., Tzipori S., Keusch G.T., and Ward H.D. 1998. Attachment of *Cryptosporidium parvum* sporozoites to human intestinal epithelial cells. *Infect. Immun.* **66:** 3429–3432.
51. Ward H.D., Feusch G.T., and Pereira M.A.E. 1990. Induction of a phosphomannosyl binding activity in *Giardia*. *BioEssays* **12:** 211–215.
52. Katelaris P.H., Naeem A., and Farthing M.J. 1995. Attachment of *Giardia lamblia* trophozoites to a cultured human intestinal cell line. *Gut* **37:** 512–518.
53. Thea D.M., Pereira M.E., Kotler D., Sterling C.R., and Keusch G.T. 1992. Identification and partial purification of a lectin on the surface of the sporozoite of *Cryptosporidium parvum*. *Parasitology* **78:** 886–893.
54. Yi D., Lee R.T., Longo P., Boger E.T., Lee Y.C., Petri W.A. Jr., and Schnaar R.L. 1998. Substructural specificity and polyvalent carbohydrate recognition by the *Entamoeba histolytica* and rat hepatic N-acetylgalactosamine/galactose lectins. *Glycobiology* **8:** 1037–1043.
55. Khoo K.H., Maizels R.M., Page A.P., Taylor G.W., Rendell N.B., and Dell A. 1991. Characterization of nematode glycoproteins: The major O-glycans of *Toxocara* excretory-secretory antigens are O-methylated trisaccharides. *Glycobiology* **1:** 163–171.
56. Jasmer D.P., Perryman L.E., Conder G.A., Crow S., and McGuire T. 1993. Protective immunity to *Haemonchus contortus* induced by immunoaffinity isolated antigens that share a phylogenetically conserved carbohydrate gut surface epitope. *J. Immunol.* **151:** 5450–5460.
57. Newton S.E., Monti J.R., Greenhalgh C.J., Ashman K., and Meeusen E.N. 1997. cDNA cloning of galectins from third stage larvae of the parasitic nematode *Teladorsagia circumcincta*. *Mol. Biochem. Parasitol.* **86:** 143–153.
58. Zaman V. and Keong L.A. 1989. *Handbook of medical parisitology*, 2nd edition, p. 35. K.C. Ang Publishing Pte Ltd., Singapore.


本章初稿由 R. D. Cummings(俄克拉荷马大学医学科学中心)编写。

# 第 37 章　人类疾病中的获得性糖基化改变



有几种人类疾病状态涉及后天获得性(非遗传性)的糖基化和/或聚糖识别改变。本章讨论某些疾病状况并探讨改变的机理以及聚糖的病理生理作用,凡遇到有相关的有潜在治疗意义的信息都会提到。有关的细节则在别处阐述,如肿瘤的糖基化改变(见 35 章),由于遗传基因失常导致的人类病理学在 32 章分别讨论。

## 心血管内科病学

### 1.选凝素在心肌再灌流损伤中的作用[1]

许多种常见的心血管失常(如中风、心肌梗死和低血容量性休克)的特点是在一段时间内血流减少或中断,然后通过机体自身机制或在临床干预下血流恢复而发生再灌流。尽管再灌流可补求(rescue)组织永久性的缺氧性坏死,但进入再灌流区域的白细胞终将通过一系列"级联事件(event)"引起组织实质性损伤。位于再灌流区域内活化的血管内皮细胞上的 P-选凝素和白细胞上的 L-选凝素在介导级联的初始步骤上起关键作用(见第 26 章)。动物模型研究的大量资料表明:阻断以此选凝素为识别基础的初始步骤,可显著减轻组织的继发性损伤。一些药厂和生物技术公司的主要目标就是研制可用于病人治疗的起阻断作用的小分子抑制剂(关于作为选凝素抑制剂的小分子聚糖的合成见第 26 和 40 章)。

### 2.选凝素、糖胺聚糖和唾液酸在血管粥样硬化中的作用[1~7]

低密度脂蛋白(LDL)中胆固醇含量升高,以及高密度脂蛋白(HDL)中胆固醇含量降低,与大动脉发生粥样硬化的危险度增加有关,这也是引起心脏病发作、中风和其他重症的主要原因。动脉发生粥样硬化的最早时相变化(脂肪条斑)涉及单核细胞进入血管内皮下区域,而该过程与内皮细胞 P-选凝素的表达有关已得到证实。P-选凝素可识别循环中单核细胞上的 PSGL-1。实际上,LDL 受体缺陷小鼠在无 P-选凝素情况下,其病理过程进展缓慢,并且在 P-选凝素和 E-选凝素均缺乏的情况下,病理过程进展更加缓慢。P-选凝素表达的诱导可能是来源于 LDL 颗粒和/或粥样硬化早期的炎症反应中氧化型脂类。对于就此过程进行干预是否合适有待于进一步探讨,因为早期病变可能进展相当缓慢,并且出现年龄早。

一般认为 LDL 在内皮下早期斑块中的滞留,至少一部分原因与它们同蛋白聚糖的相互作用有关。这种相互作用引起 LDL 结构不可逆的改变,使巨噬细胞和平滑肌细胞对其氧化和摄取能力增强。从分子水平上看,载脂蛋白 B(APO-B)(LDL 的蛋白部分)中含有的一连串的碱性氨基酸被认为与蛋白聚糖中带负电的糖胺聚糖结合。一些报道还表明:冠状动脉粥样硬化病人伴有 LDL 唾液酸化程度降低,这个发现的病理生理意义及机制尚不清楚。一种假说是去唾液酸 LDL 更容易被吸收和掺入到动脉粥样硬化斑块中。然而,关于这种说法也有相背的文献报道。

## 皮肤病学:选凝素在皮肤炎性疾病中的作用[8~12]

有些皮肤炎性疾病,如特异反应性皮炎和接触性皮炎均以白细胞进入真皮为特点,并具有招募其他型的细胞和介导组织损伤的致病源性作用。这类皮肤损害经常与内皮细胞上 E-选凝素的慢性、持续性表达有关。另有证据表明:E-选凝素可召募带有皮肤淋巴细胞抗原的淋巴细胞,该抗原(可用抗体 HECA452 探知)该抗原似乎是作为一种特异的 E-选凝素配体表位(epitope),是被 PSGL-1 分子的亚型所携带的(见 26 章)。还有一些证据表明:一些 $T_{H1}$ 淋巴细胞通过表达 P-选凝素的 PSGL-1 配体被招募到皮肤。许多这些观察均来自实验模型,而对选凝素所介导过程的治疗性干预尚未被深入探讨。

## 内分泌病学和代谢病:糖基化变更和糖尿病并发症[13~20]

糖尿病是一种由胰岛素作用相对或绝对欠缺(lack)导致的糖代谢失调性疾病。它伴有典型的长期(long-term)血管和神经系统并发症。体液中高水平(level)的葡萄糖可加速一种人们熟知的正常反应过程,即开链(醛式)葡萄糖随机与各种蛋白质上的赖氨酸残基反应,生成可逆的西夫式(Schiff)碱。随后的长时间中,有些加合物经历不可逆的Amadori重排,然后再经过一系列“棕色形成(browning)”(Maillard)反应,进入病情加重的(advanced)糖化终产物的形成。这样产生的蛋白交联对细胞功能有损伤,这些加合物(adduct)可能被某些受体(例如,巨噬细胞清除剂(scavenger)受体识别,该受体可能参与粥样硬化形成过程)。从理论上讲,这是一个正常的衰老过程,但在未控制性糖尿病的慢性、持续性高血糖症中其进程加速。有必要从机理和词义上区分这个非酶性糖化(glycation)或葡糖基化(glucosylation)和酶促性糖基化(glycosylation),后者正常情况下是在高尔基体中发生的,利用糖基转移酶和糖核苷酸代谢的反应。

另一种在糖尿病中值得注意的代谢变化是由于过剩的葡萄糖经葡糖胺、果糖胺基转移酶生成 UDP-GlcNAc 的量增加(GFAT 途径)。目前的假说是胞液内此种 UDP-GlcNAc

的增加可引起细胞核及胞液内糖蛋白中 O-GlcNAc 水平(level)的继发性增加(见第 13 章)。

肾病是一种糖尿病的并发症,致死率极高。其病程初期开始是低水平的白蛋白分泌出来或称微白蛋白尿(microalbuminuria),进而转化为症状明显的(frank)大白蛋白尿症(macroal-buminuria),最终,由肾病综合征和肾小球滤过功能降低发展为终末期肾病。蛋白尿与肾小球基底膜硫酸类肝素蛋白聚糖含量降低有关,其基础(underlying)的机制可能涉及肾小球上皮细胞硫酸类肝素的合成减少,这又可能是由于肾小球上皮细胞周围葡萄糖升高所致。有证据表明:N-去乙酰化酶:N-硫酸基转移酶在硫酸类肝素合成中起关键作用,在未控制的重症糖尿病动物中酶活性下降,人们认为由此产生阴离子降低和硫酸类肝素蛋白聚糖缺失影响了肾小球基底膜的通透性。

## 胃肠病学

### 1.肠上皮聚糖在胃肠道感染中的作用[21～26]

大多数胃肠道内的致病菌是通过识别聚糖结构与肠黏膜相互作用的(见第 28 章)。最典型的例子是霍乱毒素(与 $G_{M1}$ 神经节苷脂结合)及幽门螺杆菌(*Helicobacter pylori*)(与胃内多种聚糖结合)所引起的消化性溃疡和肠炎。目前的一个设想是以口服可溶性的聚糖抑制剂来阻断这些肠道致病菌的侵袭。从这点上考虑,对消化性溃疡的传统治疗中应用抗酸剂和乳品(含大量游离的唾液酸寡糖)的联合治疗是很有意义的。

### 2.溃疡性结肠炎中唾液酸 O-乙酰化的改变[27]

溃疡性结肠炎是累及直肠浅表上皮层及远端结肠的炎性病变,经常复发并加重,病因尚不清楚。正常结肠黏膜中的唾液酸是高度 O-乙酰化的,患者的肠黏膜中则失去了这种修饰,而这是否具有病因意义尚不清楚,但这种修饰的确使唾液酸对细菌唾液酸酶的抵抗力增强。

## 血液病学

### 1.循环中硫酸类肝素引起的获得性抗凝作用[28]

在某些情况下,如肝硬化及肝细胞癌病人常会自发的将一种抗凝物质分泌到循环的血中。从异常凝血试验结果分析看,病人似乎处于肝素化状态。这种抗凝物已从血浆中纯化出来并证实为硫酸类肝素 GAG,而它真正的分泌源尚未确定。治疗也经常因为内在病因的判断问题而感到棘手。

### 2.肝癌和肝病中血浆纤维蛋白原的糖基化异常[29～32]

血浆纤维蛋白原是高度唾液酸化的,而唾液酸参与了与钙的结合。已知一些血浆纤维蛋白原的先天性异常,与影响凝血功能的 N-聚糖糖基化变更有关。肝癌及其他肝病病人也经常表现为 N-聚糖的数目和/或分支增加,继而使整个分子唾液酸的含量升高。在临床上表现为出血及伴有凝血酶时间延长。

**3.阵发性夜间血红蛋白尿**[33,34]

这种不寻常方式的获得性溶血性贫血病常出现于成人。其缺陷是通过骨髓干细胞的体细胞突变而引起一种或多种异常的克隆。此种缺陷是由于参与 GPI 锚合成初步的 PIG-A 基因和 X-连锁基因座的单考贝被灭活(inactivation)、(关于 GPI 锚合成的细节见第 10 章)。虽然有几种血细胞型显示不正常,但以红细胞的缺陷最突出。其特征是对补体有不正常的感受性。现在已知是由于某些 GPI-锚定蛋白表达的欠缺(lack)。例如衰减加速因子,它正常地在"自我"表面调低补体的激活。

**4.阵发性寒冷性血红蛋白尿**[35]

患这种少见的失常病人的症状是冷诱导的血管内红细胞破坏(溶血)。导致溶血的是循环中存在的有针对 P 血型系统的红细胞 IgG 抗体,发病机制尚不清楚,但容易继发于某些病毒感染和梅毒。IgG 抗体可经多-兰(Donath-Landsteiner)试验检测到,在该试验中,将病人血清或与正常人的血清与病人自身红细胞混合,先使其冷却至 4℃, 然后再加热到 37℃,溶血现象即发生。

**5.冷凝集素病**[36~41]

冷凝集素病是由针对红细胞表面聚糖的自身免疫抗体 IgM 引起的。病人血清中出现高滴度的 IgM 凝集素,在 4℃时活性最高。推测这种 IgM 与躯体外周组织温度低的血流中的红细胞反应。抗体与补体结合,然后当细胞随血流到达体内温度高的区域时,使红细胞破坏。此病有 n 个变种(variant),一种是发生于青壮年,继发于肺炎支原体(*Mycoplasma pneumoniae*)或 EB 病毒(Epstein-Barr virus)感染后(感染性单核细胞增多症)。这种抗体针对所谓的 i 抗原(多聚乳糖胺)。为多克隆抗体,且一般存在时间短。因为已知肺炎支原体本身具有识别多聚乳糖胺的受体,推测抗体产生于针对抗肺炎支原体结合位点的初期抗体的镜像抗独特型抗体反应(mirror-image anti-idiotypic reaction)。有一种较更常见的冷凝集素症独特性变种,影响老年个体,它涉及单克隆抗体 IGM,并且可能是某些症状的前驱或伴随症,其他症状如淋巴细胞增生症,像 Waldestrom's 巨球蛋白血症,慢性淋巴细胞白血症,或其他淋巴瘤等症。这些抗体典型地针对 I 抗体(β-16 分枝的多聚乳糖胺)。还有一些不大常见的冷凝集素症变种,它们表达的抗体针对唾液酸化的乳糖胺。在某些慢性血透析病人中,该症状是由于形成针对唾液酸化血型抗原 N 的抗体。

**6.Tn 多凝集素综合征**[42~44]

Tn 多凝集素综合征是当骨髓生成的血细胞表达 Tn 抗原(O-连接 N-乙酰半乳糖胺,GalNAc α1-O-Ser/Thr)及唾液酸化 Tn(Sia α2-6GalNAc α1-O-Ser/Thr)时产生的一种获得性疾病,并对在大多数正常人血清中自然存在的抗 Tn 抗体引起的血液凝集反应敏感。这种缺陷为不完全型,一些循环细胞甚至还表达较完整的唾液酸化的三糖和四糖 O-聚糖。这些现象通过发现了源于干细胞的获得性的 O-聚糖核心型 β1-3 半乳糖基转移酶活性表达丧失得以很好的解释。最近,对两例本症患者已进行了详尽的研究,结果表明患者该酶的一个功能性等位基因受阻遏。因而,在培养淋巴母细胞中加 5-氮胞苷或丁酸盐处理时产生酶表达的去阻遏作用(最近,至少 5 个不同的基因编码基因座的发现使对这个实验的解释变得复杂化了)。患本综合征病人的症状广泛多样,一些人由于其红细胞中有多凝集能力,在需要输血时,通过血型检查即可简单地被检出。另一些有不同程度的溶血性贫血和/或其他型的血细胞减少。一些病人可随后发展为症状明显的(frank)白血病。还不清楚如何从原发症状预测其恶转的倾向。

**7.遗传性红细胞多核症酸化血清试验阳性**[45~50]

Hereditary Erythrocytic Multinucleavity with Postive Acidified Serurn Test (HEMPAS)

HEMPAS 综合征是先天性红细胞生成障碍性贫血的一种形式(form)(CDA Ⅱ型),其诊断是依据骨髓中出现多核性幼红细胞,并且此血细胞在酸性血清中发生溶血(哈姆试验)。一般不影响患者生存年龄,尽管随年龄增加出现并发症,包括肝肿大、黄疸、胆囊结石或糖尿病。病情严重时,脾摘除可缓解贫血状况。HEMPAS 的红细胞系显示有糖基化变更,此变更涉及复合型 N-聚糖的丢失和杂合型 N-聚糖的增加。并且,糖鞘脂上的多聚乳糖胺大量增加。尽管此病似乎起源于基因,但还不清楚它是否为一种原发性的糖基化异常遗传缺陷(见第 32 章)。在许多 HEMPAS 病例中观察到了 α-甘露糖苷酶Ⅱ和/或 GlcNAcT-Ⅱ酶表达降低。曾有一例 α-甘露糖苷酶Ⅱ RNA 减少的报道,但尚未见 α-甘露糖苷酶 II 或 GlcNAcT-Ⅱ基因突变的报道。α-甘露糖苷酶缺乏的小鼠模型(见第 7 章和 33 章)确实出现 HEMPAS 的某些表型,提示了红细胞系特异的 α-甘露糖苷酶Ⅱ的功能。然而,在小鼠模型中仅观察到一少部分人类 HEMPAS 的典型症状。对 6 个家庭(每个家庭的孩子中有两个或两个以上患有 HEMPAS)进行了调查,连锁分析排除 α-甘露糖苷酶Ⅱ,α-甘露糖苷酶Ⅱx/Ⅲ,或 GlcNAcT-Ⅱ(见第 7 章)作为"候选" 基因的可能性,并提示有染色体 20q11 的原发性的基因损伤,也有人认为转录因子或全部 3 个酶表达的调节机制有所变更。

**8.溶血性输血反应**

非正常的输血过程揭示出由乳糖胺特异的 αGalNAc 转移酶不同等位基因控制的 ABO 血型系统的存在(详见第 16 章)。这些以及其他一些不太突出的糖抗原是许多血型测定失误,发生溶血性输血反应时的肇事者。

## 免疫病和风湿病学

**1.类风湿关节炎的 IgG 糖基化改变**[51~54]

循环中 IgG 类免疫球蛋白含有多个 N-聚糖。据报道,其中位于人 IgG 恒区($C_{H2}$或 Fc)上的聚糖有以下多种特点。首先,聚糖掩藏于两个恒区的折叠之间。第二,它们常常是由于糖-蛋白的相互作用而充分固定化,这一点使得它们在蛋白晶体结构分析中可见到(大部分的聚糖在其晶体结构中见不到)。第三,尽管它们被加工成二天线的复合型 N-聚糖,但几乎从未成为完整的唾液酸化的分子,而大多数分子反而留存一个或多个末端 β-连接的半乳糖残基(所谓的 $G_1$ 和 $G_2$ 分子)。以前曾注意到在称为类风湿关节炎的慢性全身性疾病病人中,血清大部分 IgG 分子中的 N-聚糖半乳糖基化降低,有些甚至无半乳糖

(所谓的 $G_0$ 分子)。病情的严重程度与糖基化改变的趋势相一致,并且妊娠时的病情的自发缓解与 IgG 半乳糖基化增加相关。

Fc 区域 N-聚糖的功能之一是维持 Fc 区域以及铰链区的构象。这些结构特征为诸如补体结合和 Fc-依赖性细胞毒性等效应物功能所必需。NMR 研究还显示在失去聚糖和 Fc 蛋白表面相互作用后 $G_0$ N-聚糖的活动性增加。因此认为在类风湿关节炎时,正常情况下由聚糖覆盖的蛋白表面区域被暴露。并且,一些研究提示活动性较大的 $G_0$ N-聚糖可被循环中的甘露糖结合蛋白识别,后者可直接激活补体。类风湿性关节炎还有特征性的由循环中的抗体分子组成的免疫复合物,这些抗体(称为类风湿因子)直接抗其他 IgG 分子 Fc 区域。对糖基化低下的发生机制,有些研究组报告了类风湿关节炎病人淋巴细胞中 β-半乳糖基转移酶活性降低。是否 IgG 糖基化改变在类风湿关节炎上具有原发的病因作用仍是一个有待定论的问题,因为 $G_0$ 分子的出现是其他互不相关的慢性肉牙肿性疾病的一个共同特点(如 Crohn 病和结核)。并且,聚糖改变还见于一种源于不同病因的关节慢性退行性炎症——骨关节炎。总的看来,类风湿关节炎 IgG 糖基化的改变是一个有趣的现象,其确切的意义和病因的作用尚待定。

### 2.Wiskott-Aldrich 综合征中 CD43 的 O-聚糖的继发性改变[55,56]

此先天遗传性疾病以儿童皮肤湿疹,细胞免疫应答变更和血小板计数低为典型表现。早期研究表明是淋巴细胞中一种主要的 O-糖基化蛋白 CD43(Leukosialin, sialophorin)缺失,但回过头来看,很明确,这个多肽仍正常表达,但由于其 O-聚糖分支明显增加而使其凝胶电泳迁移率发生了改变。近期资料指出此疾病的原发缺陷不是在糖基化上,而是转录因子的问题。但是从这些病人静止 T 细胞上看到的聚糖改变与在正常 T 细胞诱导激活所见的完全一致。因此,病人的一些免疫异常仍有可能是糖基化的继发改变。

## 传染病

### 1.细菌黏附蛋白、毒素和病毒血凝素对聚糖的识别

大量病原体通过对细胞表面聚糖的特异识别作用引起感染。在有些情况下,个体间感染发生的几率不同是由于同源结构的表达有所不同所致。例如,某些 *E. coli* 致病菌株对泌尿道细胞的黏附,可能是由 P 鞭毛介导的涉及 P 血型抗原上的一种特异聚糖受体。P 阴性个体不发生感染。由此看来 P 纤毛(fimbriae)的重要性在于对细菌从血流向肾侵入的倾向起决定性作用。此问题的讨论见第 28 章。

### 2.在感染过程中循环中的微生物唾液酸酶对血细胞的去唾液酸化[57,58]

有些微生物产生唾液酸酶(经典称为神经氨酸酶),是微生物致病的病因。大多数情况下,此酶局限于感染部位。但在某些严重感染时,如产气荚膜梭状芽孢杆菌(*Clostridium perfringens*)介导的气性坏疽,过量产生的唾液酸酶出现在血浆中。此时,使循环血细胞表面处于去唾液酸状态,导致其清除增加和贫血。循环中唾液酸酶的检测被认为具有诊断和预后判断意义。应用抑制剂抑制唾液酸酶活性是否有治疗价值尚未开展研究。

## 肾脏病学

### 1. 肾病综合征肾小球的唾液酸丢失[59～61]

当肾小球在血浆滤过初期不能保留血清蛋白质，使蛋白质漏出(leak)到尿中，即发生肾病综合征。在肾小球足突细胞足突中(pedicle)的表皮或内皮黏蛋白(podocalyxin)在维持膜孔隙完整性和排除大分子(如肾小球滤过液中的蛋白质)发挥作用。黏蛋白分子中的唾液酸残基在这个过程中至关重要。肾小球唾液酸丢失见于儿童自发性，所谓“微小病变肾病”，及继发于细菌感染后的肾病综合征，在几种动物模型中也见到类似的情况，即一次性接种霍乱孤菌( *Vibrio cholerae*)唾液酸酶，引起剂量依赖性蛋白尿和肾衰，这种病变与肾小球 α2,6-连接唾液酸被去掉有关。还伴有足突消失，出现足突细胞间形成紧密连接。接种唾液酸酶的两天内，内皮和上皮处的负电荷恢复，但足突消失依旧。在注射嘌呤霉素所诱导的大鼠氨基核苷肾病变模型也可检测到黏蛋白和肾小球糖鞘脂唾液酸化缺陷。

### 2. IgA 肾小球肾炎中的 O-聚糖改变[62,63]

IgA1 分子的聚集(aggregation)被认为涉及一种被称为 IgA 肾小球肾炎的肾病综合征。血清IgAO-聚糖的研究表明 IgA 肾病组与阴性对照组相比，其 Galβ1-3GalNAc 的唾液酸丢失，半乳糖基化降低。糖侧链的功能之一是稳定分子的三维空间结构。热诱导聚集实验研究支持 IgA1 铰链区糖基化变更(altered)导致该分子构象失去刚性的观点，或许解释了聚集现象。从 IgA1 分子中去掉聚糖也产生非共价的自身聚集，并与 ECM 蛋白的黏附明显增加。因此，有人提出 IgA 肾病中发现的 IgA1 分子糖基化不足(under glycosylation)涉及非免疫性的肾小球IgAI蓄积(accumulation)。糖基化不足的原发机制尚不知道。

## 神经和精神病学

### 1. 针对神经元聚糖的致病性免疫抗体[64～70]

许多疾病与体内产生了针对神经系统中富集的聚糖分子的循环抗体有关。其结果是病人的症状与自身免疫性的神经损伤相关联。抗体至少可通过 3 种不同的病理机制产生。在第一种情况，患有良性或恶性 B 细胞增生(如意义仍不明确的良性单克隆(gammopathy)γ-球蛋白血症［MGUS］，瓦尔登斯特伦(Waldenstrom's)巨球蛋白血症，浆细胞髓样瘤)病人，分泌单克隆 IgM 或 IgA，它们对神经节系-神经节苷脂，或较常见的硫酸葡糖醛酸聚糖高度特异(即所谓的 HNK-1 表位。这些抗体与含有 3-O-$SO_3$-GlAβ1-4Gal β1-4 GlcNAc β1-3 GlcNAc β1-4Glc-4Cer(3′-硫酸葡糖醛酸基副红细胞糖脂) 结构的糖脂反应，并针对含有相同末端序列(3-O-$SO_3$-GlA β1-4Gal β1-4GlcNAc β1-)的多种 CNS 糖蛋白上的 N-聚糖(MAG，P0，L1，N-CAM)。而所产生的外周去髓鞘神经病变有时比原发病本身的损害更大。治疗是试图用化疗处理原发病或经血浆透析去掉免疫球蛋白，这两种方式在使免疫球蛋白降至可以减轻症状上都不够成功。第二种情况似乎是利用细菌，如空肠弯曲杆菌( *Campylobacta jejuni*)的脂寡糖，产生针对神经节苷脂结构分子模拟物的一个免疫反应。肠道感染这类微生物后，血浆中出现针对神经节苷脂 $G_{M1}$和 $G_{Q1b}$的循环抗体，与在外周和中枢神经系统的脱髓鞘症状，即分别与 Guillaiin-Barre 和 Miller-Fisher 综合征发生有关。第三种情况大概是最近在利用静脉注射混合型脑神经节苷脂治疗中风的新尝试中人为造成的病变。尽管存在一些证据表明这种治疗有益于原发病的治疗，但已有人报道了几例 Guillain-Barre 综合征似由治疗副作用引起。

### 2.聚糖在 Alzheimer 氏病组织病理学中的作用[71～75]

Alzheimer 氏病是人类常见的一种原发性、退行性痴呆，病情发生是隐伏的并迁延加重。最后的诊断只能通过脑组织的组织学检查显示有神经元纤维缠绕的特征性淀粉样斑块，此变化与神经元死亡有关。两种型的聚糖，即 O-GlcNAc 和硫酸类肝素糖胺聚糖对该病的组织病理发生的损伤有牵连。

成对的螺旋样纤维微丝是神经原纤维缠绕物的主要组分。这些纤维微丝基本上是以高磷酸化状态存在的微管相关蛋白 tau-蛋白组成。这种异常高磷酸化 tau-蛋白不再与微管结合，并自身组装引起神经元死亡的成对的螺旋样纤维微丝。已知正常脑中的 tau-蛋白有 Ser(Thr)-O-连接的 GlcNAc 多种修饰，此为一种动态的、丰富的翻译后修饰，常与 Ser (Thr) 磷酸化修饰交互进行(见第 13 章)。目前的推论是 O-GlcNAc 添加所引起的位点特异性或化学计量变化可能调节 tau-蛋白的功能，并可通过过度磷酸化对成对螺旋样纤维微丝的形成也有一定作用。

已发现 Alzheimer 氏病人脑中高磷酸化的 tau-蛋白与硫酸类肝素蛋白聚糖有关。非磷酸化的同型 tau-蛋白，带有三个微管重复单位，在体外生理条件下与硫酸类肝素共培养后形成成对的螺旋样微丝。肝素防止 tau-蛋白与微管结合，促进微管解离。这些发现，以及以前的关于肝素经蛋白激酶刺激 tau-蛋白磷酸化的证据，虽已被用于驳斥硫酸化糖胺聚糖在神经原纤维微丝形成中可能作为至关重要因子的说法，但从正常对照和 Alzheimer 氏病人脑中获得的硫酸类肝素的详细的结构分析显示其并无明显差别。而且，从糖胺聚糖(细胞外)局部区域化分离的 tau-蛋白(在胞液中)，表明这种物理相关性只能在细胞死亡后才发生。硫酸类肝素蛋白聚糖在淀粉样斑块沉积中起重要作用。一些研究者已证实硫酸类肝素蛋白聚糖和淀粉样斑块前体及从前体中得到的肽 A4 有高亲和力。同时，在老年性斑中发现的一个特异的血管硫酸类肝素蛋白聚糖与两种淀粉性蛋白前体均有高亲和力。总之，资料表明硫酸类肝素链是组织损伤的重要的致病因素。

## 肿瘤学：癌症中的糖基化变更

糖基化变更是肿瘤细胞的一种普遍性特征，但是只有某些特异的聚糖变化才常与肿瘤相关。包括 N-聚糖 β1-6GlcNAc 分支的增加；唾液酸在数量、连键和乙酰化上的变化；N-羟乙酰基神经氨酸的再次表达；唾液酸化 Lewis 结构和选凝素配体的表达；糖鞘脂表达的变更和脱落的增加；半乳凝素和聚乳糖胺表达的增加；ABH(O)血型相关结构表达的变更；GAG 硫酸化的变更；聚透明质酸表达的增加；或糖磷脂锚表达的丢失。某些这类变化，例如，N-聚糖 β1-6GlcNAc 分支的增加和选凝素配体的表达在肿瘤模式系统都表明在病理生理学上具有重要意义，并且有些变化也是癌症诊断和治疗的靶子。关于这方面的详细情况，参见第 35 章。

# 肺内科病学

### 1. 选凝素在支气管哮喘中的作用[76～78]

哮喘病的特征是气管和支气管树对各种刺激应答过度导致广泛的气管狭窄并且变得很严重,可能自发也可能继发干治疗后。哮喘病的两种病理学特点是气道壁炎症和气道腔被炎症渗出物梗阻。至少某些病例是由于出现了抗原特异的 IgE 抗体,该抗体固定在肥大细胞以及嗜碱细胞或其他型细胞上,随后,抗原可与临近的 IgE 分子交联,触发了一场从肥大细胞颗粒中暴发性释放血管活性物以及气管活性物和趋化性剂等,到细胞外环境中。嗜酸性细胞对病理发生以几种方式提供(有害物)如,通过合成白三烯刺激肥大细胞和嗜碱细胞释放组胺,提供正反馈环释放主要蛋白,它是一种颗粒衍生蛋白,对呼吸系统上皮细胞有毒性效应。最近有证据指出选凝素密切涉及招募嗜酸性细胞和嗜碱性细胞进入肺中,这就有希望选用能抑制选凝素功能的小分子抑制剂用于哮喘发作的早期作为治疗哮喘的药物。

### 2.选凝素在急性呼吸困难综合征中的作用[1,79～83]

这种严重的病理生理过程是引起各种肺损伤[如休克、创伤和脓毒症(sepsis)]等事件的共同起因。它以弥漫性肺内皮细胞损伤,进而出现毛细血管通透性显著增加引起肺水肿为特点。选凝素和整合素促使循环中的嗜中性粒细胞黏附于内皮,并释放损伤性氧化物、蛋白水解酶及花生四烯酸的代谢产物,导致内皮细胞失去功能和被破坏。细支气管肺泡腔液中出现的许多嗜中性细胞和分泌产物,再次说明其对基础的(underlying)炎性应答(inflammatory response)的重要作用。目前的期望仍然是寄托于小分子选凝素抑制剂能用于在该病进展为广泛的肺损伤和呼吸衰竭之前的早期阶段的治疗。

### 3.囊性纤维症(Cystic fibrosis)中上皮糖蛋白的糖基化变更[84～94]

囊性纤维症是一种很常见的遗传失常病症。是由于囊性纤维症跨膜传异调节蛋白(cystic fibrosis trans-mambrane conductance regulator)发生突变引起的。使受累的上皮细胞顶膜对氯离子的传导发生缺陷。囊性纤维症伴有在肠道和肺中的黏性黏蛋白增加,从而引发很多症候(symptom),已知的有分泌蛋白的唾液酸化广泛的减少和黏液糖蛋白的硫酸化和岩藻糖基化的增加,已有数据指出囊性纤维症跨膜传导调节蛋白的缺陷使高尔基体不能有效的酸化负有部分责任。囊性纤维症在高尔基体的高 pH 环境中发生不正常的糖基化(对此结论目前还存在争议)。其实此病态(mobidity)的主要原因是一种产生藻沉酸(alginate)的假单胞菌属(*Pseudomonas*)定值在呼吸道上皮细胞上,某些糖脂被提示为假单胞菌的受体,它们有助于保持定植、高尔基体内皮的唾液酸化缺陷以及细菌产生的唾液酸酶都有助于促进产生潜在的器官定植的结合靶标。

# 发展方向

从本章所举的例子中明显可见聚糖和/或其识别的获得性改变,可能在人类各种各样的(a variety)疾病中有重要的作用,在某些情况,证据仍然是旁证(circumstancial),还需要再确定聚糖改变是否有首要作用。在很多情况下，对聚糖/受体相互作用的本质有了详细的知识才能导致改善的诊断和治疗方法。

（燕 秋 译 王俊琦 校）

## 参 考 文 献


1. Lowe J.B. and Ward P.A. 1997. Therapeutic inhibition of carbohydrate-protein interactions in vivo. *J. Clin. Invest.* **99:** 822–826.
2. Ruelland A., Gallou G., Legras B., Paillard F., and Cloarec L. 1993. LDL sialic acid content in patients with coronary artery disease. *Clin. Chim. Acta* **221:** 127–133.
3. Barbosa D.S., Maranhao R.C., Arajo F.B., Chang Y.H., Hirata M.H., and Abdalla D.S.P. 1995. Sialic acid and oxidizability of low density lipoprotein subfractions of hyperlipidemic patients. *Clin. Biochem.* **28:** 435–441.
4. Tertov V.V., Sobenin I.A., and Orekhov A.N. 1996. Similarity between naturally occurring modified desialylated, electronegative and aortic low density lipoprotein. *Free Radic. Res.* **25:** 313–319.
5. Bartlett A.L. and Stanley K.K. 1998. All low density lipoprotein particles are partially desialylated in plasma. *Atherosclerosis* **138:** 237–245.
6. Borén J., Olin K., Lee I., Chait A., Wight T.N., and Innerarity T.L. 1998. Identification of the principal proteoglycan-binding site in LDL—A single-point mutation in apo-B100 severely affects proteoglycan interaction without affecting LDL receptor binding. *J. Clin. Invest.* **101:** 2658–2664.
7. Dong Z.M., Chapman S.M., Brown A.A., Frenette P.S., Hynes R.O., and Wagner D.D. 1998. Combined role of P- and E-selectins in atherosclerosis. *J. Clin. Invest.* **102:** 145–152.
8. Koszik F., Strunk D., Simonitsch I., Picker L.J., Stingl G., and Payer E. 1994. Expression of monoclonal antibody HECA-452-defined E-selectin ligands on Langerhans cells in normal and diseased skin. *J. Invest. Dermatol.* **102:** 773–780.
9. Austrup F., Vestweber D., Borges E., Löhning M., Bruer R., Herz U., Renz H., Hallmann R., Scheffold A., Radbruch A., and Hamann A. 1997. P- and E-selectin mediate recruitment of T-helper-1 but not T-helper-2 cells into inflamed tissues. *Nature* **385:** 81–83.
10. Borges E., Tietz W., Steegmaier M., Moll T., Hallmann R., Hamann A., and Vestweber D. 1997. P-selectin glycoprotein ligand-1 (PSGL-1) on T helper 1 but not on T helper 2 cells binds to P-selectin and supports migration into inflamed skin. *J. Exp. Med.* **185:** 573–578.
11. Fuhlbrigge R.C., Kieffer J.D., Armerding D., and Kupper T.S. 1997. Cutaneous lymphocyte antigen is a specialized form of PSGL-1 expressed on skin-homing T cells. *Nature* **389:** 978–981.
12. de Mora F., Williams C.M., Frenette P.S., Wagner D.D., Hynes R.O., and Galli S.J. 1998. P- and E-selectins are required for the leukocyte recruitment, but not the tissue swelling, associated with IgE- and mast cell-dependent inflammation in mouse skin. *Lab. Invest.* **78:** 497–505.
13. Kjellen L., Bielefeld D., and Hook M. 1983. Reduced sulfation of liver heparan sulfate in experimentally diabetic rats. *Diabetes* **32:** 337–342.
14. Kofoed-Enevoldsen A. and Eriksson U.J. 1991. Inhibition of *N*-acetylheparosan deacetylase in diabetic rats. *Diabetes* **40:** 1449–1452.
15. Makino H., Ikeda S., Haramoto T., and Ota Z. 1992. Heparan sulfate proteoglycans are lost in patients with diabetic nephropathy. *Nephron* **61:** 415–421.
16. King G.L. and Brownlee M. 1996. The cellular and molecular mechanisms of diabetic complications. *Endocrinol. Metab. Clin. N. Am.* **25:** 255–270.
17. Van Det N.F., Van den Born J., Tamsma J.T., Verhagen N.A.M., Berden J.H.M., Bruijn J.A., Daha M.R., and Van der Woude F. J. 1996. Effects of high glucose on the production of heparan sulfate proteoglycan by mesangial and epithelial cells. *Kidney Int.* **49:** 1079–1089.
18. Vlassara H. and Bucala R. 1996. Recent progress in advanced glycation and diabetic vascular disease: Role of advanced glycation end product receptors. *Diabetes* (suppl 3) **45:** S65–S66.
19. Hawkins M., Barzilai N., Liu R., Hu M.Z., Chen W., and Rossetti L. 1997. Role of the glucosamine pathway in fat-induced insulin resistance. *J. Clin. Invest.* **99:** 2173–2182.
20. Yki-Järvinen H., Virkamäki A., Daniels M.C., McClain D., and Gottschalk W.K. 1998. Insulin and

glucosamine infusions increase *O*-linked *N*-acetyl-glucosamine in skeletal muscle proteins in vivo. *Metabolism* **47:** 449–455.

21. Idota T., Kawakami H., Murakami Y., and Sugawara M. 1995. Inhibition of cholera toxin by human milk fractions and sialyllactose. *Biosci. Biotechnol. Biochem.* **59:** 417–419.
22. Karlsson K.A. 1995. Microbial recognition of target-cell glycoconjugates. *Curr. Opin. Struct. Biol.* **5:** 622–635.
23. Zopf D. and Roth S. 1996. Oligosaccharide anti-infective agents. *Lancet* **347:** 1017–1021.
24. Thompson J.P. and Schengrund C.L. 1997. Oligosaccharide-derivatized dendrimers: Defined multivalent inhibitors of the adherence of the cholera toxin B subunit and the heat labile enterotoxin of *E. coli* GM1. *Glycoconj. J.* **14:** 837–845.
25. Guruge J.L., Falk P.G., Lorenz R.G., Dans M., Wirth H.P., Blaser M.J., Berg D.E., and Gordon J.I. 1998. Epithelial attachment alters the outcome of *Helicobacter pylori* infection. *Proc. Natl. Acad. Sci.* **95:** 3925–3930.
26. Ilver D., Arnqvist A., Ögren J., Frick I.M., Kersulyte D., Incecik E.T., Berg D.E., Covacci A., Engstrand L., and Borén T. 1998. *Helicobacter pylori* adhesin binding fucosylated histo-blood group antigens revealed by retagging. *Science* **279:** 373–377.
27. Reid P.E., Culling C.F., Dunn W.L., Ramey C.W., and Clay M.G. 1984. Chemical and histochemical studies of normal and diseased human gastrointestinal tract. I. A comparison between histologically normal colon, colonic tumours, ulcerative colitis and diverticular disease of the colon. *Histochem. J.* **16:** 235–251.
28. Wages D.S., Staprans I., Hambleton J., Bass N.M., and Corash L. 1998. Structural characterization and functional effects of a circulating heparan sulfate in a patient with hepatocellular carcinoma. *Am. J. Hematol.* **58:** 285–292.
29. Gralnick H.R., Givelber H., and Abrams E. 1978. Dysfibrinogenemia associated with hepatoma. Increased carbohydrate content of the fibrinogen molecule. *N. Engl. J. Med.* **299:** 221–226.
30. Dawson N.A., Barr C.F., and Alving B.M. 1985. Acquired dysfibrinogenemia. Paraneoplastic syndrome in renal cell carcinoma. *Am. J. Med.* **78:** 682–686.
31. Dang C.V., Shin C. K., Bell W.R., Nagaswami C., and Weisel J.W. 1989. Fibrinogen sialic acid residues are low affinity calcium-binding sites that influence fibrin assembly. *J. Biol. Chem.* **264:** 15104–15108.
32. Maekawa H., Yamazumi K., Muramatsu S., Kaneko M., Hirata H. Takahashi N., Arocha-Piñango C.L., Rodriguez S., Nagy H., Perez-Requejo J.L., and Matsuda M. 1992. Fibrinogen Lima: A homozygous dysfibrinogen with an Aα-arginine-141 to serine substitution associated with extra N-glycosylation at Aα-asparagine-139. Impaired fibrin gel formation but normal fibrin-facilitated plasminogen activation catalyzed by tissue-type plasminogen activator. *J. Clin. Invest.* **90:** 67–76.
33. Kinoshita T., Ohishi K., and Takeda J. 1997. GPI-anchor synthesis in mammalian cells: Genes, their products, and a deficiency. *J. Biochem.* **122:** 251–257.
34. Rosse W.F. 1997. Hematopoiesis and the defect in paroxysmal nocturnal hemoglobinuria. *J. Clin. Invest.* **100:** 953–954.
35. Silberstein L.E. 1993. Natural and pathologic human autoimmune responses to carbohydrate antigens on red blood cells. *Springer Semin. Immunopathol.* **15:** 139–153.
36. Roelcke D., Hengge U., and Kirschfink M. 1990. Neolacto (type-2 chain)-sialoautoantigens recognized by human cold agglutinins. *Vox Sang.* **59:** 235–239.
37. Jefferies L.C., Carchidi C.M., and Silberstein L.E. 1993. Naturally occurring anti-i/I cold agglutinins may be encoded by different $V_H3$ genes as well as the $V_H4.21$ gene segment. *J. Clin. Invest.* **92:** 2821–2833.
38. Kewitz S., Gross H.J., Kosa R., and Roelcke D. 1995. Anti-Pr cold agglutinins recognize immunodominant α2,3- or α2,6-sialyl groups on glycophorins. *Glycoconj. J.* **12:** 714–720.
39. Feizi T. and Loveless R.W. 1996. Carbohydrate recognition by *Mycoplasma pneumoniae* and pathologic consequences. *Am. J. Respir. Crit. Care Med.* **154:** S133–S136.
40. Gallart T., Roelcke D., Blay M., Pereira A., Martínez A., Massó O., Viñas O., Cid M., Esparza J., Molina R., and Barceló J. 1997. Anti-Sia-Ib (anti-Gd) cold agglutinins bind the domain NeuNAcα2-3Gal in sialyl $Lewis^x$, sialyl $Lewis^a$, and related carbohydrates on nucleated cells and in soluble cancer-associated mucins. *Blood* **90:** 1576–1587.
41. Roelcke D., Hack H., Kreft H., and Gross H.J. 1998. α2,3-specific desialylation of human red cells:

Effect on the autoantigens of the Pr, Sa and Sia-l1, -b1, -ib1 series. *Vox Sang.* **74:** 109–112.
42. Blumenfeld O.O., Lalezari P., Khorshidi M., Puglia K., and Fukuda M. 1992. O-Linked oligosaccharides of glycophorins A and B in erythrocytes of two individuals with the Tn polyagglutinability syndrome. *Blood* **80:** 2388–2395.
43. Thurnher M., Rusconi S., and Berger E.G. 1993. Persistent repression of a functional allele can be responsible for galactosyltransferase deficiency in Tn syndrome. *J. Clin. Invest.* **91:** 2103–2110.
44. Felner K.M., Dinter A., Cartron J.P., and Berger E.G. 1998. Repressed β-1,3-galactosyltransferase in the Tn syndrome. *Biochim. Biophys. Acta Mol. Basis Dis.* **1406:** 115–125.
45. Fukuda M.N., Masri K.A., Dell A., Luzzatto L., and Moremen K.W. 1990. Incomplete synthesis of N-glycans in congenital dyserythropoietic anemia type II caused by a defect in the gene encoding α-mannosidase II. *Proc. Natl. Acad. Sci.* **87:** 7443–7447.
46. Fukuda M.N. 1991. HEMPAS disease: Genetic defect of glycosylation. *Glycobiology* **1:** 9–16.
47. Fukuda M.N., Gaetani G.F., Izzo P., Scartezzini P., and Dell A. 1992. Incompletely processed *N*-glycans of serum glycoproteins in congenital dyserythropoietic anaemia type II (HEMPAS). *Br. J. Haematol.* **82:** 745–752.
48. Chui D., Oh-eda M., Liao Y.F., Panneerselvam K., Lal A., Marek K.W., Freeze H.H., Moremen K.W., Fukuda M.N., and Marth J.D. 1997. α-mannosidase-II deficiency results in dyserythropoiesis and unveils an alternate pathway in oligosaccharide biosynthesis. *Cell* **90:** 157–167.
49. Iolascon A., Miraglia del Giudice E., Perrotta S., Granatiero M., Zelante L., and Gasparini P. 1997. Exclusion of three candidate genes as determinants of congenital dyserythropoietic anemia type II (CDA-II). *Blood* **90:** 4197–4200.
50. Gasparini P., Miraglia del Giudice E., Delaunay J., Totaro A., Granatiero M., Melchionda S., Zelante L., and Iolascon A. 1997. Localization of the congenital dyserythropoietic anemia II locus to chromosome 20q11.2 by genomewide search. *Am. J. Hum. Genet.* **61:** 1112–1116.
51. Parekh R.B., Dwek R.A., Sutton B.J., Fernandes D.L., Leung A., Stanworth D., Rademacher T.W., Mizuochi T., Taniguchi T., Matsuta K., Takeuchi F., Nagano Y., Miyamoto T., and Kobata A. 1985. Association of rheumatoid arthritis and primary osteoarthritis with changes in the glycosylation pattern of total serum IgG. *Nature* **316:** 452–457.
52. Kobata A. 1991. Function and pathology of the sugar chains of human immunoglobulin G. *Glycobiology* **1:** 5–8.
53. Dwek R.A., Lellouch A.C., and Wormald M.R. 1995. Glycobiology: The function of sugar in the IgG molecule. *J. Anat.* **187:** 279–292.
54. Malhotra R., Wormald M.R., Rudd P.M., Fischer P.B., Dwek R.A., and Sim R.B. 1995. Glycosylation changes of IgG associated with rheumatoid arthritis can activate complement via the mannose-binding protein. *Nat. Med.* **1:** 237–243.
55. Piller F., Le Deist F., Weinberg K.I., Parkman R., and Fukuda M. 1991. Altered O-glycan synthesis in lymphocytes from patients with Wiskott-Aldrich syndrome. *J. Exp. Med.* **173:** 1501–1510.
56. Higgins E.A., Siminovitch K.A., Zhuang D., Brockhausen I., and Dennis J.W. 1991. Aberrant O-linked oligosaccharide biosynthesis in lymphocytes and platelets from patients with the Wiskott-Aldrich syndrome. *J. Biol. Chem.* **266:** 6280–6290.
57. Schauer R., Sander-Wewer M., Gutschker-Gdaniec G.H., Roggentin P., Randow E.A., and Hobrecht R. 1985. Sialidase activity in the sera of patients and rabbits with clostridial myonecrosis. *Clin. Chim. Acta* **146:** 119–127.
58. Roggentin T., Kleineidam R.G., Majewski D.M., Tirpitz D., Roggentin P., and Schauer R. 1993. An immunoassay for the rapid and specific detection of three sialidase-producing clostridia causing gas gangrene. *J. Immunol. Methods* **157:** 125–133.
59. Charest P.M. and Roth J. 1985. Localization of sialic acid in kidney glomeruli: Regionalization in the podocyte plasma membrane and loss in experimental nephrosis. *Proc. Natl. Acad. Sci.* **82:** 8508–8512.
60. Laitinen L., Miettinen A., Tikkanen I., Tornroth T., and Nordling S. 1985. Glomerular sialic acid in Heymann nephritis and diacetylbenzidine induced nephropathy in rats. *Clin. Sci.* **69:** 57–62.
61. Gelberg H., Healy L., Whiteley H., Miller L.A., and Vimr E. 1996. In vivo enzymatic removal of α2→6-linked sialic acid from the glomerular filtration barrier results in podocyte charge alteration and glomerularinjury. *Lab. Invest.* **74:** 907–920.
62. Hiki Y., Iwase H., Kokubo T., Horii A., Tanaka A., Nishikido J., Hotta K., and Kobayashi Y. 1996.

Association of asialo-galactosyl β1-3*N*-acetylgalactosamine on the hinge with a conformational instability of Jacalin-reactive immunoglobulin A1 in immunoglobulin A nephropathy. *J. Am. Soc. Nephrol.* **7:** 955-960.

63. Kokubo T., Hiki Y., Iwase H., Tanaka A., Toma K., Hotta K., and Kobayashi Y. 1998. Protective role of IgA1 glycans against IgA1 self-aggregation and adhesion to extracellular matrix proteins. *J. Am. Soc. Nephrol.* **9:** 2048–2054.
64. Ilyas A.A., Quarles R.H., MacIntosh T.D., Dobersen M.J., Trapp B.D., Dalakas M.C., and Brady R.O. 1984. IgM in a human neuropathy related to paraproteinemia binds to a carbohydrate determinant in the myelin-associated glycoprotein and to a ganglioside. *Proc. Natl. Acad. Sci.* **81:** 1225–1229.
65. Callegaro L., Jack D.B., and Samson J.C. 1991. Campylobacter infections, Guillain-Barré syndrome, and parenteral gangliosides. *Lancet* **337:** 789.
66. Quarles R.H. and Dalakas M.C. 1996. Do anti-ganglioside antibodies cause human peripheral neuropathies? *J. Clin. Invest.* **97:** 1136–1137.
67. Fredman P. and Lekman A. 1997. Glycosphingolipids as potential diagnostic markers and/or antigens in neurological disorders. *Neurochem. Res.* **22:** 1071–1083.
68. Jacobs B.C., Hazenberg M.P., Van Doorn P.A., Endtz H.P., and Van der Meché F.G.A. 1997. Cross-reactive antibodies against gangliosides and *Campylobacter jejuni* lipopolysaccharides in patients with Guillain-Barre or Miller Fisher syndrome. *J. Infect. Dis.* **175:** 729–733.
69. Neisser A., Bernheimer H., Berger T., Moran A.P., and Schwerer B. 1997. Serum antibodies against gangliosides and *Campylobacter jejuni* lipopolysaccharides in Miller Fisher syndrome. *Infect. Immun.* **65:** 4038–4042.
70. Carpo M., Pedotti R., Lolli F., Pitrola A., Allaria S., Scarlato G., and Nobile-Orazio E. 1998. Clinical correlate and fine specificity of anti-GQ1b antibodies in peripheral neuropathy. *J. Neurol. Sci.* **155:** 186–191.
71. Buée L., Ding W., Anderson J.P., Narindrasorasak S., Kisilevsky R., Boyle N.J., Robakis N.K., Delacourte A., Greenberg B., and Fillit H.M. 1993. Binding of vascular heparan sulfate proteoglycan to Alzheimer's amyloid precursor protein is mediated in part by the N-terminal region of A4 peptide. *Brain Res.* **627:** 199–204.
72. Griffith L.S. and Schmitz B. 1995. O-linked N-acetylglucosamine is upregulated in Alzheimer brains. *Biochem. Biophys. Res. Commun.* **213:** 424–431.
73. Lindahl B., Eriksson L., and Lindahl U. 1995. Structure of heparan sulphate from human brain with special regard to Alzheimer's disease. *Biochem. J.* **306:** 177–184.
74. Arnold C.S., Johnson G.V.W., Cole R.N., Dong D.L.Y., Lee M., and Hart G.W. 1996. The microtubule-associated protein tau is extensively modified with *O*-linked *N*-acetylglucosamine. *J. Biol. Chem.* **271:** 28741–28744.
75. Goedert M., Jakes R., Spillantini M.G., Hasegawa M., Smith M.J., and Crowther R.A. 1996. Assembly of microtubule-associated protein tau into Alzheimer-like filaments induced by sulphated glycosaminoglycans. *Nature* **383:** 550–553.
76. Sriramarao P., Von Andrian U.H., Butcher E.C., Bourdon M.A., and Broide D.H. 1994. L-selectin and very late antigen-4 integrin promote eosinophil rolling at physiological shear rates in vivo. *J. Immunol.* **153:** 4238–4246.
77. Hirata N., Kohrogi H., Iwagoe H., Goto E., Hamamoto J., Fujii K., Yamaguchi T., Kawano O., and Ando M. 1998. Allergen exposure induces the expression of endothelial adhesion molecules in passively sensitized human bronchus: Time course and the role of cytokines. *Am. J. Respir. Cell Mol. Biol.* **18:** 12–20.
78. Kogan T.P., Dupré B., Bui H., McAbee K.L., Kassir J.M., Scott I.L., Hu X., Vanderslice P., Beck P.J., and Dixon R.A.F. 1998. Novel synthetic inhibitors of selectin-mediated cell adhesion: Synthesis of 1,6-bis[3-(3-carboxymethylphenyl)-4-(2-α-D-mannopyranosyloxy)phenyl]hexane (TBC1269). *J. Med. Chem.* **41:** 1099–1111.
79. Albert R.K. 1995. Mechanisms of the adult respiratory distress syndrome: Selectins. *Thorax* (suppl. 1) **50:** S49–S52.
80. Mulligan M.S., Miyasaka M., Suzuki Y., Kawashima H., Iizuka M., Hasegawa A., Kiso M., Warner R.L., Ward P.A., and Suzuki T. 1995. Anti-inflammatory effects of sulfatides in selectin-dependent acute lung injury [published erratum appears in *Int Immunol* 1995 Oct;7(10):1699]. *Int. Immunol.* **7:** 1107–1113.

81. Doerschuk C.M., Quinlan W.M., Doyle N.A., Bullard D.C., Vestweber D., Jones M.L., Takei F., Ward P.A., and Beaudet A.L. 1996. The role of P-selectin and ICAM-1 in acute lung injury as determined using blocking antibodies and mutant mice. *J. Immunol.* **157:** 4609–4614.
82. Mulligan M.S., Schmid E., Till G.O., Hugli T.E., Friedl H.P., Roth R.A., and Ward P.A. 1997. C5a-dependent up-regulation in vivo of lung vascular P-selectin. *J. Immunol.* **158:** 1857–1861.
83. Pittet J.F., Mackersie R.C., Martin T.R., and Matthay M.A. 1997. Biological markers of acute lung injury: Prognostic and pathogenetic significance. *Am. J. Respir. Crit. Care Med.* **155:** 1187–1205.
84. Cheng P.-W., Boat T.F., Cranfill K., Yankaskas J.R., and Boucher R.C. 1989. Increased sulfation of glycoconjugates by cultured nasal epithelial cells from patients with cystic fibrosis. *J. Clin. Invest.* **84:** 68–72.
85. Lamblin G., Rahmoune H., Wieruszeski J.-M., Lhermitte M., Strecker G., and Roussel P. 1991. Structure of two sulphated oligosaccharides from respiratory mucins of a patient suffering from cystic fibrosis. A fast-atom-bombardment m.s. and $^1$H-n.m.r. spectroscopic study. *Biochem. J.* **275:** 199–206.
86. Barasch J., Kiss B., Prince A., Saiman L., Gruenert D., and Al-Awqati Q. 1991. Defective acidification of intracellular organelles in cystic fibrosis. *Nature* **352:** 70–73.
87. Gupta R. and Jentoft N. 1992. The structure of tracheobronchial mucins from cystic fibrosis and control patients. *J. Biol. Chem.* **267:** 3160–3167.
88. Stowell C.P., Scanlin T.F., and Glick M.C. 1986. Characterization of human fibronectin glycopeptides from cystic fibrosis and control skin fibroblasts. *Carbohydr. Res.* **151:** 279–292.
89. Mawhinney T.P., Landrum D.C., Gayer D.A., and Barbero G.J. 1992. Sulfated sialyl-oligosaccharides derived from tracheobronchial mucous glycoproteins of a patient suffering from cystic fibrosis. *Carbohydr. Res.* **235:** 179–197.
90. Saiman L. and Prince A. 1993. *Pseudomonas aeruginosa* pili bind to asialoGM1 which is increased on the surface of cystic fibrosis epithelial cells. *J. Clin. Invest.* **92:** 1875–1880.
91. Lo-Guidice J.-M., Wieruszeski J.-M., Lemoine J., Verbert A., Roussel P., and Lamblin G. 1994. Sialylation and sulfation of the carbohydrate chains in respiratory mucins from a patient with cystic fibrosis. *J. Biol. Chem.* **269:** 18794–18813.
92. Imundo L., Barasch J., Prince A., and Al-Awqati Q. 1995. Cystic fibrosis epithelial cells have a receptor for pathogenic bacteria on their apical surface. *Proc. Natl. Acad. Sci.* **92:** 3019–3023.
93. De Bentzmann S., Roger P., Dupuit F., Bajolet-Laudinat O., Fuchey C., Plotkowski M.C., and Puchelle E. 1996. Asialo GM1 is a receptor for *Pseudomonas aeruginosa* adherence to regenerating respiratory epithelial cells. *Infect. Immun.* **64:** 1582–1588.
94. Seksek O., Biwersi J., and Verkman A.S. 1996. Evidence against defective *trans*-Golgi acidification in cystic fibrosis. *J. Biol. Chem.* **271:** 15542–15548.

本章初稿由 A. Varki(圣迭戈加利福尼亚大学)编写。

# 第 38 章　聚糖结构分析和序列确定的原理



本章综合评述了分析生物学相关聚糖的组成和一级结构不同的手段。概述了不同的分析策略，以天然和衍生的（带标签的）聚糖的检测方法起始，经放射活性糖的代谢标记、内切糖苷酶和外切糖苷酶的应用，到单糖组成的定量分析、各种形式聚糖的释放和色谱分离、连键位置分析的化学方法，最后到测定聚糖全序列的质谱和 NMR 谱学方法。

## 引言

要全面理解糖缀合物的生物学，需要糖链一级序列和三维结构深入的知识。一个糖的一级结构由表 38.1 所列的参数所规定（参见第 2 章）。描述已知一级结构糖的构象所

**表 38.1　一个复合糖的一级结构特征**

| 一般描述 | 特例[a] |
|---|---|
| 定性和定量组成 | Gal，GlcNAc，Man，Fuc 之比 2∶4∶3∶1 |
| 即组成单糖的性质和数量，包括绝对构型（D | D-Gal，D-GlcNAc，D-Man，L-Fuc |
| 或 L）和环大小（吡喃糖[*p*]或呋喃糖[*f*]） | Man *p*，Gal *f* |
| 糖苷键构型 | α，β |
| 糖苷键的位置 | (1-2)，(1-3)，(1-4)，(1-6) |
| 单糖的序列包括单糖分支点的存在（一个单糖的双取代或三取代） | Manα(1-6)[Manα(1-3)]Manβ(1-4)GlcNAc |
| 附加的非糖基团的性质、数量和位置：磷酸酯，硫酸酯，乙酸酯（肽，脂质） | IdoA2$SO_3$，Neu5Ac9OAc |

a 这些参数的定义参见第 2 章。

需要的另外一些参数列于表 38.2。对于大多数糖而言，由于它固有的柔性，使其溶液中的二级结构和高级结构难以确定。由实验和理论方法表征糖动力学仍然是一个很活跃的研究领域。本章对糖的构象分析不做更详细的讨论，而是对测定组成和序列所采用的分析方法进行描述。

**表 38.2 一个复合糖的二级结构特征**

| 构象方面 | 确定参数[a] |
|---|---|
| 每个单糖精确的环构象 | 完整的一组 H-C-C′-H′二面角 |
| 单糖相互之间的取向 | 绕糖苷键的扭转角 φ，ψ(ω)和/或原子间距 |
| 空间结构的柔性 | 动力学参数(旋转相关时间，顺序参数) |

a 这些参数的定义参见第 2 章和文献[17]。

本章以一个典型的糖蛋白(牛胎球蛋白)的聚糖结构的解析来说明实际的分析策略。说明了如何选择合适的方法以获得所需要的数据、给出已有样品的类型和量。给出了另外一些主要类型的脊椎动物糖的一级结构分析的一般原则。在文献 1～16 中可找到其他的信息。

## 分析糖一级结构的一般原则

自然界存在聚糖的结构是多样性很大的，使得难以确定一个通用的分析方案。复合糖的结构单元(即单糖)呈现很类似的结构；因此，区分它们比区分氨基酸更为复杂。糖的结构分析需要一种灵活的方法，这使该过程的全自动分析难以实现。只有在特殊亚类的糖结构(即通常在糖蛋白中发现的 N-和 O-聚糖)的分析中，某些通用的技术才能普遍地采用。在测定过程的任何接点上，方法学的选择都是由可利用的糖物质的量和纯度所决定的。如果可提供足够量的纯的糖物质，就可对结构表征的表述更详细；研究者应该能够描述出完整的一级结构。在被研究物的纯度和/或量为限制因素的情况下，得到部分表征仍是可能的。

## 糖的检测

用于检测糖缀合物中糖的方法包括化学反应和放射性标记以及用特异的凝集素或抗体的检测。基于糖对过碘酸氧化敏感性的检测方法通过碘酸-希夫(PAS)反应被传统地应用于鉴定凝胶中的糖蛋白。现在，商品提供的检测盒用同样的过碘酸反应，随即通过生物素酰肼/链菌抗生物素蛋白-碱性磷酸(酯)酶的方式放大，使之可以检测 5～10ng 糖蛋白。凝集素印迹层叠(overlap)也可以同等灵敏度检测出糖。

另外，用放射性的糖前体代谢标记的蛋白质，可直接通过放射自显影进行检测。用 $^{3}H$ 或 $^{14}C$ 标记的甘露糖、氨基葡萄糖、半乳糖或岩藻糖培养的细胞将标记糖掺入糖蛋白、糖脂和蛋白聚糖的糖链中。用 SDS-PAGE 分析蛋白混合物，或用 TLC 方法分析脂质萃取物时，这样的分子可作为放射性标记的区带被检测。特异的放射性前体(如肌肌醇、乙醇胺)标记的能力表明蛋白质它们是 GPI 锚定的。含有放射性标记的 GAGs 的蛋白聚糖可以用多糖裂合酶检测。另一种方法是用提纯的糖基转移酶将一个标记物从放射性糖核苷酸转移到内源性聚糖中(如:O-连接的 GlcNAc 残基可以用半乳糖转移酶和 UDP-[$^{3}$H]Gal 检测)。还可以用一种非特异的蛋白酶或用碱 β 消除反应释放蛋白聚糖上的糖胺聚糖。然后,用阴离子交换色谱或用十六烷基吡啶盐酸盐/乙醇沉淀的方法分离 GAGs,在放射性标记样品中(如:用$^{35}SO_4$ 或[$^{3}$H]$GlcNH_2$),可用直接闪烁计数定量 GAGs,而非放射性的 GAGs 通常用测量糖醛酸的含量来定量测定。

当采用化学放射性标记反应时,若有糖缀合物特定的结构特征存在,将会有掺入的放射性(例如末端唾液酸的侧链的温和过碘酸氧化,接着用[$^{3}$H]硼氢化钠还原生成醛)。这些放射性标记方法具有易于操作和监测的优点。放射性标记的糖链也可以采用与非标记糖使用的同样方法进行分离,它的优点是放射测定的纯度更容易达到并且足以满足进一步分析的需要。然而,由这种分析方法得到的信息是有限的,而且一个完全的结构确定需要分离非标记的物质。

下面一些小节将涉及检测糖本身或者不同类型糖缀合物组分的更专门的内容。

**1. 糖蛋白和蛋白聚糖**

在凝胶电泳时,一种糖基化的蛋白质典型地给出一或多条扩散的条带,源于糖组成部分的不均一性。若蛋白质用染色剂显现时,这种现象通常首先提示聚糖的存在。某些很高分子量的糖缀合物,如黏蛋白和蛋白聚糖,并不进入一般的凝胶或迁移为拖尾的条带。在这种情况下,用琼脂糖凝胶或丙烯酰胺-琼脂糖凝胶可能会有些帮助。要证实一个阳性的糖染色(即 PAS)反应,视样品的类型和量有许多分析方法可供选择(见图 38.1)。用内切糖苷酶处理蛋白(如:肽-N-糖苷酶 F,内切糖苷酶 F2,内切糖苷酶 H)可以导致凝胶上一个或更多条带的迁移率的改变,表明存在 N-聚糖。可以采用 O-唾液酸糖蛋白酶来确定含有成簇的唾液酸 O-聚糖的糖蛋白(黏蛋白),这种蛋白酶专一降解这些糖蛋白。经唾液

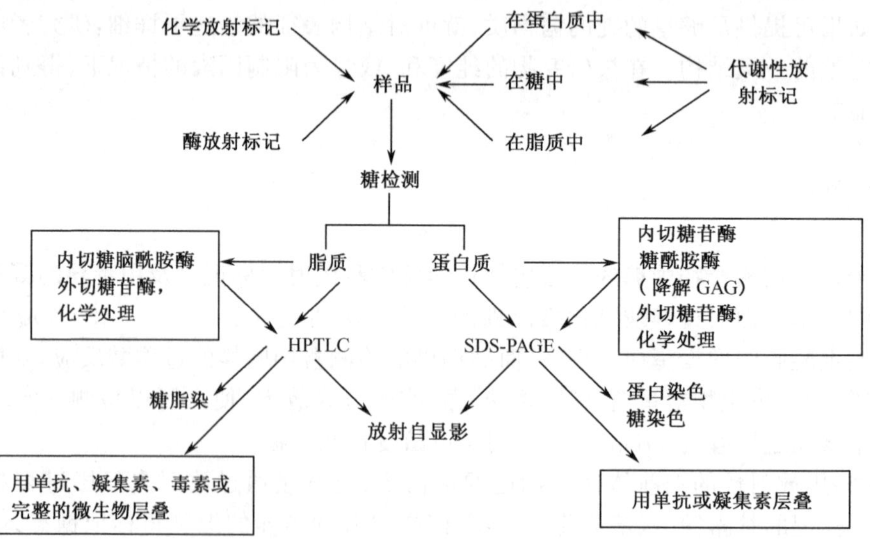


**图 38.1** 检测糖缀合物中糖的基本策略。

酸酶或糖胺聚糖裂合酶处理也可以引起迁移率的改变。也可以采用各种消除酶和水解酶来进一步确定 GAG 链的类型和/或结构(见第 11 章)。然而,由于有可能存在着对所用的酶有抗性的结构,所以并不能保证用这些处理方法检测所有聚糖。用化学方法(如:水解、β消除或氟化氢处理)可能实现 N-和 O-聚糖完全去除;而通常肽的破坏会妨碍用凝胶电泳进一步分析。

**2. 糖脂**

糖脂的混合物可用薄层层析(TLC)来进行分类。用糖活性试剂对 TLC 薄板染色,以呈现的条带来检测个别的糖脂。用不同的试剂,就有可能从那些仅含中性单糖(地衣酚-硫酸检测所有单糖)的 TLC 带中辨认出神经节苷脂(间苯二酚-盐酸检测唾液酸)。有现成的试剂可检测硫酸和磷酸基团。然而,少量存在的特殊糖脂有可能被组织抽提物中大量典型存在的糖脂所掩盖(如中性脂质、胆固醇、磷脂、脑硫脂和甘油脂)。正因如此,对某些粗提物进行预纯化是经常被优先考虑的(如,Folch 分配和用二乙基胺乙基(DEAE)柱色谱)。这些步骤可以将极性脂质(如:糖鞘脂)和那些含电荷基团的脂肪(如:神经节苷脂、磷脂和硫苷脂)与非极性或非离子性脂质分开。在得到的富集混合物中,糖脂可更容易地用糖活性试剂检测。评估经化学或酶处理后带迁移率的变化也是通常使用的方法。基于特殊结构特征的存在,TLC 薄板也可用单克隆抗体、凝集素甚至完整的微生物层叠进行测定(见第 28 章)。详细的结构特征可以在进行特殊处理后用二维 TLC 实验来辨认(如,第一次操作后将 TLC 薄板暴露在氨气中,然后挥发掉过剩的氨,在第二个方向进行的二次层析能指明哪些带含有碱不稳定的 O-酰基酯)。

根据负电荷数(如,在 DEAE 上用氯仿/甲醇/水混合物中的盐梯度洗脱的柱色谱方法),或者根据它们的极性(如:在硅胶柱上用逐渐增加极性的溶剂混合物洗脱的柱色谱方法)可以对糖脂进一步分离。每一组还可以用包括高分辨 HPLC 在内的更特殊的色谱方法进一步分级。

**3.GPI 锚**

含有脂质、蛋白质和糖组分的 GPI 锚定蛋白质具有独特的物理化学性质,这些性质可被利用于检测的目的。Triton X-114 在低温下可以抽提可溶性和整合蛋白质以及 GPI-锚定蛋白质。当该溶液加温,两相分开,其中 GPI-锚定蛋白和其他两亲蛋白质仍处于与富含去垢剂相结合的状态。GPI-专一的磷脂酶变更了两相之间的分配。除去 GPI-锚会引起分子质量的变化,所以用 SDS-PAGE 分析样品也可以估测磷脂键的裂解。

**4.植物和细菌多糖**

这个糖的家族包含大量不同的结构,其中包括同多糖和杂多糖,中性和离子型的多糖,线型和分支结构以及分子大小为几个单糖单元直到上千个单糖构成 (见第 20 和 21 章)。因为样品量通常并不是一个限制,这些多糖可典型地采用水、盐、离液剂(chaotropic agent)或用去垢剂以及乙醇沉淀分离方法来提取。用基于折射率或比色反应来检测。

## 单糖组成分析

一旦已经确定给定样品中 1 个或几个组分为糖基化之时，下一步便是确定糖缀合物总的糖含量和阐明存在哪种类型的单糖残基。基于酶处理、凝集素印迹或专门的化学反应得到的结果已经有一些定量信息可以利用。简单的比色反应可用于测定样品中的己糖、己糖醛酸或己糖胺的总量。这些方法仅需要普通的试剂和一台分光光度计，但由于缺乏检测的特异性和/或灵敏度而产生的误差，可能使测到糖的总含量不够准确。某些比色反应已经修改，使其适于产物的 HPLC 监检，这便会大大增加分析的灵敏度。

定量的单糖分析提供个别糖基的精确克分子比，同时可以给出特殊寡糖类型的存在(如，N-聚糖或 O-聚糖)。它也可用于测量重组糖蛋白治疗药物产品一致性(质控)。单糖组成分析涉及以下步骤：所有糖苷键的断裂、产生的各单糖的分离、每种单糖的检测和所得信号的定量。已有几种方法可达到这个目的(见图 38.2)。从 20 世纪 60 年代早期起，就发展了多种气-液色谱(GLC)方法用于单糖定量。某些方法采用火焰离子化检测(FID)，但最有用的方法是 GLC 与质谱(MS)联用检测正峰。到 20 世纪 70 年代，GLC-MS 已被用作测定糖组成的主要工具。糖苷键断裂和相继的衍生化所得到的过乙酰基糖醇乙酸酯和过-O-三甲基硅醚是这类分析中最广泛使用的衍生物。用一种光学纯的手性配糖体(如，[-]-2-丁基)和三甲基硅烷同时掺入，使得 GLC 可以分离 D 和 L 成对的光学异构体，由此确定每种单糖的绝对构型。在 20 世纪 80 年代，随着 HPLC 的出现，发展了柱前和柱后色谱衍生方法来定量单糖。到 20 世纪 90 年代早期，带有脉冲电检测的高-pH

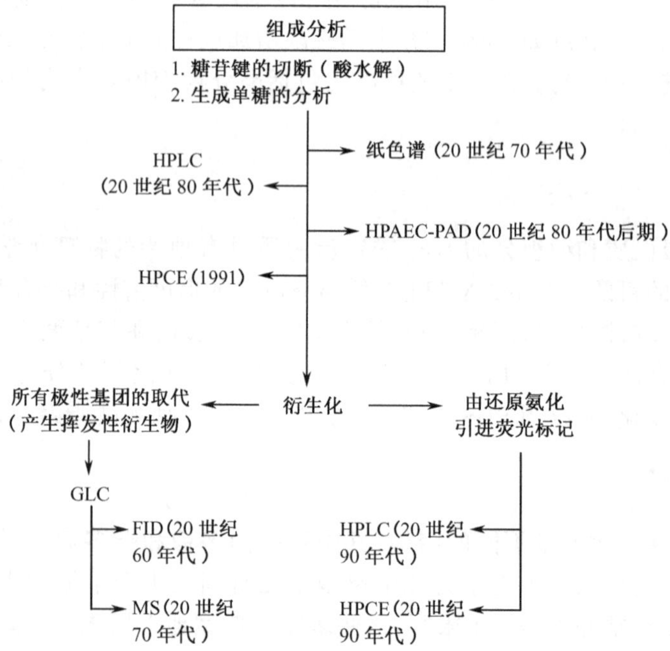


**图 38.2** 糖缀合物的单糖组成分析方法：历史回顾(其中的缩写参见表 38.3)。

阴离子交换色谱(HPAEC-PAD)取代了上述方法,因为这种方法不需要单糖衍生化。用 HPAEC-PAD 方法分析牛胎球蛋白的单糖组成的结果示于图 38.3。20 世纪 90 年代中期,由还原胺化(如,2-氨基苯甲酰胺[2-AB],2-氨基吡啶[2-AP]和 8-氨基-1,3,6-萘三硫酸[ANTS])产生的单糖荧光衍生物与具有在线荧光检测的反相 HPLC、凝胶电泳(荧光辅助的糖电泳[FACE])或高性能毛细管电泳(HPCE)结合得到了普及。例如,用荧光化合物(1,2-二氨基-4,5-亚甲基-二氧苯[DMB])标记的唾液酸可将灵敏度提高到飞摩尔(femtomole)数量级。

当前仪器的高灵敏度也有可能对印迹在聚二氟乙烯 (PVDF)(不是硝化纤维素)膜上并切下的特异的糖蛋白条带进行组成分析。所采用的方法与上面描述的方法相同,但这样做的优点是水解产物很容易被回收,所有结合肽或蛋白质都留在膜上。用同一片 PVDF 来进行序列分析也是可能的(如,用温和的酸首先释放唾液酸,同时分析所得的第一次上清液;然后再加强酸释放其余单糖,在第二次上清液中回收)。最普遍采用的分析单糖组成的方法列入表 38.3。

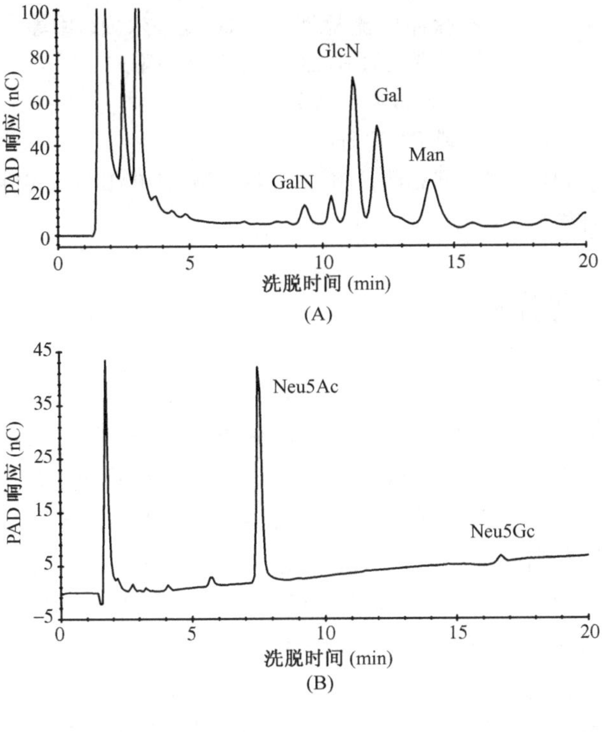


**图 38.3** 用 HPAEC-PAD 方法对牛胎球蛋白的单糖组成的分析:(A)中性糖和氨基糖;(B)唾液酸。两份 50μg 的胎球蛋白样品分别经强酸(A)和温和酸(B)水解。将过剩的酸蒸发后,水解物重新溶于水中,然后注入一个 CarboPac PA-1 阴离子交换 HPLC 柱上。用 NaOH 洗脱,并用脉冲电流计检测。色谱的定性和定量评价是基于另外实验中单糖标准物的洗脱时间和 PAD 响应的分析。色谱图 A 表明牛胎球蛋白含有 GalN(Ac),GlcN(Ac),Gal 和 Man,即,这些糖与糖蛋白中 N-和 O-聚糖的存在是吻合的。(在强酸水解期间,GlcAc 和 GalNAc 中的乙酰基断裂了,因此这些单糖恢复成自由的氨基糖,$GlcNH_2$ 和 $GalNH_2$。)至于唾液酸(色谱图 B),牛胎球蛋白中主要含 Neu5Ac 和百分之几的 Neu5Gc。被研究的这批牛胎球蛋白中糖的总含量为 15%(按重量计)。

表 38.3 单糖组成分析普遍采用的方法

| 方法 | 衍生化 | 所需要的仪器和材料 | 检测极限 | 所需的技能 | 获得的信号 |
|---|---|---|---|---|---|
| GLC-FID | 完全衍生化产生挥发性化合物；用手性配糖体衍生化 | 带有火焰离子检测器的 GLC 装置毛细管柱 | 纳摩尔<br>纳摩尔 | 中等 | 与已知标准物对比确定单糖的类型和量；单糖的绝对构型(D/L) |
| GLC-MS | 完全衍生化产生挥发性化合物 | 与EI 源的质谱联用的 GLC 装置毛细管柱 | 10 皮摩尔<br>用选择性离子监测灵敏度可以增加到 100 飞摩尔 | 高 | 与已知标准物相比确定单糖的类型和量；可由它们的 MS 碎片图式来确定未知物 |
| HPLC | 还原末端的荧光标记 | 具有在线荧光检测器的 HPLC 仪器 HPLC 柱 | 飞摩尔到皮摩尔 | 中等 | 与已知标准物相比确定单糖的类型和量 |
| HPAEC-PAD | 不需要 | 与脉冲电流检测器联用的 HPLC CarboPac PA-1 或 PA-10 柱 | 5～50 皮摩尔(取决于响应因子) | 中等 | 与已知标准物相比确定单糖的类型和量 |

注：(EI)电子轰击；(FID)火焰离子检测；(GLC)气-液色谱；(HPAEC)高 pH 阴离子交换色谱；(MS)质谱；(PAD)脉冲安培计检测。

## 聚糖的释放、图谱分析和分离

一旦清楚地确定了糖的存在、数量和组成，下一个难题是确定糖缀合物中有多少结构上不同的聚糖。根据要研究的糖缀合物改变研究方法，但结果往往是由某种色谱的图谱分析获得。糖鞘脂类很容易由硅胶板上 HPTLC 或一种商品的小珠(Iatrobead)载体上的 HPLC 得到图谱。由于这些定性图谱的策略已被广泛地应用，通过与文献数据以及已知标准物相比就可以揭示所研究分子的一定信息。糖蛋白的选择性消化产物(例如，用胰蛋白酶)用反相 HPLC 所生成的图谱是根据肽的结构分开的糖肽。适当的监测(如：分级收集后进行糖的检测和 MS，或在线 LC-MS 分析)可以确定与糖蛋白相对应的峰。不同种类的多糖、完整的蛋白聚糖和糖蛋白已用不同的大小排阻色谱法(SEC)的分析策略成功地得到图谱。聚糖本身的不均一性，可用直接 MS 分析(见下文)完整糖缀合物，或可能需要将聚糖从配糖体释放。

分析中的下一步是从糖缀合物中释放出聚糖。在进行色谱图谱分析之前释放出糖时，必须考虑(1)定量的释放步骤需要既不破坏也不在结构上改变糖；(2)糖与配糖体连接方式的信息的丧失。

### 1.糖缀合物中寡糖的释放

糖鞘脂类的聚糖部分可以(用内切糖基脑酰胺酶)酶解或用化学法(臭氧分解法)切

断。然后,游离的寡糖用 HPLC、HPAEC、HPCE 或 FACE 法进行图谱分析。适合从蛋白质中释放聚糖的化学方法包括同时释放 N-聚糖和 O-聚糖的肼解,或者在控制条件下,仅选择性释放 O-聚糖的肼解,以及在非常小心地控制的条件下仅释放 O-聚糖的β-消除(碱性硼氢化合物处理)。N 连接的聚糖也可以用 PNGase F 或 PNGase A 来释放(见上文糖的检测)。内切 H 酶可以用于选择性地释放高甘露糖型和杂合型的结构。GPI 锚通常经蛋白酶解从蛋白质释出、脱乙酰化并用或不用去磷酸化和亚硝酸处理来分析。以这种方式得到的寡糖用 HPLC 进行图谱分析。对于 GAG,因为它的分子量很大,所以不能完整地加以分析,而要采用化学(亚硝酸脱氨化)或酶(裂合酶)法将其切成小的片段,进而将这些片段用 HPLC 方法鉴定和定量。

**2.寡糖的图谱分析**

由糖缀合物释放的聚糖通常为一个复杂的混合物。即使当蛋白质中仅有一个糖基化位点被糖基化,单个分子中所携带的聚糖组分也不同,这种微不均一性是造成样品中存在大量不同糖链的原因。图谱分析(profile)可用于比较研究,并且可初步得到在糖蛋白中存在的寡糖结构的数目、相对量和类型。

图谱分析的策略是根据可获得的样品量来选择的。对于大量样品(大于 50μg),如果混合物含有约 20～50 个聚糖种类,则可以采用 HPAEC-PAD 或其他以 HPLC 为基础的图谱分析方法。牛胎球蛋白中释放寡糖的 HPAEC-PAD 图谱见图 38.4,这可作为一个例子。个别的分级组分可以回收进一步用 MS 和 NMR 进行结构分析。另一方面,人们希望增加检测灵敏度,以便使用少量的聚糖混合物组分来进行图谱分析。

化学的放射性标记(如用硼氚化钠对还原末端的还原或对唾液酸的甘油侧链温和的过碘酸氧化,接着用硼氚化钠还原)可以用于增强检测灵敏度。荧光标记(用 2-AB 或 2-

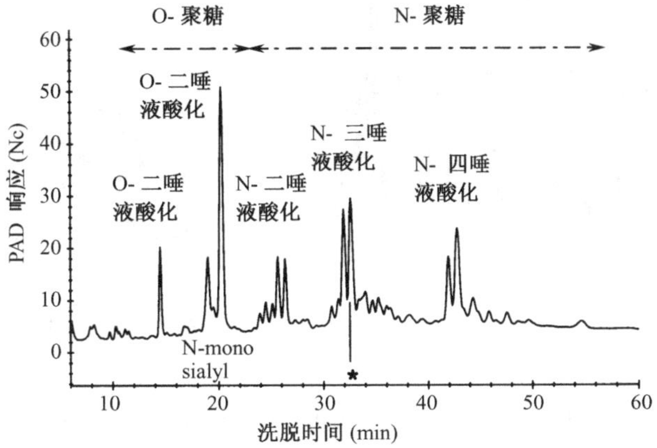


**图 38.4** 用自动肼解法从牛胎球蛋白中得到的 N-和 O-聚糖的 HPAEC-PAD 图。将溶于水中的聚糖混合物注入到 CarboPac PA-1 阴离子交换的 HPLC 柱上,然后用 100mmol/L 氢氧化钠中 20～250mol/L 乙酸钠线形梯度洗脱,各种聚糖的洗脱位置对应于单-和二-唾液的 O-聚糖和单-、二-、三-和四-唾液酸的 N-聚糖。在一类具有相同电荷的聚糖中,洗脱时间的差别反映不同的支链程度,和/或一种唾液酸和/或半乳糖残基的不同的连接位置。(用*号标记的多糖组分是用硼氢化钠还原并用 $^{1}$H NMR 谱分析;见图 38.5)

氨基-苯甲酸 anthranillic acid[2-AA])达到了类似的灵敏度,该法的优点是很容易提纯,而且样品经得起各种色谱分离和结构分析技术的检验。如果在还原末端引入一个标记,就有可能使用逐步的外切糖苷酶处理,然后观察寡糖在色谱系统(如纸色谱,HPLC,TLC)中的位移来确定其对酶敏感性。与用同样方法处理的标准物比较就可初步鉴定聚糖。然而,已知结构完全表征的标准物难以得到纯品,在色谱图中总是有多个峰出现在异常洗脱时间。很重要的是要注意分离技术不应与真正的结构分析相混淆。

一旦知道了糖蛋白中存在的聚糖的数量和相对比例,就有可能在分析色谱的结果中计算出的单一的聚糖组分是否有足够量能够用物理化学方法(如:NMR 和 MS)来完全鉴定其结构。若纯化材料的量允许的话,最好的选择是首先进行$^1$H NMR 分析。因为这种方法是不破坏结构的,同一样品随后还可用于其他破坏结构的测试(如:MS 和甲基化分析)。采用 NMR 谱学的限制是仪器的价格和解读 NMR 谱图所需的专业水平。然而,用配有很灵敏的探头(如 Nano-NMR 探头)的高场(500 MHz 或更高些)NMR 谱仪检测,就可以用很少量的(每种寡糖 2～5 皮摩尔)单一 HPLC 组分样品得到$^1$H NMR 谱图。例如:由牛胎球蛋白得到的两种三唾液酸的三天线寡糖混合物的$^1$H NMR 谱示于图 38.5。

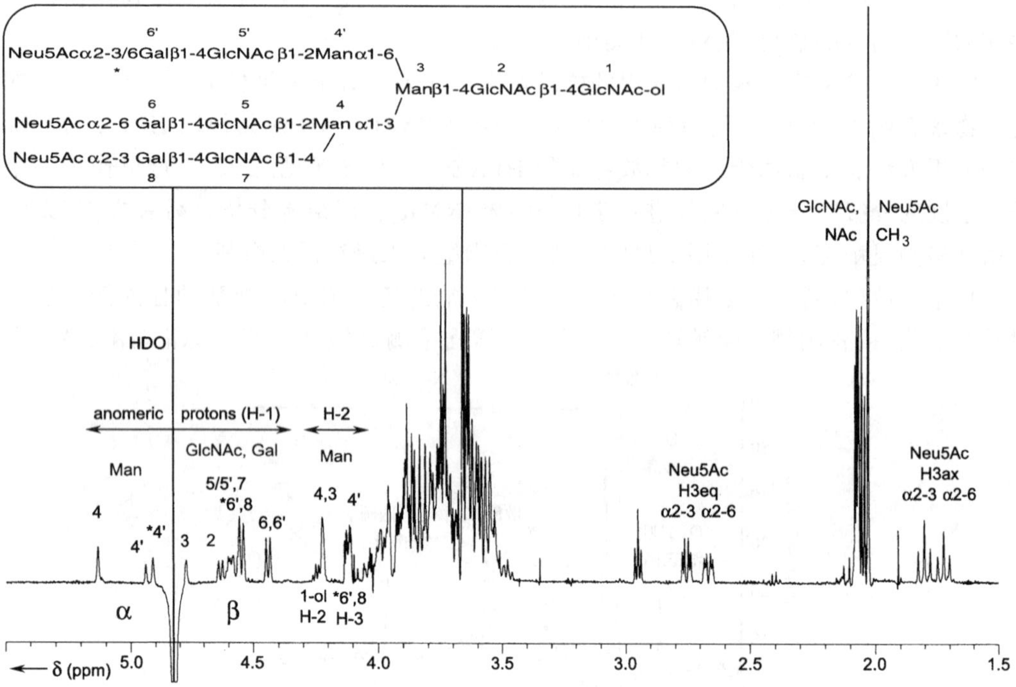


**图 38.5** N-型寡糖-糖醇用肼解法从牛胎球蛋白分离后经 HPAEC 方法纯化(见图 38.4),接着用硼氢化钠还原得到的两种三唾液酸三天线的混合物的$^1$H NMR 谱。该谱是在 500MHz 仪器上记录的,在 5mm 样品管中 100μg 的聚糖混合物溶于 0.7ml $D_2O$ 中,pH 为 6.5,温度 23℃。图中还给出了这两种多糖的结构。请注意,它们的差别仅仅是 Manα-6 分支中唾液酸与半乳糖连接位置的不同。谱中的数字代表结构中相应的残基。谱线的归属包括异头质子(H-1 信号),Man H-2,Gal H-3,Neu5AcH-3eq 和 H-3ax,以及 N-乙酰氨基糖甲基信号,用 * 号标记残基 4′和 6′,代表 Neu5Ac 与 Gal-6′以 α2-3 相连的组分。残留水峰(HDO)左边的 H-1 信号是聚糖中存在的以 α-相连的单糖,而水峰后边的(H-1)信号是来自结构中以 β-相连的单糖残基。

# 连键分析

复合糖的结构分析是费时费力的,而且需要多种方法的重复才能得到一结构的完整描述。表 38.4 列举了最常用的糖连键分析方法。

**1. 连键位置的确定**

在对一种分离的寡糖的完全结构表征分析的进程中,下一个问题便是确定单个糖基与另一个糖基的连接位置。在 20 世纪 60 年代末期和 20 世纪 70 年代早期发展了甲基化分析方法,这是确定糖基连键位置的一种独创性的方法(图 38.6)。这种方法的原理是在天然寡糖的各个自由羟基上均引入一个稳定的取代基(甲基)。然后将糖苷键切断,产生一些具有新的游离羟基的个别的单糖残基,这些游离羟基便是切断糖苷键的位置。最初,部分甲基化的单糖是用纤维素柱色谱分析并且鉴定,过程很烦琐。如今,单糖被衍生化后生成挥发性分子适于 GLC-MS 分析。最普通的衍生化策略包括将单糖在 C-1 位还原生成醇(去除环结构的生成),接着将游离羟基衍生化(例如,乙酰化)成为挥发性分子。部分甲基化(甲基标示原来是游离的羟基)和部分乙酰化(乙酰基标明原来在糖苷链连接位置和环结构中的羟基)的单糖糖醇的混合物可以用 GLC-MS 鉴定。

传统的 MS 方法是基于在某种轰击下生成有机分子碎片,进而根据质/荷比对其区分。在甲基化分析中,结合保留时间(从 GLC 柱洗脱的相对时间)和它们的电子轰击(EI)对开 MS 碎片化图式来确定谱峰。同一类型(如己醛糖)类似取代的单糖的 EI 碎片化图式是相同的。因此,要得到明确的鉴定,除了分析 MS 谱图外,还需要与已知标准物的保留时间相对比(如所有的 2,3,4-三-O-甲基-己糖产生同样的 EI-MS 谱,但过乙酰化的 2,3,4-三-O-甲基半乳糖醇要比过乙酰化 2,3,4-三-O-甲基葡萄糖醇洗脱得晚)。这种分析能指出哪些残基是末端的残基(如,它们是在除了 OH-1 和 OH-5 外的每个位置上都甲基化)以及每个单糖是如何被取代的,除上述之外,后者可揭示分支点的位置。甲基化分析也可以确定每个单糖的环大小,六元环(*p*)还是五元环(*f*)。然而,甲基化分析既不能指明哪个残基与哪个残基相连(即不能提供序列信息),也不能说明糖基之间特定的连键是 α 还是 β 构型。

**2. 异头性的确定**

下一步是确定每个残基的连键构型(异头性,α 或 β 构型)。有关这个问题的某些信息可能已从 NMR 谱中得到了(见上文),而更多的信息能从逐步的外切糖苷酶消化中得到。α 或 β 外切糖苷酶的酶切指出特异末端糖残基的异头性,用特异的内糖苷酶酶切能提供有关糖链的内部区域的更多信息。某些糖苷酶只在给定残基位于所研究的单糖的一个特殊位置上时才有作用,由此可得到详细的结构。当前,这种可利用的酶的数量是有限的。

如果有足够量的糖,用 $^1$H NMR 谱学方法确定聚糖中一个特殊单糖的异头性则更为可靠。异头质子共振(H-1 信号)出现于通常没有其他质子的共振峰的区域,并且表现为特征性的(偶合常数裂分而产生的)双峰,β 构型偶合裂分远远大于 α 构型(见图 38.5)。

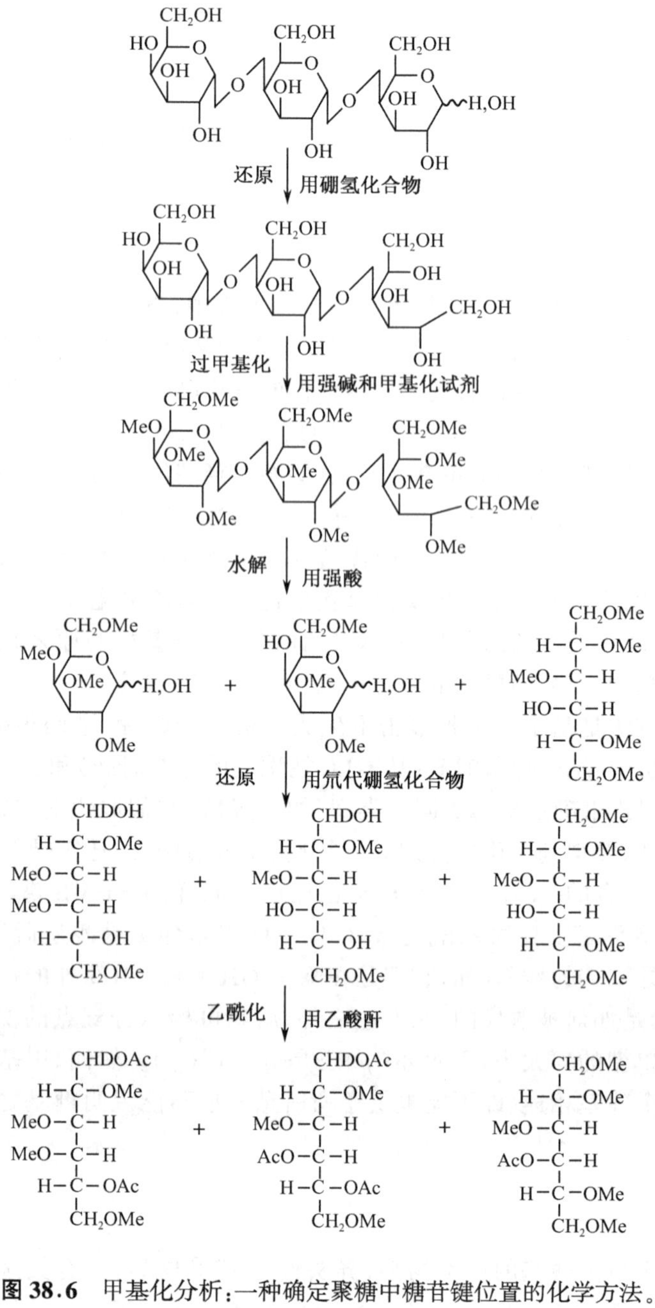

**图 38.6** 甲基化分析:一种确定聚糖中糖苷键位置的化学方法。

因此,粗略地看一下 NMR 谱,(数一数异头信号)就可以知道有多少个残基,它们之中属于每一种异头体的数目有多少。因为 NMR 谱中那些 H-1 信号出现的准确位置(化学位移)在不同程度上反映了单糖类型和其取代模式的特征值,进一步仔细分析谱图便可以确定存在哪个单糖残基,在顺利的情况下,通过应用结构报告人的概念,特别在有结构明确的相关聚糖的$^{1}$H NMR 图谱可供比较时,可以提供多糖的完整一级结构。

**表 38.4 碳水化合物糖基连键的分析方法**

| 方法 | 衍生化 | 需要的仪器和材料 | 检测的极限 | 专业要求 | 得到的信息 |
| --- | --- | --- | --- | --- | --- |
| 外切糖苷酶消化 | 取决于可利用的样品量，可能需要在还原末端引入荧光标记 | 特异的酶 HPLC，HPTLC，HPCE 仪器合适的检测器 | 取决于分析方法（如，标记与非标记多糖）可达到飞摩尔-皮摩尔范围 | 低 | 确定在所研究糖的特殊位置上的残基是以 α 或 β 构型连接；限于几种高专一性酶 |
| 甲基化方法 | 完全的衍生化以产生挥发性化合物 | 气-液色谱与带有 EI(或 CI 源)的质谱联用，毛细管柱 | 10 皮摩尔用离子检测器灵敏度可提高到 100 飞摩尔 | 高 | 确定连在特定位置上残基的类型和数量：需要将保留时间与碎片化图式相关联分析；需要标准物；提供每个单糖环大小(*p* or *f*) |
| MS | 完全衍生化或还原端的标记 | 带 FAB，LSIMS 或 ESI 源以及 MS/MS 功能的质谱仪 | 飞摩尔-皮摩尔范围 | 很高 | 由糖环的碎片可以推断糖苷键类型和位置 |
| NMR | 不需要 | 500 MHz 或以上的 NMR 谱仪 | 异头性：10～100 皮摩尔样品量要满足高灵敏度探头的需要量（如 Nano-NMR 探头）<br>连键位置：即使在微量探头中仍需纳摩尔的量 | 很高 | 由化学位移和 H-1 的偶合常数确定每个单糖残基的异头性；<br>由二维 HMBC 实验确定糖苷键位置 |

注：(CI)化学离子化；(EI)电子轰击；(ESI)电子喷雾离子化；(FAB)快原子轰击；(HMBC)异核多键相关谱；(HPCE)高效毛细管电泳；(HPTLC)高效薄层色谱；(PSIMS)液体二级离子质谱；(MS)质谱；(MS/MS)二级质谱。

## 序列分析

将糖序列分析的最常用方法总结列入表 38.5。

**表 38.5 糖序列分析方法**

| 方法 | 衍生化 | 需要的仪器和材料 | 检测极限 | 所需的技能 | 获得的信息 |
|---|---|---|---|---|---|
| MS | 取决于样品量可能需要或不需要 | 带 MALDI 源和 TOF 分析器的质谱仪 | 皮摩尔范围 | 高 | 由外切糖苷酶引起的质量数减少来推测序列 |
|  | 完全衍生化和/或还原端标记 | 带 FAB, LSIMS 或 ESI 源和 MS/MS 功能的质谱仪 | 皮摩尔(ESI)纳摩尔(FAB 和 LSIMS) | 很高 | 通过几代的离子碎片化图式推测序列 |
| NMR | 不需要 | NMR 谱仪 | 1～10 纳摩尔(微量探头)10～100 纳摩尔(5mm 探头) | 很高 | 与标准物比较得到序列(结构报告人的概念)由二维 HMBC 实验准确地推测序列 |

注:(MALDI)矩阵辅助的激光脱附离子化;(TOF)飞行时间质谱;其他缩写见表 38.4。

**1.NMR 谱**

NMR 谱学是惟一的一种对聚糖可能进行全结构表征描绘的技术,它需要很少或根本不用借助别的方法,只需要提供足够量相对纯的样品即可。完全的结构阐明需要对寡糖的$^{1}$H 和$^{13}$C NMR 谱线进行全归属。谱线全归属的完成需要各种二维 NMR 技术的结合,如$^{1}$H 的同核相关谱(COSY)和全相关谱(TOCSY),以及$^{13}$C 的异核单量子相关谱(HSQC)。用 TOCSY 谱可以归属每个单糖残基的$^{1}$H 信号。测序的关键实验是二维异核多键相关(HMBC)实验,它可以检测异头质子与糖苷键相连的碳原子之间的偶合信息。通过完全确定的糖苷键和异头性,HMBC 实验可以将单糖碎片连接在一起。然而,HMBC 实验并非是很灵敏的实验,如果没有足够量的样品来实现$^{1}$H-$^{13}$C NMR 相关实验,则需要采用其他技术提供的数据来完成结构分析。确定聚糖序列的一种要求不太严格的二维$^{1}$H NMR 方法是通过空间效应(核 Overhauser 效应[NOEs])作为获得连接位置和序列的惟一来源。

**2. 质谱**

用多种 MS 方法分析完全衍生的寡糖也能提供序列信息(见图 38.7)。最初,用短柱的 GLC-MS 和直接注入的 EI-MS 方法来分析寡糖的三甲基硅烷化和乙酰基衍生物,然而,这种方法仅限制用于测定相对小的聚糖;到了 20 世纪 70 年代末期和 80 年代初期,它被软离子化技术所取代,如快速原子轰击(FAB)-MS 和液体二次离子质谱(LSIMS)。这些技术产生分子离子和仅仅有标记的某些碎片(如氨基己糖的糖苷键之类的"易变位点")。解释这样的质谱图得到的信息远远大于由 EI-和化学离子化(CI)-MS 得到的信息。在某些例子中,能得到一些天然糖缀合物分子的序列信息(如:糖鞘脂类,GPIs),因为它们的物理性质使得它们在用于分析的基质表面上很容易产生离子。确定糖苷键和序

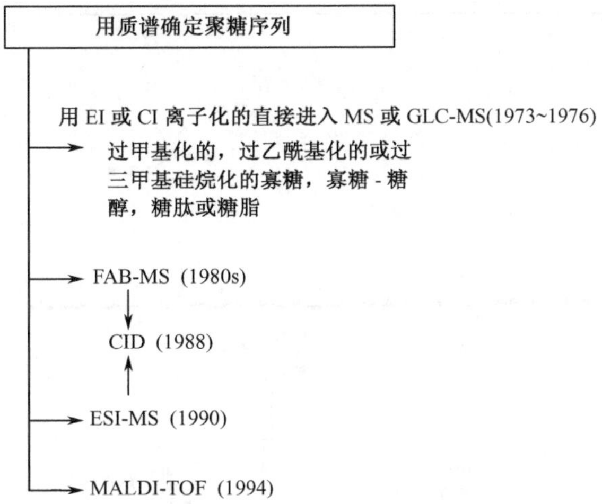


**图 38.7** 用质谱方法分析完整的未衍生化的或衍生化。
寡糖的方法：历史回顾图(缩写见表 38.4 和 38.5)。

列分析的联合策略需要对 1～20 纳摩尔的初始样品进行甲基化，其中 1～2 纳摩尔用于 FAB 或 LSIMS 分析，而剩余部分用于 GLC-MS 分析。LSIMS 或 FAB 能够与串联的两个质量分析器(MS/MS)相组合，用第一个质量分析器选择的离子，接着在池内与中性气体碰撞。碰撞产生碎片化(CID，碰撞-诱导离解)，而这些碎片由第二个质量分析器分析，可以提供更详细的结构信息。这些 MS 技术能分析寡糖的混合物并且可以提供(1)寡糖的分子量，(2)样品的不均一性，(3)结构信息，如分支，以及(4)用 MS/MS 提供单个组分结构信息。

在专门研究这项技术的实验室中，MS 和 MS/MS 分析也正在成为确定聚糖结构所选择的方法。根据其质/荷比($m/z$)对各种分子进行分离，就可以区分那些性质很类似的、用色谱法难以分离的寡糖。其他的衍生化策略被用于 CID 分析，譬如，还原末端标记和非极性标记联用(如：对-氨基苯甲酰乙酯[ABEE]和对-氨基苯甲酰辛酯[ABOE]基团)。

20 世纪 90 年代被引进的新的离子化方法包括电喷雾离子化(ESI)和基质辅助激光-解吸离子化(MALDI)。它们的优点是高灵敏度，高质量测量能力，并在某些情况下有分析未衍生化寡糖的能力。如今，FAB-MS 已取代了 ESI-MS 用于肽和糖肽图谱化的目的。尽管 MALDI-飞行时间质谱[TOF]-MS 在分辨率和质量准确性方面落后于其他质谱，但它的研究结果还优于 SDS-PAGE 或 SEC 得到的结果，几飞摩尔的糖蛋白就可以得到总分子量。而且 MALDI-TOF 对盐的存在的灵敏度要比 FAB-MS 或 LSIMS 低得多。酶的处理可以直接在 MALDI 靶上进行，检测质/荷比的变化，指出蛋白质中存在有多少聚糖。另外，随着技术的发展，仪器化已经变得在经济上可承担的了(今天，小型台式仪器便可以执行那些仅在几年前还限于大的和贵重的磁扇形质谱仪完成的功能)。联合使用 MALDI 质谱和酶处理方法对牛胎球蛋白中的 N-聚糖进行的序列分析示于图 38.8。

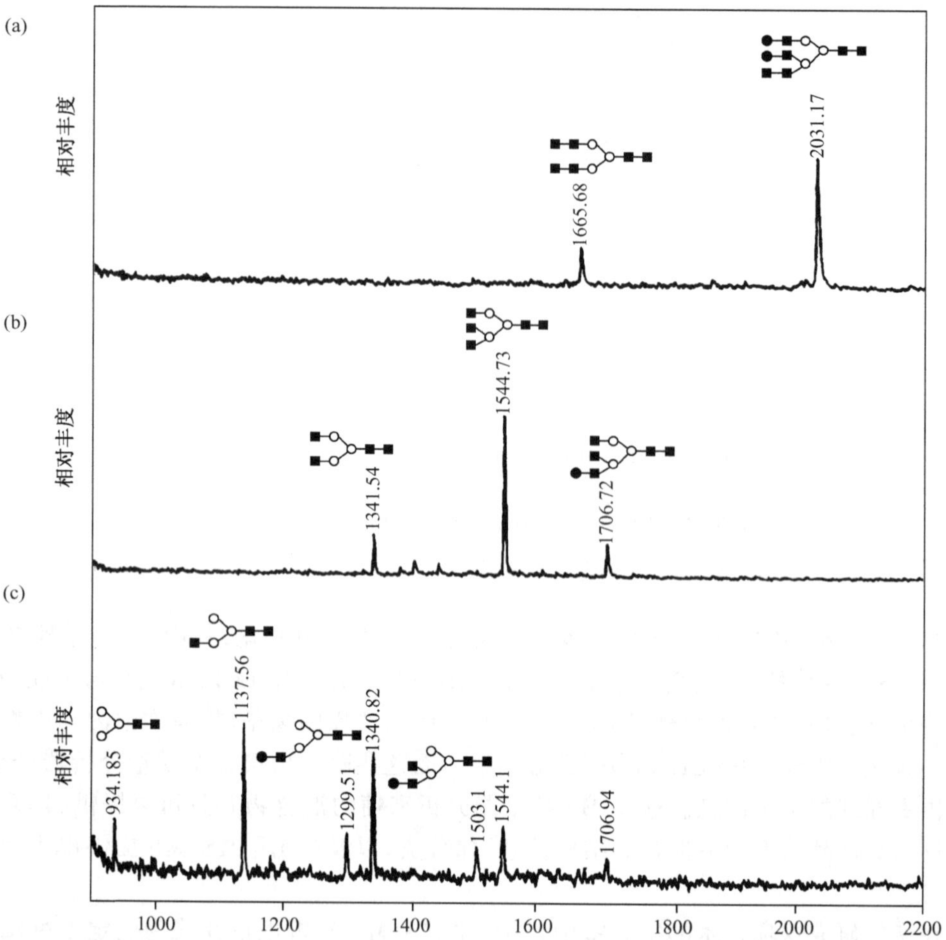


**图 38.8**　由 5μg 牛胎球蛋白在 pH7.5 处理后得到的 N-聚糖混合物的 MALDI-TOF 质谱(A)用 PNGase F,神经氨酸酶;(B)PNGase F,神经氨酸酶和 β1-4 半乳糖苷酶;(C)PNGase F,神经氨酸酶,β1-4 半乳糖苷酶和 N-乙酰葡糖胺酶(经允许,摘自 Mechref 和 Novotny,Anal. Chem. 70;455-463。各种峰测得的质/荷比( *m*/ *z*)与图中给定结构的寡聚糖的单钠加合物相符合(符号标记的说明参见第 1 章)。

### 3. 糖基化位置的分析

如果用合适的组合方法来分析从糖缀合物中分离出来的每一个聚糖,就能够得到一张完整的结构图像。对糖蛋白一级结构的最终分析是确定特定聚糖的糖基化位点,该分析可通过生成肽及肽谱分析、鉴别及分离制备含糖的肽并用前述方法研究每一峰来完成。另一种可能是,当前最高水平的直接 MS 分析使得有可能在完整的糖缀合物水平上完成这个任务。

## 发展方向

从历史上看,聚糖一级结构的测定所能达到的详细程度是由可资利用的技术来决定的。这种趋势将会继续下去，而且最终新的技术可能允许在完整的糖缀合物上实现全部聚糖分析。若不再需要分离单个聚糖将会消除选择性和非选择性损失以及降解过程固有的假象的产生。要获得这样的技术需要来自各种学科的贡献并使其具体化和付诸实现。将一级结构分析提出的各种难题放在一起，相信就像对今天的糖化学家一样，对未来几代的化学家将是很有意义的挑战。

（韩秀文 译　金　城 校）

## 参　考　文　献


1. Townsend R.R. and Hotchkiss A.T. Jr., eds. 1997. *Techniques in glycobiology.* Marcel Dekker, New York.
2. Jackson P. and Gallagher J.T., eds. 1997. *A laboratory guide to glycoconjugate analysis. BioMethods*, vol. 9. Birkhäuser, Basel, Switzerland.
3. Ausubel F.M., Brent R., Kingston R.E., Moore D.D., Seidman J.G., Smith J.A., Struhl K., Albright L.M., Coen D.M., and Varki A., eds. 1996. Preparation and analysis of glycoconjugates. In *Current protocols in molecular biology*, unit 17. Wiley, New York.
4. Verbert A., ed. 1995. *Methods on glycoconjugates: A laboratory manual.* Harwood, Singapore.
5. El Rassi Z., ed. 1995. *Carbohydrate analysis: High performance liquid chromatography and capillary electrophoresis. J. Chromatogr. Libr.*, vol. 58. Elsevier, Amsterdam.
6. Lennarz W.J. and Hart G., eds. 1994. *Guide to techniques in glycobiology. Methods Enzymol.*, vol. 230. Academic Press, San Diego.
7. Fukuda M., ed. 1994. *Glycobiology: A practical approach.* IRL Press, Oxford, United Kingdom.
8. Hounsell E.F., ed. 1993. *Glycoprotein analysis in biomedicine. Methods Mol. Biol.*, vol. 14. Humana Press, Totowa, New Jersey.
9. McCloskey J.A., ed. 1990. *Mass spectrometry. Methods Enzymol.*, vol. 193. Academic Press, San Diego.
10. Bierman C.J. and McGinnis G.D. 1989. *Analysis of carbohydrates by GLC and MS.* CRC Press, Boca Raton, Florida.
11. Chaplin M.F. and Kennedy J.F. 1987. *Carbohydrate analysis: A practical approach.* IRL Press, Oxford, United Kingdom.
12. Ginsburg V., ed. 1989. *Complex carbohydrates*, Part F. *Methods Enzymol.*, vol. 179. Academic Press, San Diego.
13. Ginsburg V., ed. 1987. *Complex carbohydrates*, Part E. *Methods Enzymol.*, vol. 138. Academic Press, San Diego.
14. Ginsburg V., ed. 1982. *Complex carbohydrates*, Part D. *Methods Enzymol.*, vol. 83. Academic Press, San Diego.
15. Ginsburg V., ed. 1978. *Complex carbohydrates*, Part C. *Methods Enzymol.*, vol. 50. Academic Press, San Diego.
16. Ginsburg V., ed. 1972. *Complex carbohydrates*, Part B. *Methods Enzymol.*, vol. 28. Academic Press, San Diego.
17. Rao V.S.R., Qasba P.K., Balaji P.V., and Chandrasekaran R. 1998. *Conformation of carbohydrates.* Harwood, Singapore.


本章初稿由 A. E. Manzi（加利福尼亚，圣迭戈 Nextran 公司）和 H. van Halbeek（圣迭戈加利福尼亚大学）编写。

# 第 39 章　化学法和酶法合成聚糖



本章讲述实验室制备量(大于毫克量)级的寡糖合成方法。介绍有机化学和酶法两种合成手段。重点介绍现有方法的实用范围和局限性,并争取让人们了解制备用于生物研究的符合规范的聚糖样品所需的实验工作量。

## 背景[1~3]

有机化学家对寡糖合成的兴趣源于面对以有效方式立体特异地装配高度功能化的复杂大分子带来的挑战;另一方面,糖生物学家的兴趣在于得到用于生物学研究的纯的、结构明确的寡糖样品,这类研究几乎总是在探索聚糖在生物识别过程中的作用,诸如,细菌、毒素或病毒与哺乳动物细胞表面聚糖的结合,或者通过细胞表面受体专一识别的某种糖蛋白或糖脂。所研究的聚糖通常分子量很大,而与蛋白质结合的位点大小更为有限,而且通常只识别 1~4 个糖单位提呈的抗原决定簇。因此,本章重点讨论小分子寡糖的合成。

哺乳动物聚糖仅由 10 种被视为"建筑单元"的单糖组成(见第 2 章),这些单糖是 D-Glc,D-Gal,D-Man,D-Xyl,L-Fuc,D-GlcNAc,D-GalNAc,D-GlcA,L-IdoA 和 Neu5Ac。通过乙酰化,硫酸化和磷酸化更增加了聚糖的结构多样性。虽然并没有完全发现所有可能的异构体,但原则上每一个单糖都能以 α 或 β 构型形成糖苷键。在细菌中,包括脱氧和氨基糖在内的一个不断增加成员的单糖单糖间的组合生成高度复杂的和对合成具挑战性的分子(见第 21 章)。

## 寡糖合成比 DNA 或肽合成更为困难[4,5]

与成熟的通常应用商品化的仪器在固相表面即可完成的 DNA 和肽合成领域相比较,可以容易地感受到寡糖合成的挑战性。

固相合成 DNA 寡聚体的通用流程示于图 39.1。首先,部分保护的第一个核苷通过它的 3′-OH 连接到固体载体上而被固定。然后在弱酸条件下其 5′位二甲氧基三苯甲基被切断。而后,添加下一个活化形式的核苷,通常为 3′-亚磷酸酯衍生物,生成 3′→5′亚磷酸酯。通常是用碘在吡啶/水溶液中将亚磷酸酯氧化成磷酸酯,完成磷酸二酯的连接。除去二甲氧基三苯甲基后,即可用另一个核苷衍生物重复循环。化学的主要特点是所有需要的衍生核苷都有商品可提供,或者可以通过二到三步反应制备出来。二甲氧基三苯甲基的切断需时 3 分钟,亚磷酸酯偶联为 5 分钟,氧化 2 分钟。因为所有核苷的偶联是以同样的速率进行的,因此不需要监控每一步反应。总的循环时间为 20 分钟,产率为 99%,因此可以进行多次循环。显然,DNA 合成化学已有很大发展,而且极为简易有效,因为实际上只有两个 OH 基参与反应,一个是裸露的一级 5′-OH,另一个是二级 3′-OH 基团,连接总是在一个残基上的 3′-OH 与另一个残基的 5′-OH 之间进行。用碱处理使产物从固体载体(通常为玻璃)上切断下来,同时也除去了核苷碱基和磷酸二酯上的保护基,最后便

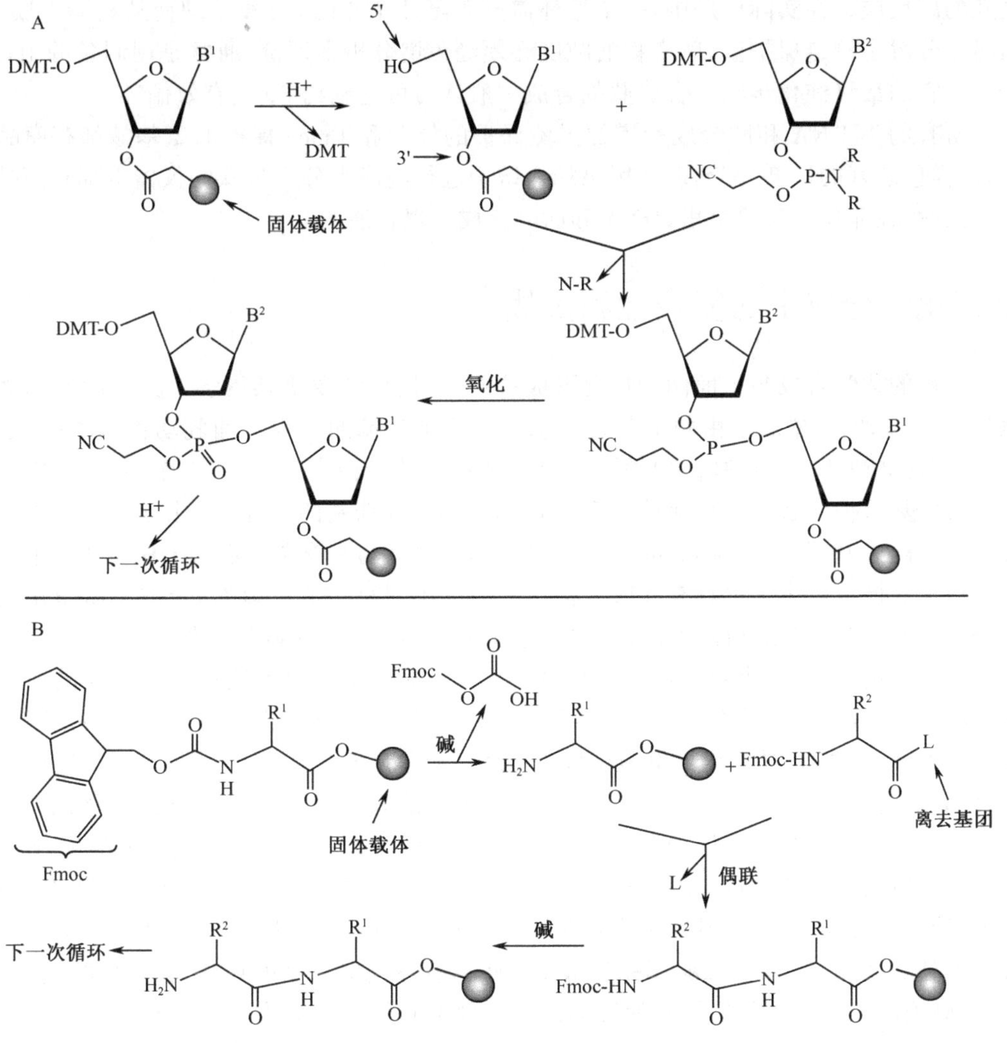


**图 39.1** 固相合成 DNA 寡聚物(A)和肽寡聚物(B)的合成流程。其中(DMT):二甲氧基三苯甲基;(B)碱基(如尿嘧啶);(Fmoc):芴甲氧基羧基。

得到了寡核苷酸。

固相合成肽的通用流程示于图 39.1。最常用的合成方法中所用氨基酸为其侧链功能基团(如胺类、酸酯类等)用酸不稳定性保护基(如 Boc 基团)保护、用氨基酸氮碱不稳定性 Fmoc 基团保护。在“正常的方向”中,Fmoc 保护的羧基-末端氨基酸通过其羧基,用一种酸不稳定连接剂偶联到固体载体上。用一种碱,例如吗啉,将 Fmoc 保护基脱去,暴露出游离的活性胺。然后,或以预活化酯,例如,五氟苯基酯(pentafluorophenyl ester)或以游离酸形式在缩合剂,如羧基二酰亚胺(carbodiimide)存在下添加另一个氨基酸。常需要加入催化剂,并且可用比色法观察未反应氨基的碱性消失来监测反应是否完成。反应完成后,分解新添加的氨基酸的 Fmoc 保护基,启动另一轮循环。与 DNA 的合成不同,不同的氨基酸反应速率不同,而且有些序列的合成还存在问题,这就是需要用比色法监控反应的原因。用现代技术,虽然能消除外消旋,但生成酰胺键的反应得率通常低于 97%,有百分之几的副反应。在实际应用中,一个循环需要 1 至几个小时,用酸处理使从树脂上脱离,同时也分解了侧链保护基,肽产物的纯度必须经色谱分析来评价,通常是用制备的 HPLC 来完成它的最终纯化步骤。合成肽的合成一般认为可达到约 30 次有效循环。

所有的为 DNA 和肽合成所需的天然保护的核苷和 Fmoc-保护的氨基酸都有商品出售,同样包装好的试剂、溶剂以及用泵加入试剂进行洗涤和分解步骤的仪器也都有商品出售。因此,在非化学实验室里,DNA 和肽的合成是很普通的。

## 寡糖化学合成中的复杂性和挑战[1～3]

寡糖的化学合成与上面两种情况形成鲜明的对比,它要复杂得多。其间的差别概要地列于图 39.2,图中表示由两个葡萄糖制备一简单二糖的过程。哺乳动物单糖的“建筑单元”都含 3 或 4 个 OH 基。如果要合成一个特定的二糖序列,如 1-4 连接,就需要将其余的 OH 基保护起来。一旦保护基完成后,第二个糖(糖基的供体)活化形式的异头中心带有一个离去基团(leaving group)“L”。然后糖基供体与具有单一游离 OH 基的接纳体偶联。糖苷的糖基产生了可具有 α 或 β 构型的新的不对称中心。显然,合成不希望得到混合物。因此,需要采用立体特异性的方法来生成目标二糖的正确异头体。

在正常情况下,一个糖基化反应需要 2～48 小时。不同单糖能以完全不同的速率进行反应,并且根据糖基化游离 OH 基的不同产生的异头键比例也很不同。产率范围通常在 60%～80%之间,异头化比例很少好于 20∶1,常常是 6∶1 或更差一些。对于这样的产率,反应的每一步都需要色谱纯化。如果合成更长的寡聚糖,甚至还有更为严格的限制。如图 39.2 所示,当第二个糖加到第一个糖上后,要再加入下一个糖生成三糖的话,则有 7 个可以反应的潜在位点可能发生作用。此情况表明,采用了一种通用的保护基“P”(为了简单说明),在二糖产物中没有一个羟基可被选择性地除去以使链延伸。譬如:下一个糖必须加到 2′-OH 基上,那么必须采用其 2-OH 具有不同保护基的糖作为糖基供体。换句话说,必须制备 4 种不同保护基的接纳体和 4 种不同保护基的供体才能得到各种可能的三糖。显然,如果要想合成一个四糖,而且其间还有其他类型的单糖,情况将更为复杂。所需的这类“糖建筑砌块”很少有商品供应。

对寡糖合成的挑战可归结为,需要精巧的 OH 基团保护策略和糖基化立体特异性的方法。如上所述,与DNA和多肽合成相比,即使已有成功先例的系统,其产率和α/β比例都是很差的,而且对于新的序列合成也是很难预测的。鉴于这些原因,至今只有18篇文章报道了寡糖的固相合成(关于综述,参见文献3)。

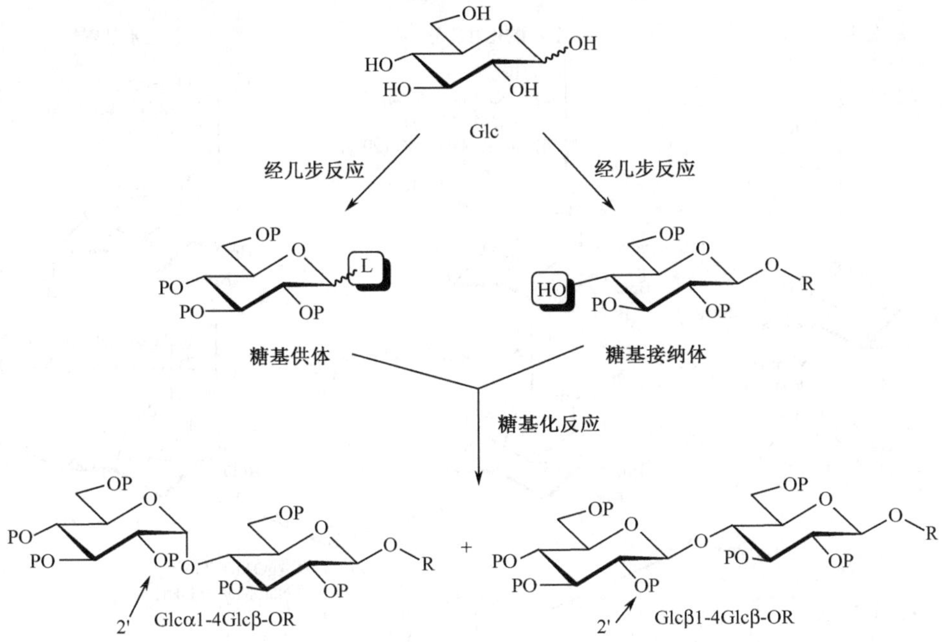


**图 39.2** 假设的 Glc1-4Glc 二糖合成流程。P是一种通用的羟基保护基。

## 代表性的三糖合成[6]

图 39.3 显示了为制备一种糖基转移酶接纳体用的一个三糖的合成流程,它是用于检测组织粗抽提液中与肿瘤转移相关的 N-乙酰葡糖胺转移酶-V(见第 17 章和 35 章)。这一流程表述了三糖在一种开创性的系统中高效的溶液合成,而且由此会使读者对实际的寡糖合成过程可有所感受。如图中所示,以现成的商品为起始物需要进行 17 步反应,8 个中间化合物都需用色谱纯化,一般可得到的 100mg 最终的化合物。最初,一个有经验的博士后用了 3 个月的时间建立并完成了图中所示的合成路线,现在重复这个路线需 1 个月的全日工作。

## 酶法合成寡糖[7~9]

针对化学合成方法中仍然存在的许多严格限制,目前对用酶合成制备级水平的寡糖兴趣非常高。糖基转移酶(生物合成寡糖的酶)和糖苷酶(用于水解它们的酶)均已被采用。酶法合成的吸引人之处在于不需要保护基,而且生成的总是立体化学上确定的糖苷键,而不是α/β混合物。

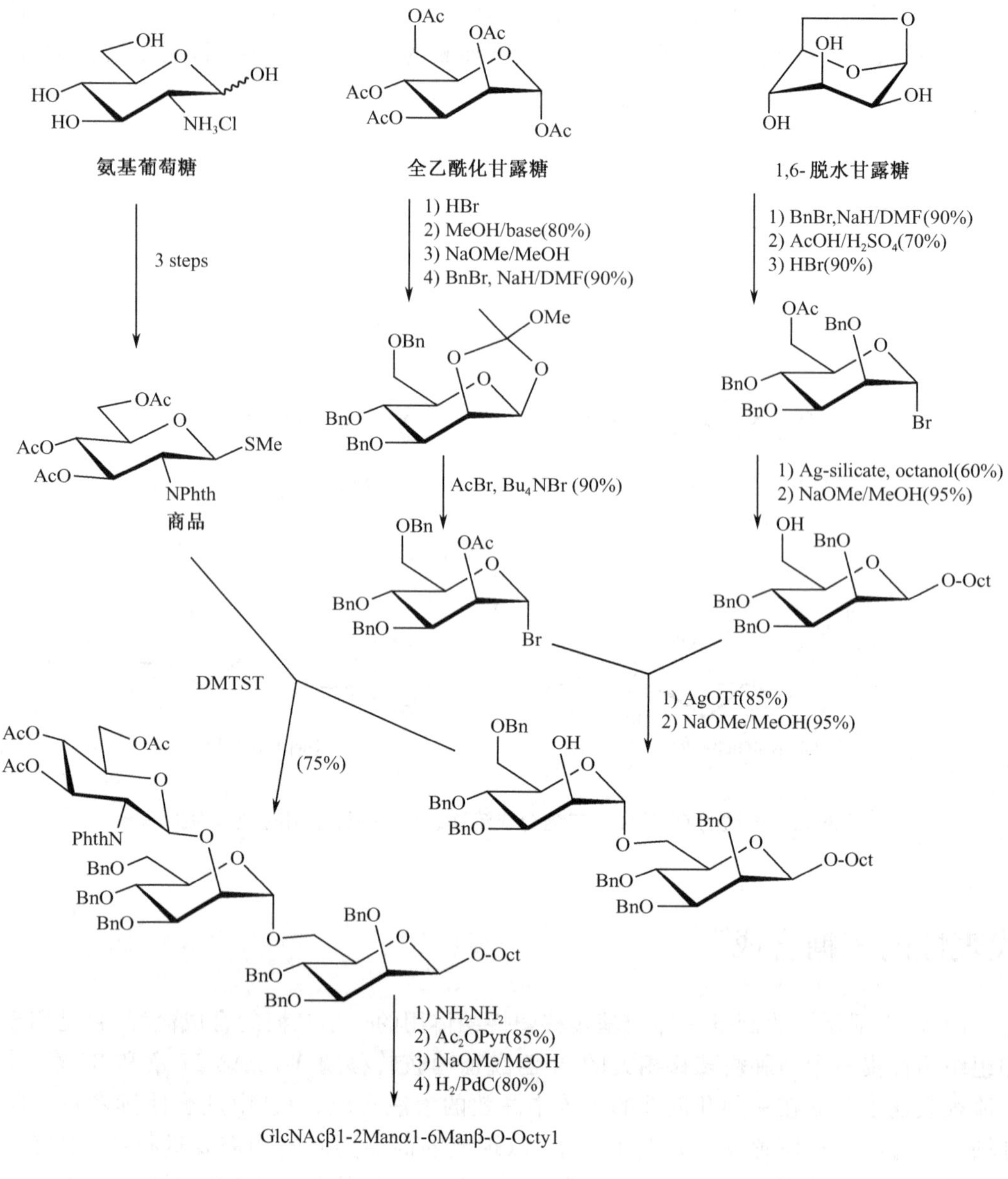


**图 39.3** 制备糖基转移酶检测中采用的三糖的合成路线。

# 糖苷酶催化的寡糖合成[10～12]

在用糖基转移酶(见第 17 章)之前,已经采用糖苷酶(见 18 章)进行制备级寡糖的合成。因为这些酶性能稳定且容易分离,因此它们也是经常使用的酶。糖苷酶通常催化糖苷键的水解,因此必须“哄骗”(coaxed)它使之能提供出可用的寡糖产率。

糖苷酶最常用在“转糖基”反应中(transglycosylation),在反应中它从其他容易得到的、便宜的糖苷中转移一个单糖。对有些糖苷酶,反应是高度区位特异的(指键位特异性),但另外一些糖苷酶,得到的却是混合物。图 39.4 中显示了乳糖作为“糖基供体”,其中

3种β半乳糖苷酶具有不同的专一性。酶从乳糖上切下来端β半乳糖残基,但在合适的实验条件下,包括添加高浓度的接纳体,可以得到新的Gal-GlcNAc二糖,产率大于20%。因常受到水解作用(转移到水上)的竞争,限制了产率,但所有新的二糖都完全是β构型。

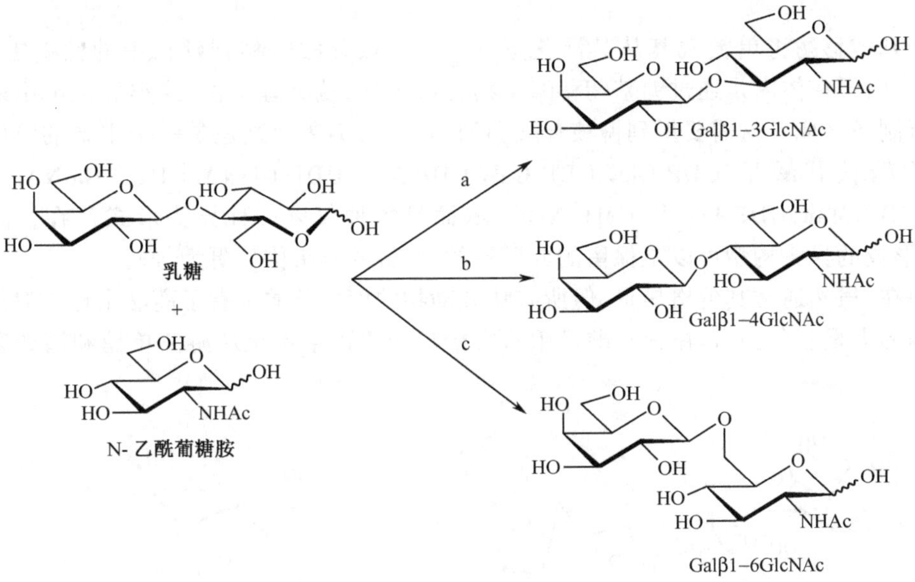


**图39.4** 在转糖基反应中用β-半乳糖苷酶大量制备二糖的实例。(a)从牛睾丸中得到的酶;(b)来自双岐乳杆菌的酶;(c)来自大肠杆菌的酶。

在糖苷酶介导的寡糖合成中,为提高产率所采用的另一种策略是以对位硝基苯糖苷作为热力学高能供体。这一策略在图39.5给予说明。利用β-N-乙酰己糖胺酶合成这个通常情况下被水解的糖苷键。它从对位硝基苯糖苷将GlcNAc基转移到游离的GlcNAc,生成1-4连接的壳二糖衍生物,产率为55%,而1-6连接的二糖产率为22%。这个反应也说明了糖苷酶催化寡糖的主要限制:经常会得到键位异构体的混合物,而且不可预知。事

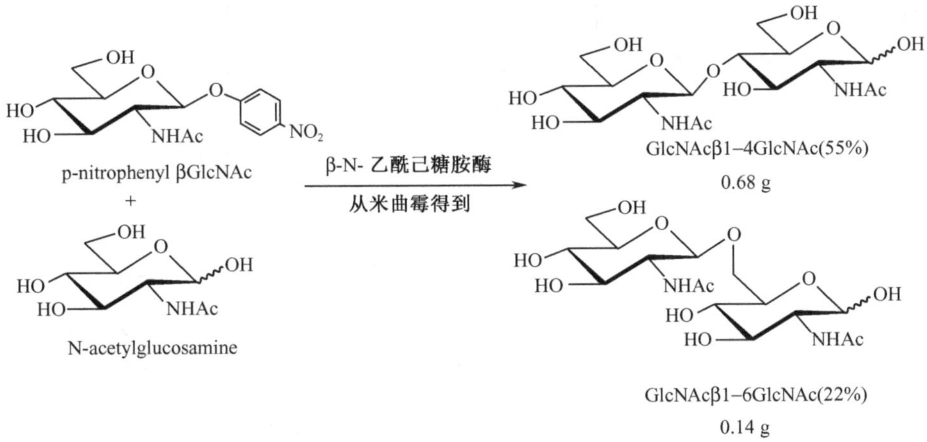


**图39.5** 以对-硝基苯基糖苷作供体,用单糖苷酶通过转糖基作用制备两种不同的二糖实例。

实上,这种区位选择性的缺乏已被用于糖苷酶合成寡糖库。

## 糖基转移酶合成寡糖[7~9,13,14]

糖基转移酶将单糖残基从其活化形式——糖核苷酸转移到延长中的糖链上(见图 39.6)。由于在体内是通过糖基转移酶生物合成寡糖,就有理由说,这类酶也可用来在体外进行制备合成。这需要得到糖核苷酸和酶本身,在不久前这还是一个主要的障碍。哺乳动物糖核苷酸是 UDP-Glc, UDP-Gal, UDP-Xyl, UDP-GlcNAc, UDP-GalNAc, UDP-GlcA,GDP-Man,GDP-Fuc 和 CMP-Neu5Ac,而且每种仅以一种异头形式存在。糖转移时,可形成的异头构型可以是保留的或反转的,反转的异头构型更为普遍。

现在,虽然通常其价格昂贵,但所有哺乳动物的糖核苷酸都有了商品出售。对需要考虑成本的大量制备而言,糖核苷酸可用非常精巧的酶再生系统从游离单糖和诸如磷酸烯

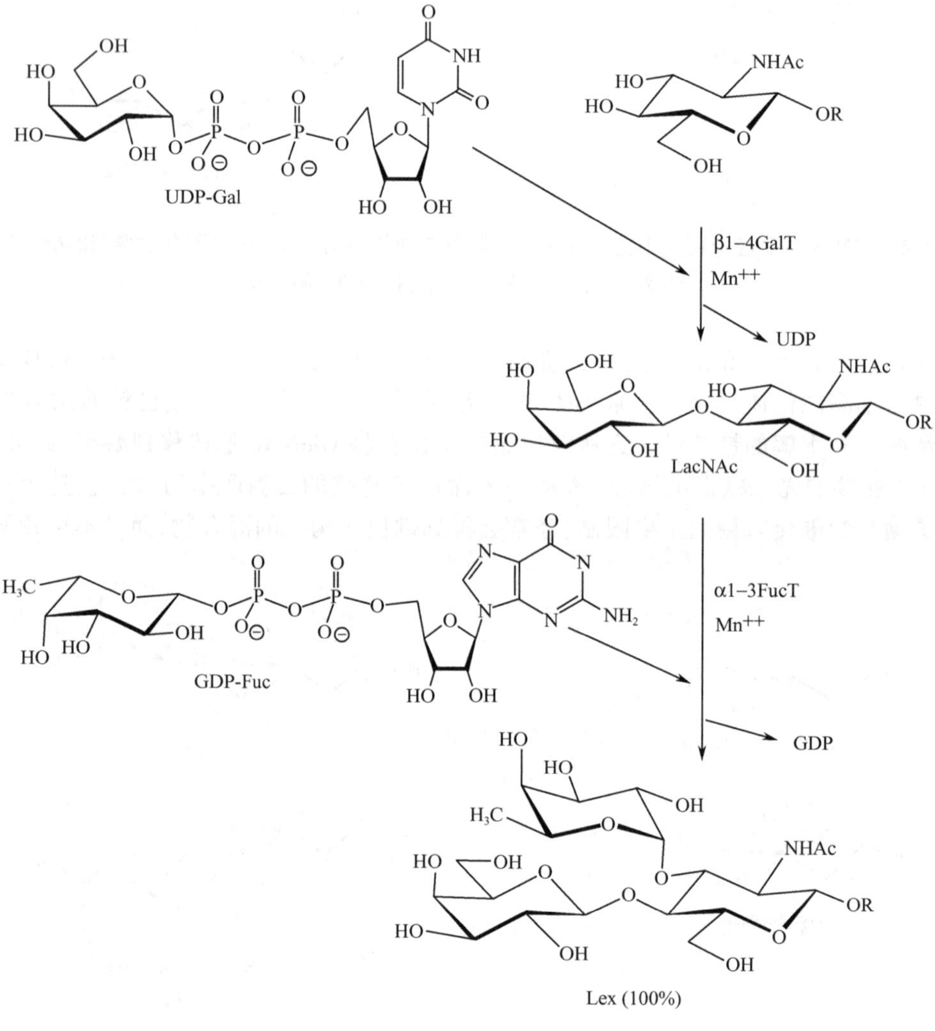


**图 39.6** 用两种糖基转移酶按顺序反应合成路易斯 X(LeX)三糖。

醇丙酮酸这样的高能驱动分子开始原位生成(见第 41 章)。直到最近,仅牛 β1-4 GalT 有足量的商品供应用于制备毫克量寡糖(图 39.6)。糖基转移酶的克隆已取得了巨大进展,现在已产生了很多酶的序列,而且几种重组的半乳糖基转移酶、岩藻糖基转移酶和唾液酸转移酶已在市场出现。

对糖基转移酶辅助的寡糖合成而言,接纳体、供体和酶在一种酶活性最佳的缓冲溶液中简单地混合,通常需要加入锰离子,所生成的寡糖产物受到酶的专一性控制,因此不需要保护。反应也产生副产物——核苷酸,譬如 β1-4GalT 的反应中的 UDP(见图 39.6)。核苷酸副产物通常会抑制酶的作用,因此,有时要加碱性磷酸酶来破坏核苷酸。

大多数糖基转移酶不能直接作用于单糖,而是像在体内一样,其识别和转移需要有更精细的结构,并且酶有专一的添加顺序。例如,路易斯 X 三糖(图 39.6)制备就必须先将半乳糖连接到 GlcNAc 上,然后才能把岩藻糖连接到 GlcNAc 残基上。

## 发展方向[14~21]

以固相合成为目标的进展是期待已久的事了,尽管还有许多问题需要解决,但固相合成的新方法正在渐渐露面,这些方法是全新的并且有望简化寡糖的组装。这些方法应该足够有力,以使寡糖的和其他还处于婴幼年时期的糖库的组装成为可能。

已出现大量的实例描述糖基转移酶在合成天然寡糖序列中的应用,酶的专一性有时是不严格的,如有足量的酶可利用,也可以合成出天然寡糖的类似物,特别是那些含脱氧糖的寡糖也能合成。糖基转移酶在合成中的局限性是它们不能制备自然界中未发现的序列。把糖基转移酶用到固定在固相载体上的“脱帽”(cap-off)[①]寡糖上,就有可能进一步加速有生物活性寡糖的制备。

(韩秀文 译　　金　城 校)

## 参　考　文　献


1. Paulsen H. 1982. Advances in selective chemical synthesis of oligosaccharides. *Angew. Chem. Int. Ed. Engl.* **21:** 155–173.
2. Khan S.H. and Hindsgaul O. 1994. Chemical synthesis of oligosaccharides. In *Molecular glycobiology: Frontiers in molecular biology* (ed. Fukuda M. and Hindsgaul O.), pp. 206–223. Oxford University Press, Oxford, United Kingdom.
3. Ito Y. 1998. Solid phase oligosaccharide synthesis and related technologies. *Curr. Opin. Cell Biol.* (in press).
4. Caruthers M.H. 1991. Chemical synthesis of DNA and DNA analogues. *Accts. Chem. Res.* **24:** 278–284.
5. Wellings D.A. and Atheton E. 1997. Standard Fmoc protocols. *Methods Enzymol.* **289:** 44–67.
6. Kanie O., Crawley S.C., Palcic M.M., and Hindsgaul O. 1994. Key involvement of all three GlcNAc hydroxyl groups in the recognition of β-D-Glc*p*NAc-1-2-α-D-Man*p*-1-6-β-D-Glc*p*-OR by N-


① 即去保护。——译者注

acetylglucosaminyl-transferase-V. *Bioorg. Med. Chem. Lett.* **2:** 1231–1241.

7. Klaffke W. and van Noortlaan O. 1994. Application of enzymes in the synthesis of saccharides and activated sugars. *Carbohydr. Europe* **10:** 9–17.
8. Wong C.H., Halcomb R.L., Ichikawa Y., and Kajimoto T. 1995. Enzymes in organic synthesis: Application to the problems of carbohydrate recognition (part 1). *Angew. Chem. Int. Ed. Engl.* **34:** 412–432.
9. Wong C.H., Halcomb R.L., Ichikawa Y., and Kajimoto T. 1995. Enzymes in organic synthesis: Application to the problems of carbohydrate recognition (part 2). *Angew. Chem. Int. Ed. Engl.* **34:** 521–546.
10. Nilsson K.G.I. 1996. Synthesis with glycosidases. In *Modern methods in carbohydrate synthesis* (ed. Khan S.H. and O'Neill R.A.), pp. 518–547. Harwood Academic Press.
11. Singh S., Packwood J., Samuel C.J., Critchley P., and Crout D.H.G. 1995. Glycosidase-catalysed oligosaccharide synthesis: Preparation of *N*-acetylchitooliogsaccharides using the β-*N*-acetylhexosaminidase of *Aspergillus oryzae. Carbohydr. Res.* **279:** 293–305.
12. Murata T and Usui T. 1997. Preparation of oligosaccharide units library and its utilization. *Biosci. Biotech. Biochem.* **61:** 1059–1066.
13. Sears P. and Wong C.H. 1998. Enzyme action in glycoprotein synthesis. *Cell. Mol. Life Sci.* **54:** 223–252.
14. Palcic M.M. and Hindsgaul O. 1996. Glycosyltransferases in the synthesis of oligosaccharide Analogs. 1996. *Trends Glycosci. Glycotechnol.* **8:** 37–49.
15. Danishefsky S.J., McClure K.F., Randolph J.T. and Ruggeri R.B. 1993. A strategy for the solid phase synthesis of oligosaccharides. *Science* **260:** 1307–1309.
16. Ito Y., Kanie O., and Ogawa T. 1996. Orthogonal glycosylation strategy for rapid assembly of oligosaccharides on a polymer support. *Angew. Chem. Int. Ed. Engl.* **35:** 2510–2512.
17. Ito Y. and Ogawa T. 1997. Intramolecular aglycon delivery on polymer support: Gatekeeper monitored glycosylation. *J. Am. Chem. Soc.* **119:** 5562–5566.
18. Kanie O., Barresi F., Ding Y., Labbe J., Otter A., Forsberg L.S., Ernst B., and Hindsgaul O. 1995. A strategy of "random-glycosylation" for the production of oligosaccharide libraries. *Angew. Chemie* **34:** 2720–2722.
19. Ding Y., Kanie O., Labbe J., Palcic M.M., Ernst B., and Hindsgaul O. 1995. Synthesis of biological activity of oligosaccharide libraries. *Adv. Exp. Med. Biol.* **376:** 261–269.
20. Liang R., Yan L., Loebach J., Ge M., Uozumi Y., Sekanina K., Horan N., Gildersleeve J., Thompson C., Smith A., Biswis K., Still W.C., and Kahne D. 1996. Parallel synthesis and screening of a solid phase carbohydrate library. *Science* **274:** 1520–1522.
21. Blixt O. and Norberg T. 1998. Solid-phase synthesis of a sialyl LeX tetrasaccharide on a Sepharose matrix. *J. Org. Chem.* **63:** 2705–2710.

本章初稿由 O. Hindsgaul(加拿大艾伯塔大学、加利福尼亚，La Jolla，Burnham 研究所)编写。

# 第 40 章 天然和合成的糖基化抑制剂



糖基转移酶和糖苷酶的抑制剂为细胞,组织和整体生物体中进行的糖基化研究提供了重要工具。本章讨论不同种类的抑制剂,包括天然产物,以底物为基础的紧密结合的抑制剂,糖苷引物以及一个合理设计的抑制剂实例。本章还将介绍这些化合物在研究化学反应和糖缀合物生物学中的用途,以及作为潜在治疗药物方面的用途。

## 引言

第 31～33 章讲述了各种有糖基化缺陷的天然和诱发的突变体。这些遗传学实验有助于界定编码各种转移酶和糖苷酶的基因,在某些情况下还发现了另外一些代替的生物合成途径。突变体也提供了在代谢和疾病中,洞察细胞、组织以及人先天差错模型中糖基化功能。然而,突变体研究中存在一种局限性,就是分析的细胞和生物体经常是限于从中已经分离到突变体的株系。

抑制剂为研究糖基化提供了另一种手段,可避免研究突变体有关的一些问题。此外,许多突变对动物是致命的,这使对成年动物的基因研究更加困难。

抑制剂中很多是易被各型细胞摄入的小分子化合物,这样就规避了从不同生物体或细胞分离类似突变体的一些烦琐工作。有些抑制剂,可以阻断糖基转移酶(例如,底物类似物),而另一些,作用于加工酶类(例如,生物碱)。某些作用于代谢的关键步骤(如,氯酸盐阻断 PAPS 的形成),因此,对聚糖合成的不同途径有多向性的效应。还有一些是高度专一性的,仅影响单一的酶反应(例如,神经氨酸酶抑制剂)。这些化合物中的某些化合物可通过肠道被吸收。这就为设计治疗与糖基化变更有关的人类疾病和失常的药物提供了机会。

糖基化抑制剂存在于天然植物、真菌和细菌中,或作为在同一生态定位抗其他竞争性生物体化学防御策略的部分。另一些化合物则是根据酶的已知底物优先选择性或根据其

X-射线晶体结构合成的。任何情况下,抑制剂都承担着生产另外的类似物先导的任务,这些类似物常常具有提高的活性和变更了的专一性。

本章介绍了几类对脊椎动物细胞中糖基转移酶和糖苷酶起作用的抑制剂(表 40.1)。由于这是一个很大的研究领域,不可能全面地综述所有的文献。只对某些特异酶或对代谢途径起作用的抑制剂,以及说明某些基本概念的抑制剂进行讨论。阻断蛋白质/糖相互作用的制剂在第 41 章中和其他地方讨论。第 21 章讨论氨基糖苷类抗菌素。

**表 40.1 抑制剂的种类**

| 抑制剂的种类 | 靶标 |
| --- | --- |
| 代谢抑制剂 | 参与共同中间体形成的步骤,如 PAPS 或核苷酸糖 |
| 衣霉素 | 通过抑制 Dol-PP-GlcNAc 形成影响 N-连接的糖基化;通过抑制十一异戊二烯基-PP-GlcNAc 组装影响肽聚糖的生物合成 |
| 植物碱 | 通过抑制加工的糖苷酶影响 N-连接糖基化 |
| 底物类似物 | 专一的糖基转移酶或糖苷酶 |
| 糖苷引物 | 使聚糖的组装从内源接纳体转向外源引物的糖基化途径 |

## 间接抑制剂和代谢毒物[1～15]

许多抑制剂通过干扰共同前体的代谢或干扰细胞内的转运而阻断糖基化。其中有些化合物是通过干扰 ER、高尔基体和反式-高尔基体网间蛋白质的转运间接地起作用(例如,真菌的代谢产物和布莱飞尔定 A(Brefeldin A))。布莱飞尔定 A 可引起位于邻近反式高尔基体网内的高尔基体组分逆向运输。这样,用布莱飞尔定 A 处理细胞可将位于反式高尔基体网的酶与在 ER 和高尔基体内发现的酶相互分离开,并在以后的唾液酸化或硫酸化反应中使某些聚糖与核心蛋白的组装解偶联。在蛋白聚糖的生物合成中,布莱飞尔定 A 完全阻断硫酸软骨素的形成,却允许残留的硫酸类肝素的合成继续,表明参与硫酸类肝素形成的酶遍布于高尔基体和反式-高尔基体,而参与软骨素合成的那些酶几乎都定位在反式-高尔基体网。这一方法对所研究的特定体系提供了简要印象。将布莱飞尔定 A 的效应从一个体系推广到另一体系时应该注意,因为在不同细胞型中酶的定域变化很大。

有些抑制剂在参与糖基化的前体形成时的中间代谢的关键步骤中起作用。例如,谷氨酰胺类似物,6-重氮-5-氧-L-正亮氨酸阻断从果糖和谷氨酰胺形成葡糖胺的谷氨酰胺:果糖-6-磷酸转酰胺酶(见第 6 章)。以这种方式降低葡糖胺的产生对聚糖的装配有多向性效应,因为所有主要聚糖家族都含 GlcNAc 或 GalNAc。给细胞喂以葡糖胺或有糖蛋白和蛋白聚糖的周转补给葡糖胺可部分地逆转 6-重氮-5-氧- L-正亮氨酸对糖基化的效应。

氯酸盐是另一类阻断硫酸化普遍采用的抑制剂。氯酸盐阴离子($ClO_4^{2-}$)是硫酸基团($SO_4^{2-}$)的类似物,并且与硫酸化酶形成一种不起作用的复合物,该酶催化磷酸腺苷酸- 5

磷酰硫酸,所有已知的硫酸化反应的活性硫酸供体。为此,如果用(通常用 10～30 mmol/L)氯酸盐处理细胞,可抑制 90%以上的硫酸化,但是这一效应对任何特定聚糖类型或硫酸化反应都不是专一性的(例如,也影响酪氨酸的硫酸化)。无机硫酸盐能克服氯酸盐的效应,这与它是竞争性抑制剂的事实相符。

许多制备的糖类似物,有望选择性地抑制糖基化作用。2-脱氧葡萄糖和氟化类似物(3-脱氧-3-氟- 和 4-脱氧-4-氟葡萄糖, 2-脱氧-2-氟-甘露糖 ) 当掺入标记的[$^3$H]葡糖胺和[$^3$H]岩藻糖测量时,可抑制糖蛋白生物合成, 但是多数情况的抑制效应机制还不清楚。早期的 2-脱氧葡萄糖的研究表明类似物转化为 UDP-2-脱氧葡萄糖以及 GDP-2-脱氧葡萄糖和 dolichy-P2-脱氧葡萄糖。糖蛋白形成的抑制作用明显的归结为各种含有 2-脱氧葡萄糖的多萜醇寡糖的积聚,它们不能正常地延伸或转移到糖蛋白上去。遗憾的是,许多这种化合物还会通过中间代谢转化为其他反应物,从而可能产生其他效应。

有几种糖基转移酶可容许附加在供体核苷酸上的添加物。例如,α3-岩藻糖基转移酶中的一种可将岩藻糖类似物转移到在 C-6 位置含巨大取代基(甚至是另一种糖 !)的 GDP 上。这一观察结果是使得以纯化酶和合成供体修饰细胞表面的寡糖结构成为可能。另一种方法可利用甘露糖类似物在胺基基团上共价连接酰基、烷基或酮基以替代乙酰基团(图 40.1)。甘露糖胺掺入到核苷酸前体库中,最终成为糖蛋白和糖脂细胞表面新的唾液酸类似物。当掺入含有酮基的衍生物时,细胞表面的糖缀合物对与羰基反应的试剂变得很灵敏。

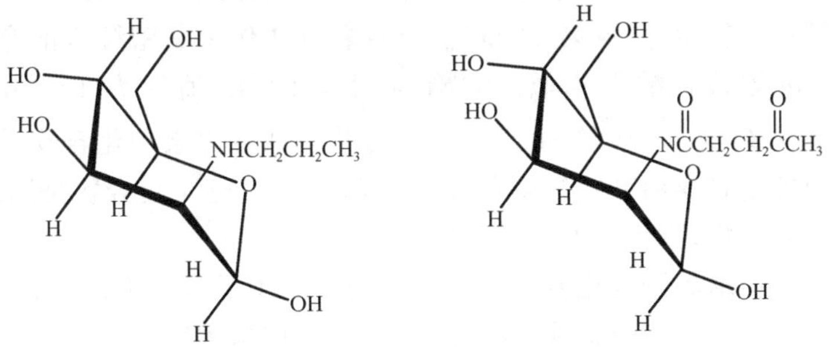


N- 丙基 - 甘露糖胺　　　　N-( 乙酰丙酰 )- 甘露糖胺

**图 40.1** 甘露糖胺类似物。与氨基连接,含不同功能性的几种甘露糖胺衍生物可被细胞摄入,转化成相应的 CMP-唾液酸衍生物,并转移到糖蛋白和糖脂。

## 衣霉素:抑制 DOL-PP-GlcNAc 的组装[4,6,16～22]

衣霉素最先是在溶表面链霉菌( *Streptomyces lysosuperificus*)中鉴定到的,而相关的化合物是后来在其他微生物中发现的。衣霉素一词源于它抑制病毒的"外壳"(coat)或衣(tunica)合成的抗病毒活性。衣霉素属于核苷酸类抗菌素,由尿苷和被称作氨基脱氧二醛糖(衣霉胺,tunicamine, 图 40.2)的 11 碳的二糖,再加上一可变长度(13～17 碳)、分支和不饱和脂肪酸组成。

衣霉素是通过阻断把 UDP-GlcNAc 从 GlcNAc-1-P 转移到多萜醇磷酸上(由 GlcNAc

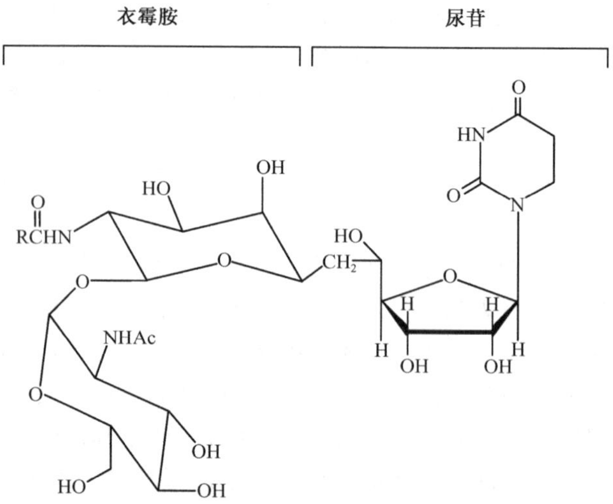


**图 40.2**　衣霉素的结构。衣霉素是由尿苷缀合到衣霉胺的二醛糖组成的。衣霉胺分子上有可变长度、分支和不饱和度的脂肪酰胺(R)相连接的相关药剂类家族的一部分。

磷酸转移酶，GPT 催化)抑制真核细胞中的糖基化，因此减少了多萜醇-PP-GlcNAc。不抑制其他 GlcNAc 转移酶反应(例如，GlcNAc TI-V；见第 7 章和 16 章)，但是 GlcNAc-1-P 向十一异戊二烯-P 的转移，以及参与细菌肽聚糖生物合成的十一异戊二烯-PP-MurNAc 五肽的形成对衣霉素也很敏感(见第 21 章)。衣霉素可能作为紧密结合的竞争性抑制剂起作用，因为它与供体核苷酸糖相似。的确，衣霉素的 $K_i$ 值约为 $10^{-8}$ mol/L，而 UDP-GlcNAc的 $K_m$ 值大约是 $3\times10^{-6}$ mol/L。另一被称作两性霉素的化合物是与多萜醇一磷酸形成复合物而抑制甘露糖基磷酰多萜醇的合成。但是，这个化合物是脂肽，显然会与糖基载体脂质形成复合物，防止它参与酶反应。

在不同的细胞中抑制糖基化所需的衣霉素的实际用量是可变的(0.1～10μg/ml)，这种差异可能是由于摄入和培养条件，或者因为磷酸转移酶的表达水平不同。衣霉素对细胞有细胞毒性，而且抗性突变体过量地产生 GPT。同样，用克隆的 GPT 转染细胞会产生抗性，表明在不同细胞中所需的抑制剂剂量变化可能反映了酶水平的改变。

衣霉素已经广泛地用于研究聚糖在糖蛋白成熟、分泌和功能中的作用。自从 1973 年它被发现以来，引用它的文献记录已超过 2500 篇。最近指出，这种药物显示优先在癌细胞中引起细胞凋亡，很可能是由于各种细胞表面受体和信号转导分子的糖基化有所改变。虽然诱导凋亡的机制可能非常复杂，但是，这一事实表明，以抑制糖基化为基础的化学疗法有很大可能。

## 植物碱：糖苷酶的天然抑制剂[4,6,23～32]

植物生物碱通过抑制参与形成 N-聚糖的加工糖苷水解酶而阻断糖基化(表 40.2)。与衣霉素完全阻断糖蛋白糖基化不同，生物碱是抑制 $Glc_3Man_9GlcNAc_2$ 寡糖连接到糖蛋白后发生的修剪反应(见第 7 章)。因此，抑制性的植物碱通常并不干扰蛋白质折叠，但是，出现在细胞表面的这种糖蛋白则缺少成熟寡糖上发现的特征性末端。

有一类生物碱抑制参与最初加工 N-聚糖和控制蛋白质折叠质量的 α-葡糖苷酶（见第 22 章）。这类生物碱包括来源于澳大利亚栗子树种子（*Castanosperum australe*）的卡斯太碱（castanospermine），它可以抑制 α-葡糖苷酶Ⅰ和Ⅱ；和也来源于 *C. australe* 的澳大利亚碱（australine），优先抑制 α-葡糖苷酶Ⅰ；以及来自链霉菌属（*Streptomeyces* species）、优先抑制 α-葡糖苷酶Ⅱ的脱氧野尻霉素（deoxynojirimycin）。正如所料，卡斯太碱和澳大利亚碱导致完整地葡萄糖基化链的积聚，而脱氧野尻霉素则导致含 1～2 个葡萄糖残基链的积聚。以这些抑制剂处理细胞，明确表示，一些甘露糖的修剪在除去葡萄糖残基上，能够独立地发生（见第 7 章）。

苦马豆碱（swainsonine）最先是在美国西部的大麻（*Astragalus* species）和澳大利亚苦马豆两种植物中发现的，后来在感染红苜蓿的霉菌豆丝核菌（*Rhizoctonia leguminoccia*）中也有发现。动物吃了这类植物引发一种称作疯草中毒（locoism）的严重异常，包括糖蛋白在淋巴结中积聚。因此，苦马豆碱是化学防御策略的一部分，用于放牧动物（可能还有昆虫）方面对植物的防护。苦马豆碱抑制 α-甘露糖苷酶Ⅱ，造成以牺牲复合型寡糖为代价，引起高甘露糖寡糖 $Man_4GlcNAc_2$ 和 $Man_5GlcNAc_2$ 以及杂合型链的积聚。它也抑制溶酶体 α-甘露糖苷酶。抑甘露糖酶 A（mannostatin A）以类似的方式运作，但在结构上与苦马豆碱有显著的不同（见表 40.2）。其他的甘露糖苷酶抑制剂还有选择性抑制 α-甘露糖苷酶Ⅰ的脱氧甘露野尻霉素和基夫碱（kifunensin）。正如所料，这些试剂导致 $Man_7GlcNAc_2$ 在糖蛋白上积聚。

所有这些抑制剂都具有共同的与天然底物羟基取向相似的多羟化环体系，但是立体化学与酶靶标（α-葡糖苷酶和 α-甘露糖苷酶）之间并不存在严格的相关性。这些化合物含有氮，经常在环中氧的部位。一种构想是，质子化状态的氮原子可能模拟环中氧上的正电荷，这种正电荷引起在水解反应产生的位于 C1 位置上的暂时性正碳离子电荷的离域。虽然还没有得知关于加工葡糖苷酶的晶体结构，但是从淀粉上除掉葡萄糖残基的葡萄糖淀粉酶的结构，不论活性部位有无脱氧野尻霉素，均已解析。晶体结构表明，有一个与质子化形式的环中氮形成盐桥键的谷氨酸残基。因此，这一氨基基团相对较低的 pK 值使得底物看似水解反应的过渡态。

已经制备出生物碱的烷基化和酰化类似物，这些类似物已显示出有意义而且有用的性质。脱氧野尻霉素的 N-丁基化实际上将葡糖苷酶抑制剂转化为一个糖脂生物合成的抑制剂，但是，其抑制机理还不清楚。氨基的烷基化和羟基的酰化能够提高化合物的潜能，很可能促使穿越质膜和高尔基体膜的摄入。这些化合物有一些已经显示出作为治疗糖尿病、癌症和 HIV 感染药物的正面效应。N-羟乙基-脱氧野尻霉素（Miglitol$^{R}$）抑制肠道中参与蔗糖和其他食用糖消化的二糖酶，因此降低现成的可被吸收的糖量，结果也是血糖水平降低。苦马豆碱及其羰氧类似物在人和鼠中有很强的抗肿瘤活性，表明这些抑制剂可能为治疗癌症提供新的化学疗法。

**表 40.2　抑制参与 N-聚糖生物合成糖苷酶生物碱的实例**

| 生物碱 | 结构 | 靶位 |
|---|---|---|
| 澳大利亚碱 | 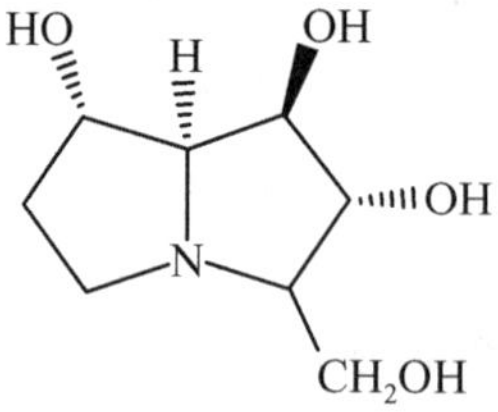 | α-葡糖苷酶-1 |
| 卡斯太碱 | 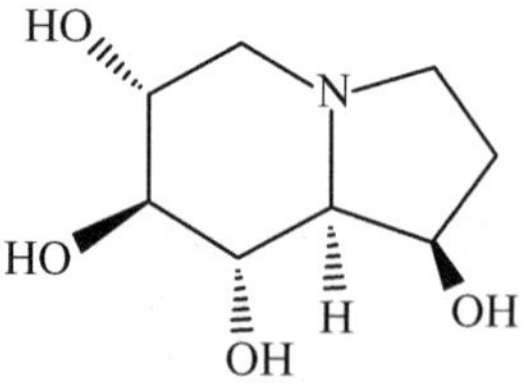 | α-葡糖苷酶Ⅰ和Ⅱ |
| 脱氧野尻霉素 | 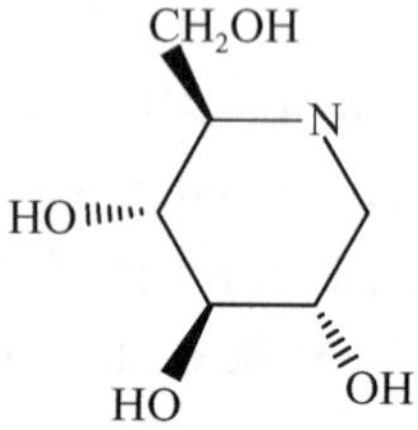 | α-葡糖苷酶Ⅱ(和Ⅰ) |
| 脱氧甘露野尻霉素 | 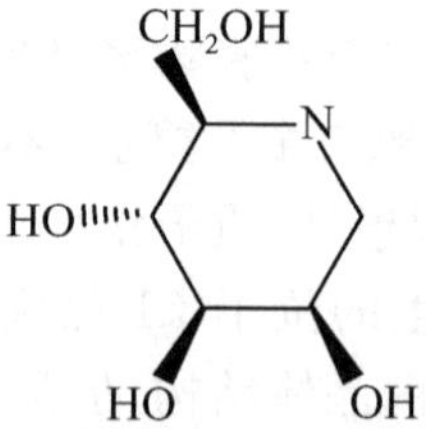 | α-甘露糖苷酶Ⅰ |
| 基夫碱 | 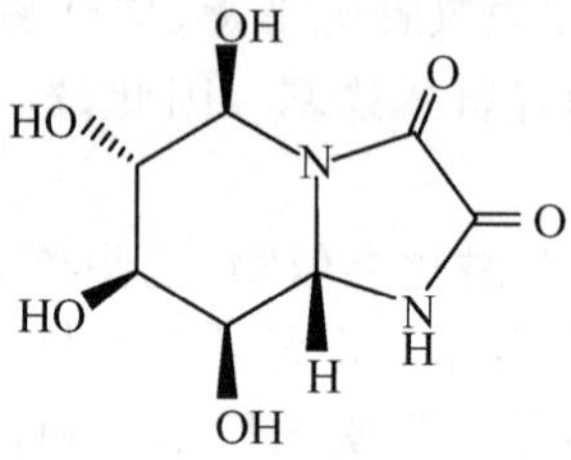 | α-甘露糖苷酶Ⅰ |
| 苦马豆碱 | 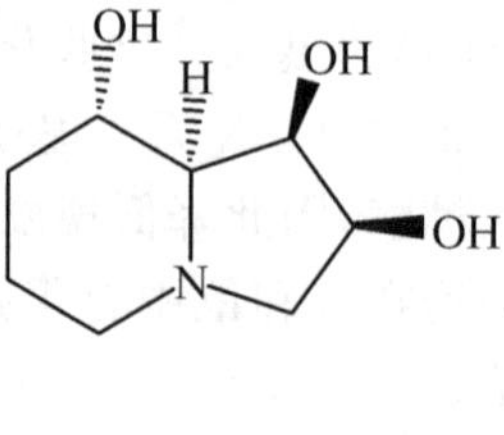 | α-甘露糖苷酶Ⅱ |

续表

| 生物碱 | 结构 | 靶位 |
| --- | --- | --- |
| 抑甘露糖苷酶 | 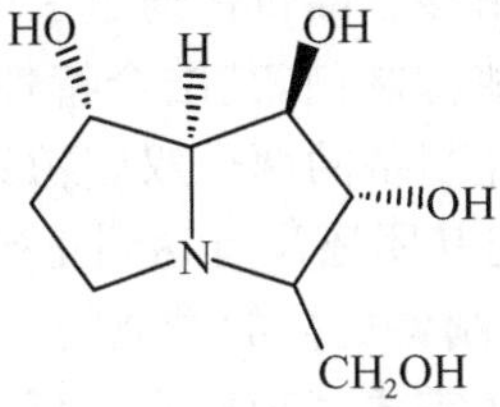 | α-甘露糖苷酶Ⅱ |

注:所有这些化合物都含有氮,经常替代环中的氧。羟基模拟许多在糖中发现的模式,但不能预言它所抑制的酶。

## 底物类似物:抑制剂的定向合成[33~44]

根据底物类似物可以作为特异转移酶紧密结合的抑制剂的概念,已经开发出许多抑制剂。接纳体类似物对特定酶比核苷酸糖供体具有更强选择性的优点,而核苷酸糖供体用于多种糖基转移酶。常用的策略是修饰接纳体的羟基或直接毗邻的一个或多个羟基(见表 40.3)。约有一半已经制备的这类化合物缺乏抑制活性,很可能是因为靶向羟基的除去或烷基化阻止了类似物与酶的结合。另一些情况,类似物呈现的 $K_i$ 值在亲代底物 $K_m$ 值相近的范围中。正如人们所预料的,类似物经常是对未修饰的底物以竞争的方式起作用,但在有些情况下,抑制模式更为复杂,可能在活性位点外面结合。

**表 40.3 以底物为基础合成的糖基转移酶抑制剂**

| 酶 | 底物 | 抑制剂 | 底物 | 抑制剂 |
| --- | --- | --- | --- | --- |
| | | | $K_m$(μmol/L) | $K_i$(μmol/L) |
| α2 FucT | ●β3■β-O-R | 2-deoxy●β3■β-O-R | 200 | 800 |
| β4 GalT | ■β3●β-O-R | 6-thio■β3●β-O-Me | 1000 | 1000 |
| α3 GalT | ●β4■β-O-R | 3-amino●β4■β-O-R | 190 | 104[a] |
| β6 GlcNAcT | ●β3□α-O-R | ●β3(6-deoxy)□α-O-R | 80 | 560 |
| β6 GlcNAcT(V) | ■β2○α6▲β-O-R | ●β2(6-deoxy)○α6▲β-O-R | 23 | 30 |
| β6 GlcNAcT(V) | ■β2○α6▲β-O-R | ■β2(4-O-methvl)○α6▲β-O-R | 23 | 14 |
| β6 GlcNAcT(V) | ■β2○α6▲β-O-R | ■β2(6-deoxy,4-O-Me)-○α6▲β-O-R | 23 | 3 |
| α6 SialyⅠT | ●β4■β-O-R | 6-deoxy●B2■β-O-R | 900 | 760[a] |
| α3 GalNAcT(A) | △α2●β-O-R | △α2(3-deoxy)●β-O-R | 2 | 68 |
| α3 GalNAcT(A) | △α2●β-O-R | △α2(3-amino)●β-O-R | 2 | 0.2[a] |

注:这些例子代表着因酶的已知优先性而选出的接纳体的底物类似物。配糖体(R)在不同的化合物中是可变的。表中 a 表示抑制混合的或非竞争性的。

除接纳体类似物外，已经制备出不少核苷酸糖衍生物。它们中有些呈现很强的抑制活性，但是因为它们在核苷酸和糖之间含有带负电荷的焦磷酸连键，不能穿越质膜，因此缺乏体内活性。“双底物”类似物由核苷酸供体通过一中性桥连基团与接纳体底物共价连接组成。这样的排列可能产生一些抑制剂，其结合特性应反映每个底物亲和常数的乘积（近似于单个 $K_m$ 值的乘积）。已经制备的两个双底物具有核苷酸糖供体 $K_m$ 值范围内的低 $K_i$ 值（2～16μmol/L），表明桥连基团还没有达到正确几何形结构。要确定这些化合物是否具有体内有效的性质，还需要制备更多的类似物。

用这些方法制取活性化合物还需要某种机遇，而且要合成具有所需修饰的二糖、三糖和四糖，这是一种高强度的劳动。然而，这种方法对酶的结合和反应给予了深入的洞察，而且，用这一方法也已开发出对特定酶具有选择性的底物类似物。许多转移酶现已进行了纯化和克隆，我们希望进行更为详细的动力学和晶体学研究，这些研究在将来会对以机理为根据制取抑制剂提供线索。

## 糖苷引物：模拟已经起作用的实例[45～56]

任何一种糖基转移酶抑制剂的有用性，最终都决定其穿越质膜，并进入糖基转移酶所在的高尔基体的能力。遗憾的是，上面介绍的许多化合物在活细胞内缺乏活性，可能是它们的极性阻止了其摄入的能力。Okayama 等在 25 年前发现以 β 键连在配糖体上的 D-木聚糖能有效的被摄入，并能抑制糖胺聚糖在蛋白聚糖上的组装，这种抑制作用是引物使组装过程转向（diverted）接到木聚糖上而不是内源核心蛋白质。通常，与木糖苷保温的细胞分泌大量的单个糖胺聚糖链，并积聚含有已截短了链的蛋白聚糖。β-D-木糖苷在变更蛋白聚糖生物合成方面取得的巨大成功表明其他的糖苷也能用作“引物”（见表 40.4）。后来的研究也表明，在黏蛋白上发现的 N-乙酰基半乳糖胺引物寡糖，可抑制糖蛋白的 O-糖基化。其他的活性糖苷包括 β-葡萄糖苷、β-半乳糖苷和 β- N-乙酰基葡糖胺，甚至还有二糖和三糖。这些化合物需要缀合到合适的配糖体上，并且乙酰化，借此中和糖上的极性羟基。有些细胞含有几种可以脱除乙酰基的羧基酯酶。显然，要使这些化合物能以高尔基体内转移酶可利用的方式存在。

**表 40.4 糖苷引物举例**

| 糖苷 | 影响的途径 |
|---|---|
| xylβ-O-R | 糖胺聚糖 |
| | 糖脂 |
| Galβ-O-R | 糖胺聚糖 |
| GalNAcα-O-R | 发现在糖蛋白和黏蛋白上的 O-聚糖 |
| GalNAcβ-O-R | 多聚乳糖胺 |
| 过乙酰化 Galβ4GlcNAcβ-O-R | LewisX |
| 过乙酰化 GalNAcβ3Galβ-O-R | LewisX |

糖苷的引发作用常常以浓度-依赖的方式出现，但是在不同化合物和不同细胞型之间其效果变化很大。这种变化可能与内源底物的相对丰度、酶浓度和组分、不同糖苷的溶解度、它们对水解的敏感度、其穿越质膜进入高尔基体的摄入及其对糖基转移酶的相对亲和力有关。在一给定"引物"上形成的糖链型也依赖于浓度和配糖体的结构，它们可能反映引物有选择地分配到细胞内不同区室或进入生物合成途径的支路部分。

糖苷引物之作为糖蛋白和蛋白聚糖组装的抑制剂是靠破坏为内源蛋白质上制造寡糖的细胞机器。与引发作用一样，抑制作用常以剂量-依赖方式出现，但阻断很少能达到完全的程度，或许是由于糖苷不能完全模拟内源核心糖蛋白底物。重要的是应记住：(1)糖苷抑制所有类别的(class)糖缀合物的形成，但是对个别糖蛋白的效果是不同的。(2)抑制作用出现在引发过程当中。引发的物质也可能有与核心蛋白质上生成的寡糖不同的组分。因此，任何生物现象上的效果可能是由于糖蛋白或蛋白聚糖组装的减少或游离寡糖链的增加。(3)还有一些可能性应考虑在内，即在引发过程中，寡糖合成速度的增加有可能耗尽核苷酸糖库，因而会变更，除在引物上产生的以外的其他类别糖缀合物的组装。例如，木糖苷引发类似于糖胺聚糖生物合成中间体的化合物，一种含有发现在硫酸软骨素和硫酸类肝素中与四糖核心 α-连键的 GalNAc 异常化合物，一种与神经节苷脂 $G_{M3}$ 有关的化合物，Xylβ4Xyl-R，GlcA(3S)Xyl-R，再加上游离的糖胺聚糖链。虽然缺乏专一性，看起来似乎是一个缺点，但是已经发现的产物揭示出细胞中以前未曾提到过的途径。

引物代表制备有紧密结合性能的抑制剂类似物的起点。在表 40.3 中的许多化合物可能转化为可渗透的酰化糖苷，并在活细胞中测试抑制活性。活性化合物可潜在地成为以糖为基础的治疗与糖基化相关疾病和异常的药物。

寡糖的引发还可能有有益的效果。例如，木糖苷通过肠道吸收，当服用足够的浓度时，就呈现出抗凝血活性。自然界发现有许多糖苷。因为不同生物体(特别是植物)作为化学防御策略的一部分，常生产疏水化合物，并与糖缀合成为可溶性化合物。因此，人的食物中也可能含有各种型的糖苷，它们具有令人感兴趣的(或未知的)生物活性。

## 糖脂和 GPI 锚的抑制剂[57～62]

已经讲到有些试剂，可以变更细胞内糖脂的组装。如以上所述，木糖苷对糖脂的形成有一定的效应，可能是因为在引物上装配了 $G_{M3}$ 样的化合物（Neu5Acα3Galβ4Xylβ-O-R）。在糖脂的生物合成中，很多中间体都像上述合成的糖苷一样，在细胞将它们摄入并把它们用作引物的意义上起作用。葡糖基脑酰胺是一种天然中间体，当将它喂给细胞时，会引发出更加复杂的糖脂。基于这一观察结果，已制备出含有一个环外活性环氧基团的类似物。这一化合物可能是由于环氧化合物与乳糖基脑酰胺合酶活性部位中的一个亲核（基团）的反应抑制糖脂的形成($IC_{50}$约 8μmol/L)。

如前所述，α 葡糖苷酶的抑制剂 N-丁基脱氧野尻霉素已经用于抑制糖鞘脂的形成，因为它可以抑制葡糖基脑酰胺的合成。但是，图 40.3 所示鞘脂则是更为强效的抑制剂。烃链从 10 个碳延长到 16 个碳可进一步增强活性。这些化合物几乎能完全消除细胞中的糖脂，而且只需要微摩尔量就可以具有活性。

曾介绍过 GPI 锚形成的抑制剂。甘露糖胺通过形成 $ManNH_2$-Man-GlcN-PI 抑制布

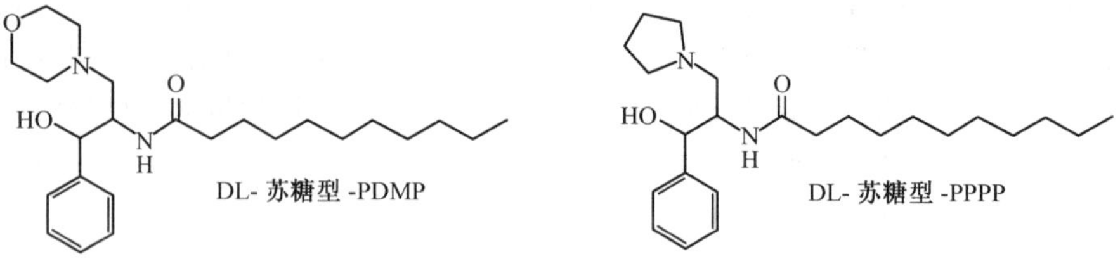


**图 40.3** 糖鞘脂形成的抑制剂。这些商业上现有的类似物是引发糖鞘脂形成的糖基转移酶的抑制剂。

鲁兹锥虫和哺乳动物细胞中 GPI 锚的形成。显然,甘露糖胺以其活化的形式(GDP-$ManNH_2$)被用作第二个甘露糖基转移酶反应中的甘露糖的类似物,但是 $ManNH_2$-Man-GlcN-PI 中间物并不作为随后的 α2 甘露糖基转移酶的底物(见第 10 章)。另一类抑制剂是以脂肪酸类似物为基础,它们仅在锥虫中掺入到 GPI 锚中。锥虫和它们的哺乳类宿主不同,是通过与磷脂酰肌醇部分中的其他脂肪酸的交换将豆蔻酸掺入 GPI 锚中。通过一系列含有杂原子的类似物,人们发现对培养中的锥虫有剧毒,而对哺乳动物细胞无毒的类似物,10-丙基-癸酸。像这样的试剂具有治疗非洲撒哈拉南部地区流行的锥虫病药物的潜力。

## 神经氨酸酶抑制剂:按 X-射线晶体结构进行的合理设计[63～66]

流感病毒神经氨酸酶的研究成为合理设计药物最好的例证。流感病毒神经氨酸酶的晶体结构是 1983 年制得的,自此以后,又鉴定出许多其他来源的唾液酸酶。甚至在得到晶体结构之前,从假设水解反应可能在 C2 上有碳阳离子的过渡态,而推导出对神经氨酸酶的抑制剂。这将使 C2 和 C3 采取一种三角平面(SP2)构型,而模拟这种几何形状的化合物可能具有活性。事实上,Neu5Ac-2-烯(图 40.4)的 $K_i$ 值在微摩尔水平。有趣的是,这一化合物对大多数唾液酸酶起作用,但是对锥虫的转-唾液酸酶不起作用,对细菌唾液酸酶也只有微弱的作用。

与流感病毒唾液酸酶抑制剂结合物的目视研究显示,两个谷氨酸残基沿着靠近唾液酸残基 O4 的口袋排列,并与 O4 形成氢键(图 40.5)。口袋是完全敞开的,表明在这个位置,至少在立体上,可以承受较为庞大的取代基。已制造出一种含带正电荷的胍基取代 O4 的底物类似物。胍盐结合的研究表明,类似物的 $K_i$ 值仅为 $10^{-11}$mol/L(图 40.4)。较高的亲和力或许是由于在带电的胍基和沿着羧酸盐口袋之间形成有另外的盐键。有趣的是,类似物对细菌酶并不起作用,因为这口袋被精氨酸基团所充斥,并且只有一个天冬氨酸残基内衬口袋上。

根据苯甲酸在水解反应与所建议的中间体平面环部分的相似性,随后的研究曾试图采用非糖类似物。用这样的方法,只要在环上添加氢键的供体和接纳体,就能发现合理而性能良好的抑制剂。最好的抑制剂是在相当于羧基阴离子的同样位置上含有胍基盐,但是,根据晶体结构的数据表明,类似物,实际上,以完全不同于唾液酸的取向与酶结合。当其他的唾液酸酶的晶体结构得到解析后,就可能设计出物种专一的类似物。合理的制备抑制剂的途径不仅对神经氨酸酶,而且对可能阻断各种糖基转移酶活性的化合物的设计也具有巨大潜力。

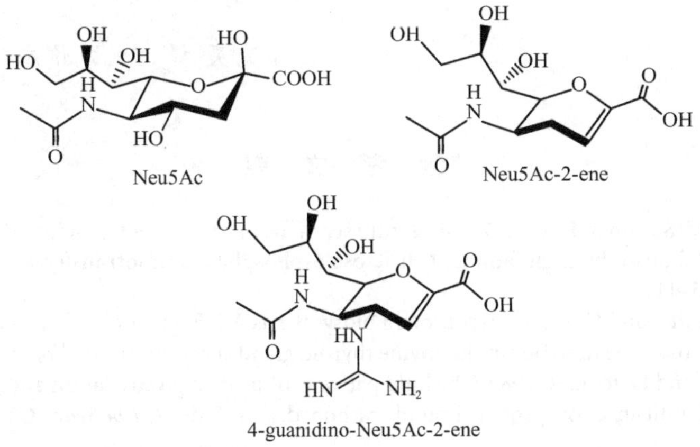


**图 40.4** 流感病毒神经氨酸酶抑制剂的结构。类似物被认为是类似于水解中的过渡态,加上胍基盐形成对活性位点高亲和力的结合。

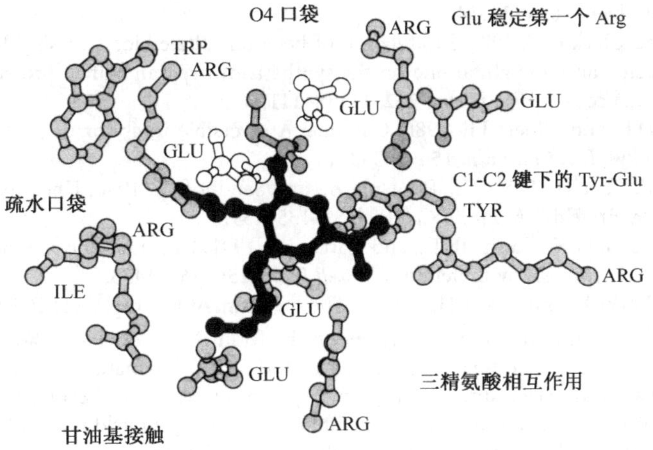


**图 40.5** 流感病毒神经氨酸酶中唾液酸的结合位点。晶体结构表明,与底物相互作用的酶中活性位点的取向。O4 口袋在图的顶部。两个沿着口袋的保守谷氨酸用白色表示。(复制得到许可,摘自文献[64],Taylor,1996.[Current Biology ltd].)

# 发展方向

本章讲述的各型抑制剂的生产,是希望研究个别酶的作用机制和作为细胞和组织中糖基化变更的探针。与其他代谢途径抑制剂的发展相比,这一领域的进展较慢。部分地反映了许多转移酶在最近才被克隆,有关反应机制的信息不多,并且在制备以糖为基础的类似物存在着固有的困难。然而,现有的试剂已是非常有用的工具,而且第二代衍生物有着不寻常的特性,并证实具有医疗价值。当更多的糖基转移酶的晶体结构出现之时,即为改良抑制剂的设计和作用发挥到来之日,进而引出更为专一性的化合物来。用酶专一性抑制剂武装起来的糖生物学家就有能力探讨个别酶在正常和病理生理学中的生物功能。

（王克夷 译　　张惟杰　王俊琦 校）

## 参 考 文 献

1. Ellis D.B. and Sommar K.M. 1972. Biosynthesis of respiratory tract mucins. II. Control of hexosamine metabolism by L-glutamine: D-fructose 6-phosphate aminotransferase. *Biochim. Biophys. Acta* **276:** 105–112.
2. Trujillo J.L. and Gan J.C. 1973. Glycoprotein biosynthesis. VI. Regulation of uridine diphosphate N-acetyl-D-glucosamine metabolism in bovine thyroid gland slices. *Biochim. Biophys. Acta* **304:** 32–41.
3. Schwarz R.T. and Datema R. 1982. The lipid pathway of protein glycosylation and its inhibitors: The biological significance of protein-bound carbohydrates. *Adv. Carbohydr. Chem. Biochem.* **40:** 287–379.
4. Elbein A.D. 1984. Inhibitors of the biosynthesis and processing of N-linked oligosaccharides. *CRC Crit. Rev. Biochem.* **16:** 21–49.
5. Baeuerle P.A. and Huttner W.B. 1986. Chlorate—A potent inhibitor of protein sulfation in intact cells. *Biochem. Biophys. Res. Commun.* **141:** 870–877.
6. Elbein A.D. 1987. Inhibitors of the biosynthesis and processing of N-linked oligosaccharide chains. *Annu. Rev. Biochem.* **56:** 497–534.
7. Iozzo R.V. and Clark C.C. 1987. Modulation of heparan sulfate biosynthesis. Effects of 6-diazo-5-oxo-L-norleucine and low glutamine on the synthesis of heparan sulfate proteoglycan by human colon carcinoma cells. *J. Biol. Chem.* **262:** 11188–11199.
8. Humphries D.E. and Silbert J.E. 1988. Chlorate: A reversible inhibitor of proteoglycan sulfation. *Biochem. Biophys. Res. Commun.* **154:** 365–371.
9. van Echten G., Iber H., Stotz H., Takatsuki A., and Sandhoff K. 1990. Uncoupling of ganglioside biosynthesis by Brefeldin A. *Eur. J. Cell Biol.* **51:** 135–139.
10. Spiro R.C., Freeze H.H., Sampath D., and Garcia J.A. 1991. Uncoupling of chondroitin sulfate glycosaminoglycan synthesis by Brefeldin A. *J. Cell Biol.* **115:** 1463–1473.
11. Sampath D., Varki A., and Freeze H.H. 1992. The spectrum of incomplete N-linked oligosaccharides synthesized by endothelial cells in the presence of Brefeldin A. *J. Biol. Chem.* **267:** 4440–4455.
12. Srivastava G., Kaur K.J., Hindsgaul O., and Palcic M.M. 1992. Enzymatic transfer of a preassembled trisaccharide antigen to cell surfaces using a fucosyltransferase. *J. Biol. Chem.* **267:** 22356–22361.
13. Uhlin-Hansen L. and Yanagishita M. 1993. Differential effect of Brefeldin A on the biosynthesis of heparan sulfate and chondroitin/dermatan sulfate proteoglycans in rat ovarian granulosa cells in culture. *J. Biol. Chem.* **268:** 17370–17376.
14. Woynarowska B., Skrincosky D.M., Haag A., Sharma M., Matta K., and Bernacki R.J. 1994. Inhibition of lectin-mediated ovarian tumor cell adhesion by sugar analogs. *J. Biol. Chem.* **269:** 22797–22803.
15. Mahal L.K., Yarema K.J., and Bertozzi C.R. 1997. Engineering chemical reactivity on cell surfaces through oligosaccharide biosynthesis. *Science* **276:** 1125–1128.
16. Takatsuki A. and Tamura G. 1971. Tunicamycin, a new antibiotic. 3. Reversal of the antiviral activity of tunicamycin by aminosugars and their derivatives. *J. Antibiot.* **24:** 232–238.
17. Takatsuki A., Arima K., and Tamura G. 1971. Tunicamycin, a new antibiotic. I. Isolation and characterization of tunicamycin. *J. Antibiot.* **24:** 15–223.
18. Bodanszky M., Sigler G.F., and Bodanszky A. 1973. Structure of the peptide antibiotic amphomycin. *J. Am. Chem. Soc.* **95:** 2352–2357.
19. McDowell W. and Schwarz R.T. 1988. Dissecting glycoprotein biosynthesis by the use of specific inhibitors. *Biochimie* **70:** 1535–1549.
20. Zhu X., Zeng Y., and Lehrman M.A. 1992. Evidence that the hamster tunicamycin resistance gene

encodes UDP-GlcNAc:dolichol phosphate *N*-acetylglucosamine-1-phosphate transferase. *J. Biol. Chem.* **267:** 8895–8902.

21. Zeng Y.C. and Elbein A.D. 1995. UDP-N-acetylglucosamine:dolichyl-phosphate N-acetylglucosamine-1-phosphate transferase is amplified in tunicamycin-resistant soybean cells. *Eur. J. Biochem.* **233:** 458–466.
22. Dricu A., Carlberg M., Wang M., and Larsson O. 1997. Inhibition of *N*-linked glycosylation using tunicamycin causes cell death in malignant cells: Role of down-regulation of the insulin like growth factor 1 receptor in induction of apoptosis. *Cancer Res.* **57:** 543–548.
23. Humphries M.J., Matsumoto K., White S.L., and Olden K. 1986. Inhibition of experimental metastasis by castanospermine in mice: Blockage of two distinct stages of tumor colonization by oligosaccharide processing inhibitors. *Cancer Res.* **46:** 5215–5222.
24. Elbein A.D. 1991. Glycosidase inhibitors: Inhibitors of N-linked oligosaccharide processing. *FASEB J.* **5:** 3055–3063.
25. Winchester B. and Fleet G.W. 1992. Amino-sugar glycosidase inhibitors: Versatile tools for glycobiologists. *Glycobiology* **2:** 199–210.
26. Dennis J.W., White S.L., Freer A.M., and Dime D. 1993. Carbonoyloxy analogs of the anti-metastatic drug swainsonine. Activation in tumor cells by esterases. *Biochem. Pharmacol.* **46:** 1459–1466.
27. Harris E.M., Aleshin A.E., Firsov L.M., and Honzatko R.B. 1993. Refined structure for the complex of 1-deoxynojirimycin with glucoamylase from *Aspergillus awamori* var. X100 to 2.4-Å resolution. *Biochemistry* **32:** 1618–1626.
28. Goss P.E., Baptiste J., Fernandes B., Baker M., and Dennis J.W. 1994. A phase I study of swainsonine in patients with advanced malignancies. *Cancer Res.* **54:** 1450–1457.
29. Jacob G.S. 1995. Glycosylation inhibitors in biology and medicine. *Curr. Opin. Struct. Biol.* **5:** 605–611.
30. Kang M.S., Liu P.S., Bernotas R.C., Harry B.S., and Sunkara P.S. 1995. Castanospermine analogues: Their inhibition of glycoprotein processing α-glucosidases from porcine kidney and B16F10 cells. *Glycobiology* **5:** 147–152.
31. Asano N., Kato A., Matsui K., Watson A.A., Nash R.J., Molyneux R.J., Hackett L., Topping J., and Winchester B. 1997. The effects of calystegines isolated from edible fruits and vegetables on mammalian liver glycosidases. *Glycobiology* **7:** 1085–1088.
32. Platt F.M., Reinkensmeier G., Dwek R.A., and Butters T.D. 1997. Extensive glycosphingolipid depletion in the liver and lymphoid organs of mice treated with *N*-butyldeoxynojirimycin. *J. Biol. Chem.* **272:** 19365–19372.
33. Palcic M.M., Heerze L.D., Srivastava O.P., and Hindsgaul O. 1989. A bisubstrate analog inhibitor for α(1—2)-fucosyltransferase. *J. Biol. Chem.* **264:** 17174–17181.
34. Hindsgaul O., Kaur K.J., Srivastava G., Blaszczyk-Thurin M., Crawley S.C., Heerze L.D., and Palcic M.M. 1991. Evaluation of deoxygenated oligosaccharide acceptor analogs as specific inhibitors of glycosyltransferases. *J. Biol. Chem.* **266:** 17858–17862.
35. Kajihara Y., Hashimoto H., and Kodama H. 1992. Methyl-3-O-(2-acetamido-2-deoxy-6-thio-β-D-glucopyranosyl)-β-D- galactopyranoside: A slow reacting acceptor-analogue which inhibits glycosylation by UDP-D-galactose-N-acetyl-D-glucosamine-(1—4)-β-D-galactosyltransferase. *Carbohydr. Res.* **229:** C5–C9.
36. Kajihara Y., Kodama H., Wakabayashi T., Sato K., and Hashimoto H. 1993. Characterization of inhibitory activities and binding mode of synthetic 6′-modified methyl *N*-acetyl-β-lactosaminide toward rat liver CMP-D-Neu5Ac: D-galactoside-(2→6)-α-D-sialyltransferase. *Carbohydr. Res.* **247:** 179–193.
37. Khan S.H., Crawley S.C., Kanie O., and Hindsgaul O. 1993. A trisaccharide acceptor analog for N-acetylglucosaminyltransferase V which binds to the enzyme but sterically precludes the transfer reaction. *J. Biol. Chem.* **268:** 2468–2473.
38. Lowary T.L. and Hindsgaul O. 1993. Recognition of synthetic deoxy and deoxyfluoro analogs of the acceptor α-L-Fuc p-(1→2)-β-D-Gal p-OR by the blood-group A and B gene-specified glycosyltransferases. *Carbohydr. Res.* **249:** 163–195.
39. Lowary T.L. and Hindsgaul O. 1994. Recognition of synthetic O-methyl, epimeric, and amino analogues of the acceptor α-L-Fuc p-(1→2)-β-D-Gal p-OR by the blood-group A and B gene-specified glycosyltransferases. *Carbohydr. Res.* **251:** 33–67.
40. Helland A.C., Hindsgaul O., Palcic M.M., Stults C.L., and Macher B.A. 1995. Methyl 3-amino-3-

deoxy-β-D-galactopyranosyl-(1→4)-2-acetamido-2-deoxy-β-D-glucopyranoside: An inhibitor of UDP-D-galactose: β-D-galactopyranosyl-(1→4)-2-acetamido-2-deoxy-D-glucose (1→3)-α-D-galactopyranosyltransferase. *Carbohydr. Res.* **276:** 91–98.

41. Reck F., Springer M., Meinjohanns E., Paulsen H., Brockhausen I., and Schachter H. 1995. Synthetic substrate analogues for UDP-GlcNAc: Manα1-3R β1-2-N-acetylglucosaminyltransferase. 1. Substrate specificity and inhibitors for the enzyme. *Glycoconj. J.* **12:** 747–754.
42. Hashimoto H., Endo T., and Kajihara Y. 1997. Synthesis of the first tricomponent bisubstrate analogue that exhibits potent inhibition against GlcNAc:β-1,4-galactosyltransferase. *J. Org. Chem.* **62:** 1914–1915.
43. Lu P.P., Hindsgaul O., Li H., and Palcic M.M. 1997. Synthesis and evaluation of eight aminodeoxy trisaccharide inhibitors for N-acetylglucosaminyltransferase-V. *Carbohydr. Res.* **303:** 283–291.
44. Murray B.W., Wittmann V., Burkart M.D., Hung S.C., and Wong C.H. 1997. Mechanism of human α-1,3-fucosyltransferase V: Glycosidic cleavage occurs prior to nucleophilic attack. *Biochemistry* **36:** 823–831.
45. Okayama M., Kimata K., and Suzuki S. 1973. The influence of p-nitrophenyl β-D-xyloside on the synthesis of proteochondroitin sulfate by slices of embryonic chick cartilage. *J. Biochem.* **74:** 1069–1073.
46. Robinson H.C., Brett M.J., Tralaggan P.J., Lowther D.A., and Okayama M. 1975. The effect of D-xylose, β-D-xylosides, and β-D-galactosides on chondrotin sulphate biosynthesis in embryonic chicken cartilage. *Biochem. J.* **148:** 25–34.
47. Kuan S.F., Byrd J.C., Basbaum C., and Kim Y.S. 1989. Inhibition of mucin glycosylation by aryl-N-acetyl-α-galactosaminides in human colon cancer cells. *J. Biol. Chem.* **264:** 19271–19277.
48. Zhuang D., Grey A., Harris-Brandts M., Higgins E., Kashem M.A., and Dennis J.W. 1991. Characterization of O-linked oligosaccharide biosynthesis in cultured cells using paranitrophenyl α-D-GalNAc as an acceptor. *Glycobiology* **1:** 425–433.
49. Fritz T.A., Lugemwa F.N., Sarkar A.K., and Esko J.D. 1994. Biosynthesis of heparan sulfate on β-D-xylosides depends on aglycone structure. *J. Biol. Chem.* **269:** 300–307.
50. Neville D.C.A., Field R.A., and Ferguson M.A.J. 1995. Hydrophobic glycosides of *N*-acetylglucosamine can act as primers for polylactosamine synthesis and can affect glycolipid synthesis *in vivo.* *Biochem. J.* **307:** 791–797.
51. Freeze H.H. and Etchison J.R. 1996. A new side of xylosides and their close relatives: Co-localization mapping glycosyltransferases in the functional Golgi. *Trends Glycosci. Glyotech.* **8:** 65–77.
52. Martin N.B., Masson P., Sepulchre C., Theveniaux J., Millet J., and Bellamy F. 1996. Pharmacologic and biochemical profiles of new venous antithrombotic β-D-xyloside derivatives: Potential antiathero/thrombotic drugs. *Semin. Thromb. Hemost.* **22:** 247–254.
53. Pörtner A., Etchison J.R., Sampath D., and Freeze H.H. 1996. Human melanoma and Chinese hamster ovary cells galactosylate n-alkyl-β-glucosides using UDP gal:GlcNAc β1,4 galactosyltransferase. *Glycobiology* **6:** 7–13.
54. Miura Y. and Yamagata T. 1997. Glycosylation of lactosylceramide analogs in animal cells: Amphipathic disaccharide primers for glycosphingolipid synthesis. *Biochem. Biophys. Res. Commun.* **241:** 698–703.
55. Sarkar A.K., Rostand K.S., Jain R.K., Matta K.L., and Esko J.D. 1997. Fucosylation of disaccharide precursors of sialyl Lewis$^{X}$ inhibit selectin-mediated cell adhesion. *J. Biol. Chem.* **272:** 25608–25616.
56. Taylor W.H., Sinha A., Khan I., McDaniel S.T., and Esko J.D. 1998. Primers of glycosaminoglycan biosynthesis from Peruvian rainforest plants. *J. Biol. Chem.*
57. Vunnam R.R. and Radin N.S. 1980. Analogs of ceramide that inhibit glucocerebroside synthetase in mouse brain. *Chem. Phys. Lipids* **26:** 265–278.
58. Doering T.L., Raper J., Buxbaum L.U., Adams S.P., Gordon J.I., Hart G.W., and Englund P.T. 1991. An analog of myristic acid with selective toxicity for African trypanosomes. *Science* **252:** 1851–1854.
59. Pan Y.T., Kamitani T., Bhuvaneswaran C., Hallaq Y., Warren C.D., Yeh E.T., and Elbein A.D. 1992. Inhibition of glycosylphosphatidylinositol anchor formation by mannosamine. *J. Biol. Chem.* **267:** 21250–21255.
60. Freeze H.H., Sampath D., and Varki A. 1993. α-and β-xylosides alter glycolipid synthesis in human melanoma and Chinese hamster ovary cells. *J. Biol. Chem.* **268:** 1618–1627.
61. Zacharias C., van Echten-Deckert G., Plewe M., Schmidt R.R., and Sandhoff K. 1994. A truncated epoxy-glucosylceramide uncouples glycosphingolipid biosynthesis by decreasing lactosylceramide

synthase activity. *J. Biol. Chem.* **269:** 13313–13317.
62. Abe A., Radin N.S., Shayman J.A., Wotring L.L., Zipkin R.E., Sivakumar R., Ruggieri J.M., Carson K.G., and Ganem B. 1995. Structural and stereochemical studies of potent inhibitors of glucosylceramide synthase and tumor cell growth. *J. Lipid. Res.* **36:** 611–621.
63. von Itzstein M., Wu W.Y., Kok G.B., Pegg M.S., Dyason J.C., Jin B., Van Phan T., Smythe M.L., White H.F., Oliver S.W., Colman P.M., Varghese J.N., Ryan D.M., Woods J.M., Bethell R.C., Hotham V.J., Cameron J.M., and Penn C.R. 1993. Rational design of potent sialidase-based inhibitors of influenza virus replication. *Nature* **363:** 418–423.
64. Taylor G. 1996. Sialidases: Structures, biological significance and therapeutic potential. *Curr. Opin. Struct. Biol.* **6:** 830–837.
65. von Itzstein M. and Colman P. 1996. Design and synthesis of carbohydrate-based inhibitors of protein-carbohydrate interactions. *Curr. Opin. Struct. Biol.* **6:** 703–709.
66. Chand P., Babu Y.S., Bantia S., Chu N., Cole L.B., Kotian P.L., Laver W.G., Montgomery J.A., Pathak V.P., Petty S.L., Shrout D.P., Walsh D.A., and Walsh G.M. 1997. Design and synthesis of benzoic acid derivatives as influenza neuraminidase inhibitors using structure-based drug design. *J. Med. Chem.*. **40:** 4030–4052.

本章初稿由 J. D. Esko(圣迭戈加利福尼亚大学)编写。

# 第 41 章　生物工程和医学中的糖生物学



本章概括介绍糖生物学和糖化学在现代生物工程和制药工业中日益增加的重要性。治疗用的重组糖蛋白中的糖对决定其药物动力学性质有重要作用。由聚糖介导的重要的生物学相互作用和生物学功能也正被应用为体内医疗处理的靶标。以糖为基础的治疗药物开发的实例包括微生物病原体及其毒素的抑制剂、癌疫苗、治疗炎症和移植物排斥反应而设计的抑制免疫系统的药物等。

## 治疗用的糖蛋白[1～9]

迄今生物工程产品中最重要的一类是治疗用的糖蛋白。包括红细胞生成素，粒细胞巨嗜细胞-集落-刺激因子和组织纤溶酶原活化剂的这些产品在全球共创产值 30～50 亿美元。此外，当前大约有 60 种重组的糖蛋白在开发为治疗用药物。治疗用糖蛋白典型地是由细胞培养系统或转基因动物生产的重组产品。因为聚糖链对药物在整体动物中的稳定性、作用及药物动力学有显著的影响，在开发这类药物时控制其糖基化具有较大的重要性。大多数情况下，对产品的糖基化必需予以优化，以保证延长其在血液循环中的半寿期。处理聚糖来促进其对特异组织及细胞型的靶向也已经是多种成功的治疗用糖蛋白药物设计的根本要素。

### 1.为延长血清半寿期对治疗用糖蛋白聚糖的优化[1～7]

红细胞生成素是一个经过充分研究的实例，或许也是迄今最成功的第一个生物工程产品。它与膜-信息转导受体相互作用诱导红细胞样原代细胞的增殖和分化，并因此对由骨髓抑制(如在化疗后)引起的贫血的治疗有重大的价值。天然的和重组形式的红细胞生成素包含 4 条唾液酸化的复合型 N-糖链。虽然，在体外去糖基化的红细胞生成素的活性与糖基化的完全相同，但因为糖基化不足的红细胞生成素迅速在肾脏中被滤过清除，在体内脱唾液酸的红细胞生成素的活性小于糖基化活性的 10%。而且，唾液酸化不足的红细胞生成素在肝细胞及巨嗜细胞中被 Gal/GlcNAc/Man 受体迅速地清除。具有完全地唾液酸化链和增加有四天线链的数目，上述两种清除过程都被减慢。而降低红细胞生成素的清除速率使其在体内的活性增加近 10 倍。红细胞生成素或许是罕见的一个，因为如果缺少唾液酸，它的分子小到可以被肾脏清除。对于大多数糖蛋白治疗药物，最重要的考虑是要有完全唾液酸化链而使其被 Gal/GlcNAc/Man 受体的清除率降到最低(见第 25 章)。

因为聚糖能显著影响这些药物的性质,为了每批产品的质量的一致性,要保证控制糖基化在它们生产中能满足规定的要求是很重要的。培养物 pH 的改变,前体或营养成分可利用性,不同的细胞因子和激素的是否存在等各因素均能影响糖基化的程度、分支的程度及唾液酸化、硫酸化的完全程度。从细胞分泌的或是由死亡细胞释出的唾液酸酶或其他糖苷酶的存在均能引起原已糖基化完全的产物降解。因此在开发各种糖蛋白药物时要切实努力寻求合适的条件,以求可重复性地生产重组糖蛋白均一的制剂。

**2.在酶替代疗法中溶酶体酶的靶向**[10~13]

和大多数与细胞表面受体相互作用的治疗用糖蛋白不同,应用溶酶体酶的酶替代疗法必须将溶酶体酶投送进细胞内的溶酶体中,即它们起作用的位点。这些药物被计划用于治疗遗传性缺陷的个别溶酶体酶缺乏导致其底物在细胞内包涵体中病理性贮积(见第 18 章,溶酶体贮积失常)。在溶酶体酶的正常生物合成中,其 N-连接的聚糖被 Man-6-P 残基修饰,通过 Man-6-P 受体将它们靶向溶酶体(见第 23 章)。如何使酶准确靶向到溶酶体,并能在那里降解贮积的底物是对酶替代疗法的挑战。

一个特殊的例子是对 Gaucher's 病(葡糖脑苷脂酶缺陷)的酶替代疗法,外源性酶通过细胞表面的 Man 受体靶向到巨噬细胞的溶酶体(见第 25 章)。为此需要生成含 Man 末端 N-聚糖残基的重组酶。此酶可由哺乳动物细胞生成的含有 N-聚糖的酶经糖苷酶(唾液酸酶、半乳糖苷酶及己糖胺酶等)降解生成。此外,亦可在杆状病毒-感染的昆虫细胞中对具有末端 Man 残基的 N-聚糖加工而成。葡糖脑苷脂酶在商业上的成功刺激了应用溶酶体酶来治疗其他溶酶体贮积病的发展。

## 以复合糖为基础的治疗药物[14~21]

数量日益增加的旨在调整由糖蛋白及糖脂的糖基介导过程的疗法现正在开发中。酶法生产糖的进展促进这类化合物的生产与商业化。

**1.病原性微生物及毒素的抑制剂**

如同第 28 章中讨论,许多微生物及毒素是通过识别特异的糖配体和哺乳动物组织结合的。因此,小分子可溶性的聚糖或聚糖模拟物可被用于阻断微生物或毒素对细胞表面之间最初的接触(或阻断其释放),从而防止或抑制感染。因为许多这类生物体可自然地从呼吸道或肠道进入人体,以糖为基础的药物可通过口服或气管投入,而不需全身投药。表 41.1 和表 41.2 列出了近来正在研究的这种应用实例。值得注意的是流感病毒唾液酸酶抑制剂开发的进展(表 41.3)。唾液酸酶对于新生成的病毒从细胞表面的唾液酸受体释出是必需的,因此抑制唾液酸酶可终止病毒的复制,呈现该病的严重性减弱和病程缩短。

人乳寡糖据信是婴儿肠道感染的天然颉抗物并促进有益的肠道菌群生长。有些公司已经开始向市场推出非治疗的经寡糖“强化的”营养产品,以赋予由这些天然寡糖提供被推定有益的性质。更明确的治疗性应用也正在评价中(表 41.1)。

**表41.1 对抗微生物黏附的可能的拮抗剂**

| 建议应用的适应症(微生物) | 糖 | 公司 |
|---|---|---|
| 胃溃疡(幽门螺杆菌 *H. pylori*) | 唾液酸化乳糖(sialyllactose) | Neose |
| 中耳炎(流感嗜血杆菌 *Haemophilus influenzae*) | 乳糖-N-唾液酸化四糖(Lacto-N-sialyltetrose a) | Neose |
| 肾脏衰竭(大肠杆菌毒素) | Gal α1-4Gal | Synsorb Biotech |
| 腹泻(难辨梭菌 *C. difficile* 毒素) | Gal α1-3Gal | Synsorb Biotech |
| 腹泻(霍乱弧菌 *V. cholerae* 毒素) | $G_{M1}$寡糖 | Synsorb Biotech |

**表41.2 开发应用于增强免疫体系的聚糖疗法实例**

| 适应症 | 糖 | 公司 |
|---|---|---|
| 免疫刺激:在上消化道手术后通过提高巨噬细胞的清除作用防止感染 | Betafectin PGG-葡聚糖 Betafectin | Alpha Beta |
| 抗癌疫苗:黑色素瘤,乳腺癌 | $G_{M2}$/$G_{D2}$神经节苷脂与钥孔瘪血蓝蛋白缀合 | Bristol Meyers Squibb/Progenics |
| 抗癌疫苗:乳腺癌 | 唾液酸-Tn与钥孔瘪血蓝蛋白缀合 | Chiron/BioMira |
| 靶向免疫毒性反应:癌、前列腺切除、子宫切除 | α-Gal的缀合物<br>有组织特异性配体的糖对血液中具有内源性抗-α-Gal抗体的接受者诱导生成免疫毒性反应 | Sangtaat Medical Corporation |

**表41.3 酶-抑制剂作为有潜力药物的实例**

| 临床情况 | 药物/机理 | 公司 |
|---|---|---|
| 流感病毒A感染 | GS4104(唾液酸酶抑制剂) | Gilead/Hoffman LaRoche |
| 流感病毒A感染 | Zanamivir(Relenza)(唾液酸酶抑制剂) | Glaxo Wellcome/Biota |
| 肿瘤及肝炎 | swainsonine苦马豆碱(α-甘露糖苷酶II抑制剂) | GlycoDesign |
| 溶酶体储积病中的糖脂沉积症 | 糖基转移酶抑制剂 | Oxoford GlycoSciences |
| 糖尿病 | 阿卡波糖(Acarbose,肠道α-葡萄糖苷酶抑制剂) | Bayer |
| 由宠物跳蚤引起的感染 | Lufenuron(Programe®)(几丁质合成抑制剂) | Ciba-Geigy |

**2.细菌疫苗**

寡糖与载体蛋白质偶合所得的缀合疫苗已被验证是高度有效的。例如,b型流感嗜血杆菌(*Haemophilus influenzae* Type b)在幼年儿童中引起急性下呼吸道感染。近10年来,在美国大约有两万儿童受到感染。在20世纪90年代早期证明一种由Hib衍生的寡糖和蛋白质载体偶合的缀合形式可提供一种有效的疫苗。

Hib疫苗在发达国家中现在已常规地给予婴儿,应用此疫苗的群体中Hib感染的发病率降低了95%以上。此外,新的抗脑膜炎奈瑟氏菌(*Neisseria meningitidis*)及肺炎链球菌(*Streptococcus pneumoniae*)夹膜多糖缀合组分的新疫苗已在开发中,初步研究的结果看来前途有望。

**3.癌疫苗**

为了治疗癌正在开发一些以糖为基础的疫苗。这些疫苗中有的是用在一定癌细胞表面存在的神经节苷脂免疫原(如黑色素瘤及乳腺癌中的$G_{M2}$和$G_{D2}$)制成的。这些疫苗是由糖半抗原与蛋白质载体偶合组成(表41.2)。在一种情况下,乳腺癌的抗原唾液酸Tn(Sialylα2-6GalNAcα-)是化学合成的并与蛋白质载体(钥孔瘰血蓝蛋白)缀合。唾液酸Tn见于癌黏蛋白,且其表达与发展为转移的乳腺癌相关(见第35章)。

**4.异体移植:由糖介导的移植物急性排斥**[21~23]

如同第16章中讨论,包括经典A及B血型决定簇的不同聚糖可成为输血及器官移植的障碍。因为宿主具有预先存在的、高滴度的抗糖抗原决定簇的抗体,从而引发对错配血型或脏器的排斥。此抗体可能是由于机体对细菌或其他微生物存在的相关结构先前的反应所生成。在ABO血型的情况下,不相容性是通过血型及组织分型和寻找合用的供体来常规管理的。然而,防止不相容性事件的另一途径是应用固定化A及B血型物,这种方法在某些情况下可以允许不相配的血液用于输血。在实践中,这种情况是罕见的。

在异体器官移植中也发现了相关的问题。由于人器官供体短缺,种间器官移植被作为一种解决的方法积极地实行。因为猪的器官与人的大小、生理及结构均相似,故猪是优先选用的动物供体。但和人及某些灵长类不同,猪和大多数哺乳动物生成一种含有末端为Galα1,3Gal的线性抗原决定簇的糖蛋白和糖脂,而人在血液中天然地具有高滴度抗该线性抗原决定簇的抗体。对猪器官发生超急性排斥,是由于该抗体与存在于移植器官中的血管内皮细胞的相应抗原反应所引发。为防止这种反应曾做过多种尝试,包括将血液通过聚糖亲和层析柱透析,以除去外源性抗体,输入可溶性的竞争性αGal寡糖以阻断反应等。最终,可能用生成缺乏Galα1,3转移酶活力的转基因猪解决此问题。当然在人和猪之间还有其他不同的糖(如人缺乏Neu5GC,见第15章)也应予以考虑。

**5.对选凝素-介导的白细胞穿行的抑制**[24~26]

如果在体内选择性的细胞-细胞相互作用和由此造成的病理改变是由特异性聚糖-蛋白质的相互作用引起的,那么在理论上输入天然配体的小分子模拟物或类似物可能是有用的治疗药物。发生在血管系统中的、由选凝素介导的,由特异性选凝素-聚糖相互作用把中性白细胞(及他种白细胞)募集到发炎或缺血/再灌流的损伤部位是有关研究的最佳范例(见第 26 章)。采取的方式包括应用唾液酸化 Lewis X 衍生物或小分子的选凝素拮抗物。在不同动物炎症模型中均已证明简单的单价的化合物是有效的。此发现多少有些让人感到惊讶,由于单价配体的结合常数大大低于生理的配体。虽然如此,但在多种动物体内的初步研究指出唾液酸化 Lewis X 衍生物可能在低于毫克分子浓度就有效用,提示对细胞凝集素的其他低-亲和配体也可能证明是有效的拮抗剂。

另一种途径是,应用所发现参与内源性唾液酸化 Lewis X 决定簇合成酶的抑制剂来干扰选凝素-糖相互作用。因此,人们正很努力地设计参与大多数天然选凝素配体生成的 FucT VII 酶的抑制剂(也见于第 40 章)。其他正在开发的基于调节蛋白质-糖相互作用的疗法,包括在癌、炎症及血管生成中对肝素-生长因子(heparin-growth factor)相互作用的小分子抑制剂。此工作特别吸引人的方面是,以这种方式发现的拮抗剂可用于急性病症也可用于慢性病症的治疗。

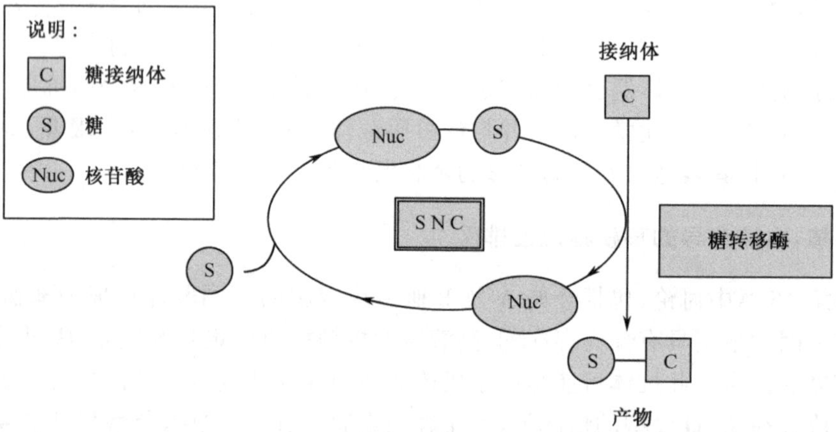


图 41.1 糖核苷酸循环(SNC)的一般原则。

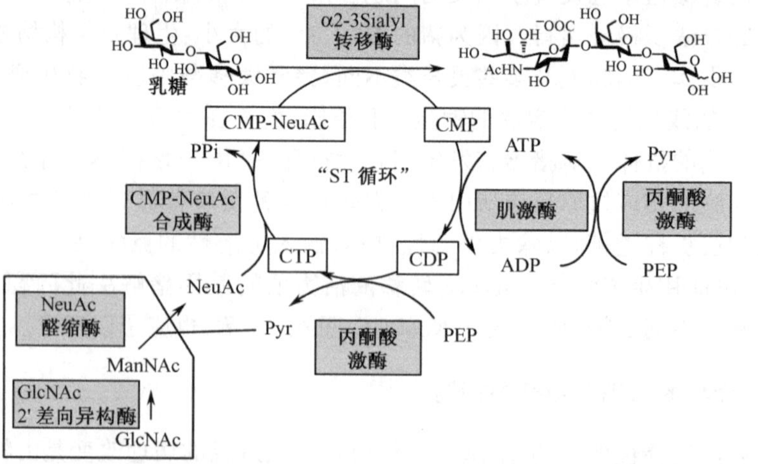


图 41.2 应用 CMP-NeuAc 原位再生合成简单的唾液酸寡糖的实例。

**6.复合聚糖的大规模化学酶促合成**[27]

以糖为基础的化合物在临床应用的开发中,一个限制因素是其价格高以及足够量制备聚糖的复杂性。有价格优势的酶学合成技术看来有希望解决这个问题(本法的一般原则见图 41.1)。该技术采用重组的糖基转移酶、相对价廉的前体以及对最昂贵的试剂(核苷酸糖)进行循环反应及再生等方式。此反应倾向成为有效率的和特异性的,以很高产率得到单一的糖产物,因此使得产物在反应混合物中能有效的回收。按顺序选用糖基转移酶,该方法可适用于最复杂的糖的合成(见图 41.2 的实例)。至少有 4 种化合物已用本法生产了 1~10kg。

酶法合成技术的另一用途是生产先导化合物的模拟物。某些糖基转移酶、激酶和磷酸化酶利用低效能的交替的底物,最终使反应可长时间进行,结果生成了含有一个或更多功能基团的特异聚糖。例如,β1-4 半乳糖基转移酶能利用许多缺羟基或含有氨基的 UDP-Gal 类似物。虽然其总产量低,但生成模拟物为满足测试目的所需要的量还是可行的,并大大降低了常规糖合成的标准正交阻断策略(见第 39 章)所需用的劳动量。

## 用于治疗的蛋白聚糖、蛋白聚糖-修饰酶和其他聚糖多聚体[28~34]

**1.控制血液凝固**

未分级的肝素作为抗凝剂已经应用了几十年。其抗凝血效果是基于它和抗凝血酶(血液凝固级联反应关键蛋白酶的抑制剂)的结合并使之激活产生的。活化的抗凝血酶抑制凝血酶及因子 Xa,从而停止纤维蛋白凝块的生成。肝素是猪肠黏膜自身消化生成的物质,随后逐步阶段分级所得。每年产量大约 150000 磅(1 磅=0.453592 千克),由此每年可转化为 10 亿剂量以上。未分级的肝素与多种血浆、血小板及内皮蛋白质结合,所产生的凝血作用大为不同。因此,人们对能产生可预定的凝血效果的肝素制剂有很大的兴趣。低分子量肝素(包括应用化学方法将其链降解为较小的片段)是其中一类。不同低分子量肝素的药物学性质与相对的效能还在研究中,但现有的研究结果已指出它比未分级肝素的药学性能好,而且并发症少。生物合成肝素的酶现正在克隆中,因此也应有可能生成重组的肝素。

应用重组肝素酶以除去循环中的肝素避免过度出血的研究也在进行中。传统的方式是应用碱性蛋白质鱼精蛋白与肝素结合,以中和其活性,最后此复合物从肾脏和肝脏清除。肝素酶 I 因为其酶-介导的中和作用,保存肝素的抗凝血性质而且不引起血液动力学紊乱,已发展为供选择的中和剂。

**2.聚透明质酸的外科应用**

聚透明质酸是天然产生的脊椎动物多糖,已发现它在外科有广泛的用途。由于其高度黏弹性的特性,聚透明质酸具有润滑剂及弹性衬垫的性质使之在眼科手术中可用来保护角膜上皮。聚透明质酸关节内注射对骨关节炎的病人具有缓解作用。聚透明质酸有抗-粘连性质,因而也可用于手术后的创口愈合。其作用机制尚未明,但可能与聚透明质酸-结合蛋白及其介导细胞的粘连有关(见第 29 章)。正在发展另一种基于糖的抗粘连物质是 FDA 最近批准的含糖凝胶(ADCON-L),用它治疗常见于腰椎盘手术后粘连。ECM 是可用于治疗与细胞粘连有关疾病的生物活性糖缀合物的丰富来源。

**3.β-葡聚糖介导的免疫刺激**

各种含糖化合物也被用为免疫增强剂及疫苗(见表 41.2)。例如,具有颗粒化的和水溶性的具有 β1-6 分支的 β1-3 葡聚糖可提高巨噬细胞及中性白细胞的功能对防止感染有效。对于增强细胞应答的机理基本未知,但已有一些证据表明葡聚糖可与补体的受体 CR3 结合。葡聚糖与经调理素处理的细菌或酵母表面的 iC3b 结合并相互作用导致噬菌作用及脱颗粒反应(degranulation)。相反,当在巨噬细胞及天然杀伤细胞表面的 CR3 与在红细胞表面的 iC3b 黏附,或与缺乏 CR3-结合膜多糖的癌细胞表面的 iC3b 黏附时,则既不刺激溶胞作用也不刺激细胞毒作用。这些理念可能用以说明具有肿瘤毒的(tumoricidal)葡聚糖可用于癌的免疫治疗的机理。

## 发展方向[20,35～39]

迄今糖生物学在医学中的应用多集中在已有近数十年已知的糖作用,包括介导病原体及毒素与宿主细胞的黏附、肿瘤-相关抗原的出现、凝血因子的调节以及血浆糖蛋白在循环中的半寿期等。最近已确定的新型糖-特异性的细胞黏附蛋白质家族,具有免疫系统中起介导作用的重要功能。虽然,白细胞黏附蛋白质的选凝素家族的糖配体是这 10 年来惟一被确定的,然而,已有许多公司正在开发阻断此介导作用的新试剂,以治疗急性及慢性炎症。当新发现或将发现的糖-结合蛋白质作用被阐明后,可能会对出现新的治疗方法再提供机会。

虽然,调节各生物体系的方法中所包括的糖有所不同,但大多数是应用聚糖或糖类似物来调节糖结合蛋白的活性。一种有前景的、可供选择的方式是用糖降解或合成有关酶的抑制剂来调节它们所体现的功能或性质(见表 41.3)。唾液酸类似物正被开发为对流感病毒唾液酸酶的强力抑制剂,并显示出在近年即可应用于临床治疗的前景(见第 40 章)。其他的糖苷酶抑制剂对其靶向的内源性糖苷酶作用的性能正被评价中。例如,阿卡波糖(acarbose),一种肠道 α-葡萄糖苷酶抑制剂已应用于治疗糖尿病,它抑制肠道中的 α-葡萄糖苷酶,阻断从食物中含葡萄糖的多糖的(如食物中的糖原)中摄取葡萄糖,从而降低从食物衍生的外源性葡萄糖的负荷。葡糖脑酰胺合成酶,一种糖基转移酶,是抑制剂开发的靶酶,因为抑制该酶可降低在溶酶体贮积失常的糖鞘脂贮积。另一例已进入市场的产品是 Lufenuron,一种苯甲酰酚脲壳多糖合成的抑制剂,它具有抗某些昆虫,如跳蚤的壳多糖合成的作用,当成年雌蚤叮了经 Lufenuron 处理的动物,其卵发育异常,这是由于 Lufenuron 使壳多糖不能正常储存,从而阻断跳蚤的正常生活周期。

用这类创新的调控糖的许多结构和生物学的功能手段,为生产有商业重要性产品提供了舞台,尽管这类糖化合物的大量功能还有待发现。

(朱正美 译　王克夷　王俊琦 校)

## 参 考 文 献


1. Misaizu T., Matsuki S., Strickland T.W., Takeuchi M., Kobata A., and Takasaki S. 1995. Role of antennary structure of N-linked sugar chains in renal handling of recombinant human erythropoietin. *Blood* **86:** 4097–4104.
2. Takeuchi M., Inoue N., Strickland T.W., Kubota M., Wada M., Shimizu R., Hoshi S., Kozutsumi H., Takasaki S., and Kobata A. 1989. Relationship between sugar chain structure and biological activity of recombinant human erythropoietin produced in Chinese hamster ovary cells. *Proc. Natl. Acad. Sci.* **86:** 7819–7822.
3. Ferrari J., Gunson J., Lofgren J., Krummen L., and Warner T.G. 1998. Chinese hamster ovary cells with constitutively expressed sialidase antisense RNA produce recombinant DNase in batch culture with increased sialic acid. *Biotechnol. Bioeng.* **60:** 589–595.
4. Goochee C.F. and Monica T. 1990. Environmental effects on protein glycosylation. *Bio/Technology* **8:** 421–427.
5. Andersen D.C. and Goochee C.F. 1995. The effect of ammonia on the *O*-linked glycosylation of granulocyte colony-stimulating factor produced by Chinese hamster ovary cells. *Biotechnol. Bioeng.* **47:** 96–105.
6. Grammatikos S.I., Valley U., Nimtz M., Conradt H.S., and Wagner R. 1998. Intracellular UDP-*N*-acetylhexosamine pool affects *N*-glycan complexity: A mechanism of ammonium action on protein glycosylation. *Biotechnol. Prog.* **14:** 410–419.
7. Nimtz M., Martin W., Wray V., Klöppel K.-D., Augustin J., and Conradt H.S. 1993. Structures of sialylated oligosaccharides of human erythropoietin expressed in recombinant BHK-21 cells. *Eur. J. Biochem.* **213:** 39–56.
8. Parekh R.B. and Patel T.P. 1992. Comparing the glycosylation patterns of recombinant glycoproteins. *Trends Biotechnol.* **10:** 276–280.
9. Wright A. and Morrison S.L. 1997. Effect of glycosylation on antibody function: Implications for genetic engineering. *Trends Biotechnol.* **15:** 26–32.
10. Neufeld E.F. 1991. Lysosomal storage diseases. *Annu. Rev. Biochem.* **60:** 257–280.
11. Furbish F.S., Steer C.J., Krett N.L., and Barranger J.A. 1981. Uptake and distribution of placental glucocerebrosidase in rat hepatic cells and effects of sequential deglycosylation. *Biochim. Biophys. Acta* **673:** 425–434.
12. Kaye E.M. 1995. Therapeutic approaches to lysosomal storage diseases. *Curr. Opin. Pediatr.* **7:** 650–654.
13. Whittington R. and Goa K.L. 1992. Alglucerase. A review of its therapeutic use in Gaucher's disease. *Drugs* **44:** 72–93.
14. Von Itzstein M., Wu W.-Y., Kok G.B., Pegg M. S., Dyason J.C., Jin B., Van Phan T., Smythe M.L., White H.F., Oliver S.W., Colman P.M., Varghese J.N., Ryan D.M., Woods J.M., Bethell R.C., Hotham V.J., Cameron J.M., and Penn C.R. 1993. Rational design of potent sialidase-based inhibitors of influenza virus replication. *Nature* **363:** 418–423.
15. Sahasrabudhe A., Lawrence L., Epa V.C., Varghese J.N., Colman P.M., and McKimm-Breschkin J.L. 1998. Substrate, inhibitor, or antibody stabilizes the Glu 119 Gly mutant influenza virus neuraminidase. *Virology* **247:** 14–21.
16. Calfee D.P. and Hayden F.G. 1998. New approaches to influenza chemotherapy—Neuraminidase inhibitors. *Drugs* **56:** 537–553.
17. Mendel D.B., Tai C.Y., Escarpe P.A., Li W.X., Sidwell R.W., Huffman J.H., Sweet C., Jakeman K.J., Merson J., Lacy S.A., Lew W., Williams M.A., Zhang L.J., Chen M.S., Bischofberger N., and Kim C.U. 1998. Oral administration of a prodrug of the influenza virus neuraminidase inhibitor GS 4071 protects mice and ferrets against influenza infection. *Antimicrob. Agents Chemother.* **42:** 640–646.
18. Li W.X., Escarpe P.A., Eisenberg E.J., Cundy K.C., Sweet C., Jakeman K.J., Merson J., Lew W., Williams M., Zhang L.J., Kim C.U., Bischofberger N., Chen M.S., and Mendel D.B. 1998. Identification of GS 4104 as an orally bioavailable prodrug of the influenza virus neuraminidase inhibitor GS 4071. *Antimicrob. Agents Chemother.* **42:** 647–653.
19. Vetvicka V., Thornton B.P., and Ross G.D. 1996. Soluble β-glucan polysaccharide binding to the

lectin site of neutrophil or natural killer cell complement receptor type 3 (CD11b/CD18) generates a primed state of the receptor capable of mediating cytotoxicity of iC3b-opsonized target cells. *J. Clin. Invest.* **98:** 50–61.

20. Glaser V. 1998. Carbohydrate drugs move closer to market. *Genet. Eng. News* **18.**
21. Goldberg L., Lee J., Cairns T., Cook T., Lin C.K.S., Palmer A., Simpson P., and Taube D. 1995. Inhibition of the human antipig xenograft reaction with soluble oligosaccharides. *Transplant. Proc.* **27:** 249–250.
22. Sharma A., Okabe J., Birch P., McClellan S.B., Martin M.J., Platt J.L., and Logan J.S. 1996. Reduction in the level of Gal(α1,3)Gal in transgenic mice and pigs by the expression of an α(1,2)fucosyltransferase. *Proc. Natl. Acad. Sci.* **93:** 7190–7195.
23. Platt J.L. 1998. New directions for organ transplantation. *Nature* (suppl.) **392:** 11–17.
24. Lowe J.B. and Ward P.A. 1997. Therapeutic inhibition of carbohydrate-protein interactions in vivo. *J. Clin. Invest.* **99:** 822–826.
25. Park I.Y., Lee D.S., Song M.H., Kim W., and Won J.M. 1998. Cylexin: A P-selectin inhibitor prolongs heart allograft survival in hypersensitized rat recipient. *Transplant. Proc.* **30:** 2927–2928.
26. Buerke M., Weyrich A.S., Zheng Z., Gaeta F.C.A., Forrest M.J., and Lefer A.M. 1994. Sialyl Lewis$^x$-containing oligosaccharide attenuates myocardial reperfusion injury in cats. *J. Clin. Invest.* **93:** 1140–1148.
27. Ichikawa Y., Wang R., and Wong C.-H. 1994. Regeneration of sugar nucleotide for enzymatic oligosaccharide synthesis. *Methods Enzymol.* **247:** 107–127.
28. Hirsh J. 1991. Drug therapy: Heparin. *N. Engl. J. Med.* **324:** 1565–1574.
29. Hirsh J. 1997. Comparison of the relative efficacy and safety of low molecular weight heparin and unfractionated heparin for the treatment of deep venous thrombosis. *Semin. Hematol.* (suppl. 34) **4:** 20–25.
30. Korutla L.N., Stewart G.J., Lasz E.C., Maione T.E., and Niewiarowski S. 1994. Evaluation of recombinant platelet factor 4 and protamine sulfate for heparin neutralization: Clotting and clearance studies in rat. *Thromb. Haemostasis* **71:** 609–614.
31. Petersen J., Russell L., Andrus K., MacKinnon M., Silver J., and Kliot M. 1996. Reduction of extraneural scarring by ADCON-T/N after surgical intervention. *Neurosurgery* **38:** 976–983.
32. Frederickson R.C. 1996. ADCON-L: A review of its development, mechanism of action, and preclinical data. *Eur. Spine J.* (suppl. 5) **1:** S7–S9.
33. Silver P.J., Broughton R., Bouthillier J., Quinn T.A., Wallace A.M., and Weishaar R.E. 1998. Neutralase reverses the anti-coagulant but not the anti-thrombotic activity of heparin in a rabbit model of venous thrombosis. *Thromb. Res.* **91:** 143–150.
34. Goa K.L. and Benfield P. 1994. Hyaluronic acid: A review of its pharmacology and use as a surgical aid in opthalmology, and its therapeutic potential in joint disease and wound healing. *Drugs* **47:** 536–566.
35. Platt F.M. and Butters T.D. 1998. New therapeutic prospects for the glycosphingolipid lysosomal storage diseases. *Biochem. Pharmacol.* **56:** 421–430.
36. Baptista J.A., Goss P., Nghiem M., Krepinsky J.J., Baker M., and Dennis J.W. 1994. Measuring swainsonine in serum of cancer patients: Phase I clinical trial. *Clin. Chem.* **40:** 426–430.
37. Goss P.E., Baptiste J., Fernandes B., Baker M., and Dennis J.W. 1994. A phase I study of swainsonine in patients with advanced malignancies. *Cancer Res.* **54:** 1450–1457.
38. Hink W. F., Drought D.C., and Barnett S. 1991. Effect of an experimental systemic compound, CGA-184699, on life stages of the cat flea (Siphonaptera: Pulicidae). *J. Med. Entomol.* **28:** 424–427.
39. Bischoff H. 1995. The mechanism of α-glucosidase inhibition in the management of diabetes. *Clin. Invest. Med.* **18:** 303–311.

本章初稿由 J. C. Paulson(加利福尼亚 La Jolla，Scripps 研究所)、A. Varki 和 J. D. Esko(圣迭戈加利福尼亚大学)编写。

# 词 汇 表

**缩醛**(Acetal)由半缩醛与醇反应生成的一种有机化合物,如果半缩醛为糖,生成的缩醛就是糖苷。

**黏附素**(Adhesin)一种与高等真核细胞表面上配体相结合的细菌、病毒或寄生物表面上的蛋白质。

**配糖体**(Aglycone)糖缀合物或糖苷,通过其还原性末端糖基,以糖苷键连接到聚糖上的非糖部分。

**醛糖**(Aldose)在 C-1 位置上具有醛基或潜在醛羰基的单糖。

**氨基糖**(Amino sugar)其中 一个醇羟基被一氨基所取代的单糖。

**异头性**(Anomericity)糖与另一个糖或配糖体相连的糖苷键的 α 或 β 构型。

**异头体**(Anomer)是指仅在环式结构异头碳原子(即环状半缩醛的 C-1 )构型上不同的单糖空间异构体。

**天线**(Antenna) 从"核心"结构产生的寡糖分支。

**Asn-连接的寡糖**(Asn-linked oligosaccharide) 见 N-聚糖。

**C-型凝集素**(C-type lectin) 是一类 $Ca^{2+}$-依赖型凝集素,以其糖识别域的氨基酸序列而被识别。

**荚膜**(Capsule) 某些细菌周围胞外多糖的保护性外衣。荚膜多糖的存在常与细菌的剧毒性相关。

**糖**(Carbohydrate) 一通用名词,本书中可与 sugar, saccharide 或 glycan 相互换用,包括单糖、寡糖和多糖,以及这些化合物的衍生物。

**糖识别域**(Carbohydrate recognition domain) 参与特异结合糖的多肽结构域;在凝集素中,常是进化中高度保守的多肽区域。

**脑酰胺**(Ceramide) 糖鞘脂的共同的脂类组分,由长链碱性醇(鞘氨醇)和以酰胺键连接的脂肪酸组成。

**硫酸软骨素**(Chondroitin sulfate, CS) 由二糖重复单位$(GalNAc\beta1\text{-}4GlcA\beta1\text{-}3)_n$ 界定的一类糖胺聚糖,在某些部位以酯键硫酸修饰,并且典型地与蛋白聚糖的核心蛋白共价连接。

**脑苷脂**(Cerebroside) 一种由脑酰胺与其相连的一个半乳糖(半乳糖脑苷脂)或一个葡萄糖(葡糖脑苷脂)组成的糖脂。

**脱氧糖**(Deoxy sugar) 其中一个醇的羟基被氢原子取代的单糖。

**硫酸皮肤素**(Dermatan sulphate, DS)硫酸软骨素的一种修饰形式,其中 β-葡糖醛酸残基的一部分被差向异构化为 α-艾杜糖醛酸。

**多萜醇**(Dolichol) 在 N-聚糖及 GPI 锚组装时用作聚类异戊二烯脂载体。

**β-消去**(β-Elimination) 在蛋白质或肽分子内,非水解性碱催化裂解连接到丝氨酸或苏氨酸残基上羟基部分的 O-连接聚糖。

**内切糖苷酶**(Endoglycosidase) 一种能够催化裂解寡糖或多糖内部糖苷键的酶。

**内毒素**(Endotoxin) 见脂多糖。

**差向异构酶**(Epimerase) 催化糖手性中心差向异构的酶。

**差向异构体**(Epimer)仅在单一手性碳构型上有区别的两种同分异构的单糖,例如甘露糖是葡萄糖 C-2 差向异构体。

**外切糖苷酶**(Exoglycosidase) 一种从寡糖,多糖或糖缀合物的外(非还原)端切断一个或几个单糖的酶。

**外毒素**(Exotoxin) 由细菌分泌出的、致病性的 热不稳定性蛋白质毒素。

**胞外基质**(Extracellular matrix) 包括糖蛋白、蛋白聚糖和/或多糖以及结构蛋白在内的一系列分泌的复合分子。在植物中,也把细胞壁归为胞外基质。

**呋喃糖**(Furanose) 含五元(四碳一氧)环的杂环单糖,因其结构与呋喃化合物类似而得名。

**半乳凝素**(Galectin) 与 S-型(SH 基-依赖型)β-半乳糖苷结合的凝集素,通常为可溶性,由多种多样动物细胞类型表达,以其糖识别域的氨基酸序列区别其类型。

**神经节苷脂**(Ganglioside) 含有一个或多个唾液酸残基的阴离子糖鞘脂。

**聚糖**(Glycan) 任何游离态或与另一分子结合的糖或糖类组合的通称。本书中可与糖(sugar)或碳水化物(carbohydrate)互换使用。

**糖化**(Glycation) 非酶法而是化学法的糖与蛋白质赖氨酸侧链上的氨基以 Schiff 碱反应相结合,随后经阿马多里重排(Amodori rearrangement)形成稳定的化合物。注意不要与(酶促)糖基化(Glycosylation)相混淆。

**糖生物学**(Glycobiology) 研究聚糖及其衍生物结构,化学,生物合成及生物学功能的科学。

**糖被**(Glycocalyx) 动物细胞周围由聚糖和糖缀合物组成的细胞外壳结构,在电镜下可见为一电子致密层。

**糖缀合物**(Glycoconjugate) 其中有一个或多个聚糖单位与非糖部分共价结合的分子。

**糖形**(Glycoform) 因聚糖结构和/或聚糖结合部位的改变所造成的糖蛋白的不同分子形式。

**糖脂**(Glycolipid) 概指含有糖与脂配糖体结合分子的通用名词。在高等生物中,大多数的糖脂为糖鞘脂,但也存在甘油糖脂及其他类型的糖脂。

**糖模拟物**(Glycomimetics) 模拟糖特性的非糖化合物。

**糖肽**(Glycopeptide) 具有一个或多个共价结合聚糖单位的肽。

**糖磷脂锚**(Glycophospholipid anchor)糖基磷脂酰肌醇 GPI 锚(Glycophophatidylinositol, GPI anchor) 在磷脂酰肌醇和磷酸乙醇胺间,以酰胺与一蛋白质羧基末端连键的聚糖桥组成的膜上的锚。

**糖蛋白**(Glycoprotein) 与一个或多个聚糖共价结合的蛋白质。

**糖胺聚糖**(Glycosaminoglycan(GAG)) 由线性二糖重复单位组成的蛋白聚糖的多糖侧链或游离的复合多糖,各由一个己糖胺和一个己糖或一个己糖醛酸组成(参见肝素、硫酸类肝素、硫酸软骨素、硫酸皮肤素,及聚透明质酸)。

**糖苷酶**(Glycosidase) 催化水解聚糖中糖苷键的酶。见外切糖苷酶和内切糖苷酶。

**糖苷**(Glycoside) 至少含一个与另一聚糖或配糖体连键的聚糖。

**糖苷连键**(Glycosidic Linkage)通过单糖的异头羟基与另一残基结合形成的连键。这种连键通常由半缩醛与醇(例如,另一单糖或氨基酸上的羟基)反应而形成。

**糖鞘脂**(Glycosphingolipid) 含有聚糖并以糖苷与脑酰胺伯醇基相连的糖脂。

**糖基化**(Glycosylation) 以酶催化,使糖与多肽、脂、多核苷酸,糖或其他有机化合物共价连接,通常以糖基转移酶催化,利用专一的糖核苷酸为供体底物。

**糖基转移酶**(Glycosyltransferase)从糖核苷酸供体催化转移糖到底物的酶。

**糖型**(Glycotype) 多肽的 细胞-类型-特异性糖形。

**血凝素**(Hemagglutinin)识别红细胞表面上糖类并引起凝集作用(聚集作用)的凝集素。

**半缩醛**(Hemiacetal) 由醛基与醇基反应形成的化合物,如醛糖分子中的醛基与醇基反应闭和成环。

**半缩酮**(Hemiketal) 由酮基与醇基反应形成的化合物,如酮糖分子中的酮基与醇基反应闭和成环。

**硫酸类肝素**(Heparan sulfates,HS) 由二糖单位(GlcNAcα1-4GlcAβ1-4/IdoAα1-4)n 界定的糖胺聚糖,在不同部位含有 N-及 O-硫酸酯,并且典型地与蛋白聚糖的核心蛋白共价连接。

**肝素**(Heparin) 由肥大细胞生成的一类硫酸类肝素,有着最高含量的艾杜糖醛酸以及高度 N-和 O-硫酸化的残基。

**杂多糖**(Hetropolysaccharide) 由不只一种类型的单糖所组成的多糖。

**己糖**(Hexose)在 C-1 位置(己醛糖)有一典型的醛基(或潜在的醛基),在其他所有位置上都有羟基的一种六碳糖。脊椎动物的聚糖,最常见的有甘露糖、葡萄糖和半乳糖。

**己糖胺**(Hexosamine)己糖 C-2 位置上的羟基被氨基取代。脊椎动物聚糖中,常见的例子是 N-乙酰化形式的 N-乙酰葡糖胺和 N-乙酰半乳糖胺。

**同多糖**(Homopolysaccharide) 仅由同一种单糖组成的多糖。

**聚透明质酸**(Hyaluronan) 由二糖单位$(GlcNAc\beta1\text{-}4GlcA\beta1\text{-}3)_n$ 界定的糖胺聚糖。它既不被硫酸化,也不与蛋白质共价结合。在旧文献中称为透明质酸(Hyaluronic acid)。

**肼解**(Hydrazinolysis) 一种利用肼裂解酰胺键的化学方法,例如,糖残基与天冬酰胺间的糖基胺的连键或 N-乙酰己糖胺分子中的乙酰胺键。

**I-型凝集素**(I-type lectin) 属于免疫球蛋白超家族的一类凝集素。

**硫酸角质素**(Keratan sulfate,KS) 一种( $Gal\beta1\text{-}4GlcNAc\beta1\text{-}3)_n$型的多聚乳糖胺,在其 Glc-NAc 和半乳糖残基的 C-6 位上有硫酸酯,常作为硫酸角质素蛋白聚糖的侧链。

**酮糖**(Ketose) 具有酮基或潜在的酮羰基(天然化合物中典型地位于 C-2 位置)的单糖。

**缩酮**(Ketal) 由半缩酮与醇反应生成的一类有机化合物。如果此半缩酮是糖,那么缩酮就是糖苷。

**凝集素**(Lectin) 在不催化聚糖的修饰反应的情况下,特异识别并结合糖的一种蛋白质(抗糖抗体除外)。

**配体**(Ligand) 被专一受体识别的分子。就凝集素而言,配体部分地或全部地都是以糖为基础的,有时也被称为对立受体(counter receptor)。

**脂多糖**(Lipopolysaccharide) 一种 细菌多糖,以含有葡糖胺而非甘油的脂质部分连接形成脂 A,并组成革蓝氏阴性菌外膜的外层小叶主要部分。是一种抗原特异性重要决定簇,也是众所周知的热稳定性毒素或内毒素。

**溶菌酶**(Lysozyme) 一种分解细菌肽聚糖多糖骨架的内切-β-N 乙酰己糖胺酶。

**甲基化分析**(Methylation analysis) 基于甲醚抗酸性及糖苷键酸不稳定性的一种糖结构分析方法;用以测定寡糖链中单糖残基的结合位置。

**微不均一性**(Microhetrogeneity) 在蛋白质上,任何给定糖基化位点的聚糖结构变化(一种糖形的起因)。

**单糖**(Monosaccharide) 不能再水解为更简单的糖。为寡糖或多糖的基础单位,简单的单糖都具有三个或更多碳原子的多羟醛或多羟酮。

**黏蛋白**(Mucin) 大分子糖蛋白,有高含量的丝氨酸、苏氨酸和脯氨酸残基并且有为数很多的 O-连接糖链常成簇地出现在多肽上。

**黏多糖**(Mucopolysaccharide) 一个已被糖胺聚糖取代的旧名词,但在因某些溶酶体遗传缺陷而引起的人类黏多糖沉积症,Mucopolysaccharidose 一组疾病的名称中仍在沿用。

**N-乙酰乳糖胺**(N-acetyllactosamine) 具有 Galβ1-4GlcNAc 序列的二糖。

**N-聚糖**(N-Glycan )或 N-连接寡糖(N-linked oligosaccharide)或 N-连接聚糖(N-linked glycan)与多肽链的共有序列:-Asn-X-Ser/Thr 中天冬酰胺残基共价连接的聚糖。除另有说明,本书中 N-聚糖一词作为统称表示最常见的 Manβ1-4GlcNAcβ1-4GlcNAcβ1-N-Asn 连接键区域。

**非还原末端**(Nonreducing terminus, Nonreducing end) 寡糖或多糖链的最外端,即与还原末端相反的末端。

**寡糖**(Oligosaccharide)单糖之间通过糖苷键相互连接的线性或分支的链。单糖单位的数目可以改变;多糖一词常保留用作表示具有重复结构的大分子聚糖。

**O-聚糖(O-连接寡糖,O-连接聚糖)**(O-Glycan, O-linked oligosaccharide, O-linked glycan) 以糖苷键与丝氨酸 Ser,苏氨酸 Thr,酪氨酸 Tyr 或羟赖氨酸等氨基酸类羟基相连接的聚糖。除另有说明外,O-聚糖一词本书用以概指共有 GalNAcα1-O-Ser/Thr 连键。

**肽聚糖**(Peptidoglycan) 一种由 MurNAcβ1-4GlcNAcβ1-4 重复单位构成的细菌多糖,通过共价键与短肽交联。又称胞壁质(murein),肽聚糖重复单位是周质的主要结构成分。

**高碘酸氧化**(Periodate oxidation) 对糖的一种选择性化学反应,该反应导致有相邻羟基的 C—C 键断裂。此项技术在测定聚糖结构方面颇有用处。

**菌毛**(Pili, Fimbriae) 某些细菌表面的毛发样附属物,常含有黏附素(adhesin)。

**多聚乳糖胺**(Polylacosamine, Poly-N-Acetyllactosamine) 具有不同长度的 N-乙酰乳糖胺 $[Gal\beta 1\text{-}4GlcNAc\beta 1\text{-}3]_n$ 重复单位(有时称为 PolyLacNAc)。

**多聚类异戊二烯**(Polyisoprenoid) 一种由不饱和 5-碳异戊二烯重复单位组成的脂多聚体。见多萜醇。

**多糖**(Polysaccharide) 重复单糖类组成的聚糖,其长度一般多于 10 个单糖。

**多聚唾液酸**(Polysialic acid)富含于脑、鱼子中的唾液酸同多聚体,在某些病原菌中也有发现。

**蛋白聚糖**(Proteoglycan)具有一个或多个共价相连的糖胺聚糖链的蛋白质。

**P-型凝集素**(P-Type lectin) 一类能识别 6-磷酸甘露糖(也称为 M6P 受体)的蛋白质。

**吡喃糖**(Pyranose) 六元环(五碳一氧,即氧杂环)形式的单糖,最常见于己糖和戊糖。由于其结构类似吡喃化合物而得名。

**受体**(Receptor) 与一种配体结合并启动信息传递或其他细胞活动的蛋白质。本书中大多数的受体是凝集素(即它们能识别糖)。在微生物学中,词义相反,微生物上的黏附素或凝集素,它们结合到宿主细胞的受体上,该受体是聚糖。

**还原性末端**(Reducing terminus , Reducing end),由于未和配糖体结合,因此仍然是半缩醛并具有还原力的聚糖末端。对糖缀合物而言,还原末端也是潜在还原性末端的同义词,表明末端聚糖与配糖体通过糖苷键共价结合(即,如果它被释放,则具有还原能力)。

**糖**(Saccharide) 泛指任何游离态或与另一分子结合的糖或糖组合物的通用名词,在本书中可与 Carbohydrate 和 glycan 换用。

**选凝素**(Selectin) 由血管系及血流中的细胞表达的一类 C-型($Ca^{2+}$-依赖型)凝集素。三种已知的选凝素为 L-选凝素/CD62L(由大多数白细胞表达)、E-选凝素/CD62E(由细胞因子激活的内皮细胞表达),及 P-选凝素/CD62P(由活化的内皮细胞及血小板表达)。

**Ser/Thr-连接的寡糖**(Ser/Thr linked oligosaccharide)见 O-聚糖。

**糖**(Sugar) 对任何糖的通称,但大多用于低分子量、有甜味的糖。食用糖,蔗糖,是一种非还原性二糖(Fruβ2-1αGlc)。有时把寡糖称为"糖链",把糖链中的个体单糖称为"糖残基"。

**糖核苷酸**(Sugar nucleotide) 是单糖的活化形式,诸如 UDP-Gal,GDP-Fuc 和 CMP-Sia,它们被糖基转移酶典型地用作供体底物。

**糖核苷酸转运子**(Sugar nucleotide transporter) 特异地从胞液运输糖核苷酸到细胞内细胞器腔(如高尔基体)的膜结合蛋白。

**磷壁酸**(Teichoic acid) 由磷酸甘油或磷酸核糖醇(Phosphoribitol)携带的糖或氨基酸组成的复合多聚体。出现于革兰氏阳性菌表面。

**细菌异戊二醇,或细菌十一萜醇,或 C55 类异戊二烯**(Undecaprenol,Bactoprenol,C55 Isoprenoid)细菌聚糖合成中的一种多聚类异戊二烯脂载体。

# 名词中英文对照

| | |
|---|---|
| 1B 型无软骨发生 | Achondrogenesis type IB |
| 1-型糖链 | Type-1 chain |
| 2-型糖链 | Type-2 chain |
| 6-重氮-5-氧-L-正亮氨酸(DON) | 6-Diazo-5-oxo-L-norleucine(DON) |
| ABO 血型系统 | ABO blood group system |
| AOII 骨发育不良症 | AOII atelosteogenesis |
| B 细胞 | B cell |
| b 型流感嗜血杆菌 | Haemophilus influenzae type b |
| Cre 重组酶 | Cre recombinase |
| C-糖基化 | C-glycosylation |
| C-型凝集素 | C-type lectin |
| EGF 受体 | EGF receptor |
| Ehlers-Danlos 综合征 | Ehlers-Danlos syndrome |
| E-选凝素 | E-selectin |
| Fabry 氏疾病 | Fabry disease |
| Fischer 投影式 | Fischer projection formula |
| Flp 重组酶 | Flp recombinase |
| Forssman 抗原 | Forssman antigen |
| Galα1-3Gal 表位 | Galα-1-3Gal epitope |
| Gaucher 氏疾病 | Gaucher's disease |
| Glcα1-2Galβ-O-羟赖氨酸 | Glcα1-2Galβ-O-hydroxylysine |
| Glcβ-Asn 连键 | Glcβ-Asn linkage |
| GPI-锚硫酸类肝素聚糖 | Glypican |
| Haworth 投影式 | Haworth projection formula |
| HMG 蛋白质 | High mobility group (HMG) protein |
| HNK-1 表位 | HNK-1 epitope |
| Hurler 氏疾病 | Hunler disease |
| $IC_{50}$-半抗原抑制 | $IC_{50}$-hapten inhibition |
| Ii 血型系统 | Ii-blood group system |
| I 细胞疾病 | I-cell disease |
| I 型凝集素 | I-type lectin |
| JONES 抗原 | JONES antigen |
| Krabbe 氏病 | Krabbe disease |
| K 抗原 | K-antigen |
| Lewis X 抗原 | Lewis X antigen |
| Lewis 血型结构 | Lewis blood group structure |
| L-选凝素 | L-selectin |

| | |
|---|---|
| Maroteaux-Lamy 氏疾病 | Maroteaux-Lamy disease |
| NGF 受体 | NGF receptor |
| N-丁酰脱氧野尻霉素 | N-Butyldeoxynojirimycin |
| N-聚糖 | N-Glycan |
| N-羟乙酰神经氨酸 | N-Glycolylneuramic acid |
| N-乙酰半乳糖胺(GalNAc) | N-Acetylgalactosamine(GalNAc) |
| N-乙酰半乳糖胺转移酶 | N-Acetylgalactosamine transferase |
| N-乙酰己糖胺的载体 | N-Acetylhexosamine carrier |
| N-乙酰葡糖胺(GlcNAc) | N-Acetylglucosamine(GlcNAc) |
| N-乙酰葡糖胺磷酸转移酶 | N-Acetylglucosamine phosphotransferase |
| N-乙酰葡糖胺转移酶 | N-Acetylglucosamine transferase |
| N-乙酰神经氨酸(Neu5Ac) | N-Acetylneuraminic acid(Neu5Ac) |
| O-(α)-岩藻糖 | O-(α)-fucose |
| O-(β)-葡萄糖 | O-(β)-glucose |
| O-β-GlcNAc | O-β-GlcNAc |
| O-甘露糖 | O-mannose |
| O-聚糖 | O-givcan |
| O-抗原 | O-antigen |
| O-唾液酸基糖蛋白酶 | O-Sialylglycoprotease |
| PVDF 膜 | Polyvinylidene difluoride (PVDF) membrane |
| P 血型系统 | P blood group system |
| $p^{53}$,O-β-GlcNAc 修饰 | $p^{53}$,O-β-GlcNAc modification |
| $p^{67}$,O-β-GlcNAc 修饰和蛋白质合成的调节 | $p^{67}$, O-β-GlcNAc modification and protein synthesis regulation |
| P-选凝素糖蛋白配体-1(PSGL-1)功能的抗体阻断研究 | P-selectin glycoprotein ligand-1 ( PSGL-1 ) antibody blocking studies of function |
| P-型凝集素 | P-type lectin |
| P-选凝素 | P-selectin |
| RNA 聚合酶 II | RNA polymerase II |
| Sandhoff 氏疾病 | Sandhoff disease |
| Sanfifippo 氏疾病 | Sanfilippo |
| Schindler 氏疾病 | Schindler disease |
| Sly 氏疾病 | Sly disease |
| S-型凝集素 | S-type lectin |
| Tamm-Horsfall 氏糖蛋白 | Tamm-Horsfall glycoprotein |
| Tay-Sachs 二氏疾病 | Tay-Sachs disease |
| Thy-1 糖蛋白 | Thy-1 glycoprotein |
| Tn 聚凝集素综合征 | Tn polyagglutinin syndrome |
| Tn 抗原 | Tn antigen |
| T 抗原 | T antigen |
| T 细胞 | T cell |
| von Willebrand 氏因子 | von Willebrand factor |

| | |
|---|---|
| Wiscott-Aldrich 氏综合征 | Wiscott-Aldrich syndrome |
| XL35 凝集素 | XL35 lectin |
| α-晶体蛋白 | α-Crystallin |
| β淀粉样物质前体蛋白 | β-Amyloid precursor protein |
| β-人绒毛膜促性腺激素(HCG) | β-Human chorionic gonadotrophin(HCG) |
| 阿尔茨海姆氏疾病(AD) | Alzheimer's disease(AD) |
| 阿卡波糖 | Acarbose |
| 阿拉伯半乳聚糖蛋白 | Arabinogalactan protein |
| 艾杜糖醛酸(IdoA) | Iduronic acid(IdoA) |
| 白细胞介素-12β | Interleukin-12β |
| 白细胞黏附缺乏综合征 I(LADI) | Leukocyte adhesion deficiency syndrome I(LADI) |
| 白细胞黏附缺乏综合征 II(LADII) | Leukocyte adhesion deficiency syndrome II(LADII) |
| 白血病抑制因子 | Leukemia inhibitory factor |
| 半乳凝素 | Galectin |
| 半乳糖唾液酸贮积症 | Galactosialidosis |
| 半乳糖血症 | Galactosemia |
| 伴刀豆球蛋白 A | Concanavalin A |
| 蓖麻毒素 | Rici |
| 变旋 | Mutarotation |
| 表面激元共振(SPR) | Surface plasmon resonance(SPR) |
| 表皮生长因子(EGF)受体 | Epidermal growth factor(EGF)receptor |
| 病毒蛋白质 | Viral protein |
| 补救途径 | Salvage pathway |
| 不同血型中的 von Willebrand 氏因子水平 | von Willebrand factor levels in different groups |
| 布雷菲得菌素(Brefeldin) | Brefeldin A |
| 测序 | Sequencing |
| 差向异构体 | Epimer |
| 肠道蠕虫 | Helminth |
| 成纤维细胞生长因子-2 (FGF-2) | Fibroblast growth factor-2(FGF-2) |
| 垂体 | Pituitary gland |
| 垂体激素 | Pituitary hormone |
| 蛋白聚糖 | Proteoglycan |
| 蛋白酶体 | Proteasome |
| 低等脊椎动物中的连键 | linkages in lower vertebrates |
| 低密度脂蛋白(LDL) | Low-density lipoprotein(LDL) |
| 滴定量热计 | Titration calorimetry |
| 底物类似物 | Substrate analog |
| 顶体反应 | Acrosome reaction |
| 动脉粥样硬化 | Atherosclerosis |
| 动物凝集素 | Animallectin |
| 短杆菌肽 | Bacitracin |
| 多聚乳糖胺 | Polylactosamine |

| | |
|---|---|
| 多聚唾液酸(PSA) | Polysialic acid(PSA) |
| 多囊肿蛋白 | Polycystin |
| 多萜醇寡糖 | Dolichol oligosaccharide |
| 多重硫酸酯酶缺乏 | Multiple sulfatase deficiency |
| 分型和交叉配对 | typing and cross-matching |
| 分子伴侣和蛋白质折叠 | chaperone and protein folding |
| 分子模拟 | Molecular mimicry |
| 复合糖结构数据(库)(CCSD) | Complex carbohydrate structure database(CCSD) |
| 复合糖链的降解 | degradation of complex chains |
| 富含羟脯氨酸的糖蛋白 | Hydroxyproline-rich glycoproteins |
| 钙黏蛋白 | Calnexin |
| 钙网蛋白 | Calreticulin |
| 甘露糖苷酶加工 | mannosidase processing |
| 甘露糖结合蛋白(MBP) | Mannose-binding protein(MBP) |
| 甘露糖贮积症 | Mannosidosis |
| 甘露糖-6-磷酸 | Mannose-6-phosphate |
| 甘露糖-6-磷酸受体 | Mannose-6-phosphate receptors |
| 肝素 | Heparin |
| 高尔基体 | Golgi |
| 弓蛔虫 | *Toxocara* |
| 骨发育不良症 II 型(AOII) | Atelosteogenesis type II(AOII) |
| 固氮菌 | *Rhizobium* |
| 寡糖合成 | Oligosaccharide Synthesis |
| 寡糖基转移酶(OST) | Oligosaccharyltransferase(OST) |
| 果糖 | Fructose |
| 合成 | Synthesis |
| 核磁共振(NMR) | Nuclear magnetic resonance(NMR) |
| 核定位信号(NLS) | Nuclear localization signal(NLS) |
| 核苷酸糖 | Nucieotide sugar |
| 核膜孔蛋白 | Nucleoporin |
| 核内的糖胺聚糖 | Nuclear glycosaminoglycan |
| 核内的糖基转移酶 | Nuclear glvcosyltransferase |
| 核凝集素 | Nuclear lectin |
| 核相关蛋白 | Nuclear-associated protein |
| 核心 O-聚糖 | Core O-glycan |
| 黑腹果蝇 | *Drosophila melanogaster* |
| 红细胞生成素 | Erythropoietin |
| 红细胞生成作用 | Hematopoiesis |
| 红血球五糖脑酰胺 | GlcNAc |
| 霍乱毒素 | Cholera toxin |
| 基因修饰小鼠 | Genetically modified mouse |
| 急性呼吸窘迫综合征(ARDS) | Acute respiratory distress syndrome(ARDS) |

| | |
|---|---|
| 己糖胺 | Hexosamine |
| 己糖中性载体 | Hexose neutral carrier |
| 寄生虫 | Parasite |
| 甲基化分析 | Methylation analysis |
| 甲状腺球蛋白 | Thyroglobulin |
| 假性 Hurler 氏多重营养不良 | Pseudo-Hurler polydystrophy |
| 胶原凝素 | Collectin |
| 角膜斑营养不良(MCD) | Macular corneal dystrophy(MCD) |
| 角膜炎棘阿米巴 | *Acanthamoeba keratitis* |
| 酵母 | Yeast |
| 结瘤作用 | Nodulation |
| 肼解 | Hydrazinolysis |
| 聚偏二氟乙烯(PVDF)膜 | Polyvinylidine difluoride(PVDF)mem brane |
| 抗凝血酶 | Antithrombin |
| 刻缺蛋白(Notch)-1 | Notch-1 |
| 苦马豆碱 | Swainsonine |
| 快速泳动类(HMG)蛋白质 | High mobitity group(HMG)protein |
| 溃疡性结肠炎 | Ulcerative colitis |
| 兰氏贾弟虫 | *Giardia lamblia* |
| 酪蛋白激酶Ⅱ | Casein kinase Ⅱ |
| 类风湿关节炎 | Rheumatoid arthritis |
| 冷凝集素疾病 | Cold agglutinin disease |
| 利什曼原虫 | Leishmania |
| 利什曼原虫病 | Leishmaniasis |
| 栗果碱 | Castanospermine |
| 淋巴细胞凝集素 | Lymphocyte lectin |
| 磷酸葡糖变位酶 | Phosphoglucomutase |
| 磷脂酶 C(PLC) | Phospholipase C(PLC) |
| 磷脂酶 D(PLD) | Phospholipase D(PLD) |
| 硫酸角质素(KS) | Keratan sulfate |
| 硫酸类肝素(HS) | Heparan sulfate(HS) |
| 硫酸皮肤素(DS) | Dermatan sulfate(DS) |
| 硫酸软骨素(CS) | Chondroitin sulfate(CS) |
| 路奋奴溶 | Lufenuron |
| 酶联免疫吸附检测(ELISA) | Enzyme-linked immunosorbent assay(ELISA) |
| 酶替代治疗 | Enzyme replacement therapy |
| 蜜蜂综合征 | Honeybee syndrome |
| 免疫球蛋白 | Immunoglobulin |
| 免疫球蛋白 A 肾病 | Immunoglobin A nephropathy |
| 免疫系统 | Immune system |
| 膜衍生的寡糖(MDO) | Membrane-derived oligosaccharide(MDO) |
| 木葡聚糖 | Xyloglucan |

| | |
|---|---|
| 内毒素 | Endotoxin |
| 内切糖苷酶 H | Endoglycosidase H |
| 钠-葡萄糖转运子(SGLT) | Sodium-glucose transporter(SGLT) |
| 囊肿纤维化 | Cystic fibrosis |
| 脑酰胺 | Ceramide |
| 黏蛋白 | Mucin |
| 黏附素 | Adhesin |
| 黏结蛋白聚糖-1 | Syndecan-1 |
| 黏膜地址素细胞黏附分子(MAdCAM-1) | Mucosal addressin cell adhesion molecule(MAdCMA-1) |
| 捻转血矛吸虫 | *Hacnnonchus coneortus* |
| 酿酒酵母 | *Saccharomyces cerevisiae* |
| 凝集素 | Lectin |
| 疟疾 | Malaria |
| 盘基网柄菌 | *Dictyostelium discoideum* |
| 胚泡 | Blastocyst |
| 培养细胞的缺陷 | Cultured cell defect |
| 培养细胞的突变体 | cultured cell mutant |
| 皮炎 | Dermatitis |
| 平衡透析 | Equilibrium dialysis |
| 葡糖的体内稳态 | Glucose homeostasis |
| 葡糖苷酶 | Glucosidase |
| 葡糖醛酸(GlcA) | Glucuronic acid(GlcA) |
| 葡糖转运子(GLUT) | Glucose transporter(GLUT) |
| 器官发生 | Organogenesis |
| 鞘磷脂 | Sphingomyelin |
| 鞘脂活化蛋白 | Saposin |
| 亲和层析 | Affinity chromatography |
| 亲和共电泳(ACE) | Affinity coelectrophoresis(ACE) |
| 青霉素 | Penicillin |
| 热适应性 | Thermal adaptation |
| 溶菌酶 | Lysozyme |
| 溶酶体 | Lysosome |
| 溶组织肠阿米巴 | *Entamoeba histolytica* |
| 乳汁寡糖 | Milk oligosaccharide |
| 桑椹期 | Morula |
| 色氨酸糖基化 | Tryptophan glycosylation |
| 神经氨酸酶 | Neuraminidase |
| 神经发生 | Neurogenesis |
| 神经节苷脂 | Ganglioside |
| 神经生长因子(NGF)受体 | Nerve growth factor(NGF)receptor |
| 神经细胞黏附分子(N-CAM) | Neural cell adhesion molecule(N-CAM) |
| 神经纤丝 | Neurofilament |

| | |
|---|---|
| 施旺细胞髓磷脂蛋白(SMP) | Schwann cell myelin protein(SMP) |
| 受精 | Fertilization |
| 丝氨酸/苏氨酸连接寡糖 | Serine/threonine-linked oligosaccharide |
| 四连凝素 | Tetranectin |
| 梭状芽孢杆菌 | *Clostridium* |
| 胎球蛋白 | Fetuin |
| 肽-N-糖苷酶 F | Peptide-N-glycosidase F |
| 肽聚糖 | Peptidoglycan |
| 糖胺聚糖(GAG) | Glycosaminoglycan(GAG) |
| 糖胺聚糖结合蛋白 | Glycosaminoglycan-binding proteins |
| 糖被 | Glycocalyx |
| 糖苷(水解)酶 | Glycosidase |
| 糖苷键 | Glycosidic linkage |
| 糖苷引物 | Glycoside primer |
| 糖核苷酸 | Sugar nucleotide |
| 糖化 | Glycation |
| 糖基化的基因失序 | Genetic disorders of glycosylation |
| 糖基磷脂酰肌醇 | Glycosylphosphatidylinositol |
| 糖基转移酶 | Glycosyltransferase |
| 糖库 | CarbBank |
| 糖磷脂锚(GPI) | Glycophospholipid anchor(GPI) |
| 糖尿病 | Diabete |
| 糖鞘脂 | Glycosphinggolipid |
| 糖醛酸 | Uronic acid |
| 糖原 | Glycogen |
| 糖原生成蛋白 | Glycogenin |
| 糖脂 | Glycolipid |
| 糖缀合物 | Glycoconjugate |
| 天冬酰胺连接的寡糖 | Asparagine-linked oligosaccharide |
| 天冬酰胺葡糖胺尿症 | Aspartylglucosaminuria |
| 突变株 | Mutant |
| 图谱化 | Profiling |
| 脱氧己糖 | Deoxyhexose |
| 脱氧野尻霉素 | Deoxynojirimycin |
| 唾液酸 | Sialic acid |
| 唾液酸黏附素 | Sialoadhesin |
| 唾液酸贮积症 | Sialidosis |
| 弯曲变形营养不良(DTD) | Diastrophic dystropny(DTD) |
| 万古霉素 | Vancomycin |
| 微不均一性 | Microheterogeneity |
| 微管结合蛋白 | Microtubule-associated protein |
| 微生物糖结合蛋白 | Microbial carbohydrate-binding protein |

| | |
|---|---|
| 无唾液酸糖蛋白受体 | Asialoglycoprotein receptor |
| 细胞壁 | Cell wall |
| 细胞凋亡 | Apoptosis |
| 细胞间细胞黏附分子-1(ICAM-1) | Intercellular cell adhesion molecule-1(ICAM-1) |
| 细胞角蛋白 | Cytokeratin |
| 细胞培养 | Cell culture |
| 细菌多糖 | Bacterial polysaccharide |
| 细菌疫苗 | Bacterial vaccine |
| 夏秋疟原虫 | *Plasmodium falciparum* |
| 先天性红细胞生成素不足性贫血(HEMPAS)II型 | Congenital dyserythropoietic anemia type II (HEMPAS) |
| 先天免疫性 | Innate immunity |
| 小隐孢子虫 | *Cryptosporidium parvum* |
| 秀丽新小杆线虫 | *Caenorhabditis elegans* |
| 旋毛线虫 | *Trichinella spiralis* |
| 选凝素 | Selectin |
| 血(球)凝(集)素 | Hemagglutinin |
| 血吸虫病 | Schistosomiasis |
| 血纤维蛋白原 | Fibrinogen |
| 血型 | Blood group |
| 血液凝固的控制 | Blood coagulation control |
| 亚硝酸 | Nitrous acid |
| 岩藻糖(Fuc) | Fucose(Fuc) |
| 岩藻糖基转移酶 | Fucosyltransferase |
| 岩藻糖贮积症 | Fucosidosis |
| 衣霉素 | Tunicamycin |
| 依赖于糖基化的细胞黏附分子 (GlyCAM-1) | Glycosylation-dependent cell adhesion molecule (GyCAM-1) |
| 异染性脑白质营养不良 | Metachromic leukodystrophy |
| 异体移植 | Xenotransplantation |
| 因子 VII | Factor VII |
| 饮液作用 | Potocytois |
| 幽门螺杆菌 | *Helicobacter pylori* |
| 原肠胚形成 | Gastrulation |
| 原虫 | Protozoa |
| 再灌注损伤 | Reperfusion injury |
| 在多样化中 N-乙酰半乳糖胺基转移酶的同工酶 | N-acetylgalactosamine transferase isoenzymes in diversification |
| 阵发性冷血红蛋白尿症，Donath-Landsteiner 氏抗体 | Paroxysmal cold hemoglobinuria, Donath-Landsteiner antibodies |
| 阵发性夜间血红蛋白尿症(PNH) | Paroxysmal nocternal hemoglobinuria(PNH) |
| 脂多糖(LPS) | Lipopolysacharide(LPS) |

| | |
|---|---|
| 脂几丁寡糖(LCO) | Lipochitooligosaccharide(LCO) |
| 脂质 A | Lipid A |
| 植物 N-聚糖 | plant N-glycan |
| 植物凝集素 | Plant lectin |
| 植物血凝素(PHA) | Phytohemagglutinin(PHA) |
| 质谱 | Mass spectrometry |
| 致癌基因 | Oncogene |
| 致密 | Compaction |
| 肿瘤相关抗原 | Tumor-associated antigen |
| 肿瘤抑制蛋白 | Tumor suppressor protein |
| 重组蛋白质 | Recombiant protein |
| 爪蟾 | *Xenopus laevis* |
| 转基因小鼠 | Transgenic mouse |
| 转基因猪 | Transgenic pig |
| 转铁蛋白 | Transferrin |
| 锥虫病 | Trypanosomiasis |
| 着床前的发育 | Preimplantation development |
| 子宫转铁蛋白 | Uteroferrin |
| 足萼蛋白样蛋白(PCLP) | Podocalyxin-like protein(PCIP) |
| 组织培养 | Tissue culture |
| 组织纤溶酶原激活剂(t-PA) | Tissue plasminogen activator(t-PA) |

（张树政　校）